Python 数值分析算法实践

主　编　王　娟

副主编　牛言涛　郑　重　何佰英

科学出版社

北　京

内 容 简 介

本书以数值分析原理为纲，以算法设计为本，基于 Python 语言，详细介绍了原理分析到“自编码”算法设计与应用的过程和思想，旨在提升学生的数值计算和实践编码能力，其数值算法设计思想可迁移到机器学习和深度学习，为学术深造和应用研究奠定科学计算和自编码基础. 本书共包含数值分析的 12 个领域，教师可以根据不同的学习对象和教学目的选择相应的章节. 书中计算方法均结合数学原理独立设计算法，并结合经典数值算例辅助学习和理解，且配备了实验题目，使理论与实践、学习与提升相辅相成.

本书可作为普通高等院校理工科专业的实验实践配套教材，也可作为计算数学领域的研究生教学用书.

图书在版编目(CIP)数据

Python 数值分析算法实践/王娟主编. —北京：科学出版社，2024.3

ISBN 978-7-03-077551-1

Ⅰ. ①P…　Ⅱ. ①王…　Ⅲ. ①数值计算-计算机辅助计算　Ⅳ. ①O241-39

中国国家版本馆 CIP 数据核字(2024) 第 013760 号

责任编辑：张中兴　梁　清　孙翠勤／责任校对：杨聪敏

责任印制：赵　博／封面设计：无极书装

科学出版社 出版

北京东黄城根北街 16 号

邮政编码：100717

http://www.sciencep.com

北京华宇信诺印刷有限公司印刷

科学出版社发行　各地新华书店经销

*

2024 年 3 月第　一　版　开本：720×1000　1/16

2025 年 1 月第三次印刷　印张：38 3/4

字数：781 000

定价：138.00 元

(如有印装质量问题，我社负责调换)

前言

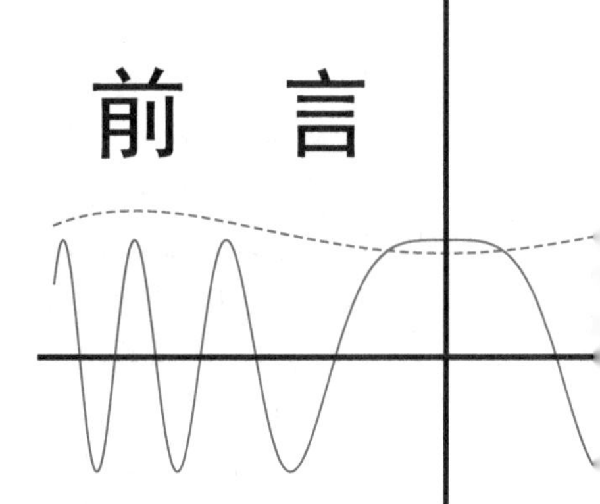

党的二十大报告明确指出, 要“加强基础学科、新兴学科、交叉学科建设, 加快建设中国特色、世界一流的大学和优势学科”, 要“加强基础研究, 突出原创, 鼓励自由探索”. 数学是一切科学的基础, 融于“现代化产业体系”建设和发展的各个领域. 数值计算问题普遍存在于新工科、新医科等领域的数学模型求解中, 计算数学作为数学学科的一个重要分支, 旨在提出和研究借助计算机解决各种数学问题的高效而稳定的算法. 数值分析是计算科学的重要专业基础课, 主要包括数据插值与逼近、数值微积分、(非) 线性方程 (组) 求解、常 (偏) 微分方程数值解、矩阵计算、数值优化等内容.

实验实践教学一直是高校教学的重点, 也是“怎样培养人” (提升人才培养质量) 的关键环节. 本书旨在从实验实践教学方面, 强化学生的应用能力和创新能力, 提高学生的算法素养, 增强学生的数学实践与审美意识. 本书的核心价值是基于数学原理设计和编写算法, 即“自编码”(区别于调用库函数), 相当于把原理照进现实, 让“静态”的原理“走动”起来, 进而解决数学模型中的数值计算问题. 可把“自编码”过程等价于“板书数学原理的推导和证明”, 两者仅仅是平台区别而已, 数学原理推导借助于黑板, 而“自编码”借助于 Python 语言. 针对“自编码”, 笔者认为仍有三点需要思考:

一、数值计算是科学计算的基础, 从分析 (知识原理) 到计算 (计算方法或算法设计)、从计算到编码 (计算机编码实现)、从编码到实际问题 (科学或工程问题) 的求解, 应是相辅相成的. 学生在“自编码”过程中, 可拓展数值计算方法的思路 (如验证原理、多角度分析问题等) , 加深对原理的认知, 进而领悟数值计算的奥妙和计算之美.

二、“自编码”可强化学生的实践动手能力, 推进学生在实践基础上的理论创新, 提升学生应用研究的计算基础. 以学术研究为例, 创新的前沿理论绝无现成的库函数, 而学生必然自己动手设计和编写算法, 以突破某领域框架范围内的计算数学问题.

三、当下新兴科技所涉及的数值计算、智能计算与算法设计、算法的高效性、问题求解的高精度关联密切. 在教育教学中, 学生“自编码”素养的提升可体现新时代“从零研发芯片”的勇气和担当.

综上, 学生应具备良好的算法设计和编写能力, 且应在学习阶段打下扎实的基础. 本书以数值分析原理为纲, 以算法设计和编写为本, 旨在提供一种提高学生“自编码”能力的思路, 抛砖引玉.

算法的设计以理论知识为其灵魂, 其核心是背后严谨科学的数学原理. 算法设计需借助于计算机语言实现, 但语言不是目的, 其本身也不是问题的关键或主要难点. 算法设计的关键或难点在于如何借助于某种语言验证原理、设计算法、科学计算、结果分析以及应用扩展研究等. 此外, 读者应该知道, 算法设计的难点还在于对原理知识的理解程度, 同时也在于算法设计的艺术、算法的可计算性与计算复杂性, 这些都应在实践中逐步积累. 本书的所有算法均采用 Python 语言编写, 原因有三: 其一, Python 语言本身的优雅、明确、高效和简单的设计哲学; 其二, Python 汲取了其他语言数值计算的优点, 这意味着 Python 可以与以数学原理、数值计算为基础的学科 (如机器学习) 有效结合, 适合进行数据分析与统计学习建模; 其三, 与当下时代的科技需求相符合. 比如, 人工智能尤其是以深度学习为代表的智能计算, 多数以 Python 为开发语言.

本书包含了普通高等院校本科生、研究生数值分析或计算方法相关教材的绝大部分算法, 并在此基础上拓展了大量优秀算法, 且加入了该领域专著中所涉及的某些问题的部分优秀算法. 由于篇幅限制, 本书设计的算法主要基于已经非常成熟的理论, 学科前沿的数值算法文献涉及较少. 笔者再次强调, 算法的设计以理论知识为核心, 当对理论知识理解较为深刻时, 算法设计将不再是个问题. 此外, 本书编写的核心目的是数值分析算法设计与实现, 故弱化了理论内容的探讨, 包括原理的推导、定理的证明等, 读者若对某方面理论知识了解不深, 可参考相应的理论教程.

全书基本涵盖了现代数值分析中的重要基础方法, 共分 13 章, 除第 1 章 Python 与科学计算基础知识之外, 算法部分共分 12 个问题模块, 具体包括: 数据插值 (第 2 章)、函数逼近与曲线拟合 (第 3 章)、数值积分 (第 4 章)、数值微分 (第 5 章)、解线性方程组的直接方法 (第 6 章)、解线性方程组的迭代法 (第 7 章)、非线性方程求根 (第 8 章)、非线性方程组的数值解法 (第 9 章)、矩阵特征值计算 (第 10 章)、常微分方程初边值问题的数值解法 (第 11 章)、偏微分方程数值解法 (第 12 章) 和数值优化 (第 13 章).

在内容结构设计上, 全书对 12 个数值计算领域均完整呈现了算法的实现过程, 共设计算法 (独立 Python 文件) 约 140 个, 同时结合经典的数值算例辅助学习者理解和应用, 即每个算法均有算例, 用于验证算法的功能正确性, 以及算法的性能和求解精度等, 内容做到图文并茂, 教学相长. Python 可视化图形中的各种标记均采用了 LaTex 格式, 遵从数学的严谨性、规范性和科学性. 此外, 为了强化学习者的创新实践能力, 提高学生的算法设计信心, 每章均配备实验题目, 有助于把学习者的兴趣和能力引向更深的层次. 当然, 笔者更希望读者可以对数值分析的全貌和应用背景有更深入的了解, 而不局限于在某几个具体的算法实现上.

本书可作为数学与应用数学、信息与计算科学专业高年级本科生数值分析或其他理工科专业计算方法实验实践配套教材 (加 * 的内容学生可自由学习), 特别适合作为计算数学专业研究生算法设计的参考用书, 或对计算数学感兴趣的工程技术人员参考阅读. 读者应具备数学分析、高等代数或高等数学、线性代数的知识, 以及 Python 程序设计方面的初步知识.

感谢兰州大学张国凤教授、陕西科技大学李剑教授、郑州大学石东洋教授对本书提出的宝贵建议. 感谢科学出版社对本书出版的支持和督促.

由于编者水平有限, 书中难免会有不当和疏漏之处, 恳请读者不吝赐教.

编者

2024 年 2 月

目录

第1章

Python与科学计算基础

数字化时代的到来, 以大数据、云计算、人工智能、深度学习等为代表的新型信息化技术已深入到社会、生活的各个层面, 数值分析与科学计算是上述新型技术的数学基础. 计算数学理论的创新发展与高效、高精度计算机技术的发展可谓相辅相成, 使复杂的数值计算、智能计算成为一种可能[1−4], 也使得“计算”成为科学技术领域中同“理论”“试验”同等重要的第三个组成部分.

科学计算是指为解决科学或工程中的复杂数学模型, 采用数值分析的方法, 利用计算机语言进行算法设计, 进而在某种度量标准下逼近精确解的数值计算方法, 是再现、预测和发现客观世界运动规律和演化特征的过程. 科学计算的过程主要包括建立数学模型、建立求解方法和计算机实现 (部分依靠编程) 三个步骤. 但是, 如何根据数值分析原理和数值计算方法进行“自编码”算法设计与实现呢?

Python 作为一种开源语言, 并非专为数值计算而设计, 但其很多特性使之非常适合数值计算[1]. Python 语言的可读性和表达性, 使得其在探索性和交互式计算中表现尤为突出, 且因其简洁、高效、优雅的设计哲学而闻名. Python 汲取了 MATLAB 数值计算的优点, 其编码接近“演算纸”式的风格, 且集成了符号计算以及丰富的可视化库. 伴随着人工智能的发展, Python 作为最佳人工智能计算的语言备受社会各界人士和高校师生的欢迎. 这些都是 Python 成为数值计算领域流行语言的重要原因.

此外, 在 TIOBE Index for November 2023 和 IEEE Spectrum Top Programming Languages 2022 中, Python 在众多语言中皆排名第一, 这也是本书基于 Python 语言编写算法的一个原因.

■ 1.1 Python 语言概述及开发环境

1.1.1 Python 语言概述

在计算机领域有很多天才式的人物, 读者可了解其深邃的洞察力、纯粹的思维方式甚或“单纯”的初衷 (初心). Python 的作者吉多•范罗苏姆 (Guido von Rossum) 是荷兰人. 在 Python 领域, 有一句谚语: “Life is short, you need Python.” Python

语言有众多特点: 面向对象, 可扩展、移植、嵌入, 免费与开源, 边编译边执行, 动态语言, 以及有丰富的库等. 表 1-1 为 Python 中常用库及其说明. 安装库命令方法 (CMD 环境下) : “pip install XXX”, 其中 “XXX” 表示库名称, 如 pip install numpy 表示安装数值计算基础库 NumPy.

表 1-1 Python 中常用库及其说明

标准库名	说明
NumPy	NumPy 是一个在 Python 中做科学计算的基础库, 重在数值计算. 换句话说, NumPy 是大部分 Python 科学计算库的基础库, 多用于在大型、多维数组上执行数值运算
SciPy	SciPy 是 Python 一个著名的、基于 NumPy 之上开源科学库, SciPy 一般都是操纵 NumPy 数组来进行科学计算、统计分析. SciPy 提供了许多科学计算的库或子模块, 如线性代数 linalg、积分 integrate、优化 optimize、统计 stats 等
Pandas	Pandas 是 Python 的数据分析库. Pandas 在 NumPy 基础上补充了很多对数据处理特别有用的功能, 如标签索引、分层索引、数据对齐、合并数据集合、处理丢失数据等. 因此, Pandas 库已成为 Python 中执行高级数据处理的事实标准库, 尤其适用于统计应用分析
Matplotlib	Matplotlib 是 Python 最主要的图形可视化库, 用于生成静态的、达到出版质量的 2D 和 3D 图形, 支持不同的输出格式. 可视化是计算研究领域非常重要的组成部分. 此外, Seaborn 库是基于 Matplotlib 的针对统计数据分析的高级绘图库
SymPy	SymPy 是 Python 的一个数学符号计算库, 即符号计算. 它的目的在于成为一个富有特色的计算机代数系统, 它保证自身的代码尽可能地简单, 且易于理解, 容易扩展. SymPy 完全由 Python 写成, 不需要额外的库
scikit-learn	scikit-learn 是 Python 中最著名也是最全面的机器学习库, 常见的算法如决策树、支持向量机、集成方法、聚类、神经网络等

1.1.2 Python 开发环境

Python 是解释型语言, 边编译边执行, 在使用任何开发环境前, 请先安装 Python 解释器.

1. Jupyter Notebook

Jupyter Notebook 是一个在 Web 浏览器中编写和执行 Python 代码的 Web 应用程序[1]. 它可以让用户在一个文档里面包含源代码、代码输出、相关的技术文档、分析说明和注释, 故该环境非常适合数值计算、数据分析以及问题求解. 这也意味着可以在一个文档中完成整个分析流程, 还可以保存和恢复, 便于后续重复使用.

2. PyCharm IDE

PyCharm 由 JetBrains 打造, 是目前最流行最好用的一款 Python IDE, 其带有一整套可以帮助用户在使用 Python 语言开发时提高其效率的工具, 比如调试、语法高亮、Project 管理、代码跳转、智能提示、自动完成等. 本书所有算法皆以 PyCharm IDE 为开发平台, 当然所有算法也皆可在 Jupyter 平台运行.

PyCharm 提供了 Python 资源管理的各种方法, 读者应形成一个良好的习惯, 合理、有效地组合管理各种 Python 资源, 如图 1-1 所示. 项目名称为 “NumericalCalculationMethod”. 在 Python 中, “Package” 就是一个目录, 其中包括一组模块和一个 “__init__.py” 文件. 其中 __init__.py 文件定义了包的属性和方法, 通常只是一个空文件, 但是必须存在, 切勿随意删除. 若删除 __init__.py 文件, 则该 Package 仅仅是一个目录, 无法被导入或包含其他模型库和嵌套包. 在 Python 中, 一个扩展名为 “.py” 的文件称为一个模块 (module). 模块可认为是一盒 (箱) 主题积木, 通过它可以拼出某一主题 (某个系统、某个复杂求解问题) 的东西. 与函数或类不同, 一个函数或类相当于一块积木, 而一个模块中可以包括很多函数或类. 图 1-2 为 PyCharm 界面运行、可视化和输出窗口.

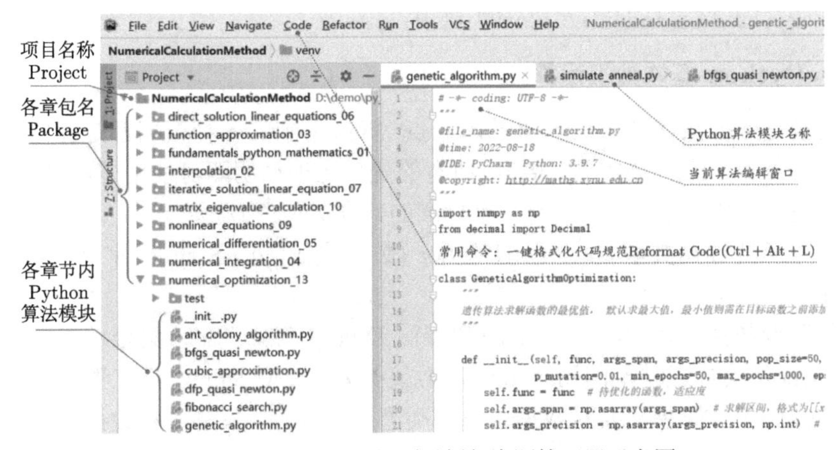

图 1-1　PyCharm 界面示例与资源管理器示意图

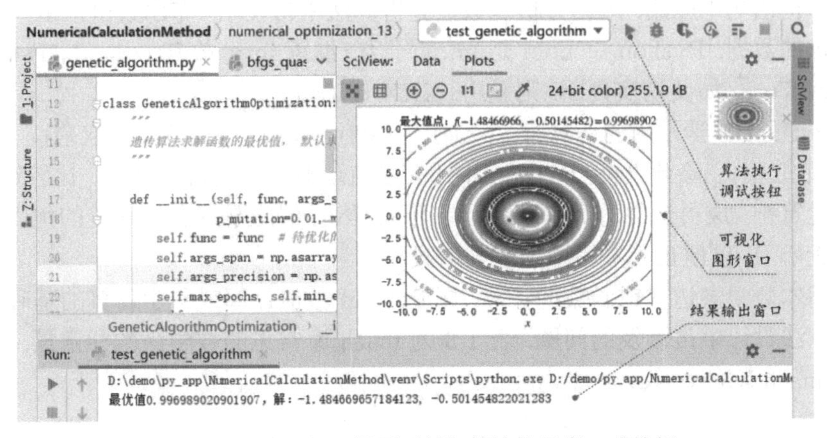

图 1-2　PyCharm 界面示例与算法执行窗口或按钮

■ 1.2 Python 基本语法与数值运算

和其他程序设计语言 (如 Java、C 语言) 采用大括号 "{ }" 分割代码块不同, Python 采用代码缩进和冒号 ":" 来区分代码块之间的层次. 在 Python 中, 对于类定义、函数定义、流程控制语句、异常处理语句等, 行尾的冒号 ":" 和下一行的 "缩进" 一起表示下一个代码块的开始, 而缩进的结束则表示此代码块的结束. Python 代码块内每一行代码的尾部均无需添加任何标点符号.

注 Python 中通常采用 "Tab 键" 对代码进行一键缩进, 而非手工空格, 默认情况下, 一个 Tab 键就表示 4 个空格.

PyCharm 编辑器环境下整体缩进方法: 选中所需缩进的代码, 按 "Tab" 键即可, 整体取消缩进为 "Shift + Tab". 如果缩进不合理, 则会出现 "IndentationError: expected an indented block" 错误.

1.2.1 Python 基本数值运算

变量是数据操作和数值计算的起始点, 算法用到的各种数据都是存储在变量内. Python 是一门 "弱类型" 语言, 所有的变量无须声明即可使用, 变量的数据类型可以随时改变. Python3 中有六个标准的数据类型, 分类如下:

✧ **不可变数据类型** (3 个) Number (数字或数值)、String (字符串)、Tuple (元组).

✧ **可变数据类型** (3 个) List (列表)、Dict (字典)、Set (集合).

Python 支持三种不同的 Number 数值类型: 整型 (int)、浮点型 (float)、复数 (complex) . 如果需要对数据内置的类型进行转换, 只需要将数据类型作为函数名即可, 如 int(x) 将 x 转换为一个整数.

Python 中布尔值使用常量 "True" 和 "False" 来表示, 布尔类型通常在选择或循环结构语句中应用. 数据分析和数值分析算法中常使用 "布尔索引数组" 选择符合要求的数据. Python 中 bool 是 int 的子类 (继承 int), 故 True==1、False==0 会返回 Ture. 如要切实判断, 则采用: XXX is True.

Python 数学常用的运算符: +(加)、−(减)、*(乘)、/(除)、%(取余)、**(幂)、//(向下取整) . 除此之外, Python 中还有赋值运算符、逻辑运算符、比较运算符、身份运算符、成员运算符等, 限于篇幅, 不再详述, 但应掌握各运算符的优先级, 如表 1-2 所示, 以便正确书写函数或表达式.

基本数学表达式或函数的计算, 是 Python 数值计算或科学计算的基础, 也是数值算法设计中常涉及的问题. 表 1-3 为 math 库常见的数学函数和常量, 使用方法为 math.XXX(⋯).

表 1-2 Python 中运算符优先级及其描述

运算符	描述
**	指数 (最高优先级)
~, +, −	表示按位翻转, 一元加号和减号 (最后两个的方法名为 +@ 和 −@)
*, /, % , //	乘、除、取模和取整除
+, −	加法、减法
≫, ≪	右移、左移运算符
&	按位与运算符
$\wedge$, $\vert$	位运算符, 分别表示按位异或、按位或
<=, <, >, >=	比较运算符, 分别表示小于等于、小于、大于、大于等于
==, <>, !=	等于运算符 ==, 不等于运算符 <> 与!= 含义相同
=, %=, /=, //=, − =, +=, *=, **=	赋值运算符 (先运算后赋值)
is, is not	身份运算符, 用于比较两个对象的存储单元 (同一块内存空间), 而 == 或!= 用于判断引用变量的值是否相等或不相等
in, not in	成员运算符, 表示在指定的序列中查找值
not, and , or	逻辑运算符, 分别表示布尔 "与"、布尔 "或"、布尔 "非"

表 1-3 math 库常见的函数和常量及其说明

函数或常量	数学表示说明	函数或常量	数学表示说明	函数或常量	数学表示说明
pi, e	π, e	sqrt(x)	$\sqrt{x}$	asin(x), acos(x)	$\arcsin x$, $\arccos x$
hypot(x, y)	$\sqrt{x^2+y^2}$	exp(x)	e^x	atan(x)	$\arctan x$
ceil(x), floor(x)	$\lceil x\rceil$, $\lfloor x\rfloor$	degrees(x)	$180^\circ/\pi \times x$	fabs(x)	$\vert x\vert$
pow(x, y)	x^y	radians(x)	$\pi/180^\circ \times x$	factorial(x)	$x!$
log(x), log1p(x)	$\ln x, \ln(1+x)$	sin(x), cos(x)	$\sin x, \cos x$	fsum(X)	若 X 为可迭代对象, 且元素为数值, 则返回 $x_1+x_2+\cdots x_n$
log10(x), log2(x)	$\lg x, \log_2 x$	tan(x)	$\tan x$	trunc(x)	x 的整数部分
modf(x)	提取 x 小数和整数组成元组	isinf(x)	判断 x 是否为无穷或负无穷	isnan(x)	判断 x 是否为 NaN (not a number)

注 math 库函数仅针对标量值的计算, 如果用 math 库函数计算向量, 则会报错: TypeError: only size-1 arrays can be converted to Python scalars.

数值分析算法中, 经常对一维和二维数组运算. NumPy (Numerical Python 的简称) 是面向数组的数值计算库 (具体见 1.4 Python 面向数组的编程). 这源于 NumPy 中的多维数组对象 ndarray, 它是一个具有矢量算术运算和复杂广播能力的快速且节省空间的多维数组, 可以实现对于 "整组数据" 进行快速运算的标准数学函数 (无需编写循环). 表 1-3 中的函数多数可直接扩展到 NumPy 中. 对于大数据量的计算, 应采用 Numpy 的矢量化运算, 以提高计算的效率.

1.2.2 Python 控制流程与开方运算迭代法

Python 提供了现代编程语言都支持的两种基本流程控制结构: 分支结构和循环结构. 其中分支结构用于实现根据条件来选择性地执行某段代码; 循环结构则用于实现根据循环条件重复执行某段代码. Python 使用 if 语句实现分支结构, while 和 for-in 语句实现循环结构, break 和 continue 控制程序的循环结构.

if 分支结构常用 and、or 连接多个条件. for-in 循环专门用于遍历范围、列表、元素和字典等可迭代对象包含的元素. while 循环称为条件循环, 只要条件为真, 则一直重复, 直到条件不满足时才结束循环.

使用 zip( ) 函数可以把多个列表 "压缩" 成一个可迭代 zip 对象, 以实现一个循环并行遍历多个列表. 可通过 reversed( ) 函数实现反向遍历, 该函数接收各种序列 (元组、列表、区间等) 参数, 然后返回一个 "反序排列" 的迭代器、reversed( ) 函数对参数本身不会产生任何影响.

以 "开方运算" 迭代法为例. **迭代法**是一种按同一公式重复计算逐次逼近真值的算法, 是数值计算普遍使用的重要方法[9]. 迭代计算必然采用循环结构, 常常配合逼近精度 $\varepsilon > 0$ 和最大迭代次数 $k > 0$ 使用. 选择结构可在循环体内, 计算每次近似值 (或近似解) x^* 的精度, 若满足则终止迭代.

设要开方的数为 $a \geqslant 0$, 开方运算求解 $\sqrt{a}$ 的迭代公式为

$$x_{k+1} = \frac{1}{2}\left(x_k + \frac{a}{x_k}\right), \quad k = 0, 1, \cdots, \tag{1-1}$$

由初值 $x_0 > 0$ 逐步逼近计算, 可得迭代序列 $x_1, x_2, \cdots$.

若 $\lim\limits_{k\to\infty} x_k = x^*$, 则 $x^* = \sqrt{a}$. 对于任意的 $x_0 > 0$, 迭代序列 $\{x_k\}_{k=0}^{\infty}$ 均收敛, 且收敛速度较快.

以 "开方运算" 问题为例, 说明 Python 的基础语法的使用方法: ①导入库以及别名; ②可视化数学模式下符号和公式的字体设置; ③ 变量的定义和 math 库 (如下迭代算法, 未涉及矢量化计算); ④循环和选择结构的使用方法; ⑤公式的编辑和计算; ⑥可视化和图形的修饰; ⑦数学公式和符号的 LaTex 格式的编写, 使图形更加符合数学公式书写规范, LaTex 符号公式在众多语言中编写规范基本一致.

由于问题的循环次数无法预知, 故采用 list 列表存储逼近过程的 $\sqrt{a}$ 近似值 x^*. 若可预知循环次数, 可采用 ndarray 数组预定义和存储. 本算法采用面向过程的程序设计思想, 包含四个子函数. 算法终止的条件为 $|x_{k+1} - x_k| \leqslant \varepsilon$, 其中 x_k 为 $\sqrt{a}$ 的第 k 次迭代近似值, 或者达到最大迭代次数 k.

```
# file_name: sqrt_iteration_op.py
import math  # 基本数值运算库, 标量值的计算
import warnings  # 警告信息库
import matplotlib.pyplot as plt  # 导入 pyplot 模块, 用于绘图和图形修饰, 别名 plt
import matplotlib as mpl  # 导入 matplotlib 绘图库, 别名 mpl

# 数学公式字体, 支持['dejavusans ',' dejavuserif ',' cm',' stix ',' stixsans ',' custom']
plt.rcParams["mathtext.fontset"] = "cm"  # 设置数学模式下的字体格式
# 中文字体: 支持['SimHei', 'Kaiti', 'LiSu', 'FansSong', 'YouYuan', 'STSong'].
mpl.rcParams["font.family"] = "FangSong"  # 中文显示, 此处仿宋
plt.rcParams["axes.unicode_minus"] = False  # 解决坐标轴负数的负号显示问题

def check_params_condition(a, x0):
    """
    参数条件的判断: 要求开方数a为数值正数, 迭代初值x0为正数
    :param a: 开方数
    :param x0: 迭代初始值
    : return : 初值x0
    """
    # 如下健壮性判断为选择结构, 要求开方数必须为数值且是正数
    if type(a) not in [float, int] or a < 0.0:  # a应为数值且是正数
        raise ValueError("开方数应为数值且是正数.")  # 引发一个异常值, 终止执行
    # 如下健壮性判断为选择结构, 要求迭代初始值不能为0, 且尽可能是正数 (放宽了条件)
    if x0 == 0.0:  # 迭代初始值, 不能为零, 因为要作为分母
        raise ValueError("迭代初始值不能为零.")
    elif x0 < 0.0:  # 如果为负数, 则取绝对值, 然后提示警告信息
        # 警告信息, 不终止执行, 需导入import warnings
        warnings.warn("迭代初始值x0不能为负数, 此处按绝对值|x0|逼近.")
        return abs(x0)  # 取绝对值
    else:
        return x0

def sqrt_cal_while(a, x0, eps=1e-15, max_iter=100):
    """
    核心算法: 迭代逼近, while 循环结构
    :param a: 开方数, 数值正数
    :param x0: 迭代初始值, 大于0
    :param eps:  # 开方运算的终止精度
    :param max_iter: 开方运算的最大迭代次数
```

```
    :return: 最终满足精度的近似值x_k, 以及迭代过程中的近似值approximate_values
    """
    x0 = check_params_condition(a, x0)  # 输入参数的判断
    approximate_values = [x0]  # 迭代逼近过程中的值
    x_k, tol, iter_ = x0, math.inf, 0  # 初始化迭代值x_k、逼近精度tol和迭代次数iter_
    # 采用while循环结构, 若满足任何一个条件 (精度要求和最大迭代次数), 则继续迭代
    while tol >= eps and iter_ < max_iter:
        x_b = x_k  # x_b为迭代的上一次值 (before)
        x_k = (x_k + a / x_k) / 2  # 开方运算迭代公式
        approximate_values.append(x_k)  # 存储迭代过程中的近似值
        tol = abs(x_k - x_b)  # 相邻两次迭代的绝对差值为精度, 改变量较小时, 终止
        iter_ += 1  # 迭代次数加1
    return x_k, approximate_values

def sqrt_cal_for(a, x0, eps=1e-15, max_iter=100):
    """
    核心算法: 迭代逼近, for循环结构
    :return: 最终满足精度的近似值x_k, 以及迭代过程中的近似值approximate_values
    """
    x0 = check_params_condition(a, x0)  # 输入参数的判断
    approximate_values = [x0]  # 迭代逼近过程中的值
    x_k, tol, iter_ = x0, math.inf, 0  # 初始化迭代值x_k、逼近精度tol和迭代次数iter_
    # 采用for循环结构, 在最大迭代次数内逐次逼近, 每次计算精度, 若满足, 则终止迭代
    for _ in range(max_iter):  # 无需循环变量, 故用"_"忽略
        x_b = x_k  # x_b为迭代的上一次值 (before)
        x_k = (x_k + a / x_k) / 2  # 开方运算迭代公式
        approximate_values.append(x_k)  # 存储迭代过程中的近似值
        if abs(x_k - x_b) <= eps:  # 相邻两次的绝对差值为精度, 改变量较小时, 终止
            break
    return x_k, approximate_values

def plt_approximate_processing(appr_values, is_show=True):
    """
    可视化开方迭代逼近过程中的近似值曲线
    :param appr_values: 迭代逼近过程中的近似值列表
    :param is_show: 是否可视化, 用于绘制子图, 子图时值设置为False
    """
    if is_show:
        plt.figure(figsize=(7, 5))
    # 可视化开方迭代过程的近似值
```

```
plt.plot(appr_values, "ko--", label="$x_k, k=%d$" % (len(appr_values) - 1))
plt.plot(appr_values[0], "D",
         label="$x_0=%.f, \ \epsilon=10^{-16}$" % appr_values[0])  # 可视化初值
plt.plot(len(appr_values) - 1, appr_values[-1], "s",
         label="$x^* = %.15f$" % appr_values[-1])  # 可视化最终近似值
plt.xlabel(" $Iterations (k)$", fontdict={"fontsize": 18})  # x轴标记
plt.ylabel(r"$x_k(\approx \sqrt{a})$", fontdict={"fontsize": 18})  # y轴标记
plt.text(2, 14, r"迭代公式: ", fontdict={"fontsize": 18})  # 无指向型注释text()
# 无指向型注释text(), 注意LaTex修饰
plt.text(2, 12, r"$x_{k+1} = \dfrac{1}{2}\left( x_k + \dfrac{a}{x_k} \right),
               r"\ k = 0,1,2,\ cdots$", fontdict={"fontsize": 18})
tol_ = abs(appr_values[-1] - appr_values[-2])  # 算法终止的精度
plt.title(r"开方运算: $\epsilon=\vert x_{k+1} - x_{k} \vert = %.5e$" % tol_,
          fontdict={"fontsize": 18})  # 标题
plt.legend(frameon=False, fontsize=16, loc="best")  # 添加图例
plt.tick_params(labelsize=16)  # 刻度字体大小16
plt.grid(ls=":")  # 添加网格线, 且是虚线
if is_show:
    plt.show()
```

例 1 采用开方运算迭代逼近法求解 $\sqrt{36}$ 和 $\sqrt{\pi}$, 迭代初值均为 $x_0 = 20$, 精度要求 $\varepsilon = 10^{-16}$, 最大迭代次数为 100.

如图 1-3 所示, 对于确定的开方数 $\sqrt{36} = 6$, 仅需 7 次迭代即可 (第 0 次迭代为初值, 不计算在内), 且精度非常高 (图例所示) . 对于无理数 $\sqrt{\pi}$ 来说, 满足精度要求下需 9 次迭代, 近似值如图例所示. 可根据需求对可视化图像修饰, 如标记点的类型、线型、颜色, 图例的排列和位置, 网格线等.

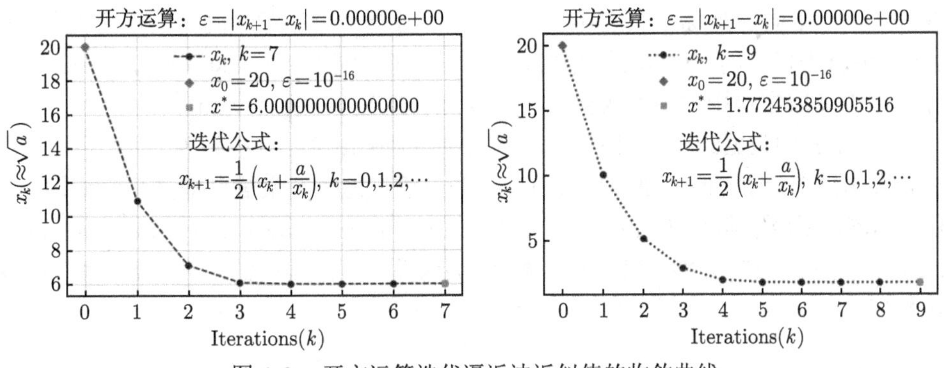

图 1-3 开方运算迭代逼近法近似值的收敛曲线

1.2.3 Python 数据结构

程序不仅需要使用单个变量来保存数据, 还需要使用多种数据结构来保存大量数据. 数据结构是通过某种方式组织在一起 (按顺序排列) 的元素的集合, 包含数据的逻辑结构、存储结构以及运算 (操作). Python 中有四种内建的数据结构, 即列表、元组、字典和集合. 其中集合由不同元素组成的无序排列, 可 hash 值, 可作为字典的 key. 集合的目的是将不同的值存放在一起, 不同的集合间仅用来作关系运算, 无须纠结于集合中的单个值.

列表是 Python 中内置有序、可变序列, 列表的所有元素放在一对中括号 "[ ]" 中, 并使用逗号 "," 分隔开. 当列表元素增加或删除时, 列表对象自动进行扩展或收缩内存, 保证元素之间没有缝隙. 列表中的数据类型可以各不相同, 可同时分别为整数、实数、字符串等基本类型, 甚至是列表、元组、字典、集合以及其他自定义类型的对象. 列表推导式常见三种形式: 生成指定范围的数值列表 newlist = [Expression for var in range], 根据列表生成指定需求的列表 newlist = [Expression for var in list], 从列表中选择符合条件的元素组成新的列表 newlist = [Expression for var in list if condition].

元组是 Python 中内置有序、不可变序列, 元组的所有元素放在一对小括号 "( )" 中, 并使用逗号 "," 分隔开. 元组与列表的区别: 列表是动态数组, 可变且可以重设长度 (改变其内部元素的个数) . 元组是静态数组, 不可变, 内部数据一旦创建便无法改变. 元组缓存于 Python 运行时环境, 这意味着每次使用元组时无须访问内核去分配内存. 此外, 元组与列表在设计哲学上不同: 列表可被用于保存多个互相独立对象的数据集合, 元组用于描述一个不会改变的事物的多个属性.

字典是一种可变容器模型, 且可存储任意类型对象, 语法格式: dict = {key1: value1, key2 : value2 }. 字典的每个键值 "key=>value" 用冒号 ":" 分割, 每个键值对之间用逗号 "," 分割, 整个字典包括在花括号 "{ }" 中. dict 是无序的, 跟多变的 value 不同的是 key 具有唯一性: key 的数据类型必须是固定的不可变的, 而 value 可以为任意的 Python 数据类型. 字典元素的遍历: items()、keys()、values() 分别用于获取字典中的所有 key-value 对、所有 key、所有 value.

Python 中数据结构不同于 NumPy 中的 ndarray 数组, 故列表、元组和字典不适宜参与数值运算, 但却便于为数值运算的过程信息和结果信息提供存储结构. 如**例 2** 示例, 采用字典变量 info_dict 和列表 info_dict["time"]、info_dict["height"]、info_dict["speed"] 分别存储计算 "模拟飞船软着陆" 过程中的时刻、高度和速度变化数据.

■ 1.3 Python 模块化设计与面向对象设计

Python 中, 一个扩展名为 ".py" 的文件称为一个模块. 试想, 一个算法较为复杂, 简单堆砌 Python 语句已不足以完成算法的设计, 自然而然按照算法的功能划分成一个一个的函数 (function); 函数越来越多且有较多的变量时, 则可用类 (class) 对函数和变量进行统一管理与定义, 而对象 (object) 则负责调用函数和类属性变量; 进而, 如果类和函数也较多, 则可以按照功能相近原则, 把类和函数放进一个一个模块 (即 Python 文件) 中; 更进者, 按照业务逻辑不同, 把相近的模块放在同一个包 (package) 下. 如软件开发中常见的三层架构, 即把系统的整个业务应用划分为表示层、业务逻辑层和数据访问层, 有利于系统的开发、维护、部署和扩展. 分层实现了 "高内聚、低耦合", 采用 "分而治之" 的思想, 把问题划分开来解决, 易于控制、延展, 易于资源分配.

如图 1-4 所示. 一个项目 (project) 下可以存在多个包和文件夹, 一个包下可有多个模块, 一个模块中可存在多个类或函数. 可以想象把 Python 项目看作一本书, 而包则相当于书中的每一章, 模块则是每一章下的每一节, 函数或类则相当于二级节.

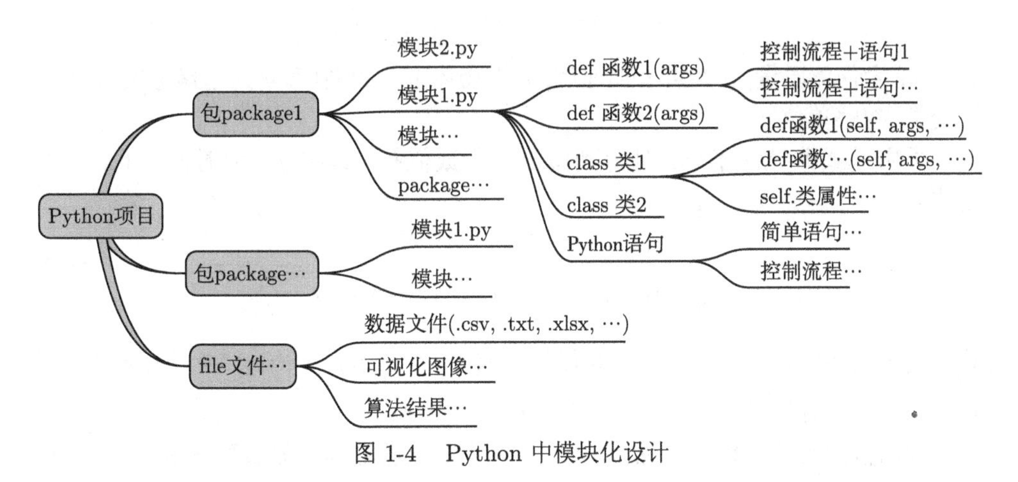

图 1-4 Python 中模块化设计

1.3.1 Python 函数与递推计算

声明函数必须使用 "def" 关键字, 且由函数名、形参列表、函数体组成. 如 "开方运算" 中的函数定义: def sqrt_cal_while(a, x0, eps=1e-15, max_iter=1000).

匿名函数 result = lambda [arg1 [, arg2, $\cdots$, argn]] : expreesion. 在 lambda 关键字之后、冒号左边的是参数列表, 可以没有参数, 也可有多个参数; 冒号右边是该 lambda 表达式的返回值. 对于单行函数, 使用 lambda 表达式可以省去定义函数的过程, 让代码更加简洁. 对于不需要多次复用的函数, 使用 lambda 表达式可以在用完之后立即释放, 提高了性能.

函数定义时参数列表中的参数就是**形参**, 而函数调用时传递进来的参数则是**实参**. 位置参数也称为**必备参数**, 按照形参位置传入的参数被称为**位置参数**. 如果根据参数名来传入参数值, 则无须遵守定义形参的顺序, 这种方式被称为**关键字参数**.

以模拟飞船软着陆问题为例, 说明 Python 中的数据结构、函数的定义以及参数的传递.

递推计算是数值分析中常见数值计算方法, 如 ODE 初边值问题数值解、PDE 数值解等. 递推计算由初始条件, 利用递推公式, 逐步递推中间值, 直至得到结果. 如 ODE 问题中的欧拉法, 给定初始时刻 $t_0 = 0$ 的值 $y(t_0) = a$, 根据递推公式递推计算其他时刻 $t_1, t_2, \cdots$ 的值 $y_1, y_2, \cdots$, 通常 $t_{k+1} = t_k + h_t$.

例 2 模拟飞船软着陆问题[3].

基于自由落体的微分运动方程 $F = ma = m \cdot v'(t) = m \cdot x''(t)$, 转换为一阶微分方程组

$$F = ma = m\frac{\mathrm{d}v}{\mathrm{d}t} = m\frac{\mathrm{d}^2x}{\mathrm{d}t^2} \Rightarrow \begin{cases} v'(t) = g, \\ x'(t) = v, \end{cases}$$

其中 m 为物体质量, g 为重力加速度, x 为物体下落的高度, v 为下落速度, t 为时间变量, 忽略单位.

采用显式欧拉法求解, 可得到微分方程数值解, 其中 h_t 为时间步长, 递推公式为

$$\begin{cases} v(t_{k+1}) = v(t_k) + g \cdot h_t, \\ x(t_{k+1}) = x(t_k) + v(t_{k+1}) \cdot h_t, \end{cases} \tag{1-2}$$

其中 $t_k = t_0 + kh_t, k = 0, 1, \cdots$, 递推格式 $v(t_0) \to v(t_1) \to v(t_2) \to \cdots, x(t_0) \xrightarrow{v(t_1)} x(t_1) \xrightarrow{v(t_2)} x(t_2) \xrightarrow{v(t_3)} \cdots$.

利用自由落体的模拟方法, 模拟反向喷射、软着陆的飞船着陆问题. 反向喷射可以给火箭提供一个向上的加速度, 起到抵消重力加速度的作用. 于是, 具有一定加速度的反向喷射火箭, 其运动方程类似于自由落体方程, 递推公式为

$$\begin{cases} v(t_{k+1}) = v(t_k) + (g - C \cdot a) \cdot h_t, \\ x(t_{k+1}) = x(t_k) + v(t_{k+1}) \cdot h_t, \end{cases} \tag{1-3}$$

其中 $k = 0, 1, \cdots$ 为递推次数, C 为反向喷射加速度系数, 为简化计算, 可令 C 为一常数.

算法设计时, 假设反向喷射加速度 $a = g$, 反向喷射加速度系数 $C = 1.455$, 也可通过参数修改值.

```
# file_name: spacecraft_landing.py

G = 9.80665  # 重力加速度, 全局变量
# 控制反向喷射的函数: 忽略飞船质量的变化, 理想情况下模拟
retrofire  = lambda t,  rft ,  C: −C ∗ G if  t  >= rft   else  0.0   # 定义为匿名函数.

def  spacecraft_simulation ( init_v ,  init_h ,  rft ,  th=0.01,  C=1.455):
    """
    飞船软着陆模拟: 采用显式欧拉法求解一阶微分方程组, 并为参数th和C提供默认值
    :param  init_v :  初始的速度, init_h :  初始的高度
    :param  rft :  反向喷射开始的时刻
    :param th :  时间跨度, 时间步长, 默认0.01
    :param C:  反向喷射加速度的系数, 默认1.455
    : return :  模拟过程计算信息info_dict, 反向喷射时刻的高度和速度ths_retrofire
    """
    height ,  v,  t  =  init_h ,  init_v ,  0  # 初始化飞船的高度、速度和时刻
    info_dict  =  dict ()   # 计算过程信息存储, 采用字典, 包括时刻、高度和速度
    info_dict ["time "],   info_dict [" height "],   info_dict ["speed"]  =  [ t ],  [ height ],  [v]
    # 1.  自由落体运动, 2.  反向喷射,  通过函数 retrofire (t ,  rft ,  C)控制计算
    while  0  <= height   <=  init_h :   # 循环计算到软着陆或初始的高度为止
        t  += th   # 更新时刻表
        v += (G +  retrofire  (t ,  rft ,  C)) ∗ th   # 更新飞船的速度
        height  −= v ∗ th   # 更新飞船的位置 (高度), 注意为下降
        info_dict ["time "]. append(t)   # 对应字典的键存储值, 值为列表结构
        info_dict ["speed "]. append(v)   # 速度
        info_dict [" height "]. append(height)   # 高度
    idx  =  int ( rft  /  th)   # 计算反向喷射时刻的索引值, 用于后续可视化
    ths_retrofire   = [ info_dict ["time "][ idx ],   info_dict [" height "][ idx ],
                      info_dict ["speed "][ idx ]]
    return  info_dict ,   ths_retrofire

def  plt_spacecraft_simulation  ( info_dict ,  rf_ths ):
    """
    绘制飞船软着陆下降轨迹和速度变化曲线, 限于篇幅, 略去具体代码.
    :param  info_dict :  计算过程信息存储的字典
    :param  rf_ths :  反向喷射的时刻、高度和速度
    """
```

```
if __name__ == '__main__':
    # 既有位置参数又有关键字参数, 则位置参数必须在关键字参数之前传参
    ths_dict , ths = spacecraft_simulation (0, 1000, rft =7.987, th=0.001, C=1.455)
    plt_spacecraft_simulation ( ths_dict , ths)
```

忽略单位, 设初始高度 $h = 1000$、速度 $v = 0$, 在 $t = 7.987$ 时刻为飞船提供反向喷射加速度. 如图 1-5 第一行两个子图, 当高度 $x = 0$ 时, 速度 $v = 0.14$, 可视为软着陆成功. 若在 $t = 7$ 时刻为飞船提供反向喷射加速度, 则软着陆不成功, 如图 1-5 第二行两个子图所示, 当速度为 0 时, 飞船距离地面的高度约 232, 随着反向喷射提供的加速度, 飞船又转飞到空中, 故软着陆失败.

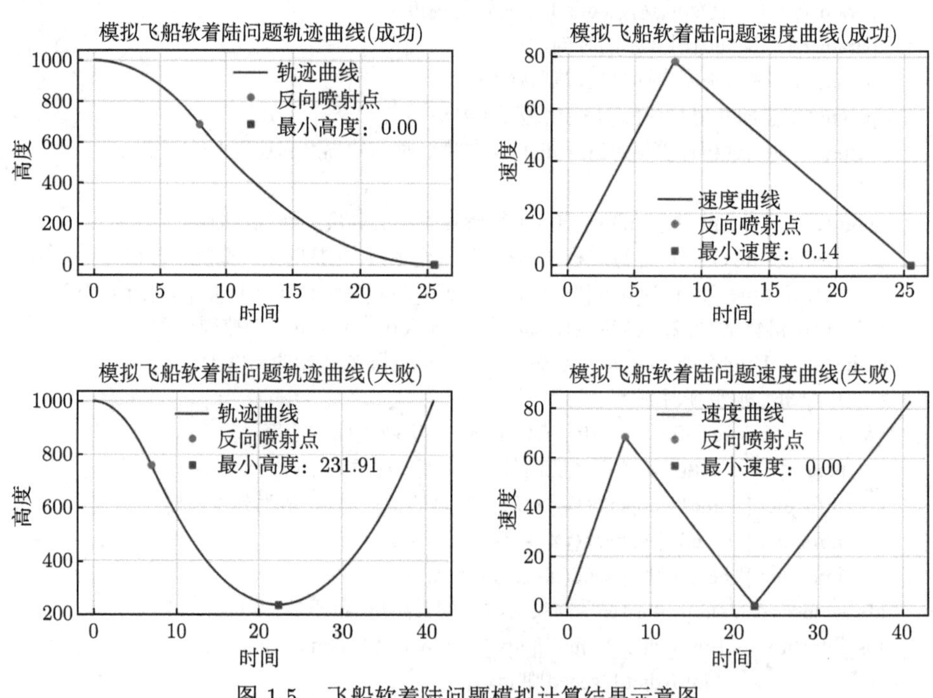

图 1-5 飞船软着陆问题模拟计算结果示意图

参数传递时, 倘若位置参数混合关键字参数, 则位置参数顺序不能变, 关键字参数可变顺序, 但后续所有参数都必须是关键字参数, 即所有关键字参数必须在位置参数之后. 设置默认值的参数可以不传实参 (调用时可省略参数), 也可以传实参. 由于 Python 要求在调用函数时关键字参数必须位于位置参数的后面, 因此在定义函数时指定了默认值的参数 (关键字参数) 必须在没有默认值的参数之后.

1. 可变参数

Python 允许在形参前面添加一个星号 “*”, 即可变参数, 意味着该参数可接收多个参数值, 多个参数值被当成 “元组” 传入. Python 允许个数可变的形参可以处于形参列表的任意位置, 但 Python 要求一个函数最多只能带一个支持可变参数收集的形参.

(1) 第一个参数为可变参数. 由于该参数可接收个数不等的参数值, 因此如果需要给后面的参数传入参数值, 则必须使用关键字参数. 如下代码示例:

```
def spacecraft_simulation(*params, th=0.01, C=1.5):
    """
    :param params: 可变参数, 封装了初始化速度、高度和反向喷射加速度的时刻
    """
    init_v , init_h , rft = params # 函数体内解包, 为各变量分别赋值

if __name__ == '__main__':
    # 可变参数 + 关键字参数
    ths_dict, ths = spacecraft_simulation(0, 1000, 7.99, th=0.001, C=1.455)
```

(2) 可变参数在最后. 对 init_v 和 init_h 按位置参数传参, 不可采用关键字参数. 如下代码示例:

```
def spacecraft_simulation(init_v, init_h, *params):
    """
    :param params: 可变参数, 对参数rft、th和C进行了封包
    """
    rft , th, C = params # 函数体内解包, 为各变量分别赋值

if __name__ == '__main__':
    ths_dict, ths = spacecraft_simulation(0, 1000, 7.99, 0.001, 1.455)
```

(3) 收集关键字参数, Python 会将关键字参数收集成 “字典”. 为了让 Python 能收集关键字参数, 需要在参数前面添加两个星号 “**”. 在这种情况下, 一个函数可同时包含一个支持可变参数收集的形参和一个支持关键字参数收集的形参. 如下代码示例:

```
def spacecraft_simulation(init_v, *args, **params):
    """
    :param init_v : 初始的速度
    :param args : 可变参数, 包含init_h和rft
```

```
    :param params: 收集关键字参数的可变参数, 包含th和C
    """
    init_h ,  rft  = args   # 可变参数解包赋值
    th, C = params["th "], params["C"]   # 字典, 按键取值, 传参时 "键" 值不可错

if __name__ == '__main__':
    # 传参时, 第一个参数对应init_v, 第二和第三个参数被可变参数args收集, 后两个关键字
    # 参数为params收集. 如果rft采用关键字参数, 则会被params收集, 算法有误.
    time, height, speed, ths = spacecraft_simulation(0, 1000, 7.99, th=0.001, C=1.455)
```

2. 逆向参数收集

所谓逆向参数收集, 指的是在程序已有列表、元组、字典等对象的前提下, 把它们的元素 "拆开" 后传给函数的参数. 逆向参数收集需要在传入的列表、元组参数之前添加一个星号 "*", 在字典参数之前添加两个星号 "**".

以函数 def spacecraft_simulation(init_v, init_h, rft, th=0.01, C=1.5) 为例, 形参列表中无可变参数.

(1) 第一种形式: 逆向可变参数, 传参顺序对应. 如下代码:

```
params = (0, 1000, 7.99, 0.001, 1.455)
time, height, speed, ths = spacecraft_simulation(*params)
```

(2) 第二种形式: 位置参数 + 逆向可变参数. 如下代码:

```
params = (7.99, 0.001, 1.455)
time, height, speed, ths = spacecraft_simulation(0, 1000, *params)
```

(3) 第三种形式: 逆向关键字参数. 如下代码:

```
params = {"init_v": 0, "init_h": 1000, "rft": 7.99, "th": 0.001, "C": 1.455}
time, height, speed, ths = spacecraft_simulation(**params)
```

(4) 第四种形式: 位置参数 + 逆向可变参数 + 逆向关键字参数. 如下代码:

```
params , args = {"th": 0.001, "C": 1.455}, (1000, 7.99)
time, height, speed, ths = spacecraft_simulation(0, *args, **params)
```

1.3.2 Python 面向对象的程序设计

面向对象 (object oriented, OO) 是一种程序设计思想. 从 20 世纪 60 年代提出面向对象的概念到现在, 它已经发展成为一种比较成熟的编程思想, 并且逐步成为目前软件开发领域的主流技术. 在 Python 中, "一切皆为对象". 面向对象设计理念是一种从组织结构上模拟客观世界的方法.

类 (Class) 和**对象** (Object) 是面向对象编程 (object oriented programming, OOP) 的核心概念:

✧ “类” 是封装对象的属性和行为的载体, 用于描述一类对象的状态和行为. 反过来说, 具有相同属性和行为的一类实体被称为类.

✧ “对象” 是类的一个实例, 实例化的对象有状态 (静态部分) 和行为 (动态部分).

- 静态部分被称为 “属性”, 任何对象都具备自身的属性, 这些属性不仅是客观存在的, 而且是不能被忽视的. 如迭代逼近算法的迭代初值 x_0、最大迭代次数 k、精度要求 ε 等.

- 动态部分指的是对象的行为或方法, 即对象执行的动作、调用的方法或函数.

✧ 类与对象的关系: 类是一类事物的描述, 是抽象的. 对象是一类事物的实例, 是具体的. 类是对象的模板, 对象是类的实体. 类定义了一类对象有哪些属性和方法, 但并没有实际的空间, 实例化出的对象占有实际空间, 用来存储成员变量.

注 算法从某种程度上来说, 就是处理、计算各种数据, 算法可以说就是值的计算和处理. 而变量作为数据的存储载体, 在算法设计中无处不在, 对象在实例化后, 本质上就已经传递或存储了类属性数据.

面向对象程序设计是在面向过程程序设计的基础上发展而来的, 它比面向过程编程具有更强的灵活性和扩展性, 其内部思想包含了面向过程程序设计的思路. 面向对象程序设计是一个程序员发展的 “分水岭”. 类就是为解决某一类实际问题而设计的一个模板, 模板里包含了多个属性变量和函数方法, 而函数方法则具体实现了问题分解的子功能. 具体语法结构如下:

(1) 类的定义使用 “class” 关键字, 如定义**例 2** “飞船软着陆模拟” 类如下:

```
class SpaceCraftLandingSimulation:  # 大写字母开头, 采用 “驼峰式的命名法"
    """
    类的帮助信息: 飞船软着陆模拟计算, 采用显式欧拉法求解一阶微分方程组···
    """
    # 如下定义的属性和方法为:
    statement类体  # 主要由魔术方法、属性和方法等定义语句组成
```

(2) “魔术” 方法 __init__().

在创建类后, 类通常会自动创建一个 “__init()__” 方法, 该方法是一个特殊的方法, 每当创建一个类的新实例时, Python 都会自动执行它. __init()__ 方法必须包含一个 “self” 参数, 并且必须是第一个参数. self 参数是一个指向实例本身的引用, 用于访问类中的属性和方法, 在方法调用时会自动传递实际参数 self, 因此, 如果 __init()__ 方法只有一个参数, 在创建类的实例时, 就不需要指定实际参数了.

注　如果方法没有 self 参数, 会报错. 类的方法与普通的函数只有一个特别的区别——它们必须有一个额外的第一个参数名称 self, 但是在调用这个方法时不为 self 参数赋值, Python 会自动提供这个值.

(3) 数据成员.

数据成员是指在类中定义的变量, 即属性. 根据定义位置, 又可以分为类属性和实例属性.

✧ **类属性**　定义在类中, 并且在函数体外的属性, 类属性可以在类的所有实例之间"共享值", 也就是在所有实例化的对象中公用. 如"spacecraft_landing_oop.py"中变量 G 的定义.

✧ **实例属性**　定义在类的方法中的属性, 只作用于当前实例中. 如初始速度 init_v、初始高度 init_h、反向喷射开始的时刻 rf_time 等.

(4) 实例方法.

所谓实例方法是指在类中定义的函数, 该函数是一种在类的实例上操作的函数, 是类的一部分, 区别于普通函数. 同魔术方法一样, 实例方法的第一个参数必须是 self. 语法格式:

```
def functionName(self, parameterlist ):  # self: 必要参数, 表示类的实例
    """
    实例方法的说明文档信息
    包括参数parameterlist说明, 用于指定除self以外的参数, 各参数之间使用逗号分隔
    """
    block  # 方法体, 实现的具体功能
```

以例 2"模拟飞船软着陆问题"为例, 进行面向对象的程序设计, 类 SpaceCraftLandingSimulation 中包含 1 个类属性, 7 个实例属性, 3 个实例方法 (其中一个为匿名函数). 具体如下:

```
# file_name: spacecraft_landing_oop.py
class SpaceCraftLandingSimulation:
    """
    面向对象设计: 飞船软着陆模拟计算, 采用显式欧拉法求解一阶微分方程组
    """
    G = 9.80665  # 类实例, 重力加速度, 不同的对象间可共享值

    def __init__(self, init_v, init_h, rf_time, th=0.01, C=1.455):  # 实例属性初始化
        self.init_v = init_v  # 初始的速度
        self.init_h = init_h  # 初始的高度
        self.rf_time = rf_time  # 反向喷射开始的时刻
```

```
        self.th = th  # 时间跨度, 时间步长
        self.C = C  # 反向喷射加速度的系数
        self.info_dict = dict()  # 计算过程信息存储, 采用字典结构
        self.rf_ths = None # 为飞船提供反向喷射加速度时的时刻、高度和速度

    # 控制反向喷射的匿名函数, 注意第一个参数为self
    retrofire = lambda self, t: -self.C * self.G if t >= self.rf_time else 0.0

    def simulate_cal(self):  # 实例方法
        """
        核心算法: 飞船软着陆模拟计算
        """
        height, v, t = self.init_h, self.init_v, 0  # 初始化飞船的高度、速度和时刻
        self.info_dict["time"] = [t] # 时刻列表
        self.info_dict["height"] = [height] # 高度列表
        self.info_dict["speed"] = [v] #速度列表
        # 1. 自由落体运动, 2. 反向喷射, 通过实例函数retrofire(t)控制计算
        while 0 <= height <= self.init_h:  # 循环计算到软着陆或初始的高度为止
            t += self.th  # 更新时刻表
            v += (self.G + self.retrofire(t)) * self.th  # 更新飞船的速度
            height -= v * self.th  # 更新飞船的位置 (高度), 注意为下降
            self.info_dict["time"].append(t)  # 对应字典的键存储值, 值为列表结构
            self.info_dict["speed"].append(v)  # 速度
            self.info_dict["height"].append(height)  # 高度
        idx = int(self.rf_time / self.th)  # 计算反向喷射时刻的索引值
        self.rf_ths = [self.info_dict["time"][idx], self.info_dict["height"][idx],
                       self.info_dict["speed"][idx]]

    # 实例方法, 绘制飞船软着陆下降轨迹和速度变化曲线, 略去具体代码
    def plt_simulation_processing(self):
```

如下代码为类的实例化和调用. 实例化 (创建) 对象 scls, 则 scls 实际占有了内存空间, 其中封装了 7 个实例属性和 3 个实例方法, 并由对象 scls 统一管理和调用, 方便在不同的实例方法间共享属性变量值. 故模拟计算 simulate_cal( ) 方法和可视化 plt_simulation_processing( ) 方法并未定义其他形参, 仅包含 self (指向自身, 即表示 scls 本身) 参数. 方法 simulate_cal( ) 一旦执行完毕, 则 self.info_dict 和 self.rf_ths 就已包含了模拟计算过程的数据, 并由 self 共享到 plt_simulation_processing( ) 方法中. 结果如图 1-5 所示.

```
# 初始化对象, 提供参数
scls = SpaceCraftLandingSimulation(0, 1000, rf_time=7.99, th=0.001, C=1.455)
scls . simulate_cal ()  # 模拟计算, 不必为self传递参数
scls . plt_simulation_processing ()  # 可视化
```

因篇幅限制, 其他面向对象的概念和设计理念, 在此处略去. 具体包括类方法、静态方法、访问限制和面向对象的三大特性: 封装、继承和多态.

注 不再提供继承和多态的实例, 可查阅资料自行学习, 或参考第 2 章数据插值、第 7 章解线性方程组的迭代法、第 9 章非线性方程组的数值解法等内容.

■ 1.4 Python 面向数组的编程

Python 面向数组的编程, 主要是指基于 NumPy 库的数值计算[5−8]. 在 Python 中, NumPy 几乎是一切科学计算的基础库, 是科学计算的基石, 更是当下机器学习、深度学习的基础数值计算库. 本节内容主要参考文献 [8], 其作者 Wes McKinney 是 Python Pandas 项目的创始人, 部分内容也参考文献 [7].

NumPy 之于数值计算特别重要的原因之一, 是它可以高效处理大数组的数据, 这是 list、tuple 和 dict 等无法做到的. NumPy 是在一个连续的内存块中存储数据, 独立于其他 Python 内置对象.

1.4.1 ndarray 对象及矢量化计算

NumPy 核心数据结构是多维数组 ndarray (n-dimensional array), ndarray 数组是同质的 (数据类型相同) 、带数据类型的、固定长度的数组. ndarray 具有矢量算术运算能力和复杂的广播能力, 并具有执行速度快和节省空间的特点.

以“曲边梯形面积”近似计算为例, 说明矢量计算和非矢量计算的区别与执行速度.

在数值计算中将非线性问题线性化是常用方法[9]. 如图 1-6 (左) 所示, 计算定积分的梯形公式

$$I(f) = \int_a^b f(x)\mathrm{d}x \approx \frac{b-a}{2}[f(a)+f(b)],$$

它是用通过曲线上两点 $(a, f(a)), (b, f(b))$ 的直线近似曲线的弧, 用梯形面积近似曲边梯形面积, 即“以直带曲”. 为提高计算精度采用化整为“零”思想, 将 $[a,b]$ 分割为小区间 $a = x_0 < x_1 < \cdots < x_n = b$, 其中 $x_i = a + ih, h = (b-a)/n$, 在每个

小区间 $[x_i, x_{i+1}], i = 0, 1, \cdots, n-1$ 上用梯形公式计算, 再求和得到

$$I(f) = \int_a^b f(x)\mathrm{d}x \approx \sum_{i=0}^{n-1} \frac{h}{2}\left(f\left(x_i\right) + f\left(x_{i+1}\right)\right). \tag{1-4}$$

如图 1-6 (右) 所示, 只要取足够大的 n 就可得到满足精度要求的近似积分值 $I^*(f)$.

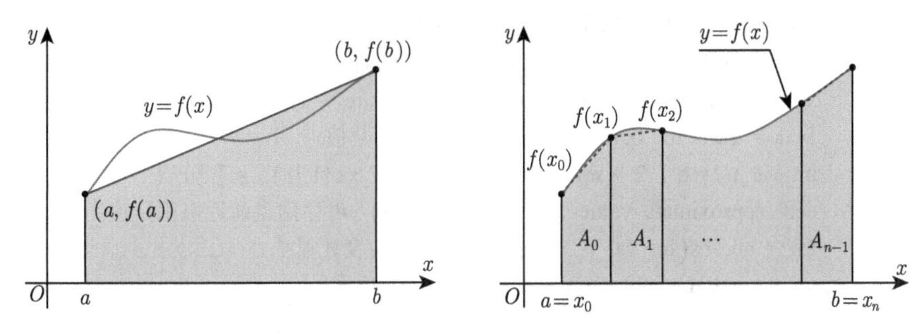

图 1-6 曲边梯形面积近似计算

如下算法实现矢量运算和非矢量运算, 采用自适应划分区间数, 即下次划分区间数扩充为上次划分区间数的 2 倍, 对比划分前后的精度, 满足精度要求则终止划分, 即 $\left|I^{(k+1)} - I^{(k)}\right| \leqslant \varepsilon$, 其中 $I^{(k)}$ 为第 k 次划分区间数后的积分近似值.

```
# file_name: trapezoidal_integral.py
class TrapezoidalIntegral:
    """
    通过划分积分区间为若干小区间, 以小区间的梯形面积近似曲边梯形面积.
    自适应方法, 根据精度计算划分区间数, 返回满足精度要求的积分值
    """
    def __init__(self, int_fx, a, b, eps=1e-10, max_split_interval_num=1000):
        self.int_fx = int_fx  # 被积函数, 非符号定义
        self.a, self.b = a, b  # 积分上下限
        self.eps = eps  # 积分精度, 采用划分前后两次精度的绝对值差判断
        self.max_split_interval_num = max_split_interval_num  # 最大划分区间数
        self.int_value = 0.0  # 满足精度要求的积分值
        self.approximate_values = []  # 自适应过程中的积分近似值

    def cal_trapezoid_int_vectorization(self):
        """
        矢量化计算: 自适应划分区间数, 对每个小区间计算梯形面积, 近似曲边梯形面积
```

```
        : return : 积分值int_val_n, 划分区间数split_num
        """
        # 初始为梯形公式计算
        int_val_n = (self.b - self.a) / 2 * (self.int_fx(self.a) + self.int_fx(self.b))
        self.approximate_values.append(int_val_n)
        tol, split_num = np.infty, 1  # 初始化, 逼近精度tol和区间划分数
        while tol > self.eps and split_num < self.max_split_interval_num:
            int_val_b = int_val_n  # 前后两次划分区间数的近似积分值
            split_num *= 2  # 每次增加一倍的划分数量: 1, 2, 4, 8, 16, ···
            h = (self.b - self.a) / split_num  # 小区间步长, 等分
            x_k = np.linspace(self.a, self.b, split_num + 1)  # 区间端点, 为n + 1
            f_xk = self.int_fx(x_k)  # 区间端点的函数值
            int_val_n = h / 2 * np.sum((f_xk[:-1] + f_xk[1:]))  # 积分值, 一维向量相加
            self.approximate_values.append(int_val_n)  # 存储当前近似积分值
            tol = np.abs(int_val_n - int_val_b)  # 精度计算
        return int_val_n, split_num

    def cal_trapezoid_int_nvectorization(self):
        """
        非矢量化计算: 自适应划分区间数, 对每个小区间计算梯形面积, 近似曲边梯形面积
        : return : 积分值int_val_n, 划分区间数split_num
        """
        int_val_n = (self.b - self.a) / 2 * (self.int_fx(self.a) + self.int_fx(self.b))
        self.approximate_values.append(int_val_n)
        tol, split_num = np.infty, 1  # 初始化, 逼近精度tol和区间划分数
        while tol > self.eps and split_num < self.max_split_interval_num:
            int_val_b = int_val_n  # 前后两次划分区间数的近似积分值
            split_num *= 2  # 每次增加一倍的划分数量: 1, 2, 4, 8, 16, ···
            h = (self.b - self.a) / split_num  # 小区间步长, 等分, 标量计算
            x_k, f_xk = [], []  # 列表用于存储区间端点x_k和对应的函数值f_xk
            for i in range(split_num + 1):  # 非矢量化计算, 通过循环for实现
                x_k.append(self.a + i * h)  # 端点值
                f_xk.append(self.int_fx(x_k[-1]))  # 区间端点的函数值, 非矢量化计算
            int_val_n = 0.0  # 积分值
            for i in range(split_num):  # 非矢量化计算, 通过循环for实现
                int_val_n += h / 2 * (f_xk[i] + f_xk[i + 1])  # 积分值, 标量相加
            self.approximate_values.append(int_val_n)
            tol = np.abs(int_val_n - int_val_b)
        return int_val_n, split_num
```

```
def plt_approximate_processing ( self ):  #可视化积分近似值的逼近过程
```

例 3 计算 $I(f)=\int_0^1 x^2\sqrt{1-x^2}\,\mathrm{d}x=\dfrac{\pi}{16}$, 精度要求 $\varepsilon=10^{-8}$, 并对比矢量化和非矢量化计算的效率.

如图 1-7 所示, 矢量化计算和非矢量化计算结果一致. 最终划分区间数 262144, 近似积分值为 $I^*\approx 0.196349538658924$, 绝对值误差为 2.19044×10^{-9}.

循环计算 100 次, 统计矢量化和非矢量化计算的时间 (假设忽略其他影响计算消耗时间的客观因素), 得其平均时间分别为 $\bar{t}_1=0.010434315204620362$ 和 $\bar{t}_2=0.8909119415283203$(单位: 秒), 比值约为 $\bar{t}_2/\bar{t}_1\approx 85.383$, 可见矢量化计算的执行效率远高于非矢量化计算的效率.

上述算法为一维数组的矢量化计算, 数值计算常涉及二维数组 (矩阵) 和一维数组的预定义、索引取值、广播规则的计算和数组处理等问题.

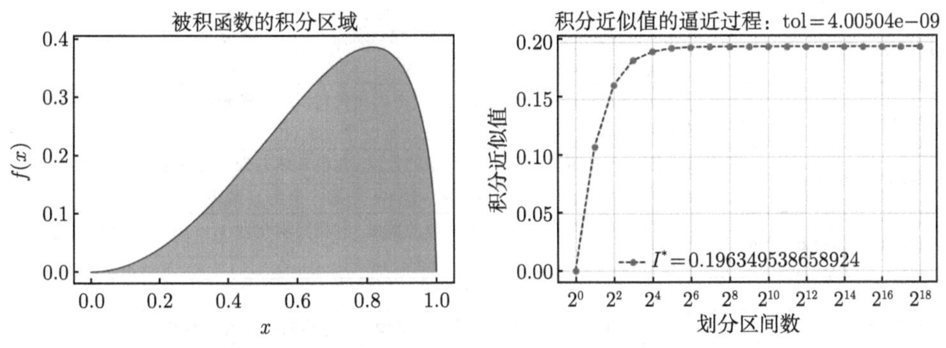

图 1-7 被积函数区域与梯形面积近似计算积分值的收敛过程

如图 1-8 所示. NumPy 数组的维数称为秩 (rank), 秩就是轴的数量, 即数组的维度 (dimension) , 一维数组的秩为 1, 二维数组的秩为 2, 以此类推. 在 NumPy 中, 每一个线性的数组称为一个轴 (axis), 即维度. 如二维数组相当于是两个一维数组, 其中第一个一维数组中每个元素又是一个一维数组. 所以一维数组就是 NumPy 中的轴, 第一个轴相当于是底层数组, 第二个轴是底层数组里的数组. 可以声明参数 axis, 尤其是 Numpy 中的聚合函数. 对于二维数组, axis=0 表示沿着第 0 轴进行操作或运算, 即对每一列进行操作; axis=1 表示沿着第 1 轴进行操作或运算, 即对每一行进行操作.

在许多情况下, 需生成一些元素遵循某些给定规则的数组, 例如填充常量值、生成三对角矩阵、构造三对角块矩阵、生成随机数等. 表 1-4 为创建数组常见函数.

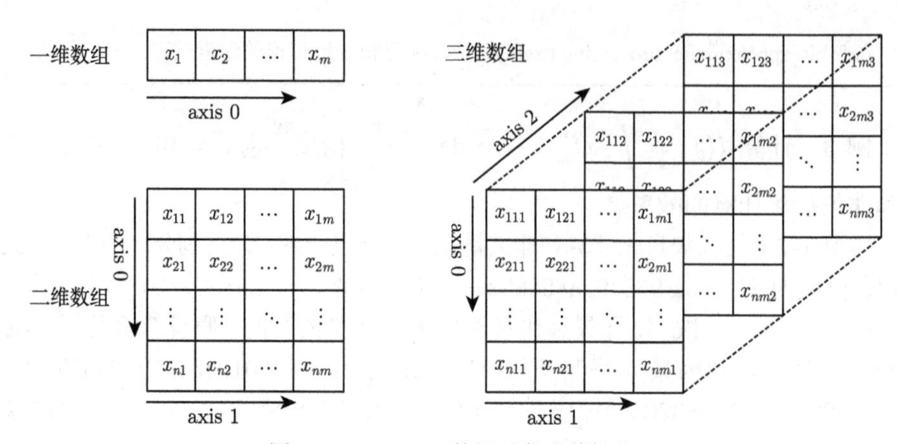

图 1-8　ndarray 数组对象及其轴向

表 1-4　NumPy 中常见创建数组函数

函数名	说明
np.array	接受一切序列型的对象 (包括其他数组), 产生一个新的含有传入数据的 NumPy 数组
np.empty, np.empty_like	创建新数组, 只分配内存空间但不填充任何值. 通常 np.zeros 比 np.empty 函数更安全
np.zeros, np.zeros_like	创建一个指定维度和数据类型的数组, 并将其填充为 0. zeros_like 以另一个数组为参数, 并根据其形状和 dtype 创建一个全 0 数组
np.ones, np.ones_like	创建一个指定维度和数据类型的数组, 并将其填充为 1, ones_like 含义同 zeros_like
np.eye, np.identity	创建一个 $N \times N$ 的单位方阵
np.diag	创建一个对角阵, 指定对角线上的值, 并将其他地方填充为 0
np.arange	指定开始值、结束值和增量, 创建一个具有均匀间隔数值的数组
np.linspace, np.logspace	使用指定数量的元素, 在指定的开始值和结束值之间创建一个具有均匀间隔数值的数组. np.logspace 为均匀对数间隔值
np.meshgrid	使用一维坐标向量生成坐标矩阵 (和更高维坐标数组)
np.fromfunction	创建一个数组, 并用给定函数的函数值填充
np.fromfile	创建一个数组, 其数据来自二进制 (或文本) 文件, NumPy 还提供相应的将 NumPy 数组存储在硬盘中的函数 np.tofile
np.genfromtxt, np.loadtxt	创建一个数组, 其数据读自文本文件, 如 csv 文件, np.genfromtxt 也支持处理缺失值
np.random.rand	创建一个数组, 其值在 (0, 1) 之间均匀分布
np.random.randn	创建一个数组, 其值服从标准正态分布

NumPy 数组可以将许多种数据处理任务表述为简洁的数组表达式 (否则需要编写循环) . 用数组表达式代替循环的做法, 通常被称为**矢量化**. 一般来说, 矢量化数组运算要比等价的纯 Python 方式快上一两个数量级, 尤其是各种数值计算. 如例 3 近似梯形面积的计算.

以数组形式处理数据时, 对数组进行重新排列比较常见. 重排数组不需要修改底层数组数据, 它只是通过重新定义数组的 strides 属性, 改变了数据的解释方式. 需要注意的是, 重排数组产生的是视图, 如果需要数组的独立副本, 则必须显式复制 (如 np.copy) . 表 1-5 为 NumPy 中常见处理数组的函数.

表 1-5 NumPy 中常见处理数组的函数或方法

函数 / 方法	说明
np.reshape	重排一个 N 维数组. 元素的总数必须保持不变
np.ndarray.flatten	创建一个 N 维数组的副本并将其重新解释为一维数组
np.ravel	创建一个 N 维数组的视图, 在该数组中将其解释为一维数组
np.squeeze	移除长度为 1 的轴
np.expand_dims, np.newaxis	向数组中添加长度为 1 的新轴, 其中 np.newaxis 用于数组索引
np.transpose, np.ndarray.T	转置数组. 转置操作对应于对数组的轴进行反转 (或置换)
np.hstack, np.vstack	分别表示将一组数组水平堆栈 (沿轴 1) 和将一组数组垂直堆栈 (沿轴 0)
np.dstack	深度 (depth-wise) 堆栈数组 (沿轴 2)
np.concatenate	沿着给定轴堆栈数组
np.resize	调整数组的大小. 用给定的大小创建原数组的新副本. 如有必要, 将重复原数组以填充新数组
np.append	将新元素添加到数组中, 创建数组的新副本
np.insert	在指定位置将元素插入新数组, 创建数组的新副本
np.delete	删除数组指定位置的元素, 创建数组的新副本

1.4.2 索引与切片

NumPy 数组的元素和子数组可以使用标准的方括号 “[ ]” 表示法来访问, 该表示法也适用于 Python 列表. 在方括号内, 各种不同的索引格式用于不同类型的元素选择. 通常, 方括号内的表达式是一个元组, 元组中每一项都指定了数组中相应维 (轴) 需要选择哪些元素.

使用**切片**从数组中提取的子数组是 “视图” 操作, 即引用了原始数组内存中的数据. 当视图中的元素被分配新值时, 原始数组的值也会因此而更新. 当需要副本而不是视图时, 可以使用 ndarray 实例的 copy 方法显式复制视图. 一维数组索引切片操作如表 1-6 所示. 二维数组和三维数组的索引切片在一维索引切片的基础上根据维度或轴 axis 进行操作.

NumPy 为索引数组提供了另一种方便的方法, 称为**花式索引** (fancy indexing) . 通过花式索引, 可以使用另一个 NumPy 数组、Python 列表或整数序列对数组进行索引, 这些数组的值将在被索引数组中选择元素. 另一种变体是使用**布尔索引数组**. 在这种情况下, 每个元素 (值为 True 或 False) 指示是否从具有相应位置选择元素. 从数组中过滤元素时, 此索引方法非常方便. 与使用切片创建数组不同, 使用花式索引和布尔索引返回的不是视图, 而是新的独立数组. 篇幅所限, 不再具体赘述, 具体参考 https://numpy.org.cn/学习.

表 1-6　一维数组的索引切片操作 (索引下标从 0 开始, 且必须为整数)

表达式	描述
$a[m]$	选择索引为 m 的元素 (第 $m+1$ 个)
$a[-m]$	从数组末尾开始选择第 m 个元素 (倒数第 m 个)
$a[m:n]$	选择索引从 m 开始到 $n-1$ 结束的元素
$a[:]$,　$a[0:-1]$	选择给定维度的所有元素
$a[:n]$	选择索引从 0 (从头) 开始 $n-1$ 结束的元素
$a[m:]$,　$a[m:-1]$	选择索引从 m 开始到数组最后的所有元素, 通常省略 -1
$a[m:n:p]$	选择索引从 m 开始 $n-1$ 结束, 增量为 p 的所有元素
$a[::-1]$	以逆序选择所有元素, 表示从头到尾, 步长为 -1, 即翻转元素

1.4.3　矩阵和向量运算

NumPy 实现了绝大部分基础数学函数和运算符对应的函数和向量运算, 且都作用于数组中的元素. 所以二元操作要求表达式中的所有数组都具有兼容性大小, 即表达式中的变量要么是标量, 要么具有相同大小和形状的数组.

广播 (broadcast) 是 NumPy 对不同形状 (shape) 的数组进行数值计算的方式, 对数组的算术运算通常在相应的元素上进行. 具体如下 (表 1-7):

✧ 向量和标量运算, 标量自动复制扩充为向量;

✧ 矩阵和向量运算, 向量在没对齐的维度自动复制扩充为矩阵;

表 1-7　NumPy 数组之间运算的广播规则示例

数组名称	数组维度	结果维度	数组名称	数组维度	结果维度
A	2d array	5×4	A	3d array	$15\times3\times5$
B	1d array	1	B	2d array	3×5
Result	2d array	5×4	Result	3d array	$15\times3\times5$
A	2d array	5×4	A	3d array	$15\times3\times5$
B	1d array	4	B	2d array	3×1
Result	2d array	5×4	Result	3d array	$15\times3\times5$
A	3d array	$15\times3\times5$	A	4d array	$8\times1\times6\times1$
B	3d array	$15\times1\times5$	B	3d array	$7\times1\times5$
Result	3d array	$15\times3\times5$	Result	4d array	$8\times7\times6\times5$
A	1d array	3	A	2d array	2×1
B	1d array	4	B	3d array	$8\times4\times3$
Result	两个向量后缘维度尺寸不匹配		Result	最后一个维度的第二个维度不匹配	

✧ 两个矩阵在两个维度上都不对齐, 且都能广播, 在每个维度上分别复制扩充.

广播的原则: 如果两个数组的后缘维度 (trailing dimension, 即从末尾开始算起的维度) 的轴长度相符, 或其中的一方的长度为 1, 则认为它们是广播兼容的. 广播会在缺失和 (或) 长度为 1 的维度上进行.

表 1-8 为常见的聚合函数, 聚合函数常包含轴 axis 参数. 默认情况下, 聚合函数会聚合整个输入数组. 使用 axis 关键字参数及对应的 ndarray 方法, 可以控制数组聚合的轴. axis 参数可以是整数, 用于指定要聚合的轴, 也可以是整数元组, 用于指定多个轴进行聚合.

表 1-8 NumPy 常见的聚合函数

函数	说明
np.sum	对数组中全部或某轴向的元素求和. 零长度的数组的 sum 为 0
np.mean	算术平均值. 零长度的数组的 mean 为 NaN
np.std, np.var	分别为标准差和方差, 自由度可调 (默认为 n)
np.min, np.max	最小值和最大值
np.argmin, np.argmax	分别返回最大和最小元素的索引
np.cumsum, np.cumprod	所有元素的累计和、累计积
np.ptp	计算数组中元素最大值与最小值的差 (最大值 − 最小值)
np.percentile, np.quantile	分别沿指定轴计算数据的第 q 个百分位数、第 q 个分位数
np.median	计算数组中元素的中位数 (中值)
np.average	根据在另一个数组中给出的各自的权重计算数组中元素的加权平均值. 该函数可以接受一个轴参数. 如果没有指定轴, 则数组会被展开
np.all, np.any	np.all 表示数组中所有元素都为 True, 则返回 True; np.all 表示数组中任一元素都为 True, 则返回 True

线性代数 (如矩阵乘法、矩阵分解、行列式以及其他矩阵运算等) 是任何数组库的重要组成部分. linalg = linear + algebra. 表 1-9 为 NumPy 中常见的线性代数函数.

表 1-9 常用的 numpy.linalg 函数

函数	说明	函数	说明
dot	矩阵乘法	trace	计算对角线元素的和, 即迹
det	计算矩阵行列式	eig	计算方阵的特征值和特征向量
inv	计算方阵的逆	pinv	计算矩阵的 Moore-Penrose 伪逆
qr	计算 QR 分解	svd	计算奇异值分解 (SVD)
solve	解线性方程组 $Ax = b$, 其中 A 为一个方阵	lstsq	计算 $Ax = b$ 的最小二乘解
diag	以一维数组返回方阵的对角线 (或非对角线) 元素, 或将一维数组转换为方阵 (非对角线元素为 0)		
norm	范数, norm(x, ord=None, axis=None, keepdims=False), x 表示要度量的向量, ord 表示范数的种类 (默认为 2, 其值为 1, 2, np.inf), axis 表示向量的计算方向, keepdims 表示是否保持维度不变		

1.4.4 * 单层神经网络示例

1. 单层神经网络原理

设二分类问题的数据集 $\mathcal{D}=\{(\boldsymbol{x}_i,y_i)\mid i=1,2,\cdots,n\}$, 其中 $\boldsymbol{x}_i=(x_{i1},x_{i2},\cdots,x_{im})^{\mathrm{T}}$ 为第 i 个样本 (m 个特征变量), $y_i\in\{0,1\}$ 为第 i 个样本的类别, 权重 $\boldsymbol{w}=(w_1,w_2,\cdots,w_m)^{\mathrm{T}}$.

图 1-9 为人工神经元模型, 函数 $\varphi(\cdot)$ 称为**激活函数或转移函数** (transfer function), net 称为**净激活** (net activation) . 神经元的输出与输入的关系表示为

$$net_i=\sum_{j=1}^{m}w_jx_{ij}+b=\boldsymbol{w}^{\mathrm{T}}\boldsymbol{x}_i+b,\quad \hat{y}_i=\varphi\left(net_i\right),\quad i=1,2,\cdots,n. \tag{1-5}$$

若将阈值 b 看成是神经元的一个输入 $x_{i0}=1$ 的权重 w_0, 则式 (1-5) 可简化为

$$net_i=\sum_{j=0}^{m}w_jx_{ij}=\boldsymbol{w}^{\mathrm{T}}\boldsymbol{x}_i,\quad \hat{y}_i=\varphi\left(net_i\right),\quad i=1,2,\cdots,n. \tag{1-6}$$

这种“阈值加权和”的神经元模型称为 **M-P 模型** (McCulloch-Pitts model, M-P), 即麦卡洛克–皮特斯模型, 也称为神经网络的一个处理单元 (processing element, PE).

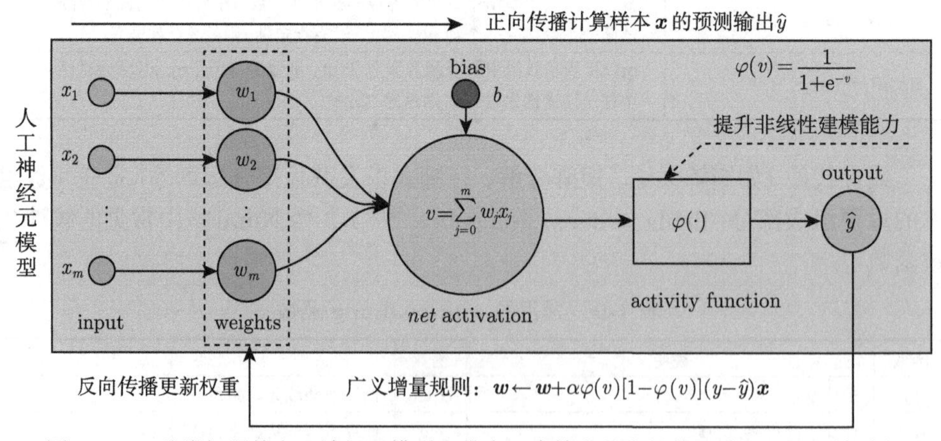

图 1-9　二分类问题的人工神经元模型和带有一个输出节点的单层神经网络训练过程

用适当的值初始化权重 $\boldsymbol{w}$, 则单层神经网络 (仅包含输入层和输出层, 无隐藏层, 等价于机器学习中的逻辑回归模型) 的训练过程 (针对单个样本而言):

(1) 前向传播　从训练数据中获得“输入”$\boldsymbol{X}=(\boldsymbol{x}_1,\boldsymbol{x}_2,\cdots,\boldsymbol{x}_n)^{\mathrm{T}}$, 将“输入”传递到神经网络模型中, 从模型获得预测输出 $\hat{y}_i=\varphi\left(\boldsymbol{w}^{\mathrm{T}}\boldsymbol{x}_i\right),i=1,2,\cdots,n$;

(2) 反向传播 依据“正确输出” y_i 计算误差 $e_i = y_i - \hat{y}_i, i = 1, 2, \cdots, n$, 按照增量规则计算权重的更新, 即 $\Delta \boldsymbol{w} = \alpha e_i \boldsymbol{x}$, 其中 α 为学习率, 调整权重 $\boldsymbol{w} \leftarrow \boldsymbol{w} + \Delta \boldsymbol{w} = \boldsymbol{w} + \alpha e_i \boldsymbol{x}_i, i = 1, 2, \cdots, n$;

(3) 将所有训练数据重复执行第 (1)、(2) 步, 直至满足某种收敛性条件, 停止训练.

对于任意一个激活函数, 都可以用 $\boldsymbol{w} \leftarrow \boldsymbol{w} + \alpha e_i \boldsymbol{x}_i$ 表示增量规则, 即第 $j(j = 1, 2, \cdots, m)$ 个权重 w_j 与第 i 个样本的输出节点误差 e_i 和输入节点值 x_{ij} 成正比. 神经网络训练过程中, 权重系数的更新常采用广义增量规则. 定义 $\delta_i = \varphi'(v_i) e_i, i = 1, 2, \cdots, n$, 其中 $v_i = net_i$ 表示第 i 个样本 $\boldsymbol{x}_i$ 与权重系数 $\boldsymbol{w}$ 的加权和, $\varphi'(\cdot)$ 表示激活函数的一阶导数. 若选用 Sigmoid 激活函数提升网络的非线性建模能力, 则计算公式为

$$\varphi(x) = \frac{1}{1 + \mathrm{e}^{-x}}, \quad \varphi'(x) = \varphi(x) \cdot (1 - \varphi(x)), \quad x \in \mathbb{R},$$

其中 $\varphi(x) \in (0, 1)$ 可作为当前样本的预测概率, 以阈值 0.5 判断类别, 若小于 0.5 可判断为正例 (类别 0), 大于 0.5 可判断为负例 (类别 1) . 则按照广义增量规则, 得权重更新公式为

$$w_j \leftarrow w_j + \alpha \varphi(v_i)[1 - \varphi(v_i)] e_i x_{ij}, \quad i = 1, 2, \cdots, n, j = 1, 2, \cdots, m, \tag{1-7}$$

式 (1-7) 中 $\alpha \varphi(v_i)[1 - \varphi(v_i)] e_i x_{ij}$ 称为单层神经网络的**广义增量规则**.

单层神经网络较为简单, 选用 Sigmoid 激活函数, 则可实现线性可分的二分类数据集. 图 1-9 为带有一个输出节点的单层神经网络训练示意图, 并假设某个样本为 $(\boldsymbol{x}, y)$. 神经网络的训练常采用梯度下降法.

梯度下降法的基本思想: 沿着负梯度方向逐步迭代, 使得网络参数不断收敛到全局 (若损失函数为凸函数) 最小值, 并通过反向传播算法, 更新网络参数. 为体现 NumPy 矢量化计算的优势, 本算法采用**批量梯度下降** (batch gradient descent, BGD) 法. 对于每一个权重, 使用全部训练数据分别计算出它的权重更新值, 然后用这些权重的平均值来调整权重. 则 BGD 法权重更新公式写成向量形式为

$$\boldsymbol{w} \leftarrow \boldsymbol{w} - \alpha \cdot \frac{1}{n} \sum_{i=1}^{n} (h_{\boldsymbol{w}}(\boldsymbol{x}_i) - \boldsymbol{y}_i) \boldsymbol{x}_i, \tag{1-8}$$

其中 $h_{\boldsymbol{w}}(\boldsymbol{x}) = \varphi(\boldsymbol{w}^{\mathrm{T}} \boldsymbol{x})$ 为单层神经网络当前训练所获得的模型的预测输出, $h_{\boldsymbol{w}}(\boldsymbol{x}) - \boldsymbol{y}$ 为当前模型的训练误差. BGD 优点在于算法的稳定性, 缺点是网络训练消耗较长的时间.

2. 单层神经网络的训练与 Numpy 矢量化计算

假设样本集数据构成矩阵 $\boldsymbol{X}_{n\times m}$, n 表示样本量, m 表示样本特征变量数, 通常 $n > m > 1$, 目标集构成向量 $\boldsymbol{y}$, 随机权重构成向量 $\boldsymbol{w}$, 并假设算法设计 (模型的训练) 时不考虑偏置 b, 具体表示如下:

$$\boldsymbol{X} = \begin{pmatrix} x_{11} & x_{12} & \cdots & x_{1m} \\ x_{21} & x_{22} & \cdots & x_{2m} \\ \vdots & \vdots & & \vdots \\ x_{n1} & x_{n2} & \cdots & x_{nm} \end{pmatrix}, \quad \boldsymbol{y} = \begin{pmatrix} y_1 \\ y_2 \\ \vdots \\ y_n \end{pmatrix}, \quad \boldsymbol{w} = \begin{pmatrix} w_1 \\ w_2 \\ \vdots \\ w_m \end{pmatrix}.$$

在 NumPy 中, $\boldsymbol{X}_{n\times m}$ 为二维数组, 其 shape 为 (n, m), $\boldsymbol{y}$ 和 $\boldsymbol{w}$ 为一维数组, 其 shape 分别为 $(n,)$ 和 $(m,)$.

(1) 前向传播计算. 获得当前神经网络模型的预测输出概率

$$\begin{aligned} \boldsymbol{net} = \boldsymbol{X}\boldsymbol{w} &= \left(\sum_{j=1}^{m} x_{1j}w_j, \quad \sum_{j=1}^{m} x_{2j}w_j, \quad \cdots, \quad \sum_{j=1}^{m} x_{nj}w_j \right)^{\mathrm{T}} \\ &= \left(\boldsymbol{x}_1^{\mathrm{T}}\boldsymbol{w}, \quad \boldsymbol{x}_2^{\mathrm{T}}\boldsymbol{w}, \quad \cdots, \quad \boldsymbol{x}_n^{\mathrm{T}}\boldsymbol{w} \right)^{\mathrm{T}}, \end{aligned}$$

则 NumPy 计算方式为 np.dot(X, w) 或 np.dot(w, X.T), 其 shape 为 $(n,)$, 对应 n 个净激活值 net_i. 若采用 np.dot(w, X) 计算, 会出现维度不一致错误. 激活函数 $\varphi(x)$ 是矢量化计算, 获得当前训练模型的预测输出 $\hat{\boldsymbol{y}} = \varphi(\boldsymbol{net})$, 对应于算法设计为 y_prob = activity_fun[0](net), 结果的 shape 仍为 $(n,)$.

(2) 反向传播计算. 首先, 计算当前误差 $\boldsymbol{E} = \boldsymbol{y} - \hat{\boldsymbol{y}} = (y_1 - \hat{y}_1, y_2 - \hat{y}_2, \cdots, y_n - \hat{y}_n)^{\mathrm{T}}$, NumPy 矢量化计算方式为 error = Y - y_prob , 即对应元素相减, 结果的 shape 为 $(n,)$. 其次, 按照广义增量规则和批量梯度下降法计算权重的更新

$$\Delta\boldsymbol{w} = \alpha\frac{1}{n}\left(\boldsymbol{\delta}^{\mathrm{T}}\boldsymbol{X}\right), \quad \boldsymbol{\delta} = \varphi'(\boldsymbol{net})\boldsymbol{E} = [\varphi(\boldsymbol{net})(1 - \varphi(\boldsymbol{net}))]\boldsymbol{E},$$

其中 α 为学习率 (标量值), $\boldsymbol{\delta}$ 计算为代数中向量 $\varphi(\boldsymbol{net})(1 - \varphi(\boldsymbol{net}))$ 与向量 $\boldsymbol{E}$ 之间的 Hadamard 积. NumPy 矢量化计算方式为 delta = activity_fun[1](net) * error, 运算符 "*" 表示向量对应元素相乘, 其 shape 为 $(n,)$, 则 dw = alpha * np.dot(delta, X) / n, 其 shape 为 $(m,)$. 最后, 调整权重 $\boldsymbol{w} \leftarrow \boldsymbol{w} + \Delta\boldsymbol{w}$, NumPy 矢量化计算方式为 w = w + dw, 即对应元素相加, 其 shape 为 $(m,)$.

此外, 算法采用了交叉熵损失作为模型优化的目标函数, 即

$$\boldsymbol{J}(\boldsymbol{w}) = \sum_{i=1}^{n} - \left[y_i \ln h_{\boldsymbol{w}}(\boldsymbol{x}_i) + (1 - y_i)\ln(1 - h_{\boldsymbol{w}}(\boldsymbol{x}_i))\right],$$

则式 (1-8) 中权重更新增量可通过目标函数对权重系数的一阶偏导而得.

(3) 基于批量梯度下降法, 将所有训练数据重复执行第 (1)、(2) 步, 直至满足某种收敛性条件, 停止训练.

(4) 对未知测试样本 $\boldsymbol{X}_{\text{test}}$ 的预测, $\hat{\boldsymbol{y}}_{\text{test}} = \varphi(\boldsymbol{X}_{\text{test}}\boldsymbol{w}^*)$, $\boldsymbol{w}^*$ 为模型最终训练的权重系数向量.

为便于扩展, 激活函数单独定义 Python 文件 activity_functions.py (此处略去, 请下载源程序查看), 基于批量梯度下降法和广义增量规则的单层神经网络算法如下:

```
# file_name: simple_neural_network.py
import fundamentals_python_mathematics_01. activity_functions  as  af  # 激活函数

class SimpleNeuralNetwork:
    """
    单层神经网络, 即无隐层, 可实现线性可分的二分类数据, 仅实现批量梯度下降法.
    不采用特殊的优化方法: 动量法、adagrad、adam 等, 仅为广义增量规则
    """
    def __init__( self , alpha=1e-2, eps=1e-10, av_fun="sigmoid", epochs=1000, SEED=0):
        self.alpha = alpha  # 学习率, 即更新一次权重的尺度
        self.eps = eps  # 停机精度, 满足精度要求即可停止优化
        # 返回值两个(激活函数activity_fun[0], 激活函数一阶导activity_fun[1])
        self. activity_fun = af. activity_functions (av_fun)  # 激活函数, 默认sigmoid
        self.epochs = epochs  # 最大训练次数
        self.SEED = SEED      # 初始化权重系数的随机种子
        self.nn_weight = None  # 单层神经网络权重
        self. loss_values = []  # 每次训练的损失值

    @staticmethod
    def cal_cross_entropy (y, y_prob):
        """
        计算交叉熵损失, 静态方法, 无特征属性变量
        :param y: 样本真值, 一维数组, shape=(n,)
        :param y_prob: 模型预测类别概率, 一维数组, shape=(n,)
        : return : 标量值, 交叉熵损失值
        """
        return -(np.dot(y, np.log(y_prob)) + np.dot(1 - y, np.log(1 - y_prob)))

    def backward(self, y, y_hat):
        """
        反向传播算法, 计算广义增量规则各变量的值, 所有运算均为矢量化计算
```

```
        :param y: 样本真值, 一维数组, shape = (n, )
        :param y_hat: 当前训练的网络输出值, 一维数组, shape = (n, )
        : return : 一维数组, shape = (n, )
        """
        error = y - y_hat  # 误差, 一维数组相减, 矢量化计算
        # 广义增量规则: φ(y_hat) * (1 - φ(y_hat)) * error, 皆为矢量化计算
        delta = self.activity_fun[1](y_hat) * error  # 矢量化计算, 向量间的乘法
        return delta

    def fit_net(self, X_train, y_train):
        """
        核心算法: 单层神经网络模型训练, 无隐藏层, 只有一个输出节点
        :param X_train: 训练集, 格式ndarray, shape = (n, m)
        :param y_train: 目标集, 正确类别, 格式ndarray, shape = (n, )
        """
        if type(X_train) is not np.ndarray or type(y_train) is not np.ndarray:
            X_train, y_train = np.asarray(X_train), np.asarray(y_train)
        n_samples, m_features = X_train.shape  # 样本量与特征数
        np.random.seed(self.SEED) # 设置随机种子, 以便可重现实验结果
        # 初始化网络权重, 一维数组shape = (m,)
        self.nn_weight = np.random.randn(m_features) / 100
        # 在最大训练次数内, 逐次迭代更新网络权重, 即神经网络的训练过程
        for epoch in range(self.epochs):
            # 批量梯度下降法, 正向传播计算, 此处为矢量化计算: φ(net)
            y_prob = self.activity_fun[0](np.dot(self.nn_weight, X_train.T))
            #  交叉熵损失函数, 矢量化计算
            self.loss_values.append(self.cal_cross_entropy(y_train, y_prob))
            # 停机规则: 两次训练误差损失差小于给定的精度, 即停止训练
            if np.abs(self.loss_values[-1] - self.loss_values[-2]) < self.eps:
                break
            delta = self.backward(y_train, y_prob)  # 广义增量规则, shape = (n,)
            # 权重更新增量, 矢量化计算
            dw = self.alpha * np.dot(delta, X_train) / n_samples
            self.nn_weight = self.nn_weight + dw  # 更新权重, 矢量化计算

    def predict_prob(self, X_test):
        """
        采用最终训练得到的网络权重, 预测样本属于某个类别的概率
        :param X_test: 测试样本, 二维数组, shape = (k, m), k为样本量
        : return : 二维数组: shape = (k, 2)
```

```
        """
        # 计算测试样本的预测概率y_prob, 矢量化计算
        y_prob = self.activity_fun[0](np.dot(X_test, self.nn_weight))
        y_hat_prob = np.zeros((X_test.shape[0], 2))  # 由于是两个类别, 故维度为(k, 2)
        y_hat_prob[:, 0] = 1 - y_prob  # 第1列为预测为0类别的概率
        y_hat_prob[:, 1] = y_prob  # 第2列为预测为1类别的概率
        return y_hat_prob

    def predict(self, X_test):
        """
        预测测试样本所属的类别
        :param X_test: 测试样本, 二维数组, shape = (k, m), k为样本量
        :return: 一维数组: shape = (k, )
        """
        y_hat_prob = self.predict_prob(X_test)  # 预测样本属于某个类别的概率
        # 按轴1获取最大值索引, 即每一行的最大值索引, 一行表示一个样本的预测概率
        return np.argmax(y_hat_prob, axis=1)

    def plt_loss_curve(self, is_show=True, title_txt=""):  # 绘制损失下降曲线
```

例 4 分别以 sklearn 库数据集“鸢尾花 Iris”和“乳腺癌 Breast Cancer”为训练样本集和测试样本集, 划分比例为 7:3. 以学习率 $\alpha = 0.05$、交叉熵损失精度 $\varepsilon = 0.001$ 和最大训练次数 epochs = 10000 训练网络.

(1) 鸢尾花 Iris 数据集, 共 150 个样本, 3 个类别, 每个样本 4 个特征变量, 分别为花萼长度 (sepal length, SL)、花萼宽度 (sepal width, SW)、花瓣长度 (petal length, PL) 和花瓣宽度 (petal width, PW) . 取前 100 个训练样本, 分别构成两个类别山鸢尾 (Setosa) 和变色鸢尾 (Versicolor), 每个类别 50 个样本. 样本数据如表 1-10 所示.

(2) 乳腺癌 Breast Cancer [①], 共包含 569 个样本, 每个样本 30 个特征变量, 两个类别分别为恶性 malignant 和良性 benign. 限于篇幅, 不再赘述特征变量的含义和样本示例.

测试结果如图 1-10 所示, 测试样本预测正确率分别为 100% 和 96.5%. 鸢尾花数据集最终训练的网络权重为 $\boldsymbol{w} = (0.59640037, -0.90132166, 1.10391158, 1.12732193)^{\mathrm{T}}$, 则单层神经网络模型表示为

$$\hat{y} = \varphi\left(\boldsymbol{w}^{\mathrm{T}}\boldsymbol{x}\right) = \varphi(0.59640037x_1 - 0.90132166x_2 + 1.10391158x_3 + 1.12732193x_4).$$

---

① http://archive.ics.uci.edu/ml/datasets/Breast+Cancer+Wisconsin+ %28Diagnostic%29.

表 1-10 Iris 数据集中前两个类别的各前 5 个样本

编号	SL	SW	PL	PW	类别	编号	SL	SW	PL	PW	类别
0	5.1	3.5	1.4	0.2	Setosa	50	7	3.2	4.7	1.4	Versicolor
1	4.9	3	1.4	0.2	Setosa	51	6.4	3.2	4.5	1.5	Versicolor
2	4.7	3.2	1.3	0.2	Setosa	52	6.9	3.1	4.9	1.5	Versicolor
3	4.6	3.1	1.5	0.2	Setosa	53	5.5	2.3	4	1.3	Versicolor
4	5	3.6	1.4	0.2	Setosa	54	6.5	2.8	4.6	1.5	Versicolor

乳腺癌数据集最终训练的网络权重 $\boldsymbol{w}$ 不再列出, 单层神经网络模型表示为

$$\hat{y} = \varphi\left(\boldsymbol{w}^{\mathrm{T}}\boldsymbol{x}\right) = \varphi\left(-0.48062351x_1 - 0.43015921x_2 + \cdots - 0.26220939x_{30}\right).$$

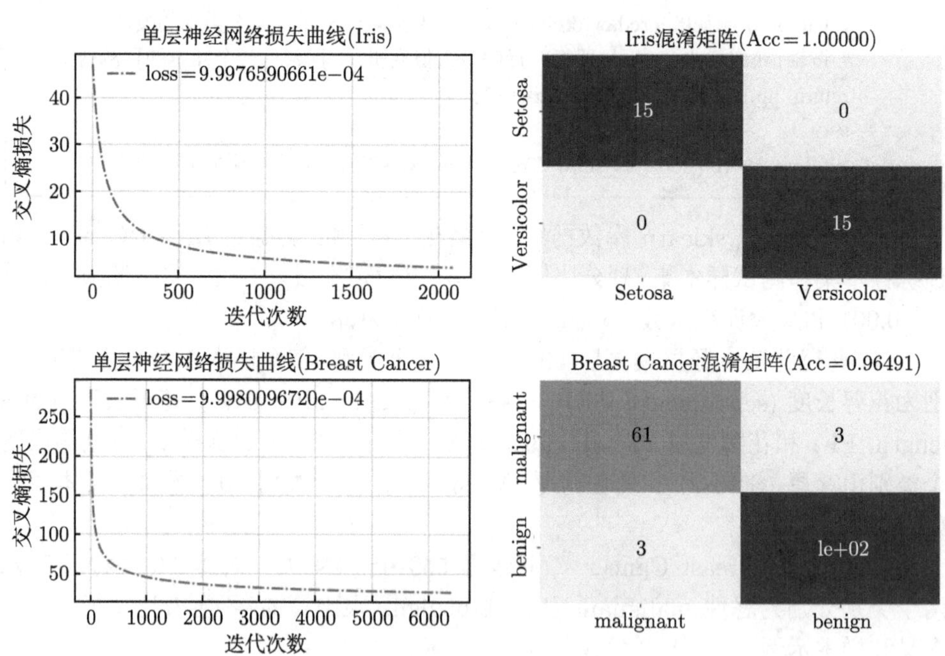

图 1-10 损失函数下降曲线与混淆矩阵

■ 1.5 Python 符号计算

在 Python 中, 有关数学类的运算, 可分为数值计算和符号计算. 自然科学理论分析中的公式、关系式及其推导是符号计算要解决的问题. 因而, 所谓符号计算就是基于数学公式、定理并通过一系列推理、演绎得到方程的解或表达式的

值. 符号计算对操作对象不进行离散化和近似化处理, 故可得到问题精确的完备解, 但是计算量大且表达形式庞大.

数值计算与符号计算的主要区别:

✧ 数值计算中的表达式不允许有未定义的自由变量, 数值计算的对象是数值. 而符号计算可以含有未定义的符号变量, 其对象是非数值的符号字符串. 数值运算中必须先对变量赋值, 然后才能参与运算. 符号运算无须事先对独立变量赋值, 运算结果以标准的符号形式表达.

✧ 符号计算存放的是精确数据, 耗存储空间, 运行速度慢, 但结果精度高; 数值计算则是以一定精度来计算的, 计算结果有误差, 但是运行速度快.

典型的符号运算包括: ①表达式化简、求值, 以及变形为展开、积、幂、部分分式表示等; ②一元或多元函数微分, 表达式或函数极限, 函数的定积分与不定积分, 泰勒 (Taylor) 展开, 无穷级数展开, 级数求和; ③求解线性或非线性方程问题, 求解微分方程或差分方程问题; ④矩阵运算等.

符号计算并不总是给出问题的完备解析解, 且由于计算效率问题, 故本书中笔者主要探讨数值分析与科学计算中的近似数值解. 但在某些情况下, 部分采用了符号计算, 其主要目的在于方便用户的调用和测试. 如牛顿迭代法需求解方程的一阶导数, 采用符号运算可避免用户手工求解一阶导数, 只需传递符号方程即可. 但在算法的数值计算中, 常常把处理完成的符号表达式转换为 lambda 函数, 而不采用符号计算.

SymPy 是 Python 的一个数学符号计算库, 它的目标是成为一个全功能的计算机代数系统, 同时保持代码的精简而易于理解和可扩展. 在使用 SymPy 之前需要先将其导入: import sympy.

本章上述内容主要采用数值计算, 故不再对数值计算进行赘述. 下面探讨数值分析算法中常用到的符号计算方法. 为便于符号表达式显式, 本节采用 Jupyter 交互平台. 本节内容主要参考文献 [1].

1.5.1 SymPy 符号表达式的定义与操作

SymPy 的核心功能是将数学符号表示为 Python 对象. 用 SymPy 分析和解决问题的第一步是, 为描述问题所需的各种数学变量和表达式创建符号. 如表 1-11 所示, 在 SymPy 库中, sympy.Symbol 类用于定义符号变量, 符号名是字符串, 可以包含类似 LaTex 的标记. 此外, 也可使用 sympy.symbols、symbol.var 创建多个符号变量. 利用 SymPy 的 abc 子模块导入所有拉丁字母、希腊字母. 符号计算中常对符号变量设置假设条件, 如定义变量 x 为正整数, 则为 sympy.Symbol("x", integer=True).

表 1-11 SymPy 常见符号表达式操作函数

函数名称	说明
sympy.Lambda	该函数将一组自由符号和一个表达式作为参数, 生成一个能对表达式进行高效数值计算的函数. 所生成函数的参数数量与传给 sympy.lambdify 的自由符号数量一样
sympy.simplify	自行寻找它认为的最简单的表达形式 (尝试各种方法对表达式进行化简), 也可通过调用表达式的 simplify 方法来化简
expr.subs, expr.replace	进行替换操作. subs 函数是最合适的选择, 但在某些情况下, replace 函数能够提供更强大的功能, 如使用通配符表达式进行替换. 当需要进行多个替换时, 不需要把多个 subs 函数连起来, 而只需要传递一个字典类型的参数给 subs 函数, 再在字典中把旧的符号或表达式映射到新的符号或表达式
sympy.N, expr.evalf	对表达式进行求值, 使用一个可选参数来指定要计算的表达式的有效位数, SymPy 的多精度浮点函数能够计算高达 50 位的 π 值

函数代码示例:

```
In [1]:
import sympy  # 导入符号运算库
x, y, z = sympy.symbols("x, y, z")  # 定义符号变量
g = sympy.Function("g")(x, y, z)  # 定义抽象函数, 未定义, 未应用
g, g.free_symbols  # 显示抽象函数g以及g中包含的符号集合, 抽象函数仍无法求值
```

Out[1]: $g(x, y, z), \quad \{x, y, z\}$

```
In [2]:
expr = 1 + 2 * x**2 + 3 * x**3 # 定义表达式, 其中x为自变量
h = sympy.Lambda(x, expr)  # Lambda函数
h, h(5), h(1+x)  # 计算, 显示
```

Out[2]: $x \mapsto 3x^3 + 2x^2 + 1, 426, 3(x+1)^3 + 2(x+1)^2 + 1$

```
In [3]:
x, y, a, b = sympy.symbols("x, y, a, b")  # 定义符号变量
fh = a * b * x * y  # 符号表达式
fh_expr = fh.subs({x: sympy.sin(x), y: sympy.exp(-y), a: 5, b: 3})  # 替换
fh_expr   # 显示
```

Out[3]: $15\mathrm{e}^{-y} \sin x$

```
In [4]:
sympy.plotting.plot3d(fh_expr, (x, -6, 5), (y, 3, 6))  # 绘制三维图形, 指定x和y的范围
```

Out[4]: 如下三维图像 (图 1-11(左))

```
In [5]:
expr = sympy.sin(pi * x * sympy.exp(x))
[expr.subs(x, xx).evalf(3) for xx in range(0, 10)] # 列表推导式, evalf指定3位有效数字
```

Out[9]: $[0, 0.774, 0.642, 0.722, 0.944, 0.205, 0.974, 0.977, -0.87, -0.695]$

```
In [5]:
# 隐函数定义
fh = x ** 2 * sympy.sin(x + y ** 2) + y ** 2*sympy.exp(x) + 6 * sympy.cos(x ** 2 + y)
sympy.plotting.plot_implicit (fh, (x, −6, 6)) # 隐函数可视化, 如下二维图像 (图1−11(右))
In [6]: fh.expand(trig=True) # 按三角函数展开
```

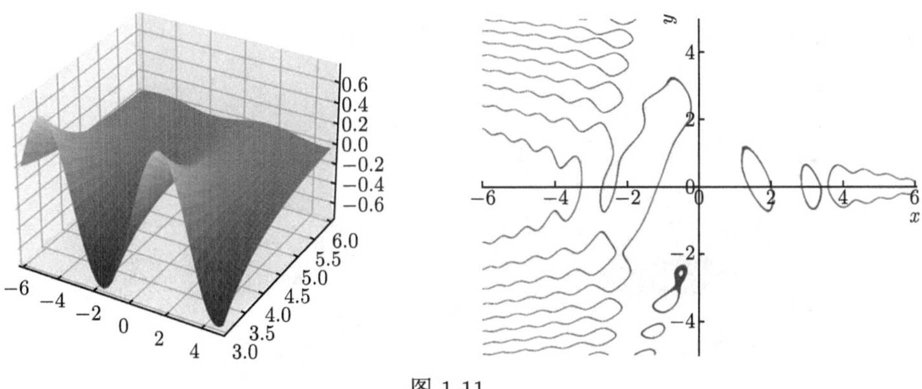

图 1-11

Out[6]: $x^2 \sin x \cos\left(y^2\right) + x^2 \sin\left(y^2\right) \cos x + y^2 \mathrm{e}^x - 6 \sin\left(x^2\right) \sin y + 6 \cos\left(x^2\right) \cos y$

```
In [7]: sympy.simplify(fh) # 化简表达式
```

Out[7]: $x^2 \sin\left(x + y^2\right) + y^2 \mathrm{e}^x + 6 \cos\left(x^2 + y\right)$

```
In [8]:
s, t = sympy.symbols("s, t")
r = 2 + sympy.sin(7 * s + 5 * t)
x = r * sympy.cos(s) * sympy.sin(t) # 定义参数方程
y = r * sympy.sin(s) * sympy.sin(t) # 定义参数方程
z = r * sympy.cos(t) # 定义参数方程
sympy.plotting.plot3d_parametric_surface (x, y, z, (s, 0, 2 * sympy.pi),
                                          (t, 0, sympy.pi)) # 可视化
```

Out[8]: 如下三维图像 (图 1-12(左))

```
In [9]:
import  matplotlib . pyplot  as  plt
import numpy as np
expr_x = sympy.lambdify((s, t), x, 'numpy')  # 生成NumPy数组兼容的函数
expr_y = sympy.lambdify((s, t), y, 'numpy')  # 生成NumPy数组兼容的函数
expr_z = sympy.lambdify((s, t), z, 'numpy')  # 生成NumPy数组兼容的函数
s, t = np. linspace (0, 2 * np.pi, 50), np. linspace (0, np.pi, 50)
si, ti = np.meshgrid(s, t)  # 生成二维网格点,采用NumPy面向数组计算
plt . figure ( figsize =(7, 5))
ax = plt . gca( projection ='3d')
ax. plot_surface (expr_x(si, ti), expr_y(si, ti), expr_z(si, ti), cmap='rainbow')
plt . show()
```

Out[9]: 如下三维图像 (图 1-12(右)), 两个图像一致.

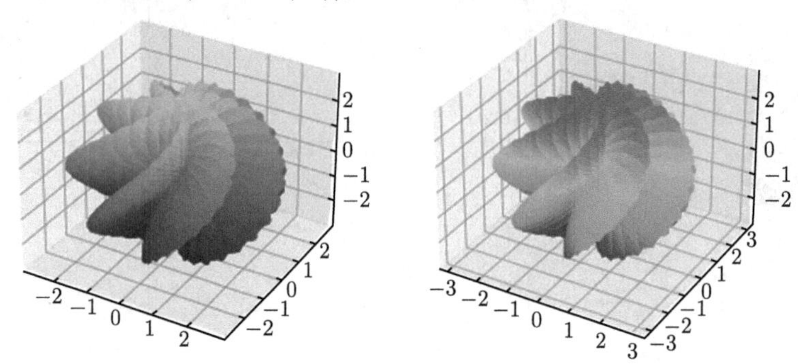

图 1-12

1.5.2 SymPy 符号微积分与方程求解

SymPy 符号微积分与符号方程求解函数见表 1-12.

表 1-12　SymPy 符号微积分与符号方程求解函数

函数名称	说明
sympy.diff, expr.diff	计算函数导数. 直接对表达式调用 sympy.diff 会产生一个新的表达式
sympy.integrate	求定积分和不定积分, 传递元组参数 (x, a, b) 则意味着计算定积分. 注　未必得到解析解
sympy.series, expr. series	级数展开. sympy.series 第 1 个参数为函数或表达式, 第 2 个参数是要计算展开的符号; 可指定围绕某个点执行展开以及展开的阶数
sympy.limit	函数或表达式的极限. 输入参数包括求极限的表达式、变量符号以及自变量靠近的点
sympy.Sum, sympy.Product	表示和与积. 当 sympy.Sum 和 sympy.Product 对象创建之后, 可以使用 doit 方法来求值
sympy.solve	求解方程 (组) . 注　未必得到解析解

SymPy 符号微积分与方程求解的函数代码示例:

```
In [10]:
g = sympy.Function("f")(x, y)  # 多元函数
g. diff (x, 3, y, 2)  # 多元函数求偏导
```

Out[10]: $\dfrac{\partial^5}{\partial y^2 \partial x^3} f(x,y)$

```
In [11]:
expr = sympy.sin(x * y) * sympy.cos(x / 2)  # 三角函数
expr. diff (x, 2)
```

Out[11]: $-\left(y^2 \sin xy \cos\dfrac{x}{2} + y \sin\dfrac{x}{2}\cos xy + \dfrac{\sin xy \cos\dfrac{x}{2}}{4}\right)$

```
In [12]:
a, b, c = sympy.symbols("a, b, c", positive =True)
sympy. integrate (a * sympy.exp(-((x-b)/c)**2),(x, -sympy.oo, sympy.oo))  # 定积分
```

Out[12]: $\sqrt{\pi} ac$

```
In [13]: sympy. integrate (sympy.sin(x * sympy.cos(x)))  # 不能给出积分的符号化结果
```

Out[13]: $\int \sin(x\cos(x))\mathrm{d}x$

```
In [14]:
f = sympy.Function("f")(x)
sympy.series (f, x)  # 抽象函数级数展开
```

Out[14]: $f(0) + x\left.\dfrac{\mathrm{d}}{\mathrm{d}x}f(x)\right|_{x=0} + \dfrac{x^2\left.\dfrac{\mathrm{d}^2}{\mathrm{d}x^2}f(x)\right|_{x=0}}{2} + \dfrac{x^3\left.\dfrac{\mathrm{d}^3}{\mathrm{d}x^3}f(x)\right|_{x=0}}{6} + \dfrac{x^4\left.\dfrac{\mathrm{d}^4}{\mathrm{d}x^4}f(x)\right|_{x=0}}{24}$
$+ \dfrac{x^5\left.\dfrac{\mathrm{d}^5}{\mathrm{d}x^5}f(x)\right|_{x=0}}{120} + O\left(x^6\right)$

```
In [15]:
expr = sympy.cos(x) / (1 + sympy.sin(x * y))
expr. series (x, n = 4)  # 对x级数展开, 展开项为4
```

Out[15]: $1-xy+x^2\left(y^2-\frac{1}{2}\right)+x^3\left(-\frac{5y^3}{6}+\frac{y}{2}\right)+O\left(x^4\right)$

```
In [16]: expr. series (y, n = 4)  # 对y级数展开，展开项为4
```

Out[16]: $\cos x-xy\cos x+x^2y^2\cos x-\frac{5x^3y^3\cos x}{6}+O\left(x^4\right)$

```
In [17]:
# 研究当自变量趋向于无穷时函数的渐近线行为
expr = (x**2 - 3 * x) / (2*x - 2)
p = sympy.limit(expr / x, x, sympy.oo)  # 极限
q = sympy.limit(expr - p*x, x, sympy.oo)  # 极限
p, q  # 显示结果，元组结构
```

Out[17]: $\left(\frac{1}{2},-1\right)$

```
In [18]:
n = sympy.Symbol("n", integer=True)  # n为整数
x = sympy.Sum(1/(n**2), (n, 1, sympy.oo))  # 解析方法
x, x. doit ()  # 求值，元组结构
```

Out[18]: $\left(\sum_{n=1}^{\infty}\frac{1}{n^2},\frac{\pi^2}{6}\right)$

```
In [19]:
x = sympy.Symbol("x")
sympy.Sum(x**n / (sympy.factorial (n)), (n, 1, sympy.oo)). doit () . simplify ()
```

Out[19]: e^x-1

```
In [20]: sympy.solve(x**5 - x**2 + 1, x)  # 无代数解，返回一个形式解
```

Out[20]: $\left[\mathrm{CRootOf}\left(x^5-x^2+1,0\right),\ \mathrm{CRootOf}\left(x^5-x^2+1,1\right),\mathrm{CRootOf}(x^5-x^2+1,2),\ \mathrm{CRootOf}\left(x^5-x^2+1,3\right),\mathrm{CRootOf}\left(x^5-x^2+1,4\right)\right]$

```
In [21]:
eq1 = x**2 - y  # 非线性方程1
eq2 = y**2 - x  # 非线性方程2
sols = sympy.solve([eq1,eq2], [x, y], dict=True)  # 解方程组
```

Out[21]:

$$\left[\{x:0,y:0\},\{x:1,y:1\},\left\{x:\left(-\frac{1}{2}-\frac{\sqrt{3}\mathrm{i}}{2}\right)^2,y:-\frac{1}{2}-\frac{\sqrt{3}\mathrm{i}}{2}\right\},\left\{x:\left(-\frac{1}{2}+\frac{\sqrt{3}\mathrm{i}}{2}\right)^2,y:-\frac{1}{2}+\frac{\sqrt{3}\mathrm{i}}{2}\right\}\right]$$

```
In [22]:
# 验证解的有效性
[eq1.subs(sol).simplify() == 0 and eq2.subs(sol).simplify() == 0 for sol in sols]
```

Out[22]: [True, True, True, True]

1.5.3 SymPy 线性代数

SymPy 符号线性代数操作函数或方法如表 1-13 所示.

表 1-13 SymPy 符号线性代数操作函数或方法

函数/方法	说明	函数/方法	说明
transpose / T	计算矩阵的转置矩阵	QRdecomposition	计算矩阵的 QR 分解
adjoint / H	计算矩阵的伴随矩阵	QRsolve	使用 QR 分解求线性方程组 $Ax=b$ 的解
trace	计算矩阵的迹 (主对角线上元素的和)	diagonalize	矩阵对角化, 写成 $D=P^{-1}AP$ 的形式, 其中 D 是对角矩阵
det	计算矩阵的行列式	norm	计算矩阵的范数
inv	计算矩阵的逆矩阵	nullspace	计算矩阵的零空间
LUdecomposition	计算矩阵的 LU 分解	rank	计算矩阵的等级, 即秩
LUsolve	使用 LU 分解求线性方程组 $Ax=b$ 的解	singular_values	计算矩阵的奇异值
solve	求线性方程组 $Ax=b$ 的解	eigenvals, eigenvects	计算矩阵的特征值和特征向量

在 SymPy 中, 使用 sympy.Matrix 类来表示列向量和矩阵, 其中的元素可以是数字、符号甚至是任意符号组成的表达式. 创建矩阵的方法: 一是传递一个 Python 列表给 sympy.Matrix, 二是把矩阵的列数和行数以及一个函数 (该函数以行列索引作为参数, 生成矩阵每个位置的元素) 作为参数传递给构造函数 (如下示例代码 In[23]) . 与 NumPy 中的多维数组不同, SymPy 中的 sympy.Matrix 仅适用于二维数组.

```
In [23]: A = sympy.Matrix(3, 4, lambda m, n : 10 * m + n)  # 以函数创建
```

Out[23]: $\begin{pmatrix} 0 & 1 & 2 & 3 \\ 10 & 11 & 12 & 13 \\ 20 & 21 & 22 & 23 \\ 30 & 31 & 32 & 33 \end{pmatrix}$

```
In [24]:
a,b,c,d = sympy.symbols("a, b, c, d")
M = sympy.Matrix([[a,b ],[ c,d ]])  # 创建符号矩阵
X = sympy.Matrix(sympy.symbols("x_1, x_2"))
M, M * M, M * X  # 符号矩阵相乘, 矩阵乘向量
```

Out[24] : $\left[\begin{pmatrix} a & b \\ c & d \end{pmatrix}, \begin{pmatrix} a^2+bc & ab+bd \\ ac+cd & bc+d^2 \end{pmatrix}, \begin{pmatrix} ax_1+bx_2 \\ cx_1+dx_2 \end{pmatrix}\right]$

```
In [25]:
M = sympy.Matrix([[3, -2, 4, -2], [5, 3, -3, -2], [5, -2, 2, -2], [5, -2, -3, 3]])
M.eigenvals ()  # M的特征值
```

Out[25] : $\{-2:1, 3:1, 5:2\}$

```
In [26]: M.eigenvects ()  # 特征向量
```

Out[26] : $\left[\left(-2, 1, \left[\begin{bmatrix} 0 \\ 1 \\ 1 \\ 1 \end{bmatrix}\right]\right), \left(3, 1, \left[\begin{bmatrix} 1 \\ 1 \\ 1 \\ 1 \end{bmatrix}\right]\right), \left(5, 2, \left[\begin{bmatrix} 0 \\ -1 \\ 0 \\ 1 \end{bmatrix}\right]\right)\right]$

```
In [27]:
b = sympy.Matrix([1, 2, 3, 4])
X = M.LUsolve(b)  # 使用LUsolve函数求解线性方程组, 效率高, 适合大型矩阵的方程组
```

Out[27] : $(1/3, -13/15, -2/3, -7/15)$.

```
In [28]:
X = M.inv() * b  # 使用矩阵求逆的方法求解线性方程组, 输出结果同Out[27]
```

其他函数的使用方法, 可自行 help 帮助文档或查阅资料, 自行学习, 此处不再赘述.

■ 1.6 实验内容

1. 已知拉马努金圆周率公式

$$\frac{1}{\pi}=\frac{2\sqrt{2}}{9801}\sum_{k=0}^{\infty}\frac{(4k)!}{(k!)^4}\frac{1103+26390k}{396^{4k}},$$

计算圆周率的近似值. 算法通过参数 k 值, 循环累加求和. 每项 $i=0,1,\cdots,k$ 的计算, 均为标量计算, 可采用 math 库函数.

2. 完成算法“飞船软着陆模拟计算”和“曲边梯形近似积分计算”算法的可视化代码的内容, 并设置不同的参数, 验证可视化代码的正确性.

3. 利用曲边梯形近似计算积分算法, 计算 $I(f)=\int_0^{0.5}\mathrm{e}^x\,\mathrm{d}x$ 的近似值, 精度要求 $\varepsilon=10^{-8}$, 分析矢量化计算和非矢量计算的效率. 尝试把面向对象的算法设计改为面向过程的算法设计.

4. 采用面向对象的程序设计, 根据迭代公式

$$x_{k+1}=\frac{1}{1+x_k},\quad k=0,1,\cdots$$

设计算法, 求方程 $x^2+x-1=0$ 的正根 $x^*=\dfrac{-1+\sqrt{5}}{2}$, 取 $x_0=1$.

■ 1.7 本章小结

Python 已成为当下机器学习、数据科学、深度学习等热门领域的首选语言, Python 几乎完美地解决了其背后涉及的数值计算 (数学) 原理的可编码化、可计算性等问题. Python 矢量化计算的性能以及丰富的库函数, 能很好地与以数学为基础的学科融合. Python 不仅支持面向过程的编程, 更支持面向对象的程序设计, 两者都能很好地融合以 NumPy 为基础的面向数组编程. 以神经网络中较为简单的“单层神经网络”为例, 探讨了基于 NumPy 面向数组编程的思路.

本章及其后续算法皆以 PyCharm IDE 为开发工具, 所写算法可不加修改地移植到其他 Python 开发平台. 本章首先以数值运算实例探讨了 Python 的基础语法知识以及可视化方法. 接着, 以飞船软着陆模拟计算为例, 探讨函数的定义和函数参数的使用方法. 函数作为 Python 模块内最基本的单元, 如何对一个问题进行合理、有效的功能分解, 不仅体现算法设计的技术性, 更有算法之美学的内涵. 继而, 以此例探讨了面向对象的程序设计思想, 对象可统一管理和调用属性变量与实例方法, 为算法设计带来了极大的便利. 最后, 探讨了科学计算的两种计算方

式: 数值计算与符号计算. 数值计算具有一定的普遍性, 而符号计算未必可以得到问题的解析解, 且多数情况下难以获得解析解. 本书后续算法, 几乎全部采用数值计算, 但个别算法也涉及符号方程或符号表达式的计算, 主要原因在于参数传递的简便性以及结果的可读性.

数值分析算法的编写, 其核心仍在于数学原理的理解以及算法设计, 如何立足于计算思维, 将一个问题可计算化? 基于 Python 语言的算法设计, 技术层面并不复杂, 但如何设计高效、一般化且逼近精度较高的算法, 是始终值得思索和探讨的问题.

■ 1.8 参考文献

[1] 罗伯特 • 约翰逊 (Johansson R). Python 科学计算和数据科学应用 [M]. 2 版. 黄强, 译. 北京: 清华大学出版社, 2020.

[2] Chapra S C. 工程与科学数值方法的 MATLAB 实现 [M]. 4 版. 林赐, 译. 北京: 清华大学出版社, 2018.

[3] 小高知宏. Python 数值计算与模拟 [M]. 刘慧芳, 译. 北京: 中国青年出版社, 2021.

[4] Deitel P, Deitel H. Python 程序设计: 人工智能案例实践 [M]. 王恺, 等译. 北京: 机械工业出版社, 2021.

[5] 张若愚. Python 科学计算 [M]. 2 版. 北京: 清华大学出版社, 2016.

[6] 明日科技, 王国辉, 等. Python 从入门到项目实践 [M]. 长春: 吉林大学出版社, 2018.

[7] 吉田拓真, 尾原飒. NumPy 数据处理详解 [M]. 陈欢, 译. 北京: 中国水利水电出版社, 2021.

[8] McKinney W. 利用 Python 进行数据分析 [M]. 2 版. 徐敬一, 译. 北京: 机械工业出版社. 2018.

[9] 李庆扬, 王能超, 易大义. 数值分析 [M]. 5 版. 北京: 清华大学出版社, 2021.

第2章 数据插值

插值最早来源于天体计算[1], 由若干观测值计算任意时刻星球的位置的需要, 即由已知数据推测 (预测) 未知数据. 如已测得在某处海洋不同深度处的水温, 如表 2-1 所示.

表 2-1　某处海洋不同深度处的水温值

深度/m	466	741	950	1422	1634
水温/°C	7.04	4.28	3.40	2.54	2.13

根据这些数据, 希望合理地估计出其他深度 (如 500m, 600m, 1000m, $\cdots$) 处的水温.

若只知观测数据 $(x_i, y_i), i = 0, 1, \cdots, n$, 而不知观测数据背后的真实函数 $y = f(x)$, 以及在其他点 x^* 上的取值, 这时只能用一个经验函数 $\hat{y} = g(x)$ 对真实函数 $y = f(x)$ 作近似. 其几何意义如图 2-1 所示. 插值法的主要思想: 根据 $f(x)$ 在区间 $[a, b]$ 上 $n+1$ 个互异点 x_i (称为**插值节点**), 构造一个足够光滑且易求函数 $g(x)$ (称为**插值函数**), 作为 $f(x)$ 的近似表达式. 具体来说, 构造一个相对简单的函数 $\hat{y} = g(x)$, 使 $g(x)$ 通过全部插值节点 $g(x_i) = y_i, i = 0, 1, \cdots, n$, 再用近似函数 $g(x)$ 计算插值, 即 $\hat{y}^* = g(x^*)$.

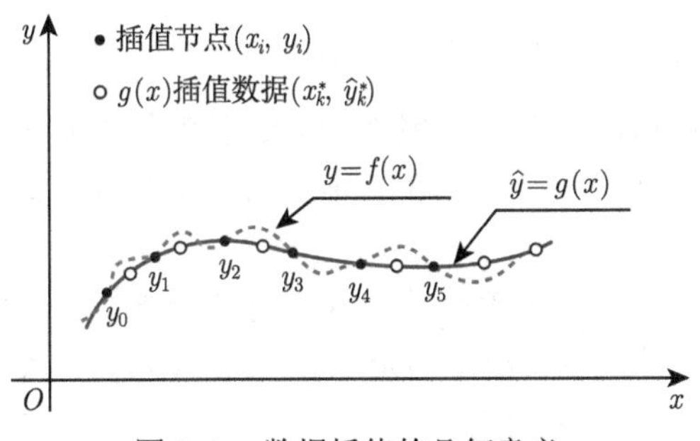

图 2-1　数据插值的几何意义

插值方法有着非常重要的应用[2-5], 它是数据处理 (插补) 、函数逼近、图像处理和计算机几何造型等常用的算法工具, 又是导出其他数值方法 (如数值积分、非线性方程求根、微分方程数值解等) 的依据.

■ 2.1 多项式插值

设在区间 $[a,b]$ 上给定 $n+1$ 个点 $a \leqslant x_0 < x_1 < \cdots < x_n \leqslant b$ 上的函数值 $y_i = f(x_i)$, 求次数不超过 n 的多项式 $P(x) = a_0 + a_1 x + a_2 x^2 + \cdots + a_n x^n$, 使得 $P(x_i) = y_i, i = 0, 1, \cdots, n$. 满足 $P(x_i) = y_i$ 条件的插值多项式 $P(x)$ 存在且唯一.

2.1.1 拉格朗日插值

拉格朗日 (Lagrange) 插值法是基于基函数的插值方法, 一般离散数据的**拉格朗日插值多项式**表示为

$$L(x) = \sum_{i=0}^{n} y_i l_i(x) = \sum_{i=0}^{n} \left(y_i \cdot \prod_{j=0, j \neq i}^{n} \frac{x - x_j}{x_i - x_j} \right), \tag{2-1}$$

其中 $l_i(x)$ 称为节点 x_i 的 n 次**插值基函数**.

拉格朗日**插值余项**函数

$$R_n(x) = \frac{f^{(n+1)}(\xi)}{(n+1)!} \prod_{i=0}^{n} (x - x_i), \quad \xi \in (a,b) \text{且依赖于} x.$$

通常情况下, 仅知离散插值数据点, 其真实函数 $f(x)$ 未知, 故插值误差估计不做算法实现.

如果一组固定的节点 x_i 对应多组不同的数值 y_i, 因其基函数不变, 此时用拉格朗日插值较为方便. 但如果添加新的节点, 则所有基函数需重新计算, 此时不宜采用拉格朗日插值, 可用牛顿 (Newton) 插值法. 拉格朗日插值被广泛应用于推导数值微积分的各种方法中, 插值余项函数也被用于估计数值微积分的误差界.

1. 插值多项式工具类 InterpolationUtils 定义

多项式插值具有相似的多项式属性, 以及计算给定任意点的插值和可视化的方法等, 故便于代码重用, 设计工具类 InterpolationUtils, 具体的多项式插值算法可继承此类.

说明 工具类所写算法基于数值计算和符号计算, 引入符号计算的目的仅仅是为了方便观察插值多项式 (即手写形式), 读者若无此必要, 可修改符号计算为数值计算, 即只需多项式系数即可.

```
# file_name: interpolation_entity_utils.py
class InterpolationUtils:
    """
```

```
    多项式插值工具类, 封装插值多项式的类属性以及常见工具实例方法
    """
    # 类属性变量:
    polynomial, poly_degree = None, None  # 插值多项式和多项式系数最高阶
    poly_coefficient, coefficient_order = None, None  # 多项式系数和各系数阶次

    def __init__(self, x, y):
        """
        多项式插值必要参数初始化及各健壮性条件测试
        """
        self.x = np.asarray(x, dtype=np.float64)  # 显式转换为ndarray
        self.y = np.asarray(y, dtype=np.float64)  # 显式转换为ndarray
        if len(self.x) < 2 or len(self.x) != len(self.y):
            raise ValueError("数据(xi, yi)的维度不匹配或插值节点数量过少.")
        self.n = len(x)  # 已知数据节点的数量

    def interpolation_polynomial(self, t):
        """
        插值多项式的特征项
        """
        if self.polynomial:
            self.polynomial = sympy.expand(self.polynomial)  # 多项式展开
            polynomial = sympy.Poly(self.polynomial, t)  # 生成多项式对象
            self.poly_coefficient = polynomial.coeffs()  # 获取多项式的系数
            self.poly_degree = polynomial.degree()  # 获得多项式的最高阶次
            self.coefficient_order = polynomial.monoms()  # 多项式的阶次
        else:
            print("插值多项式的类属性polynomial为None.")
            exit(0)

    def predict_x0(self, x0):
        """
        预测, 通过离散插值点生成的插值多项式（符号多项式）, 计算插值点x0的插值
        :param x0: 所求插值点, 结构可为元组、列表或ndarray对象
        """
        x0 = np.asarray(x0, dtype=np.float64)  # 显式转化为ndarray
        if self.polynomial:
            t = self.polynomial.free_symbols.pop()  # 获取插值多项式的自由符号变量
            # 转换为lambda函数, 并进行数值计算
            lambda_f = sympy.lambdify(t, self.polynomial, "numpy")
```

```
            return lambda_f(x0)
        else:
            return None

    def plt_interpolation(self, params, fh=None):
        """
        可视化插值多项式, 以及插值点, 略去具体代码
        :param params为可视化必要参数信息元组, fh为模拟函数
        """

    def check_equidistant(self):
        """
        判断数据节点x是否是等距节点. 若等距, 返回等距步长h
        """
        if self.n < 2:
            raise ValueError("插值节点数量最少为2个···")
        xx = np.linspace(min(self.x), max(self.x), self.n, endpoint=True)
        if (self.x == xx).all() or (self.x == xx[::-1]).all():  # 升序或降序
            return self.x[1] - self.x[0]  # 等距步长
        else:
            raise ValueError("非等距节点, 不可使用此算法. ")

    def cal_difference(self, diff_method="forward"):
        """
        计算牛顿差分: 向前差分forward, 向后差分backward
        """
        self.check_equidistant()  # 首先判断是否等距节点
        diff_val = np.zeros((self.n, self.n))  # 差分表
        diff_val[:, 0] = self.y  # 第1列存储离散数据值
        if diff_method == "forward":  # 向前差分
            for j in range(1, self.n):
                i = np.arange(0, self.n - j)
                diff_val[i, j] = diff_val[i + 1, j - 1] - diff_val[i, j - 1]
        elif diff_method == "backward":  # 向后差分
            for j in range(1, self.n):
                i = np.arange(j, self.n)
                diff_val[i, j] = diff_val[i, j - 1] - diff_val[i - 1, j - 1]
        else:
            raise AttributeError("仅支持forward、backward两种差分.")
        return diff_val
```

2. 拉格朗日插值算法实现

针对每个插值节点, 首先生成插值基函数, 然后与对应插值节点的 y_i 值相乘, 继而累加可得拉格朗日插值多项式, 最后基于多项式推测未知数据.

```
# file_name: lagrange_interpolation.py
# 导入插值多项式工具类
from interpolation_02 . utils . interpolation_utils  import  InterpolationUtils

class  LagrangeInterpolation ( InterpolationUtils ):
    """
    拉格朗日插值多项式算法类, 共包含2个实例方法, 且继承InterpolationUtils
    """
    def __init__( self , x, y):
        InterpolationUtils . __init__( self , x, y)  # 调用父类进行参数初始化
        self . interp_base_fun = []  # 拉格朗日独有的实例属性, 存储插值基函数

    def  fit_interp ( self ):
        """
        核心算法: 根据已知插值点, 首先构造插值基函数, 然后构造插值多项式
        """
        t = sympy.Symbol("t")  # 定义符号变量
        self .polynomial = 0.0  # 插值多项式实例化
        for  i  in  range( self .n):  # 针对每个数据点
            base_fun = 1.0  # 插值基函数计算, 要求i != j
            for  j  in  range(i):
                base_fun = base_fun * (t - self .x[j ]) / ( self .x[ i ] - self .x[ j ])
            for  j  in  range(i + 1,  self .n):
                base_fun = base_fun * (t - self .x[ j ]) / ( self .x[ i ] - self .x[ j ])
            self . interp_base_fun .append(sympy.expand(base_fun))  # 存储插值基函数
            self .polynomial += base_fun * self .y[ i ]  # 插值多项式求和
        #插值多项式的特征项, 调用父类
        InterpolationUtils . interpolation_polynomial ( self , t)

    def  plt_interpolation  ( self , x0=None, y0=None, fh=None, is_show=True):
        """
        可视化插值多项式和插值点
        """
        params = "$Lagrange$", x0, y0, is_show  # 构成元组, 封包
        InterpolationUtils . plt_interpolation ( self , params, fh)  # 调用父类方法
```

由于实验数据背后的真实函数往往未知, 故采用已知函数 $f(x)$ 模拟生成实验数据点集, 分析评价各插值算法的性能. 采用 "均方误差" (mean squared error, MSE) 度量插值多项式的性能, 即插值多项式 $P(x)$ 的估计值与 $f(x)$ 真值之差平方的期望值, 用于评价数据的变化程度, MSE 值越小, 说明插值多项式模型描述实验数据具有更好的精确度. MAX_SE 度量最大平方误差.

例 1 已知两个函数 $f_1(x)=0.5x^5-x^4+1.8x^3-3.6x^2+4.5x+2$ 和 $f_2(x)=11\sin x+7\cos x$. 在区间 $x\in[-1,3]$ 分别等距产生 10 个离散数据点 x_i, 且 $y_i=f_k(x_i), k=1,2$, 以此建立拉格朗日插值多项式 $g_1(x)$ 和 $g_2(x)$, 并计算在插值节点 $\boldsymbol{x}_0=[-0.9,-0.2,1.5,2.2,2.7,2.9]$ 处的插值 $\hat{\boldsymbol{y}}_0$.

如图 2-2 (左) 所示, 针对离散数据点背后真实函数 $f_1(x)$ 为代数多项式, 则 9 次插值多项式 $g_1(x)$ 逼近的效果非常好. 分析插值多项式的整体精度, 在 $[-1,3]$ 等分 200 个插值节点 $\boldsymbol{x}^*$, 则预测值 $\hat{\boldsymbol{y}}=g_1(\boldsymbol{x}^*)$ 与真实值 $\boldsymbol{y}=f(\boldsymbol{x}^*)$ 的均方误差为 3.87168×10^{-22}, 即余项为 0 (假设忽略舍入误差). 所求插值点 $\boldsymbol{x}_0$ 的插值与绝对值误差如表 2-2 所示. 从表 2-3 可以看出, 其 6 到 9 阶的系数非常小, 接近于 0, 而 0 到 5 阶的系数非常接近或等于 $f_1(x)$ 的真实系数 (实际上 5 阶即可).

表 2-2 拉格朗日插值所求插值点的插值与绝对值误差 ($k=1,2,\cdots,6$)

$x_{0,k}$	−0.9	−0.2	1.5	2.2	2.7	2.9
$\hat{y}_{0,k}$	−7.229545	0.939840	5.459375	15.984960	41.935835	60.501845
绝对值误差	3.552714e−14	6.661338e−16	6.865619e−13	9.809042e−12	4.100542e−11	6.794210e−11

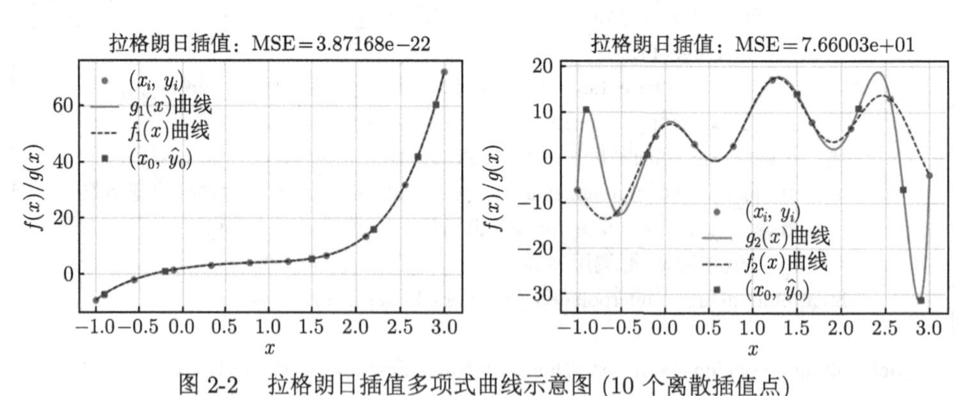

图 2-2 拉格朗日插值多项式曲线示意图 (10 个离散插值点)

如图 2-2 (右) 所示, $f_2(x)$ 中包含三角函数, 曲线本身存在振荡, 直观 9 次插值多项式逼近的效果一般, 但在区间 $[0,1.5]$ 上的逼近精度较好, 而靠近区间端点处的插值精度较差. 从表 2-3 可以看出, 无论是高次幂或是低次幂, 其多项式系数均较大 (意味着模型较为复杂), 较大的系数对数据的微小误差较为敏感,

其泛化性能 (推测未知数据的能力) 会大大降低. 此外, 无论插值多项式 $g(x)$ 的阶次如何, $g(x)$ 均过插值节点, 图中实心圆点所示. 略去插值点 $\boldsymbol{x}_0$ 的插值和误差分析.

表 2-3 拉格朗日插值多项式系数

阶次	$g_1(x)$ 的多项式系数	$g_2(x)$ 的多项式系数	阶次	$g_1(x)$ 的多项式系数	$g_2(x)$ 的多项式系数
9	−1.33226762955019e−15	5.21967726281006	4	−0.999999999999943	244.306018629341
8	3.55271367880050e−15	−45.4481073886596	3	1.80000000000000	33.6895559534289
7	−2.84217094304040e−14	130.916158749739	2	−3.60000000000002	−110.592454789985
6	−2.84217094304040e−14	−93.9372681559393	1	4.50000000000000	12.6976757331614
5	0.499999999999979	−173.414352335548	0	2.00000000000000	7.50998153418927

增加离散插值节点的数量, 则插值多项式的阶次升高. 如图 2-3 所示, 对于多项式函数 $f_1(x)$ 离散产生的数据, 在阶次 $k=5$ 时的 MSE 最小, 因为数据背后的 $f(x)$ 为代数多项式且最高阶次为 5, 用 6 个插值节点数据生成 5 阶多项式, 则理论上余项为 0. 随着多项式插值阶次的提高, MSE 也在持续增大. 理论上来说, 插值多项式的阶次越高, 插值逼近精度也越高, 但从数值计算的角度, 由于计算误差或舍入误差的存在, 高阶多项式的插值精度未必提高, 一是模型复杂度增加, 二是高阶次的多项式插值对数据的微小误差的敏感度大大增加. 另一方面, 实际中采样得到的插值数据一定包含误差. 而函数 $f_2(x)$ 的插值多项式 $g_2(x)$ 随着阶次的增加, MSE 不断降低, 其对超越函数的插值逼近效果较为不错.

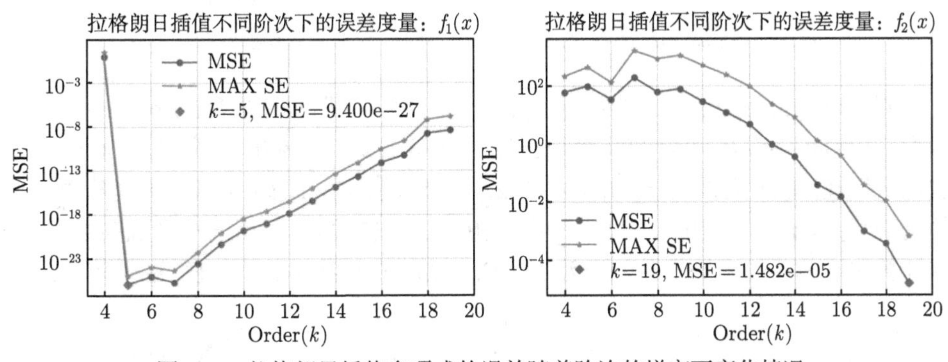

图 2-3 拉格朗日插值多项式的误差随着阶次的增高而变化情况

2.1.2 龙格现象

由 Taylor 展开式可知, 一般情况下, 想要提高函数的计算精度, 则会截取更多的多项式次数, 对应阶次越高. 但事情并不总是如此. 1901 年, 龙格 (C. Runge)

发表了关于高次多项式插值风险的研究结果, 给出一个简单的函数

$$f(x)=\frac{1}{1+x^2},\quad x\in[-5,5],$$

该函数被称为**龙格函数**①. 龙格函数有这么一个性质, 使用多项式插值来逼近时, 在多项式阶次越高时误差越大, 这与一般的"次数越多越好"的常识冲突. 从舍入误差看, 高次插值由于计算量大, 可能会产生更严重的误差累积, 稳定性得不到保证.

在区间 $[-5,5]$ 等分不同个数的数据点, 进行拉格朗日多项式插值. 如图 2-4 (左) 所示, 插值多项式 $y=L_i(x)(i=2,4,6,8,10)$ 在 $x=0$ 附近与有较好的近似, 但在 x 靠近区间端点时误差很大, 发生了振荡, 称之为**龙格振荡现象**, 且随着阶次 n 的增大, 振荡越厉害. 所以对龙格函数而言, 增加插值节点并没有提高精度, 反而使误差更大, 如图 2-4 (右) 所示, 计算到 20 阶.

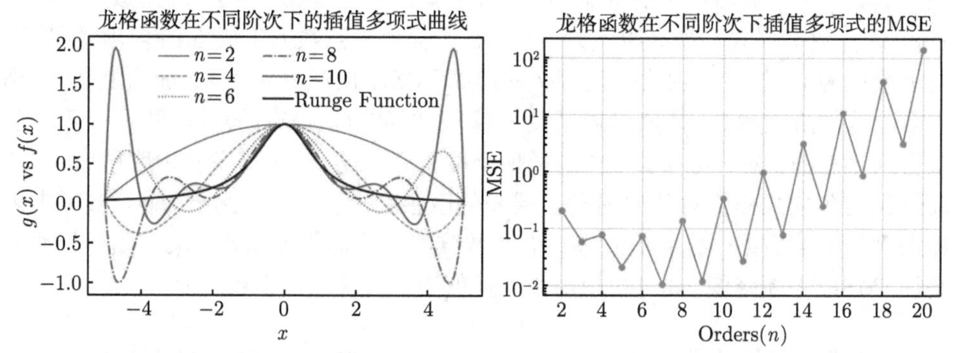

图 2-4　龙格振荡现象示意图以及龙格函数在不同阶次下插值多项式的均方误差 MSE

假设以龙格函数的 4 阶插值多项式 $g_4(x)$ 和 20 阶插值多项式 $g_{20}(x)$ 为真实函数, 在区间 $[-5,5]$ 等分 300 个数据点 $x_i, i=1,2,\cdots,300$. 模拟试验 500 次, 每次随机选择 10 个数据点 $x_j[i]$, $i\in\{1,2,\cdots,300\}$, $j=1,2,\cdots,10$, 并进行微小值的扰动 $\hat{x}_j=x_j+0.001\delta_j$, 其中 $\delta_j\sim N(0,1)$. 每轮试验, 采用同一批扰动数据, 分别计算扰动前后的平均绝对值误差 MAE_k, 以及 500 次试验 MAE_k 的均值 μ:

$$\mathrm{MAE}_k=\frac{1}{500}\sum_{i=1}^{500}|y_i-\hat{y}_i|, k=1,2,\cdots,500,\quad \mu=\frac{1}{500}\sum_{i=1}^{500}\mathrm{MAE}_k,$$

其中 $y_i=g(x_i)$ 为未扰动的真值, $\hat{y}_i=g(\hat{x}_i)$ 为包含 10 个微小扰动后的函数值 (即只有 10 个函数值变动), k 为试验次数. 如图 2-5 所示, 20 阶多项式 $g_{20}(x)$ 要

① On the Runge Example, https://www.tandfonline.com/doi/abs/10.1080/00029890.1987.12000642.

远比 4 阶多项式 $g_4(x)$ 对同样大小的微小扰动 $0.001\delta_j$ 敏感得多, 其中 $g_{20}(x)$ 与 $g_4(x)$ 的 500 次试验误差均值 μ 的比例在 75% 左右 (具有一定的随机性).

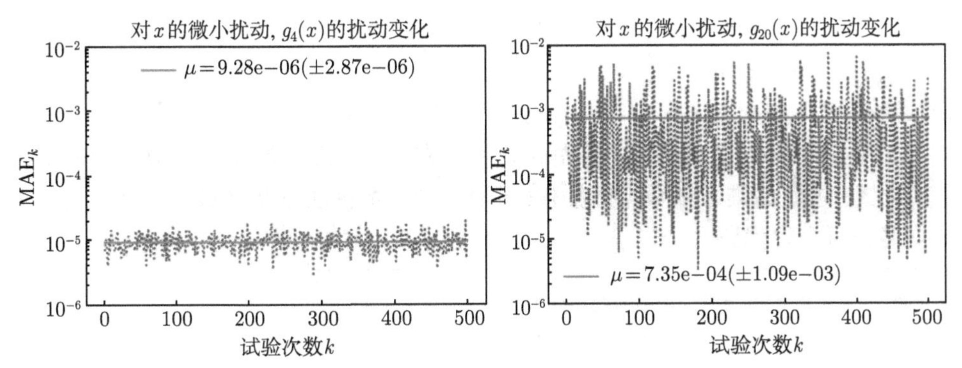

图 2-5 高阶多项式自变量微小扰动对函数值的扰动变化影响 (对数刻度坐标)

2.1.3 牛顿差商插值与牛顿差分插值

牛顿插值多项式与拉格朗日插值多项式是一致的, 只是构造插值多项式的过程不同. 当增加插值节点时, 牛顿插值能避免重复的计算, 这是牛顿插值的优点. 但牛顿多项式插值仍会引起龙格现象.

1. 牛顿差商插值

对连续变化的函数, 经常用 "微商" 来研究函数的性质; 对离散化的函数, 经常用 "差商" 来研究函数的性质. 实现牛顿差商插值需要用到差商 (也称均差) .

设插值节点 $(x_i, y_i), i = 0, 1, \cdots, n$, $y_i = f(x_i)$, 则函数 $f(x)$ 的 k 阶差商定义为

$$f[x_0, x_1, \cdots, x_{k-1}, x_n] = \frac{f[x_0, x_1, \cdots, x_{k-2}, x_n] - f[x_0, x_1, \cdots, x_{k-1}]}{x_n - x_{k-1}}. \quad (2\text{-}2)$$

差商的计算过程如表 2-4 所示.

表 2-4 差商的计算过程

x_k	$f(x_k)$	一阶差商	二阶差商	三阶差商	四阶差商
x_0	$f(x_0)$				
x_1	$f(x_1)$	$f[x_0, x_1]$			
x_2	$f(x_2)$	$f[x_1, x_2]$	$f[x_0, x_1, x_2]$		
x_3	$f(x_3)$	$f[x_2, x_3]$	$f[x_1, x_2, x_3]$	$f[x_0, x_1, x_2, x_3]$	
x_4	$f(x_4)$	$f[x_3, x_4]$	$f[x_2, x_3, x_4]$	$f[x_1, x_2, x_3, x_4]$	$f[x_0, x_1, x_2, x_3, x_4]$
$\vdots$	$\vdots$	$\vdots$	$\vdots$	$\vdots$	$\vdots$

利用差商的牛顿插值多项式为

$$N(x) = f(x_0) + f[x_0, x_1](x - x_0) + \cdots \\ + f[x_0, x_1, \cdots, x_n](x - x_0)(x - x_1)\cdots(x - x_{n-1}), \qquad (2\text{-}3)$$

余项函数 $R_n(x) = f[x, x_0, \cdots, x_n](x - x_0)(x - x_1)\cdots(x - x_n)$.

牛顿差商插值算法实现, 首先计算差商表, 然后根据差商表生成牛顿差商插值多项式, 进而递推未知数据的插值. 限于篇幅, 本算法以及本章后续其他插值算法均略去可视化代码.

```
# file_name: newton_diff_quotient_interp.py
class NewtonDifferenceQuotient(InterpolationUtils):
    """
    牛顿差商插值, 继承 InterpolationUtils
    """
    diff_quot = None # 差商表

    def _diff_quotient(self):
        """
        计算差商 (均差) 表, 思考如何压缩差商表的存储空间
        """
        diff_quot = np.zeros((self.n, self.n))  # 差商表
        diff_quot[:, 0] = self.y  # 第一列存储原插值数据
        for j in range(1, self.n):  # 按列计算, j列标号
            i = np.arange(j, self.n)  # 第j列第j行表示对角线元素, 计算j行以下差商
            diff_quot[i, j] = (diff_quot[i, j - 1] - diff_quot[i - 1, j - 1]) / \
                              (self.x[i] - self.x[i - j])
        return diff_quot

    def fit_interp(self):
        """
        核心算法: 根据差商表生成牛顿差商插值多项式
        """
        self.diff_quot = self._diff_quotient()  # 计算差商表
        d_q = np.diag(self.diff_quot)  # 取对角线差商元素参与多项式生成
        t = sympy.Symbol("t")  # 定义符号变量
        self.polynomial = d_q[0]  # 初始为第一个y值
        term_poly = (t - self.x[0])  # 多项式项, 初始化一阶差商多项式项
        for i in range(1, self.n):
            # 多项式累加, 逐步构成牛顿差商插值多项式
```

```
            self.polynomial += d_q[i] * term_poly
            term_poly *= (t - self.x[i])  # 连乘, 构造每阶差商的多项式项
        InterpolationUtils.interpolation_polynomial(self, t)  # 插值多项式特征
```

2. 牛顿差分插值

在实际应用中, 如果是等距节点情形, 那么利用差分可得到牛顿向前差分插值和牛顿向后差分插值. 顾名思义, 如果插值点离 x_0 比较近, 则适合用牛顿前插公式, 否则适用牛顿后插公式. 表 2-5 为差分递推计算过程.

表 2-5　牛顿向前差分和向后差分计算

向前差分的递推定义	向后差分的递推定义
0 阶: $\Delta^0 y_i = y_i, i = 0, 1, \cdots, n$	0 阶: $\nabla^0 y_i = y_i, i = 0, 1, \cdots, n$
1 阶: $\Delta^1 y_i = \Delta^0 y_{i+1} - \Delta^0 y_i, i = 0, 1, \cdots, n-1$	1 阶: $\nabla^1 y_i = \nabla^0 y_i - \nabla^0 y_{i-1}, i = 1, 2, \cdots, n$
2 阶: $\Delta^2 y_i = \Delta^1 y_{i+1} - \Delta^1 y_i, i = 0, 1, \cdots, n-2$	2 阶: $\nabla^2 y_i = \nabla^1 y_i - \nabla^1 y_{i-1}, i = 2, 3, \cdots, n$
$\vdots$	$\vdots$
n 阶: $\Delta^n y_i = \Delta^{n-1} y_{i+1} - \Delta^{n-1} y_i, i = 0$	n 阶: $\nabla^n y_i = \nabla^{n-1} y_i - \nabla^{n-1} y_{i-1}, i = n$

对相同插值节点构造的向前差分表各项和向后差分表各项按位置对应相等, 对应关系式为 $\Delta^k y_i = \nabla^k y_{i+k}$, 或表示为 $\nabla^k y_i = \Delta^k y_{i-k}$. 对相同插值节点构造的差分和差商满足

$$f[x_i, x_{i+1}, \cdots, x_{i+n}] = \frac{\Delta^n y_i}{n!h^n} = \frac{\nabla^n y_{i+n}}{n!h^n}.$$

设插值节点 $(x_0, y_0), (x_1, y_1), \cdots, (x_n, y_n)$, 由于 $x_0, x_1, \cdots, x_n$ 是等距的, 故步长 $h = x_i - x_{i-1}, 1 \leqslant i \leqslant n$, 则 $x_i = x_0 + ih$, 且 $x_0 < x_1 < \cdots < x_n$.

(1) 若插值点 $x = x_0 + th$, 则 n 次牛顿前插公式为

$$N_n(x) = N_n(x_0 + th) = y_0 + t\Delta y_0 + \frac{t(t-1)}{2!}\Delta^2 y_0 + \cdots + \frac{t(t-1)\cdots(t-(n-1))}{n!}\Delta^n y_0, \tag{2-4}$$

余项函数 $R_n(x) = R_n(x_0 + th) = \dfrac{t(t-1)(t-2)\cdots(t-n)}{(n+1)!}h^{n+1}f^{(n+1)}(\xi), \xi \in (x_0, x_n)$.

(2) 若插值点 $x = x_n + th$, 则 n 次牛顿后插公式为

$$N_n(x) = N_n(x_n + th) = y_n + t\nabla y_n + \frac{t(t+1)}{2!}\nabla^2 y_n + \cdots + \frac{t(t+1)\cdots(t+(n-1))}{n!}\nabla^n y_n, \tag{2-5}$$

余项函数

$$R_n(x)=R_n(x_n+th)=\frac{t(t+1)(t+2)\cdots(t+n)}{(n+1)!}h^{n+1}f^{(n+1)}(\xi),\quad \xi\in(x_0,x_n).$$

算法说明　在初始化时判断插值节点是否等距, 获得差分表, 根据差分表逐项构造牛顿差分插值多项式. 可视化方法 plt_interpolation( ) 中, 由于计算给定插值节点需要计算参数 t 的值, 故重写父类方法.

```
# file_name: newton_difference_interpolation.py
class NewtonDifferenceInterpolation(InterpolationUtils):
    """
    牛顿差分插值法: 向前forward、向后backward
    """
    def __init__(self, x, y, diff_method="forward"):
        InterpolationUtils.__init__(self, x, y)  # 调用父类初始化
        self.diff_method = diff_method  # 差分方法
        # 判断节点是非等距, 并获得等距步长
        self.h = InterpolationUtils.check_equidistant(self)
        # 获得差分表
        self.diff_val = InterpolationUtils.cal_difference(self, self.diff_method)
        self.diff_val = None  # 差分表
        self.x_start = None  # 存储向前、向后差分的起点值

    def fit_interp(self):
        """
        核心算法: 生成牛顿差分多项式
        """
        t = sympy.Symbol("t")  # 定义符号变量
        term = t  # 差分项
        if self.diff_method == "forward":
            self.polynomial = self.diff_val[0, 0]  # 常数项取x第一个值
            dv = self.diff_val[0, :]  # 向前差分, 只需第一行差分值
            self.x_start = self.x[0]  # 起点值为x的第一个值, 用于计算插值点t
            for i in range(1, self.n):
                self.polynomial += dv[i] * term / math.factorial(i)
                term *= (t - i)  # 差分项
        elif self.diff_method == "backward":
            self.polynomial = self.diff_val[-1, 0]  # 常数项取x最后一个值
            dv = self.diff_val[-1, :]  # 向后差分, 只需最后一行差分值
            self.x_start = self.x[-1]  # 起点值为x的最后一个值, 用于计算插值点t
            for i in range(1, self.n):
```

```
                self.polynomial += dv[i] * term / math.factorial(i)
                term *= (t + i)  # 差分项
        else:
            raise AttributeError("仅支持牛顿forward、backward差分插值.")
        InterpolationUtils.interpolation_polynomial(self, t)  # 调用父类方法

    def predict_x0(self, x0):
        """
        计算插值点x0的插值, param x0: 插值点的x坐标
        """
        t0 = (x0 - self.x_start) / self.h  # 求解t
        return InterpolationUtils.predict_x0(self, t0)  # 调用父类实现
```

例 2 模拟函数 $f(x)=2\mathrm{e}^{-x}\sin x, x\in[0,2\pi]$. (1) 在区间随机生成服从均匀分布的 10 个插值节点 (随机种子为 1), 以此进行牛顿差商插值, 并与拉格朗日插值对比. (2) 在区间等距产生 10 个离散插值节点, 采用牛顿向前和向后差分插值. 计算在插值节点 $\boldsymbol{x}_0=[2.6,4.0,4.8]$ 处的插值.

(1) 由于离散数据点 (x_i,y_i) 随机产生, 故非等距节点, 图 2-6 为牛顿差商和拉格朗日插值图像, 注意 x 轴的区间范围 (由随机插值节点确定) . 所求插值点的值 $[0.076576,-0.027458,-0.020145]$, 对应误差为 $[-9.40057\times10^{-9},-2.64477\times10^{-4},3.74845\times10^{-3}]$. 从误差可以看出, 2.6 附近的插值节点较为密集, 故精度较高, 而 4.8 为外插, 精度略低. 两种方法的插值多项式一致, 但由于计算误差的影响, 插值多项式系数上有些微差异, 可打印系数或插值多项式直观结果. 略去差商表.

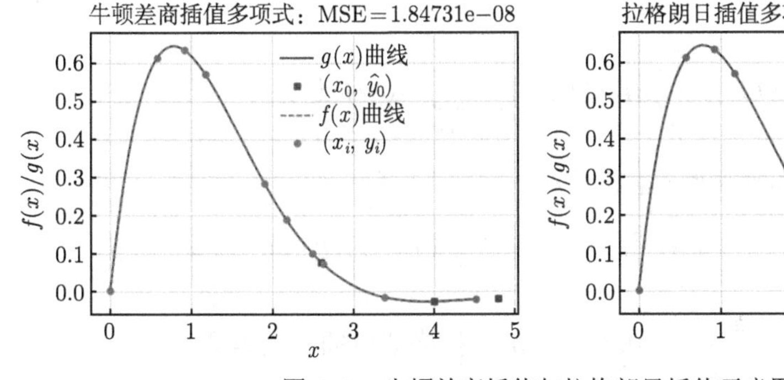

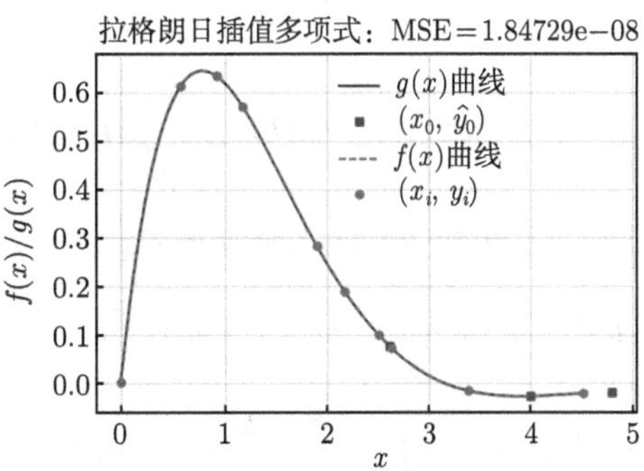

图 2-6 牛顿差商插值与拉格朗日插值示意图

(2) 略去差分表. 所求 $\boldsymbol{x}_0$ 的向前、向后差分插值结果一致:$[0.076561,-0.027739,-0.016377]$, 对应误差 $\left[1.55323\times10^{-5},1.67055\times10^{-5},-1.89504\times10^{-5}\right]$.

注 由于插值节点不同, 故与牛顿差商插值和拉格朗日插值结果不同.

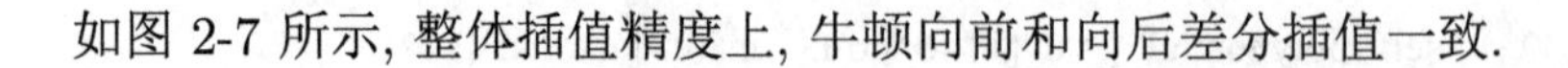

如图 2-7 所示, 整体插值精度上, 牛顿向前和向后差分插值一致.

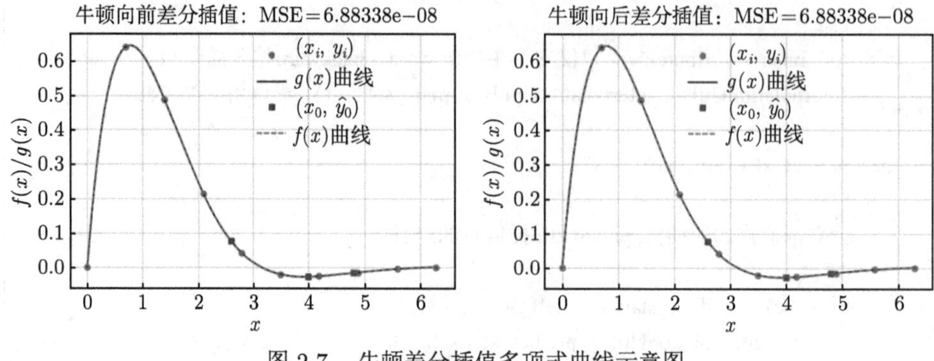

图 2-7　牛顿差分插值多项式曲线示意图

2.1.4　埃尔米特插值

拉格朗日插值公式所求得 $L(x)$ 保证了节点处的函数值相等, 即保证了函数的连续性. 但不少实际问题还需要插值的光滑度, 即要求它在节点处的导数值也相等, 导数的阶数越高则光滑度越高.

埃尔米特 (Hermite) 插值不仅要求插值曲线经过插值节点, 还要求插值曲线在插值节点处的各阶导数值与给出的各阶导数值相等. 如带一阶导数的埃尔米特插值满足

$$H\left(x_i\right)=f\left(x_i\right), \quad H'\left(x_i\right)=f'\left(x_i\right), \quad i=0,1,2,\cdots,n.$$

设插值节点 $\left(x_i, f\left(x_i\right)\right), i=0,1,\cdots,n$, 带一阶导数的埃尔米特插值函数的一般形式为

$$H(x)=\sum_{i=0}^{n} h_i(x) f\left(x_i\right)+\sum_{i=0}^{n} \bar{h}_i(x) f'\left(x_i\right), \tag{2-6}$$

其中 $h_i(x)$ 和 $\bar{h}_i(x)$ 为辅助函数, 计算公式为

$$h_i(x)=\left(1-2 l_i'\left(x_i\right)\left(x-x_i\right)\right) l_i^2(x), \quad \bar{h}_i(x)=\left(x-x_i\right) l_i^2(x), \quad i=0,1,\cdots,n,$$

其中 $l_i(x)=\prod\limits_{j=0, j \neq i}^{n} \dfrac{x-x_j}{x_i-x_j}, i=0,1,\cdots,n$ 为拉格朗日插值基函数.

为方便计算, 化简式 (2-6) 如下:

$$H(x)=\sum_{i=0}^{n} h_i \cdot\left[\left(x_i-x\right)\left(2 a_i f\left(x_i\right)-f'\left(x_i\right)\right)+f\left(x_i\right)\right], \tag{2-7}$$

其中 $h_i = \prod_{j=1, j\neq i}^{n} \left(\dfrac{x - x_j}{x_i - x_j}\right)^2, a_i = \sum_{j=1, j\neq i}^{n} \dfrac{1}{x_i - x_j}, i = 0, 1, \cdots, n.$

埃尔米特插值算法实现. 首先根据 $x_0, x_1, \cdots, x_n$ 计算和 $a_i, i = 0, 1, \cdots, n$, 然后基于式 (2-7) 构造埃尔米特多项式, 最后推测未知数据.

```
# file_name: hermite_interpolation.py
class HermiteInterpolation (InterpolationUtils):
    """
    埃尔米特插值: 给定函数值及一阶导数值, 继承InterpolationUtils
    """
    def __init__(self, x, y, dy):
        InterpolationUtils.__init__(self, x, y)  # 父类初始化
        self.dy = np.asarray(dy, dtype=np.float64)  # 给定数据点的一阶导数值

    def fit_interp (self):
        """
        核心算法: 生成埃尔米特插值多项式
        """
        t = sympy.Symbol("t")  # 定义符号变量
        self.polynomial = 0.0  # 插值多项式实例化
        for i in range(self.n):
            h, a = 1.0, 0.0  # 根据公式(2-7)计算各项表达式
            for j in range(self.n):
                if j != i:
                    h *= (t - self.x[j]) ** 2 / (self.x[i] - self.x[j]) ** 2
                    a += 1 / (self.x[i] - self.x[j])
            self.polynomial += h * ((self.x[i] - t) *
                                    (2 * a * self.y[i] - self.dy[i]) + self.y[i])
        # 插值多项式特征, 调用父类实例方法
        InterpolationUtils.interpolation_polynomial(self, t)
```

针对**例 1** 示例: $f(x) = 11\sin x + 7\cos x$, 在区间 $[-1, 3]$ 上分别等分 (也可随机) 6 个和 10 个插值节点 $(x_k, f(x_k))$, 以此节点及其一阶导数值 $(x_k, f'(x_k))$ 进行埃尔米特插值. 当采用 10 个插值节点时, 所求插值点的值为 $[-10.08939, 1.59675, 13.39889, 8.92441, 8.86319, 0.13650]$, 对应误差为

$$[-2.77374 \times 10^{-3}, -8.36391 \times 10^{-7}, 4.42645 \times 10^{-6}, 3.06391 \times 10^{-5},$$

$$2.43707 \times 10^{-3}, 1.07769 \times 10^{-2}].$$

图 2-8 为埃尔米特插值示意图, 左图由于插值节点较少, 埃尔米特插值多项式与真实函数存在一定的误差, 尤其在端点处附近. 右图所示, 插值精度较高, 且 10 个插值节点的整体精度要高于 20 个插值节点的拉格朗日插值的整体精度 (如图 2-3 (右) 所示), 但埃尔米特插值需要给出各插值节点的一阶导数值.

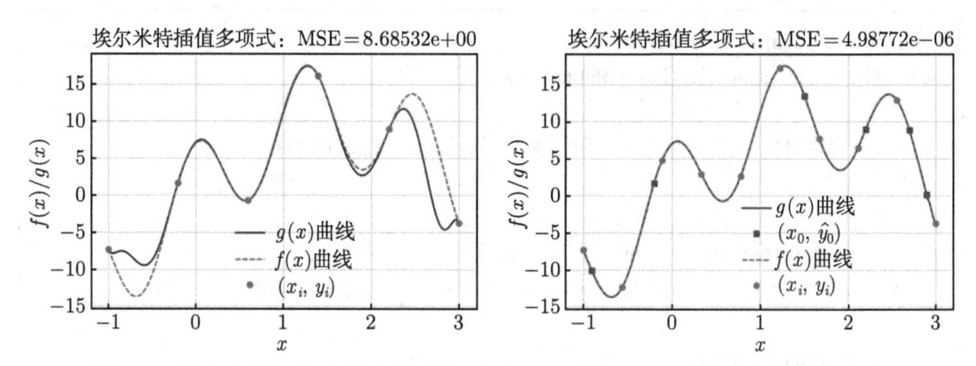

图 2-8　埃尔米特插值多项式示意图 (左为 6 个插值节点, 右为 10 个插值节点)

■ 2.2　分段插值

如果被插值函数是代数多项式函数, 那么阶次足够高的代数插值函数的余项为 0; 如果被插值函数不是代数多项式函数, 那么为了减小误差而盲目地增加代数插值函数的阶次是不合适的. 因此, 很少使用超过 6 次的代数插值. 当插值节点较多时, 一般采用分段插值. 分段插值是指把插值区间分为若干个子区间, 在每个子区间上用较低阶次的代数插值函数逼近被插值函数. 常见的分段插值有分段线性插值和分段 3 次埃尔米特插值等.

2.2.1　分段线性插值

分段线性插值是指每两个相邻的插值节点构成一个子区间, 在每个子区间上做 1 次代数 (线性) 插值. 插值函数的图形是一些首尾相连的直线段形成的折线, 直线段的端点为插值节点.

设已知点 $a=x_0<x_1<\cdots<x_n=b$ 上的函数值 $f(x_0), f(x_1), \cdots, f(x_n)$, 若有一折线 $I(x)$ 函数满足在 $[a,b]$ 上连续, 在节点处函数值相等, 即 $I(x_i)=f(x_i), i=0,1,2,\cdots,n$, 在每个子区间 $[x_i,x_{i+1}]$ 上是线性函数, 则称 $I(x)$ 是 $f(x)$ 的**分段线性插值函数**. 由插值多项式的唯一性, 在每个小区间上可表示为

$$I_i(x)=\frac{x-x_{i+1}}{x_i-x_{i+1}}f(x_i)+\frac{x-x_i}{x_{i+1}-x_i}f(x_{i+1}),\quad x_i\leqslant x\leqslant x_{i+1},\quad i=0,1,\cdots,n-1. \tag{2-8}$$

分段线性插值函数 $I_n(x)$ 的余项函数 $R(x) = f(x) - I_n(x)$ 满足

$$|R(x)| \leqslant \frac{h^2 M}{8}, \quad h = \max_{0 \leqslant i \leqslant n-1} |x_{i+1} - x_i|, \quad M = \max_{a \leqslant x \leqslant b} |f''(x)|.$$

2.2.2 分段三次埃尔米特插值

给定插值节点 (x_i, y_i) 以及对应的导数值 $y_i', i = 0, 1, 2, \cdots, n$，则满足条件 $I(x_i) = y_i, I'(x_i) = y_i'$ 的**分段埃尔米特插值函数** $I(x)$ 在每个小区间上可表示为

$$\begin{aligned} I_i(x) = & y_i \left(1 + 2\frac{x - x_i}{h_i}\right)\left(\frac{x - x_{i+1}}{h_i}\right)^2 + y_{i+1}\left(1 + 2\frac{x - x_{i+1}}{-h_i}\right)\left(\frac{x - x_i}{h_i}\right)^2 \\ & + y_i'(x - x_i)\left(\frac{x - x_{i+1}}{h_i}\right)^2 + y_{i+1}'(x - x_{i+1})\left(\frac{x - x_i}{h_i}\right)^2, \end{aligned} \tag{2-9}$$

其中 $h_i = x_{i+1} - x_i, x \in [x_i, x_{i+1}], i = 0, 1, \cdots, n-1$.

分段埃尔米特插值函数 $I_n(x)$ 的余项函数 $R(x) = f(x) - I_n(x)$ 满足

$$|R(x)| \leqslant \frac{h^4 M}{384}, \quad h = \max_{0 \leqslant i \leqslant n-1} |x_{i+1} - x_i|, \quad M = \max_{a \leqslant x \leqslant b} \left|f^{(4)}(x)\right|.$$

为便于算法特定功能的复用，参考多项式插值工具类 InterpolationUtils，编写分段插值工具类 PiecewiseInterpUtils，主要功能是推测未知数据、判断节点是否等距，以及可视化.

```
# file_name: piecewise_interp_utils.py
class  PiecewiseInterpUtils :
    """
    分段插值工具类, 封装插值多项式的类属性以及常见工具实例方法
    """
    polynomial = None  # 分段插值多项式, 字典形式, 即每区间一个多项式
    # 多项式系数矩阵, 分段线性插值为(n, 2), 分段三次埃尔米特插值为(n, 4)
    poly_coefficient  = None

    def  __init__( self ,  x,  y):   # 略去实例属性参数初始化, 以及各健壮性条件测试

    def  predict_x0 ( self ,  x0):
        """
        预测, 通过离散插值点生成的分段插值多项式 (符号多项式), 计算插值点x0的插值
        :param x0:  所求插值点, 格式可为元组、列表或ndarray对象
        """
```

```
        if self.polynomial:
            x0 = np.asarray(x0, dtype=np.float64)  # 类型转换
            y_0 = np.zeros(len(x0))  # 存储x0的插值
            t = self.polynomial[0].free_symbols.pop()  # 获取插值多项式的自由符号变量
            # 对每一个插值点x0, 首先查找所在区间段, 然后采用该区间段多项式求解
            idx = 0  # 默认第一个多项式
            for i in range(len(x0)):  # 针对每一个待求插值节点
                for j in range(1, self.n - 1):  # 查找被插值点x0所处的区间段索引idx
                    if self.x[j] <= x0[i] <= self.x[j + 1] or \
                        self.x[j] >= x0[i] >= self.x[j + 1]:
                        idx = j  # 当前区间段索引
                        break
                y_0[i] = self.polynomial[idx].evalf(subs={t: x0[i]})  # 计算插值
            return y_0

    def check_equidistant(self):  # 函数: 判断x是否等距, 请参考 InterpolationUtils
    def plt_interpolation(self, params):  # 函数: 略去插值函数可视化代码
```

1. 分段线性插值算法实现

根据式 (2-8) 计算每段系数即可, 每段为线性函数.

```
# file_name: piecewise_linear_interpolation.py
class PiecewiseLinearInterpolation(PiecewiseInterpUtils):
    """
    分段线性插值, 即每两点之间用一次线性函数, 继承PiecewiseInterpUtils
    """
    def fit_interp(self):
        """
        核心算法: 生成分段线性插值多项式算法
        """
        t = sympy.Symbol("t")  # 定义符号变量
        self.polynomial = dict()  # 插值多项式, 字典: 以区间索引为键, 值为线性函数
        self.poly_coefficient = np.zeros((self.n - 1, 2))  # 初始化线性函数的系数矩阵
        for i in range(self.n - 1):
            h_i = self.x[i + 1] - self.x[i]  # 相邻两个数据点步长
            # 分段线性插值公式
            pi = self.y[i + 1] * (t - self.x[i]) / h_i - \
                 self.y[i] * (t - self.x[i + 1]) / h_i
            self.polynomial[i] = sympy.sympify(pi)  # 分段插值线性函数
            polynomial = sympy.Poly(self.polynomial[i], t)  # 构造多项式对象
```

```
        mon = polynomial.monoms() # 某项系数可能为0, 故分别对应阶次存储
        for j in range(len(mon)):
            self.poly_coefficient[i, mon[j][0]] = polynomial.coeffs()[j]
```

2. 分段埃尔米特插值算法实现

根据式 (2-9) 计算每段系数即可, 每段为三次多项式.

```
# file_name: piecewise_cubic_hermite_interpolation.py
class PiecewiseCubicHermiteInterpolation(PiecewiseInterpUtils):
    """
    分段三次埃尔米特插值, 即分段二点三次埃尔米特插值
    """
    def __init__(self, x, y, dy):
        PiecewiseInterpUtils.__init__(self, x, y)  # 调用父类方法初始化
        self.dy = np.asarray(dy, dtype=np.float64)  # 给定数据点的一阶导数值
        if len(self.y) != len(self.dy):
            raise ValueError("插值数据(x, y, dy)的维度不匹配! ")

    def fit_interp(self):
        """
        核心算法: 生成分段三次埃尔米特插值多项式算法
        """
        t = sympy.Symbol("t")  # 定义符号变量
        self.polynomial = dict()  # 插值多项式, 字典, 以区间索引为键, 值为三次多项式
        polynomial = dict()  # 插值多项式对象
        # 每个区间为三次多项式, 四个系数
        self.poly_coefficient = np.zeros((self.n - 1, 4))
        for i in range(self.n - 1):
            hi = self.x[i + 1] - self.x[i]  # 相邻两个数据点步长
            # 分段二点三次埃尔米特插值多项式
            ti, ti1 = t - self.x[i], t - self.x[i + 1]  # 公式子项
            pi = self.y[i] * (1 + 2 * ti / hi) * (ti1 / hi) ** 2 + \
                 self.y[i + 1] * (1 + 2 * ti1 / (-hi)) * (ti / hi) ** 2 + \
                 self.dy[i] * ti * (ti1 / hi) ** 2 + \
                 self.dy[i + 1] * ti1 * (ti / hi) ** 2
            self.polynomial[i] = sympy.expand(pi)  # 分段三次多项式
            polynomial[i] = sympy.Poly(self.polynomial[i], t)  # 构造多项式对象
            mon = polynomial[i].monoms() # 某项系数可能为0, 故分别对应阶次存储
            for j in range(len(mon)):
                self.poly_coefficient[i, mon[j][0]] = polynomial[i].coeffs()[j]
```

例 3 以函数 $f(x)=\dfrac{50\sin x}{x}, x\in[-4\pi,4\pi]$, 等分生成 20 个数据点, 分别生成分段线性插值和分段埃尔米特插值多项式, 并计算给定节点 $\boldsymbol{x}_0=[-3.48,-1.69,0.05,2.66,4.08,4.876]$ 的插值.

表 2-6 为分段线性插值和分段埃尔米特插值各区间段的部分系数. 如第一段埃尔米特插值多项式为

$$I_1(x)=0.6081x^3+22.6646x^2+277.5633x+1115.6277,\quad x\in\left[-4\pi,-3\frac{11}{19}\pi\right].$$

表 2-6 分段线性插值与分段埃尔米特插值多项式系数 (部分, 按 Python 输出格式)

段号	分段线性插值系数		分段埃尔米特插值系数			
	常数项	x	常数项	x	x^2	x^3
1	−40.95355055	−3.25898	1.1156277e+03	2.7756334e+02	2.2664563e+01	6.0809681e−01
2	11.94254225	1.44557347	1.3240406e+02	1.3110568e+01	−1.043442e+00	−1.003275e−01
⋯	⋯	⋯	⋯	⋯	⋯	⋯
19	−40.95355055	3.25898	1.1156277e+03	−2.775633e+02	2.2664563e+01	−6.080968e−01

从表 2-7 可以看出, 分段线性插值点 $\boldsymbol{x}_0$ 的误差远大于分段埃尔米特插值.

表 2-7 分段线性插值与分段埃尔米特插值在 $\boldsymbol{x}_0$ 点的插值及绝对值误差 $(k=1,2,\cdots,6)$

$x_{0,k}$	$f(x_{0,k})$	分段线性插值及绝对值误差		分段埃尔米特插值及绝对值误差	
−3.48	−4.76990213	−3.57115927	1.19874286	−4.75604474	0.01385739
−1.69	29.37584767	28.27117797	1.10466970	29.36137144	0.01447622
0.05	49.97916927	46.43361993	3.54554934	49.90198103	0.07718824
2.66	8.70660272	10.01497145	1.30836873	8.75032925	0.04372653
4.08	−9.88502143	−7.3243071	2.56071433	−9.82329788	0.06172355
4.876	−10.11736615	−9.2668044	0.85056175	−10.11082152	0.00654463

如图 2-9 所示, 由于分段线性插值每区间段为线性函数, 故插值点之间用折线

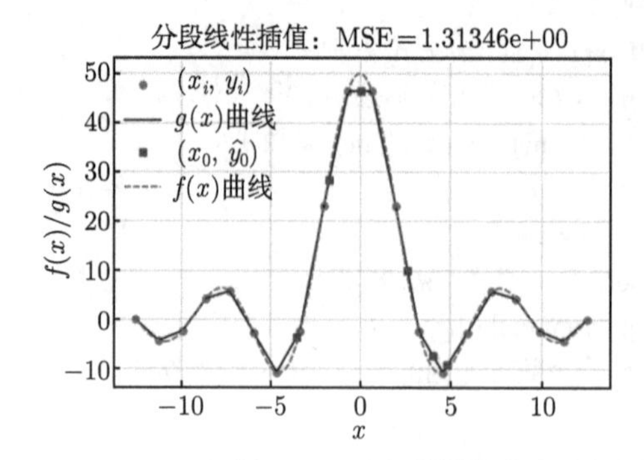

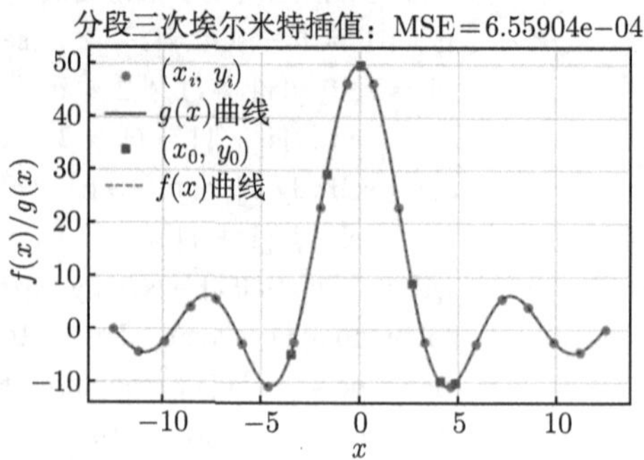

图 2-9 分段线性插值与分段埃尔米特插值多项式比较示意图

连接, 插值精度较低. 而埃尔米特插值多项式在每区间段为三次多项式, 相对于分段线性插值, 其曲线较为光滑, 且精度较高.

■ 2.3 三次样条插值

从数学角度, 在小挠度的假定下, 样条 (spline) 曲线实际上是由一段一段的三次多项式曲线拼接而成的, 在拼接处, 函数自身不仅是连续的, 而且它的一阶、二阶导数也是连续的, 但三阶导数一般不连续. 因此, 样条曲线具有非常好的光滑性. 三次样条插值函数就是全部通过样本点的二阶连续可微的分段三次多项式函数.

对于函数 $f(x)$ 的 $n+1$ 个互异点 $(x_i, y_i), i=0,1,\cdots,n$, 且 $a=x_0<x_1<\cdots<x_n=b$, x_i 不一定等距. 若存在函数 $S(x)$ 满足条件:

(1) $S(x)$ 在每一个子区间 $[x_{i-1}, x_i], i=1,2,\cdots,n$ 上是一个三次多项式;

(2) $S(x)$ 在每一个内节点 x_i, $i=1,2,\cdots,n-1$ 上具有直到二阶的连续导数, 即 $S(x)\in C^2[a,b]$, 则称 $S(x)$ 为节点 x_i, $i=0,1,2,\cdots,n$ 上的**三次样条函数**.

(3) $S(x_i)=f(x_i)=y_i, i=0,1,2,\cdots,n$, 则称 $S(x)$ 为**三次样条插值函数**.

三次样条插值求解. 在相邻两个插值节点组成的子区间 $[x_i, x_{i+1}]$ 上构造一个三次多项式

$$S_i(x)=a_i x^3+b_i x^2+c_i x+d_i, \quad x\in[x_i, x_{i+1}], \quad i=0,1,2,\cdots,n-1.$$

要确定整个区间 $[a,b]$ 上的插值函数 $S(x)$, 必须确定 $4n$ 个未知系数 $[a_i, b_i, c_i, d_i]$, $i=0,1,\cdots,n-1$, 因此求解 $S(x)$ 需要 $4n$ 个条件. 由定义中的条件 (3) 知, 有 $n+1$ 个条件, 由定义中的条件 (2) 知, 有 $3(n-1)$ 个条件, 即

$$S(x_i+0)=S(x_i-0), \quad S'(x_i+0)=S'(x_i-0),$$

$$S''(x_i+0)=S''(x_i-0), \quad i=1,2,\cdots,n-1.$$

上面共有 $4n-2$ 个条件, 因此还需要两个条件才能确定 $4n$ 个系数. 考虑如下边界条件:

(1) 第一种边界条件 $S'(x_0)=f'(x_0), S'(x_n)=f'(x_n)$, 参数为 complete, 也称**压紧样条**.

(2) 第二种边界条件 $S''(x_0)=f''(x_0), S''(x_n)=f''(x_n)$, 参数为 second; 若 $S''(x_0)=S''(x_n)=0$, 则为**自然边界条件**, 参数为 natural. 自然边界条件是通过所有数据点的插值函数中, 总曲率最小的唯一函数, 因此自然三次样条是插值所有数据点的最光滑的函数.

(3) 第三种边界条件, 当被插值函数是以 $b-a$ 为周期的周期函数时, 则要求 $S(x)$ 也是周期函数, 这时边界条件为 $S(x_0+0)=S(x_n-0), S'(x_0+0)=S'(x_n-0), S''(x_0+0)=S''(x_n-0)$, 参数为 periodic, 也称**周期样条**.

求三次样条插值函数 $S(x)$ 主要有三弯矩法和三转角法, 本节根据三弯矩法仅给出结论, 不介绍推理过程. 三次样条插值的分段函数表达式为

$$\begin{aligned}S_i(x)=&\frac{(x_{i+1}-x)^3}{6h_i}M_i+\frac{(x-x_i)^3}{6h_i}M_{i+1}+(y_i-\frac{M_ih_i^2}{6})\frac{x_{i+1}-x}{h_i}\\&+(y_{i+1}-\frac{M_{i+1}h_i^2}{6})\frac{x-x_i}{h_i},\quad i=0,1,\cdots,n-1,\end{aligned}\tag{2-10}$$

其中 $h_i=x_{i+1}-x_i, x\in[x_i,x_{i+1}]$, M_i 为待求系数.

三次样条插值求解. 由上面分析可知, 根据不同的边界条件, 求解方程组可获得分段插值系数.

(1) 第一类边界条件, 其矩阵方程组形式为

$$\begin{pmatrix}2&\lambda_0&&&\\\mu_1&2&\lambda_1&&\\&\ddots&\ddots&\ddots&\\&&\mu_{n-1}&2&\lambda_{n-1}\\&&&\mu_n&2\end{pmatrix}\begin{pmatrix}M_0\\M_1\\\vdots\\M_{n-1}\\M_n\end{pmatrix}=\begin{pmatrix}d_0\\d_1\\\vdots\\d_{n-1}\\d_n\end{pmatrix},$$

其中各参数计算公式为

$$\begin{cases}\lambda_0=\mu_n=1, d_0=\dfrac{6}{h_0}\left(f\left[x_0,x_1\right]-f_0'\right), d_n=\dfrac{6}{h_{n-1}}\left(f_n'-f\left[x_{n-1},x_n\right]\right),\\\lambda_i=\dfrac{h_i}{h_{i-1}+h_i}, \mu_i=\dfrac{h_{i-1}}{h_{i-1}+h_i},\ i=1,2,\cdots,n-1,\\d_i=\dfrac{6}{h_{i-1}+h_i}\left(f\left[x_i,x_{i+1}\right]-f\left[x_{i-1},x_i\right]\right),\ i=1,2,\cdots,n-1.\end{cases}\tag{2-11}$$

(2) 第二类边界条件, 与第一类满足的方程组一致, 不同的是

$$\lambda_0=\mu_n=0,\quad d_0=2f_0'',\quad d_n=2f_n''.$$

参数 $\lambda_i, u_i, i=1,2,\cdots,n-1$ 计算方式同式 (2-11).

(3) 第三类边界条件, M_i 满足的方程组

$$M_0=M_n,\quad \lambda_n M_1+\mu_n M_{n-1}+2M_n=d_n,$$

且

$$\lambda_n=\frac{h_0}{h_0+h_{n-1}},\quad \mu_n=1-\lambda_n,\quad d_n=\frac{6}{h_0+h_{n-1}}\left(f\left[x_0,x_1\right]-f\left[x_{n-1},x_n\right]\right).$$

参数 λ_i, u_i, $i=1,2,\cdots,n-1$ 计算方式同式 (2-11). 写成矩阵形式为

$$\begin{pmatrix} 2 & \lambda_1 & & & \mu_1 \\ \mu_2 & 2 & \lambda_2 & & \\ & \ddots & \ddots & \ddots & \\ & & \mu_{n-1} & 2 & \lambda_{n-1} \\ \lambda_n & & & \mu_n & 2 \end{pmatrix}\begin{pmatrix} M_1 \\ M_2 \\ \vdots \\ M_{n-1} \\ M_n \end{pmatrix}=\begin{pmatrix} d_1 \\ d_2 \\ \vdots \\ d_{n-1} \\ d_n \end{pmatrix},$$

以节点处的导数为参数的三次样条函数, 记 $m_i=S_i'(x_i)$, $i=0,1,\cdots,n$, 在 $[x_i,x_{i+1}]$ 上, $S(x)=S_i(x)$ 是三次多项式, 且满足 $S_i(x_i)=y_i$, $S_i(x_{i+1})=y_{i+1}$, $S_i'(x_i)=y_i'=m_i$, $S_{i+1}'(x_{i+1})=y_{i+1}'=m_{i+1}$, 这是三次埃尔米特插值问题, 则结合式 (2-9) 可得三次埃尔米特插值分段表达式为

$$\begin{aligned} S_i(x)=&\frac{y_i}{h_i^3}\left[2\left(x-x_i\right)+h_i\right]\left(x_{i+1}-x\right)^2+\frac{y_{i+1}}{h_i^3}\left[2\left(x_{i+1}-x\right)+h_i\right]\left(x-x_i\right)^2 \\ &+\frac{m_i}{h_i^2}\left(x-x_i\right)\left(x_{i+1}-x\right)^2-\frac{m_{i+1}}{h_i^2}\left(x_{i+1}-x\right)\left(x-x_i\right)^2,\quad i=0,1,\cdots,n-1, \end{aligned} \tag{2-12}$$

其中 $h_i=x_{i+1}-x_i, x\in[x_i,x_{i+1}]$, m_i 为待求系数.

按照**三转角法**, 根据不同的边界条件, 求解方程组可获得分段插值系数.

(1) 第一类边界条件, 其矩阵方程组形式为

$$\begin{pmatrix} 2 & \mu_0 & & & \\ \lambda_1 & 2 & \mu_1 & & \\ & \ddots & \ddots & \ddots & \\ & & \lambda_{n-1} & 2 & \mu_{n-1} \\ & & & \lambda_n & 2 \end{pmatrix}\begin{pmatrix} m_0 \\ m_1 \\ \vdots \\ m_{n-1} \\ m_n \end{pmatrix}=\begin{pmatrix} c_0 \\ c_1 \\ \vdots \\ c_{n-1} \\ c_n \end{pmatrix},$$

其中各参数计算公式为

$$\begin{cases} \mu_0=\lambda_n=0, c_0=2y_0', c_n=2y_n', \\ \lambda_i=\dfrac{h_i}{h_i+h_{i-1}}, \mu_i=\dfrac{h_{i-1}}{h_i+h_{i-1}}, \quad i=1,2,\cdots,n-1, \\ c_i=\dfrac{3\lambda_i\left(y_i-y_{i-1}\right)}{h_{i-1}}+\dfrac{3\mu_i\left(y_{i+1}-y_i\right)}{h_i}, \quad i=1,2,\cdots,n-1. \end{cases} \tag{2-13}$$

(2) 第二类边界条件, 与第一类满足的方程组一致, 不同的是

$$\mu_0=\lambda_n=1, \quad c_0=\frac{3\left(y_1-y_0\right)}{h_0}-\frac{1}{2}h_0y_0'', \quad c_n=\frac{3\left(y_n-y_{n-1}\right)}{h_{n-1}}-\frac{1}{2}h_{n-1}y_n'',$$

参数 $\lambda_i, u_i, i=1,2,\cdots,n-1$ 计算方式同式 (2-13).

(3) 第三类边界条件, m_i 满足方程组

$$\begin{cases} m_0=m_n, \\ \dfrac{4m_0}{h_0}+\dfrac{2m_1}{h_0}+\dfrac{2m_{n-1}}{h_{n-1}}+\dfrac{4m_n}{h_{n-1}}=\dfrac{6\left(y_n-y_{n-1}\right)}{h_{n-1}^2}+\dfrac{6\left(y_1-y_0\right)}{h_0^2}, \\ \lambda_i m_{i-1}+2m_i+\mu_i m_{i+1}=c_i, \quad i=1,2,\cdots,n-1, \end{cases}$$

且

$$\lambda_n=\frac{h_0}{h_{n-1}+h_0}, \quad \mu_n=1-\lambda_n, \quad c_n=\frac{3\left(h_{n-1}\dfrac{y_1-y_0}{h_0}+h_0\dfrac{y_n-y_{n-1}}{h_{n-1}}\right)}{h_{n-1}+h_0}.$$

参数 $\lambda_i, u_i, i=1,2,\cdots,n-1$ 计算方式同式 (2-13). 写成矩阵形式为

$$\begin{pmatrix} 2 & \mu_1 & & & \lambda_1 \\ \lambda_2 & 2 & \mu_2 & & \\ & \ddots & \ddots & \ddots & \\ & & \lambda_{n-1} & 2 & \mu_{n-1} \\ \mu_n & & & \lambda_n & 2 \end{pmatrix}\begin{pmatrix} m_1 \\ m_2 \\ \vdots \\ m_{n-1} \\ m_n \end{pmatrix}=\begin{pmatrix} c_1 \\ c_2 \\ \vdots \\ c_{n-1} \\ c_n \end{pmatrix}.$$

本算法实现三种边界条件, 其中第二类边界条件分为自然边界条件和非自然边界条件. 为了获取三次样条多项式, 算法仍采用符号运算和数值运算.

1. 基于三弯矩法的三次样条插值算法设计

```
# file_name: cubic_spline_interpolation.py
class CubicSplineInterpolation ( PiecewiseInterpUtils ):
    """
    三次样条插值, 三弯矩法, 继承 PiecewiseInterpEntityUtils 工具类.
    """
    def __init__( self, x, y, dy=None, d2y=None, boundary_cond="natural"):
        PiecewiseInterpUtils .__init__( self, x, y)
        self.dy, self.d2y = dy, d2y  # 边界条件、一阶导数和二阶导数
        self.boundary_cond = boundary_cond # 边界条件

    def fit_interp ( self):
        """
        生成三次样条插值多项式
        """
        t = sympy.Symbol("t")  # 定义符号变量
        self.polynomial = dict()  # 插值多项式
        self.poly_coefficient = np.zeros(( self.n - 1, 4))  # 三次多项式, 四个系数
        if self.boundary_cond == "complete":
            if self.dy is None:
                raise ValueError("请给定数据点边界条件的一阶导数值.")
            self.dy = np.asarray( self.dy, dtype=np.float64 )
            self._complete_spline_(t, self.x, self.y, self.dy)
        elif self.boundary_cond == "second":
            if self.d2y is None:
                raise ValueError("请给定数据点边界条件的二阶导数值.")
            self.d2y = np.asarray( self.d2y, dtype=np.float64 )
            self._second_spline_(t, self.x, self.y, self.d2y)
        elif self.boundary_cond == "natural":
            self._natural_spline_(t, self.x, self.y)
        elif self.boundary_cond == "periodic":
            self._periodic_spline_(t, self.x, self.y)
        else:
            raise ValueError("边界条件为complete, second, natural, periodic.")

    def _spline_poly_( self, t, x, M):
        """
        构造三次样条多项式:
        其中t为符号变量, x为已知数据点坐标值, M为求解边界条件得到的系数
        """
```

```
        for i in range(self.n - 1):
            hi = x[i + 1] - x[i]  # 相邻两个数据点步长
            ti, ti1 = t - x[i], x[i + 1] - t  # 公式子项
            pi = ti1 ** 3 * M[i] / (6 * hi) + \
                 ti ** 3 * M[i + 1] / (6 * hi) + \
                 (self.y[i] - M[i] * hi ** 2 / 6) * ti1 / hi + \
                 (self.y[i + 1] - M[i + 1] * hi ** 2 / 6) * ti / hi
            self.polynomial[i] = sympy.expand(pi)  # 对插值多项式展开
            polynomial = sympy.Poly(self.polynomial[i], t)  # 多项式对象
            # 某项系数可能为0, 故分别对应阶次存储
            mon = polynomial.monoms()
            for j in range(len(mon)):
                self.poly_coefficient[i, mon[j][0]] = polynomial.coeffs()[j]

    def _base_args(self, x, y, d_vector, coefficient_mat):
        """
        针对系数矩阵和右端向量的内点计算
        """
        for i in range(1, self.n - 1):  # 针对内点
            lambda_ = (x[i + 1] - x[i]) / (x[i + 1] - x[i - 1])  # 分母为两个步长和
            u = (x[i] - x[i - 1]) / (x[i + 1] - x[i - 1])  # 分母为两个步长和
            df1 = (y[i] - y[i - 1]) / (x[i] - x[i - 1])  # 一阶差商f[x_i, x_{i-1}]
            df2 = (y[i + 1] - y[i]) / (x[i + 1] - x[i])  # 一阶差商f[x_{i+1}, x_i]
            d_vector[i] = 6 * (df2 - df1) / (x[i + 1] - x[i - 1])  # 右端向量元素
            coefficient_mat[i, i + 1], coefficient_mat[i, i - 1] = lambda_, u
        return d_vector, coefficient_mat

    def _complete_spline_(self, t, x, y, dy):
        """
        求解第一种边界条件, dy为边界值的一阶导数值
        """
        coefficient_mat = np.diag(2 * np.ones(self.n))  # 求解m的系数矩阵
        coefficient_mat[0, 1], coefficient_mat[-1, -2] = 1, 1  # 特殊处理
        d_vector = np.zeros(self.n)  # 右端向量
        # 针对内点计算各参数值并构成右端向量和系数矩阵
        d_vector, coefficient_mat = self._base_args(x, y, d_vector, coefficient_mat)
        # 特殊处理两个边界值
        d_vector[0] = 6 * ((y[1] - y[0]) / (x[1] - x[0]) - dy[0]) / (x[1] - x[0])
        d_vector[-1] = 6 * (dy[-1] - (y[-1] - y[-2]) / (x[-1] - x[-2])) / \
                       (x[-1] - x[-2])
```

```
        m_sol = np.reshape(np.linalg.solve(coefficient_mat, d_vector), -1)  # 解方程组
        self._spline_poly_(t, x, m_sol)

    def _second_spline_(self, t, x, y, d2y):
        """
        求解第二种边界条件, d2y为边界值处的二阶导数值
        """
        coefficient_mat = np.diag(2 * np.ones(self.n))  # 求解m的系数矩阵
        # coefficient_mat[0, 1], coefficient_mat[-1, -2] = 0, 0  # 特殊处理, 无必要
        d_vector = np.zeros(self.n)  # 右端向量
        # 针对内点计算各参数值并构成右端向量和系数矩阵
        d_vector, coefficient_mat = self._base_args(x, y, d_vector, coefficient_mat)
        d_vector[0], d_vector[-1] = 2 * d2y[0], 2 * d2y[-1]  # 仅需边界两个值
        m_sol = np.reshape(np.linalg.solve(coefficient_mat, d_vector), -1)  # 解方程组
        self._spline_poly_(t, x, m_sol)

    def _natural_spline_(self, t, x, y):
        """
        自然边界条件
        """
        d2y = np.array([0, 0])  # 仅仅需要边界两个值, 且为0
        self._second_spline_(t, x, y, d2y)

    def _periodic_spline_(self, t, x, y):
        """
        周期边界条件
        """
        coefficient_mat = np.diag(2 * np.ones(self.n - 1))  # 系数矩阵
        d_vector = np.zeros(self.n - 1)  # 构造右端向量
        # 特殊处理系数矩阵的第一行和最后一行元素
        # 表示h0, h1和h_{n-1}
        h0, h1, he = x[1] - x[0], x[2] - x[1], x[-1] - x[-2]
        coefficient_mat[0, 1] = h0 / (h0 + h1)  # 表示lamda_1
        coefficient_mat[0, -1] = 1 - coefficient_mat[0, 1]  # 表示u_1
        coefficient_mat[-1, 0] = he / (h0 + he)  # 表示lambda_n
        coefficient_mat[-1, -2] = 1 - coefficient_mat[-1, 0]  # 表示u_n
        # 特殊处理右端向量的第一个和最后一个元素
        nq1 = (y[1] - y[0]) / h0  # 子项, 一阶牛顿差商f[x0,x1]
        d_vector[-1] = 6 * (nq1 - (y[-1] - y[-2]) / he) / (h0 + he)
        for i in range(1, self.n - 1):  # 不包括第一行和最后一行
```

```
            lambda_ = (x[i + 1] - x[i]) / (x[i + 1] - x[i - 1])  # 分母为两个步长和
            u = (x[i] - x[i - 1]) / (x[i + 1] - x[i - 1])  # 分母为两个步长和
            df1 = (y[i] - y[i - 1]) / (x[i] - x[i - 1])  # 一阶差商f[x_i, x_{i-1}]
            df2 = (y[i + 1] - y[i]) / (x[i + 1] - x[i])  # 一阶差商f[x_{i+1}, x_i]
            d_vector[i - 1] = 6 * (df2 - df1) / (x[i + 1] - x[i - 1])  # 右端向量元素
            if i < self.n - 2:
                coefficient_mat[i, i + 1], coefficient_mat[i, i - 1] = lambda_, u
        m_sol = np.zeros(self.n)  # 初始解向量
        m_sol[1:] = np.reshape(np.linalg.solve(coefficient_mat, d_vector), -1)
        m_sol[0] = m_sol[-1]  # m_0 = m_n
        self._spline_poly_(t, x, m_sol)
```

2. 基于三转角法的三次样条插值算法设计

```
# file_name: cubic_spline_corner_interpolation.py
class CubicSplineCornerInterpolation(PiecewiseInterpUtils):
    """
    三次样条插值, 三转角法, 继承 PiecewiseInterpEntityUtils 工具类.
    """
    def __init__(self, x, y, dy=None, d2y=None, boundary_cond="natural"):
        PiecewiseInterpUtils.__init__(self, x, y)
        self.dy, self.d2y = dy, d2y  # 边界条件，一阶导数和二阶导数
        self.boundary_cond = boundary_cond  # 边界条件

    def fit_interp(self):
        """
        生成三次样条插值多项式
        """
        t = sympy.Symbol("t")  # 定义符号变量
        self.polynomial = dict()  # 插值多项式
        self.poly_coefficient = np.zeros((self.n - 1, 4))  # 三次多项式, 四个系数
        if self.boundary_cond == "complete":
            if self.dy is None:
                raise ValueError("请给定数据点边界条件的一阶导数值.")
            self.dy = np.asarray(self.dy, dtype=np.float64)
            self._complete_spline_(t, self.x, self.y, self.dy)
        elif self.boundary_cond == "second":
            if self.d2y is None:
                raise ValueError("请给定数据点边界条件的二阶导数值.")
            self.d2y = np.asarray(self.d2y, dtype=np.float64)
            self._second_spline_(t, self.x, self.y, self.d2y)
```

```
        elif self.boundary_cond == "natural":
            self._natural_spline_(t, self.x, self.y)
        elif self.boundary_cond == "periodic":
            self._periodic_spline_(t, self.x, self.y)
        else:
            raise ValueError("边界条件为complete, second, natural, periodic.")

    def _spline_poly_(self, t, x, m):
        """
        构造三次样条插值多项式
        """
        for i in range(self.n - 1):
            hi = x[i + 1] - x[i]  # 相邻两个数据点步长
            ti, ti1 = t - x[i], x[i + 1] - t  # 公式子项
            pi = self.y[i] / hi ** 3 * (2 * ti + hi) * ti1 ** 2 + \
                 self.y[i + 1] / hi ** 3 * (2 * ti1 + hi) * ti ** 2 + \
                 m[i] / hi ** 2 * ti * ti1 ** 2 - \
                 m[i + 1] / hi ** 2 * ti1 * ti ** 2
            self.polynomial[i] = sympy.expand(pi)  # 对插值多项式展开
            polynomial = sympy.Poly(self.polynomial[i], t)  # 多项式对象
            # 某项系数可能为0，故分别对应阶次存储
            mon = polynomial.monoms()
            for j in range(len(mon)):
                self.poly_coefficient[i, mon[j][0]] = polynomial.coeffs()[j]

    def _complete_spline_(self, t, x, y, dy):
        """
        求解第一种边界条件，dy为边界值的一阶导数值
        """
        coefficient_mat = np.diag(2 * np.ones(self.n))  # 求解m的系数矩阵
        c_vector = np.zeros(self.n)
        for i in range(1, self.n - 1):
            u = (x[i] - x[i - 1]) / (x[i + 1] - x[i - 1])  # 分母为两个步长和
            lambda_ = (x[i + 1] - x[i]) / (x[i + 1] - x[i - 1])
            c_vector[i] = 3 * lambda_ * (y[i] - y[i - 1]) / (x[i] - x[i - 1]) + \
                          3 * u * (y[i + 1] - y[i]) / (x[i + 1] - x[i])
            # 形成系数矩阵coefficient_mat及向量c_vector
            coefficient_mat[i, i + 1], coefficient_mat[i, i - 1] = u, lambda_
        c_vector[0], c_vector[-1] = 2 * dy[0], 2 * dy[-1]  # 仅仅需要边界两个值
        m_sol = np.reshape(np.linalg.solve(coefficient_mat, c_vector), -1)  # 解方程组
```

```
        self._spline_poly_(t, x, m_sol)

    def _second_spline_(self, t, x, y, d2y):
        """
        求解第二种边界条件，d2y为边界值处的二阶导数值
        """
        coefficient_mat = np.diag(2 * np.ones(self.n))  # 求解m的系数矩阵
        coefficient_mat[0, 1], coefficient_mat[-1, -2] = 1, 1
        c_vector = np.zeros(self.n)
        for i in range(1, self.n - 1):
            u = (x[i] - x[i - 1]) / (x[i + 1] - x[i - 1])  # 分母为两个步长和
            lambda_ = (x[i + 1] - x[i]) / (x[i + 1] - x[i - 1])
            c_vector[i] = 3 * lambda_ * (y[i] - y[i - 1]) / (x[i] - x[i - 1]) + \
                          3 * u * (y[i + 1] - y[i]) / (x[i + 1] - x[i])
            coefficient_mat[i, i + 1], coefficient_mat[i, i - 1] = u, lambda_
        # 仅仅需要边界两个值
        c_vector[0] = 3 * (y[1] - y[0]) / (x[1] - x[0]) - (x[1] - x[0]) * d2y[0] / 2
        c_vector[-1] = 3 * (y[-1] - y[-2]) / (x[-1] - x[-2]) - \
                       (x[-1] - x[-2]) * d2y[-1] / 2
        m_sol = np.reshape(np.linalg.solve(coefficient_mat, c_vector), -1)  # 解方程组
        self._spline_poly_(t, x, m_sol)

    def _natural_spline_(self, t, x, y):
        """
        自然边界条件
        """
        d2y = np.array([0, 0])  # 仅仅需要边界两个值，且为0
        self._second_spline_(t, x, y, d2y)

    def _periodic_spline_(self, t, x, y):
        """
        周期边界条件
        """
        coefficient_mat = np.diag(2 * np.ones(self.n - 1))
        h0, h1, he = x[1] - x[0], x[2] - x[1], x[-1] - x[-2]
        # 针对A矩阵的第一行和最后一行，单独构造
        coefficient_mat[0, 1] = h0 / (h0 + h1)  # 表示u_1
        coefficient_mat[0, -1] = 1 - coefficient_mat[0, 1]  # 表示lamda_1
        coefficient_mat[-1, 0] = he / (h0 + he)  # 表示u_n
        coefficient_mat[-1, -2] = 1 - coefficient_mat[-1, 0]  # 表示lamda_n
```

```
    c_vector = np.zeros(self.n - 1)  # 构造右端向量
    c_vector[-1] = 3 * (he * (y[1] - y[0]) / h0 +
                       h0 * (y[-1] - y[-2]) / he) / (h0 + he)
    for i in range(1, self.n - 1):
        u = (x[i] - x[i - 1]) / (x[i + 1] - x[i - 1])
        lambda_ = (x[i + 1] - x[i]) / (x[i + 1] - x[i - 1])
        c_vector[i - 1] = 3 * lambda_ * (y[i] - y[i - 1]) / (x[i] - x[i - 1]) + \
                          3 * u * (y[i + 1] - y[i]) / (x[i + 1] - x[i])
        if i < self.n - 2:  # A矩阵第一行和最后一行已赋值
            coefficient_mat[i, i + 1], coefficient_mat[i, i - 1] = u, lambda_
    m_sol = np.zeros(self.n)
    m_sol[1:] = np.reshape(np.linalg.solve(coefficient_mat, c_vector), -1)
    m_sol[0] = m_sol[-1]
    self._spline_poly_(t, x, m_sol)
```

针对**例 3** 示例: 采用不同的边界条件计算三次样条插值多项式. 图 2-10 (左) 为第一类边界条件下的三次样条插值曲线, 插值曲线较为光滑. 图 2-10 (右) 为四种边界条件下绝对值误差对数刻度坐标图像. 由于插值函数 $f(x)$ 是非周期函数, 而周期样条插值, 无需任何导数值, 在边界处存在一定的误差. 对比分段埃尔米特插值, 三次样条插值整体精度略低, 但其优点在于无需给出每个插值节点的导数, 仅需边界处的两个一阶导数或二阶导数即可, 适用性更强. 篇幅所限, 三次样条插值每段三次多项式的系数可通过算法打印输出, 以及推测其他点的插值以及误差, 不再赘述.

注 由于三转角法与三弯矩法插值结果基本一致, 故不再具体可视化.

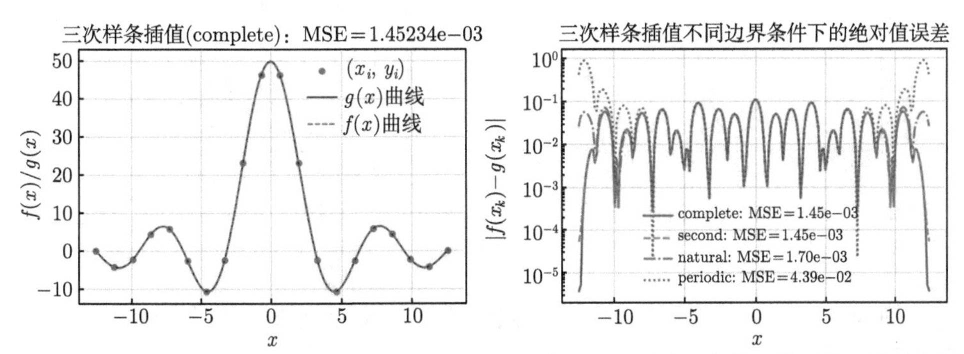

图 2-10　非周期函数的三次样条插值 (complete) 图像以及四种边界条件下绝对值误差示意图

实际情况下, 若插值节点非等距, 尤其是插值节点背后的真实函数 $f(x)$ 往往未知, 如图 2-11 所示, 每段之间构造三次多项式 $S_k(x), k = 1, 2, \cdots, 19$, 以此近似真实函数推断其他节点的插值, 则插值精度与节点分布情况有关, $[-5,5]$ 区间插值节点较少, 出现了些许偏差, 但同时也看出插值曲线的光滑度. 右图为插值区间等分 $x_i(i=0,1,\cdots,199)$ 并插值推测 $\hat{y}_i=S(x_i)$, 与真值 $f(x_i)$ 的度量结果, 故 MSE 与左图不一致. 三次样条插值要求插值节点不一定等距, 其不失为一种优秀的插值方法.

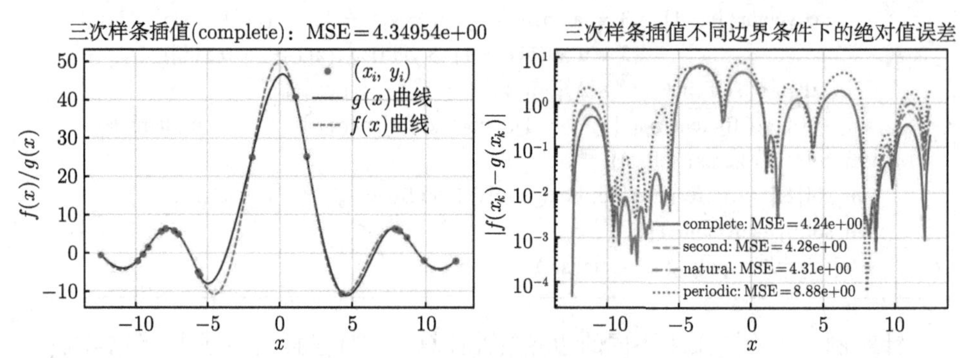

图 2-11　非等距节点的三次样条插值 (complete) 图像以及四种边界条件下绝对值误差示意图

图 2-12 (左) 为正弦函数 $f(x)=\sin x$ 在区间 $[-2\pi,2\pi]$ 等分 20 个离散插值节点的周期样条插值图形, 插值精度非常高. 由于正弦函数为周期函数, 插值节点具有周期性, 故周期样条在区间端点处插值较好.

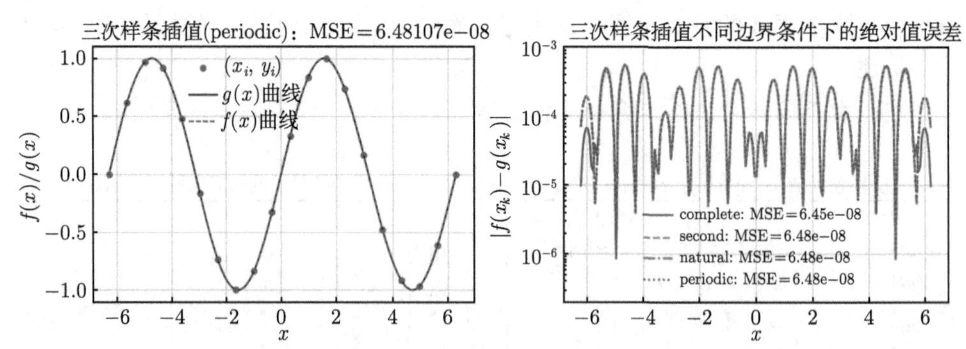

图 2-12　正弦周期函数的三次样条插值 (periodic) 图像以及四种边界条件下绝对值误差示意图

例 4　在一天 24 小时内, 从零点开始每间隔 2 小时测得的环境温度数据分别为

$$[12.0,9.0,9.0,10.0,18.0,24.0,28.0,27.0,25.0,20.0,18.0,15.0,13.0],$$

构造三次样条插值 (自然样条) 和拉格朗日插值.

如图 2-13 所示, 三次样条温度插值曲线较为光滑, 而拉格朗日插值多项式出现了龙格现象, 且插值出现了负值, 不符合此例常识. 由于一阶导数值未知, 此例不适宜分段埃尔米特插值.

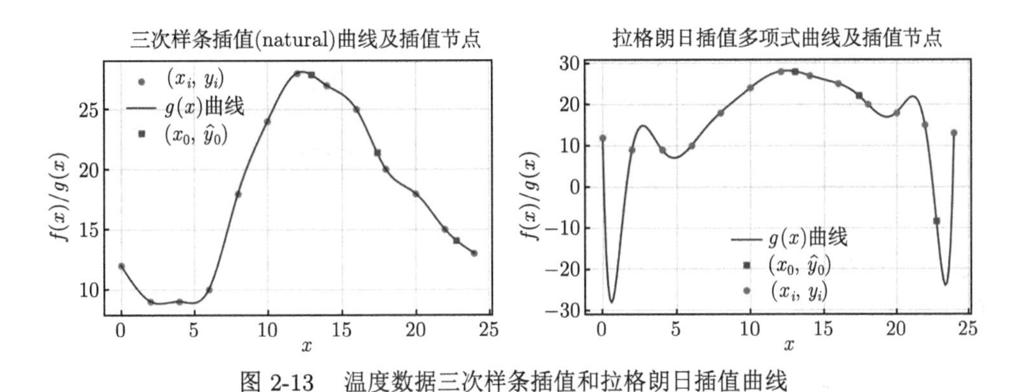

图 2-13　温度数据三次样条插值和拉格朗日插值曲线

■ 2.4　* 三次均匀 B 样条插值

实际中的许多问题, 往往是既要求近似函数 (曲线或曲面) 有足够的光滑性, 又要求与实际函数有相同的凹凸性, 一般插值函数和样条函数都不具有这种性质. B 样条 (basis spline) 方法具有表示与设计自由型曲线、曲面的强大功能, 是形状数学描述的主流方法之一. B 样条方法兼备了 Bezier 方法的一切优点, 包括对称性、凸包性、几何不变性、变差缩减性等, 同时克服了 Bezier 方法中由于整体表示带来不具有局部性质的缺点 (移动一个控制顶点将会影响整个曲线) .

B 样条函数是最基本的样条函数, 它是基于磨光函数 (多项式) 而形成的. 利用磨光函数对于插值节点进行平滑处理, 得到的结果就是一个基本的样条函数. 如下为 k 次磨光函数

$$\Omega_k(x) = \sum_{i=0}^{k+1} (-1)^i \frac{\mathrm{C}_{k+1}^i}{k!} \left(x + \frac{k+1}{2} - i\right)_+^k. \tag{2-14}$$

记 $x_i = i - \dfrac{k+1}{2}, i = 0, 1, \cdots, k+1, (x - x_i)_+^k = \begin{cases} (x - x_i)^k, & x - x_i \geqslant 0, \\ 0, & x - x_i < 0 \end{cases}$ 为截断幂基. 如 $k = 3$ 时,

$$\Omega_3(x) = \frac{1}{6}\left[(x+2)_+^3 - 4(x+1)_+^3 + 6x_+^3 - 4(x-1)_+^3 + (x-2)_+^3\right].$$

截断幂基是一种增量表示法, 很容易把 $\Omega_3(x)$ 写成分段函数

$$\Omega_3(x)=\frac{1}{6}\begin{cases}(x+2)^3, & x\in[-2,-1],\\ -3x^3-6x^2+4, & x\in[-1,0],\\ 3x^3-6x^2+4, & x\in[0,1],\\ (2-x)^3, & x\in[1,2],\\ 0, & |x|\geqslant 2.\end{cases} \tag{2-15}$$

图 2-14 为 $\Omega_k(x), k=1,2,3$ 的函数曲线, 以及不同样条节点下以 $\Omega_3(x)$ 为母函数的平移曲线.

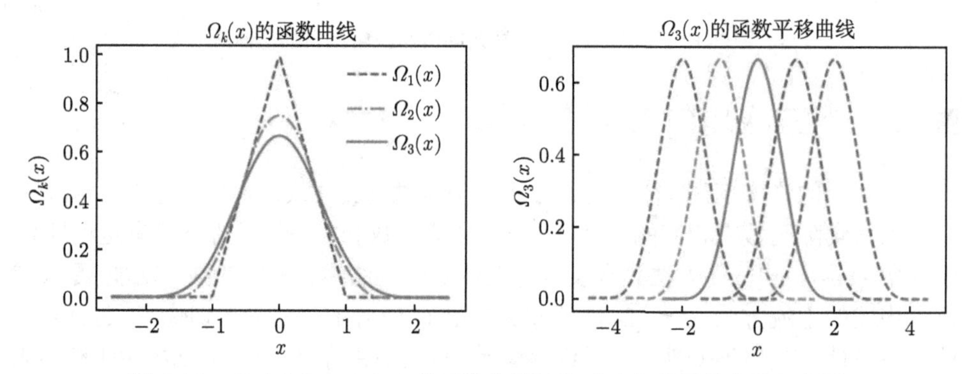

图 2-14　$\Omega_k(x), k=1,2,3$ 的函数曲线以及 $\Omega_3(x)$ 的平移曲线示意图

显然, $\Omega_k(x)$ 是对应于分划 $\Delta:-\infty<x_0<x_1<\cdots<x_{k+1}<+\infty$ 的分段 k 次多项式样条函数, 称之为基本样条函数, 简称 k 次 B 样条. 易知 $\Omega_k(x)$ 具有 $k-1$ 阶连续导数, k 阶导数有 $k+2$ 个间断点, 记为 $x_i=i-(k+1)/2, i=0,1,\cdots,k+1$. 由于样条节点 x_i 是等距的, 故 $\Omega_k(x)$ 又称为 k 次均匀 B 样条基函数.

实际中常见三次均匀 B 样条插值, 可表示为 B 样条函数族

$$\left\{\Omega_3\left(\frac{x-x_0}{h}-j\right)\right\}_{j=-1}^{j=n+1}$$

的线性组合. 假设等距离散数据点 (x_i,y_i), 其中 $x_i=x_0+ih, i=0,1,\cdots,n, h>0$ 为等距步长, 则三次均匀 B 样条插值多项式的一般形式为

$$S_3(x)=\sum_{j=-1}^{n+1}c_j\Omega_3\left(\frac{x-x_0}{h}-j\right), \tag{2-16}$$

其中 $c_j, j=-1,0,1,\cdots,n+1$ 为待定系数, 称为控制点 (control point), 由插值条件确定, $\Omega_3(\cdot)$ 为插值基函数. 用它来逼近曲线, 既有较好的精度, 又有良好的保凸性.

1. 三次均匀 B 样条插值求解

假设待求 $x\in[x_i,x_{i+1}]$, 即 $x_0+ih\leqslant x\leqslant x_0+(i+1)h$, 则 $t=\left[\dfrac{x-x_0}{h}-i\right]\in[0,1]$. 由式 (2-16) 展开并表示为变量 t 的函数, 则第 i 段三次均匀 B 样条多项式函数可表示为

$$\begin{aligned}P_i(t)=&c_{i-1}N_{0,3}(t)+c_iN_{1,3}(t)+c_{i+1}N_{2,3}(t)\\&+c_{i+2}N_{3,3}(t),\quad t\in[0,1],\quad i=0,1,\cdots,n-1,\end{aligned}\tag{2-17}$$

其中 c_{i-1},c_i,c_{i+1} 和 c_{i+2} 为控制多边形的 4 个控制点, $N_{k,3}(t)$ 是 3 次 B 样条基函数, 其形式为

$$N_{k,3}(t)=\sum_{j=0}^{3-k}\frac{(-1)^j\mathrm{C}_{3+1}^j(t+3-k-j)^3}{3!},\quad \mathrm{C}_{3+1}^j=\frac{(3+1)!}{j!(3+1-j)!},\quad k=0,1,2,3.\tag{2-18}$$

化简展开式 (2-18) 可得

$$\begin{cases}N_{0,3}(t)=\dfrac{(1-t)^3}{6},\\N_{1,3}(t)=\dfrac{3t^3-6t^2+4}{6},\\N_{2,3}(t)=\dfrac{-3t^3+3t^2+3t+1}{6},\\N_{3,3}(t)=\dfrac{t^3}{6},\end{cases}\quad t\in[0,1].\tag{2-19}$$

注 基于 Jupyter 平台计算式 (2-19) 的代码如下:

```
t = sympy.symbols("t")  # 定义符号变量
k = 3  # 3次B样条函数
C, Nik = sympy.zeros(4, 1), sympy.zeros(4, 1)  # 组合系数C, 基函数Nik
for j in range(4):  # 计算组合系数C
    C[j] = sympy.factorial(k + 1) / sympy.factorial(j) / sympy.factorial(k + 1 - j)
for i in range(4):  # 计算基函数
    for j in range(4 - i):
```

```
        Nik[i] += (-1) ** j * C[j] * (t + k - i - j) ** k / sympy. factorial (k)
    Nik[i] = sympy.factor (Nik[i ])
Nik  # 输出结果如式 (2-19), 进行适当变换即可
```

实际计算时, 由于共有 $n+1$ 个已知离散数据点 $(x_i, y_i), i=0,1,\cdots,n$, 得到 n 段三次 B 样条曲线, 而每条曲线需相邻 4 个控制多边形的顶点 c_{i-1}, c_i, c_{i+1} 和 c_{i+2}, 故共需反求 $n+3$ 个控制点. 具体来说, 将 y_0 和 y_n 作为三次均匀 B 样条曲线的首末端点, 把内部数据点 $y_1, y_2, \cdots, y_{n-1}$ 依次作为三次均匀 B 样条曲线的分段连接点, 又由于三次均匀 B 样条曲线 C^2 是连续的, 故有

$$\begin{cases} 6P_i(0) = c_{i-1} + 4c_i + c_{i+1}, \quad 6P_i(1) = c_i + 4c_{i+1} + c_{i+2}, \\ 2P_i'(0) = c_{i+1} - c_{i-1}, \quad 2P_i'(1) = c_{i+2} - c_i, \qquad\qquad i=0,1,\cdots,n. \\ P_i''(0) = c_{i-1} - 2c_i + c_{i+1}, \quad P_i''(1) = c_i - 2c_{i+1} + c_{i+2}, \end{cases} \tag{2-20}$$

若要求曲线为封闭曲线, 可得周期性的 3 个边界条件: $c_{-1} = c_{n-1}, c_0 = c_n, c_1 = c_{n+1}$.

类似三次样条插值, 再考虑不同的边界条件可反求控制点 $c_{-1}, c_0, c_1, \cdots, c_n, c_{n+1}$, 即分段三次 B 样条的系数[6]. 如下仅说明第一种边界条件的系数求解过程.

(1) 第一种边界条件下的系数求法.

由式 (2-20) 中 $2P_i'(0) = c_{i+1} - c_{i-1}$ 和 $6P_i(0) = c_{i-1} + 4c_i + c_{i+1}$, 以及 $\mathrm{d}x = h \cdot \mathrm{d}t$ 易得

$$\begin{cases} -c_{-1} + c_1 = 2hy_0', \\ c_{i-1} + 4c_i + c_{i+1} = 6y_i, \quad i=0,1,\cdots,n. \\ -c_{n-1} + c_{n+1} = 2hy_n', \end{cases}$$

当 $i=0$ 时, $4c_0 + 2c_1 = 6y_0 + 2hy_0'$. 当 $i=n$ 时, $4c_{n-1} + 2c_n = 6y_n + 2hy_n'$. 当 $i=1,2,\cdots,n-1$ 时, $c_{i-1} + 4c_i + c_{i+1} = 6y_i$, 故可写成矩阵形式的方程组为

$$\begin{pmatrix} 4 & 2 & & & \\ 1 & 4 & 1 & & \\ & \ddots & \ddots & \ddots & \\ & & 1 & 4 & 1 \\ & & & 2 & 4 \end{pmatrix} \begin{pmatrix} c_0 \\ c_1 \\ \vdots \\ c_{n-1} \\ c_n \end{pmatrix} = \begin{pmatrix} 6y_0 + 2hy_0' \\ 6y_1 \\ \vdots \\ 6y_{n-1} \\ 6y_n - 2hy_n' \end{pmatrix},$$

求解出 $c_0, c_1, \cdots, c_n$ 后, 令 $c_{-1} = c_1 - 2hy_0'$ 和 $c_{n+1} = c_{n-1} + 2hy_n'$ 求出 c_{-1} 和 c_{n+1}.

(2) 第二种边界条件和自然边界条件 ($y_0'' = y_n'' = 0$) 下的系数求法.

$$\begin{pmatrix} 4 & 1 & & & \\ 1 & 4 & 1 & & \\ & \ddots & \ddots & \ddots & \\ & & 1 & 4 & 1 \\ & & & 1 & 4 \end{pmatrix} \begin{pmatrix} c_1 \\ c_2 \\ \vdots \\ c_{n-2} \\ c_{n-1} \end{pmatrix} = \begin{pmatrix} 6y_1 - y_0 + h^2 y_0''/6 \\ 6y_2 \\ \vdots \\ 6y_{n-2} \\ 6y_{n-1} - y_n + h^2 y_n''/6 \end{pmatrix}.$$

求解出 $c_1, c_2, \cdots, c_{n-1}$ 后, 再求出 c_{-1}, c_0, c_n 和 c_{n+1}, 计算公式为

$$\begin{cases} c_{-1} = 2c_0 - c_1 + h^2 y_0'', c_0 = y_0 - \dfrac{h^2}{6} y_0'', \\ c_n = y_n - \dfrac{h^2}{6} y_n'', c_{n+1} = 2c_n - c_{n-1} + h^2 y_n''. \end{cases}$$

(3) 第三种边界条件下的系数求法 (封闭的周期三次 B 样条).

$$\begin{pmatrix} 4 & 1 & & & 1 \\ 1 & 4 & 1 & & \\ & \ddots & \ddots & \ddots & \\ & & 1 & 4 & 1 \\ 1 & & & 1 & 4 \end{pmatrix} \begin{pmatrix} c_1 \\ c_2 \\ \vdots \\ c_{n-1} \\ c_n \end{pmatrix} = \begin{pmatrix} 6y_1 \\ 6y_2 \\ \vdots \\ 6y_{n-1} \\ 6y_0 \end{pmatrix},$$

求解出 $c_1, c_2, \cdots, c_n$ 后, 再令 $c_{n+1} = c_1, c_0 = c_n$ 和 $c_{-1} = c_{n-1}$, 求出 c_{n+1}, c_0 和 c_{-1}.

2. 三次均匀 B 样条插值算法实现

算法思路同三次样条插值, 只是在计算插值节点 x 时, 需要通过 $t = [(x - x_0)/h - i] \in [0, 1]$ 转换, 其中 i 为待求 x 所在插值节点组成的子区间的索引编号, 采用第 i 段 B 样条曲线推测数据 x. 故重写父类实例方法 predict_x0( ), 可视化函数用到 predict_x0( ) 推测模拟划分的点, 故也需重写父类方法.

```
# file_name: b_spline_interpolation.py
class BSplineInterpolation ( PiecewiseInterpUtils ):
```

```
    """
    B样条插值：等距节点三次样条插值。继承PiecewiseInterpUtils工具类
    """
    def __init__(self, x, y, dy=None, d2y=None, boundary_cond="natural"):
        PiecewiseInterpUtils.__init__(self, x, y)  # 继承父类方法
        self.dy = np.asarray(dy, dtype=np.float64)  # 边界条件，一阶导数
        self.d2y = np.asarray(d2y, dtype=np.float64)  # 边界条件，二阶导数
        self.boundary_cond = boundary_cond  # 边界条件
        self.h = None

    def fit_interp(self):
        """
        生成B样条插值多项式
        """
        self.h = PiecewiseInterpUtils.check_equidistant(self)  # 判断是否等距
        t = sympy.Symbol("t")  # 定义符号变量
        self.polynomial = dict()  # 插值多项式
        self.n -= 1  # 离散数据节点的区间数n-1
        self.poly_coefficient = np.zeros((self.n, 4))
        if self.boundary_cond == "complete":
            if self.dy is None:
                raise ValueError("请给出第一种边界条件的一阶导数值.")
            self.dy = np.asarray(self.dy, dtype=np.float64)
            c = self._complete_bspline_()
        elif self.boundary_cond == "second":
            if self.d2y is None:
                raise ValueError("请给出第二种边界条件的二阶导数值.")
            self.d2y = np.asarray(self.d2y, dtype=np.float64)
            c = self._second_bspline_()
        elif self.boundary_cond == "natural":
            c = self._natural_bspline_()
        elif self.boundary_cond == "periodic":
            c = self._periodic_bspline_()
        else:
            raise ValueError("边界条件为complete, second, natural, periodic.")
        # 生成B样条插值多项式
        for i in range(self.n):
            p1 = c[i] * (1 - t) ** 3 / 6
            p2 = c[i + 1] * (3 * t ** 3 - 6 * t ** 2 + 4) / 6
            p3 = c[i + 2] * (-3 * t ** 3 + 3 * t ** 2 + 3 * t + 1) / 6
```

```
            p4 = c[i + 3] * t ** 3 / 6
            pi = p1 + p2 + p3 + p4
            self.polynomial[i] = sympy.expand(pi)  # 对插值多项式展开
            polynomial = sympy.Poly(self.polynomial[i], t)
            mon = polynomial.monoms()
            for j in range(len(mon)):
                self.poly_coefficient[i, mon[j][0]] = polynomial.coeffs()[j]

    def _complete_bspline_(self):
        """
        第一种边界条件, 根据边界条件构造矩阵并求解系数
        """
        m_coef, b_vector = np.zeros(self.n + 3), np.zeros(self.n + 1)
        coefficient_mat = np.diag(4 * np.ones(self.n + 1))  # 构造对角线元素
        I = np.eye(self.n + 1)  # 构造单位矩阵
        mat_low = np.r_[I[1:, :], np.zeros((1, self.n + 1))]  # 下三角
        mat_up = np.r_[np.zeros((1, self.n + 1)), I[:-1, :]]  # 上三角
        coefficient_mat = coefficient_mat + mat_low + mat_up  # 构造三对角矩阵A
        coefficient_mat[0, 1], coefficient_mat[-1, -2] = 2, 2
        b_vector[1:-1] = 6 * self.y[1:-1]
        b_vector[0] = 6 * self.y[0] + 2 * self.h * self.dy[0]
        b_vector[-1] = 6 * self.y[-1] - 2 * self.h * self.dy[-1]
        # 解方程组，此处可以更改为第6章的追赶法求解
        d_sol = np.reshape(np.linalg.solve(coefficient_mat, b_vector), -1)
        m_coef[1:-1] = d_sol  # 解系数赋值
        m_coef[0] = d_sol[1] - 2 * self.h * self.dy[0]  # 特殊处理
        m_coef[-1] = d_sol[-2] + 2 * self.h * self.dy[-1]  # 特殊处理
        return m_coef

    def _second_bspline_(self):
        """
        第二种边界条件的求解, 根据边界条件构造矩阵并求解系数
        """
        m_coef, b_vector = np.zeros(self.n + 3), np.zeros(self.n - 1)
        coefficient_mat = np.diag(4 * np.ones(self.n - 1))  # 构造对角线元素
        I = np.eye(self.n - 1)  # 构造单位矩阵
        mat_low = np.r_[I[1:, :], np.zeros((1, self.n - 1))]  # 下三角
        mat_up = np.r_[np.zeros((1, self.n - 1)), I[:-1, :]]  # 上三角
        coefficient_mat = coefficient_mat + mat_low + mat_up  # 构造三对角矩阵A
        b_vector[1:-1] = 6 * self.y[2:-2]
```

```
        b_vector[0] = 6 * self.y[1] - self.y[0] + self.h ** 2 * self.d2y[0] / 6
        b_vector[-1] = 6 * self.y[-2] - self.y[-1] + self.h ** 2 * self.d2y[-1] / 6
        # 解方程组，此处可以更改为第6章的追赶法求解
        d_sol = np.reshape(np.linalg.solve(coefficient_mat, b_vector), -1)
        m_coef[2:-2] = d_sol
        # 如下分别表示：c_0, c_{-1}, c_n, c_{n+1}
        m_coef[1] = self.y[0] - self.h ** 2 * self.d2y[0] / 6
        m_coef[0] = 2 * m_coef[1] - m_coef[2] + self.h ** 2 * self.d2y[0]
        m_coef[-2] = self.y[-1] - self.h ** 2 * self.d2y[-1] / 6
        m_coef[-1] = 2 * m_coef[-2] - m_coef[-3] + self.h ** 2 * self.d2y[-1]
        return m_coef

    def _natural_bspline_(self):
        """
        求解自然边界条件
        """
        self.d2y = np.array([0, 0])  # 仅仅需要边界两个值，且为0
        m_coef = self._second_bspline_()
        return m_coef

    def _periodic_bspline_(self):
        """
        求解第三种周期边界条件, 根据边界条件构造矩阵并求解系数
        """
        m_coef, b_vector = np.zeros(self.n + 3), np.zeros(self.n)
        coefficient_mat = np.diag(4 * np.ones(self.n))  # 构造对角线元素
        I = np.eye(self.n)  # 构造单位矩阵
        mat_low = np.r_[I[1:, :], np.zeros((1, self.n))]  # 下三角
        mat_up = np.r_[np.zeros((1, self.n)), I[:-1, :]]  # 上三角
        coefficient_mat = coefficient_mat + mat_low + mat_up  # 构造三对角矩阵A
        coefficient_mat[0, -1], coefficient_mat[-1, 0] = 1, 1
        b_vector[:-1] = 6 * self.y[1:-1]
        b_vector[-1] = 6 * self.y[0]
        # 解方程组，此处可以更改为第6章的追赶法求解
        d_sol = np.reshape(np.linalg.solve(coefficient_mat, b_vector), -1)
        m_coef[2:-1] = d_sol
        # 分别表示c0, c_{n-1}, c_{n+1}
        m_coef[1], m_coef[0], m_coef[-1] = d_sol[-1], d_sol[-2], d_sol[0]
        return m_coef
```

```
    def predict_x0(self, x0):
        """
        计算插值点x0的插值，由于需要计算t值，故重写父类方法
        """
        x0 = np.asarray(x0, dtype=np.float64)  # 类型转换
        y_0 = np.zeros(len(x0))  # 存储x0的插值
        t = sympy.Symbol("t")  # 获取插值多项式的自由符号变量
        # 对每一个插值点x0求解插值
        idx = 0  # 默认第一个多项式
        for i in range(len(x0)):
            # 查找被插值点x0所处的区间段索引idx
            for j in range(1, self.n):
                if self.x[j] <= x0[i] <= self.x[j + 1] or \
                        self.x[j] >= x0[i] >= self.x[j + 1]:
                    idx = j  # 查找到
                    break  # 若查找到，则终止查找
            t_i = (x0[i] - self.x[0]) / self.h - idx  # 区间为[0, 1]
            # 由于计算误差的存在, t_i可能会出现一个很小的负数或一个略大于1的数
            if round(t_i, 5) < 0 or round(t_i, 5) > 1:  # 防止外插
                raise ValueError("所计算的t值不在范围[0, 1]里.")
            y_0[i] = self.polynomial[idx].evalf(subs={t: t_i})
        return y_0
```

针对**例 3** 示例: 三次均匀 B 样条插值的结果与三次样条插值等距划分节点情况下一致, 不再赘述.

例 5[4] 已知函数 $f(x)=\tan\left(\cos\left(\dfrac{\sqrt{3}+\sin 2x}{3+4x^2}\right)\right), x\in[-\pi,\pi]$, 在区间等分生成 19 个插值节点, 采用三次均匀 B 样条插值.

三次均匀 B 样条在第二种边界条件下, 所求控制点 $c_j(j=-1,0,1,\cdots,19)$ 如表 2-8 所示, 其他边界条件控制点, 不再赘述. 则第一段三次均匀 B 样条插值多项式表示为

$$\begin{aligned}P_0(t)&=1.55694029N_{0,3}(t)+1.5551305N_{1,3}(t)\\&\quad+1.54992284N_{2,3}(t)+1.54025664N_{3,3}(t)\\&=-0.000176778t^3-0.00169893t^2+0.00350873t+1.554564,\quad t\in[0,1],\end{aligned}$$

其中 $t=\dfrac{x-x_0}{h}-j=\dfrac{x+\pi}{h}$, $h=\dfrac{\pi}{9}$, $x\in\left[-\pi,-\dfrac{8\pi}{9}\right]$. 其他段三次多项式依表 2-8 计算可得出.

表 2-8 三次均匀 B 样条在第二种边界条件下所求控制点

j	−1	0	1	2	3	4	5
c_j	1.55694029	1.5551305	1.54992284	1.54025664	1.52944397	1.52432183	1.52901795
j	6	7	8	9	10	11	12
c_j	1.53615586	1.53119292	1.45379454	1.07264616	0.92135712	1.14147296	1.38551345
j	13	14	15	16	17	18	19
c_j	1.51081822	1.54817471	1.55543039	1.5563199	1.55580114	1.55450198	1.55357605

如图 2-15 所示, 三次均匀 B 样条插值示意图以及不同边界条件下的绝对值误差度量, 在区间端点附近, 四种边界条件下的绝对值误差有差异性, 但整体上来看, 均方误差基本一致, 差异不大.

此例若采用三次样条插值, 则插值结果与三次均匀 B 样条基本一致, 但两者每段三次多项式所表达含义不同. 三次样条插值表述为 x 的函数, 如在第二种边界条件下第一段三次多项式函数表示为

$$S_0(x) = -0.00415630x^3 - 0.0531153x^2 - 0.220722x + 1.256501, \quad x \in \left[-\pi, -\frac{8\pi}{9}\right].$$

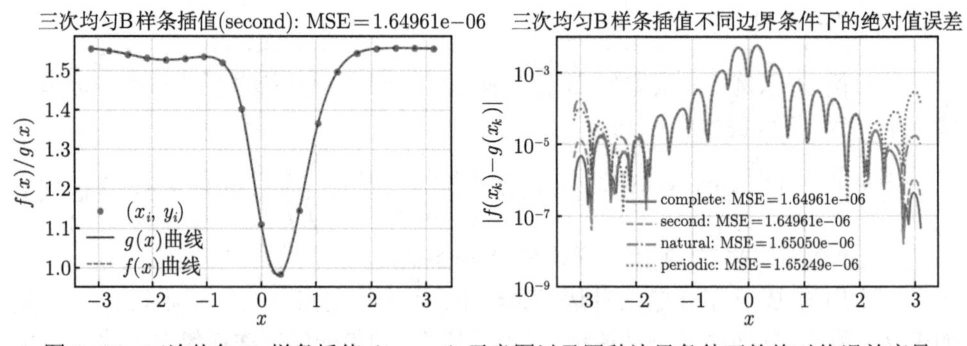

图 2-15 三次均匀 B 样条插值 (second) 示意图以及四种边界条件下的绝对值误差度量

■ 2.5 二维插值

2.5.1 分片双线性插值

双线性插值是线性插值在二维的推广, 是由一片一片的二次曲面空间构成, 且与四个已知点拟合. 具体操作为在 x 方向上进行两次线性插值计算, 然后在 y 方向上进行一次插值计算.

如图 2-16, 假设 $z=f(x,y)$ 为二元函数, 已知 $\{f(x_i,y_i), f(x_i,y_{i+1}), f(x_{i+1},y_{i+1}), f(x_{i+1},y_i)\}$4 个点的值, 且 4 个点确定一个矩形, 希望通过插值得到矩形内任意点的函数值 $z=f(x,y)$. 首先在 x 方向上进行两次线性插值, 得到

$$\begin{cases} f(x,y_i)=\dfrac{x-x_{i+1}}{x_i-x_{i+1}}f(x_i,y_i)+\dfrac{x-x_i}{x_{i+1}-x_i}f(x_{i+1},y_i), \\ f(x,y_{i+1})=\dfrac{x-x_{i+1}}{x_i-x_{i+1}}f(x_i,y_{i+1})+\dfrac{x-x_i}{x_{i+1}-x_i}f(x_{i+1},y_{i+1}). \end{cases}$$

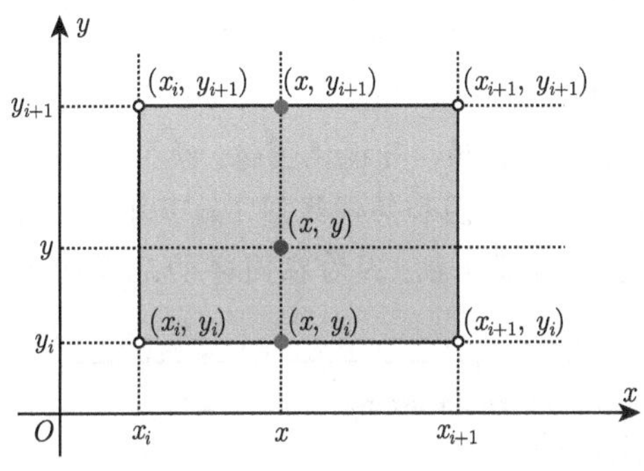

图 2-16 分片双线性插值示例

再在 y 方向上进行一次线性插值, 得到

$$f(x,y)=\frac{y_{i+1}-y}{y_{i+1}-y_i}f(x,y_i)+\frac{y-y_i}{y_{i+1}-y_i}f(x,y_{i+1}).$$

故最后综合可得任意点的函数值

$$\begin{aligned} f(x,y)=&\frac{y_{i+1}-y}{y_{i+1}-y_i}\frac{x_{i+1}-x}{x_{i+1}-x_i}f(x_i,y_i)+\frac{y_{i+1}-y}{y_{i+1}-y_i}\frac{x-x_i}{x_{i+1}-x_i}f(x_{i+1},y_i) \\ &+\frac{y-y_i}{y_{i+1}-y_i}\frac{x_{i+1}-x}{x_{i+1}-x_i}f(x_i,y_{i+1})+\frac{y-y_i}{y_{i+1}-y_i}\frac{x-x_i}{x_{i+1}-x_i}f(x_{i+1},y_{i+1}). \end{aligned}$$

实际计算时, 可通过求解系数法确定每一个小片上的双线性插值函数. 定义矩形网格

$$a=x_0<x_1<\cdots<x_n=b, \quad c=y_0<y_1<\cdots<y_m=d,$$

在其上给出函数值 $z(x_i,y_j)=z_{ij}, 0\leqslant i\leqslant n, 0\leqslant j\leqslant m$, 在矩形网格的某个小片 $[x_{i-1},x_i]\times[y_{j-1},y_j]$ 上的双线性插值函数为 $L(x,y)=(Ax+B)(Cy+D)=$

$a + bx + cy + dxy$, 把小片的四个点代入双线性插值函数 $L(x, y)$, 求解方程组的系数即可, 表示为

$$\begin{pmatrix} a \\ b \\ c \\ d \end{pmatrix} = \begin{pmatrix} 1 & x_{i-1} & y_{j-1} & x_{i-1}y_{j-1} \\ 1 & x_i & y_j & x_i y_j \\ 1 & x_{i-1} & y_j & x_{i-1}y_j \\ 1 & x_i & y_{j-1} & x_i y_{j-1} \end{pmatrix}^{-1} \begin{pmatrix} z_{i-1,j-1} \\ z_{i,j} \\ z_{i-1,j} \\ z_{i,j-1} \end{pmatrix}.$$

如下算法并未根据给定的离散插值坐标点 (x_k, y_k) 生成分片二次曲面, 而是根据所求插值节点 (x_0, y_0) 查找所在的分片索引 _find_index_(xi, yi), 然后采用双线性插值函数计算系数 _fit_bi_linear_(x, y), 最后通过函数 fit_2d_interp() 计算推测插值点 (x_0, y_0) 的 z_0 值. 可视化图像, 模拟坐标点 50 个 (可修改), 生成二维网格点坐标, 绘制三维曲面图和等值线图 (如下算法略去可视化代码).

插值的精度依赖于插值节点数, 因为在同样的范围内, 数据点越多, 则分片越细, 精度自然越高.

```
# file_name: slice_bilinear_interpolation.py
class SliceBiLinearInterpolation:
    """
    分片双线性插值, 每个网格拟合一个二次曲面，略去了可视化代码
    """
    def _init_(self, x, y, Z, x0, y0):  # 略去实例属性初始化和必要的健壮性判断

    def fit_2d_interp(self):
        """
        核心算法: 求解所求插值点的值
        """
        self.Z0 = np.zeros(self.n0)  # 所求插值点的插值初始化
        for k in range(self.n0):  # 求解每个插值点的Z0
            Lxy = self._fit_bi_linear_(self.x0[k], self.y0[k])
            v_ = np.array([1, self.x0[k], self.y0[k], self.x0[k] * self.y0[k]])
            self.Z0[k] = np.dot(v_, Lxy)
        return self.Z0

    def _fit_bi_linear_(self, x, y):
        """
        核心算法: 分片双线性插值, 求解所给点的多项式系数
        """
        # 查找插值点所在的矩形网格上的某个小片索引
```

```
        idx, idy = self.__find_index__(x, y)
        x_1i, x_i = self.x[idx], self.x[idx + 1]  # x片值
        y_li, y_i = self.y[idy], self.y[idy + 1]  # y片值
        # 构造矩阵和右端向量求解a,b,c,d
        node_mat = np.array([[1, x_1i, y_li, x_1i * y_li], [1, x_i, y_i, x_i * y_i],
                             [1, x_1i, y_i, x_1i * y_i], [1, x_i, y_li, x_i * y_li]])
        vector_z = np.array([self.Z[idx, idy], self.Z[idx + 1, idy + 1],
                             self.Z[idx, idy + 1], self.Z[idx + 1, idy]])
        # 求解方法可改为第6章线性方程组的直接求解
        coefficient = np.linalg.solve(node_mat, vector_z)
        return coefficient

    def __find_index__(self, xi, yi):
        """
        查找坐标值xi, yi所在的区间索引
        """
        idx, idy = np.infty, np.infty
        for i in range(self.n_x - 1):
            if self.x[i] <= xi <= self.x[i + 1] or self.x[i + 1] <= xi <= self.x[i]:
                idx = i
                break
        for j in range(self.n_y - 1):
            if self.y[j] <= yi <= self.y[j + 1] or self.y[j + 1] <= yi <= self.y[j]:
                idy = j
                break
        if idx is np.infty or idy is np.infty:
            raise ValueError("所给数据点不能进行外插值！")
        return idx, idy
```

例 6 已知 $f(x,y)=\sin x\cdot\cos y,\ x,y\in[1,6]\times[2,7]$, 等分生成 10 和 25 组离散数据点并求解 $z_i=f(x_i,y_i)$, 以此插值节点 (x_i,y_i,z_i) 进行双线性插值, 并计算在坐标点

$$\{(2.08,3.77),(1.30,2.70),(4.60,4.50),(2.98,6.08)\}$$

处的插值.

如图 2-17 所示, 为相应区间等分 50 个待插节点 x_k 和 y_k, 生成二维网格点 (x_k,y_k), 然后采用双线性插值推测 $z_k=f(x_k,y_k)$, 以 (x_k,y_k,z_k) 所生成的曲面, MSE 为函数真值与推测 (预测) 值的均方误差. 左图在 x 和 y 轴上等分插值节点数为 10, 故分片双线性插值生成 100 个分片, 插值模拟曲面的双线性特性较为明

显. 右图在 x 和 y 轴上等分插值节点数为 25, 共生成 725 个分片, 所以分片的划分较细, 直观上观察插值模拟曲面, 要相对"光滑"些, 推测未知数据变化的幅度不会太剧烈.

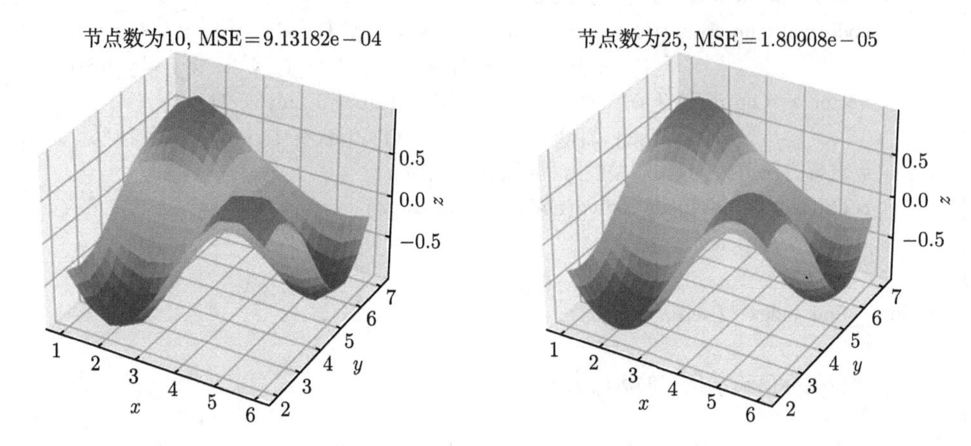

图 2-17 分片双线性插值在不同插值节点数下的插值曲面示意图

表 2-9 为四个插值节点的插值及误差, 可见离散数据点越多, 插值的精度越高.

表 2-9 等分 10 个和 25 个离散数据的分片双线性插值及绝对值误差 ($k = 1, 2, 3, 4$)

x_k	y_k	10 个数据点 (x_i, y_i, z_i) 及绝对值误差		25 个数据点 (x_i, y_i, z_i) 及绝对值误差	
2.08	3.77	−0.68540974	0.02092410	−0.70027853	0.00605530
1.30	2.70	−0.81243691	0.05868920	−0.86209439	0.00903172
4.60	4.50	0.19372100	0.01574489	0.20854763	0.00091826
2.98	6.08	0.14550887	0.01207173	0.15590011	0.00168050

例 7 已知某处山区地形选点测量坐标数据为 (x_i, y_i, z_i), 其中 $x \in [0, 5600]$, $y \in [0, 4800]$, 每隔 400m 测试一个坐标数据, 其高度数据如表 2-10 所示, 试通过插值模拟山区地形图. 在坐标点

$$\{(1270, 1690), (2080, 3770), (3860, 2480), (5200, 4690)\}$$

处, 由于地处险要, 尤其是悬崖处, 不易测得其高度, 试通过插值求其高度.

可把高度数值存储在外部文件, 然后读取. 求得坐标点对应的插值高度为: 1495.0, 1174.0, 1044.9 和 205.0. 如图 2-18 所示为山区地形图双线性插值模拟示意图 (在 x 和 y 轴上等分插值节点数为 200) . 可通过方法 ax.azim 改变视角观察.

表 2-10　某山区地形对应坐标数据的高度值 z (单位: m)

1350	1370	1390	1400	1410	960	940	880	800	690	570	430	290	210	150
1370	1390	1410	1430	1440	1140	1101	1050	950	820	690	540	380	300	210
1380	1410	1430	1450	1470	1320	1280	1200	1080	940	780	620	460	370	350
1420	1430	1450	1480	1500	1550	1510	1430	1300	1200	980	850	750	550	500
1430	1430	1460	1500	1550	1600	1550	1600	1600	1600	1550	1500	1500	1550	1550
950	1190	1370	1500	1200	1100	1550	1600	1550	1380	1070	900	1050	1150	1200
910	1090	1270	1500	1200	1100	1350	1450	1200	1150	1010	880	1000	1050	1100
880	1060	1230	1390	1500	1500	1400	900	1100	1060	950	870	900	930	950
830	980	1180	1320	1450	1420	1400	1300	700	900	850	840	380	780	750
740	880	1080	1130	1250	1280	1230	1040	900	500	700	780	750	650	550
650	760	880	970	1020	1050	1020	830	900	700	300	500	550	480	350
510	620	730	800	850	870	850	780	720	650	500	200	300	350	320
370	470	550	600	670	690	670	620	580	450	400	300	100	150	250

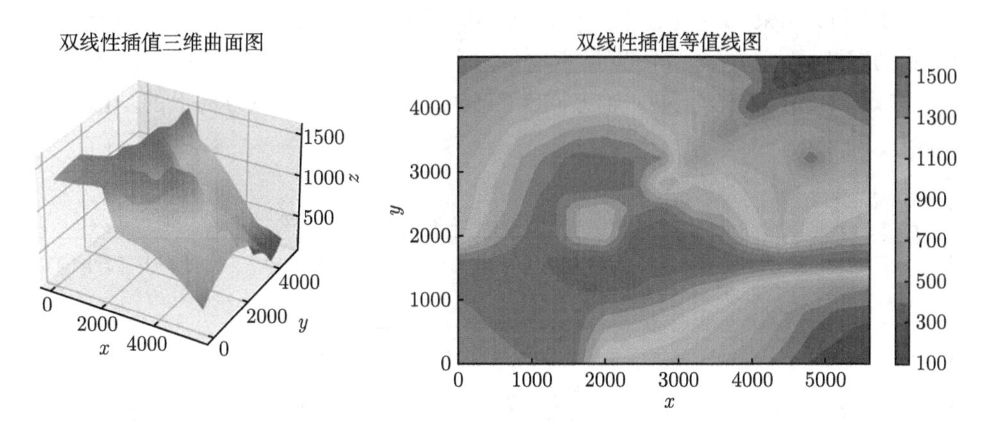

图 2-18　山区地形图双线性插值模拟示意图

2.5.2　* 二元三点拉格朗日插值

已知函数 $f(x,y)$ 在 x 轴上的离散节点值 x_i 和在 y 轴上的离散节点值 y_j, x_i 和 y_j 未必等距, 且已知在坐标点 (x_i,y_j) 上的函数值 $z_{ij}=f(x_i,y_j), i=0,1,\cdots,n, j=0,1,\cdots,m$. 对于待求点 (x^*,y^*), 取最靠近 x^* 的三个点 $\{x_p,x_{p+1},x_{p+2}\}$ 和最靠近 y^* 的三个点 $\{y_q,y_{q+1},y_{q+2}\}$, 采用二元三点拉格朗日插值 $L(x,y)$ 即可得到 $z^*=L(x^*,y^*)$.

基本思想[6]: 先固定 x 对 y 做一元拉格朗日插值, 然后固定 y 对 x 做一元拉格朗日插值, 故二元函数 $z=f(x,y)$ 的拉格朗日插值公式

$$L(x,y)=\sum_{i=1}^{n}\left[\left(\prod_{k=1,k\neq i}^{n}\frac{x-x_k}{x_i-x_k}\right)\sum_{j=1}^{m}\left(\prod_{l=1,l\neq j}^{m}\frac{y-y_l}{y_j-y_l}\right)z_{ij}\right]. \tag{2-21}$$

在矩形网格上的某个小片 $[x_{i-1},x_i]\times[y_{j-1},y_j]$ 上的二元三点拉格朗日插值函数如下:

$$Q(x,y)=\sum_{i=p}^{p+2}\sum_{j=q}^{q+2}\left(\prod_{k=p,k\neq i}^{p+2}\frac{x-x_k}{x_i-x_k}\right)\left(\prod_{l=q,l\neq j}^{q+2}\frac{y-y_l}{y_j-y_l}\right)z_{ij}, \tag{2-22}$$

其中 x_p,x_{p+1},x_{p+2} 和 y_q,y_{q+1},y_{q+2} 分别为网格中最靠近插值点 (x,y) 的 x 方向的坐标和 y 方向的坐标.

以 x 方向为例, $n+1$ 个点共 n 段, 且不一定是等距节点, 分片长度不均匀. 如果在第一个分片中, 则三点取 $\{x_0,x_1,x_2\}$; 如果在最后一个分片中, 则三点取 $\{x_{n-2},x_{n-1},x_n\}$; 如果在内部分片中, 如图 2-19 所示, 需要考虑 x 距离 x_{p-1} 和 x_{p+2} 的远近, 如果 $|x-x_{p-1}|>|x-x_{p+2}|$, 则应取 $\{x_p,x_{p+1},x_{p+2}\}$, 三角形点所示, 否则取 $\{x_{p-1},x_p,x_{p+1}\}$, 方形点所示.

对式 (2-22), 首先计算 x 轴方向上的基函数, 再计算 y 轴方向上的基函数, 具体展开, 并记

$$\begin{cases}\boldsymbol{L}_x=[L_{x,p},L_{x,p+1},L_{x,p+2}]=\left[\dfrac{x-x_{p+1}}{x_p-x_{p+1}}\dfrac{x-x_{p+2}}{x_p-x_{p+2}},\dfrac{x-x_p}{x_{p+1}-x_p}\dfrac{x-x_{p+2}}{x_{p+1}-x_{p+2}},\right.\\ \qquad\qquad\left.\dfrac{x-x_p}{x_{p+2}-x_p}\dfrac{x-x_{p+1}}{x_{p+2}-x_{p+1}}\right],\\ \boldsymbol{L}_y=[L_{y,q},L_{y,q+1},L_{y,q+2}]=\left[\dfrac{y-y_{q+1}}{y_q-y_{q+1}}\dfrac{y-y_{q+2}}{y_q-y_{q+2}},\dfrac{y-y_q}{y_{q+1}-y_q}\dfrac{y-y_{q+2}}{y_{q+1}-y_{q+2}},\right.\\ \qquad\qquad\left.\dfrac{y-y_q}{y_{q+2}-y_q}\dfrac{y-y_{q+1}}{y_{q+2}-y_{q+1}}\right],\\ \boldsymbol{Z}=\begin{bmatrix}z_{p,q}&z_{p,q+1}&z_{p,q+2}\\z_{p+1,q}&z_{p+1,q+1}&z_{p+1,q+2}\\z_{p+2,q}&z_{p+2,q+1}&z_{p+2,q+2}\end{bmatrix},\end{cases}$$

则式 (2-22) 可改写为 $Q(x,y)=\sum\limits_{i=p}^{p+2}\sum\limits_{j=q}^{q+2}L_{x,i}L_{y,j}z_{ij}$.

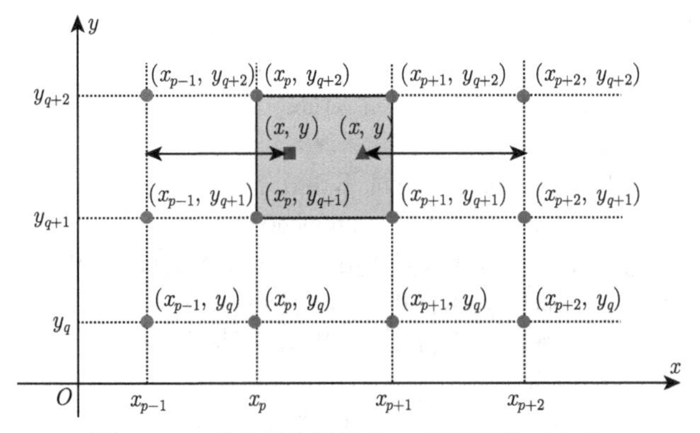

图 2-19 查找最靠近待求 x 值最近的三个点

```
# file_name: bivariate_three_points_lagrange.py
class BivariateThreePointsLagrange:
    """
    二元三点拉格朗日插值,基本思想: 先固定x对y做一元插值, 然后固定y对x做一元插值.
    在矩形网格上的某个小片上做二元三点拉格朗日插值. 略去了可视化代码
    """
    def __init__(self, x, y, Z, x0, y0):  # 略去实例属性初始化, 以及必要的健壮性判断

    def fit_interp_2d(self):
        """
        求解所求插值点的值
        """
        Z0 = np.zeros(self.n0)  # 所求插值点的插值
        for k in range(self.n0):
            Z0[k] = self._cal_xy_interp_val_(self.x0[k], self.y0[k])
        return Z0

    def _cal_xy_interp_val_(self, x, y):
        """
        二元三点拉格朗日插值, 求解所给插值坐标(x0, y0)的Z0值
        """
        idx, idy = self.__find_index__(x, y)
        val = 0.0
        # 如下两层循环计算插值
        for i in range(3):  # 0 1 2, 1 2 0, 2, 0, 1
            # 用于保证i,i1,i2取值不同, 基函数分母
            i1, i2 = np.mod(i + 1, 3), np.mod(i + 2, 3)
```

```
            val_x = (x - self.x[idx[i1]]) * (x - self.x[idx[i2]]) / \
                    (self.x[idx[i]] - self.x[idx[i1]]) / \
                    (self.x[idx[i]] - self.x[idx[i2]])  # x轴基函数
            for j in range(3):
                # 用于保证j,j1,j2取值不同,基函数分母
                j1, j2 = np.mod(j + 1, 3), np.mod(j + 2, 3)
                val_y = (y - self.y[idy[j1]]) * (y - self.y[idy[j2]]) / \
                        (self.y[idy[j]] - self.y[idy[j1]]) / \
                        (self.y[idy[j]] - self.y[idy[j2]])  # y轴基函数
                # 边界情况处理
                if idx[i] == self.n_x - 1 and idy[j] < self.n_y - 1:  # x轴已到边界
                    val += self.Z[-1, idy[j]] * val_x * val_y
                elif idx[i] < self.n_x - 1 and idy[j] == self.n_y - 1:  # y轴已到边界
                    val += self.Z[idx[i], -1] * val_x * val_y
                # x轴和y轴都已到边界
                elif idx[i] == self.n_x - 1 and idy[j] == self.n_y - 1:
                    val += self.Z[-1, -1] * val_x * val_y
                else:  # 非边界情况
                    val += self.Z[idx[i], idy[j]] * val_x * val_y
        return val

    def __find_index__(self, xi, yi):
        """
        查找坐标值xi, yi所在的区间索引
        """
        idx, idy = np.infty, np.infty  # 初始化x轴和y轴的索引编号
        # 查找所求插值点的区间索引
        for i in range(self.n_x - 1):  # x轴分段数为节点数减一
            if self.x[i] <= xi <= self.x[i + 1]:  # 若在当前区间段
                idx = i  # 记录区间段索引编号
                break  # 退出循环,无需再查找,待求仅能属于某个分片区间
        for i in range(self.n_y - 1): # y轴分段数为节点数减一
            if self.y[i] <= yi <= self.y[i + 1]:  # 若在当前区间段
                idy = i  # 记录区间段索引编号
                break
        if idx is np.infty or idy is np.infty:
            raise ValueError("所给数据点不能进行外插值！")
        # 针对xi值所在区间最近三个点索引求解
        if idx:  # 所求点不在第一个区间片
            if idx == self.n_x - 2:  # 所求点在最后一个区间片
```

```
                near_idx = np.array([self.n_x - 3, self.n_x - 2, self.n_x - 1])
            else:  # 所求点在区间内部片
                if np.abs(self.x[idx - 1] - xi) > np.abs(self.x[idx + 2] - xi):
                    near_idx = np.array([idx, idx + 1, idx + 2])  # 距离x_{p+2}更近
                else:
                    near_idx = np.array([idx - 1, idx, idx + 1])  # 距离x_{p-1}更近
        else:  # 所求点在第一个区间片
            near_idx = np.array([0, 1, 2])
        # 针对yi值所在区间最近三个点索引求解
        if idy:  # 不在第一个区间片
            if idy == self.n_y - 2:  # 所求点在最后一个区间片
                near_idy = np.array([self.n_y - 3, self.n_y - 2, self.n_y - 1])
            else:  # 所求点在区间内部片
                if np.abs(self.y[idy - 1] - yi) > np.abs(self.y[idy + 2] - yi):
                    near_idy = np.array([idy, idy + 1, idy + 2])
                else:
                    near_idy = np.array([idy - 1, idy, idy + 1])
        else:  # 第一个区间片
            near_idy = np.array([0, 1, 2])
        return near_idx, near_idy
```

针对**例 6** 示例: 试根据离散数据节点组计算二元三点拉格朗日插值.

从表 2-11 可知, 10 个离散数据坐标点的二元三点拉格朗日插值精度相当于 25 个离散数据点的分片双线性插值, 插值精度高于双线性插值 (见表 2-9). 图 2-20 为 10 个离散数据插值节点得到的二元三点拉格朗日插值曲面和等值线图, 其光滑度要高于相同节点数的分片双线性插值.

表 2-11 等分 10 个和 25 个离散数据的二元三点拉格朗日插值及绝对值误差
$(k = 1, 2, 3, 4)$

x_k	y_k	10 个数据点 (x_i, y_i, z_i) 及误差		25 个数据点 (x_i, y_i, z_i) 及误差	
2.08	3.77	−0.70799607	0.00166224	−0.70669081	3.56975204e−04
1.3	2.7	−0.86842157	0.00270454	−0.87074874	3.77372516e−04
4.6	4.5	0.21832245	0.00885656	0.20945317	1.27184429e−05
2.98	6.08	0.14742386	0.01015674	0.15704328	5.37325167e−04

针对**例 7** 示例: 通过二元三点拉格朗日插值模拟山区地形图.

从图 2-21 可以看出, 二元三点拉格朗日插值曲面相对分片双线性插值要光滑得多. 插值点所对应的高度值为 [1506.039986, 1190.520250, 1040.752500, 211.978125].

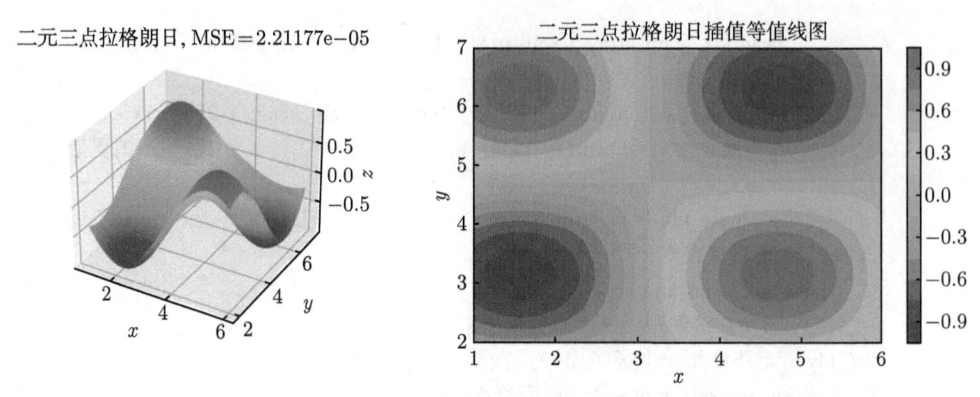

图 2-20 等分 10 个离散数据坐标点的二元三点拉格朗日插值曲面和等值线图

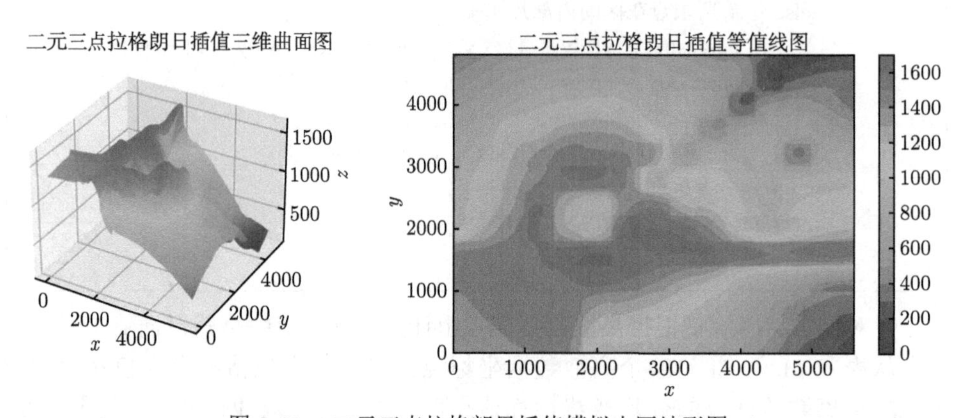

图 2-21 二元三点拉格朗日插值模拟山区地形图

■ 2.6 实验内容

1. 已经测得在某处海洋不同深度处的水温, 如表 2-12 所示, 采用拉格朗日插值、牛顿差商插值和牛顿差分插值, 推测深度为 500m, 600m, 1000m 和 1450m 处的水温, 并分别给出插值多项式, 对比分析.

表 2-12 某处海洋不同深度处的水温值

深度/m	460	760	1060	1360	1660
水温/°C	7.04	4.28	3.40	2.54	2.13

2. 给定数据[2] 如表 2-13, 试求三次样条插值 $S(x)$, 并满足条件:

(1) $S'(0.25) = 1.0000, S'(0.53) = 0.6868$;

(2) $S''(0.25) = S''(0.53) = 0$.

表 2-13 离散插值数据点 ($k=1,2,\cdots,5$)

x_k	0.25	0.30	0.39	0.45	0.53
y_k	0.5000	0.5477	0.6245	0.6708	0.7280

3. 轮船的甲板呈近似半椭圆形, 为了得到甲板的面积, 首先测得横向最大相间为 8.540 米, 然后等间距划分 13 个点, 然后测得纵向高度, 如表 2-14 所示. 采用分段线性插值和三次均匀 B 样条插值, 推测每隔 0.01 米时的高度值 $\hat{y}_k$, 并进行可视化. 根据推测的高度值 $\hat{y}_k$, 采用近似曲边梯形面积计算甲板的近似面积.

表 2-14 甲板在 [0,8.540] 内等距 13 个点的高度值

0	0.914	5.060	7.772	8.717	9.083	9.144
9.083	8.722	7.687	5.376	1.073	0	

4. 已知函数 $f(x,y)=x\mathrm{e}^{-x^2-y^2}, x,y\in[-2,2]$, 等分 25 组离散数据点并求解 $z_i=f(x_i,y_i)$, 以此离散数据点 (x_i,y_i,z_i) 进行分片双线性插值和二元三点拉格朗日插值, 并求插值节点

$$\{(-1.50,-1.25),(-0.58,-0.69),(0.58,0.78),(1.65,1.78)\}$$

处所对应的插值 $\hat{z}_k$, 分析误差.

■ 2.7 本章小结

插值[7,8] 是一种从离散数据点集构建函数的数学方法. 插值有很多应用场景: 一种典型的应用场景就是根据给定的数据绘制平滑的曲线, 应用较为广泛; 另外一种应用场景是对复杂函数 (可能需要很大计算量) 进行近似求值. 这种情况下, 仅对原函数在有限数量的点进行计算, 然后在其他点使用插值方法来获得函数的近似值.

本章首先讨论了多项式插值及其算法的 Python 实现, 多项式插值较为简单, 但如果给定离散数据点较多, 则多项式的幂次较高, 可能会引起较大的累积误差和龙格振荡现象. 故多项式插值适用于较少离散数据节点的情形. 其次讨论了分段插值, 具体包括分段线性插值、分段 3 次埃尔米特插值、三次样条插值和三次均匀 B 样条插值. 分段插值相对于多项式插值需要更多的计算量, 但因为其在每个区间段采用低次 (最高 3 次) 多项式插值, 一般情况下不会引起龙格振荡现象. 最后讨论了二维插值较为简单的张量型双线性插值和二元三点拉格朗日插值, 用于插值计算二维数据的三维图像.

本章讨论的方法皆为内插, 外插 (extrapolation) 是指在采样范围之外计算函数的估计值. 外插一般比插值的风险更大, 因为涉及在没有采样的区间对函数进行估算. 读者可查阅资料自行编写算法.

在 Python 中, 使用 NumPy 的 polynomial 模块以及 SciPy 的 interpolation 模块, 可进行数据插值. 如使用 interpolate.interp1d 函数, 关键字参数 kind 用于指定插值的类型和阶数, 其包括 linear、slinear、cubic 等. 样条函数 interpolate.IntepolatedUnivariateSpline 将 x 和 y 值数组作为第一、二参数, 关键字参数 k 指定阶数. 双变量插值函数 interpolate.interp2d 和 interpolate.griddata 用于二维插值.

■ 2.8 参考文献

[1] 王能超. 数值分析简明教程 [M]. 2 版. 北京: 高等教育出版社, 2003.
[2] 李庆扬, 王能超, 易大义. 数值分析 [M]. 5 版. 北京: 清华大学出版社, 2021.
[3] Mathews J H, Fink K D. 数值方法 (MATLAB 版)[M]. 4 版. 周璐, 陈渝, 钱方, 等译. 北京: 电子工业出版社, 2012.
[4] 任玉杰. 数值分析及其 MATLAB 实现 [M]. 北京: 高等教育出版社, 2012.
[5] 谢中华, 李国栋, 刘焕进, 等. MATLAB 从零到进阶 [M]. 北京: 北京航空航天大学出版社, 2017.
[6] 龚纯, 王正林. MATLAB 语言常用算法程序集 [M]. 北京: 电子工业出版社, 2011.
[7] 罗伯特 • 约翰逊 (Johansson R). Python 科学计算和数据科学应用 [M]. 2 版. 黄强, 译. 北京: 清华大学出版社, 2020.
[8] 钱江, 王凡, 郭庆杰, 等. 递推算法与多元插值 [M]. 北京: 科学出版社, 2019.

第3章 函数逼近与曲线拟合

插值法[1-4] 是函数逼近问题的一种, 主要针对离散插值节点, 关注插值点的局部特征. 而本章讨论的函数逼近是指, 对函数类 A 中给定的函数 $f(x) \in A$, 要求在另一类简单的便于计算的函数类 B 中求函数 $P(x) \in B$, 使 $P(x)$ 与 $f(x)$ 的误差在某种度量 (一致逼近 $\|f(x)-P(x)\|_\infty$ 或平方逼近 $\|f(x)-P(x)\|_2$) 意义下最小. 函数类 A 通常是区间 $[a,b]$ 上的连续函数, 记作 $C[a,b]$, 称为连续函数空间, 而函数类 B 通常为 n 次多项式、有理函数或分段低次多项式等. 被逼近的函数通常为复杂函数, 函数逼近的目的在于更方便地计算函数值或进行函数的微积分运算. 几何意义如图 3-1 (左) 所示.

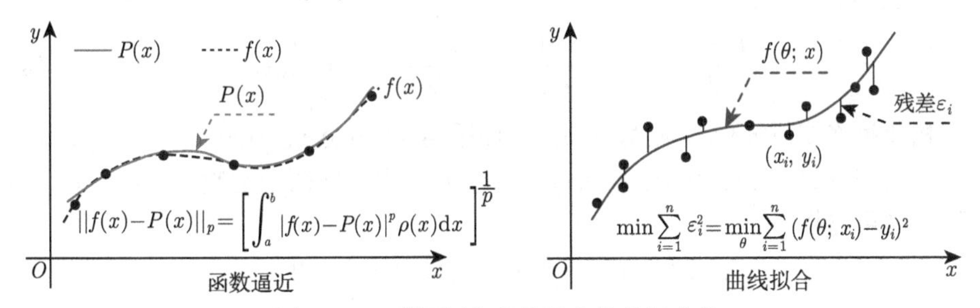

图 3-1 函数逼近与曲线拟合的几何意义

曲线拟合倾向于在一定准则下用一个简单的函数 $f(\theta;x)$ 来模拟一组已知数据 $(x_i,y_i), i=1,2,\cdots,n$ 的函数关系, 曲线拟合并不要求 $f(\theta;x)$ 严格通过每个数据节点, 只要求在每个数据节点上的残差的某种组合在一定度量 (误差平方和) 意义下达到最小就可以了. 几何意义如图 3-1 (右) 所示.

Taylor 多项式是数值分析的重要基石之一, 但对于 Taylor 多项式, 所有用于逼近的信息都集中在一个单点 x_0 上. 通常状况下, 当远离 x_0 点时, 这些多项式给出的近似值都是不精确的. 而一个好的近似多项式需要在整个区间提供一个相对精确的近似. 代数多项式在插值和逼近中有着重要的应用, 因为它们可以一致地逼近连续函数, 且其导数和不定积分也是多项式, 易于计算.

魏尔斯拉斯 (Weierstrass) **逼近定理**[5] 假设 $f(x)$ 在 $[a,b]$ 上有定义且连续, 则对任意 $\varepsilon>0$, 存在一个多项式 $P(x)$, 对 $\forall x\in[a,b]$, 有 $|f(x)-P(x)|<\varepsilon$.

■ 3.1 正交多项式逼近

3.1.1 切比雪夫多项式零点插值逼近

当权函数 $\rho(x) = 1/\sqrt{1-x^2}, x \in [-1,1]$ 时, 由序列 $\{1, x, \cdots, x^n, \cdots\}$ 施密特 (Schmidt) 正交化得到的正交多项式就是切比雪夫 (Chebyshev) 多项式, 可表示为 $T_n(x) = \cos(n \arccos x), |x| \leqslant 1$, 可通过

$$T_0 = 1, \quad T_1(x) = x, \quad T_{n+1}(x) = 2xT_n(x) - T_{n-1}(x), \quad n = 1, 2, \cdots$$

递推得出. 若令 $x = \cos\theta$, 则 $T_n(x) = \cos n\theta, 0 \leqslant \theta \leqslant \pi$.

切比雪夫多项式 $T_n(x)$ 在区间 $[-1,1]$ 上有 n 个零点 $x_k = \cos\dfrac{2k-1}{2n}\pi, k = 1, 2, \cdots, n$ 和 $n+1$ 个极值点 (包括端点) $x_k = \cos\dfrac{k}{n}\pi, k = 0, 1, \cdots, n$, 这两组点称为**切比雪夫点**, 它们在插值中有重要作用. 利用切比雪夫点作插值, 可使插值区间最大误差最小化, 避免高次插值可能出现的龙格现象.

对于一般区间 $[a,b]$ 上的插值只需利用变换 $x = \dfrac{b-a}{2}t + \dfrac{a+b}{2}, t \in [-1,1]$ 即可. 此时插值节点为

$$x_k = \frac{b-a}{2}\cos\frac{2k+1}{2(n+1)}\pi + \frac{b+a}{2}, \quad k = 0, 1, \cdots, n. \tag{3-1}$$

以此构建拉格朗日插值多项式 $P(x)$, 进而采用 $P(x)$ 逼近 $f(x)$.

定义在 $[a,b]$ 上的全体连续函数 C 在 $[a,b]$ 中任何两个函数 $f(x)$ 和 $P(x)$ 的接近程度可以按

$$\|f - P\|_\infty = \max_{a \leqslant x \leqslant b} |f(x) - P(x)|$$

来度量, 即逼近程度的最大绝对误差.

切比雪夫多项式零点插值逼近算法设计

求解切比雪夫多项式零点 x_k, 以 x_k 求解被逼近函数的函数值 y_k, 以 (x_k, y_k) 为插值节点, 构造拉格朗日插值 (可采用其他插值方法) 多项式, 即为切比雪夫多项式零点插值逼近多项式.

逼近精度分析

鉴于被逼近函数可能在某些区间存在剧烈振荡, 故不采用等距划分节点, 而是进行 10 轮模拟, 每轮在区间 $[a,b]$ 上随机生成 100 个均匀分布数据, 即 $x_i \sim U(a,b)$, 用以计算逼近多项式 $P(x)$ 与被逼近函数 $f(x)$ 的绝对值误差, 再计算 100 个随机点的绝对值误差均值 $\bar{e}_k$, 然后再取 10 次模拟的均值作为最后的逼近精度 $\bar{e}$. 其中 10 轮模拟、每轮 100 个均匀分布随机数的最大绝对误差 max_e 可与理论误差上限比较. 如下为计算方法 (每轮 $\bar{e}_k$ 中数据 x_i 均不同) :

$$\bar{e} = \frac{1}{10}\sum_{k=1}^{10}\bar{e}_k = \frac{1}{10}\sum_{k=1}^{10}\left(\frac{1}{100}\sum_{i=1}^{100}\left|P\left(x_i\right) - f\left(x_i\right)\right|\right),$$

$$\max\_e = \max_{1\leqslant k\leqslant 10}\left(\max_{1\leqslant i\leqslant 100}\left|P\left(x_i\right) - f\left(x_i\right)\right|\right).$$

```
# file_name:chebyshev_zero_points_interp.py
# 导入拉格朗日插值类
from interpolation_02 . lagrange_interpolation  import  LagrangeInterpolation

class  ChebyshevZeroPointsInterpolation :
    """
    切比雪夫多项式零点插值算法
    """
    terms_zeros  = None # 切比雪夫多项式零点
    approximation_poly = None # 逼近的多项式
    poly_coefficient , polynomial_orders = None, None # 逼近多项式的系数, 各项阶次
    max_abs_error, mae = None, None # 逼近多项式的最大绝对值误差, 绝对值误差均值mae

    def __init__( self, approximate_fx, orders=6, x_span=np.array([-1, 1])):
        # 略去必要参数的初始化构造的具体代码:
        # self.approximate_fx, self.orders, self.a, self.b = x_span[0], x_span[1]

    def fit_approximation ( self ):
        """
        切比雪夫多项式零点插值核心算法:
        先求零点并变换空间, 再进行拉格朗日插值, 生成p(x)
        """
        k = np.arange(0, self.orders + 1)  # 切比雪夫零点索引下标
        zero = np.cos((2 * k + 1) / 2 / (self.orders + 1) * np.pi)
        # 存储零点, 区间变换
        self.terms_zeros = (self.b - self.a) / 2 * zero + (self.b + self.a) / 2
        fun_values = self.approximate_fx( self.terms_zeros)  # 零点的函数值
        lag = LagrangeInterpolation ( self.terms_zeros, fun_values)  # 拉格朗日插值
        lag. fit_interp ()  # 生成拉格朗日插值多项式, 符号多项式
        self.approximation_poly = lag.polynomial  # 插值后的逼近多项式
        self. poly_coefficient  = lag. poly_coefficient   # 多项式系数
        self.polynomial_orders = lag. coefficient_order   # 多项式的阶次
        self. error_analysis ()  # 误差分析
```

```
    def predict_x0(self, x0):
        """
        求解逼近多项式p(x)在给定点x0的值. return: p(x)求解的逼近值
        """
        t = self.approximation_poly.free_symbols.pop()  # 提取自由变量
        appr_poly = sympy.lambdify(t, self.approximation_poly)  # 转换为lambda函数
        return np.array(appr_poly(x0))

    def error_analysis(self):
        """
        误差分析: 10轮模拟, 每轮100个服从U(a,b)的随机点
        采用最大绝对误差max_e和平均绝对值误差MAE度量.
        """
        mae = np.zeros(10)  # 存储10次随机值, 真值与逼近多项式的平均绝对值误差
        max_error = np.zeros(10)  # 存储10次随机模拟, 每次最大的绝对值误差
        for i in range(10):
            # 在指定区间生成100个均匀分布随机数.
            xi = self.a + np.random.rand(100) * (self.b - self.a)
            xi = np.array(sorted(xi))  # list-->ndarray, 升序排列
            y_true = self.approximate_fx(xi)  # 真值
            yi_hat = self.predict_x0(xi)  # 预测值
            mae[i] = np.mean(np.abs(yi_hat - y_true))  # 100个随机点的平均绝对值误差
            max_error[i] = max(np.abs(yi_hat - y_true))  # 选取最大的绝对值误差
        self.max_abs_error = max(max_error)  # 10次模拟选最大的
        self.mae = np.mean(mae)  # 10次模拟均值

    def plt_approximation(self, is_show=True, is_fh_marker=False):  # 篇幅限制, 略去
        """
        可视化. 针对被逼近函数, 如果is_fh_marker为True, 则随机化50个点, 并标记
        :param is_show: 用于绘制子图, 如果绘制子图, 则值为False
        :param is_fh_marker: 真实函数是曲线类型还是marker类型, 逼近较好时用marker
        """
```

例 1[1]　求 $f(x)=\mathrm{e}^x$ 在 $[0,1]$ 上的 4 次拉格朗日插值多项式 $L_4(x)$, 插值节点用 $T_5(x)$ 的零点.

4 阶逼近多项式的最大绝对值误差 2.896339×10^{-5}, 小于理论最大绝对值误差 4.4×10^{-4}. 模拟 10 次的平均绝对误差为 1.71×10^{-5} (由于是随机模拟值, 平均绝对误差存在微小差异). 表 3-1 为切比雪夫多项式 $T_5(x)$ 的零点和逼近多项式 $P(x)$ 的系数, 略去表达式形式.

表 3-1 切比雪夫多项式零点插值 (4 阶) 逼近计算结果

k	切比雪夫多项式 $T_k(x)$ 零点	逼近多项式 $P(x)$ 的系数	幂次项
1	0.97552826	0.0694155133774643	x^4
2	0.79389263	0.140275036852543	x^3
3	0.5	0.509779835305480	x^2
4	0.20610737	0.998757050931840	x
5	0.02447174	1.00002493721519	常数项

如图 3-2 (左) 所示, 由于逼近效果较好, 故被逼近函数 $f(x)$ 可视化的模拟数据是均匀随机产生, 且用 “*” 标记, 故呈现非等距性. MAE_{10} 表示 10 轮模拟每轮 100 个服从 $U(a,b)$ 的随机数绝对误差均值.

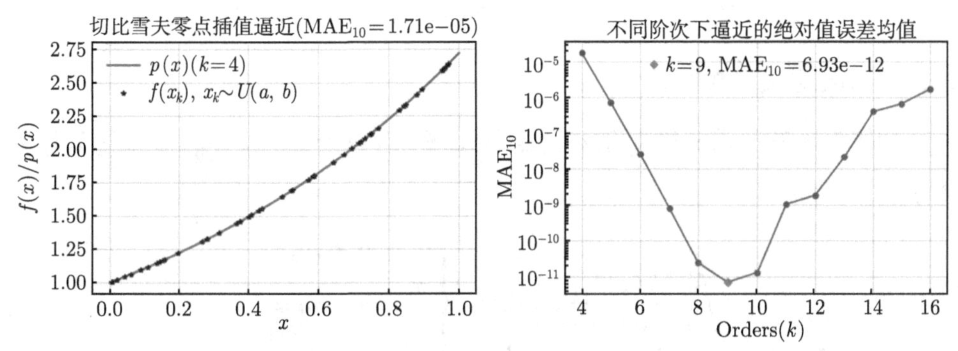

图 3-2 切比雪夫多项式零点插值各阶次逼近示意图 (右图 y 轴为对数刻度坐标)

除 $L_4(x)$ 外, 观察其他阶次. 从图 3-2 (右) 可看出, 从 4 到 9 阶, 一定程度上提高插值阶次, 其逼近精度提高. 但情况并非总是如此, 其在 9 次时逼近精度最好, 随着阶次的增加, 逼近精度在降低, 即绝对误差均值在增加. 因为该算法本质上仍采用拉格朗日插值方法, 尽管插值点由切比雪夫零点提供, 而高阶次的多项式未必稳定. 若打印 21 阶多项式的系数, 会发现个别阶次系数值较大, 模型变得复杂, 多项式逼近的泛化性能 (未知数据的预测能力) 降低, 值的微小变动会引起较大的误差.

例 2 设 $f(x)=(\sin 2x)^2\mathrm{e}^{-0.5x}, x\in[-3,3]$, 利用 $T_{11}(x)$ 和 $T_{21}(x)$ 的零点作插值点, 构造拉格朗日插值多项式 $L_{10}(x)$ 和 $L_{20}(x)$.

如图 3-3 (左) 所示, 用切比雪夫零点插值的 10 阶多项式 $L_{10}(x)$ 逼近效果较差, 在给定区间模拟 10 轮, 每轮 100 个随机点值, 最大绝对值误差为 0.468783. 零点以及 $L_{10}(x)$ 的系数可通过算法打印输出, 其中区间关于零点对称, 零点分布也呈现对称特点. 图 3-3 (右) 为 20 阶切比雪夫零点插值逼近示意图, 逼近效果较好, 最大绝对值误差为 0.000107710. 提高多项式的阶次, 要考虑实际问题, 若在算法中打印多项式系数, 发现高次项系数较小, 逼近的多项式具有一定的稳定性. 切比雪夫多项式零点插值可有效避免龙格现象, 保证在整个区间上收敛.

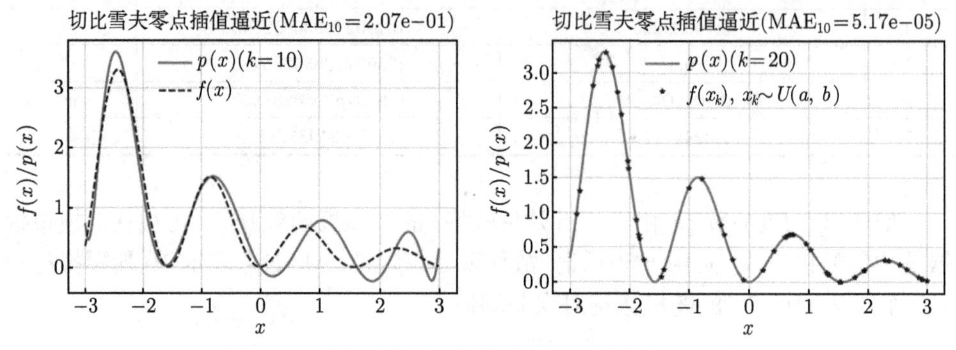

图 3-3 切比雪夫零点插值多项式逼近曲线示意图

3.1.2 切比雪夫级数逼近

切比雪夫多项式序列 $\{T_n(x)\}_{n=0}^{\infty}$ 满足带权 $\rho(x) = \dfrac{1}{\sqrt{1-x^2}}$, $x \in [-1,1]$ 正交关系

$$\int_{-1}^{1} \frac{T_n(x)T_m(x)}{\sqrt{1-x^2}}\,\mathrm{d}x = \begin{cases} 0, & n \neq m, \\ \dfrac{\pi}{2}, & n = m \neq 0, \\ \pi, & n = m = 0, \end{cases}$$

利用正交函数族作最佳平方逼近. 如果 $f(x) \in C[-1,1]$, 它可以展开成切比雪夫级数, 即

$$\begin{cases} f(x) = \dfrac{1}{2}C_0^* + \displaystyle\sum_{k=1}^{\infty} C_k^* T_k(x), \\ C_0^* = \dfrac{2}{\pi}\displaystyle\int_{-1}^{1} \frac{f(x)}{\sqrt{1-x^2}}\,\mathrm{d}x, \quad C_k^* = \dfrac{2}{\pi}\displaystyle\int_{-1}^{1} \frac{T_k(x)f(x)}{\sqrt{1-x^2}}\,\mathrm{d}x, \quad k = 1,2,\cdots,n. \end{cases} \tag{3-2}$$

在实际应用中, 可根据所需的精度来截取有限项数.

对于一般区间 $[a,b]$ 上的函数 $f(x)$, 做变换 $x = \dfrac{b-a}{2}t + \dfrac{a+b}{2}, t \in [-1,1]$, 即可.

1. 正交多项式工具类设计

为便于重用、扩展和维护, 定义正交多项式工具类 OrthogonalPolynomialUtils, 封装正交多项式的类属性 (如多项式系数、绝对误差均值和最大绝对误差)

和实例属性，以及四个实例方法：区间转换函数 interval_transform()，逼近误差分析函数 error_analysis()，计算给定点的逼近值函数 cal_x0()，以及可视化被逼近函数和逼近多项式 plt_approximation()。限于篇幅，本章后续算法不再给出可视化代码。

```
# file_name: orthogonal_poly_utils.py
class DrthogonalPolynomialUtils:
    """
    正交多项式函数逼近工具类
    """
    T_coefficient = None # 多项式各项和对应系数
    approximation_poly = None # 逼近的多项式
    poly_coefficient , polynomial_orders = None, None # 逼近多项式的系数和各项阶次
    # 如下变量为10轮模拟选最大绝对误差, 以及10轮模拟均值
    max_abs_error, mae = np. infty , np. infty

    def __init__( self , fun, k=6, x_span=np.array([-1, 1])):
        self .a, self .b = x_span[0], x_span[1] # 区间左右端点
        # 区间转换函数预处理
        self . fun_transform, self .approximate_fx = self . interval_transform (fun)
        self .k = k # 逼近已知函数所需项数

    def interval_transform ( self , fun):
        """
        函数的区间转换, fun为符号函数, 返回转换区间后的函数
        """
        t = fun. free_symbols .pop() # 获取自由符号变量
        fun_transform = fun. subs(t, ( self .b + self .a) / 2 + ( self .b - self .a) / 2 * t)
        fun_expr = sympy.lambdify(t, fun) # 转换为lambda函数
        return fun_transform, fun_expr

    def error_analysis ( self ): # 略去, 参考类 ChebyshevZeroPointsInterpolation

    def predict_x0 ( self , x0):
        """
        求解逼近多项式p(x)在给定点x0的值. return: y0 = p(x0)的值, 一维数组
        """
        t = self .approximation_poly. free_symbols .pop() # 获取符号函数的符号变量
        y0 = np. zeros (len (x0)) # 存储待求解的逼近函数值
        for i in range(len(x0)):
```

```
            xi = (x0[i] - (self.a + self.b) / 2) * 2 / (self.b - self.a)  # 区间转换
            y0[i] = self.approximation_poly.evalf(subs={t: xi})  # 求值
        return y0

    # 可视化逼近多项式函数
    def plt_approximation(self, sub_title, is_show=True, is_fh_marker=False):
```

2. 切比雪夫级数逼近算法实现

由于递推切比雪夫多项式 $T_n(x)$, 故采用符号运算和数值运算结合. 算法思路: (1) 对被逼近函数进行区间转换 $[a,b] \mapsto [-1,1]$; (2) 根据切比雪夫级数逼近原理递推 $T_n(x)$ 并求解系数 f_n; (3) 构造切比雪夫级数逼近多项式, 进而进行误差分析以及可视化.

```
# file_name:chebyshev_series_approximation.py
class ChebyshevSeriesApproximation(OrthogonalPolynomialUtils):
    """
    切比雪夫级数逼近函数, 继承OrthogonalPolynomialUtils所有实例属性和实例方法
    """
    def fit_approximation(self):
        """
        逼近核心算法, 即求解系数和递推项
        """
        t = self.fun_transform.free_symbols.pop()
        term = sympy.Matrix.zeros(self.k + 1, 1)
        term[0], term[1] = 1, t  # 初始第一、二项
        coefficient = np.zeros(self.k + 1)  # 存储系数f_n
        # 符号函数构造为lambda函数, 以便积分运算
        expr = sympy.lambdify(t, self.fun_transform / sympy.sqrt(1 - t ** 2))
        # 如下积分可修改为第4章自编码的数值积分方法
        coefficient[0] = integrate.quad(expr, -1, 1)[0] * 2 / np.pi
        # 带权函数转换
        expr = sympy.lambdify(t, term[1] * self.fun_transform / sympy.sqrt(1 - t ** 2))
        coefficient[1] = integrate.quad(expr, -1, 1)[0] * 2 / np.pi
        # 多项式的前两项
        self.approximation_poly = coefficient[0] / 2 + coefficient[1] * term[1]
        # 从第三项开始循环求解
        for i in range(2, self.k + 1):
            term[i] = sympy.simplify(2 * t * term[i - 1] - term[i - 2])
            expr = sympy.lambdify(t, term[i] * self.fun_transform /
                                           sympy.sqrt(1 - t ** 2))
```

```
            iv = integrate.quad(expr, -1, 1, full_output=1, points=(-1, 1))[0]
            coefficient[i] = 2 / np.pi * iv  # 系数
            self.approximation_poly += coefficient[i] * term[i]
        self.T_coefficient = [term, coefficient]  # 存储逼近多项式各项和对应系数
        self.approximation_poly = sympy.simplify(self.approximation_poly)
        polynomial = sympy.Poly(self.approximation_poly, t)
        self.poly_coefficient = polynomial.coeffs()
        self.polynomial_orders = polynomial.monoms()
        OrthogonalPolynomialUtils.error_analysis(self)  # 调用父类函数, 进行误差分析
```

例 3[1] 求 $f(x)=\mathrm{e}^x$ 在 $[-1,1]$ 上的切比雪夫级数部分和切比雪夫级数系数 $C_3^*(x)$.

3 级切比雪夫级数逼近最大绝对误差为 0.00588037, 逼近图像如图 3-4 (左) 所示.

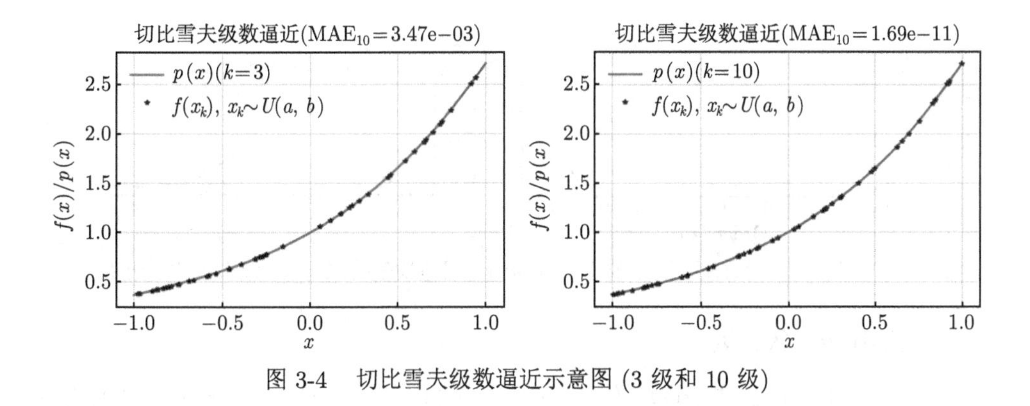

图 3-4 切比雪夫级数逼近示意图 (3 级和 10 级)

求解结果如表 3-2 所示, 写成多项式为

$$
\begin{aligned}
S_3^*(x) &= 2.53213176/2+1.13031821x+0.27149534\left(2x^2-1\right)+0.04433685x\left(4x^2-3\right)\\
&= 0.99457054+0.99730766x+0.54299068x^2+0.17734740x^3.
\end{aligned}
$$

表 3-2 切比雪夫级数逼近结果表 (3 级, Python 算法中变量为 t)

k	C_k^*	递推项 (Python 形式)	展开的多项式系数	幂次项
0	2.53213176	1	0.994570538217842	x^0
1	1.13031821	t	0.997307658454387	x
2	0.27149534	2*t**2 - 1	0.542990679068139	x^2
3	0.04433685	t*(4*t**2 - 3)	0.177347399373994	x^3

拓展, 求解 10 级切比雪夫级数逼近, 其系数 $C_k^*(k=4,5,\cdots,10)$ 分别为 (注: 前四项同表 3-2, 默认按 Python 输出形式): [5.47424044e−03, 5.42926310e−04, 4.49773210e−05, 3.19843510e−06, 1.99210650e−07, 1.10391347e−08, 5.54933176 e−10], 可见高阶系数较小, 被逼近多项式较为稳定. 最大绝对误差为 3.338974×10^{-11}.

例 4　已知函数 $f(x)=\mathrm{e}^{-x}\sin x, x\in[0,5]$, 用切比雪夫级数逼近法求解逼近函数, 逼近阶次为 2 到 19.

如图 3-5 所示. 从左图中看出, 从逼近阶次 2 到 17, 绝对误差均值随着阶次的增加而不断减少, 其逼近精度越来越高, 17 级逼近精度最高. 但从 18 级开始, 逼近精度却又降低, 故逼近阶次并非越高越好, 要考虑逼近多项式的稳定性.

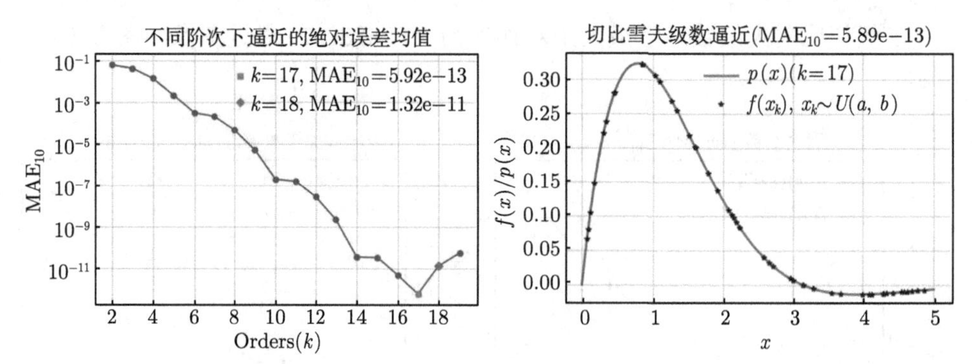

图 3-5　切比雪夫级数在不同级数下逼近的绝对误差均值曲线与 17 级多项式逼近曲线

3.1.3　勒让德级数逼近

当区间为 $[-1,1]$, 权函数 $\rho(x)\equiv 1$ 时, 由 $\{1,x,\cdots,x^n,\cdots\}$ 正交化得到的多项式称为勒让德 (Legendre) 多项式, 表示为 $P_n(x)=\dfrac{1}{2^n n!}\dfrac{\mathrm{d}^n}{\mathrm{d}x^n}\left(x^2-1\right)^n$, 也可通过递推

$$P_0(x)=1,\quad P_1(x)=x,\quad (n+1)P_{n+1}(x)=(2n+1)xP_n(x)-nP_{n-1}(x),\quad n=1,2,\cdots \tag{3-3}$$

来定义. 勒让德多项式序列 $\{P_n(x)\}_{n=0}^{\infty}$ 满足带权 $\rho(x)\equiv 1$ 的正交关系

$$\int_{-1}^{1}P_n(x)P_m(x)\mathrm{d}x=\begin{cases}0, & n\neq m,\\ \dfrac{2}{2n+1}, & n=m.\end{cases}$$

勒让德级数以及系数由式 (3-4) 决定:

$$f(x)=\sum_{k=1}^{\infty}a_kP_k(x),\quad a_n=\frac{2n+1}{2}\int_{-1}^{1}P_n(x)f(x)\mathrm{d}x. \tag{3-4}$$

```
# file_name: legendre_series_approximation.py
class LegendreSeriesApproximation(OrthogonalPolynomialUtils):
    """
    勒让德级数逼近函数, 继承父类OrthogonalPolynomialUtils的属性和方法
    """
    def fit_approximation(self):
        """
        逼近核心算法, 即求解系数和递推项
        """
        t = self.fun_transform.free_symbols.pop()
        term = sympy.Matrix.zeros(self.k + 1, 1)
        term[0], term[1] = 1, t  # 初始第一、二项
        coefficient = np.zeros(self.k + 1)  # 存储系数
        # 符号函数构造为lambda函数, 以便积分运算
        expr = sympy.lambdify(t, term[0] * self.fun_transform)
        coefficient[0] = integrate.quad(expr, -1, 1)[0]  # 数值积分
        expr = sympy.lambdify(t, term[1] * self.fun_transform)
        coefficient[1] = integrate.quad(expr, -1, 1)[0] * 3 / 2
        self.approximation_poly = coefficient[0] / 2 + coefficient[1] * term[1]
        # 从第三项开始循环求解
        for i in range(2, self.k + 1):
            term[i] = sympy.expand(((2 * i - 1) * t * term[i - 1] -
                                    (i - 1) * term[i - 2]) / i)
            expr = sympy.lambdify(t, term[i] * self.fun_transform)
            coefficient[i] = (2 * i + 1) / 2 * \
                             integrate.quad(expr, -1, 1, full_output=1)[0]
            self.approximation_poly += coefficient[i] * term[i]
        self.T_coefficient = [term, coefficient]  # 存储逼近多项式各项和对应系数
        self.approximation_poly = sympy.simplify(self.approximation_poly)
        polynomial = sympy.Poly(self.approximation_poly, t)
        self.poly_coefficient = polynomial.coeffs()
        self.polynomial_orders = polynomial.monoms()
        OrthogonalPolynomialUtils.error_analysis(self)  # 调用父类函数
```

针对**例 3** 示例: 求 $f(x)=\mathrm{e}^x$ 在 $[-1,1]$ 上的勒让德级数部分和勒让德级数系数 $C_3^*(x)$. 计算结果见表 3-3.

表 3-3　勒让德级数逼近计算结果 (Python 算法中变量为 t)

k	C_k^*	递推项 (Python 形式)	系数	幂次项
0	2.35040239	1	0.996294018320115	x^0
1	1.10363832	t	0.997954873011593	x
2	0.35781435	3*t**2/2 - 1/2	0.536721525971059	x^2
3	0.07045563	5*t**3/2 - 3*t/2	0.176139084171223	x^3

最大绝对逼近误差 0.0111404. 不再给出具体多项式的形式.

针对**龙格函数**, 分别取 10 阶、25 阶, 采用切比雪夫零点插值逼近、切比雪夫和勒让德级数逼近, 且修改每轮随机数量为 1000. 从图 3-6 第二行三个子图可以看出, 25 阶三种逼近方法的绝对误差均值几乎一致. 但从 10 阶逼近效果来看, 级数逼近相比于切比雪夫零点插值逼近效果更好; 切比雪夫零点插值逼近在区间边缘处的振荡现象较为明显, 而级数逼近在零点处的逼近效果不理想.

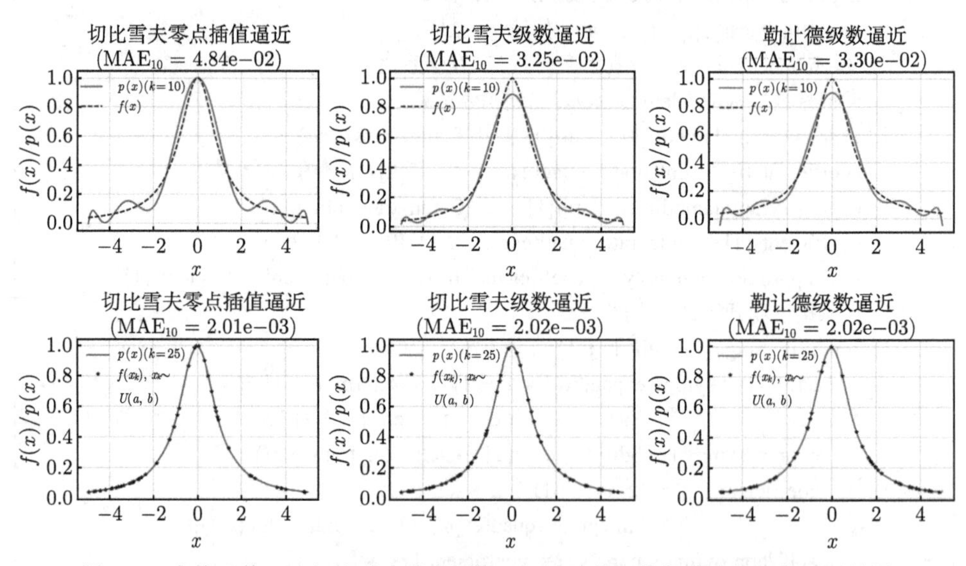

图 3-6　龙格函数——切比雪夫零点插值、切比雪夫级数与勒让德级数逼近效果

如果在误差分析函数内, 打印输出每轮的最大误差处的点 $(x^*, |y^* - \hat{y}^*|)$, 则发现在 10 阶情况下, 切比雪夫零点插值逼近在 $x^* = -0.77$ 或 $x^* = 0.77$ 附近存在最大绝对误差 $|y^* - \hat{y}^*| \approx 0.10915$, 而切比雪夫级数逼近和勒让德级数逼近在 $x^* = 0$ 处的最大绝对误差分别为 $|y^* - \hat{y}^*| \approx 0.11023$ 和 $|y^* - \hat{y}^*| \approx 0.10057$. 在 25 阶情况下, 切比雪夫零点插值逼近和切比雪夫级数逼近在 $x^* = 0$ 处的最大绝对误差分别为 $|y^* - \hat{y}^*| \approx 0.011415$ 和 $|y^* - \hat{y}^*| \approx 0.0068270$, 而勒让德级数在区间两端点处存在最大绝对误差 $|y^* - \hat{y}^*| \approx 0.0066287$.

■ 3.2 最佳逼近多项式

3.2.1 最佳一致逼近多项式

设函数 $f(x)$ 在区间 $[a,b]$ 的最佳一致逼近多项式为 $P_n^*(x)=a_0+a_1x+\cdots+a_nx^n$, 则

$$\|f(x)-P_n^*(x)\|_\infty=\min_{P_n(x)\in H_n}\|f(x)-P_n(x)\|_\infty=\min_{P_n(x)\in H_n}\max_{a\leqslant x\leqslant b}|f(x)-P_n(x)|.$$

求 $P_n^*(x)$ 就是求 $[a,b]$ 上最大误差最小的多项式, H_n 为全体代数多项式构成的集合.

确定 $P_n^*(x)$ 系数 $a_i(i=0,1,\cdots,n)$ 的列梅兹 (Remes) 逐步逼近算法[2] 步骤如下:

(1) 在区间 $[a,b]$ 上取 $n+1$ 次切比雪夫多项式的交错点组 (包含区间变换 $[a,b]\mapsto[-1,1]$)

$$x_k=\frac{b-a}{2}\cos\frac{(n-k+1)}{n+1}\pi+\frac{b+a}{2},\quad k=0,1,\cdots,n+1 \tag{3-5}$$

作为初始点集, 共 $n+2$ 个点.

(2) 将点集 $\{x_0,x_1,\cdots,x_n,x_{n+1}\}$ 代入 $f(x)$ 和 $P(x)$, $(-1)^k\mu$ 为正负交错偏差点, 通常值非常小, 得到以 $a_0,a_1,\cdots,a_n,\mu$ 为未知数的线性方程组

$$f(x_k)-\sum_{j=0}^{n}a_jx_k^j=(-1)^k\mu,\quad k=0,1,\cdots,n+1, \tag{3-6}$$

求解 (3-6) 方程组得到初始的逼近多项式 $P(x)$.

注 *该方程组系数矩阵为类希尔伯特矩阵, 条件数较大, 求解可能存在误差.*

(3) 求使 $|f(x)-p(x)|$ 在 $[a,b]$ 上取最大值的 x (可通过取小步长 h 等分区间获得离散点的方式枚举), 记为 $\tilde{x}$, 按下面的算法确定新的点集:

1) 若 $\tilde{x}\in[a,x_1]$, 并且 $f(x_1)-p(x_1)$ 和 $f(\tilde{x})-p(\tilde{x})$ 同号, 则用 $\tilde{x}$ 代替 x_0, 构成新的点集;

2) 若 $\tilde{x}\in[x_n,b]$, 并且 $f(x_n)-p(x_n)$ 和 $f(\tilde{x})-p(\tilde{x})$ 同号, 则用 $\tilde{x}$ 代替 x_{n+1}, 构成新的点集;

3) 若 $\tilde{x}\in[x_i,x_{i+1}]$, 并且 $f(x_i)-p(x_i)$ 和 $f(\tilde{x})-p(\tilde{x})$ 同号, 则用 $\tilde{x}$ 代替 x_{i+1}, 构成新的点集.

(4) 将 3) 中得到的新的点集代替旧的点集, 求出新的 $a_0,a_1,\cdots,a_n,\mu$, 如果新的 μ_{new} 与旧的 μ_{old} 的差在给定精度 ε 范围内, 则停止, 否则重复上述过程.

1. BestApproximationUtils 工具类

为便于最佳一致逼近和最佳平方逼近算法重用，定义 BestApproximation-Utils 类：

```
# file_name: best_approximation_entity_utils.py
class BestApproximationUtils:
    """
    最佳多项式逼近工具类
    """
    approximation_poly = None # 逼近的多项式
    poly_coefficient , polynomial_orders = None, None # 逼近多项式的系数和各项阶次
    max_abs_error, mae = np.infty , np.infty   # 最大绝对误差, 以及最大绝对误差均值

    def __init__( self , fun, k, interval =np.array ([-1, 1])):
        self.fun, self.approximate_fx = self.lambda_function(fun)  # 所逼近的函数
        self.k = k  # 逼近已知函数所需项数
        self.a, self.b = interval [0], interval [1]  # 区间左右端点

    @staticmethod
    def lambda_function(fun):
        """
        转换为lambda函数, fun为符号函数
        """
        t = fun.free_symbols.pop()
        return fun, sympy.lambdify(t, fun)

    def error_analysis ( self):  # 略去, 参考类 ChebyshevZeroPointsInterpolation

    def predict_x0( self , x0):
        """
        求解逼近多项式给定点的值
        """
        t = self.approximation_poly.free_symbols.pop()
        appr_poly = sympy.lambdify(t, self.approximation_poly)
        return appr_poly(x0)

    plt_approximation( self , sub_title , is_show=True, is_fh_marker=False):  # 可视化
```

2. 最佳一致逼近列梅兹算法实现

```
# file_name: best_uniform_approximation.py
class BestUniformApproximation(BestApproximationUtils):
    """
    最佳一致多项式逼近, 列梅兹算法. 继承BestApproximationUtils的属性和实例方法
    由于需要生成逼近多项式, 故仍采用符号运算 + 数值运算
    """
    cross_point_group = None  # f(x)−p(x)的交错点组

    def __init__(self, fun, k, interval=np.array([-1, 1]), eps=1e-8, h=1e-3):
        BestApproximationUtils.__init__(self, fun, k, interval)  # 继承父类属性
        self.eps = eps  # 逼近精度
        self.h = h  # 步长, 用于查找|p(x)−f(x)|误差最大的x点

    def solve_coefficient(self, x, fx):
        """
        求解逼近多项式的系数向量. param x: 点集, fx: 点集的原函数精确值
        """
        A = np.zeros((self.k + 2, self.k + 2))  # n + 2个交错点
        for i in range(self.k + 2):
            A[i, :-1] = x[i] ** np.arange(0, self.k + 1)
            A[i, -1] = (-1) ** i  # 最后一列
        return np.linalg.solve(A, np.asarray(fx, dtype=np.float64))  # p(x)的初始系数

    def fit_approximation(self):
        """
        列梅兹算法逼近核心算法. 可打印确定新的点集的三种情况下的替换值过程
        """
        t = self.fun.free_symbols.pop()
        px = sympy.Matrix.zeros(self.k + 1, 1)
        for i in range(self.k + 1):
            px[i] = np.power(t, i)  # p(x)多项式, 幂次多项式
        # 1. 初始化x (n + 1次切比雪夫多项式的交错点组) 和f(x), 区间[-1, 1]
        x = np.zeros(self.k + 2)
        fx = sympy.Matrix.zeros(self.k + 2, 1)  # 符号矩阵
        for i in range(self.k + 2):
            x[i] = 0.5 * (self.a + self.b + (self.b - self.a) *
                          math.cos(np.pi * (self.k + 1 - i) / (self.k + 1)))
            fx[i] = self.fun.evalf(subs={t: x[i]})
        # 2. 构造矩阵, 并求解线性方程组, 得到初始的逼近多项式
```

```
self. poly_coefficient = self. solve_coefficient (x, fx)  # p(x)的初始系数
# 3. 确定新的点集
u = self. poly_coefficient [-1]  # 算法中的u
# 记录abs(fx - px)取最大值的x, 精度初始化为正无穷
max_t, max_x, tol = 0.0, np. infty , np. infty
while tol > self.eps:
    xi = self.a  # xi初始化为区间左端点
    # 3.1 此循环找出abs(f(x)−p(x))取最大值的x
    while xi < self.b:
        xi += self.h * ( self.b - self.a) / self.k  # 等距划分且递增步长
        # 各幂次在xi的值
        px1 = np. asarray (px. evalf (subs={t: xi}), dtype=np. float64 )
        # 逼近多项式的近似值
        pt = np.dot(px1.reshape(−1), self. poly_coefficient [:−1]. reshape(−1))
        ft = self.fun. evalf (subs={t: xi})  # 原函数在xi的精确值
        if np.abs( ft - pt) > max_t:
            max_x, max_t = xi, np.abs( ft - pt)
    if max_x > self.b:  # 未找到, 则确定右端点为最大的x
        max_x = self.b
    # 3.2 确定新点集的三种情况
    if self.a <= max_x <= x[1]:  # 第一种情况
        d1, d2 = self. cal_point_set (t, px, x [1], max_x)
        if d1 * d2 > 0:  # 同号, d1表示f(x1)−p(x1), d2表示f(max_x)−p(max_x)
            x[0] = max_x
    elif x[−2] <= max_x <= self.b:  # 第二种情况
        d1, d2 = self. cal_point_set (t, px, x [−2], max_x)
        if d1 * d2 > 0:
            x[−2] = max_x # x[−1]为u
    else:  # 第三种情况
        idx_x = None # 找到max_x所在区间的索引
        for i in range(1, self.k + 1):
            if x[i] <= max_x <= x[i + 1] or x[i + 1] <= max_x <= x[i]:
                idx_x = i
                break
        if idx_x is not None:
            d1, d2 = self. cal_point_set (t, px, x[idx_x], max_x)
            if d1 * d2 > 0:
                x[idx_x] = max_x
    # 3.3 重新计算f(x)的精确值和逼近多项式系数
    for i in range( self.k + 2):
```

```
                fx[i] = self.fun.evalf(subs={t: x[i]})
            # 求解系数，更新逼近多项式
            self.poly_coefficient = self.solve_coefficient (x, fx)
            tol = np.abs(self.poly_coefficient [-1] - u)  # 精度更新
            u = self.poly_coefficient [-1]  # u更新
        # 4. 满足精度要求后，逼近多项式各项特征组合
        self.poly_coefficient = self.poly_coefficient [:-1].reshape(-1)  # 多项式系数
        self.approximation_poly = self.poly_coefficient [0] * px[0]
        for i in range(1, self.k + 1):
            # 最佳一致逼近多项式
            self.approximation_poly += self.poly_coefficient [i] * px[i]
        self.abs_error = dict ({"u": u[0], "tol": tol [0]})  # 逼近误差
        polynomial = sympy.Poly(self.approximation_poly, t)  # 构造多项式对象
        self.polynomial_orders = polynomial.monoms()[::-1]  # 阶次，从低到高，故反转
        BestApproximationUtils.error_analysis (self)  # 调用父类，误差分析
        self.cal_cross_point_group (t, x)  # 计算交错点组

    def cal_cross_point_group (self, t, x):
        """
        计算f(x) - p(x)的交错点组
        """
        fun_expr = sympy.lambdify(t, self.fun)  # 构成lambda函数
        poly_expr = sympy.lambdify(t, self.approximation_poly)
        self.cross_point_group = fun_expr(x) - poly_expr(x)

    def cal_point_set (self, t, px, x, max_x):
        """
        计算新的点集
        :param t: 符号变量，px为符号多项式，x为n + 1个点集，max_x为取最大值的x
        """
        f0, fm = self.fun.evalf(subs={t: x}), self.fun.evalf(subs={t: max_x})
        px1 = np.asarray (px.evalf(subs={t: x}), dtype=np.float64 )
        pt = np.dot(px1.reshape(-1), self.poly_coefficient [:-1].reshape(-1))
        pm1 = np.asarray (px.evalf(subs={t: max_x}), dtype=np.float64 )
        pm = np.dot(pm1.reshape(-1), self.poly_coefficient [:-1].reshape(-1))
        d1, d2 = f0 - pt, fm - pm
        return d1, d2
```

例 5 已知函数 $f(x) = 11\sin x + 7\cos 5x, x \in [-\pi, \pi]$，试确定最佳一致多项式逼近，其逼近阶次分别为 6, 10, 25 和 30.

其逼近阶次为 25 和 30 阶的结果: order=25, 逼近误差精度 {'u': −0.0005959018364204332, 'tol': 0.0}, 最大绝对误差 6.071015×10^{-4}; order=30, 逼近误差精度 {'u': 1.4166198369423345e−10, 'tol': 0.0}, 最大绝对误差 7.256791×10^{-7}. 其他阶次以及计算过程, 可通过算法打印输出观察, 限于篇幅, 不再赘述.

图 3-7 为各阶次最佳一致逼近多项式效果图, 可见其阶次较高时, 逼近效果较好. 表 3-4 为 6, 10, 25 阶正负交错点组. 当逼近阶次为 30 时, 正负交错点组的值未必满足式 (3-6), 原因在于逼近阶次越高, 精度越高, $(-1)^k\mu$ 值非常小, 方程组求解可能引入舍入误差. 前 4 个交错点组值为 (构成列表)

$$[-2.62994426 \times 10^{-9}, -1.50879043 \times 10^{-9}, -2.26594477 \times 10^{-9},$$
$$-1.51641188 \times 10^{-9}].$$

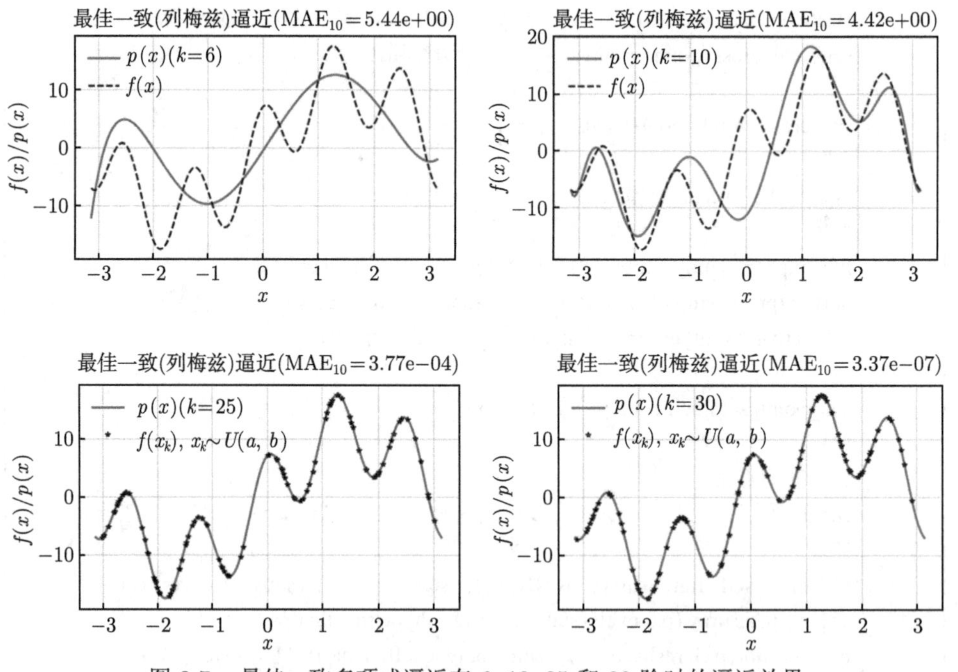

图 3-7 最佳一致多项式逼近在 6, 10, 25 和 30 阶时的逼近效果

表 3-4 阶次为 6, 10 和 25 时的正负交错点组

阶次	交错点数量	第 1 个交错点	第 2 个交错点	其他交错点依次类推
6	8	4.9791551	−4.9791551	正负交替
10	12	6.43527296e−05	−6.43527343e−05	正负交替
25	27	−0.0005959	0.0005959	负正交替

3.2.2 最佳平方多项式逼近

求定义在区间 $[a,b]$ 上的已知函数最佳平方逼近多项式的算法:

(1) 设已知函数 $f(x)$ 的最佳平方逼近多项式为 $S^*(x)=a_0+a_1x+\cdots+a_nx^n$, 由最佳平方逼近的定义, 有

$$\begin{aligned}\|f(x)-S^*(x)\|_2^2&=\min_{S(x)\in\varphi}\|f(x)-S(x)\|_2^2\\&=\min_{S(x)\in\varphi}\int_a^b\rho(x)[f(x)-S(x)]^2\,\mathrm{d}x=\min_{S(x)\in\varphi}F(a_0,a_1,\cdots,a_n).\end{aligned}$$

由多元函数求极值的条件 (一阶偏导数为零) $\dfrac{\partial F(a_0,a_1,\cdots,a_n)}{\partial a_i}=0,\ i=0,1,\cdots,n$, 可得

$$\sum_{i=0}^{n}(\varphi_j(x),\varphi_i(x))\,a_i=(f(x),\varphi_j(x)),\quad j=0,1,\cdots,n.$$

特别地, 取 $\varphi_k(x)=x^k,\rho(x)\equiv1,f(x)\in C[0,1],\varphi=H_n=\mathrm{span}\{1,x,\cdots,x^n\}$, 此时

$$(\varphi_j,\varphi_i)=\int_0^1x^{i+j}\,\mathrm{d}x=\frac{1}{i+j+1},\quad d_j=(f,\varphi_j)=\int_0^1f(x)x^j\,\mathrm{d}x,\quad i,j=0,1,\cdots,n,$$

则 (φ_j,φ_i) 可构成希尔伯特矩阵 $\boldsymbol{H}$, d_j 构成列向量 $\boldsymbol{d}$. 求解方程 $\boldsymbol{Ha}=\boldsymbol{d}$, 其唯一解 $a_j=a_j^*(j=0,1,\cdots,n)$ 即为所求多项式 $S^*(x)$ 的系数.

(2) 根据上述, 在区间 $[a,b]$ 上形成多项式 $S^*(x)$ 系数的求解方程组: $\boldsymbol{H}^*\boldsymbol{a}=\boldsymbol{d}^*$, 其中

$$\boldsymbol{H}^*=\begin{pmatrix}\int_a^b\mathrm{d}x&\int_a^bx\,\mathrm{d}x&\cdots&\int_a^bx^n\,\mathrm{d}x\\\int_a^bx\,\mathrm{d}x&\int_a^bx^2\,\mathrm{d}x&\cdots&\int_a^bx^{n+1}\,\mathrm{d}x\\\vdots&\vdots&\ddots&\vdots\\\int_a^bx^n\,\mathrm{d}x&\int_a^bx^{n+1}\,\mathrm{d}x&\cdots&\int_a^bx^{2n}\,\mathrm{d}x\end{pmatrix},\quad\boldsymbol{d}^*=\begin{pmatrix}\int_a^bf(x)\mathrm{d}x\\\int_a^bxf(x)\mathrm{d}x\\\vdots\\\int_a^bx^nf(x)\mathrm{d}x\end{pmatrix},$$

$\boldsymbol{H}^*$ 元素 $\displaystyle\int_a^bx^k\,\mathrm{d}x=\frac{b^{k+1}-a^{k+1}}{k+1}$, 最终构成最佳平方逼近多项式 $S^*(x)=a_0+a_1x+\cdots+a_nx^n$.

最佳平方多项式逼近 Python 实现. 求解方程组, 可采用 np.linalg.solve 求解, 或第 7 章中的预处理共轭梯度法, 但如果阶次过高, 计算过程会因为舍入误差引起矩阵 $\boldsymbol{H}^*$ 非正定对称. 此外, $\boldsymbol{H}^*$ 是高病态矩阵, 求解方程组的解误差较大, 故常用 3.1 节正交函数族的方法求解最佳平方逼近, 不再赘述.

```
# file_name: best_square_approximation.py
from scipy import integrate  # 计算积分函数
from iterative_solution_linear_equation_07 .pre_conjugate_gradient \
    import PreConjugateGradient # 导入预处理共轭梯度法

class BestSquarePolynomiaApproximation(BestApproximationUtils):
    """
    最佳平方多项式逼近, 继承BestApproximationUtils工具类, 预处理共轭梯度法求解
    """
    def fit_approximation(self):
        """
        最佳平方逼近核心算法
        """
        t = self.fun.free_symbols.pop()  # 获取方程的自由变量符号
        H = np.zeros((self.k + 1, self.k + 1), dtype=np.float64)
        d = np.zeros(self.k + 1, dtype=np.float64)
        func = self.fun / t  # 初始化, 方便循环内统一
        for i in range(self.k + 1):
            # H矩阵的第一行
            H[0, i] = (math.pow(self.b, i + 1) - math.pow(self.a, i + 1)) / (i + 1)
            func = func * t  # 被积函数, 随着i增加, 累乘, 幂次增加
            expr = sympy.lambdify(t, func)
            d[i] = integrate.quad(expr, self.a, self.b, full_output=1)[0]  # 数值积分
        for i in range(1, self.k + 1):
            # H上一行从第二个元素开始赋值给下一行, 从第一个元素到倒数第二个元素
            H[i, :-1] = H[i - 1, 1:]
            # 计算H当前行的最后一个元素
            f1, f2 = math.pow(self.b, self.k + 1 + i), math.pow(self.a, self.k + 1 + i)
            H[i, -1] = (f1 - f2) / (self.k + i + 1)  # 形成H矩阵当前行的最后一个值
        # 预处理共轭梯度法
        pre_cg = PreconditionedConjugateGradient(H, d, np.zeros(len(d)), eps=1e-16)
        self.poly_coefficient = pre_cg.fit_solve()
        # 逼近多项式各项特征组合
        px = sympy.Matrix.zeros(self.k + 1, 1)
        for i in range(self.k + 1):
```

```
        px[i] = np.power(t, i)  # p(x)多项式
    self.approximation_poly = self.poly_coefficient [0] * px[0]  # 符号运算
    for i in range(1, self.k + 1):
        self.approximation_poly += self.poly_coefficient [i] * px[i]
    polynomial = sympy.Poly(self.approximation_poly, t)
    self.polynomial_orders = polynomial.monoms()[::-1]  # 阶次, 从低到高
    BestApproximationUtils.error_analysis (self)  # 调用父类方法
```

例 6[1] 设 $f(x)=\sqrt{1+x^2}$, 求 $[0,1]$ 上的 1, 3, 7 次最佳平方逼近.

采用预处理共轭梯度法求解方程组, 1 次最佳平方逼近多项式为 $P_1(x)=0.93432005+0.42694705x$, 3 次最佳平方逼近多项式为 $P_3(x)=1.00030538-0.00818738x+0.55280181x^2-0.13074153x^3$.

如图 3-8 所示, 尽管矩阵 $\boldsymbol{H}$ 为高病态的, 但 7 次最佳平方逼近的精度还是非常不错的.

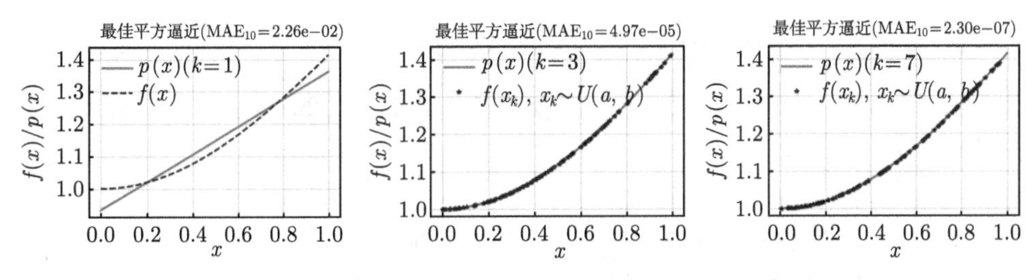

图 3-8 最高阶为 1, 3 和 7 次的最佳平方逼近示意图

对**例 5** 函数分别采用最佳一致逼近和最佳平方逼近进行测试, 阶次范围 $[3,20]$, 随机模拟 10 轮、每轮 100 个随机点的平均绝对值误差 MAE_{10} 对比分析, 结果如图 3-9 所示, MAE_{10} 随着逼近阶次的增加而减少, 最佳平方逼近的 MAE_{10} 收敛速度较快. 但最佳平方逼近由于系数矩阵为高病态矩阵, 方程组求解可能存在较大的

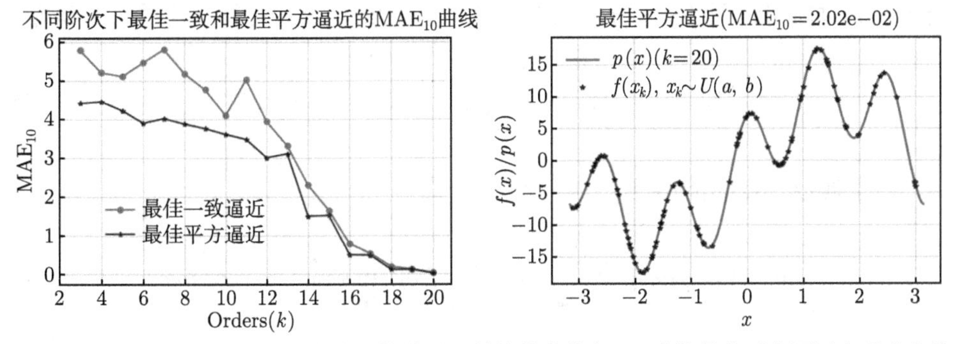

图 3-9 两种逼近方法在不同阶次下的绝对误差均值曲线与 20 阶的最佳平方逼近多项式曲线

误差. 若继续提高阶次, 最佳平方逼近的逼近精度提升较小.

■ 3.3　三角多项式逼近与快速傅里叶变换

当被逼近函数 $f(x)$ 为周期函数时, 用代数多项式逼近效率不高, 而且误差较大. 当模型数据具有周期性时, 用三角函数特别是正弦函数和余弦函数作为基函数是合适的.

3.3.1　三角多项式逼近

三角多项式逼近也即傅里叶 (Fourier) 逼近. 任一周期函数都可以展开为傅里叶级数, 通过选取有限的展开项数, 就可以达到所需精度的逼近效果.

当周期函数 $f(x)$ 只在给定的离散点集 $\left\{x_j=\dfrac{2\pi j}{N}\right\}_{j=0}^{N-1}$ 上已知时, 假设 $N=2m+1$, 奇数个点情形如下:

令 $x_j=\dfrac{2\pi j}{2m+1}, j=0,1,\cdots,2m$, 函数族 $\{1,\cos x,\sin x,\cdots,\cos mx,\sin mx\}$ 在点集 $\{x_j\}_{j=0}^{2m}$ 上正交, 若令 $f_j=f\left(x_j\right), j=0,1,\cdots,2m$, 则 $f(x)$ 的最小二乘三角逼近为

$$
\begin{cases}
S_n(x)=\dfrac{1}{2}a_0+\displaystyle\sum_{k=1}^{n}\left(a_k\cos kx+b_k\sin kx\right), \quad n<m, \\
a_k=\dfrac{2}{2m+1}\displaystyle\sum_{j=0}^{2m}f_j\cos\dfrac{2\pi jk}{2m+1}, \quad k=0,1,\cdots,n, \\
b_k=\dfrac{2}{2m+1}\displaystyle\sum_{j=0}^{2m}f_j\sin\dfrac{2\pi jk}{2m+1}, \quad k=0,1,\cdots,n.
\end{cases} \tag{3-7}
$$

当 $n=m$ 时, 可证明 $S_m\left(x_j\right)=f_j, j=0,1,\cdots,2m$. 于是可得三角插值多项式

$$
S_m(x)=\frac{1}{2}a_0+\sum_{k=1}^{m}\left(a_k\cos kx+b_k\sin kx\right). \tag{3-8}
$$

对于偶数个点的情形, 则三角插值多项式为

$$
S_m(x)=\frac{1}{2}a_0+\sum_{k=1}^{m-1}\left(a_k\cos kx+b_k\sin kx\right)+a_m\cos mx. \tag{3-9}
$$

三角多项式逼近算法设计如下:

```
# file_name: trigonometric_polynomial_appr.py
class TrigonometricPolynomialApproximation:
    """
    三角多项式逼近算法实现
    """
    def __init__(self, y, interval, fun=None):
        self.fun = fun  # 被逼近函数，可以为None，如果提供，可度量逼近性能
        self.y = np.asarray(y, dtype=np.float64)  # 被逼近的离散数值
        self.a, self.b = interval[0], interval[1]  # 逼近区间
        self.Ak, self.Bk = None, None  # 展开后的余弦项、正弦项系数
        self.approximation_poly = None  # 逼近的三角多项式

    def fit_approximation(self):
        """
        核心算法: 三角多项式插值逼近
        """
        t = sympy.Symbol("t")
        n = len(self.y)  # 离散数据点个数
        m = n // 2  # ak系数的个数
        self.Ak = np.zeros(m + 1)
        self.approximation_poly = 0.0
        idx = np.linspace(0, n, n, endpoint=False, dtype=np.int64)
        if np.mod(n, 2) == 0:  # 偶数个数
            self.Bk = np.zeros(m - 1)
            for k in range(m + 1):
                self.Ak[k] = np.dot(self.y, np.cos(np.pi * idx * k / m))
                if k == 0 or k == m:  # 第一个值a0和最后一个值am特殊处理
                    self.Ak[k] = self.Ak[k] / (2 * m) * (-1) ** k
                else:
                    self.Ak[k] = self.Ak[k] / m * (-1) ** k
                self.approximation_poly += self.Ak[k] * sympy.cos(k * t)
            for k in range(1, m):
                self.Bk[k - 1] = np.dot(self.y, np.sin(np.pi * idx * k / m)) / \
                                 m * (-1) ** k
                self.approximation_poly += self.Bk[k - 1] * sympy.sin(k * t)
        else:  # 奇数个数
            self.Bk = np.zeros(m)
            for k in range(m + 1):
                self.Ak[k] = np.dot(self.y, np.cos(np.pi * idx * k * 2 / (2 * m + 1)))
```

```
            if k == 0:
                self.Ak[k] = self.Ak[k] * 1 / (2 * m + 1) * (-1) ** k
            else:
                self.Ak[k] = self.Ak[k] * 2 / (2 * m + 1) * (-1) ** k
            self.approximation_poly += self.Ak[k] * sympy.cos(k * t)
        for k in range(1, m + 1):
            sv = np.sin(np.pi * idx * k * 2 / (2 * m + 1))  # Bk子项
            self.Bk[k - 1] = np.dot(self.y, sv) * 2 / (2 * m + 1) * (-1) ** k
            self.approximation_poly += self.Bk[k - 1] * sympy.sin(k * t)

    def predict_x0(self, x0):
        """
        求解三角插值逼近在给定点的值
        """
        t = self.approximation_poly.free_symbols.pop()
        # 转换成lambda函数
        approximation_poly = sympy.lambdify(t, self.approximation_poly)
        x0 = np.asarray(x0, dtype=np.float64)
        # 区间变换, [a, b] -->[-pi, pi]
        xi = (x0 - (self.a + self.b) / 2) * 2 / (self.b - self.a) * np.pi
        y0 = approximation_poly(xi)
        return y0
```

例 7[1]　设 $f(x) = x^4 - 3x^3 + 2x^2 - \tan\left(x^2 - 2x\right), x \in (0, 2]$, 给定数据 $\{x_j, f(x_j)\}_{j=0}^{7}, x_j = \dfrac{j}{4}$, 确定三角插值多项式.

逼近效果如图 3-10 (左) 所示, 程序的输出结果 (默认按 Python 输出格式).

(1) 正弦项系数: [−0.38637378, 0.046875, −0.01137378].

(2) 余弦项系数: [7.6197871e−01, 7.7184082e−01, 1.7303701e−02, 6.8630413e−03, −5.7854489e−04].

(3) 4 次三角插值逼近多项式 (保留 3 位有效数字):

$$S_4(x) = 0.762 + 0.772\cos x - 0.386\sin x + 0.0173\cos 2x + 0.0469\sin 2x$$
$$+ 0.00686\cos 3x - 0.0114\sin 3x - 0.000579\cos 4x.$$

在固定区间增加节点数, 精度提高. 如图 3-10 (右) 所示, 离散点为 24 个, 其 MAE 减少为 1.430696×10^{-4} (区间等距产生 200 个点进行误差分析的 MAE), 最大绝对值误差 1.619188×10^{-3}. 各正弦、余弦项系数可通过算法打印输出, 不再赘述.

例 8 美国洛杉矶郊区 11 月 8 日的温度 (华氏温度) 如表 3-5 所示, 采用 24 小时制, 试用三角插值多项式逼近, 绘制图像.

表 3-5 美国洛杉矶郊区 11 月 8 日每隔 1 小时温度 (华氏温度) 数据

时刻	1	2	3	4	5	6	7	8	9	10	11	12
温度	58	58	58	58	57	57	57	58	60	64	67	68
时刻	13	14	15	16	17	18	19	20	21	22	23	24
温度	66	66	65	64	63	63	62	61	60	60	59	58

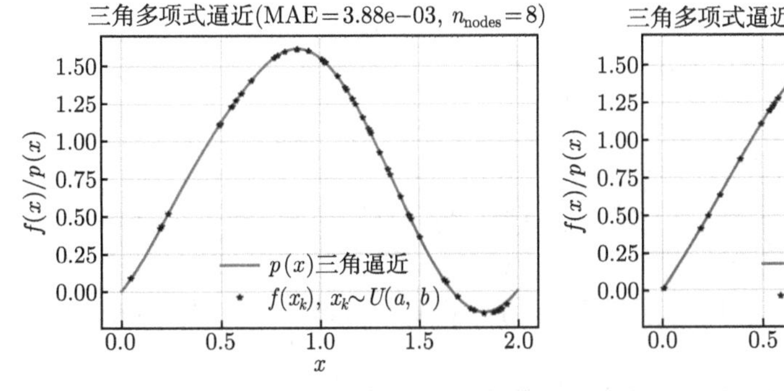

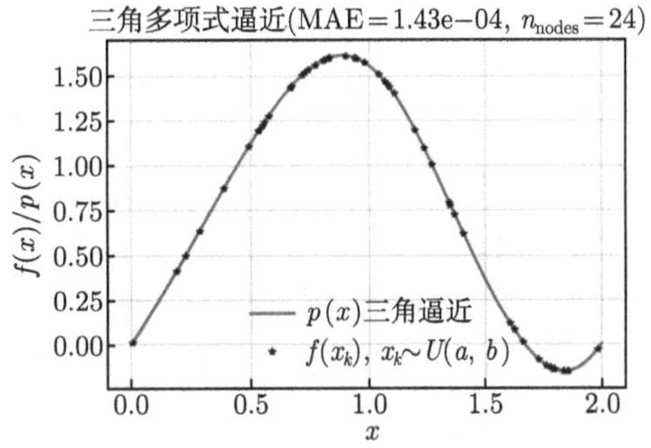

图 3-10 三角插值多项式逼近示意图

图 3-11 为离散傅里叶变换最小二乘三角多项式逼近的函数曲线. 可通过算法打印输出 24 个点的三角逼近各正弦、余弦项系数, 写成最终的三角插值逼近多项式 $S(x)$, 不再赘述.

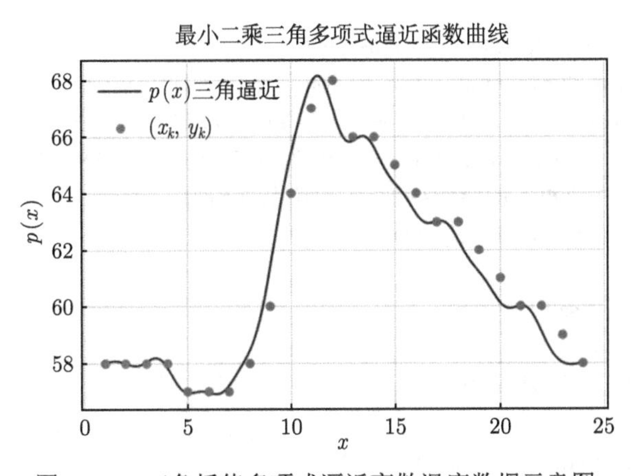

图 3-11 三角插值多项式逼近离散温度数据示意图

3.3.2 快速傅里叶变换

傅里叶逼近系数 a_k 和 b_k 的计算可归结于计算

$$c_j = \sum_{k=0}^{N-1} x_k \omega_N^{kj}, \quad j=0,1,\cdots,N-1, \quad \omega_N = \mathrm{e}^{\mathrm{i}\frac{2\pi}{N}} = \cos\frac{2\pi}{N} + \mathrm{i}\sin\frac{2\pi}{N}, \quad \mathrm{i}=\sqrt{-1}, \tag{3-10}$$

其中 $\{x_k\}_{k=0}^{N-1}$ 为已知输入数据, 式 (3-10) 称为 N 点 DFT. 当 N 很大时, 式 (3-10) 计算量较大, 快速傅里叶变换 (fast Fourier transform, FFT) 可尽量减少乘法次数, 提高计算效率.

当 $N=2^p$ 时, ω_N^{kj} 只有 $\dfrac{N}{2}$ 不同的值, 略去推导过程. 令 $A_0=\{y_k\}_{k=0}^{N-1}$, 则 FFT 递推计算公式为

$$\begin{cases} A_q\left(k2^q+j\right) = A_{q-1}\left(k2^{q-1}+j\right) + A_{q-1}\left(k2^{q-1}+j+2^{p-1}\right), \\ A_q\left(k2^q+j+2^{q-1}\right) = \left[A_{q-1}\left(k2^{q-1}+j\right) - A_{q-1}\left(k2^{q-1}+j+2^{p-1}\right)\right]\omega^{k2^{q-1}}, \end{cases} \tag{3-11}$$

其中 $q=1,2,\cdots,p$, $k=0,1,\cdots,2^{p-q}-1$, $j=0,1,\cdots,2^{q-1}-1$, A_q 括号内的数代表它的索引位置.

如下算法基于教材 [1] 第 90 页实现, 算法步骤略去.

```
# file_name: fast_fourier_transform.py
class FastFourierTransformApproximation(TrigonometricPolynomialApproximation):
    """
    快速傅里叶变换逼近算法, 继承类TrigonometricPolynomialApproximation
    """
    def __init__(self, y, interval, fun=None):
        TrigonometricPolynomialApproximation.__init__(self, y, interval, fun)
        self.n, self.m = len(y), int(len(y) / 2)  # 离散数据的个数n
        if np.ceil(np.log2(self.n)) != np.log2(self.n):  # 仅限N = 2 ** p
            raise ValueError("离散数据点应满足2 ** p")
        self.p = int(np.log2(self.n))  #  N = 2 ** p

    def fit_fourier(self):
        """
        核心算法: 快速傅里叶变换逼近
        """
        t = sympy.Symbol("t")  # 符号变量
        omega = np.exp(1j * 2 * np.pi / self.n)  # ω_N
        W = omega ** np.arange(0, self.m)  # 幂次计算, N = 2 ** p时, 只有N/2个不同值
```

```
A1, A2 = np.asarray(self.y, dtype=complex), np.zeros(self.n, dtype=complex)
for q in range(1, self.p + 1):  # 逐次计算
    i_2, i_3 = 2 ** (self.p - 1), 2 ** (q - 1)  # 索引下标
    if np.mod(q, 2) == 1:  # q为奇数, 按公式更新A2, 实现交替计算
        for k in range(2 ** (self.p - q)):
            for j in range(2 ** (q - 1)):
                i_0, i_1 = k * 2 ** q + j, k * 2 ** (q - 1) + j  # 索引下标
                A2[i_0] = A1[i_1] + A1[i_1 + i_2]
                A2[i_0 + i_3] = (A1[i_1] - A1[i_1 + i_2]) * W[k * i_3]
    else:  # q为偶数
        for k in range(2 ** (self.p - q)):
            for j in range(2 ** (q - 1)):
                i_0, i_1 = k * 2 ** q + j, k * 2 ** (q - 1) + j  # 索引下标
                A1[i_0] = A2[i_1] + A2[i_1 + i_2]
                A1[i_0 + i_3] = (A2[i_1] - A2[i_1 + i_2]) * W[k * i_3]
C = np.copy(A1) if np.mod(self.p, 2) == 0 else np.copy(A2)  # 复数系数
t_e = np.exp(-1j * np.pi * np.arange(0, self.m + 1))
self.Ak = np.real(C[:self.m + 1] * t_e) / self.m  # 余弦系数
self.Bk = np.imag(C[:self.m + 1] * t_e) / self.m  # 正弦系数
self.approximation_poly = self.Ak[0] / 2  # 构造三角逼近多项式, 第一项
for k in range(1, self.m + 1):  # 构造其他项
    self.approximation_poly += self.Ak[k] * sympy.cos(k * t) + \
                               self.Bk[k] * sympy.sin(k * t)
```

针对**例 7** 示例, 当 $N=8$ 时, 计算结果与三角多项式逼近一致. 当 $N=32$ 和 $N=64$ 时, 结果如图 3-12 所示. 最大绝对值误差分别为 9.012437×10^{-4} 和 2.235588×10^{-4}.

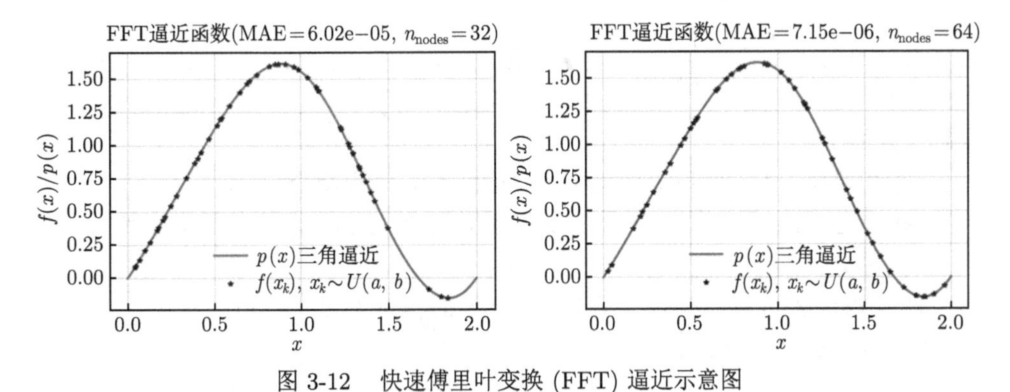

图 3-12 快速傅里叶变换 (FFT) 逼近示意图

例 9[5] 用 FFT 算法计算函数 $f(x)=x^2\cos x$ 在区间 $[-\pi,\pi]$ 上的 16 次和

64 次插值三角多项式.

最大绝对值误差分别为 0.497938 和 0.115635, 逼近图像如图 3-13 所示. 三角逼近多项式可通过算法打印输出, 此处略去.

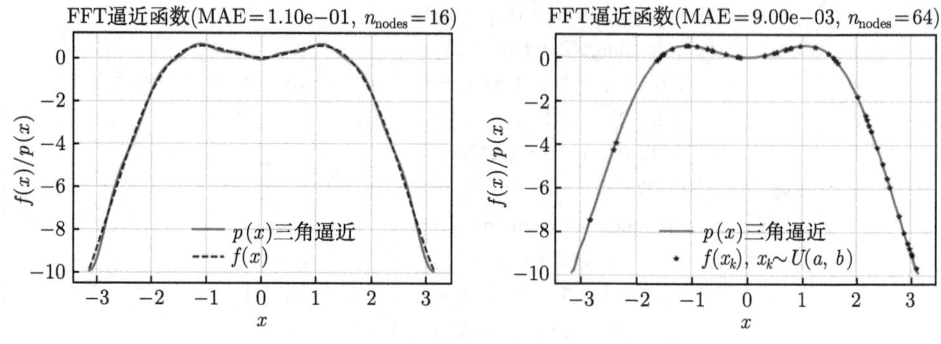

图 3-13 快速傅里叶变换 (FFT) 逼近示意图

■ 3.4 自适应逼近

函数 $f(x)$ 在区间 $[a,b]$ 上的自适应逼近是指在给定的精度下, 找到节点序列 $x_i, i=0,1,\cdots,n$, 其中 $x_0=a, x_n=b$, 使得

$$\max_{x_i \leqslant x \leqslant x_{i+1}} |p(x)-f(x)| \leqslant \varepsilon, \quad i=0,1,\cdots,n,$$

这里, ε 为给定精度, $p(x)$ 为以 $x_i(i=0,1,\cdots,n)$ 为端点的分段函数.

3.4.1 自适应分段线性逼近

自适应分段线性逼近的 $p(x)$ 的分段表达式为

$$p_i(x)=f\left(x_i\right)+\frac{f\left(x_{i+1}\right)-f\left(x_i\right)}{x_{i+1}-x_i}\left(x-x_i\right), \quad x \in\left[x_i, x_{i+1}\right], \quad i=0,1,\cdots,n-1.$$

求解步骤如下.

(1) 初始化, 以区间 $[a,b]$ 求解线性逼近 $p(x)$, 节点集合 $\text{node}=\{a,b\}$.

(2) 在分段线性逼近 $p(x)$ 上查找每个区间段 $[x_i, x_{i+1}]$ 中的最大误差及其坐标点. 具体方法为:

1) 在指定区间 $[x_i, x_{i+1}]$ 上等分 m 个点 $x_k, k=0,1,\cdots,m-1$;

2) 以线性分段表达式求解

$$\max_{x_i \leqslant x_k \leqslant x_{i+1}}\left|f\left(x_k\right)-p_i\left(x_k\right)\right|;$$

3) 如果最大误差小于给定精度, 则此区间段满足逼近精度, 无需再划分; 否则, 以当前最大误差所对应的坐标点 $x_{\max\_err}$ 为区间端点, 把区间 $[x_i, x_{i+1}]$ 划分成两个区间, 并把 $x_{\max\_err}$ 加入节点集 node.

(3) 如此循环, 直到所有区间段中的点都满足

$$\max_{x_i \leqslant x \leqslant x_{i+1}} |f(x) - p(x)| \leqslant \varepsilon, \quad i = 0, 1, 2, \cdots, n.$$

```
# file_name:adaptive_piecewise_linear_approximation.py
class AdaptivePiecewiseLinearApproximation:
    """
    自适应分段线性逼近
    """
    max_error = None # 自适应分段线性逼近的最大逼近误差
    node_num = 0 # 划分节点数

    def __init__(self, fun, interval, eps=1e-8, max_split_nodes=1000):
        self.fun = fun  # 所逼近的函数
        self.a, self.b = interval[0], interval[1]  # 区间左右端点
        self.node = [self.a, self.b]  # 自适应划分的节点
        # 逼近精度, 以及最大划分节点数
        self.eps, self.max_split_nodes = eps, max_split_nodes

    def fit_approximation(self):
        """
        核心算法部分: 自适应逼近算法
        """
        # 初始化最大误差、循环划分标记、初始分段数
        self.max_error, flag, n = 0, True, 10
        num = len(self.node)  # 标记划分区间段节点数, 最大划分为1000, 否则退出循环
        while flag and len(self.node) <= self.max_split_nodes:
            # insert_num表示插入新节点前已插入的节点数
            flag, k_node, insert_num = False, np.copy(self.node), 0
            for i in range(len(k_node) - 1):
                node_join = []  # 用于合并划分的节点
                mx, me = self._find_max_error_x(k_node[i], k_node[i + 1], n)
                # 找到区间上[knode[i], knode[i + 1]]的误差最大的点
                if me > self.eps:  # 大于精度, 则划分区间为两段
                    # 当前插入节点的之前的节点
                    node_join.extend(self.node[:i + insert_num + 1])
                    node_join.extend([mx]) # 当前插入节点
```

```
                    num += 1  # 节点数增一
                    # 当前插入节点的之后的节点
                    node_join.extend( self.node[i + insert_num + 1:num - 1])
                    self.node = np.copy(node_join)  # 节点序列更新
                    flag = True  # 已插入节点, 故仍需划分
                    insert_num += 1  # 插入节点数增一
                elif me > self.max_error:
                    self.max_error = me  # 记录所有分段线性插值区间上的最大误差
        if len(self.node) > self.max_split_nodes:
            print ("达到最大划分节点序列数量, 最终为: ", len(self.node))
        self.node_num = len(self.node)  # 存储划分节点数

    def _find_max_error_x(self, a, b, n):
        """
        找出指定区间中的最大误差和坐标点
        :param a, b: 指定区间左、右端点, n: 每次划分的数
        """
        eps0 = 1e-2  # 区间误差精度, 不宜过小
        max_error, max_x = 0, a  # 记录区间最大误差和坐标
        fa, fb = self.fun(a), self.fun(b)  # 端点函数值
        tol, max_error_before = 1, 0  # 初始化精度和上一次最大误差
        while tol > eps0:  # tol以相邻两次划分节点前后的最大绝对值误差为判断依据
            if b - a < self.eps:
                break
            j = np.linspace (0, n, n + 1)  # 划分节点索引下标
            t_n = a + j * (b - a) / n  # 等分的区间点, 向量
            p_val = fa + (t_n - a) * (fb - fa) / (b - a)  # 线性插值得出的函数值, 向量
            f_val = self.fun(t_n)  # 函数在给定点的值, 向量
            error = np.abs(f_val - p_val)  # 求解误差
            max_idx = np.argmax(error)  # 最大误差所对应的索引
            if error[max_idx] > max_error:
                # 记录最大误差和此点坐标
                max_error, max_x = error[max_idx], t_n[max_idx]
            tol = np.abs(max_error - max_error_before)  # 更新误差
            max_error_before, n = max_error, n * 2  # 划分节点数增加一倍
        return max_x, max_error

    def predict_x0(self, x0):
        """
        求解逼近多项式给定点的值
```

```
        """
        y0, idx = np.zeros(len(x0)), 0  # 存储给定点的值y0, 以及x0所在区间索引下标
        for i in range(len(x0)):  # 针对每个逼近点x0查找所在区间段
            for j in range(len(self.node) - 1):  # 区间数
                if self.node[j] <= x0[i] < self.node[j + 1] or \
                        self.node[j + 1] <= x0[i] < self.node[j]:
                    idx = j
                    break
            # 构造线性表达式并求解
            y_idx1, y_idx2 = self.fun(self.node[idx]), self.fun(self.node[idx + 1])
            y0[i] = y_idx1 + (y_idx2 - y_idx1) * (x0[i] - self.node[idx]) / \
                    (self.node[idx + 1] - self.node[idx])
        return y0
```

针对**例 5** 函数, 指定精度要求 $\varepsilon = 10^{-8}$ 和最大节点数为 2000, 最终以 2049 个节点 (由于最大节点数的判断在外层 while 循环, 子区间通过内循环不断被划分, 直到满足精度要求, 故而最终节点数可能略大于最大节点数要求) 构建分段线性插值逼近, 其逼近的平均绝对值误差为 1.141681×10^{-3}, 最大绝对值误差 8.499190×10^{-2}. 可通过设置最大节点数上限提高逼近的精度.

图 3-14 (右) 为节点分布情况, 可以看出每个区间段划分节点数不一, 对于某个区间段逼近误差较大的地方, 则划分较多的节点数. 由于采用分段低次线性插值逼近, 故不会出现龙格振荡现象.

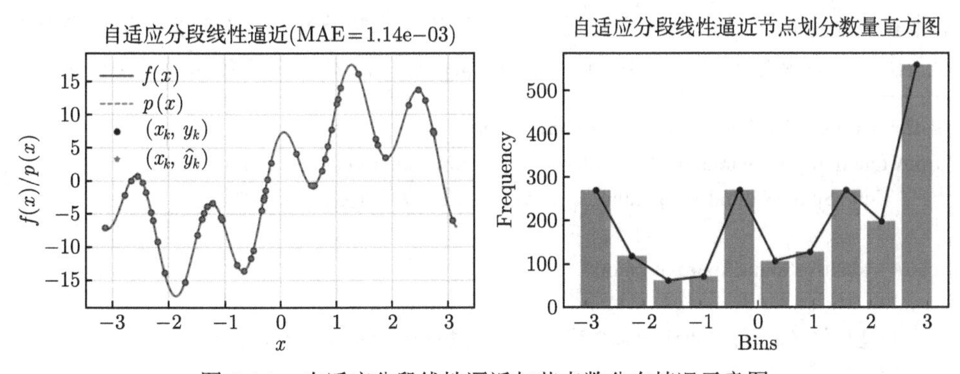

图 3-14 自适应分段线性逼近与节点数分布情况示意图

图 3-15 (参数设置同**例 5**) 为 “龙格函数” 自适应分段线性逼近与节点分布情况示意图, 逼近精度非常高, 平均绝对值误差为 $\text{MAE} = 8.608591 \times 10^{-7}$, 最大绝对值误差为 1.755752×10^{-5}. 无论是逼近图像还是节点分布直方图都具有对称性, 符合龙格函数关于 y 轴对称的情况.

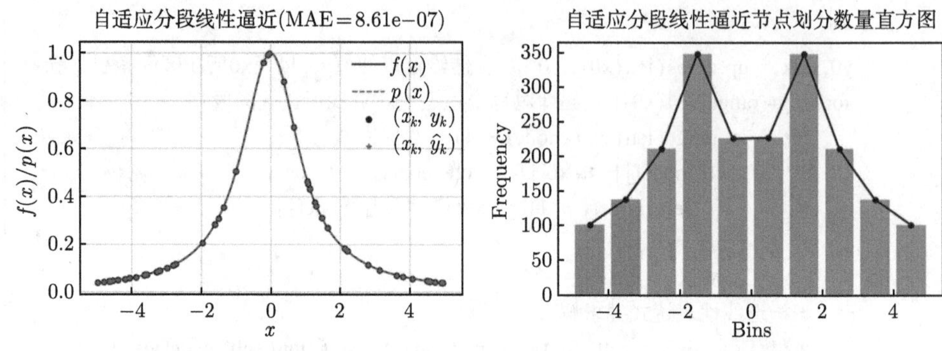

图 3-15 自适应分段线性逼近与节点数分布情况示意图 (龙格函数)

3.4.2 自适应三次样条逼近

自适应三次样条 (按三转角法) 逼近的 $p(x)$ 的分段表达式为

$$p_i(x) = \frac{y_i}{h_i^3}\left(2\left(x-x_i\right)+h_i\right)\left(x_{i+1}-x\right)^2 + \frac{y_{i+1}}{h_i^3}\left(2\left(x_{i+1}-x\right)+h_i\right)\left(x-x_i\right)^2 + \frac{m_i}{h_i^2}\left(x-x_i\right)\left(x_{i+1}-x\right)^2 - \frac{m_{i+1}}{h_i^2}\left(x_{i+1}-x\right)\left(x-x_i\right)^2,$$

其中 $h_i = x_{i+1} - x_i, x \in [x_i, x_{i+1}], i = 0, 1, \cdots, n-1$.

算法思路同自适应分段线性逼近, 此处不再赘述.

修改第 2 章中三次样条插值算法, 使其改成数值运算 (原算法存在符号运算), 且求解三对角方程组的方法改为第 6 章的追赶法. 仅采用自然样条, 读者可根据第 5 章数值微分的方法求解端点处的一阶导数值或二阶导数值, 采用其他边界条件求解. 如下代码中类 CubicSplineNaturalInterpolation 代码不再给出, 可自行设计.

```
# file_name: adaptive_spline_approximation.py
from function_approximation_03 . utils . cubic_spline_interpolation  import \
    CubicSplineNaturalInterpolation  # 导入自然样条下的三次样条插值类


class AdaptiveSplineApproximation:
    """
    自适应样条逼近, 节点序列未必等距划分的, 每个小区间也并非等长的.
    """
    max_error = None  # 逼近精度, 最大绝对值误差
    spline_obj  = None  # 样条插值的多项式对象
    node_num = 0  # 划分节点数

    def __init__( self , fun,  interval , eps=1e−5, max_split_nodes=1000):
        # 其他实例属性初始化, 略去···
```

```
        # 自适应划分的节点, 最少三个点
        self.node = np.array([self.a, (self.a + self.b) / 2, self.b])

    def fit_approximation(self):
        """
        核心算法部分: 自适应样条逼近算法
        """
        # 初始化最大误差、循环划分标记、初始分段数
        self.max_error, flag, n = 0, True, 10
        self.node_num = len(self.node)  # 标记划分区间段节点数
        while flag and len(self.node) <= self.max_split_nodes:
            flag = False  # False表示不再需要划分区间
            y_node_val = self.fun(np.asarray(self.node))  # 求解各区间节点的函数值
            k_node, insert_num = np.copy(self.node), 0
            # 选择自然条件, 因为其边界处二阶导数为0, 故无需提供
            self.spline_obj = CubicSplineNaturalInterpolation (k_node, y_node_val)
            self.spline_obj.fit_interp_natural ()  # 建立自然条件三次样条插值多项式
            for i in range(len(k_node) - 1):
                nodes_merge = []  # 用于合并划分的节点
                mx, me = self.find_max_error_x(k_node[i], k_node[i + 1], n)
                # 找到区间上[knode[i], knode[i + 1]]的误差最大的点
                if me > self.eps:  # 大于精度, 则划分区间为两段, 并将此点加入node
                    nodes_merge.extend(self.node[:i + insert_num + 1])
                    nodes_merge.extend([mx])
                    self.node_num += 1
                    nodes_merge.extend(self.node[i + insert_num + 1: self.node_num - 1])
                    self.node = np.copy(nodes_merge)
                    flag = True  # True表示精度不够, 划分区间
                    insert_num += 1
                elif me > self.max_error:
                    self.max_error = me  # 记录所有分段样条插值区间上的最大误差
        if len(self.node) > self.max_split_nodes:
            print ("达到最大划分节点序列数量, 最终为: ", len(self.node))
        self.node_num = len(self.node)  # 存储划分节点数

    def find_max_error_x(self, s_a, s_b, n):
        """
        找出指定区间中的最大误差和坐标点
        :param s_a, s_b: 指定划分子区间的左、右端点, n: 每次划分的数
        """
```

```
        eps0 = 1e-2  # 区间误差精度, 不宜过小
        max_error, max_x = 0, s_a  # 记录区间最大误差和坐标
        tol, max_error_before = 1, 0  # 初始化精度和最大误差所对应的坐标, 即x值
        while tol > eps0:  # tol以相邻两次划分节点前后的最大绝对值误差为判断依据
            if s_b - s_a < self.eps:
                break
            t_n = np.linspace(s_a, s_b, n + 1)  # 划分节点, n段
            p_val = self.spline_obj.predict_x0(t_n)  # 样条插值得出的函数值
            f_val = self.fun(t_n)  # 函数在给定点的值
            error = np.abs(f_val - p_val)  # 求解误差
            max_idx = np.argmax(error)  # 最大绝对值误差所对应的索引
            if error[max_idx] > max_error:
                max_error = error[max_idx]  # 记录最大误差
                max_x = t_n[max_idx]  # 记录此点坐标
            tol = np.abs(max_error - max_error_before)  # 更新误差
            max_error_before, n = max_error, n * 2  # 划分节点数增加一倍
        return max_x, max_error

    def predict_x0(self, x0):
        """
        求解逼近多项式给定点的值, 采用三次样条插值求解
        """
        return self.spline_obj.predict_x0(x0)
```

对**例 5** 函数, 设置逼近精度 $\varepsilon = 10^{-6}$, 最大节点划分数 2000, 满足精度要求的情况下最终划分节点数为 568, 如图 3-16 所示, 其逼近精度远高于自适应分段线性逼近, 且划分节点数较少.

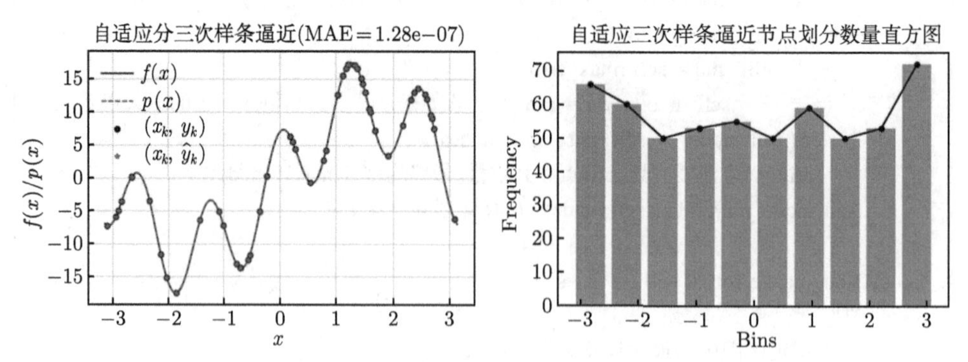

图 3-16　自适应三次样条逼近示意图以及节点数分布直方图

针对 “龙格函数”, 对比不同精度要求下, 两种自适应方法的节点划分数和最

大绝对值误差. 从图 3-17 可以看出, 在同样精度条件下, 自适应样条逼近的最大绝对值误差始终小于自适应分段线性的最大绝对值误差, 且其划分节点数远小于自适应分段逼近的划分节点数. 但由于自适应样条需要根据划分节点不断求解方程组获得三次样条系数, 故需要更多的计算量.

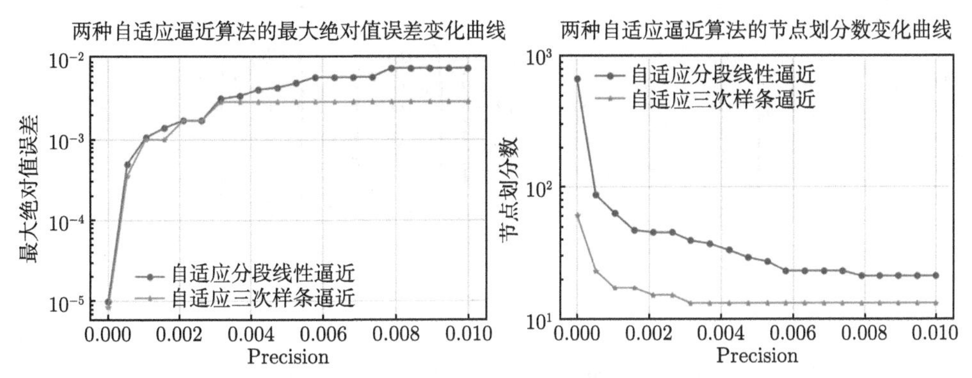

图 3-17 两种自适应逼近方法在不同精度下的最大绝对值误差和划分节点数对比示意图

■ 3.5 曲线拟合的最小二乘法

在函数的最佳平方逼近中 $f(x) \in C[a,b]$, 如果 $f(x)$ 只在一组离散点集 $\{x_i, i=0,1,\cdots,m\}$ 上给出, 这就是科学实验中经常见到的实验数据 $\{(x_i,y_i), i=0,1,\cdots,m\}$ 的曲线拟合, 这里 $y_i=f(x_i)$, 要求一个函数 $y=S^*(x)$ 与所给数据 $\{(x_i,y_i), i=0,1,\cdots,m\}$ 拟合.

记误差 $\delta_i = S^*(x_i)-y_i, \boldsymbol{\delta}=(\delta_0,\delta_1,\cdots,\delta_m)^{\mathrm{T}}$, 设 $\varphi_0(x),\varphi_1(x),\cdots,\varphi_n(x)$ 是 $C[a,b]$ 上线性无关的函数族, 在 $\varphi=\operatorname{span}\{\varphi_0(x),\varphi_1(x),\cdots,\varphi_n(x)\}$ 中找一函数 $S^*(x)$, 使误差平方和

$$\|\boldsymbol{\delta}\|_2^2=\sum_{i=0}^{m}\delta_i^2=\sum_{i=0}^{m}\left[S^*(x)-y_i\right]^2=\min_{S(x)\in\varphi}\sum_{i=0}^{m}\left[S(x_i)-y_i\right]^2 \tag{3-12}$$

最小, 这里 $S(x)=a_0\varphi_0(x)+a_1\varphi_1(x)+\cdots+a_n\varphi_n(x), n<m$, 称为**曲线拟合的最小二乘法**.

注 当 $n=m$ 时, 最小二乘拟合多项式即为插值多项式.

3.5.1 多项式最小二乘曲线拟合

对给定的实验数据 $\{(x_i,y_i,\omega_i), i=0,1,\cdots,m\}$, ω_i 为第 i 个实验数据的权重, 可构造 n 次多项式

$$P(x)=a_0+a_1x+\cdots+a_nx^n,\quad n<m.$$

由式 (3-12), 应使得 $\sum_{i=1}^{m}\left[\sum_{j=0}^{n}a_jx_i^j-y_i\right]^2$ 取极小. 系数可由下面线性方程组求解 (带权重):

$$\begin{pmatrix} c_0 & c_1 & \cdots & c_n \\ c_1 & c_2 & \cdots & c_{n+1} \\ \vdots & \vdots & \ddots & \vdots \\ c_n & c_{n+1} & \cdots & c_{2n} \end{pmatrix}\begin{pmatrix} a_0 \\ a_1 \\ \vdots \\ a_n \end{pmatrix}=\begin{pmatrix} b_0 \\ b_1 \\ \vdots \\ b_n \end{pmatrix},$$

其中

$$\begin{cases} c_k=\sum_{i=0}^{m}\omega_ix_i^k, & k=0,1,\cdots,2n, \\ b_k=\sum_{i=0}^{m}\omega_iy_ix_i^k, & k=0,1,\cdots,n. \end{cases}$$

若进行线性拟合, 则 $P(x)=a_0+a_1x$. 对于非线性函数, 可进行线性变换转换为线性函数. 表 3-6 为数据线性化中的变量替换方法.

表 3-6　数据线性化中的变量替换

函数 $y=f(x)$	线性变换形式 $Y=AX+B$	变量与常数的变化
$y=\dfrac{A}{x}+B$	$y=A\dfrac{1}{x}+B$	$X=\dfrac{1}{x},Y=y$
$y=\dfrac{D}{x+C}$	$y=\dfrac{-1}{C}(xy)+\dfrac{D}{C}$	$X=xy,Y=y,C=\dfrac{-1}{A},D=\dfrac{-B}{A}$
$y=\dfrac{1}{Ax+B}$	$\dfrac{1}{y}=Ax+B$	$X=x,Y=\dfrac{1}{y}$
$y=\dfrac{x}{Cx+D}$	$\dfrac{1}{y}=D\dfrac{1}{x}+C$	$X=\dfrac{1}{x},Y=\dfrac{1}{y},A=D,B=C$
$y=A\ln x+B$	$y=A\ln x+B$	$X=\ln x,Y=y$
$y=C\mathrm{e}^{Ax}$	$\ln y=Ax+\ln C$	$X=x,Y=\ln y,C=\mathrm{e}^B$
$y=Cx^A$	$\ln y=A\ln x+\ln C$	$X=\ln x,Y=\ln y,C=\mathrm{e}^B$
$y=(Ax+B)^{-2}$	$y^{-1/2}=Ax+B$	$X=x,Y=y^{-1/2}$
$y=Cx\mathrm{e}^{-Dx}$	$\ln\left(\dfrac{y}{x}\right)=-Dx+\ln C$	$X=x,Y=\ln\left(\dfrac{y}{x}\right),C=\mathrm{e}^B,D=-A$
$y=\dfrac{L}{1+C\mathrm{e}^{Ax}}$	$\ln\left(\dfrac{L}{y}-1\right)=Ax+\ln C$	$X=x,Y=\ln\left(\dfrac{L}{y}-1\right),C=\mathrm{e}^B$, L 为常数

算法说明 由于系数矩阵为对称正定矩阵, 采用第 6 章线性方程组的直接解法中的平方根分解法求解线性方程组, 也可采用 Householder 或 Givens 正交分解法, 或者采用第 7 章线性方程组的迭代法中的预处理共轭梯度法. 算法以均方误差 (mean square error, MSE) 作为曲线拟合的度量标准.

```
# file_name: least_square_curve_fitting.py
from direct_solution_linear_equations_06 .square_root_decomposition \
    import SquareRootDecompositionAlgorithm # 第6章 线性方程组的平方根分解法求解

class LeastSquarePolynomialCurveFitting:
    """
    多项式曲线拟合, 线性最小二乘拟合同样适用, k阶次为1即可. 带权重拟合.
    """
    fit_poly = None # 曲线拟合的多项式
    poly_coefficient , polynomial_orders = None, None # 拟合多项式的系数和各项阶次
    fit_error , mse = None, np. infty # 拟合误差向量, 拟合均方误差mse

    def __init__( self , x, y, k, w=None):
        # 略去属性变量的初始化以及必要的健壮性条件判断

    def fit_ls_curve ( self ):
        """
        最小二乘多项式曲线拟合核心算法
        """
        c = np.zeros(2 * self .k + 1) # 系数矩阵2n+1个不同的值
        b = np.zeros( self .k + 1)
        for i in range(2 * self .k + 1):
            c[i] = np.dot( self .w, np.power(self .x, i))
            if i < self .k + 1:
                b[i] = np.dot( self .w, self .y * np.power(self .x, i))
        C = np.zeros (( self .k + 1, self .k + 1)) # 构造对称正定系数矩阵
        C[0, :] = c[: self .k + 1]
        for k in range(1, self .k + 1):
            C[k, :] = c[k: self .k + k + 1]
        srd = SquareRootDecompositionAlgorithm(C, b) # 采用改进的平方根分解法求解
        srd. fit_solve () # 计算
        self . poly_coefficient = srd .x # 解为系数向量
        # self . poly_coefficient = np. linalg . solve(C, b) # 库函数, 求解拟合系数
        t = sympy.Symbol("t") # 构造拟合多项式
        self . fit_poly = self . poly_coefficient [0] * 1
```

```
            for p in range(1, self.k + 1):
                px = np.power(t, p)  # p(x)多项式各项
                self.fit_poly += self.poly_coefficient[p] * px
            polynomial = sympy.Poly(self.fit_poly, t)
            self.polynomial_orders = polynomial.monoms() # 阶次, 从低到高
            self.cal_fit_error()  # 计算误差

    def predict_x0(self, x0):
        """
        计算给定数值的拟合多项式值. x0: 给定的数值序列
        """
        t = self.fit_poly.free_symbols.pop()
        fit_poly = sympy.lambdify(t, self.fit_poly)
        return fit_poly(x0)

    def cal_fit_error(self):
        """
        计算拟合的误差和均方误差
        """
        self.fit_error = self.y - self.predict_x0(self.x)  # 真值 - 预测值
        self.mse = np.mean(self.fit_error ** 2)  # 均方误差
        return self.mse
```

例 10[1]　已知一组实验数据如表 3-7, 求它的拟合曲线, 拟合阶次分别为 1, 2 和 3.

表 3-7　实验数据 ($k = 0, 1, \cdots, 4$)

x_k	0	1	2	3	4
f_k	4	4.5	6	8	8.5
ω_k	2	1	3	1	1

从图 3-18 可以看出, 随着拟合阶次的增加, 其均方误差 MSE 越来越小, 尤其是 3 阶曲线拟合, 均方误差为 $\text{MSE} = 8.096848 \times 10^{-3}$. 所求各阶次拟合曲线系数如表 3-8 所示, 可据此写出表达式.

表 3-8　拟合曲线各阶次项系数

拟合阶次	常数项	x	x^2	x^3
线性拟合	2.56481481	1.2037037		
2 次拟合	3.00462963	0.81018519	0.06944444	
3 次拟合	6.25274725	−3.94413919	1.91483516	−0.20695971

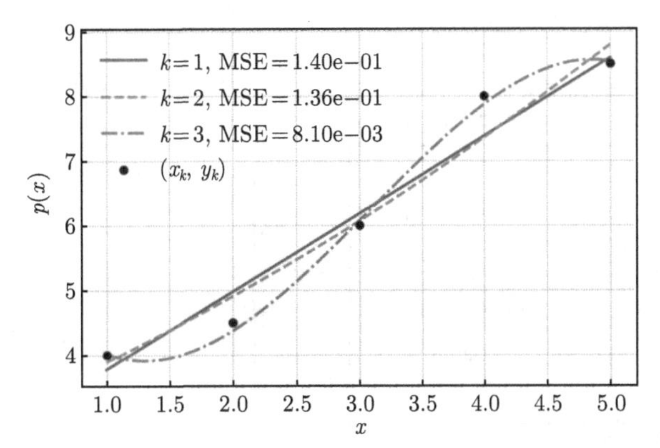

图 3-18 不同阶次下多项式最小二乘拟合曲线示意图

例 11 在区间 $[-1,3]$ 内等分 15 个数值节点, 按照 $y = 3\mathrm{e}^{0.5x} + 0.5\varepsilon, \varepsilon \sim N(0,1)$ 生成实验数据点 (添加正态分布噪声, 模拟真实实验数据), 试拟合数学模型 $y = a\mathrm{e}^{bx}$, 即确定系数 a 和 b.

注 需要按表 3-6 对数据进行转换, 然后采用曲线拟合方法求解系数. 如下所示:

```
x = np. linspace (−1, 3, 15, endpoint=True)  # 等距划分15个
np.random.seed(0)  # 设置随机种子
y = 3 * np.exp(0.5 * x) + np.random.randn(15) / 10  # 实验数据, 并添加了正态分布噪声
ln_y = np.log(y)  # 线性转换
lspcf = LeastSquarePolynomialCurveFitting(x, ln_y, k=1)  # 线性拟合
lspcf . fit_ls_curve ()  # 拟合数据
a, b = np.exp( lspcf . poly_coefficient [0]) , lspcf . poly_coefficient [1]  # 系数转换
```

如图 3-19 所示, 添加噪声的实验数据在最小二乘意义下的拟合函数为 $y = 3.5205\mathrm{e}^{0.4320x}$. 若实验数据本身无噪声 (理想情况), 则拟合的结果与本质函数一致 (忽略计算误差) .

例 12 在区间 $[-3,3]$ 随机生成 30 个数值节点 x, 按照 $y = 0.5x^2 + x + 2 + 0.5\varepsilon, \varepsilon \sim N(0,1)$, 生成离散数据点 y_i, 用于拟合曲线, 阶次分别为 1, 2, 5, 10, 15 和 20. 区间 $[-3,3]$ 内等分 150 个数据点 $\tilde{x}_i$, 作为测试数据, 观察欠拟合与过拟合.

如图 3-20 所示, 训练误差 $\mathrm{Train}_{\mathrm{mse}}$ 随着阶次的增加逐步减少, 然而测试误差 $\mathrm{Test}_{\mathrm{mse}}$ 却并非如此. 高阶多项式曲线拟合模型在这个训练集上严重过拟合了, 线性模型则欠拟合. 二次模型有着较好的泛化能力, 因为在生成数据时使用了二次模型. 由于采样数据添加了噪声, 故拟合曲线并非与目标函数完全一致. 但是一般不知道数据生成函数是什么, 该如何决定模型的复杂度呢? 如何知道模型是过拟

合还是欠拟合? 这是机器学习所需思考的问题, 此处不再赘述.

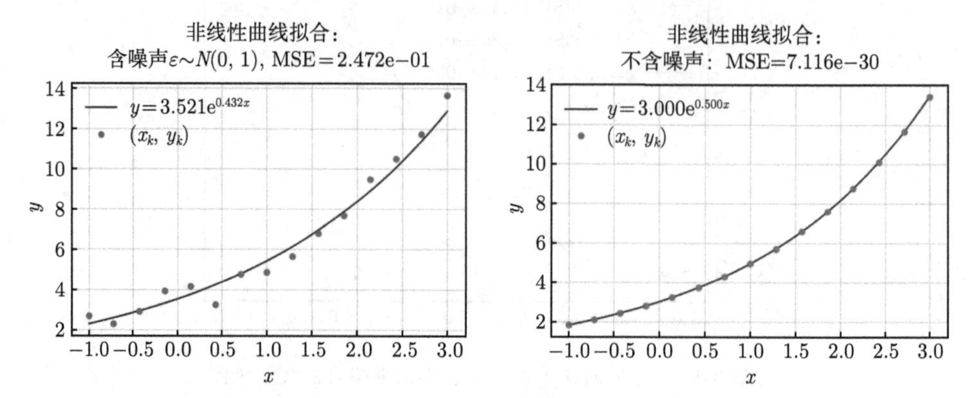

图 3-19　非线性函数曲线拟合示意图 (含噪声数据与不含噪声数据)

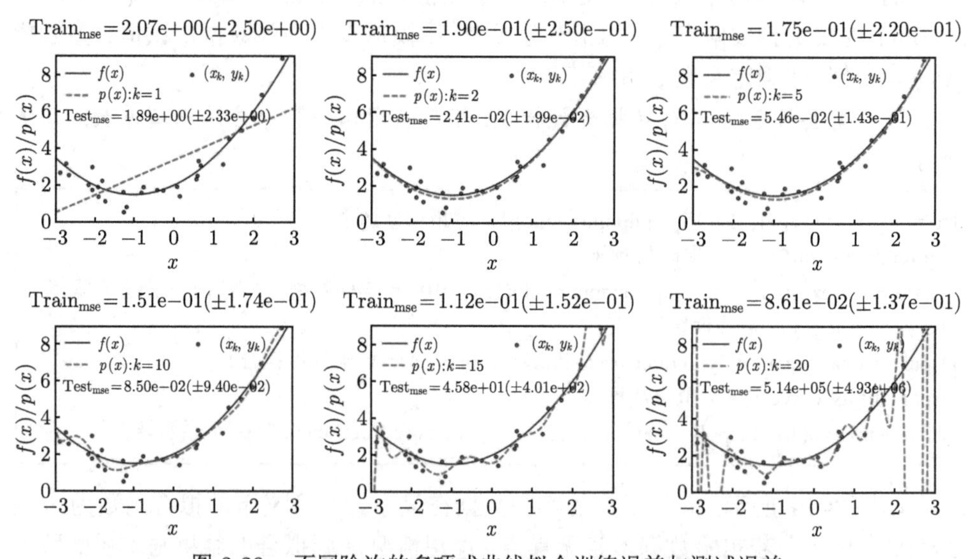

图 3-20　不同阶次的多项式曲线拟合训练误差与测试误差

3.5.2　正交多项式最小二乘拟合

多项式最小二乘曲线拟合得到的系数矩阵是病态的, 求解病态矩阵的方程组的解, 可能会引起较大的误差. 故实际应用中, 多采用正交多项式最小二乘拟合, 其思想是选取一组在给定点上正交的多项式函数作为基函数进行最小二乘拟合. 对给定的实验数据 $(x_i, y_i, \omega_i), i = 0, 1, \cdots, m$, 其中 $\omega_i = \omega(x_i)$ 为第 i 个实验数据的权重, 则带权拟合的 $n(< m)$ 次多项式记为

$$S(x) = a_0^* P_0(x) + a_1^* P_1(x) + \cdots + a_n^* P_n(x) \tag{3-13}$$

其中系数计算公式为

$$a_k^* = \left(\sum_{i=0}^{m} \omega_i y_i P_k(x_i)\right) \Big/ \left(\sum_{i=0}^{m} \omega_i P_k^2(x_i)\right), \quad k = 0, 1, \cdots, n. \tag{3-14}$$

基函数的递推构造公式

$$\begin{cases} P_0(x) = 1, \\ P_1(x) = x - \alpha_1, \\ P_{k+1}(x) = (x - \alpha_{k+1}) P_k(x) - \beta_k P_{k-1}(x), \quad k = 1, 2, \cdots, n-1, \end{cases} \tag{3-15}$$

其中参数计算公式为

$$\begin{cases} \alpha_{k+1} = \left(\sum_{i=0}^{m} \omega_i x_i P_k^2(x_i)\right) \Big/ \left(\sum_{i=0}^{m} \omega_i P_k^2(x_i)\right), \quad k = 0, 1, \cdots, n-1, \\ \beta_k = \left(\sum_{i=0}^{m} \omega_i P_k^2(x_i)\right) \Big/ \left(\sum_{i=0}^{m} \omega_i P_{k-1}^2(x_i)\right), \quad k = 1, 2, \cdots, n-1. \end{cases} \tag{3-16}$$

算法说明 由于需要递推基函数, 故采用符号计算和数值计算相结合的形式, 即构造的基函数 $P_k(x)$ 采用符号计算, 基函数的函数值 $P_k(x_i)$、预测与误差分析采用数值计算.

```
# file_name: orthogonal_polynomial_ls_fitting.py
class OrthogonalPolynomialLSFitting:
    """
    正交多项式最小二乘拟合：p(x) = a_0*P_0(x) + a_1*P_1(x) + ... + a_n*P_n(x)
    """
    fit_polynomial = None # 正交多项式最小二乘拟合的多项式
    poly_coefficient, polynomial_orders = None, None # 多项式系数和各项阶次
    fit_error, mse = None, np.infty # 拟合误差向量, 拟合均方误差mse

    def __init__(self, x, y, k, w=None): # 略去实例属性的初始化···

    def fit_orthogonal_poly(self):
        """
        正交多项式最小二乘曲线拟合核心算法
        """
```

```
        t = sympy.Symbol("t")  # 正交多项式的符号变量
        self.poly_coefficient = np.zeros(self.k + 1)  # 正交多项式系数a
        px = sympy.Matrix.zeros(self.k + 1, 1)  # 带权正交多项式
        sw = np.sum(self.w)  # 实验数据的权重和
        wy = self.w * self.y  # 权重w_i与y_i的对应元素相乘
        wx = self.w * self.x  # 权重w_i与x_i的对应元素相乘
        # 1. 构造正交多项式的前两项
        alpha = wx.sum() / sw  # alpha_1
        px[0], px[1] = 0 * t + 1, t - alpha  # 正交多项式前两项
        self.poly_coefficient[0] = wy.sum() / sw  # a0
        p_x0 = np.ones(self.n)  # 正交多项式的函数值P(x_i)
        p_x1 = sympy.lambdify(t, px[1], "numpy")(self.x)  # P(x_{i+1})
        self.poly_coefficient[1] = (wy * p_x1).sum() / \
                                   (self.w * p_x1 ** 2).sum()  # a1
        wp = (self.w * p_x1 ** 2).sum()  # alpha和beta子项
        # 2. 从第三项开始，逐步递推构造
        for k in range(2, self.k + 1):
            alpha = (wx * p_x1 ** 2).sum() / wp  # 参数公式
            beta = wp / (self.w * p_x0 ** 2).sum()  # 参数公式
            # 基函数的递推公式
            px[k] = sympy.simplify((t - alpha) * px[k - 1] - beta * px[k - 2])
            p_x0 = np.copy(p_x1)  # P(xi)值的更替
            p_x1 = sympy.lambdify(t, px[k], "numpy")(self.x)  # 新值
            wp = (self.w * p_x1 ** 2).sum()  # alpha和beta子项
            self.poly_coefficient[k] = (wy * p_x1).sum() / wp  # 系数
        # 3. 正交多项式的构造
        self.fit_polynomial = self.poly_coefficient[0] * px[0]
        for k in range(1, self.k + 1):
            self.fit_polynomial += self.poly_coefficient[k] * px[k]
        polynomial = sympy.Poly(self.fit_polynomial, t)
        self.polynomial_orders = polynomial.monoms()[::-1]  # 阶次，从低到高
        # 4. 计算误差
        self.cal_fit_error()

    def predict_x0(self, x0):  # 参考最小二乘多项式拟合

    def cal_fit_error(self):  # 参考最小二乘多项式拟合
```

例 13　函数 $f(x)=\mathrm{e}^{-x}\sin x+0.01\varepsilon,\varepsilon\sim N(0,1),x\in[0,8]$, 等分 20 个数据作为实验数据, 进行 1 到 18 阶的正交多项式最小二乘曲线拟合.

如图 3-21 所示, 随着拟合阶次 k 的增加, 拟合曲线越来越接近于拟合数据, 训练数据的均方误差越来越小. 但是测试误差并非如此, 而是先随着拟合阶次 k 的增加而减少, 到一定阶次后, 再增加阶次, 测试误差快速增加, 出现过拟合现象. 原因在于采样数据存在噪声, 曲线拟合把噪声当作模型的本质而进行过度提取, 出现了过拟合. 故而, 拟合应选择合适的阶次, 使得训练误差和测试误差达到恰好的状态.

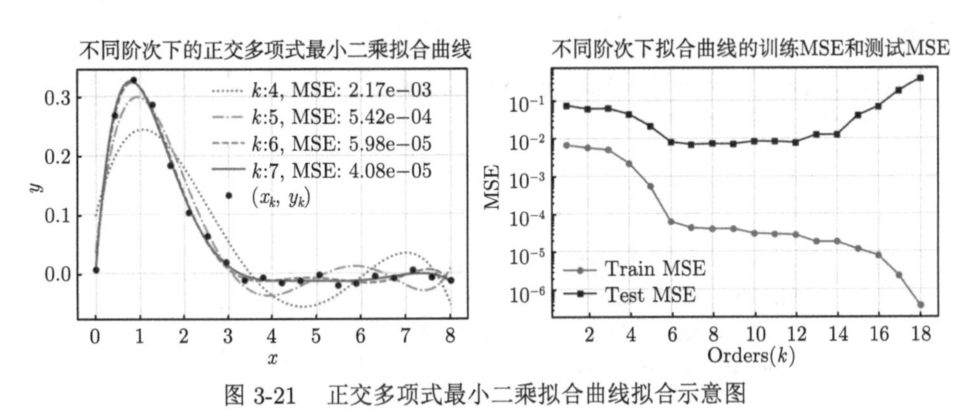

图 3-21 正交多项式最小二乘拟合曲线拟合示意图

■ 3.6 帕德有理分式逼近

设 $f(x) \in C^{N+1}(-a,a), N = n+m$, 如果有理函数

$$R_{n,m}(x) = \frac{p_0 + p_1 x + \cdots + p_n x^n}{1 + q_1 x + \cdots + q_m x^m} = \frac{P_n(x)}{Q_m(x)}, \tag{3-17}$$

其中 $P_n(x), Q_m(x)$ 无公因式, 且满足条件 $R_{n,m}^{(k)}(0) = f^{(k)}(0), k = 0,1,\cdots,N$, 则称 $R_{n,m}(x)$ 为函数 $f(x)$ 在 $x=0$ 处的 (n,m) 阶**帕德逼近**, 记作 $R(n,m)$, 简称 $R(n,m)$ 的帕德逼近.

大量实验表明, 当 $n+m$ 为常数时, 取 $n=m$, 帕德逼近的精确度最好, 而且速度最快. 此时,$P_n(x)$, $Q_m(x)$ 的系数可通过下述方法求解:

(1) 求解线性方程组 $\boldsymbol{A}\boldsymbol{q} = \boldsymbol{b}$, 得到 $(q_1, q_2, \cdots, q_n)$ 的值, 其中

$$\boldsymbol{A} = \begin{pmatrix} a_1 & a_2 & \cdots & a_n \\ a_2 & a_3 & \cdots & a_{n+1} \\ \vdots & \vdots & \ddots & \vdots \\ a_n & a_{n+1} & \cdots & a_{2n-1} \end{pmatrix}, \quad \boldsymbol{q} = \begin{pmatrix} q_n \\ q_{n-1} \\ \vdots \\ q_1 \end{pmatrix}, \quad \boldsymbol{b} = \begin{pmatrix} -a_{n+1} \\ -a_{n+2} \\ \vdots \\ -a_{2n} \end{pmatrix},$$

且 $a_0 = f(0), a_k = \dfrac{1}{k!}\dfrac{\mathrm{d}^k f(0)}{\mathrm{d}x^k}, k = 1, 2, \cdots, 2n.$

(2) 求解 $(p_0, p_1, \cdots, p_n)$ 的值, 其中 $p_0 = a_0, q_0 = 1, p_k = \sum\limits_{i=0}^{k} q_i a_{k-i}, k = 1, 2, \cdots, n.$

注　函数的帕德逼近不一定存在, 如龙格函数的帕德逼近不存在, 系数矩阵奇异.

```
# file_name: pade_rational_fraction_approximation.py
class PadeRationalFractionApproximation:
    """
    帕德形式的有理分式逼近已知函数
    """
    def __init__(self, fun, order=5):
        self.primitive_fun = fun  # 所逼近的函数, 符号定义
        self.order = order  # 帕德有理分式的分母多项式的最高次数
        self.rational_fraction = None # 逼近的有理分式

    def fit_rational_fraction(self):
        """
        核心算法: 帕德形式的有理分式逼近
        """
        t = self.primitive_fun.free_symbols.pop()
        # 1. 求解分母系数q向量
        A = np.zeros((self.order, self.order))  # 系数矩阵n * n
        # p为分子系数, q为分母系数, b为右端向量
        p, q = np.zeros(self.order + 1), np.zeros(self.order + 1)
        b = np.zeros(self.order)
        a = np.zeros(2 * self.order + 1)  # 生成系数矩阵和右端向量的元素
        a[0] = self.primitive_fun.evalf(subs={t: 0})  # 首元素计算f(0)
        for i in range(1, 2 * self.order + 1):  # 其余2n-1个元素计算
            dy_n = sympy.diff(self.primitive_fun, t, i)  # i阶导数
            a[i] = dy_n.evalf(subs={t: 0}) / math.factorial(i)
        for i in range(self.order):
            A[i, :] = a[i + 1: self.order + i + 1]
            b[i] = - a[self.order + i + 1]
        if np.linalg.det(A) == 0.0:
            raise ValueError("Singular matrix.")
        q[1:] = np.linalg.solve(A, b)[::-1]  # 求解并反转, 可修改为自编算法
        # 2. 求解分子系数p向量
```

```
        p[0], q[0] = a[0], 1
        for i in range(1, self.order + 1):
            p[i] = np.dot(q[np.arange(0, i + 1)], a[i - np.arange(0, i + 1)])
        # 3. 构造分子和分母多项式, 分母和分子的阶m = n = order
        molecule, denominator = p[0], 1  # 分别表示分子和分母多项式初始化
        for i in range(1, self.order + 1):
            molecule += p[i] * t ** i  # 计算分子多项式
            denominator += q[i] * t ** i  # 计算分母多项式
        # 4. 构造有理分式, 符号形式
        self.rational_fraction = sympy.expand(molecule) / sympy.expand(denominator)

    def cal_x0(self, x0):
        """
        求解有理分式在给定点的值
        """
        t = self.rational_fraction.free_symbols.pop()
        rational_fraction = sympy.lambdify(t, self.rational_fraction)
        return rational_fraction(x0)
```

例 14[1] 求 $f(x)=\ln(1+x), x\in[0,10]$, 的帕德逼近 $R(2,2)$ 及 $R(3,3)$.

从图 3-22 (左) 可以看出, 帕德逼近在 0 点的逼近效果最好, 随着 x 值的增加, 误差逐渐变大. 其 $R(2,2)$ 和 $R(3,3)$ 的有理分式分别为 (保留小数点后 3 位)

$$R(2,2)=\frac{0.500t^2+t}{0.167t^2+t+1},\quad R(3,3)=\frac{0.183t^3+1.000t^2+t}{0.050t^3+0.600t^2+1.500t+1},$$

其中 $R(3,3)$ 逼近的最大绝对值误差为 0.0698530.

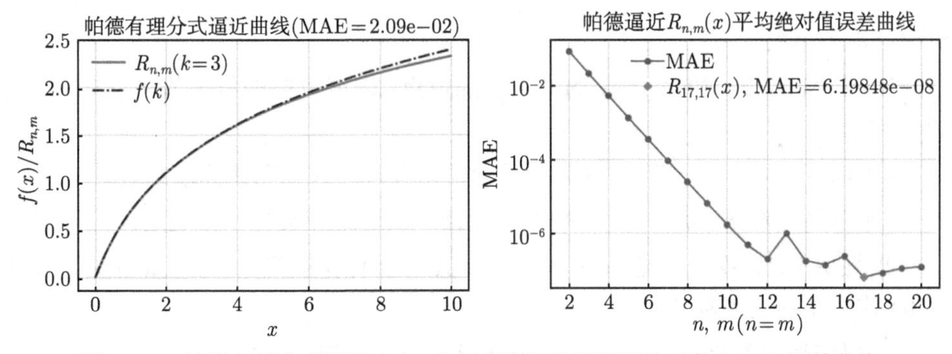

图 3-22 帕德有理分式逼近 $R(3,3)$ 示意图以及不同阶次下的 MAE 误差曲线

如图 3-22 (右) 所示, 从 2 阶到 12 阶, 随着有理分式逼近阶次的增加, 精度逐

步提高, 但从 13 阶开始, 呈现了一定程度的波动. 由于有理分式的分子和分母都是多项式, 且舍入误差的存在, 高阶多项式对于较小的扰动较为敏感, 也会引起误差的积累和传播. 故而, 并非逼近的阶次越高越好.

如对于 $R_{20,20}(x)$, 在区间 $[0,10]$ 等分 200 个点, 随机选取 10 个数据 x, 添加 0.0001 倍的标准正态分布随机误差 $x_i+0.0001\delta_i, \delta_i\sim N(0,1)$, 循环测试 200 次, 则平均绝对值误差从 1.190764×10^{-7} 增加到 1.053999×10^{-6}, 几乎增加了一个数量级. 如图 3-23 所示, 为随机选取 5 个数据进行微小值的扰动, $R_{20,20}(x)$ 函数值的变化情况, 平均绝对值误差增加到 6.028814×10^{-7}.

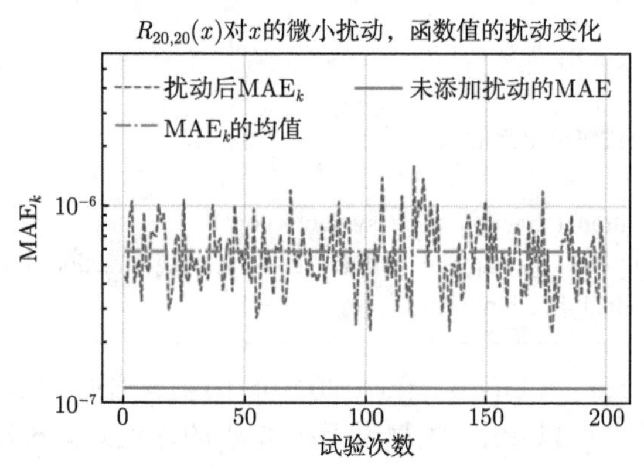

图 3-23 有理分式 $R_{20,20}(x)$ 对 x 的微小扰动, 函数值的扰动变化情况

■ 3.7 实验内容

1. 已知函数 $f(x)=\sin\left(2x+\dfrac{\pi}{6}\right)\mathrm{e}^{-0.4x}, x\in[-\pi,\pi]$, 完成如下内容, 并进行对比分析和可视化.

(1) 利用 $T_6(x)$ 和 $T_{21}(x)$ 的零点作插值点, 构造拉格朗日插值多项式 $L_5(x)$ 和 $L_{20}(x)$.

(2) 以 5 级、15 级和 25 级分别进行切比雪夫级数和勒让德级数逼近.

(3) 以逼近阶次 10 和 20 分别进行最佳一致逼近和最佳平方逼近.

2. 采用 FFT 算法确定函数 $f(x)=0.5x^2\cos4x+\sin x^2, x\in[-\pi,\pi]$ 的 16 次和 64 次三角逼近多项式.

3. 已知实验数据 $(x_k, f(x_k)), k=0,1,\cdots,15$, 如表 3-9 所示, 以此实验数据进行多项式最小二乘拟合和正交多项式最小二乘拟合, 拟合阶次分别为 2, 3, 5, 8, 给出拟合的多项式表达式, 分析误差, 并进行可视化.

表 3-9 实验数据 ($k = 0, 1, \cdots, 15$)

x_k	−1	−0.6	−0.2	0.2	0.6	1
y_k	−2.11802123	−0.70930496	2.32377848	0.85944498	0.98580008	−0.51909279
x_k	1.4	1.8	2.2	2.6	3	3.4
y_k	0.48204840	−2.32350214	−2.60275523	−4.15452315	−3.27630398	−3.65130248
x_k	3.8	4.2	4.6	5		
y_k	−1.56691817	0.77433117	2.37330911	8.89881447		

4. 求 $f(x) = \sin 3x \cdot \ln(1 + 0.5x), x \in [0, 2]$ 的帕德逼近 $R(6,6), R(10,10)$ 和 $R(15,15)$.

■ 3.8 本章小结

函数逼近即函数在某个区间上的近似表示问题. 在选定的一类函数中寻找某个函数, 使它是已知函数在一定意义下的近似表示, 并计算近似表示所产生的逼近度 (误差) . 根据误差度量方法的不同, 所对应的函数逼近形式略有差异, 常见的有最佳一致逼近和最佳平方逼近. 通常情况下, 最佳平方逼近的精度更高, 但由于其求解较为复杂, 尤其是最佳平方逼近在求解中所涉及的希尔伯特矩阵是高病态矩阵, 故在实际应用中常采用正交多项式的方法. 本章介绍了切比雪夫多项式零点插值逼近、切比雪夫级数逼近和勒让德级数逼近算法.

当被逼近函数为周期函数时, 本章探讨了离散傅里叶变换逼近算法. 由于被逼近函数在给定区间内并非总是平缓的, 某些子区域可能存在高振荡或剧烈变化的现象, 本章进一步探讨了自适应逼近算法, 尤其是三次样条自适应逼近, 其逼近精度较高. 当函数在某点附近无界时, 可采用有理分式逼近, 本章也探讨了帕德逼近算法.

曲线拟合是函数逼近中最常用到的一种方法, 即对给定离散数据进行最小二乘意义下的曲线拟合. 若进行非线性拟合, 可对其模型进行简单的转换, 然后再采用曲线拟合算法. 实际应用中较为常用的是正交多项式最小二乘拟合.

此外, 函数插值与函数逼近并非同一概念, 两者都可以对复杂函数构造一个既能反映函数本身特性又便于计算的近似函数. 但函数插值常针对于离散数据的建模, 通常情况下离散数据背后的函数形式未知, 而函数逼近对已知函数的近似逼近, 即某种度量意义下的最佳逼近, 误差最小.

■ 3.9 参考文献

[1] 李庆扬, 王能超, 易大义. 数值分析 [M]. 5 版. 北京: 清华大学出版社. 2021.
[2] 龚纯, 王正林. MATLAB 语言常用算法程序集 [M]. 北京: 电子工业出版社. 2011.

[3] 任玉杰. 数值分析及其 MATLAB 实现 [M]. 北京: 高等教育出版社. 2012.
[4] 蒋尔雄, 赵风光, 苏仰锋. 数值逼近 [M]. 2 版. 上海: 复旦大学出版社. 2019.
[5] Burden R L, Faires J D. 数值分析 [M]. 10 版. 赵廷刚, 赵廷靖, 薛艳, 等译. 北京: 电子工业出版社. 2022.

第4章 数值积分

在科学或工程的实际问题中, 常需计算定积分, 如函数逼近、偏微分方程的傅里叶解、有限元法等. 数值积分的必要性源于被积函数的原函数的计算困难性. 利用原函数计算定积分的方法是建立在牛顿–莱布尼茨 (Newton-Leibniz) 公式

$$\int_a^b f(x)\mathrm{d}x = F(b) - F(a) \tag{4-1}$$

之上. 然而大部分可积函数的原函数无法用初等函数表示, 甚至无法得到解析表达式, 如

$$\frac{\sin x}{x}(x \neq 0), \quad \mathrm{e}^{-x^3}, \quad \frac{1}{\ln x}, \quad \frac{x^3}{\mathrm{e}^x - 1}.$$

可寻求划分多个子区间, 用子区间的面积之和近似曲边梯形面积. 几何意义如图 4-1(左) 所示, 两点之间可用直线、抛物线或三次曲线等近似, 如直线近似则为梯形公式积分, 抛物线近似则为辛普森公式积分. 不仅如此, 实际应用中, 还会遇到被积函数未知, 只知某些特定点的离散取值 (x_k, y_k), $k = 1, 2, \cdots, n$, 估算离散数值积分, 如估算一段时间内的车流量或降雨量, 估算煤炭的储量. 又如在土地丈量中会遇到各种各样不规则地块, 如图 4-1(右) 所示, 由于无法知道其边缘曲线满足何种函数关系, 因此计算它的面积存在一定的困难. 可采样特征数据, 然后对特征数据进行插值, 进而用插值多项式近似被积函数, 估计积分值.

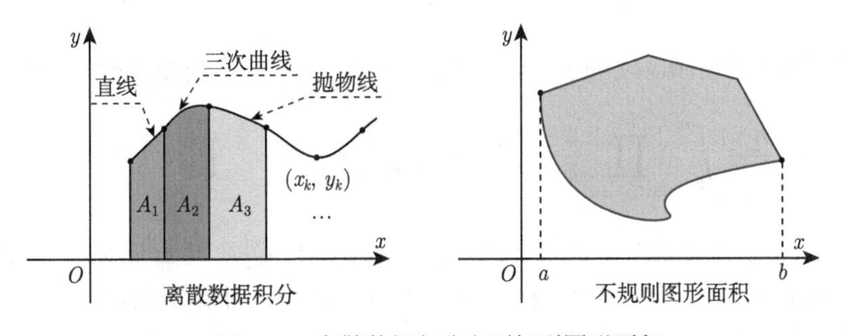

图 4-1　离散数据积分和不规则图形面积

数值积分方法[1]就是在积分区间 $[a,b]$ 上选取若干节点 $x_0, x_1, \cdots, x_n$, 用 $f(x_0), f(x_1), \cdots, f(x_n)$ 的线性组合作为积分的近似值, 称之为**机械求积**. 故数值积分的一般形式为

$$\int_a^b f(x)\mathrm{d}x \approx \sum_{i=0}^{n} A_i f(x_i), \quad R[f] = \int_a^b f(x)\mathrm{d}x - \sum_{i=0}^{n} A_i f(x_i), \tag{4-2}$$

其中 x_i 称为求积节点, A_i 称为求积系数, $R[f]$ 为数值积分公式的余项. A_i 不依赖被积函数 $f(x)$ 的具体形式. 这一类求积方法避开了求被积函数 $f(x)$ 的原函数 $F(x)$, 易于用计算机实现. **代数精度**是间接地反映某一数值积分公式对被积函数逼近能力的一个参数, 故可采用代数精度评价机械求积公式的适用范围, 如中矩形公式和梯形公式:

$$I_{\text{中矩形}} = (b-a)f\left(\frac{a+b}{2}\right), \quad I_{\text{梯形}} = (b-a)\frac{f(a)+f(b)}{2},$$

具有 1 次代数精度, 而左矩形公式 $I=(b-a)f(a)$ 和右矩形公式 $I=(b-a)f(b)$ 具有 0 次代数精度.

插值与数值积分有密切联系, 可利用拉格朗日插值法对被积函数进行插值近似, 求其插值函数来代替被积函数进行求解数值积分. 具体步骤为: 先对求积节点做插值, 再对插值函数求积分. 如果插值函数与被积函数足够接近, 就可以把插值函数的积分近似为被积函数的积分, 称之为**插值型求积公式**. 代数插值函数存在唯一性、易构造、易求积分、易用计算机实现的特点.

■ 4.1　牛顿–科茨积分公式

设将积分区间 $[a,b]$ 划分为 n 等份, 步长 $h=\dfrac{b-a}{n}$, 选取等距节点构造出的插值型求积公式

$$I_n = (b-a)\sum_{k=0}^{n} C_k^{(n)} f(x_k), \tag{4-3}$$

称为**牛顿–科茨** (Newton-Cotes) **积分公式**, 式中 $C_k^{(n)}$ 称为**科茨系数**, 计算方法为

$$C_k^{(n)} = \frac{h}{b-a}\int_0^n \prod_{j=0, j\neq k}^{n} \frac{t-j}{k-j}\mathrm{d}t = \frac{(-1)^{n-k}}{nk!(n-k)!}\int_0^n \prod_{j=0, j\neq k}^{n} (t-j)\mathrm{d}t. \tag{4-4}$$

注　当 $n \geqslant 8$ 时, $C_k^{(n)}$ 出现负值, 当 $n \geqslant 10$ 时, $C_k^{(n)}$ 均出现负值, 初始数据误差会引起计算结果误差增大, 导致牛顿–科茨积分公式计算不稳定. 通常情况下, $n \geqslant 8$ 的牛顿–科茨积分公式是不用的.

牛顿–科茨积分算法思路: ① 根据划分区间数 interval_num, 求解科茨系数 cotes_coefficient; ② 在区间等分 interval_num + 1 个数值点 x_k, 并求解被积函数的函数值 y_k; ③ 根据插值型求解公式计算积分. 此外, 由于初入数值积分, 尚未编写任何求积算法, 故求解科茨系数时调用 Python 库函数 mpmath.quad() 计算积分, 后续积分内容所编写的算法可替换该库函数.

```
# file_name: newton_cotes_integration.py
class NewtonCotesIntegration:
    """
    牛顿–科茨积分法: 求解科茨系数, 构造插值型求积公式
    """
    def __init__(self, int_fun, int_interval, interval_num=4):
        self.int_fun = int_fun  # 被积函数
        if len(int_interval) != 2:
            raise ValueError("积分区间参数设置有误, 格式[a, b]")
        self.a, self.b = int_interval[0], int_interval[1]  # 积分区间
        self.n = int(interval_num)  # 等分区间数, 默认采用牛顿–科茨积分公式
        self.cotes_coefficient = None  # 科茨系数
        self.int_value = None  # 积分结果

    def fit_cotes_int(self):
        """
        求解数值积分, 计算科茨系数, 构造插值型数值积分
        """
        # 1. 计算科茨系数
        if self.n == 1:
            self.cotes_coefficient = np.array([0.5, 0.5])  # 梯形公式系数
        else:
            t = sympy.Symbol("t")  # 定义符号变量
            self.cotes_coefficient = np.zeros(self.n + 1)  # 存储科茨系数
            for i in range(self.n // 2 + 1):  # 由于科茨系数对称, 故只计算一半
                c = (-1) ** (self.n - i) / self.n / math.factorial(i) / \
                    math.factorial(self.n - i)
                fun_cotes = sympy.lambdify(t, self._cotes_integration_function_(i, t))
                # 采用库积分函数计算科茨系数
                self.cotes_coefficient[i] = c * mpmath.quad(fun_cotes, (0, self.n))
            if np.mod(self.n, 2) == 1:  # 反转科茨系数填充后一半
                self.cotes_coefficient[self.n // 2 + 1:] = \
                    self.cotes_coefficient[:self.n // 2 + 1][::-1]
            else:
```

```
                self. cotes_coefficient [ self.n // 2 + 1:] = \
                    self. cotes_coefficient [: self.n // 2][::-1]
            # 2. 构造插值型数值积分
            int_coefficient = ( self.b - self.a) * self. cotes_coefficient
            xi = np. linspace ( self.a, self.b, self.n + 1) # 等分区间各端点值
            y_val = self. int_fun(xi) # 等分区间各端点的函数值
            self. int_value = np.dot(y_val, int_coefficient ) # 插值型积分公式

        def _cotes_integration_function_ ( self, k, t):
            """
            根据划分区间数, 构造牛顿–科茨积分函数
            """
            fun_c = 1
            for i in range( self.n + 1):
                if i != k:
                    fun_c *= (t - i)
            return sympy.expand(fun_c)
```

例 1 求 $\int_0^{3\pi} \mathrm{e}^{-0.5x}\sin\left(x+\dfrac{\pi}{6}\right)\mathrm{d}x$, 划分区间数为 2 到 9, 已知高精度积分值为 0.900840787818886.

表 4-1 为划分区间数 n 从 2 到 9 的积分近似值和绝对值误差, 可以看出随着划分区间数的增加, 积分的精度越来越高. 但是当 $n=9$ 时的积分精度却比 $n=8$ 时低.

表 4-1　牛顿–科茨积分在不同划分区间数下的近似值以及绝对值误差

n	积分近似值	绝对值误差	n	积分近似值	绝对值误差
2 (辛普森)	0.26260577	6.38235019e−01	6	0.95078779	4.99469999e−02
3 (辛普森 3/8)	0.29276879	6.08071998e−01	7	0.93137721	3.05364217e−02
4 (科茨)	0.62154235	2.79298438e−01	8	0.90069084	1.49948568e−04
5	0.76629772	1.34543072e−01	9	0.90060991	2.30876999e−04

■ 4.2　复合求积公式

为了提高积分精度, 通常可把积分区域分成若干子区间 (通常等分) , 再在每个子区间上用低阶求积公式, 这种方法称为**复合求积法**, 具体又分为复合梯形公式、复合辛普森公式和复合科茨公式.

(1) 将区间 $[a,b]$ 划分为 n 等份, 分点 $x_k=a+kh, h=\dfrac{b-a}{n}, k=0,1,\cdots,n$, 在每个子区间 $[x_k,x_{k+1}]\,(k=0,1,\cdots,n-1)$ 上采用梯形公式, 得**复合梯形公式**

$$T_n = \frac{h}{2}\sum_{k=0}^{n-1}\left[f\left(x_k\right)+f\left(x_{k+1}\right)\right] = \frac{h}{2}\left[f(a)+2\sum_{k=1}^{n-1}f\left(x_k\right)+f(b)\right], \tag{4-5}$$

积分余项 $R_n[f] = -\frac{b-a}{12}h^2 f''(\eta), \eta \in (a,b)$.

(2) 将区间 $[a,b]$ 划分为 n 等份, 在每个子区间 $[x_k, x_{k+1}]\,(k=0,1,\cdots,n-1)$ 上采用辛普森公式, 若记 $h=\frac{b-a}{n}$, $x_{k+\frac{1}{2}} = x_k + \frac{h}{2}$, 得**复合辛普森公式**

$$\begin{aligned} S_n &= \frac{h}{6}\sum_{k=0}^{n-1}\left[f\left(x_k\right)+4f\left(x_{k+\frac{1}{2}}\right)+f\left(x_{k+1}\right)\right] \\ &= \frac{h}{6}\left[f(a)+4\sum_{k=0}^{n-1}f\left(x_{k+\frac{1}{2}}\right)+2\sum_{k=1}^{n-1}f\left(x_k\right)+f(b)\right], \end{aligned} \tag{4-6}$$

积分余项 $R_n[f] = -\frac{b-a}{180}\left(\frac{h}{2}\right)^4 f^{(4)}(\eta), \eta \in (a,b)$.

(3) 将区间 $[a,b]$ 划分为 $4n$ 等份, 求积节点共有 $4n+1$ 个, 记为 $x_i = a+ih, i = 0,1,2,\cdots,4n$, 步长 $h=\frac{b-a}{4n}$, 得等距节点**复合科茨公式**

$$\begin{aligned} C_n = \frac{2h}{45}\Bigg[&7(f(a)+f(b))+14\sum_{j=1}^{n-1}f\left(x_{4j}\right) \\ &+32\sum_{j=0}^{n-1}\left(f\left(x_{4j+1}\right)+f\left(x_{4j+3}\right)\right)+12\sum_{j=0}^{n-1}f\left(x_{4j+2}\right)\Bigg], \end{aligned} \tag{4-7}$$

积分余项 $R_n[f] = -\frac{b-a}{945}2h^6 f^{(6)}(\eta), \eta \in (a,b)$.

复合求积算法思路　采用符号运算与数值运算相结合的形式, 因为余项函数分析涉及被积函数的导数, 故被积函数定义时采用符号定义, 并在数值运算时转换为 lambda 函数, 以便于矢量化运算. 子区间内的中点以及科茨积分子区间的三个点的选择, 采用布尔索引, 简化计算, 提高算法的效率. 误差估计涉及被积函数的导函数的最优化问题, 本算法采用第 13 章数值优化中的“模拟退火算法”优化指定区间的绝对最大值. 也可采用 scipy.optimize 库函数进行优化.

```
# file_name: composite_quadrature_formula.py
from scipy import optimize  # 科学计算中的优化函数
# 导入第13章 模拟退火算法类
from numerical_optimization_13 . simulate_anneal import SimulatedAnnealingOptimization
```

```
class CompositeQuadratureFormula:
    """
    复合求积公式: 包含复合梯形, 复合辛普森, 复合科茨
    """
    def __init__(self, int_fun, int_interval, interval_num=16, int_type="simpson",
                 is_remainder=False):
        # 略去部分实例初始化参数以及健壮性的判断···
        self.int_type = int_type  # 采用复合公式类型: trapz、simpson和cotes
        self.is_remainder = is_remainder  # 是否进行余项分析
        self.int_remainder = None  # 积分余项

    def fit_int(self):
        """
        复合求积公式, 根据int_type选择对应的积分形式
        """
        t = self.int_fun.free_symbols.pop()  # 获取被积函数的自由变量
        fun_expr = sympy.lambdify(t, self.int_fun)  # 转换为lambda函数, 便于数值运算
        if self.int_type == "trapezoid":
            self.int_value = self._cal_trapezoid_(t, fun_expr)
        elif self.int_type == "simpson":
            self.int_value = self._cal_simpson_(t, fun_expr)
        elif self.int_type == "cotes":
            self.int_value = self._cal_cotes_(t, fun_expr)
        else:
            raise ValueError("积分类型只能为 trapezoid, simpson 或 cotes !")

    def _cal_trapezoid_(self, t, fun_expr):
        """
        核心算法: 复合梯形公式
        """
        h = (self.b - self.a) / self.n  # 划分区间步长
        x_k = np.linspace(self.a, self.b, self.n + 1)  # 共n+1个节点
        f_val = fun_expr(x_k)  # 函数值
        int_value = h / 2 * (f_val[0] + f_val[-1] + 2 * sum(f_val[1:-1]))  # 公式
        if self.is_remainder:  # 余项分析
            diff_fun = self.int_fun.diff(t, 2)  # 被积函数的2阶导数
            max_val = self._fun_maximize_(diff_fun, t)  # 求函数的最大值
            self.int_remainder = (self.b - self.a) / 12 * h ** 2 * max_val
        return int_value
```

```
def _cal_simpson_(self, t, fun_expr):
    """
    核心算法: 复合辛普森公式
    """
    h = (self.b - self.a) / 2 / self.n  # 划分区间步长
    x_k = np.linspace(self.a, self.b, 2 * self.n + 1)  # 共2n + 1个节点
    f_val = fun_expr(x_k)  # 函数值
    idx = np.linspace(0, 2 * self.n, 2 * self.n + 1, dtype=np.int64)  # 索引下标
    f_val_even = f_val[np.mod(idx, 2) == 0]  # 子区间端点值
    f_val_odd = f_val[np.mod(idx, 2) == 1]  # 子区间中点值
    # 复合辛普森公式
    int_value = h / 3 * (f_val[0] + f_val[-1] + 2 * sum(f_val_even[1:-1]) +
                         4 * sum(f_val_odd))
    if self.is_remainder:  # 余项分析
        diff_fun = self.int_fun.diff(t, 4)  # 被积函数的4阶导数
        max_val = self._fun_maximize_(diff_fun, t)  # 求函数的最大值
        self.int_remainder = (self.b - self.a) / 180 * h ** 4 * max_val
    return int_value

def _cal_cotes_(self, t, fun_expr):
    """
    核心算法: 复合科茨公式
    """
    h = (self.b - self.a) / 4 / self.n  # 划分区间步长
    x_k = np.linspace(self.a, self.b, 4 * self.n + 1)  # 共4n + 1个节点
    f_val = fun_expr(x_k)  # 函数值
    idx = np.linspace(0, 4 * self.n, 4 * self.n + 1, dtype=np.int64)  # 索引下标
    f_val_0 = f_val[np.mod(idx, 4) == 0]  # 下标为4k, 子区间端点值
    f_val_1 = f_val[np.mod(idx, 4) == 1]  # 下标为4k+1, 子区间第一个值
    f_val_2 = f_val[np.mod(idx, 4) == 2]  # 下标为4k+2, 子区间第二个值
    f_val_3 = f_val[np.mod(idx, 4) == 3]  # 下标为4k+3, 子区间第三个值
    # 复合科茨公式
    int_value = (7 * (f_val_0[0] + f_val_0[-1]) + 14 * sum(f_val_0[1:-1]) +
                 32 * (sum(f_val_1) + sum(f_val_3)) +
                 12 * sum(f_val_2)) * 2 * h / 45
    if self.is_remainder:  # 余项分析
        diff_fun = self.int_fun.diff(t, 6)  # 被积函数的6阶导数
        max_val = self._fun_maximize_(diff_fun, t)  # 求函数的最大值
        self.int_remainder = (self.b - self.a) / 945 * 2 * h ** 6 * max_val
```

```
        return  int_value

    def _fun_maximize_(self, fun, t):
        """
        求解函数在指定区间内的最大值(且是绝对值最大), 本算法采用模拟退火算法
        :param  fun: 被积函数的n阶导函数, t: 函数的自变量符号
        """
        fun_expr_max = sympy.lambdify(t, -fun)  # 最大值问题转换为最小值问题
        fun_expr_min = sympy.lambdify(t, fun)  # 最小值问题
        # sol_max = optimize.minimize_scalar(fun_expr_max, bounds=(self.a, self.b),
        #                                    method="Bounded") # 库函数
        # sol_min = optimize.minimize_scalar(fun_expr_min, bounds=(self.a, self.b),
        #                                    method="Bounded") # 库函数
        # 如下分别求解最大值sol_max和最小值sol_min
        sao_max = SimulatedAnnealingOptimization(fun_expr_max, [[self.a, self.b]])
        sol_max = sao_max.fit_optimize()
        sao_min = SimulatedAnnealingOptimization(fun_expr_min, [[self.a, self.b]])
        sol_min = sao_min.fit_optimize()
        if np.abs(sol_max[0]) > np.abs(sol_min[0]):
            return np.abs(sol_max[0])
        else:
            return np.abs(sol_min[0])
```

例 2　$\int_0^1 \frac{x}{4+x^2}\mathrm{d}x$, 分别用复合梯形、复合辛普森和复合科茨公式求积, 精确值为 $0.5\ln\frac{5}{4}$.

注　*被积函数采用符号定义.*

统一设置划分区间数为 16, 复合求积公式求解结果如表 4-2 所示, 可知复合科茨公式的积分精度最高. 由于余项分析采用模拟退火算法, 其结果存在非常小的随机性.

表 4-2　复合求积公式积分结果

积分公式	积分近似值	余项 (绝对值)	误差 (绝对值)
复合梯形公式	0.111529448571860	5.928982670271697e−05	4.232708524488926e−05
复合辛普森公式	0.111571778001675	3.227389941551568e−09	2.344569968726340e−09
复合科茨公式	0.111571775657019	1.483311564779078e−13	8.551492847175268e−14

如图 4-2(左) 所示, 由于复合梯形 (Trapezoid) 公式积分精度远低于复合辛普

森 (Simpson) 和复合科茨 (Cotes) 公式积分精度, 不易清晰可视化, 故 y 纵轴采用对数刻度绘制, 如图 4-2(右) 所示. 可见, 在划分区间数相同的情况下, 三者数值积分值与精确积分值的误差数量级差异较大.

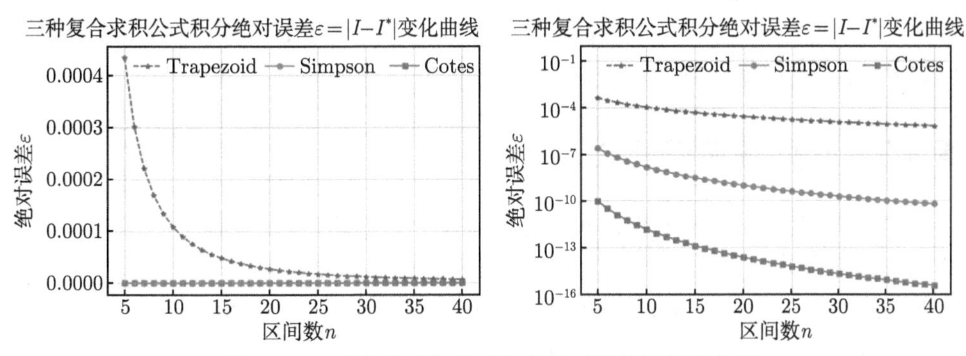

图 4-2 三种复合求积公式积分绝对误差比较示意图

注 本章后续误差精度可视化尽量采取了 y 轴对数刻度绘制.

区间逐次分半求取积分, 本质上也是一种复合积分法, 它通过把积分区间逐次分半, 以达到想要的积分精度, 常见的有逐次分半复合梯形法.

注 不再单独设计算法, 在 4.3 节龙贝格求积公式中体现.

例 3 $I=\int_0^4 f(x)\mathrm{d}x$, 其中 $f(x)=\begin{cases}\mathrm{e}^{x^2}, & 0\leqslant x\leqslant 2\\ \dfrac{80}{4-\sin(16\pi x)}, & 2<x\leqslant 4,\end{cases}$ 试用复合科茨公式求近似积分值, 已知高精度积分值 57.764450125048512.

注 Python 可采用函数 sympy.Piecewise((fun1, t <= 2), (fun2, t <= 4)) 定义符号分段函数.

如图 4-3(左) 所示, 在 $[2,4]$ 区间存在较强的振荡, 此种被积函数若采用复合

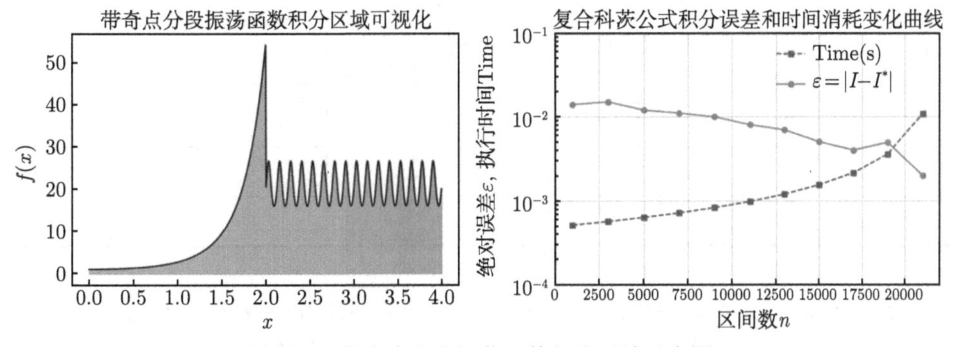

图 4-3 带奇点分段振荡函数积分区域示意图

求解公式, 高精度需要更多的区间划分数. 如图 4-3(右) 所示, 为不同划分区间数的近似积分值与高精度积分值的绝对误差曲线, 且由于涉及计算复杂度, 故计算核心代码的运行消耗时间, 从图中可知, 随着划分区间数的增加, 积分精度逐步提高, 但计算复杂度也随之增大. 当 $n = 21000$ 时, $I^* \approx 57.764962690238804$, 绝对误差 $\varepsilon = 5.125652 \times 10^{-4}$, 时间消耗 0.0399947166s. 其中 I^* 为复合求积公式近似积分值, I 为积分真值.

■ 4.3　龙贝格求积公式

龙贝格 (Romberg) 求积公式也称为逐次分半加速法, 是在梯形公式、辛普森公式和科茨公式之间关系的基础上, 构造出的一种加速计算积分的方法. 龙贝格求积公式作为一种外推算法, 在不增加计算量的前提下提高了求积的精度.

龙贝格积分法用理查森外推算法 $T_m(h) = \dfrac{4^m}{4^m-1} T_{m-1}\left(\dfrac{h}{2}\right) - \dfrac{1}{4^m-1} T_{m-1}(h)$ 来加快复合梯形求积公式的收敛速度. 龙贝格求积公式

$$T_m^{(k)} = \frac{4^m}{4^m-1} T_{m-1}^{(k+1)} - \frac{1}{4^m-1} T_{m-1}^{(k)}, \quad k = 1, 2, \cdots, \tag{4-8}$$

或 $R_{n,m} = \dfrac{4^m R_{n+1,m-1} - R_{n,m-1}}{4^m - 1}, n = 0, 1, 2, \cdots; m = 0, 1, 2, \cdots$.

表 4-3 为龙贝格外推求积计算过程, 其中逐次分半梯形公式为

$$T_{2n} = \frac{1}{2} T_n + \frac{h}{2} \sum_{k=0}^{n-1} f\left(x_{k+\frac{1}{2}}\right).$$

表 4-3　龙贝格外推求积计算过程

加速前	第一次外推	第二次外推	第三次外推	$\cdots$
$R_{0,0} = T_1$	$R_{0,1} = \dfrac{4R_{1,0} - R_{0,0}}{4-1}$	$R_{0,2} = \dfrac{4^2 R_{1,1} - R_{0,1}}{4^2-1}$	$R_{0.3} = \dfrac{4^3 R_{1.2} - R_{0,2}}{4^3-1}$	$\cdots$
$R_{1,0} = T_2$	$R_{1,1} = \dfrac{4R_{2,0} - R_{1,0}}{4-1}$	$R_{1,2} = \dfrac{4^2 R_{2,1} - R_{1,1}}{4^2-1}$	$\vdots$	
$R_{2,0} = T_4$	$R_{2,1} = \dfrac{4R_{3,0} - R_{2,0}}{4-1}$	$\vdots$		
$R_{3,0} = T_8$	$\vdots$			
$\vdots$				

龙贝格求积公式算法思路　根据表 4-3, 计算逐次分半梯形公式积分值, 每次计算只需重新计算奇数节点的值即可, 即新划分的节点值; 在逐次分半梯形公式

积分值的基础上，逐次进行外推计算，最后一次外推的值即为给定外推次数的近似积分值.

```
# file_name: romberg_acceleration_quad.py
class RombergAccelerationQuadrature:
    """
    龙贝格求积算法设计，基于逐次分半梯形公式，逐次外推计算积分
    """
    def __init__(self, fun, int_interval, accelerate_num=10):
        # 略去其他参数的实例属性初始化
        self.acc_num = accelerate_num
        self.Romberg_acc_table = None # 龙贝格加速表

    def fit_int(self):
        """
        龙贝格求积公式计算数值积分的核心算法
        """
        # 进行accelerate_num次递推，第1列存储逐次分半梯形公式积分值
        self.Romberg_acc_table = np.zeros((self.acc_num + 1, self.acc_num + 1))
        n, h = 1, self.b - self.a  # 初始划分区间的节点数和步长
        T_before, T_next = 0, (self.fun(self.a) + self.fun(self.b)) * h / 2  # 梯形公式
        self.Romberg_acc_table[0, 0] = T_next
        for i in range(1, self.acc_num + 1):
            n, h = 2 * n, h / 2  # 每次递增区间的节点数为原来的2倍，区间步长减半
            T_before = T_next  # 前后两次积分值的迭代
            xi = np.linspace(self.a, self.b, n + 1)  # 等分2 * n + 1个节点
            # 通过节点索引，获取奇数索引节点下标值，每次循环只需计算奇数节点值
            idx = np.asarray(np.linspace(0, n, n + 1, endpoint=True), dtype=np.int64)
            xi_odd = xi[np.mod(idx, 2) == 1]  # 获取奇数节点
            yi_odd = self.fun(xi_odd)  # 每次只需计算奇数节点值
            T_next = T_before / 2 + np.sum(yi_odd) * h  # 逐次分半梯形公式
            self.Romberg_acc_table[i, 0] = T_next
        # 逐步构造龙贝格加速表，不断外推获得数值积分
        for i in range(self.acc_num):
            pw = mpmath.power(4, i + 1)
            self.Romberg_acc_table[:self.acc_num - i, i + 1] = \
                (pw * self.Romberg_acc_table[1:self.acc_num + 1 - i, i] -
                 self.Romberg_acc_table[:self.acc_num - i, i]) / (pw - 1)
        self.int_value = self.Romberg_acc_table[0, -1]  # 最终积分值
```

例 4[1]　用龙贝格算法计算积分 $\int_0^1 x^{\frac{3}{2}}\mathrm{d}x$, 外推到 6, 其精确值为 0.4.

龙贝格求积外推算法计算过程见表 4-4, 外推到 6, 积分近似值为 0.40000027. 外推 $k=10$ 的积分值为 $I^*\approx 0.40000000026137733$, 外推 $k=20$ 的积分值为 $I^*\approx 0.4000000000000001$.

表 4-4　龙贝格外推算法求解积分计算结果

k	$R_{k,0}$	$R_{k,1}$	$R_{k,2}$	$R_{k,3}$	$R_{k,4}$	$R_{k,5}$	$R_{k,6}$
0	0.5	0.40236893	0.40030278	0.40004965	0.40000862	0.40000152	0.40000027
1	0.4267767	0.40043192	0.40005361	0.40000878	0.40000152	0.40000027	
2	0.40701811	0.40007725	0.40000948	0.40000155	0.40000027		
3	0.40181246	0.40001371	0.40000168	0.40000027			
4	0.4004634	0.40000243	0.40000030				
5	0.40011767	0.40000043					
6	0.40002974						

针对**例 3** 积分示例, 当外推次数为 17 时, 积分近似值为 $I^*\approx 57.764771710946214$, 绝对误差为 $\varepsilon = 3.215859\times 10^{-4}$, 已经超过复合科茨 21000 个区间划分数的积分精度, 加速效果较为明显. 图 4-4 为其外推次数 6 到 25 的绝对误差收敛曲线和时间消耗.

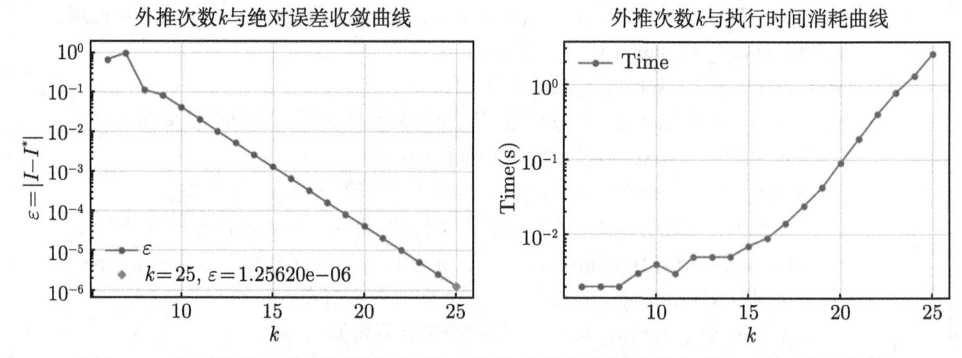

图 4-4　龙贝格求积在不同外推次数下的绝对误差收敛曲线与执行时间消耗曲线

■ 4.4　自适应积分方法

复合求积方法通常适用于被积函数变化不太大的积分, 如果在求积区间中被积函数变化很大, 有的部分函数值变化剧烈, 另一部分变化平缓, 这时统一将区间等分用复合求积公式计算积分工作量大, 因为要达到误差要求对变化剧烈部分必须将区间细分, 而平缓部分则可用大步长. 针对被积函数在区间上不同情形采用不同的步长, 使得在满足精度前提下积分计算工作量尽可能小, 可采用自适应积分方法, 即在不同区间上预测被积函数变化的剧烈程度确定相应步长, 故是一种不均匀区间的积分方法.

自适应积分法计算步骤如下:

(1) 将积分区间 $[a,b]$ 分成两个相等的 1 级子区间 $\left[a,a+\dfrac{h}{2}\right]$ 和 $\left[a+\dfrac{h}{2},a+h\right]$, 且 $h=b-a$;

(2) 在上述两个 1 级子区间上采用辛普森积分得到积分值 $I^{(1)}_{a,a+\frac{h}{2}}$ 和 $I^{(1)}_{a+\frac{h}{2},a+h}$;

(3) 将第 1 个子区间分成两个相等的 2 级子区间 $\left[a,a+\dfrac{h}{2^2}\right]$ 和 $\left[a+\dfrac{h}{2^2},a+\dfrac{h}{2}\right]$, 并采用辛普森积分计算得到 $I^{(2)}_{a,a+\frac{h}{2}}=I^{(1)}_{a,a+\frac{h}{2^2}}+I^{(1)}_{a+\frac{h}{2^2},a+\frac{h}{2}}$;

(4) 比较 $I^{(1)}_{a,a+\frac{h}{2}}$ 和 $I^{(2)}_{a,a+\frac{h}{2}}$: 如果 $\left|I^{(1)}_{a,a+\frac{h}{2}}-I^{(2)}_{a,a+\frac{h}{2}}\right|<15\times\dfrac{\varepsilon}{2}$, 其中 ε 为整体积分所需精度 (保险起见, $\left|I^{(1)}_{a,a+\frac{h}{2}}-I^{(2)}_{a,a+\frac{h}{2}}\right|<10\times\dfrac{\varepsilon}{2}$), 则认为子区间 $\left[a,a+\dfrac{h}{2}\right]$ 上的积分 $I^{(1)}_{a,a+\frac{h}{2}}$ 已达到所需精度, 不需要再细分, 否则就需要再细分, 对每个 2 级子区间做同样的判断.

1 级子区间 $\left[a+\dfrac{h}{2},\ a+h\right]$ 的操作过程与上述完全相同.

```
# file_name: adaptive_integral_algorithm.py
class AdaptiveIntegralAlgorithm:
    """
    根据精度要求eps, 自适应积分算法, 每个小区间采用辛普森公式求解
    """
    def __init__(self, int_fun, int_interval, eps=1e-8):  # 略去必要参数的初始化
        # 被积函数int_fun, 积分区间(由self.a, self.b指定) int_interval, 积分精度eps
        self.int_value = None  # 最终积分值
        self.x_node = [self.a, self.b]  # 最终划分的节点分布情况

    def fit_int(self):
        """
        自适应积分算法, 采用递归调用格式
        """
        self.int_value = self._sub_fit_int(self.a, self.b, self.eps)  # 递归计算
        self.x_node = np.asarray(sorted(self.x_node))
        return self.int_value

    def _sub_fit_int(self, a, b, eps):
```

```
        """
        递归计算每个子区间的积分值,每个小区间采用辛普森公式求解,
        并根据精度判断各子区间划分前后的积分误差精度
        """
        complete_int_value = self._simpson_int_(a, b)  # 整个区间积分值
        mid = (a + b) / 2  # 子区间中点
        left_half = self._simpson_int_(a, mid)  # 左半区间积分值
        right_half = self._simpson_int_(mid, b)  # 右半区间积分值
        if abs(complete_int_value - (left_half + right_half)) < 5 * eps:  # 精度判断
            int_value = left_half + right_half
        else:  # 不满足精度要求,递归调用
            self.x_node.append(mid)  # 增加划分的节点
            int_value = self._sub_fit_int (a, mid, eps) + self._sub_fit_int (mid, b, eps)
        return int_value

    def _simpson_int_(self, a, b):
        """
        实现辛普森积分公式, a,b: 子区间的左右端点
        """
        mv = self.int_fun ((a + b) / 2)  # 中点函数值
        return (b - a) / 6 * (self.int_fun(a) + self.int_fun(b) + 4 * mv)
```

例 5　用自适应算法计算积分 $\int_0^8 \mathrm{e}^{-x}\sin x\mathrm{d}x$, 精度要求 10^{-15}, 精确值为 $0.5\left(1-\mathrm{e}^{-8}(\sin 8+\cos 8)\right)$.

从图 4-5 看出, 自适应划分的节点并非均匀的, 即子区间非等距划分, 尤其在 $x\in[1,2]$ 区间节点分布较为密集. 最终积分近似值 $I^*\approx 0.4998584585531552$, 误差绝对值 $2.081668\times 10^{-14}<5\varepsilon$. 满足精度要求的情况下共划分区间数 1063 个.

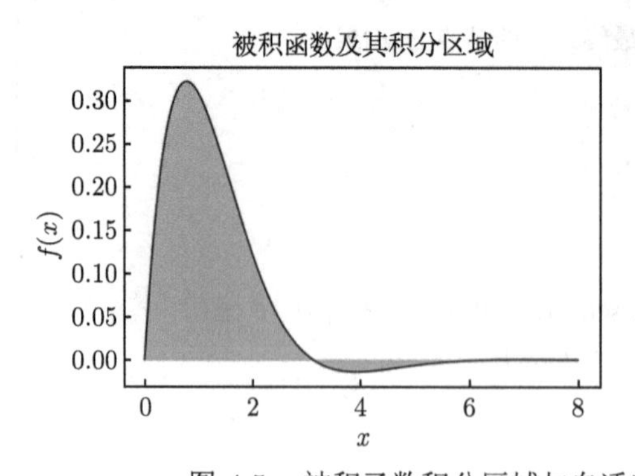

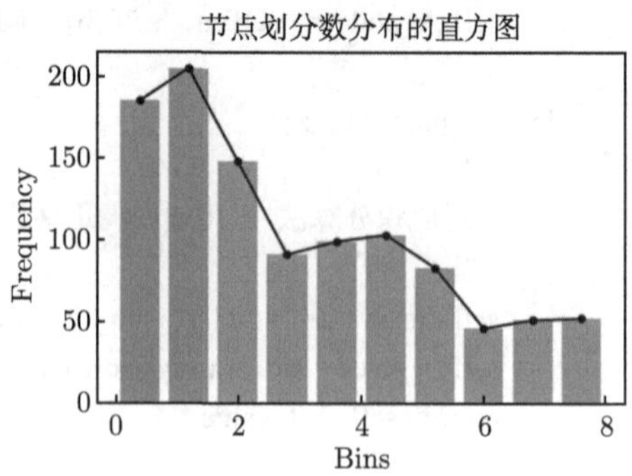

图 4-5　被积函数积分区域与自适应积分算法节点划分数分布情况

■ 4.5 高斯型求积公式

当用不等距节点进行计算时, 常用高斯型求积公式, 它在节点数目相同情况下, 代数精度较高, 稳定性好, 且可计算无穷积分.

设 $x_0, x_1, \cdots, x_n$ 是区间 $[a, b]$ 上权函数为 $\rho(x)$ 的 $n+1$ 次正交多项式 $P_{n+1}(x)$ 的 $n+1$ 个零点, 则插值型求积公式

$$\int_a^b \rho(x) f(x) \mathrm{d}x \approx \sum_{k=0}^{n} A_k f(x_k), \quad A_k = \int_a^b \rho(x) \cdot \prod_{i=0, i\neq k}^{n} \frac{x - x_i}{x_k - x_i} \mathrm{d}x \tag{4-9}$$

是**高斯 (Gauss) 型求积公式**.

4.5.1 高斯–勒让德求积公式

勒让德 (Legendre) 多项式 $P_{n+1}(x) = \dfrac{1}{(n+1)!2^{n+1}} \dfrac{\mathrm{d}^{n+1}}{\mathrm{d}x^{n+1}} \left(x^2 - 1\right)^{n+1}$ 的 $n+1$ 个零点作为区间 $[-1, 1]$ 上的高斯点 $x_k, k = 0, 1, \cdots, n$, 插值系数求解公式

$$A_k = \int_{-1}^{1} \prod_{i=0, i\neq k}^{n} \frac{x - x_i}{x_k - x_i} \mathrm{d}x = \frac{2}{(1 - x_k^2)\left[P_{n+1}'(x_k)\right]^2}, \quad k = 0, 1, \cdots, n. \tag{4-10}$$

当一般的区间 $[a, b]$ 时, 做变换 $x = \dfrac{b-a}{2} t + \dfrac{a+b}{2}$, 使得 $[a, b] \mapsto [-1, 1]$, 这时

$$\int_a^b f(x) \mathrm{d}x = \frac{b-a}{2} \int_{-1}^{1} f\left(\frac{b-a}{2} t + \frac{a+b}{2}\right) \mathrm{d}t.$$

```
# file_name: gauss_legendre_int.py
class GaussLegendreIntegration:
    """
    高斯–勒让德求积公式
    """
    def __init__(self, int_fun, int_interval, zeros_num=10):
        # 略去其他实例属性初始化
        self.n = int(zeros_num)  # 勒让德公式的零点数
        self.zero_points, self.A_k = None, None  # 勒让德多项式的高斯零点和求积系数
            A_k

    def fit_int(self):
        """
        高斯–勒让德求积公式, 核心算法
```

```
        """
        self._cal_Ak_coef()  # 求解插值型高斯公式系数Ak
        f_val = self.int_fun(self.zero_points)  # 零点函数值
        self.int_value = np.dot(f_val, self.A_k)  # 插值型求积公式
        return self.int_value

    def _cal_zero_points(self):
        """
        求解勒让德多项式的高斯零点
        """
        t = sympy.Symbol("t")  # 定义符号变量
        # 勒让德多项式构造
        p_n = (t ** 2 - 1) ** self.n / math.factorial(self.n) / 2 ** self.n
        diff_p_n = sympy.diff(p_n, t, self.n)  # n阶导数
        # 求解多项式的全部零点
        self.zero_points = np.asarray(sympy.solve(diff_p_n, t), dtype=np.float64)
        return diff_p_n, t

    def _cal_Ak_coef(self):
        """
        求解Ak系数
        """
        diff_p_n, t = self._cal_zero_points()  # 求解高斯零点
        Ak_poly = sympy.lambdify(t, 2 / (1 - t ** 2) / (sympy.diff(diff_p_n, t)) ** 2)
        self.A_k = Ak_poly(self.zero_points)  # 求解Ak系数
        self.A_k = self.A_k * (self.b - self.a) / 2  # 区间[a, b]转换为积分区间[-1, 1]
        self.zero_points = (self.b - self.a) / 2 * self.zero_points + \
                           (self.b + self.a) / 2  # 区间转换
```

针对**例 5** 示例, 采用高斯–勒让德求积公式, 则 15 个零点的积分结果为 $I^* \approx 0.4998584585531758$, 误差绝对值 2.220446×10^{-16}. 可通过算法打印输出勒让德多项式零点 x_k 与插值系数 A_k, 不再赘述.

4.5.2 高斯–切比雪夫求积公式

第一类切比雪夫多项式的 $n+1$ 个零点作为区间 $[-1,1]$ 上的带权 $\rho(x) = \dfrac{1}{\sqrt{1-x^2}}$ 高斯点 x_k, 插值型积分公式

$$\left\{\begin{array}{l}\displaystyle\int_{-1}^{1} \frac{1}{\sqrt{1-x^2}} f(x) \mathrm{d} x \approx \sum_{k=0}^{n} A_k f\left(x_k\right), \\ \displaystyle x_k=\cos \frac{(2 k+1) \pi}{2 n+2}, \quad A_k=\int_{-1}^{1} \frac{1}{\sqrt{1-x^2}} l_k(x) \mathrm{d} x=\frac{\pi}{n+1}, k=0,1, \cdots, n.\end{array}\right. \tag{4-11}$$

第二类切比雪夫多项式的 n 个零点作为区间 $[-1,1]$ 上的带权 $\rho(x)=\sqrt{1-x^2}$ 高斯点 x_k, 插值型积分公式

$$\left\{\begin{array}{l}\displaystyle\int_{-1}^{1} \sqrt{1-x^2} f(x) \mathrm{d} x \approx \sum_{k=1}^{n} A_k f\left(x_k\right), \\ \displaystyle x_k=\cos \frac{k \pi}{n+1}, \quad A_k=\frac{\pi}{n+1} \sin ^2\left(\frac{k \pi}{n+1}\right), k=1,2, \cdots, n.\end{array}\right. \tag{4-12}$$

带权的高斯求积公式可用于计算奇异积分.

算法采用数值计算实现, 仅限积分区间 $[-1,1]$. 被积函数在定义时, 为减少计算量 $f(x)$, 仅定义被积函数, 而无需定义权函数 $\rho(x)$. 也可实现余项公式 (略去) 的计算, 因为被积函数 $f(x)$ 和积分区间已知, 所以导数求解较为容易, 读者自行设计.

```
# file_name: gauss_legendre_int.py
class GaussChebyshevIntegration:
    """
    高斯-切比雪夫求积公式, 两类切比雪夫多项式, 带权不同
    """
    def __init__(self, int_fun, zeros_num=10, cb_type=1):
        # 略去其他实例属性的初始化
        if cb_type in [1, 2]:
            self.cb_type = cb_type #选择第一类切比雪夫多项式和第二类切比雪夫多项式
        else:
            raise ValueError("仅能选择1或2, 即第一类或第二类切比雪夫多项式.")

    def fit_int(self):
        """
        核心算法: 高斯-切比雪夫求积公式
        """
        self.zero_points = np.zeros(self.n)
        if self.cb_type == 1:  # 第一类切比雪夫多项式
            k_i = np.linspace(0, self.n, self.n + 1, endpoint=True)  # 注意零点数n+1
            self.zero_points = np.cos(np.pi * (2 * k_i + 1) / (2 * self.n + 2))  # 零点
```

```
            self.A_k = np.pi / (self.n + 1)  # 插值型系数
            f_val = self.int_fun(self.zero_points)
            self.int_value = self.A_k * sum(f_val)  # 高斯-切比雪夫求积公式
        else:  # 第二类切比雪夫多项式
            k_i = np.linspace(1, self.n, self.n, endpoint=True)  # 注意零点数n
            self.zero_points = np.cos(k_i * np.pi / (self.n + 1))
            self.A_k = np.pi / (self.n + 1) * np.sin(k_i * np.pi / (self.n + 1)) ** 2
            f_val = self.int_fun(self.zero_points)
            self.int_value = np.dot(self.A_k, f_val)
```

例 6 采用高斯–切比雪夫求积公式计算如下积分, 且已知高精度积分值 I_1 为 3.9774632605064228.

$$I_1 = \int_{-1}^{1} \frac{\mathrm{e}^x}{\sqrt{1-x^2}} \mathrm{d}x, \quad I_2 = \int_{-1}^{1} x^2 \sqrt{1-x^2} \mathrm{d}x = \frac{\pi}{8}.$$

(1) 第一类切比雪夫多项式, 当 $n = 5$ (零点数为 6) 时, 积分近似值为 $I_1^* \approx 3.9774632605031575$, 误差绝对值 3.265388×10^{-12}. 当 $n = 10$ 时, $I_1^* \approx 3.9774632605064224$, 误差绝对值 4.440892×10^{-16}.

(2) 第二类切比雪夫多项式, 当零点数为 $n = 10$ 时, 积分近似值 $I_2^* \approx 0.3926990816987241$, 误差绝对值 5.551115×10^{-17}. 若 $n = 16$, 则误差绝对值为 0.0 (Python 可容许的精度范围内) .

4.5.3 高斯–拉盖尔求积公式

区间为 $[0, +\infty)$、权函数 $\rho(x) = \mathrm{e}^{-x}$ 的正交多项式为拉盖尔 (Laguerre) 多项式

$$L_n(x) = \mathrm{e}^x \frac{\mathrm{d}^n}{\mathrm{d}x^n} \left(x^n \mathrm{e}^{-x}\right), \quad n = 0, 1, \cdots,$$

$x_0, x_1, \cdots, x_n$ 为 $n+1$ 次拉盖尔多项式的零点, 对应的高斯型求积公式为

$$\int_0^{+\infty} \mathrm{e}^{-x} f(x) \mathrm{d}x \approx \sum_{k=0}^{n} A_k f(x_k), \quad A_k = \frac{[(n+1)!]^2}{x_k \left[L_{n+1}(x_k)\right]^2}, \quad k = 0, 1, \cdots, n. \tag{4-13}$$

```
# file_name: gauss_legendre_int.py
class GaussLaguerreIntegration:
    """
    高斯-拉盖尔求积公式, 积分区间[0, ∞), 权函数exp(-x)
    """
```

```
    def __init__(self, int_fun, int_interval, zeros_num=10):
        # 略去其他实例属性的初始化
        if int_interval[1] is not np.infty:
            raise ValueError("高斯–拉盖尔积分适合积分区间为[a, +∞)")
        self.a = int_interval[0]  # 积分下限
        self.n = zeros_num + 1  # 拉盖尔公式的零点数

    def fit_int(self):
        """
        核心算法: 高斯–拉盖尔求积公式
        """
        t = sympy.Symbol("t")  # 符号变量
        # 拉盖尔多项式构造
        p_n = sympy.exp(t) * sympy.diff(t ** self.n * sympy.exp(-t), t, self.n)
        self.zero_points = np.asarray(sympy.solve(p_n, t), dtype=np.float64)  # 零点
        Ak_poly = sympy.lambdify(t, math.factorial(self.n) ** 2 /
                                 (sympy.diff(p_n, t, 1)) ** 2 / t)
        self.A_k = Ak_poly(self.zero_points)  # 求解Ak系数
        # 区间[a, +∞)转换为积分区间[0, +∞), 并带权定义被积函数
        f_val = self.int_fun(self.zero_points + self.a) * np.exp(self.zero_points)
        # 不带权定义被积函数
        # f_val = self.int_fun(self.zeros_points + self.a) * np.exp(-self.a)
        self.int_value = np.dot(f_val, self.A_k)
```

例 7[1] 用高斯–拉盖尔求积公式计算 $\int_0^{+\infty} \mathrm{e}^{-x}\sin x\mathrm{d}x$ 的近似值, 精确值为 0.5.

当 $k=5$ 时, 积分近似值为 $I\approx 0.5000494747976755$, 误差绝对值为 4.947480×10^{-5}. 当 $k=15$ 时, 积分近似值为 $I^*\approx 0.4999999999853302$, 误差绝对值为 1.466982×10^{-11}.

如果积分区间改为 $[2,+\infty)$, 则积分精确值为 $0.5\mathrm{e}^{-2}(\cos 2+\sin 2)$, 当 $k=15$ 时, 计算可得近似积分值 $I^*\approx 0.0333703374127892$, 误差绝对值为 5.964854×10^{-12}. 如果积分区间改为 $[-2,+\infty)$, 则积分精确值为 $0.5\mathrm{e}^{2}(\cos(-2)+\sin(-2))$, 当 $k=15$ 时, 计算可得近似积分值 $I^*\approx -4.8968910092692575$, 误差绝对值为 2.354534×10^{-10}.

4.5.4 高斯–埃尔米特求积公式

区间为 $(-\infty,+\infty)$、权函数 $\rho(x)=\mathrm{e}^{-x^2}$ 的正交多项式为埃尔米特 (Hermite) 多项式

$$H_n(x) = (-1)^n \mathrm{e}^{x^2} \frac{\mathrm{d}^n}{\mathrm{d}x^n} \mathrm{e}^{-x^2}, \quad n = 0, 1, \cdots.$$

$x_0, x_1, \cdots, x_n$ 为 $n+1$ 次埃尔米特多项式的零点, 对应的高斯型求积公式为

$$\int_{-\infty}^{+\infty} \mathrm{e}^{-x^2} f(x) \mathrm{d}x \approx \sum_{k=0}^{n} A_k f(x_k),$$

$$A_k = 2^{n+2}(n+1)! \frac{\sqrt{\pi}}{\left[H'_{n+1}(x_k)\right]^2}, \quad k = 0, 1, \cdots, n. \tag{4-14}$$

```
# file_name: gauss_hermite_int.py
class GaussHermiteIntegration:
    """
    高斯-埃尔米特公式求解数值积分
    """
    def __init__(self, int_fun, int_interval=None, zeros_num=1):
        # 略去其他实例属性的初始化
        if int_interval is not None:  # 不属于积分区间, 或输入做判别
            if np.isneginf(int_interval[0]) is False or \
                np.isposinf(int_interval[1]) is False:
                raise ValueError("高斯-埃尔米特积分适合积分区间为(-∞, +∞)")

    def cal_int(self):
        """
        核心算法: 高斯-埃尔米特求积公式
        """
        t = sympy.Symbol("t")  # 符号变量
        # 埃尔米特多项式构造
        p_n = (-1) ** self.n * sympy.exp(t ** 2) * \
                sympy.diff(sympy.exp(-t ** 2), t, self.n)
        p_n = sympy.simplify(p_n)
        self.zero_points = np.asarray(sympy.solve(p_n, t), dtype=np.float64)  # 零点
        Ak_poly = math.factorial(self.n) * 2 ** (self.n + 1) * \
                    np.sqrt(np.pi) / (sympy.diff(p_n, t, 1)) ** 2
        self.A_k = sympy.lambdify(t, Ak_poly)(self.zero_points)  # 求解Ak系数
        f_val = self.int_fun(self.zero_points) * np.exp(self.zero_points ** 2)
        self.int_value = np.dot(f_val, self.A_k)  # 高斯-埃尔米特求积公式
```

例 8[1]　用高斯–埃尔米特求积公式计算积分 $\int_{-\infty}^{+\infty} x^2 \mathrm{e}^{-x^2} \mathrm{d}x$ 的近似值, 精确

值为 $\dfrac{\sqrt{\pi}}{2}$.

当 $k=10$ 时, 积分近似值 $I^* \approx 0.8862269254527562$, 误差绝对值为 1.776357×10^{-15}. 可通过算法打印输出埃尔米特多项式零点 x_k 和对应的插值型求积公式系数 A_k, 不再赘述.

■ 4.6 离散数据积分

如果被积函数没有显式的函数式, 仅知实验或测量得到的一组离散数据值, 上述积分方法则不可用. 可通过分段函数插值逼近原函数, 进而进行数值积分计算.

4.6.1 平均抛物插值离散数据积分法

平均抛物插值离散数据积分法是在抛物插值的基础上, 利用平滑处理构造的一种积分方法[2].

如果被积函数 $f(x), x\in[a,b]$, 未知, 仅知一组离散数据点 $(x_i, y_i), i=0,1,\cdots, n$, x_i 不一定等距, 且有 $a=x_0<x_1<\cdots<x_n=b$, 则通过 3 点 $\{(x_i, y_{i-1}), (x_i, y_i), (x_{i+1}, y_{i+1})\}$ 的抛物线为

$$
\begin{aligned}
G_i(x) = {} & y_{i-1}\frac{(x-x_i)(x-x_{i+1})}{(x_{i-1}-x_i)(x_{i-1}-x_{i+1})} + y_i\frac{(x-x_{i-1})(x-x_{i+1})}{(x_i-x_{i-1})(x_i-x_{i+1})} \\
& + y_{i+1}\frac{(x-x_{i-1})(x-x_i)}{(x_{i+1}-x_{i-1})(x_{i+1}-x_i)}, \quad i=1,2,\cdots,n-1.
\end{aligned}
$$

记区间长度 $h_i = x_{i+1}-x_i$, 则有

$$
\begin{aligned}
G_i(x) = {} & y_{i-1}\frac{(x-x_i)(x-x_{i+1})}{h_{i-1}(h_{i-1}+h_i)} - y_i\frac{(x-x_{i-1})(x-x_{i+1})}{h_{i-1}h_i} \\
& + y_{i+1}\frac{(x-x_{i-1})(x-x_i)}{(h_{i-1}+h_i)h_i}.
\end{aligned}
$$

同理, 通过点 $\{(x_i, y_i), (x_{i+1}, y_{i+1}), (x_{i+2}, y_{i+2})\}$ 做抛物线

$$
\begin{aligned}
Q_i(x) = {} & y_i\frac{(x-x_{i+1})(x-x_{i+2})}{h_i(h_i+h_{i+1})} - y_{i+1}\frac{(x-x_i)(x-x_{i+2})}{h_ih_{i+1}} \\
& + y_{i+2}\frac{(x-x_i)(x-x_{i+1})}{(h_i+h_{i+1})h_{i+1}}, \quad i=1,2,\cdots,n-1.
\end{aligned}
$$

取二者的平均值作为 $f(x)$ 在小区间 $[x_i, x_{i+1}]$ 上的近似函数 $P_i(x)=\dfrac{G_i(x)+Q_i(x)}{2}$, 以 $P_i(x)$ 代替 $f(x)$ 在小区间 $[x_i, x_{i+1}]$ 上进行积分运算. 故得**平均抛物插值离散**

数据积分公式

$$\int_a^b f(x)\mathrm{d}x = \frac{h_0}{6}(3y_0 + 3y_1 - R_0) + \frac{1}{6}\sum_{i=1}^{n-2} h_i\left(3y_i + 3y_{i+1} - \frac{L_i + R_i}{2}\right) + \frac{h_{n-1}}{6}(3y_{n-1} + 3y_n - L_{n-1}),$$

其中各符号的计算公式如下:

$$\begin{cases} L_i = \dfrac{\delta_i^2}{1+\delta_i}y_{i-1} - \delta_i y_i + \dfrac{\delta_i}{1+\delta_i}y_{i+1}, & i = 1, 2, \cdots, n-1, \\ R_i = \dfrac{\lambda_i}{1+\lambda_i}y_i - \lambda_i y_{i+1} + \dfrac{\lambda_i^2}{1+\lambda_i}y_{i+2}, & i = 0, 1, \cdots, n-2, \\ h_i = x_{i+1} - x_i, \quad \lambda_i = \dfrac{h_i}{h_{i+1}}, & i = 0, 1, \cdots, n-1, \\ \delta_i = \dfrac{h_i}{h_{i-1}}, & i = 1, 2, \cdots, n. \end{cases}$$

```
# file_name: average_parabolic_interpolation_integral.py
class AverageParabolicInterpolationIntegral:
    """
    平均抛物插值法求解离散数值积分
    """
    def __init__(self, x, y):
        self.x, self.y = np.asarray(x, np.float64), np.asarray(y, np.float64)
        if len(self.x) >= 3:
            if len(self.x) != len(self.y):
                raise ValueError("离散数据点维度不匹配.")
            else:
                self.n = len(self.x)  # 离散数据点个数
                self.h = np.diff(self.x)  # 子区间步长, 不一定等距
                self.int_value = None  # 离散积分值
        else:
            raise ValueError("离散数据点不能少于3个.")

    def fit_int(self):
        """
        核心算法: 离散数据积分  平均抛物插值算法
        """
        # 1. 计算每个子区间的积分参数值
        lambda_, delta = self.h[:-1] / self.h[1:], self.h[1:] / self.h[:-1]  # n - 2个
```

```
        L = delta ** 2 / (1 + delta) * self.y[:-2] - delta * self.y[1:-1] + \
            delta / (1 + delta) * self.y[2:]
        R = lambda_ / (1 + lambda_) * self.y[:-2] - lambda_ * self.y[1:-1] + \
            lambda_ ** 2 / (1 + lambda_) * self.y[2:]
        # 2. 根据平均抛物插值算法公式, 计算离散数据积分
        s_term = 3 * (self.y[1:-2] + self.y[2:-1]) - (L[:-1] + R[1:]) / 2
        self.int_value = self.h[0] / 6 * (3 * self.y[0] + 3 * self.y[1] - R[0]) + \
                         np.dot(self.h[1:-1], s_term) / 6 + \
                         self.h[-1] / 6 * (3 * self.y[-2] + 3 * self.y[-1] - L[-1])
```

为测试平均抛物插值离散数据积分法的精度, 采用已知精确积分值的被积函数进行误差分析.

例 9 假设离散数据点由函数 $f(x)=x^2\sqrt{1-x^2}$ 而得, 试用平均抛物插值法求解近似积分, 积分区域 $[0,1]$, 已知精确积分值 $\pi/16$.

如图 4-6 所示, 积分精度随着离散数据点的划分数量的增加而提高, 较为稳定. 当离散数据点数为 $n=100$ 时, 积分近似值为 $I^*\approx 0.196204988827589$, 误差绝对值为 1.445520×10^{-4}. 平均抛物插值积分法作为原积分函数的逼近, 在离散数据积分计算中, 具有一定的精度.

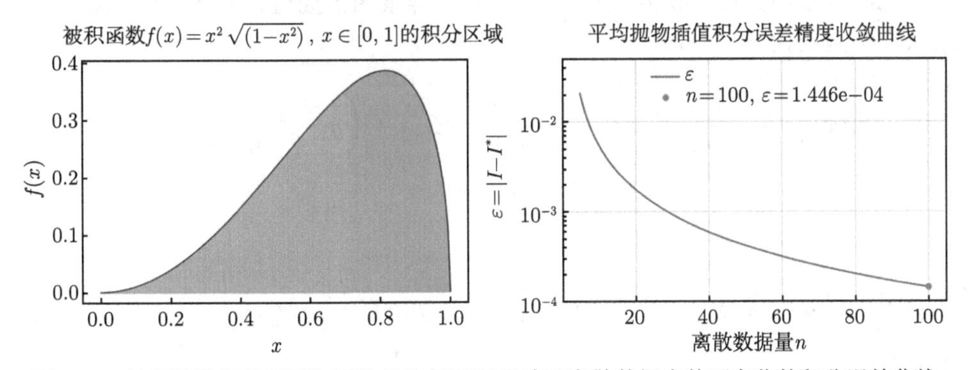

图 4-6 被积函数积分区域与平均抛物插值积分法随离散数据点数而变化的积分误差曲线

4.6.2 * 样条函数插值离散数据积分法

如果离散数据点的 x 坐标值为等距节点, 则可采用均匀 B 样条插值求积分, 非等距可采用三次样条插值求积分.

三次均匀 B 样条函数插值积分法的求解步骤[2]:

(1) 已知等距离散数据点 (x_i,y_i), $i=0,1,\cdots,n$, 步长为 h, 且有 $a=x_0<x_1<\cdots<x_{n-1}<x_n=b$. 记 $x_i=a+ih, i=0,1,\cdots,n$. 在两端点各延拓一点: $x_{-1}=a-h, x_{n+1}=a+h(n+1)$.

(2) 以上述 $n+3$ 个插值节点形成三次均匀 B 样条函数 $S(x)$, 共 n 段, 每段需要 4 个控制点, 根据不同的边界条件反求出 $S(x)$ 的控制点集 $\{c_{-1}, c_0, c_1, \cdots, c_n, c_{n+1}\}$ (参考 2.4 节) , 则第 k 段三次均匀 B 样条函数为

$$P_k(t) = c_{k-1}\frac{(1-t)^3}{6} + c_k\frac{3t^3-6t^2+4}{6} + c_{k+1}\frac{-3t^3+3t^2+3t+1}{6} + c_{k+2}\frac{t^3}{6}, \quad t \in [0,1],$$

其中 $k = 0, 1, \cdots, n-1$. 求子区间积分, 即对第 k 段三次多项式积分可得

$$I_k(f) = \int_{x_k}^{x_{k+1}} P_k(x)\mathrm{d}x = h\int_0^1 P_k(t)\mathrm{d}t = \frac{h}{24}\left[c_{k-1} + 11\left(c_k + c_{k+1}\right) + c_{k+2}\right].$$

(3) 故三次均匀 B 样条函数在区间 $[a, b]$ 上积分公式为

$$I(f) \approx \int_a^b S(x)\mathrm{d}x = \frac{h}{24}\left(c_{-1} + c_{n+1}\right) + \frac{h}{2}\left(c_0 + c_n\right) + \frac{23h}{24}\left(c_1 + c_{n-1}\right) + h\sum_{k=2}^{n-2} c_k. \tag{4-15}$$

三次样条函数插值积分法与三次均匀 B 样条函数插值积分法类似. 设第 i 段三次样条函数为

$$S_i(x) = \frac{\left(x_{i+1}-x\right)^3}{6h_i}M_i + \frac{\left(x-x_i\right)^3}{6h_i}M_{i+1} + \left(y_i - \frac{M_i h_i^2}{6}\right)\frac{x_{i+1}-x}{h_i} + \left(y_{i+1} - \frac{M_{i+1}h_i^2}{6}\right)\frac{x-x_i}{h_i},$$

求子区间积分可得 $\int_{x_i}^{x_{i+1}} S_i(x)\mathrm{d}x = \frac{h_i}{2}\left(y_i + y_{i+1}\right) - \frac{h_i^3}{24}\left(M_{i+1} + M_i\right)$, 故区间 $[a, b]$ 上积分公式为

$$I(f) \approx \sum_{i=1}^{n-1}\int_{x_i}^{x_{i+1}} S_i(x)\mathrm{d}x = \sum_{i=1}^{n-1}\left(\frac{h_i}{2}\left(y_i + y_{i+1}\right) - \frac{h_i^3}{24}\left(M_{i+1} + M_i\right)\right). \tag{4-16}$$

如下算法仅实现三次均匀 B 样条的自然样条边界条件, 因其二阶导数边界值为零. 如果离散数据较多, 可根据第 5 章数值微分计算边界点的一阶或二阶导数, 进而实现其他边界条件下的求解, 不难实现. 三次样条函数插值积分法, 自行设计算法实现, 思路与 B 样条插值积分法类似, 即求得系数 $M_i(i = 1, 2, \cdots, n)$ 后, 按公式 (4-16) 计算即可.

```
# file_name: cubic_bspline_interpolation_integration.py
class CubicBSplineInterpolationIntegration :
    """
    三次B样条函数插值积分法,仅采用自然样条边界条件
    """
    def __init__(self, x, y):
        self.x, self.y = np.asarray(x, np.float64), np.asarray(y, np.float64)
        if len(self.x) >= 3:
            if len(self.x) != len(self.y):
                raise ValueError("离散数据点维度不匹配.")
            else:
                self.n = len(self.x) - 1  # 离散数据点个数
                interp_eu = InterpolationEntityUtils (x, y)  # 调用插值工具类
                self.h = interp_eu.check_equidistant ()  # 判断是否等距
                self.int_value = None  # 离散积分值
        else:
            raise ValueError("离散数据点不能少于3个.")

    def fit_int (self):
        """
        核心算法: 三次B样条函数插值积分算法
        """
        c_spline = self.natural_bspline ()  # 获得B样条系数,或调用第2章已实现类方法
        # 三次样条函数插值积分公式
        self.int_value = self.h * ((c_spline[0] + c_spline[-1]) / 24 +
                                   (c_spline[1] + c_spline[-2]) / 2 +
                                   23 / 24 * (c_spline[2] + c_spline[-3]) +
                                   np.sum(c_spline[3:-3]))

    def natural_bspline (self):
        """
        第二种自然边界条件的系数求解
        """
        c_spline, b_vector = np.zeros(self.n + 3), np.zeros(self.n - 1)
        coefficient_matrix = np.diag(4 * np.ones(self.n - 1))  # 构造对角线元素
        I = np.eye(self.n - 1)  # 构造单位矩阵
        mat_low = np.r_[I[1:, :], np.zeros((1, self.n - 1))]  # 下三角
        mat_up = np.r_[np.zeros((1, self.n - 1)), I[:-1, :]]  # 上三角
        coefficient_matrix = coefficient_matrix + mat_low + mat_up  # 构造三对角矩阵A
```

```
        b_vector[1:-1] = 6 * self.y[2:-2]
        b_vector[0] = 6 * self.y[1] - self.y[0]
        b_vector[-1] = 6 * self.y[-2] - self.y[-1]
        c_spline[2:-2] = np.reshape(np.linalg.solve(coefficient_matrix, b_vector), -1)
        c_spline[1] = self.y[0]  # 表示c0
        c_spline[0] = 2 * c_spline[1] - c_spline[2]  # 表示c_{-1}
        c_spline[-2] = self.y[-1]  # 表示cn
        c_spline[-1] = 2 * c_spline[-2] - c_spline[-3]  # 表示c_{n+1}
        return c_spline
```

例 10 在车流量较大的某桥梁的一端每隔一小时记录 1 分钟通过桥梁车流量, 得到数据如表 4-5, 试估计一天通过桥梁的车流量.

表 4-5 车辆在某些时刻 1 分钟内通过桥梁数据

时间	0:00	1:00	2:00	3:00	4:00	5:00	6:00	7:00
车辆数	20	19	25	27	30	35	40	97
时间	8:00	9:00	10:00	11:00	12:00	13:00	14:00	15:00
车辆数	155	92	60	62	60	65	43	70
时间	16:00	17:00	18:00	19:00	20:00	21:00	22:00	23:00
车辆数	79	140	134	98	62	80	55	35

如图 4-7 所示, 为三次均匀 B 样条插值曲线 $g(x)$, 可通过插值获得 24 小时内每隔 1 分钟的车流量, 然后采用梯形公式求得总车流量. 直接采用三次均匀 B 样条插值积分, 可得一天内通过桥梁的车流量约为 93387 辆.

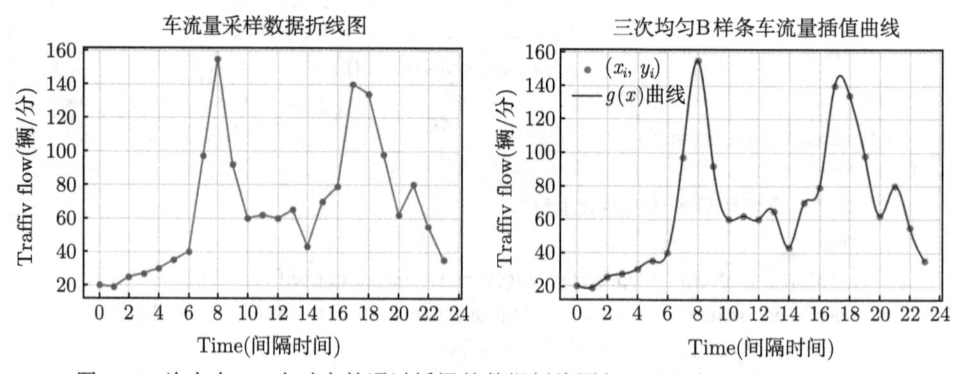

图 4-7 汽车在 24 小时内的通过桥梁的数据折线图与三次均匀 B 样条插值曲线

■ 4.7 多重数值积分

4.7.1 自适应复合辛普森多重积分 (矩形区域)

1. 自适应复合辛普森二重积分

设矩形区域 $\{(x,y) \mid a \leqslant x \leqslant b, c \leqslant y \leqslant d\}$ 的二重积分一般形式为

$$I = \int_c^d \int_a^b f(x,y)\mathrm{d}x\mathrm{d}y.$$

将区间 $[a,b]$ 等分成 m 份, 步长 $h_1 = (b-a)/m$, 等分点 $x_i = a + ih_1$, $i = 0,1,\cdots,m$; 将区间 $[c,d]$ 等分成 n 份, 步长 $h_2 = (d-c)/n$, 等分点 $y_i = c+jh_2, j = 0,1,\cdots,n$. 在每个小矩形区域上采用低阶的数值求积公式求得近似积分值, 并将它们累加求和作为积分 I 的近似值.

复合梯形求积公式 (由于梯形积分精度较低, 故算法不再实现, 可自行设计):

$$\begin{aligned} I = \int_c^d \int_a^b f(x,y)\mathrm{d}x\mathrm{d}y &= \sum_{j=0}^{n-1}\sum_{i=0}^{m-1}\int_{y_i}^{y_{i+1}}\int_{x_i}^{x_{i+1}} f(x,y)\mathrm{d}x\mathrm{d}y \\ &\approx \frac{h_1h_2}{4}\sum_{j=0}^{n-1}\sum_{i=0}^{m-1}\left[f\left(x_i,y_j\right)+f\left(x_{i+1},y_j\right)+f\left(x_i,y_{j+1}\right)+f\left(x_{i+1},y_{j+1}\right)\right]. \end{aligned} \tag{4-17}$$

复合辛普森二重积分公式:

$$\left\{\begin{aligned} & I = \int_c^d \int_a^b f(x,y)\mathrm{d}x\mathrm{d}y \approx \frac{h_1h_2}{36}\sum_{j=0}^{n-1}\sum_{i=0}^{m-1}\left\{I_1 + 4I_2 + 16f\left(x_{i+0.5},y_{j+0.5}\right)\right\}, \\ & I_1 = f\left(x_i,y_j\right)+f\left(x_{i+1},y_j\right)+f\left(x_i,y_{j+1}\right)+f\left(x_{i+1},y_{j+1}\right), \\ & I_2 = f\left(x_{i+0.5},y_j\right)+f\left(x_i,y_{j+0.5}\right)+f\left(x_{i+1},y_{j+0.5}\right)+f\left(x_{i+0.5},y_{j+1}\right), \end{aligned}\right. \tag{4-18}$$

其中 $x_{i+0.5} = \dfrac{x_i + x_{i+1}}{2}$ 和 $y_{j+0.5} = \dfrac{y_j + y_{j+1}}{2}$ 分别表示子区间 $[x_i, x_{i+1}]$ 和 $[y_j, y_{j+1}]$ 的中点.

本算法不指定等分区间的数量, 而是采用某种程度上的自适应方法, 即每次递增一定数量的区间划分数, 若积分值在递增区间数前后变化较小 $\left|I^{(k+1)} - I^{(k)}\right| \leqslant \varepsilon$, 则终止划分, 其中 $I^{(k)}$ 为第 k 次划分区间后的积分近似值.

```
# file_name: composite_simpson_2d_integration.py
class CompositeSimpsonDoubleIntegration:
    """
    复合辛普森二重积分: 每次划分区间数递增, 对比两次积分精度, 满足精度即可
```

```
    """
    def __init__(self, int_fun, x_span, y_span, eps=1e-6, max_split=100, increment=10):
        # 略去其他必要实例属性参数的初始化
        self.max_split = max_split  # 最大划分次数
        self.increment = increment  # 默认划分区间数为10, 增量为10
        self._integral_values = []  # 存储每次积分值, 以便可视化
        self_n_splits = []  # 存储每次划分区间数, 以便可视化
        self.sub_interval_num = 0  # 子区间划分数

    def fit_2d_int(self):
        """
        二重数值积分
        """
        int_val, n = 0, 0  # 自适应过程中积分值int_val以及划分区间数n
        for i in range(self.max_split):
            n = self.increment * (i + 1)  # 划分区间数
            hx, hy = np.diff(self.x_span) / n, np.diff(self.y_span) / n  # 区间步长
            # x和y划分节点
            xi = np.linspace(self.x_span[0], self.x_span[1], n + 1, endpoint=True)
            yi = np.linspace(self.y_span[0], self.y_span[1], n + 1, endpoint=True)
            xy = np.meshgrid(xi, yi)  # 二维网格数据
            int1 = np.sum(self.int_fun(xy[0][:-1, :-1], xy[1][:-1, :-1]))
            int2 = np.sum(self.int_fun(xy[0][1:, 1:], xy[1][:-1, :-1]))
            int3 = np.sum(self.int_fun(xy[0][:-1, :-1], xy[1][1:, 1:]))
            int4 = np.sum(self.int_fun(xy[0][1:, 1:], xy[1][1:, 1:]))
            xci = np.divide(xy[0][:-1, :-1] + xy[0][1:, 1:], 2)  # x各节点中点
            yci = np.divide(xy[1][:-1, :-1] + xy[1][1:, 1:], 2)  # y各节点中点
            int5 = np.sum(self.int_fun(xci, xy[1][:-1, :-1])) + \
                   np.sum(self.int_fun(xy[0][:-1, :-1], yci)) + \
                   np.sum(self.int_fun(xy[0][1:, 1:], yci)) + \
                   np.sum(self.int_fun(xci, xy[1][1:, 1:]))
            int6 = np.sum(self.int_fun(xci, yci))
            int_val = hx * hy / 36 * (int1 + int2 + int3 + int4 + 4 * int5 + 16 * int6)
            self._integral_values.append(int_val[0])  # 存储当前积分值
            self._n_splits.append(n)  # 存储当前划分区间数
            if len(self._integral_values) > 1 and \
                    np.abs(np.diff(self._integral_values[-2:])) < self.eps:
                break
        self.int_value, self.sub_interval_num = int_val[0], n
```

例 11 采用自适应辛普森二重积分计算 $\int_0^1\int_0^1 \mathrm{e}^{-x^2-y^2}\mathrm{d}x\mathrm{d}y$ 的近似值, 精度要求 $\varepsilon=10^{-15}$, 已知其高精度积分值为 0.557746285351034.

每次区间划分数递增 50, 则共需划分区间数为 700, $\left|I^{(k+1)}-I^{(k)}\right|=9.992007\times 10^{-16}<10^{-15}$, 积分近似值为 $I^*\approx 0.557746285351037$, 误差绝对值为 2.775558×10^{-15}. 如图 4-8(右) 为其积分值随着划分区间数的收敛曲线, 可见复合辛普森二重积分公式收敛速度较快. 若划分区间数每次递增 20, 则共需划分区间 580, 如图 4-8(左) 所示, 积分近似值 $I^*\approx 0.557746285351040$, 误差绝对值为 6.439294×10^{-15}.

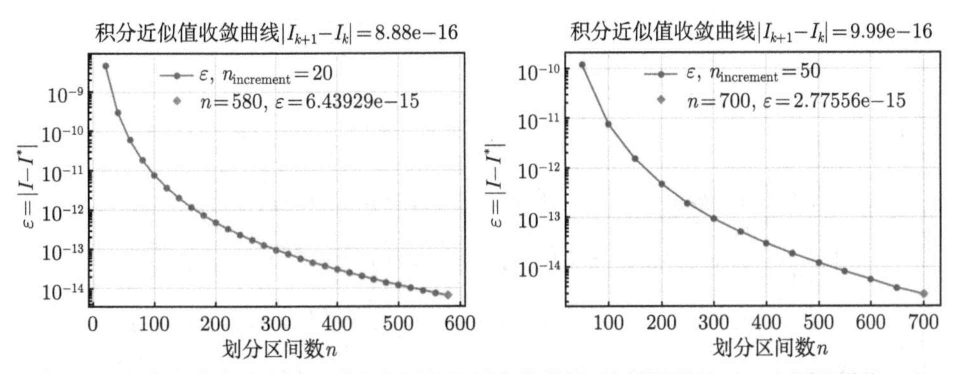

图 4-8 复合辛普森法求解二重积分近似值的收敛曲线 (左图递增值 20, 右图递增值 50)

2. 自适应复合辛普森三重积分

设积分区域 $\{(x,y,z)\mid a_1\leqslant x\leqslant a_2, b_1\leqslant y\leqslant b_2, c_1\leqslant z\leqslant c_2\}$ 的三重积分形式如下:

$$I=\int_{c_1}^{c_2}\int_{b_1}^{b_2}\int_{a_1}^{a_2} f(x,y,z)\mathrm{d}x\mathrm{d}y\mathrm{d}z.$$

将区间 $[a_1,a_2]$ 等分 n_1 份, 步长 $h_1=(a_2-a_1)/n_1$, 等分点 $x_i=a_1+ih_1, i=0,1,\cdots,n_1$; 将区间 $[b_1,b_2]$ 等分 n_2 份, 步长 $h_2=(b_2-b_1)/n_2$, 等分点 $y_i=b_1+jh_2, j=0,1,\cdots,n_2$; 将区间 $[c_1,c_2]$ 等分成 n_3 份, 步长 $h_3=(c_2-c_1)/n_3$, 等分点 $z_k=c_1+kh_3$, $k=0,1,\cdots,n_3$. 在每个小长方体区域上采用低阶的数值求积公式求得近似积分值, 并将它们累加求和作为积分 I 的近似值.

令 $x_{i+0.5}=\dfrac{x_i+x_{i+1}}{2}$, $y_{j+0.5}=\dfrac{y_j+y_{j+1}}{2}$ 和 $z_{k+0.5}=\dfrac{z_k+z_{k+1}}{2}$ 分别表示 $[x_i,x_{i+1}],[y_j,y_{j+1}]$ 和 $[z_k,z_{k+1}]$ 区间的中点, 则复合辛普森三重积分公式为

$$
\left\{
\begin{aligned}
I &= \int_{c_1}^{c_2}\int_{b_1}^{b_2}\int_{a_1}^{a_2} f(x,y,z)\mathrm{d}x\mathrm{d}y\mathrm{d}z \\
&= \sum_{k=0}^{n_3-1}\sum_{j=0}^{n_2-1}\sum_{i=0}^{n_1-1}\int_{z_k}^{z_{k+1}}\int_{y_j}^{y_{j+1}}\int_{x_i}^{x_{i+1}} f(x,y,z)\mathrm{d}x\mathrm{d}y\mathrm{d}z \\
&\approx \frac{h_1h_2h_3}{216}\sum_{k=0}^{n_3-1}\sum_{j=0}^{n_2-1}\sum_{i=0}^{n_1-1}\left\{I_1+4I_2+16I_3+64f\left(x_{i+0.5},y_{j+0.5},z_{k+0.5}\right)\right\}, \\
I_1 &= f\left(x_i,y_j,z_k\right)+f\left(x_{i+1},y_j,z_k\right)+f\left(x_i,y_{j+1},z_k\right)+f\left(x_i,y_j,z_{k+1}\right) \\
&\quad +f\left(x_{i+1},y_{j+1},z_k\right)+f\left(x_{i+1},y_j,z_{k+1}\right)+f\left(x_i,y_{j+1},z_{k+1}\right) \\
&\quad +f\left(x_{i+1},y_{j+1},z_{k+1}\right), \\
I_2 &= f\left(x_{i+0.5},y_j,z_k\right)+f\left(x_{i+0.5},y_{j+1},z_k\right)+f\left(x_{i+0.5},y_j,z_{k+1}\right) \\
&\quad +f\left(x_{i+0.5},y_{j+1},z_{k+1}\right)+f\left(x_i,y_{j+0.5},z_k\right)+f\left(x_{i+1},y_{j+0.5},z_k\right) \\
&\quad +f\left(x_i,y_{j+0.5},z_{k+1}\right)+f\left(x_{i+1},y_{j+0.5},z_{k+1}\right)+f\left(x_i,y_j,z_{k+0.5}\right) \\
&\quad +f\left(x_{i+1},y_j,z_{k+0.5}\right)+f\left(x_i,y_{j+1},z_{k+0.5}\right)+f\left(x_{i+1},y_{j+1},z_{k+0.5}\right), \\
I_3 &= f\left(x_{i+0.5},y_{j+0.5},z_k\right)+f\left(x_{i+0.5},y_{j+0.5},z_{k+1}\right)+f\left(x_{i+0.5},y_j,z_{k+0.5}\right) \\
&\quad +f\left(x_{i+0.5},y_{j+1},z_{k+0.5}\right)+f\left(x_i,y_{j+0.5},z_{k+0.5}\right)+f\left(x_{i+1},y_{j+0.5},z_{k+0.5}\right).
\end{aligned}
\right.
\tag{4-19}
$$

算法思路同自适应复合辛普森二重积分, 每次递增一定数量的区间划分数, 若积分值在递增区间数前后变化较小 $\left|I^{(k+1)}-I^{(k)}\right| \leqslant \varepsilon$, 则终止划分. 本算法计算复杂度较高, 可修改为非自适应算法, 增加表示划分区间数参数 n.

```
# file_name: composite_simpson_3d_integration.py
class CompositeSimpsonTripleIntegration:
    """
    复合辛普森三重积分：每次划分区间数递增, 对比两次积分精度, 满足精度即可
    """
    def __init__(self, int_fun, x_span, y_span, z_span, eps=1e-6,
                 max_split=20, increment=10):
        self.int_fun = int_fun  # 被积函数
        self.x_span = np.asarray(x_span, dtype=np.float64)  # x积分区间
        self.y_span = np.asarray(y_span, dtype=np.float64)  # y积分区间
        self.z_span = np.asarray(z_span, dtype=np.float64)  # z积分区间
        self.eps = eps  # 积分精度, 为前后两次区间划分积分值的变化
```

```
        self.max_split = max_split  # 最大划分次数, 每次递增10
        self.increment = increment  # 默认划分区间数为10, 增量为10
        self._integral_values, self._n_splits = [], []  # 积分值和划分区间数
        self.int_value = None # 最终积分值
        self.sub_interval_num = 0  # 子区间划分数

    def fit_3d_int(self):
        """
        核心算法: 三重数值积分, 矢量化计算
        """
        int_val, n = 0, 0
        start = 6 if self.eps <= 1e-10 else 0  # 起始划分数10 ** (start + 1)
        for i in range(start, self.max_split):
            n = self.increment * (i + 1)  # 划分区间数
            hx = np.diff(self.x_span) / n  # x方向积分步长
            hy = np.diff(self.y_span) / n  # y方向积分步长
            hz = np.diff(self.z_span) / n  # z方向积分步长
            # x、y和z划分节点
            xi = np.linspace(self.x_span[0], self.x_span[1], n + 1, endpoint=True)
            yi = np.linspace(self.y_span[0], self.y_span[1], n + 1, endpoint=True)
            zi = np.linspace(self.z_span[0], self.z_span[1], n + 1, endpoint=True)
            vx, vy, vz = np.meshgrid(xi, yi, zi)  # 三维矩阵
            v01, v02 = vx[:-1, :-1, :-1], vx[1:, 1:, 1:]  # f(xi,,), f(x_{i+1},,)
            v11, v12 = vy[:-1, :-1, :-1], vy[1:, 1:, 1:]  # f(,yi,), f(,y_{i+1},)
            v21, v22 = vz[:-1, :-1, :-1], vz[1:, 1:, 1:]  # f(,,zi), f(,,z_{i+1})
            I1, I2, I3 = 0.0, 0.0, 0.0  # 表示I1, I2, I3
            for v0 in [v01, v02]:
                for v1 in [v11, v12]:
                    for v2 in [v21, v22]:
                        I1 += np.sum(self.int_fun(v0, v1, v2))
            xci = np.divide(v01 + v02, 2)  # x各节点中点, f(x_{i+0.5},,)
            yci = np.divide(v11 + v12, 2)  # y各节点中点, f(,y_{i+0.5},)
            zci = np.divide(v21 + v22, 2)  # z各节点中点, f(,,z_{i+0.5})
            for v1 in [v11, v12]:  # 表示f(x_{i+0.5},,)
                for v2 in [v21, v22]:
                    I2 += np.sum(self.int_fun(xci, v1, v2))
            for v0 in [v01, v02]:  # 表示f(,y_{i+0.5},)
                for v2 in [v21, v22]:
                    I2 += np.sum(self.int_fun(v0, yci, v2))
            for v0 in [v01, v02]:  # 表示f(,,z_{i+0.5})
```

```
            for v1 in [v11, v12]:
                I2 += np.sum(self.int_fun(v0, v1, zci))
        for v2 in [v21, v22]:  # 表示f(x_{i+0.5},y_{i+0.5},)
            I3 += np.sum(self.int_fun(xci, yci, v2))
        for v1 in [v11, v12]:  # 表示f(x_{i+0.5},,z_{i+0.5})
            I3 += np.sum(self.int_fun(xci, v1, zci))
        for v0 in [v01, v02]:  # 表示f(,y_{i+0.5},z_{i+0.5})
            I3 += np.sum(self.int_fun(v0, yci, zci))
        # I4表示为f(x_{i+0.5},y_{i+0.5},z_{i+0.5})函数值相加
        I4 = np.sum(self.int_fun(xci, yci, zci))
        int_val = hx * hy * hz / 216 * (I1 + 4 * I2 + 16 * I3 + 64 * I4)  # 公式
        self._integral_values.append(int_val[0])  # 存储近似积分
        self._n_splits.append(n)  # 存储划分区间数
        if len(self._integral_values) > 1 and \
                np.abs(np.diff(self._integral_values[-2:])) < self.eps:
            break
    self.int_value, self.sub_interval_num = int_val[0], n
```

例 12 计算三重积分 $\int_0^1\int_0^{\pi}\int_0^{\pi} 4xz\mathrm{e}^{-x^2y-z^2}\mathrm{d}x\mathrm{d}y\mathrm{d}z$ 的近似值, 已知高精度积分值 1.7327622230312205.

设置精度为 $\varepsilon=10^{-10}$, 每次递增划分区间数为 10, 则满足精度要求下共划分区间数 210, 积分近似值 $I^*\approx 1.732762223407748$, 误差绝对值 3.765275×10^{-10}. 图 4-9 为其积分值随着划分区间数的收敛曲线, 可见复合辛普森三重积分公式收敛速度较快, 但计算复杂度较高.

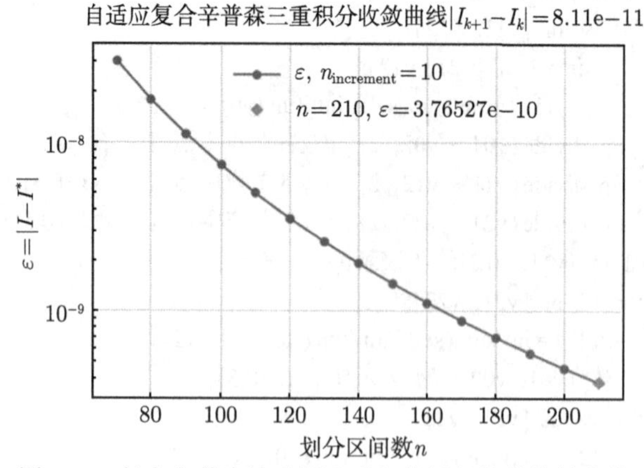

图 4-9 复合辛普森法求解三重积分近似值的收敛曲线

4.7.2 高斯–勒让德法求解多重积分 (矩形区域)

1. 高斯–勒让德法求解二重积分

设矩形区域的二重积分一般形式为 $I=\int_c^d\int_a^b f(x,y)\mathrm{d}x\mathrm{d}y$, 高斯–勒让德法求解二重积分步骤:

(1) 根据零点数 $n+1$, 求解勒让德多项式零点 x_k 以及插值系数 A_k, 计算公式 (4-10).

(2) 对零点 x_k 和系数 A_k, 根据各变量积分区间, 做积分区间变换, 即

$$x_k^*=\frac{b-a}{2}x_k+\frac{b+a}{2},\ y_k^*=\frac{d-c}{2}y_k+\frac{d+c}{2},\ A_x=\frac{b-a}{2}A_k,\ A_y=\frac{d-c}{2}A_k.$$

(3) 对零点 (x_k^*,y_k^*) 生成二维网格点 $(x_i,y_j)\,,i,j=0,1,\cdots,n$, 并求被积函数的函数值 $f\left(x_i,y_j\right)$. 记 $A_{x,i}$ 为对应 x 积分的第 i 个插值系数 A_i 做积分变换后的插值系数, $A_{y,j}$ 含义同 $A_{x,i}$.

(4) 根据如下公式求解积分:

$$I\approx\sum_{i=0}^{n}\sum_{j=0}^{n}A_{x,i}A_{y,j}f\left(x_i,y_j\right)=\begin{pmatrix}A_{x,0} & A_{x,1} & \cdots & A_{x,n}\end{pmatrix}\cdot\begin{pmatrix}f\left(x_0,y_0\right) & f\left(x_0,y_1\right) & \cdots & f\left(x_0,y_n\right)\\ f\left(x_1,y_0\right) & f\left(x_1,y_1\right) & \cdots & f\left(x_1,y_n\right)\\ \vdots & \vdots & \ddots & \vdots\\ f\left(x_n,y_0\right) & f\left(x_n,y_1\right) & \cdots & f\left(x_n,y_n\right)\end{pmatrix}\begin{pmatrix}A_{y,0}\\ A_{y,1}\\ \vdots\\ A_{y,n}\end{pmatrix}.$$

读者可思考如何修改算法使得高斯–勒让德二重积分实现自适应精度积分.

```
# file_name: gauss_legendre_2d_integration.py
class GaussLegendreDoubleIntegration:
    """
    高斯-勒让德法计算二重积分
    """
    def __init__(self, int_fun, x_span, y_span, zeros_num=10): # 略去必要参数初始化

    def fit_2d_int(self):
        """
        核心算法: 二重数值积分
        """
        A_k, zero_points = self._cal_Ak_zeros_()  # 获取插值系数和高斯零点
```

```
        # 各变量积分区间转换为[-1, 1]
        A_k_x = A_k * (self.bx - self.ax) / 2
        A_k_y = A_k * (self.by - self.ay) / 2
        zero_points_x = (self.bx - self.ax) / 2 * zero_points + (self.bx + self.ax) / 2
        zero_points_y = (self.by - self.ay) / 2 * zero_points + (self.by + self.ay) / 2
        xy = np.meshgrid(zero_points_x, zero_points_y)  # 生成二维网格
        f_val = self.int_fun(xy[0], xy[1])  # 函数值, 二维数组
        self.int_value = np.dot(np.dot(A_k_x, f_val), A_k_y)  # 按公式计算积分

    def _cal_Ak_zeros_(self):
        """
        求解勒让德多项式的高斯零点和Ak系数
        """
        t = sympy.Symbol("t")
        # 勒让德多项式构造
        p_n = (t ** 2 - 1) ** self.n / math.factorial(self.n) / 2 ** self.n
        diff_p_n = sympy.diff(p_n, t, self.n)  # n阶导数
        # 求解多项式的全部零点
        zero_points = np.asarray(sympy.solve(diff_p_n, t), dtype=np.float)
        Ak_poly = sympy.lambdify(t, 2 / (1 - t ** 2) / (sympy.diff(diff_p_n, t)) ** 2)
        A_k = Ak_poly(zero_points)  # 求解Ak系数
        return A_k, zero_points
```

对**例 11** 示例, 采用高斯–勒让德法求解二重积分, 勒让德多项式零点数为 10, 积分近似值为 $I^* \approx 0.5577462853510331$, 误差绝对值 8.881784×10^{-16}, 积分精度相对于复合辛普森二重积分要高.

2. 高斯–勒让德三重积分

其计算步骤同高斯–勒让德二重积分, 不再赘述. 读者可思考如何修改算法使得高斯–勒让德三重积分实现自适应精度积分.

```
# file_name: gauss_legendre_3d_int
class GaussLegendreTripleIntegration:
    """
    高斯–勒让德三重积分:
    1. 求勒让德零点, 2. 求插值系数Ak, 3. 做积分区间变换[a, b]—>[-1,1],
    4. 生成三维网格点, 计算被积函数的函数值, 5. 根据公式构造计算三重积分值
    """
    def __init__(self, int_fun, x_span, y_span, z_span, zeros_num=None):
        # 被积函数, x, y和z的积分上下限, 略去
```

```
        if zeros_num is None:
            self.n_x, self.n_y, self.n_z = 10, 10, 10
        else:
            if len(zeros_num) != 3:
                raise ValueError("零点数设置格式为[nx, ny, nz].")
            else:
                self.n_x, self.n_y, self.n_z = zeros_num[:2]
        self.int_value = None # 最终积分值

    def fit_3d_int(self):
        """
        核心算法: 采用高斯-勒让德法计算三重积分
        """
        # 分别在积分方向x、y和z上计算勒让德的零点与Ak系数
        A_k_x, zero_points_x = self._cal_Ak_zeros_(self.n_x)
        A_k_y, zero_points_y = self._cal_Ak_zeros_(self.n_y)
        A_k_z, zero_points_z = self._cal_Ak_zeros_(self.n_z)
        # 如下为积分区间变换
        A_k_x = A_k_x * (self.bx - self.ax) / 2
        A_k_y = A_k_y * (self.by - self.ay) / 2
        A_k_z = A_k_z * (self.bz - self.az) / 2
        zp_x = (self.bx - self.ax) / 2 * zp_x + (self.bx + self.ax) / 2
        zp_y = (self.by - self.ay) / 2 * zp_y + (self.by + self.ay) / 2
        zp_z = (self.bz - self.az) / 2 * zp_z + (self.bz + self.az) / 2
        xyz = np.meshgrid(zp_x, zp_y, zp_z) # 生成三维网格点
        f_val = self.int_fun(xyz[0], xyz[1], xyz[2])  # 计算函数值, 三维数组
        self.int_value = 0.0    # 高斯-勒让德三重积分公式计算
        for j in range(self.n_y):
            for i in range(self.n_x):
                for k in range(self.n_z):
                    self.int_value += A_k_x[i] * A_k_y[j] * A_k_z[k] * f_val[j, i, k]
        return self.int_value

    @staticmethod
    def _cal_Ak_zeros_(n):
        """
        计算勒让德多项式的零点与Ak系数
        """
        t = sympy.Symbol("t")
        p_n = (t ** 2 - 1) ** n / math.factorial(n) / 2 ** n  # 勒让德多项式构造
```

```
    diff_p_n = sympy.diff(p_n, t, n)  # 多项式的n阶导数
    # 求解多项式的全部零点，可采用逐次压缩牛顿法求解多项式的全部零点
    zeros_points = np.asarray(sympy.solve(diff_p_n, t), dtype=np.float64)
    Ak_poly = sympy.lambdify(t, 2 / (1 - t ** 2) / (diff_p_n.diff(t, 1) ** 2))
    A_k = Ak_poly(zeros_points)  # 求解Ak系数
    return A_k, zeros_points
```

针对**例 12** 积分示例, 采用高斯–勒让德三重积分, 分析不同零点数的积分近似值的误差.

图 4-10 为高斯–勒让德三重积分随零点数变化的绝对误差收敛曲线, 从零点数 15 开始, 由于计算舍入误差的存在, 积分精度存在一定的波动. 当零点数为 24 时, 积分近似值为 $I^* \approx 1.7327622230312207$, 误差绝对值 2.220446×10^{-16}, 积分精度最高, 再增加零点数, 积分误差有增大趋势. 也可设置各积分维度的零点数不同, 如在 x, y 和 z 积分方向分别设置 $n = [11, 12, 15]$, 则积分值为 $I^* \approx 1.732762223031220$, 误差绝对值为 4.440892×10^{-16}.

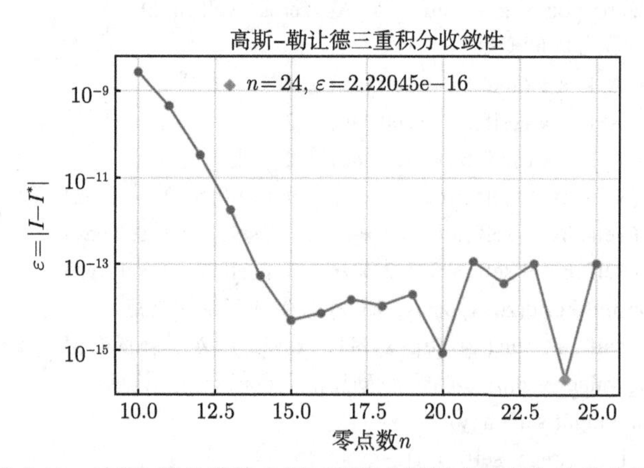

图 4-10　高斯–勒让德法求解三重积分随零点数变化的收敛性

4.7.3　一般区域的多重积分

1. 辛普森公式求解一般区域二重积分

对于非矩形区域的二重积分, 转换为累次积分, 可用类似矩形域求得其近似积分值. 用辛普森公式可转化一般区域二重积分的一般形式为

$$\begin{aligned}&\int_a^b \int_{c(x)}^{d(x)} f(x,y)\mathrm{d}y\mathrm{d}x \\ \approx &\int_a^b \frac{d(x)-c(x)}{6}\left[f(x,c(x)) + 4f\left(x, \frac{d(x)+c(x)}{2}\right) + f(x,d(x))\right]\mathrm{d}x,\end{aligned} \tag{4-20}$$

然后对每个积分使用辛普森公式或科茨公式, 则可求得二重积分的近似值.

算法说明 被积函数 $f(x, y)$ 和积分变量 y 的积分上下限 $y_{\text{low}}(x), y_{\text{up}}(x)$ 均采用符号函数定义.

```
# file_name: com_simpson_2d_general_region.py
class GeneralRegionDoubleIntegration:
    """
    一般区域二重积分, 首先使用辛普森公式转换二元被积函数为一元函数, 然后采用
    复合科茨公式求解一元函数积分, 也可使用复合梯形或复合辛普森公式
    """
    def __init__(self, int_fun, x_span, c_x, d_x, interval_num=16):
        # 略去了必要参数的初始化
        # 函数transformation_int_fun_1d替换y的上下限, 构成一元函数
        self.int_fun = self.transformation_int_fun_1d(int_fun)

    def transformation_int_fun_1d(self, int_fun):
        """
        转换二元函数为一元函数, 然后利用一元函数进行复合辛普森积分
        """
        k_fun = (self.d_x - self.c_x) / 2
        x, y = list(int_fun.free_symbols)  # 获取自由变量, 集合转变为列表
        if x is not self.d_x.free_symbols.pop():  # 确定对应的符号变量
            x, y = y, x  # 使得一重积分的符号变量为x
        int_fun_1d_1 = int_fun.subs({y: self.c_x})
        int_fun_1d_3 = int_fun.subs({y: self.d_x})
        int_fun_1d_2 = int_fun.subs({y: self.c_x + k_fun})
        int_fun = k_fun / 3 * (int_fun_1d_1 + 4 * int_fun_1d_2 + int_fun_1d_3)
        return sympy.simplify(int_fun)

    def fit_2d_int(self):
        """
        一般区域的辛普森二重数值积分
        """
        h = (self.x_span[1] - self.x_span[0]) / 4 / self.n  # 划分区间步长
        # 等距离散化数据节点, 共4n+1个
        x_k = np.linspace(self.x_span[0], self.x_span[1], 4 * self.n + 1)
        x = self.int_fun.free_symbols.pop()  # 获取符号变量
        int_fun_expr = sympy.lambdify(x, self.int_fun, "numpy")  # 转换为lambda函数
        f_val = int_fun_expr(x_k)  # 计算函数值
        idx = np.linspace(0, 4 * self.n, 4 * self.n + 1, dtype=np.int64)  # 索引下标
```

```
        f_val_0 = f_val[np.mod(idx, 4) == 0]  # 下标为4k, 子区间端点值
        f_val_1 = f_val[np.mod(idx, 4) == 1]  # 下标为4k+1, 子区间第一个值
        f_val_2 = f_val[np.mod(idx, 4) == 2]  # 下标为4k+2, 子区间第二个值
        f_val_3 = f_val[np.mod(idx, 4) == 3]  # 下标为4k+3, 子区间第三个值
        # 复合科茨公式
        self.int_value = (7 * (f_val_0[0] + f_val_0[-1]) + 14 * sum(f_val_0[1:-1]) +
                          32 * (sum(f_val_1) + sum(f_val_3)) +
                          12 * sum(f_val_2)) * 2 * h / 45
        return self.int_value
```

例 13　计算二重积分 $I=\int_0^1 \mathrm{d}x \int_0^{1-x^2} 3x^2y^2\mathrm{d}y$, 积分精确值 $\dfrac{16}{315}$.

对 x 和 y 两个积分方向均划分区间数 50, 近似积分值为 $I^*\approx 0.05079365079350001$, 误差绝对值为 1.507822×10^{-13}. 若对 x 和 y 两个积分方向均划分区间数 200, 则积分值 $I^*\approx 0.050793650793650766$, 误差绝对值为 2.775558×10^{-17}, 精度非常高.

2. 高斯–勒让德法求解[5]一般区域二重积分

对 $[a,b]$ 内的每个 x, 在区间 $[c(x),d(x)]$ 中取值的变量 y 要被变换到区间 $[-1,1]$ 上取值的新变量 t, 即

$$f(x,y)=f\left(x,\frac{(d(x)-c(x))t+d(x)+c(x)}{2}\right),\quad \mathrm{d}y=\frac{d(x)-c(x)}{2}\mathrm{d}t$$

对 $[a,b]$ 内的每个 x, 应用高斯求积公式就得到

$$\int_{c(x)}^{d(x)} f(x,y)\mathrm{d}y=\int_{-1}^{1} f\left(x,\frac{(d(x)-c(x))t+d(x)+c(x)}{2}\right)\mathrm{d}t.$$

从而产生

$$\begin{aligned}&\int_a^b\int_{c(x)}^{d(x)} f(x,y)\mathrm{d}y\mathrm{d}x\\ \approx&\int_a^b \frac{d(x)-c(x)}{2}\sum_{j=1}^{n} c_{n,j} f\left(x,\frac{(d(x)-c(x))r_{n,j}+d(x)+c(x)}{2}\right)\mathrm{d}x,\end{aligned}\tag{4-21}$$

其中 $c_{n,j}$ 和 $r_{n,j}$ 分别为勒让德多项式插值系数和高斯点. 进而, 变换区间 $[a,b]\mapsto[-1,1]$, 高斯求积公式用于近似计算 (4-21) 中右端的积分.

```python
# file_name: gauss_2d_general_region.py
class Gauss2DGeneralIntegration:
    """
    高斯-勒让德法计算一般区域的二重积分
    """
    def __init__(self, int_fun, a, b, c_x, d_x, zeros_num=np.array([10, 10])):
        self.ax, self.bx = a, b  # x积分区间
        self.ay, self.by = c_x, d_x  # y积分区间, 关于x的函数
        self.int_fun = int_fun  # 被积函数
        self.y_n, self.x_m = zeros_num[1], zeros_num[0]  # 零点数
        self.int_value = None  # 最终积分值

    def cal_2d_int(self):
        """
        核心算法: 一般区域的二重数值积分
        """
        A_k_x, zero_points_x = self._cal_Ak_zeros_(self.x_m)  # 获取插值系数和零点
        A_k_y, zero_points_y = self._cal_Ak_zeros_(self.y_n)  # 获取插值系数和零点
        h1, h2 = (self.bx - self.ax) / 2, (self.bx + self.ax) / 2  # 区间转换为[-1, 1]
        self.int_value = 0.0
        for i in range(self.x_m):  # 针对积分变量x
            zp_x = h1 * zero_points_x[i] + h2  # 区间转换后的零点
            c1, d1 = self.ay(zp_x), self.by(zp_x)  # 变量y的积分上下限的函数值
            k1, k2 = (d1 - c1) / 2, (d1 + c1) / 2  # 用于区间转换为[-1, 1]
            zp_y = k1 * zero_points_y + k2  # 区间转换后的零点, 一维数组
            f_val = self.int_fun(zp_x, zp_y)  # 零点函数值, 一维数组
            int_x = np.dot(f_val, A_k_y)  # 积分值累加
            self.int_value += A_k_x[i] * k1 * int_x  # 积分值累加
        self.int_value *= h1
        return self.int_value

    def _cal_Ak_zeros_(self, n):  # 求解勒让德多项式的高斯零点和Ak系数, n为零点数
```

针对**例 13** 示例, 设置零点数为 $[m,n]=[5,5]$, 则积分近似值为 $I^*\approx 0.05079365079365083$, 误差绝对值为 3.469447×10^{-17}, 精度非常高.

3. 高斯–勒让德法求解一般区域的三重积分

如下一般区域的三重积分的一般形式

$$\int_a^b\int_{c(x)}^{d(x)}\int_{\alpha(x,y)}^{\beta(x,y)} f(x,y,z)\mathrm{d}z\mathrm{d}y\mathrm{d}x,$$

可用类似一般区域二重积分的高斯–勒让德方法来近似计算.

```
# file_name: gauss_3d_general_region.py
class Gauss3DGeneralIntegration:
    """
    高斯–勒让德法计算一般区域的三重积分
    """
    def __init__(self, int_fun, a, b, c_x, d_x, alpha_xy, beta_xy,
                 zeros_num=np.array([10, 10, 10])):
        # 其他实例属性初始化, 参考Gauss2DGeneralIntegration
        self.az, self.bz = alpha_xy, beta_xy  # z积分区间, 且是关于x,y的函数

    def cal_3d_int(self):
        """
        核心算法: 一般区域的三重数值积分
        """
        A_k_x, zero_points_x = self._cal_Ak_zeros_(self.x_m) # 获取插值系数和零点
        A_k_y, zero_points_y = self._cal_Ak_zeros_(self.y_n)  # 获取插值系数和零点
        A_k_z, zero_points_z = self._cal_Ak_zeros_(self.z_p)  # 获取插值系数和零点
        h1, h2 = (self.bx - self.ax) / 2, (self.bx + self.ax) / 2  # 区间转换为[-1, 1]
        self.int_value = 0.0
        for i in range(self.x_m): # 针对积分变量x
            int_x = 0.0
            zp_x = h1 * zero_points_x[i] + h2  # 区间转换后的零点
            c1, d1 = self.ay(zp_x), self.by(zp_x)  # 变量y的积分上下限的函数值
            k1, k2 = (d1 - c1) / 2, (d1 + c1) / 2  # 用于区间转换为[-1, 1]
            for j in range(self.y_n):
                zp_y = k1 * zero_points_y[j] + k2  # 区间转换后的零点
                beta_1, alpha_1 = self.bz(zp_x, zp_y), self.az(zp_x, zp_y)  # 函数值
                l1, l2 = (beta_1 - alpha_1) / 2, (beta_1 + alpha_1) / 2  # 区间转换
                zp_z = l1 * zero_points_z + l2  # 区间转换后的零点, 一维数组
                f_val = self.int_fun(zp_x, zp_y, zp_z)  # 零点函数值, 一维数组
                int_y = np.dot(f_val, A_k_z) # 积分值累加
                int_x += A_k_y[j] * l1 * int_y
            self.int_value += A_k_x[i] * k1 * int_x  # 积分值累加
        self.int_value *= h1  # 最终积分值
        return self.int_value

    def _cal_Ak_zeros_(self, n):  # 求解勒让德多项式的高斯零点和Ak系数, n为零点数
```

例 14 采用高斯–勒让德法计算 $\int_0^1\int_0^1\int_{-xy}^{xy} \mathrm{e}^{x^2+y^2}\mathrm{d}z\mathrm{d}y\mathrm{d}x$ 的积分近似值, 精确值 $0.5(\mathrm{e}-1)^2$.

设置零点数 $[m,n,p]=[10,10,10]$, 则积分近似值为 $I^*\approx 1.4762462210062772$, 误差绝对值为 2.442491×10^{-15}.

注 积分变量 y 的积分上下限定义时应是关于变量 x 的函数, 尽管不包含变量 x. 同理, 积分变量 z 定义时应是关于变量 x,y 的函数.

■ 4.8 * 一般区间的蒙特卡罗高维数值积分法

蒙特卡罗方法又称随机抽样法或统计试验方法, 属于计算数学的一个分支, 它是在 20 世纪 40 年代中期为了适应当时核能事业的发展而发展起来的. 传统的经验方法由于不能逼近真实的物理过程, 很难得到满意的结果, 而蒙特卡罗方法由于能够真实地模拟实际物理过程, 故解决问题与实际非常符合, 可以得到很圆满的结果.

蒙特卡罗方法用于求积分时, 与积分重数无关, 这点非常重要. 虽然四维以下的积分用蒙特卡罗法效率可能不如传统的一些数值积分方法, 但是维数高的时候, 蒙特卡罗法比传统方法要有效得多, 而且实现起来也非常容易. 可以说, 计算高维积分是蒙特卡罗方法最成功和典型的应用. 实际应用中, 有多种蒙特卡罗方法可以计算 n 重积分, 比较常用的随机序列蒙特卡罗法和等分布序列的蒙特卡罗法[3].

设 D 为 n 维空间 $\mathbb{R}^n$ 的一个区域, $f(x)\in D\subset\mathbb{R}^n\to\mathbb{R}$, 区域 D 上的 n 重积分表示为 $I=\int_D f(p)\mathrm{d}p$, I 可以认为等于区域 D 的测度乘以函数 f 的期望.

1. 随机序列蒙特卡罗法[3]

随机序列蒙特卡罗法就是找一个超立方体 (测度已知, 为 M_c) 包含区域 D, 在 D 内随机生成 n (n 一般足够大) 个均匀分布的点 p_i, $i=1,2,\cdots,n$, 统计落入区域 D 的点, 假设有 $m\leqslant n$ 个, 则容易计算区域 D 的测度 M_D 和函数 f 的期望 $\bar{f}$, 从而有计算重积分的蒙特卡罗法公式

$$I\approx M_D\bar{f}\approx\frac{M_c}{n}\sum_{i\in D}f(p_i),\quad M_D\approx\frac{mM_c}{n},\quad \bar{f}\approx\frac{1}{m}\sum_{i\in D}f(p_i).\tag{4-22}$$

如一重积分问题, 蒙特卡罗积分法可表示为

$$\int_a^b f(x)\mathrm{d}x\approx M_D\bar{f}=\frac{b-a}{n}\sum_{i\in D}f(x_i).$$

例 15　用随机序列蒙特卡罗积分法求解 $I=\int_0^1(\cos 50x+\sin 20x)^2\mathrm{d}x$, 积分精确值保留 16 位为

$$\frac{\cos 30}{30}-\frac{\cos 70}{70}-\frac{\sin 40}{80}+\frac{\sin 100}{200}+\frac{103}{105}\approx 0.965200936050146.$$

```
fh = lambda x: (np.cos(50 * x) + np.sin(20 * x)) ** 2  # 被积函数
a, b = 0, 1  # 积分上下限
num_x = np.arange(1000, 200000, 100)
int_res = np.zeros(len(num_x))  # 存储模拟积分近似值结果
int_mean = np.zeros(len(num_x))  # 存储迄今为止的积分均值
int_std = np.zeros(len(num_x))  # 存储迄今为止的积分标准方差
for i, n in enumerate(num_x):
    rnd_x = a + (b - a) * np.random.rand(n)  # 每次生成[a, b]内的均匀随机数
    int_res[i] = (b - a) * np.sum(fh(rnd_x)) / n  # 当前模拟积分值
    int_mean[i] = np.mean(int_res[:i + 1])  # 目前为止的积分近似值得均值
    int_std[i] = np.std(int_res[:i + 1])  # 目前为止的积分近似值的标准方差
# 定义积分精确值true_int
true_int = np.cos(30)/30 - np.cos(70)/70 - np.sin(40)/80 + np.sin(100)/200 + 103/105
print("积分近似值为%.15f, 误差为%.15e" % (int_mean[-1], true_int - int_mean[-1]))
plt.figure(figsize=(14, 5))  # 可视化, 略去部分修饰图形代码···
plt.subplot(121)
xi = np.linspace(0, 1, 500)
plt.plot(xi, fh(xi), "k-", lw=1.5)
plt.title("$f(x)=(cos50x + sin20x)^2$", fontdict={"fontsize": 18})
plt.subplot(122)
plt.plot(num_x, int_mean, "r-", lw=1.5, label="$\mu$")
plt.plot(num_x, int_mean - int_std, "k--", lw=1, label="$\mu \pm \sigma$")
plt.plot(num_x, int_mean + int_std, "k--", lw=1)
plt.title(r"蒙特卡罗近似计算$\int_{0}^{1}f(x)dx \approx %.5f(\pm%.5f)$" %
          (int_mean[-1], int_std[-1]), fontdict={"fontsize": 18})
plt.show()
```

如图 4-11(左) 所示, 被积函数曲线存在剧烈振荡. 右图中, 随着随机数生成数量和模拟次数的增加, 积分的均值趋于稳定. 积分近似值 $I^*\approx 0.965216425229940$, 误差绝对值为 $1.548917979399267\times 10^{-5}$.

例 16　用随机序列蒙特卡罗积分法求解如下积分, 已知精确值 $\dfrac{\pi}{6}$.

$$I=\int_{-1}^{1}\int_{-\sqrt{1-x^2}}^{\sqrt{1-x^2}}\int_{\sqrt{x^2+y^2}}^{1}\sqrt{x^2+y^2}\mathrm{d}z\mathrm{d}y\mathrm{d}x,$$

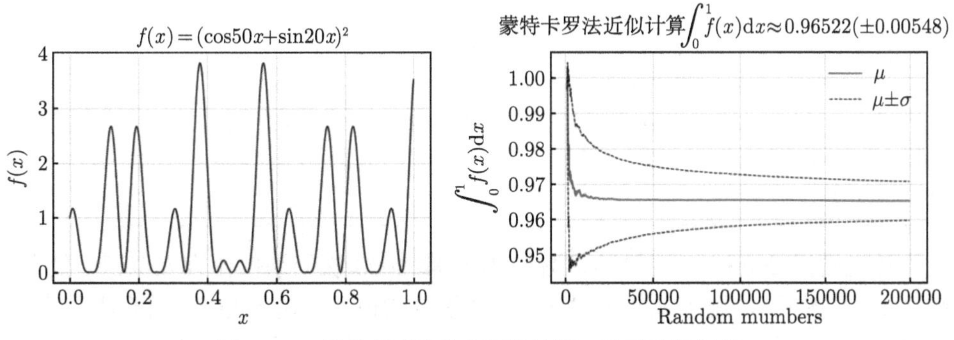

图 4-11 随机序列蒙特卡罗法计算一重积分近似值

```
# file_name: monte_carlo_int_random.py
int_fun = lambda X: np.sqrt(X[:, 0] ** 2 + X[:, 1] ** 2)  # 被积函数
simulation_times, n = 2000, 100000  # 模拟次数, 以及每次模拟随机生成的随机数数量
int_res = np.zeros(simulation_times)  # 存储每次模拟的近似积分值
int_mean, int_std = np.zeros(simulation_times), np.zeros(simulation_times)
n = 100000  # 每次模拟随机生成的随机数数量
start = time.time()
for i in range(simulation_times):
    X = np.zeros((n, 3))  # 存储均匀分布的随机数
    X[:, 0] = -1 + np.random.rand(n) * (1 - (-1))  # x1的上下限
    X[:, 1] = -1 + np.random.rand(n) * (1 - (-1))  # x2的上下限
    X[:, 2] = 0 + np.random.rand(n) * (1 - 0)  # x3的上下限
    # 查询各变量满足上下限的值, ind为布尔数组
    ind = (X[:, 1] >= - np.sqrt(1 - X[:, 0] ** 2)) & \
          (X[:, 1] <= np.sqrt(1 - X[:, 0] ** 2)) & \
          (X[:, 2] >= np.sqrt(X[:, 0] ** 2 + X[:, 1] ** 2)) & (X[:, 2] <= 1)
    int_res[i] = (1 - (-1)) * (1 - (-1)) * (1 - 0) * np.sum(int_fun(X[ind, :])) / n
    int_mean[i], int_std[i] = np.mean(int_res[:i + 1]), np.std(int_res[:i + 1])
end = time.time()
print("消耗时间: %.10f" % ((end - start) / simulation_times))
print("积分近似值: ", int_mean[-1], "误差: ", np.pi / 6 - int_mean[-1])
plt.figure(figsize=(14, 5))  # 可视化2000次积分的近似值
plt.subplot(121)
# 请参考例16相关代码, 此处略去
plt.subplot(122)
plt.style.use("ggplot")
# 分别绘制直方图和核密度曲线
sns.distplot(int_res, bins=15, kde=False, hist_kws={'color': 'green'}, norm_hist=True)
sns.distplot(int_res, hist=False, kde_kws={"color": "red", 'linestyle': '-'},
```

```
                    norm_hist=True)  # 核密度曲线
plt.xlabel("$Bins$", fontdict={"fontsize": 18})
plt.ylabel("$Frequency$", fontdict={"fontsize": 18})
plt.title("近似积分值的直方图与核密度估计", fontdict={"fontsize": 18})
plt.tick_params(labelsize=16)  # 刻度字体大小16
plt.show()
```

随机模拟 2000 次, 每次随机数量 10^5, 取 2000 次的均值作为近似积分值. 如图 4-12 左图所示, 随着模拟次数的增加, 积分均值逐渐趋于稳定, 符合大数定理; 从右图可以看出, 模拟 2000 次的近似积分值近似服从正态分布, 且当模拟次数足够大时, 均值服从正态分布, 即中心极限定理. 积分近似值 $I^* \approx 0.5235770770594163$, 误差绝对值为 $2.1698538882564122 \times 10^{-5}$, 平均消耗时间为 0.0054204694 秒. 由于是随机生成的均匀分布随机数, 故每次运行结果有些许差异, 从标准方差可以看出, 数据的离散程度较小.

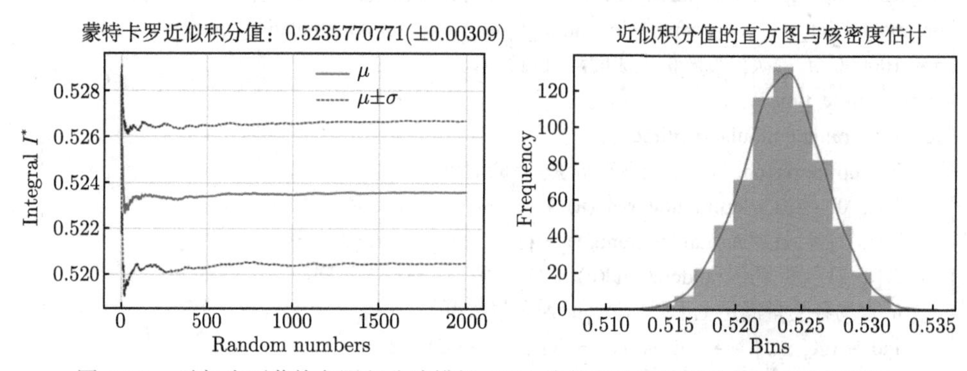

图 4-12　随机序列蒙特卡罗积分法模拟 2000 次的积分均值的收敛性与分布情况

例 17　用随机序列蒙特卡罗积分法求解积分

$$I = \int_1^2 \int_{x_1}^{3x_1} \int_{x_1x_2}^{2x_1x_2} \int_{x_1+x_1x_3}^{x_1+2x_1x_3} \left[\sqrt{x_1x_2}\ln x_3 + \sin\left(\frac{x_4}{x_2}\right)\right] \mathrm{d}x_4\mathrm{d}x_3\mathrm{d}x_2\mathrm{d}x_1,$$

已知高精度积分值为 1502.515542840579.

```
int_fun = lambda X: np.sqrt(X[:, 0] * X[:, 1]) * np.log(X[:, 2]) + \
                    np.sin(X[:, 3] / X[:, 1])  # 定义被积函数
for i in range(simulation_times):
    X = np.zeros((n, 4))  # 存储均匀分布的随机数
    X[:, 0] = 1 + np.random.rand(n) * (2 - 1)  # x1的上下限
    X[:, 1] = 1 + np.random.rand(n) * (6 - 1)  # x2的上下限
```

```
    X[:, 2] = 1 + np.random.rand(n) * (24 - 1)  # x3的上下限
    X[:, 3] = 2 + np.random.rand(n) * (98 - 2)  # x4的上下限
    # 查询各变量满足上下限的值, ind为布尔数组
    ind = (X[:, 1] >= X[:, 0]) & (X[:, 1] <= 3 * X[:, 0]) & \
          (X[:, 2] >= X[:, 0] * X[:, 1]) & (X[:, 2] <= 2 * X[:, 0] * X[:, 1]) & \
          (X[:, 3] >= X[:, 0] + X[:, 0] * X[:, 2]) & \
          (X[:, 3] <= X[:, 0] + 2 * X[:, 0] * X[:, 2])
    int_res[i] = (2 - 1) * (6 - 1) * (24 - 1) * (98 - 2) * int_fun(X[ind, :]).sum() / n
# 可视化1000次积分的近似值, 代码如例16
```

随机模拟 1000 次, 每次随机数量 10^6, 取 1000 次的均值作为近似积分值, 如图 4-13 所示. 积分均值 $I^* \approx 1502.7925971786237$, 绝对值误差为 0.2770543380447634, 平均消耗时间为 0.1379903824 秒.

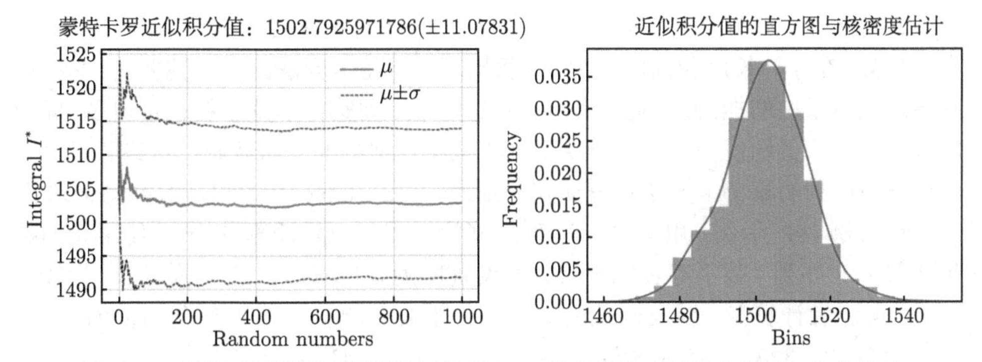

图 4-13 随机序列蒙特卡罗积分法模拟 1000 次的积分均值的收敛性与分布情况

2. 等分布序列蒙特卡罗法[3−5]

在区间 $[a,b]$ 中的一个 (确定性) 点列 $x_1,x_2,\cdots$, 若对所有的有界黎曼可积函数 $f(x)$, 均有

$$\lim_{n\to+\infty}\frac{b-a}{n}\sum_{i=1}^{n}f(x_i)=\int_a^b f(x)\mathrm{d}x,$$

则称该点列在 $[a,b]$ 中是等分布的. 令 (ε) 表示 ε 的小数部分, 即 $(\varepsilon)=\varepsilon-\lceil\varepsilon\rceil$, 这里 $\lceil\varepsilon\rceil$ 表示不超过 ε 的最大整数. 于是可引入下面定理.

定理 设 θ 为一个无理数, 则数列 $x_n=(n\theta),\ n=1,2,\cdots$ 在 $[0,1]$ 中是等分布的.

对于一般区间 $[a,b]$, 可以令 $u_n=x_n(b-a)+a$ 来得到 $[a,b]$ 中等分布的点

列. 对于 s 重积分

$$I=\int_{D_s} f(p)\mathrm{d}p,$$

一般挑选 s 个对有理数线性独立的无理数 $\theta_1,\theta_2,\cdots,\theta_s$ 来得到包含积分区域 D_s 的超长方体内的均匀分布的点列

$$P_n=\left(\left(n\theta_1\right)\left(b_1-a_1\right)+a_1,\left(n\theta_2\right)\left(b_2-a_2\right)+a_2,\cdots,\left(n\theta_s\right)\left(b_s-a_s\right)+a_s\right),$$

其中 $[a_i,b_i]$ 是包含积分区域的超长方体的第 $i(i=1,2,\cdots,s)$ 维边长. 这样, 可以得到用等分布序列蒙特卡罗计算的积分近似值

$$I\approx M_{D_s}\bar{f}\approx\frac{M_c}{n}\sum_{i\in D_s} f\left(p_i\right),\quad i=1,2,\cdots,n. \tag{4-23}$$

采用等分布序列的蒙特卡罗法比采用随机序列的蒙特卡罗法误差阶要好.

针对**例 16** 示例, 如图 4-14 所示, 序列长度区间 $\left[10^4,2\times10^6\right]$, 每次递增 10^4 个序列数, 在序列长度相同的情况下, 随机序列蒙特卡罗法的随机性要大一些, 但随着随机数量的增加, 逐渐趋于稳定, 而等分布序列蒙特卡罗法要稳定得多, 即使序列长度不大的情况下, 误差精度要比随机序列蒙特卡罗法要好. 最终随机序列与等分布序列的蒙特卡罗法积分误差分别为: 1.821163×10^{-4} 和 7.249535×10^{-5}.

针对**例 17** 示例, 用等分布序列的蒙特卡罗积分法求解积分. 使用无理数生成等分布序列, 故不存在随机性, 可设置序列长度 $n=10^7$, 通常 n 为较大的数, 但注意计算量, 以及被积函数、积分重数等的复杂性. 积分均值为 $I^*\approx 1502.5299695332517$, 绝对值误差 0.014426692672714125, 精度要高于随机序列蒙特卡罗法.

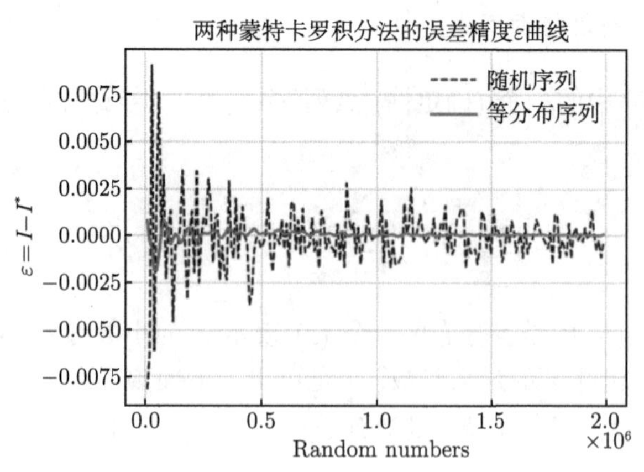

图 4-14 两种蒙特卡罗积分法在相同序列长度的情况下的积分精度

```
# file_name: monte_carlo_irrational_seq.py

# 构造线性独立的无理数, 分别对应三重、四重和五重积分
seq_3 = np.array([math.sqrt(2), math.sqrt(3), math.sqrt(6) / 3])
seq_4 = np.array([math.sqrt(2), math.sqrt(3), math.sqrt(6) / 3, math.sqrt(10)])
seq_5 = np.array([math.sqrt(2), math.sqrt(3), math.sqrt(6) / 3, math.sqrt(10),
                  math.sqrt(19)])

def generating_sequence(val, n):
    """
    生成无理数等分布序列函数, 由于是指定无理数序列, 故每次生成的序列一致
    :param val: 无理数序列, 固定, 无随机, n: 尺度
    """
    sequence = np.zeros((len(val), n))
    for i in range(n):
        sequence[:, i] = (i + 1) * val
    return sequence.T

def rnd_monte_carlo(n):
    """
    基本蒙特卡罗积分, n: 随机数的数量
    """
    X = np.zeros((n, 3))  # 存储均匀分布的随机数
    X[:, 0] = -1 + np.random.rand(n) * (1 - (-1))  # x1的上下限
    X[:, 1] = -1 + np.random.rand(n) * (1 - (-1))  # x2的上下限
    X[:, 2] = 0 + np.random.rand(n) * (1 - 0)  # x3的上下限
    # 查询各变量满足上下限的值, ind为布尔数组
    ind = (X[:, 1] >= - np.sqrt(1 - X[:, 0] ** 2)) & \
          (X[:, 1] <= np.sqrt(1 - X[:, 0] ** 2)) & \
          (X[:, 2] >= np.sqrt(X[:, 0] ** 2 + X[:, 1] ** 2)) & (X[:, 2] <= 1)
    return (1 - (-1)) * (1 - (-1)) * (1 - 0) * np.sum(int_fun(X[ind, :])) / n

def irrational_seq_monte_carlo(n):
    """
    等分布序列蒙特卡罗法, param n: 随机数的数量
    """
    seq_data = generating_sequence(seq_3, n)  # 生成无理数
    X_01 = np.mod(seq_data, 1)  # [0, 1]区间
    X = np.zeros((n, 3))  # 存储满足上下限的数据
```

```
    X[:, 0] = -1 + X_01[:, 0] * (1 - (-1))  # x1的上下限
    X[:, 1] = -1 + X_01[:, 1] * (1 - (-1))  # x2的上下限
    X[:, 2] = 0 + X_01[:, 2] * (1 - 0)  # x3的上下限
    # 查询各变量满足上下限的值, ind为布尔数组
    ind = (X[:, 1] >= - np.sqrt(1 - X[:, 0] ** 2)) & \
          (X[:, 1] <= np.sqrt(1 - X[:, 0] ** 2)) & \
          (X[:, 2] >= np.sqrt(X[:, 0] ** 2 + X[:, 1] ** 2)) & (X[:, 2] <= 1)
    return (1 - (-1)) * (1 - (-1)) * (1 - 0) * np.sum(int_fun(X[ind, :])) / n

# 例16求解代码:
int_fun = lambda X: np.sqrt(X[:, 0] ** 2 + X[:, 1] ** 2)
num_x = np.arange(10000, 2000000, 10000)
int_res_1 = np.zeros(len(num_x))  # 存储每次模拟的近似积分值
int_res_2 = np.zeros(len(num_x))  # 存储每次模拟的近似积分值
start = time.time()
for i, n in enumerate(num_x):
    int_res_1[i] = np.pi / 6 - rnd_monte_carlo(n)  # 基本蒙特卡罗
    int_res_2[i] = np.pi / 6 - irrational_seq_monte_carlo(n)  # 等分布序列蒙特卡罗法
# 可视化代码, 修饰图形代码略···
plt.figure(figsize=(8, 6))
plt.plot(num_x, int_res_1, "k--", label="基本随机化蒙特卡罗法")
plt.plot(num_x, int_res_2, "r-", label="等分布序列蒙特卡罗法")
plt.show()

# 例17求解代码:
int_fun = lambda X: np.sqrt(X[:, 0] * X[:, 1]) * np.log(X[:, 2]) + \
                    np.sin(X[:, 3] / X[:, 1])
n = 10000000
seq_data = generating_sequence(seq_4, n)  # 生成无理数
X_01 = np.mod(seq_data, 1)  # [0, 1]区间
X = np.zeros((n, 4))  # 存储满足上下限的数据
X[:, 0] = 1 + X_01[:, 0] * (2 - 1)  # x1的上下限
X[:, 1] = 1 + X_01[:, 1] * (6 - 1)  # x2的上下限
X[:, 2] = 1 + X_01[:, 2] * (24 - 1)  # x3的上下限
X[:, 3] = 2 + X_01[:, 3] * (98 - 2)  # x4的上下限
# 查询各变量满足上下限的值, ind为布尔数组
ind = (X[:, 1] >= X[:, 0]) & (X[:, 1] <= 3 * X[:, 0]) & \
      (X[:, 2] >= X[:, 0] * X[:, 1]) & (X[:, 2] <= 2 * X[:, 0] * X[:, 1]) & \
      (X[:, 3] >= X[:, 0] + X[:, 0] * X[:, 2]) & \
      (X[:, 3] <= X[:, 0] + 2 * X[:, 0] * X[:, 2])
```

```
int_res = (2 - 1) * (6 - 1) * (24 - 1) * (98 - 2) * np.sum(int_fun(X[ind, :])) / n
print ("积分近似值: ", int_res )
```

■ 4.9 实验内容

1. 求解积分 $I=\int_0^5 x^5\mathrm{e}^{-x}\sin x\mathrm{d}x$, 已知精确值 $-\mathrm{e}^{-5}\left(3660\cos 5+\dfrac{975\sin 5}{2}\right)-15$, 完成如下内容:

(1) 试用牛顿–科茨积分公式, 划分区间数为 2 到 8, 分析误差.

(2) 试用复合梯形公式、复合辛普森公式和复合科茨公式求解近似积分, 并分析误差, 自设划分区间数.

(3) 试用龙贝格求积公式求解积分近似值, 外推次数为 6 和 10, 分析误差.

2. 含参变量积分, 试绘制出 $I(\alpha)$ 与 α 的关系曲线 (零点数为 10):

(1) $I(\alpha)=\int_0^{+\infty}\mathrm{e}^{-x}\sin\left(\alpha^2 x\right)\mathrm{d}x, \alpha\in[0,1.5]$, 试用高斯–拉盖尔求积公式求解.

(2) $I(\alpha)=\int_1^2 x^2\sin\left(\alpha^2 x\right)\mathrm{d}x, \alpha\in[0,5]$, 试用高斯–勒让德求积公式求解.

3. 采用自适应复合辛普森公式和高斯–勒让德公式, 计算二重积分 $I=\iint_D \mathrm{e}^{-x^2-y^2}\mathrm{d}x\mathrm{d}y$, 其中平面区域 $D: x^2+y^2\leqslant 4$, 已知积分精确值为 $\pi\left(1-\mathrm{e}^{-4}\right)$.

4. 采用高斯–勒让德积分法计算如下一般区域积分, 分析误差.

(1) $I_1=\int_0^{\pi/4}\int_{\sin x}^{\cos x}\left(2y\sin x+\cos^2 x\right)\mathrm{d}y\mathrm{d}x=\dfrac{5\sqrt{2}-4}{6}$,

(2) $I_2=\int_0^{\pi}\int_x^{x}\int_0^{xy}\dfrac{1}{y}\sin\dfrac{z}{y}\mathrm{d}z\mathrm{d}y\mathrm{d}x=0.5\pi^2+2$.

5. 已知离散数据由表 4-6 提供, 试采用平均抛物插值和样条函数插值计算离散数据积分 (x_k 可由 $[0,2]$ 等距产生) .

表 4-6 采样离散数据 ($k=1,2,\cdots,16$)

x_k	0.0	0.13333333	0.26666667	0.4	0.53333333	0.66666667
y_k	5.36205899	8.28004495	10.8856753	10.94805195	9.74022299	9.74022299
x_k	0.8	0.93333333	1.06666667	1.2	1.33333333	1.46666667
y_k	10.94805195	10.8856753	8.28004495	5.36205899	3.33123078	2.05908083
x_k	1.6	1.73333333	1.86666667	2.0		
y_k	1.25357447	0.72289804	0.35817702	0.09780694		

■ 4.10 本章小结

实际应用中, 常见被积函数不存在原函数, 离散数据积分问题也比较常见, 如估计不规则图形面积或煤炭储量问题. 故而, 使用数值积分的方法求解原积分的近似值问题, 是最行之有效方法.

本章首先讨论了较为简单的牛顿–科茨积分公式, 但在实际应用中常采用复合求积方法, 如精度较高的复合辛普森公式和复合科茨公式. 龙贝格求积公式作为一种外推算法, 是在梯形公式、辛普森公式、科茨公式关系基础上构造的加速算法, 在不增加计算量的前提下提高了积分的精度. 其次, 讨论了自适应积分方法, 根据被积函数曲线的变化剧烈或平缓程度, 非等距划分区间, 在变化剧烈部分划分更多的子区间, 而变化平缓部分划分较少的子区间, 从而实现自适应精度积分. 再次, 讨论了高斯积分问题, 当用不等距节点进行计算时, 常用高斯型求积公式计算, 它在节点数目相同情况下, 积分精度较高, 稳定性好, 且可计算无穷积分, 具体包括勒让德、切比雪夫、拉盖尔和埃尔米特方法. 从次, 讨论了离散数据积分问题, 即不存在或未知被积函数的积分问题, 在实际应用中也较为常见, 其思想仍采用插值方法, 具体包括平均抛物插值和样条函数插值方法. 最后, 讨论了多重积分问题, 包括辛普森二重、三重积分以及高斯–勒让德二重、三重积分和一般区域的二重积分问题. 而蒙特卡罗随机模拟方法可求解任意 n 重积分的近似值, 最大的特点在于不受积分重数的限制, 其中等分布序列的蒙特卡罗方法比随机序列的蒙特卡罗方法求解精度更高. 读者可思考如何实现蒙特卡罗一般化的求积算法.

此外, Python 自带的库函数可实现数值积分[4], 具体如下:

(1) 库 SciPy 的 integrate 模块可求解数值积分, 其数值求积函数可以分成两类: 一类将被积函数作为 Python 函数传入, 另一类将被积函数在给定点的样本值以数组的形式传入. 第一类函数使用高斯求积法 (quad、quadrature 和 fixed_quad), 第二类函数使用牛顿–科茨法 (trapz、simps 和 romb) .

(2) quadrature 函数是一个使用 Python 实现的自适应高斯求积程序, 该函数会重复调用 fixed_quad 函数 (可进行某个固定次数的高斯求积), 并不断增加多项式的次数, 直到满足所需的精度. quad 函数在速度方面有更好的性能, 并具有更多的功能 (如支持无穷积分), 故优先选择 quad 函数.

(3) 多重积分, 可以使用 integrate 模块中的 dblquad 和 tplquad 函数. 对于 n 个变量在区域 D 上的积分可以使用 nquad 函数. 这些函数都是对单变量积分函数 quad 的封装, 沿着被积函数的每个维度重复调用 quad 函数. 也可使用 skmonaco 库 (scikit-monaco) 的 mcquad 函数计算多重积分.

(4) mpmath 库 (与 SymPy 紧密集成) 可以任意精度计算积分, 不受浮点数的限制. 缺点是任意精度计算会比浮点数计算慢很多.

(5) SymPy 可以使用 line_integral 函数计算形如 $\int_C f(x,y)\mathrm{d}s$ 的曲线积分.

(6) SymPy 支持的两种积分变换: 拉普拉斯 (Laplace) 变换和傅里叶变换. 积分变换基本出发点都是将复杂问题转换为更易于处理的形式. 在 SymPy 中, 可以分别使用 sympy.laplace_transform 和 sympy.fourier_transform 函数进行变换, 并且可以分别使用 sympy.inverse_laplace_transform 和 sympy.inverse_fourier_transform 函数进行相应的逆变换.

■ 4.11 参考文献

[1] 李庆扬, 王能超, 易大义. 数值分析 [M]. 5 版. 北京: 清华大学出版社, 2021.

[2] 龚纯, 王正林. MATLAB 语言常用算法程序集 [M]. 北京: 电子工业出版社, 2011.

[3] 谢中华, 李国栋, 刘焕进, 等. MATLAB 从零到进阶 [M]. 北京: 北京航空航天大学出版社, 2017.

[4] 罗伯特 • 约翰逊 (Johansson R). Python 科学计算和数据科学应用 [M]. 2 版. 黄强, 译. 北京: 清华大学出版社, 2020.

[5] Burden R L, Faires J D. 数值分析 [M]. 10 版. 赵廷刚, 赵廷靖, 薛艳, 等译. 北京: 电子工业出版社, 2022.

第 5 章 数值微分

对于常见的初等函数, 如幂函数、指数函数和三角函数等, 可以通过解析的方法来求出其导数, 但是对于一些超越函数, 如级数形式的函数等, 就很难直接微分, 甚至有时函数的表达式 $f(x)$ 未知, 仅已知一系列的离散点 (x_k, y_k), $k = 1, 2, \cdots, n$, 在这样的情况下求函数的导数就不能依靠解析法. 故而, 研究数值微分尤为重要. 数值微分就是用函数值的线性组合近似函数在某点处的导数值.

■ 5.1 有限差分法

数值微分最简单的方式是使用有限差分近似[1, 2], 通常用差商代替微商. 一些常用的数值微分公式 (如两点公式、三点公式、五点公式等) 就是在等距步长情形下用插值多项式的导数作为近似值.

5.1.1 中点公式法

差商近似导数, 可得 x_0 处的一阶向前差商和向后差商:

$$f'(x_0) \approx \frac{f(x_0) - f(x_0 - h)}{h}, \quad f'(x_0) \approx \frac{f(x_0 + h) - f(x_0)}{h},$$

其中 h 为步长. **中心差商**是向前差商和向后差商的算术平均:

$$f'(x_0) \approx \frac{f(x_0 + h) - f(x_0 - h)}{2h}, \tag{5-1}$$

误差阶可由 $O(h)$ 提高到 $O(h^2)$. 式 (5-1) 又称**中点公式法**. 几何意义如图 5-1 所示.

计算导数 $f'(x_0)$ 的近似微分值, 必须选取合适的步长. 记

$$G(h) = \frac{f(x_0 + h) - f(x_0 - h)}{2h},$$

考虑其截断误差, 步长 h 越小, 计算结果越准确, 且

$$|f'(x_0) - G(h)| \leqslant \frac{h^2}{6} M, \quad M \geqslant \max_{|x - x_0| \leqslant h} |f'''(x)|.$$

考虑舍入误差, 当步长 h 很小时, 因 $f(x_0+h)$ 与 $f(x_0-h)$ 很接近, 直接相减造成有效数字的严重损失. 因此, 步长不宜太小. 一般情况下, 如果 $f(x)$ 足够光滑, $h=0.1$ 即可.

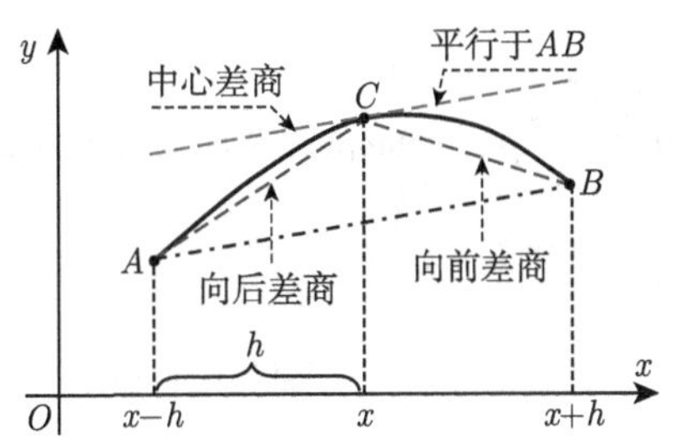

图 5-1 向前、向后和中心差商的几何意义

由于向前差商和向后差商误差阶较低, 故算法只实现中点公式算法, 基本思路: ① 由于误差分析的需要, 采用符号函数定义被微分的函数, 而数值运算时将符号函数转换为 lambda 函数, 以便进行数值计算; ② 对求解的微分节点 x_i 按中点公式计算一阶微分 $\hat{y}_i'$, 并分析截断误差, 其中三阶导数在指定区间的最大绝对值, 采用第 13 章自编 “模拟退火算法” 近似求解全局最优值; ③ 根据需求而定, 是否可视化数值微分示意图, 并在指定区间等分 200 个数据点, 分析一阶导数真值和数值微分值的平均绝对值误差 MAE.

此外, 限于篇幅, 本章算法略去可视化代码的设计.

```
# file_name: middle_point_formula_differentiation.py
from scipy import optimize  # 科学计算中的优化函数, 截断误差可替换为库函数
# 第13章 自编数值优化的模拟退火算法, 近似全局最优化, 可能优化效率稍慢
from numerical_optimization_13 . simulate_anneal import SimulatedAnnealingOptimization


class MiddlePointFormulaDifferentiation :
    """
    中点公式法, 求解函数的一阶导数值
    """
    def __init__( self, diff_fun , h=0.1, is_error =False):
        self .sym_fun = diff_fun  # 被微分函数, 符号定义, 用于误差分析
        self .fun_expr = self ._fun_transform( diff_fun )  # lambda函数, 用于数值运算求值
        self .h = h  # 微分步长, 默认0.1
        self . is_error = is_error  # 是否分析误差
        self . diff_value = None # 存储给定点x0的微分值
        self . diff_error = None # 存储给定点x0的微分截断误差
```

```
    @staticmethod
    def _fun_transform(fun):
        """
        转换为lambda函数, 参数fun: 符号函数
        """
        t = fun.free_symbols.pop()  # 符号变量
        return sympy.lambdify(t, fun, "numpy") # 转化为lambda函数

    def fit_diff (self, x0):
        """
        核心算法: 中点公式法计算给定点x0 (一维数组) 的微分值
        """
        n_x0 = len(x0)  # 待求解微分点的数量
        x0 = np.asarray(x0)  # 转化为ndarray数组, 便于计算
        yi_b = self.fun_expr(x0 - self.h)  # f(x-h)值
        yi_n = self.fun_expr(x0 + self.h)  # f(x+h)值
        self.diff_value = (yi_n - yi_b) / (2 * self.h)  # 中点公式
        if self.is_error:  # 分析误差
            self.diff_error = np.zeros(n_x0)  # 存储每个微分点的误差
            for k in range(n_x0):  # 逐个求解给定值的微分误差
                self.diff_error[k] = self.cal_truncation_error(x0[k])
        return self.diff_value

    def cal_truncation_error (self, x_0):
        """
        截断误差分析
        """
        t = self.sym_fun.free_symbols.pop()
        d3_fun = self.sym_fun.diff(t, 3)  # 函数的3阶导数
        a, b = x_0 - self.h, x_0 + self.h  # 分析误差区间
        max_val = self._fun_maximize_(d3_fun, t, a, b)  # 3阶导数在指定区间的最大值
        # 截断误差公式
        return self.h ** 2 / 6 * abs(max_val)

    @staticmethod
    def _fun_maximize_(fun, t, a, b):
        """
        求解函数的最大值, 自编模拟退火算法
        :param fun: 被积函数的n阶导函数, t: 自变量符号, a, b: 求解最大值的区间范围
        """
```

```
        fun_expr_max = sympy.lambdify(t, -fun)  # 最大值问题转换为最小值问题
        fun_expr_min = sympy.lambdify(t, fun)  # 最小值问题
        sao_max = SimulatedAnnealingOptimization(fun_expr_max, [[a, b]])  # 最大值
        sol_max = np.abs(sao_max.fit_optimize())
        sao_min = SimulatedAnnealingOptimization(fun_expr_min, [[a, b]])  # 最小值
        sol_min = np.abs(sao_min.fit_optimize())
        return sol_max[0] if sol_max[0] > sol_min[0] else sol_min[0]

    def plt_differentiation(self, interval, x0=None, y0=None, is_show=True,
                            is_fh_marker=False):
        """
        可视化数值微分曲线 (等分200个点), 以及真实微分值曲线或标记 (随机点)
        参数is_fh_marker表示根据微分精度高低, 选择真实函数是曲线类型还是marker类型
        """
```

例 1 用中点公式法计算 $f(x) = \mathrm{e}^{-0.5x}\sin 2x$ 在点 $[1.23, 1.75, 1.89, 2.14, 2.56]$ 处的一阶数值微分, 并分析误差.

图 5-2 是不同微分步长情况下的整体微分精度, 可见, 此例中步长 $h = 0.001$ 的效果较好. 在指定区间等分 200 个点的平均绝对值误差 $\mathrm{MAE} = 4.01499\times 10^{-7}$, 最大绝对值误差 8.25213×10^{-7}. 注意第 2 个子图, 由于微分精度较高, 可视化效果不佳, 故采用随机 50 个点的微分值 $f'(x_k)$ 标记, 标记符号为 “$*$”.

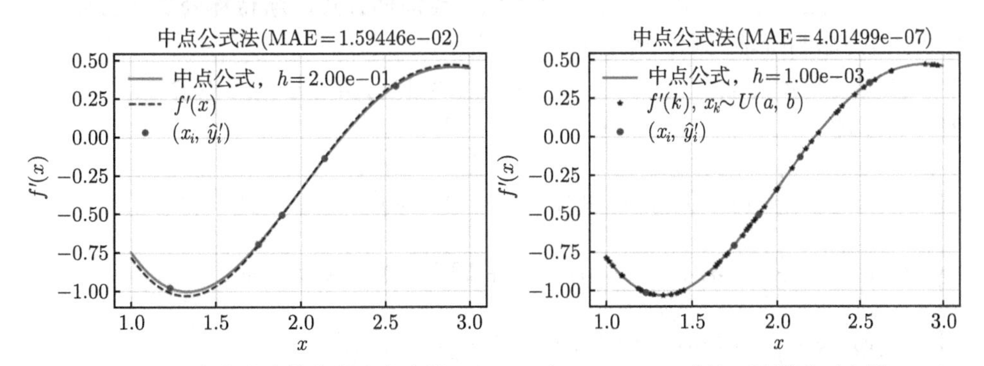

图 5-2 中点公式数值微分在步长 $h = 0.2$ 和 $h = 0.001$ 时的一阶微分示意图

在微分步长 $h = 0.001$ 的情况下, 计算各微分节点的微分值如表 5-1 所示, 其微分精度较高.

表 5-1 中点公式求解各微分点的一阶数值微分及误差 ($k=1,2,\cdots,5$)

x_k	精确值 $f'(x_k)$	一阶数值微分 $\widehat{y}'_k$	误差 $\lvert f'(x_k)-\widehat{y}'_k\rvert$	截断误差
1.23	−1.01000147	−1.01000068	7.88356796e−07	7.88833787e−07
1.75	−0.70763235	−0.70763207	2.79722609e−07	2.80943730e−07
1.89	−0.50844462	−0.50844451	1.11342838e−07	1.12511846e−07
2.14	−0.13174909	−0.13174924	1.49239555e−07	1.50120490e−07
2.56	0.34806646	0.34806609	3.69343563e−07	3.69495314e−07

5.1.2 函数形式的三点公式与五点公式法

三点公式法是由等距节点插值公式得到, 其思想是先将函数用等距节点公式进行插值, 再对插值多项式求导, 取有限项数. 如利用三点拉格朗日插值公式 $L_2(x)$ 并求一阶导数, 可得带有余项的三点公式:

$$\begin{cases} f'(x_{k-1}) = \dfrac{-3f(x_{k-1})+4f(x_k)-f(x_{k+1})}{2h} + \dfrac{h^2}{3}f'''(\xi), \\[2mm] f'(x_k) = \dfrac{f(x_{k+1})-f(x_{k-1})}{2h} + \dfrac{h^2}{6}f'''(\xi), \\[2mm] f'(x_{k+1}) = \dfrac{f(x_{k-1})-4f(x_k)+3f(x_{k+1})}{2h} + \dfrac{h^2}{3}f'''(\xi), \end{cases} \tag{5-2}$$

其中 $\xi \in (x_{k-1}, x_{k+1})$, 式 (5-2) 分别称为**三点前插公式、斯特林公式**和**三点后插公式**. 若忽略高阶项, 则可得三点一阶微分公式.

已知五个节点 $x_i = x_0 + ih$, $i=0,1,2,3,4$, 分析方法同三点公式, 可导出下列五点公式:

$$\begin{cases} f'(x_0) \approx \dfrac{1}{12h}\left[-25f(x_0)+48f(x_1)-36f(x_2)+16f(x_3)-3f(x_4)\right], \\[2mm] f'(x_1) \approx \dfrac{1}{12h}\left[-3f(x_0)-10f(x_1)+18f(x_2)-6f(x_3)+f(x_4)\right], \\[2mm] f'(x_2) \approx \dfrac{1}{12h}\left[f(x_0)-8f(x_1)+8f(x_3)-f(x_4)\right], \\[2mm] f'(x_3) \approx \dfrac{1}{12h}\left[-f(x_0)+6f(x_1)-18f(x_2)+10f(x_3)+3f(x_4)\right], \\[2mm] f'(x_4) \approx \dfrac{1}{12h}\left[3f(x_0)-16f(x_1)+36f(x_2)-48f(x_3)+25f(x_4)\right]. \end{cases} \tag{5-3}$$

对于给定的函数, 用五点公式求节点上的导数值往往可以获得满意的结果. 五个相邻节点的选择原则:

(1) 一般是在所考察的节点的两侧各取两个邻近的节点;

(2) 如果一侧的节点数不足两个 (即一侧只有一个节点或没有节点), 则用另一侧的节点补足.

三点、五点公式的算法实现: 五点公式算法设计时, 分别将五点公式命名为 first、second、middle、four 和 five, 假设被微分函数不考虑端点情况, 即不涉及区间.

注 可根据截断误差设计算法, 此处略.

```
# file:three_five_points_formula_differentiation.py
class ThreeFivePointsFormulaDifferentiation :
    """
    三点公式法和五点公式法求解数值微分
    """
    def __init__(self, diff_fun, points_type="three", diff_type="forward", h=0.1):
        # 其他参考中点公式实例属性初始化, 略去
        self.points_type = points_type  # 三点公式法和五点公式法两种情况
        self.diff_type = diff_type  # 具体采用的微分公式类型

    @staticmethod
    def _fun_transform_(fun):  # 参考中点公式

    def predict_diff_x0(self, x0):
        """
        求解数值微分, 根据类型选择三点公式或五点公式
        """
        if self.points_type.lower() == "three":
            self.diff_value = self._three_points_formula_(x0)
        elif self.points_type.lower() == "five":
            self.diff_value = self._five_points_formula_(x0)
        else:
            raise ValueError("仅支持三点微分公式three和五点微分公式five")
        return self.diff_value

    def _three_points_formula_(self, x0):
        """
        核心算法: 三点公式求解一阶数值微分
        """
        n_x0 = len(x0)
        diff_value = np.zeros(n_x0)  # 存储微分值
        for k in range(n_x0):  # 逐个求解给定值的微分
            # 计算函数值: 当前点的前2个和后2个步长的函数值
```

```
            y = [self.diff_fun(x0[k] + (i - 2) * self.h) for i in range(5)]
            if self.diff_type == "forward":
                diff_value[k] = (-3 * y[2] + 4 * y[3] - y[4]) / (2 * self.h)  # 前插
            elif self.diff_type == "backward":
                diff_value[k] = (3 * y[2] - 4 * y[1] + y[0]) / (2 * self.h)  # 后插
            elif self.diff_type == "stirling":
                diff_value[k] = (y[3] - y[1]) / (2 * self.h)  # 斯特林公式
            else:
                raise ValueError("三点公式仅适用于(forward, backward, stirling).")
        return diff_value

    def _five_points_formula_(self, x0):
        """
        核心算法: 五点公式求解一阶数值微分
        """
        n_x0 = len(x0)
        diff_value = np.zeros(n_x0)  # 存储微分值
        for k in range(n_x0):  # 逐个求解给定值的微分
            # 计算函数值: 当前点的前4个和后4个步长的函数值
            y = [self.diff_fun(x0[k] + (i - 4) * self.h) for i in range(9)]
            if self.diff_type == "middle":  # 第三个点, 即中点x2, 精度最高
                diff_value[k] = (y[2] - 8 * y[3] + 8 * y[5] - y[6]) / (12 * self.h)
            elif self.diff_type == "first":  # 第一个点x0, 即区间左端点处
                diff_value[k] = \
                    np.array([-25, 48, -36, 16, -3]).dot(y[4:9]) / 12 / self.h
            elif self.diff_type == "second":  # 第二个点x1
                diff_value[k] = np.array([-3, -10, 18, -6, 1]).dot(y[3:8]) / 12 / self.h
            elif self.diff_type == "four":  # 第四个点x3
                diff_value[k] = np.array([-1, 6, -18, 10, 3]).dot(y[1:6]) / 12 / self.h
            elif self.diff_type == "five":  # 第五个点x4, 即区间右端点处
                diff_value[k] = np.array([3, -16, 36, -48, 25]).dot(y[:5]) / 12 / self.h
            else:
                raise ValueError("五点公式仅适合于(first, second, middle, four, five).")
        return diff_value
```

例 2　试用五点公式计算 $f(x) = \mathrm{e}^{-x}\sin x$ 在点 $[1.23, 1.75, 1.89, 2.14, 2.56]$ 处的一阶数值微分.

微分步长设定为 $h = 0.05$, 采用五点公式 (middle) 计算微分值及误差如表 5-2 所示, 相对于中点公式, 在相同微分步长的情况下, 五点公式精度更高. 其中误

差为绝对值误差 $|f'(x_k) - \hat{y}'_k|$.

表 5-2 中点公式与五点公式 (middle) 求解一阶微分近似值以及绝对值误差 ($k = 1, 2, \cdots, 5$)

x_k	精确值 $f'(x_k)$	中点公式 $\hat{y}'_k$	绝对值误差	五点公式 $\hat{y}'_k$	绝对值误差
1.23	−0.17778727	−0.17747626	3.11018437e−04	−0.17778742	1.47970928e−07
1.75	−0.20196564	−0.20184892	1.16722571e−04	−0.20196581	1.68235217e−07
1.89	−0.19084844	−0.19076837	8.00669081e−05	−0.1908486	1.58992702e−07
2.14	−0.16251568	−0.1624859	2.97778815e−05	−0.16251581	1.35412004e−07
2.56	−0.10706275	−0.10708117	1.84170231e−05	−0.10706284	8.92299208e−08

如图 5-3(左) 所示, 一阶数值微分的平均绝对值误差为 MAE $= 1.25710 \times 10^{-7}$, 最大绝对值误差 1.73130×10^{-7}. 图 5-3(右) 为五点公式的五种类型的一阶数值微分 $\hat{f}'(x)$ 与为微分真值 $f'(x)$ 的绝对误差 (对数刻度坐标) 对比示意图, middle 类型的五点公式精度最高, 而 first 和 five 最差, 这与五个相邻点的取值有关 $x_k \pm ih$, $i = 0, 1, 2$. 故通常采用五点公式 middle 类型进行数值微分.

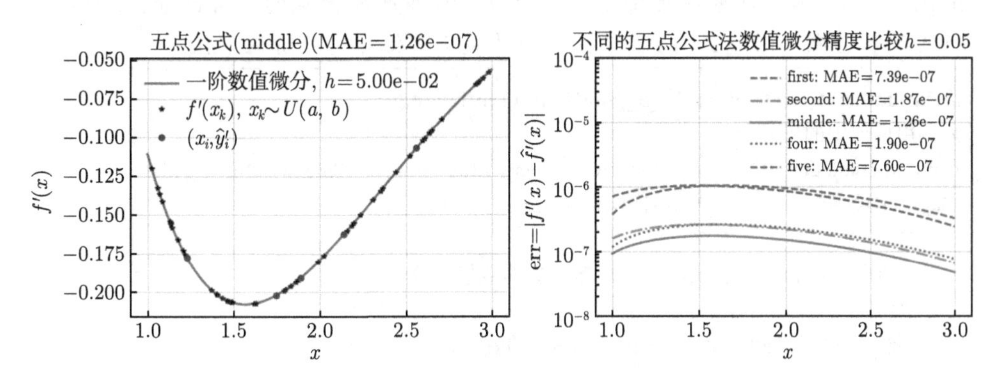

图 5-3 五点公式 (middle) 数值微分曲线与不同的五点公式微分精度对比

5.1.3 离散数据形式的三点公式与五点公式法

假设已知离散数据点 (x_k, y_k), $k = 0, 1, \cdots, n$ 为等距节点, h 为步长, 则三点公式:

$$y'(x_{k-1}) \approx \frac{-3y_{k-1} + 4y_k - y_{k+1}}{2h}, \quad y'(x_k) \approx \frac{y_{k+1} - y_{k-1}}{2h},$$
$$y'(x_{k+1}) \approx \frac{y_{k-1} - 4y_k + 3y_{k+1}}{2h}, \tag{5-4}$$

其中 $k = 1, 2, \cdots, n-1$. 注意与函数形式的三点公式一致, 只是步长 h 根据离散数据获得.

五点公式也与函数形式的五点公式一致, 如下:

$$\begin{cases} y'_{1\text{th}}(x_k) \approx \dfrac{1}{12h}\left[-25y_k + 48y_{k+1} - 36y_{k+2} + 16y_{k+3} - 3y_{k+4}\right], \\ \quad k = 0, 1, \cdots, n-4, \\ y'_{2\text{th}}(x_k) \approx \dfrac{1}{12h}\left[-3y_{k-1} - 10y_k + 18y_{k+1} - 6y_{k+2} + y_{k+3}\right], \\ \quad k = 1, 2, \cdots, n-3, \\ y'_{3\text{th}}(x_k) \approx \dfrac{1}{12h}\left[y_{k-2} - 8y_{k-1} + 8y_{k+1} - y_{k+2}\right], \quad k = 2, 3, \cdots, n-2, \\ y'_{4\text{th}}(x_k) \approx \dfrac{1}{12h}\left[-y_{k-3} + 6y_{k-2} - 18y_{k-1} + 10y_k + 3y_{k+1}\right], \\ \quad k = 3, 4, \cdots, n-1, \\ y'_{5\text{th}}(x_k) \approx \dfrac{1}{12h}\left[3y_{k-4} - 16y_{k-3} + 36y_{k-2} - 48y_{k-1} + 25y_k\right], \quad k = 4, 5, \cdots, n. \end{cases} \tag{5-5}$$

算法说明　以五点公式为例, 对于左端点, 采用公式 $y'_{1\text{th}}(x_k)$, 第 2 个点采用 $y'_{2\text{th}}(x_k)$, 右端点采用 $y'_{5\text{th}}(x_k)$, 倒数第 2 个点采用 $y'_{4\text{th}}(x_k)$, 其他内部节点, 均采用 $y'_{3\text{th}}(x_k)$. 本算法未实现由已知离散数据点推测其他点的一阶微分值, 可参考 5.1.4 节数值微分的隐式格式, 采用插值法获得其他点的一阶微分值.

```
# file_name: discrete_data_3__5_points_differentiation.py
# 调用插值中的工具类
from interpolation_02.utils.piecewise_interp_utils import PiecewiseInterpUtils
class DiscreteData_3_5_PointsDifferentiation:
    """
    三点公式法和五点公式法求解离散数据的数值微分
    """
    def __init__(self, x, y, points_type="three"):
        self.x, self.y = np.asarray(x), np.asarray(y)  # 离散数据
        self.n = len(self.x)  # 节点数
        self.points_type = points_type  # 三点公式法和五点公式法两种情况
        utils = PiecewiseInterpUtils(x, y)  # 实例化对象
        self.h = utils.check_equidistant()  # 判断是否等距, 并获取微分步长
        self.diff_value = None  # 存储给定点x0的微分值

    def cal_diff(self):
        """
        根据不同的微分公式类型, 求解数值微分
        """
        if self.points_type.lower() == "three":
            self.diff_value = self._three_points_formula_()
```

```
        elif self.points_type.lower() == "five":
            self.diff_value = self._five_points_formula_()
        else:
            raise ValueError("仅支持三点微分公式three和五点微分公式five")
        return self.diff_value

    def _three_points_formula_(self):
        """
        核心算法: 三点公式求解微分, 离散数据
        """
        diff_value = np.zeros(self.n)  # 存储微分值
        for k in range(self.n):  # 逐个求解给定值的微分
            idx = list(self.x).index(self.x[k])
            if idx == 0:  # 左端点
                dv = -3 * self.y[0] + 4 * self.y[1] - self.y[2]
            elif idx == len(self.x) - 1:  # 右端点
                dv = 3 * self.y[idx] - 4 * self.y[idx - 1] + self.y[idx - 2]
            else:  # 内部点
                dv = self.y[idx + 1] - self.y[idx - 1]  # 斯特林公式
            diff_value[k] = dv / (2 * self.h)
        return diff_value

    def _five_points_formula_(self):
        """
        核心算法: 五点公式求解微分, 离散数据
        """
        diff_value = np.zeros(self.n)  # 存储微分值
        for k in range(self.n):  # 逐个求解给定值的微分
            idx = list(self.x).index(self.x[k])
            if idx == 0:  # 左端点
                dv = -25 * self.y[0] + 48 * self.y[1] - 36 * self.y[2] + \
                     16 * self.y[3] - 3 * self.y[4]
            elif idx == 1:  # 第二个点
                dv = -3 * self.y[0] - 10 * self.y[1] + 18 * self.y[2] - \
                     6 * self.y[3] + self.y[4]
            elif idx == len(self.x) - 2:  # 倒数第二个点, 向量点积形式
                dv = np.dot(np.array([-1, 6, -18, 10, 3]), self.y[idx-3: idx + 2])
            elif idx == len(self.x) - 1:  # 右端点, 向量点积形式
                dv = np.dot(np.array([3, -16, 36, -48, 25]), self.y[idx - 4: idx + 1])
            else:  # 其他情况点
```

```
                dv = self.y[idx - 2] - 8 * self.y[idx - 1] + 8 * self.y[idx + 1] - \
                     self.y[idx + 2]
            diff_value[k] = dv / (12 * self.h)
        return diff_value
```

为对比离散数据形式的微分精度, 采用已知函数生成的离散数据点.

针对**例 2** 示例: 对函数 $f(x)=\mathrm{e}^{-x}\sin x$, 在区间 $[1,5]$ 等距生成 10 个离散数据点 x_k, $k=0,1,\cdots,9$, $y_k=f(x_k)$, 采用离散数据形式的三点公式和五点公式进行数值微分. 求解结果如表 5-3 所示, 其中等距离散数据步长 $h=4/9$ (保留小数点后 8 位), 五点公式的精度比三点公式精度高出很多.

表 5-3 各微分节点的三点公式与五点公式微分值以及绝对值误差 ($k=1,2,\cdots,10$)

x_k	精确值 $f'(x_k)$	三点公式 $\hat{y}'_k$	绝对值误差	五点公式 $\hat{y}'_k$	绝对值误差
1.00000000	−0.11079377	−0.15338853	0.04259477	−0.11683476	6.04099325e−03
1.44444444	−0.20427245	−0.18664566	0.01762679	−0.20277919	1.49325833e−03
1.88888889	−0.19095367	−0.18436237	0.00659130	−0.19192246	9.68784891e−04
2.33333333	−0.13710324	−0.13671855	0.00038468	−0.13781497	7.11734222e−04
2.77777778	−0.08023185	−0.08249624	0.00226439	−0.0806576	4.25751563e−04
3.22222222	−0.03652592	−0.03930573	0.00277981	−0.03672625	2.00323534e−04
3.66666667	−0.00930465	−0.01159213	0.00228749	−0.00936155	5.68986810e−05
4.11111111	0.00424353	0.00273794	0.00150559	0.00426001	1.64793685e−05
4.55555556	0.00873832	0.0079356	0.00080273	0.00870392	3.44081418e−05
5.00000000	0.00837248	0.00969767	0.00132519	0.00853791	1.65430469e−04

5.1.4 数值微分的隐式格式

上述探讨的方法属于显式格式, 计算简单方便, 但数值不稳定, 而隐式格式常具有数值稳定性. 数值微分的隐式格式可通过 Taylor 展开式或数值积分法推导而得.

由 Taylor 展开式可知

$$
\begin{aligned}
f(x_k+h)=&f(x_k)+hf'(x_k)+\frac{h^2}{2}f''(x_k)\\
&+\frac{h^3}{6}f'''(x_k)+\frac{h^4}{24}f^{(4)}(\xi_1),\quad \xi_1\in(x_k,x_k+h),\\
f(x_k-h)=&f(x_k)-hf'(x_k)+\frac{h^2}{2}f''(x_k)\\
&-\frac{h^3}{6}f'''(x_k)+\frac{h^4}{24}f^{(4)}(\xi_2),\quad \xi_2\in(x_k-h,x_k).
\end{aligned}
$$

如果 $f^{(4)}(x) \in \mathbb{C}[x_k-h, x_k+h]$, 两式相加可得

$$f''(x_k) = \frac{f(x_k+h) - 2f(x_k) + f(x_k-h)}{h^2} - \frac{h^2}{12}f^{(4)}(\xi), \quad \xi \in (x_k-h, x_k+h),$$

其三阶导数为

$$f'''(x_k) = \frac{f'(x_k+h) - 2f'(x_k) + f'(x_k-h)}{h^2} - \frac{h^2}{12}f^{(5)}(\xi), \quad \xi \in (x_k-h, x_k+h).$$

将 $f'''(x_k)$ 代入中点公式

$$f'(x_k) = \frac{f(x_k+h) - f(x_k-h)}{2h} - \frac{h^2}{6}f'''(x_k) + O(h^4),$$

可得

$$f'(x_k) = \frac{f(x_k+h) - f(x_k-h)}{2h} - \frac{f'(x_k+h) - 2f'(x_k) + f'(x_k-h)}{6} + O(h^4), \tag{5-6}$$

式 (5-6) 为数值微分的隐式格式. 略去误差项 $O(h^4)$, 并记 $m_k = f'(x_k)$, 则式 (5-6) 可表示为

$$m_{k-1} + 4m_k + m_{k+1} = \frac{3}{h}[f(x_{k+1}) - f(x_{k-1})], \quad k = 1, 2, \cdots, n-1. \tag{5-7}$$

记 $d_k = \dfrac{3}{h}[f(x_{k+1}) - f(x_{k-1})]$, 写成矩阵形式为

$$\begin{pmatrix} 4 & 1 & & & \\ 1 & 4 & 1 & & \\ & \ddots & \ddots & \ddots & \\ & & 1 & 4 & 1 \\ & & & 1 & 4 \end{pmatrix} \begin{pmatrix} m_1 \\ m_2 \\ \vdots \\ m_{n-2} \\ m_{n-1} \end{pmatrix} = \begin{pmatrix} d_1 - m_0 \\ d_2 \\ \vdots \\ d_{n-2} \\ d_{n-1} - m_n \end{pmatrix},$$

其中 m_0 和 m_n 采用五点公式法求解. 用追赶法求解三对角矩阵即可得到指定点的数值微分近似值.

本算法实现思路 根据已知离散数据点, 采用隐式格式法求得对应点的微分值, 然后对于任意给定的离散点, 采用三次样条插值获得其任意点的微分值.

```
# file_name: implicit_numerical_diff.py
# 插值中的工具类
from interpolation_02 . utils . piecewise_interp_utils import PiecewiseInterpUtils
```

```
from direct_solution_linear_equations_06 . chasing_method_tridiagonal_matrix \
    import ChasingMethodTridiagonalMatrix # 采用追赶法求解, 第6章实现该算法
# 采用三次样条插值求得任意点的微分值, 第2章已实现算法
from interpolation_02 . cubic_spline_interpolation import CubicSplineInterpolation

class ImplicitNumericalDifferentiation :
    """
    数值微分的隐式格式, 需用到插值工具类计算任意点的微分, 方程组求解采用追赶法.
    """
    def __init__(self, x, y):
        self.x, self.y = np.asarray(x), np.asarray(y) # 离散数据
        self.n = len(x) # 离散数据点格式
        if self.n < 5:
            print("求解微分值数量过少, 请采用其他显式方法求解.")
            exit(0)
        utils = PiecewiseInterpUtils(x, y) # 实例化对象
        self.h = utils.check_equidistant() # 判断是否等距, 并获取微分步长
        self.diff_value = None # 存储给定点x0的微分值

    def fit_diff(self):
        """
        求解隐式格式的数值微分
        """
        # 构造主次对角线元素
        m_diag, s_diag = 4 * np.ones(self.n - 2), np.ones(self.n - 3)
        # 用五点公式求解边界点的一阶导数值, 构造右端向量
        m_0 = np.dot(np.array([-25, 48, -36, 16, -3]), self.y[:5]) / (12 * self.h)
        m_n = np.dot(np.array([3, -16, 36, -48, 25]), self.y[-5:]) / (12 * self.h)
        d_k = 3 / self.h * (self.y[2:] - self.y[:-2]) # 右端向量
        d_k[0], d_k[-1] = d_k[0] - m_0, d_k[-1] - m_n
        self.diff_value = np.zeros(self.n) # 存储微分值
        # 第一个和最后一个用五点公式近似
        self.diff_value[0], self.diff_value[-1] = m_0, m_n
        cmtm = ChasingMethodTridiagonalMatrix(s_diag, m_diag, s_diag, d_k)
        self.diff_value[1:-1] = cmtm.fit_solve() # 追赶法求解
        return self.diff_value

    def predict_x0(self, x0):
        """
        求解指定点的微分, param x0: 给定求解指定点的ndarray数组
```

```
        """
        if self.diff_value is None:
            self.fit_diff()
        # 实例化三次样条插值对象
        csi = CubicSplineInterpolation(self.x, self.diff_value, boundary_cond="natural")
        csi.fit_interp()  #三次样条插值拟合数据
        return csi.predict_x0(x0)
```

例 3 假设有 10 和 50 个离散数据点, x_i 由区间 $[1,5]$ 等距产生, y_i 由函数 $f(x)=\mathrm{e}^{-x}\sin x$ 产生, 采用隐式格式的数值微分法求解任意点 x_k ($x_k\sim U(1,5)$ 随机产生, 随机种子 100) 的数值微分 $f'(x_k)$.

如表 5-4 所示, 采用隐式微分格式求得的精度较高, 其中第一个点 1.01887542 由于距离边界较近, 采用五点差分公式求得, 故精度略低. 在固定区间离散更多数据点, 即步长缩小, 则微分值的精度更高.

表 5-4 任意点的微分近似值及绝对值误差 (10 个和 50 个离散数据点, $k=1,2,\cdots,5$)

x_k	$f'(x_k)$	近似值 (10 个)	误差 (10 个)	近似值 (50 个)	误差 (50 个)
1.01887542	−0.11811763	−0.12146745	3.34981563e−03	−0.11783232	2.85316560e−04
2.11347754	−0.16585298	−0.16589666	4.36763229e−05	−0.16585321	2.30049702e−07
2.69807036	−0.08971552	−0.08983478	1.19255917e−04	−0.08971563	1.06683800e−07
3.17361977	−0.0404902	−0.04052345	3.32502856e−05	−0.04049026	5.69119267e−08
4.37910453	0.00774541	0.00774313	2.27986196e−06	0.00774542	1.11614231e−08

■ 5.2 三次样条函数数值微分

5.2.1 三次样条插值离散数据数值微分法

已知离散数据 (x_i,y_i), $i=0,1,\cdots,n$, 求解指定点 x_0 的数值微分, 离散数据可能存在非等距, 若非等距采用自然边界条件, 等距可采用第一种边界条件. 已知三次样条插值的第 $j(j=0,1,\cdots,n-1)$ 段函数表示为

$$
\begin{aligned}
S_j(x)=&\frac{(x_{j+1}-x)^3}{6h_j}M_j+\frac{(x-x_j)^3}{6h_j}M_{j+1}+\left(y_j-\frac{M_jh_j^2}{6}\right)\frac{x_{j+1}-x}{h_j}\\
&+\left(y_{j+1}-\frac{M_{j+1}h_j^2}{6}\right)\frac{x-x_j}{h_j},\quad j=0,1,\cdots,n-1,
\end{aligned}\tag{5-8a}
$$

其中 $h_j=x_{j+1}-x_j, x\in[x_j,x_{j+1}]$, M_j 为三次样条插值系数. 对第 j 段三次样条

函数求解一阶导数 (按三弯矩方法求解 $\boldsymbol{M}$) 得

$$f'(x) \approx S'_j(x) = \frac{(x-x_j)^2}{2h_j} M_{j+1} - \frac{(x_{j+1}-x)^2}{2h_j} M_j + \frac{1}{h_j}\left(y_{j+1} - \frac{M_{j+1}h_j^2}{6}\right) - \frac{1}{h_j}\left(y_j - \frac{M_j h_j^2}{6}\right). \tag{5-8b}$$

由于算法需求解三次样条的系数矩阵 $\boldsymbol{M}$, 无需生成三次样条插值多项式, 故不直接采用第 2 章已实现的三次样条插值类, 仅把第一种边界和自然样条边界条件的系数矩阵的求解函数实现在算法中.

```
# file_name: discrete_data_cubic_spline_differetiation.py
class DiscreteDataCubicSplineDifferential:
    """
    三次样条方法求解数值微分: 仅实现第一种边界条件和自然边界条件,
    第一种边界条件使用五点公式求解边界处一阶导数, 且离散数据应为等距
    """
    def __init__(self, x, y, boundary_cond="natural"):
        self.x, self.y = np.asarray(x), np.asarray(y)  # 离散数据
        if len(self.x) == len(self.y) and len(self.x) > 5:
            self.n = len(self.x)  # 已知数据点的数量
        else:
            raise ValueError("x,y的维度不一致, 或节点过少.")
        self.boundary_cond = boundary_cond  # 边界条件
        self.diff_value = None  # 存储给定点x0的微分值

    def predict_diff_x0(self, x0):
        """
        核心算法：三次样条方法求解数值微分
        """
        x0 = np.asarray(x0, dtype=np.float64)  # 求微分点
        self.diff_value = np.zeros(len(x0))  # 存储微分值
        if self.boundary_cond.lower() == "complete":  # 第一种边界条件
            # 如果使用第一种边界条件, 则根据五点公式构造边界条件的一阶导数
            h = np.mean(np.diff(self.x[:5]))  # 前五个点步长均值
            y_0 = np.dot(np.array([-25, 48, -36, 16, -3]), self.y[:5]) / (12 * h)
            h = np.mean(np.diff(self.x[-5:]))  # 后五个点步长均值
            y_n = np.dot(np.array([3, -16, 36, -48, 25]), self.y[-5:]) / (12 * h)
            M = self._cal_complete_spline_(self.x, self.y, y_0, y_n)  # 求解系数
        else:  # 求解样条系数, 自然样条条件
            M = self._cal_natural_spline_(self.x, self.y)
```

```
    for i in range(len(x0)):  # 逐个求解给定值的微分
        # 查找被插值点x0所处的区间段索引idx
        idx = 0  # 初始为第一个区间, 从下一个区间开始搜索
        for j in range(1, self.n - 1):
            if self.x[j] <= x0[i] <= self.x[j + 1] or \
                    self.x[j] >= x0[i] >= self.x[j + 1]:
                idx = j
                break
        # 求解x0点的导数值
        h = self.x[idx + 1] - self.x[idx]  # 第idx个区间步长
        # 分段三次样条插值一阶导函数公式
        t1, t2 = x0[i] - self.x[idx], self.x[idx + 1] - x0[i]  # 子项
        self.diff_value[i] = t1 ** 2 / (2 * h) * M[idx + 1] - \
                             t2 ** 2 / (2 * h) * M[idx] - \
                             (self.y[idx] - M[idx] * h ** 2 / 6) / h + \
                             (self.y[idx + 1] - M[idx + 1] * h ** 2 / 6) / h
    return self.diff_value

def _base_args(self, x, y, d_vector, coefficient_mat):
    """
    针对系数矩阵和右端向量的内点计算, 略去, 参考第2章
    """

def _cal_complete_spline_(self, x, y, y_0, y_n):
    """
    三次样条函数：第一种边界条件
    """
    coefficient_mat = np.diag(2 * np.ones(self.n))  # 求解m的系数矩阵
    coefficient_mat[0, 1], coefficient_mat[-1, -2] = 1, 1  # 特殊处理
    d_vector = np.zeros(self.n)  # 右端向量
    # 针对内点计算各参数值并构成右端向量和系数矩阵
    d_vector, coefficient_mat = self._base_args(x, y, d_vector, coefficient_mat)
    d_vector[0] = 6 * ((y[1] - y[0]) / (x[1] - x[0]) - y_0) / (x[1] - x[0])
    d_vector[-1] = 6 * (y_n - (y[-1] - y[-2]) / (x[-1] - x[-2])) / \
                   (x[-1] - x[-2])
    return np.reshape(np.linalg.solve(coefficient_mat, d_vector), -1)

def _cal_natural_spline_(self, x, y):
    """
    求解第二种自然边界条件, d2y为边界值处的二阶导数值为0
```

```
"""
d2y = np.array ([0,  0])  # 边界处的二阶导数值为0
coefficient_mat  = np.diag(2 * np.ones( self .n))  # 求解m的系数矩阵
d_vector = np.zeros( self .n)  # 右端向量
# 针对内点计算各参数值并构成右端向量和系数矩阵
d_vector,  coefficient_mat  = self ._base_args(x, y, d_vector,  coefficient_mat )
d_vector [0],  d_vector[-1]  = 2 * d2y[0],  2 * d2y[-1]  # 仅需边界两个值
return  np.reshape(np. linalg . solve( coefficient_mat ,  d_vector),  -1)
```

例 4 由函数 $f(x)=(\sin 2x)^2\mathrm{e}^{-0.5x}$ 在区间 $[-3,3]$ 上等距产生 20 和 40 个等距离散数据, 以及按均匀分布 $U(-3,3)$ 随机产生 20 和 40 个非等距的离散数据, 采用三次样条插值数值微分法求解近似微分.

(1) 等距数据, 如图 5-4 所示, 首先根据离散数据计算三次样条插值系数, 然后对于待求的微分点, 查找所在区间段, 并依据式 (5-8b) 计算微分值. 可见数据点越多, 精度越高. 不再单列具体所求微分值. 平均绝对值误差 MAE $=4.76509\times 10^{-3}$, 最大绝对值误差 0.17954.

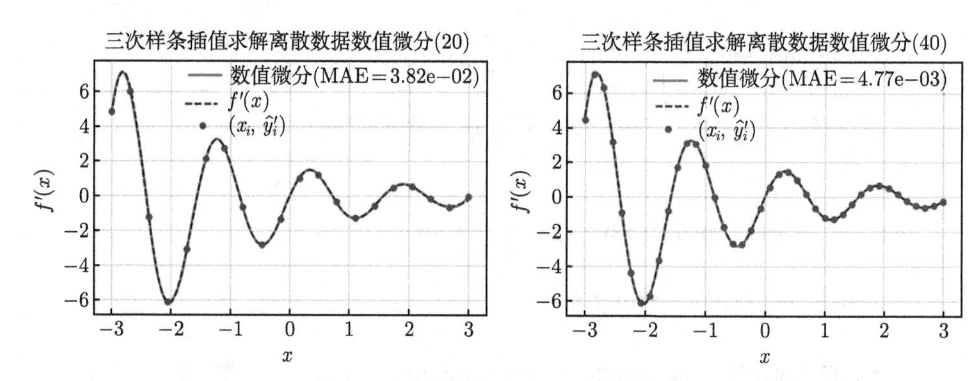

图 5-4 等距数据三次样条插值 (第一种边界条件) 求解离散数据数值微分示意图

(2) 非等距数据 (随机种子 100), 如图 5-5 所示, 在数据较为集中的地方, 精度就高, 在 $[-1.5,2]$ 区间内离散数据点较少, 则微分值的精度比较低. 如果数据是 40 个, 尽管是随机均匀分布, 基本不会出现较大的误差, 平均绝对值误差 MAE $=2.86999\times 10^{-2}$, 最大绝对值误差 0.34099.

5.2.2 * 三次均匀 B 样条函数数值微分法

用三次均匀 B 样条求已知函数 $f(x)$ 在点 x_0 处的微分的步骤[3]:

(1) 以 x_0 为中心向两边等分出 $n(>0)$ 份, 等分间距为 h, 即形成分割:

$$x_0-nh<\cdots<x_0-h<x_0<x_0+h<\cdots<x_0+nh,$$

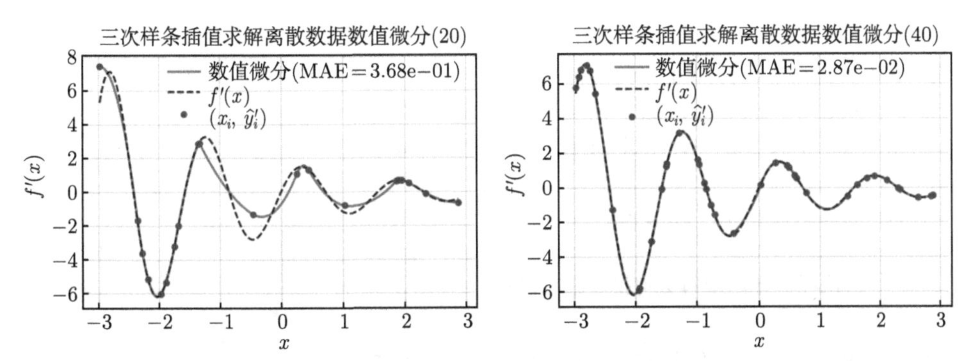

图 5-5 非等距数据三次样条插值 (自然边界条件) 求解离散数据数值微分示意图

令 $x_{-n}=x_0-nh$, 共 $2n+1$ 个节点 $x_{-n},x_{-n+1},\cdots,x_0,x_1,\cdots,x_n$.

(2) 以上述节点构建三次均匀 B 样条函数

$$S_3(x)=\sum_{j=-n-1}^{n+1}c_j\Omega_3\left(\frac{x-x_{-n}}{h}-j\right),$$

并反求出控制点 $c_j, j=-n-1,-n,\cdots,0,\cdots,n,n+1$, 共有 $2n+3$ 个控制点系数. 由数据插值, $2n+1$ 个节点共 $2n$ 段, 设第 i 段三次均匀 B 样条多项式为

$$\begin{aligned}P_i(t)=&c_{i-1}N_{0,3}(t)+c_iN_{1,3}(t)+c_{i+1}N_{2,3}(t)\\&+c_{i+2}N_{3,3}(t),\quad t\in[0,1],\quad i=0,1,\cdots,2n-1,\end{aligned}$$

则易知 $\mathrm{d}t=\dfrac{1}{h}\mathrm{d}x,\ P_i'(0)=\dfrac{1}{2}\left(c_{i+1}-c_{i-1}\right)$.

(3) 综上, 假设控制点系数的编号为 $c_{-1},c_0,c_1,\cdots,c_{2n+1}$, 则 x_0 (对应第 $i=n$ 段区间 $[x_0,x_0+h]$ 的左端点) 处微分公式为

$$f'\left(x_0\right)\approx\frac{1}{2h}\left(c_{n+1}-c_{n-1}\right).\tag{5-9}$$

本算法求解 B 样条系数采用第一种边界条件, 且通过五点公式求解边界点的一阶导数.

```
# file_name: cubic_bspline_differentiation.py
class  CubicBSplineDifferentiation :
    """
    三次样条方法求解数值微分: 仅实现第一种边界条件
    可根据第2章B样条插值实现其他边界条件系数的求解
```

```
    """
    def __init__(self, diff_fun, n=5, h=0.1):  # 略去部分实例化属性初始化
        self.n = n  # 以x0为中心向两边等分出n份, 默认为5
        self.node_num = 2 * self.n + 1  # 等分节点数, 两边展开

    def predict_diff_x0(self, x0):
        """
        三次样条方法求解数值微分核心算法
        """
        x0 = np.asarray(x0, dtype=np.float64)  # 求微分点
        self.diff_value = np.zeros(len(x0))  # 存储微分值
        # 以x0为中心向两边等分出n份, 步长h, 形成三次样条函数S并求系数, 再求x0导数
        k = np.linspace(0, self.node_num - 1, self.node_num) # 两边等分n个值的索引
        for i in range(len(x0)):  # 逐个求解给定值的微分
            xi = x0[i] + (k - self.n) * self.h  # 给定x0值前后等分n个值, 共2*n+1个值
            y = self.diff_fun(xi)  # 前后拓展n个点后的函数值
            # 求解两端点处一阶导函数值, 采用五点微分公式
            y_0 = np.array([-25, 48, -36, 16, -3]).dot(y[:5]) / 12 / self.h
            y_n = np.array([3, -16, 36, -48, 25]).dot(y[-5:]) / 12 / self.h
            # 求解B样条的系数
            coeff = self._cal_complete_bspline_(self.h, 2 * self.n, y, y_0, y_n)
            # 注意Python索引下标从0开始, 区别于公式中的索引下标
            self.diff_value[i] = (coeff[self.n + 2] - coeff[self.n]) / (2 * self.h)
        return self.diff_value

    @staticmethod
    def _cal_complete_bspline_(h, n, y, y_0, y_n):
        """
        第一种边界条件, 求解给定点的B样条系数
        :param h: 步长, n: 节点数, y: 函数值, y_0: 端点处一阶导数, y_n: 端点处一阶导数
        """
        coefficient = np.zeros(n + 3)  # 初始化样条函数系数向量
        coefficient_matrix, identity_mat = np.diag(4 * np.ones(n + 1)), np.eye(n + 1)
        mat_low = np.r_[identity_mat[1:, :], np.zeros((1, n + 1))]
        mat_up = np.r_[np.zeros((1, n + 1)), identity_mat[:-1, :]]
        coefficient_matrix = coefficient_matrix + mat_low + mat_up  # 形成系数矩阵
        b_vector = np.zeros(n + 1)  # 构造右端向量b
        b_vector[1:n] = 6 * y[1:n]  # 内部节点的处理
        b_vector[0], b_vector[-1] = 6 * y[0] + 2 * h * y_0, 6 * y[-1] - 2 * h * y_n
        # 库函数求解B样条系数, 可替换为第6章方法
```

```
    coefficient [1:-1] = np. linalg . solve( coefficient_matrix , b_vector)
    coefficient [0] = coefficient [1] - 2 * h * y_0 # 特殊处理
    coefficient [-1] = coefficient [2] + 2 * h * y_n # 特殊处理
    return coefficient
```

例 5 假设已知函数 $f(x)=\ln x\cdot\sin x,\ x\in[2,11]$, 利用三次均匀 B 样条函数数值微分法, 其中 $h=0.1$, 求解在点 [2,3,4,5,6,7,8,9,10] 处的近似数值微分 $\hat{y}_0'$, 并与 $f'(x_0)$ 的精确微分值比较.

三次 B 样条函数是分段插值逼近函数, 分段越多, 逼近效果越好. 从表 5-5 可看出, 三次 B 样条函数求解数值微分, 其微分误差随节点数的增加而减小.

表 5-5 三次均匀 B 样条函数方法在不同节点数下的微分绝对值误差 ($k=1,2,\cdots,9$)

x_k	$f'(x_k)$	$n=3$	$n=5$	$n=7$	$n=9$
2	0.16619771	0.00583993	0.00078361	7.45057656e−05	5.75298136e−06
3	−1.04057792	0.03693412	0.00517191	5.33206251e−04	4.72210509e−05
4	−1.09534309	0.03883908	0.00541623	5.54242526e−04	4.84180247e−05
5	0.26475182	0.00946776	0.00136651	1.48459181e−04	1.44823439e−05
6	1.67382495	0.05948290	0.00837111	8.70811844e−04	7.85799032e−05
7	1.56088128	0.05542648	0.00777565	8.04318315e−04	7.17889111e−05
8	−0.17888903	0.00639914	0.00092469	1.00663016e−04	9.87813779e−06
9	−1.95616686	0.06952441	0.00978879	1.01913419e−03	9.21439687e−05
10	−1.98643571	0.07056627	0.00991596	1.02876143e−03	9.23752934e−05

注 在不同节点数下的数值微分值不再列出, 可通过算法打印输出.

图 5-6 (右) 为节点数 n 在 3, 5, 7 和 9 时的微分值 $\hat{f}'(x_k)$ 与一阶导函数值 $f'(x_k)$ 的对比示意图, 表 5-6 可以看出, 每次在所求微分点左右等分增加 1 个数据点, 则平均绝对值 MAE 误差精度提高一个数量级.

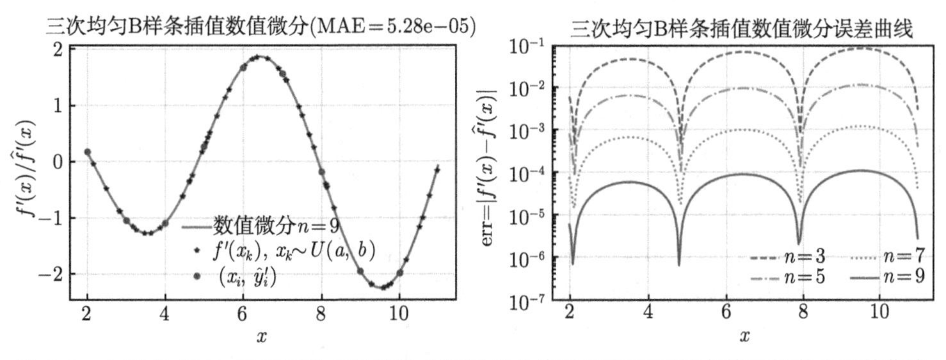

图 5-6 三次均匀 B 样条函数方法的微分近似值曲线以及在不同节点数下的微分误差曲线

表 5-6 三次均匀 B 样条函数插值微分法不同节点数下的误差度量

节点数	平均绝对值误差	最大绝对值误差	节点数	平均绝对值误差	最大绝对值误差
$n=3$	4.0496336594e−02	8.0056153462e−02	$n=5$	5.6873214362e−03	1.1259777275e−02
$n=7$	5.8944688046e−04	1.1700898220e−03	$n=9$	5.2806437102e−05	1.0540515381e−04

5.2.3 * 自适应三次均匀 B 样条函数数值微分法

用三次样条求已知函数 $f(x)$ 在点 x_0 处的微分, 其自适应算法步骤[3] 如下.

首先令 $f'_{(1)}(x_0)=\infty$, 从 $k=2,3,\cdots,n$ 开始循环, 直至收敛.

(1) 以 x_0 为中心向两边等分出 n (自适应变化) 份, 等分间距为 h (自适应变化) , 形成分割:

$$x_0-nh<\cdots<x_0-h<x_0<x_0+h<\cdots<x_0+nh;$$

(2) 以上述节点构建三次均匀 B 样条函数, 并反求出控制点 $c_j, j=-1,0,1,\cdots,2n+1$;

(3) x_0 处微分公式为 $f'_{(k)}(x_0)\approx\dfrac{1}{2h}(c_{n+1}-c_{n-1})$;

(4) 如果 $\left|f'_{(k)}(x_0)-f'_{(k-1)}(x_0)\right|<\varepsilon$ (给定精度), 则退出; 否则令 $h=0.75h$, $n=n+4$, 转 (1).

```
# file_name: adaptive_cubic_bspline_differentiation.py
class AdaptiveCubicBSplineDifferentiation :
    """
    自适应三次B样条方法求解数值微分: 仅实现第一种边界条件
    """
    def __init__( self, diff_fun, h=0.1, eps=1e-6):  # 略去实例化属性初始化

    def predict_diff_x0 ( self, x0):
        """
        核心算法: 三次样条方法求解数值微分
        """
        x0 = np. asarray (x0, dtype=np. float64 )  # 求微分点
        self . diff_value = np.zeros (len(x0))  # 存储微分值
        for i in range(len(x0)):  # 逐个求解给定值的微分
            # 初始精度、节点数、步长和循环标记
            df_tmp, n, h, flag = np. infty , 2, self .h, True
            while flag:  # flag标记, 是否满足精度要求
                # x0前后等分n个值, 共2*n+1个值
                xi = np.arange(x0[i] - n * h, x0[i] + (n + 1) * h, h)
```

```
                y = self.diff_fun(xi)  # 前后拓展n个点后的函数值
                y_0 = np.array([-25, 48, -36, 16, -3]).dot(y[:5]) / 12 / self.h
                y_n = np.array([3, -16, 36, -48, 25]).dot(y[-5:]) / 12 / self.h
                # 求解B样条的系数
                coefficient = self._cal_complete_bspline_(h, 2 * n, y, y_0, y_n)
                # 求解x0点的导数值
                self.diff_value[i] = (coefficient[n + 2] - coefficient[n]) / (2 * h)
                if np.abs(df_tmp - self.diff_value[i]) < self.eps:  # 精度控制
                    flag = False
                else:  # 节点数和步长的更新
                    df_tmp = self.diff_value[i]
                    n += 4  # 节点数加4
                    h *= 0.75  # 步长缩减为原来的3/4
        return self.diff_value

    @staticmethod
    def _cal_complete_bspline_(h, n, y, y_0, y_n):  # 参考B样条函数微分
```

针对**例 5** 示例: 采用自适应三次 B 样条函数数值微分法, 微分精度分别为 $[10^{-3}, 10^{-5}, 10^{-7}, 10^{-9}]$. 步长 $h = 0.1$, 从表 5-7 可看出, 微分误差随微分精度的增加而减小.

表 5-7 自适应三次均匀 B 样条函数在不同自适应精度下的微分绝对值误差 $(k = 1, 2, \cdots, 9)$

x_k	$f'(x_k)$	$\varepsilon = 10^{-3}$	$\varepsilon = 10^{-5}$	$\varepsilon = 10^{-7}$	$\varepsilon = 10^{-9}$
2	0.16619771	8.14876294e−07	2.00421099e−09	7.73465014e−10	2.36040909e−10
3	−1.04057792	1.80351542e−07	1.01190236e−08	2.95951041e−09	2.95692137e−10
4	−1.09534309	1.66143114e−07	1.17613184e−08	3.46797457e−09	3.46643381e−10
5	0.26475182	6.07036155e−08	1.21398108e−09	1.21398108e−09	4.50537718e−10
6	1.67382495	2.70285623e−07	1.10606206e−08	3.10392378e−09	3.09946957e−10
7	1.56088128	2.28341650e−07	1.25600552e−08	3.60782026e−09	3.60434349e−10
8	−0.17888903	5.45801722e−08	5.45801722e−08	1.28164496e−09	4.50507631e−10
9	−1.95616686	2.54370467e−07	1.23490220e−08	3.34397643e−09	3.33649108e−10
10	−1.98643571	2.63423622e−07	1.43242269e−08	4.01750455e−09	4.01124911e−10

表 5-8 为平均绝对值误差和最大绝对值误差对比, 可以看出, 自适应精度 ε 要求高, 则微分值的精度也高. 直观看, 图 5-7(右) 为不同自适应微分精度下的微分值 $\hat{f}'(x_k)$ 与一阶导函数值 $f'(x_k)$ 的对比示意图.

注 算法终止的条件不是最大绝对值误差是否满足精度要求.

表 5-8 自适应三次均匀 B 样条函数方法在不同自适应精度下的误差度量

精度	平均绝对值误差	最大绝对值误差	精度	平均绝对值误差	最大绝对值误差
$\varepsilon=10^{-3}$	4.8547683430e−06	8.4352625438e−04	$\varepsilon=10^{-5}$	1.6704388610e−08	1.1191009097e−07
$\varepsilon=10^{-7}$	3.2197468045e−09	9.1073195652e−09	$\varepsilon=10^{-9}$	3.2146426472e−10	4.4551832223e−09

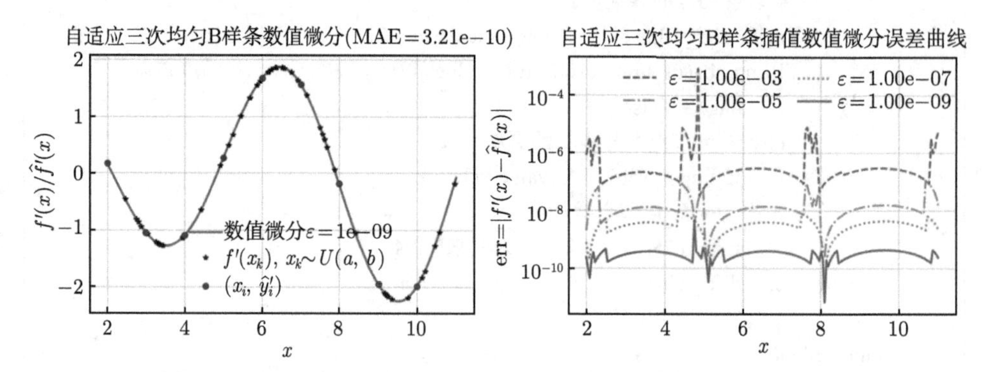

图 5-7 微分近似值曲线以及在不同自适应精度下的微分误差曲线

■ 5.3 理查森外推算法

利用中点公式 $f'(x)\approx G(h)$ 时, 对函数 $f(x)$ 在 x 处做 Taylor 级数展开, 利用理查森外推方法对步长 h 逐次分半, 可得理查森外推算法的迭代公式

$$\left\{\begin{aligned}&G_1(h)=\frac{f\left(x+\dfrac{h}{2}\right)-f\left(x-\dfrac{h}{2}\right)}{h},\\&G_{n+1}(h)=\frac{G_n\left(\dfrac{h}{2}\right)-\left(\dfrac{1}{2}\right)^{2n}G_n(h)}{1-\left(\dfrac{1}{2}\right)^{2n}}=\frac{4^nG_n\left(\dfrac{h}{2}\right)-G_n(h)}{4^n-1},\quad n=1,2,\cdots.\end{aligned}\right.\tag{5-10}$$

理查森外推算法是一种金字塔式的算法, 底层是 $G_1(h),G_1\left(\dfrac{h}{2}\right),\cdots,G_1\left(\dfrac{h}{2^n}\right)$, 第二层是 $G_2(h),G_2\left(\dfrac{h}{2}\right),\cdots,G_2\left(\dfrac{h}{2^{n-1}}\right)$, 顶层是 $G_{n-1}(h)$. 表 5-9 为理查森外推算法计算过程, 对于给定的外推步数 n, 从底层到顶层逐层 (按列) 计算即可.

迭代公式 (5-10) 的误差为 $f'(x)-G_n(h)=O\left(h^{2(n+1)}\right)$, 可见当迭代步数 n 充分大时, $G_n(h)$ 收敛到 $f'(x)$. 但考虑到舍入误差, 一般 n 不能取太大.

表 5-9 理查森外推算法计算过程

$G_1(h)$	$G_1\left(\frac{h}{2}\right)$	$\cdots$	$G_1\left(\frac{h}{2^{n-1}}\right)$	$G_1\left(\frac{h}{2^n}\right)$
$G_2(h)$	$G_2\left(\frac{h}{2}\right)$	$\cdots$	$G_2\left(\frac{h}{2^{n-1}}\right)$	
$\vdots$	$\vdots$	$\iddots$		
$G_{n-2}(h)$	$G_{n-2}\left(\frac{h}{2}\right)$			
$G_{n-1}(h)$				

理查森外推算法求解数值微分算法实现, 根据表 5-9 逐步外推计算即可.

```
# file_name: richardson_extrapolation_differentiation.py
class RichardsonExtrapolationDifferentiation:
    """
    理查森外推算法求解数值微分
    """
    def __init__(self, diff_fun, step=8, h=1): # 略去部分实例化属性初始化
        self.step = step # 外推步数

    def predict_diff_x0(self, x0):
        """
        核心算法: 理查森外推算法求解数值微分
        """
        x0 = np.asarray(x0, dtype=np.float64)
        self.diff_value = np.zeros(len(x0)) # 存储微分值
        for k in range(len(x0)): # 逐个求解给定值的微分
            richardson_table = np.zeros(self.step) # 外推算法计算存储
            # 1. 求得金字塔的底层值
            for i in range(self.step):
                y1 = self.diff_fun(x0[k] + self.h / (2 ** (i + 1)))
                y2 = self.diff_fun(x0[k] - self.h / (2 ** (i + 1)))
                richardson_table[i] = 2 ** i * (y1 - y2) / self.h
            # 2. 逐层求解金字塔值, 并外推到指定步数
            rich_tab = np.copy(richardson_table) # 用于迭代
            for i in range(1, self.step):
                for j in range(i, self.step):
                    # 按公式求得金字塔的每层值
                    rich_tab[j] = (4 ** i * richardson_table[j] -
                                   richardson_table[j - 1]) / (4 ** i - 1)
```

```
            richardson_table = rich_tab   # 不断迭代外推
        self.diff_value[k] = richardson_table[-1]   # 顶层值就是所需导数值
    return self.diff_value
```

针对**例 5** 示例: 采用理查森外推算法, 外推步数分别为 $[3,5,7,9]$. 从表 5-10 可看出, 理查森外推算法求解数值微分, 其微分误差随外推次数的增加而减小, 外推步数 step $=3$ 时已经具有相当高的精度.

表 5-10　理查森外推算法在不同外推步数下的微分绝对值误差 $(k=1,2,\cdots,9)$

x_k	$f'(x_k)$	step $=3$	step $=5$	step $=7$	step $=9$
2	0.16619771	9.90370176e−08	1.11878254e−09	6.59475252e−12	2.84494650e−14
3	−1.04057792	8.47488151e−08	2.16537146e−08	1.18076215e−10	5.69988501e−13
4	−1.09534309	1.05917465e−07	2.53433770e−08	1.38210332e−10	6.24833518e−13
5	0.26475182	1.62162977e−08	3.29160615e−09	1.79662396e−11	2.04558592e−13
6	1.67382495	9.10783651e−08	2.26814789e−08	1.23694610e−10	5.60440583e−13
7	1.56088128	1.09495541e−07	2.63541151e−08	1.43719259e−10	6.46371845e−13
8	−0.17888903	1.93616832e−08	3.26726948e−09	1.78511927e−11	3.13638004e−15
9	−1.95616686	9.28617674e−08	2.44639524e−08	1.33382194e−10	6.67021993e−13
10	−1.98643571	1.17467309e−07	2.93665323e−08	1.60134350e−10	7.09210468e−13

例 6　用理查森外推算法计算 $f(x)=x^2\mathrm{e}^{-x}, x\in[0,11]$ 的一阶数值微分, 外推步数分别为 $[3,5,7,9]$.

图 5-8(左) 为外推步数在 9 时理查森外推算法微分值 $\hat{f}'(x)$ 与真值 $f'(x)$ 的对比示意图, 由于外推算法的精度非常高, 难以直观看出差异. 图 5-8(右) 为不同的外推步数下的微分误差绝对值曲线, 可见误差精度随着外推步数的增加而提高, 当外推步数较大时, 也要注意舍入误差的影响 (表 5-11).

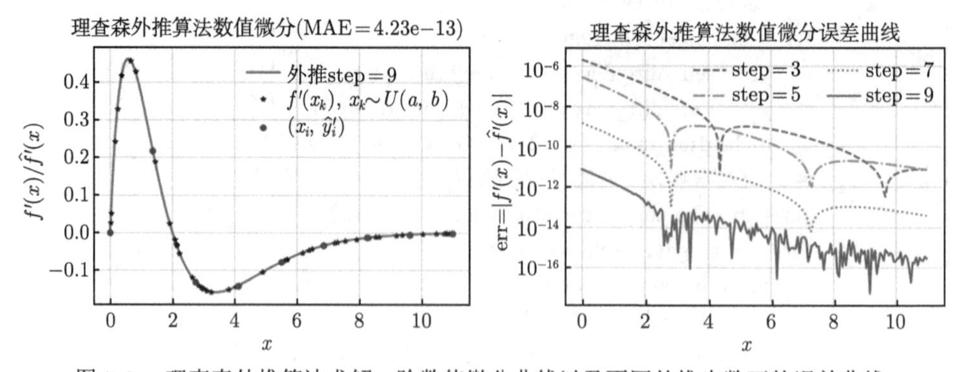

图 5-8　理查森外推算法求解一阶数值微分曲线以及不同外推步数下的误差曲线

表 5-11 理查森外推算法在不同外推步数下的误差度量

外推步数	平均绝对值误差	最大绝对值误差	外推步数	平均绝对值误差	最大绝对值误差
step = 3	1.3813247264e−07	2.0504585546e−06	step = 5	1.6325990340e−08	2.7845293952e−07
step = 7	8.7976381998e−11	1.5018744629e−09	step = 9	4.2334459654e−13	7.2285125735e−12

选择四种方法分别设置参数如下:

(1) 理查森外推算法: step $= 6$, 初始步长 $h = 1$.

(2) 三次 B 样条函数微分法: 节点数 $n = 50$, 微分步长 $h = 0.05$.

(3) 自适应三次 B 样条函数微分法: 精度 $\varepsilon = 10^{-7}$, 微分步长 $h = 0.1$.

(4) 五点公式 (中点): 微分步长 $h = 0.02$.

其实四种方法由于各参数要求不一样, 且微分的精度依赖于参数的设置, 某种程度上不适宜横向比较, 但这里暂且设置参数如上, 且每次核心算法计算 100 次, 取其平均时间消耗作为算法的执行效率.

从表 5-12 和表 5-13 可以看出, 在当前参数设置的条件下, 理查森具有最好的微分精度 (平均绝对值误差) 且时间消耗相对较少, 参数设置较为简单, 只需给出递推步数即可. 五点公式法无论是从时间消耗还是微分精度上都较好, 只要选择合适的微分步长, 五点公式是一种优秀的求解数值微分的高精度算法.

表 5-12 四种算法求解各微分节点的绝对值误差 ($k = 1, 2, \cdots, 9$)

x_k	$f'(x_k)$	理查森外推	三次 B 样条	自适应 B 样条	五点 middle 公式
0.	0.	5.20973130e−08	6.94010525e−07	3.52320428e−08	1.06677334e−07
0.625	0.45999029	1.97628963e−08	2.62624081e−07	4.18233087e−08	4.03722069e−08
1.25	0.26859825	6.80809981e−09	9.00773598e−08	1.42396587e−08	1.38496276e−08
1.875	0.03594257	1.93522703e−09	2.53456003e−08	4.04225653e−09	3.89852299e−09
2.5	−0.10260625	2.86637519e−10	3.55148197e−09	6.65611871e−10	5.47511564e−10
3.125	−0.15446578	1.59024183e−10	2.26818039e−09	2.44898019e−10	3.47740114e−10
3.75	−0.15433521	2.04951583e−10	2.80788770e−09	3.28988753e−10	4.31136404e−10
4.375	−0.13079867	1.48465296e−10	2.01468867e−09	2.19020219e−10	3.09456571e−10
5.	−0.10106920	8.66331173e−11	1.16957345e−09	1.06488054e−10	1.79680146e−10

表 5-13 各一阶微分算法的误差度量以及执行时间消耗

方法	最大绝对值误差	平均绝对值误差	执行时间消耗 (秒)
理查森外推算法	5.2097313049e−08	3.0421487837e−09	0.00048002719879150393
三次均匀 B 样条	6.9401052518e−07	4.0426426488e−08	0.0097199845314025880
自适应三次均匀 B 样条	6.1314736066e−08	4.3864844396e−09	0.0084999990463256840
五点 middle 公式	1.0667733376e−07	6.2145914827e−09	0.00016000032424926759

图 5-9 为四种算法的微分逼近程度的可视化图像, 由于自适应三次均匀 B 样条根据精度自适应计算, 满足精度要求即可, 故呈现出一定的不规则性.

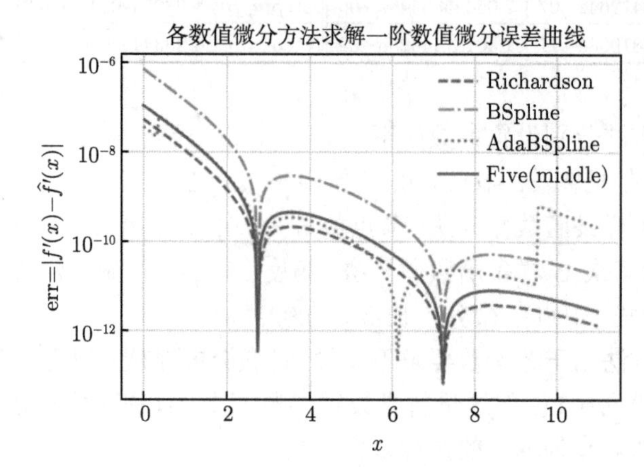

图 5-9 四种算法的微分逼近程度的可视化示意图

■ 5.4 二阶数值微分

实际应用中, 也常用到二阶导数, 如二阶微分方程. 对于高阶导数, 可根据基本公式推导得出.

5.4.1 多点公式二阶数值微分法

二阶导数基本公式 $f''(x) = \lim\limits_{h \to 0} \dfrac{f(x+h) - 2f(x) + f(x-h)}{h^2}$, 利用插值公式可求二阶导数的多点公式法, 常见的有三点公式法、四点公式法和五点公式法.

(1) 二阶导数的三点公式如下:

$$f''(x_0) \approx \frac{y_0 - 2y_1 + y_2}{h^2}, \quad f''(x_0) \approx \frac{y_{-1} - 2y_0 + y_1}{h^2}, \quad f''(x_0) \approx \frac{y_{-2} - 2y_{-1} + y_0}{h^2}. \tag{5-11}$$

其中 $y_i = f(x_i + jh), j = \pm 2, \pm 1, 0$.

(2) 二阶导数的四点公式如下:

$$\begin{aligned} &f''(x_0) \approx \frac{2y_0 - 5y_1 + 4y_2 - y_3}{h^2}, \quad f''(x_0) \approx \frac{y_{-1} - 2y_0 + y_1}{h^2}, \\ &f''(x_0) \approx \frac{y_{-3} + 4y_{-2} - 5y_{-1} + 2y_0}{h^2}. \end{aligned} \tag{5-12}$$

其中 $y_i = f(x_i + jh), j = \pm 3, \pm 2, \pm 1, 0$.

(3) 二阶导数的五点公式如下:

$$
\begin{cases}
f''(x_0) \approx \dfrac{35y_0 - 104y_1 + 114y_2 - 56y_3 + 11y_4}{12h^2}, \\
f''(x_0) \approx \dfrac{11y_{-1} - 20y_0 + 6y_1 + 4y_2 - y_3}{12h^2}, \\
f''(x_0) \approx \dfrac{-y_{-2} + 16y_{-1} - 30y_0 + 16y_1 - y_2}{12h^2}, \\
f''(x_0) \approx \dfrac{-y_{-3} + 4y_{-2} + 6y_{-1} - 20y_0 + 11y_1}{12h^2}, \\
f''(x_0) \approx \dfrac{11y_{-4} - 56y_{-3} + 114y_{-2} - 104y_{-1} + 35y_0}{12h^2}.
\end{cases}
\tag{5-13}
$$

其中 $y_i = f(x_i + jh), j = \pm 4, \pm 3, \pm 2, \pm 1, 0.$

注 如上三种公式既可实现函数形式的二阶数值微分, 也可以实现离散数据形式 (函数未知) 的二阶数值微分. 若为函数形式, 则给定步长 h; 若为离散数据形式, 则需节点是等距的, 由节点获得步长 h. 如下算法仅实现了五点公式的二阶数值微分, 其中函数形式二阶微分仅实现了五点公式 (中点), 因为中点公式相对其他点公式微分精度更高, 其他点公式以及三点和四点可自行设计.

```
# file_name: five_points_second_order_differentiation.py
# 导入插值工具类, 判断数据节点是否为等距节点
from interpolation_02 . utils . piecewise_interp_utils import PiecewiseInterpUtils
class FivePointsSecondOrderDifferentiation :
    """
    多点法求解二阶导数, 仅实现五点公式, 支持函数二阶微分和离散数据二阶微分
    """
    def __init__( self, diff_fun =None, x=None, y=None, h=0.05):
        # 略去部分实例化属性初始化
        self . diff_fun = diff_fun  # 待微分的函数, 如果为None, 则采用离散数据形式微分

    def fit_2d_diff ( self, x0):
        """
        核心算法: 多点法求解二阶导数
        """
        x0 = np. asarray (x0, dtype=np. float64 )  # 被求值
        self . diff_value = np. zeros (len (x0))  # 存储微分值
        if self . diff_fun is not None: # 存在待微分函数
            self . _cal_diff_fun_value_ (x0)
        elif self .x is not None and self .y is not None: # 离散数据形式
            pieu = PiecewiseInterpUtils ( self .x, self .y)
```

```
            h = pieu.check_equidistant()  # 等距判断, 获取步长
            self._cal_diff_discrete_value_(x0, h)
        return self.diff_value

    def _cal_diff_fun_value_(self, x0):
        """
        函数形式, 五点公式二阶导数
        """
        for k in range(len(x0)):  # 逐个求解给定值的微分
            idx = np.linspace(0, 4, 5)
            y = self.diff_fun(x0[k] + (idx - 2) * self.h)
            # 五点公式 (中点及当前节点前后各四个)
            self.diff_value[k] = np.array([-1, 16, -30, 16, -1]).dot(y[:5]) / \
                                 (12 * self.h ** 2)

    def _cal_diff_discrete_value_(self, x0, h):
        """
        离散数据形式, 五点公式二阶导数, 端点情况分别处理, 其他情况均采用中点公式
        """
        for k in range(len(x0)):  # 逐个求解给定值的微分
            idx = list(self.x).index(x0[k])
            if idx == 0:  # 左端点, 第一个公式
                dv = np.dot(np.array([35, -104, 114, -56, 11]), self.y[:5])
            elif idx == 1:  # 第二个点, 第二个公式
                dv = np.dot(np.array([11, -20, 6, 4, -1]), self.y[:5])
            elif idx == len(self.x) - 2:  # 倒数第二个点, 第四个公式
                dv = np.dot(np.array([-1, 4, 6, -20, 11]), self.y[idx - 3:idx + 2])
            elif idx == len(self.x) - 1:  # 右端点, 第五个公式
                dv = np.dot(np.array([11, -56, 114, -104, 35]), self.y[idx - 4:idx + 1])
            else:  # 其他情况点, 第三个公式
                dv = np.dot(np.array([-1, 16, -30, 16, -1]), self.y[idx - 2:idx + 3])
            self.diff_value[k] = dv / (12 * h ** 2)
```

例 7 计算函数 $f(x)=\dfrac{\sin x}{\sqrt{x}}, x\in[2,5]$, 在点 [2:0.3:5](步长 0.3 等分 11 个点) 处的二阶近似微分值.

从表 5-14 可以看出, 由于函数形式的微分可以控制微分的步长 h, 其二阶微分精度往往较高, 这里采用微分步长 $h=0.01$. 而离散数据形式的二阶微分精度受其微分步长影响, 这里在 $[2,5]$ 区间等距采样 11 个微分节点, 步长 $h=0.3$, 除边界点的微分精度不高外 (边界点所采用的公式形式不同), 内部节点的精度较高.

通常不知离散数据背后的真实函数, 故离散数据微分在实际应用中仍十分普遍.

表 5-14　五点公式的函数形式和离散数据形式求解二阶数值微分及绝对值误差 ($k = 1, 2, \cdots, 11$)

x_k	$f''(x_k)$	函数形式微分值	绝对值误差	离散数据形式微分值	绝对值误差
2	−0.3752833060	−0.3752833059	5.32602296e−11	−0.3832045933	7.92128737e−03
2.3	−0.2309784638	−0.2309784637	2.36526909e−11	−0.2301781350	8.00328758e−04
2.6	−0.0798384143	−0.0798384143	4.94822239e−12	−0.0798348357	3.57860315e−06
2.9	0.0686460309	0.0686460309	1.12331117e−11	0.0686376048	8.42612868e−06
3.2	0.2046370094	0.2046370093	2.24109342e−11	0.2046190611	1.79483021e−05
3.5	0.3190381670	0.3190381669	3.17509907e−11	0.3190130228	2.51441340e−05
3.8	0.4043524149	0.4043524149	3.73579501e−11	0.4043225606	2.98542783e−05
4.1	0.4553283191	0.4553283190	3.95268818e−11	0.4552964044	3.19147013e−05
4.4	0.4693828172	0.4693828171	3.83333920e−11	0.4693515322	3.12849738e−05
4.7	0.4467863542	0.4467863542	3.53163609e−11	0.4470119533	2.25599053e−04
5	0.3906071363	0.3906071363	2.69351208e−11	0.3882555218	2.35161451e−03

5.4.2　三次样条插值离散数据二阶数值微分法

已知离散数据 (x_i, y_i), $i = 0, 1, \cdots, n$, 求解指定点 x_0 的二阶数值微分, 离散数据可能存在非等距, 若非等距采用自然边界条件, 等距可采用第一种边界条件. 由 5.2.1 节, 假设 $x \in [x_j, x_{j+1}]$, 则对第 j 段三次样条函数求解二阶导数 (按三弯矩方法求解 M) 得

$$f''(x) \approx {S''}_j(x) = \frac{x_{j+1} - x}{h_j} M_j + \frac{x - x_j}{h_j} M_{j+1}. \tag{5-14}$$

如下二阶微分算法继承三次样条一阶微分 DiscreteDataCubicSplineDifferetiation 类, 且采用第一种边界条件, 以五点公式法计算边界处的一阶导数.

```
# file_name: cubic_spline_2_order_differentiation.py
class CubicSpline2OrderDifferentiation ( DiscreteDataCubicSplineDifferential ):
    """
    三次样条插值求解二阶数值微分, 继承DiscreteDataCubicSplineDifferetiation
    """
    def cal_diff ( self , x0):
        """
        三次样条方法求解二阶数值微分核心算法, 重写父类实例方法
        """
        x0 = np. asarray (x0, dtype=np. float64 )  # 求微分点
```

```
        self.diff_value = np.zeros(len(x0))  # 存储微分值
        # 如果使用第一种边界条件, 则根据五点公式构造边界条件的一阶导数
        h = np.mean(np.diff(self.x[:5]))  # 前五个点步长均值, 以防不等距采样
        y_0 = np.dot(np.array([-25, 48, -36, 16, -3]), self.y[:5]) / (12 * h)  # 左端点
        h = np.mean(np.diff(self.x[-5:]))  # 后五个点步长均值, 以防不等距采样
        y_n = np.dot(np.array([3, -16, 36, -48, 25]), self.y[-5:]) / (12 * h)  # 右端点
        M = self._cal_complete_spline_(y_0, y_n)  # 求解样条系数, 第一种条件
        # M = self._cal_natural_spline_()  # 求解样条系数, 自然样条条件
        for i in range(len(x0)):  # 逐个求解给定值的微分
            # 查找被插值点x0所处的区间段索引idx
            idx = 0  # 初始为第一个区间, 从下一个区间开始搜索
            for j in range(1, self.n - 1):
                if self.x[j] <= x0[i] <= self.x[j + 1] or \
                        self.x[j] >= x0[i] >= self.x[j + 1]:
                    idx = j
                    break
            # 求解x0点的导数值
            h = self.x[idx + 1] - self.x[idx]  # 第idx个区间步长
            # 分段三次样条插值二阶导函数公式
            self.diff_value[i] = (self.x[idx + 1] - x0[i]) / h * M[idx] + \
                                 (x0[i] - self.x[idx]) / h * M[idx + 1]
        return self.diff_value
```

针对**例 7** 示例, 在区间 $[2,5]$ 上等距产生 50 个离散数据, 采用三次样条插值近似求解离散数据的二阶数值微分, 对应点的绝对误差的数量级在区间 $\left[10^{-6},10^{-5}\right]$ 内, 具有不错的精度, 略去具体数值.

5.4.3　* 三次均匀 B 样条函数二阶数值微分法

用三次 B 样条求已知函数 $f(x)$ 在点 x_0 处的二阶微分的步骤[3].

(1) 以 x_0 为中心向两边等分出 n 份, 等分步长为 h, 即形成分割:

$$x_0-nh<\cdots<x_0-h<x_0<x_0+h<\cdots<x_0+nh,$$

其中 $x_{-n}=x_0-nh$.

(2) 以上述节点构建三次均匀 B 样条函数, 并反求出控制点 $c_j, j=-n,-n+1,\cdots,0,\cdots,n-1,n$. 设第 i 段三次均匀 B 样条多项式为

$$\begin{aligned}P_i(t)=&\ c_{i-1}N_{0,3}(t)+c_iN_{1,3}(t)+c_{i+1}N_{2,3}(t)\\&+c_{i+2}N_{3,3}(t),\quad t\in[0,1],\quad i=0,1,\cdots,2n-1,\end{aligned}$$

则 $P_i''(0) = c_{i-1} - 2c_i + c_{i+1}, \mathrm{d}t = \dfrac{1}{h}\mathrm{d}x$.

(3) 综上, 假设控制点编号为 $c_{-1}, c_0, c_1, \cdots, c_{2n+1}$, 则 x_0 处微分公式为

$$f''(x_0) \approx \frac{1}{h^2}(c_{n-1} - 2c_n + c_{n+1}). \tag{5-15}$$

又由于 $6P_i(0) = c_{i-1} + 4c_i + c_{i+1}$, 故 $c_{n+1} + c_{n-1} = 6f(x_0) - 4c_n$, 代入式 (5-15), 可得

$$f''(x_0) \approx \frac{6}{h^2}(f(x_0) - c_n). \tag{5-16}$$

三次均匀 B 样条函数法求解二阶数值微分算法实现, 继承三次均匀 B 样条一阶数值微分.

```
# file_name: cubic_bspline_2_order_differentiation.py
class CubicBSplineSecondOrderDifferentiation(CubicBSplineDifferentiation):
    """
    三次均匀B样条法求解二阶数值微分: 仅实现第一种边界条件(可扩充到其他条件).
    """
    def predict_diff_x0(self, x0):
        """
        三次B样条方法求解二阶数值微分核心算法, 重写父类实例方法
        """
        x0 = np.asarray(x0, dtype=np.float64)  # 求微分点
        self.diff_value = np.zeros(len(x0))  # 存储微分值
        # 以x0为中心向两边等分n份, 等分间距h, 以这些点反求控制点系数, 再求x0导数
        k = np.linspace(0, self.node_num - 1, self.node_num) # 前后等分n个值的索引
        for i in range(len(x0)):  # 逐个求解给定值的微分
            xi = x0[i] + (k - self.n) * self.h  # 给定x0值前后等分n个值, 共2*n+1个值
            y = self.diff_fun(xi)  # 前后拓展n个点后的函数值
            # 求解两端点处一阶导函数值, 采用五点微分公式
            y_0 = np.array([-25, 48, -36, 16, -3]).dot(y[:5]) / (12 * self.h)
            y_n = np.array([3, -16, 36, -48, 25]).dot(y[-5:]) / (12 * self.h)
            cj = self._cal_complete_bspline_(self.h, 2 * self.n, y, y_0, y_n)  # 系数
            # 求解x0点的二阶导数值
            self.diff_value[i] = 6 * (y[self.n] - cj[self.n + 1]) / self.h ** 2
            # self.diff_value[i] = (cj[self.n] - 2 * cj[self.n + 1] +
            #                       cj[self.n + 2]) / self.h ** 2  # 另一种形式
        return self.diff_value
```

针对**例 7** 示例, 扩展区间 $x \in [2, 11]$: 利用三次均匀 B 样条函数法求解给定点的二阶数值微分. 拓展节点数分别为 8, 9, 10 和 11, 等分步长 $h = 0.1$, 如图 5-10 所示, 增加微分节点数, 二阶微分值的精度得以提高. 其中图例 $\hat{f}''(x_k)$ 为二阶数值微分值, $f''(x)$ 为函数的二阶导数真值, $(x_i, \hat{y}_i'')$ 为所求点的二阶数值微分. 不同节点数下的误差度量如表 5-15 所示.

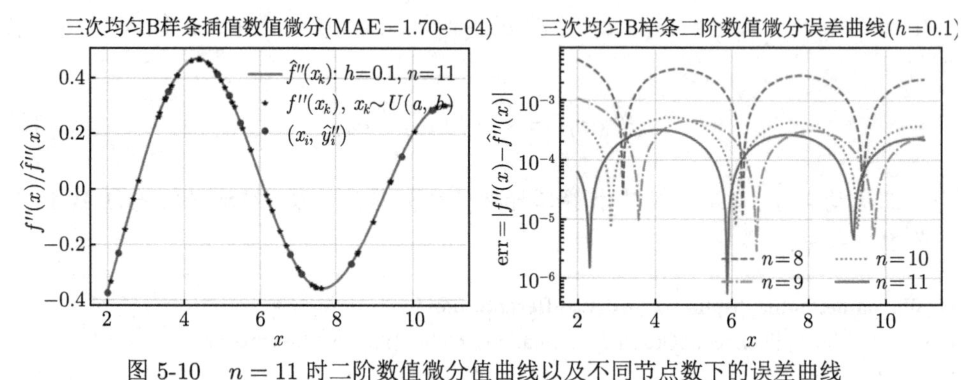

图 5-10　$n = 11$ 时二阶数值微分值曲线以及不同节点数下的误差曲线

表 5-15　三次均匀 B 样条插值算法求解二阶微分在不同节点数情况下的误差度量

节点数	平均绝对值误差	最大绝对值误差	节点数	平均绝对值误差	最大绝对值误差
$n = 8$	1.9183078089e−03	4.8637129847e−03	$n = 9$	2.8307030443e−04	1.0667303883e−03
$n = 10$	2.8142556667e−04	5.1032182547e−04	$n = 11$	1.7047157067e−04	3.1244541458e−04

图 5-11 所示, 设置 $n = 9$, 三次 B 样条函数在不同的微分步长情况下, 微分逼近程度不同. 其中当 $h = 0.01$ 时误差最大, $h = 0.1$ 时为当前四种情况下的最好的二阶微分逼近. 故微分步长的选择并非越小越好, 也不宜过大, 过小过大都会引起误差的增大. 不同的微分步长下误差度量如表 5-16 所示.

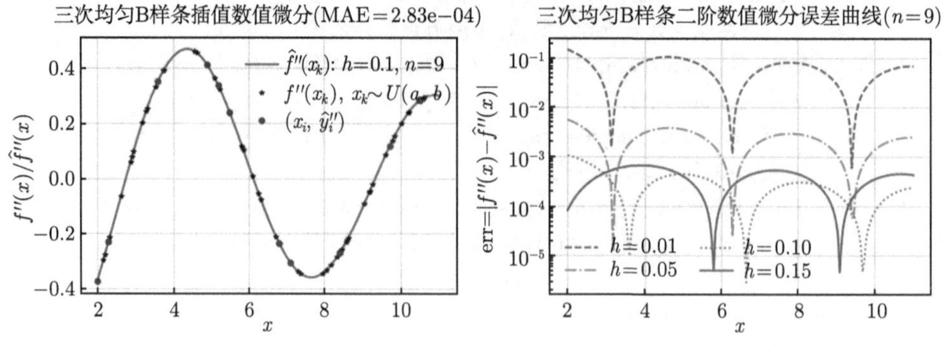

图 5-11　$h = 0.1$ 时二阶数值微分曲线以及不同微分步长下的误差曲线

表 5-16 三次均匀 B 样条插值算法求解二阶数值微分在不同微分步长下的误差度量

微分步长	平均绝对值误差	最大绝对值误差	微分步长	平均绝对值误差	最大绝对值误差
$h = 0.01$	5.9455654032e−02	1.4692144046e−01	$h = 0.05$	2.1718487882e−03	5.5815203675e−03
$h = 0.10$	2.8307030443e−04	1.0667303883e−03	$h = 0.15$	3.7256328326e−04	6.6841376357e−04

■ 5.5 实验内容

1. 试用中点公式、三点公式和五点公式计算 $f(x) = \dfrac{\sin x}{(1+x)^2}, x \in [0,5]$ 在微分点

$$[0.21, 1.23, 1.75, 2.89, 3.14, 3.78, 4.11, 4.56]$$

处的一阶数值微分近似值, 并分析微分误差, 采取适当的方法进行可视化.

2. 实验测得一组数据如表 5-17 所示, 试采用离散数据形式的五点公式、三次样条插值和隐式格式求解各点的一阶微分值.

表 5-17 实验数据 $(k = 1, 2, \cdots, 11)$

x_k	0	0.1	0.2	0.3	0.4	0.5	0.6	0.7	0.8	0.9	1.0
$f(x_k)$	0.48	0.38	0.31	0.33	0.36	0.41	0.51	0.43	0.35	0.29	0.28

3. 已知函数 $f(x) = x^2 + \sqrt[3]{x} + \sin\left(x + \cos^2 x\right), x \in [1,5]$, 待求微分点 x_k, $k = 1, 2, \cdots, 10$ 随机生成, 其中 $x_k \sim U(1,5)$, 随机种子 100.

(1) 采用理查森外推算法求解一阶数值微分 x_k, 外推次数分别为 3 和 9, 分析误差, 并适当可视化.

(2) 采用多点公式法和三次均匀 B 样条函数法求解在微分点 x_k 的二阶微分值, 分析误差, 并适当可视化.

■ 5.6 本章小结

实际应用中, 常遇到计算函数的微分, 如随机梯度下降方法、牛顿法等. 某些时候, 并不能较为容易获取函数的微分, 如 BP 神经网络, 反向传播进行各神经元的权重调整, 需要根据误差向量以及链式法则求解数值微分, 如果网络层数较深, 按照求导法则将变得较为困难.

本章主要探讨了若干求解数值微分的算法, 如有限差分法、理查森外推算法、三次样条插值法、自适应微分法以及二阶数值微分法等. 可根据不同的需求选取合适的算法, 如已知函数 $f(x)$ 求解指定值 x_0 的数值微分 $f'(x_0)$, 可选择理查森

外推算法; 若仅知离散数据 $(x_k, y_k), k = 1, 2, \cdots, n$, 求解 $y'(x_0)$, 可根据离散数据等距划分与否, 选择三次样条插值法或三次均匀 B 样条插值法求解近似数值微分.

此外, 本章未探讨二阶以上的数值微分以及多元函数偏微分. 读者可通过 Taylor 展开式、拉格朗日多项式微分、牛顿多项式微分等方法构造求解高阶数值微分公式, 如三阶、四阶的中心差分公式:

$$f'''(x_0) \approx \frac{-f_3 + 8f_2 - 13f_1 + 13f_{-1} - 8f_{-2} + f_{-3}}{8h^3},$$

$$f^{(4)}(x_0) \approx \frac{-f_3 + 12f_2 - 39f_1 + 56f_0 - 39f_{-1} + 12f_{-2} + f_{-3}}{6h^4},$$

其中多元函数的偏微分可通过一元函数微分法逐次求取变量的数值微分, 进而求解方向导数、梯度或偏导数矩阵.

■ 5.7 参考文献

[1] 李庆扬, 王能超, 易大义. 数值分析 [M]. 5 版. 北京: 清华大学出版社, 2021.

[2] Mathews J H, Fink K D. 数值方法 (MATLAB 版)[M]. 4 版. 周璐, 陈渝, 钱方, 等译. 北京: 电子工业出版社, 2012.

[3] 龚纯, 王正林. MATLAB 语言常用算法程序集 [M]. 北京: 电子工业出版社, 2011.

第 6 章 解线性方程组的直接方法

在自然科学和工程技术中很多问题的解决常常归结于求解线性代数方程组. 例如船体数学放样中建立三次样条函数问题, 用最小二乘法求实验数据的曲线拟合问题, 解非线性方程组问题, 用差分法或有限元法解 ODE 和 PDE 边界问题等都导致求解线性代数方程组. 而这些方程组的系数矩阵大致分为两种: 一种是低阶稠密矩阵 (阶数不超过 150), 另一种是大型稀疏矩阵 (矩阵阶数高且零元素较多).

关于线性方程组的数值解法一般有两类: 直接法和迭代法. 本章将讨论直接法, 迭代法将在第 7 章探讨. **直接法**就是经过有限步算术运算, 求得线性方程组精确解的方法 (假设计算过程中没有舍入误差), 但实际计算中由于舍入误差的存在和影响, 这种方法也可能只求得线性方程组的近似解.

求解线性方程组时[1,2], 系数矩阵 $\boldsymbol{A}$ 满秩, 则一定存在解, 但可能无法精确计算解. 矩阵的条件数给出了衡量线性方程组好坏的准则. 条件数接近于 1, 方程组条件良态 (well conditioned), 条件数很大, 方程组是条件病态的 (ill conditioned). 求解病态的线性方程组的解可能存在很大误差.

假设形如 $\boldsymbol{A}\boldsymbol{x}=\boldsymbol{b}$ 的线性方程组, 考虑 $\boldsymbol{b}$ 的一种微小变化, 如 $\boldsymbol{\delta}_b$, 从 $\boldsymbol{A}(\boldsymbol{x}+\boldsymbol{\delta}_x)=\boldsymbol{b}+\boldsymbol{\delta}_b$ 得出解的相应变化 $\boldsymbol{\delta}_x$, 由于方程是线性的, 可以得到 $\boldsymbol{A}\boldsymbol{\delta}_x=\boldsymbol{\delta}_b$. 考虑问题: 相对于 $\boldsymbol{b}$ 的变化, $\boldsymbol{x}$ 的变化有多大?

$$
\begin{aligned}
\frac{\|\boldsymbol{\delta}_x\|}{\|\boldsymbol{x}\|}=\frac{\left\|\boldsymbol{A}^{-1}\boldsymbol{\delta}_b\right\|}{\|\boldsymbol{x}\|}\leqslant\frac{\left\|\boldsymbol{A}^{-1}\right\|\cdot\|\boldsymbol{\delta}_b\|}{\|\boldsymbol{x}\|}=\frac{\left\|\boldsymbol{A}^{-1}\right\|\cdot\|\boldsymbol{b}\|}{\|\boldsymbol{x}\|}\cdot\frac{\|\boldsymbol{\delta}_b\|}{\|\boldsymbol{b}\|} \\
\leqslant\left\|\boldsymbol{A}^{-1}\right\|\cdot\|\boldsymbol{A}\|\cdot\frac{\|\boldsymbol{\delta}_b\|}{\|\boldsymbol{b}\|}.
\end{aligned}
$$

给定 $\boldsymbol{b}$ 的相对误差后, 解 $\boldsymbol{x}$ 的相对误差的边界可由 $\operatorname{cond}(\boldsymbol{A})=\left\|\boldsymbol{A}^{-1}\right\|\|\boldsymbol{A}\|$ 给出, 即矩阵 $\boldsymbol{A}$ 的条件数. 这意味着, 对于 $\boldsymbol{A}$ 的病态方程组, 即使 $\boldsymbol{b}$ 发生微小变化, 解 $\boldsymbol{x}$ 也会出现较大的误差. 故此, 求解线性方程组时, 通过查看条件数来估计解的精度非常重要.

考虑符号线性方程组, 以及其解析解

$$\begin{pmatrix} 1 & \sqrt{p} \\ 1 & \dfrac{1}{\sqrt{p}} \end{pmatrix} \begin{pmatrix} x_1 \\ x_2 \end{pmatrix} = \begin{pmatrix} 1 \\ 2 \end{pmatrix} \xrightarrow{\text{解析解}} \boldsymbol{x}^* = \begin{pmatrix} \dfrac{2p-1}{p-1} \\ -\dfrac{\sqrt{p}}{p-1} \end{pmatrix},$$

当 $p=1$ 时, 该方程组是奇异的; 当 p 是 1 附近的值时, 该方程组是病态条件的.

如下采用 Jupyter 平台求解, 对比解析解与数值解的差异, 以及随着条件数的改变, 解的精度变化情况.

```
In [1]: # 导入库和字体设置
p = sympy.symbols("p", positive =True)  # 符号变量, 假设为正数
A = sympy.Matrix([[1, sympy.sqrt(p)], [1, 1/sympy.sqrt(p)]])  # 构造符号矩阵
b = sympy.Matrix([1, 2])  # 符号右端向量
x_sym_sol = sympy.simplify(A.solve(b))  # 求解并简化, 可得解析解
In [2]:
Acond = A.condition_number(). simplify ()  # 条件数
AA = lambda p: np.array ([[1, np. sqrt (p)], [1, 1/np. sqrt (p)]])  # 求解方程组的数值解
bb = np.array ([1, 2])
x_num_sol = lambda p: np. linalg . solve(AA(p), bb)  # 求解并构成以p为自变量的函数
# 可视化数值解与解析解的对比差异, 另一种子图可视化方法
p_vec = np. linspace (0.9, 1.1, 200)  # p的取值离散化
fig , axes = plt . subplots (1, 2, figsize =(16, 4))
for n in range(2):
    # 对应p值的符号解
    x_sym = np.array ([x_sym_sol[n].subs(p, pp). evalf () for pp in p_vec])
    x_num = np.array ([x_num_sol(pp)[n] for pp in p_vec])  # 对应p值的数值解
    axes [0]. plot (p_vec, (x_num - x_sym)/x_sym, 'k')  # 可视化误差
axes [1]. plot (p_vec, [Acond.subs(p, pp). evalf () for pp in p_vec])  # 可视化条件数
# 省略图形修饰代码
plt .show()
```

从图 6-1 可以看出, 当 p 在 1 附近变化时, 该方程组的条件数超指数级暴增, 该方程组是病态条件的, 且解析解与数值解的误差变得也较大. 故通过查看系数矩阵的条件数来估计解的精度, 非常重要.

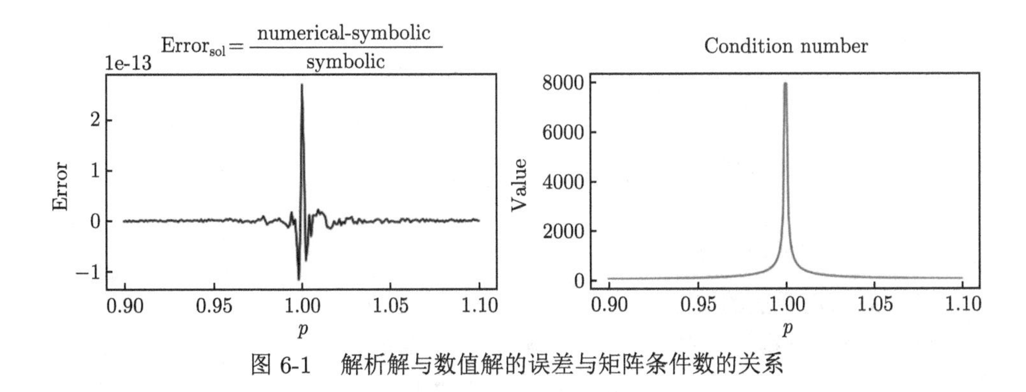

图 6-1 解析解与数值解的误差与矩阵条件数的关系

■ 6.1 高斯消元法

消去法也称消元法, 解线性方程组的基本思想: 用逐次消去未知数的方法把原线性方程组化为与其等价的三角形线性方程组, 而求解三角形方程组可用回代的方法求解.

1. 顺序高斯消元法

设线性方程组 $\boldsymbol{Ax} = \boldsymbol{b}$, 如果 $a_{kk}^{(k)} \neq 0 (k = 1, 2, \cdots, n)$, 则可通过高斯消元法转化为等价的三角形线性方程组:

$$\begin{pmatrix} a_{11} & a_{12} & \cdots & a_{1n} \\ a_{21} & a_{22} & \cdots & a_{2n} \\ \vdots & \vdots & \ddots & \vdots \\ a_{n1} & a_{n2} & \cdots & a_{nn} \end{pmatrix} \begin{pmatrix} x_1 \\ x_2 \\ \vdots \\ x_n \end{pmatrix} = \begin{pmatrix} b_1 \\ b_2 \\ \vdots \\ b_n \end{pmatrix}$$

$$\xrightarrow{\text{高斯消元}} \begin{pmatrix} a_{11}^{(1)} & a_{12}^{(1)} & \cdots & a_{1n}^{(1)} \\ & a_{22}^{(2)} & \cdots & a_{2n}^{(2)} \\ & & \ddots & \vdots \\ & & & a_{nn}^{(n)} \end{pmatrix} \begin{pmatrix} x_1 \\ x_2 \\ \vdots \\ x_n \end{pmatrix} = \begin{pmatrix} b_1^{(1)} \\ b_2^{(2)} \\ \vdots \\ b_n^{(n)} \end{pmatrix}.$$

其计算过程公式为

(1) 消元过程: 对于 $k = 1, 2, \cdots, n-1$,

$$\begin{cases} m_{ik} = a_{ik}^{(k)} / a_{kk}^{(k)}, & i = k+1, \cdots, n, \\ a_{ij}^{(k+1)} = a_{ij}^{(k)} - m_{ik} a_{kj}^{(k)}, & i, j = k+1, \cdots, n, \\ b_i^{(k+1)} = b_i^{(k)} - m_{ik} b_k^{(k)}, & i = k+1, \cdots, n. \end{cases} \tag{6-1}$$

(2) 回代计算:

$$\begin{cases} x_n = b_n^{(n)} / a_{nn}^{(n)}, \\ x_i = \left(b_i^{(i)} - \sum\limits_{j=i+1}^{n} a_{ij}^{(i)} x_j \right) \bigg/ a_{ii}^{(i)}, \quad i = n-1, \cdots, 2, 1. \end{cases} \tag{6-2}$$

2. 列主元高斯消元法

顺序高斯消元法的缺陷:

(1) 当线性方程组的系数行列式 $|\boldsymbol{A}| \neq 0$, 且存在 1 个主元素 $a_{kk}^{(k)} = 0$ 时, 线性方程组有唯一解, 但顺序高斯消元法不能求出解.

(2) 小主元 (主元素远小于其他元素) 时能求出解, 但求出的解误差很大.

通过交换行、列来避免主元为 0 和小主元, 然后再消元求解的方法, 称为**选主元高斯消元法**. 列主元高斯消元法改进之处: 在用主元素 $a_{kk}^{(k)}$ 消去第 $k+1$ 行至第 n 行的变元 x_k 之前, 从第 k 行至第 n 行所有的 x_k 系数 (即 $a_{k,k}^{(k)}, a_{k+1,k}^{(k)}, \cdots, a_{n,k}^{(k)}$) 中, 寻找系数绝对值的最大值, 记为 $a_{\max\_i,k}^{(k)}$, 若 $\max\_i \neq k$, 则交换第 k 行和第 $\max\_i$ 行, 使最大的系数 $a_{\max\_i,k}^{(k)}$ 成为主元.

3. 全主元高斯消元法

全主元高斯消元法与顺序高斯消元法和列主元高斯消元法相比, 它的改进之处是

(1) 在用主元素 $a_{kk}^{(k)}$ 消去第 $k+1$ 行至第 n 行的变元 x_k 之前, 从主元素 $a_{kk}^{(k)}$ 右下方的矩形区域所有 x_k 的系数中, 寻找系数绝对值的最大值, 记为 $a_{\max\_i,\max\_j}^{(k)}$;

(2) 设最大的系数在 $\max\_i$ 行 $\max\_j$ 列, 若 $\max\_i \neq k$, 则交换第 k 行和第 $\max\_i$ 行; 若 $\max\_j \neq k$, 则交换第 k 列和第 $\max\_j$ 列, 使最大的系数成为主元.

4. 高斯–若尔当消元法

高斯–若尔当消元法是高斯消元法的一种变形. 高斯消元法是消去对角元下方的元素. 若同时消去对角元上方和下方的元素, 而且将对角元化为 1, 就是**高斯–若尔当消元法**. 高斯–若尔当消元法的消元过程比高斯消元法略复杂, 但省去了回代过程, 也称为**无回代的高斯消元法**. 它的计算量约为 $O\left(n^3/2\right)$, 大于高斯消元法 $O\left(n^3/3\right)$. 高斯–若尔当消元法解方程组并不比高斯消元法优越, 但用于矩阵求逆是适宜的, 实际上它是初等变换方法求逆的一种规范化算法.

高斯–若尔当消元法的主要思想:

(1) 在消去变元 x_k 那一列时, 不仅把主元之下 x_k 的消去, 也把主元之上的 x_k 消去, 即把系数矩阵除主对角线之外的元素都化为 0.

(2) 在消去变元 x_k 那一列时, 先把主元化为 1, 再用它去消其他方程的变元 x_k, 也就是把系数矩阵主对角线上的元素都化为 1. 如下所示,

$$
\left(\boldsymbol{A}^{(k)}:\boldsymbol{b}^{(k)}\right)=\left(\begin{array}{cccccccc|c}
1 & & & & a_{1k} & \cdots & a_{1n} & & b_1 \\
& 1 & & & \vdots & & \vdots & & \vdots \\
& & \ddots & & \vdots & & \vdots & & \vdots \\
& & & 1 & a_{k-1,k} & \cdots & a_{k-1,n} & & b_{k-1} \\
& & & & a_{kk} & \cdots & a_{kn} & & b_k \\
& & & & \vdots & & \vdots & & \vdots \\
& & & & a_{nk} & \cdots & a_{nn} & & b_n
\end{array}\right)
$$

$$
\xrightarrow{a_{kk}\text{化为 }1}\cdots\xrightarrow{a_{nn}\text{化为 }1}\begin{pmatrix}1 & & & \\ & 1 & & \\ & & \ddots & \\ & & & 1\end{pmatrix}\begin{pmatrix}x_1\\x_2\\\vdots\\x_n\end{pmatrix}=\begin{pmatrix}b_1^{(n)}\\b_2^{(n)}\\\vdots\\b_n^{(n)}\end{pmatrix},
$$

其中 $\boldsymbol{A}^{(k)}$ 的元素仍记为 $a_{i,j}$, $\boldsymbol{b}^{(k)}$ 的元素仍记为 b_i.

```
# file_name: guass_elimination_algorithm.py
class GaussianEliminationAlgorithm:
    """
    高斯消元法: sequential 顺序消元, 列主元, 全主元和高斯-若尔当消元法 (可获得逆矩阵)
    """
    def __init__(self, A, b, sol_method="c_principal"):
        self.A = np.asarray(A, dtype=np.float64)  # 系数矩阵, 以防输入为列表形式
        if self.A.shape[0] != self.A.shape[1]:
            raise ValueError("系数矩阵不是方阵, 不能用高斯消元法求解! ")
        else:
            self.n = self.A.shape[0]  # 矩阵维度
        self.b = np.asarray(b, dtype=np.float64)  # 右端向量, 以防输入为列表形式
        if len(self.b) != self.n:
            raise ValueError("右端向量维度与系数矩阵维度不匹配! ")
        self.augmented_matrix = np.c_[self.A, self.b]  # 增广矩阵
        self.sol_method = sol_method  # 高斯消元的方法类型, 默认列主元
        self.x = None  # 线性方程组的解
        self.eps = None  # 验证精度
        self.jordan_inverse_matrix = None  # 高斯-若尔当消元获得的逆矩阵

    def fit_solve(self):
```

```
    """
    求解过程, 分为顺序、列主元、全主元和高斯-若尔当消元法
    """
    if self.sol_method == "sequential":  # 顺序高斯消元法
        self._solve_sequential_()
    elif self.sol_method == "column":  # 列主元高斯消元法
        self._solve_column_pivot_element_()
    elif self.sol_method == "complete":  # 全主元高斯消元法
        self._solve_complete_pivot_element_()
    elif self.sol_method == "jordan":  # 高斯-若尔当消元法
        self._solve_jordan_()
    else:
        raise ValueError("仅支持(sequential, column, complete, jordan)")

def _elimination_process(self, i, k):
    """
    高斯消元法核心公式. param i: 当前行, k: 当前列
    """
    if self.augmented_matrix[k, k] == 0:
        raise ValueError("系数矩阵不满足顺序高斯消元法求解！")
    # 每行的乘子
    multiplier = self.augmented_matrix[i, k] / self.augmented_matrix[k, k]
    # 第i行元素消元更新, 包括右端向量
    self.augmented_matrix[i, k:] -= multiplier * self.augmented_matrix[k, k:]

def _back_substitution_process_(self):
    """
    高斯回代过程
    """
    x = np.zeros(self.n)  # 线性方程组的解
    for k in range(self.n - 1, -1, -1):
        sum_ = np.dot(self.augmented_matrix[k, k + 1: self.n], x[k + 1: self.n])
        x[k] = (self.augmented_matrix[k, -1] - sum_) / self.augmented_matrix[k, k]
    return x

def _solve_sequential_(self):
    """
    顺序高斯消元法求解
    """
    for k in range(self.n - 1):  # 共需消元的行数为n-1行
```

```
            for i in range(k + 1, self.n): # 从下一行开始消元
                self._elimination_process(i, k) # 消元核心公式
        self.x = self._back_substitution_process_() # 回代过程
        self.eps = np.dot(self.A, self.x) - self.b # 验证解的精度

    def _solve_column_pivot_element_(self):
        """
        列主元高斯消元法求解
        """
        for k in range(self.n - 1): # 共需消元的行数为n-1行
            # 当前列最大元的行索引
            idx = np.argmax(np.abs(self.augmented_matrix[k:, k]))
            print("当前列主元: ", self.augmented_matrix[idx + k, k])
            # 因查找列主元是从当前k行开始到最后一行, 故索引idx + k
            if idx + k != k: # 不为当前行, 则交换使之称为列最大主元
                commutator = np.copy(self.augmented_matrix[k, :]) # 拷贝, 不可赋值
                self.augmented_matrix[k, :] = np.copy(self.augmented_matrix[idx + k, :])
                self.augmented_matrix[idx + k, :] = np.copy(commutator)
            for i in range(k + 1, self.n): # 从下一行开始消元
                self._elimination_process(i, k) # 高斯消元核心公式
        self.x = self._back_substitution_process_() # 回代过程
        self.eps = np.dot(self.A, self.x) - self.b # 验证解的精度

    def _solve_complete_pivot_element_(self):
        """
        全主元高斯消元法求解
        """
        self.x = np.zeros(self.n) # 线性方程组的解
        # 交换的列索引, 以便解顺序排序, 初始化为未交换之前的顺序
        column_index = np.linspace(0, self.n - 1, self.n, dtype=np.int64)
        for k in range(self.n - 1): # 共需消元的行数为n-1行
            # 当前小方阵中绝对值最大元素
            max_x = np.max(np.abs(self.augmented_matrix[k:, k:-1]))
            # 行列索引
            id_r, id_c = np.where(np.abs(self.augmented_matrix[k:, k:-1]) == max_x)
            # 若同行列出现多个相同值, 则只选择第一个
            id_r, id_c = int(id_r[0]), int(id_c[0])
            print("当前全主元: ", self.augmented_matrix[id_r+ k, id_c + k],
                  "行列索引: ", [id_r + k, id_c + k])
            # 由于查找全主元是从当前k行k列开始的右下方阵, 故索引idx + k
```

```
            if id_r + k != k:  # 不为当前行, 则交换使之成为列最大主元
                commutator_r = np.copy(self.augmented_matrix[k, :])  # 拷贝
                self.augmented_matrix[k, :] = \
                    np.copy(self.augmented_matrix[id_r + k, :])
                self.augmented_matrix[id_r + k, :] = np.copy(commutator_r)
            if id_c + k != k:  # 不为当前列, 则交换使之成为行最大主元
                pos = column_index[k]  # 当前原有列索引
                column_index[k] = id_c + k  # 新的需交换的列索引
                column_index[id_c + k] = pos  # 列交换
                commutator_c = np.copy(self.augmented_matrix[:, k])  # 拷贝
                self.augmented_matrix[:, k] = \
                    np.copy(self.augmented_matrix[:, id_c + k])
                self.augmented_matrix[:, id_c + k] = np.copy(commutator_c)
            for i in range(k + 1, self.n):  # 从下一行开始消元
                self._elimination_process(i, k)  # 高斯消元法核心公式
        solve_x = self._back_substitution_process_()  # 回代过程
        for k in range(self.n):  # 按照列交换的顺序逐个存储解
            for j in range(self.n):
                if k == column_index[j]:
                    self.x[k] = solve_x[j]
                    break
        self.eps = np.dot(self.A, self.x) - self.b  # 验证解的精度

    def _solve_jordan_(self):
        """
        高斯-若尔当消元法, 并结合列主元求解, 并求逆矩阵
        """
        # 构造增广矩阵
        self.augmented_matrix = np.c_[self.augmented_matrix, np.eye(self.n)]
        for k in range(self.n):  # 每行都要轮流处理
            # 当前列最大元的行索引
            idx = np.argmax(np.abs(self.augmented_matrix[k:, k]))
            if idx + k != k:  # 不为当前行, 则交换使之称为列最大主元
                commutator = np.copy(self.augmented_matrix[k, :])  # 拷贝
                self.augmented_matrix[k, :] = np.copy(self.augmented_matrix[idx + k, :])
                self.augmented_matrix[idx + k, :] = np.copy(commutator)
            if self.augmented_matrix[k, k] == 0:
                raise ValueError("系数矩阵不满足高斯-若尔当消元法.")
            # 当前行元素都除于对角线元素, 对角线元素变为1
            self.augmented_matrix[k, :] /= self.augmented_matrix[k, k]
```

```
            # 消元过程, 即当前k行的上下各行乘以k行对角线乘子 (负数) + 各元素
            for i in range( self .n):
                if i != k:  # 当前行不需要消元
                    multiplier = -1.0 * self .augmented_matrix[i, k]  # 乘子
                    self .augmented_matrix[i, :] = self .augmented_matrix[i, :] + \
                                        multiplier * self .augmented_matrix[k, :]
        self .x = self .augmented_matrix[:, self .n]  # 最后一列即为解
        self . jordan_inverse_matrix = self .augmented_matrix[:, self .n + 1:]  # 逆矩阵
        self .augmented_matrix = self .augmented_matrix[:, : self .n + 1]
        self .eps = np.dot( self .A, self .x) - self .b  # 验证解的精度
```

例 1 四种高斯消元法求解线性方程组:

$$\begin{cases} 2x_1 + 5x_2 + 4x_3 + x_4 = 20, \\ x_1 + 3x_2 + 2x_3 + x_4 = 11, \\ 2x_1 + 10x_2 + 9x_3 + 7x_4 = 40, \\ 3x_1 + 8x_2 + 9x_3 + 2x_4 = 37. \end{cases}$$

由于计算机使用固定精度计算, 故在每次算术运算中可能引入微小的误差.

注 由于 Python 在进行数学运算时的数据格式默认 float64, 即使是通常意义下的整数, 也在数字后面有一个小数点 "．", 如 "2.", 故输出数据的格式与高等代数不同. 对于精度 (尤其是非常接近的数) 常采用科学记数法. 本章对于算法执行结果, 兼顾了 Python 输出格式和高等代数表示法. 如果计算较为精确, 则保留小数点后 1 位, 否则保留小数点后 3 位. 对于 Python 输出 "−1.332268e-15" 或 "8.881784e-16" 的数据, 尽量保留了 Python 输出格式, 简写为 -10^{-15} 或 10^{-16}, 且保留负号.

(1) 高斯顺序消元法, 消元后的增广矩阵 $\boldsymbol{B}$ (保留小数点后 1 位):

$$\boldsymbol{B} = \left(\begin{array}{cccc|c} 2.0 & 5.0 & 4.0 & 1.0 & 20.0 \\ & 0.5. & 0.0 & 0.5 & 1.0 \\ & & 5.0 & 1.0 & 10.0 \\ & & & -0.6 & 0.0 \end{array}\right).$$

线性方程组的解及解的验证误差: $\boldsymbol{x}^* = [1.0, 2.0, 2.0, 0.0]^{\mathrm{T}}, \boldsymbol{\varepsilon} = [0.0, 0.0, 0.0, 0.0]^{\mathrm{T}}$.

(2) 列主元高斯消元法, 依次选择的列主元分别为 (Python 输出格式)

$$[3.0, 4.666666666666667, -1.785714285714286].$$

消元后的增广矩阵 $\boldsymbol{B}$ (保留小数点后 3 位):

$$
\boldsymbol{B}=\left(\begin{array}{cccc|c}
3.000 & 8.000 & 9.000 & 2.000 & 37.000 \\
 & 4.667 & 3.000 & 5.667 & 15.333 \\
 & & -1.786 & 0.0714 & -3.571 \\
 & & & -0.120 & -10^{-16}
\end{array}\right).
$$

线性方程组的解及解的验证误差: $\boldsymbol{x}^*=\left[1.0,2.0,2.0,10^{-15}\right]^{\mathrm{T}},\boldsymbol{\varepsilon}=[0.0,0.0,0.0,0.0]^{\mathrm{T}}$.

(3) 全主元高斯消元法, 依次选取的全主元以及行列索引分别为

$$
[(10,[2,1]),(-3.6,[3,3]),(-1.75,[2,2])].
$$

注 Python 索引下标从开始, 行列索引 [2,1] 实际上为系数矩阵的第 3 行第 2 列元素.

选取全主元且交换行列后, 最终消元后的增广矩阵 $\boldsymbol{B}$:

$$
\boldsymbol{B}=\left(\begin{array}{cccc|c}
10.000 & 7.000 & 9.000 & 2.000 & 40.000 \\
 & -3.600 & 1.800 & 1.400 & 5.000 \\
 & & -1.750 & 0.0278 & -3.472 \\
 & & & -0.0476 & -0.0476
\end{array}\right).
$$

由增广矩阵得到的解为 $\hat{\boldsymbol{x}}^*=\left[2.0,10^{-15},2.0,1.0\right]^{\mathrm{T}}$, 需要按照列交换的索引变换为原方程组的解, 故交换后的线性方程组的解及解的验证误差: $\boldsymbol{x}^*=[1.0,2.0,2.0,10^{-15}]^{\mathrm{T}},\boldsymbol{\varepsilon}=\left[0.0,-10^{-15},0.0,0.0\right]^{\mathrm{T}}$.

(4) 高斯–若尔当消元法结合列主元高斯消元法, 消元后的增广矩阵 $\boldsymbol{B}$:

$$
\boldsymbol{B}=\left(\begin{array}{cccc|c}
1.0 & 0.0 & 0.0 & 0.0 & 1.0 \\
0.0 & 1.0 & 0.0 & 0.0 & 2.0 \\
0.0 & 0.0 & 1.0 & 0.0 & 2.0 \\
0.0 & 0.0 & 0.0 & 1.0 & 0.0
\end{array}\right).
$$

线性方程组的解及解的验证误差: $\boldsymbol{x}^*=[1.0,2.0,2.0,0.0]^{\mathrm{T}},\boldsymbol{\varepsilon}=[0.0,0.0,0.0,0.0]^{\mathrm{T}}$.

高斯–若尔当消元法求解得到系数矩阵 $\boldsymbol{A}$ 的逆矩阵:

$$
\boldsymbol{A}^{-1}=\begin{pmatrix}
15.000 & -21.000 & 2.000 & -4.000 \\
-6.667 & 10.333 & -1.000 & 1.667 \\
-0.333 & -0.333 & -10^{-16} & 0.333 \\
5.667 & -8.333 & 1.000 & -1.667
\end{pmatrix}.
$$

对逆矩阵进行验证 $\boldsymbol{A}\boldsymbol{A}^{-1}=\boldsymbol{I}$, 可知精度较高 (舍入误差的影响, 非对角线元素接近于 0, 保留原 Python 输出格式):

$$\begin{pmatrix} 1.00000000\text{e}+00 & 0.00000000\text{e}+00 & 1.55431223\text{e}-15 & -2.22044605\text{e}-15 \\ 4.44089210\text{e}-15 & 1.00000000\text{e}+00 & 8.88178420\text{e}-16 & -1.33226763\text{e}-15 \\ 1.42108547\text{e}-14 & 3.55271368\text{e}-15 & 1.00000000\text{e}+00 & -2.66453526\text{e}-15 \\ 7.10542736\text{e}-15 & 3.55271368\text{e}-15 & 1.77635684\text{e}-15 & 1.00000000\text{e}+00 \end{pmatrix}.$$

■ 6.2 矩阵三角分解法

将高斯消元法改写成紧凑形式, 可直接从矩阵 $\boldsymbol{A}$ 的元素得到计算 $\boldsymbol{L}$ 和 $\boldsymbol{U}$ 元素的递推公式, 而不需要任何中间步骤, 这就是直接三角分解法. 即 $\boldsymbol{A}=\boldsymbol{LU}$, $\boldsymbol{L}$ 为下三角矩阵, $\boldsymbol{U}$ 为上三角矩阵. 线性方程组 $\boldsymbol{Ax}=\boldsymbol{b}$ 的解可分为两步: 求解方程组 $\boldsymbol{Ly}=\boldsymbol{b}$, 得到 $\boldsymbol{y}$; 求解方程组 $\boldsymbol{Ux}=\boldsymbol{y}$, 得到 $\boldsymbol{x}$.

6.2.1 杜利特尔分解 (不选主元)

设 $\boldsymbol{A}$ 为非奇异矩阵, 具有分解式 $\boldsymbol{A}=\boldsymbol{LU}$, 其中 $\boldsymbol{L}$ 为单位下三角矩阵, $\boldsymbol{U}$ 为上三角矩阵, 即

$$\boldsymbol{A}=\boldsymbol{LU}=\begin{pmatrix} 1 & & & \\ l_{21} & 1 & & \\ \vdots & \vdots & \ddots & \\ l_{n1} & l_{n2} & \cdots & 1 \end{pmatrix}\begin{pmatrix} u_{11} & u_{12} & \cdots & u_{1n} \\ & u_{22} & \cdots & u_{2n} \\ & & \ddots & \vdots \\ & & & u_{nn} \end{pmatrix}.$$

矩阵 $\boldsymbol{L}$, $\boldsymbol{U}$ 元素计算过程:

(1) 计算 $\boldsymbol{U}$ 的第 1 行, $\boldsymbol{L}$ 的第 1 列元素:

$$u_{1i}=a_{1i}(i=1,2,\cdots,n),\quad l_{i1}=a_{i1}/u_{11}(i=2,3,\cdots,n). \tag{6-3}$$

(2) 计算 $\boldsymbol{U}$ 的第 r 行, $\boldsymbol{L}$ 的第 r 列元素 $(r=2,3,\cdots,n)$:

$$\begin{cases} u_{ri}=a_{ri}-\sum\limits_{k=1}^{r-1}l_{rk}u_{ki}, & i=r,r+1,\cdots,n, \\ l_{ir}=\left(a_{ir}-\sum\limits_{k=1}^{r-1}l_{ik}u_{kr}\right)\Big/u_{rr}, & i=r+1,\cdots,n,r\neq n. \end{cases} \tag{6-4}$$

(3) 求解 $\boldsymbol{Ly}=\boldsymbol{b}$, $\boldsymbol{Ux}=\boldsymbol{y}$ 的计算公式:

$$\begin{cases} y_1=b_1,y_i=b_i-\sum\limits_{k=1}^{i-1}l_{ik}y_k, & i=2,3,\cdots,n, \\ x_n=\dfrac{y_n}{u_{nn}},x_i=\left(y_i-\sum\limits_{k=i+1}^{n}u_{ik}x_k\right)\Big/u_{ii}, & i=n-1,n-2,\cdots,1. \end{cases} \tag{6-5}$$

6.2.2 选主元的三角分解法

选主元的三角分解法是在杜利特尔分解法基础上选主元交换行而进行的矩阵三角分解, 步骤如下:

(1) 初始选择系数矩阵 $\boldsymbol{A}$ 的第一列元素的主元, 若主元不是第一行元素, 则进行系数矩阵行交换以及初始置换矩阵 $\boldsymbol{P}$ 行交换, 进而按照公式 (6-3) 计算 $\boldsymbol{U}$ 的第一行和 $\boldsymbol{L}$ 的第一列.

(2) 假设已计算 $\boldsymbol{U}$ 的第 $r-1$ 行和 $\boldsymbol{L}$ 的第 $r-1$ 列, 则按照如下方法计算:

1) 在从第 r 行、第 r 列开始的右下系数矩阵 $\boldsymbol{A}$ (均为已交换后的) 选择第 r 列主元, 按如下公式计算第 r 列的 $\boldsymbol{U}$ 元素:

$$s_i = a_{ir} - \sum_{k=1}^{r-1} l_{ik} u_{kr}, \quad i = r, r+1, \cdots, n. \tag{6-6}$$

取绝对值最大的 s_i 行索引 idx, 若 idx $\neq r$, 则系数矩阵 $\boldsymbol{A}$、置换矩阵 $\boldsymbol{P}$ 和下三角矩阵 $\boldsymbol{L}$ 交换对应行元素.

注 下三角矩阵 $\boldsymbol{L}$ 交换时, 只交换单位元 1 之前的元素, 不包括单位元 1.

2) 按公式 (6-4) 计算 $\boldsymbol{U}$ 的第 r 行和 $\boldsymbol{L}$ 的第 r 列, 如此循环, 直到三角分解完成.

(3) 若已实现分解 $\boldsymbol{PA} = \boldsymbol{LU}$, 令 $\boldsymbol{b} = \boldsymbol{Pb}$, 按照公式 (6-5) 进行回代求解.

矩阵三角分解法的算法实现思想: ① 根据参数 sol_method, 选择杜利特尔三角分解或选主元三角分解; ② 算法中未采用顺序主子式不为零的验证, 仅是 $\boldsymbol{U}$ 对角线元素非零验证; ③ 选主元算法相对杜利特尔三角分解法稍显复杂, 其中包含了选主元以及行交换方法 __column__pivot__swap__(self, k, idx).

可根据需要修改代码, 完善功能, 可添加选主元过程中的必要变量输出代码.

```
# file_name: doolittle_decomposition_lu.py
class DoolittleTriangularDecompositionLU:
    """
    杜利特尔分解: 矩阵分解A=LU, 求解Ly=b得y, 求解Ux=y得x
    """
    def __init__(self, A, b, sol_method="doolittle"):
        # 略去部分实例属性初始化及健壮性判断···
        self.sol_method = sol_method  # LU分解法类型, 不选主元doolittle和选主元pivot
        self.x, self.y = None, None  # 线性方程组的解
        self.L, self.U, self.P = None, None, None  # A = LU或PA=LU
        self.inverse_matrix = None  # A^(−1) = U^(−1) * L^(−1) * P逆矩阵

    def fit_solve(self):
```

```
        """
        杜利特尔分解算法与选主元的三角分解法
        """
        self.L, self.U = np.eye(self.n), np.zeros((self.n, self.n))
        self.y, self.x = np.zeros(self.n), np.zeros(self.n)
        if self.sol_method == "doolittle":  # 不选主元
            self.x = self._solve_doolittle_()
        elif self.sol_method == "pivot":  # 选主元
            self.x = self._solve_pivot_doolittle_()
        else:
            raise ValueError("仅适合杜利特尔LU分解法和选主元LU分解法.")
        return self.x

    def _solve_doolittle_(self):
        """
        不选主元的三角分解法, 即杜利特尔分解法
        """
        # 1. L和U的分解过程
        self.U[0, :] = self.A[0, :]  # U的第一行与系数矩阵A的第一行相同
        if self.U[0, 0] == 0:
            raise ValueError("不适宜用杜利特尔LU分解.")
        self.L[:, 0] = self.A[:, 0] / self.U[0, 0]  # 求L的第一列
        for r in range(1, self.n):  # 每次循环计算U第r行和L的第r列
            for i in range(r, self.n):  # 列在变化, 求第r行
                # U的计算公式, 由于Python索引为左闭右开, 故右索引r未减一操作
                self.U[r, i] = self.A[r, i] - np.dot(self.L[r, :r], self.U[:r, i])
            for i in range(r + 1, self.n):  # 行在变化, 求L第r列
                if self.U[r, r] == 0:
                    raise ValueError("不适宜用杜利特尔LU分解.")
                # L的计算公式
                self.L[i, r] = (self.A[i, r] -
                                np.dot(self.L[i, :r], self.U[:r, r])) / self.U[r, r]
        self.x = self._back_substitution_process_(self.b)  # 2. 回代求解
        self.eps = np.dot(self.A, self.x) - self.b  # 3. 验证解的精度
        return self.x

    def _back_substitution_process_(self, b):
        """
        LU分解回代过程
        """
```

```
        self.y[0] = b[0]
        for i in range(1, self.n):
            self.y[i] = b[i] - np.dot(self.L[i, :i], self.y[:i])
        self.x[-1] = self.y[-1] / self.U[-1, -1]
        for i in range(self.n - 2, -1, -1):
            self.x[i] = (self.y[i] - np.dot(self.U[i, i + 1:], self.x[i + 1:])) / \
                        self.U[i, i]
        return self.x

    def _column_pivot_swap_(self, k, idx):
        """
        列主元选定后,交换系数矩阵的行、置换矩阵P的行以及L的行
        :param k: 当前行索引, idx: 列主元所在的行索引, 且k != idx
        """
        commutator, c_p = np.copy(self.A[k, :]), np.copy(self.P[k, :])
        self.A[k, :], self.P[k, :] = np.copy(self.A[idx, :]), np.copy(self.P[idx, :])
        self.A[idx, :], self.P[idx, :] = np.copy(commutator), np.copy(c_p)
        L = np.copy(self.L[k, :k])  # 当前单位元1不参与变换
        self.L[k, :k] = np.copy(self.L[idx, :k])
        self.L[idx, :k] = np.copy(L)

    def _solve_pivot_doolittle_(self):
        """
        选主元三角分解法, PA=LU
        """
        # 1. 第一行第一列元素选主元, 初始化
        self.P = np.eye(self.n)  # 初值置换矩阵
        idx = np.argmax(np.abs(self.A[:, 0]))  # 第1列最大元的行索引
        if idx != 0:
            self._column_pivot_swap_(0, idx)  # 当前矩阵A的第一个元素为列最大值
        # 2. L和U分解过程中U的第一行和L的第一列
        self.U[0, :] = self.A[0, :]  # U的第一行与系数矩阵A的第一行相同
        if self.U[0, 0] == 0:
            raise ValueError("不适宜用杜利特尔LU分解.")
        self.L[:, 0] = self.A[:, 0] / self.U[0, 0]  # 求L的第一列
        # 3. 每次循环计算U第r行和L的第r列, 并对第r行第r列右下方阵选主元
        for r in range(1, self.n):
            # 3.1 选列主元, 从第r行第r列右下方阵中, 第r列选主元
            s = []  # 标记第r列的U值, 以便列主元选取
            for i in range(r, self.n):
```

```
            s.append(self.A[i, r] - np.dot(self.L[r, :r], self.U[:r, i]))
        idx = np.argmax(np.abs(s))  # 当前第r列的最大绝对值U索引
        if idx + r != r:  # 非当前行, 交换
            self._column_pivot_swap_(r, idx + r)
        # 3.2 交换后, 求解第r行U和第r列L
        for i in range(r, self.n):  # 列在变化, 求第r行
            # U的计算公式
            self.U[r, i] = self.A[r, i] - np.dot(self.L[r, :r], self.U[:r, i])
        for i in range(r + 1, self.n):  # 行在变化, 求L第r列
            if self.U[r, r] == 0:
                raise ValueError("不适宜用杜利特尔LU分解.")
            # L的计算公式
            self.L[i, r] = (self.A[i, r] -
                            np.dot(self.L[i, :r], self.U[:r, r])) / self.U[r, r]
    # 4. 回代求解
    permutation_b = np.dot(self.P, self.b)  # 置换矩阵, 重排右端向量
    self.x = self._back_substitution_process_(permutation_b)
    self.eps = np.dot(self.A, self.x) - permutation_b  # 5. 验证解的精度
    # 6. 逆矩阵: A^(-1) = U^(-1) * L^(-1) * P
    self.inverse_matrix = np.dot(np.dot(np.linalg.inv(self.U),
                                        np.linalg.inv(self.L)), self.P)
    return self.x
```

例 2 利用杜利特尔分解法和选主元三角分解法求解线性方程组:

$$
\begin{cases}
2x_1 + 5x_2 + 4x_3 + x_4 = 20, \\
x_1 + 3x_2 + 2x_3 + x_4 = 11, \\
2x_1 + 10x_2 + 9x_3 + 7x_4 = 40, \\
3x_1 + 8x_2 + 9x_3 + 2x_4 = 37.
\end{cases}
$$

(1) 杜利特尔法求解结果:

$$
\boldsymbol{L} = \begin{pmatrix} 1.0 & & & \\ 0.5 & 1.0 & & \\ 1.0 & 10.0 & 1.0 & \\ 1.5 & 1.0 & 0.6 & 1.0 \end{pmatrix}, \quad \boldsymbol{U} = \begin{pmatrix} 2.0 & 5.0 & 4.0 & 1.0 \\ & 0.5 & 0.0 & 0.5 \\ & & 5.0 & 1.0 \\ & & & -0.6 \end{pmatrix}.
$$

线性方程组的解及解的验证误差: $\boldsymbol{x}^* = [1.0, 2.0, 2.0, 0.0]^{\mathrm{T}}, \boldsymbol{\varepsilon} = [0.0, 0.0, 0.0, 0.0]^{\mathrm{T}}$.

(2) 选主元三角分解法结果 (保留到小数点后三位):

$$
\boldsymbol{P}=\begin{pmatrix} 0 & 0 & 0 & 1 \\ 0 & 0 & 1 & 0 \\ 1 & 0 & 0 & 0 \\ 0 & 1 & 0 & 0 \end{pmatrix}, \quad \boldsymbol{L}=\begin{pmatrix} 1.000 & & & \\ 0.667 & 1.000 & & \\ 0.667 & -0.0714 & 1.000 & \\ 0.333 & 0.714 & 0.680 & 1.000 \end{pmatrix},
$$

$$
\boldsymbol{U}=\begin{pmatrix} 3.000 & 8.000 & 9.000 & 2.000 \\ & 4.667 & 3.000 & 5.667 \\ & -1.786 & & 0.0714 \\ & & & -0.120 \end{pmatrix}.
$$

系数矩阵 $\boldsymbol{A}$ 的逆矩阵 (保留到小数点后三位):

$$
\boldsymbol{A}^{-1}=\begin{pmatrix} 15.000 & -21.000 & 2.000 & -4.000 \\ -6.667 & 10.333 & -1.000 & 1.667 \\ -0.333 & -0.333 & -10^{-16} & 0.333 \\ 5.667 & -8.333 & 1.000 & -1.667 \end{pmatrix}.
$$

逆矩阵验证精度 $\boldsymbol{A}\boldsymbol{A}^{-1}=\boldsymbol{I}$ (保留原 Python 输出格式):

$$
\begin{pmatrix} 1.00000000\mathrm{e}+00 & 5.32907052\mathrm{e}-15 & -5.55111512\mathrm{e}-16 & 6.66133815\mathrm{e}-16 \\ -8.88178420\mathrm{e}-16 & 1.00000000\mathrm{e}+00 & 0.00000000\mathrm{e}+00 & 2.22044605\mathrm{e}-16 \\ 8.88178420\mathrm{e}-16 & -1.77635684\mathrm{e}-15 & 1.00000000\mathrm{e}+00 & -2.22044605\mathrm{e}-16 \\ -3.55271368\mathrm{e}-15 & 1.06581410\mathrm{e}-14 & -1.11022302\mathrm{e}-15 & 1.00000000\mathrm{e}+00 \end{pmatrix}.
$$

线性方程组的解及解的验证误差: $\boldsymbol{x}^*=[1.0,2.0,2.0,0.0]^{\mathrm{T}}, \varepsilon=[0.0,10^{-15},10^{-15},10^{-15}]^{\mathrm{T}}$.

从结果可以看出, 选主元与不选主元中 $\boldsymbol{U}$ 的第一行元素不同, 其他行选主元过程读者可修改代码进行求解过程的输出. 选主元的 $\boldsymbol{L}$ 对角线以下元素均满足 $|l_{ir}| \leqslant 1, i=r+1,\cdots,n$.

■ 6.3 平方根分解法

平方根分解法是利用对称正定矩阵的三角分解而得到的求解对称正定方程组的一种有效方法.

6.3.1 对称正定矩阵的 $\boldsymbol{LL}^{\mathrm{T}}$ 分解法

如果 $\boldsymbol{A}$ 为 n 阶对称正定矩阵, 则存在一个实的非奇异下三角矩阵 $\boldsymbol{L}$, 使得 $\boldsymbol{A}=\boldsymbol{LL}^{\mathrm{T}}$, 当限定 $\boldsymbol{L}$ 的对角线元素为正时, 这种分解是唯一的, 也称为**楚列斯基** (Cholesky) **分解或平方根分解法**.

对称正定方程组 $\boldsymbol{A}$ 的平方根分解计算公式, 即构造下三角矩阵 $\boldsymbol{L}$, 对于 $j=1,2,\cdots,n$:

$$\begin{cases} l_{jj}=\sqrt{a_{jj}-\sum\limits_{k=1}^{j-1}l_{jk}^2}, \\ l_{ij}=\left(a_{ij}-\sum\limits_{k=1}^{j-1}l_{ik}l_{jk}\right)\Big/l_{jj}, \quad i=j+1,\cdots,n. \end{cases} \tag{6-7}$$

求解 $\boldsymbol{Ax}=\boldsymbol{b}$, 即求解两个三角形方程组: 首先令 $\boldsymbol{Ly}=\boldsymbol{b}$, 求 $\boldsymbol{y}$, 然后再令 $\boldsymbol{L}^{\mathrm{T}}\boldsymbol{x}=\boldsymbol{y}$, 求 $\boldsymbol{x}$. 计算公式:

$$\begin{cases} y_i=\left(b_i-\sum\limits_{k=1}^{i-1}l_{ik}y_k\right)\Big/l_{ii}, \quad i=1,2,\cdots,n, \\ x_i=\left(y_i-\sum\limits_{k=i+1}^{n}l_{ki}x_k\right)\Big/l_{ii}, \quad i=n,n-1,\cdots,1. \end{cases} \tag{6-8}$$

6.3.2 对称正定矩阵的 $\boldsymbol{LDL}^{\mathrm{T}}$ 分解法

设 $\boldsymbol{A}$ 为 n 阶对称正定矩阵, 且 $\boldsymbol{A}$ 的所有顺序主子式均不为零, 则 $\boldsymbol{A}$ 可唯一分解为 $\boldsymbol{A}=\boldsymbol{LDL}^{\mathrm{T}}$, 其中 $\boldsymbol{L}$ 为单位下三角矩阵, $\boldsymbol{D}$ 为对角矩阵. 即

$$\begin{aligned} \boldsymbol{A}&=\boldsymbol{LDL}^{\mathrm{T}} \\ &=\begin{pmatrix} 1 & & & \\ l_{21} & 1 & & \\ \vdots & \vdots & \ddots & \\ l_{n1} & l_{n2} & \cdots & 1 \end{pmatrix}\begin{pmatrix} d_1 & & & \\ & d_2 & & \\ & & \ddots & \\ & & & d_n \end{pmatrix}\begin{pmatrix} 1 & l_{21} & \cdots & l_{n1} \\ & 1 & \cdots & l_{n2} \\ & & \ddots & \vdots \\ & & & 1 \end{pmatrix}. \end{aligned}$$

计算 $\boldsymbol{L}$ 的元素和 $\boldsymbol{D}$ 的对角元素的公式, 对于 $i=1,2,\cdots,n$:

$$\begin{cases} l_{ij}=\left(a_{ij}-\sum\limits_{k=1}^{j-1}l_{ik}d_kl_{jk}\right)\Big/d_j, \quad j=1,2,\cdots,i-1, \\ d_i=a_{ii}-\sum\limits_{k=1}^{i-1}l_{ik}^2d_k. \end{cases} \tag{6-9}$$

为避免重复计算, 引进 $t_{ij}=l_{ij}d_j$, 由式 (6-9) 按行计算 $\boldsymbol{L}$ 和 $\boldsymbol{T}$ 元素的公式, 对于 $i=1,2,\cdots,n$:

$$\begin{cases} d_1 = a_{11}, \\ t_{ij} = a_{ij} - \sum\limits_{k=1}^{j-1} t_{ik}l_{jk}, \quad j=1,2,\cdots,i-1, \\ l_{ij} = \dfrac{t_{ij}}{d_j}, \quad j=1,2,\cdots,i-1, \\ d_i = a_{ii} - \sum\limits_{k=1}^{i-1} t_{ik}l_{ik}. \end{cases} \tag{6-10}$$

计算出 $\boldsymbol{T}=\boldsymbol{LD}$ 的第 i 行元素 $t_{ij}(j=1,2,\cdots,i-1)$ 后, 存放在 $\boldsymbol{A}$ 的第 i 行相应位置, 然后再计算 $\boldsymbol{L}$ 的第 i 行元素, 存放在 $\boldsymbol{A}$ 的第 i 行, $\boldsymbol{D}$ 的对角元素存放在 $\boldsymbol{A}$ 的相应位置. $\boldsymbol{A}=\boldsymbol{LDL}^{\mathrm{T}}$ 分解不需要开方计算.

求解 $\boldsymbol{Ly}=\boldsymbol{b}, \boldsymbol{DL}^{\mathrm{T}}\boldsymbol{x}=\boldsymbol{y}$ 的计算公式:

$$\begin{cases} y_1 = b_1, y_i = b_i - \sum\limits_{k=1}^{i-1} l_{ik}y_k, \quad i=2,3,\cdots,n, \\ x_n = \dfrac{y_n}{d_n}, x_i = \dfrac{y_i}{d_i} - \sum\limits_{k=i+1}^{n} l_{ki}x_k, \quad i=n-1,\cdots,2,1. \end{cases} \tag{6-11}$$

公式 (6-10) 和 (6-11) 称为**改进的平方根法**.

```
# file_name: square_root_decomposition.py
class SquareRootDecompositionAlgorithm:
    """
    平方根分解法: Cholesky分解法和改进的平方根分解法
    """
    def __init__(self, A, b, sol_method="improved"):  # 略去部分实例属性初始化
        self._check_symmetric_positive_definite_matrix_()  # 对称正定矩阵判断
        self.sol_method = sol_method  #平方根法Cholesky分解法和改进的平方根法
            improved
        self.L, self.D = None, None  # A = LL^T或A=LDL^T

    def _check_symmetric_positive_definite_matrix_(self):
        """
        对称正定矩阵判断, 采用自带函数det计算行列式值, 读者可自编程序
        """
        if (self.A == self.A.T).all():  # 对称
```

```
        if self.A[0, 0] > 0:
            for i in range(1, self.n):  # 各顺序主子式大于0
                if np.linalg.det(self.A[i:, i:]) <= 0:
                    raise ValueError("非正定矩阵.")
        else:
            raise ValueError("非正定矩阵.")
    else:
        raise ValueError("非对称矩阵.")

def fit_solve(self):
    """
    Cholesky分解和改进的平方根分解法
    """
    self.L, self.D = np.eye(self.n), np.zeros((self.n, self.n))
    self.y, self.x = np.zeros(self.n), np.zeros(self.n)
    if self.sol_method == "cholesky":  # 不选主元
        self.x = self._solve_cholesky_()
    elif self.sol_method == "improved":  # 改进的平方根法
        self.x = self._solve_improved_cholesky_()
    else:
        raise ValueError("仅适合 Cholesky分解法和改进的平方根法 improved.")
    return self.x

def _solve_cholesky_(self):
    """
    平方根法, 即Cholesky分解法
    """
    # 1. 按照公式求解L
    for j in range(self.n):  # 每次循环求L的一列元素
        # 注意: python索引为左闭右开, self.L[j, :j]表示第j行从头开始到第j-1列
        # 对角线元素
        self.L[j, j] = np.sqrt(self.A[j, j] - sum(self.L[j, :j] ** 2))
        for i in range(j + 1, self.n):
            self.L[i, j] = (self.A[i, j] - np.dot(self.L[i, :j], self.L[j, :j])) / \
                           self.L[j, j]
    # 2. 两次回代求解
    for i in range(self.n):
        self.y[i] = (self.b[i] - np.dot(self.L[i, :i], self.y[:i])) / self.L[i, i]
    for i in range(self.n - 1, -1, -1):
        self.x[i] = (self.y[i] - np.dot(self.L[i:, i], self.x[i:])) / self.L[i, i]
```

```
        self.eps = np.dot(self.A, self.x) - self.b  # 3. 验证解的精度
        return self.x

    def _solve_improved_cholesky_(self):
        """
        改进的平方根分解法
        """
        # 1. 求解下三角矩阵L和对角矩阵D
        self.D[0, 0] = self.A[0, 0]
        t = np.zeros((self.n, self.n))
        for i in range(1, self.n):
            for j in range(i):
                t[i, j] = self.A[i, j] - np.dot(t[i, :j], self.L[j, :j])
                self.L[i, j] = t[i, j] / self.D[j, j]  # 下三角矩阵L
            self.D[i, i] = self.A[i, i] - np.dot(t[i, :i], self.L[i, :i])  # 对角矩阵D
        # 2. 两次回代求解
        for i in range(self.n):
            self.y[i] = self.b[i] - np.dot(self.L[i, :i], self.y[:i])
        for i in range(self.n - 1, -1, -1):
            self.x[i] = self.y[i] / self.D[i, i] - np.dot(self.L[i:, i], self.x[i:])
        self.eps = np.dot(self.A, self.x) - self.b  # 3. 验证解的精度
        return self.x
```

例 3 利用平方根法和改进的平方根法求解线性方程组:

$$\begin{pmatrix} 1 & 2 & 1 & -3 \\ 2 & 5 & 0 & -5 \\ 1 & 0 & 14 & 1 \\ -3 & -5 & 1 & 15 \end{pmatrix}\begin{pmatrix} x_1 \\ x_2 \\ x_3 \\ x_4 \end{pmatrix} = \begin{pmatrix} 2 \\ 2 \\ 15 \\ -2 \end{pmatrix}.$$

(1) 平方根法求解 $\boldsymbol{A} = \boldsymbol{L}\boldsymbol{L}^{\mathrm{T}}$, 结果为

$$\boldsymbol{L} = \begin{pmatrix} 1.0 & & & \\ 2.0 & 1.0 & & \\ 1.0 & -2.0 & 3.0 & \\ -3.0 & 1.0 & 2.0 & 1.0 \end{pmatrix}.$$

线性方程组的解及解的验证精度: $\boldsymbol{x}^* = [1.0, 0.0, 1.0, 0.0]^{\mathrm{T}}, \boldsymbol{\varepsilon} = [0.0, 0.0, 0.0, 0.0]^{\mathrm{T}}$.

(2) 改进的平方根法求解 $\boldsymbol{A}=\boldsymbol{LDL}^{\mathrm{T}}$, 结果为

$$\boldsymbol{L}=\begin{pmatrix}1.000&&&\\2.000&1.000&&\\1.000&-2.000&1.000&\\-3.000&1.000&0.667&1.000\end{pmatrix},\quad \boldsymbol{D}=\begin{pmatrix}1.0&&&\\&1.0&&\\&&9.0&\\&&&1.0\end{pmatrix}.$$

线性方程组的解及解的验证精度: $\boldsymbol{x}^*=[1.0,0.0,1.0,0.0]^{\mathrm{T}}$, $\boldsymbol{\varepsilon}=[0.0,0.0,0.0,0.0]^{\mathrm{T}}$.

■ 6.4 追赶法

带状对角矩阵是一种常见的高阶稀疏矩阵. 三对角阵是带状对角矩阵的一种. 在做三次样条插值、求解微分方程等问题时, 经常需要求解三对角方程组. 三对角方程组 $\boldsymbol{Ax}=\boldsymbol{b}$ 的矩阵形式为

$$\begin{pmatrix}b_1&c_1&&&\\a_2&b_2&c_2&&\\&\ddots&\ddots&\ddots&\\&&a_{n-1}&b_{n-1}&c_{n-1}\\&&&a_n&b_n\end{pmatrix}\begin{pmatrix}x_1\\x_2\\\vdots\\x_{n-1}\\x_n\end{pmatrix}=\begin{pmatrix}d_1\\d_2\\\vdots\\d_{n-1}\\d_n\end{pmatrix},$$

元素之间的关系等式:

$$\begin{cases}b_1x_1+c_1x_2=d_1,\\a_ix_{i-1}+b_ix_i+c_ix_{i+1}=d_i,\quad i=2,3,\cdots,n-1,\\a_nx_{n-1}+b_nx_n=d_n.\end{cases}$$

设三对角矩阵 $\boldsymbol{A}$ 满足下列条件:

$$\begin{cases}|b_1|>|c_1|>0,\\|b_i|\geqslant|a_i|+|c_i|,\ \text{且}\ |a_ic_i|\neq0,i=2,3,\cdots,n-1,\\|b_n|>|a_n|>0.\end{cases}\tag{6-12}$$

则称 $\boldsymbol{A}$ 为**弱对角占优**; 若 $|b_i|>|a_i|+|c_i|$, 则称 $\boldsymbol{A}$ **为严格对角占优**.

追赶法的基本思想与高斯消元法及三角分解法相同, 只是由于系数中出现了大量的零, 计算中可将它们撇开, 从而使得计算公式简化, 大大减少了计算量. 常见的三角分解的方法有 LU 分解、LDR 分解、克劳特分解等.

6.4.1 三对角矩阵的高斯消元法

假设三对角的增广矩阵及高斯消元后的增广矩阵为

$$\left(\begin{array}{cccccc|c} b_1 & c_1 & & & & & d_1 \\ a_2 & b_2 & c_2 & & & & d_2 \\ & a_3 & b_3 & c_3 & & & d_3 \\ & & \ddots & \ddots & \ddots & & \vdots \\ & & a_{n-2} & b_{n-2} & c_{n-2} & & d_{n-2} \\ & & & a_{n-1} & b_{n-1} & c_{n-1} & d_{n-1} \\ & & & & a_n & b_n & d_n \end{array}\right)$$

$$\xrightarrow{\text{高斯消元后}} \left(\begin{array}{ccccc|c} b_1^* & c_1 & & & & d_1^* \\ & b_2^* & c_2 & & & d_2^* \\ & \ddots & \ddots & \ddots & & \vdots \\ & & & b_{n-1}^* & c_{n-1} & d_{n-1}^* \\ & & & & b_n^* & d_n^* \end{array}\right),$$

则消去 x_i 一列时, 行乘子为 $l_i = -\dfrac{a_{i+1}}{b_i^*}$, 更新第 $i+1$ 行中变元系数的公式为

$$b_{i+1}^* = b_{i+1} + c_i \times l_i, \quad d_{i+1}^* = d_{i+1} + d_i^* \times l_i, \quad i = 1, 2, \cdots, n-1. \tag{6-13}$$

回代过程中, 自下而上求解, 公式为

$$x_n = \frac{d_n^*}{b_n^*}, \quad x_i = \frac{d_i^* - c_i x_{i+1}}{b_i^*}, \quad i = n-1, n-2, \cdots, 1. \tag{6-14}$$

6.4.2 三对角矩阵的杜利特尔分解

三对角矩阵如果满足 (6-12) 条件, 则杜利特尔分解唯一, 即 $\boldsymbol{A} = \boldsymbol{LU}$, $\boldsymbol{L}$ 为单位下三角矩阵, $\boldsymbol{U}$ 为上三角矩阵:

$$\boldsymbol{A} = \begin{pmatrix} b_1 & c_1 & & & \\ a_2 & b_2 & c_2 & & \\ & \ddots & \ddots & \ddots & \\ & & a_{n-1} & b_{n-1} & c_{n-1} \\ & & & a_n & b_n \end{pmatrix}$$

$$
= \boldsymbol{LU} = \begin{pmatrix} 1 & & & & \\ l_2 & 1 & & & \\ & l_3 & 1 & & \\ & & \ddots & \ddots & \\ & & & l_n & 1 \end{pmatrix} \begin{pmatrix} u_1 & c_1 & & & \\ & u_2 & c_2 & & \\ & & u_3 & \ddots & \\ & & & \ddots & c_{n-1} \\ & & & & u_n \end{pmatrix},
$$

其中元素 $c_i(i=1,2,\cdots,n-1)$ 都是矩阵中 $\boldsymbol{A}$ 的原始元素. 令 $u_1=b_1$, 元素 l_i 和 u_i 的计算公式为

$$
l_i=\frac{a_i}{u_{i-1}},\quad u_i=b_i-c_{i-1}l_i,\quad i=2,3,\cdots,n. \tag{6-15}
$$

回代求解 $\boldsymbol{Ly}=\boldsymbol{b},\boldsymbol{Ux}=\boldsymbol{y}$ 的计算公式:

$$
\begin{cases} y_1=b_1, y_i=b_i-l_iy_{i-1}, \quad i=2,3,\cdots,n, \\ x_n=\dfrac{y_n}{u_n}, x_i=\dfrac{y_i-c_ix_{i+1}}{u_i}, \quad i=n-1,\cdots,2,1. \end{cases} \tag{6-16}
$$

其求解 y_i 过程自上而下进行, 下标 $\nearrow$, 称为 “追”, 求解 x_i 过程自下而上进行, 下标 $\searrow$, 称为 “赶”, 故称为 “**追赶法**”.

6.4.3 三对角矩阵的克劳特分解

三对角矩阵如果满足 (6-12) 条件, 则克劳特 (Crout) 分解唯一, 即 $\boldsymbol{A}=\boldsymbol{LU}$, $\boldsymbol{L}$ 为下三角矩阵, $\boldsymbol{U}$ 为单位上三角矩阵:

$$
\boldsymbol{A} = \begin{pmatrix} b_1 & c_1 & & & \\ a_2 & b_2 & c_2 & & \\ & \ddots & \ddots & \ddots & \\ & & a_{n-1} & b_{n-1} & c_{n-1} \\ & & & a_n & c_n \end{pmatrix}
$$

$$
= \boldsymbol{LU} = \begin{pmatrix} l_1 & & & \\ r_2 & l_2 & & \\ & \ddots & \ddots & \\ & & r_n & l_n \end{pmatrix} \begin{pmatrix} 1 & u_1 & & \\ & 1 & \ddots & \\ & & \ddots & u_{n-1} \\ & & & 1 \end{pmatrix},
$$

其中, $\boldsymbol{L}$ 的左下次对角线元素 $r_i(i=2,3,\cdots,n)$ 与 $\boldsymbol{A}$ 的左下次对角线元素 $a_i(i=2,3,\cdots,n)$ 对应相等. 令 $l_1=b_1$, 元素 l_i 和 u_i 的计算公式为

$$\begin{cases} l_1 = b_1, l_i = b_i - a_i u_{i-1}, & i = 2, 3, \cdots, n, \\ u_i = \dfrac{c_i}{l_i}, \quad i = 1, 2, \cdots, n-1. \end{cases} \tag{6-17}$$

回代求解 $\boldsymbol{Ly} = \boldsymbol{b}, \boldsymbol{Ux} = \boldsymbol{y}$ 的计算公式:

$$\begin{cases} y_1 = \dfrac{b_1}{l_1}, y_i = \dfrac{b_i - a_i y_{i-1}}{l_i}, & i = 2, 3, \cdots, n, \\ x_n = y_n, x_i = y_i - u_i x_{i+1}, & i = n-1, n-2, \cdots, 1. \end{cases} \tag{6-18}$$

```
# file_name: chasing_method_tridiagonal_matrix.py
class ChasingMethodTridiagonalMatrix:
    """
    追赶法求解三对角矩阵,包括高斯消元、杜利特尔分解和克劳特分解三种
    """
    def __init__(self, diag_a, diag_b, diag_c, d_vector, sol_method="gauss"):
        self.a = np.asarray(diag_a, dtype=np.float64)  # 次对角线元素,对角线以下
        self.b = np.asarray(diag_b, dtype=np.float64)  # 主对角线元素
        self.c = np.asarray(diag_c, dtype=np.float64)  # 次对角线元素,对角线以上
        self.n = len(self.b)
        if len(self.a) != self.n - 1 or len(self.c) != self.n - 1:
            raise ValueError("系数矩阵对角线元素维度不匹配.")
        self.d_vector = np.asarray(d_vector, dtype=np.float64)
        if len(self.d_vector) != self.n:
            raise ValueError("右端向量维度与系数矩阵维度不匹配.")
        # 追赶法求解类型:高斯消元法gauss,杜利特尔分解doolittle和克劳特分解crout
        self.sol_method = sol_method
        self.x, self.y = None, None # 线性方程组的解
        self.eps = None # 验证精度

    def fit_solve(self):
        """
        追赶法求解三对角矩阵
        """
        self.y, self.x = np.zeros(self.n), np.zeros(self.n)
        if self.sol_method in ["gauss", "Gauss"]:
            self.x = self._gauss_solve_()
        elif self.sol_method in ["doolittle", "Doolittle"]:
            self._doolittle_solve()
        elif self.sol_method in ["crout", "Crout"]:
            self._crout_solve_()
        else:
```

```
            raise ValueError("仅支持高斯消元、杜利特尔分解和克劳特分解.")
        return self.x

    def _gauss_solve_(self):
        """
        采用高斯消元法求解三对角矩阵
        """
        b, d = np.copy(self.b), np.copy(self.d_vector)
        for k in range(self.n - 1):
            multiplier = - self.a[k] / b[k]  # 行乘子
            # 仅更新对角元素b, c不更新, 因为其上一行同列元素为0
            b[k + 1] += self.c[k] * multiplier
            # 右端向量更新, 其中d1不更新, 对角线a不更新, 求解x用不到
            d[k + 1] += d[k] * multiplier
        self.x[-1] = d[-1] / b[-1]
        for i in range(self.n - 2, -1, -1):
            self.x[i] = (d[i] - self.c[i] * self.x[i + 1]) / b[i]
        self.eps = self._check_solve_eps_(self.x)  # 3. 验证解的精度
        return self.x

    def _check_solve_eps_(self, x):
        """
        验证解的精度
        """
        eps = np.zeros(self.n)
        eps[0] = self.b[0] * x[0] + self.c[0] * x[1] - self.d_vector[0]
        for i in range(1, self.n - 1):
            eps[i] = self.a[i - 1] * x[i - 1] + self.b[i] * x[i] + \
                     self.c[i] * x[i + 1] - self.d_vector[i]
        eps[-1] = self.a[-1] * x[-2] + self.b[-1] * x[-1] - self.d_vector[-1]
        return eps

    def _doolittle_solve(self):
        """
        杜利特尔分解法求解三对角矩阵, 即A = LU, L为单位下三角矩阵, U为上三角矩阵
        """
        self._check_diagonally_dominant_mat_()  # 判断是否为对角占优矩阵
        # 1. 求解L和U分解的元素
        l_, u = np.zeros(self.n - 1), np.zeros(self.n)
        u[0] = self.b[0]
```

```
        for i in range(1, self.n):
            l_[i - 1] = self.a[i - 1] / u[i - 1]
            u[i] = self.b[i] - self.c[i - 1] * l_[i - 1]
        # 2. 回代过程,追赶法
        self.y[0] = self.d_vector[0]
        for k in range(1, self.n):
            self.y[k] = self.d_vector[k] - l_[k - 1] * self.y[k - 1]
        self.x[-1] = self.y[-1] / u[-1]
        for k in range(self.n - 2, -1, -1):
            self.x[k] = (self.y[k] - self.c[k] * self.x[k + 1]) / u[k]
        self.eps = self._check_solve_eps_(self.x)  # 3. 验证解的精度
        return self.x

    def _check_diagonally_dominant_mat_(self):
        """
        判断对角占优矩阵
        """
        a, b, c = np.abs(self.a), np.abs(self.b), np.abs(self.c)
        if b[0] > c[0] > 0 and b[-1] > a[-1] > 0:
            for i in range(1, self.n - 1):
                if b[i] < a[i - 1] + c[i - 1] or a[i - 1] * c[i - 1] == 0:
                    print("非三对角占优矩阵,用LU分解法的解可能存在较大误差.")
        else:
            print("非三对角占优矩阵,用LU分解法的解可能存在较大误差.")

    def _crout_solve_(self):
        """
        克劳特分解法求解三对角矩阵,即A = LU, L为下三角矩阵,U为单位上三角矩阵
        """
        self._check_diagonally_dominant_mat_()  # 判断是否为对角占优矩阵
        # 求解L和U的元素
        l_, u = np.zeros(self.n), np.zeros(self.n - 1)
        l_[0], u[0] = self.b[0], self.c[0] / self.b[0]
        for i in range(1, self.n - 1):
            l_[i] = self.b[i] - self.a[i - 1] * u[i - 1]
            u[i] = self.c[i] / l_[i]
        l_[-1] = self.b[-1] - self.a[-1] * u[-1]
        # 2. 回代求解
        self.y[0] = self.d_vector[0] / l_[0]
        for i in range(1, self.n):
```

```
        self.y[i] = (self.d_vector[i] - self.a[i - 1] * self.y[i - 1]) / l_[i]
    self.x[-1] = self.y[-1]
    for i in range(self.n - 2, -1, -1):
        self.x[i] = self.y[i] - u[i] * self.x[i + 1]
    self.eps = self._check_solve_eps_(self.x)  # 3. 验证解的精度
    return self.x
```

例 4 用追赶法求解三对角矩阵线性方程组:

$$\begin{pmatrix} 4 & -1 & & & \\ -1 & 4 & -1 & & \\ & \ddots & \ddots & \ddots & \\ & & -1 & 4 & -1 \\ & & & -1 & 4 \end{pmatrix} \begin{pmatrix} x_1 \\ x_2 \\ \vdots \\ x_{49} \\ x_{50} \end{pmatrix} = \begin{pmatrix} 10 \\ 10 \\ \vdots \\ 10 \\ 10 \end{pmatrix}.$$

采用高斯消元法、杜利特尔分解法和克劳特分解法求解结果一致, 如表 6-1 所示, 仅给出前 25 个解, 且解向量满足规律特征: $x_i = x_{50-i}$, $i = 0, 1, 2, \cdots, 25$. 篇幅所限, 不再给出各方法的求解过程, 可通过算法打印输出中间求解结果, 包括: 高斯消元法消元后的增广矩阵, 杜利特尔分解法和克劳特分解法的 $\boldsymbol{L}$ 和 $\boldsymbol{U}$ 矩阵, 回代求解过程中的 $\boldsymbol{y}$ 向量, 以及解向量 $\boldsymbol{x}$ 的验证精度 $\boldsymbol{\varepsilon}$.

表 6-1　三对角矩阵线性方程组的解 (前 25 个)

k	x_k	k	x_k	k	x_k	k	x_k	k	x_k
1	3.66025404	6	4.99814952	11	4.99999744	16	5.0	21	5.0
2	4.64101615	7	4.99950417	12	4.99999932	17	5.0	22	5.0
3	4.90381057	8	4.99986714	13	4.99999982	18	5.0	23	5.0
4	4.97422612	9	4.9999644	14	4.99999995	19	5.0	24	5.0
5	4.99309391	10	4.99999046	15	4.99999999	20	5.0	25	5.0

■ 6.5 QR 分解法

QR 分解法也称为正交三角分解法. 设 $\boldsymbol{A} \in \mathbb{C}^{n\times n}$, 如果存在 n 阶酉矩阵 $\boldsymbol{Q}$ 和 n 阶上三角矩阵 $\boldsymbol{R}$, 使得 $\boldsymbol{A} = \boldsymbol{QR}$, 则称之为 $\boldsymbol{A}$ 的 **QR 分解或酉三角分解**, 当 $\boldsymbol{A} \in \mathbb{R}^{n\times n}$ 时, 则称为 $\boldsymbol{A}$ **的正三角分解**.

QR 分解定理　任意一个满秩实 (复) 矩阵 $\boldsymbol{A}$ 都可以分解 $\boldsymbol{A} = \boldsymbol{QR}$, 其中 $\boldsymbol{Q}$ 为正交 (酉) 矩阵, $\boldsymbol{R}$ 是具有正对角元的上三角矩阵.

QR 分解常见的方法有 Schmidt 正交化方法、Householder 变换方法和 Givens 变换方法.

6.5.1 Schmidt 正交化法

Schmidt 正交化方法的基本思想是利用太阳光投影原理和不完全归纳方法. 用 Schmidt 正交化方法将系数矩阵变换为正交矩阵 $\boldsymbol{Q}$ 后, 则 $\boldsymbol{R}=\boldsymbol{Q}^{\mathrm{T}}\boldsymbol{A}$. QR 分解法的算法步骤如下.

(1) 将 $\boldsymbol{A}$ Schmidt 正交化得到 $\boldsymbol{Q}$. 设 $\boldsymbol{A}=(\boldsymbol{a}_1,\boldsymbol{a}_2,\cdots,\boldsymbol{a}_n)$, 计算正交矩阵 $\boldsymbol{Q}=(\boldsymbol{q}_1,\boldsymbol{q}_2,\cdots,\boldsymbol{q}_n)$ 的具体步骤:

1) 向量 $\boldsymbol{a}_1$ 方向不变, 长度归一化 $\boldsymbol{q}_1=\dfrac{\boldsymbol{a}_1}{\|\boldsymbol{a}_1\|_2}$.

2) 向量 $\boldsymbol{a}_2$ 可分解为向量 $\boldsymbol{a}_1$ 投影分量与垂直于向量 $\boldsymbol{a}_1$ 的两分量, 除去投影分量得 $\boldsymbol{q}_2=\boldsymbol{a}_2-\dfrac{(\boldsymbol{a}_1,\boldsymbol{a}_2)}{(\boldsymbol{a}_1,\boldsymbol{a}_1)}\boldsymbol{a}_1$, 归一化得 $\boldsymbol{q}_2=\dfrac{\boldsymbol{q}_2}{\|\boldsymbol{q}_2\|_2}$. 同理, 除去向量 $\boldsymbol{a}_3$ 在 $\boldsymbol{a}_1$ 与 $\boldsymbol{a}_2$ 上的投影分量得 $\boldsymbol{q}_3=\boldsymbol{a}_3-\dfrac{(\boldsymbol{a}_1,\boldsymbol{a}_3)}{(\boldsymbol{a}_1,\boldsymbol{a}_1)}\boldsymbol{a}_1-\dfrac{(\boldsymbol{a}_2,\boldsymbol{a}_3)}{(\boldsymbol{a}_2,\boldsymbol{a}_2)}\boldsymbol{a}_2$, 归一化得 $\boldsymbol{q}_3=\dfrac{\boldsymbol{q}_3}{\|\boldsymbol{q}_3\|_2}$.

3) 依次类推, 对所有向量 $\boldsymbol{a}_4,\cdots,\boldsymbol{a}_n$ 完成正交化, 得到 $\boldsymbol{q}_4,\cdots,\boldsymbol{q}_n$.

(2) 矩阵 $\boldsymbol{A}=\boldsymbol{Q}\boldsymbol{R}$, 令 $\boldsymbol{R}=\boldsymbol{Q}^{\mathrm{T}}\boldsymbol{A}$, 从上述求解可得

$$\boldsymbol{A}=(\boldsymbol{a}_1,\boldsymbol{a}_2,\cdots,\boldsymbol{a}_n)=\boldsymbol{Q}\boldsymbol{R}=(\boldsymbol{q}_1,\boldsymbol{q}_2,\cdots,\boldsymbol{q}_n)\begin{pmatrix}\boldsymbol{q}_1^{\mathrm{T}}\boldsymbol{a}_1 & \boldsymbol{q}_1^{\mathrm{T}}\boldsymbol{a}_2 & \cdots & \boldsymbol{q}_1^{\mathrm{T}}\boldsymbol{a}_n\\ & \boldsymbol{q}_2^{\mathrm{T}}\boldsymbol{a}_2 & \cdots & \boldsymbol{q}_2^{\mathrm{T}}\boldsymbol{a}_n\\ & & \ddots & \vdots\\ & & & \boldsymbol{q}_n^{\mathrm{T}}\boldsymbol{a}_n\end{pmatrix}.$$

(3) 求解三角方程组 $\boldsymbol{R}\boldsymbol{x}=\boldsymbol{Q}^{\mathrm{T}}\boldsymbol{b}$.

6.5.2 Householder 正交变换法

豪斯霍尔德 (Householder) 变换又称为反射变换或镜像变换. 设 $\boldsymbol{\omega}\in\mathbb{R}^n$, 且 $\boldsymbol{\omega}^{\mathrm{T}}\boldsymbol{\omega}=1$, 令 $\boldsymbol{H}(\boldsymbol{\omega})=\boldsymbol{I}-2\boldsymbol{\omega}\boldsymbol{\omega}^{\mathrm{T}}$, 则称 $\boldsymbol{H}$ 为一个 Householder 矩阵或 Householder 变换. $\boldsymbol{H}$ 是对称正交非奇异矩阵, 且 $\boldsymbol{H}^{\mathrm{T}}\boldsymbol{H}=\boldsymbol{I}$. 如令 $\boldsymbol{\omega}=(1/\sqrt{2},0,1/\sqrt{2})^{\mathrm{T}}\in\mathbb{R}^3$, 则 $\boldsymbol{H}(\boldsymbol{\omega})=\boldsymbol{I}-2\boldsymbol{\omega}\boldsymbol{\omega}^{\mathrm{T}}$ 是一个 Householder 变换.

设 $\boldsymbol{\omega}\in\mathbb{R}^n$ 是一个单位向量, 则 $\forall\boldsymbol{x},\boldsymbol{y}\in\mathbb{R}^n$, 且 $\boldsymbol{x}$ 与 $\boldsymbol{y}$ 模长相等, 存在 Householder 矩阵 $\boldsymbol{H}$, 使得

$$\boldsymbol{H}\boldsymbol{x}=\boldsymbol{x}-2\boldsymbol{\omega}\boldsymbol{\omega}^{\mathrm{T}}\boldsymbol{x}=\boldsymbol{y},$$

即使用 Householder 变换就是对 $\boldsymbol{x}$ 进行了镜像变换. 假设 $\boldsymbol{\omega}\in\mathbb{R}^2,\boldsymbol{x}\in\mathbb{R}^2$, 几何意义如图 6-2(左) 所示.

对于 $\forall\boldsymbol{x}\in\mathbb{R}^n$, 也可以把 $\boldsymbol{x}$ 变换到方向 $\boldsymbol{e}_1=(1,0,\cdots,0)$ 上. 设 $\boldsymbol{u}=\boldsymbol{x}-\|\boldsymbol{x}\|_2\boldsymbol{e}_1$, $\boldsymbol{\omega}=\boldsymbol{u}/\|\boldsymbol{u}\|_2$, 令 $\boldsymbol{H}=\boldsymbol{I}-2\boldsymbol{\omega}\boldsymbol{\omega}^{\mathrm{T}}$, 则 $\boldsymbol{H}\boldsymbol{x}=\|\boldsymbol{x}\|_2\boldsymbol{e}_1=(\|\boldsymbol{x}\|_2,0,\cdots,0)$.

假设 $\boldsymbol{\omega}\in\mathbb{R}^2,\boldsymbol{x}\in\mathbb{R}^2$, 几何意义如图 6-2(右) 所示. 故可利用 Householder 变换将任意向量 $\boldsymbol{x}\in\mathbb{R}^2$ 化为与第一自然基向量 $\boldsymbol{e}_1$ 平行的向量 (共线).

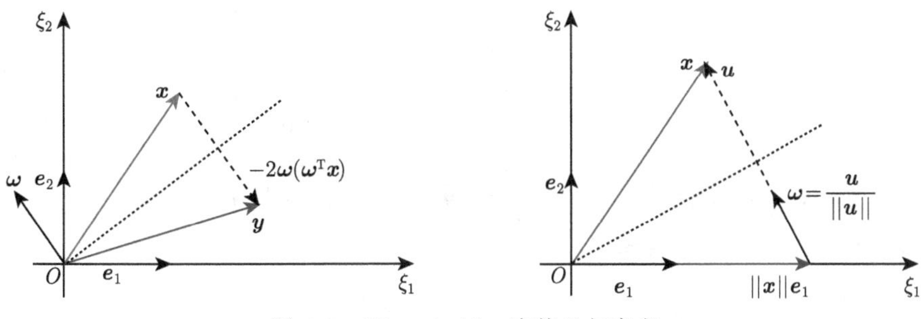

图 6-2 Householder 变换几何意义

利用 Householder 变换求矩阵的 QR 分解步骤:

(1) 将矩阵 $\boldsymbol{A}\in\mathbb{R}^{n\times n}$ 按列分块 $\boldsymbol{A}=\begin{pmatrix}\boldsymbol{\alpha}_1 & \boldsymbol{\alpha}_2 & \cdots & \boldsymbol{\alpha}_n\end{pmatrix}$, 取 $\boldsymbol{\omega}_1=\dfrac{\boldsymbol{\alpha}_1-a_1\boldsymbol{e}_1}{\|\boldsymbol{\alpha}_1-a_1\boldsymbol{e}_1\|_2}, a_1=\|\boldsymbol{\alpha}_1\|_2$, 则 $\boldsymbol{H}_1=\boldsymbol{I}_1-2\boldsymbol{\omega}_1\boldsymbol{\omega}_1^{\mathrm{T}}$,

$$\boldsymbol{H}_1\boldsymbol{A}=\begin{pmatrix}\boldsymbol{H}_1\boldsymbol{\alpha}_1 & \boldsymbol{H}_1\boldsymbol{\alpha}_2 & \cdots & \boldsymbol{H}_1\boldsymbol{\alpha}_n\end{pmatrix}=\begin{pmatrix}a_1 & * & \cdots & * \\ 0 & & & \\ \vdots & & \boldsymbol{B}_1 & \\ 0 & & & \end{pmatrix},$$

其中 $\boldsymbol{e}_1=(1,0,\cdots,0)\in\mathbb{R}^n$, $\boldsymbol{I}_1\in\mathbb{R}^{n\times n}$ 为单位矩阵.

(2) 将矩阵 $\boldsymbol{B}_1\in\mathbb{R}^{(n-1)\times(n-1)}$ 按列分块 $\boldsymbol{B}_1=\begin{pmatrix}\boldsymbol{\beta}_2 & \boldsymbol{\beta}_3 & \cdots & \boldsymbol{\beta}_n\end{pmatrix}$, 取

$$\boldsymbol{\omega}_2=\frac{\boldsymbol{\beta}_2-b_2\boldsymbol{e}_1}{\|\boldsymbol{\beta}_2-b_2\boldsymbol{e}_1\|_2},\quad b_2=\|\boldsymbol{\beta}_2\|_2,\quad \widetilde{\boldsymbol{H}}_2=\boldsymbol{I}_2-2\boldsymbol{\omega}_2\boldsymbol{\omega}_2^{\mathrm{T}},\quad \boldsymbol{H}_2=\begin{pmatrix}1 & \boldsymbol{0}^{\mathrm{T}} \\ \boldsymbol{0} & \widetilde{\boldsymbol{H}}_2\end{pmatrix},$$

其中 $\boldsymbol{e}_1=(1,0,\cdots,0)\in\mathbb{R}^{(n-1)},\boldsymbol{I}_2\in\mathbb{R}^{(n-1)\times(n-1)}$ 为单位矩阵, 则

$$\boldsymbol{H}_2(\boldsymbol{H}_1\boldsymbol{A})=\begin{pmatrix}a_1 & * & * & \cdots & * \\ 0 & a_2 & * & \cdots & * \\ 0 & 0 & & \boldsymbol{C}_2 & \end{pmatrix},$$

其中 $\boldsymbol{C}_2\in\mathbb{R}^{(n-2)\times(n-2)}$.

依次进行下去, 得到第 $n-1$ 个 n 阶的 Householder 矩阵 $\boldsymbol{H}_{n-1}$, 使得

$$\boldsymbol{H}_{n-1}\cdots\boldsymbol{H}_2\boldsymbol{H}_1\boldsymbol{A}=\begin{pmatrix} a_1 & * & \cdots & * \\ & a_2 & \cdots & \vdots \\ & & \ddots & * \\ & & & a_n \end{pmatrix}=\boldsymbol{R}.$$

(3) 因 $\boldsymbol{H}_i$ 为自逆矩阵, 令 $\boldsymbol{Q}=\boldsymbol{H}_1\boldsymbol{H}_2\cdots\boldsymbol{H}_{n-1}$, 则 $\boldsymbol{A}=\boldsymbol{QR}$.

6.5.3 Givens 正交变换法

吉文斯 (Givens) 变换是一种正交变换, 经过多次 Givens 变换可以把矩阵转换成上三角形式, 是一种常用的 QR 分解方法.

平面坐标系 $\mathbb{R}^2$ 中的旋转角 θ 变换可表示为

$$\begin{pmatrix} y_1 \\ y_2 \end{pmatrix}=\boldsymbol{T}\begin{pmatrix} x_1 \\ x_2 \end{pmatrix},\quad \boldsymbol{T}=\begin{pmatrix} \cos\theta & \sin\theta \\ -\sin\theta & \cos\theta \end{pmatrix},$$

其中 $\boldsymbol{T}$ 是正交矩阵, 称为平面旋转矩阵. 将其推广到一般的 n 维酉空间中, 可以得到初等旋转变换, 也称为 Givens 变换.

一般在 n 维欧氏空间中取一组标准正交基 $\boldsymbol{e}_1,\boldsymbol{e}_2,\cdots,\boldsymbol{e}_n$, 沿平面 $[\boldsymbol{e}_i,\boldsymbol{e}_j]$ 旋转, 则旋转矩阵为

$$\boldsymbol{R}_{ij}=\begin{pmatrix} 1 &&&&&&&&&& \\ & \ddots &&&&&&&&& \\ && 1 &&&&&&&& \\ &&& c & 0 & \cdots & 0 & s &&& \\ &&& 0 & 1 & \cdots & 0 & 0 &&& \\ &&& \vdots & \vdots & & \vdots & \vdots &&& \\ &&& 0 & 0 & \cdots & 1 & 0 &&& \\ &&& -s & 0 & \cdots & 0 & c &&& \\ &&&&&&&& 1 && \\ &&&&&&&&& \ddots & \\ &&&&&&&&&& 1 \end{pmatrix},$$

其中 $c=\cos\theta, s=\sin\theta$, 称 $\boldsymbol{R}_{ij}$ 为初等旋转变换矩阵或 **Givens 矩阵**. Givens 矩阵为酉矩阵.

对于任意向量 $\boldsymbol{x} \in \mathbb{R}^n$, 存在 Givens 变换 $\boldsymbol{R}_{ij}$, 使得 $\boldsymbol{R}_{ij}\boldsymbol{x}$ 的第 j 个分量为 0, 第 i 个分量为非负实数, 其余分量不变. 进而推论, 存在一组 Givens 矩阵 $\boldsymbol{R}_{12}, \boldsymbol{R}_{13}, \cdots, \boldsymbol{R}_{1n}$, 使得与第一自然基向量 $\boldsymbol{e}_1$ 共线, 即 $\boldsymbol{R}_{12}\boldsymbol{R}_{13}\cdots\boldsymbol{R}_{1n}\boldsymbol{x} = \|\boldsymbol{x}\|_2\boldsymbol{e}_1$.

通过 Givens 旋转可实现 QR 分解, 其原理是将矩阵 $\boldsymbol{A}$ 的主对角线下方的元素都通过 Givens 旋转置换成 0, 形成上三角矩阵 $\boldsymbol{R}$, 同时左乘一系列 Givens 矩阵得到一个正交阵 $\boldsymbol{Q}$. 具体计算方法如下:

(1) 将矩阵 $\boldsymbol{A} \in \mathbb{R}^{n\times n}$ 按列分块 $\boldsymbol{A} = \begin{pmatrix} \boldsymbol{\alpha}_1 & \boldsymbol{\alpha}_2 & \cdots & \boldsymbol{\alpha}_n \end{pmatrix}$, 对于 $\boldsymbol{\alpha}_1$ 存在一组 Givens 矩阵 $\boldsymbol{R}_{12}, \boldsymbol{R}_{13}, \cdots, \boldsymbol{R}_{1n}$, 使得 $\boldsymbol{R}_{1n}\cdots\boldsymbol{R}_{13}\boldsymbol{R}_{12}\boldsymbol{\alpha}_1 = \|\boldsymbol{\alpha}_1\|_2\,\boldsymbol{e}_1$, 于是,

$$\boldsymbol{R}_{1n}\cdots\boldsymbol{R}_{13}\boldsymbol{R}_{12}\boldsymbol{A} = \begin{pmatrix} a_1 & * \\ \boldsymbol{0} & \boldsymbol{B}_1 \end{pmatrix}, \quad a_1 = \|\boldsymbol{\alpha}_1\|_2,$$

其中 $\boldsymbol{0} \in \mathbb{R}^{(n-1)}$ 为 $n-1$ 维全 0 列向量.

(2) 将矩阵 $\begin{pmatrix} * \\ \boldsymbol{B}_1 \end{pmatrix} \in \mathbb{R}^{n\times(n-1)}$ 按列分块 $\begin{pmatrix} * \\ \boldsymbol{B}_1 \end{pmatrix} = \begin{pmatrix} * & * & \cdots & * \\ \boldsymbol{\beta}_2 & \boldsymbol{\beta}_3 & \cdots & \boldsymbol{\beta}_n \end{pmatrix}$, 存在一组 Givens 矩阵 $\boldsymbol{R}_{23}, \boldsymbol{R}_{24}, \cdots, \boldsymbol{R}_{2n}$, 使得 $\boldsymbol{R}_{2n}\cdots\boldsymbol{R}_{24}\boldsymbol{R}_{23}\begin{pmatrix} * \\ \boldsymbol{\beta}_2 \end{pmatrix} = \begin{pmatrix} * & b_2 & 0 & \cdots & 0 \end{pmatrix}, b_2 = \|\boldsymbol{\beta}_2\|_2$, 于是,

$$\boldsymbol{R}_{2n}\cdots\boldsymbol{R}_{23}\boldsymbol{R}_{1n}\cdots\boldsymbol{R}_{12}\boldsymbol{A} = \begin{pmatrix} a_1 & * & * & \cdots & * \\ 0 & b_2 & * & \cdots & * \\ 0 & 0 & & \boldsymbol{C}_2 & \end{pmatrix}, \quad \boldsymbol{C}_2 \in \mathbb{R}^{(n-2)\times(n-2)}.$$

(3) 依次进行, 得到

$$\boldsymbol{R}_{n-1,n}\cdots\boldsymbol{R}_{2n}\cdots\boldsymbol{R}_{23}\boldsymbol{R}_{1n}\cdots\boldsymbol{R}_{12}\boldsymbol{A} = \begin{pmatrix} a_1 & * & \cdots & * \\ & b_2 & \cdots & * \\ & & \ddots & \vdots \\ & & & c_n \end{pmatrix} = \boldsymbol{R}.$$

令 $\boldsymbol{Q} = \boldsymbol{R}_{12}^{\mathrm{T}}\cdots\boldsymbol{R}_{1n}^{\mathrm{T}}\boldsymbol{R}_{23}^{\mathrm{T}}\cdots\boldsymbol{R}_{2n}^{\mathrm{T}}\cdots\boldsymbol{R}_{n-1,n}^{\mathrm{T}}$, 则 $\boldsymbol{A} = \boldsymbol{Q}\boldsymbol{R}$.

利用 Givens 矩阵进行 QR 分解, 需要进行 $n(n-1)/2$ 个初等旋转矩阵的连乘积, 当 n 较大时, 计算量较大, 因此, 常用镜像变换来进行 QR 分解.

```
# file_name: qr_orthogonal_decomposition.py
class QROrthogonalDecomposition:
    """
    QR正交分解法求解方程组的解, Q为正交矩阵, R为上三角矩阵
    """
    def __init__(self, A, b, sol_method="schmidt"):  # 略去部分实例属性初始化
        self.sol_method = sol_method  # schmidt正交分解法和Householder变换方法
        self.Q, self.R = None, None  # A = QR

    def fit_solve(self):
        """
        QR正交分解法
        """
        # 1. 通过不同方法构造正交矩阵Q和上三角矩阵R
        self.Q, self.R = np.copy(self.A), np.zeros((self.n, self.n))
        if self.sol_method in ["Schmidt", "schmidt"]:
            self._schmidt_orthogonal_()
        elif self.sol_method in ["Householder", "householder"]:
            self._householder_transformation_()
        elif self.sol_method in ["Givens", "givens"]:
            self._givens_rotation_()
        else:
            raise ValueError("仅支持Schmidt正交分解法和Householder变换分解法.")
        # 2. 求解线性方程组的解: Rx = Q^T * b
        self.x = self._solve_linear_equations_x_(self.R, self.Q)
        self.eps = np.dot(self.A, self.x) - self.b  # 3. 验证解的精度
        return self.x

    def _schmidt_orthogonal_(self):
        """
        Schmidt正交分解法
        """
        self.Q[:, 0] = self.Q[:, 0] / np.linalg.norm(self.Q[:, 0])  # A的第一列正规化
        for i in range(1, self.n):
            for j in range(i):
                # 使A的第i列与前面所有的列正交
                self.Q[:, i] = self.Q[:, i] - np.dot(self.Q[:, i], self.Q[:, j]) * \
                               self.Q[:, j]
            self.Q[:, i] = self.Q[:, i] / np.linalg.norm(self.Q[:, i])
        self.R = np.dot(self.Q.T, self.A)
```

```
def _householder_transformation_(self):
    """
    Householder变换方法求解QR
    """
    # 1 初始化, 第1列进行正交化
    I = np.eye(self.n)  # 单位矩阵
    # 保持维度, shape=(n, 1)
    omega = self.A[:, [0]] - np.linalg.norm(self.A[:, 0]) * I[:, [0]]
    self.Q = I - 2 * np.dot(omega, omega.T) / np.dot(omega.T, omega)
    self.R = np.dot(self.Q, self.A)
    # 2 从第2列开始直到右下方阵为2*2
    for i in range(1, self.n - 1):
        # 每次循环取当前R矩阵的右下(n-i) * (n-i)方阵进行正交化
        sub_mat, I = np.copy(self.R[i:, i:]), np.copy(np.eye(self.n - i))
        # 按照公式求解omega
        omega = sub_mat[:, [0]] - np.linalg.norm(sub_mat[:, 0]) * I[:, [0]]
        # 按公式计算右下方阵的正交化矩阵
        Q_i = I - 2 * np.dot(omega, omega.T) / np.dot(omega.T, omega)
        # 将Q_i作为右下方阵, 扩展为n*n矩阵, 且其前i个对角线元素为1
        Q_i_expand = np.r_[np.zeros((i, self.n)),
                           np.c_[np.zeros((self.n - i, i)), Q_i]]
        for k in range(i):
            Q_i_expand[k, k] = 1
        self.R[i:, i:] = np.dot(Q_i, sub_mat)  # 替换原右下角矩阵元素
        self.Q = np.dot(self.Q, Q_i_expand)  # 每次右乘正交矩阵Q_i

def _givens_rotation_(self):
    """
    Givens变换方法实现QR分解: 将原矩阵 A 的主对角线下方的元素都通过Givens
    旋转置换成0, 形成上三角矩阵 R, 同时左乘一系列Givens矩阵得到一个正交阵Q.
    """
    self.Q, self.R = np.eye(self.n), np.copy(self.A)
    # 获得主对角线以下三角矩阵的元素索引
    rows, cols = np.tril_indices(self.n, -1, self.n)
    for row, col in zip(rows, cols):
        if self.R[row, col]:  # 不为零, 则变换
            norm_ = np.linalg.norm([self.R[col, col], self.R[row, col]])
            # 分别对应cos(theta), sin(theta)
            c, s = self.R[col, col] / norm_, self.R[row, col] / norm_
```

```
                givens_mat = np.eye( self .n)  # 构造Givens旋转矩阵
                givens_mat[[col, row], [col, row]] = c  # 对角为cos
                givens_mat[row, col ], givens_mat[col, row] = -s, s  # 反对角为sin
                self .R = np.dot(givens_mat, self .R)  # 不断左乘Givens旋转矩阵
                self .Q = np.dot( self .Q, givens_mat.T)  # 不断右乘转换矩阵的转置

    def _solve_linear_equations_x_ ( self , R, Q):
        """
        求线性方程组的解. param R: 上三角矩阵, Q: 正交矩阵
        """
        b = np.dot(Q.T, self .b)
        x = np.zeros( self .n)
        x[-1] = b[-1] / self .R[-1, -1]
        for i in range( self .n - 2, -1, -1):
            x[i] = (b[i] - np.dot(R[i, i :], x[i :]) ) / R[i, i]
        return x
```

例 5 采用三种 QR 分解法求解线性方程组:

$$\begin{cases} 2x_1 + 5x_2 + 4x_3 + x_4 = 20, \\ x_1 + 3x_2 + 2x_3 + x_4 = 11, \\ 2x_1 + 10x_2 + 9x_3 + 7x_4 = 40, \\ 3x_1 + 8x_2 + 9x_3 + 2x_4 = 37. \end{cases}$$

结果采用 Python 输出格式 (结果保留小数点后 8 位). 三种方法的正交化矩阵 $\boldsymbol{Q}$ 一致:

$$\boldsymbol{Q} = \begin{pmatrix} 0.47140452 & -0.31872763 & -0.60937522 & 0.55213433 \\ 0.23570226 & -0.03984095 & -0.53251708 & -0.81196225 \\ 0.47140452 & 0.87650098 & -0.00548987 & 0.09743547 \\ 0.70710678 & -0.35856858 & 0.58741575 & -0.16239245 \end{pmatrix}.$$

(1) Schmidt 正交化的上三角矩阵 $\boldsymbol{R}$:

$$\begin{pmatrix} 4.24264069e+00 & 1.34350288e+01 & 1.29636243e+01 & 5.42115199e+00 \\ -2.83106871e-15 & 4.18330013e+00 & 3.30679915e+00 & 5.05980111e+00 \\ 2.33146835e-15 & 7.99360578e-15 & 1.73479792e+00 & -5.48986682e-03 \\ 1.03028697e-13 & 3.57047725e-13 & 3.38951089e-13 & 9.74354704e-02 \end{pmatrix}.$$

注 Python 计算存在舍入误差, 故下三角元素并非精确为 0, 但是非常接近于 0.

(2) Householder 变换方法的上三角矩阵 $\boldsymbol{R}$:

$$\begin{pmatrix} 4.24264069\text{e}+00 & 1.34350288\text{e}+01 & 1.29636243\text{e}+01 & 5.42115199\text{e}+00 \\ -2.22044605\text{e}-16 & 4.18330013\text{e}+00 & 3.30679915\text{e}+00 & 5.05980111\text{e}+00 \\ -2.22044605\text{e}-16 & 1.77842020\text{e}-16 & 1.73479792\text{e}+00 & -5.48986682\text{e}-03 \\ -4.44089210\text{e}-16 & -3.67576553\text{e}-16 & -5.19449677\text{e}-17 & 9.74354704\text{e}-02 \end{pmatrix}.$$

(3) Givens 旋转变换方法的上三角矩阵 $\boldsymbol{R}$:

$$\begin{pmatrix} 4.24264069\text{e}+00 & 1.34350288\text{e}+01 & 1.29636243\text{e}+01 & 5.42115199\text{e}+00 \\ 5.62985828\text{e}-17 & 4.18330013\text{e}+00 & 3.30679915\text{e}+00 & 5.05980111\text{e}+00 \\ -9.22297039\text{e}-17 & 1.95645884\text{e}-18 & 1.73479792\text{e}+00 & -5.48986682\text{e}-03 \\ -2.54971162\text{e}-17 & -3.72425075\text{e}-18 & -6.50034741\text{e}-18 & -9.74354704\text{e}-02 \end{pmatrix}.$$

表 6-2 为三种 QR 分解法的解向量 $\boldsymbol{x}^* = (x_1^*, x_2^*, x_3^*, x_4^*)^{\mathrm{T}}$ 以及验证精度. 若记线性方程组 $\boldsymbol{F}(\boldsymbol{x}) = \boldsymbol{A}\boldsymbol{x} - \boldsymbol{b} = (F_1(\boldsymbol{x}), F_2(\boldsymbol{x}), F_3(\boldsymbol{x}), F_4(\boldsymbol{x}))^{\mathrm{T}} = \boldsymbol{0}$, 则 $\varepsilon_k = F_k(\boldsymbol{x}^*), k = 1, 2, 3, 4$.

表 6-2 三种 QR 分解方法的解及其精度

方法	解与精度	线性方程组的解向量 $\boldsymbol{x}^*$ 以及各方程的验证误差 $\boldsymbol{\varepsilon}$			
Schmidt	$\boldsymbol{x}^*$	1.00000000e+00	2.00000000e+00	2.00000000e+00	1.53323640e−11
	$\boldsymbol{\varepsilon}$	8.10018719e−13	−1.22390986e−12	1.42108547e−13	−2.27373675e−13
Householder	$\boldsymbol{x}^*$	1.00000000e+00	2.00000000e+00	2.00000000e+00	−1.82311106e−14
	$\boldsymbol{\varepsilon}$	0.00000000e+00	3.55271368e−15	−7.10542736e−15	0.00000000e+00
Givens	$\boldsymbol{x}^*$	1.00000000e+00	2.00000000e+00	2.00000000e+00	−1.82311106e−14
	$\boldsymbol{\varepsilon}$	−3.55271368e−15	0.00000000e+00	−7.10542736e−15	0.00000000e+00

■ 6.6 实验内容

1. 使用各种高斯消元法求解线性方程组:

$$\begin{pmatrix} 12 & -3 & 3 & 4 \\ -18 & 3 & -1 & -1 \\ 1 & 1 & 1 & 1 \\ 3 & 1 & -1 & 1 \end{pmatrix} \begin{pmatrix} x_1 \\ x_2 \\ x_3 \\ x_4 \end{pmatrix} = \begin{pmatrix} 15 \\ -15 \\ 6 \\ 2 \end{pmatrix}.$$

给出中间计算过程, 对解进行验证.

2. 使用矩阵三角分解法和平方根法求解线性方程组:

$$\begin{pmatrix} 4 & 1 & -1 & 0 \\ 1 & 3 & -1 & 0 \\ -1 & -1 & 5 & 2 \\ 0 & 0 & 2 & 4 \end{pmatrix}\begin{pmatrix} x_1 \\ x_2 \\ x_3 \\ x_4 \end{pmatrix}=\begin{pmatrix} 7 \\ 8 \\ -4 \\ 6 \end{pmatrix}.$$

对解进行验证.

3. 用三种追赶法求解线性方程组:

$$\begin{pmatrix} 2 & 1 & & \\ 1 & 2 & -3 & \\ & 3 & -7 & 4 \\ & & 2 & 5 \end{pmatrix}\begin{pmatrix} x_1 \\ x_2 \\ x_3 \\ x_4 \end{pmatrix}=\begin{pmatrix} 3 \\ -3 \\ -10 \\ 2 \end{pmatrix}.$$

给出消元后或分解的矩阵, 对解进行验证.

4. 用三种 QR 分解法求解线性方程组:

$$\begin{pmatrix} 1 & 3 & 5 & -4 & 2 \\ 1 & 3 & 2 & -2 & 1 \\ 1 & -2 & 1 & -1 & -1 \\ 1 & -4 & 1 & 1 & -1 \\ 1 & 2 & 1 & -1 & 1 \end{pmatrix}\begin{pmatrix} x_1 \\ x_2 \\ x_3 \\ x_4 \\ x_5 \end{pmatrix}=\begin{pmatrix} 3 \\ -1 \\ 3 \\ 3 \\ -1 \end{pmatrix}.$$

给出正交矩阵 $\boldsymbol{Q}$ 和上三角矩阵 $\boldsymbol{R}$, 对解进行验证.

■ 6.7 本章小结

快速、高效地求解线性方程组是数值线性代数研究中的核心问题, 也是目前科学计算中的重大研究课题之一. 各种实际的科学或工程问题, 往往最终都要归结于求解线性方程组.

本章主要探讨了求解线性方程组的直接法, 即在假定没有舍入误差的情况下, 经过有限次运算可以求得方程组的精确解. 但由于计算机采用固定浮点数运算, 故实际求解中, 难免引入舍入误差, 甚至有舍入误差引起较大的累积误差. 用直接法求解线性方程组, 可先分析矩阵的性能, 然后得到方程组的解后, 应给予验证.

对于特殊的矩阵, 如三对角矩阵可采用追赶法求解, 对称正定矩阵可采用平方根分解法. 如果系数矩阵为满秩实矩阵, 可进行 QR 正交分解, QR 分解常见的方法有 Schmidt 正交化方法、Householder 变换方法和 Givens 变换方法. 此外, 本章未具体分析各算法的计算效率, 读者可思考实践.

NumPy 和 SciPy 库中提供了线性代数模块, 分别是 numpy.linalg 和 scipy.linalg, 它们都为数值问题 (所有项只包含数值因子参数的问题) 提供线性代数程序. 针对超定方程的最佳拟合的一种自然定义是最小化误差平方和

$$\min_{x}\sum_{i=1}^{m}(r_i)^2,$$

其中 $\boldsymbol{r}=\boldsymbol{A}\boldsymbol{x}-\boldsymbol{b}$ 是残差向量, 故得到问题 $\boldsymbol{A}\boldsymbol{x}\approx\boldsymbol{b}$ 的最小二乘解. 可以使用 solve_least_squares 方法求解超定方程组的最小二乘解; 对于数值问题, 可以使用 SciPy 中的 la_lstsq 函数.

■ 6.8 参考文献

[1] 罗伯特 · 约翰逊 (Johansson R). Python 科学计算和数据科学应用 [M]. 2 版. 黄强, 译. 北京: 清华大学出版社, 2020.

[2] 李庆扬, 王能超, 易大义. 数值分析 [M]. 5 版. 北京: 清华大学出版社, 2021.

第 7 章 解线性方程组的迭代法

解线性方程组 [1] 的直接法一般适用于中小型方程组, 且系数矩阵非奇异、低阶稠密时, 比较适合选主元消去法; 但对于大型方程组, 容易产生较大的累积误差, 且难以保持系数矩阵的稀疏性. 与直接法不同, 迭代法不通过预先规定好的有限步算术运算求解方程组, 而是从某些初始向量出发, 按一定的迭代步骤逐次逼近 (或收敛到) 近似解向量.

设线性方程组 $\boldsymbol{A}\boldsymbol{x}=\boldsymbol{b}$, 通过变换获得同解方程组 $\boldsymbol{x}=\boldsymbol{M}\boldsymbol{x}+\boldsymbol{g}$, 对于初始向量 $\boldsymbol{x}^{(0)}\in\mathbb{R}^n$, 构造迭代公式

$$\boldsymbol{x}^{(k+1)}=\boldsymbol{M}\boldsymbol{x}^{(k)}+\boldsymbol{g},\quad k=0,1,\cdots,\tag{7-1}$$

其中 $\boldsymbol{M}$ 为迭代矩阵, $\boldsymbol{x}^{(k)}$ 为第 k 次迭代解向量, $\boldsymbol{g}$ 为常向量. 给定初始迭代解向量 $\boldsymbol{x}^{(0)}$, 若向量序列 $\left\{\boldsymbol{x}^{(k)}\right\}$ 收敛, 则当 k 充分大时, 将 $\boldsymbol{x}^{(k)}$ 作为近似解, 这就是迭代法的基本思想.

需要思考的问题:

(1) 如何构造迭代矩阵 $\boldsymbol{M}$? 采用不同的方法将得到不同的迭代矩阵.

(2) 迭代序列是否收敛? 收敛条件是什么? 取决于迭代矩阵的性态, 对于无参数的迭代法, 其收敛的充要条件是迭代矩阵的谱半径小于 1.

(3) 误差估计及迭代的加速.

本章主要探讨雅可比迭代法、高斯–赛德尔迭代法、超松弛迭代法、共轭梯度法以及二维泊松 (Poisson) 方程边值问题涉及的稀疏矩阵方程组迭代求解.

假设把“求解线性方程组的迭代法”当一个实体, 设计类模板时, 属性变量包括: 系数矩阵 $\boldsymbol{A}$、右端向量 $\boldsymbol{b}$、初始解向量 $\boldsymbol{x}_0$、精度要求 ε、最大迭代次数 max_iter 以及近似解向量 $\boldsymbol{x}^*$. 此外, 为了更直观地展现迭代法的逼近过程, 提供一个布尔变量 is_out_info 控制是否输出迭代信息; 字典变量 interative_info 组合迭代信息; 为方便可视化迭代法的收敛性, 列表变量 precision 存储迭代过程中解的精度变化值, 然后根据实例方法 _plt_convergence_precision() 进行可视化. 本章后续算法略去可视化代码.

```
# file_name: Iterative_linear_equs_utils.py
class  IterativeLinearEquationsUtils  :
    """
    解线性方程组的迭代法工具类
    """
    def __init__(self, A, b, x0, eps=1e-8, max_iter=200, is_out_info=False):
        self.A = np.asarray(A, dtype=np.float64)  # 系数矩阵
        self.b = np.asarray(b, dtype=np.float64)  # 右端向量
        self.x0 = np.asarray(x0, dtype=np.float64)  # 迭代初值
        if self.A.shape[0] != self.A.shape[1]:  # 系数矩阵维度判别
            raise ValueError("系数矩阵A不是方阵.")
        else:
            self.n = self.A.shape[0]
        if len(self.b) != self.n or len(self.x0) != self.n:
            raise ValueError("右端向量b或初始向量x0与系数矩阵维度不匹配.")
        else:
            self.b, self.x0 = self.b.reshape(-1), self.x0.reshape(-1)
        self.eps, self.max_iter = eps, max_iter  # 迭代法精度要求与最大迭代次数
        self.is_out_info = is_out_info  # 是否输出迭代信息
        self.x = None  # 满足精度要求的近似解
        self.precision = []  # 存储每次迭代误差精度
        self.iterative_info = {}  # 组合存储迭代信息

    def _plt_convergence_precision(self, is_show=True, method="", style="o-"):
        """
        可视化迭代解的精度曲线, method为迭代方法, 用于title
        """
        if is_show:  # is_show便于子图绘制, 若为子图, 则值为False
            plt.figure(figsize=(7, 5))
        iter_num = self.iterative_info["Iteration_number"]  # 获取迭代次数
        iter_num = np.linspace(1, iter_num, iter_num)  # 等距取值, 作为x轴绘图数据
        plt.semilogy(iter_num, self.precision, "%s" % style, lw=2,
                     label="$\epsilon=%.3e, \ k=%d$" %
                           (self.precision[-1], iter_num[-1]))  # 对数坐标
        plt.xlabel("$Iterations (k)$", fontdict={"fontsize": 18})
        plt.ylabel("$Precision (\epsilon)$", fontdict={"fontsize": 18})
        plt.title("$%s$的$\epsilon=\Vert b - Ax^* \Vert _2$的收敛曲线" % method,
                  fontdict={"fontsize": 18})
        plt.legend(frameon=False, fontsize=18)
```

```
    plt.tick_params(labelsize=16)  # 刻度字体大小为 16
    plt.grid(ls=":")  # 网格线
    if is_show:  # is_show便于子图绘制, 若为子图, 则值为 False
        plt.show()
```

7.1 雅可比迭代法与高斯–赛德尔迭代法

1. 雅可比迭代法

雅可比 (Jacobi) 迭代法的主要思想: 假设系数矩阵 $\boldsymbol{A}$ 的对角元素 $a_{ii}\neq 0, i=1,2,\cdots,n$, 对线性方程组进行同解变形, 使第 i 个方程的等号左端只有 x_i, 等号右端不出现 x_i, 进而构造迭代公式:

$$\begin{cases} x_1^{(k+1)}=\left(-a_{12}x_2^{(k)}-a_{13}x_3^{(k)}-\cdots-a_{1n}x_n^{(k)}+b_1\right)/a_{11}, \\ x_2^{(k+1)}=\left(-a_{21}x_1^{(k)}-a_{23}x_3^{(k)}-\cdots-a_{2n}x_n^{(k)}+b_2\right)/a_{22}, \\ \qquad\qquad\cdots\cdots \\ x_n^{(k+1)}=\left(-a_{n1}x_1^{(k)}-a_{n2}x_2^{(k)}-\cdots-a_{n,n-1}x_{n-1}^{(k)}+b_n\right)/a_{nn}. \end{cases}$$

化为更简形式:

$$x_i^{(k+1)}=\left(b_i-\sum_{j=1,j\neq i}^{n}a_{ij}x_j^{(k)}\right)\Big/a_{ii},\quad a_{ii}\neq 0,\quad i=1,2,\cdots,n,\quad k=0,1,2,\cdots. \tag{7-2}$$

将系数矩阵 $\boldsymbol{A}$ 分解为三部分

$$\boldsymbol{A}=\boldsymbol{D}-\boldsymbol{L}-\boldsymbol{U}=\begin{pmatrix} a_{11} & & & \\ & a_{22} & & \\ & & \ddots & \\ & & & a_{nn}\end{pmatrix}-\begin{pmatrix} 0 & & & \\ -a_{21} & 0 & & \\ \vdots & \vdots & \ddots & \\ -a_{n1} & -a_{n2} & \cdots & 0\end{pmatrix}$$
$$-\begin{pmatrix} 0 & -a_{12} & \cdots & -a_{1n} \\ & 0 & \cdots & -a_{2n} \\ & & \ddots & \vdots \\ & & & 0\end{pmatrix},$$

可得雅可比迭代法的矩阵表示形式

$$\boldsymbol{x}^{(k+1)}=\boldsymbol{B}\boldsymbol{x}^{(k)}+\boldsymbol{f},\quad k=0,1,\cdots,\tag{7-3}$$

其中 $\boldsymbol{B}=\boldsymbol{D}^{-1}(\boldsymbol{L}+\boldsymbol{U})\equiv\boldsymbol{J},\boldsymbol{f}=\boldsymbol{D}^{-1}\boldsymbol{b}$, $\boldsymbol{J}$ 称为雅可比迭代法的迭代矩阵. 雅可比迭代法收敛的充要条件是 $\rho(\boldsymbol{J})<1$, 其中 $\rho(\boldsymbol{J})$ 为 $\boldsymbol{J}$ 的谱半径, 计算方法为

$$\rho(\boldsymbol{J})=\max_{1\leqslant i\leqslant n}|\lambda_i|,$$

其中 $\lambda_i(i=1,2,\cdots,n)$ 为迭代矩阵 $\boldsymbol{J}$ 的 n 个特征值.

2. 高斯–赛德尔迭代法

高斯–赛德尔 (Gauss-Seidel, G-S) 迭代法是雅可比迭代法的改进方法, 雅可比迭代法收敛不能推出 G-S 迭代法收敛, G-S 迭代法收敛也不能推出雅可比迭代法收敛.

G-S 迭代法对原方程组的变形与雅可比迭代法相同, 但 G-S 迭代法的迭代公式与雅可比迭代法不同:

$$\begin{cases}x_1^{(k+1)}=\left(-a_{12}x_2^{(k)}-a_{13}x_3^{(k)}-a_{14}x_4^{(k)}-\cdots-a_{1n}x_n^{(k)}+b_1\right)\Big/a_{11},\\x_2^{(k+1)}=\left(-a_{21}x_1^{(k+1)}-a_{23}x_3^{(k)}-a_{24}x_4^{(k)}-\cdots-a_{2n}x_n^{(k)}+b_2\right)\Big/a_{22},\\x_3^{(k+1)}=\left(-a_{31}x_1^{(k+1)}-a_{32}x_2^{(k+1)}-a_{34}x_4^{(k)}-\cdots-a_{3n}x_n^{(k)}+b_2\right)\Big/a_{33},\\\qquad\cdots\cdots\\x_n^{(k+1)}=\left(-a_{n1}x_1^{(k+1)}-a_{n2}x_2^{(k+1)}-a_{n3}x_3^{(k+1)}-\cdots-a_{n,n-1}x_{n-1}^{(k+1)}+b_n\right)\Big/a_{nn}.\end{cases}$$

化为更简形式:

$$x_i^{(k+1)}=\left(b_i-\sum_{j=1}^{i-1}a_{ij}x_j^{(k+1)}-\sum_{j=i+1}^{n}a_{ij}x_j^{(k)}\right)\Big/a_{ii},$$

$$a_{ii}\neq0,\quad i=1,2,\cdots,n,\quad k=0,1,\cdots.\tag{7-4}$$

假设将系数矩阵 $\boldsymbol{A}$ 分解为三部分 $\boldsymbol{A}=\boldsymbol{D}-\boldsymbol{L}-\boldsymbol{U}$, 则高斯–赛德尔迭代法的矩阵表示形式为

$$\boldsymbol{x}^{(k+1)}=\boldsymbol{B}\boldsymbol{x}^{(k)}+\boldsymbol{f},\quad k=0,1,\cdots,\tag{7-5}$$

其中 $\boldsymbol{B}=(\boldsymbol{D}-\boldsymbol{L})^{-1}\boldsymbol{U}\equiv\boldsymbol{G},\boldsymbol{f}=(\boldsymbol{D}-\boldsymbol{L})^{-1}\boldsymbol{b}$, $\boldsymbol{G}$ 称为高斯–赛德尔迭代法的迭代矩阵, 收敛的充要条件是 $\rho(\boldsymbol{G})<1,\rho(\boldsymbol{G})$ 为迭代矩阵 $\boldsymbol{G}$ 的谱半径.

雅可比迭代法公式简单, 每次只需做矩阵和向量的一次乘法, 特别适合于并行计算; 不足之处是需要存放 $\boldsymbol{x}^{(k)}$ 和 $\boldsymbol{x}^{(k+1)}$ 的两个存储空间. G-S 方法只需要一个向量存储空间, 一旦计算出 $x_j^{(k+1)}$ 立即存入 $x_j^{(k)}$ 的位置, 可节约一套存储单元, 这是对雅可比方法的改进, 在某些情况下, 它能起到加速收敛的作用. 但它是一种典型的串行算法, 每一步迭代中, 必须依次计算解的各个分量.

如果方程组为对角占优的, 则其雅可比迭代法、高斯–赛德尔迭代法对于任意给定初始解向量 $\boldsymbol{x}^{(0)}$ 均收敛.

雅可比与高斯–赛德尔迭代法的算法实现: 考虑到算法设计的多样性, 迭代公式采用式 (7-2) 和式 (7-4), 而非矩阵形式 (矩阵形式的算法设计在 7.2.2 节块迭代法中实现).

注 *解向量的精度计算采用* $\left\|\boldsymbol{b}-\boldsymbol{A}\boldsymbol{x}^{(k)}\right\|_2$, *如果* $\left\|\boldsymbol{b}-\boldsymbol{A}\boldsymbol{x}^{(k)}\right\|_2<\varepsilon$, *则停止迭代.*

```
# file_name: jacobi_gauss_seidel_iterative.py
class JacobiGSlIterativeMethod(IterativeLinearEquationsUtils):
    """
    雅可比迭代法和高斯–赛德尔迭代法, 继承IterativeLinearEquationsUtils
    """
    def __init__(self, A, b, x0, eps=1e-8, max_iter=200, method="jacobi",
                 is_out_info=False):
        IterativeLinearEquationsUtils.__init__(self, A, b, x0, eps, max_iter,
                                               is_out_info)
        self.method = method  # 迭代方法: jacobi或g-s
        self.max_lambda = np.infty  # 迭代矩阵的谱半径

    def fit_solve(self):
        """
        首先判断矩阵是否收敛, 进而采用雅可比迭代法和高斯–赛德尔迭代法求解
        """
        if self._is_convergence_():  # 判断迭代矩阵是否收敛
            if self.method.lower() == "jacobi":
                self.x = self._solve_jacobi_()  # 雅可比迭代法
            elif self.method.lower() == "g-s":
                self.x = self._solve_gauss_seidel_()  # 高斯–赛德尔迭代法
            else:
                raise ValueError("仅支持雅可比迭代法和G-S迭代法.")
        else:
            raise ValueError("雅可比或G-S迭代法不收敛.")
        if self.is_out_info:  # 是否输出迭代过程信息
```

```
            for key in self.iterative_info.keys():
                print(key + ":", self.iterative_info[key])

    def _solve_jacobi_(self):
        """
        核心算法: 雅可比迭代法求解
        """
        iter, x_next = 0, np.copy(self.x0)  # 初始化: 迭代变量, x_next表示x_{k+1}
        for iter in range(self.max_iter):
            x_before = np.copy(x_next)  # 迭代序列更新, x_b表示x_k, 第k次迭代向量
            for i in range(self.n):
                sum_j = np.dot(self.A[i, :i], x_before[:i]) + \
                        np.dot(self.A[i, i + 1:], x_before[i + 1:])
                x_next[i] = (self.b[i] - sum_j) / self.A[i, i]  # 迭代公式
            # 存储每次迭代的误差精度
            self.precision.append(np.linalg.norm(self.b - np.dot(self.A, x_next)))
            if self.precision[-1] <= self.eps:  # 满足精度要求, 迭代终止
                break
        if iter >= self.max_iter - 1:
            self.iterative_info["Success_Info"] = "雅可比迭代法已达最大迭代次数."
        else:
            # 在最大迭代次数内收敛到精度要求, 用字典组合雅可比迭代法的结果信息
            self.iterative_info["Success_Info"] = "雅可比迭代, 优化终止, 收敛到近似解"
        self.iterative_info["Convergence"] = "Spectral radius %.5f" % self.max_lambda
        self.iterative_info["Iteration_number"] = iter + 1
        self.iterative_info["Solution_X"] = x_next
        self.iterative_info["Precision"] = self.precision[-1]
        return x_next

    def _solve_gauss_seidel_(self):
        """
        核心算法: 高斯–赛德尔迭代法求解
        """
        iter, x_iter = 0, np.copy(self.x0)  #迭代变量, x_iter表示迭代过程的解向量
        for iter in range(self.max_iter):
            for j in range(self.n):
                # G-S不同于Jacobi迭代法的地方, 即np.dot(self.A[j, :j], x_iter[:j])
                # 表示每次采用新迭代值
                sum_g = np.dot(self.A[j, :j], x_iter[:j]) + \
                        np.dot(self.A[j, j + 1:], x_iter[j + 1:])
```

```
                x_iter[j] = (self.b[j] - sum_g) / self.A[j, j]  # 迭代公式
            self.precision.append(np.linalg.norm(self.b - np.dot(self.A, x_iter)))
            if self.precision[-1] <= self.eps:  # 满足精度要求, 迭代终止
                break
        if iter >= self.max_iter - 1:
            self.iterative_info["Success_Info"] = "G-S迭代法已达最大迭代次数."
        else:
            # 在最大迭代次数内收敛到精度要求, 用字典组合雅可比迭代法的结果信息
            self.iterative_info["Success_Info"] = "G-S迭代, 优化终止, 收敛到近似解"
        # 其他字典的组合信息, 限于篇幅, 略去, 可参考雅可比迭代法···
        return x_iter

    def _is_convergence_(self):
        """
        判断迭代矩阵是否收敛. return: 收敛, 最大谱半径; 不收敛, False
        """
        if np.linalg.det(self.A) != 0:  # 非奇异
            D = np.diag(self.A)  # 以方阵A对角线元素构成的一个向量
            if not np.any(D == 0):  # 对角线元素全部不为零
                D, B = np.diag(D), np.eye(self.n)  # 构造一个方阵D, 取A对角线元素
                L, U = -np.tril(self.A, -1), -np.triu(self.A, 1)
                if self.method.lower() == "jacobi":
                    B = np.dot(np.linalg.inv(D), (L + U))  # 雅可比迭代矩阵
                elif self.method.lower() == "g-s":
                    B = np.dot(np.linalg.inv(D - L), U)  # G-S迭代矩阵
                eigenvalues = np.linalg.eig(B)[0]  # 求特征值, 即索引为0的元素
                max_lambda = np.max(np.abs(eigenvalues))  # 取特征值的绝对值最大的
                if max_lambda >= 1:  # 不收敛
                    print("谱半径: %s, 迭代矩阵不收敛." % max_lambda)
                    return False
                else:  # 收敛
                    self.max_lambda = max_lambda
                    return True
            else:
                print("矩阵对角线元素包含零元素, 不宜用迭代法求解.")
                return False
        else:
            print("奇异矩阵, 不能用迭代法求解.")
            return False
```

例 1 已知 50×50 带状方程组[1], 设初始解向量为 $\boldsymbol{x}^{(0)}=(0.01,0.01,\cdots,0.01)^{\mathrm{T}}$, 精度 $\varepsilon=10^{-14}$, 试采用雅可比迭代法和高斯–赛德尔迭代法求解带状线性方程组满足精度要求的近似解.

$$\begin{pmatrix} 12 & -2 & 1 & & & & & \\ -2 & 12 & -2 & 1 & & & & \\ 1 & -2 & 12 & -2 & 1 & & & \\ & 1 & -2 & 12 & -2 & 1 & & \\ & & \ddots & \ddots & \ddots & \ddots & \ddots & \\ & & & 1 & -2 & 12 & -2 & 1 \\ & & & & 1 & -2 & 12 & -2 \\ & & & & & 1 & -2 & 12 \end{pmatrix}\begin{pmatrix} x_1 \\ x_2 \\ x_3 \\ x_4 \\ \vdots \\ x_{48} \\ x_{49} \\ x_{50} \end{pmatrix}=\begin{pmatrix} 5 \\ 5 \\ 5 \\ 5 \\ \vdots \\ 5 \\ 5 \\ 5 \end{pmatrix}.$$

该带状矩阵方程组的解向量共 50 个元素, 且解元素的规律性满足 $x_i=x_{50-i}$, $i=0,1,2,\cdots,25$, 即第一个元素与最后一个元素相同, 第 2 个元素与倒数第二个元素相同, 依次类推, 表 7-1 为前 25 个解. 两种迭代方法在保留小数点后 8 位情况下解向量一致.

表 7-1 带状矩阵方程组的解 (前 25 个, 按 Python 输出格式)

k	x_k	k	x_k	k	x_k	k	x_k	k	x_k
1	0.46379552	6	0.49998535	11	0.50000011	16	0.5	21	0.5
2	0.53728461	7	0.50008872	12	0.5000002	17	0.5	22	0.5
3	0.50902292	8	0.50001532	13	0.50000002	18	0.5	23	0.5
4	0.49822163	9	0.49999479	14	0.49999999	19	0.5	24	0.5
5	0.49894186	10	0.49999786	15	0.50	20	0.5	25	0.5

从图 7-1 可以看出, 高斯–赛德尔迭代法收敛速度高于雅可比迭代法, 高斯–赛德尔迭代法的谱半径为 $\rho(\boldsymbol{G})=0.12430$, 小于雅可比迭代法的谱半径 $\rho(\boldsymbol{J})=0.49814$, 谱半径越小, 迭代速度越快. 其中为更清晰展示不同方法的收敛性, 采用对数刻度坐标图, 如图 7-1(左) 所示, 即使用 y 轴的对数刻度绘制数据. 而右图为原精度数据的可视化, 不易区分两种算法的收敛速度.

注 *后续精度收敛曲线均采用对数刻度坐标.*

雅可比迭代法解向量的精度为 $\|\boldsymbol{b}-\boldsymbol{A}\boldsymbol{x}^*\|_2=7.7430\times10^{-15}<10^{-14}$, 高斯–赛德尔迭代法解向量的精度为 $\|\boldsymbol{b}-\boldsymbol{A}\boldsymbol{x}^*\|_2=4.6998\times10^{-15}<10^{-14}$.

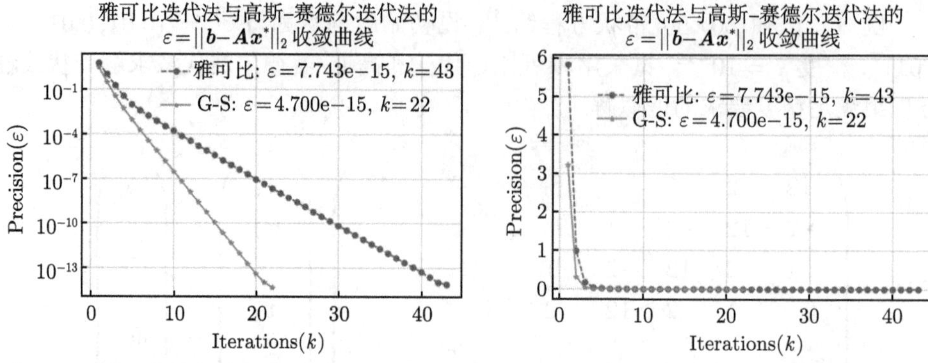

图 7-1 雅可比迭代法与高斯-赛德尔迭代法解向量的精度收敛曲线 (左图为对数刻度坐标)

7.2 超松弛迭代法

迭代法的计算量难以估计, 有时迭代过程虽然收敛, 但由于收敛速度缓慢, 使计算量很大而失去实用价值. 因此, 迭代过程的加速具有重要意义. 所谓迭代加速, 就是运用松弛技术, 将高斯–赛德尔迭代值进一步加工成某种松弛值, 以尽量改善精度.

7.2.1 逐次超松弛迭代法

超松弛迭代是求解大型稀疏方程组的一种有效方法. 松弛过程公式:

$$\begin{cases} \tilde{x}_i^{(k+1)} = \left(b_i - \displaystyle\sum_{j=1}^{i-1} a_{ij}x_j^{(k+1)} - \sum_{j=i+1}^{n} a_{ij}x_j^{(k)}\right) \Big/ a_{ii}, \\ x_i^{(k+1)} = \omega\tilde{x}_i^{(k+1)} + (1-\omega)x_i^{(k)}. \end{cases} \tag{7-6}$$

当 $\omega < 1$ 时为低松弛, 当 $\omega = 1$ 时为高斯–赛德尔迭代法. 由于新值 $\tilde{x}_i^{(k+1)}$ 通常优于旧值 $x_i^{(k)}$, 在将两者加工成松弛值 $x_i^{(k+1)}$ 时, 自然要求松弛因子 $\omega > 1$, 以尽量发挥新值的优势. 这类松弛迭代称作**超松弛法**, 简称 **SOR**(succesive over-relaxation) **方法**.

将迭代与松弛归并得

$$x_i^{(k+1)} = x_i^{(k)} + \frac{\omega}{a_{ii}}\left(b_i - \sum_{j=1}^{i-1} a_{ij}x_j^{(k+1)} - \sum_{j=i}^{n} a_{ij}x_j^{(k)}\right),$$

$$i = 1, 2, \cdots, n, \quad k = 0, 1, \cdots. \tag{7-7}$$

使用 SOR 方法的关键在于选取合适的松弛因子. 松弛因子的取值对收敛速度影响很大. 实际计算时, 通常依据系数矩阵的特点, 并结合科学计算的实践经验来选取合适的松弛因子. 特别地, 当 $\boldsymbol{A}$ 为对称正定的三对角矩阵时, 有

$$\omega_{\text{opt}} = \frac{2}{1+\sqrt{1-(\rho(\boldsymbol{J}))^2}}.$$

其中 $\rho(\boldsymbol{J})$ 为雅可比迭代矩阵 $\boldsymbol{J}$ 的谱半径.

设 $\boldsymbol{Ax}=\boldsymbol{b}$, 如果 $\boldsymbol{A}$ 为对称正定矩阵, 当 $0<\omega<2$ 时, 则解 $\boldsymbol{Ax}=\boldsymbol{b}$ 的 SOR 迭代法收敛. 如果 $\boldsymbol{A}$ 为严格对角占优矩阵, 当 $0<\omega\leqslant 1$ 时, 则解 $\boldsymbol{Ax}=\boldsymbol{b}$ 的 SOR 迭代法收敛. 当 $1<\omega<2$ 时, 解 $\boldsymbol{Ax}=\boldsymbol{b}$ 的 SOR 迭代法可能收敛.

逐次超松弛迭代法的算法实现思想与高斯–赛德尔迭代法的基本一致, 区别在于松弛因子的设置和根据松弛因子改进高斯–赛德尔迭代公式.

```python
# file_name: SOR_iterative.py
class SORIteration( IterativeLinearEquationsUtils ):
    """
    逐次超松弛迭代法, 继承 IterativeLinearEquationsUtils
    """
    def __init__( self, A, b, x0, eps=1e-8, max_iter=200, omega=1.5, is_out_info=False):
        IterativeLinearEquationsUtils .__init__( self, A, b, x0, eps, max_iter,
                                                is_out_info )
        self.omega = omega # 松弛因子
        self. iterative_info = {} # 组合存储迭代信息
        self. precision = [] # 存储每次迭代误差精度
        self.max_lambda = np.infty # 迭代矩阵的谱半径

    def fit_solve ( self):
        """
        判断迭代矩阵是否收敛, 若收敛则采用SOR方法求解
        """
        if self._is_convergence_(): # 判断迭代矩阵是否收敛
            self.x = self._solve_sor_()
        else:
            raise ValueError("SOR迭代法不收敛.")
        if self. is_out_info : # 是否输出迭代过程信息
            for key in self. iterative_info .keys():
                print (key + ":", self. iterative_info [key])

    def _solve_sor_( self):
```

```
        """
        核心算法: 超松弛高斯−赛德尔迭代法求解
        """
        iter , x_next = 0, np.copy( self .x0)  # 迭代变量, x_next表示x_{k+1}
        for  iter  in range( self .max_iter):
            x_before = np.copy(x_next)  # 迭代序列更新: x_b表示x_{k}, 第k次迭代向量
            for  j  in range( self .n):
                # 第一步: 高斯−赛德尔公式
                sum_g = np.dot( self .A[j,  :j ],  x_next[:j ]) + \
                        np.dot( self .A[j,  j + 1:],  x_before[j + 1:])
                x_next[j ] = ( self .b[j ] − sum_g) /  self .A[j,  j ]  # 迭代公式
                # 第二步: 超松弛迭代公式
                x_next[j ] = x_before[j ] + self .omega ∗ (x_next[j ] − x_before[j ])
            self . precision .append(np. linalg .norm(self .b − np.dot( self .A, x_next)))
            if  self . precision [−1] <= self .eps:  # 满足精度要求, 迭代终止
                break
        if  iter  >= self .max_iter − 1:
            self .  iterative_info  ["Success_Info"]  =  "SOR迭代法已达最大迭代次数."
        else :
            # 在最大迭代次数内收敛到精度要求, 用字典组合超松弛迭代法的结果信息
            self .  iterative_info  ["Success_Info"]  =  "SOR迭代, 优化终止, 收敛到近似解"
        self .  iterative_info  ["Omega"] = "Omega %.5f" % self.omega
        # 其他字典的组合信息, 限于篇幅, 略去, 可参考雅可比迭代法···
        return  x_next

    def _is_convergence_( self ):  # 参考G-S迭代法
```

例 2[2]① 用 SOR 迭代法求解如下线性方程组, 并选择最优的松弛因子 $\omega \in [0.1, 1.9]$, 精度要求 $\varepsilon = 10^{-15}$, 最大迭代次数 200, 初始解向量为 $\boldsymbol{x}^{(0)} = (0,0,0,0)^{\mathrm{T}}$.

$$\begin{pmatrix} -4 & 1 & 1 & 1 \\ 1 & -4 & 1 & 1 \\ 1 & 1 & -4 & 1 \\ 1 & 1 & 1 & -4 \end{pmatrix} \begin{pmatrix} x_1 \\ x_2 \\ x_3 \\ x_4 \end{pmatrix} = \begin{pmatrix} 1 \\ 1 \\ 1 \\ 1 \end{pmatrix}.$$

从图 7-2 可以看出, SOR 迭代法在 $\omega = 1.2$ 时迭代次数最少. 右图为 $\omega = 1.2$ 时的解的迭代收敛曲线, 解向量为 $\boldsymbol{x}^* = (-1,-1,-1,-1)^{\mathrm{T}}$. 当 $\omega = 2.0$ 时, 不

① 第 6 章解线性方程组的迭代法例 9, 195 页.

收敛, 若对 $\omega \in [0.1, 1.9]$ 等分 100 个离散值, 则最优的 $\omega = 1.22$, 迭代次数 29, 最终解向量的精度范数 9.421×10^{-16}. 不同的 ω 值, 除迭代收敛速度不一样外, 其最终的解的收敛精度也不一样, 表 7-2 列出了不同 ω 值下最终解的收敛精度 $\varepsilon = \|\boldsymbol{b} - \boldsymbol{A}\boldsymbol{x}^*\|_2$. 可见, 松弛因子的选择尤为重要, 类似于机器学习中的超参数调优.

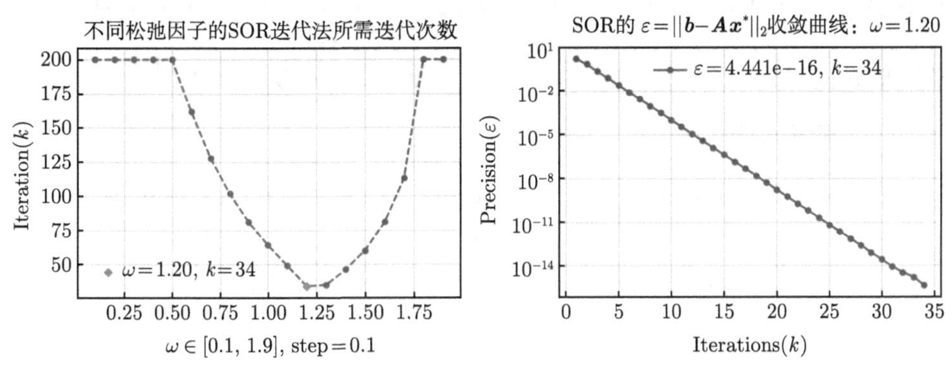

图 7-2 迭代次数随超松弛因子 ω 的变化曲线 (左) 和最佳 ω 的解的精度收敛曲线 (右)

表 7-2 不同的超松弛因子 ω 下的收敛精度 (最大迭代次数 200, $k = 1, 2, \cdots, 19$)

ω_k	$\|\boldsymbol{b} - \boldsymbol{A}\boldsymbol{x}^*\|_2$	ω_k	$\|\boldsymbol{b} - \boldsymbol{A}\boldsymbol{x}^*\|_2$	ω_k	$\|\boldsymbol{b} - \boldsymbol{A}\boldsymbol{x}^*\|_2$
0.1	0.01035270588602879	0.8	7.021666937153402e−16	1.5	4.440892098500626e−16
0.2	2.961144275909281e−05	0.9	6.280369834735101e−16	1.6	9.930136612989092e−16
0.3	4.148345637495417e−08	1.0	6.280369834735101e−16	1.7	4.440892098500626e−16
0.4	2.426515995179419e−11	1.1	6.280369834735101e−16	1.8	1.884110950420530e−15
0.5	4.636427468134552e−15	**1.2**	4.440892098500626e−16	1.9	1.477517828767679e−08
0.6	7.691850745534255e−16	1.3	4.440892098500626e−16		
0.7	7.691850745534255e−16	1.4	4.440892098500626e−16		

7.2.2 块迭代法

块迭代法用于大型稀疏线性方程组求解. 设 $\boldsymbol{A}\boldsymbol{x} = \boldsymbol{b}$, 其中 $\boldsymbol{A} \in \mathbb{R}^{n \times n}$ 为大型稀疏矩阵且将矩阵分块为三部分 $\boldsymbol{A} = \boldsymbol{D} - \boldsymbol{L} - \boldsymbol{U}$, 具体形式表示如下:

$$\boldsymbol{A} = \begin{pmatrix} \boldsymbol{A}_{11} & \boldsymbol{A}_{12} & \cdots & \boldsymbol{A}_{1q} \\ \boldsymbol{A}_{21} & \boldsymbol{A}_{22} & \cdots & \boldsymbol{A}_{2q} \\ \vdots & \vdots & \ddots & \vdots \\ \boldsymbol{A}_{q1} & \boldsymbol{A}_{q2} & \cdots & \boldsymbol{A}_{qq} \end{pmatrix}, \quad \boldsymbol{D} = \begin{pmatrix} \boldsymbol{A}_{11} & & & \\ & \boldsymbol{A}_{22} & & \\ & & \ddots & \\ & & & \boldsymbol{A}_{qq} \end{pmatrix},$$

$$\boldsymbol{L}=\begin{pmatrix} \boldsymbol{0} & & & \\ -\boldsymbol{A}_{21} & \boldsymbol{0} & & \\ \vdots & \vdots & \ddots & \\ -\boldsymbol{A}_{q1} & -\boldsymbol{A}_{q2} & \cdots & \boldsymbol{0} \end{pmatrix},\quad \boldsymbol{U}=\begin{pmatrix} \boldsymbol{0} & -\boldsymbol{A}_{12} & \cdots & -\boldsymbol{A}_{1q} \\ & \boldsymbol{0} & \cdots & -\boldsymbol{A}_{2q} \\ & & \ddots & \vdots \\ & & & \boldsymbol{0} \end{pmatrix},$$

其中 $\boldsymbol{A}_{ii}, i=1,2,\cdots,q$ 为 $n_i \times n_i$ 非奇异矩阵, 且 $\sum\limits_{i=1}^{q} n_i = n$. 对解向量 $\boldsymbol{x}$ 及右端向量 $\boldsymbol{b}$ 同样分块为 $\boldsymbol{x}=(\boldsymbol{x}_1,\boldsymbol{x}_2,\cdots,\boldsymbol{x}_q)^{\mathrm{T}}$ 和 $\boldsymbol{b}=(\boldsymbol{b}_1,\boldsymbol{b}_2,\cdots,\boldsymbol{b}_q)^{\mathrm{T}}$.

1. 块雅可比迭代法

块雅可比迭代公式 $\boldsymbol{x}^{(k+1)}=\boldsymbol{D}^{-1}(\boldsymbol{L}+\boldsymbol{U})\boldsymbol{x}^{(k)}+\boldsymbol{D}^{-1}\boldsymbol{b}$, 具体形式:

$$\boldsymbol{A}_{ii}\boldsymbol{x}_i^{(k+1)}=\boldsymbol{b}_i-\sum_{j=1,j\neq i}^{q}\boldsymbol{A}_{ij}\boldsymbol{x}_j^{(k)},\quad i=1,2,\cdots,q. \tag{7-8}$$

2. 块高斯–赛德尔迭代法

块高斯–赛德尔迭代法公式 $\boldsymbol{x}^{(k+1)}=(\boldsymbol{D}-\boldsymbol{L})^{-1}\boldsymbol{U}\boldsymbol{x}^{(k)}+(\boldsymbol{D}-\boldsymbol{L})^{-1}\boldsymbol{b}$, 具体形式:

$$\boldsymbol{A}_{ii}\boldsymbol{x}_i^{(k+1)}=\boldsymbol{b}_i-\sum_{j=1}^{i-1}\boldsymbol{A}_{ij}\boldsymbol{x}_j^{(k+1)}-\sum_{j=i+1}^{q}\boldsymbol{A}_{ij}\boldsymbol{x}_j^{(k)},\quad i=1,2,\cdots,q. \tag{7-9}$$

3. 块超松弛迭代法

块超松弛迭代法公式 $\boldsymbol{x}^{(k+1)}=(\boldsymbol{D}-\omega\boldsymbol{L})^{-1}((1-\omega)\boldsymbol{D}+\omega\boldsymbol{U})\boldsymbol{x}^{(k)}+\omega(\boldsymbol{D}-\omega\boldsymbol{L})^{-1}\boldsymbol{b}$, 具体形式:

$$\boldsymbol{A}_{ii}\boldsymbol{x}_i^{(k+1)}=\boldsymbol{A}_{ii}\boldsymbol{x}_i^{(k)}+\omega\left(\boldsymbol{b}_i-\sum_{j=1}^{i-1}\boldsymbol{A}_{ij}\boldsymbol{x}_j^{(k+1)}-\sum_{j=i}^{q}\boldsymbol{A}_{ij}\boldsymbol{x}_j^{(k)}\right),\quad i=1,2,\cdots,q. \tag{7-10}$$

上述三种方法中, $k=0,1,\cdots$ 为迭代次数.

块迭代法算法思路:

(1) 算法采用矩阵形式求解. 即通过 $\boldsymbol{A}=\boldsymbol{D}-\boldsymbol{L}-\boldsymbol{U}$ 和 $\boldsymbol{x}, \boldsymbol{b}$ 分块, 获得分块对角矩阵 $\boldsymbol{D}$、分块上三角矩阵 $\boldsymbol{U}$ 和分块下三角矩阵 $\boldsymbol{L}$. 块的划分依据通过参数 block 控制, 即分块向量, 如 [3,2,4,5] 表示系数矩阵为 14 阶方阵, 以分块对角矩

阵 $\boldsymbol{D}$ 为例, 划分块的大小分别为 3 阶方阵、2 阶方阵、4 阶方阵和 5 阶方阵. 通过 $\boldsymbol{A}=\boldsymbol{D}-\boldsymbol{L}-\boldsymbol{U}$, 共划分矩阵块为 $4\times 4=16$ 个.

(2) 通过三种块迭代法矩阵形式的迭代公式, 构造块迭代矩阵, 判断迭代矩阵的收敛性, 仍采用谱半径 $\rho(\boldsymbol{B})<1$ 判断方法, $\boldsymbol{B}$ 为各迭代法的迭代矩阵.

(3) 根据精度 ε 要求迭代求解, 其中块 SOR 迭代法仍依赖于超参数 ω 的选择, 合理的超参数 ω 可使得 SOR 迭代法快速收敛.

(4) block 可看作超参数, 块的划分直接影响矩阵的收敛性和解的收敛速度.

```
# file_name: block_iterative_method.py
class BlockIterative ( IterativeLinearEquationsUtils ):
    """
    块迭代法, 分别实现块雅可比、块G-S和块SOR迭代法, 继承IterativeLinearEquationsUtils
    """
    def __init__( self , A, b, x0, block, eps=1e-8, max_iter=1000, omega=1.5,
                  method="jacobi", is_out_info =False):
        IterativeLinearEquationsUtils .__init__( self , A, b, x0, eps, max_iter,
                                                 is_out_info )
        self .block = np. asarray (block, dtype=np.int64 )  # 分块向量
        if sum(self.block) != self .n:
            raise ValueError ("分块向量和的维度与系数矩阵不匹配.")
        self .method = method  # 块迭代方法
        # 其他实例变量初始化参考SOR迭代法, 略去

    def fit_solve ( self ):
        """
        块迭代法求解, 首先分块, 然后采用相应迭代法求解
        """
        # 分析块索引, 即每块的起始索引
        n_b = len( self .block)
        block_start_idx = np.zeros (n_b, dtype=np.int64 )
        block_start_idx [1:] = np.cumsum(self.block) [:-1]
        # 矩阵A进行分块, 即A = D - L - U
        D, inv_D = np.zeros (( self .n, self .n)), np.zeros (( self .n, self .n))
        for i in range(n_b):
            s_idx = block_start_idx [i]  # 块起始索引
            e_idx = block_start_idx [i] + self .block[i]  # 块终止索引
            # 分块对角矩阵A_{ii}
            D[s_idx:e_idx, s_idx:e_idx] = self .A[s_idx:e_idx, s_idx:e_idx]
            # A对角分块矩阵的逆矩阵
            inv_D[s_idx:e_idx, s_idx:e_idx] = \
```

```
            np. linalg .inv( self .A[s_idx:e_idx, s_idx:e_idx])
    # 求系数矩阵A的下三角分块阵和上三角分块阵
    block_low_mat, block_up_mat = −np. tril ( self .A − D), −np. triu ( self .A − D)
    if self._is_convergence_(D, inv_D, block_low_mat, block_up_mat):
        if self.method.lower() == "jacobi":
            self.x = self._solve_block_jacobi_(D, inv_D)
        elif self.method.lower() == "g−s":
            self.x = self._solve_block_gauss_seidel_(D, b_low_mat, b_up_mat)
        elif self.method.lower() == "sor":
            self.x = self._solve_block_sor_(D, block_low_mat, block_up_mat)
        else:
            raise ValueError("仅支持块雅可比、块高斯−赛德尔和块SOR迭代法.")
    else:
        raise ValueError("块迭代法不收敛.")
    if self.is_out_info:
        for key in self.iterative_info.keys():
            print(key + ":", self.iterative_info[key])

def _solve_block_jacobi_(self, D, inv_D):
    """
    核心算法: 块雅可比迭代法
    """
    iteration, x_next = 0, np.copy(self.x0)  # 迭代变量, x_next表示x{k+1}
    for iteration in range(self.max_iter):
        x_before = np.copy(x_next)  # 迭代序列更新. 必须为copy, 不能赋值
        # 块雅可比矩阵形式迭代公式
        x_next = np.dot(np.dot(inv_D, D − self.A), x_before) + np.dot(inv_D, self.b)
        self.precision.append(np.linalg.norm(self.b − np.dot(self.A, x_next)))
        if self.precision[−1] <= self.eps:  # 满足精度要求, 迭代终止
            break
    if iteration >= self.max_iter − 1:
        self.iterative_info["Success_Info"] = "块雅可比迭代已达最大迭代次数."
    else:
        # 在最大迭代次数内收敛到精度要求, 用字典组合块雅可比迭代法的结果信息
        self.iterative_info["Success_Info"] = "块雅可比迭代, 收敛到近似解"
    self.iterative_info["Convergence"] = "Spectral radius %.5f" % self.max_lambda
    self.iterative_info["Iteration_number"] = iteration + 1
    self.iterative_info["Solution_X"] = x_next
    self.iterative_info["Precision"] = self.precision[−1]
    return x_next
```

```
def _solve_block_gauss_seidel_(self, D, block_low_mat, block_up_mat):
    """
    块高斯-赛德尔迭代法
    """
    iteration, x_next = 0, np.copy(self.x0)  # 迭代变量, x_next表示x{k+1}
    inv_DL = np.linalg.inv(D - block_low_mat)
    for iteration in range(self.max_iter):
        x_before = np.copy(x_next)  # 迭代序列更新
        # 块G-S矩阵形式迭代公式
        x_next = np.dot(np.dot(inv_DL, block_up_mat), x_before) + \
                 np.dot(inv_DL, self.b)
        self.precision.append(np.linalg.norm(self.b - np.dot(self.A, x_next)))
        if self.precision[-1] <= self.eps:  # 满足精度要求, 迭代终止
            break
    if iteration >= self.max_iter - 1:
        self.iterative_info["Success_Info"] = "块G-S迭代法已达最大迭代次数"
    else:
        # 在最大迭代次数内收敛到精度要求, 用字典组合块G-S迭代法的结果信息
        # 其他字典的组合形式, 参考块雅可比迭代法, 此处略去
    return x_next

def _solve_block_sor_(self, D, block_low_mat, block_up_mat):
    """
    块超松弛迭代法
    """
    iteration, x_next = 0, np.copy(self.x0)  # 迭代变量, x_next表示x{k+1}
    inv_DL = np.linalg.inv(D - self.omega * block_low_mat)  # 带松弛因子
    omega_ = 1 - self.omega
    for iteration in range(self.max_iter):
        x_before = np.copy(x_next)  # 迭代序列更新
        # 块超松弛矩阵形式迭代公式
        x_next = np.dot(np.dot(inv_DL, omega_ * D +
                               self.omega * block_up_mat), x_before) + \
                 self.omega * np.dot(inv_DL, self.b)
        self.precision.append(np.linalg.norm(self.b - np.dot(self.A, x_next)))
        if self.precision[-1] <= self.eps:  # 满足精度要求, 迭代终止
            break
    if iteration >= self.max_iter - 1:
        self.iterative_info["Success_Info"] = "块SOR迭代法已达最大迭代次数."
```

```
        else :
            # 在最大迭代次数内收敛到精度要求, 用字典组合块SOR迭代法的结果信息
            self . iterative_info ["Success_Info"] = "块SOR迭代, 收敛到近似解"
        self . iterative_info ["Omega"] = "Omega %.5f" % self.omega
        #其他字典的组合形式, 参考块雅可比迭代法, 此处略去
        return x_next

    def _is_convergence_( self , D, inv_D, block_low_mat, block_up_mat):
        """
        判断迭代矩阵是否收敛. return: 收敛, 最大谱半径; 不收敛, False
        """
        if np. linalg . det( self .A) != 0:  # 非奇异
            B = np.eye( self .n)
            if self .method.lower() == "jacobi ":
                B = np.dot(inv_D, (block_low_mat + block_up_mat))  # 块雅可比迭代矩阵
            elif self .method.lower() == "g-s":
                # 块G-S迭代矩阵
                B = np.dot(np. linalg .inv(D - block_low_mat), block_up_mat)
            elif self .method.lower() == "sor ":
                inv_D_ = np. linalg . inv(D - self .omega * block_low_mat)
                # 块G-S迭代矩阵
                B = np.dot(inv_D_, (1 - self .omega) * D + self .omega * block_up_mat)
            eigenvalues = np. linalg . eig(B)[0]  # 求特征值, 即索引为0的元素
            max_lambda = np.max(np.abs(eigenvalues))  # 取特征值的绝对值最大的
            if max_lambda >= 1:  # 不收敛
                print ("谱半径: %s, 块迭代法不收敛." % max_lambda)
                return False
            else :  # 收敛
                self .max_lambda = max_lambda
                return True
        else :
            print ("奇异矩阵, 不能用迭代法求解.")
            return False
```

例 3 利用块雅可比迭代法、块 G-S 迭代法和块 SOR 迭代法求解如下方程组的解, 初始向量 $\boldsymbol{x}^{(0)} = (1, 1, \cdots, 1)^{\mathrm{T}}$.

$$\begin{pmatrix} 4 & -1 & 0 & 0 & -1 & 0 & 0 & 0 & 0 & 0 & 0 & 0 \\ -1 & 4 & -1 & 0 & 0 & 0 & 0 & 0 & 0 & 0 & 0 & 0 \\ 0 & -1 & 4 & -1 & 0 & 0 & 0 & 0 & 0 & 0 & 0 & 0 \\ 0 & 0 & -1 & 4 & 0 & -1 & 0 & 0 & 0 & 0 & 0 & 0 \\ -1 & 0 & 0 & 0 & 4 & 0 & -1 & 0 & 0 & 0 & 0 & 0 \\ 0 & 0 & 0 & -1 & 0 & 4 & 0 & -1 & 0 & 0 & 0 & 0 \\ 0 & 0 & 0 & 0 & -1 & 0 & 4 & 0 & -1 & 0 & 0 & 0 \\ 0 & 0 & 0 & 0 & 0 & -1 & 0 & 4 & 0 & 0 & 0 & -1 \\ 0 & 0 & 0 & 0 & 0 & 0 & -1 & 0 & 4 & -1 & 0 & 0 \\ 0 & 0 & 0 & 0 & 0 & 0 & 0 & 0 & -1 & 4 & -1 & 0 \\ 0 & 0 & 0 & 0 & 0 & 0 & 0 & 0 & 0 & -1 & 4 & -1 \\ 0 & 0 & 0 & 0 & 0 & -1 & 0 & 0 & 0 & 0 & -1 & 4 \end{pmatrix} \begin{pmatrix} x_1 \\ x_2 \\ x_3 \\ x_4 \\ x_5 \\ x_6 \\ x_7 \\ x_8 \\ x_9 \\ x_{10} \\ x_{11} \\ x_{12} \end{pmatrix} = \begin{pmatrix} 220 \\ 110 \\ 110 \\ 220 \\ 110 \\ 110 \\ 110 \\ 110 \\ 220 \\ 110 \\ 110 \\ 220 \end{pmatrix}.$$

设置 block 块向量为 $[2,2,4,2,2]$, 精度要求 $\varepsilon = 10^{-16}$, 超松弛参数 $\omega = 1.10$, 则三种方法求解的解向量 $\boldsymbol{x}^* = (88,66,66,88,66,66,66,66,88,66,66,88)^{\mathrm{T}}$ 和解向量精度 $\varepsilon = 0.0$ 均一致. 三种方法的谱半径 ρ 分别为 0.33333, 0.11111 和 0.10000, 故当前参数下, 块 SOR 迭代法收敛速度最快.

如图 7-3(右) 所示, 块 SOR (图例为 BSOR) 迭代的收敛速度最快 (与块 G-S 收敛过程基本一致), 为 18 次, 其次为块 G-S (图例为 BGS) 迭代法, 再次为块 Jacobi (图例为 BJ) 迭代法. 而此例采用非块迭代法 (仅需设置块向量值均为 1 即可), 如图 7-3(左) 所示, 相比于块迭代法, 需要更多的迭代次数. 可见合理的块参数 block 向量设置, 是加速收敛的条件, 而 BSOR 迭代法又依赖于超参数 ω 的设置.

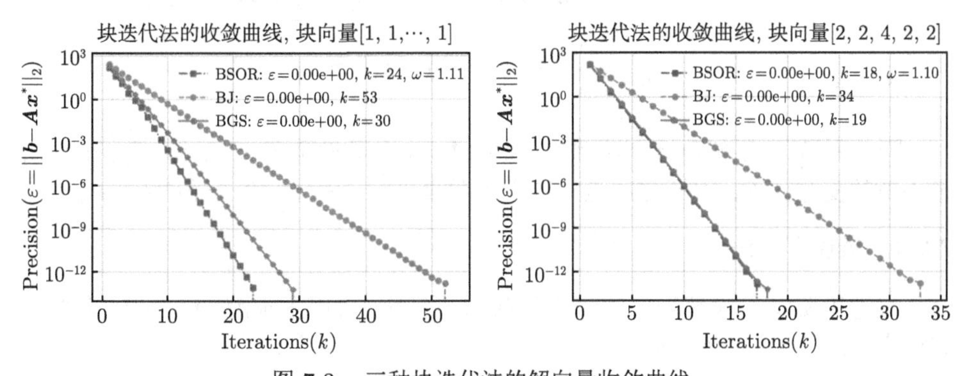

图 7-3 三种块迭代法的解向量收敛曲线

■ 7.3 共轭梯度法

梯度法相对于通过对系数矩阵简单分裂构造的迭代法不同, 无需考虑收敛的问题, 而且求解的速度也相对较快. 共轭梯度法[2] 简称 CG (conjugate gradient)

方法, 又称共轭斜量法, 它是一种变分方法, 对应于求一个二次函数的极值.

设 $\boldsymbol{A}=(a_{ij})\in\mathbb{R}^{n\times n}$ 是对称正定矩阵, $\boldsymbol{b}=(b_1,b_2,\cdots,b_n)^{\mathrm{T}}$, 求解线性方程组 $\boldsymbol{Ax}=\boldsymbol{b}$. 考虑如下定义的二次函数 $\varphi:\mathbb{R}^n\to\mathbb{R}$:

$$\varphi(\boldsymbol{x})=\frac{1}{2}(\boldsymbol{Ax},\boldsymbol{x})-(\boldsymbol{b},\boldsymbol{x})=\frac{1}{2}\sum_{i=1}^{n}\sum_{j=1}^{n}a_{ij}x_ix_j-\sum_{j=1}^{n}b_jx_j. \tag{7-11}$$

函数 $\varphi(\boldsymbol{x})$ 有如下性质:

(1) 对一切 $\boldsymbol{x}\in\mathbb{R}^n,\varphi(\boldsymbol{x})$ 的梯度 $\nabla\varphi(\boldsymbol{x})=\boldsymbol{Ax}-\boldsymbol{b}$, 故求 $\boldsymbol{Ax}-\boldsymbol{b}=\boldsymbol{0}$ 的解等价于 $\varphi(\boldsymbol{x})$ 最小值问题.

(2) 对一切 $\boldsymbol{x},\boldsymbol{y}\in\mathbb{R}^n$ 及 $\alpha\in\mathbb{R}$, 有

$$\begin{aligned}\varphi(\boldsymbol{x}+\alpha\boldsymbol{y})&=\frac{1}{2}(\boldsymbol{A}(\boldsymbol{x}+\alpha\boldsymbol{y}),\boldsymbol{x}+\alpha\boldsymbol{y})-(\boldsymbol{b},\boldsymbol{x}+\alpha\boldsymbol{y})\\&=\varphi(\boldsymbol{x})+\alpha(\boldsymbol{Ax}-\boldsymbol{b},\boldsymbol{y})+\frac{\alpha^2}{2}(\boldsymbol{Ay},\boldsymbol{y}).\end{aligned} \tag{7-12}$$

(3) 设 $\boldsymbol{x}^*=\boldsymbol{A}^{-1}\boldsymbol{b}$ 是线性方程组的解, 则有 $\varphi(\boldsymbol{x}^*)=-\frac{1}{2}\left(\boldsymbol{b},\boldsymbol{A}^{-1}\boldsymbol{b}\right)=-\frac{1}{2}\left(\boldsymbol{Ax}^*,\boldsymbol{x}^*\right)$, 且对一切 $\boldsymbol{x}\in\mathbb{R}^n$, 有

$$\begin{aligned}\varphi(\boldsymbol{x})-\varphi\left(\boldsymbol{x}^*\right)&=\frac{1}{2}(\boldsymbol{Ax},\boldsymbol{x})-(\boldsymbol{Ax}^*,\boldsymbol{x})+\frac{1}{2}\left(\boldsymbol{Ax}^*,\boldsymbol{x}^*\right)\\&=\frac{1}{2}\left(\boldsymbol{A}\left(\boldsymbol{x}-\boldsymbol{x}^*\right),\left(\boldsymbol{x}-\boldsymbol{x}^*\right)\right).\end{aligned} \tag{7-13}$$

对于对称正定方阵 $\boldsymbol{A}$, 求线性方程组 $\boldsymbol{Ax}=\boldsymbol{b}$ 等价于求 $\boldsymbol{x}^*\in\mathbb{R}^n$ 使 $\varphi(\boldsymbol{x})$ 达到最小值的变分问题. 求解方法是构造一个向量序列 $\left\{\boldsymbol{x}^{(k)}\right\}$, 使 $\varphi\left(\boldsymbol{x}^{(k)}\right)\to\varphi\left(\boldsymbol{x}^*\right)$.

7.3.1 最速下降法

最速下降法是求解无约束最优化问题的算法, 可用于求解 $\boldsymbol{Ax}=\boldsymbol{b}$ 的解. 令 $\boldsymbol{x}^{(k+1)}=\boldsymbol{x}^{(k)}+\alpha_k\boldsymbol{p}^{(k)}$, 使

$$\varphi\left(\boldsymbol{x}^{(k+1)}\right)=\min_{\alpha\in\mathbb{R}}\varphi\left(\boldsymbol{x}^{(k)}+\alpha\boldsymbol{p}^{(k)}\right),\quad k=0,1,\cdots. \tag{7-14}$$

从初始向量 $\boldsymbol{x}^{(0)}$ 出发, 确定一个搜索的方向及搜索步长, 循环找到极小值. 具体方法如下:

(1) 最速下降法采取的搜索方向是当前点的负梯度方向, 负梯度方向是当前点下降最快的方向, 记残差向量 $\boldsymbol{r}^{(k)} = -\left(\boldsymbol{A}\boldsymbol{x}^{(k)} - \boldsymbol{b}\right)$, 即是函数 $\varphi\left(\boldsymbol{x}^{(k)}\right)$ 的负梯度方向 $\boldsymbol{p}^{(k)} = -\nabla\varphi\left(\boldsymbol{x}^{(k)}\right) = -\left(\boldsymbol{A}\boldsymbol{x}^{(k)} - \boldsymbol{b}\right) = \boldsymbol{r}^{(k)}$.

(2) 每次的搜索步长都使得 $\varphi\left(\boldsymbol{x}^{(k+1)}\right)$ 取极小值. 由式 (7-14) 和式 (7-12), 欲求目标函数 $\varphi\left(\boldsymbol{x}^{(k)} + \alpha\boldsymbol{p}^{(k)}\right)$ 的极值问题, 则对 $\alpha \in \mathbb{R}$ 求一阶导数并等于 0, 即

$$\frac{\mathrm{d}\varphi\left(\boldsymbol{x}^{(k)} + \alpha\boldsymbol{p}^{(k)}\right)}{\mathrm{d}\alpha} = \left(\boldsymbol{A}\boldsymbol{x}^{(k)} - \boldsymbol{b}, \boldsymbol{p}^{(k)}\right) + \alpha\left(\boldsymbol{A}\boldsymbol{p}^{(k)}, \boldsymbol{p}^{(k)}\right) = 0,$$

得

$$\alpha_k = -\frac{\left(\boldsymbol{A}\boldsymbol{x}^{(k)} - \boldsymbol{b}, \boldsymbol{p}^{(k)}\right)}{\left(\boldsymbol{A}\boldsymbol{p}^{(k)}, \boldsymbol{p}^{(k)}\right)} = -\frac{\left(\boldsymbol{r}^{(k)}, \boldsymbol{r}^{(k)}\right)}{\left(\boldsymbol{A}\boldsymbol{r}^{(k)}, \boldsymbol{r}^{(k)}\right)}.$$

综上, 具体求解方程组 $\boldsymbol{A}\boldsymbol{x} = \boldsymbol{b}$ 的最速下降法迭代公式 (对 $k = 0, 1, \cdots$):

$$\begin{cases} \boldsymbol{x}^{(k+1)} = \boldsymbol{x}^{(k)} + \alpha_k \boldsymbol{r}^{(k)}, \\ \boldsymbol{r}^{(k)} = \boldsymbol{b} - \boldsymbol{A}\boldsymbol{x}^{(k)}, \\ \alpha_k = \dfrac{\left(\boldsymbol{r}^{(k)}, \boldsymbol{r}^{(k)}\right)}{\left(\boldsymbol{A}\boldsymbol{r}^{(k)}, \boldsymbol{r}^{(k)}\right)}. \end{cases} \tag{7-15}$$

当系数矩阵为病态矩阵时, 最速下降法收敛速度极慢.

```
# file_name: steepest_descent_method.py
class SteepestDescentMethod( IterativeLinearEquationsUtils ):
    """
    最速下降法, 继承 IterativeLinearEquationsUtils
    """
    def __init__( self, A, b, x0, eps=1e-8, max_iter=200, is_out_info =False):
        IterativeLinearEquationsUtils .__init__( self, A, b, x0, eps, max_iter,
                                                 is_out_info )
        self. iterative_info  = {}  # 组合存储迭代信息
        self. precision  = []  # 存储每次迭代误差精度

    def fit_solve ( self ):
        """
        最速下降法求解
        """
        iteration , x_next = 0, np.copy( self .x0)  # 迭代变量, x_next表示x_{k+1}
```

```
cond_num = np.linalg.cond(self.A)  # 系数矩阵的条件数
for iteration in range(self.max_iter):
    x_before = np.copy(x_next)  # 解向量的迭代
    r_k = self.b - np.dot(self.A, x_before)  # 残差向量, 负梯度方向
    ak = np.dot(np.dot(self.A, r_k), r_k)  # 搜索步长的分母
    if ak <= 1e-50:  # 终止条件
        print("SteepestDescent_IterativeStopCond: (A*rk, rk): %.10e" % ak)
        break
    alpha_k = np.dot(r_k, r_k) / ak  # 搜索步长
    x_next = x_before + alpha_k * r_k  # 最速下降法公式
    self.precision.append(np.linalg.norm(self.b - np.dot(self.A, x_next)))
    if self.precision[-1] <= self.eps:  # 满足精度要求, 迭代终止
        break
if iteration >= self.max_iter - 1:
    self.iterative_info["Success_Info"] = "最速下降法已达最大迭代次数."
else:
    # 在最大迭代次数内收敛到精度要求, 用字典组合最速下降法的结果信息
    self.iterative_info["Success_Info"] = "最速下降法, 迭代终止, 收敛到近似解"
self.iterative_info["Condition_number"] = cond_num
# 其他字典组合形式, 限于篇幅, 略去
if self.is_out_info:
    for key in self.iterative_info.keys():
        print(key + ":", self.iterative_info[key])
return x_next
```

例 4 利用最速下降法求解如下方程组的解, 精度要求 $\varepsilon = 10^{-15}$, 最大迭代次数 200, 初始解向量 $\boldsymbol{x}^{(0)} = (0, 0, \cdots, 0)^{\mathrm{T}}$.

$$\begin{pmatrix} 4 & 1 & & & \\ 1 & 4 & 1 & & \\ & \ddots & \ddots & \ddots & \\ & & 1 & 4 & 1 \\ & & & 1 & 4 \end{pmatrix} \begin{pmatrix} x_1 \\ x_2 \\ \vdots \\ x_{49} \\ x_{50} \end{pmatrix} = \begin{pmatrix} 3 \\ 3 \\ \vdots \\ 3 \\ 3 \end{pmatrix}.$$

矩阵条件数 (2 范数) 为 2.9924276771553098, 需迭代 47 次, 如图 7-4(左) 所示, 验证精度如图例. 解向量的元素满足规律: $x_i = x_{50-i}, i = 0, 1, 2, \cdots, 25$, 如表 7-3 所示 (前 25 个解元素). 而采用高斯–赛德尔迭代法, 谱半径 $\rho = 0.24905$, 迭代 31 次满足精度要求, 如图 7-4 (右) 所示, 验证精度如图例.

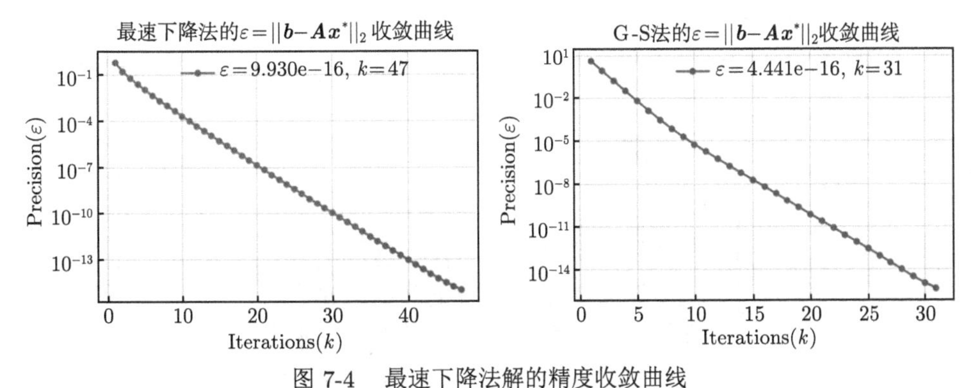

图 7-4 最速下降法解的精度收敛曲线

表 7-3 最速下降法求解三对角矩阵方程组的解 (前 25 个)

k	x_k	k	x_k	k	x_k	k	x_k	k	x_k
1	0.6339746	6	0.49981495	11	0.50000026	16	0.5	21	0.5
2	0.46410162	7	0.50004958	12	0.49999993	17	0.5	22	0.5
3	0.50961894	8	0.49998671	13	0.50000002	18	0.5	23	0.5
4	0.49742261	9	0.50000356	14	0.5	19	0.5	24	0.5
5	0.50069061	10	0.49999905	15	0.5	20	0.5	25	0.5

7.3.2 共轭梯度法

共轭梯度法 (conjugate gradient, CG) 是一种求解大型稀疏对称正定方程组十分有效的方法. 共轭梯度法是从整体来寻找最佳的搜索方向. CG 的思路: 第一步仍然取负梯度方向作为搜索方向 $\boldsymbol{p}^{(0)}=\boldsymbol{r}^{(0)}$, 搜索步长 α_0 使得 $\varphi\left(\boldsymbol{x}^{(1)}\right)$ 取极小值; 对后续各步 $k=1,2,\cdots$, 在过当前点由负梯度向量 $\boldsymbol{r}^{(k)}$ 和上一步的搜索向量 $\boldsymbol{p}^{(k-1)}$ 组成的平面内寻找最佳的搜索方向, 即 $\boldsymbol{r}^{(k)}$ 和 $\boldsymbol{p}^{(k-1)}$ 的线性组合 $\boldsymbol{p}^{(k)}=\boldsymbol{r}^{(k)}+\beta_{k-1}\boldsymbol{p}^{(k-1)}$, β_{k-1} 为一标量值, 可得更新公式为 $\boldsymbol{x}^{(k)}=\boldsymbol{x}^{(k-1)}+\alpha_{k-1}\boldsymbol{p}^{(k-1)}$. 因此共轭梯度法比最速下降法收敛速度更快.

对于一组向量序列 $\left\{\boldsymbol{p}^{(k)}\right\}_{k=0}^{k=m}\in\mathbb{R}^n$, 若任意两个向量满足 $\left(\boldsymbol{A}\boldsymbol{p}^{(i)},\boldsymbol{p}^{(j)}\right)=0, i\neq j, i,j=0,1,\cdots,m$, 则称这组向量为 $\mathbb{R}^n$ 中一个 **$\boldsymbol{A}$-共轭向量组**或称 **$\boldsymbol{A}$-正交向量组**. 共轭梯度法迭代生成的搜索方向构成的向量组 $\left\{\boldsymbol{p}^{(k)}\right\}_{k=0}^{k=m}\in\mathbb{R}^n$ 是 $\boldsymbol{A}$-共轭向量组. 如果下次更新的最佳搜索方向为 $\boldsymbol{p}^{(k+1)}=\boldsymbol{r}^{(k+1)}+\beta_k\boldsymbol{p}^{(k)}$, 则通过 $\left(\boldsymbol{A}\boldsymbol{p}^{(k+1)},\boldsymbol{p}^{(k)}\right)=\left(\boldsymbol{A}\boldsymbol{r}^{(k+1)},\boldsymbol{p}^{(k)}\right)+\beta_k\left(\boldsymbol{p}^{(k)},\boldsymbol{A}\boldsymbol{p}^{(k)}\right)=0$ 可得

$$\beta_k=-\left(\boldsymbol{r}^{(k+1)},\boldsymbol{A}\boldsymbol{p}^{(k)}\right)/\left(\boldsymbol{p}^{(k)},\boldsymbol{A}\boldsymbol{p}^{(k)}\right).$$

而残差向量

$$\boldsymbol{r}^{(k+1)}=\boldsymbol{b}-\boldsymbol{A}\boldsymbol{x}^{(k+1)}=\boldsymbol{b}-\boldsymbol{A}\left(\boldsymbol{x}^{(k)}+\alpha_k\boldsymbol{p}^{(k)}\right)=\boldsymbol{r}^{(k)}-\alpha_k\boldsymbol{A}\boldsymbol{p}^{(k)}.$$

综上, 共轭梯度法 CG 算法步骤[2]:

(1) 任取初始解向量 $\boldsymbol{x}^{(0)} \in \mathbb{R}^n$, 计算残差向量 $\boldsymbol{r}^{(0)} = \boldsymbol{b} - \boldsymbol{A}\boldsymbol{x}^{(0)}$, 令搜索方向为 $\boldsymbol{p}^{(0)} = \boldsymbol{r}^{(0)}$.

(2) 对 $k = 0, 1, \cdots$, 计算

$$\begin{cases} \text{计算搜索步长 } \alpha_k = \dfrac{\left(\boldsymbol{r}^{(k)}, \boldsymbol{r}^{(k)}\right)}{\left(\boldsymbol{p}^{(k)}, \boldsymbol{A}\boldsymbol{p}^{(k)}\right)}, \\ \text{更新解向量 } \boldsymbol{x}^{(k+1)} = \boldsymbol{x}^{(k)} + \alpha_k \boldsymbol{p}^{(k)}, \\ \text{计算新的梯度 } \boldsymbol{r}^{(k+1)} = \boldsymbol{r}^{(k)} - \alpha_k \boldsymbol{A}\boldsymbol{p}^{(k)}, \\ \text{计算组合系数 } \beta_k = \dfrac{\left(\boldsymbol{r}^{(k+1)}, \boldsymbol{r}^{(k+1)}\right)}{\left(\boldsymbol{r}^{(k)}, \boldsymbol{r}^{(k)}\right)}, \\ \text{计算共轭方向 } \boldsymbol{p}^{(k+1)} = \boldsymbol{r}^{(k+1)} + \beta_k \boldsymbol{p}^{(k)}. \end{cases} \tag{7-16}$$

(3) 若 $\boldsymbol{r}^{(k)} = \boldsymbol{0}$ 或 $\left(\boldsymbol{p}^{(k)}, \boldsymbol{A}\boldsymbol{p}^{(k)}\right) = 0$, 计算停止, 满足精度的解向量 $\boldsymbol{x}^* = \boldsymbol{x}^{(k)}$. 由于 $\boldsymbol{A}$ 正定, 故当 $\left(\boldsymbol{p}^{(k)}, \boldsymbol{A}\boldsymbol{p}^{(k)}\right) = 0$ 时, $\boldsymbol{p}^{(k)} = \boldsymbol{0}$, 而 $\left(\boldsymbol{r}^{(k)}, \boldsymbol{r}^{(k)}\right) = \left(\boldsymbol{r}^{(k)}, \boldsymbol{p}^{(k)}\right) = 0$, 也即 $\boldsymbol{r}^{(k)} = \boldsymbol{0}$.

由于 $\left\{\boldsymbol{r}^{(k)}\right\}$ 互相正交, 故在 $\boldsymbol{r}^{(0)}, \boldsymbol{r}^{(1)}, \cdots, \boldsymbol{r}^{(n)}$ 中至少有一个零向量. 若 $\boldsymbol{r}^{(k)} = \boldsymbol{0}$, 则 $\boldsymbol{x}^{(k)} = \boldsymbol{x}^*$. 所以用 CG 算法求解 n 维线性方程组, 理论上最多 n 步便可求得精确解, 从这个意义上讲 CG 算法是一种直接法. 但在舍入误差存在的情况下, 很难保证 $\left\{\boldsymbol{r}^{(k)}\right\}$ 的正交性, 此外当 n 很大时, 实际计算步数 $k \ll n$, 即可达到精度要求而不必计算 n 步. 从这个意义上讲, 它是一个迭代法, 所以也有收敛性问题.

CG 算法估计式

$$\left\|\boldsymbol{x}^{(k)} - \boldsymbol{x}^*\right\|_{\boldsymbol{A}} \leqslant 2\left(\frac{\sqrt{K}-1}{\sqrt{K}+1}\right)^k \left\|\boldsymbol{x}^{(0)} - \boldsymbol{x}^*\right\|_{\boldsymbol{A}}, \tag{7-17}$$

其中 $\|\boldsymbol{x}\|_{\boldsymbol{A}} = \sqrt{(\boldsymbol{x}, \boldsymbol{A}\boldsymbol{x})}, K = \operatorname{cond}(\boldsymbol{A})_2$.

算法思路 ① 首先判断矩阵是否为对称正定矩阵 _symmetric_positive_definite_(), 其方法为系数矩阵是否可进行 Cholesky 分解, 如果可 Cholesky 分解, 则是正定矩阵. ② 按照共轭梯度法求解算法, 迭代求解, 其终止条件有三个, 满足其一即可终止迭代:

$$\max_{1 \leqslant i \leqslant n} \left|r_i^{(k)}\right| \approx 0, \quad \left(\boldsymbol{p}^{(k)}, \boldsymbol{A}\boldsymbol{p}^{(k)}\right) \approx 0 \quad \text{或} \quad \|\boldsymbol{b} - \boldsymbol{A}\boldsymbol{x}\|_2 \leqslant \varepsilon.$$

```
# file_name: conjugate_gradient_method.py
class ConjugateGradientMethod( IterativeLinearEquationsUtils ):
    """
    共轭梯度法, 对于对称正定矩阵, 迭代速度非常快, 继承IterativeLinearEquationsUtils
    """
    def __init__( self, A, b, x0, eps=1e-8, max_iter=200, is_out_info =False):
        IterativeLinearEquationsUtils .__init__( self, A, b, x0, eps, max_iter,
                                                is_out_info )
        self. iterative_info  = {} # 组合存储迭代信息
        self. precision  = []  # 存储每次迭代误差精度

    def fit_solve ( self ):
        """
        共轭梯度法求解
        """
        if self. _symmetric_positive_definite_ () == "no_symmetric":
            print ("非对称矩阵, 不适宜共轭梯度法.")
            self. is_out_info  = False
            return
        elif  self. _symmetric_positive_definite_ () == "no_positive ":
            print ("非正定矩阵, 不适宜共轭梯度法.")
            self. is_out_info  = False
            return
        cond_num = np.linalg .cond( self .A) # 系数矩阵的条件数
        iteration ,  iter_process  = 0, [] # 迭代变量和迭代过程所求的解x
        rk_next  = self .b − np.dot( self .A, self .x0) # 残差向量, 负梯度方向
        x_next, pk_next = np.copy( self .x0), np.copy(rk_next) # 初始化
        for iteration in range( self .max_iter):
            x_before  = np.copy(x_next) # 解向量的迭代
            # 共轭梯度参数的更新
            rk_before , pk_before  = np.copy(rk_next), np.copy(pk_next)
            epsilon  = np.dot(pk_before, np.dot( self .A, pk_before))
            if epsilon  <= 1e−50: # 终止条件
                print ("CG_IterativeStopCond: (pk, A∗pk): %.10e" % epsilon)
                break
            # 共轭梯度公式求解过程
            alpha_k = np.dot(rk_before , rk_before) / epsilon   # 搜索步长
            x_next  = x_before + alpha_k ∗ pk_before  # 更新解向量
            rk_next  = rk_before  − alpha_k ∗ np.dot( self .A, pk_before)  # 更新梯度向量
```

```
            if max(np.abs(rk_next)) < 1e-50:  # 终止条件
                print ("CG_StopCond: max(abs(rk)): %.10e" % max(np.abs(rk_next)))
                break
            # 计算新的组合系数
            beta_k = np.dot(rk_next, rk_next) / np.dot(rk_before, rk_before)
            pk_next = rk_next + beta_k * pk_before  # 计算新的共轭方向
            iter_process .append(x_next)  # 存储解的迭代信息
            self . precision .append(np. linalg .norm(self.b - np.dot( self .A, x_next)))
            if  self . precision [-1] <= self .eps:  # 满足精度要求, 迭代终止
                break
        if  iteration  >= self .max_iter - 1:
            self .  iterative_info  ["Success_Info"]  = "共轭梯度法已达最大迭代次数."
        else :
            # 在最大迭代次数内收敛到精度要求, 用字典组合共轭梯度法的结果信息
            self .  iterative_info  ["Success_Info"]  = "共轭梯度法, 迭代终止, 收敛到近似解"
        self .  iterative_info  ["Condition_number"] = cond_num
        self .  iterative_info  [" Iteration_number "]  = len( self . precision )
        self .  iterative_info  ["Solution_X"]  = x_next
        if  self . precision :
            self .  iterative_info  [" Precision "]  =  self . precision [-1]
        if  self . is_out_info :  # 是否输出迭代结果信息
            for  key  in  self .  iterative_info  .keys() :
                print (key +  ":",   self .  iterative_info  [key])
        return  x_next

    def  _symmetric_positive_definite_ ( self ):
        """
        判断系数矩阵是否为对称正定矩阵
        """
        if  np. array_equal ( self .A,  self .A.T):
            try :
                np. linalg .cholesky( self .A)  # 采用库函数
                return  True
            except  np. linalg .LinAlgError:
                return  " no_positive "
        else :
            return  "no_symmetric"
```

针对**例 4** 示例, 采用共轭梯度法求解, 矩阵的谱条件数为 2.9924276771553098. 图 7-5 为共轭梯度法和最速下降法解的收敛速度曲线. 可见系数矩阵为良态的对

称正定时, 共轭梯度法收敛速度较快.

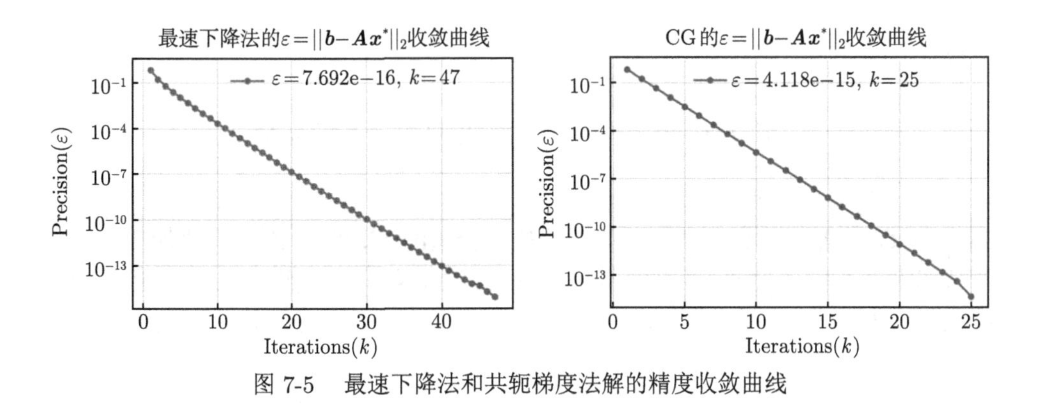

图 7-5 最速下降法和共轭梯度法解的精度收敛曲线

例 5 随机生成矩阵 $\boldsymbol{C}=(c_{ij})\in\mathbb{R}^{1000\times1000}$ 和向量 $\boldsymbol{b}=(b_i)\in\mathbb{R}^{1000}$, 且 $b_i,c_{ij}\sim U(0,1)$, 令 $\boldsymbol{A}=\boldsymbol{C}^{\mathrm{T}}\boldsymbol{C}+20\boldsymbol{I}$, 初始解向量 $\boldsymbol{x}^{(0)}=(0,0,\cdots,0)^{\mathrm{T}}$, 精度要求 $\varepsilon=10^{-12}$, 最大迭代次数 1000, 随机种子为 0.

采用最速下降法和共轭梯度法求解, 如图 7-6 所示, 在满足精度要求的情况下, 共轭梯度法效率要远高于最速下降法, 迭代次数与验证精度如图例所示. 不再给出解向量, 可执行算法打印输出.

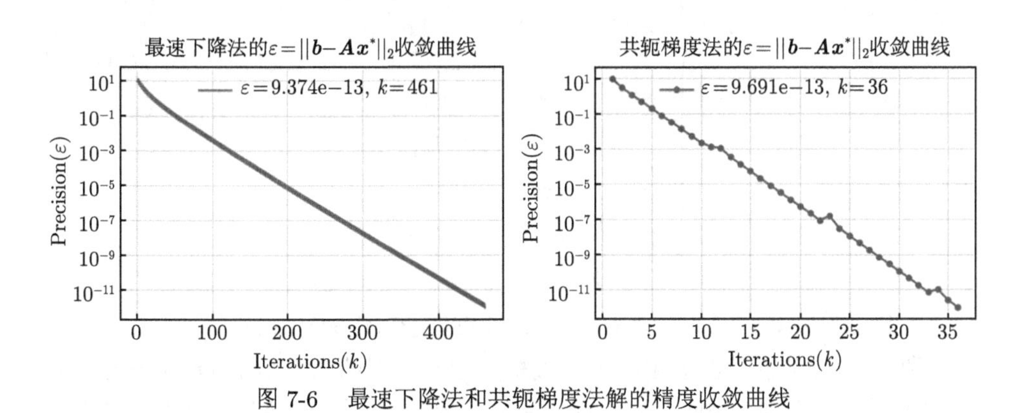

图 7-6 最速下降法和共轭梯度法解的精度收敛曲线

7.3.3 预处理共轭梯度法

由 CG 算法估计式 (7-17), $\mathrm{cond}(\boldsymbol{A})_2$ 为 $\boldsymbol{A}$ 的谱条件数, 也即 $\mathrm{cond}(\boldsymbol{A})_2=\lambda_1(\boldsymbol{A})/\lambda_n(\boldsymbol{A})$, 当 $\lambda_1\gg\lambda_n$ 时, 或者当 $\mathrm{cond}(\boldsymbol{A})_2$ 较大时, 共轭梯度法的收敛效率会变得比较低. 简而言之, 当 $\boldsymbol{A}\boldsymbol{x}=\boldsymbol{b}$ 为病态方程组时, 共轭梯度法会收敛得较慢. 预处理技术是在用共轭梯度法求解之前对系数矩阵做一些变换, 即把 $\boldsymbol{A}\boldsymbol{x}=\boldsymbol{b}$ 转

化为等价的 $\widetilde{\boldsymbol{A}}\widetilde{\boldsymbol{x}}=\widetilde{\boldsymbol{b}}$, 使得在同解情况下, 降低系数矩阵 $\widetilde{\boldsymbol{A}}$ 的条件数, 然后再迭代求解.

令 $\widetilde{\boldsymbol{x}}=\boldsymbol{C}\boldsymbol{x}$, 针对 $\widetilde{\boldsymbol{x}}$ 的优化目标函数为

$$\varphi(\widetilde{\boldsymbol{x}})=\frac{1}{2}\widetilde{\boldsymbol{x}}^{\mathrm{T}}\left(\boldsymbol{C}^{-\mathrm{T}}\boldsymbol{A}\boldsymbol{C}^{-1}\right)\widetilde{\boldsymbol{x}}-\left(\boldsymbol{C}^{-1}\boldsymbol{b}\right)^{\mathrm{T}}\widetilde{\boldsymbol{x}}=\frac{1}{2}(\widetilde{\boldsymbol{A}}\widetilde{\boldsymbol{x}},\widetilde{\boldsymbol{x}})-(\widetilde{\boldsymbol{b}},\widetilde{\boldsymbol{x}}).$$

则 $\widetilde{\boldsymbol{A}}=\boldsymbol{C}^{-\mathrm{T}}\boldsymbol{A}\boldsymbol{C}^{-1},\widetilde{\boldsymbol{b}}=\boldsymbol{C}^{-1}\boldsymbol{b}$. 如果能找到合适的 $\boldsymbol{C}$, 使得 $\widetilde{\boldsymbol{A}}$ 具有比较集中的特征值以及较小的条件数, 那么就能提高 $\varphi(\widetilde{\boldsymbol{x}})$ 的收敛效率. 实际中, 得到预处理矩阵 $\boldsymbol{C}$ 后, 构造一个 $\boldsymbol{M}=\boldsymbol{C}^{\mathrm{T}}\boldsymbol{C}$ 来隐式地完成预处理过程, $\boldsymbol{M}$ 即为预处理矩阵.

预处理共轭梯度法 (preconditioned conjugated gradient method, PCG) 步骤:

(1) 任取 $\boldsymbol{x}^{(0)}\in\mathbb{R}^n$, 计算 $\boldsymbol{r}^{(0)}=\boldsymbol{b}-\boldsymbol{A}\boldsymbol{x}^{(0)}$, 预处理残差向量 $\boldsymbol{z}^{(0)}=\boldsymbol{M}^{-1}\boldsymbol{r}^{(0)}$, 搜索方向为 $\boldsymbol{p}^{(0)}=\boldsymbol{z}^{(0)}$.

(2) 对 $k=0,1,\cdots$, 计算

$$\begin{cases}\alpha_k=\dfrac{\left(\boldsymbol{r}^{(k)},\boldsymbol{z}^{(k)}\right)}{\left(\boldsymbol{p}^{(k)},\boldsymbol{A}\boldsymbol{p}^{(k)}\right)},\\ \boldsymbol{x}^{(k+1)}=\boldsymbol{x}^{(k)}+\alpha_k\boldsymbol{p}^{(k)},\\ \boldsymbol{r}^{(k+1)}=\boldsymbol{r}^{(k)}-\alpha_k\boldsymbol{A}\boldsymbol{p}^{(k)},\\ \boldsymbol{z}_{k+1}=\boldsymbol{M}^{-1}\boldsymbol{r}_{k+1},\\ \beta_k=\dfrac{\left(\boldsymbol{r}^{(k+1)},\boldsymbol{z}^{(k+1)}\right)}{\left(\boldsymbol{r}^{(k)},\boldsymbol{z}^{(k)}\right)},\\ \boldsymbol{p}^{(k+1)}=\boldsymbol{z}^{(k+1)}+\beta_k\boldsymbol{p}^{(k)}.\end{cases}\tag{7-18}$$

(3) 若 $\boldsymbol{r}^{(k)}=\boldsymbol{0}$ 或 $\left(\boldsymbol{p}^{(k)},\boldsymbol{A}\boldsymbol{p}^{(k)}\right)=0$, 计算停止, 则 $\boldsymbol{x}^{(k)}=\boldsymbol{x}^*$.

预处理对收敛性的改善主要是通过矩阵 $\boldsymbol{M}$ 实现的, 适当的 $\boldsymbol{M}$ 能很好地改善系数矩阵的条件数, 因此 $\boldsymbol{M}$ 的选择尤为重要. 一般情况, $\boldsymbol{M}$ 有以下三种选择方式:

✧ 选取 $\boldsymbol{M}$ 为 $\boldsymbol{A}$ 的对角元素组成的对角阵, 这种方法简单, 但收敛效果不理想;

✧ 将 $\boldsymbol{A}$ 作不完全 Cholesky 分解为 $\boldsymbol{A}=\boldsymbol{L}\boldsymbol{L}^{\mathrm{T}}-\boldsymbol{R},\boldsymbol{R}$ 为剩余矩阵, 取 $\boldsymbol{M}=\boldsymbol{L}\boldsymbol{L}^{\mathrm{T}}$, 此种方法是比较常用的 ICCG 法, 即不完全 Cholesky 分解预处理共轭梯度法;

✧ 取 $\boldsymbol{M}$ 为对称超松弛迭代法 SSOR (symmetric successive over-relaxation) 的预处理阵 $\boldsymbol{M}=(2-\omega)^{-1}(\boldsymbol{D}/\omega+\boldsymbol{L})(\boldsymbol{D}/\omega)^{-1}(\boldsymbol{D}/\omega+\boldsymbol{L})^{\mathrm{T}}$. 经过预处理, 能够显著改善收敛速度, 也取决于 ω 的选择.

算法说明 如果给定预处理矩阵 pre_mat, 则按照 pre_mat 求解, 如果没有给定, 则按照 SSOR 方法设计预处理矩阵. 其设计思路类似共轭梯度法, 不同之处在于求解步骤 (2) 中加入了预处理矩阵的计算, 故本算法设计继承共轭梯度法类 ConjugateGradientMethod.

```
# file_name: pre_conjugate_gradient.py
class PreConjugateGradient(ConjugateGradientMethod):
    """
    预处理共轭梯度法, 继承共轭梯度法ConjugateGradientMethod
    """
    def __init__(self, A, b, x0, eps=1e-8, pre_mat=None, omega=1.5, max_iter=200,
                 is_out_info=False):
        ConjugateGradientMethod.__init__(self, A, b, x0, eps, max_iter, is_out_info)
        self.pre_mat = pre_mat  # 预处理矩阵
        if self.pre_mat is None:  # 采用SSOR-PCG方法
            D = np.diag(np.diag(self.A))  # A的对角矩阵
            L = np.tril(self.A, -1)  # A的下三角矩阵,不包括对角线
            self.pre_mat = np.dot(np.dot((D / omega + L), np.linalg.inv(D / omega)),
                                  (D / omega + L).T) / (2 - omega)  # 预处理矩阵

    def fit_solve(self):
        """
        预处理共轭梯度法求解, 重写ConjugateGradientMethod的实例方法
        """
        if self._symmetric_positive_definite_() == "no_symmetric":
            print("非对称矩阵, 不适宜预处理共轭梯度法.")
            self.is_out_info = False
            return
        elif self._symmetric_positive_definite_() == "no_positive":
            print("非正定矩阵, 不适宜预处理共轭梯度法.")
            self.is_out_info = False
            return
        cond_num = np.linalg.cond(self.A)  # 系数矩阵的条件数
        iteration, iter_process = 0, []  # 迭代变量和迭代过程所求的解x
        rk_next = self.b - np.dot(self.A, self.x0)  # 残差向量, 负梯度方向
        pre_mat_inv = np.linalg.inv(self.pre_mat)
        zk_next = np.dot(pre_mat_inv, rk_next)
```

```
    x_next, pk_next = np.copy(self.x0), np.copy(zk_next)  # 初始化
    for iteration in range(self.max_iter):
        x_before = np.copy(x_next)  # 解向量的迭代
        rk_before, zk_before = np.copy(rk_next), np.copy(zk_next)
        epsilon = np.dot(pk_next, np.dot(self.A, pk_next))
        if epsilon <= 1e-50:  # 终止条件
            print ("Preconditioned_CG_StopCond: (pk, A*pk): %.10e" % epsilon)
            break
        # 预处理共轭梯度公式求解过程
        alpha_k = np.dot(rk_before, zk_before) / epsilon  # 搜索步长
        x_next = x_before + alpha_k * pk_next  # 解向量的更新
        rk_next = rk_before - alpha_k * np.dot(self.A, pk_next)  # 更新梯度向量
        if max(np.abs(rk_next)) < 1e-50:  # 终止条件
            print ("PCG_StopCond: max(abs(rk)): %.10e" % max(np.abs(rk_next)))
            break
        zk_next = np.dot(pre_mat_inv, rk_next)  # 预处理矩阵部分
        beta_k = np.dot(rk_next, zk_next) / np.dot(rk_before, zk_before)
        pk_next = zk_next + beta_k * pk_next  # 更新新的共轭方向
        iter_process.append(x_next)  # 存储解的迭代信息
        self.precision.append(np.linalg.norm(self.b - np.dot(self.A, x_next)))
        if self.precision[-1] <= self.eps:  # 满足精度要求, 迭代终止
            break
    if iteration >= self.max_iter - 1:
        self.iterative_info["Success_Info"] = "预处理共轭梯度法已达最大迭代次数."
    else:
        # 在最大迭代次数内收敛到精度要求, 用字典组合PCG的结果信息
        self.iterative_info["Success_Info"] = "PCG, 迭代终止, 收敛到近似解"
    # 参考共轭梯度法···
    return x_next
```

例 6 用预处理共轭梯度法求解如下方程组, 并与共轭梯度法比较. 精度要求 $\varepsilon=10^{-16}$, $\omega=1.5$, 初始解向量 $\boldsymbol{x}^{(0)}=(0,0,\cdots,0)^{\mathrm{T}}$, 默认采用 SSOR 预处理方法.

$$
(1)\quad \begin{pmatrix} 1 & & & & & \\ & 10 & & & & \\ & & 10^2 & & & \\ & & & 10^3 & & \\ & & & & 10^4 & \\ & & & & & 10^5 \end{pmatrix}\begin{pmatrix} x_1\\ x_2\\ x_3\\ x_4\\ x_5\\ x_6 \end{pmatrix}=\begin{pmatrix} 1\\ 2\\ 3\\ 4\\ 5\\ 6 \end{pmatrix},
$$

$$
(2)\quad \begin{pmatrix} 1 & 1 & 1 & 1 & 1 & 1 \\ 1 & 2 & 3 & 4 & 5 & 6 \\ 1 & 3 & 6 & 10 & 15 & 21 \\ 1 & 4 & 10 & 20 & 35 & 56 \\ 1 & 5 & 15 & 35 & 70 & 126 \\ 1 & 6 & 21 & 56 & 126 & 252 \end{pmatrix} \begin{pmatrix} x_1 \\ x_2 \\ x_3 \\ x_4 \\ x_5 \\ x_6 \end{pmatrix} = \begin{pmatrix} 6 \\ 21/2 \\ 14 \\ 63/4 \\ 63/4 \\ 113/8 \end{pmatrix}.
$$

两个系数矩阵均为病态矩阵, 谱条件数分别为 100000.0 和 110786.7. 对于方程组 (1), 预处理共轭梯度法收敛速度极快, 几乎相当于直接求解, 如图 7-7(左) 所示, 两种方法的解向量均为

$$
\boldsymbol{x}^* = \left(1.000, 0.200, 0.0300, 4.000\times 10^{-3}, 5.000\times 10^{-4}, 6.000\times 10^{-5}\right)^{\mathrm{T}}.
$$

对于方程组 (2), 如图 7-7 (右) 所示, 两种算法收敛速度都比较快, 而预处理共轭梯度法更优. 两种方法的解向量均为 $\boldsymbol{x}^* = (2.625, -1.875, 12.000, -10.000, 3.875, -0.625)^{\mathrm{T}}$, 两种方法并未达到精度要求, 原因在于共轭梯度法和预处理共轭梯度法均达到了迭代终止条件 $\boldsymbol{r}^{(k)} = \mathbf{0}$ 或 $\left(\boldsymbol{p}^{(k)}, \boldsymbol{A}\boldsymbol{p}^{(k)}\right) = 0$. 如预处理共轭梯度法终止条件 (Python 格式输出): (pk, A*pk): 6.50807e−53, 即 $\left(\boldsymbol{p}^{(k)}, \boldsymbol{A}\boldsymbol{p}^{(k)}\right) \approx 10^{-53} \approx 0$. 对于这两个病态方程组, 最速下降法迭代 10000 次均不收敛.

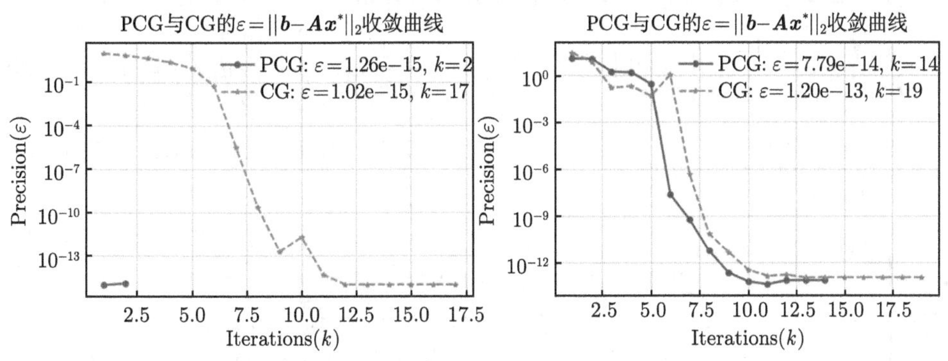

图 7-7 预处理共轭梯度法与共轭梯度法解的收敛曲线

针对**例 5** 示例, 共轭梯度法和预处理共轭梯度法的收敛曲线如图 7-8 所示. 该系数矩阵的谱条件数为 43.09972945452916, 故两种方法的收敛速度略有差异, 预处理共轭梯度法从收敛精度和迭代次数上看均优于共轭梯度法. 若令 $\boldsymbol{A} = \boldsymbol{C}^{\mathrm{T}}\boldsymbol{C} + 200\boldsymbol{I}$, 矩阵谱条件数 2.4190610901974217, 两种方法均迭代 10 次收敛. 故预处理共轭梯度法对于病态方程组的求解, 具有更高的效率.

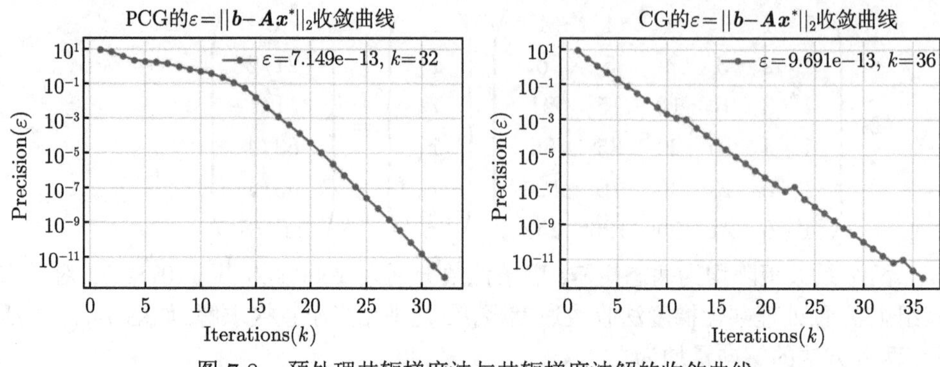

图 7-8 预处理共轭梯度法与共轭梯度法解的收敛曲线

7.4 * 二维泊松方程边值问题稀疏矩阵迭代求解

具体问题可参考第 12 章偏微分方程数值解. 泊松方程的边值问题一般形式:

$$\begin{cases} -\left(\dfrac{\partial^2 u}{\partial x^2}+\dfrac{\partial^2 u}{\partial y^2}\right)=f(x,y),(x,y)\in\Omega, \\ u=\varphi(x,y),(x,y)\in\partial\Omega. \end{cases} \tag{7-19}$$

对变量 x 和 y 的求解区域进行等距网格剖分 $x_i=ih_x(0\leqslant i\leqslant m),y_j=jh_y(0\leqslant j\leqslant n)$, 记 $u_{i,j}=u\left(x_i,y_j\right)$. 泊松方程的五点差分格式为

$$-\frac{1}{h_y^2}u_{i,j-1}-\frac{1}{h_x^2}u_{i-1,j}+2\left(\frac{1}{h_x^2}+\frac{1}{h_y^2}\right)u_{i,j}-\frac{1}{h_x^2}u_{i+1,j}-\frac{1}{h_y^2}u_{i,j+1}=f_{i,j}. \tag{7-20}$$

记 $\boldsymbol{u}_j=\left(u_{1j},u_{2j},\cdots,u_{m-1j}\right)^{\mathrm{T}}$, 改写式 (7-20) 为 $\boldsymbol{D}\boldsymbol{u}_{j-1}+\boldsymbol{C}\boldsymbol{u}_j+\boldsymbol{D}\boldsymbol{u}_{j+1}=\boldsymbol{f}_j$, 其中

$$\boldsymbol{C}=\begin{pmatrix} 2\left(1/h_x^2+1/h_y^2\right) & -1/h_x^2 & & & \\ -1/h_x^2 & 2\left(1/h_x^2+1/h_y^2\right) & -1/h_x^2 & & \\ & \ddots & \ddots & \ddots & \\ & & -1/h_x^2 & 2\left(1/h_x^2+1/h_y^2\right) & -1/h_x^2 \\ & & & -1/h_x^2 & 2\left(1/h_x^2+1/h_y^2\right) \end{pmatrix},$$

$$\boldsymbol{D}=\begin{pmatrix} -1/h_y^2 & & & & \\ & -1/h_y^2 & & & \\ & & \ddots & & \\ & & & -1/h_y^2 & \\ & & & & -1/h_y^2 \end{pmatrix},$$

$$\boldsymbol{f}_j = \begin{pmatrix} f(x_1, y_j) + 1/h_x^2 \varphi(x_0, y_j) \\ f(x_2, y_j) \\ \vdots \\ f(x_{m-2}, y_j) \\ f(x_{m-1}, y_j) + 1/h_x^2 \varphi(x_m, y_j) \end{pmatrix}.$$

最终得到

$$\begin{pmatrix} \boldsymbol{C} & \boldsymbol{D} & & & \\ \boldsymbol{D} & \boldsymbol{C} & \boldsymbol{D} & & \\ & \ddots & \ddots & \ddots & \\ & & \boldsymbol{D} & \boldsymbol{C} & \boldsymbol{D} \\ & & & \boldsymbol{D} & \boldsymbol{C} \end{pmatrix} \begin{pmatrix} \boldsymbol{u}_1 \\ \boldsymbol{u}_2 \\ \vdots \\ \boldsymbol{u}_{n-2} \\ \boldsymbol{u}_{n-1} \end{pmatrix} = \begin{pmatrix} \boldsymbol{f}_1 - \boldsymbol{D}\boldsymbol{u}_0 \\ \boldsymbol{f}_2 \\ \vdots \\ \boldsymbol{f}_{n-2} \\ \boldsymbol{f}_{n-1} - \boldsymbol{D}\boldsymbol{u}_n \end{pmatrix}. \tag{7-21}$$

注 根据式 (7-21) 直接求解, 计算工作量较大, 假设在 x 方向和 y 方向上均划分 n 个子区间段, 不考虑边界情况下的求解, 内部节点共形成 $(n-1)\times(n-1)$ 个网格片, 则式 (7-21) 方程组的系数矩阵 $\boldsymbol{A}$ 是 $(n-1)^2$ 阶方阵. 如 $n=40$, 则系数矩阵 $\boldsymbol{A}$ 为 $39\times 39=1521$ 阶方阵, 解向量 $\boldsymbol{x}$ 包含 1521 个元素.

1. 定义泊松方程模型

泊松方程模型定义时, fun_xy (x, y) 为右端方程, analytic_sol (x, y) 为方程的解析解, 若没有则返回 None 即可. left_boundary(y), right_boundary(y), lower_boundary(x) 和 upper_boundary(x) 表示四种边界条件, 分别对应于 $u(a, y), u(b, y), u(x, c)$ 和 $u(x, d)$.

```
# file_name: poisson_model.py
class PoissonModel:
    """
    泊松方程模型, 按照二维坐标系命名, u(0, y)为左边界, u(x, 0)为下边界, 依次类推
    """
    fun_xy = lambda x, y: -(x ** 2 + y ** 2) * np.exp(x * y)  #泊松方程右端, 例7
    analytic_sol  = lambda x, y: np.exp(x * y)  # 泊松方程的解析解, 例7
    left_boundary  = lambda y: np.ones(len(y))  # u(0, y) = 1  例7
    right_boundary  = lambda y: np.exp(y)  # u(1, y) = exp(y)  例7
    upper_boundary = lambda x: np.exp(x)  # u(x, 1) = exp(x)  例7
    lower_boundary = lambda x: np.ones(len(x))  # u(x, 0) = 1  例7
```

2. 泊松方程模型求解

根据五点差分格式构建系数矩阵和右端向量. 构建系数矩阵时, 采用了 scipy.sparse 库方法, 然后把稀疏结构的矩阵构建为稠密矩阵. 最后采用求解大型稀疏矩阵的迭代法求解方程组, 得到解矩阵.

采用不同的迭代方法, 其解的收敛速度和效率也不一样, 默认采用预处理共轭梯度法. 读者可在方法 _solve_sparse_matrix_pcg_(sp_mat, b) 中设计不同的迭代求解方法, 然后进行比较分析.

```
# file_name: pde_2d_poisson_test.py
import scipy.sparse as sp  # 用于构造稀疏矩阵
# 导入泊松方程模型
from iterative_solution_linear_equation_07.poisson_model import PoissonModel
# 以下为求解大型稀疏矩阵的方法
from iterative_solution_linear_equation_07.pre_conjugate_gradient \
    import PreConjugateGradient  # 预处理共轭梯度法
from iterative_solution_linear_equation_07.conjugate_gradient_method \
    import ConjugateGradientMethod # 共轭梯度法
from iterative_solution_linear_equation_07.steepest_descent_method \
    import SteepestDescentMethod # 最速下降法
from iterative_solution_linear_equation_07.jacobi_gauss_seidel_iterative \
    import JacobiGSlIterativeMethod  # 雅可比与G-S迭代法
from iterative_solution_linear_equation_07.SOR_iterative import SORIteration


class PDESolvePoisson2dModel:
    """
    二维泊松方程模型, 五点差分格式求解, 采用共轭梯度法求解
    """
    def __init__(self, x_span, y_span, n_x, n_y, is_show=False, is_exact_fun=False):
        self.x_span = np.asarray(x_span, np.float64)  # x方向求解区间
        self.y_span = np.asarray(y_span, np.float64)  # y方向求解区间
        self.n_x, self.n_y = n_x, n_y  # x方向和y方向划分区间数
        self.h_x, self.h_y, self.xi, self.yi = self._space_grid()
        self.is_show = is_show  # 是否可视化泊松方程解的图像
        self.is_exact_fun = is_exact_fun  # 是否存在精确解, 用于可视化误差

    def _space_grid(self):
        """
        划分二维平面网格: 参考第12章12.3.3节对应方法
        """
```

```
def fit_pde(self):
    """
    核心算法: 二维泊松方程求解. 参考第12章12.3.3节对应方法
    """
    ......
    # 解的边界情况处理
    u_xy[0, :] = PoissonModel.left_boundary(self.yi)  # 左边界
    u_xy[-1, :] = PoissonModel.right_boundary(self.yi)  # 右边界
    u_xy[:, 0] = PoissonModel.lower_boundary(self.xi)  # 底部
    u_xy[:, -1] = PoissonModel.upper_boundary(self.xi)  # 顶部
    # 按照稀疏矩阵形式构造, 即构造块三角矩阵
    .....
    # 构造右端向量, 构成右端fi.pde右端方程, 内部节点(n-1)*(m-1)
    fi = PoissonModel.fun_xy(xm[1: -1, 1: -1], ym[1: -1, 1: -1])
    ......
    # 采用各种迭代法求解大型稀疏矩阵
    sol = self._solve_sparse_matrix_method_(difference_matrix.toarray(), fi)
    u_xy[1:-1, 1:-1] = sol.reshape(self.n_y - 1, self.n_x - 1).T
    if self.is_show:  # 可视化泊松方程数值解(解析解)图像
        self.plt_2d_poisson(xm, ym, u_xy, self.is_exact_fun)
    return xm, ym, u_xy

@staticmethod
def _solve_sparse_matrix_method_(sp_mat, b):
    """
    求解大型稀疏矩阵, 采用预处理共轭梯度法, 在此处修改为其他方法
    """
    x0 = np.zeros(len(b))  # 初始解向量
    # 如下PCG方法可修改为其他迭代法
    pcg = PreConjugateGradient(sp_mat, b, x0, 1e-15, omega=1.5, is_out_info=True)
    return pcg.fit_solve()  # 求解
```

例 7[2]①: 求解如下二维泊松方程的边值问题, 其解析解为 $u(x,y)=\mathrm{e}^{xy}$.

$$
\begin{cases}
\dfrac{\partial^2 u}{\partial x^2}+\dfrac{\partial^2 u}{\partial y^2}=\left(x^2+y^2\right)\mathrm{e}^{xy}, & 0<x<1, 0<y<1,\\
u(0,y)=1, u(1,y)=\mathrm{e}^{y}, & 0\leqslant y\leqslant 1,\\
u(x,0)=1, u(x,1)=\mathrm{e}^{x}, & 0\leqslant x\leqslant 1.
\end{cases}
$$

① 第 6 章解线性方程组的迭代法, 计算实习题 2, P211.

(1) 用共轭梯度法和预处理共轭梯度法求解, $\omega = 1.5$, 精度要求 $\varepsilon = 10^{-15}$, 最大迭代次数 200, 初始解向量 $\boldsymbol{x}^{(0)} = (0, 0, \cdots, 0)^{\mathrm{T}}$. 迭代结果信息如表 7-4, 预处理共轭梯度法迭代速度非常快. 由于 CG 和 PCG 特殊的迭代终止条件 (如 $(\boldsymbol{p}^{(k)}, \boldsymbol{A}\boldsymbol{p}^{(k)}) \approx 0$) 的设置, 可能提前终止迭代, 故解向量的精度 $\|\boldsymbol{b} - \boldsymbol{A}\boldsymbol{x}\|_2 \leqslant \varepsilon$ 可能未达到要求.

表 7-4 PCG 和 CG 迭代法在不同网格划分数情况下解的精度及迭代次数

网格划分	PCG 精度	CG 精度	PCG 迭代次数	CG 迭代次数
10×10	1.1286835085413331e−12	1.7079612456486223e−12	32	57
20×20	1.2600081403893157e−11	1.9386208692911242e−11	46	146
30×30	4.4837053159863525e−11	8.324302465787252e−11	58	200
40×40	1.2297267616778708e−10	2.2095700403818003e−10	73	200

图 7-9 为网格划分 40×40 时二维泊松方程数值解和误差图像 (z 轴的数量级 10^{-6}), 可见精度较高. 其中方程组的求解算法采用预处理共轭梯度法, 方程组系数矩阵的条件数为 647.789. 图 7-10 为三种方法在精度要求 $\varepsilon = 10^{-5}$、网格划分 10×10 的情况下的迭代收敛曲线.

(2) 用雅可比、高斯–赛德尔和超松弛迭代法求解, 精度要求 $\varepsilon = 10^{-5}$, 设置最大迭代次数为 200, 其中超松弛参数 $\omega \in \{1.10, 1.25, 1.50, 1.75\}$, 网格划分 10×10. 计算结果如表 7-5 所示, 超松弛迭代法松弛因子选择不同, 其迭代收敛速度不一样, 其中 $\omega = 1.50$ 时收敛效果最好.

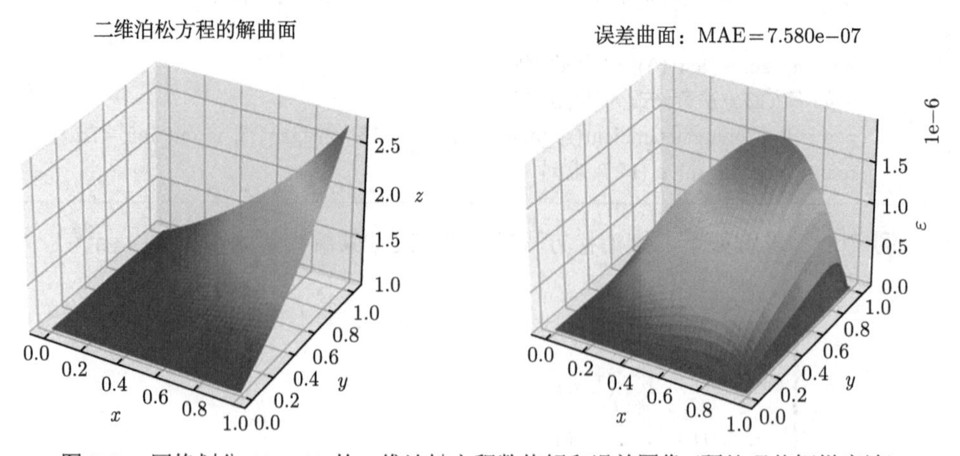

图 7-9 网格划分 40×40 的二维泊松方程数值解和误差图像 (预处理共轭梯度法)

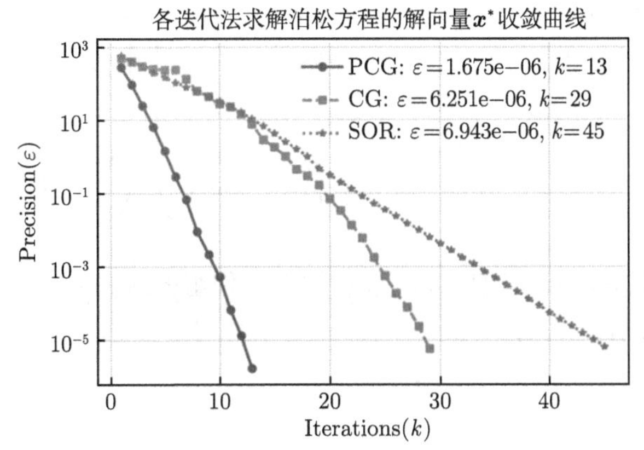

图 7-10 解向量的精度收敛曲线 ($\varepsilon = 10^{-5}$, 网格划分 10×10)

表 7-5 雅可比、G-S 和 SOR (不同超松弛因子) 迭代法解向量的精度及迭代次数

求解方法	精度	迭代次数	求解方法	精度	迭代次数
雅可比	0.008892195895	200	SOR ($\omega = 1.25$)	8.7394266285e−06	99
G-S	9.4136697978e−06	170	SOR ($\omega = 1.50$)	6.9425377362e−06	45
SOR ($\omega = 1.10$)	9.2659110123e−06	138	SOR ($\omega = 1.75$)	7.46327192140−06	70

■ 7.5 实验内容

1. 利用雅可比迭代法、高斯–赛德尔迭代法和超松弛迭代法求解如下线性方程组的解, 初始解向量为 $\boldsymbol{x}^{(0)} = (0,0,0,0,0)^{\mathrm{T}}$, 精度要求 $\varepsilon = 10^{-15}$. 并分析不同的松弛因子 ω 对超松弛迭代法收敛速度的影响.

$$\begin{pmatrix} 28 & -3 & 0 & 0 & 0 \\ -3 & 38 & -10 & 0 & -5 \\ -10 & 0 & 25 & -15 & 0 \\ 0 & 0 & -15 & 45 & 0 \\ 0 & -5 & 0 & 0 & 30 \end{pmatrix} \begin{pmatrix} x_1 \\ x_2 \\ x_3 \\ x_4 \\ x_5 \end{pmatrix} = \begin{pmatrix} 6 \\ 5 \\ 1 \\ 4 \\ 2 \end{pmatrix}.$$

2. 采用三种不同的块迭代法求解如下线性方程组[3] 的解, 块向量分别设置为 [2,2,1] 和 [4,1], 初始解向量为 $\boldsymbol{x}^{(0)} = (0,0,0,0,0)^{\mathrm{T}}$, 精度要求 $\varepsilon = 10^{-15}$, 松弛因子 $\omega = 1.03$. 并分析不同块迭代法在不同块向量下的迭代效率和解向量的精度.

$$\begin{pmatrix} 2.6934 & 0.6901 & 0.3997 & 0.6010 & 0.4390 \\ 0.6901 & 2.8784 & 0.8799 & 0.5978 & 0.4514 \\ 0.3997 & 0.8799 & 3.3216 & 0.4673 & 0.8282 \\ 0.6010 & 0.5978 & 0.4673 & 2.8412 & 0.5511 \\ 0.4390 & 0.4514 & 0.8282 & 0.5511 & 2.8704 \end{pmatrix}\begin{pmatrix} x_1 \\ x_2 \\ x_3 \\ x_4 \\ x_5 \end{pmatrix} = \begin{pmatrix} 1 \\ 1 \\ 1 \\ 1 \\ 1 \end{pmatrix}.$$

3. 用最速下降法和共轭梯度法求解如下方程组的解, $\boldsymbol{x}^{(0)} = (0, 0, \cdots, 0)^{\mathrm{T}}, \varepsilon = 10^{-14}$, 并对比分析.

$$\begin{pmatrix} 3 & -1 & & & & -0.5 \\ -1 & 3 & -1 & & & \\ & -1 & 3 & -1 & & \\ & & -1 & 3 & -1 & \\ & & & -1 & 3 & -1 \\ -0.5 & & & & -1 & 3 \end{pmatrix}\begin{pmatrix} x_1 \\ x_2 \\ x_3 \\ x_4 \\ x_5 \\ x_6 \end{pmatrix} = \begin{pmatrix} 2.5 \\ 1.5 \\ 1 \\ 1 \\ 1.5 \\ 2.5 \end{pmatrix}.$$

4. * 如下二维泊松方程的边值问题, 解析解为 $u(x, y) = x^3 + y^3$. 分别采用高斯–赛德尔迭代法、最速下降法、共轭梯度法和预处理共轭梯度法求解, 并对比迭代效率和解向量的精度. 网格划分分别为 10×10 和 20×20, 其他参数自行设计. 对数值解进行可视化, 并分析误差.

$$\begin{cases} \dfrac{\partial^2 u}{\partial x^2} + \dfrac{\partial^2 u}{\partial y^2} = 6(x + y), & 0 < x < 1, 0 < y < 1, \\ u(0, y) = y^3,\ u(1, y) = 1 + y^3, & 0 \leqslant y \leqslant 1, \\ u(x, 0) = x^3,\ u(x, 1) = 1 + x^3, & 0 \leqslant x \leqslant 1. \end{cases}$$

■ 7.6 本章小结

解线性方程组的迭代法, 就是给定初始解向量, 经过有限次迭代达到一定精度要求, 得到线性方程组的近似解向量的一种方法. 一般来说, 迭代法的关键是设计或确定三个方面内容: 首先确定迭代的变量, 线性方程组的迭代变量即是解变量; 其次确定迭代的关系式, 即新旧值的更替方法; 最后对迭代过程进行有效控制. 控制迭代法的常见方法: 一是确定最大迭代次数, 迭代法不可能无限制地迭代下去; 二是确定解的精度要求, 如果迭代收敛速度较快, 则有限次迭代运算即可收敛到精度; 三是关于算法本身的一些迭代终止条件, 如预处理共轭梯度法为 $\left(\boldsymbol{p}^{(k)}, \boldsymbol{A}\boldsymbol{p}^{(k)}\right) \approx 0$.

本章首先探讨了应用较为广泛的雅可比迭代法、高斯–赛德尔迭代法和超松弛迭代法, 也是求解线性方程组的比较经典的三种方法. 超松弛迭代法可以加快高斯–赛德尔迭代法的收敛速度, 但取决于超松弛因子的选取, 这也是超松弛迭代法迭代效率和精度的一个关键问题. 其次, 块迭代法也有类似三种方法, 只不过需要对块进行划分, 有效的块向量的划分是提高块迭代法效率的关键, 也是块迭代法的一个值得思考的难点. 再次, 共轭梯度法是一种变分方法, 采用负梯度优化的方法求解问题的最优解, 无需考虑迭代矩阵的收敛性, 主要包括最速下降法、共轭梯度法和预处理共轭梯度法. 通常来说, CG 方法要比最速下降法收敛速度更快, 源于其搜索方向的整体最佳调整; 如果矩阵是病态的, 则可采用预处理共轭梯度法, 对矩阵事先做一些变换, 以降低系数矩阵的条件数, 但预处理矩阵 $\boldsymbol{M}$ 的选择是一个难点. 最后, 针对二维泊松方程边值问题的大型稀疏矩阵方程组求解做了一定的分析与算法设计. 本章内容并未对各算法的执行时间效率做分析.

■ 7.7 参考文献

[1] Mathews J H, Fink K D. 数值方法 (MATLAB 版) [M]. 4 版. 周璐, 陈渝, 钱方, 等译. 北京: 电子工业出版社, 2012.

[2] 李庆扬, 王能超, 易大义. 数值分析 [M]. 5 版. 北京: 清华大学出版社, 2021.

[3] 龚纯, 王正林. MATLAB 语言常用算法程序集 [M]. 北京: 电子工业出版社, 2011.

第 8 章 非线性方程求根

在科学技术和生产实践中, 经常会遇到求解高次代数方程 (如 $x^5-2.6x^3+3x+7=0$) 或超越方程 (如 $\mathrm{e}^{-x}-x\cos(\pi x)=0$) 根的问题 [1-3]. 这些方程看似简单, 但却不易求其精确解. 在实际问题中, 只要能获得满足一定精度要求的近似根就可以了, 所以研究适用于实际问题的求方程近似根的数值方法, 具有重要的现实意义.

定义 8.1 如果函数 $f(x)=a_nx^n+a_{n-1}x^{n-1}+\cdots+a_1x+a_0$, 其中 $a_n\neq 0, a_i\in\mathbb{R}, i=0,1,\cdots,n$ 为实数, 则称方程 $f(x)=0$ 为 $\boldsymbol{n}$ **次代数方程**.

超越函数不能表示为多项式的函数, 如 $f(x)=\mathrm{e}^{2x}-x\ln(\sin x)-1$.

定义 8.2 若 $f(x)$ 为超越函数, 则 $f(x)=0$ 为**超越方程**.

含有三角函数、反三角函数、指数函数、对数函数等超越函数的方程为超越方程.

定义 8.3 1 次代数方程为**线性方程**, 高于 1 次的代数方程和超越方程为**非线性方程**.

定义 8.4 若 $f(x^*)=0$, 则 x^* 为 $f(x)=0$ 的**根**, 或称 x^* 为 $f(x)=0$ 的**零点**.

定义 8.5 若 $f(x)$ 为多项式, 且 $f(x)=(x-x^*)^m g(x)$, 其中 m 为正整数, $g(x)$ 分子和分母都不含因子 $(x-x^*)$, 则 x^* 为 $f(x)=0$ 的 $\boldsymbol{m}$ **重根**, 或称 x^* 为 $f(x)=0$ 的 $\boldsymbol{m}$ **重零点**, 1 重根又称为**单根**. 若 $g(x)$ 充分光滑, 则 $f(x^*)=f'(x^*)=\cdots=f^{(m-1)}(x^*)=0, f^{(m)}(x^*)\neq 0$.

求解方程的近似根 (若根存在), 先要确定根的区间. 若 $f(x)$ 在 $[a,b]$ 上连续, 且 $f(a)f(b)<0$, 则 $f(x)=0$ 在 (a,b) 上一定有实根. 若 $f(x)=0$ 在 $[a,b]$ 上有根, $f'(x)$ 在 (a,b) 中不变号且不为 0, 则 $f(x)=0$ 在 $[a,b]$ 上根唯一. n 次代数方程在复数域上有 n 个根 (重根按重数算). 超越方程有时有无穷多个根.

对 $f(x)=0$ 的根进行隔离的一般步骤:

(1) 找出函数 $f(x)$ 的定义域, 判断 $f(x)$ 在定义域内是否连续、可导.

(2) 找出 $f(x)$ 的极值点 (如求解 $f'(x)=0$), 把定义域分成若干个单调区间.

(3) 判断各单调区间内是否有根.

(4) 缩小有根区间 (一方面加快求根方法的收敛速度, 一方面避免单调区间端点出现 $\pm\infty$).

■ 8.1 区间分割法

二分法又称对分法、区间分半法, 是一种特殊的变步长逐步搜索法, 即每一轮搜索的步数为 2, 使有根区间的长度减为上一轮有根区间长度的一半.

二分法的求解步骤:

(1) 计算 $f(x)$ 在有根区间 $[a,b]$ 端点处的值 $f(a)$ 和 $f(b)$.

(2) 计算 $f(x)$ 在区间中点 $m=(a+b)/2$ 的值 $f(m)$, 并作判断. 若 $f(m)=0$ (通常算法设计时判断 $|f(m)|\leqslant\varepsilon$), 则 m 是根, 计算过程结束. 否则, 检验 $f(a)f(m)<0$, 则以 m 代替 b, 否则以 m 代替 a.

反复执行步骤 (2), 直到区间的长度小于精度误差 ε, 此时区间中点即为方程的近似根. 二分法算法简单, 且总是收敛的, 但缺点是收敛速度较慢, 通常不单独使用二分法求根.

试值法 (method of false position) 又称为试位法 (regula falsi method)[3], 试值法是二分法的改进, 其思想为: 假设 $f(a)f(b)<0$, 则经过点 $(a,f(a))$ 和 $(b,f(b))$ 的割线 L 与 x 轴的交点 $(c,0)$, 可得到一个更好的近似值.

割线 L 的斜率 k 可有两种方式表示:

$$k=\frac{f(b)-f(a)}{b-a} \quad \text{或} \quad k=\frac{0-f(b)}{c-b}.$$

由于割线 L 的斜率相等, 则可求得交点的横坐标 c:

$$\frac{f(b)-f(a)}{b-a}=\frac{0-f(b)}{c-b}\Longrightarrow c=b-\frac{f(b)(b-a)}{f(b)-f(a)}.$$

可分以下三种情况迭代计算:

(1) $f(a)f(c)<0$, 则在 $[a,c]$ 内有一个零点;

(2) $f(b)f(c)<0$, 则在 $[c,b]$ 内有一个零点;

(3) $f(c)=0$, 则 c 是零点.

二分法的收敛判别准则不适宜试值法, 尽管区间长度越来越小, 但它可能不趋近于 0. 故修改判别准则如下.

(1) 横坐标的封闭性判别条件: $|x_n-x_{n-1}|\leqslant\delta$ 或 $\dfrac{2\,|x_n-x_{n-1}|}{|x_n|+|x_{n-1}|}\leqslant\delta$;

(2) 纵坐标的封闭性判别条件: $|f(x_n)| \leqslant \varepsilon$.

区间分割法的算法实现: 根据传递的参数控制, 基于试值法、二分法逐步分割区间, 直到满足解的精度为止, 未设置分割区间次数上限.

```
# file_name: interval_segmentation_method.py
class IntervalSegmentation_Root:
    """
    区间分割法求解: 二分法、试值法两种方法. 自适应划分, 满足精度要求即可
    """
    def __init__(self, fx, x_span, eps=1e-15, display="display", funEval="dichotomy"):
        self.fx = fx  # 待求根方程, 可采用 lambda 匿名函数定义
        self.a, self.b = x_span[0], x_span[1]  # 求解区间
        self.eps = eps  # 近似根的精度要求
        self.display = display  # 值有to_csv (存储外部文件), display (只显示最终结果)
        self.method = funEval  # 求解方法, 默认为二分法
        self.root_precision_info = []  # 存储划分的区间, 近似根, 精度
        self.root = None  # 最终近似根

    def _solve_root(self, a, b):
        """
        把区间端点代入方程, 区间端点a和b不断更新, 区间[a, b]不断缩小
        """
        fa_val, fb_val = self.fx(a), self.fx(b)  # 左右端点函数值
        if fa_val * fb_val > 0:
            raise ValueError("两端点函数值乘积大于0, 不存在根! ")
        fm_val = self.fx((a + b) / 2)  # 区间中点函数值
        # 构建存储区间划分过程
        self.root_precision_info.append([a, b, (a + b) / 2, fm_val])
        return fa_val, fb_val, fm_val

    def fit_root(self):
        """
        区间分割法非线性方程求根
        """
        a, b = self.a, self.b
        if self.method.lower() == "regula":
            self._regula_falsi_method_(a, b)  # 试值法或试位法
        else:  # 二分法
            fa_val, fb_val, fm_val = self._solve_root(a, b)  # 两端点和中点的函数值
            if abs(fa_val) <= self.eps:  # 左端点函数值满足精度要求
```

```
                self.root = fa_val  # 左端点即为近似根
                return  # 直接返回，无需再分割区间
            elif abs(fb_val) <= self.eps:  # 右端点函数值满足精度要求
                self.root = fb_val  # 右端点即为近似根
                return  # 直接返回，无需再分割区间
            # 循环条件加入解的精度判断
            while abs(fm_val) > self.eps and abs(b - a) > self.eps:
                if fa_val * fm_val < 0:
                    b = (a + b) / 2  # 取前半区间
                else:
                    a = (a + b) / 2  # 取后半区间
                # 在新的区间端点求方程值
                fa_val, fb_val, fm_val = self._solve_root(a, b)
        # 对结果信息转化为ndarray，便于索引取值操作
        self.root_precision_info = np.asarray(self.root_precision_info)
        self.root = self.root_precision_info[-1, 2]  # 满足精度的根
        self._display_csv_info()  # 显示信息或存储外部文件
        return self.root

    def _display_csv_info(self):
        """
        求解过程的显示控制，以及把迭代信息存储到外部文件
        """
        if self.display.lower() == "to_csv":
            res = pd.DataFrame(self.root_precision_info,
                               columns=["left", "right", "root", "precision"])
            res.to_csv("../result_file/result%s.csv" %
                       datetime.datetime.now().strftime('%Y%m%d%H%M%S'))
        elif self.display.lower() == "display":  # 显示
            final_info = self.root_precision_info[-1, :]  # 最终的信息
            print("最终分割区间：[%.10f, %.10f], x = %.20f, 精度：%.10e, 迭代次数: %d"
                  % (final_info[0], final_info[1], self.root, final_info[-1],
                     len(self.root_precision_info)))

    def _regula_falsi_method_(self, a, b):
        """
        试值法或试位法求解
        """
        fa_val, fb_val = self.fx(a), self.fx(b)  # 区间端点的函数值
        lx_point = b - (fb_val * (b - a)) / (fb_val - fa_val)  # 割线L与x轴交点
```

```
fc_eps = self.fx(lx_point)  # lx_point点的方程值误差
self.root_precision_info.append([a, b, lx_point, fc_eps])
if abs(fc_eps) <= self.eps:
    self.root = lx_point
while abs(fc_eps) > self.eps:  # 纵坐标判别准则
    if fb_val * fc_eps > 0:
        b, fb_val = lx_point, fc_eps  # 在[a, lx_point]内有一个零点
    else:
        a, fa_val = lx_point, fc_eps  # 在[lx_point, b]内有一个零点
    lx_point = b - (fb_val * (b - a)) / (fb_val - fa_val)  # 割线L与x轴交点
    fc_eps = self.fx(lx_point)  # c点的方程值误差
    self.root_precision_info.append([a, b, lx_point, fc_eps])
    if np.min([abs(lx_point), lx_point - a]) <= self.eps:  # 横坐标判别准则
        break
```

例 1 采用试值法和二分法求解 $\mathrm{e}^{-3x}\sin(4x+2)+4\mathrm{e}^{-0.5x}\cos 2x-0.5=0$ 在区间 $[0,1]$ 和 $[3,4]$ 内的近似根, 精度要求 $\varepsilon=10^{-16}$, 近似根 x^* 保留 15 位有效数字.

如图 8-1 所示, 在同样精度要求下, 试值法要优于二分法, 且试值法从区间右端点一侧逐步逼近近似根, 所以二分法终止分割的条件不适宜试值法. 二分法始终通过逐步缩小有根区间的方法逼近近似根. 两种方法最终收敛的近似根和精度一致: $x^*=0.673745705001348$, $\varepsilon=0.0$ (通过算法打印输出, 在 15 位有效数字内显示为 0). 如图 8-2 所示, 在区间 $[3,4]$ 内, 试值法只需 9 次即可获得满足精度要求的近似根. 两种方法最终收敛的近似根和精度一致: $x^*=3.520263892441550, \varepsilon=0.0$.

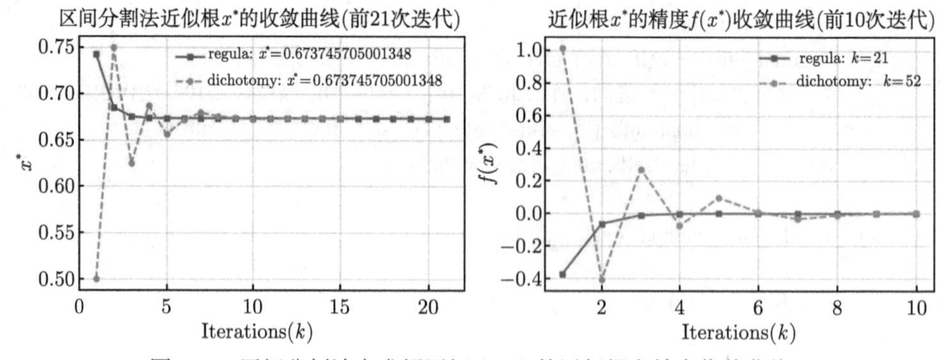

图 8-1 区间分割法在求解区间 $[0,1]$ 的近似根和精度收敛曲线

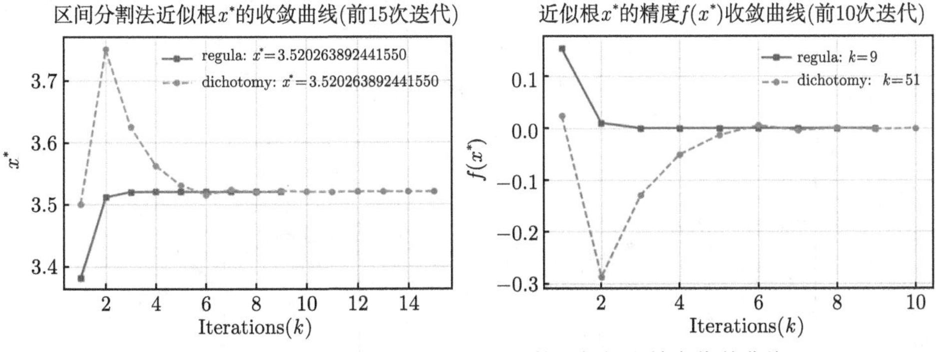

图 8-2 区间分割法在求解区间 [3, 4] 的近似根和精度收敛曲线

■ 8.2 不动点迭代法和加速迭代法

对于复杂方程 $f(x)=0$, 具体求根通常分两步走: 先用适当方法获得根的某个初始近似值 x_0; 然后再反复迭代, 将 x_0 逐步加工成一系列近似根 $x_1, x_2, \cdots$, 直到足够精确为止.

8.2.1 不动点迭代法

不动点迭代法又称为**皮卡** (Picard) **迭代法**、**逐次逼近法**, 不动点迭代法是求方程在某区间内单根的近似值的重要方法.

用不动点迭代法求方程 $f(x)=0$ 的单根 x^* 的主要步骤为

(1) 把 $f(x)=0$ 变形为 $x=\varphi(x)$, 称 $\varphi(x)$ 为迭代函数.

(2) 以 $x_{k+1}=\varphi\left(x_k\right), k=0,1, \cdots$ 为迭代公式, 以 x^* 附近的某一个值 x_0 为迭代初值, 反复迭代, 得到迭代序列: $x_1, x_2, \cdots$.

(3) 若此序列收敛, 当 k 充分大时, 则必收敛于精确根 x^*.

方程 $f(x)=0$ 到 $x=\varphi(x)$ 的变形不唯一. 不同的迭代公式和不同的迭代初值, 迭代过程有的收敛, 有的不收敛. 不动点迭代法的几何意义如图 8-3(左) 所示, 联立方程组 $y=\varphi(x)$ 和 $y=x$, 通过初值 x_0 逐步迭代, 即 $y_1=\varphi\left(x_0\right) \stackrel{x_1=y_1}{\longrightarrow} y_2=\varphi\left(x_1\right) \stackrel{x_2=y_2}{\longrightarrow} y_3=\varphi\left(x_2\right) \stackrel{x_3=y_3}{\longrightarrow} \cdots$.

用迭代公式 $x_{k+1}=\varphi\left(x_k\right)$ 求方程 $x=\varphi(x)$ 在区间 $[a, b]$ 内的一个根 x^*, 根据微分中值定理有

$$x^*-x_{k+1}=\varphi\left(x^*\right)-\varphi\left(x_k\right)=\varphi^{\prime}(\xi)\left(x^*-x_k\right), \quad \xi \in\left(x^*, x_k\right).$$

如果存在常数 $L(0 \leqslant L<1)$, 使得对于 $\forall x \in[a, b]$ 一致成立 $\left|\varphi^{\prime}(x)\right| \leqslant L$, 则 $\left|x^*-x_{k+1}\right| \leqslant L\left|x^*-x_k\right|$, 对迭代误差有 $e_k=\left|x^*-x_k\right|$, 同样有 $e_k \leqslant L^k e_0$, 由于 $0 \leqslant L<1$, 因而迭代收敛.

实际应用中, 通常只在不动点 x^* 的邻近考察其收敛性, 即局部收敛性. 设 $\varphi(x)$ 在方程 $x=\varphi(x)$ 的根 x^* 的邻近有连续的一阶导数, 且成立 $|\varphi'(x^*)|<1$, 则迭代过程 $x_{k+1}=\varphi(x_k)$ 在 x^* 邻近具有**局部收敛性**.

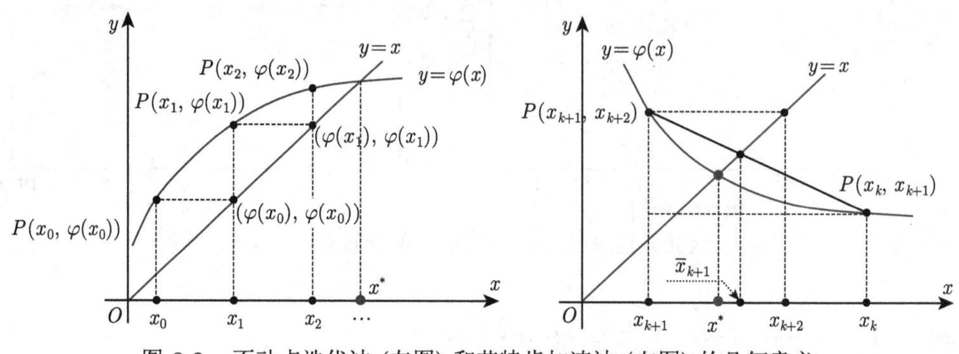

图 8-3 不动点迭代法 (左图) 和艾特肯加速法 (右图) 的几何意义

8.2.2 艾特肯加速法

艾特肯 (Aitken) 加速法用来加快不动点迭代法的收敛速度. 先用不动点迭代法算出序列 $\{x_k\}$, 再对此序列作修正得到 $\{\bar{x}_k\}$. 具体方法: 用艾特肯加速法对不动点迭代法 $x=\varphi(x)$ 迭代过程加速得到的迭代序列记为 $\{x_k\}_{k=0}^{\infty}$, 则计算出 x_k, x_{k+1}, x_{k+2} 后, 对 x_{k+1} 作以下修正:

$$\bar{x}_{k+1}=x_k-\frac{(x_{k+1}-x_k)^2}{x_{k+2}-2x_{k+1}+x_k},\quad k=0,1,\cdots,$$

然后用 $\bar{x}_{k+1}$ 来逼近方程的根.

艾特肯法的几何意义如图 8-3 (右) 所示, 由不动点迭代法得到的 x_k、$x_{k+1}=\varphi(x_k)$ 和 $x_{k+2}=\varphi(x_{k+1})$, 构成点 $P(x_k,x_{k+1})$ 和 $P(x_{k+1},x_{k+2})$, 过两点的直线与直线 $y=x$ 的交点的横坐标 $\bar{x}_{k+1}$ 即为艾特肯加速法的修正值. 即 $\bar{x}_{k+1}$ 可通过如下推导获得:

$$y=x_{k+1}+\frac{x_{k+2}-x_{k+1}}{x_{k+1}-x_k}(x-x_k)=x,$$

记 $x=\bar{x}_{k+1}$, 则可得

$$\bar{x}_{k+1}=\frac{x_{k+2}x_k-x_{k+1}x_{k+1}}{x_{k+2}-2x_{k+1}+x_k}=x_k-\frac{(x_{k+1}-x_k)^2}{x_{k+2}-2x_{k+1}+x_k}.$$

8.2.3 斯特芬森加速法

艾特肯法不管原序列 $\{x_k\}$ 是怎样产生的, 对 $\{x_k\}$ 进行加速计算, 得到序列 $\{\bar{x}_k\}$. 如果把艾特肯加速法技巧与不动点迭代法结合, 则可得到如下的迭代法:

$$y_k = \varphi(x_k), \quad z_k = \varphi(y_k), \quad x_{k+1} = x_k - \frac{(y_k - x_k)^2}{z_k - 2y_k + x_k}, \quad k = 0, 1, \cdots,$$

称为**斯特芬森** (Steffensen) **法**, 斯特芬森法是二阶收敛的. 某些情况下, 即使不动点迭代法和艾特肯加速法不收敛, 但斯特芬森法仍可能收敛.

```
# file_name: iterative_solution_method.py
class IterativeSolutionMethod_Root:
    """
    迭代求解方程的根. 包括: 不动点迭代法、艾特肯加速迭代法、斯特芬森加速迭代法
    """
    def __init__(self, fai_x, x0, eps=1e-15, max_iter=200, display="display",
                 method="steffensen"):
        self.fai_x = fai_x  # 构造的迭代公式
        self.x0 = x0  # 迭代初值
        # 篇幅所限, 略去其他实例属性初始化

    def fit_root(self):
        """
        迭代求解非线性方程的根核心算法
        """
        iter_, tol = 0, np.infty  # 迭代次数和精度初始化
        if self.method == "stable":  # 不动点迭代法
            self._stable_iteration(self.x0, tol, iter_)
        elif self.method == "aitken":  # 艾特肯加速迭代法
            self._aitken_acceleration(self.x0, tol, iter_)
        elif self.method == "steffensen":  # 斯特芬森迭代法
            self._steffensen_iteration(self.x0, tol, iter_)
        else:
            raise ValueError("迭代方法只能是stable、aitken和steffensen")
        # 将结果信息转化为ndarray, 便于索引取值操作
        self.root_precision_info = np.asarray(self.root_precision_info)
        self.root = self.root_precision_info[-1,1]  # 满足精度的根
        self._display_csv_info()  # 显示信息或存储外部文件
        return self.root

    def _stable_iteration(self, x_n, tol, iter_):
        """
        不动点迭代法
        """
        while tol > self.eps and iter_ < self.max_iter:
```

```
            x_b = x_n  # 解的迭代更新, 即下一次x(n+1)计算结果赋值给上一次x(n)
            x_n = self.fai_x(x_b)  # 计算一次迭代公式
            iter_, tol = iter_ + 1, np.abs(x_n - x_b)  # 精度更新, 迭代次数+1
            self.root_precision_info.append([iter_, x_n, tol])

    def _aitken_acceleration(self, x_n, tol, iter_):
        """
        艾特肯加速法
        """
        xk_seq = np.zeros(3)  # 初始维护不动点迭代法的三个值
        xk_seq[0] = self.x0  # 起始初值
        for i in range(2):  # 至少三个点才能修正一次
            xk_seq[i + 1] = self.fai_x(xk_seq[i])  # 存储迭代序列
        while tol > self.eps and iter_ < self.max_iter:
            x_b = x_n  # 加速的值更新
            x_n = xk_seq[0] - (xk_seq[1] - xk_seq[0]) ** 2 / \
                  (xk_seq[2] - 2 * xk_seq[1] + xk_seq[0])  # 作一次修正
            xk_seq[:2] = xk_seq[1:]  # 替换不动点的迭代序列, 后两个值赋值给前两个值
            xk_seq[2] = self.fai_x(xk_seq[-1])  # 不动点迭代法计算一次序列, 第三个值
            iter_, tol = iter_ + 1, np.abs(x_n - x_b)  # 精度更新, 迭代次数+1
            self.root_precision_info.append([iter_, x_n, tol])

    def _steffensen_iteration(self, x_n, tol, iter_):
        """
        斯特芬森迭代法
        """
        while tol > self.eps and iter_ < self.max_iter:
            x_b = x_n  # 解的迭代更新, 即下一次x(n+1)计算结果赋值给上一次x(n)
            y_n = self.fai_x(x_b)  # 通过迭代公式计算
            z_n = self.fai_x(y_n)  # 加速一次
            if np.abs(z_n - y_n) < self.eps:  # 新计算出来的值已经满足精度
                x_n = z_n
            else:
                # 斯特芬森迭代公式
                x_n = x_b - (y_n - x_b) ** 2 / (z_n - 2 * y_n + x_b)
            iter_, tol = iter_ + 1, np.abs(x_n - x_b)  # 精度更新, 迭代次数+1
            self.root_precision_info.append([iter_, x_n, tol])

    def _display_csv_info(self):  # 求解过程的显示控制, 以及把迭代信息存储到外部文件
```

例 2 用不动点迭代法、艾特肯加速法和斯特芬森加速法求解非线性方程 $x^4+2x^2-x-3=0$ 的根, 精度要求 $\varepsilon=10^{-16}$, 迭代初值 $x_0=1.0$, 最大迭代次数 200.

对方程进行变形, 构造迭代公式如下:

(1) 若变形为 $x=\sqrt{\sqrt{x+4}-1}$, 则得迭代公式 $x_{k+1}=\sqrt{\sqrt{x_k+4}-1}, k=0,1,\cdots$;

(2) 若变形为 $x=\sqrt[4]{3+x-2x^2}$, 则得迭代公式 $x_{k+1}=\sqrt[4]{3+x_k-2x_k^2}, k=0,1,\cdots$;

(3) 若变形为 $x=x^4+2x^2-3$, 则得迭代公式 $x_{k+1}=x_k^4+2x_k^2-3, k=0,1,\cdots$.

针对 (1) 情形, 图 8-4 为三种方法的解的收敛曲线, 由于左图三种方法精度收敛曲线重叠在一起, 不易区分, 故右图 y 轴为对数刻度坐标, 以更好地区分不同方法的收敛速度. 在相同的迭代初值和精度要求下, 不动点迭代法需迭代 16 次, 艾特肯加速法起到了对不动点迭代法的加速效应, 而斯特芬森加速法更优. 三种方法最终在满足精度要求下的解均为 $x^*=1.124123029704315$, 其精度在设置的 25 位有效数字内显示为 0.

注 由于最终的精度近似为 0, ln(0) 无意义, 故右图中每种方法少标记一个点.

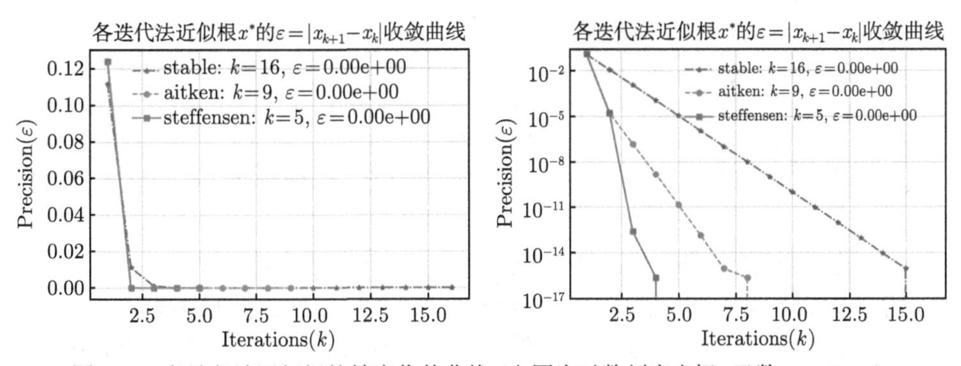

图 8-4 各迭代法近似根的精度收敛曲线 (右图为对数刻度坐标, 函数 semilogy)

不同的迭代公式, 其收敛速度也不一样, 有些迭代公式甚至不收敛. 如图 8-5 所示, 对于 (2) 情形下的迭代公式, 不动点迭代法达到最大迭代次数 200, 精度为 $\varepsilon=4.44\times10^{-16}$, 收敛速度较慢, 而艾特肯加速法迭代 35 次, 斯特芬森加速法迭代 5 次. 对于 (3) 情形下的迭代公式, 不动点迭代法和艾特肯加速法均不收敛, 迭代过程近似根的值非常大而出现溢出现象, 斯特芬森加速法迭代 22 次收敛, 近似根仍为 $x^*=1.124123029704315$.

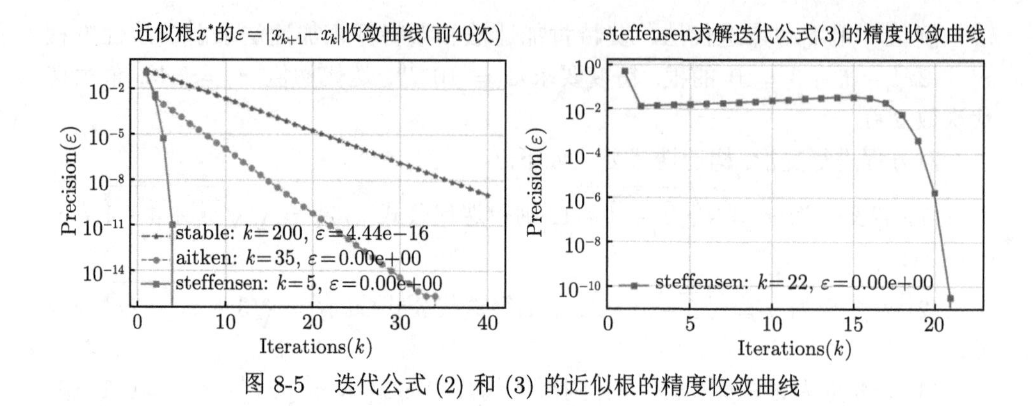

图 8-5　迭代公式 (2) 和 (3) 的近似根的精度收敛曲线

■ 8.3　牛顿法

牛顿法实质上是一种线性化方法, 其基本思想是将非线性方程 $f(x)=0$ 逐步归结为某种线性方程来求解.

8.3.1　牛顿法

牛顿法又称**切线法**, 是一种有特色的求根方法. 用牛顿法求 $f(x)=0$ 的单根 x^* 的主要步骤:

(1) 构造牛顿法的迭代公式

$$x_{k+1}=x_k-\frac{f\left(x_k\right)}{f'\left(x_k\right)},\quad k=0,1,\cdots.$$

(2) 以 x^* 附近的某一个值 x_0 为迭代初值, 代入迭代公式, 反复迭代, 得到序列 $x_1,x_2,\cdots$.

(3) 若序列收敛, 当迭代次数 k 充分大时, 则必收敛于精确根 x^*.

牛顿法有显然的几何意义, 方程 $f(x)=0$ 的根 x^* 可解释为曲线 $y=f(x)$ 与 x 轴交点的横坐标. 设 x_k 是根 x^* 的某个近似值, 过曲线 $y=f(x)$ 上横坐标为 x_k 的点 $P_k\left(x_k,y_k\right)$ 引切线, 并将该切线与 x 轴交点的横坐标 x_{k+1} 作为 x^* 的新的近似值. 如图 8-6 所示.

牛顿法初值的选择: 若 $f(x)$ 在 $[a,b]$ 上连续, 存在 2 阶导数, 且满足下列条件:

(1) $f(a)f(b)<0$;

(2) $f'(x)$ 在 $[a,b]$ 内不变号, 且 $f'(x)\neq 0$;

(3) $f''(x)$ 在 $[a,b]$ 内不变号, 且 $f''(x)\neq 0$;

(4) $\left|\dfrac{f(a)}{f'(a)}\right|\leqslant b-a$, 且 $\left|\dfrac{f(b)}{f'(b)}\right|\leqslant b-a$,

则对任意的初值 $x_0\in[a,b]$, 牛顿迭代序列收敛于 $f(x)=0$ 在 $[a,b]$ 内的唯一根.

牛顿法的优缺点：牛顿法是目前求解非线性方程 (组) 的主要方法, 至少二阶局部收敛, 收敛速度较快, 特别是当迭代初值充分靠近精确解时. 对重根收敛速度较慢 (线性收敛), 对初值的选取很敏感, 要求初值相当接近真解, 需要求导数.

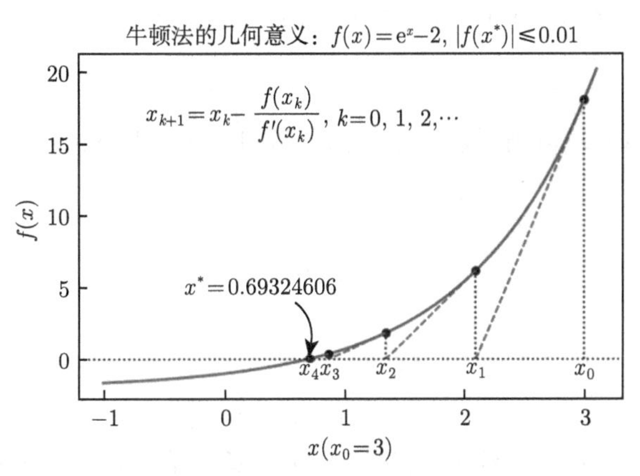

图 8-6　牛顿法迭代收敛过程的几何意义

如下代码实现可视化牛顿法的几何意义[6]:

```
# file_name: test_newton_principle.py
tol , xk = 1e−2, 3.0  # 精度及初值
fx, dfx = lambda x: np.exp(x) − 2, lambda x: np.exp(x)  # 方程, 一阶导
plt . figure ( figsize =(7, 5))  # 可视化牛顿法根的搜索过程
xi = np. linspace (−1, 3.1, 200)  # 等分离散值
plt . plot (xi , fx(xi ), "−", lw=2)  # 方程图形
plt . axhline (0, ls =':', color ='k')  # x=0轴水平线
n = 0  # 迭代次数
while abs(fx(xk)) > tol :  # 如下重复迭代, 直到满足精度要求, 即收敛精度
    xk_new = xk − fx(xk) / dfx(xk)  # 牛顿迭代公式
    plt . plot ([xk, xk], [0, fx(xk) ], color="k", ls =':')  # 垂直线
    plt . plot (xk, fx(xk), 'ko')  # 描点, 迭代过程的近似根
    plt . text (xk, −1, r"$x_%d$" % n, ha="center", fontsize =18)  # 添加文本标注
    plt . plot ([xk, xk_new], [fx(xk), 0], "r−−")  # 切线
    xk = xk_new # 值更新
    n += 1
plt . text (−0.8, 16, "$x_{k+1} = x_k − \dfrac {f(x_k)}{f^{\prime}(x_k)},"
                    "\ k = 0,1,2,\ cdots$ ", fontsize =18)
plt . annotate ("$x^* = %.8f$" % xk, fontsize =18, family=" serif ", xy=(xk, fx(xk)),
               xycoords="data", xytext=(−100, +50), textcoords =' offset points ',
               arrowprops=dict( arrowstyle ="−>", connectionstyle ="arc3, rad=−.5"))
```

```
plt . title (r"牛顿迭代法的几何意义:$f(x) = e^x - 2, \ \vert  f(x^*) \vert  \leq  0.01$",
        fontdict ={" fontsize ":  18})
plt . xlabel ("$x(x_0=3)$",  fontdict ={" fontsize ":  18})
plt . ylabel ("$f(x)$",  fontdict ={" fontsize ":  20})
plt .tick_params( labelsize =16)  # 刻度字体大小16
plt .show()
```

哈利 (Halley) **法**可用于加速牛顿法收敛, 哈利迭代公式:

$$x_{k+1}=x_k-\frac{f\left(x_k\right)}{f'\left(x_k\right)}\left(1-\frac{f\left(x_k\right)f''\left(x_k\right)}{2\left(f'\left(x_k\right)\right)^2}\right)^{-1},\quad k=0,1,\cdots.$$

哈利法在单根情况下可达到三阶收敛.

简化迭代公式为 $x_{k+1}=x_k-\lambda f\left(x_k\right), k=0,1,\cdots$. 为保证收敛, 系数 λ 只需满足 $0<\lambda<2/f'\left(x_k\right)$ 即可. 如果 λ 取常数 $1/f'\left(x_0\right)$, 则称**简化牛顿法**, 也称**平行弦法**. 简化牛顿法线性收敛.

8.3.2 牛顿下山法

牛顿法的收敛性依赖初值 x_0 的选取, 如果 x_0 偏离所求根 x^* 较远, 则牛顿法可能发散. 牛顿下山法, 引入下山因子 $\lambda>0$, 保证函数值稳定下降 $\left|f\left(x_{k+1}\right)\right|<\left|f\left(x_k\right)\right|$ 的同时, 加速收敛速度. 牛顿下山法公式:

$$x_{k+1}=x_k-\lambda\frac{f\left(x_k\right)}{f'\left(x_k\right)},\quad k=0,1,\cdots.$$

下山因子的取法: 从 $\lambda=1$ 开始, 逐次减半, 即 $\lambda=1,\frac{1}{2},\frac{1}{2^2},\cdots$, 直到满足下降条件 $\left|f\left(x_{k+1}\right)\right|<\left|f\left(x_k\right)\right|$.

8.3.3 重根情形

当 x^* 为 $f(x)$ 的 $m\,(m>0)$ 重根时, 则 $f(x)$ 可表为 $f(x)=(x-x^*)^m g(x)$, 其中 $g(x^*)\neq 0$, 此时用牛顿法求 x^* 仍然收敛, 只是收敛速度将大大减慢, 牛顿法求方程的重根时仅为线性收敛.

将求重根问题化为求单根问题进行牛顿法求解. 对 $f(x)=(x-x^*)^m g(x)$, 令函数

$$\mu(x)=\frac{f(x)}{f'(x)}=\frac{(x-x^*)\,g(x)}{mg(x)+(x-x^*)\,g'(x)}.$$

则化为求 $\mu(x)=0$ 的单根 x^* 的问题, 对它用牛顿法是二阶收敛的. 其迭代函数为

$$\varphi(x)=x-\frac{\mu(x)}{\mu'(x)}=x-\frac{f(x)f'(x)}{[f'(x)]^2-f(x)f''(x)}.$$

从而构造迭代方法

$$x_{k+1}=x_k-\frac{f\left(x_k\right)f'\left(x_k\right)}{\left[f'\left(x_k\right)\right]^2-f\left(x_k\right)f''\left(x_k\right)},\quad k=0,1,\cdots.$$

算法说明 (1) 由于牛顿法需要计算方程的一阶导数和二阶导数 (重根情形), 故方程的定义采用符号 sympy 定义 (避免手工计算传参), 在算法 _solve_diff_fun_(equ) 中实现符号函数的一阶导数和二阶导数的计算, 并转换为 lambda 函数进行数值运算.

(2) 根据参数 method 选择执行不同的牛顿迭代法, 具体: “newton” 为牛顿法 _newton_(), “halley” 为哈利法 (牛顿加速法) _newton_halley_(), “downhill” 为牛顿下山法 _newton_downhill_(), “multi” 为重根情形 _multiple_root_(). 由于简单牛顿法收敛较慢, 故算法不再设计.

```
# file_name: newton_root_method.py
class NewtonRootMethod:
    """
    牛顿法求解方程的根, 包含牛顿法, 加速哈利法, 牛顿下山法和重根情形.
    """
    def __init__(self, fx, x0, eps=1e-15, max_iter=200, display="display",
                 method="newton"):
        # 待求根方程转化为lambda函数, 以及方程的一阶导和二阶导(针对重根)
        self.fx, self.dfx, self.d2fx = self._solve_diff_fun_(fx)
        # 其他实例属性参数的初始化, 略去···

    @staticmethod
    def _solve_diff_fun_(equ):
        """
        求解方程的一阶导数和二阶导数, 并把符号函数转换为lanmbda函数
        """
        t = equ.free_symbols.pop()  # 获得符号自由变量
        diff_equ = sympy.lambdify(t, equ.diff(t, 1))  # 一阶导
        diff2_equ = sympy.lambdify(t, equ.diff(t, 2))  # 二阶导
        equ_expr = sympy.lambdify(t, equ)  # 原方程转换
        return equ_expr, diff_equ, diff2_equ
```

```
def fit_root(self):
    """
    牛顿法求解方程的根
    """
    if self.method == "newton":  # 牛顿法
        self._newton_()
    elif self.method == "halley":  # 哈利加速法
        self._newton_halley_()
    elif self.method == "simple":  # 简单牛顿法
        self._simple_newton_()
    elif self.method == "downhill":  # 牛顿下山法
        self._newton_downhill_()
    elif self.method == "multiroot":  # 重根情形
        self._multiple_root_()
    else:
        raise ValueError("仅支持newton, halley, downhill, multiroot")
    # 便于索引取值操作, 转化为ndarray格式
    self.root_precision_info = np.asarray(self.root_precision_info)
    self.root = self.root_precision_info[-1, 1]  # 满足精度的根
    self._display_csv_info()  # 显示信息或存储外部文件
    return self.root

def _newton_(self):
    """
    经典的牛顿法
    """
    iter_, sol_tol = 0, np.abs(self.fx(self.x0))  # 初始变量
    x_b, x_n = self.x0, self.x0  # x_b表示x_k, x_n表示x_{k+1}
    while sol_tol > self.eps and iter_ < self.max_iter:
        x_n = x_b - self.fx(x_b) / self.dfx(x_b)  # 牛顿迭代法公式
        iter_, sol_tol = iter_ + 1, np.abs(self.fx(x_n))  # 更新变量
        x_b = x_n  # 近似根的迭代
        # 迭代过程信息存储, 格式为[[k, x_k, |f(x_k)|], ···]
        self.root_precision_info.append([iter_, x_n, sol_tol])

def _newton_halley_(self):
    """
    牛顿加速哈利法
    """
```

```
        iter_ , sol_tol = 0, np.abs(self.fx(self.x0)) # 初始变量
        x_b, x_n = self.x0, self.x0 # x_b表示x_k, x_n表示x_{k+1}
        while sol_tol > self.eps and iter_ < self.max_iter:
            f_b, df_b, df2_b = self.fx(x_b), self.dfx(x_b), self.d2fx(x_b)
            # 哈利法公式
            x_n = x_b - f_b / df_b / (1 - f_b * df2_b / (2 * df_b ** 2))
            iter_ , sol_tol = iter_ + 1, np.abs(self.fx(x_n)) # 更新变量
            x_b = x_n # 近似根的迭代
            self. root_precision_info .append([ iter_ , x_n, sol_tol ])

    def _newton_downhill_(self):
        """
        牛顿下山法, 包含下山因子
        """
        iter_ , sol_tol = 0, np.abs(self.fx(self.x0))
        x_b, x_n = self.x0, self.x0 # x_b表示x_k, x_n表示x_{k+1}
        downhill_lambda = [] # 存储下山因子
        while sol_tol > self.eps and iter_ < self.max_iter:
            iter_ += 1 # 迭代次数加一
            lambda_, df, df1 = 1, self.fx(x_b), self.dfx(x_b)
            x_n = x_b - df / df1 # 牛顿迭代公式
            sol_tol = np.abs(self.fx(x_n)) # 当前精度
            while sol_tol > np.abs(df): # 保证下降
                lambda_ /= 2 # 下山因子逐次减半
                x_n = x_b - lambda_ * df / df1 # 牛顿下山法迭代公式
                sol_tol = np.abs(self.fx(x_n)) # 更新精度
            if lambda_ < 1:
                downhill_lambda.append([ iter_ , lambda_]) # 只存储小于1的下山因子
            x_b = x_n # 近似根的迭代
            self. root_precision_info .append([ iter_ , x_n, sol_tol ])
        if downhill_lambda: # 下山因子, 仅输出不为1的下山因子
            print ("迭代次数及下山因子为：")
            for lambda_ in downhill_lambda:
                print (lambda_[0], ": ", lambda_[1]) # 格式为：k:λ

    def _multiple_root_(self):
        """
        牛顿法重根情形
        """
        iter_ , sol_tol = 0, np.abs(self.fx(self.x0)) # 初始变量
```

```
x_b, x_n = self.x0, self.x0 # x_b表示x_k, x_n表示x_{k+1}
while sol_tol > self.eps and iter_ < self.max_iter:
    df, d1f, d2f = self.fx(x_b), self.dfx(x_b), self.d2fx(x_b)
    x_n = x_b - df * d1f / (d1f ** 2 - df * d2f)  # 重根情形牛顿公式
    iter_, sol_tol = iter_ + 1, np.abs(self.fx(x_n))  # 更新变量
    x_b = x_n  # 近似解的迭代
    self.root_precision_info.append([iter_, x_n, sol_tol])
```

例 3 分别采用不同的牛顿法求解方程 $(x-1)(\sin(x-1)+3x)-x^3+1=0$ 在 $x_0=0.5$ 和 $x_0=2.5$ 附近的近似根, 精度要求 $\varepsilon=10^{-15}$, 并比较各方法的效率.

该方程有重根 $x^*=1$, 且是二重根. 如图 8-7 (左) 所示, 在重根情况下, 采用牛顿重根迭代公式收敛速度极快, 哈利法可加快牛顿法的收敛速度, 由于收敛过程函数值均满足稳定下降的条件, 故牛顿法和牛顿下山法迭代过程一样. 如图 8-7 (右) 所示, 在没有重根情况下, 哈利法表现较为优越, $x^*=1.876726215395062$, 误差精度近乎为 0.

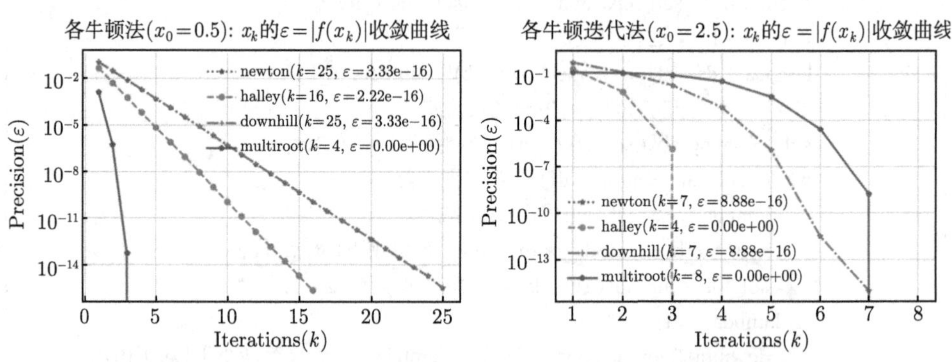

图 8-7 不同牛顿法在初值 0.5 和 2.5 时近似根的精度收敛曲线

表 8-1 为初值 $x_0=0.5$ 时各迭代法迭代次数、近似根和精度结果.

表 8-1 不同牛顿法在初值 0.5 时近似根的迭代结果

迭代方法	迭代次数	近似根	近似根的精度
牛顿法	25	0.99999997996933098765	3.330669073875470e−16
哈利法	16	0.99999998577509119357	2.220446049250313e−16
牛顿下山法	25	0.99999997996933098765	3.330669073875470e−16
重根情形	4	0.99999999904738023915	0.000000000000000e+00

例 4[3] 设一个投射体从原点发射, 仰角为 b_0, 初始速度为 v_0. 忽略空气阻

力, 如果用英尺 ft (1ft $\approx$ 0.3048m) 为单位进行测量, 则飞行高度 $y=y(t)$ 与飞行水平行程 $x=x(t)$ 符合规则: $y=v_y t-16t^2, x=v_x t$, 其中初始速度的水平分量与垂直分量分别为 $v_x=v_0\cos b_0, v_y=v_0\sin b_0$.

考虑到空气阻力与速度成一定比例, 则运动方程变为

$$\begin{cases} y=f(t)=\left(Cv_y+32C^2\right)\left(1-\mathrm{e}^{-t/C}\right)-32Ct, \\ x=r(t)=Cv_x\left(1-\mathrm{e}^{-t/C}\right), \end{cases}$$

其中 $C=m/k, k$ 是空气阻力的系数, m 是投射体的质量. 假设一个投射体发射的仰角 $b_0=45^\circ$, $v_y=v_x=160\mathrm{ft/s}$ 和 $C=10$. 求撞击地面后的飞行时间和飞行水平行程.

分析: 求解飞行时间需求解方程 $f(t)=0$, 以确定当投射体击中地面时经过的时间. 考虑空气阻力, 将初始化参数代入方程可得

$$\begin{cases} y=f(t)=4800\left(1-\mathrm{e}^{-0.1t}\right)-320t, \\ x=r(t)=1600\left(1-\mathrm{e}^{-0.1t}\right). \end{cases}$$

图 8-8(左) 为投射体飞行轨迹图像, 从中看出在 8.5 附近有一个根. 采用牛顿法和哈利法求解, 初值 $t_0=8.5$, 精度要求 $\varepsilon=10^{-16}$, 两种方法求解结果和精度一致, 飞行时间为 8.742174657987171s, 误差精度为 0, 进而求得飞行水平距离为 932.4986301852981ft.

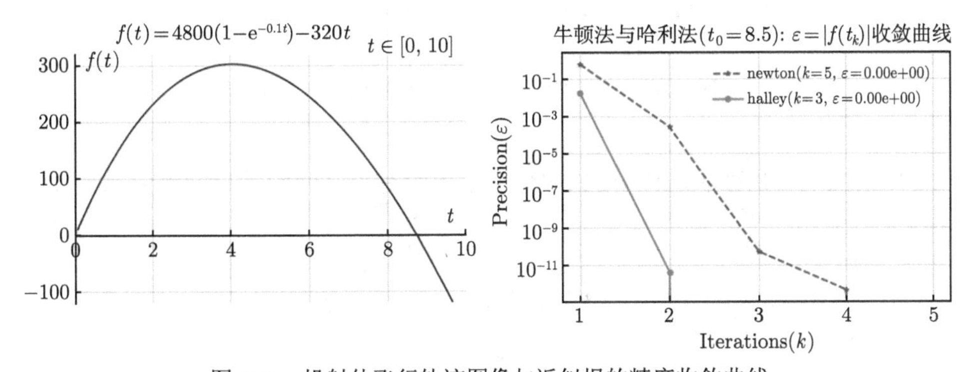

图 8-8　投射体飞行轨迹图像与近似根的精度收敛曲线

■ 8.4　弦截法与抛物线法

弦截法是一种不必进行导数运算的求根方法. 弦截法在迭代过程中不仅用到前一步 x_{k-1} 处的函数值, 而且还使用 x_k 处的函数值来构造迭代函数, 如此可提

高迭代的收敛速度. 抛物线法采用三个点来近似函数 $f(x)$, 并且用抛物线与 x 轴的交点来逼近函数 $f(x)$ 的根.

8.4.1 弦截法

为避免计算函数的导数 $f'(x)$, 使用差商 $\dfrac{f(x_k)-f(x_{k-1})}{x_k-x_{k-1}}$ 代替导数, 便得到迭代公式:

$$x_{k+1}=x_k-\frac{f(x_k)}{f(x_k)-f(x_{k-1})}(x_k-x_{k-1}),\quad k=1,2,\cdots.$$

称作**双点弦截法**, 收敛阶约为 1.618. 双点弦截法启动需要两个迭代初值 x_0 和 x_1. 几何意义如图 8-9 (右) 所示, 以弦线 $\overline{P_{k-1}P_k}$ 为斜率, 通过点 $(x_k,f(x_k))$ 构成的直线与 x 轴的交点即为 x_{k+1}.

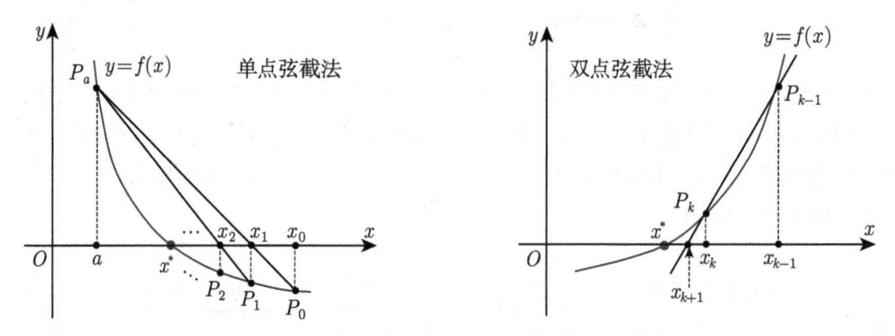

图 8-9 单点弦截法和双点弦截法的几何意义

如果把双点弦截法迭代公式中的 x_{k-1} 改为有根区间的某一端点 a, 则迭代公式为

$$x_{k+1}=x_k-\frac{f(x_k)}{f(x_k)-f(a)}(x_k-a),\quad k=0,1,\cdots,$$

每步只用一个新点 x_k 的值, 称之为**单点弦截法**. 单点弦截法启动需要一个迭代初值 x_0. 几何意义如图 8-9 (左) 所示, 端点 a 在迭代过程中始终不变, 以弦线 $\overline{P_aP_k}$ 为斜率, 通过点 $(x_k,f(x_k))$ 构成的直线与 x 轴的交点即为 x_{k+1}.

此外, 弦截法还包括**平行弦截法**, 始终以有根区间的端点 $(a,f(a))$ 和 $(b,f(b))$ 作为弦线, 斜率不变, 迭代公式为

$$x_{k+1}=x_k-\frac{b-a}{f(b)-f(a)}f\left(x_k\right),\quad k=0,1,\cdots.$$

算法说明 弦截法启动需要两个迭代初值，本算法按照平行弦截法公式计算初始的两个值 x_0 和 x_1，其中 $x_0=(a+b)/2$.

```
# file_name: double_points_secant_method.py
class DoublePointsSecantMethod:
    """
    仅实现双点弦截法，采用平行弦截法计算初始启动的两个值
    """
    def __init__(self, fx, x_span, eps=1e-15, max_iter=200, display="display"):
        # 略去必要参数实例属性的初始化

    def fit_root(self):
        """
        核心算法：双点弦截法算法，第一个启动的为中点，第二个采用平行弦截法启动
        """
        fa_val, fb_val = self.fx(self.a), self.fx(self.b)  # 左右端点函数值
        # 如果端点处满足精度要求，即为根
        if np.abs(fa_val) <= self.eps:
            self.root = fa_val
            return self.root
        elif np.abs(fb_val) <= self.eps:
            self.root = fb_val
            return self.root
        # 双点弦截法，启动需要两个点，采用平行弦截法确定其中一个点
        xk_b = (self.b + self.a) / 2  # 第一个起始点为区间中点x0
        xk = xk_b - (self.b - self.a) / (fb_val - fa_val) * self.fx(xk_b)  # x1
        if np.abs(self.fx(xk)) <= self.eps:
            self.root = xk # 采用平行弦截法确定的初始启动值满足精度要求
            return self.root
        self._double_secant(xk_b, xk)  # 双点弦截法，此处可扩展其他弦截法
        if self.root_precision_info != []:
            self.root_precision_info = np.asarray(self.root_precision_info)
            self.root = self.root_precision_info[-1, 1]  # 满足精度的根
            self._display_csv_info()  # 显示信息或存储外部文件
            return self.root

    def _double_secant(self, xk_b, xk):
        """
```

```
        双点弦截法, xk_b和xk为两个启动值
        """
        tol ,  iter_  = np. infty , 0  # 初始精度和迭代变量
        fk_b, fk = self .fx(xk_b), self .fx(xk)  # 初始的函数值
        while np.abs( tol ) > self .eps and iter_  < self .max_iter:  # 在精度要求下迭代
            if np.abs(fk - fk_b) < self .eps:  # 防止溢出
                break
            xk_n = xk - (xk - xk_b) / (fk - fk_b) * fk  # 双点弦截法公式
            xk_b, xk, fk_b, fk = xk, xk_n, fk, self .fx(xk_n)  # 近似值和函数值的更新
            tol , iter_  = fk, iter_  + 1  # 更新精度, 迭代次数+1
            self . root_precision_info .append([ iter_ , xk_n, tol ])

    def _display_csv_info ( self ):  # 求解过程的显示控制, 以及把迭代信息存储到外部文件
```

针对**例 3** 示例: 采用双点弦截法求解在区间 $[0.7, 1.25]$ 和 $[1.75, 2]$ 内的近似根, 精度要求 $\varepsilon = 10^{-16}$.

(1) 在区间 $[0.7, 1.25]$ 内, 迭代 31 次, 满足精度要求的近似根为

$$x^* = 0.999999991535175.$$

(2) 在区间 $[1.7, 5.2]$ 内, 迭代 3 次, 满足精度要求的近似根为

$$x^* = 1.876726215395061.$$

8.4.2 抛物线法

设已知方程 $f(x) = 0$ 的三个近似根 x_k, x_{k-1}, x_{k-2}, 以这三点为节点构造二次插值多项式 $p_2(x)$, 并适当选取 $p_2(x)$ 的一个零点 x_{k+1} 作为新的近似根, 该迭代过程称为**抛物线法**, 亦称为密勒 (Müller) 法. 公式

$$x_{k+1} = x_k - \frac{2f(x_k)}{\omega_k + \operatorname{sgn}(\omega_k)\sqrt{\omega_k^2 - 4f(x_k)f[x_k, x_{k-1}, x_{k-2}]}}, \quad k = 2, 3, \cdots,$$

其中 $\omega_k = f[x_k, x_{k-1}] + f[x_k, x_{k-1}, x_{k-2}](x_k - x_{k-1})$. 几何意义如图 8-10 所示, 以 $f(x) = 0$ 的三个近似根 $[x_{k-2}, x_{k-1}, x_k]$ 为插值节点构造二次插值多项式 $p_2(x)$, 方程 $p_2(x) = 0$ 的零点即为下次迭代值 x_{k+1}.

算法说明 抛物线法启动需要三个初值, 本算法依照平行弦截法公式计算初始的三个值. 求解区间不宜过大, 否则 $\sqrt{\omega_k^2 - 4f(x_k)f[x_k, x_{k-1}, x_{k-2}]}$ 根号下出现负值.

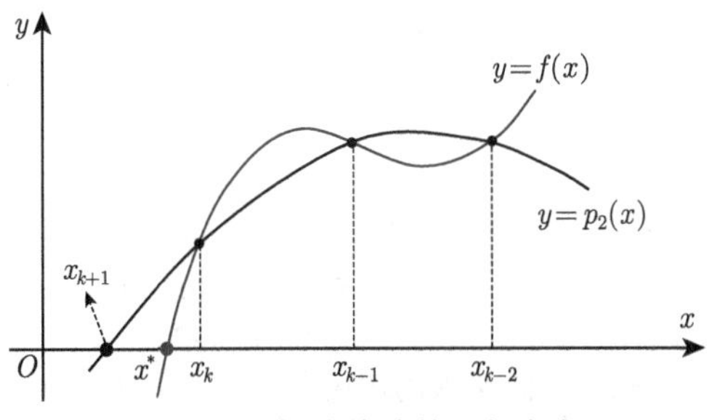

图 8-10 抛物线法的几何意义

```
# file_name: parabola_method.py
class ThreePointParabolaMethod:
    """
    抛物线法求解方程的根,采用平行弦截法计算初始启动的三个值
    """
    def __init__(self, fx, x_span, eps=1e-15, max_iter=200, display="display"):
        # 略去必要参数实例属性的初始化

    def fit_root(self):
        """
        核心算法: 抛物线法求解方程的根
        """
        fa_val, fb_val = self.fx(self.a), self.fx(self.b)  # 左端点, 右端点
        # 如果端点处满足精度要求, 即为根
        if np.abs(fa_val) <= self.eps:
            self.root = fa_val
            return
        elif np.abs(fb_val) <= self.eps:
            self.root = fb_val
            return
        # 采用平行弦截法启动抛物线法的三个初始起点
        xk_2 = (self.b + self.a) / 2  # 第1个值
        xk_1 = xk_2 - (self.b - self.a) / (fb_val - fa_val) * self.fx(xk_2)  # 第2个值
        xk = xk_1 - (self.b - self.a) / (fb_val - fa_val) * self.fx(xk_1)  # 第3个值
        iter_, fxk = 0, self.fx(xk)  # 初始化迭代变量,第3个启动值的函数值
        if np.abs(fxk) <= self.eps:  # 若平行弦截法确定的初始启动值满足精度要求
            self.root = fxk
            return self.root
        while np.abs(fxk) > self.eps and iter_ < self.max_iter:
            fxk_2, fxk_1 = self.fx(xk_2), self.fx(xk_1)  # 求对应的函数值f(xk)
```

```
            if abs(xk - xk_1) < self.eps or abs(xk_1 - xk_2) < self.eps or \
                abs(xk - xk_2) < self.eps:
                break
            dq1_nb = (fxk - fxk_1) / (xk - xk_1)  # 1阶差商
            dq1_b0 = (fxk_1 - fxk_2) / (xk_1 - xk_2)  # 1阶差商
            dq2 = (dq1_nb - dq1_b0) / (xk - xk_2)  # 2阶差商
            omega_k = dq1_nb + dq2 * (xk - xk_1)  # wk
            xk_2, xk_1 = xk_1, xk  # 解的迭代
            # 计算新的下一次迭代值
            tmp_val = omega_k ** 2 - 4 * fxk * dq2  # 抛物线公式分母中根号下的值
            if tmp_val < 0:  # np.sqrt(.)不能小于0
                print("请缩小求解区间.")
                return
            # 抛物线公式计算新的近似根
            xk = xk - 2 * fxk / (omega_k + np.sign(omega_k) * np.sqrt(tmp_val))
            fxk, iter_ = self.fx(xk), iter_ + 1  # 更新精度, 迭代次数+1
            self.root_precision_info.append([iter_, xk, fxk])
        if self.root_precision_info != []:
            self.root_precision_info = np.asarray(self.root_precision_info)
            self.root = self.root_precision_info[-1, 1]  # 满足精度的根
            self._display_csv_info()  # 显示信息或存储外部文件
            return self.root

    def _display_csv_info(self):  # 求解过程的显示控制, 以及把迭代信息存储到外部文件
```

例 5 用双点弦截法和抛物线法求解方程 $xe^x - 1 = 0$ 在区间 $[0, 1]$ 内的近似根, 精度要求 $\varepsilon = 10^{-16}$.

表 8-2 为弦截法和抛物线法求解方程近似根的迭代过程, 抛物线法仅需 2 次迭代即可. 两种方法最终近似根和精度一致.

表 8-2 弦截法和抛物线法近似根及精度迭代过程

k	弦截法近似根及精度		抛物线法近似根及精度	
1	0.567285874779347	3.940384008427333e−04	0.567143288110075	−6.354608839131970e−09
2	0.567142994791206	−8.168598065738664e−07	0.567143290409784	0.000000000000000e+00
3	0.567143290375262	−9.539125045421315e−11		
4	0.567143290409784	0.000000000000000e+00		

■ 8.5 * 代数方程求根的劈因子法

劈因子法, 又称为林士谔–赵访熊法. 由于解二次方程 $ax^2+bx+c=0$ 较为容易, 因此求实系数代数方程 $f(x)=x^n+a_1x^{n-1}+\cdots+a_{n-1}x+a_n=0$ 的两个实根或一对共轭复根时, 如果找出的一个二次因子 $\omega(x)=x^2+px+q$, 就等于找到方程 $f(x)$ 的两个实根或一对共轭复根.

假设用 $\omega(x)$ 除 $f(x)$ 得到商式 $Q(x)$ 和余式 $R(x)=r_1x+r_2, r_1$ 和 r_2 由 $\omega(x)$ 的系数 p, q 所确定, 即 $f(x)=\omega(x)Q(x)+R(x)$. 若 $r_1=r_2=0$, 则 $\omega(x)$ 就是 $f(x)$ 一个二次因子, 否则可令

$$\omega^*(x)=x^2+(p+\Delta p)x+(q+\Delta q).$$

要求使 $R^*(x)=r_1x+r_2=(r_1+\Delta r_1)x+(r_2+\Delta r_2)=0$, 即由 $\Delta p, \Delta q$ 引起的 $\Delta r_1, \Delta r_2$ 应满足方程 $\Delta r_1+r_1=0, \Delta r_2+r_2=0$, 由此得到修正量 $\Delta p, \Delta q$ 的联立方程组

$$\begin{cases} \dfrac{\partial r_1}{\partial p}\Delta p+\dfrac{\partial r_1}{\partial q}\Delta q+r_1=0, \\ \dfrac{\partial r_2}{\partial p}\Delta p+\dfrac{\partial r_2}{\partial q}\Delta q+r_2=0. \end{cases}$$

利用已知关系可求出系数 $\dfrac{\partial r_1}{\partial p}, \dfrac{\partial r_1}{\partial q}, \dfrac{\partial r_2}{\partial p}, \dfrac{\partial r_2}{\partial q}$, 从而可求得 $\Delta p, \Delta q$, 得到 $\omega^*(x)=x^2+p^*x+q^*$.

求 $\omega(x)$ 的算法如下:

(1) 任选 $\omega(x)$ 的一个近似二次因子 $\omega(x)=x^2+px+q$. 用 $\omega(x)$ 除 $f(x)$, 得到商式 $Q(x)$ 和余式 $R(x)$, 即

$$\begin{aligned} f(x)&=\omega(x)Q(x)+R(x) \\ &=\left(x^2+px+q\right)\left(x^{n-2}+b_1x^{n-3}+\cdots+b_{n-3}x+b_{n-2}\right)+\left(r_1x+r_2\right). \end{aligned}$$

其中商式和余式的系数可由如下递推公式计算:

$$\begin{cases} b_{-1}=0, b_0=1, b_k=a_k-pb_{k-1}-qb_{k-2}, \quad k=1,2,\cdots,n, \\ r_1=b_{n-1}=a_{n-1}-pb_{n-2}-qb_{n-3}, r_2=b_n+pb_{n-1}=a_n-qb_{n-2}. \end{cases}$$

(2) 令 $\omega(x)$ 去除 $xQ(x)$ 得到商式 $M(x)$ 和余式 $R_1(x)$, 即

$$xQ(x)=w(x)M(x)+R_1(x)$$

$$= \left(x^2 + px + q\right)\left(x^{n-3} + c_1 x^{n-4} + +c_{n-4}x + c_{n-3}\right) + \left(R_{11}x + R_{12}\right),$$

其中

$$\begin{cases} c_{-1} = 0,\ c_0 = 1,\ c_k = b_k - pc_{k-1} - qc_{k-2},\ k = 1, 2, \cdots, n-3, \\ R_{11} = b_{n-2} - pc_{n-3} - qc_{n-4}, \quad R_{12} = -qc_{n-3}. \end{cases}$$

同理, 令 $\omega(x)$ 去除 $Q(x)$ 得到余式 $R_2(x) = R_{21}x + R_{22}$, 其中

$$R_{21} = b_{n-3} - pc_{n-4} - qc_{n-5}, \quad R_{22} = b_{n-2} - qc_{n-4}.$$

(3) 解如下二元一次线性方程组, 得到 u 和 v.

$$\begin{cases} R_{11}u + R_{21}v = r_1, \\ R_{22}u + R_{12}v = r_2 \end{cases} \Rightarrow \begin{cases} u = \dfrac{r_2 R_{21} - r_1 R_{12}}{R_{21}R_{22} - R_{11}R_{12}}, \\ v = \dfrac{r_1 R_{22} - r_2 R_{11}}{R_{21}R_{22} - R_{11}R_{12}}. \end{cases}$$

(4) 修正二次因子 $\omega(x) : \omega(x) = x^2 + (p+u)x + (q+v)$.

如此重复步骤 (1) 到 (4), 直到满足一定的精度为止.

林士谔–赵访熊法求实系数代数方程的复根, 其优点是避免了复数运算, 缺点是计算较为复杂.

```
# file_name: cut_factor_method.py
class CutFactorMethod:
    """
    劈因子法, 求实系数代数方程的两个实根或一对共轭复根
    """
    def __init__(self, P, p0, q0, eps=1e-8, max_iter=500):
        self.p_c = np.asarray(P, np.float64) # 实系数代数方程的系数, 从高到低
        self.p_c = self.p_c / self.p_c[0]  # 转换最高次幂系数为1
        self.P = self.p_c[1:]  # 由于求解c, b, r和R不用最高次幂, 故截去
        self.p0, self.q0 = p0, q0  # 二次因子的一次项系数和常数项
        self.eps, self.max_iter = eps, max_iter  # 精度要求和最大迭代次数
        self.omega_x = None # 最后二次因子: x ** 2 + p * x + q
        self.root = None # 两个实根或一对共轭复根
        self.precision = np.array([1, 1], dtype=np.float64)  # 根的精度

    def fit_cut_factor(self):
        """
        核心算法: 劈因子法, 逐步迭代逼近二次因子
```

```
        """
        n = len(self.P)  # 获得实系数方程的系数数量
        if n <= 3:
            raise ValueError("仅限于高于3次幂的实系数代数多项式.")
        b, c = np.zeros(n), np.zeros(n - 1)  # 初始商式的系数
        p, q = self.p0, self.q0  # 初始二次因子的一次项系数p和常数项q
        iter_, tol = 0, np.infty  # 初始化迭代次数
        while tol > self.eps and iter_ < self.max_iter:
            b[0], b[1], c[0], c[1] = 0, 1, 0, 1  # 每次迭代的初始项
            for i in range(2, n):
                b[i] = self.P[i - 2] - p * b[i - 1] - q * b[i - 2]  # 商式Q(x)的系数
            # 余项R(x)
            r1, r2 = self.P[-2] - p * b[-1] - q * b[-2], self.P[-1] - q * b[-1]
            for i in range(2, n - 1):
                c[i] = b[i] - p * c[i - 1] - q * c[i - 2]  # 商式M(x)的系数
            R11, R12 = b[-1] - p * c[-1] - q * c[-2], -q * c[-1]  # 余项R1(x)的系数
            # 余项R2(x)的系数
            R21, R22 = b[-2] - p * c[-2] - q * c[-3], b[-1] - q * c[-2]
            tmp = R21 * R22 - R11 * R12  # 求解线性方程组, u和v变量的分母
            if np.abs(tmp) < 1e-25:
                break
            # 获得改变量
            u, v = (r2 * R21 - r1 * R12) / tmp, (r1 * R22 - r2 * R11) / tmp
            p, q = p + u, q + v  # 更新二次因子系数
            iter_, tol = iter_ + 1, max(np.abs([u, v]))  # 改变量最大值作为精度
        self.omega_x = np.array([1, p, q])  # 构造二次因子
        # 求实系数代数方程的两个实根或一对共轭复根, 并验证精度
        self._solve_roots(p, q, n)

    def _solve_roots(self, p, q, n):
        """
        求实系数代数方程的两个实根或一对共轭复根, 并验证精度
        """
        term = p ** 2 - 4 * q  # 二次方程根公式: delta = b^2 - 4 *a * c
        if term >= 0:  # 两个实数根
            self.root = 0.5 * np.array([-p + np.sqrt(term), -p - np.sqrt(term)])
            pow_values = np.zeros(n + 1, dtype=np.float64)  # 存储幂次项的值
        else:  # 一对共轭复根
            self.root = 0.5 * np.array([-p + cmath.sqrt(term), -p - cmath.sqrt(term)])
            self.precision = np.zeros(2, dtype="complex_")  # 复数类型, 存储复数计算
```

```
        pow_values = np.zeros(n + 1, dtype="complex_") # 存储幂次项的值
    try:
        for i in range(2):
            for k in range(n + 1):
                pow_values[k] = self.root[i] ** (n - k)  # 幂次项的值
            self.precision[i] = np.dot(self.p_c, pow_values)  # 方程的精度
    except OverflowError:
        return
```

例 6 已知如下实系数代数方程, 试用劈因子法求解方程的两个实根.

$$f(x) = (x-5)(x-4)(x-2)(x+1)\left(x^2+x+2\right)$$
$$= x^6 - 9x^5 + 19x^4 + 5x^3 + 12x^2 - 44x - 80.$$

劈因子法依赖于初值的选择, 对二次因子 $\omega(x) = x^2 + px + q$ 的一次项系数 p 和常数项 q 构成一个初始网格, 即 $p, q \in \{0, 1, \cdots, 9\}$, 构成 10×10 的网格, 把每一个网格点 $(p_i, q_j), i, j = 1, 2, \cdots, 10$ 作为初值, 进行劈因子法求解, 如表 8-3 所示, 仅列出个别情况.

表 8-3 劈因子法对二次因子的初始值网格搜索部分求解结果示例

二次因子 $\omega_k(x)$	初始 $[p_0, q_0]$	两个实根或共轭复根 x^*	精度 $f(x^*)$
$x^2 - 4x - 5$	$[2,1], [3,6], \cdots$	$[5.0, -1.0]$	$[0.0, 0.0]$
	$[2,5]$	$[5.000000000000001, -1.0]$	$[4.26325641 \times 10^{-13}, 0.0]$
$x^2 + x + 2$	$[1,2]$	$-0.5 \pm 1.32287566j$	$2.84217094 \times 10^{-14} + 0j$
$x^2 - 7x + 10$	$[6,8]$	$[4.99998969, 1.99995876]$	$[-0.0059388389, -0.0059388392]$
	$[8,8]$	$[4.99998768, 1.99995073]$	$[-0.0070956126, -0.0070956129]$

实际上, 二次因子系数未必收敛到原精确值, 如初值 $(p_0, q_0) = (8, 8)$, 则二次因子迭代的近似表达式为 $\omega^*(x) = x^2 - 6.99993841x + 9.99972899 \approx x^2 - 7x + 10$, Δp 和 Δq 中最大改变量为 9.76720×10^{-6}. 初值选择不当, 余式系数的改变量 Δp 和 Δq 难以达到精度要求.

■ 8.6 * 逐次压缩牛顿法求解代数方程全部零点

记最高阶次系数为 1 的代数多项式一般形式为 $f(x) = x^n + a_{n-1}x^{n-1} + \cdots + a_1 x + a_0$, 逐次压缩牛顿法[5] 可用于求解其全部实根. 计算步骤如下:

(1) 确定根的上确界, 对于任意零点 x_k^*, 有

$$x_k^* < 1 + \max_{1 \leqslant k \leqslant n} \{1, |a_k|\},$$

其中 a_k 为多项式的系数.

(2) 用牛顿法求 $f(x)$ 的一个根 x_0, 令

$$f(x) = (x - x_0) F_1(x) = (x - x_0) \left(b_{n-1}x^{n-1} + b_{n-2}x^{n-2} + \cdots + b_1 x + b_0\right).$$

通过对比, 容易确定系数具有关系: $b_{n-1} = 1, b_{k-1} = a_k + x_0 b_k, k = n-1, n-2, \cdots, 1$.

(3) 用牛顿法求 $F_1(x)$ 的一个根 x_1, 令 $F_1(x) = (x - x_1) F_2(x)$, 其中

$$\begin{cases} F_2(x) = c_{n-2}x^{n-2} + c_{n-3}x^{n-3} + \cdots + c_1 x + c_0, \\ c_{n-2} = 1, c_{k-1} = b_k + x_1 c_k, \quad k = n-2, n-3, \cdots, 1. \end{cases}$$

如此循环, 可逐步求出 $f(x)$ 的全部实根.

算法说明 由于牛顿法需要方程的一阶导数, 故采用符号运算与数值运算相结合的形式, 符号运算用于求解方程的一阶导数, 进而转换为 lambda 函数, 进行数值运算.

```
# file_name: successive_compression_newton_method.py
class SuccessiveCompressionNewton:
    """
    逐次压缩牛顿法求解多项式方程的全部根
    """
    def __init__(self, p_coefficient, eps=1e-12, max_iter=1000):
        # 从高阶到低阶次依次输入多项式系数, 若某幂次不存在, 则输入0
        self.p_coefficient = np.asarray(p_coefficient) # 多项式系数向量
        if self.p_coefficient[0] != 1.0:
            self.p_coefficient /= self.p_coefficient[0]  # 最高阶次系数归一
        self.eps, self.max_iter = eps, max_iter  # 近似根的精度, 最大迭代次数
        self.n = len(self.p_coefficient) - 1  # 根的个数
        self.Sup = np.max(np.abs(self.p_coefficient)) + 1  # 确定根的上确界
        self.root = np.zeros(self.n)  # 存储根
        self.precision = np.zeros(self.n)  # 存储根的精度

    def _newton_root(self, equ_f, t, a, b):
        """
        采用符号运算 + 数值运算, 牛顿法求解一个根
```

```
        : return : 一个近似根x*和精度f(x*)
        """
        diff_equ = sympy.lambdify(t, equ_f. diff (t, 1)) # 方程的一阶导
        equ_f = sympy.lambdify(t, equ_f) # 转换为 lambda 函数, 方便运算
        fa, fb = equ_f(a), equ_f(b) # 区间的左右端点函数值
        # 左右端点函数值满足精度要求, 则退出
        if np.abs(fa) < self.eps:
            return a, fa
        if np.abs(fb) < self.eps:
            return b, fb
        dfa, dfb = diff_equ(a), diff_equ(b) # 端点处一阶导数值
        # 初值的选择, 取两端点导数较大者
        x_n = a - fa / dfa if dfa > dfb else b - fb / dfb
        sol_tol , iter_ = equ_f(x_n), 0 # 初始解的精度和迭代次数
        while np.abs( sol_tol ) > self.eps and iter_ < self.max_iter:
            x_b = x_n # 近似根的更新
            x_n = x_b - equ_f(x_b) / diff_equ(x_b) # 牛顿法
            sol_tol , iter_ = equ_f(x_n), iter_ + 1 # 更新精度和迭代次数
        return x_n, sol_tol

    def fit_root (self):
        """
        核心算法: 逐步压缩牛顿法求解多项式形式的方程的全部根
        """
        t = sympy.Symbol("t", real=True) # 逐次构造符号多项式, 符号变量
        s = np.power(t, np. linspace (0, self.n, self.n + 1, endpoint=True)) # 幂次项
        equ_f = np.dot(s, self. p_coefficient [::-1]) # 当前多项式, 系数与幂次项点积
        p_c = self. p_coefficient [1:] # 最高阶次系数不取
        for k in range( self.n): # 逐次求解多项式每一个实根
            self.root[k], self.precision [k] = \
                self._newton_root(equ_f, t, -self.Sup, self.Sup)
            b = np.zeros( self.n - k + 1) # 剩余多项式系数
            b[0] = 1 # 最高次幂项系数为1, 按b0=1, bk = ak+x0*b{k-1}计算
            for i in range(1, self.n - k + 1): # 逐次计算其他系数
                b[i] = p_c[i - 1] + self.root[k] * b[i - 1] # 更新剩余多项式系数
            m = np. linspace (0, self.n - k - 1, self.n - k, endpoint=True) # 幂次
            s = np.power(t, m) # 幂次项, 即t ** m
            equ_f = sympy.simplify(np.dot(s, b[ self.n - k - 1::-1]) ) # 构造多项式Fk(x)
            p_c = b[1: len(b)] # 截取系数, 求解下一个多项式
        return self.root
```

例 7[2] 求多项式 $x^7-28x^6+322x^5-1960x^4+6769x^3-13132x^2+13068x-5040=0$ 的全部零点.

该方程是病态的代数方程, 表 8-4 为求解得到的全部七个近似零点 (保留小数点后 15 位), 其精度 (保留小数点后 12 位) 都比较高, 图 8-11 为多项式曲线和对应的零点.

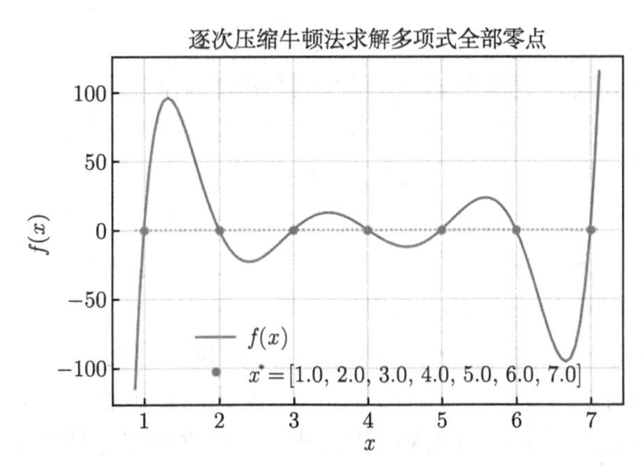

图 8-11 多项式曲线以及逐次压缩牛顿法求解的全部零点

表 8-4 逐次压缩牛顿法求解多项式的全部零点及精度

x_k	x_1	x_2	x_3	x_4
零点	1.000000000000000	6.999999999999978	2.000000000000252	6.000000000002657
精度	−9.094947017729e−13	−8.731149137020e−11	−3.410605131648e−13	1.705302565824e−13
x_k	x_5	x_6	x_7	
零点	2.999999999996445	4.999999999991648	4.000000000009020	
精度	0.000000000000e+00	−3.552713678801e−15	0.000000000000e+00	

■ 8.7 实验内容

1. 使用区间分割法求 $\mathrm{e}^x+10x-2=0$ 的近似根, 精度要求 $\varepsilon=10^{-16}$, 试通过可视化方法, 确定有根区间.

2. 用不动点迭代法、艾特肯加速法和斯特芬森加速法求解 $3x^2-\mathrm{e}^x=0$ 在 $[3,4]$ 中的近似根, 精度要求 $\varepsilon=10^{-16}$, 迭代公式为 $x_{k+1}=\varphi(x_k)=2\ln x_k+\ln 3$, 初值 $x_0=3.5$.

3. 用各种牛顿法求解方程 $2\mathrm{e}^{-x}\sin x=0$ 的近似根, 精度要求 $\varepsilon=10^{-16}$, 初值为 $x_0=0.5$ 和 $x_0=3$.

4. 用弦截法和抛物线法求解 $4x^4-10x^3+1.25x^2+5x-0.5=0$ 的全部根, 精度要求 $\varepsilon=10^{-16}$, 试通过可视化方法, 确定有根区间.

5. 用劈因子法求解 $16x^4-40x^3+5x^2+20x+6=0$ 的一对共轭复根, 二次因子初值 $(p_0,q_0)=(1,3)$.

6. 用逐次压缩牛顿法求解多项式 $x^4+4x^3+2x^2-4x-3=0$ 的全部零点, 并验证精度.

■ 8.8 本章小结

非线性方程求根是数值分析与科学计算中较为常见的方法, 在实际工程问题求解中应用广泛 [4-5]. 非线性方程求根在多数情况下难以获得其精确解.

本章从以下几个方面探讨了非线性方程近似根求解: 区间分割法需提供存在零点的区间, 通常需要较多的区间划分次数, 但近似根的精度往往非常高; 牛顿法需提供零点附近的迭代初值, 且收敛性与初值的选择密切相关, 其变形有哈利法、牛顿下山法、牛顿重根方法, 在方程没有重根的情况下, 哈利法是一个不错的选择, 通常可以提高牛顿法的迭代效率; 弦截法与抛物线法分别需提供两个与三个迭代初值, 常用较简单的方法获得启动初值, 且不需要计算方程的导数; 不动点迭代法及其加速法需要对方程变形, 构造迭代公式, 故收敛性与迭代公式相关, 其中斯特芬森迭代法在某些艾特肯加速法不收敛的情况下, 可实现迭代法的收敛; 劈因子法可求解实系数代数多项式的两个实根或一对共轭复根, 与二次因子的初值选择密切相关, 初值选择不同, 可能不收敛, 或收敛较慢以至于精度不足; 逐次压缩牛顿法可用于求解代数多项式方程的全部零点. 在实际应用中, 可根据问题的需求选择不同的算法求解, 甚至可以结合多个方法对比优劣, 以验证近似根的精度或是否满足问题的需求.

对于求解的方程, 通常可先对其进行可视化, 以确定零点的范围、零点附近的初值或零点的数量. 如图 8-12, 从左到右的四个函数分别有两个、三个、一个和多个根 (至少在绘制的区域中如此)[6].

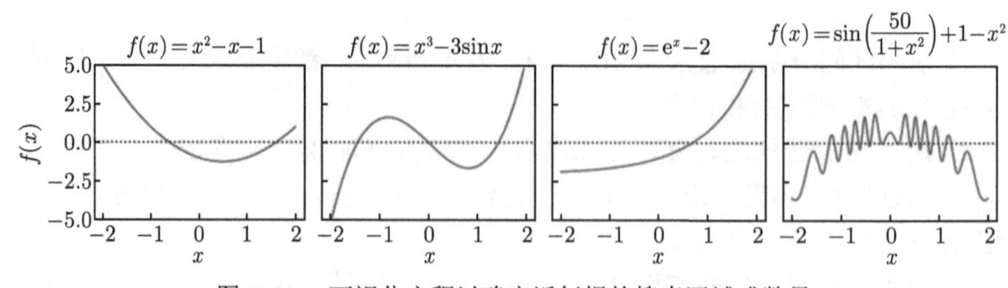

图 8-12 可视化方程以确定近似根的搜索区域或数量

在符号运算库 SymPy 中, 使用 sympy.solve 函数可对很多可解析的单变量非线性方程进行求解. 但一般情况下, 非线性方程通常无法解析求解, 包含多项式表达式和基本函数的方程, 一般超越方程不存在代数解. 尝试用 SymPy 求解会得到异常错误.

SciPy 的 optimize 模块提供了多个用于数值求根的函数. optimize.bisect 和 optimize.newton 函数实现了变体形式的二分法和牛顿法. optimize.newton 牛顿法, 第一个参数为待求解的函数, 第二个参数为函数解的初值猜测, 关键字参数 fprime 用于指定函数的导数. 如果给定 fprime, 则为牛顿法, 否则为割线法.

■ 8.9 参考文献

[1] 王能超. 数值分析简明教程 [M]. 2 版. 北京: 高等教育出版社, 2003.
[2] 李庆扬, 王能超, 易大义. 数值分析 [M]. 5 版. 北京: 清华大学出版社, 2021.
[3] Mathews J H, Fink K D. 数值方法 (MATLAB 版)[M]. 4 版. 周璐, 陈渝, 钱方, 等译. 北京: 电子工业出版社, 2012.
[4] 任玉杰. 数值分析及其 MATLAB 实现 [M]. 北京: 高等教育出版社, 2012.
[5] 龚纯, 王正林. MATLAB 语言常用算法程序集 [M]. 北京: 电子工业出版社, 2011.
[6] 罗伯特 • 约翰逊 (Johansson R). Python 科学计算和数据科学应用 [M]. 2 版. 黄强, 译. 北京: 清华大学出版社, 2020.

第 9 章 非线性方程组的数值解法

非线性方程组是非线性科学的重要组成部分, 其求解问题无论在理论上或实际解法上均比线性方程组和单个非线性方程求解要复杂、困难得多, 它可能无解也可能有一个解或多个解. 考虑方程组

$$\begin{cases} F_1(x_1, x_2, \cdots, x_n) = 0, \\ F_2(x_1, x_2, \cdots, x_n) = 0, \\ \qquad\cdots\cdots \\ F_n(x_1, x_2, \cdots, x_n) = 0, \end{cases}$$

其中 $F_1, F_2, \cdots, F_n$ 均为 $x_1, x_2, \cdots, x_n$ 的多元函数, 也可写成 $\boldsymbol{F}(\boldsymbol{x}) = \boldsymbol{0}$, 其中 $\boldsymbol{x} = (x_1, x_2, \cdots, x_n)^{\mathrm{T}} \in \mathbb{R}^n$, $\boldsymbol{F} = (F_1, F_2, \cdots, F_n)^{\mathrm{T}}$. 当 $n \geqslant 2$ 且 $F_1, F_2, \cdots, F_n$ 中含有至少一个自变量 $x_i (i = 1, 2, \cdots, n)$ 的非线性函数时, 则称之为**非线性方程组**. 非线性方程组的求解常与雅可比矩阵关联, 向量函数 $\boldsymbol{F}(\boldsymbol{x})$ 的导数 $\boldsymbol{F}'(\boldsymbol{x})$ 称为的 **$\boldsymbol{F}$ 雅可比矩阵**, 表示为

$$\boldsymbol{F}'(\boldsymbol{x}) = \begin{pmatrix} \dfrac{\partial F_1(\boldsymbol{x})}{\partial x_1} & \dfrac{\partial F_1(\boldsymbol{x})}{\partial x_2} & \cdots & \dfrac{\partial F_1(\boldsymbol{x})}{\partial x_n} \\ \dfrac{\partial F_2(\boldsymbol{x})}{\partial x_1} & \dfrac{\partial F_2(\boldsymbol{x})}{\partial x_2} & \cdots & \dfrac{\partial F_2(\boldsymbol{x})}{\partial x_n} \\ \vdots & \vdots & & \vdots \\ \dfrac{\partial F_n(\boldsymbol{x})}{\partial x_1} & \dfrac{\partial F_n(\boldsymbol{x})}{\partial x_2} & \cdots & \dfrac{\partial F_n(\boldsymbol{x})}{\partial x_n} \end{pmatrix}.$$

假设把“非线性方程组的数值解法”当作一个实体, 设计类模板时, 其属性包括: 待求解的非线性方程组 nlin_Fxs、迭代初始解向量 $\boldsymbol{x}_0$、解向量的精度要求 ε、最大迭代次数 max_iter、是否可视化 is_plt 以及近似解向量 $\boldsymbol{x}^*$. 此外, 为了更好地显示迭代法的执行过程, 列表变量 iter_roots_precision 存储解的变化、精度等迭代信息, 以便于可视化迭代法的收敛性. 两个实例方法: 可视化数值解的精度收敛曲线 plt_precision_convergence_curve() 以及可视化数值解的收敛曲线 plt_roots_convergence_curve().

```
# file_name: nonlinear_equations_utils.py
class NonLinearEquationsUtils:
    """
    求解非线性方程组工具类
    """
    def __init__(self, nlin_Fxs, x0, max_iter=200, eps=1e-15, is_plt=False):
        self.nlin_Fxs = nlin_Fxs  # 非线性方程组定义
        self.x0 = np.asarray(x0).reshape(-1, 1)  # 迭代初始值, 列向量形式
        self.max_iter, self.eps = max_iter, eps  # 最大迭代次数和解的精度要求
        self.is_plt = is_plt  # 是否可视化is_plt
        self.iter_roots_precision = []  # 存储迭代过程中的信息
        self.roots = None  # 满足精度或迭代要求的最终解

    def plt_precision_convergence_curve(self, is_show=True, title=""):
        """
        可视化解的精度迭代收敛曲线
        """
        rp = [rs[-1] for rs in self.iter_roots_precision]  # 精度列表
        n = len(self.iter_roots_precision)  # 迭代次数
        if is_show:  # 控制是否用于绘制子图
            plt.figure(figsize=(7, 5))
        # 修改label值: 牛顿法为$\epsilon=\Vert F(x^{(k)}) \Vert _2$;
        # 不动点迭代法为$\epsilon=\Vert \Phi(x^{(k)}) - x^{(k)} \Vert _2$;
        # 其他方法的label值默认如下
        plt.semilogy(range(1, n + 1), rp, "*--",
                     label="$\epsilon=\Vert x_{k+1} - x_{k} \Vert _2$")
        plt.semilogy(n, rp[-1], "D", label="$\epsilon=%.5e, \ k=%d$" %
                                           (rp[-1], len(rp)))  # 最终精度
        plt.xlabel("$Iterations (k)$", fontdict={"fontsize": 18})  # 迭代次数
        plt.ylabel("$\epsilon-Precision$", fontdict={"fontsize": 18})  # ε精度
        plt.title("$%s$: 解向量精度 $\epsilon$ 收敛曲线" % title,
                  fontdict={"fontsize": 18})
        plt.legend(frameon=False, fontsize=18)  # 图例
        plt.tick_params(labelsize=18)  # 刻度字体大小18
        plt.grid(ls=":")  # 网格线
        if is_show:  # 控制是否用于绘制子图
            plt.show()

    def plt_roots_convergence_curve(self, is_show=True, title=""):
```

```
    """
    可视化非线性方程组解的收敛曲线
    """
    rp = np.asarray([list(rs[1]) for rs in self.iter_roots_precision])
    n, m = rp.shape  # 迭代次数和解向量个数
    if is_show:
        plt.figure(figsize=(7, 5))
    p_type = ["*", "+", "x", "o", "v", "^", "<", ">", "p", "s", "h", "d"]  # 点型
    for i in range(m):
    # for i in range(5):  # 针对解特别多的情况下,仅显示前5个解的收敛性
        plt.plot(range(1, n + 1), rp[:, i], p_type[i] + "-",
                 label=r"$x_{%d}=%.10f$" % (i + 1, rp[-1, i]))
    # 略去图形修饰,参考方法plt_precision_convergence_curve()
    if is_show:
        plt.show()
```

■ 9.1　迭代初始值的选择问题

与单变量非线性方程的牛顿法一样, 解的初始值非常重要, 不同的初始值可能会导致找到不同的方程解[1−5]. 尽管初始值与真实解的接近程度通常与是否收敛到该特定解有关, 但却不能保证可以找到特定的解. 如果可以的话, 绘制待求方程的图形通常是一种很好的方法, 可以直观显示解的数量及位置, 尤其是可分离变量的非线性方程组. 考虑如下非线性方程组[6]:

$$\begin{cases} y - x^3 - 2x^2 + 1 = 0, \\ y + x^2 - 1 = 0. \end{cases}$$

分析初始值的猜测与收敛性的关系.

```
# file_name: explore_initial_value_guessing.py
x, y = sympy.symbols("x, y")  # 定义符号变量
f_mat = sympy.Matrix([y - x ** 3 - 2 * x ** 2 + 1, y + x ** 2 - 1])  # 符号方程组矩阵
jacobi_mat = f_mat.jacobian(sympy.Matrix([x, y]))  # 求解雅可比矩阵
# 1. 定义非线性方程组
equs = lambda x: np.array([x[1] - x[0] ** 3 - 2 * x[0] ** 2 + 1, x[1] + x[0] ** 2 - 1])
x = np.linspace(-3, 2, 5000)  # 求解区间与等分数
y1, y2 = x ** 3 + 2 * x ** 2 - 1, -x ** 2 + 1  # 可分离地显示方程1和方程2
fig, ax = plt.subplots(figsize=(7, 5))  # 可视化
ax.plot(x, y1, '-', lw=1.5, label=r'$y = x^3 + 2x^2 - 1$')  # 方程1
```

```
ax.plot(x, y2, '--', lw=1.5, label=r'$y = -x^2 + 1$')  # 方程2
x_guesses = np.array([[-2, 2], [1, -1], [-2, -5]])  # 猜测迭代初值
x_loc = np.array([[-2, 4], [0.5, -3], [-2, -5]])  # 猜测迭代初值
for i, x_guess in enumerate(x_guesses):
    sol = optimize.fsolve(equs, x_guess)  # 采用scipy库模块optimize求解
    ax.plot(sol[0], sol[1], 'r*', markersize=12)  # 可视化每个初始值求解后的解
    ax.annotate("$(%.5f, %.5f)$" % (sol[0], sol[1]), xy=(sol[0], sol[1]),
                xytext=(x_loc[i, 0], x_loc[i, 1]),
                arrowprops=dict(arrowstyle="->", connectionstyle="arc3, rad=.2",
                                color="k"), fontsize=16)
# 略去图形修饰代码···
plt.show()

# 2. 如下绘制初始解搜索网格, 与是否收敛到指定数值解的关系图像
plt.figure(figsize=(14, 5))
plt.subplot(121)
plt.plot(x, y1, 'k', lw=3, label=r'$y = x^3 + 2x^2 - 1$')
plt.plot(x, y2, 'k', lw=3, label=r'$y = -x^2 + 1$')
sol1 = optimize.fsolve(equs, x_guesses[0])  # 使用第一个初始猜测值优化
sol2 = optimize.fsolve(equs, x_guesses[1])
sol3 = optimize.fsolve(equs, x_guesses[2])
sols = np.array([sol1, sol2, sol3])  # 组合三个初始值的解
colors_markers, colors = ['r*', 'b+', 'g.'], ['r', 'b', 'g']
for idx, s in enumerate(sols):
    plt.plot(s[0], s[1], colors[idx] + "o", markersize=10)  # 绘制解
for m in np.linspace(-4, 3, 80):  # 初始解的搜索网格
    for n in np.linspace(-15, 15, 40):
        # 求解当下初始解的方程组的数值解
        sol = optimize.fsolve(equs, np.array([m, n]))
        # 距离某个解最近的最小值索引
        idx = (abs(sols - sol) ** 2).sum(axis=1).argmin()
        plt.plot(m, n, colors_markers[idx])  # 绘制相应的颜色
# 略去图形修饰代码

# 3. 加入判断语句, 如果距离某个解的最大距离小于给定精度, 则绘制, 否则不绘制, 即认为
    不收敛.
plt.subplot(122)
plt.plot(x, y1, 'k', lw=3, label=r'$y = x^3 + 2x^2 - 1$')
plt.plot(x, y2, 'k', lw=3, label=r'$y = -x^2 + 1$')
for idx, s in enumerate(sols):
```

```
    plt.plot(s[0], s[1], colors[idx] + "o", markersize=10)  # 绘制解
for m in np.linspace(-4, 3, 80):  # 初始解的搜索网格
    for n in np.linspace(-15, 15, 40):
        sol = optimize.fsolve(equs, np.array([m, n]))
        for idx, s in enumerate(sols):
            if abs(s - sol).max() < 1e-8:
                # 距离某个解的最大距离小于给定精度, 则描点, 即收敛
                plt.plot(m, n, colors_markers[idx])  # 绘制相应的颜色
# 略去图形修饰代码
plt.show()
```

如图 9-1 所示, 三个初始猜测值均收敛到数值解. 但情况并非总是如此.

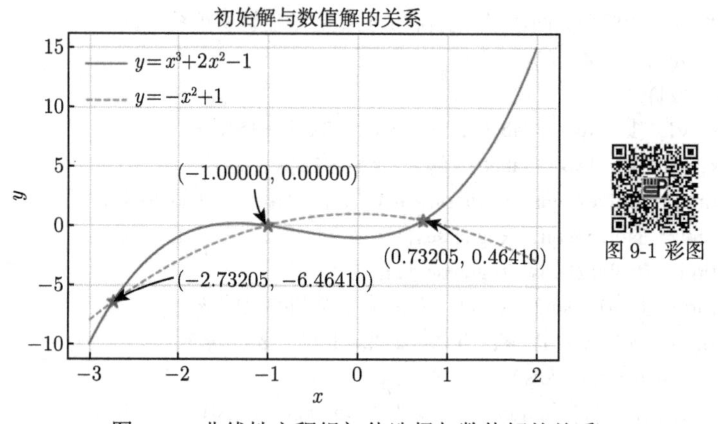

图 9-1 非线性方程组初值选择与数值解的关系

图 9-2 (左) 通过使用不同的初始猜测值网格 $[-4,3]\times[-15,15]$ (x 轴方向等分 80, y 轴方向等分 40, 共组成 3200 个网格点), 对方程组进行系统性求解, 建立不同的初始猜测值如何收敛到不同解的可视化图形. 其中红色点 "*" 左上区域中存在部分蓝色点 "+", 右下部分存在部分绿色点 "·", 使得所给初值未必收敛到指定的数值解. 故而, 即使对于相对简单的例子, 收敛到不同解的初始猜测值的区域也是很复杂的, 甚至存在一些缺失点 (空白处), 对应最终不能收敛到任何解的初始猜测值, 如图 9-2 (右) 所示. 求解非线性方程是一项很复杂的工作, 各种类型的可视化通常对于构建针对特定问题特征的理解非常有用, 如果求解问题易于可视化, 则尽可能可视化其图像.

此外, 本例是基于代数方程且含有两个自变量的非线性方程, 未包含超越方程, 相对较为简单. 若方程组个数增多, 且包含有超越方程时, 其求解复杂度会更高.

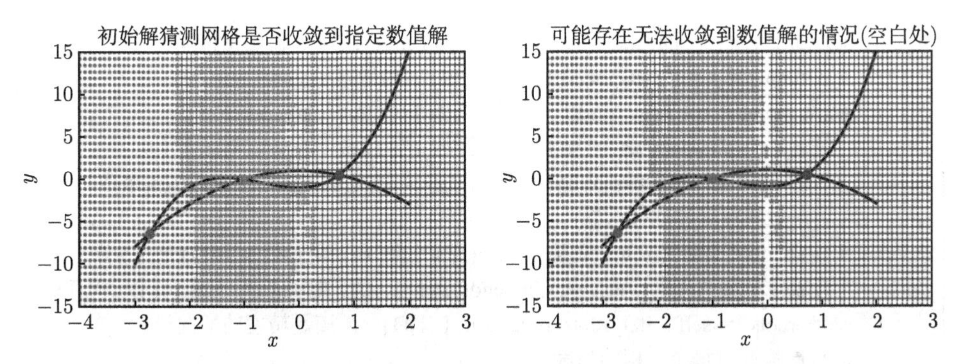

图 9-2 初始值猜测网格中各初值点与是否收敛到指定数值解的关系

■ 9.2 不动点迭代法

非线性方程组改写为便于迭代的等价形式 $\boldsymbol{x}=\boldsymbol{\Phi}(\boldsymbol{x})$, 其中向量函数 $\boldsymbol{\Phi}(\boldsymbol{x})\in D\subset\mathbb{R}^n$, 且在定义域 D 上连续, 如果 $\boldsymbol{x}^*\in D$, 满足 $\boldsymbol{x}^*=\boldsymbol{\Phi}\left(\boldsymbol{x}^*\right)$, 称 $\boldsymbol{x}^*$ 为函数 $\boldsymbol{\Phi}$ 的**不动点**, $\boldsymbol{x}^*$ 也就是方程组的一个解.

迭代公式

$$\boldsymbol{x}^{(k+1)}=\boldsymbol{\Phi}\left(\boldsymbol{x}^{(k)}\right),\quad k=0,1,\cdots,\tag{9-1}$$

称为**不动点迭代法**, $\boldsymbol{\Phi}$ 为**迭代函数**. 不动点迭代法的收敛性通常与迭代函数和迭代初值有关, 但并非任意形式的非线性方程组均易于构造迭代函数.

算法说明 非线性方程组的定义采用数值形式组成一维数组. 循环终止条件为两个: 满足精度要求 $\left\|\boldsymbol{x}^{(k+1)}-\boldsymbol{x}^{(k)}\right\|_2\leqslant\varepsilon$ 或已达到最大迭代次数 max_iter. 由于迭代矩阵中数值解的邻域不易自适应确定, 故未进行迭代收敛判断. 也可设置初始化参数, 通过传参给定数值解的邻域, 然后对迭代矩阵进行收敛性判断.

```
# file_name: nlinequs_fixed_point.py
class NLinearFxFixedPoint(NonLinearEquationsUtils):
    """
    不动点迭代法求解非线性方程组的解, 继承NonLinearEquationsUtils
    """
    def __init__(self, nlin_Fxs, x0, max_iter=200, eps=1e-15, is_plt=False):
        NonLinearEquationsUtils.__init__(self, nlin_Fxs, x0, max_iter, eps, is_plt)
        self.fxs_precision = None # 最终解向量针对每个方程的精度

    def fit_roots(self):
        """
        不动点迭代法求解非线性方程组的解, 核心算法
        """
```

```
    sol_tol, iter_ = np.min(self.nlin_Fxs(self.x0)), 0  # 初始化精度和迭代变量
    x_n = np.copy(self.x0)  # 注意向量赋值, 应为深拷贝copy
    while np.abs(sol_tol) > self.eps and iter_ < self.max_iter:
        x_b = np.copy(x_n)  # 数值解的更新
        x_n = self.nlin_Fxs(x_b)  # 不动点迭代公式, self.nlin_Fxs为迭代函数
        # 更新精度和迭代次数
        sol_tol, iter_ = np.linalg.norm(self.nlin_Fxs(x_n) - x_n), iter_ + 1
        self.iter_roots_precision.append([iter_, x_n.flatten(), sol_tol])  # 存储
    self.roots = self.iter_roots_precision[-1][1]  # 满足精度的解向量
    # 解向量针对每个方程的精度
    self.fxs_precision = self.nlin_Fxs(self.roots.reshape(-1, 1)).flatten()
    if self.is_plt:  # 是否可视化图像
        plt.figure(figsize=(14, 5))
        plt.subplot(121)
        self.plt_precision_convergence_curve(False, "Fixed-Point")  # 调用父类方法
        plt.subplot(122)
        self.plt_roots_convergence_curve(False, "Fixed-Point")  # 调用父类方法
        plt.show()
    return self.roots, self.fxs_precision
```

例 1　用不动点迭代法求解方程组, 迭代初值 $\boldsymbol{x}^{(0)}=(0,0)^{\mathrm{T}}$, 精度要求 $\varepsilon=10^{-16}$.

$$(1)\begin{cases} x_1^2-10x_1+x_2^2+8=0, \\ x_1x_2^2+x_1-10x_2+8=0. \end{cases} \quad (2)\begin{cases} 0.5\sin x_1+0.1\cos(x_1x_2)-x_1=0, \\ 0.5\cos x_1-0.1\cos x_2-x_2=0. \end{cases}$$

令 $\boldsymbol{x}=(x_1,x_2)^{\mathrm{T}}$, 把非线性方程组 (1) 和 (2) 转换为迭代形式 $\boldsymbol{x}^{(k+1)}=\boldsymbol{\Phi}\left(\boldsymbol{x}^{(k)}\right)$, 其中 $\boldsymbol{\Phi}(\boldsymbol{x})$ 分别表示为

$$\boldsymbol{\Phi}(\boldsymbol{x})=\begin{pmatrix} \varphi_1(\boldsymbol{x}) \\ \varphi_2(\boldsymbol{x}) \end{pmatrix}=\begin{pmatrix} 0.1x_1^2+0.1x_2^2+0.8 \\ 0.1x_1x_2^2+0.1x_1+0.8 \end{pmatrix},$$

$$\boldsymbol{\Phi}(\boldsymbol{x})=\begin{pmatrix} \varphi_1(\boldsymbol{x}) \\ \varphi_2(\boldsymbol{x}) \end{pmatrix}=\begin{pmatrix} 0.5\sin x_1+0.1\cos(x_1x_2) \\ 0.5\cos x_1-0.1\cos x_2 \end{pmatrix}.$$

方程组 (1) 共迭代 40 次, 表 9-1 为前三次和后三次迭代过程中的数值解和精度. 如果选择迭代初值 $\boldsymbol{x}^{(0)}=(3,4)^{\mathrm{T}}$, 则不收敛. 不同的迭代初值, 即使收敛, 迭代次数也不一样, 如 $\boldsymbol{x}^{(0)}=(2,3)^{\mathrm{T}}$, 则迭代 46 次收敛.

注　可通过隐式绘图 (sympy.plot_implicit) 方法可视化方程组, 进而估计初值.

表 9-1 非线性方程组 (1) 的数值解及精度迭代过程

k	x_1	x_2	$\left\|\boldsymbol{x}^{(k+1)}-\boldsymbol{x}^{(k)}\right\|_2$
1	0.800000000000000	0.800000000000000	1.131370849898476e+00
2	0.928000000000000	0.931200000000000	1.832960446927321e−01
3	0.972831744000000	0.973269983232000	6.147982400123071e−02
⋮	⋮	⋮	⋮
38	1.000000000000000	1.000000000000000	1.570092458683775e−16
39	1.000000000000000	1.000000000000000	3.140184917367550e−16
40	1.000000000000000	1.000000000000000	0.000000000000000e+00

方程组 (2) 共迭代 49 次, 图 9-3 为该方程数值解的精度收敛曲线, 可以看出, 求解精度稳定下降, 近似解向量的收敛过程也较为平稳, 其中左图精度收敛曲线的 y 轴采用对数刻度绘制. 满足精度要求的数值解及精度如下 (按 Python 算法的输出格式):

$$\boldsymbol{x}^* = \left(x_1^*, x_1^*\right)^{\mathrm{T}} = (0.19808577588668496716, 0.39804030313403238051)^{\mathrm{T}},$$

$$\boldsymbol{F}\left(\boldsymbol{x}^*\right) = \left(F_1\left(\boldsymbol{x}^*\right), F_2\left(\boldsymbol{x}^*\right)\right)^{\mathrm{T}} = (5.551115123125783\mathrm{e}-17, 0.0\mathrm{e}+00)^{\mathrm{T}}.$$

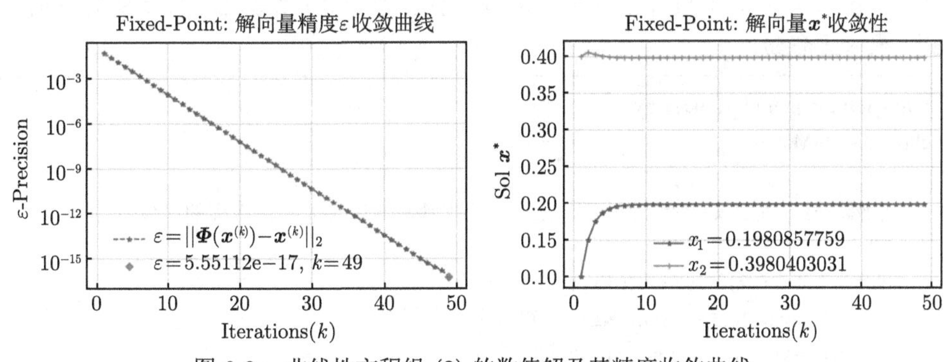

图 9-3 非线性方程组 (2) 的数值解及其精度收敛曲线

注 本章其他方法的数值解以及精度的表示方法均采用 Python 输出格式, 其中 “1e−17” 表示 10^{-17}, 若精度为 0.000000000000000e+00, 则简记为 0.0e+00.

■ 9.3 牛顿法

9.3.1 牛顿法与牛顿下山法

将单个方程的牛顿迭代法应用到方程组, 得到牛顿法求解非线性方程组的迭代公式

$$\boldsymbol{x}^{(k+1)} = \boldsymbol{x}^{(k)} - \boldsymbol{F}'\left(\boldsymbol{x}^{(k)}\right)^{-1} \boldsymbol{F}\left(\boldsymbol{x}^{(k)}\right), \quad k = 0, 1, \cdots, \tag{9-2}$$

其中 $\boldsymbol{F}'\left(\boldsymbol{x}^{(k)}\right)^{-1}$ 为雅可比矩阵的逆矩阵. 若固定 $\boldsymbol{F}'\left(\boldsymbol{x}^{(k)}\right)$ 为 $\boldsymbol{F}'\left(\boldsymbol{x}^{(0)}\right)$, 可得简化牛顿法迭代公式

$$\boldsymbol{x}^{(k+1)}=\boldsymbol{x}^{(k)}-\boldsymbol{F}'\left(\boldsymbol{x}^{(0)}\right)^{-1}\boldsymbol{F}\left(\boldsymbol{x}^{(k)}\right),\quad k=0,1,\cdots. \tag{9-3}$$

牛顿下山法的迭代公式

$$\boldsymbol{x}^{(k+1)}=\boldsymbol{x}^{(k)}-\lambda\left(\boldsymbol{F}'\left(\boldsymbol{x}^{(k)}\right)^{-1}\right)\boldsymbol{F}\left(\boldsymbol{x}^{(k)}\right),\quad k=0,1,\cdots, \tag{9-4}$$

其中 $\lambda\in(0,1]$. 为了保证收敛, 要求 λ 的取值使得 $\left\|\boldsymbol{F}\left(\boldsymbol{x}^{(k+1)}\right)\right\|<\left\|\boldsymbol{F}\left(\boldsymbol{x}^{(k)}\right)\right\|$, λ 逐次减半.

对于复杂的非线性方程组, 手工计算雅可比矩阵较为复杂, 且工作量较大, 故设计求解雅可比矩阵的类 JacobiMatrix, 实现符号方程组定义的雅可比矩阵求解 solve_jacobi_mat(), 并给出求解符号方程函数值的方法 equations_values(x) 以及雅可比矩阵的函数值方法 jacobi_expr_fun(jacobi_mat, x) (注意: 传递参数 $\boldsymbol{x}$ 为列向量, 即 shape $=(n,1)$).

迭代求解的精度判断方法为 $\left\|\boldsymbol{F}\left(\boldsymbol{x}^{(k)}\right)\right\|_2\leqslant\varepsilon$, 即把每次迭代生成的解向量 $\boldsymbol{x}^{(k)}$ 代入方程组.

```
# file_name: jacobi_matrix.py
class JacobiMatrix:
    """
    求解符号方程定义的雅可比矩阵, 雅可比矩阵函数值以及非线性方程的函数值
    """
    def __init__(self, sym_NLFx, sym_vars):
        self.sym_NLFx = sym_NLFx # 符号定义方程组
        self.sym_vars = sym_vars  # 符号变量
        self.n = len(self.sym_vars)  # 变量的个数

    def cal_fx_values(self, x):
        """
        方程组求值, 列向量x的shape=(n, 1)
        """
        nonlinear_fx = deepcopy(self.sym_NLFx) # 拷贝一份, 以便变量替换为值
        for i in range(self.n):  # 针对每个方程
            for j, var in enumerate(self.sym_vars):  # 针对每个符号变量
                # 对应方程各变量符号替换为数值
                nonlinear_fx[i] = nonlinear_fx[i].subs(var, x[j][0])
```

```
        fx_values = np.asarray(nonlinear_fx, np.float64).reshape(-1, 1)  # 转换为数值
        return fx_values

    def solve_jacobi_mat(self):
        """
        求解雅可比矩阵
        """
        jacobi_mat = sympy.zeros(self.n, self.n)  # 初始化雅可比矩阵, 符号矩阵
        for i in range(self.n):  # 针对每个方程
            for j, var in enumerate(self.sym_vars):  # 针对每个符号变量
                jacobi_mat[i, j] = self.sym_NLFx[i].diff(var, 1)  # 一阶导函数
        return jacobi_mat

    def cal_jacobi_mat_values(self, jacobi_mat, x):
        """
        求解雅可比矩阵的值, 分别对雅可比矩阵的每个元素求值
        """
        jacobi_matrix = deepcopy(jacobi_mat)
        for i in range(self.n):
            for j in range(self.n):
                for k, var in enumerate(self.sym_vars):
                    # 雅可比矩阵每个元素, 每个变量替换
                    jacobi_matrix[i, j] = jacobi_matrix[i, j].subs(var, float(x[k]))
        jacobi_val = np.asarray(jacobi_matrix, np.float64)  # 转换为数值
        return jacobi_val
```

由于简化牛顿法通常收敛速度较慢, 故不再设计, 但在如下算法中较容易扩充. 在算法中, 调用雅可比矩阵所设计的 JacobiMatrix 类及方法, 进行计算.

算法说明 非线性方程的定义形式为符号方程, 而非数值方程, 对于使用者来说, 定义符号方程并未增加任何工作量, 但却省去了手算雅可比矩阵的难度和工作量.

```
# file: nlinequs_newton.py
class NLinearFxNewton(NonLinearEquationsUtils):
    """
    牛顿迭代法求解非线性方程组, 包括牛顿法和下山牛顿法, 继承NonLinearEquationsUtils
    """
    def __init__(self, nlinear_Fxs, sym_vars, x0, max_iter=200, eps=1e-10,
                 method="newton", is_plt=False):
        self.sym_vars = sym_vars  # 定义的符号变量
```

```
        # 转换为数值方程
        nlin_equs_expr = sympy.lambdify([sym_vars], nlinear_Fxs, "numpy")
        NonLinearEquationsUtils.__init__(self, nlin_equs_expr, x0, max_iter,
                                         eps, is_plt)  # 父类初始化
        self.jacobi_obj = JacobiMatrix(nlinear_Fxs, sym_vars)  # 雅可比矩阵
        self.method = method  # 分为牛顿法和牛顿下山法
        self.fxs_precision = None  # 最终解向量针对每个方程的精度
        self.downhill_lambda = []  # 存储下山因子及其对应的迭代次数

    def fit_roots(self):
        """
        核心算法: 牛顿法求非线性方程组的解
        """
        x_b = self.jacobi_obj.cal_fx_values(self.x0)  # 方程组的函数值
        jacobi_mat = self.jacobi_obj.solve_jacobi_mat()  # 求解雅可比矩阵
        # 雅可比矩阵值
        dx_n = self.jacobi_obj.cal_jacobi_mat_values(jacobi_mat, self.x0)
        x_n = x_b - np.dot(np.linalg.inv(dx_n), x_b)  # 第一次迭代值
        # 方程组解精度的范数作为精度控制
        sol_tol = np.linalg.norm(self.jacobi_obj.cal_fx_values(x_n))
        iter_ = 1  # 迭代变量初始化
        self.iter_roots_precision.append([iter_, x_n.flatten(), sol_tol])
        if self.method == "newton":  # 牛顿法
            self._solve_newton_(iter_, sol_tol, x_n, jacobi_mat)
        elif self.method == "downhill":  # 牛顿下山法
            self._solve_newton_downhill_(iter_, sol_tol, x_n, jacobi_mat)
        else:
            raise ValueError("仅支持方法: newton或downhill.")
        self.roots = self.iter_roots_precision[-1][1]  # 满足精度的根
        # 最终解向量针对每个方程的精度
        self.fxs_precision = \
            self.jacobi_obj.cal_fx_values(self.roots.reshape(-1, 1)).flatten()
        if self.is_plt:
            # 是否可视化图像, 参考不动点迭代法算法, 修改参数 title 即可
        return self.roots, self.fxs_precision

    def _solve_newton_(self, iter_, sol_tol, x_n, jacobi_mat):
        """
        牛顿法求非线性方程组的解
        """
```

```
        while np.abs( sol_tol ) > self.eps and iter_ < self.max_iter:
            x_b = np.copy(x_n)  # 解向量迭代
            # 雅可比矩阵函数值
            dx_n = self.jacobi_obj.cal_jacobi_mat_values(jacobi_mat, x_b)
            # 牛顿法迭代公式
            x_n = x_b - np.dot(np.linalg.inv(dx_n),
            self.jacobi_obj.cal_fx_values(x_b))
            # 以解向量x_n的方程值的范数作为精度判断
            sol_tol = np.linalg.norm(self.jacobi_obj.cal_fx_values(x_n))
            iter_ += 1  # 迭代次数增一
            self.iter_roots_precision.append([iter_, x_n.flatten(), sol_tol])

    def _solve_newton_downhill_(self, iter_, sol_tol, x_n, jacobi_mat):
        """
        牛顿下山法求非线性方程组的解
        """
        while np.abs( sol_tol ) > self.eps and iter_ < self.max_iter:
            x_b = np.copy(x_n)  # 解向量迭代
            dx_n = self.jacobi_obj.cal_jacobi_mat_values(jacobi_mat, x_b)
            x_n = x_b - np.dot(np.linalg.inv(dx_n), self.jacobi_obj.cal_fx_values(x_b))
            lambda_ = 1  # 下山因子
            sol_xb = self.jacobi_obj.cal_fx_values(x_b)  # 上一次迭代的方程组值向量
            # 是否保证在稳定下降收敛, 以方程组值的范数进行判别标准
            while np.linalg.norm(self.jacobi_obj.cal_fx_values(x_n)) > \
                    np.linalg.norm(sol_xb):
                lambda_ /= 2  # 逐次减半
                x_n = x_b - np.dot(lambda_ * np.linalg.inv(dx_n), sol_xb)
            if lambda_ < 1:  # 仅存储小于1的下山因子和当前迭代次数
                self.downhill_lambda.append([iter_, lambda_])
            sol_tol = np.linalg.norm(self.jacobi_obj.cal_fx_values(x_n))
            iter_ += 1  # 迭代次数增一
            self.iter_roots_precision.append([iter_, x_n.flatten(), sol_tol])
```

例 2 使用牛顿法和牛顿下山法求如下非线性方程组的数值解, 精度要求 $\varepsilon = 10^{-15}$.

$$(1)\left\{\begin{array}{l} x+2y-3=0, \\ 2x^2+y^2-5=0. \end{array}\right. \quad (2)\left\{\begin{array}{l} 3x-\cos yz-0.5=0, \\ x^2-81(y+0.1)^2+\sin z+1.06=0, \\ \mathrm{e}^{-xy}+20z+10\pi/3-1=0. \end{array}\right.$$

针对非线性方程组 (1), 以 $\boldsymbol{x}^{(0)}=(1.5,1.0)^{\mathrm{T}}$ 为迭代初值, 牛顿法需迭代 8 次,

牛顿下山法需迭代 7 次, 其中在第 2 次迭代时, 需下山因子为 0.5. 两种方法收敛的最终解与精度一致, 如下所示:

$$\boldsymbol{x}^* = (1.48803387171258494348, 0.75598306414370752826)^{\mathrm{T}},$$

$$\boldsymbol{F}(\boldsymbol{x}^*) = (0.0\mathrm{e}+00, 8.881784197001252\mathrm{e}-16)^{\mathrm{T}}.$$

初值选择不当, 可能导致不收敛. 不同的初值也可能收敛到不同的数值解. 如 $\boldsymbol{x}^{(0)} = (-2, 2)^{\mathrm{T}}$, 则牛顿下山法经过 9 次迭代收敛到另一组解, 最终解向量及精度为

$$\boldsymbol{x}^* = (-0.82136720504591809178, 1.91068360252295921242)^{\mathrm{T}},$$

$$\boldsymbol{F}(\boldsymbol{x}^*) = (4.440892098500626\mathrm{e}-16, 0.0\mathrm{e}+00)^{\mathrm{T}}.$$

针对求解非线性方程组 (2), 由于计算复杂与舍入误差的影响, 此处设置精度 $\varepsilon = 10^{-14}$, 以 $\boldsymbol{x}^{(0)} = (0, 0, 0)^{\mathrm{T}}$ 为迭代初值, 则牛顿法和牛顿下山法均迭代 8 次收敛, 无需下山因子. 最终满足精度的近似解及精度为 (0.50 表示在可显示的 20 位精度内 0.5 后均为 0)

$$\boldsymbol{x}^* = (0.50, -0.00000000000000000486, -0.52359877559829892668)^{\mathrm{T}},$$

$$\boldsymbol{F}(\boldsymbol{x}^*) = (0.0\mathrm{e}+00, -1.110223024625157\mathrm{e}-16, -1.495211053083399\mathrm{e}-15)^{\mathrm{T}}.$$

如图 9-4 所示为牛顿下山法求非线性方程组 (2) 的解向量和精度收敛曲线, 近似解的精度非常高.

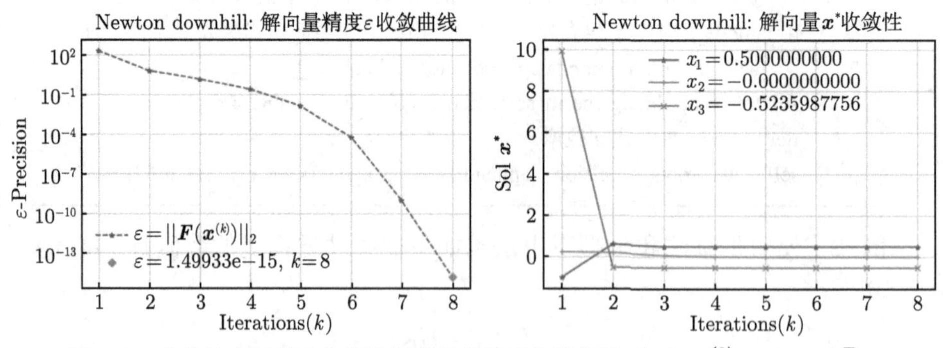

图 9-4　非线性方程组 (2) 的数值解及其精度收敛曲线 (初值 $\boldsymbol{x}^{(0)} = (0, 0, 0)^{\mathrm{T}}$)

若精度要求 $\varepsilon = 10^{-15}$, 由于计算复杂度较高和舍入误差的存在, 从第 9 次迭代开始, 每次均需要下山因子, 可自测.

牛顿法的收敛性依赖于初值的选择, 若以 $\boldsymbol{x}^{(0)}=(0.2,0,-0.2)^{\mathrm{T}}$ 为迭代初值, 精度要求 $\varepsilon=10^{-15}$, 则需迭代 6 次, 收敛到另外一组解, 最终的近似解及精度为

$$\begin{aligned}\boldsymbol{x}^{*}=&(0.49814468458949118235,-0.19960589554377985988,\\&-0.52882597757338745126)^{\mathrm{T}},\\\boldsymbol{F}\left(\boldsymbol{x}^{*}\right)=&(-1.110223024625157\mathrm{e}-16,2.220446049250313\mathrm{e}-16,\\&2.811457863168518\mathrm{e}-16)^{\mathrm{T}}.\end{aligned}$$

9.3.2 离散牛顿法

牛顿法求解非线性方程组需要计算雅可比矩阵 $\boldsymbol{F}'\left(\boldsymbol{x}^{(k)}\right)$, 为避免计算 $\boldsymbol{F}'\left(\boldsymbol{x}^{(k)}\right)$, 可用差商代替偏导数, 即一阶差商矩阵 $\boldsymbol{J}(\boldsymbol{x},\boldsymbol{h})$ 近似雅可比矩阵 $\boldsymbol{F}'\left(\boldsymbol{x}^{(k)}\right)\approx\boldsymbol{J}(\boldsymbol{x},\boldsymbol{h})$, 称之为**离散牛顿迭代法** [5]. 记

$$\mathcal{F}_{ij}^{(k)}=\frac{F_i\left(\boldsymbol{x}^{(k)}+h_j\boldsymbol{e}_j\right)-F_i\left(\boldsymbol{x}^{(k)}\right)}{h_j},\quad i,j=1,2,\cdots,n,$$

其中 k 为迭代变量, $\boldsymbol{e}_j(j=1,2,\cdots,n)$ 为单位向量, 且 $\boldsymbol{e}_j$ 的第 j 个分量为 1, 其余分量为 0. 则 $\boldsymbol{J}(\boldsymbol{x},\boldsymbol{h})$ 计算方法如下:

$$\boldsymbol{J}\left(\boldsymbol{x}^{(k)},\boldsymbol{h}\right)=\begin{pmatrix}\mathcal{F}_{11}^{(k)}&\mathcal{F}_{12}^{(k)}&\cdots&\mathcal{F}_{1n}^{(k)}\\\mathcal{F}_{21}^{(k)}&\mathcal{F}_{22}^{(k)}&\cdots&\mathcal{F}_{2n}^{(k)}\\\vdots&\vdots&\ddots&\vdots\\\mathcal{F}_{n1}^{(k)}&\mathcal{F}_{n2}^{(k)}&\cdots&\mathcal{F}_{nn}^{(k)}\end{pmatrix}.$$

离散牛顿法的迭代公式为

$$\boldsymbol{x}^{(k+1)}=\boldsymbol{x}^{(k)}-\boldsymbol{J}\left(\boldsymbol{x}^{(k)},\boldsymbol{h}^{(k)}\right)^{-1}\boldsymbol{F}\left(\boldsymbol{x}^{(k)}\right),\quad k=0,1,\cdots,\tag{9-5}$$

其中 $\boldsymbol{h}^{(k)}=\left(h_1^{(k)},h_2^{(k)},\cdots,h_n^{(k)}\right)^{\mathrm{T}}$, $h_i^{(k)}$ 为非线性方程组 $\boldsymbol{F}(\boldsymbol{x})$ 第 k 次迭代、第 i 个变量 x_i 的步长, 为简化计算, 迭代过程中可令 $\boldsymbol{h}$ 的各个分量不变, 当然也可各不相同.

```
# file_name: nlinequs_discrete_newton.py
class NLinearFxDiscreteNewton(NonLinearEquationsUtils):
    """
```

```
    离散牛顿法求解非线性方程组, 算法设计了下山因子, 继承NonLinearEquationsUtils
    """
    def __init__(self, nlin_fxs, x0, h, eps=1e-10, max_iter=200, is_plt=False):
        NonLinearEquationsUtils.__init__(self, nlin_fxs, x0, max_iter, eps, is_plt)
        self.h = np.asarray(h).reshape(-1, 1)  # 各分量的离散步长列向量
        self.n = len(x0)  # 解向量的个数
        self.fxs_precision = None  # 最终解向量针对每个方程的精度
        self.downhill_lambda = []  # 存储下山因子及其对应的迭代次数

    def diff_matrix(self, x_cur):
        """
        求解离散差商矩阵, 参数x_cur为当前迭代的解向量
        """
        disc_mat = np.zeros((self.n, self.n))  # 计算离散差商矩阵
        for i in range(self.n):  # 针对解向量每个变量xk
            x_d = np.copy(x_cur)  # 用于计算差商
            x_d[i] += self.h[i]  # 第i个变量xi: x_k + e_i * h_i
            disc_mat[:, i] = ((self.nlin_Fxs(x_d) - self.nlin_Fxs(x_cur)) /
                              self.h[i]).flatten()
        return disc_mat

    def fit_roots(self):
        """
        核心算法: 离散牛顿法求非线性方程组的解
        """
        x_b = self.nlin_Fxs(self.x0)  # 标记上一次迭代解向量
        dx_n = self.diff_matrix(self.x0)  # 求解差商矩阵
        x_n = x_b - np.dot(np.linalg.inv(dx_n), x_b)  # 下一次迭代解向量
        sol_tol, iter_ = np.linalg.norm(self.nlin_Fxs(x_n)), 1  # 精度计算和迭代变量
        self.iter_roots_precision.append([iter_, x_n.flatten(), sol_tol])
        while np.abs(sol_tol) > self.eps and iter_ < self.max_iter:
            x_b = np.copy(x_n)  # 解向量更新
            dx_n = self.diff_matrix(x_b)  # 求解差商矩阵
            if dx_n is True:  # 差商步长过小, 满足精度要求
                break
            lambda_ = 1  # 下山因子
            sol_xb = self.nlin_Fxs(x_b)  # 上一次迭代的方程组的值向量
            # 是否保证在稳定下降收敛, 以方程组值的范数进行判别标准
            while np.linalg.norm(self.nlin_Fxs(x_n)) > np.linalg.norm(sol_xb):
                lambda_ /= 2  # 逐次减半
```

```
            # 牛顿下山法迭代公式
            x_n = x_b - np.dot(lambda_ * np.linalg.inv(dx_n), sol_xb)
        if lambda_ < 1:  # 仅存储小于1的下山因子和当前迭代次数
            self.downhill_lambda.append([iter_, lambda_])
        else:
            # 牛顿法迭代公式
            x_n = x_b - np.dot(np.linalg.inv(dx_n), self.nlin_Fxs(x_b))
        sol_tol, iter_ = np.linalg.norm(x_n - x_b), iter_ + 1
        self.iter_roots_precision.append([iter_, x_n.flatten(), sol_tol])
    self.roots = self.iter_roots_precision[-1][1]  # 满足精度的根
    # 最终解向量针对每个方程的精度
    self.fxs_precision = self.nlin_Fxs(self.roots.reshape(-1, 1)).flatten()
    if self.is_plt:  # 是否可视化图像, 参考不动点迭代法, 修改参数title即可
    return self.roots, self.fxs_precision
```

针对**例 2** 非线性方程组 (2) 示例, 使用离散牛顿法求解, 精度要求 $\varepsilon = 10^{-15}$, 初值分别为 $\boldsymbol{x}^{(0)} = (0,0,0)^{\mathrm{T}}$ 和 $\boldsymbol{x}^{(0)} = (2,0,-5)^{\mathrm{T}}$.

当初值为时 $\boldsymbol{x}^{(0)} = (0,0,0)^{\mathrm{T}}$, 结果如表 9-2 所示, 可见步长 h (各变量等步长) 不同, 收敛效率不一样. 注意步长 h 不宜过小, 避免舍入误差的累积, 以及离散差商矩阵的奇异性, 但也视具体问题而定.

表 9-2 不同步长情况下离散牛顿法近似解向量的结果

各变量步长	迭代次数	$\boldsymbol{x}^* = (x_1, x_2, x_3)^{\mathrm{T}}$	近似数值解	数值解的精度 $\boldsymbol{F}(\boldsymbol{x}^*)$
$h = 0.1$	34	x_1	0.50000000000000000000	0.000000000000000 e+00
		x_2	0.00000000000000020536	−3.552713678800501 e−15
		x_3	−0.52359877559829892668	−1.776356839400250 e−15
$h = 0.01$	16	x_1	0.50000000000000000000	0.000000000000000 e+00
		x_2	−0.00000000000000000401	0.000000000000000 e+00
		x_3	−0.52359877559829892668	−1.776356839400250 e−15
$h = 0.0001$	10	x_1	0.50000000000000000000	0.000000000000000 e+00
		x_2	0.00000000000000000774	−2.220446049250313 e−16
		x_3	−0.52359877559829892668	−1.776356839400250 e−15

如图 9-5 所示, 以 $\boldsymbol{x}^{(0)} = (2,0,-5)^{\mathrm{T}}$ 为迭代初值, 各变量步长 $h = 0.0001$, 则迭代 102 次收敛, 其中 x_3 收敛过程波动较大, 最终数值解向量及精度为

$$\boldsymbol{x}^* = (0.50, -0.00000000000000000039, -0.52359877559829881566)^{\mathrm{T}},$$

$$\boldsymbol{F}(\boldsymbol{x}^*) = (0.0\mathrm{e}+00, 0.0\mathrm{e}+00, 1.776356839400250\mathrm{e}-15)^{\mathrm{T}}.$$

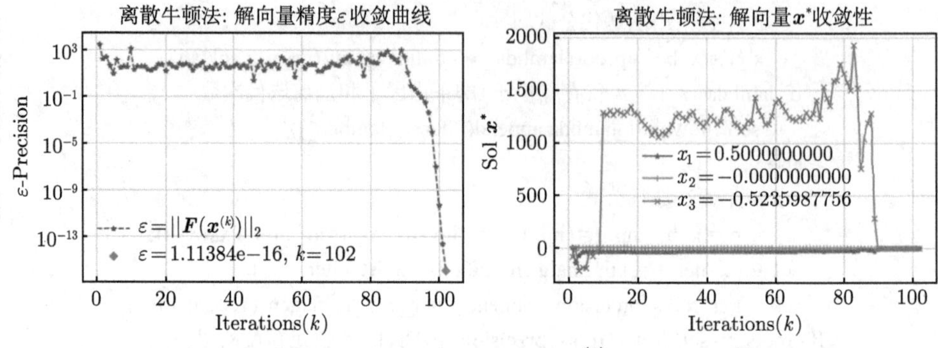

图 9-5　非线性方程的数值解及其精度收敛曲线 ($\boldsymbol{x}^{(0)} = (2, 0, -5)^{\mathrm{T}}, h = 0.0001$)

不同的步长, 即使同一个初值, 也有可能不收敛或收敛到不同的解向量. 如图 9-6 所示, 初值 $\boldsymbol{x}^{(0)} = (2, 0, -5)^{\mathrm{T}}$, 步长 $\boldsymbol{h} = (0.01, 0.01, 0.001)^{\mathrm{T}}$, 则迭代 56 次收敛, 解向量如图例所示, 且求解精度非常高.

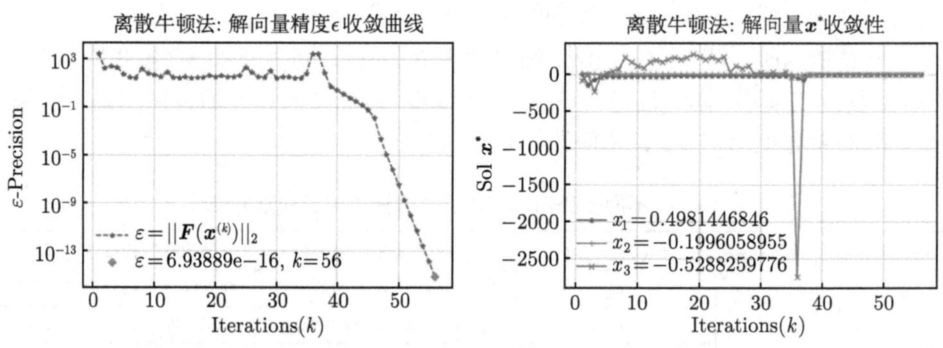

图 9-6　非线性方程的数值解及其精度收敛曲线 ($\boldsymbol{x}^{(0)} = (2, 0, -5)^{\mathrm{T}}, \boldsymbol{h} = (0.01, 0.01, 0.001)^{\mathrm{T}}$)

9.3.3　牛顿–SOR 类方法

牛顿–SOR 类方法是一种非精确牛顿法, 非精确牛顿法采用迭代法来近似求解牛顿方程, 适合求解大规模问题, 且能保持牛顿法的二阶收敛.

非精确牛顿法的一般框架[7]: 给定初值 $\boldsymbol{x}^{(0)} \in \mathbb{R}^n$; 对第 $k(k = 0, 1, \cdots)$ 次迭代, 选取 $\bar{\eta}_k \in [0, 1]$, 通过非精确求解牛顿方程

$$\boldsymbol{F}'\left(\boldsymbol{x}^{(k)}\right)\boldsymbol{s} = -\boldsymbol{F}\left(\boldsymbol{x}^{(k)}\right) \tag{9-6}$$

得到 $\overline{\boldsymbol{s}}^{(k)}$, 满足

$$\left\|\boldsymbol{r}^{(k)}\right\| = \left\|\boldsymbol{F}\left(\boldsymbol{x}^{(k)}\right) + \boldsymbol{F}'\left(\boldsymbol{x}^{(k)}\right)\overline{\boldsymbol{s}}^{(k)}\right\| \leqslant \bar{\eta}_k \left\|\boldsymbol{F}\left(\boldsymbol{x}^{(k)}\right)\right\|, \tag{9-7}$$

置 $\boldsymbol{x}^{(k+1)}=\boldsymbol{x}^{(k)}+\overline{\boldsymbol{s}}^{(k)}$; 重复上述步骤, $k=k+1$, 直至收敛. 框架中, $\bar{\eta}_k$ 为第 k 次迭代的控制阈值, $\overline{\boldsymbol{s}}^{(k)}$ 为非精确牛顿步, 式 (9-7) 则称作**非精确牛顿条件**. $\boldsymbol{F}\left(\boldsymbol{x}^{(k)}\right)+\boldsymbol{F}'\left(\boldsymbol{x}^{(k)}\right)\overline{\boldsymbol{s}}^{(k)}$ 既是 $\boldsymbol{F}(\boldsymbol{x})$ 的局部线性模型, 又是牛顿方程的残差, 所以 $\bar{\eta}_k$ 的大小在本质上刻画了牛顿方程求解的精确程度. 特别地, 如果选取所有的 $\bar{\eta}_k=0$, 则非精确牛顿法变为牛顿法.

牛顿–SOR 类方法是求解牛顿方程式 (9-6) 的一种非精确方法. 具体原理推导可参考文献 [7], 如下仅给出牛顿–雅可比迭代法和牛顿–SOR 迭代法的计算方法.

(1) 牛顿–雅可比迭代法的计算公式:

$$\left\{\begin{array}{l}\boldsymbol{A}_k=\boldsymbol{F}'\left(\boldsymbol{x}^{(k)}\right), \boldsymbol{A}_k=\boldsymbol{D}-\boldsymbol{C}, \boldsymbol{H}=\boldsymbol{D}^{-1}\boldsymbol{C}, \\ \boldsymbol{x}^{(k+1)}=\boldsymbol{x}^{(k)}-\left(\boldsymbol{H}^{l-1}+\boldsymbol{H}^{l-2}+\cdots+\boldsymbol{I}\right)\boldsymbol{D}^{-1}\boldsymbol{F}\left(\boldsymbol{x}^{(k)}\right),\end{array}\right. \tag{9-8}$$

其中 $\boldsymbol{F}'\left(\boldsymbol{x}^{(k)}\right)$ 为非线性方程组的雅可比矩阵, 可用离散差商法求得, l 为雅可比迭代参量, $\boldsymbol{D}$ 为对角矩阵.

(2) 牛顿–SOR 迭代法的计算公式:

$$\left\{\begin{array}{l}\boldsymbol{A}_k=\boldsymbol{F}'\left(\boldsymbol{x}^{(k)}\right), \boldsymbol{A}_k=\boldsymbol{D}-\boldsymbol{L}-\boldsymbol{U}, \boldsymbol{H}=(\boldsymbol{D}-\omega\boldsymbol{L})^{-1}[(1-\omega)\boldsymbol{D}+\omega\boldsymbol{U}], \\ \boldsymbol{x}^{(k+1)}=\boldsymbol{x}^{(k)}-\omega\left(\boldsymbol{H}^{l-1}+\boldsymbol{H}^{l-2}+\cdots+\boldsymbol{I}\right)(\boldsymbol{D}-\omega\boldsymbol{L})^{-1}\boldsymbol{F}\left(\boldsymbol{x}^{(k)}\right),\end{array}\right. \tag{9-9}$$

其中 $\boldsymbol{F}'\left(\boldsymbol{x}^{(k)}\right)$, $\boldsymbol{D}$ 和 l 的含义同式 (9-8), $\boldsymbol{L}$ 和 $\boldsymbol{U}$ 分别为上三角阵和下三角阵, ω 为超松弛迭代参数.

牛顿–SOR 迭代法具有两个超参数, 雅可比迭代参量 l 和超松弛迭代参数 ω. 如何设置合理的超参数? 这是该算法需要思考的一个难点, 可借鉴机器学习中超参数的网格搜索方法, 选择最佳的超参数.

```
# file_name: nlinequs_newton_sor.py
class NLinearFxNewtonSOR(NonLinearEquationsUtils):
    """
    牛顿−SOR类迭代法求解非线性方程组, 继承NonLinearEquationsUtils
    """
    def __init__(self, nlin_fxs, x0, h, jacobi_para=3, sor_factor=1.0,
                 max_iter=200, eps=1e−10, method="jacobi", is_plt=False):
        NonLinearEquationsUtils.__init__(self, nlin_fxs, x0, max_iter, eps, is_plt)
        self.h = np.asarray(h).reshape(−1, 1)  # 各分量的离散步长向量
        self.jp = jacobi_para  # 雅可比迭代的参量
        self.w = sor_factor  # SOR法的松弛因子
        self.n = len(x0)  # 解向量的个数
        self.method = method  # 雅可比法jacobi和松弛法sor
```

```
        self . fxs_precision  = None # 最终解向量针对每个方程的精度

    def diff_matrix ( self , x_cur):  #求解差商矩阵, 参考9.3.2节离散牛顿法

    def fit_roots ( self ):
        """
        核心算法: 牛顿-SOR类法求非线性方程组的解
        """
        # 初始化迭代变量、精度和迭代解向量
        iter_ , sol_tol , x_n = 0, np. infty , self .x0
        if self .method.lower() == "jacobi ":  # 牛顿-雅可比迭代法
            while np.abs( sol_tol ) > self .eps and iter_ < self .max_iter:
                x_b = np.copy(x_n)  # 解向量的迭代
                Ak = self . diff_matrix (x_b)  # 离散法求得雅可比矩阵
                D = np. diag(np. diag(Ak))  # 对角矩阵
                if np.max(np.abs(np.diag(Ak))) < self .eps:
                    # 对角元素绝对值最大者小于一个较小的数
                    D = D + 0.05 * np.eye( self .n)  # 对角矩阵添加0.05*I, 保证可逆
                H = np. linalg .inv(D) * (Ak - D)
                H_m = np.eye(self .n)
                for i in range(1, self .jp - 1):
                    H_m = H_m + np.power(H, i)  # 矩阵的幂次累加
                x_n = x_b - np.dot(np.dot(H_m, np. linalg .inv(D)), self .nlin_Fxs(x_b))
                sol_tol , iter_ = np. linalg .norm(x_n - x_b), iter_ + 1
                self . iter_roots_precision .append([ iter_ , x_n. flatten (), sol_tol ])
        elif self .method.lower() == "sor ":  # 牛顿-SOR法
            while np.abs( sol_tol ) > self .eps and iter_ < self .max_iter:
                x_b = np.copy(x_n)  # 解向量的迭代
                Ak = self . diff_matrix (x_b)  # 离散法求得雅可比矩阵
                D = np. diag(np. diag(Ak))  # 对角矩阵
                L, U = - np. tril (Ak - D), - np. triu (Ak - D)  # 下三角、上三角矩阵
                H1_inv = np. linalg .inv(D - self .w * L)
                H = np.dot(H1_inv, (1 - self .w) * D + self .w * U)
                H_m = np.eye(self .n)
                for i in range(1, self .jp - 1):
                    H_m = H_m + np.power(H, i)
                x_n = x_b - np.dot( self .w * np.dot(H_m, H1_inv), self .nlin_Fxs(x_b))
                sol_tol , iter_ = np. linalg .norm(x_n - x_b), iter_ + 1
                self . iter_roots_precision .append([ iter_ , x_n. flatten (), sol_tol ])
        else :
```

```
        raise ValueError("仅支持牛顿-雅可比法和牛顿-SOR法.")
    self.roots = self.iter_roots_precision[-1][1]  # 满足精度的根
    # 解向量针对每个方程的精度
    self.fxs_precision = self.nlin_Fxs(self.roots.reshape(-1, 1)).flatten()
    if self.is_plt:  # 是否可视化图像, 参考不动点迭代法, 修改参数title即可
    return self.roots, self.fxs_precision
```

例 3 用牛顿–SOR 类方法求如下非线性方程组的数值解, 精度要求 $\varepsilon = 10^{-15}$.

$$(1)\ \begin{cases} y^2 - 4x^2 + 1 = 0, \\ x^2 - 2x + y^2 - 3 = 0. \end{cases} \qquad (2)\ \begin{cases} y - x^3 + 3x^2 - 4x = 0, \\ y^2 - x - 2 = 0. \end{cases}$$

对于解仅有两个变量的非线性方程组, 可通过可视化的方法估计初值. 非线性方程组 (1) 为双曲线与圆, 其交点有四个, 分别以 $(1,2),(1,-2),(-1,1)$ 和 $(-1,-1)$ 为迭代初值 $\boldsymbol{x}^{(0)}$ 进行求解, 均采用牛顿–SOR 法, 其结果如表 9-3 所示, 其他参数默认.

表 9-3 牛顿–SOR 法求非线性方程组 (1) 的最终数值解及精度

参数	迭代次数	数值解 (x^*, y^*)	精度 $\boldsymbol{F}(x^*, y^*)$
$(x^{(0)}, y^{(0)}) = (1, 2)^{\mathrm{T}}$	8	1.11651513899116805462	−4.440892098500626e − 16
$\omega = 1,\quad h = 0.001$		1.99660317098462725127	0.000000000000000e + 00
$(x^{(0)}, y^{(0)}) = (1, -2)^{\mathrm{T}}$	8	1.11651513899116805462	−4.440892098500626e − 16
$\omega = 1,\quad h = 0.001$		1.99660317098462725127	0.000000000000000e + 00
$(x^{(0)}, y^{(0)}) = (-1, 1)^{\mathrm{T}}$	12	−0.71651513899116792139	6.661338147750939e − 16
$\omega = 0.8,\quad h = 0.001$		1.02643839445635087770	0.000000000000000e + 00
$(x^{(0)}, y^{(0)}) = (-1, -1)^{\mathrm{T}}$,	12	−0.71651513899116792139	6.661338147750939e − 16
$\omega = 0.8,\quad h = 0.001$		−1.02643839445635087770	0.000000000000000e + 00

非线性方程组 (2) 为立方体与抛物线, 其交点有 2 个, 分别以 $(0.5, 1)$, $(-0.5, 1)$ 为迭代初值 $\boldsymbol{x}^{(0)}$, 采用牛顿–雅可比法和牛顿–SOR 法求解, 结果如表 9-4 所示.

例 4[7] 用牛顿–SOR 类方法 $(\omega = 0.85)$ 求如下非线性方程组的数值解, 精度要求 $\varepsilon = 10^{-15}$.

$$\begin{cases} F_i(\boldsymbol{x}) = (3 - 2x_i)\,x_i - x_{i-1} - 2x_{i+1} + 1, i = 1, 2, \cdots, n, \\ x_0 = x_{n+1} = 0, \end{cases}$$

其中 $\boldsymbol{x} = (x_1, x_2, \cdots, x_n)^{\mathrm{T}}$, 取 $n = 100$, 初值点 $\boldsymbol{x}^{(0)} = (-1, -1, \cdots, -1)^{\mathrm{T}}$, 其他参数默认.

表 9-4 不同方法求非线性方程组 (2) 的最终数值解及精度

方法	参数	迭代次数	数值解 (x^*, y^*)	精度 $\boldsymbol{F}(x^*, y^*)$
雅可比	$(x^{(0)}, y^{(0)}) = (0.5, 1)^{\mathrm{T}}$ $h = 0.001$	47	0.6699514708946178176 1.6339986141042524003	4.440892098500626e − 16 0.000000000000000e + 00
SOR	$(x^{(0)}, y^{(0)}) = (0.5, 1)^{\mathrm{T}}$ $\omega = 0.8, \quad h = 0.001$	22	0.6699514708946188168 1.6339986141042528444	0.000000000000000e + 00 0.000000000000000e + 00
雅可比	$(x^{(0)}, y^{(0)}) = (-0.5, -1)^{\mathrm{T}}$, $h = 0.001$	26	−0.2695032339820747635 −1.3154834723469259749	−6.661338147750939e − 16 4.440892098500626e − 16
SOR	$(x^{(0)}, y^{(0)}) = (-0.5, -1)^{\mathrm{T}}$ $\omega = 0.8, \quad h = 0.001$	12	−0.2695032339820748190 −1.3154834723469257529	0.000000000000000e + 00 −2.220446049250313e − 16

牛顿–SOR 法需迭代 22 次, 其目标函数值的精度范数 $\|\boldsymbol{F}(\boldsymbol{x}^*)\|_2 = 2.264420 \times 10^{-15}$. 牛顿–雅可比法需迭代 52 次, 其目标函数值的精度范数 $\|\boldsymbol{F}(\boldsymbol{x}^*)\|_2 = 3.270921 \times 10^{-15}$. 由于方程组有 100 个近似解 x_k^*, 故不再列出. 图 9-7 仅显示前 5 个近似解的收敛曲线. 近似解中, x_{10}^* 存在最大绝对误差 (保留小数点后 15 位): $x_{10}^* = -0.99999994093579, |F_{10}(\boldsymbol{x}^*)| = 6.661338147750939 \times 10^{-16}$.

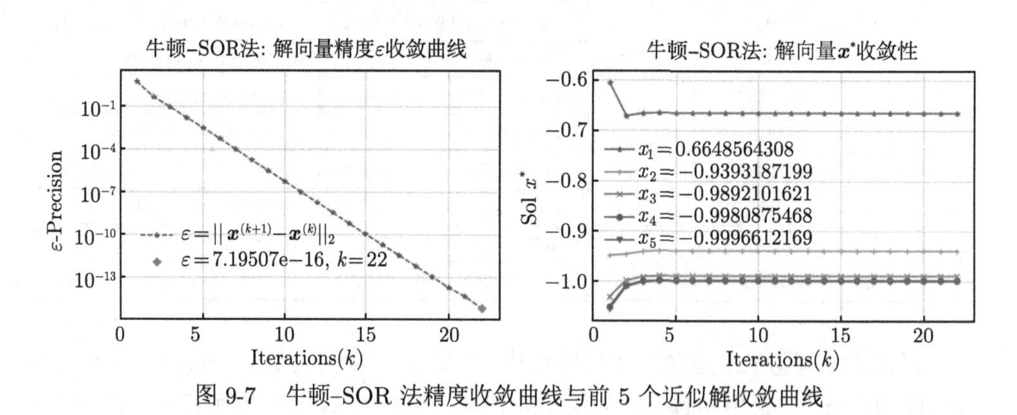

图 9-7 牛顿–SOR 法精度收敛曲线与前 5 个近似解收敛曲线

9.4 * 拟牛顿法

拟牛顿法是为了减少计算导数 $\boldsymbol{F}'(\boldsymbol{x})$ (即雅可比矩阵) 而带来的计算量的一种迭代法, 且当 $\boldsymbol{F}'(\boldsymbol{x})$ 在 $\boldsymbol{x}^{(k)}$ 处奇异或者严重病态时, 数值解极不稳定. 拟牛顿法的思想是用比较简单的矩阵 $\boldsymbol{A}_k$ 来近似 $\boldsymbol{F}'\left(\boldsymbol{x}^{(k)}\right)$, 且具有牛顿法快速收敛的优点, $\boldsymbol{A}_0$ 可选为单位阵. $\boldsymbol{A}_k$ 无需计算导数且易于计算, 通常 $\boldsymbol{A}_{k+1}$ 通过对 $\boldsymbol{A}_k$ 进行低秩修正而得, 即 $\boldsymbol{A}_{k+1} = \boldsymbol{A}_k + \Delta\boldsymbol{A}_k, k = 0, 1, 2\cdots$, 其中 $\Delta\boldsymbol{A}_k$ 是低秩矩阵.

利用多元函数的 Taylor 展开式得

$$f_i\left(\boldsymbol{x}^{(k)}\right) \approx f_i\left(\boldsymbol{x}^{(k+1)}\right)+\sum_{j=1}^{n} \frac{\partial f_i\left(\boldsymbol{x}^{(k+1)}\right)}{\partial x_j^{(k)}}\left(x_j^{(k)}-x_j^{(k+1)}\right), \quad i=1,2,\cdots,n.$$

写成矩阵形式: $\nabla \boldsymbol{F}\left(\boldsymbol{x}^{(k+1)}\right)\left(\boldsymbol{x}^{(k)}-\boldsymbol{x}^{(k+1)}\right) \approx \boldsymbol{F}\left(\boldsymbol{x}^{(k)}\right)-\boldsymbol{F}\left(\boldsymbol{x}^{(k+1)}\right)$.

若以 $\boldsymbol{A}_{k+1}$ 近似代替 $\boldsymbol{F}'\left(\boldsymbol{x}^{(k+1)}\right)$, 则关系式 $\boldsymbol{A}_{k+1}\left(\boldsymbol{x}^{(k)}-\boldsymbol{x}^{(k+1)}\right)=\boldsymbol{F}\left(\boldsymbol{x}^{(k)}\right)-\boldsymbol{F}\left(\boldsymbol{x}^{(k+1)}\right)$ 称为**拟牛顿方程**, 且 $\boldsymbol{A}_{k+1}$ 必然满足拟牛顿方程, 即

$$\boldsymbol{F}\left(\boldsymbol{x}^{(k+1)}\right)=\boldsymbol{F}\left(\boldsymbol{x}^{(k)}\right)+\boldsymbol{A}_{k+1}\left(\boldsymbol{x}^{(k+1)}-\boldsymbol{x}^{(k)}\right), \quad k=0,1,\cdots. \tag{9-10}$$

令 $\boldsymbol{A}_{k+1}=\boldsymbol{A}_k+\Delta \boldsymbol{A}_{k+1}=\boldsymbol{A}_k+\boldsymbol{u}^{(k)}\left(\boldsymbol{x}^{(k+1)}-\boldsymbol{x}^{(k)}\right)^{\mathrm{T}}=\boldsymbol{A}_k+\boldsymbol{u}^{(k)}\left(\boldsymbol{y}^{(k)}\right)^{\mathrm{T}}$, 其中 $\boldsymbol{u}^{(k)}$ 为待定向量, $\boldsymbol{y}^{(k)}=\boldsymbol{x}^{(k+1)}-\boldsymbol{x}^{(k)}, \operatorname{rank}\left(\Delta \boldsymbol{A}_{k+1}\right)=m \geqslant 1$. 代入拟牛顿方程得

$$\boldsymbol{F}\left(\boldsymbol{x}^{(k+1)}\right)-\boldsymbol{F}\left(\boldsymbol{x}^{(k)}\right)=\boldsymbol{A}_{k+1} \boldsymbol{y}^{(k)}=\boldsymbol{A}_k \boldsymbol{y}^{(k)}+\boldsymbol{u}^{(k)}\left(\boldsymbol{y}^{(k)}\right)^{\mathrm{T}} \boldsymbol{y}^{(k)}. \tag{9-11}$$

并令 $\boldsymbol{g}^{(k)}=\boldsymbol{F}\left(\boldsymbol{x}^{(k+1)}\right)-\boldsymbol{F}\left(\boldsymbol{x}^{(k)}\right)$, 进而求得唯一确定的 $\boldsymbol{u}^{(k)}$:

$$\boldsymbol{u}^{(k)}=\frac{\boldsymbol{g}^{(k)}-\boldsymbol{A}_k \boldsymbol{y}^{(k)}}{\left(\boldsymbol{y}^{(k)}\right)^{\mathrm{T}} \boldsymbol{y}^{(k)}}.$$

代入式 (9-11) 得

$$\boldsymbol{A}_{k+1}=\boldsymbol{A}_k+\frac{\boldsymbol{g}^{(k)}-\boldsymbol{A}_k \boldsymbol{y}^{(k)}}{\left(\boldsymbol{y}^{(k)}\right)^{\mathrm{T}} \boldsymbol{y}^{(k)}}\left(\boldsymbol{y}^{(k)}\right)^{\mathrm{T}}, \quad k=0,1,\cdots.$$

如下算法主要参考文献 [7], 因篇幅所限, 原理推导略去.

注 拟牛顿法比较依赖于初值的选择.

9.4.1 秩 1 校正拟牛顿法

如下迭代公式中, 记 $\boldsymbol{y}^{(k)}=\boldsymbol{x}^{(k+1)}-\boldsymbol{x}^{(k)}, \boldsymbol{z}^{(k)}=\boldsymbol{F}\left(\boldsymbol{x}^{(k+1)}\right)-\boldsymbol{F}\left(\boldsymbol{x}^{(k)}\right), k=0,1,\cdots$ 为迭代变量.

(1) Broyden 算法的迭代计算公式:

$$\left\{\begin{array}{l}
\boldsymbol{x}^{(k+1)}=\boldsymbol{x}^{(k)}-\boldsymbol{A}_k^{-1} \boldsymbol{F}\left(\boldsymbol{x}^{(k)}\right), \\
\boldsymbol{A}_{k+1}=\boldsymbol{A}_k+\dfrac{\left(\boldsymbol{z}^{(k)}-\boldsymbol{A}_k \boldsymbol{y}^{(k)}\right)\left(\boldsymbol{y}^{(k)}\right)^{\mathrm{T}}}{\left\|\boldsymbol{y}^{(k)}\right\|_2},
\end{array}\right. \tag{9-12}$$

其中 $\boldsymbol{A}_0$ 一般取 $\boldsymbol{F}'\left(\boldsymbol{x}^{(0)}\right)$, 也可取单位阵 $\boldsymbol{I}$ (可能存在收敛性).

(2) 逆 Broyden 算法的迭代计算公式:

$$\begin{cases} \boldsymbol{s}^{(k)} = -\boldsymbol{A}_k \boldsymbol{F}\left(\boldsymbol{x}^{(k)}\right), \\ \boldsymbol{x}^{(k+1)} = \boldsymbol{x}^{(k)} + \boldsymbol{s}^{(k)}, \\ \boldsymbol{A}_{k+1} = \boldsymbol{A}_k + \dfrac{\left(\boldsymbol{s}^{(k)} - \boldsymbol{A}_k \boldsymbol{z}^{(k)}\right)\left(\boldsymbol{s}^{(k)}\right)^{\mathrm{T}} \boldsymbol{A}_k}{\left(\boldsymbol{s}^{(k)}\right)^{\mathrm{T}} \boldsymbol{A}_k \boldsymbol{z}^{(k)}}, \end{cases} \tag{9-13}$$

其中 $\boldsymbol{A}_0$ 一般取 $\boldsymbol{F}'(\boldsymbol{x}^{(0)})$. 无需计算 $\boldsymbol{A}_k^{-1}$.

(3) Broyden 第二方法的迭代计算公式:

$$\begin{cases} \boldsymbol{x}^{(k+1)} = \boldsymbol{x}^{(k)} - \boldsymbol{A}_k^{-1} \boldsymbol{F}\left(\boldsymbol{x}^{(k)}\right), \\ \boldsymbol{A}_{k+1} = \boldsymbol{A}_k + \dfrac{\boldsymbol{F}\left(\boldsymbol{x}^{(k+1)}\right)\left[\boldsymbol{F}\left(\boldsymbol{x}^{(k+1)}\right)\right]^{\mathrm{T}}}{\left[\boldsymbol{F}\left(\boldsymbol{x}^{(k+1)}\right)\right]^{\mathrm{T}} \boldsymbol{y}^{(k)}}, \end{cases} \tag{9-14}$$

其中 $\boldsymbol{A}_0$ 一般取 $\boldsymbol{F}'\left(\boldsymbol{x}^{(0)}\right)$, 特点是校正矩阵为对称矩阵, 即 $\boldsymbol{A}_0$ 对称, 则 $\boldsymbol{A}_{k+1}$ 也对称.

(4) 逆 Broyden 第二方法的迭代求解公式:

$$\begin{cases} \boldsymbol{x}^{(k+1)} = \boldsymbol{x}^{(k)} - \boldsymbol{A}_k \boldsymbol{F}\left(\boldsymbol{x}^{(k)}\right), \\ \boldsymbol{A}_{k+1} = \boldsymbol{A}_k + \dfrac{\left(\boldsymbol{y}^{(k)} - \boldsymbol{A}_k \boldsymbol{z}^{(k)}\right)\left(\boldsymbol{y}^{(k)} - \boldsymbol{A}_k \boldsymbol{z}^{(k)}\right)^{\mathrm{T}}}{\left(\boldsymbol{y}^{(k)} - \boldsymbol{A}_k \boldsymbol{z}^{(k)}\right)^{\mathrm{T}} \boldsymbol{z}^{(k)}}, \end{cases} \tag{9-15}$$

其中 $\boldsymbol{A}_0$ 一般取 $\boldsymbol{F}'\left(\boldsymbol{x}^{(0)}\right)$, 也可取单位阵 $\boldsymbol{I}$, 只要 $\boldsymbol{A}_0$ 对称正定, 则每次迭代计算的 $\boldsymbol{A}_k$ 也能保证对称正定, 且 $\boldsymbol{A}_k \cong \nabla^2 \boldsymbol{F}\left(\boldsymbol{x}^{(k)}\right)$, 可使算法产生的方向近似于拟牛顿方向, 且有较快的收敛速度.

算法说明　由于 $\boldsymbol{A}_0$ 初始为雅可比矩阵 $\boldsymbol{F}'\left(\boldsymbol{x}^{(0)}\right)$, 需导入类 “JacobiMatrix”, 故定义非线性方程组时, 需定义为符号方程组, 也可采用离散差商矩阵代替 $\boldsymbol{F}'\left(\boldsymbol{x}^{(0)}\right)$. 算法中适当放宽了对称或正定的条件. 迭代过程中可做 $\left\|\boldsymbol{F}\left(\boldsymbol{x}^{(k)}\right)\right\|_2 < \varepsilon$ 判断.

```
# file_name: rank1_quasi_newton_jm.py
class Rank1QuasiNewton(NonLinearEquationsUtils):
    """
    秩1算法求解非线性方程组的解, 包括Broyden算法、Broyden第二方法、逆Broyden算法
    和逆Broyden第二方法. 继承NonLinearEquationsUtils, 采用雅可比矩阵作为A0
    """
    def __init__(self, nlin_fxs, sym_vars, x0, max_iter=200, eps=1e-10,
```

```
                method="broyden", is_plt=False):
        # 符号非线性方程组转化为lambda函数
        nlin_equs_expr = sympy.lambdify([sym_vars], nlin_fxs, "numpy")
        NonLinearEquationsUtils.__init__(self, nlin_equs_expr, x0, max_iter,
                                         eps, is_plt)
        self.n = len(x0)  # 解向量的个数
        self.method = method  # 秩1四种算法
        self.jacobi_obj = JacobiMatrix(nlin_fxs, sym_vars)  # 雅可比矩阵
        self.fxs_precision = None  # 最终解向量针对每个方程的精度

    def fit_nlin_roots(self):
        """
        核心算法: 秩1迭代法求解非线性方程组的解, 根据方法选择对应的秩1算法
        """
        iter_, sol_tol, x_n = 0, np.infty, np.copy(self.x0)  # 初始化
        jacobi_mat = self.jacobi_obj.solve_jacobi_mat()  # 求解雅可比矩阵
        Ak = self.jacobi_obj.cal_jacobi_mat_values(jacobi_mat, self.x0)  # 矩阵值
        if self.method.lower() == "broyden":
            self._solve_broyden_(Ak, sol_tol, iter_, x_n)
        elif self.method.lower() == "broyden2th":
            self._solve_broyden_2th_(Ak, sol_tol, iter_, x_n)
        elif self.method.lower() == "invbroyden":
            self._solve_inv_broyden_(Ak, sol_tol, iter_, x_n)
        elif self.method.lower() == "invbroyden2th":
            self._solve_inv_broyden_2th_(Ak, sol_tol, iter_, x_n)
        else:
            raise ValueError("仅支持broyden、broyden2th、invbroyden和invbroyden2th.")
        self.roots = self.iter_roots_precision[-1][1]  # 满足精度的根
        # 最终解向量针对每个方程的精度, 调用雅可比矩阵类方法计算
        self.fxs_precision = \
            self.jacobi_obj.cal_fx_values(self.roots.reshape(-1, 1)).flatten()
        if self.is_plt:  # 是否可视化图像, 参考不动点迭代法, 修改参数title即可
        return self.roots, self.fxs_precision

    def _solve_broyden_(self, Ak, sol_tol, iter_, x_n):
        """
        核心算法: Broyden秩1算法
        """
        while np.abs(sol_tol) > self.eps and iter_ < self.max_iter:
            x_b = np.copy(x_n)  # 更新解向量
```

```
            sol_xb = self.jacobi_obj.cal_fx_values(x_b)  # F(xk), 构成一个向量
            x_n = x_b - np.dot(np.linalg.inv(Ak), sol_xb)  # 迭代公式, 下一次迭代值
            sol_xn = self.jacobi_obj.cal_fx_values(x_n)  # F(x_{k + 1})
            y_k, z_k = x_n - x_b, sol_xn - sol_xb  # 拟牛顿公式各参数计算
            Ak_term = np.linalg.norm(y_k)  # Broyden秩1公式的分母、范数、标量值
            if np.abs(Ak_term) < 1e-50 or np.linalg.norm(sol_xn) <= self.eps:
                break  # 避免被零除, 以及当前F(xk)的2范数满足精度要求
            Ak = Ak + (z_k - np.dot(Ak, y_k)) * y_k.T / Ak_term  # Broyden秩1公式修正
            sol_tol = np.linalg.norm(x_n - x_b)  # 更新迭代次数和精度
            iter_ += 1  # 迭代次数增一
            self.iter_roots_precision.append([iter_, x_n.flatten(), sol_tol])

    def _solve_broyden_2th_(self, Ak, sol_tol, iter_, x_n):
        """
        核心算法: Broyden秩1第二方法
        """
        while np.abs(sol_tol) > self.eps and iter_ < self.max_iter:
            x_b = np.copy(x_n)  # 更新解向量
            sol_xb = self.jacobi_obj.cal_fx_values(x_b)  # F(xk), 构成一个向量
            x_n = x_b - np.dot(np.linalg.inv(Ak), sol_xb)  # 迭代公式
            sol_xn = self.jacobi_obj.cal_fx_values(x_n)  # F(x_{k + 1})
            y_k = x_n - x_b  # 拟牛顿公式各参数计算
            Ak_term = np.dot(sol_xn.T, y_k)  # 公式的分母
            if np.abs(Ak_term) < 1e-50 or np.linalg.norm(sol_xn) <= self.eps:
                break  # 避免被零除, 以及当前F(xk)的2范数满足精度要求
            Ak = Ak + np.dot(sol_xn, sol_xn.T) / Ak_term  # Broyden秩1第二公式修正
            iter_, sol_tol = iter_ + 1, np.linalg.norm(x_n - x_b)
            self.iter_roots_precision.append([iter_, x_n.flatten(), sol_tol])

    def _solve_inv_broyden_(self, Ak, sol_tol, iter_, x_n):
        """
        核心算法: 逆Broyden秩1算法
        """
        Hk = np.linalg.inv(Ak)  # Ak的逆矩阵
        while np.abs(sol_tol) > self.eps and iter_ < self.max_iter:
            x_b = np.copy(x_n)  # 更新解向量
            sol_xb = self.jacobi_obj.cal_fx_values(x_b)  # 解向量x_k的方程组的值向量
            s_k = -np.dot(Hk, sol_xb)  # 逆Broyden算法, Hk * F(x_k)
            x_n = x_b + s_k  # 下一次迭代的解向量x_{k+1}
            sol_xn = self.jacobi_obj.cal_fx_values(x_n)  # F(x_{k + 1})
```

```
        z_k = sol_xn - sol_xb  # z_k = y_{k + 1} - y_k
        Hk_term = np.dot(np.dot(s_k.T, Hk), z_k)  # 公式分母、标量值
        if np.abs(Hk_term) < 1e-50 or np.linalg.norm(sol_xn) <= self.eps:
            break  # 避免被零除, 以及当前F(xk)的2范数满足精度要求
        # 逆Broyden公式, 修正
        Hk = Hk + np.dot(np.dot((s_k - np.dot(Hk, z_k)), s_k.T), Hk) / Hk_term
        iter_, sol_tol = iter_ + 1, np.linalg.norm(x_n - x_b)
        self.iter_roots_precision.append([iter_, x_n.flatten(), sol_tol])

def _solve_inv_broyden_2th_(self, Ak, sol_tol, iter_, x_n):
    """
    核心算法: 逆broyden秩1第二方法
    """
    Hk = np.linalg.inv(Ak)  # Ak的逆矩阵
    while np.abs(sol_tol) > self.eps and iter_ < self.max_iter:
        x_b = np.copy(x_n)  # 更新解向量
        sol_xb = self.jacobi_obj.cal_fx_values(x_b)  # F(x_k)
        x_n = x_b - np.dot(Hk, sol_xb)  # 下一次迭代的解向量x_{k+1}, 迭代公式
        sol_xn = self.jacobi_obj.cal_fx_values(x_n)  # F(x_{k + 1})
        y_k, z_k = x_n - x_b, sol_xn - sol_xb  # 各参数变量计算
        Hk_term = np.dot((y_k - np.dot(Hk, z_k)).T, z_k)  # 分母、标量值
        if abs(Hk_term) < 1e-50 or np.linalg.norm(sol_xn) <= self.eps:
            break  # 避免被零除, 以及当前F(xk)的2范数满足精度要求
        Hk = Hk + (y_k - np.dot(Hk, z_k)) * (y_k - np.dot(Hk, z_k)).T / Hk_term
        iter_, sol_tol = iter_ + 1, np.linalg.norm(x_n - x_b)
        self.iter_roots_precision.append([iter_, x_n.flatten(), sol_tol])
```

9.4.2 秩 2 校正拟牛顿法

秩 2 对称算法的特点是用 $\boldsymbol{H}_k$ 作为 $\boldsymbol{A}_k^{-1}$ 的近似, 即迭代公式中不需要求矩阵 $\boldsymbol{A}_k$ 的逆, 如 DFP、BFS 和逆 BFGS 算法, $\boldsymbol{H}_0$ 一般取 $\left[\boldsymbol{F}'\left(\boldsymbol{x}^{(0)}\right)\right]^{-1}$. 如下公式记 $\boldsymbol{s}^{(k)}=\boldsymbol{x}^{(k+1)}-\boldsymbol{x}^{(k)},\boldsymbol{y}^{(k)}=\boldsymbol{F}\left(\boldsymbol{x}^{(k+1)}\right)-\boldsymbol{F}\left(\boldsymbol{x}^{(k)}\right)$, $k=0,1,\cdots$ 为迭代变量.

(1) DFP (Davidon-Fletcher-Powell, DFP) 算法的迭代公式:

$$\left\{\begin{array}{l}\boldsymbol{x}^{(k+1)}=\boldsymbol{x}^{(k)}-\boldsymbol{H}_k\boldsymbol{F}\left(\boldsymbol{x}^{(k)}\right), \\ \boldsymbol{H}_{k+1}=\boldsymbol{H}_k+\dfrac{\boldsymbol{s}^{(k)}\left(\boldsymbol{s}^{(k)}\right)^{\mathrm{T}}}{\left(\boldsymbol{s}^{(k)}\right)^{\mathrm{T}}\boldsymbol{y}^{(k)}}-\dfrac{\boldsymbol{H}_k\boldsymbol{y}^{(k)}\left(\boldsymbol{y}^{(k)}\right)^{\mathrm{T}}\boldsymbol{H}_k}{\left(\boldsymbol{y}^{(k)}\right)^{\mathrm{T}}\boldsymbol{H}_k\boldsymbol{y}^{(k)}}.\end{array}\right. \tag{9-16}$$

(2) BFS (Broyden-Fletcher-Shanmo, BFS) 算法的迭代公式:

$$\begin{cases} \boldsymbol{x}^{(k+1)} = \boldsymbol{x}^{(k)} - \boldsymbol{H}_k \boldsymbol{F}\left(\boldsymbol{x}^{(k)}\right), \\ \mu_k = 1 + \dfrac{\left(\boldsymbol{y}^{(k)}\right)^{\mathrm{T}} \boldsymbol{H}_k \boldsymbol{y}^{(k)}}{\left(\boldsymbol{s}^{(k)}\right)^{\mathrm{T}} \boldsymbol{y}^{(k)}}, \\ \boldsymbol{H}_{k+1} = \boldsymbol{H}_k + \dfrac{\mu_k \boldsymbol{s}^{(k)} \left(\boldsymbol{s}^{(k)}\right)^{\mathrm{T}} - \boldsymbol{s}^{(k)} \left(\boldsymbol{y}^{(k)}\right)^{\mathrm{T}} \boldsymbol{H}_k - \boldsymbol{H}_k \boldsymbol{y}^{(k)} \left(\boldsymbol{s}^{(k)}\right)^{\mathrm{T}}}{\left(\boldsymbol{s}^{(k)}\right)^{\mathrm{T}} \boldsymbol{y}^{(k)}}, \end{cases} \tag{9-17}$$

其中 μ_k 是一个标量.

在 DFP 算法和 BFS 算法中, 只要 $\boldsymbol{H}_k$ 对称正定, $\left(\boldsymbol{s}^{(k)}\right)^{\mathrm{T}} \boldsymbol{y}^{(k)} > 0$, 可以证明 $\boldsymbol{H}_{k+1}$ 对称正定. 从同一个 $\boldsymbol{H}_k$ 出发, 用 DFP 算法生成的 $\boldsymbol{H}_{k+1}$, 记为 $\boldsymbol{H}_{k+1}^{(D)}$; 在 $\boldsymbol{H}_k$ 正定条件下有 $\forall \boldsymbol{\mu} \neq \mathbf{0}, \boldsymbol{\mu}^{\mathrm{T}} \boldsymbol{H}_{k+1}^{(B)} \boldsymbol{\mu} \geqslant \boldsymbol{\mu}^{\mathrm{T}} \boldsymbol{H}_{k+1}^{(D)} \boldsymbol{\mu} > 0$. 实践也显示出, BFS 算法比 DFS 算法数值稳定性更好.

(3) BFGS (Broyden-Fletcher-Goldfarb-Shanmo, BFGS) 算法的迭代公式

$$\begin{cases} \boldsymbol{x}^{(k+1)} = \boldsymbol{x}^{(k)} - \boldsymbol{H}_k^{-1} \boldsymbol{F}\left(\boldsymbol{x}^{(k)}\right), \\ \boldsymbol{H}_{k+1} = \boldsymbol{H}_k + \dfrac{\boldsymbol{y}^{(k)} \left(\boldsymbol{y}^{(k)}\right)^{\mathrm{T}}}{\left(\boldsymbol{y}^{(k)}\right)^{\mathrm{T}} \boldsymbol{s}^{(k)}} - \dfrac{\boldsymbol{H}_k \boldsymbol{s}^{(k)} \left(\boldsymbol{s}^{(k)}\right)^{\mathrm{T}} \boldsymbol{H}_k}{\left(\boldsymbol{s}^{(k)}\right)^{\mathrm{T}} \boldsymbol{H}_k \boldsymbol{s}^{(k)}}, \end{cases} \tag{9-18}$$

其中 $\boldsymbol{H}_0$ 一般取 $\boldsymbol{F}'\left(\boldsymbol{x}^{(0)}\right)$, 迭代过程中需要计算 $\boldsymbol{H}_k^{-1}$.

(4) 逆 BFGS 算法的迭代公式:

$$\begin{cases} \boldsymbol{x}^{(k+1)} = \boldsymbol{x}^{(k)} - \boldsymbol{H}_k \boldsymbol{F}\left(\boldsymbol{x}^{(k)}\right), \\ \Delta \boldsymbol{H}_{k,1} = \dfrac{\left(\boldsymbol{s}^{(k)} - \boldsymbol{H}_k \boldsymbol{y}^{(k)}\right) \left(\boldsymbol{s}^{(k)}\right)^{\mathrm{T}} + \boldsymbol{s}^{(k)} \left(\boldsymbol{s}^{(k)} - \boldsymbol{H}_k \boldsymbol{y}^{(k)}\right)^{\mathrm{T}}}{\left(\boldsymbol{s}^{(k)}\right)^{\mathrm{T}} \boldsymbol{y}^{(k)}}, \\ \Delta \boldsymbol{H}_{k,2} = \dfrac{\left(\boldsymbol{s}^{(k)} - \boldsymbol{H}_k \boldsymbol{y}^{(k)}\right)^{\mathrm{T}} \boldsymbol{y}^{(k)} \boldsymbol{s}^{(k)} \left(\boldsymbol{s}^{(k)}\right)^{\mathrm{T}}}{\left(\left(\boldsymbol{s}^{(k)}\right)^{\mathrm{T}} \boldsymbol{y}^{(k)}\right)^2}, \\ \boldsymbol{H}_{k+1} = \boldsymbol{H}_k + \Delta \boldsymbol{H}_{k,1} - \Delta \boldsymbol{H}_{k,2}. \end{cases} \tag{9-19}$$

算法说明　对于 DFP、BFS 和逆 BFGS 算法, 采用雅可比矩阵的逆 $\left[\boldsymbol{F}'\left(\boldsymbol{x}^{(0)}\right)\right]^{-1}$ 作为初始的 $\boldsymbol{H}_0$, 而 BFGS 算法则采用 $\boldsymbol{F}'\left(\boldsymbol{x}^{(0)}\right)$ 作为初始的 $\boldsymbol{H}_0$.

```
# file_name: rank2_quasi_newton_jm.py
class Rank2QuasiNewton(NonLinearEquationsUtils):
    """
    秩2算法求非线性方程组的解, 包括DFP、BFS、BFGS和逆BFGS四种算法,
    继承NonLinearEquationsUtils, 除BFGS算法外, 采用雅可比矩阵的逆矩阵作为H0
    """
    def __init__(self, nlin_fxs, sym_vars, x0, max_iter=200, eps=1e-10,
                 method="dfp", is_plt=False):
        # 略去, 参考秩1算法的实例属性初始化

    def fit_nlin_roots(self):
        """
        核心算法: 秩2迭代法求非线性方程组的解, 根据方法选择对应的秩2算法
        """
        iter_, sol_tol, x_n = 0, np.infty, np.copy(self.x0)  # 初始化
        jacobi_mat = self.jacobi_obj.solve_jacobi_mat()  # 求解雅可比矩阵
        Ak = self.jacobi_obj.cal_jacobi_mat_values(jacobi_mat, self.x0)  # 矩阵值
        Hk = np.linalg.inv(Ak)  # 初始化为雅可比矩阵的逆
        if self.method.lower() == "dfp":
            self._solve_DFP_rank2_(Hk, sol_tol, iter_, x_n)
        elif self.method.lower() == "bfs":
            self._solve_BFS_rank2_(Hk, sol_tol, iter_, x_n)
        elif self.method.lower() == "bfgs":
            self._solve_BFGS_rank2_(Ak, sol_tol, iter_, x_n)
        elif self.method.lower() == "invbfgs":
            self._solve_inv_BFGS_rank2_(Hk, sol_tol, iter_, x_n)
        else:
            raise ValueError("仅支持DFP、BFS、BFGS和逆BFGS算法.")
        self.roots = self.iter_roots_precision[-1][1]  # 满足精度的根
        # 最终解向量针对每个方程的精度
        self.fxs_precision = \
            self.jacobi_obj.cal_fx_values(self.roots.reshape(-1, 1)).flatten()
        if self.is_plt:  # 是否可视化图像, 参考不动点迭代法, 修改参数title即可
        return self.roots, self.fxs_precision

    def _solve_DFP_rank2_(self, Hk, sol_tol, iter_, x_n):
        """
        核心算法: 秩2 DFP算法
        """
```

```
    while np.abs( sol_tol ) > self.eps and iter_ < self.max_iter:
        x_b = np.copy(x_n)  # 更新数值解, 向量形式, 深拷贝
        sol_xb = self.jacobi_obj.cal_fx_values(x_b)  # 函数值向量F(x_k)
        x_n = x_b - np.dot(Hk, sol_xb)  # 计算新的数值解向量x_{k+1}
        sol_xn = self.jacobi_obj.cal_fx_values(x_n)  # 函数值向量F(x_{k+1})
        if np.linalg.norm(sol_xn) <= self.eps:
            break  # 终止条件||F(x_(k+1))|| < eps
        s_k, y_k = x_n - x_b, sol_xn - sol_xb  # 求解Bk修正计算中间变量
        # if np.dot(s_k.T, y_k) > 0:  # 对如下计算, 放宽条件
        # 修正公式中的分母
        Hk_term1, Hk_term2 = np.dot(y_k.T, s_k), np.dot(np.dot(y_k.T, Hk), y_k)
        if np.abs(Hk_term1) <= 1e-50 or np.abs(Hk_term2) <= 1e-50:
            break  # 避免被零除
        Hk = Hk + np.dot(s_k, s_k.T) / Hk_term1 - \
            np.dot(np.dot(np.dot(Hk, y_k), y_k.T), Hk) / Hk_term2 # Hk的修正
        # 相邻解的2范数作为终止条件
        iter_, sol_tol = iter_ + 1, np.linalg.norm(x_n - x_b)
        # 存储迭代过程数值
        self.iter_roots_precision.append([iter_, x_n.flatten(), sol_tol])
def _solve_BFS_rank2_(self, Hk, sol_tol, iter_, x_n):
    """
    核心算法: 秩2 BFS算法
    """
    while np.abs( sol_tol ) > self.eps and iter_ < self.max_iter:
        x_b = np.copy(x_n)  # 解向量的更新
        sol_xb = self.jacobi_obj.cal_fx_values(x_b)  # F(xk)
        x_n = x_b - np.dot(Hk, sol_xb)  # 迭代公式
        sol_xn = self.jacobi_obj.cal_fx_values(x_n)  # F(x_(k+1))
        s_k, y_k = x_n - x_b, sol_xn - sol_xb  # 修正矩阵的各参数计算
        Hk_term = np.dot(s_k.T, y_k)  # BFS修正公式中的分母
        if abs(Hk_term) < 1e-50 or np.linalg.norm(sol_xn) <= self.eps:
            break  # 避免被零除, 以及终止条件||F(x_(k+1))|| < eps
        # if np.dot(s_k.T, y_k) > 0:  # 对如下计算, 放宽条件
        uk = 1 + np.dot(np.dot(y_k.T, Hk), y_k) / np.dot(s_k.T, y_k)  # 标量
        Hk = Hk + (np.dot(uk * s_k, s_k.T) - np.dot(np.dot(Hk, y_k), s_k.T)
                   - np.dot(np.dot(s_k, y_k.T), Hk)) / Hk_term # 修正
        iter_, sol_tol = iter_ + 1, np.linalg.norm(x_n - x_b)  # 更新
        self.iter_roots_precision.append([iter_, x_n.flatten(), sol_tol])  # 存储

def _solve_BFGS_rank2_(self, Hk, sol_tol, iter_, x_n):
```

```
        """
        核心算法: 秩2 BFGS算法
        """
        while np.abs( sol_tol ) > self.eps and iter_ < self.max_iter:
            x_b = np.copy(x_n)  # 解向量的更新
            sol_xb = self.jacobi_obj.cal_fx_values(x_b)  # F(xk)
            x_n = x_b - np.dot(np.linalg.inv(Hk), sol_xb)  # 迭代公式
            sol_xn = self.jacobi_obj.cal_fx_values(x_n)  # F(x_(k+1))
            if np.linalg.norm(sol_xn) <= self.eps:
                break  # 增加终止条件||F(x_(k+1))|| < eps
            s_k, y_k = x_n - x_b, sol_xn - sol_xb  # 修正矩阵的各参数计算
            Hk_term1, Hk_term2 = np.dot(y_k.T, s_k), np.dot(np.dot(s_k.T, Hk), s_k)
            if np.abs(Hk_term1) < 1e-50 or np.abs(Hk_term2) < 1e-50:  # 避免被零除
                break
            Hk = Hk + np.dot(y_k, y_k.T) / Hk_term1 - \
                 np.dot(np.dot(np.dot(Hk, s_k), s_k.T), Hk) / Hk_term2  # 修正
            iter_, sol_tol = iter_ + 1, np.linalg.norm(x_n - x_b)  # 更新
            self.iter_roots_precision.append([iter_, x_n.flatten(), sol_tol])  # 存储

    def _solve_inv_BFGS_rank2_(self, Hk, sol_tol, iter_, x_n):
        """
        核心算法: 秩2 逆BFGS算法
        """
        while np.abs( sol_tol ) > self.eps and iter_ < self.max_iter:
            x_b = np.copy(x_n)  # 解向量的更新
            sol_xb = self.jacobi_obj.cal_fx_values(x_b)  # F(xk)
            x_n = x_b - np.dot(Hk, sol_xb)  # 迭代公式
            sol_xn = self.jacobi_obj.cal_fx_values(x_n)  # F(x_(k+1))
            s_k, y_k = x_n - x_b, sol_xn - sol_xb  # 修正矩阵的各参数计算
            Hk_term = np.dot(s_k.T, y_k)  # 公式后两式的分母
            if np.abs(Hk_term) < 1e-50 or np.linalg.norm(sol_xn) <= self.eps:
                break  # 避免被零除, 以及增加终止条件||F(x_(k+1))|| < eps
            term1 = np.dot(s_k - np.dot(Hk, y_k), s_k.T) + \
                    np.dot(s_k, (s_k - np.dot(Hk, y_k)).T)
            term2 = np.dot((s_k - np.dot(Hk, y_k)).T, y_k) * np.dot(s_k, s_k.T)
            Hk = Hk + term1 / Hk_term - term2 / Hk_term ** 2  # 修正
            iter_, sol_tol = iter_ + 1, np.linalg.norm(x_n - x_b)  # 更新
            self.iter_roots_precision.append([iter_, x_n.flatten(), sol_tol])  # 存储
```

此外, 对于大型非线性方程组来说, 求解雅可比矩阵工作量较大, 故可用离散差

商矩阵近似修正矩阵, 以秩 2 算法为例, 修改如下. 其中参数 nonlinear_equations 定义时采用数值定义形式, 各拟牛顿法方法中计算 $\boldsymbol{F}\left(\boldsymbol{x}^{(k)}\right)$ 也采用数值定义的非线性方程求解, 如 sol_xb = self.nlin_Fxs(x_b). 若初值选择较好, 也可采用单位阵 $\boldsymbol{I}$ 作为初始修正矩阵.

```
class Rank2QuasiNewton(NonLinearEquationsUtils):
    """
    秩2算法, 继承NonLinearEquationsUtils, 默认采用离散差商矩阵作为初始的H0
    """
    def __init__(self, nonlinear_equations, x0, max_iter=200, eps=1e-10, method="dfp",
                 is_plt=False, diff_mat_h=0.01, A0="diff_mat"):
        NonLinearEquationsUtils.__init__(self, nlin_fxs, x0, max_iter,
                                         eps, is_plt)  # 父类初始化
        self.diff_mat_h = diff_mat_h  # 求解离散差商矩阵的步长
        self.A0 = A0  # 初始修正矩阵
        # 略去其他实例属性的初始化

    def fit_nlin_roots(self):
        """
        秩2迭代法求解非线性方程组的解, 采用离散差商矩阵
        """
        iter_, sol_tol, x_n = 0, np.infty, np.copy(self.x0)  # 初始化
        if self.A0.lower() == "diff_mat":  # 计算差商离散矩阵作为初始修正矩阵
            Ak = np.zeros((self.n, self.n))
            for i in range(self.n):
                x_d, h = np.copy(self.x0), self.diff_mat_h
                x_d[i] += h
                Ak[:, i] = ((self.nlin_Fxs(x_d) - self.nlin_Fxs(self.x0)) / h).flatten()
        else:
            Ak = np.eye(self.n)  # 初始化为单位矩阵
```

例 5 用拟牛顿法求解如下非线性方程组, 精度要求 $\varepsilon = 10^{-15}$.

$$\boldsymbol{F}(\boldsymbol{x}) = \boldsymbol{A}\boldsymbol{x} + \frac{1}{(n+1)^2}\boldsymbol{f}(\boldsymbol{x}) = \boldsymbol{0},$$

其中

$$\boldsymbol{A} = \begin{pmatrix} 2 & -1 & & & \\ -1 & 2 & -1 & & \\ & \ddots & \ddots & \ddots & \\ & & -1 & 2 & -1 \\ & & & -1 & 2 \end{pmatrix} \in \mathbb{R}^{n\times n}, \quad \boldsymbol{f}(\boldsymbol{x}) = \begin{pmatrix} \arctan x_1 - 1 \\ \arctan x_2 - 1 \\ \vdots \\ \arctan x_{n-1} - 1 \\ \arctan x_n - 1 \end{pmatrix}.$$

由于非线性方程较大, 故采用离散差商矩阵作为初始的修正矩阵. 如表 9-5 所示, 为八种拟牛顿法求解包含 $n = 100$ 个非线性方程的方程组的迭代信息, 各算法均表现出较好的收敛性质: 收敛快、效率高且精度高. 此外, 算法终止的条件包含有 $\|\boldsymbol{F}(\boldsymbol{x}^*)\|_2 < \varepsilon$, 以及各修正矩阵 $\boldsymbol{A}_k$ 或 $\boldsymbol{H}_k$ 公式中的分母避免被零除的判断, 故算法未必满足 $\left\|\boldsymbol{x}^{(k+1)} - \boldsymbol{x}^{(k)}\right\|_2 < \varepsilon$ 收敛条件. 也可尝试其他迭代初值, 如 $-100 \cdot (1, 1, \cdots, 1)^{\mathrm{T}}$, $(-1, -2, \cdots, -100)^{\mathrm{T}}$ 等, 观察各拟牛顿法的收敛性以及收敛精度, 不再赘述. 此外, 初始离散差商矩阵的步长 h 的不同, 也影响各方法的收敛速度.

表 9-5 不同初值下各方法的迭代信息 ($n = 100$, $h = 0.01$)

迭代初值	拟牛顿法	Iter	$\|\boldsymbol{F}(\boldsymbol{x}^*)\|_2$	拟牛顿法	Iter	$\|\boldsymbol{F}(\boldsymbol{x}^*)\|_2$
$(1, 2, \cdots, 100)^{\mathrm{T}}$	Broyden	15	2.4946283517e−15	DFP	7	1.8168856115e−15
	Broyden2Th	6	5.4641285100e−14	BFS	7	1.8448078565e−15
	InvBroyden	7	5.3926447071e−15	BFGS	7	1.8146543678e−15
	InvBroyden2Th	6	5.4636465001e−14	InvBFGS	7	1.8437186581e−15
$(0, 0, \cdots, 0)^{\mathrm{T}}$	Broyden	3	1.2575571344e−13	DFP	3	1.0773634498e−15
	Broyden2Th	2	1.7122009738e−10	BFS	3	1.0822726105e−15
	InvBroyden	2	1.7315467051e−10	BFGS	3	1.0879594120e−15
	InvBroyden2Th	2	1.7122009379e−10	InvBFGS	3	1.0822726105e−15
$100 \cdot (1, 1, \cdots, 1)^{\mathrm{T}}$	Broyden	16	4.1444230782e−15	DFP	6	2.5411053873e−14
	Broyden2Th	6	7.5187798642e−15	BFS	6	2.5781168726e−14
	InvBroyden	6	1.0807775502e−14	BFGS	6	2.5771143617e−14
	InvBroyden2Th	6	7.5219330394e−15	InvBFGS	6	2.5761137872e−14

如图 9-8 所示, 为包含 $n = 500$ 个非线性方程的方程组在初值 $\boldsymbol{x}^{(0)} = (1, 2, \cdots, 500)^{\mathrm{T}}$ 条件下各方法的迭代精度 $\varepsilon = \left\|\boldsymbol{x}^{(k+1)} - \boldsymbol{x}^{(k)}\right\|_2$ 收敛曲线, 从图例中可观察其迭代次数和 CPU 执行时间. 秩 2 四种算法求解过程信息基本一致. 表 9-6 为各拟牛顿法所求解向量的精度范数 $\|\boldsymbol{F}(\boldsymbol{x}^*)\|_2$.

图 9-8 彩图

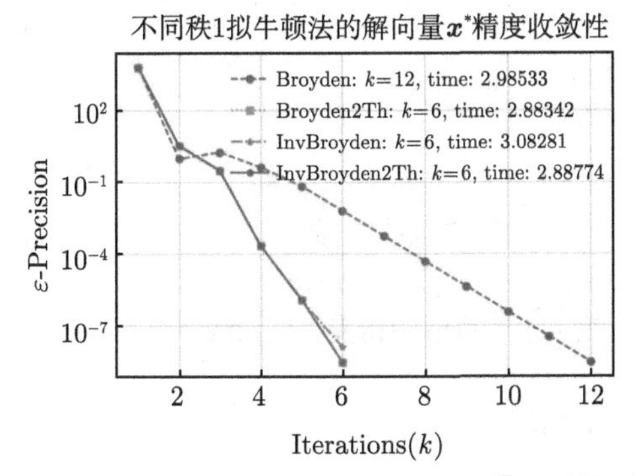

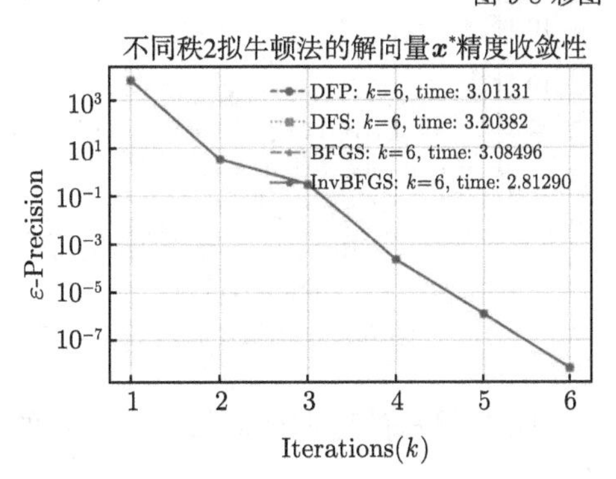

图 9-8 初值为 $(1, 2, \cdots, 500)^{\mathrm{T}}$ 下各拟牛顿法的精度收敛曲线 ($n = 500, h = 0.01$)

表 9-6　各拟牛顿法所求解向量的精度范数 $\|\boldsymbol{F}(\boldsymbol{x}^*)\|_2$

拟牛顿法	$\|\boldsymbol{F}(\boldsymbol{x}^*)\|_2$	拟牛顿法	$\|\boldsymbol{F}(\boldsymbol{x}^*)\|_2$	拟牛顿法	$\|\boldsymbol{F}(\boldsymbol{x}^*)\|_2$
Broyden	1.0929737532e−14	Broyden2Th	5.8604876993e−15	InvBroyden	1.0704522491e−14
InvBroyden2Th	5.8325520767e−15	DFP	1.2468844078e−14	BFS	1.2508102917e−14
BFGS	1.2497793521e−14	InvBFGS	1.2512462275e−14		

例 6　求如下非线性方程组的近似解, 精度要求 $\varepsilon = 10^{-15}$.

$$(1)\begin{cases} \sin x + y^2 + \ln z - 7 = 0, \\ 3x + 2^y - z^3 + 1 = 0, \\ x + y + z - 5 = 0. \end{cases} \qquad (2)\begin{cases} 3x - \cos yz - 0.5 = 0, \\ x^2 - 81(y + 0.1)^2 + \sin z + 1.06 = 0, \\ \mathrm{e}^{-xy} + 20z + 10\pi/3 - 1 = 0. \end{cases}$$

采用雅可比矩阵作为初始修正矩阵. 针对非线性方程组 (1), 初值 $\boldsymbol{x}^{(0)} = (1, 2, 1.5)^{\mathrm{T}}$, 如图 9-9 所示, 图例中收敛精度为 $\varepsilon_{\boldsymbol{F}_2} = \|\boldsymbol{F}(\boldsymbol{x}^*)\|_2$, 各方法均满足收敛条件 $\varepsilon = \left\|\boldsymbol{x}^{(k+1)} - \boldsymbol{x}^{(k)}\right\|_2 < 10^{-15}$, 除 Broyden 和逆 BFGS 算法外, 均具有较快的收敛速度, 这与初始修正矩阵的设置与迭代初值均有较大的关系, 且由于收敛精度较高, 计算时存在舍入误差的累积. 其中逆 Broyden 算法求得的近似解向量和各方程的误差精度为

$$\begin{aligned} \boldsymbol{x}^* = &(0.59905375664056692564, 2.39593140237781732083, \\ &2.00501484098161553149)^{\mathrm{T}}, \\ \boldsymbol{F}(\boldsymbol{x}^*) = &(1.887379141862766\mathrm{e}-15, 3.552713678800501\mathrm{e}-15, \\ &-4.440892098500626\mathrm{e}-16)^{\mathrm{T}}. \end{aligned}$$

图 9-9 彩图

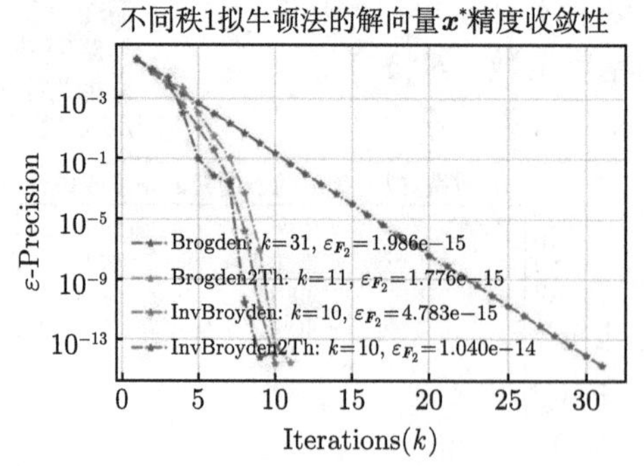

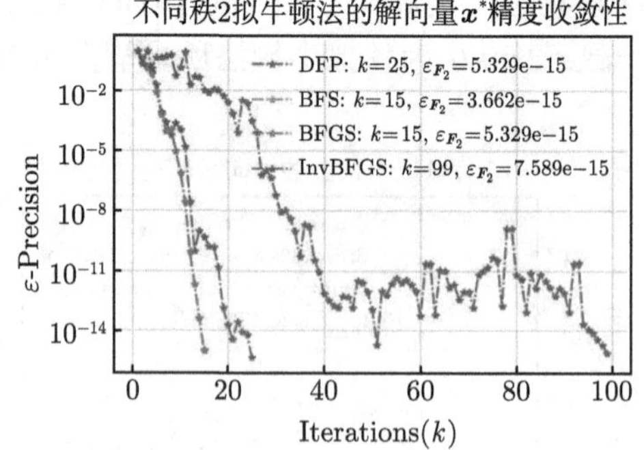

图 9-9　各拟牛顿法求非线性方程组 (1) 数值解的精度收敛曲线

BFS 算法的近似解向量和各方程的误差精度为

$$\boldsymbol{x}^* = (0.59905375664056736973, 2.39593140237781687674,$$

$$2.0050148409816155 3149)^{\mathrm{T}},$$

$$\boldsymbol{F}(\boldsymbol{x}^*) = (-7.771561172376096\mathrm{e}-16, 3.552713678800501\mathrm{e}-15, 0.0\mathrm{e}+00)^{\mathrm{T}}.$$

其他算法的解向量以及误差精度, 可通过算法打印输出, 不再赘述. 也可尝试 $\boldsymbol{x}^{(0)} = (1, 1.8, 1.5)^{\mathrm{T}}$ 和 $\boldsymbol{x}^{(0)} = (0.5, 1.8, 2)^{\mathrm{T}}$, 各方法均有较快的收敛速度. 如果设置迭代初值 $\boldsymbol{x}^{(0)} = (1, 1, 1)^{\mathrm{T}}$, 则秩 2 算法在迭代过程中, 由于非线性方程组第一个方程中存在 $\ln z$, 迭代过程中难以保证变量 z 的取值始终为正, 求解失败. 从某种角度来说, 秩 2 算法的解的稳定性或收敛性与初值的选择有较强的关系.

针对非线性方程组 (2), 设置初值为 $\boldsymbol{x}^{(0)} = (0.1, 0.1, -0.1)^{\mathrm{T}}$, 各方法的数值解精度收敛曲线如图 9-10 所示, 且均满足收敛条件 $\varepsilon = \left\|\boldsymbol{x}^{(k+1)} - \boldsymbol{x}^{(k)}\right\|_2 < 10^{-15}$, 图例中收敛精度为 $\varepsilon_{\boldsymbol{F}_2} = \|\boldsymbol{F}(\boldsymbol{x}^*)\|_2$, 除 Broyden 算法外, 其他算法收敛速度较快, 不同的初值各方法的收敛性不一样, 甚至不收敛, 或收敛到其他近似解.

图 9-10 彩图

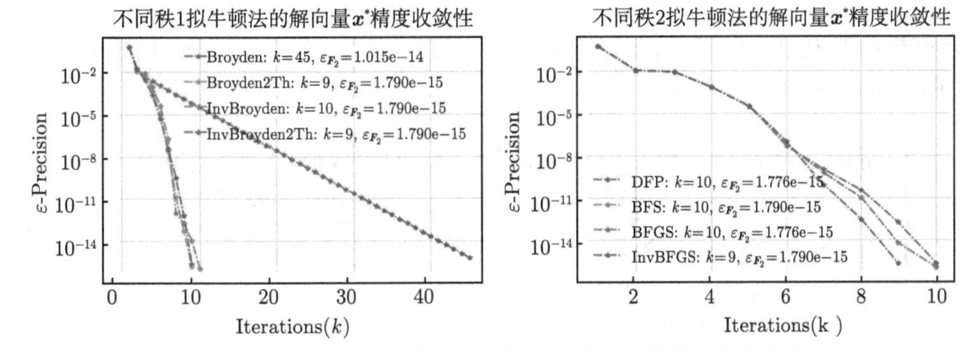

图 9-10 各拟牛顿法的非线性方程组 (2) 数值解的精度收敛曲线 (I)

图 9-11 为初值 $\boldsymbol{x}^{(0)} = (0, 0, 0)^{\mathrm{T}}$ 时各拟牛顿法的收敛过程. 各算法求解的近似解向量和各方程的误差精度差异性非常小, 且均满足收敛条件 $\varepsilon = \|\boldsymbol{x}^{(k+1)} - \boldsymbol{x}^{(k)}\|_2 < 10^{-15}$. 其中逆 BFGS 算法的求解结果为

$$\boldsymbol{x}^* = (0.50, 0.00000000000000000693, -0.52359877559829881566)^{\mathrm{T}},$$

$$\boldsymbol{F}(\boldsymbol{x}^*) = (0.0\mathrm{e}+00, -5.551115123125783\mathrm{e}-17, 2.057502625717102\mathrm{e}-15)^{\mathrm{T}}.$$

■ 9.5 * Levenberg-Marquardt 方法

9.5.1 高斯–牛顿法

Levenberg-Marquardt (简称 LM) 方法的来源之一是高斯–牛顿法. 高斯–牛顿法是非线性回归模型中求回归参数进行最小二乘的一种迭代方法. 求解非线性

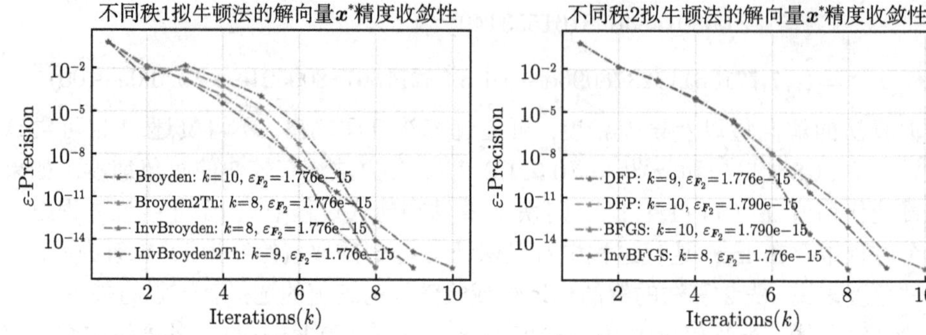

图 9-11 各拟牛顿法的非线性方程组 (2) 数值解的精度收敛曲线 (II)

图 9-11 彩图

方程组 $\boldsymbol{F}(\boldsymbol{x})=\boldsymbol{0}$ 等价于极小化问题

$$\min_{\boldsymbol{x}\in\mathbb{R}^n} f(\boldsymbol{x})=\frac{1}{2}\|\boldsymbol{F}(\boldsymbol{x})\|_2^2=\frac{1}{2}\sum_{i=1}^{m}F_i^2(\boldsymbol{x})$$

具有极小值 0, $\boldsymbol{F}(\boldsymbol{x})=(F_1(\boldsymbol{x}),F_2(\boldsymbol{x}),\cdots,F_m(\boldsymbol{x}))^{\mathrm{T}}$. 目标函数 $f(\boldsymbol{x})$ 的梯度 $\boldsymbol{g}(\boldsymbol{x})$ 和 Hessian 阵 $\boldsymbol{G}(\boldsymbol{x})$ 为

$$\begin{cases} \boldsymbol{g}(\boldsymbol{x})=\nabla f(\boldsymbol{x})=\nabla\left(\dfrac{1}{2}\|\boldsymbol{F}(\boldsymbol{x})\|_2^2\right)=\boldsymbol{J}(\boldsymbol{x})^{\mathrm{T}}\boldsymbol{F}(\boldsymbol{x})=\displaystyle\sum_{i=1}^{m}F_i(\boldsymbol{x})\nabla F_i(\boldsymbol{x}), \\ \boldsymbol{G}(\boldsymbol{x})=\nabla^2 f(\boldsymbol{x})=\displaystyle\sum_{i=1}^{m}\nabla F_i(\boldsymbol{x})\left(\nabla F_i(\boldsymbol{x})\right)^{\mathrm{T}}+\sum_{i=1}^{m}F_i(\boldsymbol{x})\nabla^2 F_i(\boldsymbol{x}) \\ \qquad\quad =\boldsymbol{J}(\boldsymbol{x})^{\mathrm{T}}\boldsymbol{J}(\boldsymbol{x})+\boldsymbol{S}(\boldsymbol{x}), \end{cases}$$

式中 $\boldsymbol{J}(\boldsymbol{x})=(\nabla F_1(\boldsymbol{x}),\nabla F_2(\boldsymbol{x}),\cdots,\nabla F_m(\boldsymbol{x}))^{\mathrm{T}}, \boldsymbol{S}(\boldsymbol{x})=\displaystyle\sum_{i=1}^{m}F_i(\boldsymbol{x})\nabla^2 F_i(\boldsymbol{x})$.

根据 $\min\limits_{\boldsymbol{x}\in\mathbb{R}^n} f(\boldsymbol{x})$ 无约束优化问题取极值的必要条件, 有 $\boldsymbol{J}(\boldsymbol{x})^{\mathrm{T}}\boldsymbol{F}(\boldsymbol{x})=\boldsymbol{0}$, 使用牛顿法可得迭代公式:

$$\begin{cases} \boldsymbol{x}^{(k+1)}=\boldsymbol{x}^{(k)}-\left(\boldsymbol{J}_k^{\mathrm{T}}\boldsymbol{J}_k+\boldsymbol{S}_k\right)^{-1}\boldsymbol{J}_k^{\mathrm{T}}\boldsymbol{F}^{(k)}, k=0,1,\cdots, \\ \boldsymbol{S}_k=\boldsymbol{S}\left(\boldsymbol{x}^{(k)}\right), \boldsymbol{J}_k=\boldsymbol{J}\left(\boldsymbol{x}^{(k)}\right), \boldsymbol{F}^{(k)}=\boldsymbol{F}\left(\boldsymbol{x}^{(k)}\right), \end{cases}$$

缺点是 $\boldsymbol{S}(x)$ 中 $\nabla^2 F_i(\boldsymbol{x})$ 的计算量较大, 如果忽略这一项, 便得到**高斯–牛顿法**:

$$\boldsymbol{x}^{(k+1)}=\boldsymbol{x}^{(k)}-\left(\boldsymbol{J}_k^{\mathrm{T}}\boldsymbol{J}_k\right)^{-1}\boldsymbol{J}_k^{\mathrm{T}}\boldsymbol{F}^{(k)}, \quad k=0,1,\cdots. \tag{9-20}$$

记 $\boldsymbol{s}_{\mathrm{GN}}^{(k)}=\left(\boldsymbol{J}_k^{\mathrm{T}}\boldsymbol{J}_k\right)^{-1}\boldsymbol{J}_k^{\mathrm{T}}\boldsymbol{F}^{(k)}$, 称 $\boldsymbol{s}_{\mathrm{GN}}^{(k)}$ 为**高斯牛顿方向**. 若向量值函数 $\boldsymbol{F}\left(\boldsymbol{x}^{(k)}\right)$ 的雅可比矩阵是列满秩的, 则可以保证是下降方向.

```
# file_name: gauss_newton.py
class GaussNewtonIteration(NonLinearEquationsUtils):
    """
    高斯-牛顿法求解非线性方程组, 继承NonLinearEquationsUtils
    """
    def __init__(self, nlin_fxs, x0, h, max_iter=200, eps=1e-10, is_plt=False):
        NonLinearEquationsUtils.__init__(self, nlin_fxs, x0, max_iter, eps, is_plt)
        self.h = np.asarray(h).reshape(-1, 1)  # 各分量的离散步长向量
        self.n = len(x0)  # 解向量的个数
        self.fxs_precision = None # 最终解向量针对每个方程的精度

    def diff_mat(self, x_b, sol_xb):  #求解差商矩阵, 参考离散牛顿法

    def fit_roots(self):
        """
        核心算法: 高斯-牛顿法求非线性方程组的解
        """
        iter_, sol_tol, x_n = 0, np.infty, self.x0  # 初始化参数
        while np.abs(sol_tol) > self.eps and iter_ < self.max_iter:
            x_b = np.copy(x_n)  # 解向量的更新
            sol_xb = self.nlin_Fxs(x_b)  # F(x_k)
            diff_mat = self.diff_mat(x_b, sol_xb)  # 离散差商矩阵
            # 判断Hessian矩阵np.dot(diff_mat.T, diff_mat)是否满秩
            hessian = np.dot(diff_mat.T, diff_mat)
            if np.linalg.matrix_rank(hessian) == hessian.shape[1]:
                delta_F = np.linalg.inv(hessian)  # Jk^T * Jk
                # 高斯-牛顿法公式
                x_n = x_b - np.dot(np.dot(delta_F, diff_mat.T), sol_xb)
                iter_, sol_tol = iter_ + 1, np.linalg.norm(x_n - x_b)
                self.iter_roots_precision.append([iter_, x_n.flatten(), sol_tol])
            else:
                raise ValueError("非列满秩, 求解失败.")
        self.roots = self.iter_roots_precision[-1][1]  # 满足精度的根
        # 解向量针对每个方程的精度
        self.fxs_precision = self.nlin_Fxs(self.roots.reshape(-1, 1)).flatten()
        if self.is_plt:  # 是否可视化图像, 参考不动点迭代法, 修改参数title即可
        return self.roots, self.fxs_precision
```

针对**例 6** 非线性方程组示例: 用高斯-牛顿法求解, 精度要求 $\varepsilon = 10^{-15}$.

求解非线性方程组 (1)：设置初值为 $\boldsymbol{x}^{(0)}=(1,1,1)^{\mathrm{T}}$, 离散差商矩阵的微分步长设置为 $h=0.1$, 迭代 14 次, 如图 9-12 所示, 满足精度要求的近似解及精度如下:

$$\begin{aligned}\boldsymbol{x}^* =&(0.59905375664056770280, 2.39593140237781687674,\\ &2.00501484098161597558)^{\mathrm{T}},\end{aligned}$$

$$\boldsymbol{F}(\boldsymbol{x}^*)=(0.0\mathrm{e}+00, 0.0\mathrm{e}+00, 0.0\mathrm{e}+00)^{\mathrm{T}}.$$

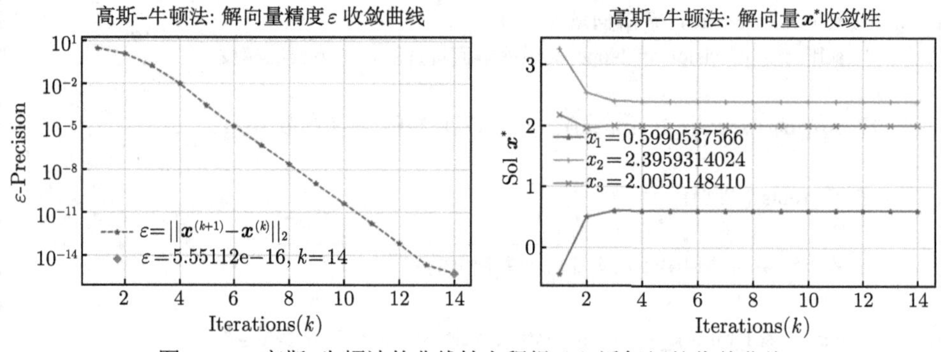

图 9-12 高斯–牛顿法的非线性方程组 (1) 近似解的收敛曲线

求解非线性方程组 (2), $\boldsymbol{x}^{(0)}=(0,0,0)^{\mathrm{T}}$, 离散差商矩阵的微分步长设置为 $h=0.01$, 迭代 12 次, 满足精度要求的近似解及精度如下:

$$\boldsymbol{x}^*=(0.50, 0.00000000000000003643, -0.52359877559829881566)^{\mathrm{T}},$$

$$\boldsymbol{F}(\boldsymbol{x}^*)=(0.0\mathrm{e}+00, -6.661338147750939\mathrm{e}-16, 1.776356839400250\mathrm{e}-15)^{\mathrm{T}}.$$

若修改步长为 $\boldsymbol{h}=[0.1,0.01,0.01]$, 也是迭代 12 次, 略去方程组 (2) 的收敛性图形. 满足精度要求的近似解及精度如下:

$$\boldsymbol{x}^*=(0.50, 0.00000000000000000538, -0.52359877559829892668)^{\mathrm{T}},$$

$$\boldsymbol{F}(\boldsymbol{x}^*)=(0.0\mathrm{e}+00, 0.0\mathrm{e}+00, -1.776356839400250\mathrm{e}-15)^{\mathrm{T}}.$$

9.5.2 阻尼最小二乘法

高斯–牛顿法在迭代过程中要求雅可比矩阵 $\boldsymbol{J}_k$ 列满秩, 即当 $\boldsymbol{J}_k$ 秩亏时, $\boldsymbol{J}_k^{\mathrm{T}}\boldsymbol{J}_k$ 为奇异矩阵, 此时高斯–牛顿法中断. 可将其松弛为对称正定矩阵 $\boldsymbol{J}_k^{\mathrm{T}}\boldsymbol{J}_k+\mu_k\boldsymbol{I}$, 其中 $\mu_k>0$ 为某个适当选取的常数, 此时, 高斯–牛顿法修正为

$$\boldsymbol{x}^{(k+1)}=\boldsymbol{x}^{(k)}-\left(\boldsymbol{J}_k^{\mathrm{T}}\boldsymbol{J}_k+\mu_k\boldsymbol{I}\right)^{-1}\boldsymbol{J}_k^{\mathrm{T}}\boldsymbol{F}^{(k)}, \quad k=0,1,\cdots, \tag{9-21}$$

即**阻尼最小二乘法** (damped least squares), 又称为 LM 方法.

阻尼最小二乘法算法求解步骤如下:

(1) 给出初始值 $\boldsymbol{x}^{(0)} \in \mathbb{R}^n$, 阻尼因子 μ_0, 缩放常数 $v > 1$, j 用于控制 μ_0 的计算;

(2) 计算 $\boldsymbol{F}\left(\boldsymbol{x}^{(k)}\right), \nabla \boldsymbol{F}\left(\boldsymbol{x}^{(k)}\right), \varphi\left(\boldsymbol{x}^{(k)}\right)$ 及 $\nabla\varphi\left(\boldsymbol{x}^{(k)}\right)$, 令 $j=0$, 其中 $\varphi(\boldsymbol{x}) = \dfrac{1}{2}\boldsymbol{F}(\boldsymbol{x})^{\mathrm{T}}\boldsymbol{F}(\boldsymbol{x})$;

(3) 解方程组 $\left[\nabla \boldsymbol{F}\left(\boldsymbol{x}^{(k)}\right)^{\mathrm{T}} \nabla \boldsymbol{F}\left(\boldsymbol{x}^{(k)}\right) + \mu_k \boldsymbol{I}\right] \boldsymbol{p}_k = -\nabla\varphi\left(\boldsymbol{x}^{(k)}\right)$, 得到 $\boldsymbol{p}_k$;

(4) 计算 $\boldsymbol{x}^{(k+1)} = \boldsymbol{x}^{(k)} + \boldsymbol{p}_k$ 及 $\varphi\left(\boldsymbol{x}^{(k+1)}\right)$;

(5) 如果 $\varphi\left(\boldsymbol{x}^{(k+1)}\right) < \varphi\left(\boldsymbol{x}^{(k)}\right)$ 且 $j=0$, 则取 $\mu_k = \mu_k / v, j = 1$, 转 (3); 否则 $j \neq 0$, 则转 (7);

(6) 如果 $\varphi\left(\boldsymbol{x}^{(k+1)}\right) \geqslant \varphi\left(\boldsymbol{x}^{(k)}\right)$, 则取 $\mu_k = v\mu_k, j = 1$, 转 (3);

(7) $\|\boldsymbol{p}_k\| \leqslant \varepsilon$, 则得到方程组的根, 否则令 $\boldsymbol{x}^{(k)} = \boldsymbol{x}^{(k+1)}$, 转 (2).

```
# file_name: damped_least_square_method.py
from direct_solution_linear_equations_06 . doolittle_decomposition_lu \
    import DoolittleTriangularDecompositionLU # 采用LU分解法求解方程组

class DampedLeastSquare_LM(NonLinearEquationsUtils):
    """
    阻尼最小二乘算法, 即Levenberg-Marquarat算法, 是高斯-牛顿法的一种修正法
    """
    def __init__(self, nlin_fxs, x0, h, u, v, max_iter=200, eps=1e-10, is_plt=False):
        NonLinearEquationsUtils.__init__(self, nlin_fxs, x0, max_iter, eps, is_plt)
        self.h = np.asarray(h).reshape(-1, 1) # 各分量的离散步长向量
        self.u, self.v = u, v # 阻尼因子u, 缩放常数v
        self.n = len(x0) # 解向量的个数
        self.fxs_precision = None # 最终解向量针对每个方程的精度

    def diff_mat(self, x_b, sol_xb): # 求解差商矩阵, 参考离散牛顿法

    def fit_nlinequs_roots(self):
        """
        阻尼最小二乘法求解非线性方程组的解, 核心算法
        """
        iter_, sol_tol, x_n = 0, np.infty, self.x0 # 必要参数的初始化
        while_flag = True # norm(pk) < eps
        while while_flag and np.abs(sol_tol) > self.eps and iter_ < self.max_iter:
```

```
            x_b = np.copy(x_n)  # 解向量的更新
            sol_xb = self.nlin_Fxs(x_b)  # F(x_k)
            diff_mat = self.diff_mat(x_b, sol_xb)  # 求解离散差商矩阵
            d_fai = np.dot(diff_mat.T, sol_xb)  # 1/2*F'*F一阶导的值
            fal_val = np.dot(sol_xb.T, sol_xb) / 2  # 对应dφ(x)的值
            flag, descent_j = 0, 0  # 计算阻尼因子和x_n的判断标记
            while flag == 0:
                A = np.dot(diff_mat.T, diff_mat) + self.u * np.eye(self.n)
                dtd = DoolittleTriangularDecompositionLU(A, d_fai.reshape(-1),
                                                        sol_method="pivot")
                sol = dtd.fit_solve()  # 采用LU分解法求解方程组
                # sol = np.linalg.solve(A, d_fai)  # 也可采用库函数求解
                if np.linalg.norm(sol) < self.eps:  # 解向量的范数小于精度要求
                    while_flag = False
                    break
                x_n = x_b - sol.reshape(-1, 1)  # 下一次迭代解向量x_{k+1}
                sol_xn = self.nlin_Fxs(x_n)  # F(x_{k+1})
                fal_val_n = np.dot(sol_xn.T, sol_xn) / 2  # φ(x)
                if fal_val_n < fal_val:  # 第 (5) 步
                    if descent_j == 0:
                        self.u, descent_j = self.u / self.v, 1
                    else:
                        flag = 1
                else:  # 第 (6) 步
                    self.u, descent_j = self.u * self.v, 1
                    if np.linalg.norm(x_n - x_b) < self.eps:
                        flag = 1
            sol_tol, iter_ = np.linalg.norm(d_fai), iter_ + 1  # 更新精度和迭代次数
            self.iter_roots_precision.append([iter_, x_n.flatten(), sol_tol])
        self.roots = self.iter_roots_precision[-1][1]  # 满足精度的根
        # 最终解向量针对每个方程的精度
        self.fxs_precision = self.nlin_Fxs(self.roots.reshape(-1, 1)).flatten()
        if self.is_plt:  # 是否可视化图像, 参考不动点迭代法, 修改参数title即可
        return self.roots, self.fxs_precision
```

针对**例 6** 示例: 用阻尼最小二乘法求解, 精度要求 $\varepsilon = 10^{-15}$.

求解非线性方程组 (1), 初值与步长为 $\boldsymbol{x}^{(0)} = (1,1,1)^{\mathrm{T}}, \boldsymbol{h} = (0.1, 0.1, 0.1)$, 其他参数设置为

```
dls = DampedLeastSquare_LM(nlin_funs1, x0, h, u=0.01, v=5, max_iter=1000,
                          eps=1e-16, is_plt=True)
```

迭代 15 次, 解向量的精度 $\left\|\boldsymbol{x}^{(k+1)}-\boldsymbol{x}^{(k)}\right\|_2$ 和 $\boldsymbol{x}^{(k)}$ 均平稳收敛. 满足精度要求的近似解及精度为

$$\begin{aligned}\boldsymbol{x}^* =&(0.59905375664056770280, 2.39593140237781687674,\\&2.00501484098161597558)^{\mathrm{T}},\\\boldsymbol{F}\left(\boldsymbol{x}^*\right) =& (0.0\mathrm{e}+00, 0.0\mathrm{e}+00, 0.0\mathrm{e}+00)^{\mathrm{T}},\end{aligned}$$

验证近似解 $\boldsymbol{x}^*$ 的精度, 其 $\left\|\boldsymbol{F}\left(\boldsymbol{x}^*\right)\right\|_2=0.0$.

求解非线性方程组 (2), 初值与步长为 $\boldsymbol{x}^{(0)}=(0,0,0)^{\mathrm{T}}, \boldsymbol{h}=(0.1,0.01,0.01)$, 其他参数如下:

```
dls = DampedLeastSquare_LM(nlin_funs2, x0, h, u=0.01, v=5,
                          max_iter=1000, eps=1e-15, is_plt=True).
```

迭代 12 次, 解向量的精度 $\left\|\boldsymbol{x}^{(k+1)}-\boldsymbol{x}^{(k)}\right\|_2$ 和 $\boldsymbol{x}^{(k)}$ 均平稳收敛, 满足精度要求的近似解及精度为

$$\begin{aligned}\boldsymbol{x}^* =&(0.49999999999999994449, 0.00000000000000027934,\\&-0.52359877559829881566)^{\mathrm{T}},\\\boldsymbol{F}\left(\boldsymbol{x}^*\right) =&(-2.220446049250313\mathrm{e}-16, -4.662936703425657\mathrm{e}-15,\\&1.776356839400250\mathrm{e}-15)^{\mathrm{T}},\end{aligned}$$

验证近似解 $\boldsymbol{x}^*$ 的精度, 其 $\left\|\boldsymbol{F}\left(\boldsymbol{x}^*\right)\right\|_2=5.202671\times10^{-15}$.

9.5.3 全局化 LM 法

通过非精确线搜索技术建立全局化 LM 方法[7], 迭代序列的更新规则为

$$\boldsymbol{x}^{(k+1)}=\boldsymbol{x}^{(k)}+\alpha_k\boldsymbol{s}^{(k)}, \quad k=0,1,\cdots, \tag{9-22}$$

其中 $\boldsymbol{s}^{(k)}$ 由 $\boldsymbol{s}^{(k)}=-\left(\boldsymbol{J}_k^{\mathrm{T}}\boldsymbol{J}_k+\mu_k\boldsymbol{I}\right)^{-1}\boldsymbol{J}_k^{\mathrm{T}}\boldsymbol{F}^{(k)}$ 计算, α_k 由非精确线搜索技术得到. 常用的非精确线搜索有 Wolfe 线搜索和 Armijo 线搜索. 其中, Wolfe 线搜索计算 α_k 时满足

$$\left\{\begin{array}{l}f\left(\boldsymbol{x}^{(k)}+\alpha_k\boldsymbol{s}^{(k)}\right)\leqslant f\left(\boldsymbol{x}^{(k)}\right)+\delta_1\alpha_k\left(\boldsymbol{g}^{(k)}\right)^{\mathrm{T}}\boldsymbol{s}^{(k)},\\g\left(\boldsymbol{x}^{(k)}+\alpha_k\boldsymbol{s}^{(k)}\right)^{\mathrm{T}}\boldsymbol{s}^k\geqslant\delta_2\left(\boldsymbol{g}^{(k)}\right)^{\mathrm{T}}\boldsymbol{s}^{(k)},\end{array}\right. \tag{9-23}$$

其中 $\boldsymbol{g}^{(k)}=\boldsymbol{J}_k^{\mathrm{T}}\boldsymbol{F}^{(k)},\delta_1,\delta_2\in(0,1)$, 且 $\delta_1\leqslant\delta_2$. 而 Armijo 线搜索指计算步长 $\alpha_k=\sigma\rho^{m_k},\sigma>0,\rho\in(0,1),m_k$ 是使下列不等式成立的最小非负整数 m:

$$f\left(\boldsymbol{x}^{(k)}+\sigma\rho^m\boldsymbol{s}^{(k)}\right)\leqslant f\left(\boldsymbol{x}^{(k)}\right)+\delta_1\sigma\rho^m\left(\boldsymbol{g}^{(k)}\right)^{\mathrm{T}}\boldsymbol{s}^{(k)}. \tag{9-24}$$

全局化 LM 方法的计算步骤如下 (范数 $\|\cdot\|$ 均表示 2 范数) :

(1) 选取参数 $\delta\in[1,2],\eta\in(0,1)$, 初值 $\boldsymbol{x}^{(0)}\in\mathbb{R}^n$, 精度 $\varepsilon,k=0$;

(2) 计算 $\boldsymbol{g}^{(k)}=\boldsymbol{J}_k^{\mathrm{T}}\boldsymbol{F}^{(k)}$, 若 $\left\|\boldsymbol{g}^{(k)}\right\|\leqslant\varepsilon$, 则停止计算. 否则, 置 $\mu_k=\left\|\boldsymbol{F}^{(k)}\right\|^{\delta}$, 求解方程组

$$\left(\boldsymbol{J}_k^{\mathrm{T}}\boldsymbol{J}_k+\mu_k\boldsymbol{I}\right)\boldsymbol{s}^{(k)}=-\boldsymbol{J}_k^{\mathrm{T}}\boldsymbol{F}^{(k)},$$

得到 $\boldsymbol{s}^{(k)}$;

(3) 若 $\boldsymbol{s}^{(k)}$ 满足 $\left\|\boldsymbol{F}\left(\boldsymbol{x}^{(k)}+\boldsymbol{s}^{(k)}\right)\right\|\leqslant\eta\left\|\boldsymbol{F}\left(\boldsymbol{x}^{(k)}\right)\right\|$, 置 $\boldsymbol{x}^{(k+1)}=\boldsymbol{x}^{(k)}+\boldsymbol{s}^{(k)}$;

(4) 由 Wolfe 线搜索或 Armijo 线搜索确定步长因子 α_k, 令 $\boldsymbol{x}^{(k+1)}=\boldsymbol{x}^{(k)}+\alpha_k\boldsymbol{s}^{(k)}$;

(5) 置 $k=k+1$, 转 (2).

本算法不直接计算雅可比矩阵, 采用离散差商矩阵代替.

```
# file_name: global_LM_method.py
from direct_solution_linear_equations_06 . doolittle_decomposition_lu \
    import DoolittleTriangularDecompositionLU  # 采用LU分解法求解方程组


class GlobalLevenbergMarquardt(NonLinearEquationsUtils):
    """
    全局化LM方法求解非线性方程组的解, 以离散差商矩阵近似雅可比矩阵
    """
    def __init__(self, nlin_fxs, x0, h, delta=1.5, sigma=0.4, rho=0.5, eta=0.9,
                 max_iter=200, eps=1e-10, is_plt=False):
        NonLinearEquationsUtils.__init__(self, nlin_fxs, x0, max_iter, eps, is_plt)
        self.h = np.asarray(h).reshape(-1, 1)  # 各分量的离散步长向量
        self.delta = delta  # 区间[1, 2]
        self.sigma, self.rho, self.eta = sigma, rho, eta  # 全局LM方法超参数
        self.n = len(x0)  # 解向量的个数
        self.fxs_precision = None # 最终解向量针对每个方程的精度

    def diff_mat(self, x_b, sol_xb):  # 求解差商矩阵, 参考离散差商矩阵

    def fit_nlinequs_roots(self):
        """
```

```
        核心算法: 全局化LM方法, 求解非线性方程组的解
        """
        iter_, sol_tol, x_n = 0, np.infty, self.x0  # 参数初始化
        miu_k = np.linalg.norm(self.nlin_Fxs(self.x0)) ** self.delta  # || F(x) ||^ delta
        while np.abs(sol_tol) > self.eps and iter_ < self.max_iter:
            x_b = np.copy(x_n)  # 解向量的更新
            sol_xb = self.nlin_Fxs(x_b)  # F(x_k)
            diff_mat = self.diff_mat(x_b, sol_xb)  # 差商矩阵代替雅可比矩阵
            g_k = np.dot(diff_mat.T, sol_xb)  # 价值函数的梯度
            if np.linalg.norm(g_k) < self.eps:  # 停机规则
                break
            # 采用LU分解法求解方程组, 计算搜索方向
            A = -(np.dot(diff_mat.T, diff_mat) + miu_k * np.eye(self.n))
            dtd = DoolittleTriangularDecompositionLU(A, g_k.reshape(-1),
                                                     sol_method="pivot")
            s_k = dtd.fit_solve().reshape(-1, 1)  # 解
            if np.linalg.norm(self.nlin_Fxs(x_b + s_k)) <= \
                    self.eta * np.linalg.norm(sol_xb):
                x_n = x_b + s_k  # 第 (3) 步
            else:
                m, alpha_k = 0, 1  # 在m < 20次内确定参数alpha_k
                while m < 20:  # 采用Armijo线搜索求步长, 循环搜索20次
                    term_1 = self._value_fun(x_b + self.sigma * self.rho ** m * s_k)
                    term_2 = self._value_fun(x_b) + \
                             self.sigma * self.rho ** m * np.dot(g_k.T, s_k)
                    if term_1 <= term_2:
                        alpha_k = self.sigma * self.rho ** m
                        break
                    m += 1
                print("alpha_k", alpha_k)
                x_n = x_b + alpha_k * s_k  # 更新下一次迭代解向量
            # || F(x) ||^ delta, 迭代
            miu_k = np.linalg.norm(self.nlin_Fxs(x_n)) ** self.delta
            sol_tol, iter_ = np.linalg.norm(x_n - x_b), iter_ + 1  # 更新
            self.iter_roots_precision.append([iter_, x_n.flatten(), sol_tol])
            if np.linalg.norm(self.nlin_Fxs(x_n)) <= self.eps:
                # 新解满足精度要求, 则停机
                break
        self.roots = self.iter_roots_precision[-1][1]  # 满足精度的根
        self.fxs_precision = self.nlin_Fxs(self.roots.reshape(-1, 1)).flatten()
```

```
        if self.is_plt:  # 是否可视化图像, 参考不动点迭代法, 修改参数title即可
        return self.roots, self.fxs_precision

    def _value_fun(self, x):
        """
        计算价值函数
        """
        F_x = self.nlin_Fxs(x)  # F(x)
        return 0.5 * np.dot(F_x.T, F_x)
```

针对**例 6** 示例: 用全局化 LM 方法求解.

求解非线性方程组 (1), $\boldsymbol{x}^{(0)} = (1,1,1)^{\mathrm{T}}, \boldsymbol{h} = (0.01, 0.01, 0.01), \varepsilon = 10^{-16}$, 参数设置如下:

```
dls = GlobalLevenbergMarquardt(nlin_funs1, x0, h, delta=1,
                               max_iter=1000, eps=1e-16, is_plt=True).
```

迭代 11 次, 如图 9-13 所示, 得其最终的近似解及其精度如下:

$$\boldsymbol{x}^* = (0.5990537566405677028\,0, 2.3959314023778168767\,4,\\ 2.0050148409816159755\,8)^{\mathrm{T}},$$

$$\boldsymbol{F}(\boldsymbol{x}^*) = (0.0\mathrm{e}+00, 0.0\mathrm{e}+00, 0.0\mathrm{e}+00)^{\mathrm{T}},$$

验证近似解 $\boldsymbol{x}^*$ 的精度范数 $\|\boldsymbol{F}(\boldsymbol{x}^*)\|_2 = 0.0$.

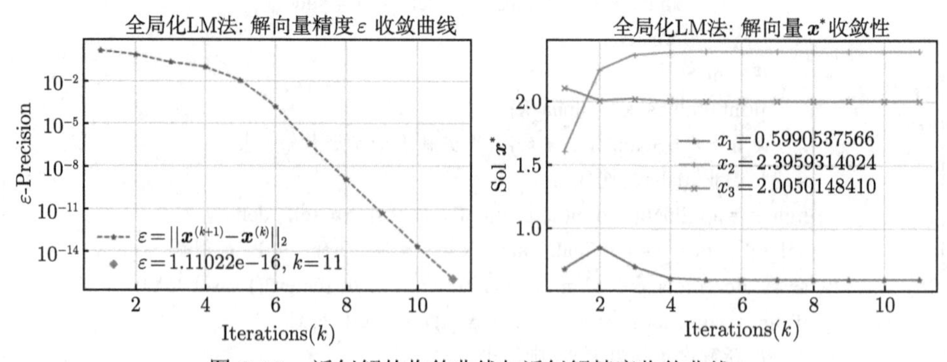

图 9-13 近似解的收敛曲线与近似解精度收敛曲线

求解非线性方程组 (2), $\boldsymbol{x}^{(0)} = (0,0,0)^{\mathrm{T}}, \boldsymbol{h} = (0.1, 0.01, 0.01), \varepsilon = 10^{-15}$, 参数设置如下:

```
dls = GlobalLevenbergMarquardt(nlin_funs2, x0, h, delta=1,
                               max_iter=1000, eps=1e-15, is_plt=False).
```

迭代 12 次, 解向量及其精度收敛较为平稳, 不再可视化且精度和近似解收敛曲线, 得其最终的近似解及其精度如下:

$$\boldsymbol{x}^* = (0.50, 0.0000000000000001533, -0.52359877559829881566)^{\mathrm{T}},$$

$$\boldsymbol{F}(\boldsymbol{x}^*) = (0.0\mathrm{e}+00, -2.220446049250313\mathrm{e}-16, 1.776356839400250\mathrm{e}-15)^{\mathrm{T}}.$$

验证近似解 $\boldsymbol{x}^*$ 的精度范数 $\|\boldsymbol{F}(\boldsymbol{x}^*)\|_2 = 1.790181 \times 10^{-15}$.

例 7 利用 LM 方法求解如下非线性方程组[7], 精度要求 $\varepsilon = 10^{-16}$.

$$\boldsymbol{F}(\boldsymbol{x}) = (F_1(\boldsymbol{x}), F_2(\boldsymbol{x}), \cdots, F_n(\boldsymbol{x}))^{\mathrm{T}} = \boldsymbol{0},$$

其中 $\boldsymbol{x} = (x_1, x_2, \cdots, x_n)^{\mathrm{T}}$, 且

$$F_i(\boldsymbol{x}) = x_i + \sum_{j=1}^{n} x_j - (n+1), 1 \leqslant i < n, \quad F_n(\boldsymbol{x}) = \prod_{j=1}^{n} x_j - 1.$$

该方程组有精确解 $\boldsymbol{x}^* = \left(\alpha, \cdots \alpha, \alpha^{1-n}\right)^{\mathrm{T}}$, 其中 α 满足 $n\alpha^n - (n+1)\alpha^{n-1} + 1 = 0$, 特别地 $\alpha = 1$.

取 $n = 100$, 设置四组不同的初值, 离散差商矩阵步长 $h = 0.1$. 其迭代次数和目标函数值的收敛精度如表 9-7 所示 (可设置精度要求 $\varepsilon = 10^{-15}$, 则目标函数值的精度未必均是 $0.0\mathrm{e}+00$).

表 9-7 不同初值条件下的迭代次数和目标函数值精度

迭代初值	Iter	$0.5\left\|\boldsymbol{F}\left(\boldsymbol{x}^k\right)\right\|^2$	迭代初值	Iter	$0.5\left\|\boldsymbol{F}\left(\boldsymbol{x}^k\right)\right\|^2$
$(0.8, 0.8, \cdots, 0.8)^{\mathrm{T}}$	9	0.0000000000000e+00	$(-1, -1, \cdots, -1)^{\mathrm{T}}$	16	0.0000000000000e+00
$(0.1, 0.1, \cdots, 0.1)^{\mathrm{T}}$	12	0.0000000000000e+00	$(0.5, 0.5, \cdots, 0.01)^{\mathrm{T}}$	21	0.0000000000000e+00

由于共有 100 个非线性方程, 故仅绘制前 5 个近似解的收敛过程曲线, 如图 9-14 所示. 由于其解均收敛于 1, 前 5 个近似解收敛过程基本一致. 由于算法存在多个终止条件, 满足其一则终止算法迭代, 故 $\left\|\boldsymbol{x}^{(k+1)} - \boldsymbol{x}^{(k)}\right\|_2 = 4.44089 \times 10^{-16}$ 未必满足精度要求, 但已足够接近精度要求.

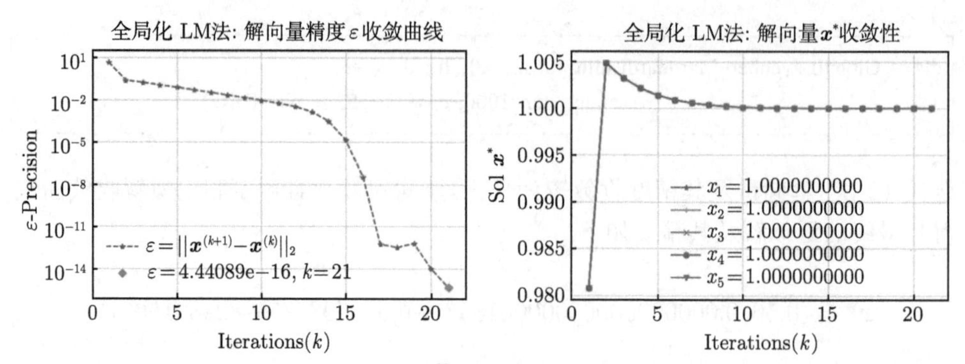

图 9-14 初值为 $(0.5, 0.5, \cdots, 0.5, 0.01)^{\mathrm{T}}$ 时的近似解收敛曲线 (前 5 个) 和精度收敛曲线

■ 9.6 * 同伦延拓法

非线性方程组的同伦延拓 (homotopy continuation) 法将问题嵌入到一系列类似问题的求解中[8]. 同伦延拓法可作为一个独立的方法使用, 它并不要求选取的初值特别好, 也可用于给出牛顿法和拟牛顿法的初始值.

设非线性方程组 $\boldsymbol{F}(\boldsymbol{x}) = \boldsymbol{0}$ 存在解向量 $\boldsymbol{x}^*$, 考虑用一个参数 $\lambda \in [0,1]$ 描述的问题族, 相应于 $\lambda = 0$ 和 $\lambda = 1$ 分别有一个已知解 $\boldsymbol{x}(0) = \boldsymbol{x}_0$ 和未知解 $\boldsymbol{x}(1) = \boldsymbol{x}^*$. 定义 $\boldsymbol{G} : [0,1] \times \mathbb{R}^n \to \mathbb{R}^n$, 其中

$$\boldsymbol{G}(\lambda, \boldsymbol{x}) = \lambda \boldsymbol{F}(\boldsymbol{x}) + (1-\lambda)[\boldsymbol{F}(\boldsymbol{x}) - \boldsymbol{F}(\boldsymbol{x}(0))] = \boldsymbol{F}(\boldsymbol{x}) + (\lambda - 1)\boldsymbol{F}(\boldsymbol{x}(0)). \quad (9\text{-}25)$$

对不同的 λ 值, 确定方程 $\boldsymbol{G}(\lambda, \boldsymbol{x}) = \boldsymbol{0}$ 的解. 当 $\lambda = 0$ 时, 方程假设有形式 $\boldsymbol{0} = \boldsymbol{G}(0, \boldsymbol{x}) = \boldsymbol{F}(\boldsymbol{x}) - \boldsymbol{F}(\boldsymbol{x}(0))$, 于是, $\boldsymbol{x}(0)$ 就是一个解. 当 $\lambda = 1$ 时, 方程假设有形式 $\boldsymbol{0} = \boldsymbol{G}(1, \boldsymbol{x}) = \boldsymbol{F}(\boldsymbol{x})$, 于是 $\boldsymbol{x}(1) = \boldsymbol{x}^*$ 就是一个解.

带有参数 λ 的函数 $\boldsymbol{G}$ 定义了一族函数, 它们能从已知的 $\boldsymbol{x}(0)$ 值到达 $\boldsymbol{x}(1) = \boldsymbol{x}^*$, 函数 $\boldsymbol{G}$ 被称为函数 $\boldsymbol{G}(0, \boldsymbol{x}) = \boldsymbol{F}(\boldsymbol{x}) - \boldsymbol{F}(\boldsymbol{x}(0))$ 与 $\boldsymbol{G}(1, \boldsymbol{x}) = \boldsymbol{F}(\boldsymbol{x})$ 之间的一个**同伦**.

一个**延拓**问题是, 确定一条从 $\boldsymbol{G}(0, \boldsymbol{x}) = \boldsymbol{0}$ 的已知解 $\boldsymbol{x}(0)$ 到 $\boldsymbol{G}(1, \boldsymbol{x}) = \boldsymbol{0}$ 的未知解 $\boldsymbol{x}(1) = \boldsymbol{x}^*$ 的路径, 即 $\boldsymbol{F}(\boldsymbol{x}) = \boldsymbol{0}$ 的解.

假设对每个 $\lambda \in [0,1], \boldsymbol{x}(\lambda)$ 是方程 $\boldsymbol{G}(\lambda, \boldsymbol{x}) = \boldsymbol{0}$ 的唯一解. 集合 $\{\boldsymbol{x}(\lambda) \mid 0 \leqslant \lambda \leqslant 1\}$ 可以看作 $\mathbb{R}^n$ 中从 $\boldsymbol{x}(0)$ 到 $\boldsymbol{x}(1) = \boldsymbol{x}$ 的一条参数曲线. 令 $\lambda_0 = 0 < \lambda_1 < \cdots < \lambda_m = 1$, 延拓法寻求沿着曲线的一系列步骤 $\{\boldsymbol{x}(\lambda_k)\}_{k=0}^m$. 如果 $\lambda \to \boldsymbol{x}(\lambda)$ 的函数和 $\boldsymbol{G}$ 都是可微的, 则关于 λ 对 $\boldsymbol{G}(\lambda, \boldsymbol{x}) = \boldsymbol{0}$ 求微分并等于 0, 即

$$\frac{\partial \boldsymbol{G}(\lambda, \boldsymbol{x}(\lambda))}{\partial \lambda} + \frac{\partial \boldsymbol{G}(\lambda, \boldsymbol{x}(\lambda))}{\partial \boldsymbol{x}} \boldsymbol{x}'(\lambda) = \boldsymbol{0},$$

得

$$\boldsymbol{x}'(\lambda) = -\left[\frac{\partial \boldsymbol{G}(\lambda,\boldsymbol{x}(\lambda))}{\partial \boldsymbol{x}}\right]^{-1}\frac{\partial \boldsymbol{G}(\lambda,\boldsymbol{x}(\lambda))}{\partial \lambda}.$$

这是一个带初始条件 $\boldsymbol{x}(0)$ 的微分方程组. 由式 (9-25), 可以确定

$$\frac{\partial \boldsymbol{G}(\lambda,\boldsymbol{x}(\lambda))}{\partial \lambda} = \boldsymbol{F}(\boldsymbol{x}(0))$$

及其雅可比矩阵 $\boldsymbol{J}(\boldsymbol{x}(\lambda))$:

$$\frac{\partial \boldsymbol{G}(\lambda,\boldsymbol{x}(\lambda))}{\partial \boldsymbol{x}} = \begin{pmatrix} \dfrac{\partial f_1(\boldsymbol{x}(\lambda))}{\partial x_1} & \dfrac{\partial f_1(\boldsymbol{x}(\lambda))}{\partial x_2} & \cdots & \dfrac{\partial f_1(\boldsymbol{x}(\lambda))}{\partial x_n} \\ \dfrac{\partial f_2(\boldsymbol{x}(\lambda))}{\partial x_1} & \dfrac{\partial f_2(\boldsymbol{x}(\lambda))}{\partial x_2} & \cdots & \dfrac{\partial f_2(\boldsymbol{x}(\lambda))}{\partial x_n} \\ \vdots & \vdots & & \vdots \\ \dfrac{\partial f_n(\boldsymbol{x}(\lambda))}{\partial x_1} & \dfrac{\partial f_n(\boldsymbol{x}(\lambda))}{\partial x_2} & \cdots & \dfrac{\partial f_n(\boldsymbol{x}(\lambda))}{\partial x_n} \end{pmatrix} = \boldsymbol{J}(\boldsymbol{x}(\lambda)).$$

因此, 带初始条件 $\boldsymbol{x}(0)$ 的微分方程组变为

$$\boldsymbol{x}'(\lambda) = -[\boldsymbol{J}(\boldsymbol{x}(\lambda))]^{-1}\boldsymbol{F}(\boldsymbol{x}(0)), \quad 0 \leqslant \lambda \leqslant 1. \tag{9-26}$$

同伦延拓法求解非线性方程组的近似解的方法为: 对于区间 $[0,1]$, 首先等分 $N>0$ 个子区间, 则 $\lambda_k = kh, k=0,1,\cdots,N$, 然后采用 4 阶龙格–库塔法求解微分方程组 (9-26). 结合牛顿法, 修改 (9-26) 式为

$$\boldsymbol{x}'\left(\lambda_k\right) = -\left[\boldsymbol{J}\left(\boldsymbol{x}\left(\lambda_{k-1}\right)\right)\right]^{-1}\boldsymbol{F}\left(\boldsymbol{x}\left(\lambda_{k-1}\right)\right), 0 \leqslant \lambda \leqslant 1, k=1,2,\cdots,N,$$

则牛顿法求同伦延拓法的计算步骤如下:

初值为 $\boldsymbol{x}(0) = \boldsymbol{x}\left(\lambda_0\right) = \boldsymbol{x}^{(0)}$, 子区间数 $N>0$, 对于 $k=1,2,\cdots,N$, 重复计算:

(1) 计算 $\lambda_k = h_k = k/N, \boldsymbol{b} = -h_k\boldsymbol{F}\left(\boldsymbol{x}^{(k-1)}\right)$; 也可根据式 (9-26), 固定 $h=1/N, \boldsymbol{b} = -h\boldsymbol{F}\left(\boldsymbol{x}^{(0)}\right)$.

(2) 令 $\boldsymbol{A} = \boldsymbol{J}\left(\boldsymbol{x}^{(k-1)}\right)$, 解线性方程组 $\boldsymbol{A}\boldsymbol{k}_1 = \boldsymbol{b}$; 令 $\boldsymbol{A} = \boldsymbol{J}\left(\boldsymbol{x}^{(k-1)} + \boldsymbol{k}_1/2\right)$, 解线性方程组 $\boldsymbol{A}\boldsymbol{k}_2 = \boldsymbol{b}$; 令 $\boldsymbol{A} = \boldsymbol{J}\left(\boldsymbol{x}^{(k-1)} + \boldsymbol{k}_2/2\right)$, 解线性方程组 $\boldsymbol{A}\boldsymbol{k}_3 = \boldsymbol{b}$; 令 $\boldsymbol{A} = \boldsymbol{J}\left(\boldsymbol{x}^{(k-1)} + \boldsymbol{k}_3\right)$, 解线性方程组 $\boldsymbol{A}\boldsymbol{k}_4 = \boldsymbol{b}$.

(3) 令 $\boldsymbol{x}\left(\lambda_k\right) = \boldsymbol{x}^{(k)} = \boldsymbol{x}^{(k-1)} + \left(\boldsymbol{k}_1 + 2\boldsymbol{k}_2 + 2\boldsymbol{k}_3 + \boldsymbol{k}_4\right)/6$.

当 $K=N$ 时, 则近似解向量为 $\boldsymbol{x}^* = \boldsymbol{x}^{(k)} = \boldsymbol{x}\left(\lambda_k\right) = \boldsymbol{x}(1)$.

算法说明 非线性方程组采用符号定义，由算法计算雅可比矩阵，故需要导入类 JacobiMatrix；采用 4 阶龙格–库塔公式法求解带有初值问题的微分方程组，其中 $\boldsymbol{k}_1, \boldsymbol{k}_2, \boldsymbol{k}_3$ 和 $\boldsymbol{k}_4$ 的计算需要求解线性方程组，采用第 6 章已实现的列主元高斯消元法求解，故需要导入类 GaussianEliminationAlgorithm.

```
# file_name: homotopy_continuation_method.py
class HomotopyContinuationMethod:
    """
    同伦延拓法, 求解雅可比矩阵, 给定网格划分N, 采用N次龙格–库塔法求解
    """
    def __init__(self, nlinear_Fxs, sym_vars, x0, N=4, method="newton"):
        self.sym_vars = sym_vars  # 定义的符号变量
        self.jacobi_obj = JacobiMatrix(nlinear_Fxs, sym_vars)  # 雅可比矩阵
        self.x0 = np.asarray(x0).reshape(-1, 1)  # 迭代初始值, 列向量形式
        self.N = N  # 子区间数
        self.method = method  # 分为newton和continuation
        # 近似解向量, 以及解向量针对每个方程的精度
        self.roots, self.fxs_precision = None, None

    @staticmethod
    def _solve_linear_equs(A, b):
        """
        采用高斯消元法求解线性方程组. param A: 系数矩阵, b: 右端向量
        """
        gea = GaussianEliminationAlgorithm(A, b)  # 默认列主元高斯消元法
        gea.fit_solve()  # 线性方程组求解
        return gea.x.reshape(-1, 1)

    def fit_roots(self):
        """
        核心算法: 同伦延拓法, 采用龙格–库塔法求解微分方程组
        """
        iter_, x_n = 0, self.x0  # 参数初始化
        jacobi_mat = self.jacobi_obj.solve_jacobi_mat()  # 求解雅可比矩阵
        h, b = 1 / self.N, self.jacobi_obj.cal_fx_values(self.x0)  # 同伦延拓法初始化
        while iter_ < self.N:
            x_b = np.copy(x_n)  # 近似解的迭代
            if self.method.lower() == "newton":
                h = (iter_ + 1) / self.N
                b = self.jacobi_obj.cal_fx_values(x_b)  # 结合牛顿法
```

```
        A = self.jacobi_obj.cal_jacobi_mat_values(jacobi_mat, x_b)  # 雅可比矩阵值
        k1 = - h * self._solve_linear_equs(A, b)  # 列主元高斯消元法解线性方程组
        A = self.jacobi_obj.cal_jacobi_mat_values(jacobi_mat, x_b + k1 / 2)
        k2 = - h * self._solve_linear_equs(A, b)  # 解线性方程组
        A = self.jacobi_obj.cal_jacobi_mat_values(jacobi_mat, x_b + k2 / 2)
        k3 = - h * self._solve_linear_equs(A, b)  # 解线性方程组
        A = self.jacobi_obj.cal_jacobi_mat_values(jacobi_mat, x_b + k3)
        k4 = - h * self._solve_linear_equs(A, b)  # 解线性方程组
        x_n = x_b + (k1 + 2 * k2 + 2 * k3 + k4) / 6  # 近似解的更新
        iter_ = iter_ + 1  # 增1
    self.roots = x_n  # 满足精度的根
    # 最终解向量针对每个方程的精度
    self.fxs_precision = \
        self.jacobi_obj.cal_fx_values(self.roots.reshape(-1, 1)).flatten()
    return self.roots, self.fxs_precision
```

针对**例 6** 示例, 结合牛顿法, 采用同伦延拓法求解, 最终近似解向量和精度如表 9-8 所示.

表 9-8　同伦延拓法求解非线性方程组的解向量及其精度

方程	参数设置	近似解向量 $\boldsymbol{x}^* = (x_1^*, x_2^*, x_3^*)^{\mathrm{T}}$, 以及各方程近似解的精度 $\boldsymbol{F}(\boldsymbol{x}^*)$			
非线性方程组 (1)	$N=4$,	$\boldsymbol{x}^*$	0.4999999999795588	0.0000000003354092	−0.5235987755927107
	$\boldsymbol{x}^{(0)}=(0,0,0)^{\mathrm{T}}$	$\boldsymbol{F}(\boldsymbol{x}^*)$	−6.1323612854e − 11	−5.4492301782e − 09	−5.5941213490e − 11
	$N=8$	$\boldsymbol{x}^*$	0.5000000000000000	0.0000000000000000	−0.5235987755982989
	$\boldsymbol{x}^{(0)}=(0,0,0)^{\mathrm{T}}$	$\boldsymbol{F}(\boldsymbol{x}^*)$	0.0000000000e + 00	−2.2204460493e − 16	−1.9602601862e − 15
	$N=4$,	$\boldsymbol{x}^*$	0.4981450177743988	−0.1996081238149479	−0.5288260331666330
	$\boldsymbol{x}^{(0)}=(2,0,-5)^{\mathrm{T}}$	$\boldsymbol{F}(\boldsymbol{x}^*)$	1.1248784439e − 06	−3.5672181818e − 05	1.8764058910e − 07
	$N=8$,	$\boldsymbol{x}^*$	0.4999999999999996	0.0000000000000031	−0.5235987755982988
	$\boldsymbol{x}^{(0)}=(2,0,-5)^{\mathrm{T}}$	$\boldsymbol{F}(\boldsymbol{x}^*)$	−1.3322676296e − 15	−5.1125770284e − 14	−1.8390334675e − 16
非线性方程组 (2)	$N=4$,	$\boldsymbol{x}^*$	0.5990537532782374	2.3959314045014537	2.0050148422203087
	$\boldsymbol{x}^{(0)}=(1,1,1)^{\mathrm{T}}$	$\boldsymbol{F}(\boldsymbol{x}^*)$	8.0171276284e − 09	−1.7278594555e − 08	0.0000000000e + 00
	$N=8$	$\boldsymbol{x}^*$	0.5990537566405675	2.3959314023778169	2.0050148409816160
	$\boldsymbol{x}^{(0)}=(1,1,1)^{\mathrm{T}}$	$\boldsymbol{F}(\boldsymbol{x}^*)$	3.3306690739e − 16	−1.7763568394e − 15	4.4408920985e − 16
	$N=4$,	$\boldsymbol{x}^*$	0.5990537599468495	2.3959313957372887	2.0050148443158622
	$\boldsymbol{x}^{(0)}=(0,2,1)^{\mathrm{T}}$	$\boldsymbol{F}(\boldsymbol{x}^*)$	−2.7426988236e − 08	−5.4518652703e − 08	8.8817841970e − 16
	$N=8$,	$\boldsymbol{x}^*$	0.5990537566405670	2.3959314023778169	2.0050148409816160
	$\boldsymbol{x}^{(0)}=(0,2,1)^{\mathrm{T}}$	$\boldsymbol{F}(\boldsymbol{x}^*)$	−5.5511151231e − 16	−1.7763568394e − 15	−4.4408920985e − 16

如果不采用牛顿法, 当 $N=4$、初值 $\boldsymbol{x}^{(0)}=(0,0,0)^{\mathrm{T}}$ 时, 非线性方程组 (1)

的近似解向量和精度分别为

$$\boldsymbol{x}^* = (0.4999999955063075, 0.0000000126686085, -0.5235987758960129)^{\mathrm{T}},$$

$$\boldsymbol{F}(\boldsymbol{x}^*) = (-2.0998299177 \times 10^{-7}, -1.3481077588 \times 10^{-8}, \\ -1.2288584556 \times 10^{-8})^{\mathrm{T}}.$$

■ 9.7 实验内容

1. 试采用不动点迭代法求解如下线性方程组, 初值可通过隐函数可视化的方法确定, 精度要求 $\varepsilon = 10^{-16}$.

$$\begin{cases} x^3 + y^3 - 6x + 3 = 0, \\ x^3 - y^3 - 6y + 2 = 0. \end{cases}$$

如下代码为可视化隐函数的方法:

```
plt . figure ( figsize =(7, 5))
x, y = sympy.symbols("x, y")
# 定义的非线性方程组
nlin_equs = [x ** 3 + y ** 3 - 6 * x + 3, x ** 3 - y ** 3 - 6 * y + 2]
p0 = sympy. plot_implicit (nlin_equs [0], show=False, line_color ="r") # 绘制第一个方程
p1 = sympy. plot_implicit (nlin_equs [1], show=False, line_color ="c") # 绘制第二个方程
p0.extend(p1) # 在方程1的基础上添加方程2的图像
p0.show()
```

2. 试采用各牛顿迭代法求解如下非线性方程组, 初值可通过隐函数可视化的方法确定, 精度要求 $\varepsilon = 10^{-15}$, 其他参数自定.

$$\begin{cases} 3x - \cos x - \sin y = 0, \\ 4y - \sin x - \cos y = 0. \end{cases}$$

3. 试采用秩 1 和秩 2 算法求解如下非线性方程组的近似解, 精度要求 $\varepsilon = 10^{-15}$, 若采用离散差商矩阵作为初始修正矩阵, 则步长 $h = 0.01$, 初值分别为 $(-0.8, 1.5)^{\mathrm{T}}, (1, -1)^{\mathrm{T}}$ 和 $(-0.5, 2.2)^{\mathrm{T}}$, 也可通过绘制隐函数图像确定初始值.

$$\begin{cases} x^2 \mathrm{e}^{-\frac{xy^2}{2}} + \mathrm{e}^{-\frac{x}{2}} \sin(xy) = 0, \\ y^2 \cos\left(x + y^2\right) + x^2 \mathrm{e}^{x+y} = 0. \end{cases}$$

4. 试采用高斯–牛顿法、阻尼最小二乘法和全局化 LM 法求解如下非线性方程组, 精度要求 $\varepsilon = 10^{-16}$, 其他参数自定.

$$\begin{cases} 4x - y + 0.1\mathrm{e}^{x} - 1 = 0, \\ -x + 4y + 0.125x^2 = 0. \end{cases}$$

5. 采用同伦延拓法求如下非线性方程组的解, 分别取 $N = 4, N = 8$ 和 $N = 10$, 初值可取 $(0,0,0)^{\mathrm{T}}$ 和 $(1,0,-1)^{\mathrm{T}}$.

$$\begin{cases} 3x - \cos yz - 0.5 = 0, \\ 4x^2 - 625y^2 + 2y - 1 = 0, \\ \mathrm{e}^{-xy} + 20z + 10\pi/3 - 1 = 0. \end{cases}$$

■ 9.8 本章小结

非线性方程组在实际问题中经常出现, 并且在科学与工程计算中的地位非常重要. 求解非线性方程组通常没有解析方法, 而是通过构造不同的迭代公式获得近似数值解.

非线性方程组的数值求解方法可以借鉴非线性方程的数值解法思想. 本章从以下几个方面探讨了非线性方程组的数值解法. 不动点迭代法需要改造方程组构造迭代函数 $\boldsymbol{\Phi}$, 对于多数非线性方程组来说, 构造 $\boldsymbol{\Phi}$ 较为困难. 牛顿法及其变形都是较好的求解非线性方程组的迭代方法, 但需要求解雅可比矩阵的逆矩阵, 计算量较大, 且逆矩阵并不一定存在. 某些情况下, 引入下山因子可保证牛顿法的迭代收敛性, 而牛顿松弛型迭代法引入超松弛因子 ω, 选择合适的 ω 可以加快牛顿法的收敛速度, 但调参是值得思考的一个问题. 离散牛顿法采用差商矩阵近似雅可比矩阵, 每一步迭代仍需计算矩阵的逆, 高斯牛顿法、阻尼最小二乘法和全局化 LM 方法都采用非线性回归模型中求回归参数进行最小二乘的一种迭代方法, 具体计算时也采用离散差商矩阵近似雅可比矩阵, 且阻尼最小二乘估计法保证了迭代过程中 $\boldsymbol{J}_k^{\mathrm{T}}\boldsymbol{J}_k + \mu_k \boldsymbol{I}$ 的对称正定, 存在逆矩阵. 拟牛顿法是为了减少计算导数而带来的计算量的一种迭代法, 避免求解雅可比矩阵的逆矩阵或离散差商矩阵的逆矩阵, 其思想是用比较简单的矩阵 $\boldsymbol{A}_k$ 来近似雅可比矩阵, 具体讨论了 Broyden 算法、Broyden 第二方法、逆 Broyden 算法、逆 Broyden 第二方法、DFP 算法、BFS 算法、BFGS 算法和逆 BFGS 算法. 同伦延拓法可作为一个独立的方法使用, 它并不要求选取的初值特别好, 也可用于给出牛顿法和拟牛顿法的迭代初值.

求非线性方程组的近似数值解, 视具体问题而选择合适的方法, 必要时候, 可选择多个方法进行求解, 以便对比数值解及其精度, 选择相对稳定的高效算法.

■ 9.9 参考文献

[1] 李庆扬, 王能超, 易大义. 数值分析 [M]. 5 版. 北京: 清华大学出版社, 2021.
[2] Mathews J H, Fink K D. 数值方法 (MATLAB 版)[M]. 4 版. 周璐, 陈渝, 钱方, 等译. 北京: 电子工业出版社, 2012.
[3] 任玉杰. 数值分析及其 MATLAB 实现 [M]. 北京: 高等教育出版社, 2012.
[4] 谢中华, 李国栋, 刘焕进, 等. MATLAB 从零到进阶 [M]. 北京: 北京航空航天大学出版社, 2017.
[5] 龚纯, 王正林. MATLAB 语言常用算法程序集 [M]. 北京: 电子工业出版社, 2011.
[6] 罗伯特 • 约翰逊 (Johansson R). Python 科学计算和数据科学应用 [M]. 2 版. 黄强, 译. 北京: 清华大学出版社, 2020.
[7] 柯艺芬. 非线性方程组迭代解法 [M]. 北京: 电子工业出版社, 2021.
[8] Burden R L, Faires J D. 数值分析 [M]. 10 版. 赵廷刚, 赵廷靖, 薛艳, 等译. 北京: 电子工业出版社, 2022.

第 10 章 矩阵特征值计算

矩阵特征值和特征向量的几何意义是线性变换下的保持方向不变的向量及该向量在变换下的缩放倍数. 物理、力学和工程技术中的很多问题在数学上都归结为求矩阵特征值问题[1-4]. 例如, 振动问题 (大型桥梁或建筑物的振动、机械的振动、电磁振荡等)、物理学中某些临界值的确定、稳定问题的求解等, 有时会归结于求矩阵的特征值 λ 和对应的特征向量 $\boldsymbol{x}$.

高等代数中, 求矩阵 $\boldsymbol{A}$ 的特征值 λ 和特征向量 $\boldsymbol{x}$ 的解法: 先求出 $\boldsymbol{A}$ 的特征多项式

$$f(\lambda)=|\boldsymbol{A}-\lambda\boldsymbol{I}|=\begin{vmatrix} a_{11}-\lambda & a_{12} & \cdots & a_{1n} \\ a_{21} & a_{22}-\lambda & \cdots & a_{2n} \\ \vdots & \vdots & & \vdots \\ a_{n1} & a_{n2} & \cdots & a_{nn}-\lambda \end{vmatrix},$$

再求解 $f(\lambda)$ 高次多项式方程, 所得根 λ^* 即为矩阵 $\boldsymbol{A}$ 的特征值, 最后求解方程组 $(\boldsymbol{A}-\lambda^*\boldsymbol{I})\boldsymbol{x}=\boldsymbol{0}$, 就可得出特征值 λ^* 对应的特征向量 $\boldsymbol{x}$.

然而求解高次多项式的根是相当困难的, 且重根的计算精度较低, 矩阵 $\boldsymbol{A}$ 求特征多项式系数的过程对舍入误差十分敏感. 因此, 从数值计算角度, 上述方法缺乏实用价值. 目前, 求矩阵特征值问题实际采用的是迭代法和变换法, 本章也将从这两个方面进行算法讨论.

10.1 求矩阵特征值和特征向量的迭代法

10.1.1 幂法

幂法也称乘幂法. 有些实际问题不需要求出全部特征值, 只需要求出按模最大特征值或按模最小特征值. 幂法用来求按模最大特征值 (主特征值) 与它对应的特征向量. 幂法的特点是算法简单, 易于在计算机上实现, 特别适用于高阶稀疏方阵.

设 $\boldsymbol{A}\in\mathbb{R}^{n\times n}$ 的特征值为 $\lambda_1,\lambda_2,\cdots,\lambda_n$, 主特征值为 λ_1 且满足 $|\lambda_1|\geqslant|\lambda_2|\geqslant\cdots\geqslant|\lambda_n|$, 对应的特征向量为 $\boldsymbol{x}_1,\boldsymbol{x}_2,\cdots,\boldsymbol{x}_n$, 且线性无关. 用乘幂法求 $\boldsymbol{A}$ 的主特征值 λ_1 和属于 λ_1 的特征向量 $\boldsymbol{x}_1$ 的步骤为: 任取 n 维非零向量 $\boldsymbol{v}^{(0)}=\left(v_1^{(0)},v_2^{(0)},\cdots,v_n^{(0)}\right)^{\mathrm{T}}$ 作为初始向量, 对迭代次数 $k=1,2,\cdots$, 反复迭代计算, 假设第 k 步:

计算 $\boldsymbol{v}^{(k)}=\boldsymbol{A}\boldsymbol{v}^{(k-1)}$, 记 $\boldsymbol{v}^{(k)}=\left(v_1^{(k)},v_2^{(k)},\cdots,v_n^{(k)}\right)^{\mathrm{T}}$, 令

$$\boldsymbol{u}^{(k-1)}=\left(u_1^{(k-1)},u_2^{(k-1)},\cdots,u_n^{(k-1)}\right)^{\mathrm{T}},\text{其中}u_i^{(k-1)}=\frac{v_i^{(k)}}{v_i^{(k-1)}},\quad i=1,2,\cdots,n.$$

当 $k\to\infty$ 时, $\boldsymbol{u}^{(k)}\to(\lambda_1,\lambda_1,\cdots,\lambda_1)^{\mathrm{T}}$, 即 $\boldsymbol{u}^{(k)}$ 的各分量都收敛于主特征值 λ_1, 而向量 $\boldsymbol{v}^{(k)}/\lambda_1^{(k)}$ 越来越接近属于 λ_1 的特征向量, 即

$$\lim_{k\to\infty}u_i^{(k)}=\lambda_1,\ i=1,2,\cdots,n,\lim_{k\to\infty}\frac{\boldsymbol{v}^{(k)}}{\lambda_1^{(k)}}=a_1\boldsymbol{x}_1,\text{其中}a_1\in\mathbb{R}\text{ 且}a_1\neq0.$$

故而, 当 k 足够大时, 取 $\boldsymbol{u}^{(k)}$ 的任一分量作为主特征值 λ_1 的近似值, $\boldsymbol{v}^{(k)}$ 近似地作为属于 λ_1 的特征向量.

在上述迭代过程中, 如果 $|\lambda_1|\neq1$ 且迭代次数 k 过大, 那么 $\left|\lambda_1^{(k)}\right|$ 会成为很大的数或很小的数, 计算 $\boldsymbol{v}^{(k)}\approx\lambda_1^{(k)}a_1\boldsymbol{x}_1$ 时可能出现上溢出或下溢出. 为了克服这一缺点, 在每一轮 $\boldsymbol{v}^{(k)}=\boldsymbol{A}\boldsymbol{v}^{(k-1)}$ 迭代之后, 对向量 $\boldsymbol{v}^{(k)}$ 的长度归一化. 向量 $\boldsymbol{v}^{(k)}$ 的归一化是指把向量 $\boldsymbol{v}^{(k)}$ 所有的分量 $\left(v_1^{(k)},v_2^{(k)},\cdots,v_n^{(k)}\right)^{\mathrm{T}}$ 都除以一个常数 $\max\left\{\boldsymbol{v}^{(k)}\right\}$ (即向量 $\boldsymbol{v}^{(k)}$ 中绝对值最大分量) , 使此向量中绝对值最大的分量为 1.

幂法是线性收敛的, 收敛速度主要由 $|\lambda_2|/|\lambda_1|$ 决定. $|\lambda_2|/|\lambda_1|$ 越小, 收敛越快; 如果 $|\lambda_2|/|\lambda_1|$ 接近于 1, 那么收敛很慢.

10.1.2 反幂法

反幂法用来求可逆矩阵的按模最小特征值 (即绝对值最小的特征值) 和与它对应的特征向量. 设 $\boldsymbol{A}\in\mathbb{R}^{n\times n}$ 为非奇异矩阵, λ 和 $\boldsymbol{x}$ 分别为特征值和对应于 λ 的特征向量, 则

$$\boldsymbol{A}\boldsymbol{x}=\lambda\boldsymbol{x}\Rightarrow\boldsymbol{x}=\lambda\boldsymbol{A}^{-1}\boldsymbol{x}\Rightarrow\boldsymbol{A}^{-1}\boldsymbol{x}=\frac{1}{\lambda}\boldsymbol{x}.$$

此式表明, $\boldsymbol{A}^{-1}$ 的特征值是 $\boldsymbol{A}$ 的特征值的倒数, 而相应的特征向量不变. 因此, 若对矩阵 $\boldsymbol{A}^{-1}$ 用幂法, 即可计算出 $\boldsymbol{A}^{-1}$ 的按模最大的特征值, 其倒数恰为 $\boldsymbol{A}$ 的按模最小的特征值, 这就是反幂法的思想.

用反幂法求 $\boldsymbol{A}$ 的按模最小特征值 λ_n 和 $\boldsymbol{A}$ 的属于 λ_n 的特征向量 $\boldsymbol{x}_n$ 的步骤为: 任取 n 维非零向量 $\boldsymbol{v}^{(0)}$ 作为初始向量, 反复计算:

$\boldsymbol{u}^{(k)} = \boldsymbol{A}^{-1}\boldsymbol{v}^{(k-1)}$, 若 $\boldsymbol{u}^{(k)}$ 各分量中绝对值最大的分量为第 j 个分量 $u_j^{(k)}$, 则令 $m^{(k)} = u_j^{(k)}$, 令 $\boldsymbol{v}^{(k)} = \boldsymbol{u}^{(k)}/m^{(k)}, \quad k = 1, 2, \cdots$. 当 $k \to \infty$ 时,$m^{(k)} \to 1/\lambda_n$, $\boldsymbol{v}^{(k)}$ 接近于 $\boldsymbol{A}$ 的属于 λ_n 的特征向量. 收敛速度的比值为 $|\lambda_n| / |\lambda_{n-1}|$.

幂法求解 $\boldsymbol{A}$ 按模最大 (最小) 特征值和特征向量算法, 其中反幂法并未实际计算矩阵的逆 $\boldsymbol{A}^{-1}$, 而是采用第 6 章中线性方程组的高斯消元法求解 $\boldsymbol{A}\boldsymbol{u}^{(k)} = \boldsymbol{v}^{(k-1)}$, 得到 $\boldsymbol{u}^{(k)}$. 此外, 为便于可视化收敛过程以及迭代过程中特征值和特征向量的值的变化过程, 可定义工具类 MatrixEigenvalueUtils, 限于篇幅, 不再赘述 (请参考源代码).

```
# file_name: power_method_eig.py
from direct_solution_linear_equations_06 . gaussian_elimination_algorithm \
    import GaussianEliminationAlgorithm  # 导入高斯消元法类

class PowerMethodMatrixEig:
    """
    幂法求解矩阵A按模最大特征值和对应特征向量
    反幂法求解矩阵A的按模最小特征值和对应特征向量
    """

    def __init__( self, A, v0, max_iter=1000, eps=1e-8, eig_type="power"):
        self.A = np.asarray(A, dtype=np.float64)
        print("矩阵的条件数为: ", np.linalg.cond(A))
        if np.linalg.norm(v0) <= 1e-15:
            raise ValueError("初始向量不能为零向量或初始向量值过小！")
        self.v0 = np.asarray(v0, dtype=np.float64)
        self.eps, self.max_iter = eps, max_iter  # 精度要求和最大迭代次数
        self.eig_type = eig_type  # 按模最大power、按模最小inverse
        self.eigenvalue = 0  # 主 (按模最小) 特征值
        self.eig_vector = None # 主 (按模最小) 特征向量
        self.iter_eigenvalue = []  # 迭代过程的主 (按模最小) 特征值的变化
        self.iter_eig_vector = []  # 迭代过程中主 (按模最小) 特征向量的变化

    def fit_eig(self):
        """
        幂法求解矩阵按模最大和按模最小特征值和对应的特征向量
        """
        if self.eig_type == "power":  # 乘幂法
            return self._fit_power_()
```

```
    elif self.eig_type == "inverse":  # 反幂法
        return self._fit_inverse_power_()
    else:
        raise ValueError("eig_type参数仅能为power或inverse")

def _fit_power_(self):
    """
    核心算法: 幂法求解矩阵主特征值和主特征向量
    :return: 主特征值eigenvalue和对应的特征向量eig_vector
    """
    # 初始化主特征向量和主特征值
    self.eig_vector, self.eigenvalue = self.v0, np.infty
    tol, iter_ = np.infty, 0  # 初始精度和迭代次数
    while np.abs(tol) > self.eps and iter_ < self.max_iter:
        vk = np.dot(self.A, self.eig_vector)
        max_scalar = np.max(vk)  # max_scalar为按模最大的标量
        self.iter_eigenvalue.append([iter_, max_scalar])
        self.eig_vector = vk / max_scalar  # 归一化
        self.iter_eig_vector.append(self.eig_vector)
        # 更新迭代变量和精度
        iter_, tol = iter_ + 1, np.abs(max_scalar - self.eigenvalue)
        # 更新主特征值, max_scalar既用于归一化, 又用于精度判断
        self.eigenvalue = max_scalar
    return self.eigenvalue, self.eig_vector

def _fit_inverse_power_(self):
    """
    核心算法: 幂法求解矩阵按模最小特征值和对应的特征向量
    :return: 按模最小特征值eigenvalue和对应的特征向量eig_vector
    """
    self.eig_vector, self.eigenvalue = self.v0, 0  # 初始化
    tol, iter_ = np.infty, 0  # 初始精度和迭代次数
    while np.abs(tol) > self.eps and iter_ < self.max_iter:
        # 如下采用高斯列主元消元法, 可试验其他方法
        gea = GaussianEliminationAlgorithm(self.A, self.eig_vector)
        gea.fit_solve()  # 高斯列主元消元法
        v_k = np.copy(gea.x)
        max_scalar = np.max(v_k)  # max_scalar为按模最大的标量
        self.iter_eigenvalue.append([iter_, 1 / max_scalar])
        self.eig_vector = v_k / max_scalar  # 归一化
```

```
            self.iter_eig_vector.append(self.eig_vector)
            iter_, tol = iter_ + 1, np.abs(max_scalar - self.eigenvalue)
            self.eigenvalue = max_scalar  # 更新按模最小特征值
        self.eigenvalue = 1 / self.eigenvalue  # 取倒数
        return self.eigenvalue, self.eig_vector
```

例 1　已知两个矩阵 $\boldsymbol{A}_1$ 和 $\boldsymbol{A}_2$ 如下, 用幂法和反幂法求解矩阵 $\boldsymbol{A}_1$ 和 $\boldsymbol{A}_2$ 的特征值和对应的特征向量, 精度要求 $\varepsilon = 10^{-16}$, 初始向量均为 $\boldsymbol{v}^{(0)} = (0.5\ \ 0.5\ \ \cdots\ \ 0.5)^{\mathrm{T}}$.

$$\boldsymbol{A}_1 = \begin{pmatrix} 1 & 1/2 & \cdots & 1/6 \\ 1/2 & 1/3 & \cdots & 1/7 \\ \vdots & \vdots & & \vdots \\ 1/6 & 1/7 & \cdots & 1/11 \end{pmatrix}, \quad \boldsymbol{A}_2 = \begin{pmatrix} 2 & 3 & 4 & 5 & 6 \\ 4 & 4 & 5 & 6 & 7 \\ 0 & 3 & 6 & 7 & 8 \\ 0 & 0 & 2 & 8 & 9 \\ 0 & 0 & 0 & 1 & 0 \end{pmatrix}.$$

幂法和反幂法求解两个矩阵的按模最大、按模最小特征值和对应的特征向量的结果如表 10-1 所示. 若难以获得精确的特征值, 可采用 NumPy 自带库函数 np.linalg.eig 进行对比, 如矩阵 $\boldsymbol{A}_1$ 按模最小特征值为 $\lambda^* = 1.0827994844739511 \times 10^{-7}$, 对应特征向量 (保留小数点后 8 位)

$$\begin{aligned}\boldsymbol{x}^* =&[-0.00199564, 0.05692869, -0.38480307, 1.00000000,\\ &-1.10287912, 0.43424885]^{\mathrm{T}},\end{aligned}$$

与反幂法迭代求解结果基本一致. 也可采用 $\|(\boldsymbol{A} - \lambda \boldsymbol{I})\boldsymbol{x}\|_2$ 的方法验证, 如求解矩阵 $\boldsymbol{A}_1$ 的幂法, 验证结果为 $\|(\boldsymbol{A} - \lambda^* \boldsymbol{I})\,\boldsymbol{x}^*\|_2 = 4.14014 \times 10^{-16}$.

表 10-1　幂法与反幂法求解矩阵特征值和特征向量的结果 (Python 输出格式)

方法和迭代次数	特征值	特征向量 (从左到右, 从上到下构成向量, 并进行了归一化)		
幂法求 $\boldsymbol{A}_1$, 迭代 20 次	1.618899858924339	1.000000000000000	0.588628543425543	0.428327284428956
		0.339661891838709	0.282523587942149	0.242337811122849
反幂法求 $\boldsymbol{A}_1$, 迭代 11 次	1.0827994844739511 e−07	−0.001995640508843	0.056928693982721	−0.384803074285784
		1.000000000000000	−1.102879117733187	0.434248849659761
幂法求 $\boldsymbol{A}_2$, 迭代 51 次	13.172351398103192	0.724952325211240	1.000000000000000	0.792999044338331
		0.353299625949037	0.026821302838908	
反幂法求 $\boldsymbol{A}_2$	不收敛			

幂法求 $\boldsymbol{A}_2$ 按模最大特征值和对应特征向量的收敛曲线如图 10-1 所示. 从第 2

次迭代后, 收敛过程较为平稳, 逐步迭代逼近精确解. 验证精度为 $\|(\boldsymbol{A}-\lambda^*\boldsymbol{I})\,\boldsymbol{x}^*\|_2 = 5.77969\times 10^{-15}$. 可尝试其他初值向量.

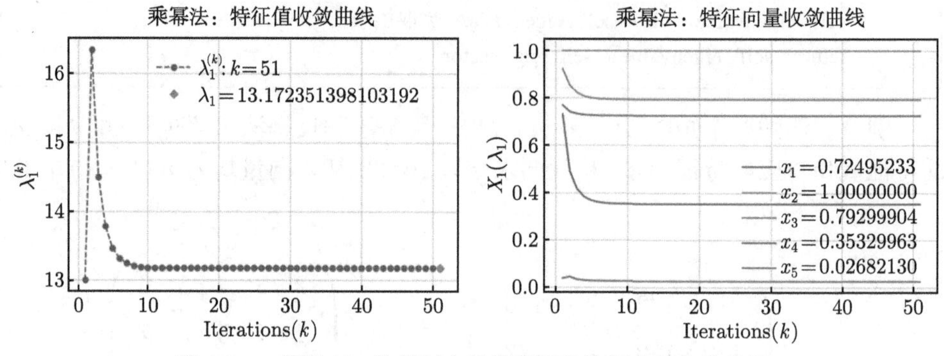

图 10-1 矩阵 $\boldsymbol{A}_2$ 按模最大的特征值和特征向量收敛曲线

10.1.3 瑞利商加速幂法

设 $\boldsymbol{A}\in\mathbb{R}^{n\times n}$ 为对称矩阵, 其特征值依次记为 $\lambda_1>\lambda_2\geqslant\cdots\geqslant\lambda_n$, 则

(1) 对任意的非零向量 $\boldsymbol{x}\in\mathbb{R}^n$, $\lambda_n\leqslant\dfrac{(\boldsymbol{Ax},\boldsymbol{x})}{(\boldsymbol{x},\boldsymbol{x})}\leqslant\lambda_1$;

(2)$\lambda_1=\max\limits_{\boldsymbol{x}\in\mathbb{R}^n,\boldsymbol{x}\neq\boldsymbol{0}}\dfrac{(\boldsymbol{Ax},\boldsymbol{x})}{(\boldsymbol{x},\boldsymbol{x})}$, $\lambda_n=\min\limits_{\boldsymbol{x}\in\mathbb{R}^n,\boldsymbol{x}\neq\boldsymbol{0}}\dfrac{(\boldsymbol{Ax},\boldsymbol{x})}{(\boldsymbol{x},\boldsymbol{x})}$, 记 $R(\boldsymbol{x})=\dfrac{(\boldsymbol{Ax},\boldsymbol{x})}{(\boldsymbol{x},\boldsymbol{x})}$, $\boldsymbol{x}\neq\boldsymbol{0}$, $R(\boldsymbol{x})$ 称为矩阵 $\boldsymbol{A}$ 的**瑞利** (Rayleigh) **商**.

瑞利商加速幂法的迭代过程: 给定迭代初值 $\boldsymbol{u}^{(0)}\neq\boldsymbol{0}$ 和误差限 $\varepsilon>0$, 对于 $k=0,1,\cdots$,

$$\begin{cases}\boldsymbol{v}^{(k+1)}=\boldsymbol{Au}^{(k)},\\[2ex] R\left(\boldsymbol{u}^{(k+1)}\right)=\dfrac{\left(\boldsymbol{Au}^{(k)},\boldsymbol{u}^{(k)}\right)}{\left(\boldsymbol{u}^{(k)},\boldsymbol{u}^{(k)}\right)},\\[2ex] \boldsymbol{u}^{(k+1)}=\dfrac{\boldsymbol{v}^{(k+1)}}{R\left(\boldsymbol{u}^{(k+1)}\right)},\end{cases}$$

如果 $\left|R\left(\boldsymbol{u}^{(k+1)}\right)-R\left(\boldsymbol{u}^{(k)}\right)\right|<\varepsilon$, 则结束.

如果矩阵为对称矩阵, 可以用瑞利商加速幂法加快收敛速度. 如果矩阵不对称, 也可以用瑞利商加速幂法来求其特征值, 但是加速的效果可能不是很明显.

算法说明 为了更好地观察特征向量每个元素的收敛曲线, 存储的特征向量并未归一化. 若存储归一化后的特征向量, 则其中一个值 (元素绝对值最大者) 可能呈现出始终为 1 的一条直线.

```
#file_name: rayleigh_quotient_accelerated_power.py
class RayleighQuotientAcceleratedPower:
    """
    瑞利商加速幂法, 对称矩阵可加快幂法的收敛速度, 非对称矩阵, 可能加速效果不明显.
    """
    def __init__(self, A, u0, max_iter=1000, eps=1e-10):
        self.A = np.asarray(A, dtype=np.float64)  # 待求矩阵
        self.is_matrix_symmetric()  # 判断是否为对称矩阵
        if np.linalg.norm(u0) <= 1e-15:
            raise ValueError("初始向量不能为零向量或初始向量值过小！")
        self.u0 = np.asarray(u0, dtype=np.float64)
        # 其他实例属性的初始化, 参考幂法, 限于篇幅, 略去

    def is_matrix_symmetric(self):
        """
        判断矩阵是否为对称矩阵, 非对称矩阵, 加速效果不明显
        """
        X = np.triu(self.A)  # 取矩阵上三角
        X += X.T - np.diag(X.diagonal())  # 构造对称矩阵
        if (self.A == X).all():
            print("对称矩阵, 可用瑞利商加速幂法加速收敛速度！")
        else:
            print("非对称矩阵, 瑞利商加速幂法收敛速度可能不明显！")

    def fit_eig(self):
        """
        瑞利商加速幂法求解矩阵主特征值和主特征向量
        :return: 主特征值eigenvalue和对应的特征向量eig_vector
        """
        self.eig_vector, self.eigenvalue = self.u0, np.infty  # 主特征向量和主特征值
        tol, iter_ = np.infty, 0  # 初始精度和迭代次数
        while np.abs(tol) > self.eps and iter_ < self.max_iter:
            v_k = np.dot(self.A, self.eig_vector)
            rayleigh_q = np.dot(v_k.T, self.eig_vector) / \
                      np.dot(self.eig_vector.T, self.eig_vector)  # 瑞利商
            self.iter_eigenvalue.append([iter_, rayleigh_q])
            self.eig_vector = v_k / rayleigh_q
            self.iter_eig_vector.append(self.eig_vector)  # 仅存储非归一化的特征向量
            # 更新精度和迭代变量
```

```
            tol, iter_ = np.abs(rayleigh_q - self.eigenvalue), iter_ + 1
            self.eigenvalue = rayleigh_q
        self.eig_vector = self.eig_vector / np.max(np.abs(self.eig_vector))  # 归一化
        return self.eigenvalue, self.eig_vector
```

例 2[5]　已知三对角矩阵 $\boldsymbol{A}_{10\times10}$, 该矩阵出现在求解热方程的向后有限差分方法中 (具体见第 12 章). 用瑞利商加速幂法和幂法求解特征值和特征向量, 精度 $\varepsilon=10^{-16}$, 初始向量 $\boldsymbol{u}^{(0)}=0.1\left(u_1^{(0)},u_2^{(0)},\cdots,u_{10}^{(0)}\right)^{\mathrm{T}}$, 其中 $u_k^{(0)}\sim N(0,1)$, $k=1,2,\cdots,10$, 随机种子为 1. 分别取 $\alpha=0.25,\alpha=0.5$ 和 $\alpha=0.75$.

$$\boldsymbol{A}_{10\times10}=\begin{pmatrix}1+2\alpha & -\alpha & 0 & \cdots & 0\\ -\alpha & 1+2\alpha & -\alpha & \ddots & \vdots\\ 0 & \ddots & \ddots & \ddots & 0\\ \vdots & \ddots & \ddots & \ddots & -\alpha\\ 0 & \cdots & 0 & -\alpha & 1+2\alpha\end{pmatrix}$$

当 $\alpha=0.25$ 时, 瑞利商加速幂法, 满足精度要求下需迭代 424 次, 而幂法需迭代 874 次, 保留小数点后 15 位, 则瑞利商加速幂法所求特征值为 $\lambda^*=1.979746486807236$, 幂法为 $\lambda^*=1.979746486807258$. 特征值与特征向量收敛过程曲线如图 10-2 所示.

注　特征向量的值并未进行归一化, 而归一化后的特征向量与库函数求解对比, 如表 10-2 所示.

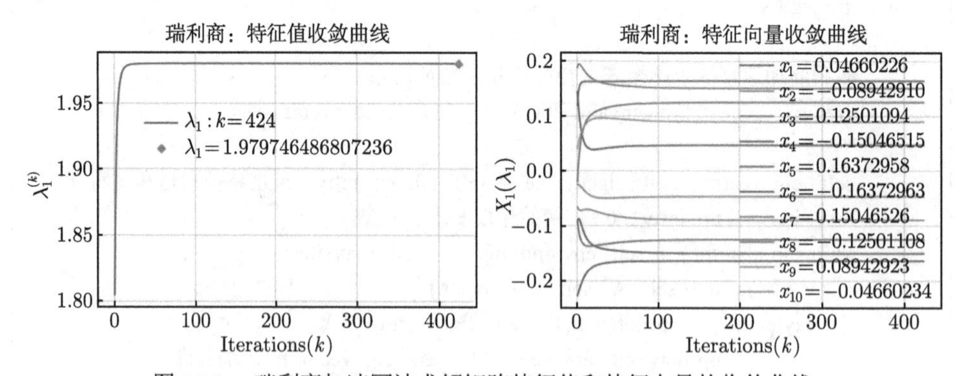

图 10-2　瑞利商加速幂法求解矩阵特征值和特征向量的收敛曲线

如果所求矩阵为对称矩阵, 瑞利商加速幂法可以提高收敛速度, 但同时瑞利商的计算会引入舍入误差, 如表 10-2 所示, 所求特征向量与库函数 np.linalg.eig 法的求解存在一定的误差, 瑞利商加速幂法验证精度 $\|(\boldsymbol{A}-\lambda^*\boldsymbol{I})\,\boldsymbol{x}^*\|_2=6.252\times10^{-8}$.

如果算法终止的条件设置为 $\left\|\boldsymbol{u}^{(k+1)}-\boldsymbol{u}^{(k)}\right\|_2<\varepsilon$, 则迭代 1000 次的验证精度提高为 $\left\|\left(\boldsymbol{A}-\lambda^*\boldsymbol{I}\right)\boldsymbol{x}^*\right\|_2=1.640\times10^{-15}$. 不同 α 值下瑞利商加速幂法求解特征值结果见表 10-3.

表 10-2 瑞利商加速幂法特征向量 $\left(\alpha=0.25,\boldsymbol{x}^*=(x_1^*,x_2^*,\cdots,x_{10}^*)^{\mathrm{T}}\right)$

方法	x_1^*	x_2^*	x_3^*	x_4^*	x_5^*
瑞利商加速幂法	0.28462940	−0.54619987	0.76352058	−0.91898549	0.99999975
np.linalg.eig	−0.28462968	0.54620035	−0.76352112	0.91898595	−1.00000000
方法	x_6^*	x_7^*	x_8^*	x_9^*	x_{10}^*
瑞利商加速幂法	−1.00000000	0.91898617	−0.76352147	0.54620069	−0.28462988
np.linalg.eig	1.00000000	−0.91898595	0.76352112	−0.54620035	0.28462968

表 10-3 不同 α 值下瑞利商加速幂法求解特征值结果

α 值	方法	特征值	迭代次数	$\left\|\left(\boldsymbol{A}-\lambda^*\boldsymbol{I}\right)\boldsymbol{x}^*\right\|_2$
$\alpha=0.5$	瑞利商加速幂法	2.959492973614489	329	7.145155e−08
	幂法	2.959492973614509	662	9.479005e−14
	np.linalg.eig	2.959492973614497		
$\alpha=0.75$	瑞利商加速幂法	3.939239460421726	286	1.360484e−07
	幂法	3.939239460421754	604	6.169457e−14
	np.linalg.eig	3.939239460421740		

10.1.4 原点平移反幂法

原点平移反幂法是用来求矩阵离某个特定的常数最近的特征值及其对应的特征向量的迭代法. 其迭代计算过程: 给定迭代初值 $\boldsymbol{u}^{(0)}\neq\mathbf{0}$ 和误差限 $\varepsilon>0$, 对于迭代次数 $k=0,1,\cdots$,

$$(\boldsymbol{A}-\mu\boldsymbol{I})\boldsymbol{v}^{(k+1)}=\boldsymbol{u}^{(k)},\quad m^{(k+1)}=\max\left\{\boldsymbol{v}^{(k+1)}\right\},\quad \boldsymbol{u}^{(k+1)}=\frac{\boldsymbol{v}^{(k+1)}}{m^{(k+1)}}.$$

如果 $\left|m^{(k+1)}-m^{(k)}\right|<\varepsilon$, 则结束. 其中 $\max\left\{\boldsymbol{v}^{(k+1)}\right\}$ 表示向量 $\boldsymbol{v}^{(k+1)}$ 按模最大的分量.

原点平移反幂法有如下的收敛性质:

$$\lim_{k\to\infty}\boldsymbol{u}^{(k)}=\frac{\boldsymbol{a}_j}{\max\{\boldsymbol{a}_j\}},\quad \lim_{k\to\infty}m^{(k)}=\frac{1}{\lambda_j-\mu},$$

其中 λ_j 为离 μ 最近的特征值, $\boldsymbol{a}_j$ 为 λ_j 对应的特征向量.

算法说明 为区别于瑞利商加速幂法, 本算法存储的特征向量进行了归一化, 特征向量的一个值 (元素绝对值最大者) 可能呈现出始终为 1 的一条直线.

```
# file_name: origin_translation_inverse_power.py
from direct_solution_linear_equations_06 . gaussian_elimination_algorithm \
    import GaussianEliminationAlgorithm  # 导入高斯消元法类
```

```
class OriginTranslationInversePower:
    """
    原点平移反幂法求矩阵离某个特定的常数最近的特征值及其对应的特征向量的迭代法
    """
    def __init__(self, A, u0, miu, max_iter=1000, eps=1e-8):
        self.miu = miu  # 离某个特征值最近的常数设置
        # 其他实例属性的初始化, 参考幂法和瑞利商加速幂法, 限于篇幅, 略去

    def fit_eig(self):
        """
        核心算法: 原点平移反幂法迭代求解
        """
        self.eig_vector = self.u0  # 按模最小特征值对应的特征向量
        self.eigenvalue, max_scalar = 0, 0  # 按模最小特征值
        tol, iter_ = np.infty, 0  # 初始精度和迭代次数
        while np.abs(tol) > self.eps and iter_ < self.max_iter:
            eig_value = max_scalar
            # 如下采用高斯列主元消元法, 可实验其他方法
            A = self.A - self.miu * np.eye(len(self.u0))
            guass_eliminat = GaussianEliminationAlgorithm(A, self.eig_vector)
            guass_eliminat.fit_solve()
            v_k = np.copy(guass_eliminat.x)
            max_scalar = np.max(v_k)  # max_scalar为按模最大的标量
            self.iter_eigenvalue.append([iter_, 1 / max_scalar + self.miu])
            self.eig_vector = np.copy(v_k / max_scalar)  # 归一化
            self.iter_eig_vector.append(self.eig_vector)  # 存储归一化后的
            iter_, tol = iter_ + 1, abs(max_scalar - self.eigenvalue)
            self.eigenvalue = max_scalar
        self.eigenvalue = 1 / max_scalar + self.miu
        return self.eigenvalue, self.eig_vector
```

例 3 用原点平移法求解矩阵 $\boldsymbol{A}$ 的特征值和对应特征向量, 精度要求 $\varepsilon = 10^{-15}$.

$$\boldsymbol{A} = \begin{pmatrix} 2 & 1 & 0 \\ 1 & 3 & 1 \\ 0 & 1 & 4 \end{pmatrix}.$$

由格什戈林圆盘定理, 可判定矩阵 $\boldsymbol{A}$ 特征值的范围为

$$D_1: 3 \leqslant \lambda_1 \leqslant 5, \quad D_2: 1 \leqslant \lambda_2 \leqslant 5, \quad D_3: 1 \leqslant \lambda_3 \leqslant 3.$$

此处不做相似变换, 在圆盘 D_1 中取中点 4, 在圆盘 D_2 中取 2.8, 在圆盘 D_3 中取较小的数 1.1, 使其值尽可能分散, 模拟计算特征值和对应特征向量.

以 $\lambda^{(0)}=4$(可以是 $\lambda^{(0)}=4.5$, 迭代 21 次即可) 为某个特征值邻近的常数, 迭代求解 115 次. 如图 10-3 所示, 开始时特征值与其对应的特征向量均呈现出振荡, 随着迭代的进行, 振荡幅度越来越小, 最后收敛到满足精度要求的特征值. 其中特征向量最大分量由于进行了归一化, 呈现出一条直线.

以 $\lambda^{(0)}=2.8$ 为某个邻近的常数, 迭代求解 20 次; 以 $\lambda^{(0)}=1.1$ 为某个邻近的常数, 迭代求解 17 次. 通过 np.linalg.eig(A) 求解可知其全部特征值及其对应的特征向量, 如表 10-4, 可见原点平移反幂法迭代求解的精度非常高, 分别对应初值 4, 2.8 和 1.1.

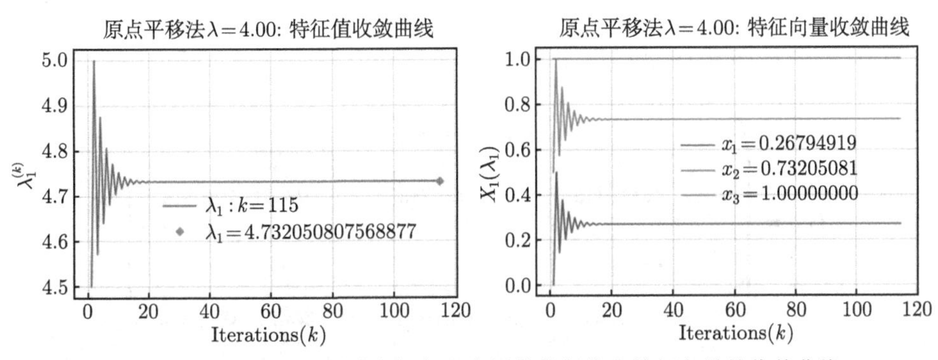

图 10-3 原点平移反幂法求解在 4 邻近的特征值和特征向量的收敛曲线

表 10-4 原点平移法求解不同初值下的特征值及其对应的特征向量

方法	特征值	特征向量 (从左到右构成向量)		
原点平移法	4.73205080756887674909	0.267949192431123	0.732050807568877	1.000000000000000
np.linalg.eig	4.73205080756887674909	0.267949192431122	0.732050807568877	1.000000000000000
原点平移法	3.00000000000000000000	1.000000000000000	1.000000000000000	−1.000000000000000
np.linalg.eig	3.00000000000000000000	−0.999999999999999	−1.000000000000000	0.999999999999999
原点平移法	1.26794919243112280682	1.000000000000000	−0.732050807568877	0.267949192431123
np.linalg.eig	1.26794919243112236273	−1.000000000000000	0.732050807568877	−0.267949192431123

10.1.5 * 收缩法求解矩阵全部特征值

收缩法[4]可用来求矩阵所有的特征值, 是基于幂法的求解特征值的方法.

设矩阵 $\boldsymbol{A}$ 的 n 个特征值按模从大到小排列为 $|\lambda_1|>|\lambda_2|>|\lambda_3|\geqslant\cdots\geqslant|\lambda_n|$, 其相应的 n 个线性无关特征向量为 $\boldsymbol{\alpha}_1,\boldsymbol{\alpha}_2,\cdots,\boldsymbol{\alpha}_n$. 在计算 $\boldsymbol{A}$ 的最大特征值 λ_1 及相应特征向量 $\boldsymbol{\alpha}_1$ 后, 可以用收缩方法, 继续用幂法计算 λ_2 及其相应的特征向量 $\boldsymbol{\alpha}_2$. 具体计算方法如下:

(1) 用幂法求 $\boldsymbol{A}$ 的主特征值 λ_1 和主特征向量 $\boldsymbol{\alpha}_1$;

(2) 令

$$\boldsymbol{B}=\boldsymbol{A}-\boldsymbol{\alpha}_1\boldsymbol{A}_1^{\mathrm{T}}=\begin{pmatrix} 0 & 0 & \cdots & 0 \\ a_{21}-\alpha_{21}a_{11} & a_{22}-\alpha_{21}a_{12} & \cdots & a_{2n}-\alpha_{21}a_{1n} \\ \vdots & \vdots & & \vdots \\ a_{n1}-\alpha_{n1}a_{11} & a_{n2}-\alpha_{n1}a_{12} & \cdots & a_{nn}-\alpha_{n1}a_{1n} \end{pmatrix},$$

其中 $\boldsymbol{A}_1$ 代表矩阵 $\boldsymbol{A}$ 的第一行组成的列向量, α_{n1} 代表主特征向量 $\boldsymbol{\alpha}_1$ 的第 n 个分量;

(3) 去掉 $\boldsymbol{B}$ 的第 1 行和第 1 列:

$$\boldsymbol{B}_1=\begin{pmatrix} a_{22}-\alpha_{21}a_{12} & a_{23}-\alpha_{21}a_{13} & \cdots & a_{2n}-\alpha_{21}a_{1n} \\ a_{32}-\alpha_{31}a_{12} & a_{33}-\alpha_{31}a_{13} & \cdots & a_{3n}-\alpha_{31}a_{1n} \\ \vdots & \vdots & & \vdots \\ a_{n2}-\alpha_{n1}a_{12} & a_{n3}-\alpha_{n1}a_{13} & \cdots & a_{nn}-\alpha_{n1}a_{1n} \end{pmatrix},$$

则 $\boldsymbol{B}_1$ 有与 $\boldsymbol{A}$ 除 λ_1 外的相同的 $n-1$ 个特征值 $|\lambda_2|>|\lambda_3|\geqslant\cdots\geqslant|\lambda_n|$, 可用幂法计算 λ_2 及其相应的特征向量 $\boldsymbol{\alpha}_2$, 如此经过 n 次收缩, 就可把 $\boldsymbol{A}$ 的所有特征值求出来.

```
# file_name: shrinkage_method_matrix_all_eig.py
class ShrinkageMatrixAllEigenvalues:
    """
    收缩法求解矩阵全部的特征值, 基于幂法求解
    如果矩阵是病态或矩阵有复特征值, 出现错误结果
    """
    def __init__(self, A, eps=1e-8):  # 略去部分实例属性初始化···
        self.n = self.A.shape[0]
        self.eigenvalues = np.zeros(self.n)  # 存储矩阵全部特征值

    def fit_eig(self):
        """
        利用收缩法求解矩阵全部特征值
        """
```

```
        shrink_B = np.copy(self.A)  # 收缩的矩阵B
        for i in range(self.n):
            # 幂法求解主特征值和主特征向量
            self.eigenvalues[i], u = \
                self._power_method(shrink_B, 0.1 * np.ones(shrink_B.shape[0]))
            u /= u[0]  # 主特征向量归一化
            # B - A - alpha_1 * A1^T
            mat_b = shrink_B - u.reshape(-1, 1) * shrink_B[0, :]
            # B为收缩后的矩阵
            shrink_B = mat_b[1:shrink_B.shape[0], 1:shrink_B.shape[0]]
        self.eigenvalues = sorted(self.eigenvalues, reverse=True)  # 降序排列
        return self.eigenvalues

    def _power_method(self, A, x0, max_iter=1000):
        """
        幂法求解矩阵的主特征值和主特征向量, return: 主特征值和主特征向量
        :param A: 不断压缩的矩阵, x0: 迭代初值, max_iter: 最大迭代次数
        """
        max_eig_vector, max_eigenvalue = x0, np.infty  # 主特征向量,主特征值
        tol, iter_ = np.infty, 0  # 初始精度和迭代次数
        while np.abs(tol) > self.eps and iter_ < max_iter:
            y = np.dot(A, max_eig_vector)
            max_scalar = np.max(y)  # max_scalar为按模最大的标量
            max_eig_vector = y / max_scalar
            iter_, tol = iter_ + 1, np.abs(max_scalar - max_eigenvalue)
            max_eigenvalue = max_scalar
        if iter_ == max_iter:
            print("幂法求解特征值“%f”可能不收敛." % max_eigenvalue)
        else:
            print("幂法求解特征值“%f”, 迭代次数%d." % (max_eigenvalue, iter_))
        return max_eigenvalue, max_eig_vector
```

例 4 用收缩法求解如下矩阵的全部特征值.

$$\boldsymbol{A}_1 = \begin{pmatrix} -4 & 1 & 1 & 1 \\ 1 & -4 & 1 & 1 \\ 1 & 1 & -4 & 1 \\ 1 & 1 & 1 & -4 \end{pmatrix}, \quad \boldsymbol{A}_2 = \begin{pmatrix} 2 & 3 & 4 & 5 & 6 \\ 4 & 4 & 5 & 6 & 7 \\ 0 & 3 & 6 & 7 & 8 \\ 0 & 0 & 2 & 8 & 9 \\ 0 & 0 & 0 & 1 & 0 \end{pmatrix}.$$

收缩法求解两个矩阵全部特征值的结果如表 10-5 所示, 易知矩阵 $\boldsymbol{A}_1$ 存在两个特征值 -1 和 -5. 可通过库函数 np.linalg.eig(A) 进行对比.

表 10-5 收缩法求解矩阵全部特征值的结果

求解矩阵 $\boldsymbol{A}_1$ 的特征值和基于乘幂法的迭代次数					
特征值	迭代次数	特征值	迭代次数	特征值	迭代次数
−1.00000000000000000	3	−5.00000000000000000	3	−5.00000000000000000	3
−5.00000000000000000	3				
求解矩阵 $\boldsymbol{A}_2$ 的特征值和基于乘幂法的迭代次数					
特征值	迭代次数	特征值	迭代次数	特征值	迭代次数
13.17235139810319211	51	6.55187835191565959	23	1.59565457314995429	71
−0.39078804541648937	40	−0.92909627775229753	3		

■ 10.2 求矩阵全部特征值的正交变换法

正交变换是计算矩阵特征值的有力工具.

10.2.1 Schmidt 正交分解 QR 法

QR 算法是求矩阵特征值的最有效和应用最广泛的一种方法[4], 算法的基本依据:

设 $\boldsymbol{A}$ 是 n 阶矩阵, 其 n 个特征值为 $\lambda_1, \lambda_2, \cdots, \lambda_n$, 那么存在一个酉矩阵 $\boldsymbol{U}$, 使得 $\boldsymbol{U}^H\boldsymbol{A}\boldsymbol{U}$ 是以 $\lambda_1, \lambda_2, \cdots, \lambda_n$ 为对角元的上三角矩阵; 设 $\boldsymbol{A}$ 是 n 阶实矩阵, 那么存在一个酉矩阵 $\boldsymbol{Q}$, 使得 $\boldsymbol{Q}^H\boldsymbol{A}\boldsymbol{Q}$ 为一个准上三角矩阵, 它的每一个对角元是 $\boldsymbol{A}$ 的一个特征值, 对角元上的二阶块矩阵的两个特征值是 $\boldsymbol{A}$ 的一对共轭复特征值.

QR 正交分解计算方法可参考 6.5 节 QR 分解法的 Schmidt 正交化法, 本节略去.

QR 正交化求解矩阵全部特征值的方法: 给定精度 $\varepsilon > 0$ 和最大迭代次数 N, 其中 $\boldsymbol{A}^{(1)} = \boldsymbol{A}$, 计算:

$$\begin{cases} \boldsymbol{A}^{(k)} = \boldsymbol{Q}^{(k)}\boldsymbol{R}^{(k)}, \\ \boldsymbol{A}^{(k+1)} = \boldsymbol{R}^{(k)}\boldsymbol{Q}^{(k)}. \end{cases}$$

QR 算法的收敛性质: 如果 $\boldsymbol{A}$ 的特征值满足 $|\lambda_1| \geqslant |\lambda_2| \geqslant \cdots \geqslant |\lambda_n|$, 则 QR 算法产生的矩阵序列 $\left\{\boldsymbol{A}^k\right\}_{k=1}^N$ 基本收敛到上三角矩阵 (特别地, 当 $\boldsymbol{A}$ 为对称矩阵时, 收敛到对角阵) , 对角元素收敛到 $\boldsymbol{A}$ 的特征值.

算法说明 精度 $\varepsilon > 0$ 控制前后两次全部特征值构成的向量差的范数, 即 $\left\|\boldsymbol{\lambda}^{(k+1)} - \boldsymbol{\lambda}^{(k)}\right\|_2$.

```
# file_name: qr_orthogonal_matrix_eigs.py
class QROrthogonalMatrixEigenvalues:
    """
    QR正交化方法求解矩阵全部特征值
    """
    def __init__(self, A, eps=1e-8, max_iter=1000, is_show=False):
        # 略去部分实例属性初始化···
        self.n = self.A.shape[0]
        if np.linalg.matrix_rank(A) != self.n:
            print("矩阵A非满秩, 不能用QR正交化分解.")
            exit(0)
        self.eigenvalues = np.zeros(self.n)  # 存储最终矩阵全部特征值
        self.iter_eigenvalues = []  # 存储迭代过程全部特征值, 便于可视化
        self.iter_precision = []  # 存储相邻两次特征值差的2范数

    def fit_eig(self):
        """
        核心算法: QR方法求解矩阵全部特征值, return: 全部特征值eigenvalues
        """
        # 第一轮迭代
        Q, R = self._schmidt_orthogonal(self.A)  # Schmidt正交分解
        A_k = np.dot(R, Q)  # A^(k)
        self.iter_eigenvalues.append(np.diag(A_k))  # 记录过程
        tol, iter_ = np.infty, 1  # 初始化精度和迭代变量
        while np.abs(tol) > self.eps and iter_ < self.max_iter:  # 迭代: k = 1, 2, ···
            Q, R = self._schmidt_orthogonal(A_k)  # Schmidt正交分解
            A_k = np.dot(R, Q)  # A^(k)
            self.iter_eigenvalues.append(np.diag(A_k))  # 记录特征值的求解过程
            # 更新精度
            tol = np.linalg.norm(self.iter_eigenvalues[-1] - self.iter_eigenvalues[-2])
            self.iter_precision.append(tol)  # 存储精度
            iter_ += 1
        # 对最终迭代收敛的特征值排序
        self.eigenvalues = sorted(self.iter_eigenvalues[-1], reverse=True)
        return self.eigenvalues,

    def _schmidt_orthogonal(self, A_k):
        """
        Schmidt正交分解法, return: Q, R
```

```
"""
Q = np.copy(A_k)  # 正交矩阵Q
Q[:, 0] = Q[:, 0] / np.linalg.norm(Q[:, 0])  # A的第一列正规化
for i in range(1, self.n):
    for j in range(i):
        # 使A的第i列与前面所有的列正交
        Q[:, i] = Q[:, i] - np.dot(Q[:, i], Q[:, j]) * Q[:, j]
    Q[:, i] = Q[:, i] / np.linalg.norm(Q[:, i])  # 正规化
R = np.dot(Q.T, A_k)
return Q, R
```

例 5　采用基本的 QR 正交分解法求解如下矩阵 $\boldsymbol{A}$ 的全部特征值, 精度要求 $\varepsilon = 10^{-15}$.

$$\boldsymbol{A} = \begin{pmatrix} 5 & -1 & 0 & 0 & 0 \\ -1 & 4.5 & 0.2 & 0 & 0 \\ 0 & 0.2 & 1 & -0.4 & 0 \\ 0 & 0 & -0.4 & 3 & 1 \\ 0 & 0 & 0 & 1 & 3 \end{pmatrix}.$$

图 10-4 为全部特征值收敛曲线以及精度收敛曲线. 求解矩阵 $\boldsymbol{A}$ 的全部特征值如表 10-6.

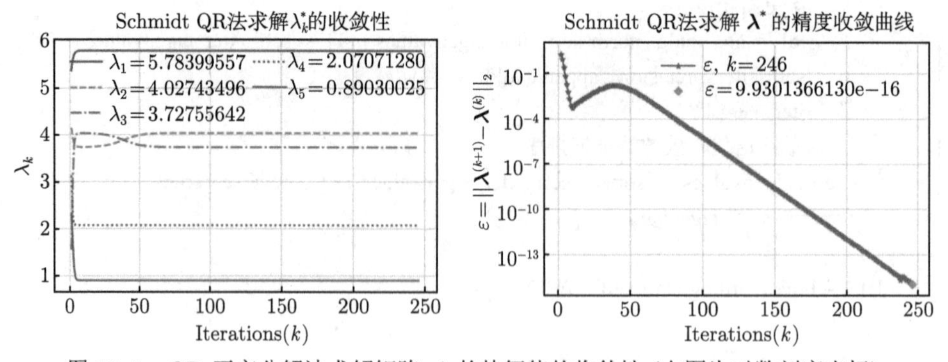

图 10-4　QR 正交分解法求解矩阵 $\boldsymbol{A}$ 的特征值的收敛性 (右图为对数刻度坐标)

表 10-6 QR 正交分解法求解矩阵全部特征值结果

求解方法	λ_1^*	λ_2^*	λ_3^*
QR 正交分解法	5.78399556651164648002	4.02743495825100072949	3.72755642442787449298
np.linalg.eig(A)	5.78399556651164470367	4.02743495825099895313	3.72755642442787360480
求解方法	λ_4^*	λ_5^*	
QR 正交分解法	2.07071280409289215640	0.89030024671658780644	
np.linalg.eig(A)	2.07071280409289126823	0.89030024671658658519	

10.2.2 用正交相似变换约化一般矩阵为上海森伯矩阵

设 $\boldsymbol{A}=(a_{ij})\in\mathbb{R}^{n\times n}$, 可选择初等反射矩阵 $\boldsymbol{U}_1,\boldsymbol{U}_2,\cdots,\boldsymbol{U}_{n-2}$, 使 $\boldsymbol{A}$ 经正交相似变换约化为一个上海森伯矩阵.

假设经过 $k-1$ 次约化, 即有 $\boldsymbol{A}_k=\boldsymbol{U}_{k-1}\boldsymbol{A}_{k-1}\boldsymbol{U}_{k-1}$ 或 $\boldsymbol{A}_k=\boldsymbol{U}_{k-1}\cdots\boldsymbol{U}_1\boldsymbol{A}\boldsymbol{U}_1\cdots\boldsymbol{U}_{k-1}$, 且

$$
\boldsymbol{A}_k=\begin{pmatrix}
a_{11}^{(1)} & a_{12}^{(2)} & \cdots & a_{1,k-1}^{(k-1)} & a_{1k}^{(k)} & a_{1,k+1}^{(k)} & \cdots & a_{1n}^{(k)}\\
-\sigma_1 & a_{22}^{(2)} & \cdots & a_{2,k-1}^{(k-1)} & a_{2k}^{(k)} & a_{2,k+1}^{(k)} & \cdots & a_{2n}^{(k)}\\
 & & \ddots & \vdots & \vdots & \vdots & & \vdots\\
 & & & -\sigma_{k-1} & a_{kk}^{(k)} & a_{k,k+1}^{(k)} & \cdots & a_{kn}^{(k)}\\
 & & & & a_{k+1,k}^{(k)} & a_{k+1,k+1}^{(k)} & \cdots & a_{k+1,n}^{(k)}\\
 & & \boldsymbol{0} & & \vdots & \vdots & & \vdots\\
 & & & & a_{nk}^{(k)} & a_{n,k+1}^{(k)} & \cdots & a_{nn}^{(k)}
\end{pmatrix}
$$

$$
\equiv \begin{matrix} \\ k \\ n-k \end{matrix}\begin{matrix} \begin{matrix} k & \quad n-k \end{matrix} \\ \begin{pmatrix} \boldsymbol{A}_{11}^{(k)} & \boldsymbol{A}_{12}^{(k)} \\ \boldsymbol{0}\ \boldsymbol{c}_k & \boldsymbol{A}_{22}^{(k)} \end{pmatrix} \end{matrix},
$$

其中 $\boldsymbol{c}_k=\left(a_{k+1,k}^{(k)},\cdots,a_{nk}^{(k)}\right)^{\mathrm{T}}\in\mathbb{R}^{n-k}$, $\boldsymbol{A}_{11}^{(k)}$ 为 k 阶上海森伯矩阵, $\boldsymbol{A}_{22}^{(k)}\in\mathbb{R}^{(n-k)\times(n-k)}$.

设 $\boldsymbol{c}_k\neq\boldsymbol{0}$, 于是可选择初等反射矩阵 $\boldsymbol{R}_k$ 使 $\boldsymbol{R}_k\boldsymbol{c}_k=-\sigma_k\boldsymbol{e}_1$, 其中 $\boldsymbol{R}_k$ 的计算公式为

$$
\begin{cases}
\sigma_k=\operatorname{sgn}\left(a_{k+1,k}^{(k)}\right)\left(\displaystyle\sum_{i=k+1}^{n}\left(a_{ik}^{(k)}\right)^2\right)^{\frac{1}{2}},\\
\boldsymbol{u}_k=\boldsymbol{c}_k+\sigma_k\boldsymbol{e}_1,\\
\beta_k=\sigma_k\left(a_{k+1,k}^{(k)}+\sigma_k\right),\\
\boldsymbol{R}_k=\boldsymbol{I}-\beta_k^{-1}\boldsymbol{u}_k\boldsymbol{u}_k^{\mathrm{T}}.
\end{cases}
$$

令 $\boldsymbol{U}_k = \begin{pmatrix} \boldsymbol{I} & \\ & \boldsymbol{R}_k \end{pmatrix}$, 则

$$\boldsymbol{A}_{k+1} = \boldsymbol{U}_k \boldsymbol{A}_k \boldsymbol{U}_k = \begin{pmatrix} \boldsymbol{A}_{11}^{(k)} & \boldsymbol{A}_{12}^{(k)} \boldsymbol{R}_k \\ \boldsymbol{0}\ \boldsymbol{R}_k \boldsymbol{c}_k & \boldsymbol{R}_k \boldsymbol{A}_{22}^{(k)} \boldsymbol{R}_k \end{pmatrix} = \begin{pmatrix} \boldsymbol{A}_{11}^{(k+1)} & \boldsymbol{A}_{12}^{(k+1)} \\ \boldsymbol{0}\ \boldsymbol{c}_{k+1} & \boldsymbol{A}_{22}^{(k+1)} \end{pmatrix},$$

其中 $\boldsymbol{A}_{11}^{(k+1)}$ 为 $k+1$ 阶上海森伯矩阵, 第 k 次约化只需计算 $\boldsymbol{A}_{12}^{(k)} \boldsymbol{R}_k$ 和 $\boldsymbol{R}_k \boldsymbol{A}_{22}^{(k)} \boldsymbol{R}_k$ (当 $\boldsymbol{A}$ 为对称矩阵时, 只需计算 $\boldsymbol{R}_k \boldsymbol{A}_{22}^{(k)} \boldsymbol{R}_k$).

重复计算, 则有

$$\boldsymbol{U}_{n-2} \cdots \boldsymbol{U}_2 \boldsymbol{U}_1 \boldsymbol{A} \boldsymbol{U}_1 \boldsymbol{U}_2 \cdots \boldsymbol{U}_{n-2}$$

$$= \begin{pmatrix} a_{11} & * & * & \cdots & * & * \\ -\sigma_1 & a_{22}^{(2)} & * & \cdots & * & * \\ & -\sigma_2 & a_{33}^{(3)} & \cdots & * & * \\ & & \ddots & \ddots & \vdots & \vdots \\ & & & -\sigma_{n-2} & a_{n-1,n-1}^{(n-2)} & * \\ & & & & -\sigma_{n-1} & a_{nn}^{(n-1)} \end{pmatrix} = \boldsymbol{A}_{n-1}.$$

```
# file_name: up_heisenberg_matrix.py
class UPHeisenbergMatrix:
    """
    用正交相似变换约化一般矩阵为上海森伯矩阵
    """
    def __init__(self, A):
        self.A = np.asarray(A, np.float64)
        if self.A.shape[0] != self.A.shape[1]:
            print("非方阵, 不能化为上海森伯矩阵.")
            exit(0)
        self.n = self.A.shape[0]  # 行数

    def cal_heisenberg_mat(self):
        """
        用正交相似变换约化一般矩阵为上海森伯矩阵, 具体算法实现
        """
        heisenberg_mat = np.copy(self.A)
        for i in range(self.n - 2):
```

```
            max_val = max(np.abs(heisenberg_mat[1 + i :, i ]))
            c = heisenberg_mat[1 + i :, i] / max_val # 规范化
            sigma = np.sign(c [0]) * math.sqrt (np.sum(c ** 2))
            u = (c + sigma * np.eye( self .n - 1 - i) [0, :]) .reshape(-1, 1)
            beta = sigma * (sigma + c [0])
            R = np.eye( self .n - 1 - i) - u.T * u / beta
            U = np.eye( self .n)
            U[1 + i :, 1 + i :] = R
            heisenberg_mat = np.dot(np.dot(U, heisenberg_mat), U)
        return heisenberg_mat
```

10.2.3 上海森伯矩阵 QR 算法

当 $\boldsymbol{A}$ 为一般矩阵时, QR 基本算法的计算量很大, 在实际使用时, 通常采用的做法是先将矩阵 $\boldsymbol{A}$ 正交相似变换为上海森伯矩阵, 然后再实施 QR 算法.

QR 分解算法除 Schmidt 正交变换外, 还有 Householder 变换方法和 Givens 变换方法, 其原理和算法参考第 6 章 6.5 节 QR 分解法. Householder 变换法: 数值稳定, 适用于稠密矩阵, 时间复杂度 $2n^3/3$; Givens 变换: 数值稳定, 适用于稀疏矩阵, 时间复杂度 $4n^3/3$. Schmidt 正交变换, 适合小矩阵计算, 在有限精度的病态矩阵中会导致大量误差.

给定精度 $\varepsilon > 0$ 和最大迭代次数 N, $\boldsymbol{A}^{(1)} = \text{hessenberg}(\boldsymbol{A}), k = 1, 2, \cdots, N$, 计算:

$$\begin{cases} \boldsymbol{A}^{(k)} = \boldsymbol{Q}^{(k)}\boldsymbol{R}^{(k)}, \\ \boldsymbol{A}^{(k+1)} = \boldsymbol{R}^{(k)}\boldsymbol{Q}^{(k)}, \end{cases}$$

每一步迭代计算的 $\boldsymbol{Q}^{(k)}$ 和 $\boldsymbol{R}^{(k)}$ 都是上海森伯矩阵.

算法说明 首先通过类 UPHeisenbergMatrix 求解矩阵 $\boldsymbol{A}$ 的上海森伯约化矩阵, 然后选择正交化的方法进行 QR 分解, 如下算法单独定义了 Schmidt 正交变换、Householder 变换和 Givens 变换, 也可通过第 6 章线性方程组的直接方法所定义的类 QROrthogonalDecomposition 来实现.

```
# file_name: heisenberg_qr_matrix_eigs.py
from matrix_eigenvalue_calculation_10 .up_heisenberg_matrix import UPHeisenbergMatrix


class HeisenbergQRMatrixEig:
    """
    上海森伯矩阵, 默认Givens 正交化方法求解矩阵全部特征值
```

```
    """
    def __init__(self, A, eps=1e-8, max_iter=1000, transform="Givens"):
        heisenberg = UPHeisenbergMatrix(A)
        self.A = heisenberg.cal_heisenberg_mat()  # 上海森伯矩阵计算
        print("上海森伯矩阵为: \n", self.A)
        self.n = self.A.shape[0]
        # if np.linalg.det(A) < 1e-10:
        #     print("矩阵A非满秩, 不能用QR正交化分解.")
        #     exit(0)
        self.eps, self.max_iter = eps, max_iter  # 迭代精度要求和最大迭代次数
        self.transform = transform  # QR正交分解方法, 默认Givens
        self.eigenvalues = np.zeros(self.n)  # 存储矩阵全部特征值
        self.iter_eigenvalues = []  # 存储迭代求解全部特征值的值
        self.iter_precision = []  # 存储相邻两次特征值差的2范数

    def fit_eig(self):
        """
        QR方法求解矩阵全部特征值
        """
        orthogonal_fun = None  # 用于选择正交化的方法
        if self.transform.lower() == "givens":
            orthogonal_fun = eval("self._givens_rotation_")
        elif self.transform.lower() == "schmidt":
            orthogonal_fun = eval("self._schmidt_orthogonal_")
        elif self.transform.lower() == "householder":
            orthogonal_fun = eval("self._householder_transformation_")
        else:
            print("QR正交分解有误, 支持Givens、Schmidt或Householder.")
            exit(0)
        Q, R = orthogonal_fun(self.A)  # QR正交分解法
        orthogonal_mat = np.dot(R, Q)  # Ak
        self.iter_eigenvalues.append(np.diag(orthogonal_mat))
        tol, iter_ = np.infty, 1  # 初始化精度和迭代变量
        while np.abs(tol) > self.eps and iter_ < self.max_iter:
            Q, R = orthogonal_fun(orthogonal_mat)  # QR正交分解法
            orthogonal_mat = np.dot(R, Q)  # Ak
            self.iter_eigenvalues.append(np.diag(orthogonal_mat))
            tol = np.linalg.norm(self.iter_eigenvalues[-1] - self.iter_eigenvalues[-2])
            self.iter_precision.append(tol)
            iter_ += 1
```

```
        # 获取收敛得到的最终特征值, 并排序
        self.eigenvalues = sorted(self.iter_eigenvalues[-1], reverse=True)
        return self.eigenvalues

    def _schmidt_orthogonal_(self, orth_mat):  # 参考10.2.1节 Schmidt正交分解QR法

    def _householder_transformation_(self, orth_mat):
        """
        Householder变换方法求解QR
        """
        # 1. 按照Householder变换进行正交化求解QR
        # 1.1 初始化, 第1列进行正交化
        I = np.eye(self.n)
        omega = orth_mat[:, 0] - np.linalg.norm(orth_mat[:, 0]) * I[:, 0]
        omega = omega.reshape(-1, 1)
        Q = I - 2 * np.dot(omega, omega.T) / np.dot(omega.T, omega)
        R = np.dot(Q, orth_mat)
        # 1.2 从第2列开始直到右下方阵为2*2
        for i in range(1, self.n - 1):
            # 每次循环取当前R矩阵的右下(n-i) * (n-i)方阵进行正交化
            sub_mat, I = R[i:, i:], np.eye(self.n - i)
            omega = (sub_mat[:, 0] - np.linalg.norm(sub_mat[:, 0])*
                     I[:, 0]).reshape(-1, 1)  # 按照公式求解omega
            # 按公式计算右下方阵的正交化矩阵
            Q_i = I - 2 * np.dot(omega, omega.T) / np.dot(omega.T, omega)
            # 将Q_i作为右下方阵, 扩展为n*n矩阵, 且其前i个对角线元素为1
            Q_i_expand = np.r_[np.zeros((i, self.n)),
                               np.c_[np.zeros((self.n - i, i)), Q_i]]
            for k in range(i):
                Q_i_expand[k, k] = 1
            R[i:, i:] = np.dot(Q_i, sub_mat)  # 替换原右下角矩阵元素
            Q = np.dot(Q, Q_i_expand)  # 每次右乘正交矩阵Q_i
        return Q, R

    def _givens_rotation_(self, orth_mat):
        """
        Givens变换方法求QR分解
        """
        Q, R = np.eye(self.n), np.copy(orth_mat)
        # 获得主对角线以下三角矩阵的元素索引
```

```
rows, cols = np.tril_indices(self.n, -1, self.n)
for row, col in zip(rows, cols):
    if R[row, col]:  # 不为零, 则变换
        norm_ = np.linalg.norm([R[col, col], R[row, col]])
        c = R[col, col] / norm_  # cos(theta)
        s = R[row, col] / norm_  # sin(theta)
        # 构造Givens旋转矩阵
        givens_mat = np.eye(self.n)
        givens_mat[[col, row], [col, row]] = c  # 对角为cos
        givens_mat[row, col], givens_mat[col, row] = -s, s  # 反对角为sin
        R = np.dot(givens_mat, R)  # 左乘
        Q = np.dot(Q, givens_mat.T)
return Q, R
```

例 6 用正交相似变换约化一般矩阵为上海森伯矩阵, 然后采用不同的 QR 正交分解法求解如下矩阵的全部特征值, 精度要求 $\varepsilon = 10^{-15}$, 最大迭代次数 1000.

$$\boldsymbol{A} = \begin{pmatrix} 2 & 3 & 4 & 5 & 6 \\ 4 & 4 & 5 & 6 & 7 \\ 0 & 3 & 6 & 7 & 8 \\ 0 & 0 & 2 & 8 & 9 \\ 0 & 0 & 0 & 1 & 0 \end{pmatrix}.$$

正交相似变换约化后的上海森伯矩阵为

$$\boldsymbol{H} = \begin{pmatrix} 2 & -3 & -4 & -5 & 6 \\ -4 & 4 & 5 & 6 & -7 \\ 0 & 3 & 6 & 7 & -8 \\ 0 & 0 & 2 & 8 & -9 \\ 0 & 0 & 0 & -1 & 0 \end{pmatrix}.$$

图 10-5 为求解矩阵 $\boldsymbol{A}$ 的全部特征值的收敛曲线.

各种方法求解结果如表 10-7 所示, 通过对约化后的上海森伯矩阵进行 Householder QR 变换, 求解矩阵全部特征值的收敛较慢, 而 Givens QR 变换, 求解矩阵全部特征值的效率较高.

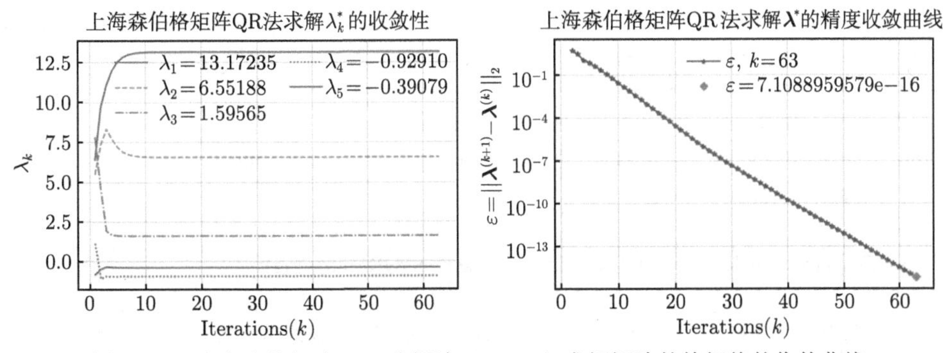

图 10-5 上海森伯矩阵 QR 分解法 (Givens) 求解矩阵的特征值的收敛曲线

表 10-7 上海森伯 QR 方法求解矩阵全部特征值结果与 np.linalg.eig 对比

QR 变换方法	迭代	矩阵全部特征值		
Schmidt, 针对 $\boldsymbol{H}$ 求解	457	13.172351398103398	6.551878351915636	1.595654573149940
		−0.929096277752297	−0.390788045416487	
Householder, 针对 $\boldsymbol{H}$ 求解	1000	13.172351157660193	6.551878592358674	1.595654574865366
		−0.929096280823645	−0.390788044060518	
Givens, 针对 $\boldsymbol{H}$ 求解	63	13.172351398103194	6.551878351915669	1.595654573149938
		−0.929096277752299	−0.390788045416489	
np.linalg.eig(A), 针对 $\boldsymbol{A}$ 求解		13.172351398103185	6.551878351915660	1.595654573149939
		−0.929096277752298	−0.390788045416488	

10.2.4 位移上海森伯矩阵 QR 算法

位移 QR 算法加快 QR 算法的收敛速度, 它类似于原点平移反幂法. 其算法的迭代过程如下:

给定精度 $\varepsilon>0$ 和最大迭代次数 N, $\boldsymbol{A}^{(1)}=\text{hessenberg}(\boldsymbol{A}), k=1,2,\cdots,N$, 选择 $\mu^{(k)}$, 计算:

$$\begin{cases}\boldsymbol{A}^{(k)}-\mu^{(k)}\boldsymbol{I}=\boldsymbol{Q}^{(k)}\boldsymbol{R}^{(k)},\\ \boldsymbol{A}^{(k+1)}=\boldsymbol{R}^{(k)}\boldsymbol{Q}^{(k)}+\mu^{(k)}\boldsymbol{I}.\end{cases}$$

一般选择 $\mu^{(k)}$ 的方法有以下两种:

(1) 选 $\mu^{(k)}=a_{nn}^{(k)}$, 即**瑞利商位移**;

(2) 迭代过程中, 当子矩阵 $\begin{pmatrix}a_{n-1,n-1}^{(k)} & a_{n-1,n}^{(k)}\\ a_{n,n-1}^{(k)} & a_{n,n}^{(k)}\end{pmatrix}$ 的两个特征值为实数时, 选最接近 $a_{nn}^{(k)}$ 的那个特征值作为 $\mu^{(k)}$, 即**威尔金斯位移**.

算法说明　继承上海森伯矩阵 QR 算法 HeisenbergQRMatrixEig, 重写核心部分的父类方法 fit_eig( ) 即可, 且包含了瑞利商平移和威尔金斯平移.

```
# file_name: displacement_qr_orthogonal_matrix_eigs.py
from matrix_eigenvalue_calculation_10 . heisenberg_qr_matrix_eigs import
    HeisenbergQRMatrixEig

class DisplacementHeisenbergQRMatrixEig(HeisenbergQRMatrixEig):
    """
    位移QR正交变换法, 上海森伯矩阵, 默认Givens 正交化方法求解矩阵全部特征值
    """
    def __init__(self, A, eps=1e-8, max_iter=1000, displacement="Rayleigh",
                 transform="Givens"):
        HeisenbergQRMatrixEig.__init__(self, A, eps, max_iter, transform)
        self.displacement = displacement  # 位移方法, 包括rayleigh和Wilkins

    def fit_eig(self):
        """
        核心算法: 位移上海森伯矩阵, QR方法求解矩阵全部特征值, 重写父类方法
        """
        orthogonal_fun = None # 用于选择正交化的方法
        if self.transform.lower() == "givens":
            orthogonal_fun = eval("self._givens_rotation_")
        elif self.transform.lower() == "schmidt":
            orthogonal_fun = eval("self._schmidt_orthogonal_")
        elif self.transform.lower() == "householder":
            orthogonal_fun = eval("self._householder_transformation_")
        else:
            print("QR正交分解有误, 支持Givens、Schmidt或Householder.")
            exit(0)
        orthogonal_mat, miu = np.copy(self.A), np.infty
        for i in range(self.max_iter):
            if self.displacement.lower() == "rayleigh":
                miu = orthogonal_mat[-1, -1]  # 位移
            elif self.displacement.lower() == "wilkins":
                miu = self._miu_displacement_wilkins_(orthogonal_mat)
            else:
                print("位移方法仅支持瑞利商平移或威尔金斯平移.")
                exit(0)
            Q, R = orthogonal_fun(orthogonal_mat - miu * np.eye(self.n))
            orthogonal_mat = np.dot(R, Q) + miu * np.eye(self.n)
```

```
            self.iter_eigenvalues.append(np.diag(orthogonal_mat))
            if len(self.iter_eigenvalues) > 1:
                prec = np.linalg.norm(self.iter_eigenvalues[-1] -
                                      self.iter_eigenvalues[-2])
                self.iter_precision.append(prec)
                if prec < self.eps:
                    break
        self.eigenvalues = sorted(self.iter_eigenvalues[-1], reverse=True)
        return self.eigenvalues

    @staticmethod
    def _miu_displacement_wilkins_(orthogonal_mat):
        """
        威尔金斯平移方法, 选择μ
        """
        n = orthogonal_mat.shape[0]
        sub_mat = orthogonal_mat[n - 2:, n - 2:]
        t = sympy.Symbol("t")  # 符号变量
        chara_poly = sympy.det(sub_mat - t * sympy.eye(2))  # 特征多项式
        polynomial = sympy.Poly(chara_poly, t)
        c = polynomial.coeffs()
        delta = c[1] ** 2 - 4 * c[0] * c[2]
        if len(c) == 3 and delta >= 0:
            eig_1 = (-c[1] + math.sqrt(delta)) / 2 / c[0]
            eig_2 = (-c[1] - math.sqrt(delta)) / 2 / c[0]
            # 选择最接近A(n,n)的那个作为μ
            tmp1 = eig_1 - orthogonal_mat[-1, -1]
            tmp2 = eig_2 - orthogonal_mat[-1, -1]
            miu = eig_1 if abs(tmp1) < abs(tmp2) else eig_2
        else:  # 两个特征值有一个为复数
            miu = orthogonal_mat[-1, -1]
        return float(miu)
```

针对**例 6** 示例矩阵 $\boldsymbol{A}_2$: 用正交相似变换约化一般矩阵为上海森伯矩阵, 然后采用位移 QR 方法求解矩阵的全部特征值, 精度要求 $\varepsilon = 10^{-15}$, 最大迭代次数 1000. 结果如表 10-8 所示, 除位移 Schmidt QR 法收敛速度较慢之外, Householder 和 Givens 方法均加快了收敛速度.

图 10-6 为威尔金斯位移上海森伯矩阵 QR 分解法 (Householder 方法) 求解矩阵 $\boldsymbol{A}_2$ 的特征值的收敛曲线, 收敛过程较为平稳.

表 10-8　威尔金斯位移上海森伯矩阵 QR 方法求解矩阵全部特征值结果

QR 变换方法	迭代	矩阵全部特征值		
Schmidt	1000	13.159532755266255	6.557612578805546	1.5955235439306743
		−0.3907559441976094	−0.9290962774025306	
Householder	35	13.172350869521098	6.551878880498133	1.5956545425533455
		−0.39078801482028047	−0.9290962777522952	
Givens	60	13.172351398103192	6.551878351915666	1.5956545731499354
		−0.39078804541648837	−0.9290962777522973	

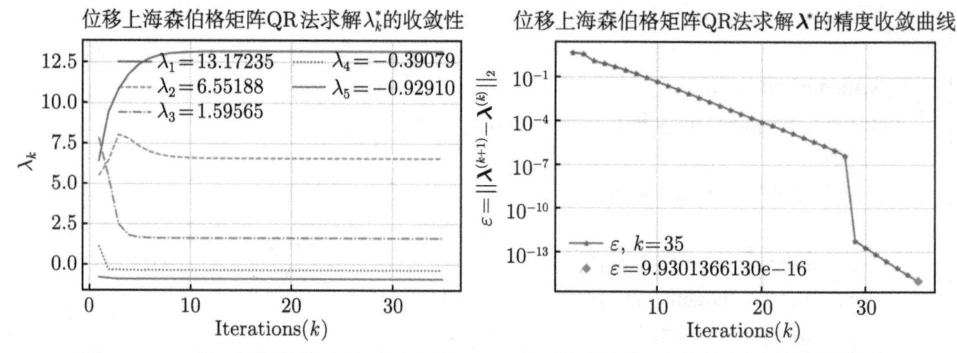

图 10-6　威尔金斯位移上海森伯矩阵 QR 分解法求解矩阵的特征值的收敛曲线

■ 10.3　实验内容

1. 已知矩阵 $\boldsymbol{A}$, 试根据要求求解特征值和对应的特征向量, 并可视化观察收敛过程, 其中精度要求 $\varepsilon = 10^{-16}$. 对所求特征值 λ 与特征向量 $\boldsymbol{x}$ 进行验证, 可与库函数 np.linalg.eig(A) 所求结果对比, 或采用度量 $\|(\boldsymbol{A}-\lambda\boldsymbol{I})\boldsymbol{x}\|_2$.

$$\boldsymbol{A}=\begin{pmatrix} 17 & 0 & 1 & 0 & 15 \\ 23 & 5 & 7 & 14 & 16 \\ 4 & 0 & 13 & 0 & 22 \\ 10 & 12 & 19 & 21 & 3 \\ 11 & 18 & 25 & 2 & 19 \end{pmatrix}.$$

(1) 初值向量 $\boldsymbol{v}^{(0)}=(0.1,0.1,0.1,0.1,0.1)^{\mathrm{T}}$, 用幂法和反幂法分别求解矩阵 $\boldsymbol{A}$ 按模最大和按模最小特征值以及对应的特征向量.

(2) 用原点平移反幂法求解矩阵 $\boldsymbol{A}$ 在初始 μ_0 分别为 50, 18, 12, 2.2 和 −14 时的特征值和对应的特征向量.

2. 已知对称矩阵 $\boldsymbol{A}$, 试根据要求求解矩阵的特征值, 并可视化观察收敛过程,

其中精度要求 $\varepsilon = 10^{-16}$.

$$
\boldsymbol{A} = \begin{pmatrix} 1 & 1/2 & 1/3 & 1/4 & 1/5 & 1/6 \\ 1/2 & 1 & 2/3 & 1/2 & 2/5 & 1/3 \\ 1/3 & 2/3 & 1 & 3/4 & 3/5 & 1/2 \\ 1/4 & 1/2 & 3/4 & 1 & 4/5 & 2/3 \\ 1/5 & 2/5 & 3/5 & 4/5 & 1 & 5/6 \\ 1/6 & 1/3 & 1/2 & 2/3 & 5/6 & 1 \end{pmatrix}
$$

(1) 用瑞利商加速幂法求解矩阵 $\boldsymbol{A}$ 的特征值和特征向量.

(2) 对矩阵 $\boldsymbol{A}$ 采用 Schmidt 正交化分解 QR 法, 求解矩阵的全部特征值.

(3) 用正交相似变换约化一般矩阵为上海森伯矩阵, 记为 $\boldsymbol{H}_{\boldsymbol{A}}$.

(4) 对于 $\boldsymbol{H}_{\boldsymbol{A}}$, 采用 Schmidt、Givens、Householder 三种 QR 正交分解法求解矩阵的全部特征值.

(5) 对于 $\boldsymbol{H}_{\boldsymbol{A}}$, 采用位移 Schmidt、位移 Givens 和位移 Householder 三种 QR 正交分解法求解矩阵的全部特征值.

■ 10.4 本章小结

本章主要从迭代法与变换法两个角度探讨了矩阵特征值求解算法.

迭代法主要包含幂法、反幂法, 即求解按模最大或最小的特征值及其对应的特征向量. 如果矩阵为对称矩阵, 则瑞利商加速法可加速幂法的收敛性. 原点平移反幂法, 如果能够很好地结合圆盘定理, 则可求解矩阵的全部特征值及其特征向量. 收缩法可反复使用幂法求解矩阵的全部特征值.

变换法即正交变换法, 是简化矩阵和 QR 分解的有力工具. 一般矩阵的 QR 正交分解计算量较大, 在实际使用时, 通常采用的做法是先将矩阵正交相似变换为上海森伯矩阵, 然后再实施 QR 算法, 如 Householder 变换方法求解 QR 分解和 Givens 变换方法求解 QR 分解. 位移上海森伯矩阵 QR 算法可以加快 QR 算法的收敛性.

在 Python 符号运算库 sympy 中, 函数 eigenvals、eigenvects 可用于求解符号矩阵形式的特征值与特征向量, NumPy 库中函数 numpy.linalg.eig() 也可用于计算矩阵的特征值与特征向量.

■ 10.5 参考文献

[1] 李庆扬, 王能超, 易大义. 数值分析 [M]. 5 版. 北京: 清华大学出版社, 2021.

[2] Mathews J H, Fink K D. 数值方法 (MATLAB 版)[M]. 4 版. 周璐, 陈渝, 钱方, 等译. 北京: 电子工业出版社, 2012.

[3] 罗伯特 · 约翰逊 (Johansson R). Python 科学计算和数据科学应用 [M]. 2 版. 黄强, 译. 北京: 清华大学出版社, 2020.

[4] 龚纯, 王正林. MATLAB 语言常用算法程序集 [M]. 北京: 电子工业出版社, 2011.

[5] Burden R L, Faires J D. 数值分析 [M]. 10 版. 赵廷刚, 赵廷靖, 薛艳, 等译. 北京: 电子工业出版社, 2022.

第 11 章

常微分方程初边值问题的数值解法

科学技术与工程问题常常需要建立微分方程形式的数学模型[1−3], 如传染病模型、经济增长模型、香烟过滤嘴的作用、烟雾的扩散与消失、正规战与游击战、药物在体内的分布与排除、人口预测与控制等. 针对实际问题建立的数学模型, 要找出模型解的解析表达式往往是困难的, 甚至是不可能的. 因此, 需要研究和掌握微分方程的数值解法, 即计算解域内离散点上的近似值的方法.

常微分方程分为线性常微分方程和非线性常微分方程, 又可分为一阶常微分方程和高阶常微分方程. 高阶常微分方程可通过变量替换化成一阶常微分方程组, 一阶常微分方程组可以写成向量形式的单个方程. 故研究一阶常微分方程的数值解尤为重要. 一阶常微分方程的一般形式为

$$\begin{cases} \dfrac{\mathrm{d}y}{\mathrm{d}x} = f(x,y), a \leqslant x \leqslant b, \\ y(x_0) = y_0. \end{cases}$$

其初值问题的数值解法的主要思想: 对区间 $[a,b]$ 上的节点 $a = x_0 < x_1 < x_2 < \cdots < x_n < x_{n+1} = b$, 建立 $y(x_n)$ 的近似值 y_n 的某一递推格式, 利用初值 y_0 和已计算的 $y_1, y_2, \cdots, y_{k-1}$ 递推 y_k, 并且用这一方法反复递推, 依次得到 $y_{k+1}, y_{k+2}, \cdots, y_n$, 这一求解方法称为步进式求解. $h_i = x_{i+1} - x_i$ 称为**步长**, 为便于计算, 常取等距节点, 称为**定步长**, 记为 h.

一阶常微分方程初值问题的数值解法有多种分类方法.

一种分类方法为

(1) 单步法: 每一轮递推只用到前面一轮的递推结果, 递推格式为 $y_k = y_{k-1} + hT(x_{k-1}, y_{k-1})$;

(2) 多步法: 每一轮递推要用到前面多轮递推的结果, 递推格式为

$$y_k = y_{k-1} + hT(x_{k-r}, y_{k-r}, x_{k-r+1}, y_{k-r+1}, \cdots, x_{k-1}, \quad y_{k-1}),$$

其中 $r>1$. 多步法不能自行启动, 必须先用单步法计算出 $y_1,y_2,\cdots,y_{k-1}$, 才能启动一个 r 步的多步法.

另一种分类方法:

(1) 显式方法: 递推公式的右端都是已知量, 可以直接计算出递推的结果, 递推格式为

$$y_k=y_{k-1}+hT\left(x_{k-r},y_{k-r},x_{k-r+1},y_{k-r+1},\cdots,x_{k-1},y_{k-1}\right),\quad r>1.$$

(2) 隐式方法: 递推公式左端的未知量也出现在公式的右端, 递推格式为

$$y_k=y_{k-1}+hT\left(x_{k-r},y_{k-r},x_{k-r+1},y_{k-r+1},\cdots,x_k,y_k\right)$$

隐式方法的递推公式是一个方程. 解方程的计算量可能较大, 为避免解方程, 常采用预测–校正系统.

(3) 预测–校正系统: 每一轮递推包括预测和校正 2 个步骤.

1) 先用显式方法计算出 $\hat{y}_k$, 作为迭代的初值, 这一过程称为预测;

2) 再把隐式方法的递推公式作为迭代公式, 把预测值 $\hat{y}_k$ 代入迭代公式右端进行迭代, 这一过程称为校正. 在校正时往往迭代 1 次或几次, 校正值的精度就会有大幅提高.

一阶常微分方程初值问题的数值解法一般是对连续的初值问题进行离散化处理, 把微分方程转化为代数方程来求解. 常用的离散化方法有: 基于数值微分的离散化方法, 基于数值积分的离散化方法和基于 Taylor 展式的离散化方法.

■ 11.1 欧拉法

由拉格朗日中值定理, 在区间 (x_{k-1},x_k) 内必定存在 ξ_k, 使得 $y(x_k)-y(x_{k-1})=y'(\xi_k)(x_k-x_{k-1})$. 故

$$y(x_k)=y(x_{k-1})+hy'(\xi_k)=y(x_{k-1})+hf(\xi_k,y(\xi_k)). \tag{11-1}$$

如果知道 ξ_k, 代入式 (11-1), 则递推得到的序列 $y_0,y_1,y_2,\cdots$ 没有误差. 但求 ξ_k 往往很困难, 常用一个易求的值近似代替 ξ_k. 显式欧拉法、隐式欧拉法、梯形公式法和中点欧拉法的区别在于 ξ_k 和 $y'(\xi_k)$ 的近似不同.

11.1.1 显式欧拉法

把 ξ_k 近似为区间 $[x_{k-1},x_k]$ 的起点 x_{k-1}, 即 $\xi_k=x_{k-1}$, 可得显式欧拉法公式:

$$y(x_k)=y(x_{k-1})+hf(x_{k-1},y(x_{k-1})),\quad k=1,2,\cdots. \tag{11-2}$$

显式欧拉法是单步法, 由 Taylor 展开式可知, 显式欧拉法具有 1 阶精度. 显式欧拉法在步长过大时误差较大; 在步长较小时需要更多步递推, 可能出现误差累积的现象.

欧拉公式具有明显的几何意义: 用折线近似代替方程的解曲线, 常称为**欧拉折线法**. 几何意义如图 11-1(左) 所示, 按显式欧拉法 $\hat{y}_k = \hat{y}_{k-1} + hy'(x_{k-1}) = \hat{y}_{k-1} + hf(x_{k-1}, y_{k-1})$ 做出的折线是过点 $(x_{k-1}, \hat{y}_{k-1})$ 且斜率为 $y'(x_{k-1}) = f(x_{k-1}, y_{k-1})$ 的折线. 由于是递推, 故 $\hat{y}_k \approx y_k, k = 1, 2, \cdots$, 其中 $\hat{y}_k$ 是显式欧拉法数值解, $y_k = y(x_k)$. 从几何意义上看, 这样递推得到的顶点 $(x_k, \hat{y}_k)$ 显著地偏离了原来的曲线, 误差为 $y_k - \hat{y}_k$, 可见显式欧拉法的递推公式是相当粗糙的.

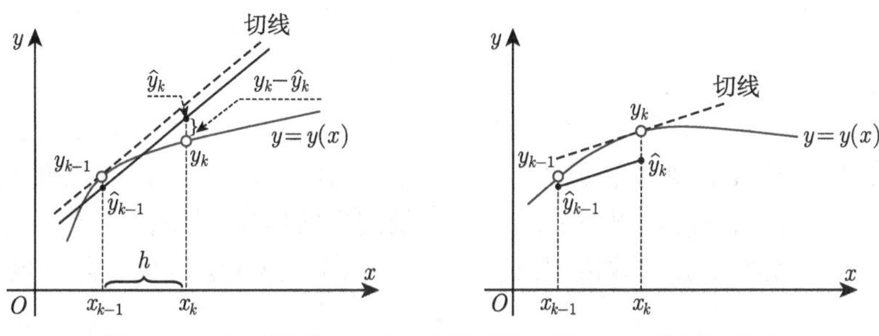

图 11-1 显式欧拉法 (左) 和隐式欧拉法 (右) 的几何意义

11.1.2 隐式欧拉法

把 ξ_k 近似为区间 $[x_{k-1}, x_k]$ 的终点 x_k, 即 $\xi_k = x_k$, 可得隐式欧拉法公式:

$$y(x_k) = y(x_{k-1}) + hf(x_k, y(x_k)), \quad k = 1, 2, \cdots, \tag{11-3}$$

式 (11-3) 是隐式方法, 右端包含未知量 $y_k = y(x_k)$, 故隐式欧拉法需要求解方程.

为避免求解方程, 常用显式欧拉法的计算结果作为迭代初值 $y_k^{(0)}$, 把隐式欧拉法的递推公式作为迭代公式, 反复迭代, 得到迭代序列 $y_k^{(0)}, y_k^{(1)}, y_k^{(2)}, \cdots$. 如果步长 h 足够小, 那么迭代序列收敛于 y_k. 即

$$y_k^{(i)} = y_{k-1} + hf\left(x_k, y_k^{(i-1)}\right), \quad i = 1, 2, \cdots.$$

几何意义如图 11-1(右) 所示, 隐式欧拉法由点 $(x_{k-1}, \hat{y}_{k-1})$ 递推到点 $(x_k, \hat{y}_k)$ 是把曲线 $y = y(x)$ 在点 (x_k, y_k) 处的切线 (斜率 $y'(x_k) = f(x_k, y_k)$) 平行移动, 移动到经过点 $(x_{k-1}, \hat{y}_{k-1})$, 在区间 $[x_{k-1}, x_k]$ 内用此折线代替 $y = y(x)$ 的曲线段, 其中 $\hat{y}_k$ 是隐式欧拉法数值解, $y_k = y(x_k)$. 因此, 隐式欧拉法精度不高, 具有 1 阶精度, 计算复杂.

11.1.3 梯形公式法

梯形公式法把 $y'(\xi_k)$ 近似为区间 $[x_{k-1},x_k]$ 的起点和终点导数的平均值, 公式为

$$y(x_k)=y(x_{k-1})+\frac{h}{2}\left(f\left(x_{k-1},y(x_{k-1})\right)+f\left(x_k,y(x_k)\right)\right),\quad k=1,2,\cdots. \tag{11-4}$$

显然, 梯形公式法是隐式方法, 需要求解方程. 为避免解方程, 常用显式欧拉法的计算结果作为迭代的初值 $y_k^{(0)}$, 把梯形公式法的递推公式作为迭代公式反复迭代, 得到迭代序列 $y_k^{(0)},y_k^{(1)},y_k^{(2)},\cdots$. 如果步长 h 足够小, 那么迭代序列收敛于 y_k.

$$y_k^{(i)}=y_{k-1}+\frac{h}{2}\left(f\left(x_{k-1},y_{k-1}\right)+f\left(x_k,y_k^{(i-1)}\right)\right),\quad i=1,2,\cdots.$$

梯形公式的几何意义如图 11-2(左) 所示, 由点 $(x_{k-1},\hat{y}_{k-1})$ 递推到点 $(x_k,\hat{y}_k)$ 是经过点 $(x_{k-1},\hat{y}_{k-1})$ 做一折线, 在区间 $[x_{k-1},x_k]$ 内用此折线代替 $y=y(x)$ 的曲线段. 此折线的斜率等于曲线 $y=y(x)$ 在点 (x_{k-1},y_{k-1}) 处的切线斜率 $y'(x_{k-1})=f(x_{k-1},y_{k-1})$ 和在点 (x_k,y_k) 处的切线斜率 $y'(x_k)=f(x_k,y_k)$ 的平均值, 其中 $\hat{y}_k$ 是梯形公式数值解, $y_k=y(x_k)$. 梯形公式法具有 2 阶精度.

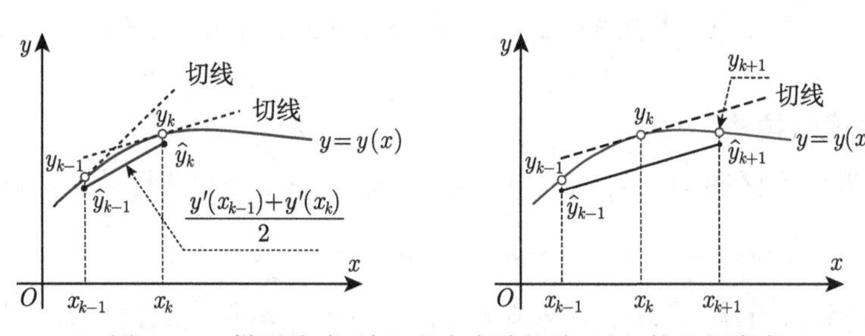

图 11-2 梯形公式 (左) 和中点欧拉法 (右) 的几何意义

11.1.4 中点欧拉法

中点欧拉法把 ξ_k 近似为区间 $[x_{k-1},x_{k+1}]$ 的中点 x_k, 即

$$y(x_{k+1})=y(x_{k-1})+2hf\left(x_k,y(x_k)\right),\quad k=1,2,\cdots. \tag{11-5}$$

中点欧拉法是双步法, 需要 2 个初值 y_0 和 y_1 才能启动递推过程. 一般先用单步法由点 (x_0,y_0) 计算出 (x_1,y_1), 再用中点欧拉方法反复递推.

中点欧拉法的几何意义如图 11-2(右) 所示, 由点 $(x_{k-1},\hat{y}_{k-1})$, $(x_k,\hat{y}_k)$ 递推得到的点 $(x_{k+1},\hat{y}_{k+1})$, 且与点 $(x_{k-1},\hat{y}_{k-1})$ 做一折线, 在区间 $[x_{k-1},x_{k+1}]$ 内用此

折线代替 $y=y(x)$ 的曲线段. 此折线的斜率等于曲线 $y=y(x)$ 在点 (x_k,y_k) 处的切线斜率 $y'(x_k)=f(x_k,y_k)$, 其中 $\hat{y}_k$ 是中点欧拉法数值解,$y_k=y(x_k)$. 中点欧拉法具有 2 阶精度.

11.1.5 改进的欧拉法

改进的欧拉法是一种预测–校正方法, 它的每一轮递推包括预测和校正这 2 个步骤:

(1) 先用显式欧拉公式计算出 $y_k^*, y_k^*=y_{k-1}+hf(x_{k-1},y_{k-1})$, 即预测;

(2) 再用梯形公式迭代一次 $y_k=y_{k-1}+\dfrac{h}{2}(f(x_{k-1},y_{k-1})+f(x_k,y_k^*))$, 即校正.

改进的欧拉法比显式欧拉法精度高, 且无需解方程, 是一种更实用的方法. 几何意义如图 11-3 所示, 先用显式欧拉法计算出 y_k^*, 斜率为 $y'(x_{k-1})=f(x_{k-1},y_{k-1})$, 再经过点 $(x_k,\hat{y}_k^*)$ 的斜率 $\hat{y}_k'=f(x_k,\hat{y}_k^*)$ 近似曲线 $y=y(x)$ 在点 (x_k,y_k) 处的切线斜率 $y'(x_k)=f(x_k,y_k)$, 然后取两个斜率的平均值. 显然递推出的 $\hat{y}_k$ 既不是原来的显式欧拉法的 $\hat{y}_k$, 也不是梯形公式法的 $\hat{y}_k$.

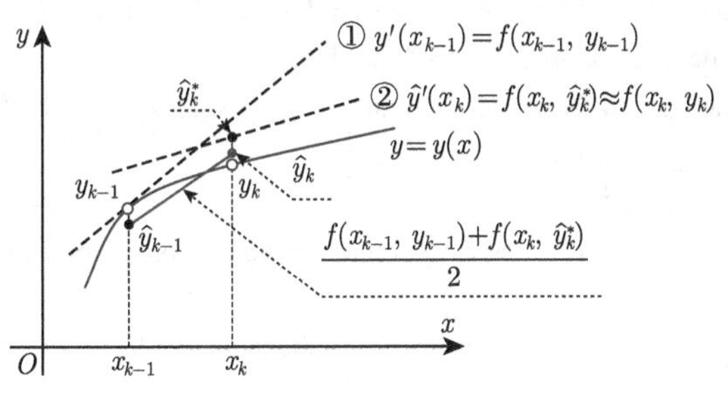

图 11-3 改进的欧拉法的几何意义

欧拉法算法设计, 实现五种形式的欧拉法, 根据参数 ode_method 值, 选用不同的欧拉法求解.

```
# file_name: ode_euler_method.py
class ODEEulerMethod:
    """
    欧拉法求一阶微分方程, 包括五种公式: 显式欧拉法、隐式欧拉法、梯形公式、
    中点公式和改进的欧拉法
    """
    def __init__(self, ode_fun, x0, y0, x_final, h=0.1, ode_method="PC"):
        self.ode_fun = ode_fun  # 待求解的微分方程
```

```
        self.x0, self.y0 = x0, y0  # 初值
        self.x_final = x_final  # 求解区间的终点
        self.h = h  # 求解步长
        self.ode_method = ode_method # 求解的欧拉方法，默认为改进的欧拉法
        self.ode_sol = None # 所求的微分数值解

    def fit_ode(self):
        """
        根据参数ode_method，采用不同的欧拉法求一阶微分方程数值解
        """
        # 待求解ODE区间的离散数值
        x_array = np.arange(self.x0, self.x_final + self.h, self.h)
        self.ode_sol = np.zeros((len(x_array), 2))  # ODE的数值解
        self.ode_sol[:, 0] = x_array  # 第1列为离散的xi
        if self.ode_method.lower() == "explicit":
            self.ode_sol[:, 1] = self._explicit_euler_(x_array)  # 显式欧拉法
        elif self.ode_method.lower() == "implicit":
            self.ode_sol[:, 1] = self._implicit_euler_(x_array)  # 隐式欧拉法
        elif self.ode_method.lower() == "trapezoid":
            self.ode_sol[:, 1] = self._trapezoid_euler_(x_array)  # 梯形公式法
        elif self.ode_method.lower() == "middle":
            self.ode_sol[:, 1] = self._middle_euler_(x_array)  # 中点欧拉法
        elif self.ode_method.lower() == "pc":
            # 预测-校正系统
            self.ode_sol[:, 1] = self._predictive_correction_euler_(x_array)
        else:
            print("仅支持explicit、implicit、trapezoid、middle和PC.")
            exit(0)
        return self.ode_sol

    def _explicit_euler_(self, xi):
        """
        显式欧拉法求ODE数值解
        """
        sol = np.zeros(len(xi))  # 数值解
        sol[0] = self.y0  # 第一个值为初值
        for idx, _ in enumerate(xi[1:]):  # 逐步递推
            sol[idx + 1] = sol[idx] + self.h * self.ode_fun(xi[idx], sol[idx])
        return sol
```

```
def _implicit_euler_(self, xi):
    """
    隐式欧拉法求ODE数值解
    """
    y_explicit = self._explicit_euler_(xi)  # 显式欧拉法求解
    sol = np.zeros(len(xi))  # 隐式欧拉法数值解
    sol[0] = self.y0  # 第一个值为初值
    for idx, _ in enumerate(xi[1:]):  # 逐步递推
        item = self.ode_fun(xi[idx + 1], y_explicit[idx + 1])  # f(x_k, y_k)
        x_n = sol[idx] + self.h * item  # 隐式欧拉公式
        x_b = np.infty  # 上一次迭代值f(x_k, y^{i-1}_k)
        while abs(x_n - x_b) > 1e-12:  # 反复迭代, 直到收敛
            x_b = x_n  # 迭代值更新
            # 不断用隐式欧拉公式逼近精度
            x_n = sol[idx] + self.h * self.ode_fun(xi[idx + 1], x_b)
        sol[idx + 1] = x_n
    return sol

def _trapezoid_euler_(self, xi):
    """
    梯形公式法求ODE数值解
    """
    y_explicit = self._explicit_euler_(xi)  # 显式欧拉法求解
    sol = np.zeros(len(xi))  # 梯形欧拉法数值解
    sol[0] = self.y0  # 第一个值为初值
    for idx, _ in enumerate(xi[1:]):  # 逐步递推
        item_1 = self.ode_fun(xi[idx], sol[idx])  # f(x_{k-1}, y_{k-1})
        item_2 = self.ode_fun(xi[idx + 1], y_explicit[idx + 1])  # f(x_k, y_k)
        x_n = sol[idx] + self.h / 2 * (item_1 + item_2)  # 梯形公式
        x_b = np.infty  # 上一次迭代值f(x_k, y^{i-1}_k)
        while abs(x_n - x_b) > 1e-12:  # 反复迭代, 直到收敛
            x_b = x_n  # 迭代值更新
            # 不断用梯形欧拉公式逼近精度
            x_n = sol[idx] + self.h / 2 * (item_1 + self.ode_fun(xi[idx + 1], x_b))
        sol[idx + 1] = x_n
    return sol

def _middle_euler_(self, xi):
    """
    中点欧拉法求ODE数值解
```

```
        """
        y1 = self.y0 + self.h * self.ode_fun(self.x0, self.y0)  # 起始的第2个值
        sol = np.zeros(len(xi))
        sol[0], sol[1] = self.y0, y1  # 起始的2个值
        for idx, _ in enumerate(xi[2:]):  # 逐步递推
            sol[idx + 2] = sol[idx] + 2 * self.h * \
                           self.ode_fun(xi[idx + 1], sol[idx + 1])
        return sol

    def _predictive_correction_euler_(self, xi):
        """
        改进的欧拉法(预测-校正)求ODE数值解
        """
        sol = np.zeros(len(xi))  # 改进的欧拉法数值解
        sol[0] = self.y0  # 第一个值为初值
        for idx, _ in enumerate(xi[1:]):  # 逐步递推
            # 1. 显式欧拉法预测
            y_predict = sol[idx] + self.h * self.ode_fun(xi[idx], sol[idx])
            val_term = self.ode_fun(xi[idx], sol[idx]) + \
                       self.ode_fun(xi[idx + 1], y_predict)
            sol[idx + 1] = sol[idx] + self.h / 2 * val_term  # 2. 梯形公式法校正
        return sol
```

设计工具类 ODESolUtils, 可进行任意给定值 $x_0 \in [a,b]$ 的三次样条插值 (或拉格朗日插值) 求解.

具体思路: ① 假设所求值在第 k 个区间, 选择与所求值 x_0 最近的三个数值解 $(x_i, y_i), i = k-1, k, k+1$, 构建三次样条函数 (由于一阶导数值可由 ODE 右端函数项 $f(x,y)$ 计算, 故采用第一种边界条件), 然后插值求得. 如果步长较小, 可能引入舍入误差. ② 工具类提供数值解可视化, 若存在解析解, 可分析数值解的与解析解误差范数 $\|\boldsymbol{y} - \hat{\boldsymbol{y}}\|_2$. 篇幅所限, 略去可视化代码.

工具类独立实现如下, 未包含在具体算法中, 故求解时需要导入, 并传参.

```
# file_name: ode_utils.py
# 导入三次样条插值类
from interpolation_02.cubic_spline_interpolation import CubicSplineInterpolation
class ODESolUtils:
    """
    常微分方程初值问题数值解的工具类, 可通过插值求任意点的值, 以及可视化数值解
    """
```

```
    def __init__(self, ode_obj, analytic_ft =None):
        self.ode_obj = ode_obj  # 求解ODE问题的方法对象
        self.analytic_ft = analytic_ft  # 解析解, 若存在, 可用于分析精度

    def predict_x0(self, x):
        """
        求区间内任意时刻的微分方程数值解, 采用三次样条插值法, 第一种边界条件
        :param x: 任意值向量列表
        :return: 插值的数值解
        """
        if self.ode_obj.ode_sol is None:
            self.ode_obj.fit_ode()
        if isinstance(x, np.int64) or isinstance(x, np.float64):
            x = [x]  # 对于单个值的特殊处理
        x, y = np.asarray(x, np.float64), np.zeros(len(x))
        sol_x, sol_y = self.ode_obj.ode_sol[:, 0], self.ode_obj.ode_sol[:, 1]
        idx = 0  # 所在区间索引, 默认第一个区间
        for j, xi in enumerate(x):
            if xi <= self.ode_obj.x0 or xi >= self.ode_obj.x_final:
                print("所求值%f不在求解区间." % xi)
                exit(0)
            # 查找所求值所在区间索引
            flag = False  # 判断所求值的解是否已存在
            for i in range(1, len(sol_x) - 1):
                if xi == sol_x[i]:
                    y[j], flag = sol_y[i], True
                    break
                if sol_x[i] <= xi < sol_x[i + 1]:
                    idx = i
                    break
            if flag is False:  # 相邻区间取3个值, 进行三次样条插值
                if idx <= 1:
                    x_list, y_list = sol_x[:idx + 3], sol_y[:idx + 3]  # 取最初的3个值
                elif idx >= len(sol_x) - 2:
                    x_list, y_list = sol_x[-3:], sol_y[-3:]  # 取最终的3个值
                else:
                    # 取相邻区间的3个值
                    x_list, y_list = sol_x[idx - 1:idx + 2], sol_y[idx - 1:idx + 2]
                # 边界处的一阶导数值
                dy = self.ode_obj.ode_fun(x_list[[0, -1]], y_list[[0, -1]])
```

```
                # 三次样条插值, 第一边界条件
                csi = CubicSplineInterpolation ( x_list , y_list , dy=dy,
                                                 boundary_cond="complete")
                csi . fit_interp () # 生成三次样条插值系数和多项式
                y[j] = csi . predict_x0 ([ xi ]) # 推测未知值
        return y

    def plt_ode_numerical_sol ( self , is_show=True, label_txt =""):
        # 略去可视化ODE数值解曲线的具体代码
```

例 1 采用五种欧拉法求解如下一阶微分方程, 并求在给定点 $[0.045, 0.4, 0.487, 0.685, 0.778, 0.923]$ 的数值解. 已知解析解 $y=\sqrt{1+2x}$.

$$y'=y-\frac{2x}{y},\quad y(0)=1,\quad 0\leqslant x\leqslant 1.$$

设定步长 $h=0.05$, 所求给定点的数值解与绝对值误差如表 11-1 所示, 可知梯形公式和改进的欧拉法的精度相对于其他欧拉法要高出很多, 但梯形公式由于是隐式公式, 相对于改进的欧拉法计算更复杂.

表 11-1　五种形式的欧拉法求指定点的数值解及其绝对误差 $(h=0.05, k=1,2,\cdots,6)$

x_k	0.045	0.4	0.487	0.685	0.778	0.92
Explicit 显式	1.0450519	1.3501313	1.41552563	1.55529929	1.61758691	1.7114712
	0.00102125	0.00849051	0.01053453	0.01581886	0.0188374	0.02446201
Implicit 隐式	1.04300187	1.33266513	1.39371667	1.52208832	1.57775765	1.65914472
	0.00102878	0.00897565	0.01127443	0.01739211	0.02099186	0.02786446
Trapezoid 梯形	1.04405524	1.34181166	1.40519818	1.53978197	1.59910569	1.68746865
	2.45862e−05	1.70874e−04	2.07077e−04	3.01538e−04	3.56183e−04	4.59467e−04
Middle 中点	1.04518664	1.34195874	1.40554802	1.54034636	1.59986305	1.68839994
	0.00115599	0.00031796	0.00055692	0.00086593	0.00111354	0.00139075
PC 改进	1.0440823	1.34207454	1.40553157	1.54030037	1.59973125	1.68829575
	5.16444e−05	4.33758e−04	5.40470e−04	8.19943e−04	9.81743e−04	1.28656e−03

图 11-4(左) 为各形式的欧拉法数值解误差 $y_k-\hat{y}_k, k=1,2,\cdots,21$ 曲线, 而误差范数 $\varepsilon=\|\boldsymbol{y}-\hat{\boldsymbol{y}}\|_2$ 作为数值解的精度, 如图例所示. 如图 11-4(右) 所示, 减小步长为 $h=0.0001$, 可使求解精度 $\|\boldsymbol{y}-\hat{\boldsymbol{y}}\|_2$ 提高, 此外, 中点欧拉法为 4.03×10^{-7}, 显式和隐式欧拉法分别为 2.97×10^{-3} 和 2.98×10^{-3}.

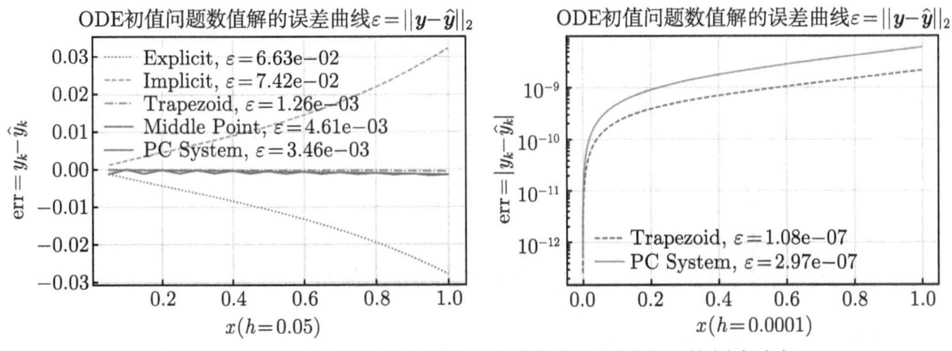

图 11-4 各形式的欧拉法数值解误差曲线 (右图为对数刻度坐标)

■ 11.2 龙格–库塔方法

求解一阶常微分方程初值问题的局部截断误差由 Taylor 展开式的余项决定. 一般地,

$$y_{n+1} \approx y_n + hy'(x_n) + \frac{h^2}{2!}y''(x_n) + \cdots + \frac{h^p}{p!}y^{(p)}(x_n)$$

具有 p 阶精度, 局部截断误差为 $O\left(h^{(p+1)}\right)$, 其中 $y'(x)=f(x,y), y''(x)=f_x'(x,y)+f_y'(x,y)y'(x)$. 当 $p=1$ 时, 即为欧拉法. 但 Taylor 展开式需求 $f(x,y)$ 的各阶偏导数, 计算复杂且工作量大. 龙格–库塔 (Runge-Kutta, R-K) 法是一种高阶显式一步法, 且不需要计算导数.

间接使用 Taylor 展开式, 用 $f(x,y)$ 在一些点上函数值的线性组合代替 $y(x)$ 的各阶导数, 构造 y_{n+1} 的表达式; 比较这个表达式与 $y(x_{n+1})$ 在 $x=x_0$ 处 Taylor 展开式, 确定 y_{n+1} 的表达式中的系数, 使 y_{n+1} 的表达式与 $y(x_{n+1})$ 的 Taylor 展开式前面的若干项相等, 从而具有对应 Taylor 展开式的精度阶次, 这就是龙格–库塔法的主要思想. p 级龙格–库塔公式的一般形式为

$$\begin{cases} y_{n+1} = y_n + h\sum\limits_{i=1}^{p}(c_iK_i), \quad n=1,2,\cdots, \\ K_1 = f(x_n,y_n), K_i = f\left(x_n + a_ih, y_n + h\sum\limits_{j=1}^{i-1} b_{ij}K_j\right), \quad i=2,3,\cdots,p, \end{cases}$$

其中 c_i, a_i 和 b_{ij} 是与具体常微分方程初值问题以及 n,h 无关的常数, K_i 是 $f(x,y)$ 在某些点处函数值, c_i 是在线性组合求 y_{n+1} 时 K_i 的 “权”,a_i 和 b_{ij} 用来确定 K_i 在 $f(x,y)$ 上的位置.

确定常数 c_i, a_i 和 b_{ij} 的原则是使龙格–库塔公式与 Taylor 展开式前面尽可能多的项相等. 如果 p 级龙格–库塔公式等于 Taylor 展开式的前 $q+1$ 项, 那么龙格–库塔公式具有 q 阶精度, 称此公式为 **p 级 q 阶龙格–库塔公式**. 如 2 级 2 阶龙格–库塔公式, 常数取值 $c_1=c_2=1/2, a_2=b_{21}=1$, 即改进的欧拉方法:

$$\begin{cases} y_{n+1}=y_n+\dfrac{h}{2}\left(K_1+K_2\right), \quad n=0,1,\cdots, \\ K_1=f\left(x_n, y_n\right), K_2=f\left(x_n+h, y_n+hK_1\right). \end{cases}$$

又如库塔 3 阶公式和休恩 3 阶公式分别如下:

$$\begin{cases} y_{n+1}=y_n+\dfrac{h}{6}(K_1+4K_2+K_3), \quad n=0,1,\cdots, \\ K_1=f(x_n, y_n), \\ K_2=f\left(x_n+\dfrac{h}{2}, y_n+\dfrac{h}{2}K_1\right), \\ K_3=f(x_n+h, y_n-hK_1+2hK_2). \end{cases}$$

$$\begin{cases} y_{n+1}=y_n+\dfrac{h}{4}\left(K_1+3K_3\right), \quad n=0,1,\cdots, \\ K_1=f\left(x_n, y_n\right), \\ K_2=f\left(x_n+\dfrac{h}{3}, y_n+\dfrac{h}{3}K_1\right), \\ K_3=f\left(x_n+\dfrac{2h}{3}, y_n+\dfrac{2h}{3}K_2\right). \end{cases}$$

11.2.1 龙格–库塔公式

标准 (经典)4 级 4 阶龙格–库塔公式, 也是最常用的龙格–库塔公式:

$$\begin{cases} y_{n+1}=y_n+\dfrac{h}{6}\left(K_1+2K_2+2K_3+K_4\right), \quad n=0,1,\cdots, \\ K_1=f\left(x_n, y_n\right), \\ K_2=f\left(x_n+\dfrac{h}{2}, y_n+\dfrac{h}{2}K_1\right), \\ K_3=f\left(x_n+\dfrac{h}{2}, y_n+\dfrac{h}{2}K_2\right), \\ K_4=f\left(x_n+h, y_n+hK_3\right). \end{cases} \tag{11-6}$$

4 级之上的龙格–库塔公式, 计算量增加较大, 而精度增加较小. 一般情况下, 4 级龙格–库塔公式已经能满足实际需求, 因此很少用到 4 级之上的龙格–库塔公式. 由于龙格–库塔法的导出基于 Taylor 展开, 故精度主要受函数的光滑性影响. 对于光滑性不太好的解, 最好采用低阶算法而将步长 h 取值变小.

龙格–库塔–芬尔格 (Runge-Kutta-Fehlberg, RKF) [4,5] 方法使用了局部截断误差为五阶的 Runge-Kutta 法, 计算公式为

$$\begin{cases} y_{n+1} = y_n + \dfrac{16}{135}K_1 + \dfrac{6656}{12825}K_3 + \dfrac{28561}{56430}K_4 - \dfrac{9}{50}K_5 + \dfrac{2}{55}K_6, n = 0, 1, \cdots, \\ K_1 = hf\left(x_n, y_n\right), \\ K_2 = hf\left(x_n + \dfrac{h}{4}, y_n + \dfrac{1}{4}K_1\right), \\ K_3 = hf\left(x_n + \dfrac{3h}{8}, y_n + \dfrac{3}{32}K_1 + \dfrac{9}{32}K_2\right), \\ K_4 = hf\left(x_n + \dfrac{12h}{13}, y_n + \dfrac{1932}{2197}K_1 - \dfrac{7200}{2197}K_2 + \dfrac{7296}{2197}K_3\right), \\ K_5 = hf\left(x_n + h, y_n + \dfrac{439}{216}K_1 - 8K_2 + \dfrac{3680}{513}K_3 - \dfrac{845}{4104}K_4\right), \\ K_6 = hf\left(x_n + \dfrac{h}{2}, y_n - \dfrac{8}{27}K_1 + 2K_2 - \dfrac{3544}{2565}K_3 + \dfrac{1859}{4104}K_4 - \dfrac{11}{40}K_5\right). \end{cases} \tag{11-7}$$

```
# file_name: ode_runge_kuta_method.py
class ODERungeKuttaMethod:
    """
    龙格–库塔法求解一阶常微分方程, 包括龙格–库塔法和龙格–库塔–芬尔格法
    """
    def __init__(self, ode_fun, x0, y0, x_final, h=0.1, rk_type="RK", is_plt=False):
        # 略去必要的实例属性初始化具体代码

    def fit_ode(self):
        """
        根据参数ode_method, 采用不同的龙格–库塔法求一阶微分方程数值解
        """
        # 待求解ODE区间的离散数值
        x_array = np.arange(self.x0, self.x_final + self.h, self.h)
        self.ode_sol = np.zeros((len(x_array), 2))  # ODE的数值解
        self.ode_sol[:, 0] = x_array  # 第1列为离散的xi
        if self.rk_type.lower() == "rk":  # 4级4阶龙格–库塔公式
            self.ode_sol[:, 1] = self._standard_runge_kutta_(x_array)
        elif self.rk_type.lower() == "rkf":  # 龙格–库塔–芬尔格公式
```

```
            self.ode_sol[:, 1] = self._runge_kutta_fehlberg(x_array)
        return self.ode_sol

    def _standard_runge_kutta_(self, xi):
        """
        标准的4级4阶龙格-库塔公式求解, param xi: 离散数据值
        """
        sol = np.zeros(len(xi))  # 数值解
        sol[0] = self.y0  # 初值
        for idx, _ in enumerate(xi[1:]):  # 逐步递推
            K1 = self.ode_fun(xi[idx], sol[idx])
            K2 = self.ode_fun(xi[idx] + self.h / 2, sol[idx] + self.h / 2 * K1)
            K3 = self.ode_fun(xi[idx] + self.h / 2, sol[idx] + self.h / 2 * K2)
            K4 = self.ode_fun(xi[idx] + self.h, sol[idx] + self.h * K3)
            sol[idx + 1] = sol[idx] + self.h / 6 * (K1 + 2 * K2 + 2 * K3 + K4)
        return sol

    def _runge_kutta_fehlberg(self, xi):
        """
        龙格-库塔-芬尔格公式求解, param xi: 离散数据值
        """
        sol = np.zeros(len(xi))  # 数值解
        sol[0] = self.y0  # 初值
        # 逐步递推. 可把系数定义成向量, 然后点乘运算
        for idx, _ in enumerate(xi[1:]):
            K1 = self.h * self.ode_fun(xi[idx], sol[idx])
            K2 = self.h * self.ode_fun(xi[idx] + self.h / 4,
                                       sol[idx] + self.h / 4 * K1)
            K3 = self.h * self.ode_fun(xi[idx] + 3 / 8 * self.h,
                                       sol[idx] + 3 / 32 * K1 + 9 / 32 * K2)
            K4 = self.h * self.ode_fun(xi[idx] + 12 / 13 * self.h, sol[idx] +
                                       (1932 * K1 - 7200 * K2 + 7296 * K3) / 2197)
            K5 = self.h * self.ode_fun(xi[idx] + self.h, sol[idx] +
                                       439 / 216 * K1 - 8 * K2 +
                                       3680 / 513 * K3 - 845 / 4104 * K4)
            K6 = self.h * self.ode_fun(xi[idx] + self.h / 2, sol[idx] -
                                       8 / 27 * K1 + 2 * K2 - 3544 / 2565 * K3 +
                                       1859 / 4104 * K4 - 11 / 40 * K5)
            sol[idx + 1] = sol[idx] + 16 / 135 * K1 + 6656 / 12825 * K3 + \
                                       28561 / 56430 * K4 - 9 / 50 * K5 + 2 / 55 * K6
```

```
        return sol
```

例 2 采用龙格–库塔法和龙格–库塔–芬尔格法求解带有初值问题的一阶常微分方程，并求解在给定点 $[0.045, 0.2459, 0.4, 0.487, 0.685, 0.778, 0.923, 0.9785]$ 的数值解. 已知解析解 $y(x) = \dfrac{1}{3}\mathrm{e}^{-50x} + x^2$.

$$y' = -50y + 50x^2 + 2x, \quad y(0) = \frac{1}{3}, \quad 0 \leqslant x \leqslant 1.$$

步长取 $h = 0.001$. 如图 11-5 所示，龙格–库塔–芬尔格法相比于龙格–库塔法，精度更高. 若步长取 $h = 0.0001$，则龙格–库塔法精确解与数值解的误差范数为 $\varepsilon = 1.24498 \times 10^{-11}$，龙格–库塔–芬尔格法为 $\varepsilon = 1.16781 \times 10^{-11}$.

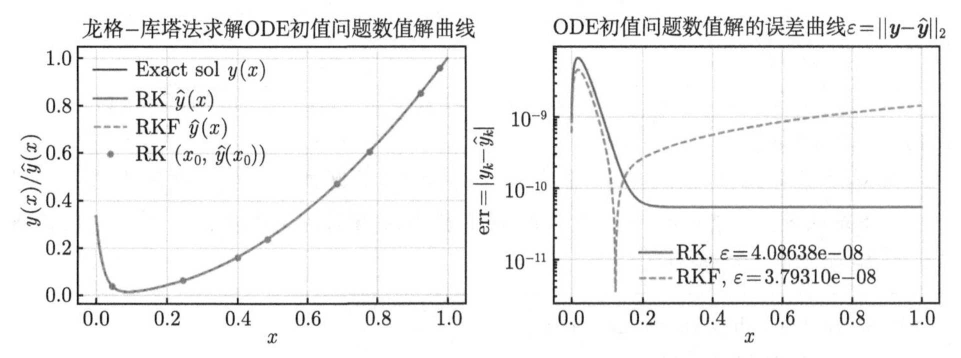

图 11-5 R-K 法和 RKF 法数值解与解析解的曲线及其精度曲线 (步长 $h = 0.001$)

表 11-2 仅给出标准龙格–库塔公式在给定点的近似数值解以及绝对值误差.

表 11-2 龙格–库塔公式法求解任意点的数值解及其绝对值误差 $(h = 0.001, k = 1, 2, \cdots, 8)$

x_k	0.045	0.2459	0.4	0.487
$\hat{y}_k$	0.03715808	0.06046833	0.16	0.237169
误差	4.34020427e−09	2.60334948e−11	5.33970090e−11	5.33962874e−11
x_k	0.685	0.778	0.923	0.9785
$\hat{y}_k$	0.469225	0.605284	0.851929	0.9574624
误差	5.33961764e−11	5.33959543e−11	5.33960653e−11	1.45967364e−07

11.2.2 变步长的龙格–库塔方法

从截断误差 $O(h^n)$ 来看，步长越小，数值解精度越高. 但随着步长的缩小，在一定的求解区间内所要完成的步数就增加了. 这样会引起计算量的增大，且会引起舍入误差的大量积累与传播. 故而引入变步长龙格–库塔法.

以标准的 4 阶龙格–库塔法为例. 从节点 x_i 出发, 以 h 为步长求出一个近似值, 记为 $y_{i+1}^{(h)}$, 由于局部截断误差为 $O\left(h^5\right)$, 故有 $y\left(x_{i+1}\right)-y_{i+1}^{(h)} \approx ch^5$, 当 h 值不大时, 系数 c 可近似看作常数. 然后将步长折半, 即取 $h/2$ 为步长从 x_i 跨两步到 x_{i+1}, 再求得一个近似值 $y_{i+1}^{(h/2)}$, 每跨一步的截断误差是 $c(h/2)^5$, 因此有 $y\left(x_{i+1}\right)-y_{i+1}^{(h/2)} \approx 2c(h/2)^5$. 故步长折半后, 误差大约减少到 1/16, 即有

$$\frac{y\left(x_{i+1}\right)-y_{i+1}^{(h/2)}}{y\left(x_{i+1}\right)-y_{i+1}^{(h)}} \approx \frac{1}{16} \Rightarrow y\left(x_{i+1}\right)-y_{i+1}^{(h/2)} \approx \frac{1}{15}\left(y_{i+1}^{(h/2)}-y_{i+1}^{(h)}\right).$$

可通过检查步长, 折半前后两次计算结果的偏差 $\Delta=\left|y_{i+1}^{(h/2)}-y_{i+1}^{(h)}\right|$ 来判定所选的步长是否合适. 区分以下两种情况:

(1) 对于给定的精度 ε, 如果 $\Delta>\varepsilon$, 反复将步长折半计算, 直至 $\Delta<\varepsilon$, 取最终的 $y_{i+1}^{(h/2)}$ 作为结果;

(2) 如果 $\Delta<\varepsilon$, 反复将步长加倍, 直到 $\Delta>\varepsilon$ 为止, 这时再将步长折半一次, 就得到所要的结果.

本算法不考虑情况 (2) , 一是减少计算量, 二是既然 $\Delta<\varepsilon$, 则不再进行步长加倍, 合并区间, 直接以折半一次后的数值解作为当前时刻的解. 当然可自行在此基础上实现情况 (2) 条件.

```
# file_name: variable_step_runge_kutta.py
class VariableStepRungeKutta:
    """
    变步长龙格–库塔法求解一阶常微分方程.
    """
    def __init__(self, ode_fun, x0, y0, x_final, h=0.1, eps=1e-10, is_plt=False):
        # 实例属性初始化,略去···
        # 变步长计算得到的离散值及其数值解
        self.adaptive_sol_x, self.adaptive_sol_y = [], []

    def fit_ode(self):
        """
        变步长龙格–库塔法求解一阶常微分方程.
        """
        x_array = np.arange(self.x0, self.x_final + self.h, self.h)
        self.ode_sol = np.zeros((len(x_array), 2))  # ode的数值解
        self.ode_sol[:, 0], self.ode_sol[0, 1] = x_array, self.y0
        for idx, _ in enumerate(x_array[1:]):
            v_h, n = self.h / 2, 2  # v_h为变步长, n为折半后计算的跨步数
```

```
            # 以步长h求下一个近似值
            y_n = self._standard_runge_kutta_(x_array[idx],
                                             self.ode_sol[idx, 1], self.h)
            # 折半跨两次计算
            y_halve_tmp = self._standard_runge_kutta_(x_array[idx],
                                                     self.ode_sol[idx, 1], v_h)
            y_halve = self._standard_runge_kutta_(x_array[idx] + v_h, y_halve_tmp, v_h)
            if abs(y_halve - y_n) > self.eps:  # 区间长度折半, 细分区间
                self._halve_step_cal(x_array, y_n, y_halve, v_h, n, idx)
            else:  # 区间长度加倍, 合并区间
                self.ode_sol[idx + 1, 1] = y_halve
        if self.is_plt:
            self.plt_histogram_dist()  # 可视化的实例方法, 已略去···
        return self.ode_sol

    def _standard_runge_kutta_(self, x_b, y_b, v_h):
        """
        标准的4级4阶龙格–库塔公式求每一步的近似数值解
        :param x_b: 某个离散数据值, y_b: 某个数值解, v_h: 变步长
        """
        K1 = self.ode_fun(x_b, y_b)
        K2 = self.ode_fun(x_b + v_h / 2, y_b + v_h / 2 * K1)
        K3 = self.ode_fun(x_b + v_h / 2, y_b + v_h / 2 * K2)
        K4 = self.ode_fun(x_b + v_h, y_b + v_h * K3)
        return y_b + v_h / 6 * (K1 + 2 * K2 + 2 * K3 + K4)

    def _halve_step_cal(self, x_array, y_n, y_halve, v_h, n, idx):
        """
        区间折半计算
        """
        ada_x, ada_y = None, None # 存储折半过程中的数值解
        while abs(y_halve - y_n) > self.eps:
            ada_x, ada_y = [], []  # 存储折半过程中的数值解
            y_n, v_h, n = y_halve, v_h / 2, n * 2  # 反复折半v_h, 跨度计算次数n
            y_halve = self.ode_sol[idx, 1]  # 反复计算到下一个y(i+1)
            for i in range(n):
                y_halve = self._standard_runge_kutta_(x_array[idx] + i * v_h,
                                                     y_halve, v_h)
                ada_y.append(y_halve)
                ada_x.append(x_array[idx] + i * v_h)
```

```
        self.ode_sol[idx + 1, 1] = y_halve
        self.adaptive_sol_x.extend(ada_x)
        self.adaptive_sol_y.extend(ada_y)
```

针对**例 2** 示例微分方程初值问题: 步长设置 $h = 0.001$, 精度设置为 $\varepsilon = 10^{-12}$. 如图 11-6 左图所示, 在起始一段时刻, 区间划分较多, 步长划分较细, 从数值解曲线也可知, 初始阶段解的变化曲线较为剧烈, 此后变化趋势较为均匀. 右图所示 (y 轴为对数刻度) , 变步长龙格–库塔法的求解误差精度的确提高了很多, 误差范数提高到 $\|\boldsymbol{y} - \hat{\boldsymbol{y}}\|_2 = 8.07 \times 10^{-12}$.

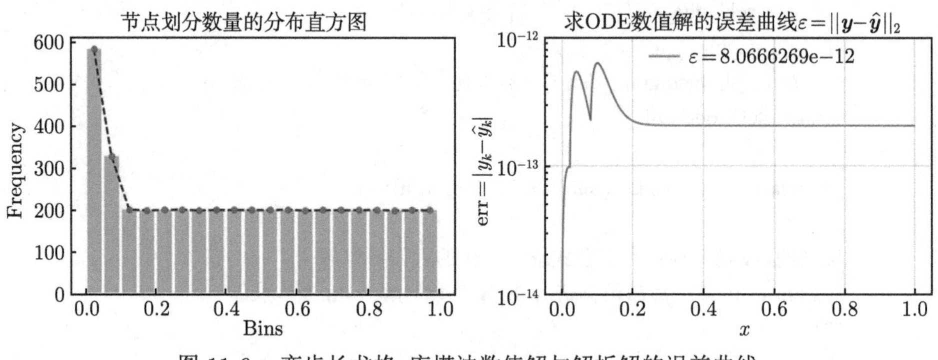

图 11-6　变步长龙格–库塔法数值解与解析解的误差曲线

如表 11-3 所示, 除第二个和最后一个节点外, 所求点的误差精度均提高到 10^{-13}.

表 11-3　变步长龙格–库塔公式法求任意点的数值解及其绝对值误差 ($k = 1, 2, \cdots, 8$)

x_k	0.045	0.2459	0.4	0.487
$\hat{y}_k$	0.03715807	0.06046833	0.16	0.237169
误差	5.34870759e−13	8.75419709e−10	2.04669615e−13	2.04752881e−13
x_k	0.685	0.778	0.923	0.9785
$\hat{y}_k$	0.469225	0.605284	0.851929	0.95746326
误差	2.04780637e−13	2.04614103e−13	2.04725126e−13	1.01396918e−06

11.3　线性多步法

欧拉法和龙格–库塔法在计算 y_{k+1} 时, 已经逐步递推计算出 $y_0, y_1, \cdots, y_k$. 可以设想, 计算 y_{k+1} 时, 充分利用已经求出节点上的 y_i 及 y_i' 值的线性组合来近似 y_{k+1}, 精度会大大提高, 这就是线性多步法的基本思想. 构造线性多步法的主要途径有两种: 基于数值积分的构造方法和基于 Taylor 展开式的构造方法. 线性 k 步

法的一般形式可表示为

$$y_{n+k}=\sum_{i=0}^{k-1}\alpha_i y_{n+i}+h\sum_{i=0}^{k}\beta_i f_{n+i}, \tag{11-8}$$

其中 y_{n+i} 为 $y\left(x_{n+i}\right)$ 的近似,$f_{n+i}=f\left(x_{n+i},y_{n+i}\right),x_{n+i}=x_n+ih,\alpha_i$ 和 β_i 为常数, 且 α_0 及 β_0 不全为零. $\beta_k=0$ 为显式 k 步法, $\beta_k\neq 0$ 为隐式 k 步法.

11.3.1 五种常见线性多步法

略去各线性多步法的理论推导, 以下为常见的五种线性多步法及其递推公式和局部截断误差.

(1) 显式 4 步 4 阶亚当斯 (Adams) 法递推公式

$$y_{n+4}=y_{n+3}+\frac{h}{24}\left(55f_{n+3}-59f_{n+2}+37f_{n+1}-9f_n\right),$$

局部截断误差

$$T_{n+4}=\frac{251}{720}h^5y_n^{(5)}+O\left(h^6\right).$$

(2) 隐式 3 步 4 阶亚当斯法递推公式

$$y_{n+3}=y_{n+2}+\frac{h}{24}\left(9f_{n+3}+19f_{n+2}-5f_{n+1}+f_n\right),$$

局部截断误差

$$T_{n+3}=-\frac{19}{720}h^5y_n^{(5)}+O\left(h^6\right).$$

(3) 显式 4 步 4 阶米尔尼 (Milne) 法递推公式

$$y_{n+4}=y_n+\frac{4h}{3}\left(2f_{n+3}-f_{n+2}+2f_{n+1}\right),$$

局部截断误差

$$T_{n+4}=\frac{14}{45}h^5y_n^{(5)}+O\left(h^6\right).$$

(4) 隐式 2 步 4 阶辛普森 (Simpson) 法递推公式

$$y_{n+2}=y_n+\frac{h}{3}\left(f_n+4f_{n+1}+f_{n+2}\right),$$

局部截断误差

$$T_{n+2}=-\frac{h^5}{90}y_n^{(5)}+O\left(h^5\right).$$

(5) 隐式 3 步 4 阶汉明 (Hamming) 法递推公式

$$y_{n+3}=\frac{1}{8}\left(9y_{n+2}-y_n\right)+\frac{3}{8}h\left(f_{n+3}+2f_{n+2}-f_{n+1}\right),$$

局部截断误差

$$T_{n+3}=-\frac{h^5}{40}y_n^{(5)}+O\left(h^5\right).$$

五种线性多步法算法实现, 采用标准龙格–库塔方法递推初始的四个值 y_0, y_1, y_2, y_3.

```
# file_name: linear_multi_step_method.py
class LinearMultiStepMethod:
    """
    五种线性多步法求解带有初值问题的ODE, 可通过工具类插值求解给定点的数值解.
    """
    def __init__(self, ode_fun, x0, y0, x_final, h=0.1, ode_method="e_admas"):
        self.ode_fun = ode_fun  # 待求解的微分方程
        self.x0, self.y0 = x0, y0  # 初值
        self.x_final = x_final  # 求解区间的终点
        self.h = h  # 求解步长
        self.ode_method = ode_method # 线性多步法的五种方法
        self.ode_sol = None # 求的微分数值解

    def fit_ode(self):
        """
        核心算法: 根据参数ode_method, 采用不同的线性多步法
        :return: 数值解, 二维数组
        """
        x_array = np.arange(self.x0, self.x_final + self.h, self.h)
        self.ode_sol = np.zeros((len(x_array), 2))  # ODE的数值解
        self.ode_sol[:, 0] = x_array  # 第一列存储离散待递推数值
        # 采用龙格–库塔法计算启动的前四个值
        self.ode_sol[:4, 1] = self._rk_start_value(x_array[:4])
        if self.ode_method.lower() == "e_admas":
            self._explicit_adams_(x_array)  # 显式
        elif self.ode_method.lower() == "i_admas":
            self._implicit_adams_(x_array)  # 隐式
        elif self.ode_method.lower() == "milne":
            self._explicit_milne_(x_array)  # 显式米尔尼方法
        elif self.ode_method.lower() == "simpson":
```

```
            self._implicit_simpson_(x_array)  # 隐式辛普森方法
        elif self.ode_method.lower() == "hamming":
            self._implicit_hamming_(x_array)  # 隐式汉明方法
        else:
            print("仅支持e_admas、i_admas、milne、simpson或hanming.")
            exit(0)
        return self.ode_sol

    def _explicit_adams_(self, xi):
        """
        显式四阶亚当斯方法
        """
        for idx in range(3, xi.shape[0] - 1):
            x_val = np.array([xi[idx - 3], xi[idx - 2], xi[idx - 1], xi[idx]])
            # 计算fn, f_{n-1}, f_{n-2}, f_{n-3}
            y_val = self.ode_fun(x_val, self.ode_sol[idx - 3:idx + 1, 1])
            coefficient = np.array([-9, 37, -59, 55])  # 亚当斯系数
            self.ode_sol[idx + 1, 1] = self.ode_sol[idx, 1] + \
                                       self.h / 24 * np.dot(coefficient, y_val)

    def _implicit_adams_(self, xi):
        """
        隐式四阶亚当斯方法
        """
        for idx in range(2, xi.shape[0] - 1):
            x_val = np.array([xi[idx - 2], xi[idx - 1], xi[idx]])
            y_val = self.ode_fun(x_val, self.ode_sol[idx - 2:idx + 1, 1])
            coefficient = np.array([1, -5, 19])  # 隐式亚当斯后三个系数,
            x_dot_y = np.dot(coefficient, y_val)  # 该值重复在以下迭代过程中不变
            # 初始采用龙格-库塔第4个值启动
            f_n1 = self.ode_fun(xi[idx + 1], self.ode_sol[idx + 1, 1])
            # 隐式亚当斯第一个值单独计算
            x_n = self.ode_sol[idx, 1] + self.h / 24 * (x_dot_y + 9 * f_n1)
            x_b = np.infty  # 上一次迭代值
            # 反复迭代,直到收敛,即前后两次的值小于给定精度
            while abs(x_n - x_b) > 1e-12:
                x_b = x_n  # 迭代值更新
                f_n1 = self.ode_fun(xi[idx + 1], x_n)  # 初始采用龙格-库塔第4个值启动
                # 不断用隐式公式逼近精度
                x_n = self.ode_sol[idx, 1] + self.h / 24 * (x_dot_y + 9 * f_n1)
```

```
            self.ode_sol[idx + 1, 1] = x_n

    def _explicit_milne_(self, xi):
        """
        显式4步4阶米尔尼方法
        """
        for idx in range(3, xi.shape[0] - 1):
            x_val = np.array([xi[idx - 2], xi[idx - 1], xi[idx]])
            y_val = self.ode_fun(x_val, self.ode_sol[idx - 2:idx + 1, 1])
            coefficient = np.array([2, -1, 2])  # 米尔尼系数
            self.ode_sol[idx + 1, 1] = self.ode_sol[idx - 3, 1] + \
                                       4 * self.h / 3 * np.dot(coefficient, y_val)

    def _implicit_simpson_(self, xi):
        """
        隐式2步4阶辛普森方法
        """
        for idx in range(1, xi.shape[0] - 1):
            x_val = np.array([xi[idx - 1], xi[idx]])
            # 计算f_n, f_{n+1}
            y_val = self.ode_fun(x_val, self.ode_sol[idx - 1:idx + 1, 1])
            coefficient = np.array([1, 4]) # 隐式辛普森前两个系数,
            x_dot_y = np.dot(coefficient, y_val)  # 该值重复在以下迭代过程中不变
            # 初始采用龙格-库塔法第3个值启动
            f_n1 = self.ode_fun(xi[idx + 1], self.ode_sol[idx + 1, 1])
            # 隐式f_{n+1}值单独计算
            x_n = self.ode_sol[idx - 1, 1] + self.h / 3 * (x_dot_y + f_n1)
            x_b = np.infty  # 上一次迭代值
            # 反复迭代,直到收敛,即前后两次的值小于给定精度
            while abs(x_n - x_b) > 1e-12:
                x_b = x_n  # 迭代值更新
                f_n1 = self.ode_fun(xi[idx + 1], x_n)  # 迭代计算fn+1
                # 不断用隐式公式逼近精度
                x_n = self.ode_sol[idx - 1, 1] + self.h / 3 * (x_dot_y + f_n1)
            self.ode_sol[idx + 1, 1] = x_n

    def _implicit_hamming_(self, xi):
        """
        3步隐式4阶汉明算法
        """
```

```
        for idx in range(2, xi.shape[0] - 1):
            x_val = np.array([xi[idx - 1], xi[idx]])
            # 计算f_n, f_{n-1}
            y_val = self.ode_fun(x_val, self.ode_sol[idx - 1:idx + 1, 1])
            coefficient = np.array([-1, 2])  # 隐式汉明后2个系数,
            x_dot_y = np.dot(coefficient, y_val)  # 该值重复在以下迭代过程中不变
            # 初始采用龙格-库塔法第4个值启动
            f_n1 = self.ode_fun(xi[idx + 1], self.ode_sol[idx + 1, 1])
            x_n = (9 * self.ode_sol[idx, 1] - self.ode_sol[idx - 2, 1]) / 8 + \
                  3 * self.h / 8 * (x_dot_y + f_n1)  # 汉明公式, f_n1为隐式解
            x_b = np.infty  # 上一次迭代值
            # 反复迭代, 直到收敛, 即前后两次的值小于给定精度
            while abs(x_n - x_b) > 1e-12:
                x_b = x_n  # 迭代值更新
                f_n1 = self.ode_fun(xi[idx + 1], x_n)
                # 不断用隐式公式逼近精度
                x_n = (9 * self.ode_sol[idx, 1] - self.ode_sol[idx - 2, 1]) / 8 + \
                      3 * self.h / 8 * (x_dot_y + f_n1)  # 汉明公式, f_n1为隐式解
            self.ode_sol[idx + 1, 1] = x_n

    def _rk_start_value(self, xi):
        """
        标准的4级4阶龙格-库塔公式启动三个值y1, y2, y3, param xi: 离散数据值
        """
        sol = np.zeros(len(xi))
        sol[0] = self.y0
        for idx, _ in enumerate(xi[1:]):
            K1 = self.ode_fun(xi[idx], sol[idx])
            K2 = self.ode_fun(xi[idx] + self.h / 2, sol[idx] + self.h / 2 * K1)
            K3 = self.ode_fun(xi[idx] + self.h / 2, sol[idx] + self.h / 2 * K2)
            K4 = self.ode_fun(xi[idx] + self.h, sol[idx] + self.h * K3)
            sol[idx + 1] = sol[idx] + self.h / 6 * (K1 + 2 * K2 + 2 * K3 + K4)
        return sol
```

例 3 用五种线性多步法求解如下一阶常微分方程, 已知解析解 $y(x) = x^2\left(\mathrm{e}^x - \mathrm{e}\right)$.

$$y' = \frac{2y}{x} + x^2\mathrm{e}^x, \quad y(1) = 0, \quad 1 \leqslant x \leqslant 2.$$

表 11-4 为各线性多步法在指定点的数值解与解析解的绝对值误差, 从中可以看出, 当 $h = 0.1$ 时, 隐式辛普森方法的精度最好. 隐式方法比显式方法精度更高,

但也意味着隐式方法需要更多的计算量.

表 11-4 各种线性多步法数值解与解析解的绝对值误差 ($h = 0.1, k = 1, 2, \cdots, 10$)

x_k	解析解	显式亚当斯	隐式亚当斯	显式米尔尼	隐式辛普森	隐式汉明
1.1	0.34591988	9.58923330e−06	9.58923330e−06	9.58923330e−06	9.58923330e−06	9.58923330e−06
1.2	0.86664254	2.08430307e−05	2.08430307e−05	2.08430307e−05	8.93248191e−06	2.08430307e−05
1.3	1.60721508	3.37305167e−05	5.28280328e−06	3.37305167e−05	4.38619462e−06	1.55242443e−06
1.4	2.62035955	4.25018370e−04	4.11270479e−05	3.60134501e−04	2.57077618e−05	3.72242933e−05
1.5	3.96766629	9.97792142e−04	8.68722837e−05	5.46120851e−04	2.69207402e−05	8.80805110e−05
1.6	5.72096153	1.66612481e−03	1.44043933e−04	6.15057551e−04	5.24687384e−05	1.53309644e−04
1.7	7.96387348	2.48730954e−03	2.14138779e−04	7.99503577e−04	6.04720042e−05	2.34369842e−04
1.8	10.79362466	3.49100860e−03	2.98793737e−04	1.29825395e−03	9.18232537e−05	3.32894538e−04
1.9	14.32308154	4.68947034e−03	3.99817442e−04	1.69135748e−03	1.07979021e−04	4.50967066e−04
2.0	18.68309708	6.10594215e−03	5.19211158e−04	1.92634911e−03	1.46957186e−04	5.90938030e−04

图 11-7 为各线性多步法数值解与解析解的误差曲线, 从此例可以看出, 隐式 2 步 4 阶辛普森方法的求解精度最高. 当步长较小时, 由于离散等分点较多, 故无点标记, 右图曲线从上而下的顺序参考左图所示. 左图中线性多步法的几个启动值由龙格–库塔法确定, 故存在较小的波动. 图例中 $\varepsilon = \|\boldsymbol{y} - \hat{\boldsymbol{y}}\|_2$, 即数值解与解析解的误差范数, 图例中方法名后的标记 (如 AdamsE) E 代表显式格式, I 代表隐式格式.

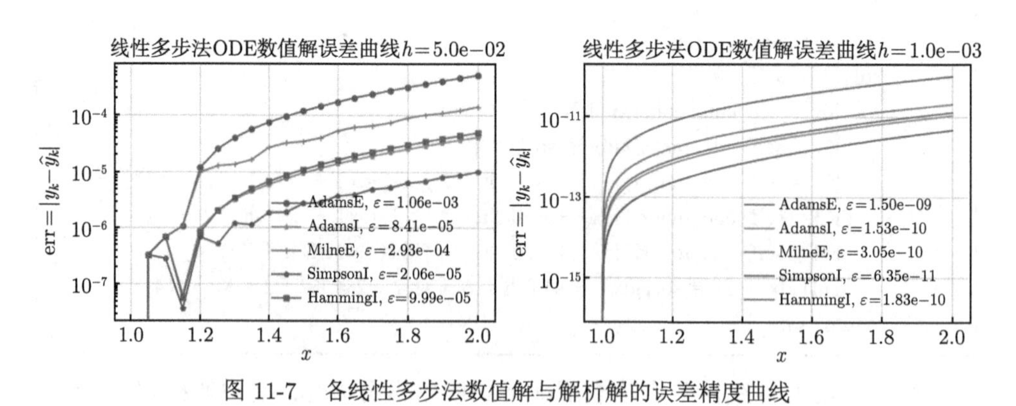

图 11-7 各线性多步法数值解与解析解的误差精度曲线

11.3.2 预测–校正方法

将同阶的隐式与显式公式结合使用, 用显式公式的计算结果作为预测值, 代入隐式公式进行迭代, 得到一个校正值, 这就是预测–校正系统的基本思想. 为提高精度, 隐式公式可进行多次迭代, 但一般不超过 3 次, 否则计算量太大. 如下为常见的三种预测–校正方法 (系统).

(1) 亚当斯预测–校正公式:

$$\begin{cases} \bar{y}_{n+4} = y_{n+3} + \dfrac{h}{24}\left(55f_{n+3} - 59f_{n+2} + 37f_{n+1} - 9f_n\right), & ① \\ y_{n+4} = y_{n+3} + \dfrac{h}{24}\left[9f\left(x_{n+4}, \bar{y}_{n+4}\right) + 19f_{n+3} - 5f_{n+2} + f_{n+1}\right], & ② \end{cases} \tag{11-9}$$

其中①式为亚当斯显式公式 (预测) , ②为亚当斯隐式公式 (校正) .

(2) 修正预测–校正格式, 或多环节的亚当斯预测–校正公式:

$$\begin{cases} p_{n+4} = y_{n+3} + \dfrac{h}{24}\left(55f_{n+3} - 59f_{n+2} + 37f_{n+1} - 9f_n\right), & ① \\ m_{n+4} = p_{n+4} + \dfrac{251}{270}\left(c_{n+3} - p_{n+3}\right), & ② \\ c_{n+4} = y_{n+3} + \dfrac{h}{24}\left[9f\left(x_{n+4}, m_{n+4}\right) + 19f_{n+3} - 5f_{n+2} + f_{n+1}\right], & ③ \\ y_{n+4} = c_{n+4} - \dfrac{19}{270}\left(c_{n+4} - p_{n+4}\right), & ④ \end{cases} \tag{11-10}$$

其中②式误差补偿, 因没有当前的校正值, 故用上一步的值代替; ④式误差补偿, 得当前步的解.

(3) 修正米尔尼–汉明预测–校正格式, 或多环节的米尔尼–汉明预测–校正公式 (也称汉明方法):

$$\begin{cases} p_{n+4} = y_n + \dfrac{4}{3}h\left(2f_{n+3} - f_{n+2} + 2f_{n+1}\right), & ① \\ m_{n+4} = p_{n+4} + \dfrac{112}{121}\left(c_{n+3} - p_{n+3}\right), & ② \\ c_{n+4} = \dfrac{1}{8}\left(9y_{n+3} - y_{n+1}\right) + \dfrac{3}{8}h\left[f\left(x_{n+4}, m_{n+4}\right) + 2f_{n+3} - f_{n+2}\right], & ③ \\ y_{n+4} = c_{n+4} - \dfrac{9}{121}\left(c_{n+4} - p_{n+4}\right), & ④ \end{cases} \tag{11-11}$$

其中②式误差补偿, 因没有当前的校正值, 故用上一步的值代替; ④式误差补偿, 得当前步的解.

算法设计思路, 以龙格–库塔启动前四个值, 对于修正预测–校正系统, 第五个值采用非修正的对应预测–校正系统计算, 以便后续递推值的递推修正.

```
# file_name: predictive_correction_system.py
class PredictiveCorrectionSystem:
    """
    预测-校正系统方法:
    包括亚当斯预测-校正、修正预测-校正格式和修正米尔尼-汉明-预测-校正
    """
    def __init__(self, ode_fun, x0, y0, x_final, h=0.1, pc_form="PECE"):
        # 必要参数的初始化,略去···

    def fit_ode(self):
        """
        根据参数pc_form,采用不同的预测-校正系统方法求解一阶微分方程数值解
        """
        # 待求解ode区间的离散数值
        x_array = np.arange(self.x0, self.x_final + self.h, self.h)
        self.ode_sol = np.zeros((len(x_array), 2))  # ODE的数值解
        self.ode_sol[:, 0] = x_array  # 第一列存储离散待递推数值
        # 采用龙格-库塔方法计算启动的前四个值
        self.ode_sol[:4, 1] = self._rk_start_value(x_array[:4])
        if self.pc_form.upper() == "PECE":
            self._pc_adams_explicit_implicit_(x_array)  # 亚当斯预测-校正
        elif self.pc_form.upper() == "PMECME_A": # 修正的亚当斯预测-校正系统
            self._mpc_adams_explict_implicit_(x_array)
        elif self.pc_form.upper() == "PMECME_MH":
            self._mpc_milne_hamming_(x_array) # 修正米尔尼-汉明的预测-校正格式
        else:
            print("仅支持PECM, PMECME_A和PMECME_MH.")
            exit(0)
        return self.ode_sol

    def _adams_predictor_(self, idx, xi):
        """
        预测部分,显式公式计算. param idx: 当前时刻索引
        """
        x_val = np.array([xi[idx - 3], xi[idx - 2], xi[idx - 1], xi[idx]])
        # 计算f_n, f_{n-1}, f_{n-2}, f_{n-3}
        f_val = self.ode_fun(x_val, self.ode_sol[idx - 3:idx + 1, 1])
        coefficient = np.array([-9, 37, -59, 55])  # 亚当斯系数
        # 显式亚当斯
```

```
        y_predict = self.ode_sol[idx, 1] + self.h / 24 * np.dot(coefficient, f_val)
        return y_predict, f_val

    def _adams_corrector_(self, idx, x_next, m_part, f_val):
        """
        校正部分，隐式公式计算
        :param x_next: 下一时刻的值, m_part: 修正的预测值, f_val: fn, f_{n-1}, f_{n-2}
        """
        coefficient = np.array([1, -5, 19])  # 隐式亚当斯后三个系数,
        fn_1 = self.ode_fun(x_next, m_part)  # 校正值单独计算
        return self.ode_sol[idx, 1] + \
               self.h / 24 * (9 * fn_1 + np.dot(coefficient, f_val))

    def _pc_adams_explicit_implicit_(self, xi):
        """
        亚当斯预测-校正, xi: 求解区间以步长h离散化的值
        """
        for idx in range(3, xi.shape[0] - 1):
            y_predict, f_val = self._adams_predictor_(idx, xi)  # 1. 显式预测部分
            # 2. 隐式校正部分.
            self.ode_sol[idx + 1, 1] = \
                self._adams_corrector_(idx, xi[idx + 1], y_predict, f_val[1:])

    def _mpc_adams_explict_implicit_(self, xi):
        """
        修正的亚当斯预测-校正系统
        """
        # 第五个值采用预测-校正系统, 以便后期递推值的偏差修正
        y_predict, f_val = self._adams_predictor_(3, xi)  # 显式预测部分
        # 隐式校正部分
        self.ode_sol[4, 1] = self._adams_corrector_(3, xi[4], y_predict, f_val[1:])
        pn, cn = y_predict, self.ode_sol[4, 1]  # 修正部分变量
        for idx in range(4, xi.shape[0] - 1):
            # 1. 显式预测部分, 预测下一时刻的值
            y_predict, f_val = self._adams_predictor_(idx, xi)
            m_part = y_predict + 251 / 270 * (cn - pn)  # 2. 显式修正部分
            pn = y_predict  # 更新预测值
            # 3. 隐式校正部分
            y_correct = self._adams_corrector_(idx, xi[idx + 1], m_part, f_val[1:])
            cn = y_correct
```

```
        # 4. 隐式修正部分
        self.ode_sol[idx + 1, 1] = y_correct - 19 / 270 * (y_correct - y_predict)

def _milne_predictor_(self, idx, xi):
    """
    米尔尼显式预测部分
    """
    x_val = np.array([xi[idx - 2], xi[idx - 1], xi[idx]])
    # 计算f_n, f_{n-1}, f_{n-2}
    f_val = self.ode_fun(x_val, self.ode_sol[idx - 2:idx + 1, 1])
    coefficient = np.array([2, -1, 2])  # 米尔尼系数
    y_predict = self.ode_sol[idx - 3, 1] + \
                4 * self.h / 3 * np.dot(coefficient, f_val)
    return y_predict

def _hamming_corrector_(self, idx, xi, m_part):
    """
    汉明隐式校正部分
    """
    x_val = np.array([xi[idx - 1], xi[idx]])
    f_val = self.ode_fun(x_val, self.ode_sol[idx - 1:idx + 1, 1])
    coefficient = np.array([-1, 2])  # 隐式汉明后2个系数,
    f_n1 = self.ode_fun(xi[idx + 1], m_part)
    # 汉明公式, f_n1为隐式解
    y_correct = (9 * self.ode_sol[idx, 1] - self.ode_sol[idx - 2, 1]) / 8 + \
                3 * self.h / 8 * (np.dot(coefficient, f_val) + f_n1)
    return y_correct

def _mpc_milne_hamming_(self, xi):
    """
    修正米尔尼-汉明的预测-校正格式
    """
    y_predict = self._milne_predictor_(3, xi)
    self.ode_sol[4, 1] = self._hamming_corrector_(3, xi, y_predict)
    pn, cn = y_predict, self.ode_sol[4, 1]  # 修正部分变量
    for idx in range(4, xi.shape[0] - 1):
        y_predict = self._milne_predictor_(idx, xi)  # 1. 米尔尼显式预测部分
        m_part = y_predict + 112 / 121 * (cn - pn)  # 2. 显式修正部分
        pn = y_predict  # 更新预测值
        y_correct = self._hamming_corrector_(idx, xi, m_part)  # 3. 隐式校正部分
```

```
            cn = y_correct
            # 4. 隐式修正部分
            self.ode_sol[idx + 1, 1] = y_correct - 9 / 121 * (y_correct - y_predict)

    def _rk_start_value(self, xi):
        # 标准的4级4阶龙格–库塔公式启动四个值y1, y2, y3, y4, 略去具体代码
```

针对**例 3** 示例微分方程初值问题: 以三种预测–校正系统求解.

图 11-8 为三种预测–校正系统数值解与解析解绝对值误差曲线 (不包含初值, 因为其误差为 0), 两种修正的预测–校正格式相比于亚当斯预测–校正格式, 其求解精度更高, 右图曲线顺序参考左图. 图例中 PECE 为预测校正, PMECME 为修正的预测–校正, A 代表亚当斯方法, MH 代表米尔尼–汉明方法. 左图中, 由于采用龙格–库塔法启动 4 个初始值, 当求解步长较大时, 启动值存在一定的波动性. 图例中 $\varepsilon = \|\boldsymbol{y} - \hat{\boldsymbol{y}}\|_2$.

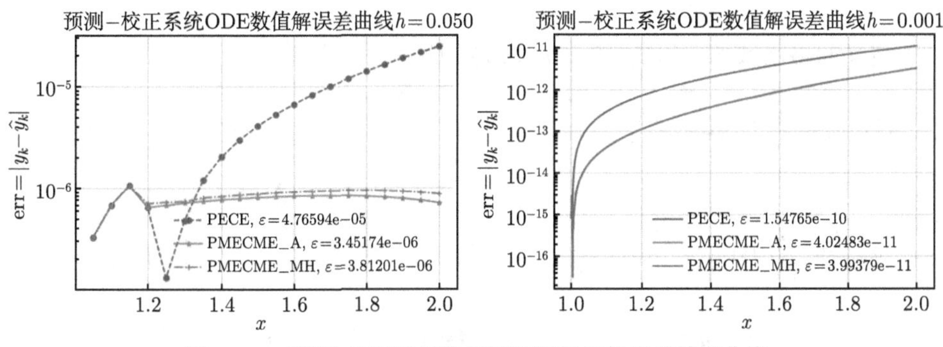

图 11-8 预测–校正系统数值解与解析解的误差精度曲线

如表 11-5 所示, 与线性多步法中精度最高的隐式辛普森法对比, 预测–校正系统对距离初值较远的值的精度明显提高很多, 且无隐式迭代求解, 计算效率较高.

表 11-5 预测–校正系统数值解与解析解的绝对值误差 ($h = 0.1, k = 1, 2, \cdots, 10$)

x_k	解析解 y_i	隐式辛普森	PECE	PMECME_A	PMECME_MH
1.1	0.34591988	9.58923330e−06	9.58923330e−06	9.58923330e−06	9.58923330e−06
1.2	0.86664254	8.93248191e−06	2.08430307e−05	2.08430307e−05	2.08430307e−05
1.3	1.60721508	4.38619462e−06	3.37305167e−05	3.37305167e−05	3.37305167e− 05
1.4	2.62035955	2.57077618e−05	2.76099704e−05	2.76099704e−05	2.78272023e−05
1.5	3.96766629	2.69207402e−05	1.62457413e−05	3.10240459e−05	3.12393021e−05
1.6	5.72096153	5.24687384e−05	5.11663437e−07	3.46602318e−05	3.42140828e−05
1.7	7.96387348	6.04720042e−05	2.39347467e−05	3.75664536e−05	3.80704960e−05
1.8	10.79362466	9.18232537e−05	5.51571553e−05	4.02832881e−05	4.05422969e−05
1.9	14.32308154	1.07979021e−04	9.54658624e−05	4.26061249e−05	4.29026353e−05
2.0	18.68309708	1.46957186e−04	1.46307900e−04	4.44085578e−05	4.47035350e−05

■ 11.4 * 常微分方程边值问题的有限差分法

11.4.1 Dirichlet 边值问题

1. 基本差分格式[4]

考虑如下定解问题:

$$\begin{cases} -u'' + q(x)u = f(x), & a < x < b, \\ u(a) = \alpha, u(b) = \beta, \end{cases}$$

其中 $q(x) \geqslant 0, f(x)$ 为已知函数, α 和 β 为已知常数.

用有限差分法求解两点边值问题, 将区间 $[a,b]$ 进行网格剖分, 即 m 等分, 记 $h=(b-a)/m$, $x_i = a + ih(i=0,1,\cdots,m)$, 则定解问题可表示为

$$\begin{cases} -u''(x_i) + q(x_i)u(x_i) = f(x_i), & 1 \leqslant i \leqslant m-1, \\ u(x_0) = \alpha, u(x_m) = \beta. \end{cases}$$

定义网格函数 $U = \{U_i \mid 0 \leqslant i \leqslant m\} : U_i = u(x_i)$, 有

$$u''(x_i) = \frac{u(x_{i-1}) - 2u(x_i) + u(x_{i+1})}{h^2} - \frac{h^2}{12}u^{(4)}(\xi_i) = \delta_x^2 U_i - \frac{h^2}{12}u^{(4)}(\xi_i),$$
$$x_{i-1} < \xi_i < x_{i+1}.$$

忽略极小项 $\frac{h^2}{12}u^{(4)}(\xi_i)$, 并记 $\delta_x^2 U_i = \frac{u(x_{i-1}) - 2u(x_i) + u(x_{i+1})}{h^2}$, 则差分格式为

$$\begin{cases} -\delta_x^2 U_i + q(x_i)U_i \approx f(x_i), & 1 \leqslant i \leqslant m-1, \\ U_0 = \alpha, U_m = \beta. \end{cases}$$

用 u_i 代替 U_i, 用 “=” 代替 “≈”, 两边同时乘以 h^2, 可得

$$-u_{i-1} + \left(2 + h^2 q(x_i)\right)u_i - u_{i+1} = h^2 f(x_i), \quad 1 \leqslant i \leqslant m-1. \tag{11-12}$$

记 $\mu_i = h^2 q(x_i), f_i = f(x_i)$, 写成矩阵形式为

$$\begin{pmatrix} 2+\mu_1 & -1 & & & \\ -1 & 2+\mu_2 & -1 & & \\ & \ddots & \ddots & \ddots & \\ & & -1 & 2+\mu_{m-2} & -1 \\ & & & -1 & 2+\mu_{m-1} \end{pmatrix} \begin{pmatrix} u_1 \\ u_2 \\ \vdots \\ u_{m-2} \\ u_{m-1} \end{pmatrix} = \begin{pmatrix} h^2 f_1 + \alpha \\ h^2 f_2 \\ \vdots \\ h^2 f_{m-2} \\ h^2 f_{m-1} + \beta \end{pmatrix}.$$

求解三对角方程组可得微分方程边值问题的解, 精度阶为 $O\left(h^2\right)$, 且是稳定的.

2. 紧差分格式[4]

令 $v(x)=u''(x)$, 定义网格函数 $U_i=u(x_i), V_i=v(x_i), 0\leqslant i\leqslant m$, 由 Taylor 展开式得

$$
\begin{aligned}
u''(x_i) &= \delta_x^2 U_i - \frac{h^2}{12}u^{(4)}(x_i) - \frac{h^4}{360}u^{(6)}(\eta_i) = \delta_x^2 U_i - \frac{h^2}{12}v''(x_i) - \frac{h^4}{360}u^{(6)}(\eta_i) \\
&= \delta_x^2 U_i - \frac{h^2}{12}\left[\delta_x^2 V_i - \frac{h^2}{12}v^{(4)}(\xi_i)\right] - \frac{h^4}{360}u^{(6)}(\eta_i) \\
&= \delta_x^2 U_i - \frac{1}{12}(V_{i-1}-2V_i+V_{i+1}) + \left[\frac{1}{144}u^{(6)}(\xi_i) - \frac{1}{360}u^{(6)}(\eta_i)\right]h^4,
\end{aligned}
$$

其中 $\xi_i,\eta_i\in(x_{i-1},x_{i+1})$. 将上式代入定解问题, 并忽略极小项误差, 可得

$$
\begin{aligned}
&\left(\frac{h^2}{12}q(x_{i-1})-1\right)u_{i-1} + \left(2+\frac{5h^2}{6}q(x_i)\right)u_i + \left(\frac{h^2}{12}q(x_{i+1})-1\right)u_{i+1} \\
=&\frac{h^2}{12}\left[f(x_{i-1})+10f(x_i)+f(x_{i+1})\right], \quad i=1,2,\cdots,m-1.
\end{aligned} \tag{11-13}
$$

记 $\mu_i=h^2q(x_i), f_i=f(x_i)$, 写成矩阵形式为 $\boldsymbol{Au}=\boldsymbol{y}$, 其中

$$
\boldsymbol{A}=\begin{pmatrix}
2+\mu_1 & \frac{\mu_2}{12}-1 & & & \\
\frac{\mu_1}{12}-1 & 2+\mu_2 & \frac{\mu_3}{12}-1 & & \\
& \ddots & \ddots & \ddots & \\
& & \frac{\mu_{m-3}}{12}-1 & 2+\mu_{m-2} & \frac{\mu_{m-1}}{12}-1 \\
& & & \frac{\mu_{m-2}}{12}-1 & 2+\mu_{m-1}
\end{pmatrix},
$$

$$
\boldsymbol{u}=\begin{pmatrix} u_1 \\ u_2 \\ \vdots \\ u_{m-2} \\ u_{m-1} \end{pmatrix}, \boldsymbol{y}=\begin{pmatrix}
h^2(f_0+10f_1+f_2)+\left(1-\frac{\mu_0}{12}\right)\alpha \\
\frac{h^2}{12}(f_1+10f_2+f_3) \\
\vdots \\
\frac{h^2}{12}(f_{m-3}+10f_{m-2}+f_{m-1}) \\
h^2(f_{m-2}+10f_{m-1}+f_m)+\left(1-\frac{\mu_m}{12}\right)\beta
\end{pmatrix},
$$

精度阶为 $O(h^4)$.

如下为基本差分格式和紧差分格式的 ODE 边值问题算法实现, 三对角矩阵形式的线性方程组的求解采用第 6 章已实现的追赶法.

```
# file_name: ode_dirichlet_boundary_problem.py
class ODEDirichletBoundaryProblem:
    """
    ODE边界问题求解, Dirichlet边界, 采用第6章追赶法求解线性方程组
    """
    def __init__(self, ode_fun, q_t, u_t0, u_tm, t_T, h=0.1, diff_type="compact"):
        self.q_t = q_t  # u(x)的系数或函数, 函数定义形式
        self.u_t0, self.u_tm = u_t0, u_tm  # 边界值
        self.t_T = t_T  # 求解区间的终点
        # 其他实例属性初始化, 略去···

    def fit_ode(self):
        """
        求解ODE边界值问题, Dirichlet边界
        """
        t_array = np.arange(0, self.t_T + self.h, self.h)  # 待求解ode区间的离散数值
        n = len(t_array)  # 离散点的个数
        self.ode_sol = np.zeros((n, 2))  # ode的数值解
        self.ode_sol[:, 0] = t_array  # 第一列存储离散待递推数值
        self.ode_sol[0, 1], self.ode_sol[-1, 1] = self.u_t0, self.u_tm  # 边界值
        if self.diff_type.lower() == "compact":  # 紧差分格式
            self._solve_ode_compact_(n, t_array)
        elif self.diff_type.lower() == "basic":  # 基本差分格式
            self._solve_ode_basic_form_(n, t_array)
        else:
            raise ValueError("仅支持基本差分格式basic和紧差分格式compact.")

    def _solve_ode_basic_form_(self, n, t_array):
        """
        基本形式求解
        """
        f_t = self.h ** 2 * self.ode_fun(t_array[1:-1])  # 右端项的值, n-1
        # 第一项和最后一项特殊处理
        f_t[0], f_t[-1] = f_t[0] + self.u_t0, f_t[-1] + self.u_tm
        a_diag = 2 + self.h ** 2 * self.q_t(t_array[1:-1])  # 主对角线元素
        b_diag = -1 * np.ones(n - 3)
        # 用追赶法求解
        cmtm = ChasingMethodTridiagonalMatrix(b_diag, a_diag, b_diag, f_t)
        self.ode_sol[1:-1, 1] = cmtm.fit_solve()
```

```
        return  self.ode_sol

    def _solve_ode_compact_(self, n, t_array):
        """
        紧差分格式
        """
        # 右端项的值和q(x)的值, n + 1
        f_t, qt_val = self.ode_fun(t_array), self.q_t(t_array)
        # 右端向量, n - 1
        b_vector = self.h ** 2 * (f_t[:-2] + 10 * f_t[1:-1] + f_t[2:]) / 12
        b_vector[0] -= self.u_t0 * (self.h ** 2 / 12 * qt_val[0] - 1)
        b_vector[-1] -= self.u_tm * (self.h ** 2 / 12 * qt_val[-1] - 1)
        a_diag = 2 + 5 * self.h ** 2 / 6 * qt_val[1:-1]  # 主对角线元素
        # 分别构造主对角线以下和以上元素
        b_diag = (self.h ** 2 / 12 * qt_val[1:-2] - 1) * np.ones(n - 3)
        c_diag = (self.h ** 2 / 12 * qt_val[2:-1] - 1) * np.ones(n - 3)
        cmtm = ChasingMethodTridiagonalMatrix(b_diag, a_diag, c_diag, b_vector,
                                              sol_method="doolittle")
        self.ode_sol[1:-1, 1] = cmtm.fit_solve()  # 用追赶法求解
        return  self.ode_sol

    def plt_ode_numerical_sol(self, is_show=True, ode_analytical=None):
        # 可视化ode数值解曲线, 略去具体代码
```

例 4 求解如下常微分方程边值问题:

(1) $\begin{cases} -u''(x)+u(x)=\mathrm{e}^x(\sin x-2\cos x), & 0\leqslant x\leqslant \pi, \\ u(0)=0, u(\pi)=0, \end{cases}$ 该问题的解析解为 $u(x)=\mathrm{e}^x\sin x$.

(2) $\begin{cases} -u''(x)+(x-0.5)^2u(x)=\left(x^2-x+1.25\right)\sin x, & 0\leqslant x\leqslant \pi/2, \\ u(0)=0, \quad u(\pi/2)=1, \end{cases}$ 该问题的解析解为 $u(x)=\sin x$.

分别设置微分步长 $\pi/20, \pi/40, \pi/80, \pi/160$, 采用基本差分格式和紧差分格式求解. 图 11-9 为基本差分格式下求解 ODE 边值问题 (1) 的图像, 左图可以看出, 随着步长的减小, 数值解的误差在不断降低. 右图为步长为 $h=\pi/160$ 时的数值解与解析解曲线, 直观来看, 吻合较好, 但误差范数仅为 $\|\boldsymbol{y}-\hat{\boldsymbol{y}}\|_2=3.32\times10^{-3}$, 而紧差分格式却能达到 $\|\boldsymbol{y}-\hat{\boldsymbol{y}}\|_2=8.60\times10^{-8}$.

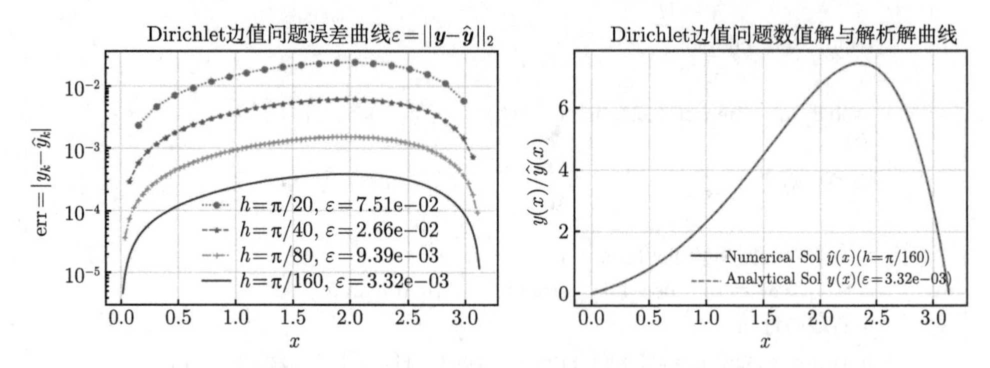

图 11-9 ODE 边值问题 (1) 基本差分格式不同微分步长下的误差图像 (不包括边界值)

图 11-10 为紧差分格式求解 ODE 边值问题 (2) 的图像, 从图例中可以看出不同步长下的误差范数.

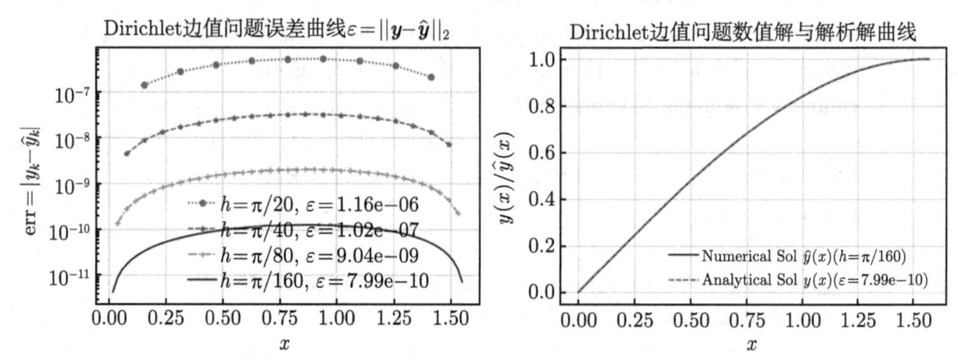

图 11-10 ODE 边值问题 (2) 紧差分格式不同微分步长下的误差图像 (不包括边界值)

其数值解与解析解的误差范数如表 11-6 所示, 可见紧差分格式的精度远高于基本差分格式.

表 11-6 ODE 边值问题不同微分步长下的误差范数 (按 Python 输出格式)

步长	ODE 边值问题 (1)		ODE 边值问题 (2)	
	基本差分格式	紧差分格式	基本差分格式	紧差分格式
π/20	0.07511748948464053	0.00012425178745793336	0.000938904516179072	1.1584644410112347e−06
π/40	0.026551077892416317	1.1003816297337021e−05	0.0003317430513281652	1.023209469062753e−07
π/80	0.00938659688817801	9.730673056064186e−07	0.00011727006977423485	9.0423542884052e−09
π/160	0.0033186075254203096	8.602441305622944e−08	4.145956199214581e−05	7.992669430812028e−10

11.4.2 导数边界值问题

考虑如下带有导数边界值问题的定解问题[4]:

$$
\begin{cases}
-u''(x) + q(x)u(x) = f(x), a \leqslant x \leqslant b, \\
-u'(a) + \lambda_1 u(a) = \alpha, u'(b) + \lambda_2 u(b) = \beta,
\end{cases}
$$

其中 $q(x)\geqslant 0, f(x)$ 为已知连续函数, $\lambda_1\geqslant 0,\lambda_2\geqslant 0,\alpha$ 和 β 为已知常数, $\lambda_1+\lambda_2=0$ 和 $q(x)\equiv 0$ 不同时成立.

对于导数的边界值问题, 应用

$$\begin{cases} u'\left(x_0\right)=\dfrac{u\left(x_1\right)-u\left(x_0\right)}{h}-\dfrac{h}{2}u''\left(\xi_0\right)=D_+U_0-\dfrac{h}{2}u''\left(\xi_0\right),\xi_0\in\left(x_0,x_1\right), \\ u'\left(x_m\right)=\dfrac{u\left(x_m\right)-u\left(x_{m-1}\right)}{h}+\dfrac{h}{2}u''\left(\xi_m\right)=D_-U_m+\dfrac{h}{2}u''\left(\xi_m\right),\xi_m\in\left(x_{m-1},x_m\right), \end{cases}$$

并忽略微小量, 可得差分格式

$$\begin{cases} -\delta_x^2U_i+q\left(x_i\right)u\left(x_i\right)\approx f\left(x_i\right),1\leqslant i\leqslant m-1, \\ -D_+U_0+\lambda_1u\left(x_0\right)\approx\alpha, D_-U_m+\lambda_2u\left(x_m\right)\approx\beta. \end{cases}$$

用 u_i 代替 U_i 和 $u(x_i)$, 用 “=” 代替 “≈”, 得

$$\begin{cases} -\delta_x^2u_i+q\left(x_i\right)u_i=f\left(x_i\right),1\leqslant i\leqslant m-1, \\ -D_+u_0+\lambda_1u_0=\alpha, D_-u_m+\lambda_2u_m=\beta. \end{cases}$$

为了提高导数边界条件的逼近精度, 由微分方程可知

$$u''\left(x_0\right)=q\left(x_0\right)u\left(x_0\right)-f\left(x_0\right),\quad u''\left(x_m\right)=q\left(x_m\right)u\left(x_m\right)-f\left(x_m\right)$$

由 Taylor 展开式, 有

$$\begin{cases} u'\left(x_0\right)=D_+U_0-\dfrac{h}{2}\left[q\left(x_0\right)u\left(x_0\right)-f\left(x_0\right)\right]-\dfrac{h^2}{2}u'''\left(\bar{\xi}_0\right),x_0<\bar{\xi}_0<x_1, \\ u'\left(x_m\right)=D_-U_m+\dfrac{h}{2}\left[q\left(x_m\right)u\left(x_m\right)-f\left(x_m\right)\right]-\dfrac{h^2}{2}u'''\left(\bar{\xi}_m\right),x_{m-1}<\bar{\xi}_m<x_m, \end{cases}$$

忽略微小量, 差分格式可修改为

$$\begin{cases} -\delta_x^2u_i+q\left(x_i\right)u_i=f\left(x_i\right),1\leqslant i\leqslant m-1, \\ -D_+u_0+\dfrac{h}{2}q\left(x_0\right)u_0+\lambda_1u_0=\alpha+\dfrac{h}{2}f\left(x_0\right), \\ D_-u_m+\dfrac{h}{2}q\left(x_m\right)u_m+\lambda_2u\left(x_m\right)=\beta+\dfrac{h}{2}f\left(x_m\right). \end{cases}\tag{11-14}$$

写成矩阵形式, 并记 $\mu_i=h^2q\left(x_i\right),\quad i=0,1,\cdots,m$, 得

$$
\begin{pmatrix}
1+h\lambda_1+\frac{1}{2}\mu_0 & -1 & & & \\
-1 & 2+\mu_1 & -1 & & \\
 & \ddots & \ddots & \ddots & \\
 & & -1 & 2+\mu_{m-1} & -1 \\
 & & & -1 & 1+h\lambda_2+\frac{1}{2}\mu_m
\end{pmatrix}
\begin{pmatrix} u_0 \\ u_1 \\ \vdots \\ u_{m-1} \\ u_m \end{pmatrix}
=
\begin{pmatrix}
h\alpha+\frac{h^2}{2}f(x_0) \\
h^2 f(x_1) \\
\vdots \\
h^2 f(x_{m-1}) \\
h\beta+\frac{h^2}{2}f(x_m)
\end{pmatrix}.
$$

```
# file_name: ode_neumann_boundary_problem.py
class ODENeumannBoundaryProblem:
    """
    ODE边值问题求解, 导数边界值条件
    """
    def __init__(self, ode_fun, q_t, lambda_1, lambda_2, u_t0, u_tm, t_T, h=0.1):
        self.q_t = q_t  # u(x)的系数或函数, 函数定义形式
        # 导数边界条件的系数或函数, 函数定义形式
        self.lambda_1, self.lambda_2 = lambda_1, lambda_2
        # 略去其他实例属性初始化···

    def fit_ode(self):
        """
        求解ODE边界值问题, 导数边界
        """
        t_array = np.arange(0, self.t_T + self.h, self.h)  # 待求解ODE区间的离散数值
        n = len(t_array)  # 离散点的个数
        self.ode_sol = np.zeros((n, 2))  # ode的数值解
        self.ode_sol[:, 0] = t_array
        self.ode_sol[0, 1], self.ode_sol[-1, 1] = self.u_t0, self.u_tm  # 边界值
        f_t = self.h ** 2 * self.ode_fun(t_array)  # 右端项的值, n+1
        # 第一项和最后一项特殊处理
```

```
        f_t[0]= f_t[0] / 2 + self.h * self.u_t0
        f_t[-1] = f_t[-1] / 2 + self.h * self.u_tm
        # 如下构造系数矩阵
        miu_i = self.h ** 2 * self.q_t(t_array)
        a_diag = np.zeros(n)
        a_diag[0] = 1 + self.h * self.lambda_1 + miu_i[0] / 2
        a_diag[-1] = 1 + self.h * self.lambda_2 + miu_i[-1] / 2
        a_diag[1:-1] = 2 + miu_i[1:-1]  # 主对角线元素
        b_diag = -1 * np.ones(n - 1)
        # 用追赶法求解
        cmtm = ChasingMethodTridiagonalMatrix(b_diag, a_diag, b_diag, f_t)
        self.ode_sol[:, 1] = cmtm.fit_solve()
        return self.ode_sol

    def plt_ode_numerical_sol(self, is_show=True, ode_analytical=None): # 可视化
```

例 5 求解如下常微分方程边值问题, 计算不同步长下的数值解及其与解析解的误差.

$$(1) \begin{cases} -u''(x)+u(x)=\mathrm{e}^x(\sin x-2\cos x), & 0\leqslant x\leqslant \pi, \\ u'(0)=-1, u'(\pi)=-\mathrm{e}^{\pi}, \end{cases}$$

该问题的解析解为 $u(x)=\mathrm{e}^x\sin x$.

$$(2) \begin{cases} -u''(x)+(1+\sin x)u(x)=\mathrm{e}^x\sin x, & 0\leqslant x\leqslant 1, \\ -u'(0)+u(0)=0, u'(1)+2u(1)=3\mathrm{e}, \end{cases}$$

该问题的解析解为 $u(x)=\mathrm{e}^x$.

如图 11-11 和图 11-12 所示, 为 ODE 导数边界条件在不同微分步长下的误差曲线和最后一个步长下的数值解与解析解对比曲线. 从图例可以看出, 随着微分步长的缩小, 误差逐步降低, 求解精度逐步提高.

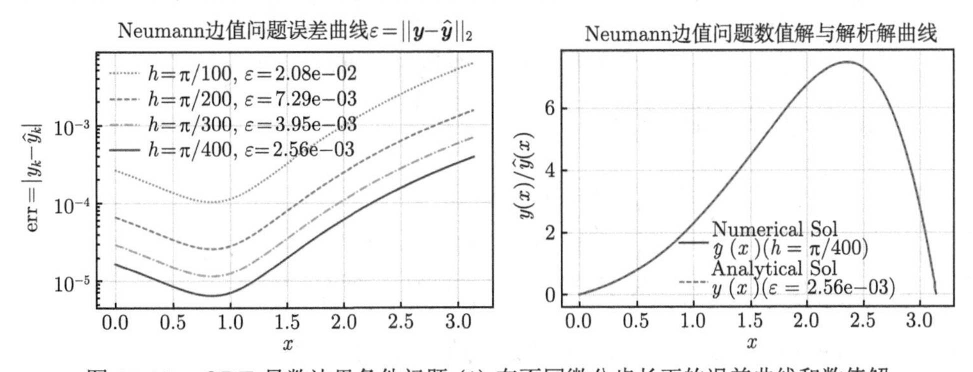

图 11-11 ODE 导数边界条件问题 (1) 在不同微分步长下的误差曲线和数值解

注　图 11-12(左), 为便于对数刻度绘制图像, 取绝对值误差 $|y_k - \hat{y}_k|$, 前半部分真值 y_k 小于数值解 $\hat{y}_k$, 而后半部分真值 y_k 大于数值解 $\hat{y}_k$, 故呈现出先降低后升高的特性.

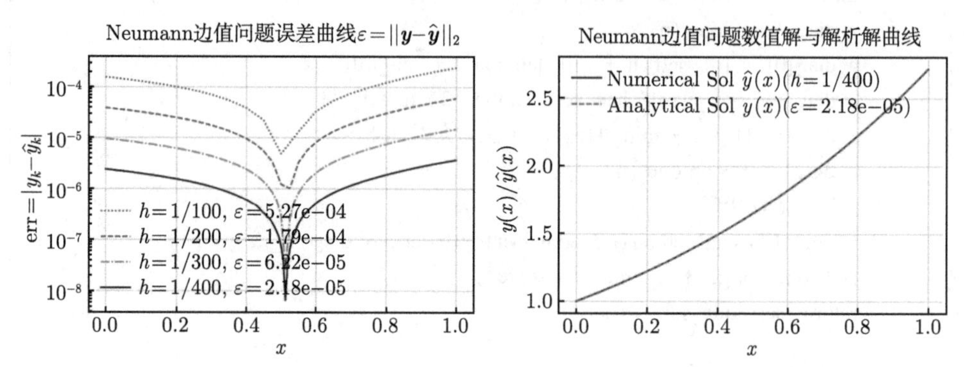

图 11-12　ODE 导数边界条件问题 (2) 在不同微分步长下的误差曲线和数值解

11.5　一阶常微分方程组与刚性微分方程

11.5.1　一阶常微分方程组

对于单个方程 $y' = f$ 的数值解法, 只要把 y 和 f 理解为向量, 那么, 所提供的各种计算公式即可应用到一阶方程组的情形. 考察一阶方程组的初值问题:

$$\begin{cases} y_i' = f_i\left(x, y_1, y_2, \cdots, y_N\right), \\ y_i\left(x_0\right) = y_i^0, \end{cases} \quad i = 1, 2, \cdots, N.$$

记 $\boldsymbol{y} = \left(y_1, y_2, \cdots, y_N\right)^{\mathrm{T}}, \boldsymbol{y_0} = \left(y_1^0, y_2^0, \cdots, y_N^0\right)^{\mathrm{T}}, \boldsymbol{f} = \left(f_1, f_2, \cdots, f_N\right)^{\mathrm{T}}$, 则上述方程组的初值问题可表示为

$$\boldsymbol{y}' = \boldsymbol{f}(x, \boldsymbol{y}), \quad \boldsymbol{y}\left(x_0\right) = \boldsymbol{y}_0.$$

考察两个方程的特殊情形:

$$\begin{cases} y' = f(x, y, z), \\ z' = g(x, y, z), \\ y\left(x_0\right) = y_0, z\left(x_0\right) = z_0. \end{cases}$$

设 $x_i = x_0 + ih, i = 1, 2, 3, \cdots, y_i$ 和 z_i 为节点上的近似解, 则有改进的 Euler(欧拉) 格式为

$$\begin{cases} \bar{y}_{i+1} = y_i + hf(x_i, y_i, z_i), \\ \bar{z}_{i+1} = z_i + hg(x_i, y_i, z_i), \\ y_{i+1} = y_i + \dfrac{h}{2}[f(x_i, y_i, z_i) + f(x_{i+1}, \bar{y}_{i+1}, \bar{z}_{i+1})], \\ z_{i+1} = z_i + \dfrac{h}{2}[g(x_i, y_i, z_i) + g(x_{i+1}, \bar{y}_{i+1}, \bar{z}_{i+1})]. \end{cases}$$

4 阶龙格–库塔公式具有形式:

$$\begin{cases} y_{n+1} = y_n + \dfrac{h}{6}(K_1 + 2K_2 + 2K_3 + K_4), \\ z_{n+1} = z_n + \dfrac{h}{6}(L_1 + 2L_2 + 2L_3 + L_4), \end{cases}$$

其中

$$\begin{cases} K_1 = f(x_n, y_n, z_n), \\ K_2 = f\left(x_n + \dfrac{h}{2}, y_n + \dfrac{h}{2}K_1, z_n + \dfrac{h}{2}L_1\right), \\ K_3 = f\left(x_n + \dfrac{h}{2}, y_n + \dfrac{h}{2}K_2, z_n + \dfrac{h}{2}L_2\right), \\ K_4 = f(x_n + h, y_n + hK_3, z_n + hL_3), \\ L_1 = g(x_n, y_n, z_n), \\ L_2 = g\left(x_n + \dfrac{h}{2}, y_n + \dfrac{h}{2}K_1, z_n + \dfrac{h}{2}L_1\right), \\ L_3 = g\left(x_n + \dfrac{h}{2}, y_n + \dfrac{h}{2}K_2, z_n + \dfrac{h}{2}L_2\right), \\ L_4 = g(x_n + h, y_n + hK_3, z_n + hL_3). \end{cases}$$

关于高阶微分方程 (或方程组) 的初值问题, 原则上总可以归结为一阶微分方程组来求解. 考察下列 m 阶微分方程:

$$\begin{cases} y^{(m)} = f\left(x, y, y', \cdots, y^{m-1}\right), \\ y(x_0) = y_0, y'(x_0) = y_0', \cdots, y^{(m-1)}(x_0) = y_0^{(m-1)}. \end{cases}$$

引进新的变量 $y_1 = y, y_2 = y', \cdots, y_m = y^{(m-1)}$, 即可将 m 阶方程化为如下形式

的一阶微分方程组:

$$\begin{cases} y_1' = y_2, y_2' = y_3, \cdots, y_{m-1}' = y_m, y_m' = f(x, y_1, y_2, \cdots, y_m), \\ y_1(x_0) = y_0, y_2(x_0) = y_0', \cdots, y_m(x_0) = y_0^{(m-1)}. \end{cases}$$

```
# file_name: first_order_ODEs_RK.py
class FirstOrderODEsRK:
    """
    一阶常微分方程组, 仅实现龙格-库塔方法求解
    """
    def __init__(self, ode_funs, x0, y0, x_final, h=0.1):
        self.ode_funs = ode_funs  # 待求解的微分方程组, 定义为ndarray一维数组
        self.x0, self.y0 = x0, y0  # 初值, 其中y0是向量
        # 略去其他实例属性的初始化代码

    def fit_odes(self):
        """
        龙格-库塔法求解一阶常微分方程组
        """
        # 待求解ode区间的离散数值
        x_array = np.arange(self.x0, self.x_final + self.h, self.h)
        self.ode_sol = np.zeros((len(x_array), self.n + 1))  # ODE的数值解
        self.ode_sol[:, 0] = x_array  # 第一列存储x
        # 每一次递推值按一行存储, 即一列代表一个微分方程数值解
        self.ode_sol[0, 1:] = self.y0
        for idx, _ in enumerate(x_array[1:]):
            K1 = self.ode_funs(x_array[idx], self.ode_sol[idx, 1:])
            K2 = self.ode_funs(x_array[idx] + self.h / 2,
                               self.ode_sol[idx, 1:] + self.h / 2 * K1)
            K3 = self.ode_funs(x_array[idx] + self.h / 2,
                               self.ode_sol[idx, 1:] + self.h / 2 * K2)
            K4 = self.ode_funs(x_array[idx] + self.h,
                               self.ode_sol[idx, 1:] + self.h * K3)
            self.ode_sol[idx + 1, 1:] = \
                self.ode_sol[idx, 1:] + self.h / 6 * (K1 + 2 * K2 + 2 * K3 + K4)
        return self.ode_sol

    def plt_odes_rk(self, is_show=True):  # 可视化数值解, 略去具体代码
```

例 6 求解如下二阶微分方程, 已知解析解为 $y=\mathrm{e}^{2x}(\sin x-2\cos x)$.

$$y''-2y'+2y=5\mathrm{e}^{2x}\sin x,\quad 0\leqslant x\leqslant 1,\quad y(0)=-2,\quad y'(0)=-3.$$

二阶微分方程转换为一阶微分方程组如下:

$$\begin{cases} y_1'=y_2, \\ y_2'=5\mathrm{e}^{2x}\sin x-2y_1+2y_2, \\ y_1(0)=-2, y_2(0)=-3 \end{cases}$$

注 定义微分方程组时, $\boldsymbol{y}$ 应定义为 ndarray 一维数组结构.

表 11-7 为二阶微分方程的数值解与解析解的误差精度, 步长 $h=0.1$. 图 11-13 为步长 $h=0.001$ 时的数值解曲线和误差精度曲线, 可见龙格–库塔法求解微分方程组具有较高的精度.

表 11-7 二阶微分方程数值解以及数值解与解析解的绝对值误差 $(h=0.1, k=1,2,\cdots,10)$

x_k	解析解 y_k	数值解 $\hat{y}_k$	误差 $\lvert y_k-\hat{y}_k\rvert$	解析解 y_k'	数值解 $\hat{y}_k'$	误差 $\lvert y_k'-\hat{y}_k'\rvert$
1.1	−2.30866485	−2.30866671	1.85840266e−06	−3.15815525	−3.15815621	9.56825141e−07
1.2	−2.62779524	−2.62779942	4.17811859e−06	−3.20074332	−3.20074474	1.41775942e−06
1.3	−2.94300023	−2.94300718	6.94746198e−06	−3.06831803	−3.06831903	9.94835411e−07
1.4	−3.23305142	−3.23306153	1.01097208e−05	−2.68291098	−2.68291014	8.39636057e−07
1.5	−3.46781973	−3.46783328	1.35442759e−05	−1.94369527	−1.94369049	4.78751932e−06
1.6	−3.60574245	−3.6057595	1.70425650e−05	−0.72191610	−0.72190434	1.17651316e−05
1.7	−3.59074448	−3.59076476	2.02778758e−05	1.14496214	1.14498509	2.29496960e−05
1.8	−3.34853387	−3.34855663	2.27678352e−05	3.85991915	3.85995898	3.98321154e−05
1.9	−2.78219068	−2.78221451	2.38283564e−05	7.67384311	7.67390738	6.42759000e−05
2.0	−1.76697178	−1.7669943	2.25177253e−05	12.8937331	12.89383169	9.85816246e−05

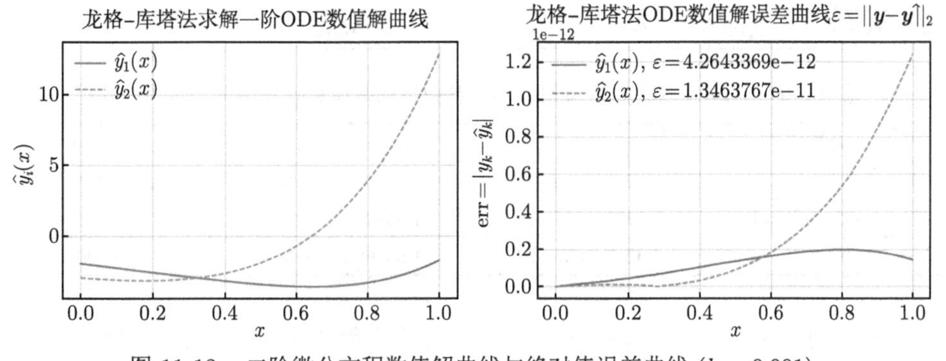

图 11-13 二阶微分方程数值解曲线与绝对值误差曲线 $(h=0.001)$

例 7[1] 考虑化学反应动力学模型，设三种化学物质的浓度随时间变化的函数为 $y_1(t), y_2(t), y_3(t)$，则浓度由下列方程给出：

$$
\begin{cases}
y_1' = -k_1 y_1, \\
y_2' = k_1 y_1 - k_2 y_2, \\
y_3' = -k_2 y_2,
\end{cases}
$$

其中 k_1 和 k_2 是两个反应的速度常数，假定初始浓度为 $y_1(0) = y_2(0) = y_2(0) = 1$，取 $k_1 = 1$，分别用 $k_2 = 10, 100, 1000$ 进行试验. 针对不同步长，从 $t = 0$ 开始计算到近似稳定状态或可以明显看出解不稳定或方法无效为止.

从表 11-8 和表 11-9 可以看出，y_1 和 y_2 随着递推值的计算，逐渐趋于 0，y_3 逐渐趋于 -1；步长过大，求解不稳定，可能导致不收敛，出现 nan 值 (本例中值过大，上溢出)；步长较小时，趋于稳定收敛，且 k_2 值的不同，对 y_2 的收敛速度有一定的影响.

表 11-8 化学反应动力学模型在不同参数下的数值解收敛情况 ($t \in [0, 20]$)

参数	y_1(t=20 时)	y_2(t=20 时)	y_3(t=20 时)
$h = 0.1,\ k_2 = 10$	2.06119096e−09	2.29021218e−10	−9.99999998e−01
$h = 0.1,\ k_2 = 100$	2.06119096e−09	nan	nan
$h = 0.1,\ k_2 = 1000$	2.06119096e−09	nan	nan
$h = 0.01,\ k_2 = 10$	2.04064480e−09	2.26738312e−10	−9.99999998e−01
$h = 0.01,\ k_2 = 100$	2.04064480e−09	2.06125738e−11	−9.99999998e−01
$h = 0.01,\ k_2 = 1000$	2.04064480e−09	nan	nan
$h = 0.001,\ k_2 = 10$	2.06115362e−09	2.29017069e−10	−9.99999998e−01
$h = 0.001,\ k_2 = 100$	2.06115362e−09	2.08197336e−11	−9.99999998e−01
$h = 0.001,\ k_2 = 1000$	2.06115362e−09	2.06321684e−12	−9.99999998e−01
$h = 0.0001,\ k_2 = 10$	2.06115362e−09	2.29017069e−10	−9.99999998e−01
$h = 0.0001,\ k_2 = 100$	2.06115362e−09	2.08197336e−11	−9.99999998e−01
$h = 0.0001,\ k_2 = 1000$	2.06115362e−09	2.06321684e−12	−9.99999998e−01

表 11-9 化学反应动力学模型在不同参数下的数值解收敛情况 ($t \in [0, 50]$)

参数	y_1(t=50 时)	y_2(t=50 时)	y_3(t=50 时)
$h = 0.0001,\ k_2 = 10$	1.92874985e−22	2.14305539e−23	−1.00000000e+00
$h = 0.0001,\ k_2 = 100$	1.92874985e−22	1.94823217e−24	−1.00000000e+00
$h = 0.0001,\ k_2 = 1000$	1.92874985e−22	1.93068053e−25	−1.00000000e+00

图 11-14 更能直观模型的各变量数值解的收敛变化曲线，左图求解范围 $t \in [0, 10]$，右图 $t \in [0, 50]$. 从中可以看出，随着递推计算，数值解逐渐趋于稳定状态.

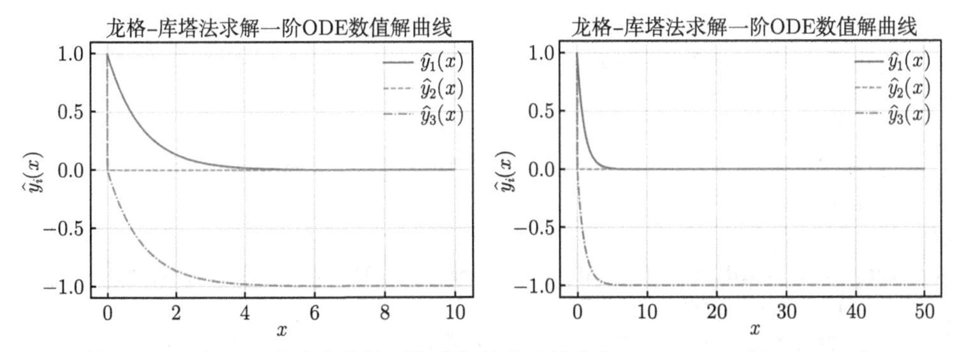

图 11-14 化学反应动力学模型数值解收敛变化曲线 $(h = 0.0001, k_2 = 1000)$

11.5.2 刚性微分方程

一般来说, 隐式方法比显式方法具有更大的绝对稳定区域, 因此隐式方法更适合用来求解刚性常微分方程. 如梯形法、改进的隐式欧拉法、亚当斯内插法、隐式龙格–库塔法.

基于高斯求积公式, 可得 2 级 4 阶隐式龙格–库塔法公式:

$$\begin{cases} y_{i+1} = y_i + \dfrac{h}{2}\left(K_1 + K_2\right), \quad i = 0, 1, \cdots, \\ K_1 = f\left(x_i + \dfrac{3-\sqrt{3}}{6}h, y_i + \dfrac{1}{4}K_1 h + \dfrac{3-2\sqrt{3}}{12}K_2 h\right), \\ K_2 = f\left(x_i + \dfrac{3+\sqrt{3}}{6}h, y_i + \dfrac{3+2\sqrt{3}}{12}K_1 h + \dfrac{1}{4}K_2 h\right). \end{cases}$$

3 级 6 阶隐式龙格–库塔公式, 也称 GLFIRK 方法:

$$\begin{cases} y_{i+1} = y_i + \dfrac{h}{18}\left(5K_1 + K_2 + 5K_3\right), \quad i = 0, 1, \cdots, \\ K_1 = f\left(x_i + \dfrac{5-\sqrt{15}}{10}h, y_i + \dfrac{5}{36}K_1 h + \dfrac{10-3\sqrt{15}}{45}K_2 h + \dfrac{25-6\sqrt{15}}{180}K_3 h\right), \\ K_2 = f\left(x_i + \dfrac{1}{2}h, y_i + \dfrac{10+3\sqrt{3}}{72}K_1 h + \dfrac{2}{9}K_2 h + \dfrac{10-3\sqrt{15}}{72}K_3 h\right), \\ K_3 = f\left(x_i + \dfrac{5+\sqrt{15}}{10}h, y_i + \dfrac{25+6\sqrt{15}}{180}K_1 h + \dfrac{10+3\sqrt{15}}{45}K_2 h + \dfrac{5}{36}K_3 h\right). \end{cases}$$

由于 GLFIRK 方法需要求解方程组的解或局部迭代逼近得到 K_1, K_2 和 K_3, 故算法设计采用 3 阶显式龙格–库塔公式 (参见 11.2 节) 作为一次预测, 然后用 GLFIRK 方法作一次校正, 构造预测–校正系统.

```python
# file_name: stiff_ODES_rk_pcs.py
class StiffODEsRKPCS:
    """
    3阶显式龙格-库塔公式 +3级6阶隐式龙格-库塔公式构成预测-校正系统,求解刚性微分
    方程组问题
    """
    def __init__(self, ode_funs, x0, y0, x_final, h=0.1):  # 略去部分实例初始化···
        v15 = math.sqrt(15)  # 常数
        # 3级6阶隐式龙格-库塔公式的y方向系数矩阵
        self.GLFIRK_mat = np.array([[5 / 36, 2 / 9 - v15 / 15, 5 / 36 - v15 / 30],
                                    [5 / 36 + v15 / 24, 2 / 9, 5 / 36 - v15 / 24],
                                    [5 / 36 + v15 / 30, 2 / 9 + v15 / 15, 5 / 36]])
        self.ode_sol = None  # 求得的微分数值解

    def fit_odes(self):
        """
        3阶显式 + 3级6阶隐式龙格-库塔法求解刚性微分方程组
        """
        # 待求解ode区间的离散数值
        x_array = np.arange(self.x0, self.x_final + self.h, self.h)
        self.ode_sol = np.zeros((len(x_array), self.n + 1))  # ode的数值解
        self.ode_sol[:, 0] = x_array  # 第一列存储x
        # 每一次递推值按一行存储,即一列代表一个微分方程数值解
        self.ode_sol[0, 1:] = self.y0
        # 变量x的递增向量
        x_k = self.h * np.array([(5 - math.sqrt(15)) / 10, 1 / 2,
                                 (5 + math.sqrt(15)) / 10])
        for idx, _ in enumerate(x_array[1:]):
            # 1. 3阶显式龙格-库塔预测,得到k1, k2, k3和方程组的预测值向量y_predict
            y_predict, k1, k2, k3 = \
                self._rk_3_order_explict_(x_array[idx], self.ode_sol[idx, 1:])
            k_mat = self.h * np.array([k1, k2, k3])  # 由k1, k2, k3构成矩阵
            # 2. 3级6阶隐式龙格-库塔公式校正一次
            self._rk_3_order_implicit_(x_array[idx], x_k, idx, y_predict, k_mat)

    def _rk_3_order_explict_(self, x, y):
        """
        3阶龙格-库塔公式,显式方法
        """
```

```
        k1 = self.ode_funs(x, y)
        k2 = self.ode_funs(x + self.h / 2, y + self.h / 2 * k1)
        k3 = self.ode_funs(x + self.h, y - self.h * k1 + 2 * self.h * k2)
        sol = y + self.h / 6 * (k1 + 4 * k2 + k3)
        return sol, k1, k2, k3

    def _rk_3_order_implicit_(self, x, x_k, idx, y_predict, k_mat):
        """
        3阶龙格-库塔公式, 隐式方法
        :param x: 待递推下个值的起点, x_k: 变量x的递增量
        :param idx: 待递推下个值的起点索引
        :param y_predict: 3阶显式龙格-库塔公式预测值, 向量
        :param k_mat: 3阶显式龙格-库塔公式k1, k2, k3构成的矩阵
        """
        k1 = self.ode_funs(x + x_k[0], y_predict + np.dot(self.GLFIRK_mat[0, :], k_mat))
        k2 = self.ode_funs(x + x_k[1], y_predict + np.dot(self.GLFIRK_mat[1, :], k_mat))
        k3 = self.ode_funs(x + x_k[2], y_predict + np.dot(self.GLFIRK_mat[2, :], k_mat))
        self.ode_sol[idx + 1, 1:] = y_predict + self.h * (5 * k1 + k2 + 5 * k3) / 18

    def plt_odes_rk_pcs(self, is_show=True):  # 可视化
```

针对**例 7** 刚性微分方程组示例: 设置 $h = 0.001$, 计算到 $t = 20$, 如表 11-10 为递推到最后的值的收敛情况, R-K 预测–校正系统求解收敛速度更快, 同时意味着计算量的增加. 由于 k_2 值的不同, 其值较大时收敛速度更快.

表 11-10 化学反应动力学模型在不同参数下的数值解收敛情况 ($t \in [0, 20]$)

类名与步长	k_2	$y_1(t = 20$ 时)	$y_2(t = 20$ 时)	$y_3(t = 20$ 时)	时间 (20 次均值)
StiffODEsRKPCS $h = 0.001$	10	1.01648621e−14	1.12942913e−15	−1.00000000e+00	0.900155329704285
	100	1.01648621e−14	1.02675375e−16	−1.00000000e+00	0.847601628303528
	1000	1.01648621e−14	1.01750372e−17	−1.00000000e+00	0.870902657508850
FirstOrderODEsRK $h = 0.001$	10	2.06115362e−09	2.29017069e−10	−9.99999998e−01	0.538855636119843
	100	2.06115362e−09	2.08197336e−11	−9.99999998e−01	0.466501152515411
	1000	2.06115362e−09	2.06321684e−12	−9.99999998e−01	0.512349402904511

■ 11.6 * 常微分方程边值问题的有限元法

有限差分法是对微分方程直接离散, 而有限元法是把微分方程的定解问题转化为求解一个等价的 “变分问题”.

11.6.1 Ritz-Galerkin 方法

考虑常微分方程两点边值问题[4]:

$$\begin{cases} Lu = -(pu')' + qu = f, x \in (0,1), \\ u(0) = 0, u(1) = 0. \end{cases}$$

若边界条件为 $u(0) = \alpha, u(1) = \beta$, 则可通过变量替换 $z = u - \beta x - (1-x)\alpha$ 变换成

$$\begin{cases} Lz = -(pz')' + qz = F, x \in (0,1), \\ z(0) = 0, z(1) = 0. \end{cases}$$

对于 $a \leqslant x \leqslant b$, 可同样通过变量替换 $w = \dfrac{1}{b-a}x - \dfrac{a}{b-a}$ 方法变换为 $0 \leqslant w \leqslant 1$.

令

$$H^1[0,1] = \left\{v(x) \mid v(x), v'(x) \text{ 为}[0,1] \text{ 上的平方可积函数}\right\},$$

$$H_0^1(0,1) = \left\{v(x) \mid v(x) \in H^1[0,1] \text{ 且} v(0) = 0, v(1) = 0\right\}.$$

对任意的 $u, v \in H_0^1(0,1)$, 记

$$a(u,v) = \int_0^1 (pu'v' + quv)\,\mathrm{d}x,\ (f,v) = \int_0^1 fv\ \mathrm{d}x, \quad J(u) = \frac{1}{2}a(u,u) - (f,u).$$

求 $u^* \in H_0^1(0,1)$, 使得 $J(u^*) = \min\limits_{u \in H_0^1(0,1)} J(u)$, 则 u^* 为边值问题的解.

Ritz-Galerkin(里茨–伽辽金) 方法是最重要的一种近似方法, 是有限元方法的基础. 变分问题的主要困难是在无穷维空间上求泛函的极小值. Ritz 方法的基本思想是用有限维空间近似代替无穷维空间, 将原变分问题转化为多元函数的极小值问题. 关键是如何选取子空间.

设 $\mathbb{V}_n$ 是 $H_0^1(0,1)$ 的 n 维子空间, $\phi_1(x), \phi_2(x), \cdots, \phi_n(x)$ 是 $\mathbb{V}_n$ 的一组基 (称为基函数) , 则 $\mathbb{V}_n$ 中任一元素可表示成

$$u_n = \sum_{j=1}^{n} c_j \phi_j.$$

Ritz 方法和 Galerkin 方法导出的近似解 u_n 一致, Ritz 方法基于极小位能原理, Galerkin 方法基于虚功原理. 此处仅介绍 Ritz 方法的计算方法. Ritz 方法的目标是选取系数 $c_1, c_2, \cdots, c_n$, 使得 $J(u_n)$ 取极小值. 注意

$$J(u_n)=\frac{1}{2}a(u_n,u_n)-(f,u_n)=\frac{1}{2}\sum_{i,j=1}^{n}a(\phi_i,\phi_j)c_ic_j-\sum_{j=1}^{n}(f,\phi_j)c_j$$

是 $c_1,c_2,\cdots,c_n$ 的二次函数且 $a(\phi_i,\phi_j)=a(\phi_j,\phi_i)$, 令 $\dfrac{\partial J(u_n)}{\partial c_i}=0,\quad i=1,2,\cdots,n.$, 即得 $c_1,c_2,\cdots,c_n$ 满足

$$\sum_{j=1}^{n}a(\phi_i,\phi_j)c_j=(f,\phi_i),\quad i=1,2,\cdots,n.$$

解线性方程组得 $c_1,c_2,\cdots,c_n$, 进而得到近似解 u_n, 上式也称为 Ritz-Galerkin 方程组. 用 Ritz 方法求得的 u_n 在空间 $\mathbb{V}_n$ 中是最佳的.

Ritz-Galerkin 方程组的系数矩阵

$$\boldsymbol{A}=\begin{pmatrix}a(\phi_1,\phi_1) & a(\phi_1,\phi_2) & \cdots & a(\phi_1,\phi_n)\\ a(\phi_2,\phi_1) & a(\phi_2,\phi_2) & \cdots & a(\phi_2,\phi_n)\\ \vdots & \vdots & & \vdots\\ a(\phi_n,\phi_1) & a(\phi_n,\phi_2) & \cdots & a(\phi_n,\phi_n)\end{pmatrix}$$

是对称正定的, 因而唯一可解. 古典的 Ritz-Galerkin 方法通常选取代数多项式或三角函数作为基函数.

算法说明 如下算法针对 $p(x)=1,q(x)=1$ 的常微分方程两点边值问题. 采用高斯–勒让德求积分方法获得系数矩阵 $\boldsymbol{A}$ 和右端向量 $\boldsymbol{b}$, 由于 $\boldsymbol{A}$ 对称正定, 采用平方根法求解稠密线性方程组的解 (求解时, 需判断 $\boldsymbol{A}$ 是否为正定矩阵, 由于计算舍入误差的存在, $\boldsymbol{A}$ 未必严格正定, 可注释掉判断矩阵是否正定的语句) .

该算法对于多项式基函数, 固定了 $\phi_i(x)=w(x)x^{i-1},i=1,2,\cdots,w(x)=x(1-x)$, 对于求解区间 (a,b) 时, 可取 $w(x)=(x-a)(b-x)$; 对于三角基函数, 固定了 $\phi_i(x)=\sin(i\pi x),\quad i=1,2,\cdots$, 对于求解区间 (a,b) 时, 可取

$$\phi_i(x)=\sin\left(i\pi\frac{x-a}{b-a}\right),\quad i=1,2,\cdots.$$

如果存在解析解, 其误差度量采用 $\|\boldsymbol{y}-\hat{\boldsymbol{y}}\|_2$, $\boldsymbol{y}$ 与 $\hat{\boldsymbol{y}}$ 分别表示解析解和数值解, 计算简便. 需导入已实现类 SquareRootDecompositionAlgorithm 和 GaussLegendreIntegration.

```
# file_name: ode_ritz_galerkin.py
class ODERitzGalerkin:
    """
    采用Ritz-Galerkin变元法求解二阶常微分方程, 非稀疏
    """
    def __init__(self, f_ux, x_span, n, basis_func="poly", ode_model=None):
        self.f_ux = f_ux  # 右端函数, 符号函数定义, 固定自变量符号为x
        self.x_span = x_span  # 求解区间, 支持[a, b]形式
        self.n = n  # 子空间维度数
        self.basis_func = basis_func  # 基函数类型
        self.ode_model = ode_model # 解析解, 不存在可不传
        self.ux = None # 最终近似解表达式

    def fit_ode(self):
        """
        核心算法: Ritz-Galerkin变元法
        """
        a, b = self.x_span[0], self.x_span[1]
        x, k = sympy.symbols("x, k")  # 定义基函数的符号变量
        basis_func = None # 定义基函数
        if self.basis_func.lower() == "poly":
            basis_func = (x - a) * (b - x) * (x ** (k - 1))  # 多项式基函数
        elif self.basis_func.lower() == "sin":
            basis_func = sympy.sin(k * np.pi * (x - a) / (b - a))  # 三角基函数
        else:
            print("基函数类型仅支持poly和sin.")
            exit(0)
        diff_bf = sympy.simplify(basis_func.diff(x, 1))  # 基函数的一阶导数
        # 如下构造求解近似解表达式的系数c的系数矩阵和右端向量
        c_mat, b_vector = np.zeros((self.n, self.n)), np.zeros(self.n)  # 初始化
        for i in range(1, self.n + 1):
            phi_i, diff_phi_i = basis_func.subs({k: i}), diff_bf.subs({k: i})
            b_int_fun = sympy.lambdify(x, self.f_ux * phi_i)
            # 高斯-勒让德求积法
            gli = GaussLegendreIntegration(b_int_fun, self.x_span, 15)
            b_vector[i - 1] = gli.fit_int()
            for j in range(i, self.n + 1):
                phi_j, diff_phi_j = basis_func.subs({k: j}), diff_bf.subs({k: j})
                # 被积函数
```

```
                int_fun = sympy.lambdify(x, diff_phi_i * diff_phi_j + phi_i * phi_j)
                gli = GaussLegendreIntegration(int_fun, self.x_span, 15)
                c_mat[i - 1, j - 1] = gli.fit_int()
                c_mat[j - 1, i - 1] = c_mat[i - 1, j - 1]  # 对称矩阵
        # 采用平方根法求线性方程组的解, 正定对称矩阵
        srd = SquareRootDecompositionAlgorithm(c_mat, b_vector, sol_method="cholesky")
        c_sol = srd.fit_solve()  # 获得解
        self.ux = 0.0  # 如下构造近似解表达式
        for i in range(1, self.n + 1):
            self.ux += c_sol[i - 1] * basis_func.subs({k: i})
        self.ux = sympy.simplify(self.ux)
        return self.ux

    def plt_ode_curve(self):  #可视化ODE数值解
```

例 8 用 Ritz-Galerkin 方法求解边值问题[4], 该问题的解析解为 $u(x)=\sin(\pi x)$.

$$-u''+u=\left(1+\pi^2\right)\sin(\pi x),\quad 0<x<1, u(0)=u(1)=0.$$

设置子空间维度数为 $n=10$, 分别采用多项式基函数和三角基函数, 结果如图 11-15 和图 11-16 所示, 具有不错的精度, 误差范数参考右图标题所示. 由于精度较高, 左图中解析解与数值解的曲线, 不易区分. 修改求解区间为 [0,2], 设置子空间维度数为 $n=15$, 采用多项式基函数, 结果如图 11-17 所示.

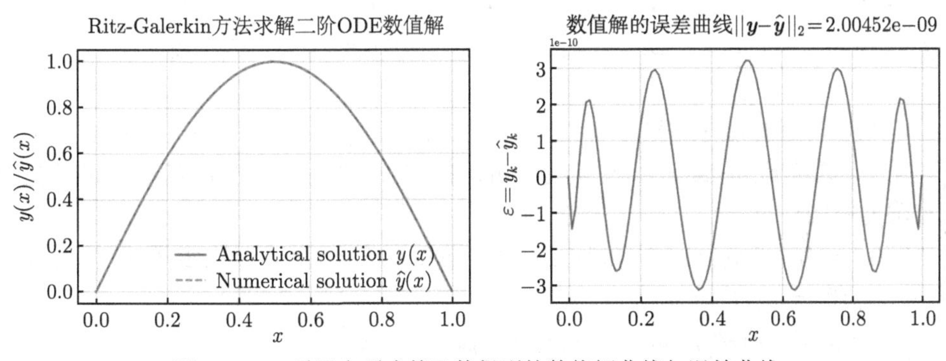

图 11-15 采用多项式基函数得到的数值解曲线与误差曲线

11.6.2 基于分片线性基函数的有限元法

有限元法基于变分原理[4], 但由于选择了与区域剖分有关的局部非零的基函数使得 Ritz-Galerkin 方程组的系数矩阵为稀疏矩阵, 从而使得计算量大大地减

少. 考虑 $p(x)=1, q(x)=1$ 的常微分方程两点边值问题, 如下考虑分片线性基函数.

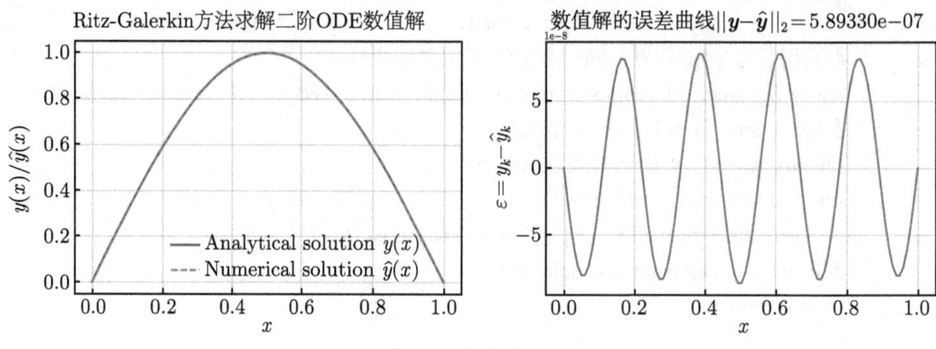

图 11-16　采用三角基函数得到的数值解曲线与误差曲线

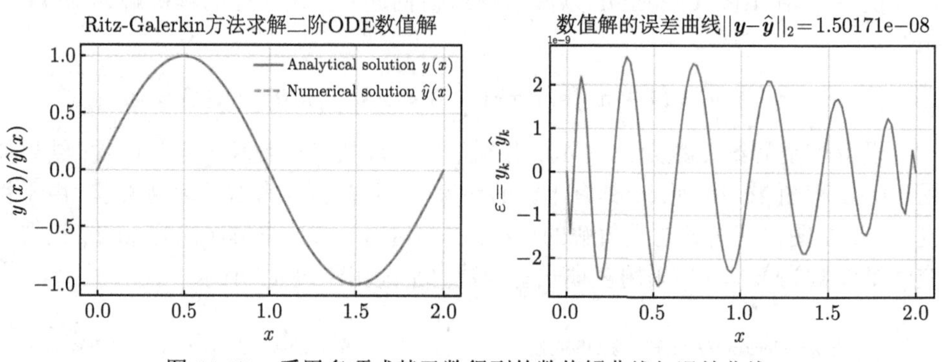

图 11-17　采用多项式基函数得到的数值解曲线与误差曲线

对区间 [0,1] 进行剖分, 即 $0=x_0<x_1<\cdots<x_n<x_{n+1}=1$, $e_i\equiv[x_{i-1},x_i]$ 为单元, $h_i\equiv x_i-x_{i-1}$ 为剖分区间步长. 构造 $H_0^1(0,1)$ 的有限维子空间(有限元空间), 令

$\mathbb{V}_h=\{v_h \mid v_h(x)$ 在 $[0,1]$ 上连续, $v_h(x)$ 在 e_i 上为一次多项式, $1\leqslant i\leqslant n+1, v_h(0)=v_h(1)=0\}$.

在 $\mathbb{V}_h$ 中选取函数 $\phi_1(x),\phi_2(x),\cdots,\phi_n(x)$, 其中

$$\phi_i(x)=\begin{cases}\dfrac{x-x_{i-1}}{h_i}, & x_{i-1}\leqslant x<x_i,\\ \dfrac{x_{i+1}-x}{h_{i+1}}, & x_i\leqslant x\leqslant x_{i+1},\\ 0, & x\notin[x_{i-1},x_{i+1}],\end{cases}\qquad i=1,2,\cdots,n.$$

$\phi_i(x)$ 具有局部非零性, 且线性无关. 令 $\xi = (x - x_{i-1})/h_i$, 变换到区间 [0,1], 并令 $N_0(\xi) = \xi, N_1(\xi) = 1 - \xi$ 可得

$$
\phi_i(x) = \begin{cases} N_0(\xi), \xi = \dfrac{x - x_{i-1}}{h_i}, & x_{i-1} \leqslant x < x_i, \\ N_1(\xi), \xi = \dfrac{x - x_i}{h_{i+1}}, & x_i \leqslant x \leqslant x_{i+1}, \\ 0, & x \notin [x_{i-1}, x_{i+1}], \end{cases} \quad i = 1, 2, \cdots, n.
$$

Ritz-Galerkin 有限元方程的构造, 由于 $\phi_i(x)$ 的局部非零性, 写成矩阵形式为

$$
\begin{pmatrix} a(\phi_1,\phi_1) & a(\phi_1,\phi_2) & & & \\ a(\phi_2,\phi_1) & a(\phi_2,\phi_2) & a(\phi_2,\phi_3) & & \\ & \ddots & \ddots & \ddots & \\ & & a(\phi_{n-1},\phi_{n-2}) & a(\phi_{n-1},\phi_{n-1}) & a(\phi_{n-1},\phi_n) \\ & & & a(\phi_n,\phi_{n-1}) & a(\phi_n,\phi_n) \end{pmatrix}
\begin{pmatrix} c_1 \\ c_2 \\ \vdots \\ c_{n-1} \\ c_n \end{pmatrix} = \begin{pmatrix} (f,\phi_1) \\ (f,\phi_2) \\ \vdots \\ (f,\phi_{n-1}) \\ (f,\phi_n) \end{pmatrix},
$$

故只需计算

$$
\begin{cases} a(\phi_{i-1},\phi_i) = \displaystyle\int_0^1 \left[-h_i^{-1} p(x_{i-1} + h_i\xi) + h_i q(x_{i-1} + h_i\xi)(1-\xi)\right] \mathrm{d}\xi, \\ a(\phi_i,\phi_i) = \displaystyle\int_0^1 \left[-h_i^{-1} p(x_{i-1} + h_i\xi) + h_i q(x_{i-1} + h_i\xi)\xi^2\right] \mathrm{d}\xi \\ \qquad + \displaystyle\int_0^1 \left[-h_{i+1}^{-1} p(x_i + h_{i+1}\xi) + h_{i+1} q(x_i + h_{i+1}\xi)(1-\xi)^2\right] \mathrm{d}\xi, \\ a(\phi_{i+1},\phi_i) = \displaystyle\int_0^1 \left[-h_{i+1}^{-1} p(x_i + h_{i+1}\xi) + h_{i+1} q(x_i + h_{i+1}\xi)(1-\xi)\right] \mathrm{d}\xi, \\ (f,\phi_i) = \displaystyle\int_0^1 f(x)\phi_i(x)\mathrm{d}x = h_i \int_0^1 f(x_{i-1} + h_i\xi)\xi \mathrm{d}\xi \\ \qquad + h_{i+1} \displaystyle\int_0^1 f(x_i + h_{i+1}\xi)(1-\xi)\mathrm{d}\xi. \end{cases}
$$

求解三对角方程组可得 $c_1, c_2, \cdots, c_n$, 称 $u_n(x) = \sum_{j=1}^{n} c_j\phi_j(x)$ 为定解问题的有限元解.

```
# file_name: ode_ritz_galerkin_FEM.py
class ODERitzGalerkinFEM:
    """
    采用Ritz-Galerkin有限元法求解二阶常微分方程, 稀疏
    """
    def __init__(self, f_ux, x_span, n, ode_model=None):
        self.f_ux = f_ux  # 右端函数, 符号函数定义, 固定自变量符号为x
        self.x_span = x_span  # 求解区间, 支持[a, b]形式
        self.n = n  # 子空间数
        self.ode_model = ode_model # 解析解, 不存在可不传
        self.ux = None # 最终近似解表达式

    @staticmethod
    def basis_func(a, b, h):
        """
        构造有限元空间基函数
        :param a: [x_(i-1), x_(i)]的左端点x_(i-1)
        :param b: [x_(i-1), x_(i)]的右端点x_(i)
        :param h: 单元剖分步长
        """
        x = sympy.symbols("x")  # 定义符号变量
        # 构造分段基函数
        return sympy.Piecewise(((x - a) / h, (x >= a) & (x < b)),
                               ((b + h - x) / h, (x >= b) & (x <= b + h)),
                               (0.0, (x < a) | (x > b + h)), (0, True))

    def fit_ode(self):
        """
        核心算法求解: Ritz-Galerkin有限元法
        """
        a, b = self.x_span[0], self.x_span[1]
        xi = np.linspace(a, b, self.n + 2)  # 区间剖分点
        h = (b - a) / (self.n + 1)  # 单元剖分步长
        x, s = sympy.symbols("x, s")  # 定义符号变量, s为积分符号
        # 如下构造求近似解表达式的系数c的系数矩阵和右端向量
        main_diag = np.zeros(self.n)  # 系数矩阵主对角线元素
```

```
        sub_diag = np.zeros(self.n - 1)  # 次对角线元素
        b_vector = np.zeros(self.n)  # 右端向量
        for i in range(self.n):
            b_int_fun_1 = self.f_ux.subs({x: (xi[i] + h * s)}) * s
            b_int_fun_2 = self.f_ux.subs({x: (xi[i + 1] + h * s)}) * (1 - s)
            b_int_fun = sympy.lambdify(s, b_int_fun_1 + b_int_fun_2)
            # 高斯-勒让德求积法
            gli = GaussLegendreIntegration(b_int_fun, self.x_span, 15)
            b_vector[i] = gli.fit_int()
            # 主对角线元素计算
            int_fun = sympy.lambdify(s, 2 / h + h * (s ** 2 + (1 - s) ** 2))
            gli = GaussLegendreIntegration(int_fun, self.x_span, 15)
            main_diag[i] = gli.fit_int() / h
        for i in range(self.n - 1):
            # 次对角线元素计算
            int_fun = sympy.lambdify(s, -1 / h + h * (1 - s) * s)
            gli = GaussLegendreIntegration(int_fun, self.x_span, 15)
            sub_diag[i] = gli.fit_int() / h
        # 采用追赶法求解三对角线性方程组的解
        ctm = ChasingMethodTridiagonalMatrix(sub_diag, main_diag, sub_diag, b_vector)
        c_sol = ctm.fit_solve()  # 获得解
        # 如下构造近似解表达式
        self.ux = sympy.zeros(self.n)
        for i in range(self.n):
            print(self.basis_func(xi[i], xi[i + 1], h))  # 打印输出
            self.ux[i] = c_sol[i] * self.basis_func(xi[i], xi[i + 1], h)
        return self.ux

    def plt_ode_curve(self):  # 可视化ODE数值解
```

针对**例 8** 示例: 用有限元法求解边值问题. 设置子空间维度为 $n=4$, 则求解如下三对角线性方程组 (各系数可从程序输出, 保留小数点后 5 位) :

$$\begin{pmatrix} 50.66667 & -24.83333 & & \\ -24.83333 & 50.66667 & -24.83333 & \\ & -24.83333 & 50.66667 & -24.83333 \\ & & -24.83333 & 50.66667 \end{pmatrix}\begin{pmatrix} c_1 \\ c_2 \\ c_3 \\ c_4 \end{pmatrix}=\begin{pmatrix} 6.18155 \\ 10.00196 \\ 10.00196 \\ 6.18155 \end{pmatrix}.$$

求解可得 $c_1=0.58953379, c_2=0.95388572, c_3=0.58953379, c_4=0.95388572$, 基

函数可通过算法打印输出, 如 $\phi_1(x)$ 和 $\phi_2(x)$ 为 (保留 Python 输出格式) :

(1) Piecewise((5.0*x, (x >= 0) & (x < 0.2)), (2.0 - 5.0*x, (x >= 0.2) & (x <= 0.4)), (0, True)).

(2) Piecewise((5.0*x - 1.0, (x >= 0.2) & (x < 0.4)), (3.0 - 5.0*x, (x >= 0.4) & (x <= 0.6)), (0, True)).

故而, 基函数可表示为

$$\phi_1(x)=\begin{cases}5x, & 0\leqslant x<0.2,\\ 2-5x, & 0.2\leqslant x\leqslant 0.4,\\ 0, & x\notin[0,0.4].\end{cases}\quad \phi_2(x)=\begin{cases}5x-1, & 0.2\leqslant x<0.4,\\ 3-5x, & 0.4\leqslant x\leqslant 0.6,\\ 0, & x\notin[0.2,0.6].\end{cases}$$

$$\phi_3(x)=\begin{cases}5x-2, & 0.4\leqslant x<0.6,\\ 4-5x, & 0.6\leqslant x\leqslant 0.8,\\ 0, & x\notin[0.4,0.8].\end{cases}\quad \phi_4(x)=\begin{cases}5x-3, & 0.6\leqslant x<0.8,\\ 5-5x, & 0.8\leqslant x\leqslant 1,\\ 0, & x\notin[0.6,1].\end{cases}$$

有限元解表示为 (系数 c_i 保留小数点后 8 位)

$$u_4(x)=\sum_{i=1}^{4}c_i\phi_i(x)=0.58953379\phi_1(x)+0.95388572\phi_2(x)$$
$$+0.58953379\phi_3(x)+0.95388572\phi_4(x).$$

在区间 $[0,1]$ 上等距划分 $x_i, i=0,1,\cdots,99$, 可求得数值解 $u(x_i)$ 及其与解析解的误差曲线如图 11-18 所示. 当子空间数为 $n=40$ 时, 如图 11-19 所示.

在区间 $[0,2]$ 上等距划分 $x_i, i=0,1,\cdots,99$, 子空间维度 $n=60$, 可求得数值解 $u(x_i)$ 及其与解析解的误差曲线如图 11-20 所示.

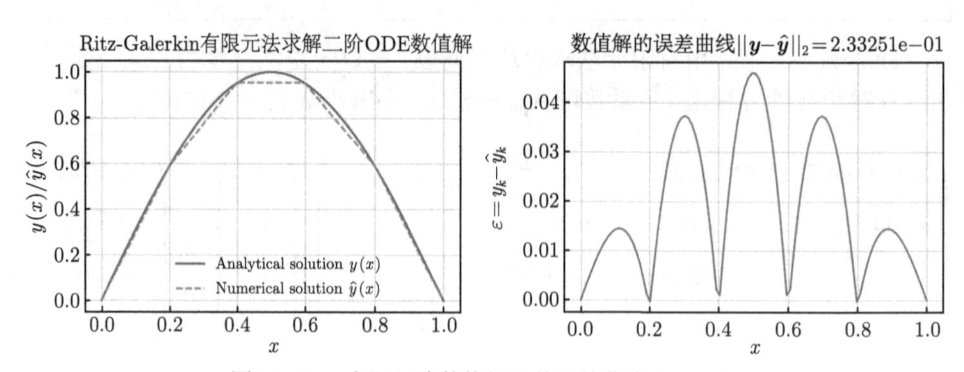

图 11-18　有限元法数值解及其误差曲线 ($n=4$)

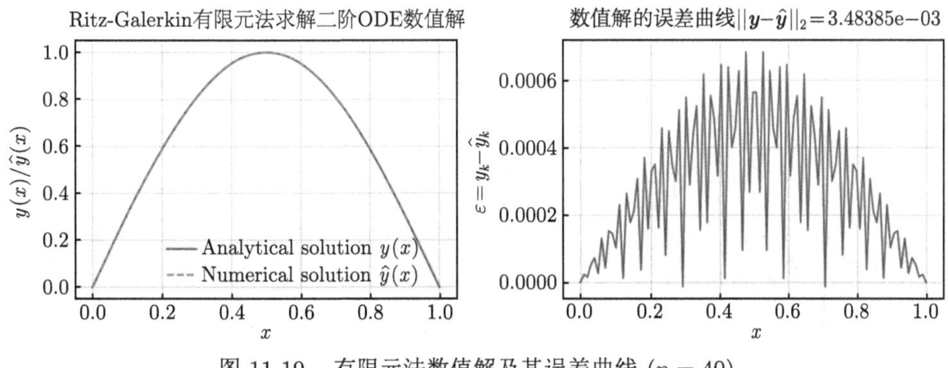

图 11-19　有限元法数值解及其误差曲线 ($n = 40$)

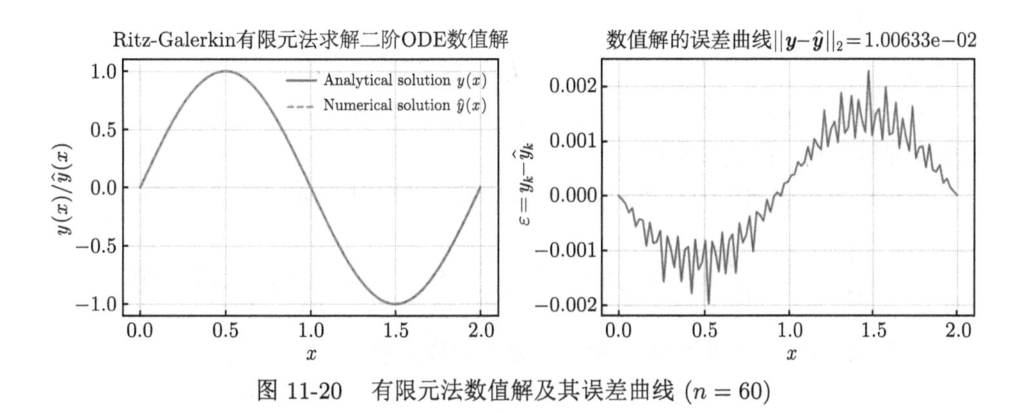

图 11-20　有限元法数值解及其误差曲线 ($n = 60$)

11.6.3　基于三次 B 样条基函数的有限元法

基于分片线性基函数的有限元法得到的近似解在 $[0,1]$ 上连续但不可微[5]. 更复杂的基函数要求使用属于 $C_0^2[0,1]$ 的近似解. 三次 B 样条基函数使用了等距节点 $\{x_0,x_1,x_2,x_3,x_4\}=\{-2,-1,0,1,2\}$, 并满足插值条件 $S(x_0)=0, S(x_2)=0$ 和 $S(x_4)=0$, 以及 $S'(x_0)=S'(x_4)=0$ 和 $S''(x_0)=S''(x_4)=0$. 具体表示为

$$S(x)=\frac{1}{4}\begin{cases}(2+x)^3, & -2<x\leqslant -1,\\ (2+x)^3-4(1+x)^3, & -1<x\leqslant 0,\\ (2-x)^3-4(1-x)^3, & 0<x\leqslant 1,\\ (2-x)^3, & 1<x\leqslant 2,\\ 0, & x\notin(-2,2].\end{cases}\tag{11-15}$$

构造 $C_0^2[0,1]$ 中的基函数 ϕ_i. 首先选取一个正整数 n, 定义 $h=1/(n+1)$, 对区间进行划分, 得到等距分布节点 $x_i=ih, i=0,1,\cdots,n+1$. 定义基函数

$\{\phi_i\}_{i=0}^{n+1}$ 为

$$\phi_i(x)=\begin{cases} S\left(\dfrac{x}{h}\right)-4S\left(\dfrac{x+h}{h}\right), & i=0,\\ S\left(\dfrac{x-h}{h}\right)-S\left(\dfrac{x+h}{h}\right), & i=1,\\ S\left(\dfrac{x-ih}{h}\right), & 2\leqslant i\leqslant n-1,\\ S\left(\dfrac{x-nh}{h}\right)-S\left(\dfrac{x-(n+2)h}{h}\right), & i=n,\\ S\left(\dfrac{x-(n+1)h}{h}\right)-4S\left(\dfrac{x-(n+2)h}{h}\right), & i=n+1. \end{cases} \tag{11-16}$$

基函数 $\{\phi_i\}_{i=0}^{n+1}$ 是线性无关的三次样条函数集并满足 $\phi_i(0)=\phi_i(1)=0$. 由于函数 $\phi_i(x)$ 和 $\phi_i'(x)$ 只在区间 $x\in[x_{i-2},x_{i+2}]$ 上非零, 所以 Rayleigh-Ritz 方法中的矩阵是带状矩阵 $\boldsymbol{A}$, 其带宽最多是 7.

假设求解边值问题的一般形式 (梁应力分析中的线性两点边值问题) 为

$$-\frac{\mathrm{d}}{\mathrm{d}x}\left(p(x)\frac{\mathrm{d}y}{\mathrm{d}x}\right)+q(x)y=f(x),\quad 0\leqslant x\leqslant 1,\quad y(0)=y(1)=0.$$

矩阵 $\boldsymbol{A}$ 和右端向量 $\boldsymbol{b}$ 中元素可由如下积分求解:

$$a_{ij}=\int_L^U\left[p(x)\phi_i'(x)\phi_j'(x)+q(x)\phi_i(x)\phi_j(x)\right]\mathrm{d}x,\quad b_i=\int_L^U f(x)\phi_i(x)\mathrm{d}x. \tag{11-17}$$

最终构成矩阵 $\boldsymbol{A}$ 和右端向量 $\boldsymbol{b}$:

$$\boldsymbol{A}=\begin{pmatrix} a_{00} & a_{01} & a_{02} & a_{03} & 0 & \cdots & \cdots & \cdots & 0\\ a_{10} & a_{11} & a_{12} & a_{13} & a_{14} & \ddots & & & \vdots\\ a_{20} & a_{21} & a_{22} & a_{23} & a_{24} & a_{25} & \ddots & & \vdots\\ a_{30} & a_{31} & a_{32} & a_{33} & a_{34} & a_{35} & a_{36} & \ddots & \vdots\\ 0 & \ddots & \ddots & \ddots & \ddots & \ddots & \ddots & \ddots & 0\\ \vdots & \ddots & \ddots & \ddots & \ddots & \ddots & \ddots & \ddots & a_{n-2,n+1}\\ \vdots & & \ddots & \ddots & \ddots & \ddots & \ddots & \ddots & a_{n-1,n+1}\\ \vdots & & & \ddots & \ddots & \ddots & \ddots & \ddots & a_{n,n+1}\\ 0 & \cdots & \cdots & \cdots & 0 & a_{n+1,n-2} & a_{n+1,n-1} & a_{n+1,n} & a_{n+1,n+1} \end{pmatrix},$$

$$\boldsymbol{b} = (b_0, b_1, b_2, b_3, \cdots, b_{n-2}, b_{n-1}, b_n, b_{n+1})^{\mathrm{T}}.$$

具体算法流程如下:

(1) 对 $i = 0, 1, \cdots, n+1, x_i = ih$, 并设 $x_{-2} = x_{-1} = 0, x_{n+2} = x_{n+3} = 1$.

1) 对 $j = i, i+1, \cdots, \min\{i+3, n+1\}$, 积分上下限为 $U = \min\{x_{i+2}, 1\}$ 和 $L = \max\{x_{j-2}, 0\}$, 按式 (11-17) 计算 a_{ij}. 若 $i \neq j$, 则令 $a_{ji} = a_{ij}$, 构成对称矩阵 $\boldsymbol{A}$.

2) 如果 $i \geqslant 4$, 则 $a_{ij} = 0, j = 0, \cdots, i-4$; 如果 $i \leqslant n-3$, 则 $a_{ij} = 0, j = i+4, \cdots, n+1$.

3) 积分上下限为 $U = \min\{x_{i+2}, 1\}$ 和 $L = \max\{x_{i-2}, 0\}$, 按式 (11-17) 计算 b_i, 构成右端向量 $\boldsymbol{b}$.

(2) 解线性方程组 $\boldsymbol{Ac} = \boldsymbol{b}$, 得到解向量 $\boldsymbol{c} = (c_0, c_1, \cdots, c_{n+1})^{\mathrm{T}}$.

(3) 构建三次样条函数的和近似求解微分方程数值解

$$\phi(x) = \sum_{i=0}^{n+1} c_i \phi_i(x) \tag{11-18}$$

由于需要构建基函数, 故算法采用符号运算和数值运算, 由符号运算构建基函数. 带状矩阵 $\boldsymbol{A}$ 和右端向量 $\boldsymbol{b}$ 的元素计算采用第 4 章已实现的"复合科茨公式"算法, $\boldsymbol{Ac} = \boldsymbol{b}$ 的求解采用第 6 章已实现的"列主元高斯消元法", 需要导入相应类 CompositeQuadratureFormula 和 GaussianEliminationAlgorithm. 计算的精度主要受到积分计算和线性方程组求解的影响

```
# file_name: ode_rayleigh_ritz_FEM.py
from numerical_integration_04 .composite_quadrature_formula import \
    CompositeQuadratureFormula  # 复合科茨求积公式
from direct_solution_linear_equations_06 . gaussian_elimination_algorithm \
    import GaussianEliminationAlgorithm  # 列主元高斯消元法
class ODERayleighRitzFEM:
    """
    B样条基函数有限元法求二阶ODE数值解, 带状稀疏矩阵. 采用复合科茨求积公式
    CompositeQuadratureFormul和列主元高斯消元法GaussianEliminationAlgorithm
    """
    def __init__(self, f_ux, p_x, q_x, x_span, n, ode_model=None):
        self.f_ux = f_ux  # 右端函数, 符号函数定义, 固定自变量符号为x
        self.p_x, self.q_x = p_x, q_x  # 方程中的函数项, 符号定义
        self.a, self.b = x_span[0], x_span[1]  # 求解区间, 支持[a, b]形式
        self.n = n  # 子空间数
        self.h = (self.b - self.a) / (self.n + 1)  # 单元剖分步长
```

```
        self.ode_model = ode_model # 解析解, 不存在可不传
        self.ux = None  # 最终近似解表达式

    def basic_func(self, x, i):
        """
        B样条基函数的构造. param x: 符号变量, param i: 离散节点索引
        """
        t = sympy.symbols("t")  # 定义符号变量
        t1, t2 = (2 + t) ** 3, (2 - t) ** 3  # 子项
        S_t = sympy.Piecewise((0.0, t <= -2),
                              (0.25 * t1, (t > -2) & (t <= -1)),
                              (0.25 * (t1 - 4 * (1 + t) ** 3), (t > -1) & (t <= 0)),
                              (0.25 * (t2 - 4 * (1 - t) ** 3), (t > 0) & (t <= 1)),
                              (0.25 * t2, (t > 1) & (t <= 2)),
                              (0.0, t > 2), (0.0, True))
        if i == 0:
            return S_t.subs({t: x / self.h}) - 4 * S_t.subs({t: (x / self.h + 1)})
        elif i == 1:
            return S_t.subs({t: (x / self.h - 1)}) - S_t.subs({t: (x / self.h + 1)})
        elif i == self.n:
            return S_t.subs({t: (x / self.h - self.n)}) - \
                   S_t.subs({t: (x / self.h - self.n - 2)})
        elif i == self.n + 1:
            return S_t.subs({t: (x / self.h - self.n - 1)}) - \
                   4 * S_t.subs({t: (x / self.h - self.n - 2)})
        else:
            return S_t.subs({t: (x / self.h - i)})

    def fit_ode(self):
        """
        核心算法: B样条基函数有限元法求二阶ODE数值解
        """
        xi = np.zeros(self.n + 6)  # 其中延拓四点x(-2)=x(-1)=0, x(n+2)=x(n+3)=1
        xi[[-2, -1]] = 1  # x(n+2)=x(n+3)=1
        xi[2:-2] = np.linspace(self.a, self.b, self.n + 2)  # 区间剖分点
        x = sympy.symbols("x")  # 定义符号变量
        # 如下构造求近似解表达式的系数c的系数矩阵和右端向量
        A = np.zeros((self.n + 2, self.n + 2), dtype=np.float64)  # 带状稀疏矩阵
        b = np.zeros(self.n + 2, dtype=np.float64)  # 右端向量
        for i in range(self.n + 2):
```

```
            print(i, end=",")  # 打印计算的进度
            fai_x_i = self.basic_func(x, i)  # 基函数
            d_fai_x_i = fai_x_i.diff(x)  # 一阶导数
            for j in range(i, np.min([i + 3, self.n + 1]) + 1):
                L, U = np.max([xi[j], 0]), np.min([xi[i + 4], 1])  # 积分下限、上限
                fai_x_j = self.basic_func(x, j)  # 基函数
                d_fai_x_j = fai_x_j.diff(x)  # 一阶导数
                int_fun = self.p_x * d_fai_x_i * d_fai_x_j + \
                          self.q_x * fai_x_i * fai_x_j  # 被积函数符号形式
                # 复合科茨积分算法
                cqf = CompositeQuadratureFormula(int_fun, [L, U], interval_num=40,
                                                 int_type="cotes")
                A[i, j] = cqf.fit_int()  # 计算积分
                if i != j:
                    A[j, i] = A[i, j]  # 对称矩阵
            if i >= 4:
                for j in range(i - 3):
                    A[i, j] = 0
            if i <= self.n - 3:
                for j in range(i + 4, self.n + 2):
                    A[i, j] = 0
            # 计算右端向量
            L, U = np.max([xi[i], 0]), np.min([xi[i + 4], 1])  # 积分下限、上限
            int_fun = self.f_ux * fai_x_i  # 被积函数符号形式
            cqf = CompositeQuadratureFormula(int_fun, [L, U], interval_num=40,
                                             int_type="cotes")
            b[i] = cqf.fit_int()
        gea = GaussianEliminationAlgorithm(A, b)  # 列主元高斯消元法
        gea.fit_solve()  # 可采用库函数求解c_sol = np.linalg.solve(A, b)
        c_sol = gea.x  # 线性方程组的解向量
        # 如下构造三次样条函数的和
        self.ux = sympy.zeros(1, self.n + 2)  # 用于存储基函数
        for i in range(self.n + 2):
            self.ux[i] = c_sol[i] * self.basic_func(x, i)  # 系数 * 基函数
        num_sol = self.cal_numerical_sol(xi[2:-2])
        return num_sol

    def cal_numerical_sol(self, xi):
        """
        计算数值解, param xi: 离散数值向量
```

```
        """
        x = sympy.symbols("x")  # 符号变量
        ux = []  # 针对每个基函数, 转化为lambda函数, 然后进行数值运算
        for i in range(self.n + 2):
            ux.append(sympy.lambdify(x, self.ux[i], "numpy"))
        num_sol = np.zeros(len(xi))  # 存储数值解
        for i in range(self.n + 2):
            num_sol += ux[i](xi)
        return num_sol

    def plt_ode_curve(self):  # 可视化ODE数值解
```

针对**例 8** 示例: 用有限元法求解边值问题. 设置子空间维度为 $n=4$, 如图 11-21 所示, 其求解的精度比分片线性基函数有限元法要高出两个数量级. 当 $n=9$, 精度可提高到 $\|\boldsymbol{y}-\hat{\boldsymbol{y}}\|=2.05818\times10^{-4}$.

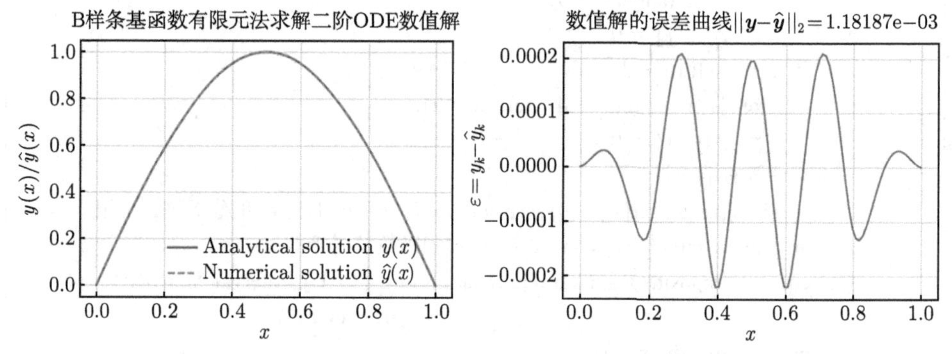

图 11-21　B 样条基函数有限元法数值解曲线与误差曲线 ($n=4$)

例 9　用 B 样条函数有限元法求解如下边值问题

$$y''+\frac{\pi^2}{4}y=\frac{\pi^2}{16}\cos\frac{\pi}{4}x,\quad 0\leqslant x\leqslant1,\quad y(0)=y(1)=0.$$

已知解析解为 $y(x)=-\dfrac{1}{3}\cos\dfrac{\pi}{2}x-\dfrac{\sqrt{2}}{6}\sin\dfrac{\pi}{2}x+\dfrac{1}{3}\cos\dfrac{\pi}{4}x$.

设置子空间维度为 $n=4$, $\|\boldsymbol{y}-\hat{\boldsymbol{y}}\|=3.06097\times10^{-5}$, 当 $n=4$ 时, 求解的带状稀疏矩阵 $\boldsymbol{A}$ (保留小数点后 5 位) 与右端向量 $\boldsymbol{b}$ 如下所示, 最终结果如表 11-11 所示. 图 11-22 为 $n=6$ 时的数值解与误差曲线, 增加子空间维数, 求解精度得以提高. 但精度主要受积分方法和求解线性方程组方法的影响, 注意较多的子空间

维数所引入的舍入误差的累积.

$$\boldsymbol{A}=\begin{pmatrix} -7.39073 & -3.86096 & 1.90056 & 0.09397 & 0 & 0 \\ -3.86096 & -9.24417 & 1.57465 & 2.27644 & 0.09397 & 0 \\ 1.90056 & 1.57465 & -6.96775 & 1.66861 & 2.27644 & 0.09397 \\ 0.09397 & 2.27644 & 1.66861 & -6.96775 & 1.57465 & 1.90056 \\ 0 & 0.09397 & 2.27644 & 1.57465 & -9.24417 & -3.86096 \\ 0 & 0 & 0.09397 & 1.90056 & -3.86096 & -7.39073 \end{pmatrix},$$

$$\boldsymbol{b}=(0.06133058, 0.16661792, 0.17527542, 0.16420848, 0.13820267, 0.0474661)^{\mathrm{T}}.$$

表 11-11 B 样条基函数有限元法求解 ODE 边值问题的结果

i	c_i	x_i	$\phi(x_i)$	$y(x_i)$	$\lvert y(x_i)-\phi(x_i)\rvert$
0	−0.00278019	0	5.20417043e−18	0.00000000e+00	5.20417043e−18
1	−0.0438236	0.2	−6.06295501e−02	−6.06253960e−02	4.15411779e−06
2	−0.06444362	0.4	−9.12006140e−02	−9.11958053e−02	4.80869537e−06
3	−0.06320436	0.6	−8.96178174e−02	−8.96133770e−02	4.44044307e−06
4	−0.0412102	0.8	−5.75029369e−02	−5.74995040e−02	3.43286913e−06
5	−0.00196659	1.0	−6.59194921e−17	−5.55111512e−17	1.04083409e−17

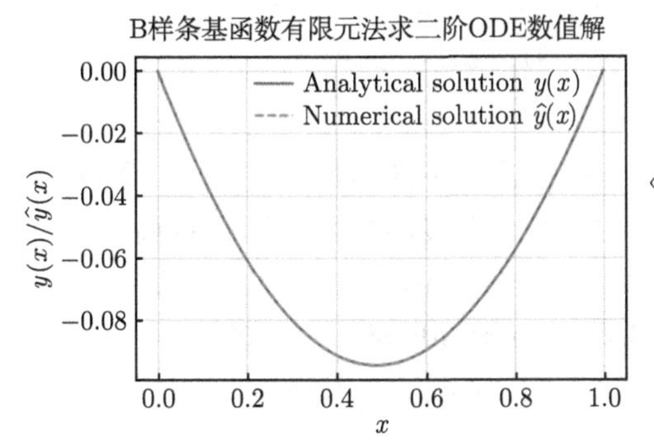

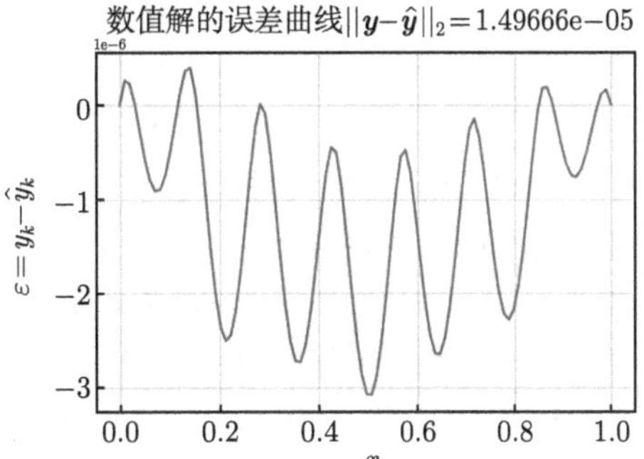

图 11-22 B 样条基函数有限元法数值解曲线与误差曲线 ($n=6$)

■ 11.7 实验内容

1. 采用梯形欧拉法和改进的欧拉法求解如下一阶微分方程, 已知解析解 $y(x)=\mathrm{e}^{-x}+x$.

$$y'=-y+x+1, \quad y(0)=1, \quad 0 \leqslant x \leqslant 1.$$

并求解在给定点 [0.045, 0.400, 0.487, 0.685, 0.778, 0.923] 的微分方程数值解. 设定步长分别为 $h = 0.05$ 和 $h = 0.0001$, 基于解析解分析数值解的误差, 可视化误差曲线和数值解曲线.

2. 采用标准的龙格–库塔法以及龙格–库塔–芬尔格法求解如下一阶微分方程, 已知解析解 $y(x) = -\mathrm{e}^{-x} + x^2 - x + 1$,

$$y' = x^2 + x - y, \quad y(0) = 0, \quad 0 \leqslant x \leqslant 1,$$

并求解在给定点 [0.045, 0.400, 0.487, 0.685, 0.778, 0.923] 的微分方程数值解. 设定步长分别为 $h = 0.05$ 和 $h = 0.01$, 基于解析解分析数值解的误差, 可视化误差曲线和数值解曲线.

3. 用各种线性多步法求解如下一阶微分方程, 已知解析解 $y(x) = \dfrac{\ln x + 1}{x}$.

$$y' = \frac{1}{x^2} - \frac{y}{x}, \quad y(1) = 1, \quad 1 \leqslant x \leqslant 2.$$

设定步长分别为 $h = 0.01$ 和 $h = 0.001$, 并对数值解进行可视化, 分析各方法的误差.

4. 洛伦茨方程是描述空气流体运动的一个简化微分方程组, 方程描述了三维空间中的一个无质量点 (x, y, z) 的各轴坐标相对于时间 t 的速度矢量. 其形式如下:

$$\begin{cases} x'(t) = \sigma(y - x), \\ y'(t) = x(\rho - z) - y, \\ z'(t) = xy - \beta z, \end{cases}$$

其中 $x(t)$ 表示对流的翻动速率, $y(t)$ 正比于上流与下流液体温差, $z(t)$ 是垂直方向的温度梯度. 参数 σ, ρ, β 分别为 Prandtl 数、速度阻尼常数和相对瑞利数, 假设 $\sigma = 16, \rho = 45, \beta = 4$. 初值 $x(0) = 12, y(0) = 4, z(0) = 1$. 假设步长 $h = 0.001$, 求解时间 t 范围分别为 $t \in [0, 20], t \in [0, 30], t \in [0, 40]$ 和 $t \in [0, 60]$.

5. 采用龙格–库塔法和 GLFIRK 刚性方程组的方法, 求解如下刚性微分方程组[1].

$$\begin{cases} y_1' = -0.013y_1 - 1000y_1y_2, \\ y_2' = -2500y_2y_3, \\ y_3' = -0.013y_1 - 1000y_1y_2 - 2500y_2y_3, \\ \boldsymbol{y}(0) = (1, 1, 0)^{\mathrm{T}}, \end{cases}$$

其中 $\boldsymbol{y}(x) = (y_1(x), y_2(x), y_3(x))^{\mathrm{T}}$. 设置步长 $h = 0.0001$, 求解区间为 $[0, 0.025]$, 观察数值解的收敛性, 并对比两种方法的收敛速度和收敛的精度.

■ 11.8 本章小结

常微分方程在科学和工程以及其他很多领域都普遍存在, 如动力学系统描述时间的演化过程, 物理学中机械运动的规律, 化学和生物学中的分子反应以及生态学中的种群模型等[3]. 实际问题中, 求 ODE 问题的解析解是比较困难的, 常常探索其近似数值解.

本章主要探讨了欧拉法、龙格–库塔法、线性多步法以及微分方程组的求解. 通常来说, 隐式法求解的精度比显式法更高, 但也意味着其较大的计算量, 常见做法是预测–校正系统, 即每一次递推用显式法预测、隐式法校正. 微分方程组的求解主要探讨了龙格–库塔法, 对于刚性微分方程组, 构造了预测–校正系统, 实现了 3 阶显式龙格预测、GLFIRK 方法校正, 其求解精度更高. 此外, 本章还探讨了常微分方程的 Dirichlet、导数边值问题以及常微分方程边值问题的有限元法.

SymPy 提供了一个通用的 ODE 求解器 sympy.dsolve, 它可以为很多基本的 ODE 找到解析解. 可以符号求解的典型 ODE 是一阶或二阶 ODE, 以及具有较少未知函数的一阶线性常微分方程组. 如果 ODE 具有某些特殊的对称性或其他性质, 如可分离、具有常数系数或者存在已知解析解的特殊形式, 则会非常有助于求解.

SciPy 的 integrate 模块提供了两种 ODE 求解器接口: integrate.odeint 和 integrate.ode. integrate.odeint 可以在非刚性问题的亚当斯预测–校正法与刚性问题的 BDF 法之间自动切换. integrate.ode 为很多不同的求解器提供了面向对象的接口: VODE 和 ZVODE 求解器、LSODA 求解器以及 dopri5 和 dop853, 它们都是具有自适应步长的四阶和八阶 Domand-Prince 法 (某类龙格–库塔法)[3–5].

■ 11.9 参考文献

[1] 李庆扬, 王能超, 易大义. 数值分析 [M]. 5 版. 北京: 清华大学出版社, 2021.

[2] Mathews J H, Fink K D. 数值方法 (MATLAB 版)[M]. 4 版. 周璐, 陈渝, 钱方, 等译. 北京: 电子工业出版社, 2012.

[3] 罗伯特 • 约翰逊 (Johansson R). Python 科学计算和数据科学应用 [M]. 2 版. 黄强, 译. 北京: 清华大学出版社, 2020.

[4] 孙志忠. 偏微分方程数值解法 [M]. 北京: 科学出版社. 2005.

[5] Burden R L, Faires J D. 数值分析 [M]. 10 版. 赵廷刚, 赵廷靖, 薛艳, 等译. 北京: 电子工业出版社, 2022.

第 12 章

偏微分方程数值解法

应用科学、物理、工程领域中的许多问题可建立偏微分方程的数学模型. 包含多个自变量的微分方程称为**偏微分方程** (partial differential equation, PDE). 换句话说, 偏微分方程是多元微分方程, 这种方程中存在多个因变量的导数, 即方程中的导数是偏导数. 从概念上讲, ODE 和 PDE 之间的差异并不大, 但是处理 ODE 和 PDE 所需的计算方法大不相同, 并且求解 PDE 通常对计算的要求更高[1, 2].

数值求解 PDE 的大多数技术都基于将 PDE 问题中的每个因变量离散化的思想, 从而将问题变换成代数形式, 这通常也带来了非常大规模的线性代数问题. 将 PDE 转换为代数形式的两种常用技术是有限差分法 (finite–difference–method, FDM) 和有限元法 (finite–element–method, FEM). 其中 FDM 是指将问题中的导数近似为有限差分, 而 FEM 是指将未知函数写成简单基函数的线性组合, 基函数可以较容易地进行微分和积分. 未知函数可以表示成基函数的一组系数, 通过对 PDE 进行适当的重写, 可以得到这些系数的有限差分. 对于 FDM 和 FEM, 得到的代数方程组一般都非常大, 并且在矩阵形式下, 此类方程通常非常稀疏. 因此, FDM 和 FEM 都非常依赖于稀疏矩阵来表示代数线性方程.

偏微分方程[3,4] 可表示为 $A\Phi_{xx} + B\Phi_{xy} + C\Phi_{yy} = f(x, y, \Phi, \Phi_x, \Phi_y)$, 其中 A, B 和 C 是常数, 称为拟线性 (quasilinear) 数. 有 3 种拟线性方程:

(1) 如果 $B^2 - 4AC < 0$, 则称为**椭圆型** (elliptic) 方程, 如泊松方程.

(2) 如果 $B^2 - 4AC = 0$, 则称为**抛物型** (parabolic) 方程, 如热传导方程.

(3) 如果 $B^2 - 4AC > 0$, 则称为**双曲型** (hyperbolic) 方程, 如波动方程.

本章仅讨论有限差分法. 有限差分方法又称为网格法, 是求偏微分方程定解问题的数值解中应用最广泛的方法之一. 它的基本思想是: 先对求解区域作网格剖分, 将自变量的连续变化区域用有限离散点 (网格点) 集代替; 将问题中出现的连续变量的函数用定义在网格点上离散变量的函数代替; 通过用网格点上函数的差商代替导数, 将含连续变量的偏微分方程定解问题化成只含有限个未知数的代数方程组 (称为差分格式). 如果差分格式有解, 且当网格无限变小时其解收敛于原微分方程定解问题的解, 则差分格式的解就作为原问题的近似解, 即数值解.

用差分方法求偏微分方程定解问题一般需要解决以下问题:

(1) 选取网格, 即区域剖分, 按一定规则将整个定义域分成若干小块;

(2) 对微分方程及定解条件选择差分近似, 构造离散点或片的函数值递推公式或方程, 列出差分格式 (注: 本章多数 PDE 问题未给出差分格式推导过程, 主要探讨其差分格式下的算法设计与求解);

(3) 根据递推公式, 将初值或边界值离散化, 补充方程, 启动递推运算;

(4) 求解差分格式, 即数值解计算, 求解离散系统问题;

(5) 讨论差分格式数值解对于微分方程解的收敛性及误差估计.

本章主要讨论椭圆型、抛物型和双曲型偏微分方程的 Dirichlet 边界条件 (个别问题讨论了 Neumann 条件), 且仅限线性微分方程的差分格式, 不讨论有限元法, 不讨论偏微分方程组.

■ 12.1 双曲型偏微分方程

双曲型偏微分方程可以用来模拟很多物理现象, 如波 (声波、光波、水波等) 的传播、弦的振动、空气动力学流动.

本章针对偏微分方程各种形式, 引入如下简记符号:

$$u_t=\frac{\partial u}{\partial t},\quad u_{tt}=\frac{\partial^2 u}{\partial t^2},\quad u_x=\frac{\partial u}{\partial x},\quad u_{xx}=\frac{\partial^2 u}{\partial x^2},\quad u_y=\frac{\partial u}{\partial y},\quad u_{yy}=\frac{\partial^2 u}{\partial y^2},$$

其中解或为 $u(x,t)$, 或为 $u(x,y,t)$.

12.1.1 一阶一维常系数对流方程

一阶一维常系数对流方程的形式如下:

$$\begin{cases} u_t+au_x=0, & x\in\mathbb{R}, t>0, \\ u(x,0)=u_0(x), & x\in\mathbb{R}, \end{cases} \tag{12-1}$$

其中 a 为常数, (12-1) 的解是沿方程的特征线 $x-at=\xi$, 是常数, 并可表示为 $u(x,t)=u_0(\xi)=u_0(x-at)$.

一维对流方程形式简单, 其差分格式较多, 常见的有迎风 (upwind) 格式、Lax–Friedrichs 格式、Lax–Wendroff 格式、Beam–Warming 格式、Richtmyer 多步格式、Lax–Wendroff 多步格式和 MacCormack 多步格式等. 以下介绍拉克斯–温德罗夫 (Lax–Wendroff) 格式的推导过程, 其他格式推导不再赘述.

对求解区域 $\Omega=\{(x,t)\mid 0\leqslant x\leqslant a, 0<t\leqslant T\}$ 进行等距网格剖分, 空间节点 $x_i=ih, 0\leqslant i\leqslant m$, 时间节点 $t_k=k\tau, 0\leqslant k\leqslant n$, 其中 $h=a/m, \tau=T/n$ 分别表示空间步长和时间步长. 设 $u(x,t)$ 是微分方程 (12-1) 的光滑解, 将 $u\left(x_i,t_{k+1}\right)$

在点 $u(x_i,t_k)$ 处做 Taylor 展开:

$$u(x_i,t_{k+1})=u(x_i,t_k)+\tau\left(\frac{\partial u}{\partial t}\right)_i^k+\frac{\tau^2}{2}\left(\frac{\partial^2 u}{\partial t^2}\right)_i^k+O(\tau^3).$$

利用微分方程 $\dfrac{\partial u}{\partial t}=-a\dfrac{\partial u}{\partial x}$, 有 $\dfrac{\partial^2 u}{\partial t^2}=\dfrac{\partial}{\partial t}\left(-a\dfrac{\partial u}{\partial x}\right)=a^2\dfrac{\partial^2 u}{\partial x^2}$, 代入 Taylor 展开式得

$$u(x_i,t_{k+1})=u(x_i,t_k)-a\tau\left(\frac{\partial u}{\partial x}\right)_i^k+\frac{a^2\tau^2}{2}\left(\frac{\partial^2 u}{\partial x^2}\right)_i^k+O(\tau^3).$$

再采用二阶中心差分逼近上式中的导数项, 即

$$\left(\frac{\partial u}{\partial x}\right)_i^k=\frac{u(x_{i+1},t_k)-u(x_{i-1},t_k)}{2h}+O(h^2),$$

$$\left(\frac{\partial^2 u}{\partial x^2}\right)_i^k=\frac{u(x_{i+1},t_k)-2u(x_i,t_k)+u(x_{i-1},t_k)}{h^2}+O(h^2).$$

略去高阶项, 并记 $u_i^k=u(x_i,t_k)$, 得到

$$u_i^{k+1}=u_i^k-\frac{a\tau}{2h}\left(u_{i+1}^k-u_{i-1}^k\right)+\frac{a^2\tau^2}{2h^2}\left(u_{i+1}^k-2u_i^k+u_{i-1}^k\right).$$

记 $r=|a|\tau/h$, 化简合并可得 Lax–Wendroff 差分格式:

$$u_i^{k+1}=\frac{r(r-1)}{2}u_{i+1}^k+\left(1-r^2\right)u_i^k+\frac{r(r+1)}{2}u_{i-1}^k. \tag{12-2}$$

从差分格式的构造可知, 式 (12-2) 是二阶精度的, 稳定条件 $r\leqslant 1$.

蛙跳格式是另一个具有二阶精度且较为简单的差分格式, 对时间和空间都做了中心差分, 形式为

$$\frac{u_i^{k+1}-u_i^{k-1}}{2\tau}+a\frac{u_{i+1}^k-u_{i-1}^k}{2h}=0.$$

记 $r=|a|\tau/h$, 化简移项可得蛙跳格式的差分公式:

$$u_i^{k+1}=-r\left(u_{i+1}^k-u_{i-1}^k\right)+u_i^{k-1}. \tag{12-3}$$

式 (12-3) 稳定条件 $r<1$, 蛙跳格式的计算需要三层信息.

拉克斯–弗里德里希斯 (Lax–Friedrichs) 格式:

在蛙跳格式中, 更改时间项的离散为 $\dfrac{u_i^{k+1}-0.5\left(u_{i-1}^k+u_{i+1}^k\right)}{2\tau}+a\dfrac{u_{i+1}^k-u_{i-1}^k}{2h}$ $=0$, 整理可得

$$u_i^{k+1}=0.5(1-r)u_{i+1}^k+0.5(1+r)u_{i-1}^k, \tag{12-4}$$

其中 $r=|a|\tau/h$, 式 (12-4) 稳定条件 $r\leqslant 1$, 具有一阶精度.

迎风格式:

当 $a>0$ 时, 迎风作一阶向后差商, $\dfrac{u_i^{k+1}-u_i^k}{\tau}+a\dfrac{u_i^k-u_{i-1}^k}{h}=0$, 整理可得

$$u_i^{k+1}=(1-r)u_i^k+ru_{i-1}^k, \tag{12-5}$$

其中 $r=a\tau/h$, 式 (12-5) 稳定条件 $r\leqslant 1$, 具有一阶精度.

比姆–沃明 (Beam–Warming) 格式:

充分考虑了迎风格式的“迎风”特点, 同时借用 Lax–Wendroff 格式的设计思想提高了精度, 形式为

$$u_i^{k+1}=u_i^k-r\left(u_i^k-u_{i-1}^k\right)+\frac{r^2-r}{2}\left(u_i^k-2u_{i-1}^k+u_{i-2}^k\right).$$

整理可得

$$u_i^{k+1}=\left(1-1.5r+0.5r^2\right)u_i^k+\left(2r-r^2\right)u_{i-1}^k+0.5\left(r^2-r\right)u_{i-2}^k. \tag{12-6}$$

式 (12-6) 稳定条件 $r\leqslant 2$, 具有二阶精度.

此外, 若对时间作一阶差分, 对空间作二阶中心差分, 可得一个完全不稳定的格式

$$u_i^{k+1}=0.5u_{i-1}^k+u_i^k-0.5u_{i+1}^k.$$

一阶一维常系数对流方程五种有限差分格式递推示意图如图 12-1 所示.

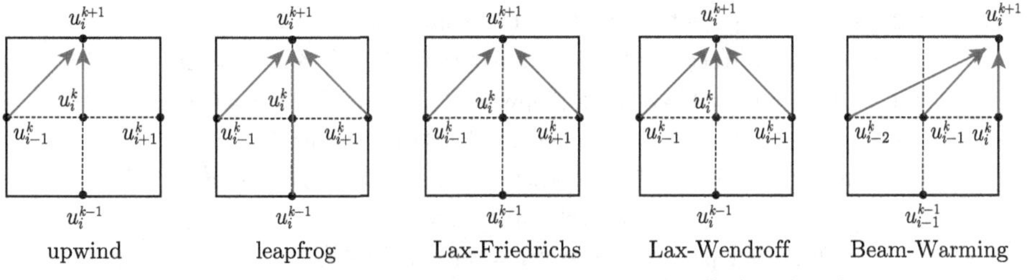

图 12-1 一阶一维常系数对流方程五种有限差分格式递推示意图

如下算法实现了五种有限差分格式和一种完全不稳定格式的求解. 参数中未设置时间和空间步长, 而是传递时间和空间划分网格数, 由算法本身计算步长, 也可设置步长, 然后由算法计算网格数.

```
# file_name: pde_convection_equation_1order_1d.py
class PDEConvectionEquationFirstOrder1D:
    """
    双曲型偏微分方程, 一阶一维常系数对流方程, 五种差分格式实现
    """
    def __init__(self, a_const, f_u0, x_span, t_T, x_j, t_n, diff_type="lax-wendroff"):
        self.a = np.asarray(a_const, np.float64)  # 一维对流方程的常系数
        self.f_u0 = f_u0  # 边界条件函数, u_0(x,0)
        #求解区间, 时间默认左端点为0
        self.x_a, self.x_b, self.t_T = x_span[0], x_span[1], t_T
        self.x_j, self.t_n = x_j, t_n  # 求解空间和时间划分网格数
        # ["upwind", "leapfrog", "Lax-Friedrichs", "Lax-Wendroff", "Beam-Warming"]
        self.diff_type = diff_type  # 差分类型
        self.u_xt = None  # 存储pde数值解

    def solve_pde(self):
        """
        求解一阶常系数对流方程, return: 数值解u_xt
        """
        xi = np.linspace(self.x_a, self.x_b, self.x_j + 1)  # 空间划分
        ti = np.linspace(0, self.t_T, self.t_n + 1)  # 时间划分
        x_h, t_h = xi[1] - xi[0], ti[1] - ti[0]  # 步长
        r = abs(self.a) * t_h / x_h  # 差分格式稳定性条件, 有限差分格式中的常数系数
        # 一维对流方程的数值解, 行为时间格式, 列为空间递推
        self.u_xt = np.zeros((len(ti), len(xi)))
        self.u_xt[0, :] = self.f_u0(xi)  # 初始化, 即初始时刻的值, 第一行t = 0
        if r >= 1:
            raise ValueError("r = %.5f, 非稳定格式, 重新划分步长." % r)
        elif self.diff_type.lower() == "beam-warming" and r > 2:
            raise ValueError("r = %.5f, beam-warming非稳定格式, 重新划分步长." % r)
        elif self.diff_type.lower() in ["upwind", "leapfrog", "Lax-Friedrichs",
                                        "Lax-Wendroff", "Beam-Warming"]:
            print("r = %.5f, 稳定格式(%s)求一阶常系数对流方程的数值解." %
                                        (r, self.diff_type))
            if self.diff_type.lower() == "upwind":  # 迎风格式
                for n in range(self.t_n):  # 对每个时间格式, 递推空间格式
                    #每个空间的第一个为初始值
                    self.u_xt[n + 1, 0] = self.f_u0(self.x_a)
                    self.u_xt[n + 1, 1:] = (1 - r) * self.u_xt[n, 1:] + \
```

```
                            r * self.u_xt[n, :-1]
        elif self.diff_type.lower() == "leapfrog":  # 蛙跳格式
            # 由于需要两层信息才能递推第三层,故第二层初始化
            self.u_xt[1, :] = self.f_u0(xi)
            for n in range(1, self.t_n):
                self.u_xt[n + 1, 1:-1] = self.u_xt[n - 1, 1:-1] - \
                                         r * (self.u_xt[n, 2:] - self.u_xt[n, :-2])
                # 第1个值为求解区间的起点,最后一个值为求解区间的终点
                self.u_xt[n + 1, [0, -1]] = [self.f_u0(self.x_a),
                                             self.f_u0(self.x_b)]
        elif self.diff_type.lower() == "Lax-Wendroff":
            for n in range(self.t_n):
                self.u_xt[n + 1, [0, -1]] = [self.f_u0(self.x_a),
                                             self.f_u0(self.x_b)]
                self.u_xt[n + 1, 1:-1] = 0.5 * r * (r - 1) * self.u_xt[n, 2:] + \
                                         (1 - r ** 2) * self.u_xt[n, 1:-1] + \
                                         0.5 * r * (r + 1) * self.u_xt[n, :-2]
        elif self.diff_type.lower() == "Lax-Friedrichs":
            for n in range(self.t_n):
                self.u_xt[n + 1, [0, -1]] = [self.f_u0(self.x_a),
                                             self.f_u0(self.x_b)]
                self.u_xt[n + 1, 1:-1] = 0.5 * (1 - r) * self.u_xt[n, 2:] + \
                                         0.5 * (1 + r) * self.u_xt[n, :-2]
        elif self.diff_type.lower() == "Beam-Warming":
            for n in range(self.t_n):
                # 递推每一层,需要两个时间起点值,故第二个为起始点+时间步长
                self.u_xt[n + 1, [0, 1]] = [self.f_u0(self.x_a),
                                            self.f_u0(self.x_a + t_h)]
                c1, c2 = 1 - 1.5 * r + 0.5 * r ** 2, 2 * r - r ** 2
                self.u_xt[n + 1, 2:] = c1 * self.u_xt[n, 2:] + \
                                       c2 * self.u_xt[n, 1:-1] + \
                                       0.5 * (r ** 2 - r) * self.u_xt[n, :-2]
    else:
        self.diff_type = "unstable"  # 不稳定格式
        for n in range(self.t_n):
            self.u_xt[n + 1, [0, -1]] = [self.f_u0(self.x_a), self.f_u0(self.x_b)]
            self.u_xt[n + 1, 1:-1] = 0.5 * self.u_xt[n, :-2] + \
                                     self.u_xt[n, 1:-1] - 0.5 * self.u_xt[n, 2:]
        print("完全不稳定格式,可重新选择差分格式.")
    return self.u_xt.T
```

例 1　求解如下一维对流方程, 解析解为 $u(x,t)=\mathrm{e}^{-200(x-0.25-t)^2}$.

$$\begin{cases} u_t+u_x=0, 0<x<1, & t>0, \\ u(x,0)=\mathrm{e}^{-200(x-0.25)^2}, & 0\leqslant x\leqslant 1. \end{cases}$$

计算到 $t=0.5$, 空间和时间划分网格数分别为 $m=200$ 和 $n=800$, 某些时刻的数值解如图 12-2 所示 (不同时刻对应数值解曲线的波峰从左到右, $t=0$ 时与解析解一致, 解析解为虚线 "--"), 第 1 个子图为完全不稳定格式. 迎风和 Lax-Friedrichs 格式把解抹平了, 而 Lax-Wendroff、蛙跳和 Beam-Warming 格式可能会出现振荡 (空间划分网格数较少情况下), 这些现象的出现是这些格式的正常现象. 黑色虚线为对应时刻的解析解, 从中也可以看出 Lax-Wendroff 和蛙跳格式具有不错的精度.

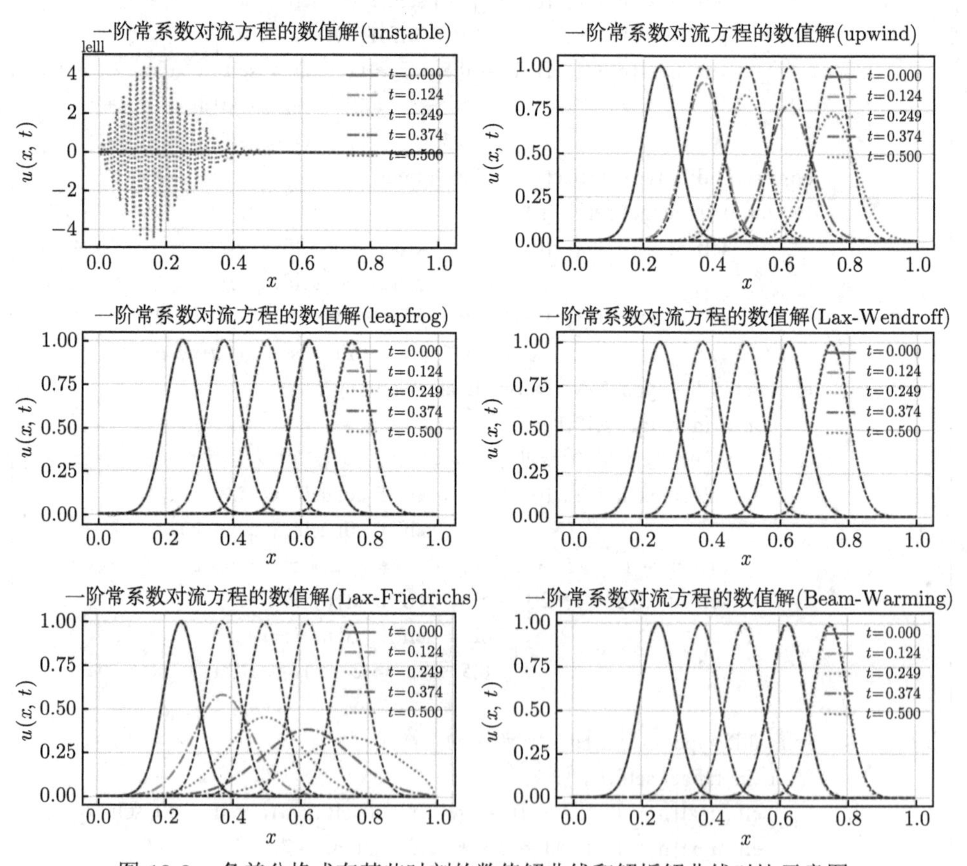

图 12-2　各差分格式在某些时刻的数值解曲线和解析解曲线对比示意图

如图 12-3 所示, Lax-Wendroff 格式的数值解曲面与误差曲面 ($\varepsilon=U(x,t)-\hat{U}(x,t)$ 代表精确解 $U(x,t)$ 与数值解 $\hat{U}(x,t)$ 的误差). 如果 $m=n=800$, 则平均

绝对值误差 (mean absolute error, MAE) 降到 MAE $= 7.47167 \times 10^{-5}$, 最大绝对值误差为 $1.0791976989 \times 10^{-3}$.

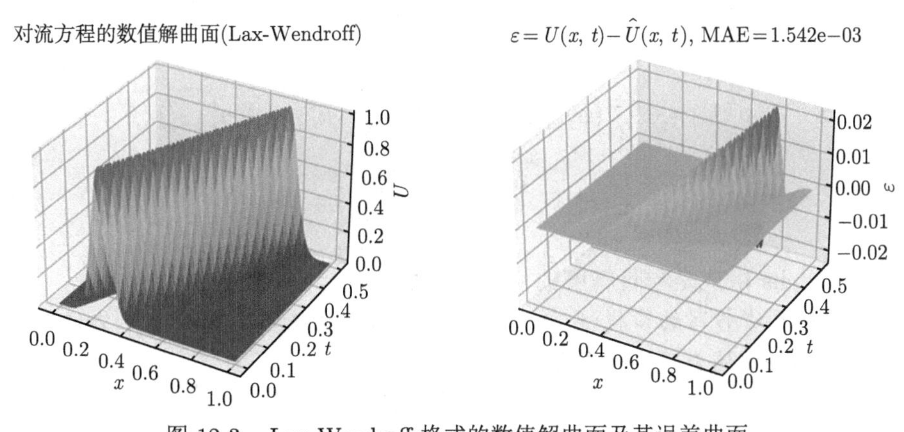

图 12-3 Lax-Wendroff 格式的数值解曲面及其误差曲面

12.1.2 一阶二维常系数对流方程

一阶二维常系数对流方程 (或二维线性对流方程) 形式如下:

$$\begin{cases} u_t + au_x + bu_y = 0, x, y \in \mathbb{R}, t > 0, \\ u(x,y,0) = \alpha(x,y), x, y \in \mathbb{R}. \end{cases}$$

求解一阶二维常系数对流方程的方法有 FFF 型显式格式、Lax-Friedrichs 格式、Lax-Wendroff 格式、Wendroff 格式、Crank-Nicolson 格式、近似分裂格式等. 本小节仅介绍如下两种格式, 其他格式在其他方程中有介绍.

1. Lax-Friedrichs 差分格式

当 $t_k = k\tau$ 时, 记 $u_{i,j}^k = u(x_i, y_j, t_k)$, 针对空间变量 x 和 y, 易知其五点差分格式及其近似替代:

$$u_{i+1,j}^k + u_{i-1,j}^k + u_{i,j+1}^k + u_{i,j-1}^k - 4u_{i,j}^k = 0 \Rightarrow$$
$$u_{i,j}^k = \frac{1}{4}\left(u_{i+1,j}^k + u_{i-1,j}^k + u_{i,j+1}^k + u_{i,j-1}^k\right).$$

对空间变量 x 和 y 分别在对应方向上作中心差分, 得一阶二维常系数对流方程的差分格式:

$$\frac{u_{i,j}^{k+1} - \frac{1}{4}\left(u_{i+1,j}^k + u_{i-1,j}^k + u_{i,j+1}^k + u_{i,j-1}^k\right)}{\tau}$$

$$+\frac{a}{2h_x}\left(u_{i+1,j}^k-u_{i-1,j}^k\right)+\frac{b}{2h_y}\left(u_{i,j+1}^k-u_{i,j-1}^k\right)=0,$$

其中 $u_{i,j}^0=\alpha(x_i,y_j)$, 记 $r_1=a\tau/h_x, r_2=b\tau/h_y, \tau$ 为时间步长, h_x 和 h_y 为空间步长, 移项化简得

$$\begin{aligned}u_{i,j}^{k+1}=&-\frac{r_1}{2}\left(u_{i+1,j}^k-u_{i-1,j}^k\right)-\frac{r_2}{2}\left(u_{i,j+1}^k-u_{i,j-1}^k\right)\\&+\frac{1}{4}\left(u_{i+1,j}^k+u_{i-1,j}^k+u_{i,j+1}^k+u_{i,j-1}^k\right).\end{aligned}\tag{12-7}$$

Lax-Friedrichs 格式是一阶精度的, 稳定条件 $r_1^2+r_2^2\leqslant 0.5$.

为呈现算法书写的多样性, 如下算法采用了三维数组 (非必要), 方便获取时间步长 τ 的任意倍数时刻的数值解.

注　如果时间、空间步长较小, 则数据的存储量较大.

```
# file_name: pde_convection_equation_1order_2d.py
class PDEConvectionEquationFirstOrder2D_LF:
    """
    双曲型偏微分方程, 一阶二维常系数对流方程, Lax-Friedrichs差分格式
    """
    def __init__(self, a_const, b_const, f_u0, x_span, y_span, t_T, x_n, y_n, t_m):
        self.a, self.b = a_const, b_const  # 一阶二维对流方程的常系数
        self.f_u0 = f_u0  # 边界条件函数, u_0(x,y,0)
        # 求解区间, 时间默认左端点为0
        self.x_a, self.x_b, self.t_T = x_span[0], x_span[1], t_T
        self.y_a, self.y_b = y_span[0], y_span[1]  # 求解区间
        self.x_n, self.y_n, self.t_m = x_n, y_n, t_m  # 求解空间和时间划分数
        self.u_xyt = None  # 存储pde数值解

    def solve_pde(self):
        """
        求解一阶二维常系数对流方程
        """
        # 空间步长
        x_h, y_h = (self.x_b - self.x_a) / self.x_n, (self.y_b - self.y_a) / self.y_n
        t_h = self.t_T / self.t_m  # 时间步长
        # 一阶二维对流方程的数值解, 三维数组存储, 便于可视化任意时刻的数值解曲面
        self.u_xyt = np.zeros((self.t_m + 1, self.x_n + 1 + 2 * self.t_m,
                               self.y_n + 1 + 2 * self.t_m))
        # 差分格式系数
```

```
    r1, r2 = abs(self.a) * t_h / x_h / 2, abs(self.b) * t_h / y_h / 2
    if r1 ** 2 + r2 ** 2 > 0.5:
        raise ValueError("Lax_Friedrichs差分格式不稳定")
    print("Lax_Friedrichs稳定条件: %.5f" % (r1**2+r2**2))
    # 二维节点延拓, 单独计算
    for i in range(self.x_n + 2 * self.t_m):
        for j in range(self.y_n + 2 * self.t_m):
            x_i = self.x_a + (i - self.t_m) * x_h
            y_i = self.y_a + (j - self.t_m) * y_h
            self.u_xyt[0, i, j] = self.f_u0(x_i, y_i)
    # 按照时间维度递推计算
    for k in range(self.t_m):
        for i in range(k + 1, self.x_n + 2 * self.t_m - k):
            for j in range(k+1, self.y_n+2 * self.t_m-k):
                term1 = (self.u_xyt[k, [i + 1, i - 1], j].sum() +
                         self.u_xyt[k, i, [j + 1, j - 1]].sum()) / 4
                term2 = r1 * (self.u_xyt[k, i + 1, j] - self.u_xyt[k, i - 1, j])
                term3 = r2 * (self.u_xyt[k, i, j + 1] - self.u_xyt[k, i, j - 1])
                self.u_xyt[k + 1, i, j]=term1-term2-term3
    return self.u_xyt
```

例 2 用 Lax-Friedrichs 差分格式求解如下二维对流方程

$$
\begin{cases}
u_t + u_x + u_y = 0, 0 < x, y < 1, t > 0, \\
u(x, y, 0) = \mathrm{e}^{-10\left(x^2+y^2\right)}, 0 \leqslant x, y \leqslant 1.
\end{cases}
$$

空间和时间区间分割数均为 100, 求解截至时刻 $t = 0.5$. 由于无法呈现动态图, 故可视化六个时刻的数值解曲面, 如图 12-4 所示, 注意 U 轴的值变化.

2. 近似分裂格式[5-7]

近似分裂格式分为两步, 其求解过程先在半个 τ 步长处沿 x 方向求解, 再在整个 τ 步长处沿 y 方向求解, 每个方向上采用一阶一维常系数对流方程的 Lax-Wendroff 格式. 差分格式为

$$
\begin{cases}
u_{i,j}^{k+\frac{1}{2}} = u_{i,j}^{k} - \dfrac{a\tau}{2h_x}\left(u_{i+1,j}^{k} - u_{i-1,j}^{k}\right) + \dfrac{a^2\tau^2}{2{h_x}^2}\left(u_{i+1,j}^{k} - 2u_{i,j}^{k} + u_{i-1,j}^{k}\right), \\
u_{i,j}^{k+1} = u_{i,j}^{k+\frac{1}{2}} - \dfrac{b\tau}{2h_y}\left(u_{i,j+1}^{k+\frac{1}{2}} - u_{i,j-1}^{k+\frac{1}{2}}\right) + \dfrac{b^2\tau^2}{2{h_y}^2}\left(u_{i,j+1}^{k+\frac{1}{2}} - 2u_{i,j}^{k+\frac{1}{2}} + u_{i,j-1}^{k+\frac{1}{2}}\right).
\end{cases}
\tag{12-8}
$$

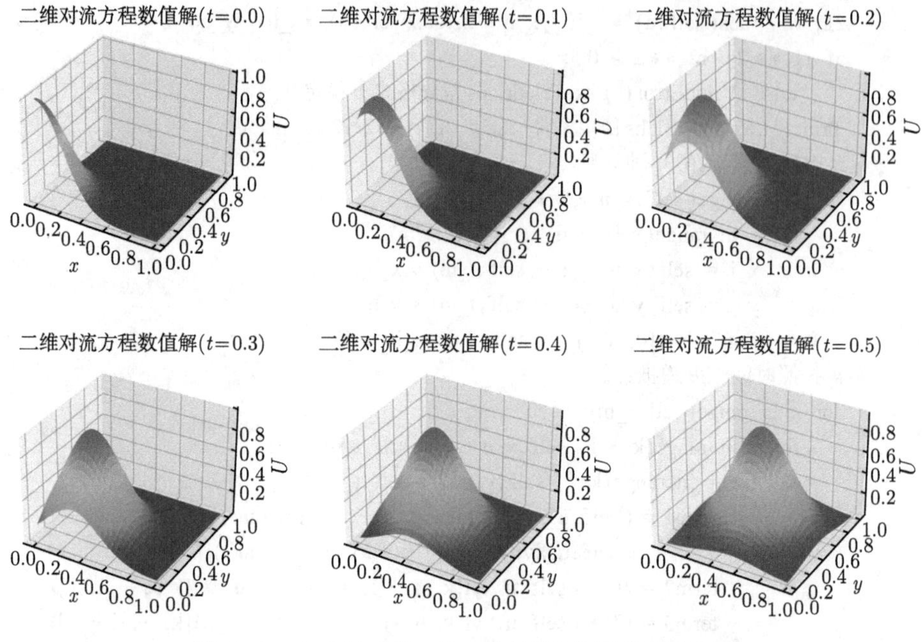

图 12-4　六个时刻的一阶二维对流方程数值解曲面图

注　如下算法不采用三维数组存储, 仅存储根据时刻递推的最新计算的数值解.

```
# file_name: pde_convection_equ_1order_2d_appr_split.py
class PDEConvectionEquationFirstOrder2D_ApprSplit:
    """
    一阶二维常系数对流方程, 近似分裂的差分格式, 仅保留最后时刻的数值解.
    """
    def __init__(self, a_const, b_const, f_u0, x_span, y_span, t_T, x_n, y_n, t_m):
        #略去实例属性参数的初始化, 参考LF格式

    def solve_pde(self):
        """
        求解一阶二维常系数对流方程
        """
        # 空间步长
        x_h, y_h = (self.x_b - self.x_a) / self.x_n, (self.y_b - self.y_a) / self.y_n
        t_h = self.t_T / self.t_m  # 时间步长
        # 一阶二维对流方程的数值解, 只保留当前时刻数值解, 为二维数组.
        self.u_xyt=np.zeros((self.x_n + 1 + 4 * self.t_m, self.y_n +1+4 * self.t_m))
```

```
for i in range(self.x_n + 4 * self.t_m):  # 二维节点延拓, 单独计算
    for j in range(self.y_n + 4 * self.t_m):
        xi = self.x_a + (i - 2 * self.t_m) * x_h
        yi = self.y_a + (j - 2 * self.t_m) * y_h
        self.u_xyt[i, j] = self.f_u0(xi, yi)
# 按照时间维度递推计算
u_xt_tmp = np.copy(self.u_xyt)  # 用于更新递推时间数值解, 保留当前时刻值
r1, r2 = self.a * t_h / x_h / 2, self.b * t_h / y_h / 2  # 差分格式系数
for k in range(self.t_m):
    for i in range(2 * k+2, self.x_n+4 * self.t_m-2 * k):
        for j in range(2 * k + 1, self.y_n + 4 * self.t_m - 2 * k + 1):
            u1 = self.u_xyt[i + 1, j] - self.u_xyt[i - 1, j]  # 子项
            u_xt_tmp[i, j] = self.u_xyt[i, j] - r1 * u1 + 2 * r1 ** 2 * \
                             (self.u_xyt[i + 1, j] - 2 * self.u_xyt[i, j] +
                              self.u_xyt[i - 1, j])
    for i in range(2 * k + 2, self.x_n + 4 * self.t_m - 2 * k):
        for j in range(2 * k + 2, self.y_n + 4 * self.t_m - 2 * k):
            u1 = u_xt_tmp[i, j + 1] - u_xt_tmp[i, j - 1]  # 子项
            self.u_xyt[i, j] = u_xt_tmp[i, j] - r2 * u1 + 2 * r2 ** 2 * \
                               (u_xt_tmp[i, j + 1] - 2 * u_xt_tmp[i, j] +
                                u_xt_tmp[i, j - 1])
return self.u_xyt
```

图 12-5 为**例 2** 近似分裂格式在 $t = 0.25$ 和 $t = 0.5$ 时刻的一阶二维对流方程数值解曲面图.

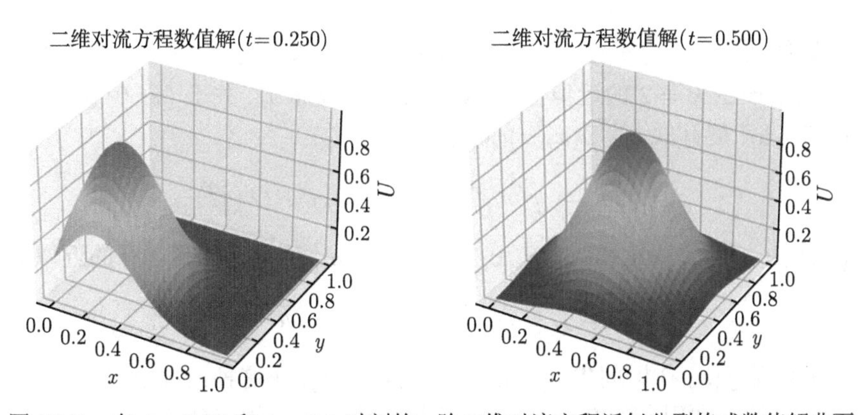

图 12-5 在 $t = 0.25$ 和 $t = 0.5$ 时刻的一阶二维对流方程近似分裂格式数值解曲面

12.1.3 一维二阶齐次波动方程

波动方程是双曲型偏微分方程的最典型代表, 其最简形式可表示为: 关于位置 x 和时间 t 的标量函数 $u(x,t)$. 假设一维二阶齐次波动方程表示如下:

$$\begin{cases} u_{tt}(x,t)=c^2u_{xx}(x,t), 0<x<a, 0<t<b, \\ u(0,t)=\alpha(t), u(a,t)=\beta(t), 0\leqslant t\leqslant b, \\ u(x,0)=f(x), 0\leqslant x\leqslant a, \\ u_t(x,0)=g(x), 0<x<a. \end{cases}$$

其中 $u(x,t)$ 代表各点偏离平衡位置的距离, $c>0$ 通常是一个固定常数, 代表波的传播速率.

1. *波动方程的显式差分公式*[1]

将求解区域 $R=\{(x,t)\mid 0\leqslant x\leqslant a, 0\leqslant t\leqslant b\}$ 等距网格剖分, $x_i=ih(0\leqslant i\leqslant m), t_k=k\tau(0\leqslant k\leqslant n)$. 分别对 $u_{tt}(x,t)$ 和 $u_{xx}(x,t)$ 采用二阶中心差分近似, 并记 $u_i^k=u\left(x_i,t_k\right)$, $r=c\tau/h$, 则可得波动方程的显式差分格式 $u_i^{k+1}-2u_i^k+u_i^{k-1}=r^2\left(u_{i+1}^k-2u_i^k+u_{i-1}^k\right)$. 假设第 k 行和第 $k-1$ 行的近似值已知, 可求网格的第 $k+1$ 行, 递推格式为

$$u_i^{k+1}=\left(2-2r^2\right)u_i^k+r^2\left(u_{i+1}^k+u_{i-1}^k\right)-u_i^{k-1}, \quad i=2,3,\cdots,n-1. \tag{12-9}$$

如果计算的某个阶段带来的误差最终会越来越小, 则该方法是稳定的, 稳定条件 $r\leqslant 1$.

2. *初始条件差分公式*

计算波动方程的差分公式 (12-9), 需初始启动两行的值 ($k=1,2$). 边界函数 $g(x)$ 可用于产生 $k=2$ 的近似值. 在边界处固定 $x=x_i$, 关于 $(x_i,0)$ 对 $u(x,t)$ 进行一阶 Taylor 展开式, 值 $u(x_i,\tau)$ 满足

$$u\left(x_i,\tau\right)=u\left(x_i,0\right)+u_t\left(x_i,0\right)\tau+O\left(\tau^2\right).$$

由 $u\left(x_i,0\right)=f\left(x_i\right)=f_i$ 和 $u_t\left(x_i,0\right)=g\left(x_i\right)=g_i$, 可得计算第 2 行的近似值公式

$$u_i^2=f_i+\tau g_i, \quad i=2,3,\cdots,n-1. \tag{12-10}$$

边界函数 $f(x)$ 在区间内通常有二阶导数 $f''(x)$, 在这种情况下, 使 $u_{xx}(x,0)=f''(x)$, 这样便于利用二阶 Taylor 展开式构造边界条件的差分公式

$$u_{tt}\left(x_i,0\right)=c^2u_{xx}\left(x_i,0\right)=c^2f''\left(x_i\right)=c^2\frac{f_{i+1}-2f_i+f_{i-1}}{h^2}+O\left(h^2\right).$$

二阶 Taylor 展开式为

$$u(x,\tau)=u(x,0)+u_t(x,0)\tau+\frac{u_{tt}(x,0)\tau^2}{2}+O\left(\tau^3\right).$$

在 $x=x_i$ 处, 综合上式可得

$$u\left(x_i,\tau\right)=f_i+\tau g_i+\frac{c^2\tau^2}{2h^2}\left(f_{i+1}-2f_i+f_{i-1}\right)+O\left(h^2\right)O\left(\tau^2\right)+O\left(\tau^3\right).$$

令 $r=c\tau/h$, 故改进的对第 2 行的近似值差分公式为

$$u_i^2=\left(1-r^2\right)f_i+\tau g_i+\frac{r^2}{2}\left(f_{i+1}+f_{i-1}\right),\quad i=2,3,\cdots,n-1. \tag{12-11}$$

数值近似值的精度依赖于将偏微分方程转变成差分公式时带来的截断误差.

定理 12.1 设波动方程两行的精确解为 $u_i^1=u\left(x_i,0\right)$ 和 $u_i^2=u\left(x_i,\tau\right),i=1,2,\cdots,n$. 如果沿 t 轴的步长为 $\tau=h/c$, 则 $r=1$, 且式 (12-9) 可表示为

$$u_i^{k+1}=u_{i+1}^k+u_{i-1}^k-u_i^{k-1}. \tag{12-12}$$

而且, 式 (12-12) 得到的整个网格的差分解是差分公式的精确解 (忽略计算机的舍入误差).

```
# file_name: pde_wave_equation.py
class PDEWaveEquation:
    """
    双曲型偏微分方程, 波动方程求解
    """
    def __init__(self, f_fun, g_fun, b_u0t_fun, x_a, t_b, c, x_h, t_h, pde_model=None):
        self.f_fun, self.g_fun = f_fun, g_fun  # 初始边界条件函数
        self.b_u0t = b_u0t_fun  # u(0, t)和u(a, t)的函数
        # 分别表示 x 和 t 的求解区域右端点, 可扩展为区域 [a, b] 形式定义
        self.x_a, self.t_b = x_a, t_b
        self.c = c  # 一维齐次波动方程的常数项
        self.x_h, self.t_h = x_h, t_h  # 分别表示自变量x和t的求解步长
        # 划分网格区间点数
        self.n, self.m = int(self.x_a / self.x_h) + 1, int(self.t_b / self.t_h) + 1
        self.u_xt = None # 存储pde数值解
        self.pde_model = pde_model # 解析解存在的情况下, 可进行误差分析

    def cal_pde(self):
```

```
"""
差分格式求解一维齐次波动方程的数值解
"""
r = self.c * self.t_h / self.x_h # 差分格式系数常量
if r > 1:
    raise ValueError("r = %.5f, 非稳定格式, 重新划分步长." % r)
print("r = %.5f, 稳定格式求解波动方程的数值解." % r)
cf_1, cf_2 = 2 - 2 * r ** 2, r ** 2 # 差分格式的系数
self.u_xt = np.zeros((self.n, self.m)) # 波动方程的数值解
ti = np.linspace(0, self.t_b, self.m)
# 边界条件
self.u_xt[0, :], self.u_xt[-1, :] = self.b_u0t[0](ti), self.b_u0t[1](ti)
# 初始条件, 第一列和第二列数值, 数值解按例存储
i = np.arange(1, self.n - 1)
self.u_xt[1:-1, 0] = self.f_fun(i * self.x_h)
self.u_xt[1:-1, 1] = cf_1 / 2 * self.f_fun(i * self.x_h) + \
                     self.t_h * self.g_fun(i * self.x_h) + \
                     cf_2 / 2 * (self.f_fun((i + 1) * self.x_h) +
                                 self.f_fun((i - 1) * self.x_h))
for j in range(1, self.m - 1): # 差分公式求解数值解, j = 1, 2, ...
    self.u_xt[1:-1, j + 1] = cf_1 * self.u_xt[1:-1, j] + \
                             cf_2 * (self.u_xt[2:, j] + self.u_xt[:-2, j]) - \
                             self.u_xt[1:-1, j - 1]
```

例 3　求解如下波动方程, 该方程的解析解是 $u(x,t) = \sin(\pi x)\cos(2\pi t) + \sin(2\pi x)\cos(4\pi t)$.

$$
\begin{cases}
u_{tt}(x,t) = 4u_{xx}(x,t), & 0 < x < 1, 0 < t < 0.5, \\
u(0,t) = 0, u(1,t) = 0, & 0 \leqslant t \leqslant 0.5, \\
u(x,0) = f(x) = \sin(\pi x) + \sin(2\pi x), & 0 \leqslant x \leqslant 1, \\
u_t(x,0) = g(x) = 0, & 0 < x < 1.
\end{cases}
$$

空间与时间步长分别为 $h = 0.0005$ 和 $\tau = 0.0001$, 则 $r = 0.4 < 1$, 满足稳定条件.

求解数值解曲面及误差曲面如图 12-6 所示, 其在当下参数要求下求解精度较高, 最大绝对值误差 $1.7590895112 \times 10^{-6}$. 图 12-7 为在指定某些时刻时的数值解曲线 ($t = 0$ 时对应曲线为最左上粗实线, $t = 0.5$ 时对应曲线为最右下) 和计算到时刻 $t = 0.5$ 时的等值线图.

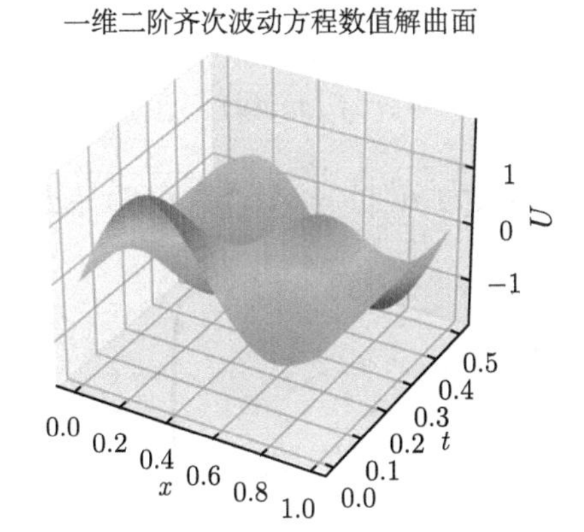

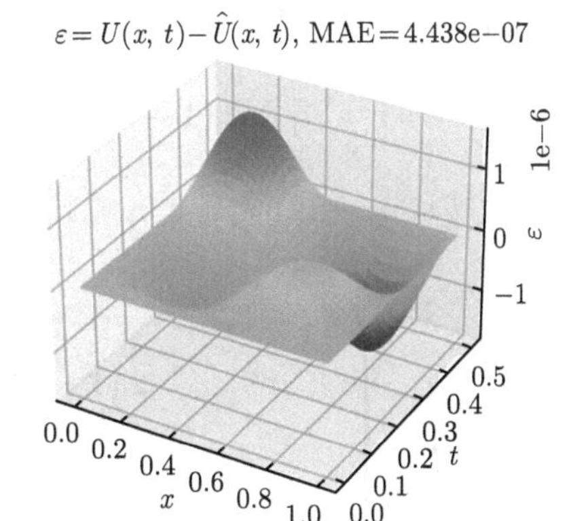

图 12-6 波动方程的数值解曲面和数值解与解析解的误差曲面

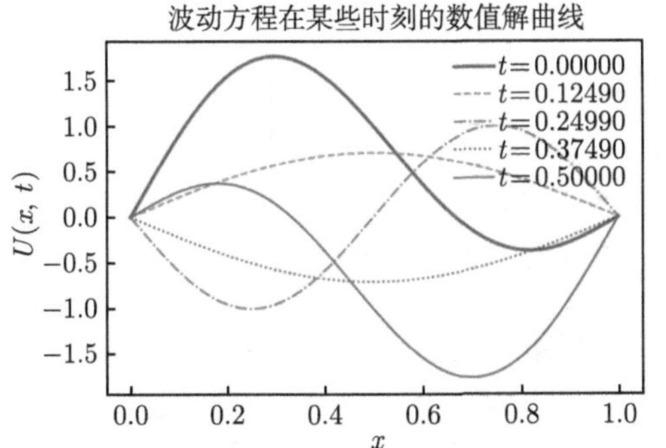

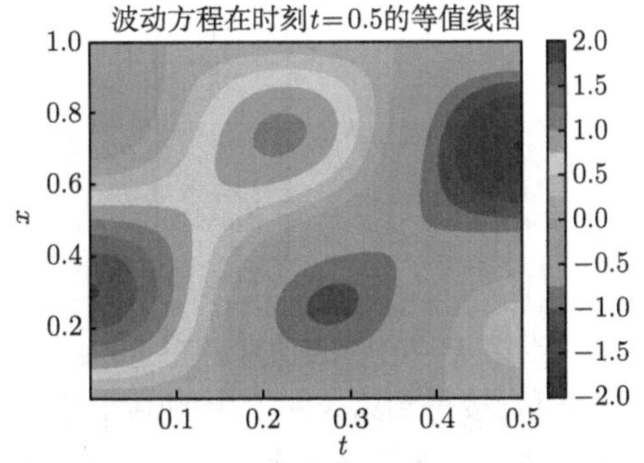

图 12-7 某些指定时刻的波偏离平衡位置的距离与 0.5 时刻的等值线图

12.1.4 一维二阶非齐次波动方程

1. 显式差分格式

一维二阶非齐次波动方程表示如下:

$$
\begin{cases}
u_{tt}(x,t) - a^2 u_{xx}(x,t) = f(x,t), \quad 0 < x < a, 0 < t < T, \\
u(0,t) = \alpha(t), u(a,t) = \beta(t), \quad 0 \leqslant t \leqslant T, \\
u(x,0) = \varphi(x), \quad 0 \leqslant x \leqslant a, \\
u_t(x,0) = \psi(x), \quad 0 < x < a,
\end{cases}
$$

其中 $a > 0$ 固定常数, $f(x,t), \varphi(x), \psi(x), \alpha(t), \beta(t)$ 为已知函数.

将求解区域 $\Omega = \{(x,t) \mid 0 \leqslant x \leqslant a, 0 < t \leqslant T\}$ 进行剖分, 取正整数 m 和 n, 记 $x_i = ih, 0 \leqslant i \leqslant m$, $t_k = k\tau, 0 \leqslant k \leqslant n$, 其中 $h = a/m, \tau = T/n$ 分别表示空间步长和时间步长. 记 $r = a\tau/h$ 为步长比, 分别对 $u_{tt}(x,t)$ 和 $u_{xx}(x,t)$ 采用二阶中

心差分格式, 化简移项可得显式差分公式:

$$u_i^{k+1} = r^2 u_{i-1}^k + 2\left(1 - r^2\right) u_i^k + r^2 u_{i+1}^k - u_i^{k-1} + \tau^2 f\left(x_i, t_k\right), \tag{12-13}$$

其中 $1 \leqslant i \leqslant m-1, 1 \leqslant k \leqslant n-1$. 写成矩阵形式为 $\boldsymbol{u}^{k+1} = \boldsymbol{A}\boldsymbol{u}^k - \boldsymbol{u}^{k-1} + \tau^2 \boldsymbol{f}$, 其中

$$\boldsymbol{A} = \begin{pmatrix} 2\left(1-r^2\right) & r^2 & & & \\ r^2 & 2\left(1-r^2\right) & r^2 & & \\ & \ddots & \ddots & \ddots & \\ & & r^2 & 2\left(1-r^2\right) & r^2 \\ & & & r^2 & 2\left(1-r^2\right) \end{pmatrix},$$

$$\boldsymbol{u}^k = \begin{pmatrix} u_1^k \\ u_2^k \\ \vdots \\ u_{m-2}^k \\ u_{m-1}^k \end{pmatrix}, \quad \boldsymbol{f} = \begin{pmatrix} f\left(x_1, t_k\right) + r^2 u_0^k \\ f\left(x_2, t_k\right) \\ \vdots \\ f\left(x_{m-2}, t_k\right) \\ f\left(x_{m-1}, t_k\right) + r^2 u_m^k \end{pmatrix}.$$

当第 $k-1$ 层的值 $\left\{u_i^{k-1} \mid 0 \leqslant i \leqslant m\right\}$ 和第 k 层的值 $\left\{u_i^k \mid 0 \leqslant i \leqslant m\right\}$ 已知时, 可直接得到第 $k+1$ 层的值 $\left\{u_i^{k+1} \mid 0 \leqslant i \leqslant m\right\}$.

注 如下算法未采用矩阵形式, 矩阵形式在隐式差分格式算法中将采用. 可求解齐次波动方程.

```
# file_name: pde_wave_equation_mixed_boundary.py
class PDEWaveEquationMixedBoundary:
    """
    双曲型偏微分方程, 一维二阶非齐次波动方程求解
    """
    def __init__(self, fun_xt, alpha_fun, beta_fun, u_x0, du_x0,  # 函数项
                 x_a, t_T, c, x_h, t_h, pde_model=None):
        self.fun_xt = fun_xt  # 波动方程的右端项函数
        # 初始边界条件函数, 对应u(0, y)和u(a, y), 关于y的函数
        self.alpha_fun, self.beta_fun = alpha_fun, beta_fun
        # 初始边界条件函数, 对应u(x, 0)和u'(x, 0), 关于x的函数
        self.u_x0, self.du_x0 = u_x0, du_x0
        self.x_a, self.t_T = x_a, t_T  # 分别表示自变量x和t的求解区域右端点
        # 其余实例属性参考齐次波动方程…
```

```
def solve_pde(self):
    """
    差分格式求一维二阶非齐次波动方程的数值解
    """
    r = self.c * self.t_h / self.x_h  # 差分格式系数常量
    if r > 1:
        raise ValueError("r = %.5f, 非稳定格式, 重新划分步长." % r)
    print("r = %.5f, 稳定格式求波动方程的数值解." % r)
    s1, s2 = 1 - r ** 2, r ** 2  # 差分格式的系数
    self.u_xt = np.zeros((self.n, self.m))  # 波动方程的数值解
    # 边界条件的处理
    xi, ti = np.linspace(0, self.x_a, self.n), np.linspace(0, self.t_T, self.m)
    self.u_xt[[0, -1], :] = self.alpha_fun(ti), self.beta_fun(ti)
    self.u_xt[:, 0] = self.u_x0(xi)
    # 根据边界情况, 计算第2列
    self.u_xt[1:-1, 1] = s1 * self.u_x0(xi[1:-1]) + \
                         self.t_h * self.du_x0(xi[1:-1]) + \
                         s2 / 2 * (self.u_x0(xi[2:]) + self.u_x0(xi[:-2]))
    for j in range(2, self.m):  # 第3列递推到最后
        self.u_xt[1:-1, j] = s2 * self.u_xt[:-2, j - 1] + \
                             2 * s1 * self.u_xt[1:-1, j - 1] + \
                             s2 * self.u_xt[2:, j - 1] - \
                             self.u_xt[1:-1, j - 2] + \
                             self.t_h ** 2 * self.fun_xt(ti[j - 1], xi[1:-1])
    return self.u_xt.T
```

例 4 求解如下波动方程, 该方程的解析解为 $u(x,t)=\sin(xt)$.

$$\begin{cases} u_{tt}(x,t)-u_{xx}(x,t)=\left(t^2-x^2\right)\sin(xt), 0<x<1, 0<t<1, \\ u(0,t)=0, u(1,t)=\sin t, 0\leqslant t\leqslant 1, \\ u(x,0)=0, 0\leqslant x\leqslant 1, \\ u_t(x,0)=x, 0<x<1. \end{cases}$$

为满足稳定性, 设置 $h=0.001, \tau=0.0005$, 则 $r=0.5$, 其数值解和误差曲面如图 12-8 所示, 精度颇高, 最大绝对值误差为 $5.1575799187\times10^{-9}$. 可通过设置不同时刻的 t 值, 绘制多个数值解曲面, 观察其波动随时间变化情况.

2. 隐式差分格式

非齐次波动方程的隐式差分格式为

$$u_i^{k+1}-2u_i^k+u_i^{k-1}-\frac{1}{2}r^2\left(u_{i-1}^{k-1}-2u_i^{k-1}+u_{i+1}^{k-1}+u_{i-1}^{k+1}-2u_i^{k+1}+u_{i+1}^{k+1}\right)$$

$$= \tau^2 f(x_i, t_k), \tag{12-14}$$

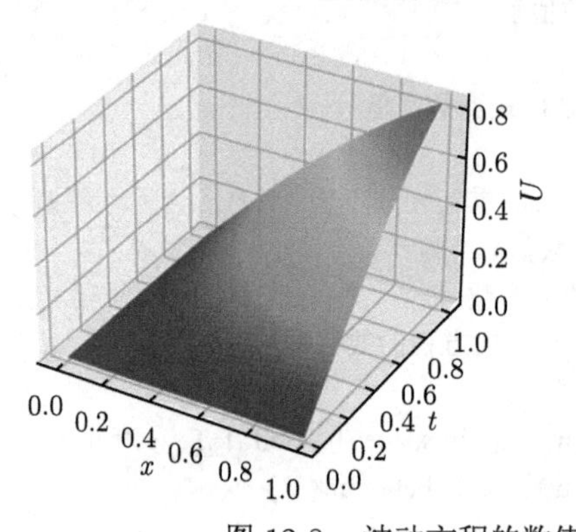

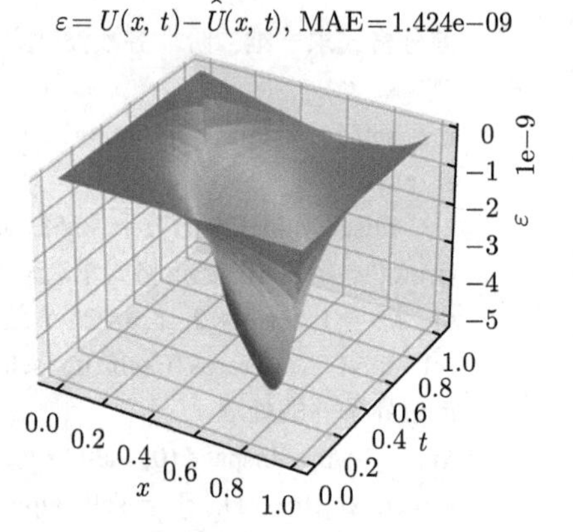

图 12-8　波动方程的数值解曲面和误差曲面 (显式格式)

其中 $1 \leqslant i \leqslant m-1, 1 \leqslant k \leqslant n-1, r = a\tau/h$ 为步长比. 移项可得

$$-\frac{1}{2}r^2 u_{i-1}^{k+1} + \left(1+r^2\right) u_i^{k+1} - \frac{1}{2}r^2 u_{i+1}^{k+1}$$
$$= \frac{1}{2}r^2 u_{i-1}^{k-1} - \left(1+r^2\right) u_i^{k-1} + \frac{1}{2}r^2 u_{i+1}^{k-1} + 2u_i^k + \tau^2 f(x_i, t_k).$$

写成矩阵形式为 $\boldsymbol{A}\boldsymbol{u}^{k+1} = -\boldsymbol{A}\boldsymbol{u}^{k-1} + \boldsymbol{f}$, 其中

$$\boldsymbol{A} = \begin{pmatrix} 1+r^2 & -0.5r^2 & & & \\ -0.5r^2 & 1+r^2 & -0.5r^2 & & \\ & \ddots & \ddots & \ddots & \\ & & -0.5r^2 & 1+r^2 & -0.5r^2 \\ & & & -0.5r^2 & 1+r^2 \end{pmatrix},$$

$$\boldsymbol{u}^{k+1} = \begin{pmatrix} u_1^{k+1} \\ u_2^{k+1} \\ \vdots \\ u_{m-2}^{k+1} \\ u_{m-1}^{k+1} \end{pmatrix}, \quad \boldsymbol{u}^{k-1} = \begin{pmatrix} u_1^{k-1} \\ u_2^{k-1} \\ \vdots \\ u_{m-2}^{k-1} \\ u_{m-1}^{k-1} \end{pmatrix},$$

$$\boldsymbol{f} = \begin{pmatrix} 0.5r^2\left(u_0^{k+1} + u_0^{k-1}\right) + 2u_1^k + \tau^2 f(x_1, t_k) \\ 2u_2^k + \tau^2 f(x_2, t_k) \\ \vdots \\ 2u_{m-2}^k + \tau^2 f(x_{m-2}, t_k) \\ 0.5r^2\left(u_m^{k+1} + u_m^{k-1}\right) + 2u_{m-1}^k + \tau^2 f(x_{m-1}, t_k) \end{pmatrix}.$$

算法说明 采用第 6 章追赶法求解三对角矩阵方程组, 也可调用 NumPy 库函数解方程组.

```
# file_name: pde_wave_equation_mixed_boundary_implicit.py
class PDEWaveEquationMixedBoundaryImplicit:
    """
    双曲型偏微分方程, 波动方程求解, 隐式格式. 采用追赶法求解, 需导入类方法
    """
    def __init__(self, fun_xt, alpha_fun, beta_fun, u_x0, du_x0, # 函数项
                 x_a, t_T, c, x_h, t_h, pde_model=None):

    def solve_pde(self):
        """
        隐式差分格式求一维二阶非齐次波动方程的数值解
        """
        r = self.c * self.t_h / self.x_h # 差分格式系数常量
        s1, s2 = 1 - r ** 2, r ** 2 # 差分格式的系数
        self.u_xt = np.zeros((self.n, self.m)) # 波动方程的数值解
        # 边界条件的处理
        xi, ti = np.linspace(0, self.x_a, self.n), np.linspace(0, self.t_T, self.m)
        self.u_xt[[0, -1], :] = self.alpha_fun(ti), self.beta_fun(ti)
        self.u_xt[:, 0] = self.u_x0(xi)
        # 根据边界情况, 计算第2列
        self.u_xt[1:-1, 1] = s1 * self.u_x0(xi[1:-1]) + \
                             self.t_h * self.du_x0(xi[1:-1]) + \
                             s2 / 2 * (self.u_x0(xi[2:]) + self.u_x0(xi[:-2]))
        # 构造三对角矩阵
        d_diag = (1 + s2) * np.ones(self.n - 2) # 主对角线元素
        c_diag = -0.5 * s2 * np.ones(self.n - 3) # 次对角线
        mat = np.diag(d_diag) + np.diag(c_diag, 1) + np.diag(c_diag, -1)
        for j in range(2, self.m): # 第3列递推到最后, 采用追赶法求解三对角方程组
            fi = 2 * self.u_xt[1:-1, j - 1] + \
                 self.t_h ** 2 * self.fun_xt(ti[j - 1], xi[1:-1])
            fi[0] += 0.5 * s2 * (self.u_xt[0, j] + self.u_xt[0, j - 2])
            fi[-1] += 0.5 * s2 * (self.u_xt[-1, j] + self.u_xt[-1, j - 2])
            b_vector = -np.dot(mat, self.u_xt[1:-1, j - 2]) + fi # 方程组右端向量
            cmtm = ChasingMethodTridiagonalMatrix(c_diag, d_diag, c_diag, b_vector)
            self.u_xt[1:-1, j] = cmtm.fit_solve() # 追赶法求三对角方程组的解
        return self.u_xt.T
```

针对**例 4** 示例: 用隐式格式求解, 设置空间与时间步长: $h = 0.001$, $\tau =$

0.0005. 如图 12-9 所示, 为隐式格式求解波动方程得到的数值解曲面和误差曲面, 最大绝对值误差为 $4.3253942428 \times 10^{-8}$. 但由于隐式格式需求解三对角矩阵形式的线性方程组, 如果求解步长细化过小, 则计算量较大.

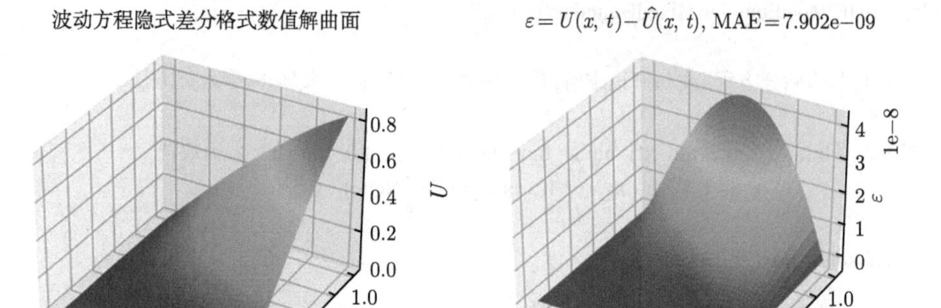

图 12-9 波动方程的数值解曲面和误差曲面 (隐式格式)

12.1.5 * 二维波动方程傅里叶解初探

假设二维波动方程具有如下形式[8]:

$$\begin{cases} u_{tt} = c^2 (u_{xx} + u_{yy}), 0 < x < a, 0 < y < b, t > 0, \\ u(0, y, t) = 0, u(a, y, t) = 0, 0 \leqslant y \leqslant b, t \geqslant 0, \\ u(x, 0, t) = 0, u(x, b, t) = 0, 0 \leqslant x \leqslant a, t \geqslant 0, \\ u(x, y, 0) = f(x, y), u_t(x, y, t)|_{t=0} = g(x, y), 0 \leqslant x \leqslant a, 0 \leqslant y \leqslant b. \end{cases}$$

则其傅里叶解为

$$\begin{cases} u(x, y, t) = \sum_{n=1}^{\infty} \sum_{m=1}^{\infty} (B_{mn} \cos \lambda_{mn} t + B_{mn}^* \sin \lambda_{mn} t) \sin\left(\frac{m\pi}{a} x\right) \sin\left(\frac{n\pi}{b} y\right), \\ \lambda_{mn} = c\pi \sqrt{\frac{m^2}{a^2} + \frac{n^2}{b^2}}, m, n = 1, 2, \cdots, \\ B_{mn} = \frac{4}{ab} \int_0^b \int_0^a f(x, y) \sin\left(\frac{m\pi}{a} x\right) \sin\left(\frac{n\pi}{b} y\right) \mathrm{d}x\mathrm{d}y, \quad m, n = 1, 2, \cdots, \\ B_{mn}^* = \frac{4}{ab\lambda_{mn}} \int_0^b \int_0^a g(x, y) \sin\left(\frac{m\pi}{a} x\right) \sin\left(\frac{n\pi}{b} y\right) \mathrm{d}x\mathrm{d}y, \quad m, n = 1, 2, \cdots. \end{cases}$$

因篇幅限制, 此处不给出具体原理推导, 可参考 [8].

算法说明 采用第 4 章高斯–勒让德求解二重积分, 设置零点数为 15, 也可调用 NumPy 库函数. 不考虑递推格式, 直接采用傅里叶解近似构造 $u(x, y, t)$, 进而按照指定时刻 t^* 求 $u(x, y, t^*)$ 的数值解即可.

```
# file_name: pde_2d_wave_fourier_sol.py
class PDE2DWaveFourierSolution:
    """
    二维波动方程的傅里叶解, 采用第4章 高斯–勒让德求解二重积分, 需导入类.
    """
    def __init__(self, f_xyt_0, df_xyt_0, c, a, b, t_T, m, n, pde_model=None):
        self.f_xyt_0 = f_xyt_0  # 初值条件f(x,y,0)
        self.df_xyt_0 = df_xyt_0  # 初值条件, 对应f(x,y,0)对t的一阶导在t=0时刻的函数
        self.c = c  # 二维波动方程的系数, c ** 2形式
        self.a, self.b = a, b  # 求解空间的区间, 起始区间端点为0, 构成[0,a], [0,b]
        self.t_T = t_T  # 求解时刻, 具体求解时未采用, 仅为可视化用于表达式u(x,y,t)
        self.m, self.n = m, n  # 傅里叶级数的项数
        self.pde_model = pde_model # 解析解, 不存在则不传
        self.u_xyt = None # 近似解表达式

    def solve_pde(self):
        """
        求二维波动方程的傅里叶解, 采用高斯–勒让德二重积分计算
        """
        # 存储积分, 表达式系数
        B_mn, B_mn_d = np.zeros((self.m, self.n)), np.zeros((self.m, self.n))
        lambda_ = np.zeros((self.m, self.n))  # 存储指数项系数
        for i in range(self.m):
            for j in range(self.n):
                lambda_[i, j] = self.c * np.pi * \
                                np.sqrt((i / self.a) ** 2 + (j / self.b) ** 2)
                # 如下求Bmn和B(*)mn系数, 采用高斯–勒让德二重积分计算
                int_fun_ = lambda x, y: np.sin(i / self.a * np.pi * x) * \
                                        np.sin(j / self.b * np.pi * y)
                int_fun_expr = lambda x, y: self.f_xyt_0(x, y) * int_fun_(x, y)
                gl2di = GaussLegendreDoubleIntegration(int_fun_expr, [0, self.a],
                                                       [0, self.b], zeros_num=15)
                B_mn[i, j] = 4 / (self.a * self.b) * gl2di.cal_2d_int()
                if self.df_xyt_0(self.a, self.b):  # g(x,y,0)为0时不计算
                    int_gun_expr = lambda x,y: self.df_xyt_0(x,y)*int_fun_(x, y)
```

```
                gl2di = GaussLegendreDoubleIntegration(int_gun_expr, [0, self.a],
                                                       [0, self.b], zeros_num=15)
                B_mn_d[i, j] = 4 / (self.a * self.b * lambda_[i, j]) * \
                               gl2di.cal_2d_int()
        # 如下构造近似解表达式, 采用符号形式
        x, y, t = sympy.symbols("x, y, t")  # 符号定义
        u_xyt = 0.0  # 符号表达式
        for i in range(self.m):
            for j in range(self.n):
                c_ = B_mn[i, j] * sympy.cos(lambda_[i, j] * t) + B_mn_d[i, j] * \
                    sympy.sin(lambda_[i, j] * t)
                u_xyt += c_ * sympy.sin(i / self.a * np.pi * x) * \
                        sympy.sin(j / self.b * np.pi * y)
        self.u_xyt = sympy.lambdify((x, y, t), u_xyt)
        return self.u_xyt
```

例 5　采用傅里叶级数求解如下二维波动方程

$$
\begin{cases}
\dfrac{\partial^2 u}{\partial t^2} = \left(\dfrac{1}{\pi}\right)^2 \left(\dfrac{\partial^2 u}{\partial x^2} + \dfrac{\partial^2 u}{\partial y^2}\right), \quad 0 < x < 1, 0 < y < 1, t > 0, \\
u(0, y, t) = 0, u(a, y, t) = 0, \quad 0 \leqslant y \leqslant 1, t \geqslant 0, \\
u(x, 0, t) = 0, u(x, b, t) = 0, \quad 0 \leqslant x \leqslant 1, t \geqslant 0, \\
u(x, y, 0) = x(x-1)y(y-1), \quad u_t(x, y, 0) = 0, 0 \leqslant x \leqslant 1, 0 \leqslant y \leqslant 1.
\end{cases}
$$

设置 $m = n = 5$. 由于文档无法演示二维波动方程随时间的变化过程, 故求解 6 个时刻的数值解并可视化解的静态曲面, 如图 12-10 所示.

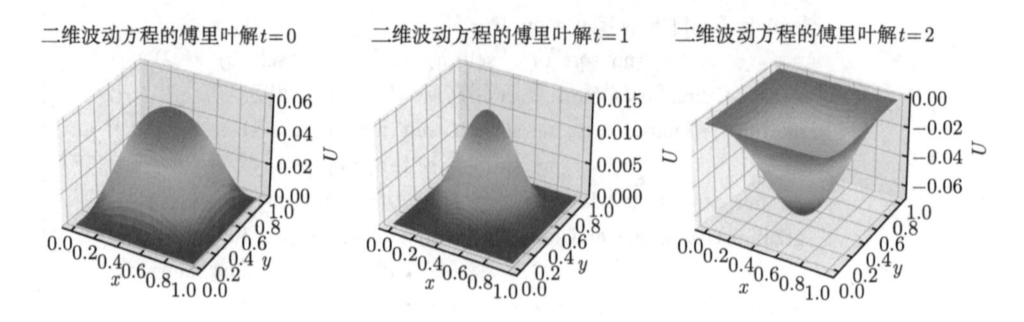

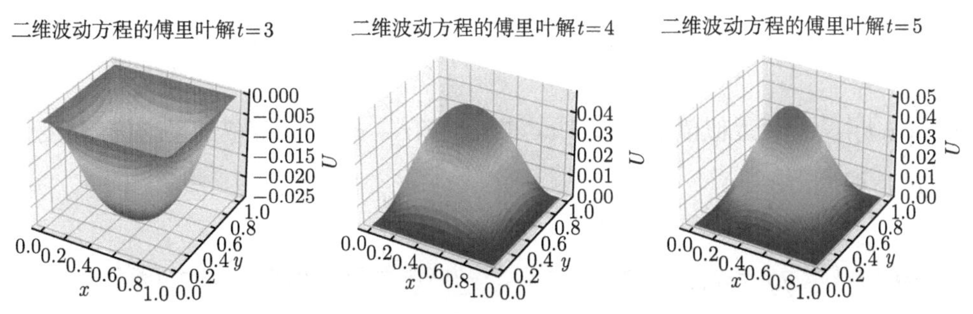

图 12-10 二维波动方程 6 个时刻的数值解曲面

■ 12.2 抛物型偏微分方程

12.2.1 一维齐次热传导方程

设一维热传导方程表示如下:

$$
\begin{cases}
u_t(x,t) = c^2 u_{xx}(x,t), \quad 0 < x < a, 0 < t < b, \\
u(x,0) = f(x), \quad 0 \leqslant x \leqslant a, \\
u(0,t) = g_1(t) \equiv c_1, \quad u(a,t) = g_2(t) \equiv c_2, 0 \leqslant t \leqslant b.
\end{cases}
$$

热传导方程是初始温度分布函数为 $f(x)$, 端点有常温 c_1 和 c_2 的绝缘杆上温度的数学模型.

1. 显式向前差分公式

假设网格间距等距划分, 取正整数 n 和 m, 则时间步长 $\tau = b/m$ 和空间步长 $h = a/n$. 不考虑截断误差 $O(\tau), O\left(h^2\right)$, 并对空间变量采用二阶中心差分格式, 得一维热传导方程的显式向前差分公式:

$$
\frac{u_i^{k+1} - u_i^k}{\tau} = c^2 \frac{u_{i-1}^k - 2u_i^k + u_{i+1}^k}{h^2},
$$

其中 $1 \leqslant i \leqslant n-1$ 和 $1 \leqslant k \leqslant m-1$ 分别为空间网格点的下标和时间网格点的上标. 记 $r = c^2\tau/h^2$, 移项化简得

$$
u_i^{k+1} = (1-2r)u_i^k + r\left(u_{i-1}^k + u_{i+1}^k\right). \tag{12-15}
$$

如果 $0 \leqslant r \leqslant 0.5$, 即 τ 满足 $\tau \leqslant h^2/\left(2c^2\right)$, 则显式向前差分公式是稳定的.

2. Crank-Nicolson

由克兰克 (J. Crank) 和尼克尔森 (P. Nicolson) 发明的隐式差分格式是基于求解网格中在行之间的点 $\left(x, t+\dfrac{\tau}{2}\right)$ 处的一维热传导方程的数值近似解. 由一阶中心差分公式知

$$u_t\left(x,t+\frac{\tau}{2}\right)=\frac{u(x,t+\tau)-u(x,t)}{\tau}+O\left(\tau^2\right). \tag{12-16}$$

$u_{xx}\left(x,t+\dfrac{\tau}{2}\right)$ 的近似值是 $u_{xx}(x,t)$ 和 $u_{xx}(x,t+\tau)$ 的近似值的平均值, 精度为 $O\left(h^2\right)$, 即

$$\begin{aligned}u_{xx}\left(x,t+\frac{\tau}{2}\right)=&\frac{1}{2h^2}u(x-h,t+\tau)-2u(x,t+\tau)+u(x+h,t+\tau)\\&+\frac{1}{2h^2}u(x-h,t)+2u(x,t)+u(x+h,t)+O\left(h^2\right).\end{aligned} \tag{12-17}$$

忽略误差项 $O\left(\tau^2\right)$ 和 $O\left(h^2\right)$, 由式 (12-16) 和 (12-17) 可得到采用符号 $u_i^k=u\left(x_i,t_k\right)$ 表示的差分公式:

$$\frac{u_i^{k+1}-u_i^k}{\tau}=c^2\frac{u_{i-1}^{k+1}-2u_i^{k+1}+u_{i+1}^{k+1}+u_{i-1}^k-2u_i^k+u_{i+1}^k}{2h^2}. \tag{12-18}$$

仍需 3 个未计算的值 $u_{i-1}^{k+1},u_i^{k+1},u_{i+1}^{k+1}$, 重排式 (12-18) 得到隐式差分公式:

$$-ru_{i-1}^{k+1}+(2+2r)u_i^{k+1}-ru_{i+1}^{k+1}=(2-2r)u_i^k+r\left(u_{i-1}^k+u_{i+1}^k\right), \tag{12-19}$$

其中 $r=c^2\tau/h^2,i=2,3,\cdots,n-1$, 等号右端项已知, 式 (12-19) 可形成三角线性方程组 $\boldsymbol{Ax}=\boldsymbol{f}$.

有时通过使 $r=1$ 来实现算法, 这种情况下, 沿 t 轴的增量为 $\Delta t=\tau=h^2/c^2$, 同时隐式差分公式可简化为

$$-u_{i-1}^{k+1}+4u_i^{k+1}-u_{i+1}^{k+1}=u_{i-1}^k+u_{i+1}^k,\quad i=2,3,\cdots,n-1. \tag{12-20}$$

边界条件分别用于第一个方程 $u_1^k=u_1^{k+1}=c_1$ 和最后一个方程 $u_n^k=u_n^{k+1}=c_2$, 则式 (12-20) 表示为三角矩阵形式的线性方程组 $\boldsymbol{Ax}=\boldsymbol{f}$, 即

$$\begin{pmatrix}4&-1&&&\\-1&4&-1&&\\&\ddots&\ddots&\ddots&\\&&-1&4&-1\\&&&-1&4\end{pmatrix}\begin{pmatrix}u_2^{k+1}\\u_3^{k+1}\\\vdots\\u_{n-2}^{k+1}\\u_{n-1}^{k+1}\end{pmatrix}=\begin{pmatrix}2c_1+u_3^k\\u_2^k+u_4^k\\\vdots\\u_{n-3}^k+u_{n-1}^k\\2c_2+u_{n-2}^k\end{pmatrix}.$$

可通过求解线性方程组的直接法或迭代法得到近似解.

```
# file_name: pde_heat_conduction_equation.py
class PDEHeatConductionEquation:
    """
    一维热传导方程求解, 显式格式和隐式格式, 其中隐式格式中Ax=f采用追赶法求解
    """
    def __init__(self, f_fun, c1, c2, x_a, t_b, const, x_h, t_h, pde_model=None,
                 pde_method="explicit"):
        self.f_fun, self.c1, self.c2 = f_fun, c1, c2  # 初始边界条件函数
        self.x_a, self.t_b = x_a, t_b  # 分别表示自变量x和t的求解区域右端点
        self.const = const  # 一维热传导方程的常数项
        self.x_h, self.t_h = x_h, t_h  # 分别表示自变量x和t的求解步长
        # 划分网格区间点数
        self.n, self.m = int(self.x_a / self.x_h) + 1, int(self.t_b / self.t_h) + 1
        self.u_xt = None # 存储pde数值解
        self.pde_model = pde_model # 解析解存在的情况下, 可进行误差分析
        self.pde_method = pde_method # 显式方法explicit或隐式方法implicit

    def cal_pde(self):
        """
        显式向前差分格式和Crank-Nicolson隐式格式求解
        """
        self.u_xt = np.zeros((self.n, self.m)) # 波动方程的数值解
        if self.pde_method.lower() == "explicit":
            return self._cal_pde_explicit_()
        elif self.pde_method.lower() == "implicit":
            return self._cal_pde_implicit_()

    def _cal_pde_explicit_(self):
        """
        显式向前差分格式求解
        """
        r = self.const ** 2 * self.t_h / self.x_h ** 2  # 差分格式系数常量
        if r > 0.5:
            raise ValueError("r = %.5f, 非稳定格式, 重新划分步长." % r)
        print("r = %.5f, 稳定格式求一维热传导方程的数值解." % r)
        cf = 1 - 2 * r  # 差分格式的系数
        # 初始条件, 第一列和最后一列数值, 数值解按例存储
        self.u_xt[:, [0, -1]] = self.c1, self.c2
        i = np.arange(1, self.n - 1)
```

```
        self.u_xt[1:-1, 0] = self.f_fun(i * self.x_h)  # 计算第1行
        for j in range(1, self.m):  # 计算剩余的列
            self.u_xt[1:-1, j] = cf * self.u_xt[1:-1, j - 1] + \
                                 r * (self.u_xt[:-2, j - 1] + self.u_xt[2:, j - 1])
        return self.u_xt.T

    def _cal_pde_implicit_(self):
        """
        Crank-Nicolson隐式格式求解
        """
        r = self.const ** 2 * self.t_h / self.x_h ** 2  # 差分格式系数常量
        cf_1, cf_2 = 2 + 2 / r, 2 / r - 2  # 差分格式的系数
        # 初始条件, 第一列和最后一列数值, 数值解按例存储
        self.u_xt[:, [0, -1]] = self.c1, self.c2
        i = np.arange(1, self.n - 1)
        self.u_xt[1:-1, 0] = self.f_fun(i * self.x_h)  # 计算第1行
        # 隐式格式求解其他列
        vd = cf_1 * np.ones(self.n)  # 主对角线元素
        vd[0], vd[-1] = 1, 1
        va, vc = -np.ones(self.n - 1), -np.ones(self.n - 1)  # 次对角线元素
        va[-1], vc[0] = 0, 0
        vb = np.zeros(self.n)  # 右端向量
        vb[0], vb[-1] = self.c1, self.c2
        for j in range(1, self.m):
            vb[1:-1] = self.u_xt[:-2, j - 1] + self.u_xt[2:, j - 1] + \
                       cf_2 * self.u_xt[1:-1, j - 1]
            cmtm = ChasingMethodTridiagonalMatrix(va, vd, vc, vb)  # 追赶法求解
            self.u_xt[:, j] = cmtm.fit_solve()  # 存储
        return self.u_xt.T
```

例 6 求解如下一维热传导方程, 该问题的解析解为 $u(x,t)=\mathrm{e}^{-\pi^2 t}\sin\pi x+\mathrm{e}^{-9\pi^2 t}\sin 3\pi x$.

$$
\begin{cases}
u_t(x,t)=u_{xx}(x,t), 0<x<1, 0<t<0.1,\\
u(x,0)=f(x)=\sin\pi x+\sin 3\pi x, 0\leqslant x\leqslant 1,\\
u(0,t)=g_1(x)\equiv 0, 0\leqslant t\leqslant 0.1,\\
u(1,t)=g_2(t)\equiv 0, 0\leqslant t\leqslant 0.1.
\end{cases}
$$

对于显式差分格式, 为满足稳定条件, 设置参数 $h=0.01$ 和 $\tau=0.00001$, 如图 12-11 所示为 $t=0.1$ 时刻的显式差分格式下的数值解曲面与误差曲面, 最大绝对值误差为 $1.1062711846\times 10^{-4}$.

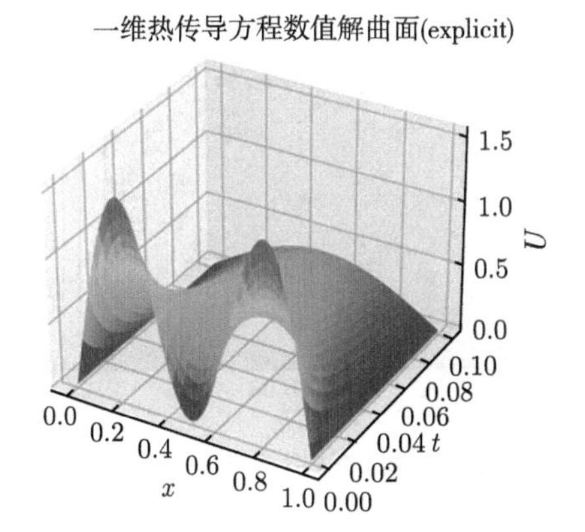

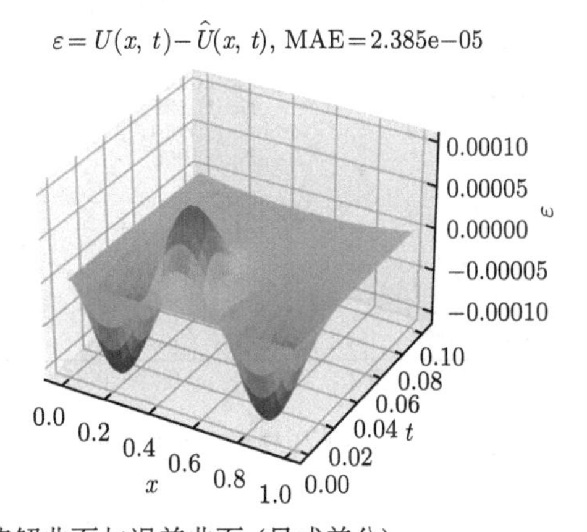

图 12-11 一维热传导方程的数值解曲面与误差曲面 (显式差分)

图 12-12 所示为隐式差分格式下的数值解曲面与误差曲面, 参数设置为 $h = 0.001$ 和 $\tau = 0.0001$, 最大绝对值误差为 $3.4389148240 \times 10^{-7}$. 可见, 隐式格式在当前参数下求解精度较高. 图 12-13 为某些时刻下的数值解曲线 ($t = 0$ 时曲线为初始温度两个最大波峰者, 粗实线) 及其带有填充区域的等值线图.

12.2.2 一维非齐次热传导方程

设一维非齐次热传导方程的定解问题表示如下:

$$\begin{cases} u_t(x,t) - au_{xx}(x,t) = f(x,t), \quad 0 < x < l, 0 < t \leqslant T, a > 0, \\ u(x,0) = \varphi(x), \quad 0 \leqslant x \leqslant l, \\ u(0,t) = \alpha(t), u(l,t) = \beta(t), \quad 0 < t \leqslant T. \end{cases}$$

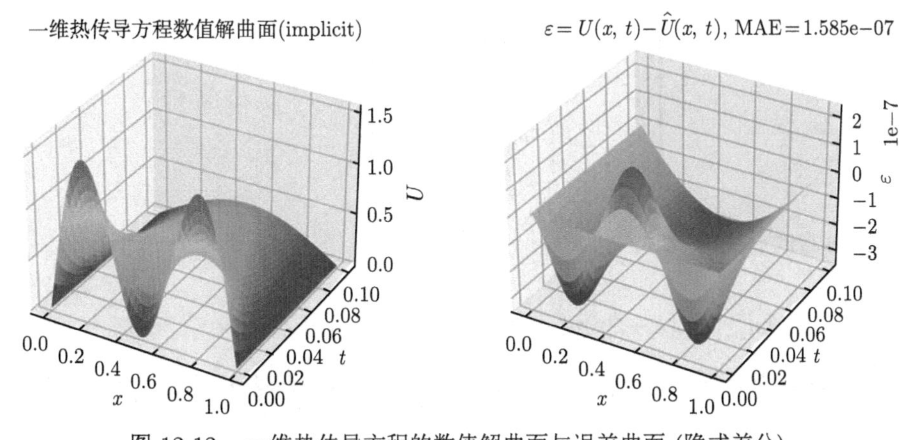

图 12-12 一维热传导方程的数值解曲面与误差曲面 (隐式差分)

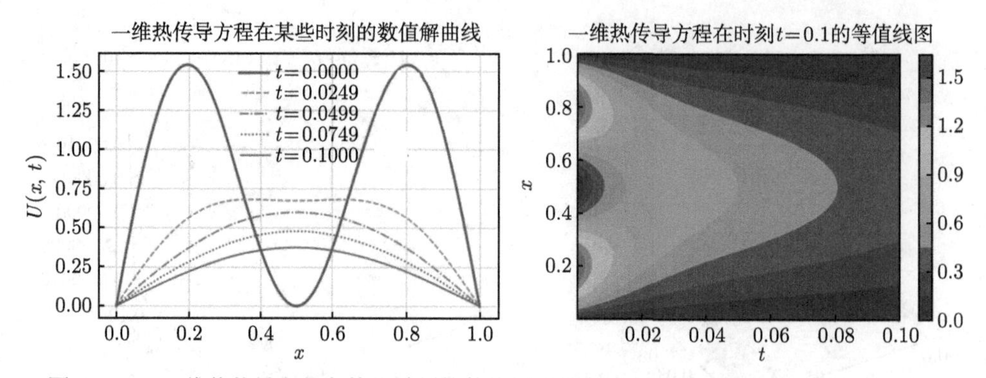

图 12-13 一维热传导方程在某些时刻的数值解及带有填充区域的等值线图 (隐式差分)

1. 向前欧拉差分格式

$$
\begin{aligned}
u_i^{k+1} = &(1-2r)u_i^k + r\left(u_{i-1}^k + u_{i+1}^k\right) \\
&+ \tau f(x_i, t_k), \quad 1 \leqslant i \leqslant m-1, \quad 1 \leqslant k \leqslant n-1.
\end{aligned} \tag{12-21}
$$

稳定条件 $r = a\tau/h^2 \leqslant 0.5, h = l/m$ 和 $\tau = T/n$ 分别为空间与时间等距步长. 写成矩阵形式为

$$
\begin{pmatrix} u_1^{k+1} \\ u_2^{k+1} \\ \vdots \\ u_{m-2}^{k+1} \\ u_{m-1}^{k+1} \end{pmatrix}
=
\begin{pmatrix}
1-2r & r & & & \\
r & 1-2r & r & & \\
& \ddots & \ddots & \ddots & \\
& & r & 1-2r & r \\
& & & r & 1-2r
\end{pmatrix}
\begin{pmatrix} u_1^k \\ u_2^k \\ \vdots \\ u_{m-2}^k \\ u_{m-1}^k \end{pmatrix}
+
\begin{pmatrix}
\tau f(x_1, t_k) + r u_0^k \\
\tau f(x_2, t_k) \\
\vdots \\
\tau f(x_{m-2}, t_k) \\
\tau f(x_{m-1}, t_k) + r u_m^k
\end{pmatrix}.
$$

2. 向后欧拉差分格式

$$
\begin{aligned}
&-r u_{i-1}^k + (1+2r)u_i^k - r u_{i+1}^k \\
= &\, u_i^{k-1} + \tau f(x_i, t_k), \quad 1 \leqslant i \leqslant m-1, \quad 1 \leqslant k \leqslant n-1.
\end{aligned} \tag{12-22}
$$

写成矩阵形式为

$$\begin{pmatrix} 1+2r & -r & & & \\ -r & 1+2r & -r & & \\ & \ddots & \ddots & \ddots & \\ & & -r & 1+2r & -r \\ & & & -r & 1+2r \end{pmatrix}\begin{pmatrix} u_1^k \\ u_2^k \\ \vdots \\ u_{m-2}^k \\ u_{m-1}^k \end{pmatrix}$$

$$= \begin{pmatrix} u_1^{k-1}+\tau f(x_1,t_k)+ru_0^k \\ u_2^{k-1}+\tau f(x_2,t_k) \\ \vdots \\ u_{m-2}^{k-1}+\tau f(x_{m-2},t_k) \\ u_{m-1}^{k-1}+\tau f(x_{m-1},t_k)+ru_m^k \end{pmatrix}.$$

在每一时间层上只要解一个三对角线性方程组, 无条件稳定.

向前显式差分和向后差分, 收敛阶均为 $O\left(\tau+h^2\right)$, 而 Richardson 差分格式和 Crank-Nicolson 差分格式的收敛阶均为 $O\left(\tau^2+h^2\right)$.

3. Crank-Nicolson 差分格式

$$\begin{aligned} & -\frac{r}{2}u_{i-1}^{k+1}+(1+r)u_i^{k+1}-\frac{r}{2}u_{i+1}^{k+1} \\ = & \frac{r}{2}u_{i-1}^k+(1-r)u_i^k+\frac{r}{2}u_{i+1}^k+\tau f\left(x_i,t_{k+1/2}\right), \end{aligned} \tag{12-23}$$

其中 $1\leqslant i\leqslant m-1, 0\leqslant k\leqslant n-1, t_{k+1/2}=\left(t_k+t_{k+1}\right)/2$. 无条件稳定.

写成矩阵形式 $\boldsymbol{A}\boldsymbol{u}^{k+1}=\boldsymbol{B}\boldsymbol{u}^k+\boldsymbol{f}, \quad 0\leqslant k\leqslant n-1$, 其中

$$\boldsymbol{A}=\begin{pmatrix} 1+r & -0.5r & & & \\ -0.5r & 1+r & -0.5r & & \\ & \ddots & \ddots & \ddots & \\ & & -0.5r & 1+r & -0.5r \\ & & & -0.5r & 1+r \end{pmatrix},$$

$$\boldsymbol{B}=\begin{pmatrix} 1-r & 0.5r & & & \\ 0.5r & 1-r & 0.5r & & \\ & \ddots & \ddots & \ddots & \\ & & 0.5r & 1-r & 0.5r \\ & & & 0.5r & 1-r \end{pmatrix},$$

$$\boldsymbol{u}^{k+1}=\begin{pmatrix} u_1^{k+1} \\ u_2^{k+1} \\ \vdots \\ u_{m-2}^{k+1} \\ u_{m-1}^{k+1} \end{pmatrix},\quad \boldsymbol{u}^{k}=\begin{pmatrix} u_1^{k} \\ u_2^{k} \\ \vdots \\ u_{m-2}^{k} \\ u_{m-1}^{k} \end{pmatrix},$$

$$\boldsymbol{f}=\begin{pmatrix} 0.5r\left(u_0^k+u_0^{k+1}\right)+\tau f\left(x_1,t_{k+1/2}\right) \\ \tau f\left(x_2,t_{k+1/2}\right) \\ \vdots \\ \tau f\left(x_{m-2},t_{k+1/2}\right) \\ 0.5r\left(u_m^k+u_m^{k+1}\right)+\tau f\left(x_{m-1},t_{k+1/2}\right) \end{pmatrix}.$$

在每一时间层上只要解一个三对角线性方程组.

4. 紧差分格式

$$\begin{aligned}&\left(\frac{1}{12}-\frac{1}{2}r\right)\left(u_{i-1}^{k+1}+u_{i+1}^{k+1}\right)+\left(\frac{5}{6}+r\right)u_i^{k+1}\\ =&\left(\frac{1}{12}+\frac{1}{2}r\right)\left(u_{i-1}^{k}+u_{i+1}^{k}\right)+\left(\frac{5}{6}-r\right)u_i^{k}\\ &+\frac{\tau}{12}\left[f\left(x_{i-1},t_{k+1/2}\right)+10f\left(x_i,t_{k+1/2}\right)+f\left(x_{i+1},t_{k+1/2}\right)\right],\end{aligned}\tag{12-24}$$

其中 $1\leqslant i\leqslant m-1, 0\leqslant k\leqslant n-1$. 无条件稳定, 收敛阶为 $O\left(\tau^2+h^4\right)$.

写成矩阵形式 $\boldsymbol{A}\boldsymbol{u}^{k+1}=\boldsymbol{B}\boldsymbol{u}^{k}+\boldsymbol{f},\quad 0\leqslant k\leqslant n-1$, 其中

$$\boldsymbol{A}=\begin{pmatrix} \frac{5}{6}+r & \frac{1-6r}{12} & & & \\ \frac{1-6r}{12} & \frac{5}{6}+r & \frac{1-6r}{12} & & \\ & \ddots & \ddots & \ddots & \\ & & \frac{1-6r}{12} & \frac{5}{6}+r & \frac{1-6r}{12} \\ & & & \frac{1-6r}{12} & \frac{5}{6}+r \end{pmatrix},$$

$$
\boldsymbol{B}=\begin{pmatrix}
\frac{5}{6}-r & \frac{1+6r}{12} & & & \\
\frac{1+6r}{12} & \frac{5}{6}-r & \frac{1+6r}{12} & & \\
& \ddots & \ddots & \ddots & \\
& & \frac{1+6r}{12} & \frac{5}{6}-r & \frac{1+6r}{12} \\
& & & \frac{1+6r}{12} & \frac{5}{6}-r
\end{pmatrix},
$$

$$
\boldsymbol{u}^{k+1}=\begin{pmatrix} u_1^{k+1} \\ u_2^{k+1} \\ \vdots \\ u_{m-2}^{k+1} \\ u_{m-1}^{k+1} \end{pmatrix},\quad \boldsymbol{u}^{k}=\begin{pmatrix} u_1^{k} \\ u_2^{k} \\ \vdots \\ u_{m-2}^{k} \\ u_{m-1}^{k} \end{pmatrix},
$$

$$
\boldsymbol{f}=\begin{pmatrix}
\left(\frac{1}{12}+\frac{r}{2}\right)u_0^k-\left(\frac{1}{12}-\frac{r}{2}\right)u_0^{k+1}+\tau f^*\left(x_1,t_{k+1/2}\right) \\
\tau f^*\left(x_2,t_{k+1/2}\right) \\
\vdots \\
\tau f^*\left(x_{m-2},t_{k+1/2}\right) \\
\left(\frac{1}{12}+\frac{r}{2}\right)u_m^k-\left(\frac{1}{12}-\frac{r}{2}\right)u_m^{k+1}+\tau f^*\left(x_{m-1},t_{k+1/2}\right)
\end{pmatrix},
$$

其中 $f^*\left(x_i,t_{k+1/2}\right)=\frac{1}{12}\left[f\left(x_{i-1},t_{k+1/2}\right)+10f\left(x_i,t_{k+1/2}\right)+f\left(x_{i+1},t_{k+1/2}\right)\right]$, 在每一时间层上只要解一个三对角线性方程组.

```
# file_name: pde_heat_conduction_equ_nonhomogeneous.py
class PDEHeatConductionEquationNonhomogeneous:
    """
    求解抛物线偏微分方程: 非齐次热传导方程的定解问题, 解线性方程组采用第6章追赶法
    """
    def __init__(self, f_fun, a, init_f, alpha_f, beta_f, x_a, t_T, x_h, t_h,
                 pde_model=None, diff_type="forward"):
        self.f_fun, self.init_f = f_fun, init_f  # 方程右端函数以及初始条件函数
```

```
        self.alpha_f, self.beta_f = alpha_f, beta_f  # 边界函数
        # 分别表示自变量x和t的求解区域右端点, 左端点默认为0
        self.x_a, self.t_T = x_a, t_T
        self.a = a  # 一维热传导方程的常数项
        self.x_h, self.t_h = x_h, t_h  # 分别表示自变量x和t的求解步长
        # 划分网格区间点数
        self.x_n, self.t_m = int(self.x_a / self.x_h) + 1, int(self.t_T / self.t_h) + 1
        self.u_xt = None  # 存储pde数值解
        self.pde_model = pde_model  # 解析解存在的情况下, 可进行误差分析
        self.diff_type = diff_type  # 差分格式

    def solve_pde(self):
        """
        求解非齐次热传导方程的定解问题, 差分格式
        """
        r = self.a * self.t_h / self.x_h ** 2  # 步长比
        xi, ti = np.linspace(0, self.x_a, self.x_n), np.linspace(0, self.t_T, self.t_m)
        self.u_xt = np.zeros((self.x_n, self.t_m))  # 波动方程的数值解
        self.u_xt[:, 0] = self.init_f(xi)
        self.u_xt[[0, -1], :] = self.alpha_f(ti), self.beta_f(ti)
        if self.diff_type.lower() == "forward":  # 向前欧拉差分格式
            self._solve_pde_forward_(r, xi, ti)
        elif self.diff_type.lower() == "backward":  # 向后欧拉差分格式
            self._solve_pde_backward_(r, xi, ti)
        elif self.diff_type.lower() == "Crank-Nicolson":  # Crank-Nicolson差分格式
            self._solve_pde_Crank-Nicolson_(r, xi, ti)
        elif self.diff_type.lower() == "compact":  # 紧差分格式
            self._solve_pde_compact_(r, xi, ti)
        else:
            raise ValueError("仅支持forward、backward、crank_nicolson和compact.")

    def _solve_pde_forward_(self, r, xi, ti):
        """
        向前欧拉差分格式
        """
        if r > 0.5:
            raise ValueError("r = %.5f, 非稳定格式, 重新划分步长." % r)
        print("r = %.5f, 稳定格式求一维热传导方程的数值解." % r)
        for j in range(1, self.t_m):
            self.u_xt[1:-1, j] = (1 - 2 * r) * self.u_xt[1:-1, j - 1] + \
```

```
                                    r * (self.u_xt[:-2, j - 1] + self.u_xt[2:, j - 1]) + \
                                    self.t_h * self.f_fun(xi[1:-1], ti[j - 1])
        return self.u_xt

    def _solve_pde_backward_(self, r, xi, ti):
        """
        向后欧拉差分格式
        """
        diag_b = (1 + 2 * r) * np.ones(self.x_n - 2)  # 主对角线
        diag_c = -r * np.ones(self.x_n - 3)  # 次对角线
        for j in range(1, self.t_m):
            # 右端向量
            fi = self.u_xt[1:-1, j - 1] + self.t_h * self.f_fun(xi[1:-1], ti[j])
            fi[0], fi[-1] = fi[0] + r * self.u_xt[0, j], fi[-1] + r * self.u_xt[-1, j]
            cmtm = ChasingMethodTridiagonalMatrix(diag_c, diag_b, diag_c, fi)
            self.u_xt[1:-1, j] = cmtm.fit_solve()
        return self.u_xt

    def _solve_pde_Crank-Nicolson_(self, r, xi, ti):
        """
        Crank-Nicolson差分格式
        """
        diag_b = (1 + r) * np.ones(self.x_n - 2)  # 主对角线
        diag_c = -r / 2 * np.ones(self.x_n - 3)  # 次对角线
        # 构造三对角矩阵B
        B = np.diag((1 - r) * np.ones(self.x_n - 2)) + \
            np.diag(r / 2 * np.ones(self.x_n - 3), 1) + \
            np.diag(r / 2 * np.ones(self.x_n - 3), -1)
        for j in range(1, self.t_m):
            fi = self.t_h * self.f_fun(xi[1:-1], 0.5 * (ti[j - 1] + ti[j]))  # 右端向量
            fi[0] = fi[0] + r / 2 * (self.u_xt[0, j - 1] + self.u_xt[0, j])
            fi[-1] = fi[-1] + r / 2 * (self.u_xt[-1, j - 1] + self.u_xt[-1, j])
            fi = fi + np.dot(B, self.u_xt[1:-1, j - 1])
            cmtm = ChasingMethodTridiagonalMatrix(diag_c, diag_b, diag_c, fi)
            self.u_xt[1:-1, j] = cmtm.fit_solve()
        return self.u_xt

    def _solve_pde_compact_(self, r, xi, ti):
        """
        紧差分格式
```

```
"""
diag_b = (5 / 6 + r) * np.ones(self.x_n - 2)  # 主对角线
diag_c = (1 / 12 - r / 2) * np.ones(self.x_n - 3)  # 次对角线
# 构造三对角矩阵B
B = np.diag((5 / 6 - r) * np.ones(self.x_n - 2)) + \
    np.diag((1 / 12 + r / 2) * np.ones(self.x_n - 3), 1) + \
    np.diag((1 / 12 + r / 2) * np.ones(self.x_n - 3), -1)
for j in range(1, self.t_m):
    t_ = 0.5 * (ti[j - 1] + ti[j])
    fi = self.t_h * (self.f_fun(xi[:-2], t_) + 10 * self.f_fun(xi[1:-1], t_) +
          self.f_fun(xi[2:], t_)) / 12
    fi[0] = fi[0] + (1 / 12 + r / 2) * self.u_xt[0, j - 1] - \
            (1 / 12 - r / 2) * self.u_xt[0, j]
    fi[-1] = fi[-1] + (1 / 12 + r / 2) * self.u_xt[-1, j - 1] - \
             (1 / 12 - r / 2) * self.u_xt[-1, j]
    fi = fi + np.dot(B, self.u_xt[1:-1, j - 1])
    cmtm = ChasingMethodTridiagonalMatrix(diag_c, diag_b, diag_c, fi)
    self.u_xt[1:-1, j] = cmtm.fit_solve()
return self.u_xt
```

例 7　求解如下一维热传导方程, 该问题的解析解为 $u(x,t)=\mathrm{e}^{x+t}$.

$$\begin{cases} u_t-u_{xx}=0, 0<x<1, 0<t\leqslant 1, \\ u(x,0)=\mathrm{e}^{x}, 0\leqslant x\leqslant 1, \\ u(0,t)=\mathrm{e}^{t}, u(1,t)=\mathrm{e}^{1+t}, 0<t\leqslant 1. \end{cases}$$

设置 $h=0.01, \tau=0.00001$, 则 $r=0.1$, 如图 12-14 所示为 Crank-Nicolson 差分格式的数值解和误差曲面.

注　*非齐次一维热传导方程参见实验题目求解, 不再举例赘述.*

表 12-1 为四种格式下的 MAE 和最大绝对值误差, Crank-Nicolson 差分格式精度最好.

12.2.3　对流扩散方程

对流扩散方程是将对流方程和扩散方程组合在一起, 其形式:

$$\begin{cases} u_t+au_x=bu_{xx}, \quad x\in\mathbb{R}, t\geqslant 0, \\ u\left(x_l,t\right)=\alpha(t), u\left(x_u,t\right)=\beta(t), \quad x\in\left[x_l,x_u\right], t\geqslant 0, \\ u(x,0)=U(x), \quad x\in\mathbb{R}, \end{cases}$$

其中 a,b 为常数, 假设 $a,b>0$, 并假设 x 实际求解中有限差分的取值范围 $[x_l,x_u]$. 对流扩散方程可用于环境科学、能源开发、流体力学和电子科学等许多领域.

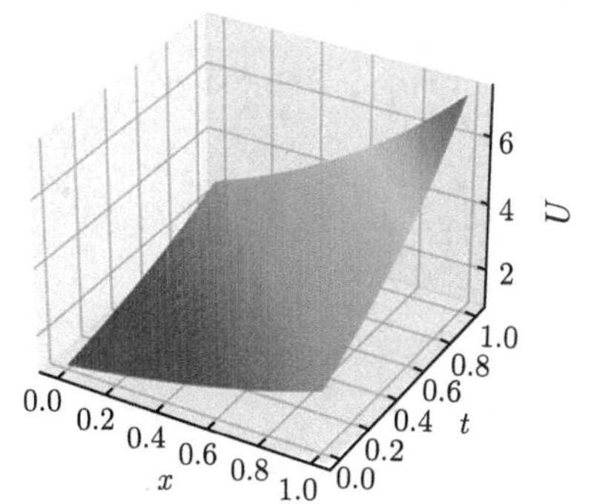

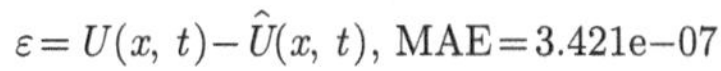

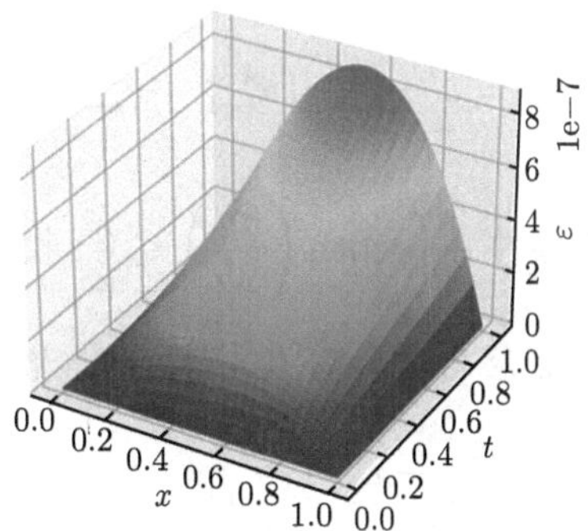

图 12-14 一维热传导方程的数值解曲面与误差曲面 (Crank-Nicolson 格式)

表 12-1 同参数下四种差分格式的平均绝对值误差 MAE 和最大绝对值误差

差分格式	平均绝对值误差	最大绝对值误差	差分格式	平均绝对值误差	最大绝对值误差
向前	1.36821776e−06	3.47933181e−06	紧差分	2.05233526e−06	5.21900877e−06
向后	6.84089686e−07	1.73962780e−06	Crank–Nicolson	3.42056699e−07	8.69841346e−07

1. 中心差分格式

$$\frac{u_i^{k+1}-u_i^k}{\tau}+a\frac{u_{i+1}^k-u_{i-1}^k}{2h}=b\frac{u_{i+1}^k-2u_i^k+u_{i-1}^k}{h^2},$$

其中 τ 为时间步长, h 为空间步长, 收敛阶 $O\left(\tau+h^2\right)$. 当 $b=0$ 时, 格式近似对流方程的无条件不稳定格式; 当 $a=0$ 时, 格式近似扩散方程的古典显式格式, 只有当 $ar\leqslant 0.5$ 时, 格式才稳定.

设 $r=a\tau/h, \mu=b\tau/h^2$, 差分格式改写为 $u_i^{k+1}=u_i^k-0.5r\left(u_{i+1}^k-u_{i-1}^k\right)+\mu\left(u_{i+1}^k-2u_i^k+u_{i-1}^k\right)$, 稳定条件 $\tau\leqslant 2b/a^2, \tau\leqslant h^2/2b$. 为了减少扩散效应的损失, 在相应的扩散项增加扩散的系数 $b+\tau a^2/2$, 得到修正中心差分格式:

$$\frac{u_i^{k+1}-u_i^k}{\tau}+a\frac{u_{i+1}^k-u_{i-1}^k}{2h}=\left(b+\frac{\tau}{2}a^2\right)\frac{u_{i+1}^k-2u_i^k+u_{i-1}^k}{h^2}.$$

整理可得

$$u_i^{k+1}=u_i^k-\frac{a\tau}{2h}\left(u_{i+1}^k-u_{i-1}^k\right)+\frac{2b\tau+\tau^2a^2}{2h^2}\left(u_{i+1}^k-2u_i^k+u_{i-1}^k\right). \tag{12-25}$$

2. 指数型格式

$$\frac{u_i^{k+1}-u_i^k}{\tau}+\frac{a}{2h}\left(u_{i+1}^k-u_{i-1}^k\right)-\frac{ha}{2}\coth\left(\frac{ha}{2b}\right)\frac{u_{i+1}^k-2u_i^k+u_{i-1}^k}{h^2}=0.$$

化简可得指数型求解格式:

$$u_i^{k+1}=u_i^k-\frac{a\tau}{2h}\left(u_{i+1}^k-u_{i-1}^k\right)+\frac{a\tau}{2h}\coth\left(\frac{ha}{2b}\right)\left(u_{i+1}^k-2u_i^k+u_{i-1}^k\right). \tag{12-26}$$

稳定条件 $\frac{a\tau}{2h^2}\coth\left(\frac{ah}{2b}\right)\leqslant\frac{1}{2}$, 收敛阶 $O\left(\tau+h^2\right)$.

3. 萨马尔斯基 (Samarskii) 格式

$$\frac{u_i^{k+1}-u_i^k}{\tau}+\frac{a}{h}\left(u_i^k-u_{i-1}^k\right)-\frac{b}{1+ah/(2b)}\frac{\left(u_{i+1}^k-2u_i^k+u_{i-1}^k\right)}{h^2}=0.$$

化简可得 Samarskii 求解格式:

$$u_i^{k+1}=u_i^k-\frac{a\tau}{h}\left(u_i^k-u_{i-1}^k\right)+\frac{b\tau}{1+ah/(2b)}\frac{\left(u_{i+1}^k-2u_i^k+u_{i-1}^k\right)}{h^2}. \tag{12-27}$$

稳定条件 $\left(\frac{ah}{2}+\frac{b}{1+ah/(2b)}\right)\frac{\tau}{h^2}\leqslant\frac{1}{2}$, 收敛阶 $O\left(\tau+h^2\right)$.

4. Crank-Nicolson 型隐格式

$$\begin{aligned}&\frac{u_i^{k+1}-u_i^k}{\tau}+\frac{a}{2}\left(\frac{u_{i+1}^k-u_{i-1}^k}{2h}+\frac{u_{i+1}^{k+1}-u_{i-1}^{k+1}}{2h}\right)\\=&\frac{b}{2}\left(\frac{u_{i+1}^k-2u_i^k+u_{i-1}^k}{h^2}+\frac{u_{i+1}^{k+1}-2u_i^{k+1}+u_{i-1}^{k+1}}{h^2}\right).\end{aligned}$$

令 $r=a\tau/h,\mu=b\tau/h^2$, 并移项化简可得

$$\begin{aligned}&(1+\mu)u_i^{k+1}+\left(\frac{r}{4}-\frac{\mu}{2}\right)u_{i+1}^{k+1}-\left(\frac{r}{4}+\frac{\mu}{2}\right)u_{i-1}^{k+1}\\=&(1-\mu)u_i^k-\left(\frac{r}{4}-\frac{\mu}{2}\right)u_{i+1}^k+\left(\frac{r}{4}+\frac{\mu}{2}\right)u_{i-1}^k.\end{aligned}$$

写成矩阵形式 $\boldsymbol{A}\boldsymbol{u}^{k+1}=\boldsymbol{B}\boldsymbol{u}^k+\boldsymbol{F}$, 其中

$$\boldsymbol{A}=\begin{pmatrix}4(1+\mu) & r-2\mu & & & \\ -r-2\mu & 4(1+\mu) & r-2\mu & & \\ & \ddots & \ddots & \ddots & \\ & & -r-2\mu & 4(1+\mu) & r-2\mu \\ & & & -r-2\mu & 4(1+\mu)\end{pmatrix},$$

$$\boldsymbol{u}^{k+1}=\begin{pmatrix} u_1^{k+1} \\ u_2^{k+1} \\ \vdots \\ u_{m-2}^{k+1} \\ u_{m-1}^{k+1} \end{pmatrix}, \quad \boldsymbol{u}^{k}=\begin{pmatrix} u_1^{k} \\ u_2^{k} \\ \vdots \\ u_{m-2}^{k} \\ u_{m-1}^{k} \end{pmatrix},$$

$$\boldsymbol{B}=\begin{pmatrix} 4(1-\mu) & 2\mu-r & & & \\ r+2\mu & 4(1-\mu) & 2\mu-r & & \\ & \ddots & \ddots & \ddots & \\ & & r+2\mu & 4(1-\mu) & 2\mu-r \\ & & & r+2\mu & 4(1-\mu) \end{pmatrix},$$

$$\boldsymbol{F}=\begin{pmatrix} (r+2\mu)\left(u_0^{k+1}+u_0^k\right) \\ 0 \\ \vdots \\ 0 \\ (-r+2\mu)\left(u_m^{k+1}+u_m^k\right) \end{pmatrix}.$$

$\boldsymbol{u}^k$ 已知, 追赶法求解三对角矩阵形式的线性方程组的解, 得到 $\boldsymbol{u}^{k+1}$.

Crank-Nicolson 型隐格式无条件稳定, 收敛阶 $O\left(\tau^2+h^2\right)$.

```
# file_name: pde_convection_diffusion_equation.py
class PDEConvectionDiffusionEquation:
    """
    求解对流扩散方程, 四种格式, 其中追赶法求解隐格式
    """
    def __init__(self, f_ut0, alpha_fun, beta_fun, a_const, b_const, x_span, t_T,
                 x_h, t_h, pde_model=None, diff_type="center"):
        self.f_ut0 = f_ut0  # 初始函数
        self.alpha_fun, self.beta_fun = alpha_fun, beta_fun  # 边值函数
        self.a, self.b = a_const, b_const  # 对流扩散方程的系数
        self.x_a, self.x_b = x_span[0], x_span[1]  # 空间求解区间
        self.t_T = t_T  # 时间求解区间, 默认左端点为0
        self.x_h, self.t_h = x_h, t_h  # 分别表示自变量x和t的求解步长
        self.x_n = int((self.x_b - self.x_a) / self.x_h) + 1  # 空间网格区间点数
        self.t_m = int(self.t_T / self.t_h) + 1  # 时间划分数
        self.pde_model = pde_model # 若存在解析解, 则分析误差
        self.diff_type = diff_type  # 差分格式
```

```
        self.u_xt = None # 存储PDE数值解

    def solve_pde(self):
        """
        求解对流扩散方程，根据参数diff_type选择差分格式
        """
        xi = np.linspace(self.x_a, self.x_b, self.x_n)
        ti = np.linspace(0, self.t_T, self.t_m)
        self.u_xt = np.zeros((self.x_n, self.t_m))  # 波动方程的数值解
        self.u_xt[:, 0] = self.f_ut0(xi)  # 初值问题
        ti = np.linspace(0, self.t_T, self.t_m)
        self.u_xt[[0, -1], :] = self.alpha_fun(ti), self.beta_fun(ti)  # 边界条件
        if self.diff_type.lower() == "center":  # 中心差分格式
            self._solve_pde_central_()
        elif self.diff_type.lower() == "exp":  # 指数差分格式
            self._solve_pde_exponential_()
        elif self.diff_type.lower() == "Samarskii":  # 萨马尔斯基 (Samarskii) 格式
            self._solve_pde_Samarskii_()
        elif self.diff_type.lower() == "Crank-Nicolson":  # Crank-Nicolson隐格式
            self._solve_pde_Crank-Nicolson_()
        else:
            raise ValueError("仅支持center、exp、Samarskii和Crank-Nicolson.")
        return self.u_xt

    def _solve_pde_central_(self):
        """
        中心差分格式求解
        """
        if self.t_h > 2 * self.b / self.a ** 2 or \
                self.t_h > self.x_h ** 2 / (2 * self.b):
            raise ValueError("非稳定格式，重新划分步长.")
        c1 = self.a * self.t_h / (2 * self.x_h)
        c2 = (2 * self.b * self.t_h + self.t_h ** 2 * self.a ** 2) / (2 * self.x_h ** 2)
        for k in range(1, self.t_m):
            u1 = self.u_xt[2:, k - 1] - self.u_xt[:-2, k - 1]  # 子项
            self.u_xt[1:-1, k] = self.u_xt[1:-1, k - 1] - c1 * u1 + c2 * \
                                 (self.u_xt[2:, k - 1] - 2 * self.u_xt[1:-1, k - 1] +
                                  self.u_xt[:-2, k - 1])
        return self.u_xt
```

```
def _solve_pde_exponential_(self):
    """
    指数型差分格式求解
    """
    c1 = self.a * self.t_h / (2 * self.x_h)
    c2 = c1 * np.cosh(self.a * self.x_h / 2 / self.b) / \
             np.sinh(self.a * self.x_h / 2 / self.b)
    for j in range(1, self.t_m):
        u1 = self.u_xt[2:, j - 1] - self.u_xt[:-2, j - 1]  # 子项
        self.u_xt[1:-1, j] = self.u_xt[1:-1, j - 1] - c1 * u1 + c2 * \
                             (self.u_xt[2:, j - 1] - 2 * self.u_xt[1:-1, j - 1] +
                              self.u_xt[:-2, j - 1])
    return self.u_xt

def _solve_pde_Samarskii_(self):
    """
    Samarskii 格式
    """
    c1 = self.a * self.t_h / self.x_h
    c2 = self.b * self.t_h / (1 + self.a * self.x_h / (2 * self.b)) / self.x_h ** 2
    for j in range(1, self.t_m):
        u1 = self.u_xt[1:-1, j - 1] - self.u_xt[:-2, j - 1]  # 子项
        self.u_xt[1:-1, j] = self.u_xt[1:-1, j - 1] - c1 * u1 + c2 * \
                             (self.u_xt[2:, j - 1] - 2 * self.u_xt[1:-1, j - 1] +
                              self.u_xt[:-2, j - 1])
    return self.u_xt

def _solve_pde_Crank-Nicolson_(self):
    """
    Crank-Nicolson隐格式求解
    """
    miu, r = self.b * self.t_h / self.x_h ** 2, self.a * self.t_h / self.x_h
    a_diag = (1 + miu) * np.ones(self.x_n - 2)  # 主对角线
    b_diag =-(r / 4 + miu / 2) * np.ones(self.x_n - 3)  # 主对角线以下
    c_diag = (r / 4 - miu / 2) * np.ones(self.x_n - 3)  # 主对角线以上
    # 等号右端三对角矩阵
    b_mat = np.diag((1 - miu) * np.ones(self.x_n - 2)) + \
            np.diag((r / 4 + miu / 2) * np.ones(self.x_n - 3), -1) + \
            np.diag((miu / 2 - r / 4) * np.ones(self.x_n - 3), 1
    F = np.zeros(self.x_n - 2)
```

```
    for j in range(1, self.t_m):
        F[0] = (r + 2 * miu) * (self.u_xt[0, j] + self.u_xt[0, j - 1]) / 4
        F[-1] = (-r + 2 * miu) * (self.u_xt[-1, j] + self.u_xt[-1, j - 1]) / 4
        d_vector = np.dot(b_mat, self.u_xt[1:-1, j - 1]) + F
        # 追赶法求解
        cmtm = ChasingMethodTridiagonalMatrix(b_diag, a_diag, c_diag, d_vector)
        self.u_xt[1:-1, j] = cmtm.fit_solve()
    return self.u_xt
```

例 8　求解如下对流扩散方程, 已知解析解为 $u(x,t)=\mathrm{e}^{-x+(a+b)t}$.

$$\begin{cases} u_t+au_x=bu_{xx}, 0<x<1, 0<t\leqslant 0.5, \\ u(0,t)=\mathrm{e}^{(a+b)t}, u(1,t)=\mathrm{e}^{-1+(a+b)t}, 0<t\leqslant 0.5, \\ u(x,0)=\mathrm{e}^{-x}, 0\leqslant x\leqslant 1. \end{cases}$$

假设 $a=1, b=0.01$, 为保证中心差分格式收敛, 此处设置步长参数 $h=0.01, \tau=0.0001$. 四种格式在最终时刻的误差如表 12-2 所示, 在稳定条件下, 中心差分格式具有不错的精度, 此外, Crank-Nicolson 格式的精度也较高, 且是无条件稳定的, 但求解方程组会带来额外的计算量. 在步长参数 $h=0.001, \tau=0.0001$ 条件下, Crank-Nicolson 格式的数值解以及误差曲面如图 12-15 所示.

表 12-2　同参数下四种差分格式的平均绝对值误差 MAE 和最大绝对值误差

差分格式	平均绝对值误差	最大绝对值误差	差分格式	平均绝对值误差	最大绝对值误差
中心差分	2.55898510e−06	7.22318610e−06	Samarskii	2.64270955e−04	7.43541981e−04
指数型	1.27433217e−04	3.59131683e−04	Crank–Nicolson	2.72303619e−06	7.68585901e−06

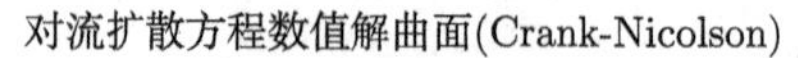

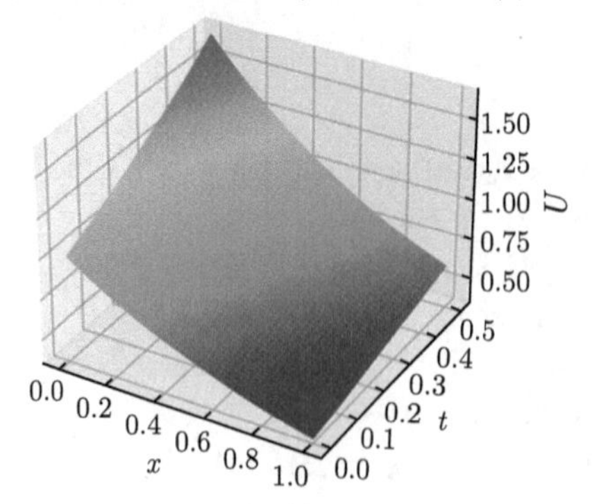

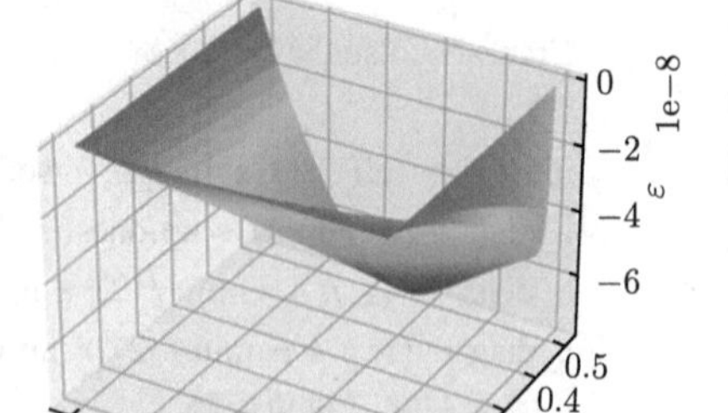

图 12-15　对流扩散方程数值解曲面和误差曲面 ($h=0.001, \tau=0.0001$)

12.2.4 二维热传导方程

考虑二维热传导方程的初边值问题:

$$\begin{cases} u_t = a\left(u_{xx}+u_{yy}\right)+f(x,y,t),(x,y)\in \varOmega, 0<t\leqslant T, \\ u(x,y,0)=\phi(x,y),(x,y)\in\bar{\varOmega}, \\ u(x,y,t)=\alpha(x,y,t),(x,y)\in\varGamma, 0<t\leqslant T. \end{cases}$$

其中 $\varOmega$ 为矩形区域, $\varGamma$ 为 $\varOmega$ 的边界, 且当 $(x,y)\in\varGamma$ 时有 $\alpha(x,y,0)=\phi(x,y)$.

1. 古典显式差分格式

利用一阶向前差分和二阶中心差分格式可得二维热传导方程的差分格式:

$$\frac{u_{i,j}^{k+1}-u_{i,j}^{k}}{\tau}=\frac{u_{i+1,j}^{k}-2u_{i,j}^{k}+u_{i-1,j}^{k}}{h^2}+\frac{u_{i,j+1}^{k}-2u_{i,j}^{k}+u_{i,j-1}^{k}}{h^2}+f\left(x_i,y_j,t_k\right).$$

令 $r=\tau/h^2$, 移向化简可得古典显式格式:

$$u_{i,j}^{k+1}=u_{i,j}^{k}+r\left(u_{i+1,j}^{k}+u_{i-1,j}^{k}+u_{i,j+1}^{k}+u_{i,j-1}^{k}-4u_{i,j}^{k}\right)+\tau f\left(x_i,y_j,t_k\right). \quad (12\text{-}28)$$

稳定条件为 $r\leqslant 0.25$, 收敛阶为 $O\left(\tau+h^2\right)$.

2. Du Fort-Frankel 显式差分格式

利用中心差分格式可得二维热传导方程的差分格式:

$$\frac{u_{i,j}^{k+1}-u_{i,j}^{k-1}}{2\tau}=\frac{u_{i+1,j}^{k}-2u_{i,j}^{k}+u_{i-1,j}^{k}}{h^2}+\frac{u_{i,j+1}^{k}-2u_{i,j}^{k}+u_{i,j-1}^{k}}{h^2}+f\left(x_i,y_j,t_k\right).$$

该格式是无条件不稳定的.

作替换 $u_{i,j}^{k}=\dfrac{1}{2}\left(u_{i,j}^{k+1}+u_{i,j}^{k-1}\right)$, 并令 $r=\dfrac{\tau}{h^2}$, 移项化简可得 Du Fort-Frankel 格式:

$$u_{i,j}^{k+1}=\frac{2r}{1+4r}\left(u_{i+1,j}^{k}+u_{i-1,j}^{k}+u_{i,j+1}^{k}+u_{i,j-1}^{k}\right)+\frac{1-4r}{1+4r}u_{i,j}^{k-1}+\frac{2\tau}{1+4r}f\left(x_i,y_j,t_k\right). \quad (12\text{-}29)$$

该格式是无条件稳定格式, 收敛阶为 $O\left(\tau^2+h^2+\tau^2/h^2\right)$.

Du Fort-Frankel 格式计算需要两个时间层节点, 其中 $k=0$ 有初始条件得到, $k=1$ 上的值可令 $r=0.25$ 的 Du Fort-Frankel 格式计算.

```
# file_name: pde_heat_conduction_equ_2d.py
class  PDEHeatConductionEquation_2D:
```

```
    """
    二维热传导方程, 古典显式差分格式和Du Fort-Frankel显式差分格式
    """
    def __init__(self, a_const, f_xyt, f_u0yt, f_u1yt, f_u0xt, f_u1xt, f_ut0, x_span,
                 y_span, t_T, xy_h, t_h, pde_model=None, diff_type="Du-Fort-Frankel"):
        self.a_const = a_const  # 方程系数
        self.f_xyt = f_xyt  # 二维热传导方程右端函数f(x,y,t)
        self.f_u0yt, self.f_u1yt = f_u0yt, f_u1yt  # 对应u(0,y,t)和u(1,y,t)
        self.f_u0xt, self.f_u1xt = f_u0xt, f_u1xt  # 对应u(x,0,t)和u(x,1,t)
        self.f_ut0 = f_ut0  # 对应u(x,y,0)
        self.x_a, self.x_b = x_span[0], x_span[1]  # x的求解区间左右端点
        self.y_a, self.y_b = y_span[0], y_span[1]  # y的求解区间左右端点
        self.t_T = t_T  # 时间的右端点, 默认左端点为0时刻
        self.xy_h, self.t_h = xy_h, t_h  # 空间和时间步长
        self.xy_n = int((self.x_b - self.x_a) / self.xy_h) + 1  # 空间网格区间点数
        self.t_m = int(self.t_T / self.t_h) + 1  # 时间划分数
        self.pde_model = pde_model # 存在解析解, 则分析误差
        self.diff_type = diff_type
        self.u_xyt = None # 存储二维热传导方程的数值解

    def solve_pde(self):
        """
        求解二维热传导方程
        """
        r = self.t_h * self.a_const / self.xy_h ** 2  # 网格比
        xi = np.linspace(self.x_a, self.x_b, self.xy_n)  # 空间离散
        yi = np.linspace(self.y_a, self.y_b, self.xy_n)  # 空间离散
        ti = np.linspace(0, self.t_T, self.t_m)
        self.u_xyt = np.zeros((self.xy_n, self.xy_n)) # 数值解
        x_, y_ = np.meshgrid(xi, yi)
        self.u_xyt = self.f_ut0(x_, y_)  # 初始化, 第一层节点计算
        self._cal_boundary_condition_(xi, yi, ti[0])  # 计算边界条件
        if self.diff_type.lower() == "du-fort-frankel":
            self._solve_pde_du_fort_frankel_(r, xi, yi, ti)
        elif self.diff_type.lower() == "classical":  # 古典显式格式
            self._solve_pde_classical_(r, xi, yi, ti)
        else:
            raise ValueError("仅支持Du Fort-Frankel和古典两种显式格式")
        return self.u_xyt
```

```
def _cal_boundary_condition_(self, xi, yi, tk):
    """
    计算边界条件
    """
    self.u_xyt[:, 0] = self.f_u0yt(yi, tk)
    self.u_xyt[:, -1] = self.f_u1yt(yi, tk)
    self.u_xyt[0, :] = self.f_u0xt(xi, tk)
    self.u_xyt[-1, :] = self.f_u1xt(xi, tk)

def _solve_pde_classical_(self, r, xi, yi, ti):
    """
    二维Richardson显式格式, 稳定条件为网格比小于等于0.25
    """
    if r > 0.25:
        raise ValueError("二维古典显式格式, 非稳定. r = %.3f" % r)
    print("二维古典显式格式, 稳定计算. r = %.3f" % r)
    x_, y_ = np.meshgrid(xi, yi)
    for k in range(1, self.t_m):
        u_xyt = np.copy(self.u_xyt)
        f_val = self.f_xyt(x_, y_, ti[k])
        term = u_xyt[2:, 1:-1] + u_xyt[:-2, 1:-1] + u_xyt[1:-1, 2:] + \
               u_xyt[1:-1, :-2] - 4 * u_xyt[1:-1, 1:-1]
        self.u_xyt[1:-1, 1:-1] = u_xyt[1:-1, 1:-1] + r * term + \
                                 self.t_h * f_val[1:-1, 1:-1]
        self._cal_boundary_condition_(xi, yi, ti[k])
    return self.u_xyt

def _solve_pde_du_fort_frankel_(self, r, xi, yi, ti):
    """
    无条件稳定格式, Du Fort-Frankel显式格式
    """
    x_, y_ = np.meshgrid(xi, yi)
    # 第二层节点计算以及边界条件
    f_val = self.f_xyt(x_, y_, ti[1])
    # 表示u_(k-1), self.u_xyt表示u_(k+1), u_xyt表示u_(k)
    u_xyt_1 = np.copy(self.u_xyt)
    term = self.u_xyt[2:, 1:-1] + self.u_xyt[:-2, 1:-1] + \
           self.u_xyt[1:-1, 2:] + self.u_xyt[1:-1, :-2]
    self.u_xyt[1:-1, 1:-1] = term / 4 + self.t_h * f_val[1:-1, 1:-1]
    self._cal_boundary_condition_(xi, yi, ti[1])
```

```
    # 差分方程的系数
    c1, c2 = 2 * r / (1 + 4 * r), (1 - 4 * r) / (1 + 4 * r)
    c3 = 2 * self.t_h / (1 + 4 * r)
    print("Du Fort-Frankel显式格式的系数: %.6f, %.6f. " % (c1, c2))
    for k in range(2, self.t_m):
        u_xyt_0 = np.copy(self.u_xyt)
        f_val = self.f_xyt(x_, y_, ti[k])
        term = u_xyt_0[2:, 1:-1] + u_xyt_0[:-2, 1:-1] + \
               u_xyt_0[1:-1, 2:] + u_xyt_0[1:-1, :-2]
        self.u_xyt[1:-1, 1:-1] = c1 * term + c2 * u_xyt_1[1:-1, 1:-1] + \
                                 c3 * f_val[1:-1, 1:-1]
        self._cal_boundary_condition_(xi, yi, ti[k])  # 边界条件计算
        u_xyt_1 = np.copy(u_xyt_0)
    return self.u_xyt
```

例 9 求解如下二维热传导问题, 该问题的解析解为 $u(x,y,t)=\mathrm{e}^{0.5(x+y)-t}$.

$$
\begin{cases}
u_t-(u_{xx}+u_{yy})=-1.5\mathrm{e}^{0.5(x+y)-t}, 0<x,y<1, 0<t\leqslant 1,\\
u(x,y,0)=\mathrm{e}^{0.5(x+y)}, 0<x,y<1,\\
u(0,y,t)=\mathrm{e}^{0.5y-t}, u(1,y,t)=\mathrm{e}^{0.5(1+y)-t}, 0\leqslant y\leqslant 1, 0<t\leqslant 1,\\
u(x,0,t)=\mathrm{e}^{0.5x-t}, u(x,1,t)=\mathrm{e}^{0.5(1+x)-t}, 0\leqslant x\leqslant 1, 0<t\leqslant 1.
\end{cases}
$$

Du Fort-Frankel 无条件稳定, 设置 $h=0.01, \tau=0.00005$, 平方绝对值误差 5.792094×10^{-7}, 最大绝对值误差 $1.2536899959\times 10^{-6}$. 如图 12-16 所示为 Du Fort-Frankel 显式格式的数值解曲面和误差曲面.

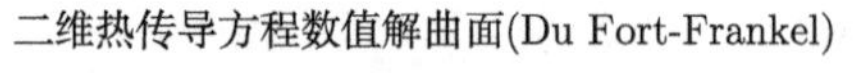

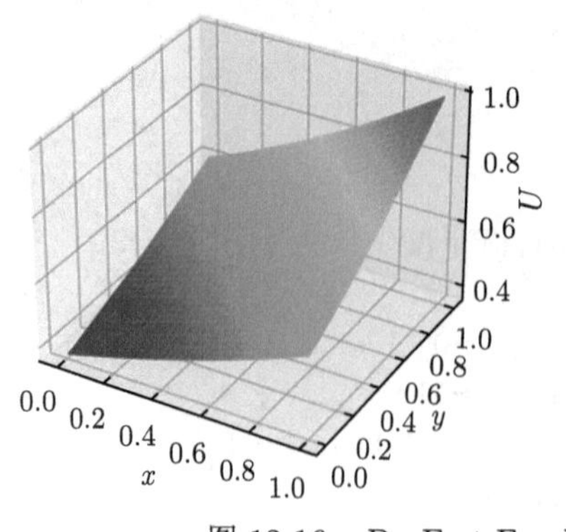

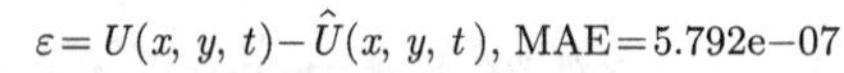

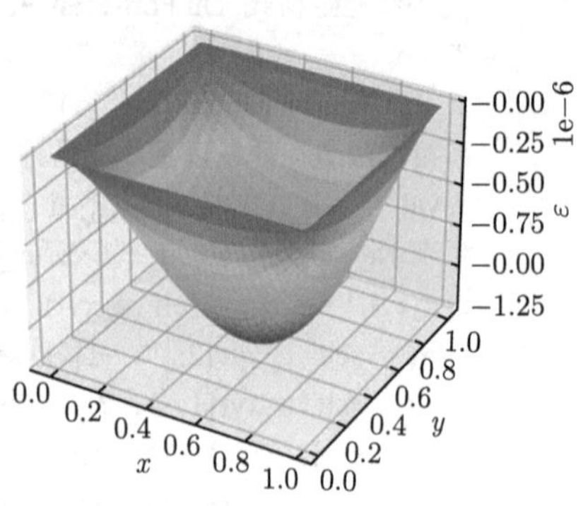

图 12-16 Du Fort-Frankel 显式格式数值解曲面和误差曲面

古典显式格式 classical 设置参数 $h=0.01,\tau=0.00002,t=1$, 则稳定条件 $r=0.2$, 平方绝对值误差 9.128962×10^{-7}, 最大绝对值误差为 $1.9759507879\times10^{-6}$. 不再进行可视化.

3. PR (Peaceman-Rachford) 交替方向隐格式[3]

引入符号因子如下, 其中符号中上下标 $\frac{1}{2}$ 标记为 0.5, 如 $t_{k+\frac{1}{2}}=t_{k+0.5},f_{ij}^{k+\frac{1}{2}}=f_{ij}^{k+0.5}$.

$$
\left\{\begin{array}{l}
t_{k+0.5}=0.5\left(t_k+t_{k+1}\right),f_{i,j}^{k+0.5}=f\left(x_i,y_j,t_{k+0.5}\right),u_{i,j}^{k+0.5}=0.5\left(u_{i,j}^k+u_{i,j}^{k+1}\right), \\
\delta_t u_{i,j}^{k+0.5}=\dfrac{1}{\tau}\left(u_{i,j}^{k+1}-u_{i,j}^k\right),\ \delta_x u_{i+0.5,j}^k=\dfrac{1}{h}\left(u_{i+1,j}^k-u_{i,j}^k\right), \\
\delta_y u_{i,j+0.5}^k=\dfrac{1}{h}\left(u_{i,j+1}^k-u_{i,j}^k\right), \\
\delta_x^2 u_{i,j}^k=\dfrac{1}{h}\left(\delta_x u_{i+0.5,j}^k-\delta_x u_{i-0.5,j}^k\right),\delta_y^2 u_{i,j}^k=\dfrac{1}{h}\left(\delta_y u_{i,j+0.5}^k-\delta_y u_{i,j-0.5}^k\right), \\
\gamma=\{(0,j),(m,j)\mid 0\leqslant j\leqslant m\}\cup\{(i,0),(i,m)\mid 1\leqslant i\leqslant m-1\}.
\end{array}\right.
$$

易知: $\delta_x^2 u_{i,j}^k=\frac{1}{h^2}\left(u_{i-1,j}^k-2u_{i,j}^k+u_{i+1,j}^k\right),\delta_y^2 u_{i,j}^k=\frac{1}{h^2}\left(u_{i,j-1}^k-2u_{i,j}^k+u_{i,j+1}^k\right)$.

在点 $(x_i,y_j,t_{k+0.5})$ 考虑二维热传导方程

$$
\begin{aligned}
&u_t\left(x_i,y_j,t_{k+0.5}\right)-\left[u_{xx}\left(x_i,y_j,t_{k+0.5}\right)+u_{yy}\left(x_i,y_j,t_{k+0.5}\right)\right] \\
=\ &f_{ij}^{k+0.5},1\leqslant i,j\leqslant m-1,\quad 0\leqslant k\leqslant n-1.
\end{aligned}
$$

结合 Taylor 展开式, 其差分格式可以表示为

$$
\left\{\begin{array}{ll}
\delta_t u_{i,j}^{k+0.5}-\left(\delta_x^2 u_{i,j}^{k+0.5}+\delta_y^2 u_{i,j}^{k+0.5}\right)+\dfrac{1}{4}\tau^2\delta_x^2\delta_y^2\delta_t u_{i,j}^{k+0.5}=f_{i,j}^{k+0.5}, & \\
u_{i,j}^0=\phi\left(x_i,y_j\right), & 1\leqslant i,j\leqslant m-1, \\
u_{i,j}^k=\alpha\left(x_i,y_j,t_k\right), & (i,j)\in\gamma,0\leqslant k\leqslant n,
\end{array}\right.
$$

其中 $1\leqslant i,j\leqslant m-1,0\leqslant k\leqslant n-1$, 它是一个两层隐格式差分方法. 或可写为

$$
u_{i,j}^{k+1}-\frac{\tau}{2}\delta_x^2 u_{i,j}^{k+1}-\frac{\tau}{2}\delta_y^2 u_{i,j}^{k+1}+\frac{\tau^2}{4}\delta_x^2\delta_y^2 u_{i,j}^{k+1}
$$

$$= u_{i,j}^k + \frac{\tau}{2}\delta_x^2 u_{i,j}^k + \frac{\tau}{2}\delta_y^2 u_{i,j}^k + \frac{\tau^2}{4}\delta_x^2\delta_y^2 u_{i,j}^k + \tau f_{i,j}^{k+\frac{1}{2}},$$

或

$$\begin{aligned}&\left(I - \frac{\tau}{2}\delta_x^2\right)\left(I - \frac{\tau}{2}\delta_y^2\right)u_{i,j}^{k+1}\\ =& \left(I + \frac{\tau}{2}\delta_x^2\right)\left(I + \frac{\tau}{2}\delta_y^2\right)u_{i,j}^k + \tau f_{i,j}^{k+\frac{1}{2}}, \quad I u_{i,j}^k = u_{i,j}^k.\end{aligned} \tag{12-30}$$

按如下方式引进过渡层 (中间层) 变量 $\tilde{u}_{ij}$:

$$\left(I - \frac{\tau}{2}\delta_x^2\right)\tilde{u}_{ij} = \left(I + \frac{\tau}{2}\delta_y^2\right)u_{i,j}^k + \frac{\tau}{2}f_{i,j}^{k+\frac{1}{2}}, 1 \leqslant i,j \leqslant m-1. \tag{12-31}$$

$$\left(I - \frac{\tau}{2}\delta_y^2\right)u_{i,j}^{k+1} = \left(I + \frac{\tau}{2}\delta_x^2\right)\tilde{u}_{ij} + \frac{\tau}{2}f_{i,j}^{k+\frac{1}{2}}, 1 \leqslant i,j \leqslant m-1. \tag{12-32}$$

联立上式, 可得中间层变量:

$$\tilde{u}_{ij} = \frac{1}{2}\left(u_{i,j}^k + u_{i,j}^{k+1}\right) - \frac{\tau}{4}\left(\delta_y^2 u_{i,j}^{k+1} - \delta_y^2 u_{i,j}^k\right) = u_{i,j}^{k+\frac{1}{2}} - \frac{\tau^2}{4}\delta_y^2\delta_t u_{i,j}^{k+\frac{1}{2}}.$$

由于 $u_{0,j}^{k+0.5}$ 和 $u_{m,j}^{k+0.5}$ 是已知的, 应要求过渡层变量满足

$$\begin{aligned}\tilde{u}_{0,j} &= u_{0,j}^{k+0.5} - \frac{\tau^2}{4}\delta_y^2\delta_t u_{0,j}^{k+0.5},\\ \tilde{u}_{m,j} &= u_{m,j}^{k+0.5} - \frac{\tau^2}{4}\delta_y^2\delta_t u_{m,j}^{k+0.5}, \quad 1 \leqslant j \leqslant m-1,\end{aligned} \tag{12-33}$$

消去符号因子可得边界条件的中间变量值:

$$\begin{cases}\tilde{u}_{0,j} = \dfrac{1}{2}\left(u_{0,j}^k + u_{0,j}^{k+1}\right) - \dfrac{\tau}{4h^2}\Big[\left(u_{0,j-1}^{k+1} - 2u_{0,j}^{k+1} + u_{0,j+1}^{k+1}\right)\\ \qquad - \left(u_{0,j-1}^k - 2u_{0,j}^k + u_{0,j+1}^k\right)\Big],\\ \tilde{u}_{m,j} = \dfrac{1}{2}\left(u_{m,j}^k + u_{m,j}^{k+1}\right) - \dfrac{\tau}{4h^2}\Big[\left(u_{m,j-1}^{k+1} - 2u_{m,j}^{k+1} + u_{m,j+1}^{k+1}\right)\\ \qquad - \left(u_{m,j-1}^k - 2u_{m,j}^k + u_{m,j+1}^k\right)\Big].\end{cases} \tag{12-34}$$

当第 k 层上的值 $\{u_{i,j}^k, 0 \leqslant i,j \leqslant m\}$ 已知时, 由 (12-31) 求出过渡层变量 $\{\tilde{u}_{i,j}, 1 \leqslant i,j \leqslant m-1\}$ 的值. 即对任意固定的 $j(1 \leqslant j \leqslant m-1)$, 取边界条件 (12-34), 求解式 (12-31) 得到 $\{\tilde{u}_{i,j}, 1 \leqslant i \leqslant m-1\}$, 此即关于 x 方向的隐格

式, 可用追赶法求解其三对角线性方程组. 当 $\{\tilde{u}_{i,j}, 1 \leqslant i, j \leqslant m-1\}$ 已求出时, 由 (12-32) 求出第 $k+1$ 层上 u 的值 $\{u_{i,j}^{k+1}, 1 \leqslant i, j \leqslant m-1\}$: 对任意固定的 $i(1 \leqslant i \leqslant m-1)$, 取边界条件 $u_{i,0}^{k+1} = \alpha(x_i, y_0, t_{k+1}), u_{i,m}^{k+1} = \alpha(x_i, y_m, t_{k+1})$, 求解式 (12-32), 得到 $\{u_{i,j}^{k+1}, 1 \leqslant i, j \leqslant m-1\}$, 此即关于 y 方向的隐格式, 可用追赶法求解其三对角线性方程组.

```
# file_name: pde_heat_conduction_equ_2d_FRADI.py
class PDEHeatConductionEquation_2D_FRADI:
    """
    二维热传导方程, PR交替方向隐格式. 为便于索引下标, 采用三维数组存储数值解
    """
    def __init__(self, a_const, f_xyt, f_ut0, f_u0yt, f_u1yt, f_u0xt, f_u1xt,
                 x_span, y_span, t_T, tau, h, pde_model=None):
        self.a_const, self.f_xyt = a_const, f_xyt  # 方程系数, 以及方程右端向量函数
        self.f_ut0 = f_ut0  # 初始化函数
        # 边界条件, 分别对应u(0,y,t)、u(1,y,t)、u(x,0,t)和u(x,1,t)
        self.f_u0yt, self.f_u1yt = f_u0yt, f_u1yt
        self.f_u0xt, self.f_u1xt = f_u0xt, f_u1xt
        self.x_a, self.x_b = x_span[0], x_span[1]    # x的求解区间左右端点
        self.y_a, self.y_b = y_span[0], y_span[1]    # y的求解区间左右端点
        self.tau, self.h, self.t_T = tau, h, t_T  # 时间与空间步长
        self.x_n = int((self.x_b - self.x_a) / h) + 1  # 空间网格
        self.y_n = int((self.y_b - self.y_a) / h) + 1  ## 空间网格
        self.t_m = int(self.t_T / tau) + 1  # 时间区间数
        self.pde_model = pde_model # 存在解析解, 则分析误差
        self.u_xyt = None # 存储二维热传导方程的数值解

    def solve_pde(self):
        """
        核心算法: 求解二维热传导方程
        """
        xi = np.linspace(self.x_a, self.x_b, self.x_n)  # 等分网格点
        yi = np.linspace(self.y_a, self.y_b, self.y_n)  # 等分网格点
        ti = np.linspace(0, self.t_T, self.t_m)  # 时间网格点
        self.u_xyt = np.zeros((self.t_m, self.x_n, self.y_n))  # 数值解
        t_0, x_0, y_0 = np.meshgrid(ti, xi, yi)  # 三维网格
        # 保持维度与解维度一致
        t_0, x_0, y_0 = t_0.swapaxes(1, 0), x_0.swapaxes(1, 0), y_0.swapaxes(1, 0)
        self.u_xyt[0, :, :]= self.f_ut0(x_0 [0,:,:], y_0 [0,:,:])   # 初始化, 对应u(x,y,0)
        self.u_xyt[:, 0, :]= self.f_u0yt(y_0 [:,0,:], t_0 [:,0,:])   # 边界值
```

```
self.u_xyt [:,-1,:]= self.f_u1yt(y_0 [:,-1,:],  t_0 [:,-1,:])   # 边界值
self.u_xyt [:,:,0]= self.f_u0xt(x_0 [:,:,0],  t_0 [:,:,0])   # 边界值
self.u_xyt [:,:,-1]= self.f_u1xt(x_0[:, :, -1], t_0[:, :, -1])  # 边界值
r = self.tau * self.a_const / self.h ** 2  # 网格比
# 三对角方程组的三条对角线元素
a_diag_x = (1 + r) * np.ones(self.x_n - 2)
b_diag_x = -r / 2 * np.ones(self.x_n - 3)
a_diag_y = (1 + r) * np.ones(self.y_n - 2)
b_diag_y = -r / 2 * np.ones(self.y_n - 3)
uc = np.zeros((self.t_m, self.x_n, self.y_n))  # 中间层
for k in range(1, self.t_m):  # 对时间层递推
    for j in range(1, self.y_n - 1):  # y方向计算
        # 特殊处理边界条件的中间变量值
        a1 = r * (self.u_xyt[k, 0, j - 1] - 2 * self.u_xyt[k, 0, j] +
                  self.u_xyt[k, 0, j + 1])
        b1 = r * (self.u_xyt[k - 1, 0, j - 1] - 2 * self.u_xyt[k - 1, 0, j] +
                  self.u_xyt[k - 1, 0, j + 1])
        am = r * (self.u_xyt[k, -1, j - 1] - 2 * self.u_xyt[k, -1, j] +
                  self.u_xyt[k, -1, j + 1])
        bm = r * (self.u_xyt[k - 1, -1, j - 1] - 2 * self.u_xyt[k - 1, -1, j] +
                  self.u_xyt[k - 1, -1, j + 1])
        uc[k, 0, j] = 0.5 * (self.u_xyt[k - 1, 0, j] +
                             self.u_xyt[k, 0, j]) - 0.25 * (a1 - b1)
        uc[k, -1, j] = 0.5 * (self.u_xyt[k - 1, -1, j] +
                              self.u_xyt[k, -1, j]) - 0.25 * (am - bm)
        # 方程组右端向量
        f_val = self.f_xyt(x_0[k - 1, 1:-1, j], y_0[k - 1, 1:-1, j],
                           t_0[k - 1, 1:-1, j] + self.tau / 2)
        f1 = r / 2 * self.u_xyt[k - 1, 1:-1, j - 1] + \
             (1 - r) * self.u_xyt[k - 1, 1:-1, j] + \
             r / 2 * self.u_xyt[k - 1, 1:-1, j + 1] + self.tau / 2 * f_val
        f1[0] = f1[0] + r / 2 * uc[k, 0, j]  # 第一个元素
        f1[-1] = f1[-1] + r / 2 * uc[k, -1, j]  # 最后一个元素
        #  采用追赶法求解方程组
        cmtm = ChasingMethodTridiagonalMatrix(b_diag_y, a_diag_y, b_diag_y, f1)
        uc[k, 1:-1, j] = cmtm.fit_solve()
    for i in range(1, self.x_n - 1):  # x方向计算
        f_val = self.f_xyt(x_0[k - 1, i, 1:- 1], y_0[k - 1, i, 1:-1],
                           t_0[k - 1, i, 1:-1] + self.tau / 2)
       # 右端向量
```

```
        f2 = r / 2 * uc[k, i - 1, 1:-1] + (1 - r) * uc[k, i, 1:-1] + \
            r / 2 * uc[k, i + 1, 1:-1] + self.tau / 2 * f_val
        f2[0] = f2[0] + r / 2 * self.u_xyt[k, i, 0]  # 第一个元素
        f2[-1] = f2[-1] + r / 2 * self.u_xyt[k, i, -1]  # 最后一个元素
        cmtm = ChasingMethodTridiagonalMatrix(b_diag_x, a_diag_x, b_diag_x, f2)
        self.u_xyt[k, i, 1:-1] = cmtm.fit_solve()
```

针对**例 9** 示例, 设置步长 $h=\tau=0.005, t=1$, 求解结果如图 12-17 所示, 具有不错的精度.

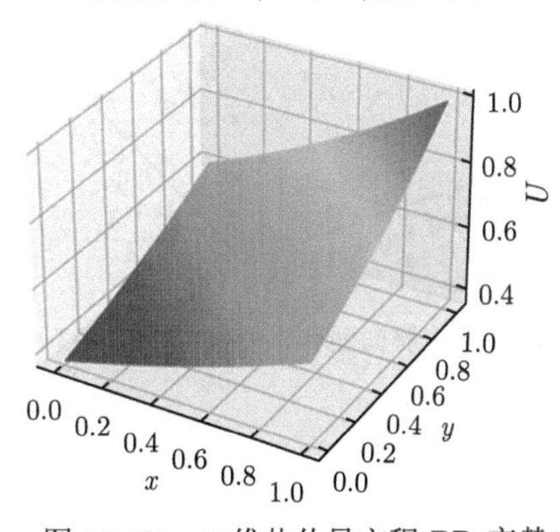

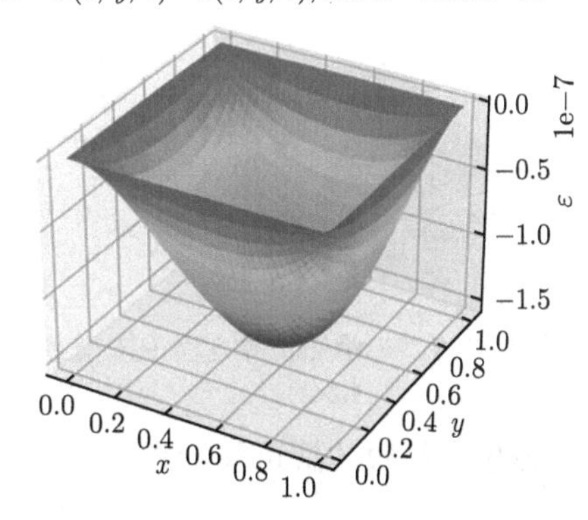

图 12-17 二维热传导方程 PR 交替方向隐格式的数值解曲面和误差曲面 $(t=1)$

例 10 求解如下二维热传导问题

$$\begin{cases} u_t=(u_{xx}+u_{yy}), & 0<x,y<1, 0<t\leqslant 0.5, \\ u(x,y,0)=10\sin x\cos y, & 0<x,y<1, \\ u(0,y,t)=0, u(1,y,t)=10\mathrm{e}^{-2t}\sin 1\cos y, & 0\leqslant y\leqslant 1, 0<t\leqslant 0.5, \\ u(x,0,t)=0, u(x,1,t)=10\mathrm{e}^{-2t}\sin x\cos 1, & 0\leqslant x\leqslant 1, 0<t\leqslant 0.5. \end{cases}$$

已知该问题的解析解为 $u(x,y,t)=10\mathrm{e}^{-2t}\sin x\cos y$.

设置空间和时间步长为 $h=\tau=0.01$, 在 $t=0.5$ 时刻的数值解曲面和误差曲面如图 12-18 所示, 最大绝对值误差为 $8.2680529090\times 10^{-12}$.

12.2.5 * 二维热传导方程傅里叶解初探

假设二维热传导方程形式如下[8]:

$$\begin{cases} u_t = c^2\left(u_{xx}+u_{yy}\right), 0<x<a, 0<y<b, t>0, \\ u(0,y,t)=u(a,y,t)=0, 0\leqslant y\leqslant b, t>0, \\ u(x,0,t)=u(x,b,t)=0, 0\leqslant x\leqslant a, t>0, \\ u(x,y,0)=f(x,y), 0<x<a, 0<y<b. \end{cases}$$

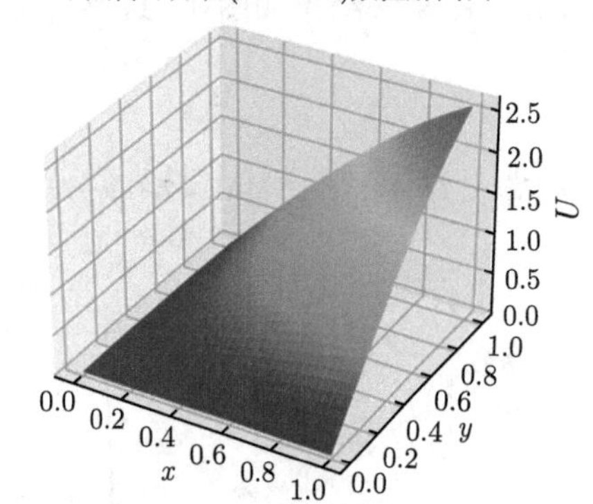

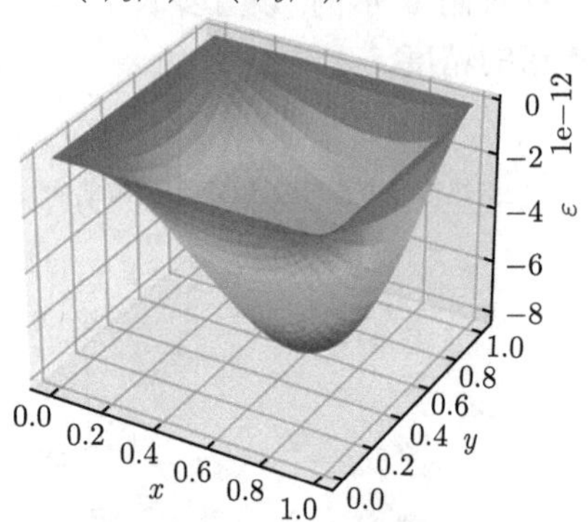

图 12-18 二维热传导方程 PR 交替方向隐格式的数值解曲面和误差曲面 ($t=0.5$)

则其傅里叶级数的解可表示为

$$\begin{cases} u(x,y,t)=\sum\limits_{n=1}^{\infty}\sum\limits_{m=1}^{\infty}A_{mn}\sin\left(\dfrac{m\pi}{a}x\right)\sin\left(\dfrac{n\pi}{b}y\right)\mathrm{e}^{-\lambda_{mn}^2 t}, \\ \lambda_{mn}=c\pi\sqrt{\dfrac{m^2}{a^2}+\dfrac{n^2}{b^2}}, \quad m,n=1,2,\cdots, \\ A_{mn}=\dfrac{4}{ab}\displaystyle\int_0^b\int_0^a f(x,y)\sin\left(\dfrac{m\pi}{a}x\right)\sin\left(\dfrac{n\pi}{b}y\right)\mathrm{d}x\,\mathrm{d}y, \quad m,n=1,2,\cdots. \end{cases}$$

因篇幅限制, 此处不给出具体原理推导, 读者可参考 [8].

算法说明 二重积分采用高斯–勒让德法, 默认零点数为 10, 可修改为 15.

```
# file_name: pde_2d_heat_fourier_sol.py
class PDE2DHeatFourierSolution:
    """
    二维热传导方程的傅里叶解, 采用第4章高斯–勒让德法进行二重积分
    """
    def __init__(self,f_xyt_0,c,a,b,t_T,m,n,pde_model=None):
        self.f_xyt_0 = f_xyt_0  # 初值条件f(x,y,0)
```

```
        self.c = c  # 二维热传导方程的系数, c ** 2形式
        self.a, self.b = a, b  # 求解空间的区间, 起始区间端点为0
        self.t_T = t_T  # 求解时刻
        self.m, self.n = m, n  # 傅里叶级数的项数
        self.pde_model = pde_model # 解析解, 不存在则不传
        self.u_xyt = None # 近似解表达式

    def solve_pde(self):
        """
        求解二维热传导方程的傅里叶解, 采用高斯-勒让德二重积分计算
        """
        A_mn = np.zeros((self.m, self.n))  # 存储积分, 表达式系数
        lambda_ = np.zeros((self.m, self.n))  # 存储指数项系数
        for i in range(self.m):
            for j in range(self.n):
                lambda_[i, j] = self.c * np.pi * \
                                np.sqrt((i / self.a) ** 2 + (j / self.b) ** 2)
                # 如下求Amn系数, 采用高斯-勒让德法进行二重积分计算
                int_fun_ = lambda x, y: np.sin(i / self.a * np.pi * x) * \
                                        np.sin(j / self.b * np.pi * y)
                int_fun_expr = lambda x, y: 4 / (self.a * self.b) * \
                                            self.f_xyt_0(x, y) * int_fun_(x, y)
                # 注意高斯-勒让德法进行二重积分, 可修改零点数zeros_num
                gl2di = GaussLegendreDoubleIntegration(int_fun_expr, [0, self.a],
                                                       [0, self.b], zeros_num=15)
                A_mn[i, j] = gl2di.cal_2d_int()
        # 如下构造近似解表达式, 采用符号形式
        x, y, t = sympy.symbols("x, y, t")
        u_xyt = 0.0
        for i in range(self.m):
            for j in range(self.n):
                u_xyt += A_mn[i, j] * sympy.sin(i / self.a * np.pi * x) * \
                         sympy.sin(j / self.b * np.pi * y) * \
                         sympy.exp(-lambda_[i, j] ** 2 * t)
        self.u_xyt = sympy.lambdify((x, y, t), u_xyt)
```

例 11 求如下二维热传导方程的傅里叶解, 已知该问题的解析解为 $u(x, y, t) = \mathrm{e}^{-\frac{\pi^2}{8}t}\sin \pi x \sin \pi y$.

$$
\begin{cases}
\dfrac{\partial u}{\partial t} = \dfrac{1}{16}\left(\dfrac{\partial^2 u}{\partial x^2} + \dfrac{\partial^2 u}{\partial y^2}\right), 0 < x < 1, 0 < y < 1, t > 0, \\
u(0, y, t) = u(1, y, t) = 0, 0 \leqslant y \leqslant 1, t > 0, \\
u(x, 0, t) = u(x, 1, t) = 0, 0 \leqslant x \leqslant 1, t > 0, \\
u(x, y, 0) = \sin \pi x \sin \pi y, 0 < x < 1, 0 < y < 1.
\end{cases}
$$

设置 $m = n = 3$, 高斯–勒让德二重积分设置零点数为 15, 求得系数矩阵 (其中 A_{33} 中若 Python 输出格式为 0.0e+00, 则标记为 0.0, 非常小的数仅给出数量级及其负号, λ_{33} 保留小数点后 8 位):

$$
A_{33} = \begin{pmatrix} 0.0 & 0.0 & 0.0 \\ 0.0 & 1.0 & -10^{-18} \\ 0.0 & 10^{-17} & 10^{-17} \end{pmatrix},
$$

$$
\lambda_{33} = \begin{pmatrix} 0.00000000 & 0.78539816 & 1.57079633 \\ 0.78539816 & 1.11072073 & 1.75620368 \\ 1.57079633 & 1.75620368 & 2.22144147 \end{pmatrix}.
$$

从 A_{33} 可以看出仅有一个元素有效, 最终傅里叶解为 (Python 输出格式, 保留小数点后 10 位)

$$
u(x, y, t) = 0.9999999999\mathrm{e}^{-1.2337005501t} \sin(3.1415926536x) \sin(3.1415926536y).
$$

可见与解析解几乎一致, 其 $t = 0.5$ 时刻的数值解与解析解的平均绝对值误差为 $5.7432953063 \times 10^{-16}$.

由于采用高斯–勒让德计算二重积分, 其解的精度可能受到舍入误差的影响. 展开项数设置 $m = n = 5$, 零点数默认 10, 则 $t = 0.5$ 时刻的平均绝对值误差 $9.0866018456 \times 10^{-11}$, 若零点数设置 15, 则平均绝对值误差为 $5.8318564092 \times 10^{-16}$, 求解精度极高, 如图 12-19 所示. 展开项数设置 $m = n = 10$, 且设置零点数为 15, 则 $t = 0.5$ 时刻的平均绝对值误差 $6.0638409796 \times 10^{-16}$, 求解精度也极高.

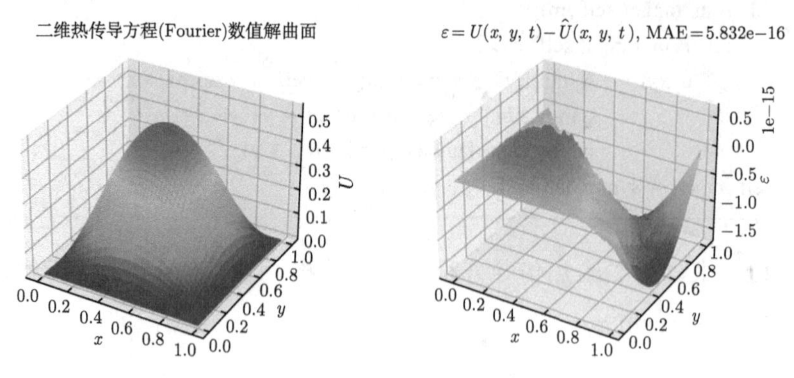

图 12-19　二维热传导方程的傅里叶解与误差曲面 ($m = n = 5$, $t = 0.5$, 零点数 15)

■ 12.3 椭圆型偏微分方程

各种物理性质的许多稳定过程都归结于椭圆型偏微分方程, 如定常热传导问题和扩散问题、导体中电流分布问题、静电学和静磁学问题、弹性理论和渗流理论问题等.

函数 $u(x,y)$ 的拉普拉斯表示为 $\nabla^2 u = u_{xx} + u_{yy}$. 分类为: 如果 $\nabla^2 u = 0$, 则为拉普拉斯方程; 如果 $\nabla^2 u = g(x,y)$, 则为泊松方程; 如果 $\nabla^2 u + f(x,y)u = g(x,y)$, 则为亥姆霍茨方程.

12.3.1 拉普拉斯方程超松弛迭代法求解

本小节内容参考[1]. 对 $u_{xx}(x,y), u_{yy}(x,y)$ 采用二阶中心差分格式, 可得

$$\nabla^2 u = \frac{u(x+h,y)+u(x-h,y)+u(x,y+h)+u(x,y-h)-4u(x,y)}{h^2} + O\left(h^2\right).$$

其中 $h = h_x = h_y$ 为区间步长. 将矩形 $\{(x,y): 0 \leqslant x \leqslant a, 0 \leqslant y \leqslant b\}$ 等距划分为 $(n-1)\times(m-1)$ 个小矩形, 端点处 $a = nh, b = mh$, 所有等距划分的内部网格点 $(x,y) = (x_i, y_i)$, $\quad i = 2,\cdots,n-1, j = 2,\cdots,m-1$ 的精度为 $O\left(h^2\right)$. 用 $u_{i,j}$ 近似 $u\left(x_i, y_j\right)$, 并忽略极小项, 则可得 5 点差分公式:

$$\nabla^2 u_{i,j} = \frac{u_{i+1,j}+u_{i-1,j}+u_{i,j+1}+u_{i,j-1}-4u_{i,j}}{h^2} = 0.$$

$u_{i,j}$ 与它的 4 个邻接点 $u_{i+1,j}, u_{i-1,j}, u_{i,j+1}$ 和 $u_{i,j-1}$ 关联. 消去 h^2, 得到拉普拉斯计算公式:

$$u_{i+1,j}+u_{i-1,j}+u_{i,j+1}+u_{i,j-1}-4u_{i,j} = 0. \tag{12-35}$$

1. 建立线性方程组

考虑 Dirichlet 边界条件, 设在如下边界网格点的值 $u(x,y)$ 是已知的:

$$\begin{cases} u\left(x_1, y_j\right) = u_{1,j}, & 2 \leqslant j \leqslant m-1, \quad \text{左} \\ u\left(x_i, y_1\right) = u_{i,1}, & 2 \leqslant i \leqslant n-1, \quad \text{下} \\ u\left(x_n, y_j\right) = u_{n,j}, & 2 \leqslant j \leqslant m-1, \quad \text{右} \\ u\left(x_i, y_m\right) = u_{i,m}, & 2 \leqslant i \leqslant n-1. \quad \text{上} \end{cases} \tag{12-36}$$

如图 12-20 所示, 对区域中的每个内部点应用拉普拉斯计算公式 (12-35), 可得到由 $(n-2)$ 个变量和 $(n-2)$ 个方程组成的线性方程组, 通过求解线性方程组可得到区域中的内部点的近似值 $u(x,y)$.

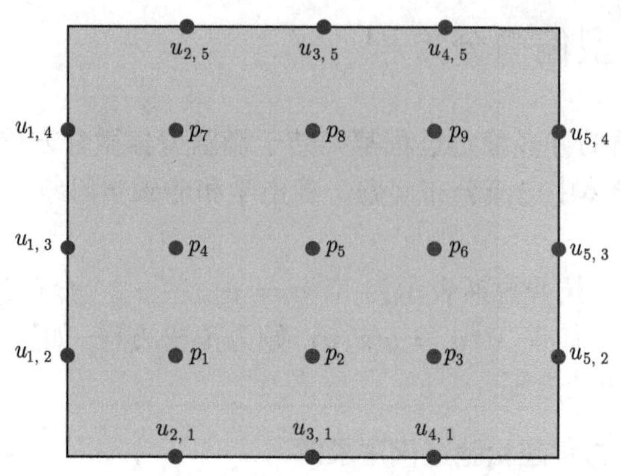

图 12-20　5 × 5 网格点 (边界值已知)

对每个内部网格点运用拉普拉斯差分公式可得 9 个方程组成的 $\boldsymbol{Ap}=\boldsymbol{b}$ 线性方程组:

$$\begin{pmatrix} -4 & 1 & 0 & 1 & 0 & 0 & 0 & 0 & 0 \\ 1 & -4 & 1 & 0 & 1 & 0 & 0 & 0 & 0 \\ 0 & 1 & -4 & 0 & 0 & 1 & 0 & 0 & 0 \\ 1 & 0 & 0 & -4 & 1 & 0 & 1 & 0 & 0 \\ 0 & 1 & 0 & 1 & -4 & 1 & 0 & 1 & 0 \\ 0 & 0 & 1 & 0 & 1 & -4 & 0 & 0 & 1 \\ 0 & 0 & 0 & 1 & 0 & 0 & -4 & 1 & 0 \\ 0 & 0 & 0 & 0 & 1 & 0 & 1 & -4 & 1 \\ 0 & 0 & 0 & 0 & 0 & 1 & 0 & 1 & -4 \end{pmatrix} \begin{pmatrix} p_1 \\ p_2 \\ p_3 \\ p_4 \\ p_5 \\ p_6 \\ p_7 \\ p_8 \\ p_9 \end{pmatrix} = \begin{pmatrix} -u_{2,1}-u_{1,2} \\ -u_{3,1} \\ -u_{4,1}-u_{5,2} \\ -u_{1,3} \\ 0 \\ -u_{5,3} \\ -u_{2,5}-u_{1,4} \\ -u_{3,5} \\ -u_{4,5}-u_{5,4} \end{pmatrix}.$$

2. *迭代方法求解*

实际计算时, 方程组求解涉及大型稀疏矩阵的存储以及求解线性方程组的算法, 通常椭圆型方程组较为庞大, 故采用迭代法求解. 重写式 (12-35), 构造迭代公式 ($2\leqslant i\leqslant n-1, 2\leqslant j\leqslant m-1$):

$$\begin{cases} u_{i,j}^{(k+1)}=u_{i,j}^{(k)}+r_{i,j}^{(k)}, \\ r_{i,j}^{(k)}=\left(u_{i+1,j}^{(k)}+u_{i-1,j}^{(k)}+u_{i,j+1}^{(k)}+u_{i,j-1}^{(k)}-4u_{i,j}^{(k)}\right)/4, \end{cases} \tag{12-37}$$

其中 $k=0,1,\cdots$ 表示迭代次数. 启动迭代格式, 必须首先得到所有内部网格点的初始值, 并设初始值为式 (12-36) 中 $2n+2m-4$ 个边界值的平均值. 用公式 (12-37) 对所有内部网格点迭代执行, 直到公式右边的余项 $r_{i,j}$ 小于指定的精度 ε.

逐次超松弛法 (SOR) 迭代法可提高所有余项 $\{r_{i,j}\}$ 减少到零的收敛速度, 公式为

$$u_{i,j}^{(k+1)} = u_{i,j}^{(k)} + \omega\left(\frac{u_{i+1,j}^{(k)} + u_{i-1,j}^{(k)} + u_{i,j+1}^{(k)} + u_{i,j-1}^{(k)} - 4u_{i,j}^{(k)}}{4}\right) = u_{i,j}^{(k)} + \omega r_{i,j}^{(k)}, \tag{12-38}$$

其中 $\omega = \dfrac{4}{2+\sqrt{4-\left(\cos\left(\dfrac{\pi}{n-1}\right)+\cos\left(\dfrac{\pi}{m-1}\right)\right)^2}}$, 若 $\left|r_{i,j}^{(k)}\right| < \varepsilon_0\omega$, 则迭代终止.

```
# file_name: pde_laplace_equation_dirichlet.py
class PDELaplaceEquationDirichlet:
    """
    迭代法求解拉普拉斯方程, Dirichlet边界条件.
    """
    def __init__(self, f_ux0, f_uxb, f_u0y, f_uay, x_a, y_b, x_h, y_h,
                 eps=1e-5, max_iter=200, pde_model=None):
        self.f_ux0 = f_ux0  # 初始边界条件函数, 表示u(x, 0)
        self.f_uxb = f_uxb  # 初始边界条件函数, 表示u(x, b)
        self.f_u0y = f_u0y  # 初始边界条件函数, 表示u(0, y)
        self.f_uay = f_uay  # 初始边界条件函数, 表示u(a, y)
        self.x_a, self.y_b = x_a, y_b  # 分别表示自变量x和y的求解区域右端点
        self.x_h, self.y_h = x_h, y_h  # 分别表示自变量x和y的求解步长
        self.n = int(self.x_a / self.x_h) + 1  # 划分网格区间
        self.m = int(self.y_b / self.y_h) + 1  # 划分网格区间
        self.u_xy = None  # 存储pde数值解
        self.pde_model = pde_model  # 解析解存在的情况下, 可进行误差分析
        self.eps, self.max_iter = eps, max_iter  # 迭代法求解精度和最大迭代次数

    def solve_pde(self):
        """
        迭代法求解拉普拉斯方程
        """
        # 内部网格点初始值
        ave = (self.x_a * (self.f_ux0(0) + self.f_uxb(0)) +
               self.y_b * (self.f_u0y(0) + self.f_uay(0))) / (2 * (self.x_a + self.y_b))
        self.u_xy = ave * np.ones((self.n, self.m))  # 初始数值解
        # 边界条件
        i, j = np.arange(0, self.n), np.arange(0, self.m)  # 离散点索引
```

```
        self.u_xy[0, :] = self.f_u0y(j * self.y_h)  # 左边
        self.u_xy[-1, :] =  self.f_uay(j * self.y_h)  # 右边
        self.u_xy[:, 0] = self.f_ux0(i * self.x_h) # 底部
        self.u_xy[:, -1] = self.f_uxb(i * self.x_h)  # 顶部
        # 松弛因子计算
        w = 4 / (2 + np.sqrt(4 - (np.cos(np.pi / (self.n - 1)) +
                                 np.cos(np.pi / (self.m - 1))) ** 2))
        # 松弛迭代法求解
        err, iter_ = 1, 0  # 初始化误差和迭代次数
        while err > self.eps and iter_ < self.max_iter:
            err, iter_ = 0.0, iter_ + 1  # 当前迭代的误差和迭代次数
            for j in range(1, self.m - 1):  # 内部节点计算
                for i in range(1, self.n - 1):  # 内部节点计算
                    relax = w * (self.u_xy[i, j + 1] + self.u_xy[i, j - 1] +
                                 self.u_xy[i + 1, j] +
                                 self.u_xy[i - 1, j] - 4 * self.u_xy[i, j]) / 4
                    self.u_xy[i, j] += relax
                    if err <= abs(relax):  # 当前迭代步骤中, 记录最大的余项rij值
                        err = abs(relax)
        print("iter_num = %d, max r_ij = %.10e" % (iter_, err))
        return self.u_xy.T
```

例 12 计算矩形区域内的谐波函数 $u(x,y)$ 的近似值, 其解析解为 $u(x,y)=x^4-6x^2y^2+y^4$.

$$\begin{cases} u_{xx}+u_{yy}=0, \quad 0<x<1.5, 0<y<1.5, \\ u(x,0)=x^4, u(x,1.5)=x^4-13.5x^2+5.0625, \quad 0\leqslant x\leqslant 1.5, \\ u(0,y)=y^4, u(1.5,y)=y^4-13.5y^2+5.0625, \quad 0\leqslant y\leqslant 1.5. \end{cases}$$

设置步长 $h=0.02$, 精度要求 $\varepsilon=10^{-6}$, 迭代 233 次, 最大 $|r_{ij}|=9.278\times 10^{-7}<10^{-6}$, 算法收敛. 时间消耗 2.861 秒, 平均绝对值误差为 $1.2482573187\times 10^{-4}$, 最大绝对值误差为 $2.6807305702\times 10^{-4}$.

设置 $h=0.01, \varepsilon=10^{-8}$, 迭代 603 次, 整体精度得以提高, 最大 $|r_{ij}|=9.744\times 10^{-9}<10^{-8}$, 但时间消耗增至 29.730 秒, 平均绝对值误差为 $3.1214801021\times 10^{-5}$, 最大绝对值误差为 $6.6314026220\times 10^{-5}$. 如图 12-21 为其数值解的曲面和误差曲面.

12.3.2 泊松方程超松弛迭代求解

设泊松方程为 $\nabla^2 u=g(x,y)$[1], 考虑 Dirichlet 边界条件, 则五点差分公式为

$$-\frac{1}{h_y^2}u_{i,j-1}-\frac{1}{h_x^2}u_{i-1,j}+2\left(\frac{1}{h_x^2}+\frac{1}{h_y^2}\right)u_{i,j}-\frac{1}{h_x^2}u_{i+1,j}-\frac{1}{h_y^2}u_{i,j+1}=g\left(x_i,y_j\right).$$

若记 $h_x = h_y = h$, 则可得

$$u_{i,j} = u_{i,j} + \frac{u_{i+1,j} + u_{i-1,j} + u_{i,j+1} + u_{i,j-1} - 4u_{i,j} + h^2 g_{i,j}}{4}.$$

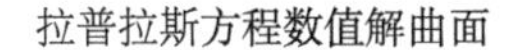

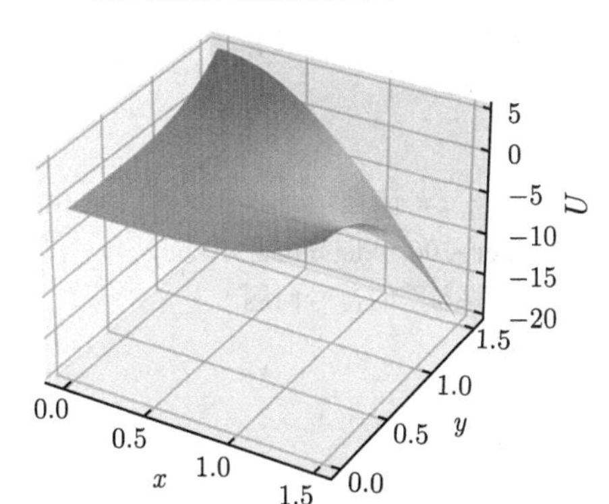

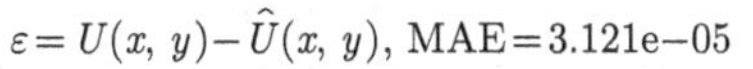

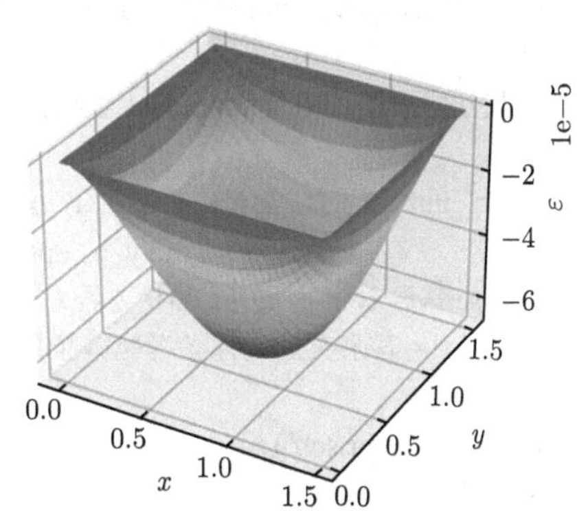

图 12-21 拉普拉斯方程数值解曲面及其误差曲面 ($h = 0.01$)

参考拉普拉斯方程, 其超松弛迭代格式为

$$u_{i,j} = u_{i,j} + \omega\left(\frac{u_{i+1,j} + u_{i-1,j} + u_{i,j+1} + u_{i,j-1} - 4u_{i,j} + h^2 g_{i,j}}{4}\right) = u_{i,j} + \omega r_{i,j}. \tag{12-39}$$

此外, 泊松方程还有雅可比迭代格式和高斯–赛德尔迭代格式. 对 $k = 0, 1, 2, \cdots$, 雅可比迭代格式和高斯–赛德尔迭代格式分别如下:

$$u_{i,j}^{(k+1)} = \frac{u_{i,j-1}^{(k)} + u_{i-1,j}^{(k)} + u_{i+1,j}^{(k)} + u_{i,j+1}^{(k)} + h^2 g\left(x_i, y_i\right)}{4},$$

$$i = 1, 2, \cdots, m-1, j = 1, 2, \cdots, n-1,$$

$$u_{i,j}^{(k+1)} = \frac{u_{i,j-1}^{(k+1)} + u_{i-1,j}^{(k+1)} + u_{i+1,j}^{(k)} + u_{i,j+1}^{(k)} + h^2 g\left(x_i, y_i\right)}{4},$$

$$i = 1, 2, \cdots, m-1, j = 1, 2, \cdots, n-1.$$

亥姆霍茨 (Helmholtz) 方程是一个描述电磁波的椭圆偏微分方程, 形式为 $\nabla^2 u + f(x, y)u = g(x, y)$, 差分公式为

$$u_{i,j} = u_{i,j} + \frac{u_{i+1,j} + u_{i-1,j} + u_{i,j+1} + u_{i,j-1} - \left(4 - h^2 f_{i,j}\right) u_{i,j} - h^2 g_{i,j}}{4 - h^2 f_{i,j}}. \tag{12-40}$$

可采用超松弛迭代法求解亥姆霍茨方程, 此处略去算法设计.

如下仅实现泊松方程的超松弛迭代法求解, 其基本思路与拉普拉斯方程算法相似, 不再细分雅可比迭代和高斯–赛德尔迭代格式.

```
# file_name: pde_poisson_equation_sor.py
class PDEPoissonEquationSORIteration:
    """
    迭代法求解泊松方程, Dirichlet边界条件
    """
    def __init__(self, g_xy, f_ux0, f_uxb, f_u0y, f_uay,  # 函数项
                 x_a, y_b, x_h, y_h, eps=1e-3, max_iter=200, pde_model=None):
        self.g_xy = g_xy  # 泊松方程右端函数, 注意右端方程的符号问题
            # 其余实例属性参考拉普拉斯方程求解算法

    def solve_pde(self):
        """
        核心算法: 迭代法求解泊松方程
        """
        ave = (self.x_a * (self.f_ux0(0) + self.f_uxb(0)) +
               self.y_b * (self.f_u0y(0) + self.f_uay(0))) / (2 * (self.x_a + self.y_b))
        self.u_xy = ave * np.ones((self.n, self.m))  # 初始数值解
        xi, yi = np.linspace(0, self.x_a, self.n), np.linspace(0, self.y_b, self.m)
        self.u_xy[0, :] = self.f_u0y(yi)  # 左边界
        self.u_xy[-1, :] = self.f_uay(yi)  # 右边界
        self.u_xy[:, 0] = self.f_ux0(xi)  # 底部
        self.u_xy[:, -1] = self.f_uxb(xi)  # 顶部
        # 松弛因子计算和松弛迭代法求解
        w = 4 / (2 + np.sqrt(4 - (np.cos(np.pi / (self.n - 1)) +
                                  np.cos(np.pi / (self.m - 1))) ** 2))
        err, iter_ = 1, 0  # 初始化误差和迭代次数
        while err > self.eps and iter_ < self.max_iter:
            err, iter_ = 0.0, iter_ + 1
            for j in range(1, self.m - 1):
                for i in range(1, self.n - 1):
                    ut = self.u_xy[i, j + 1] + self.u_xy[i, j - 1] + \
                         self.u_xy[i + 1, j] + \
                         self.u_xy[i - 1, j] - 4 * self.u_xy[i, j]  # 子项
                    relax=w*(ut+self.x_h*self.y_h * self.g_xy(xi[i], yi[j])) / 4
                    self.u_xy[i, j] += relax
                    if err <= abs(relax):
```

```
                    err = abs(relax)
    print ("iter_num = %d, max r_ij = %.10e" % (iter_, err))
    return self.u_xy.T
```

例 13 应用超松弛迭代法求解如下泊松方程问题, 该问题的精确解为 $u(x,y) = \mathrm{e}^x \sin(\pi y)$.

$$\begin{cases} u_{xx} + u_{yy} = -\left(\pi^2 - 1\right) \mathrm{e}^x \sin(\pi y), \quad 0 < x < 2, 0 < y < 1, \\ u(0,y) = \sin(\pi y), u(2,y) = \mathrm{e}^2 \sin(\pi y), \quad 0 \leqslant y \leqslant 1, \\ u(x,0) = 0, u(x,1) = 0, \quad 0 \leqslant x \leqslant 2. \end{cases}$$

设置步长 $h = 0.01$, 精度要求 $\varepsilon = 10^{-7}$, 迭代 412 次, $|r_{i,j}| = 9.900 \times 10^{-8} < 10^{-7}$, 如图 12-22 为其数值解曲面与误差曲面, 最大绝对值误差为 $2.7189200864 \times 10^{-4}$.

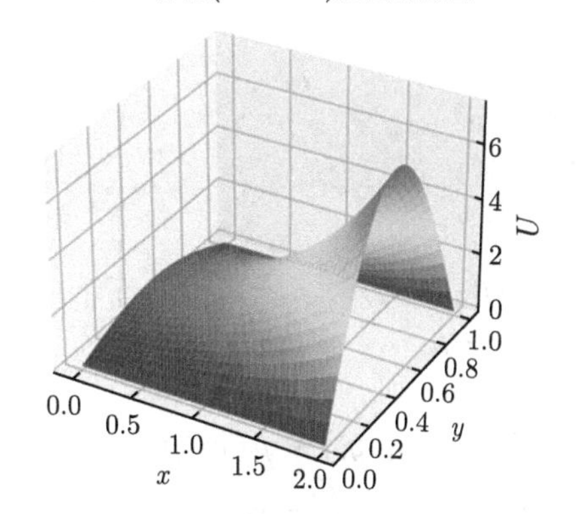

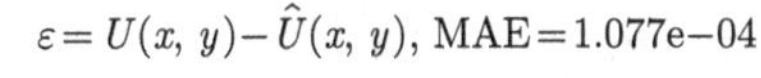

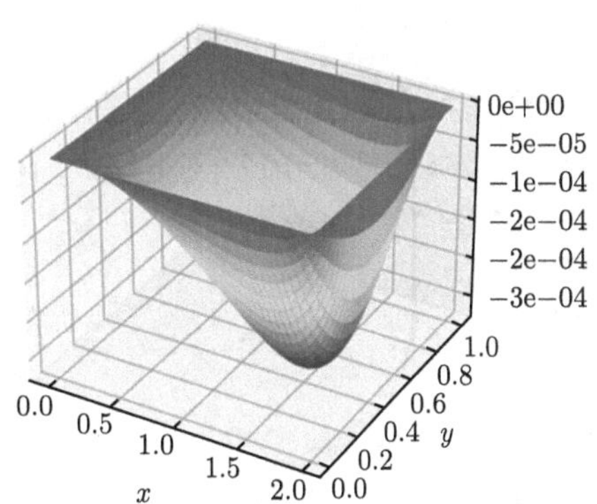

图 12-22 超松弛迭代法求解泊松方程的数值解曲面及其误差曲面

12.3.3 泊松方程三对角块矩阵求解

定解 Dirichlet 边界条件的泊松方程形式如下:

$$\begin{cases} -\left(u_{xx} + u_{yy}\right) = f(x,y), \quad (x,y) \in \varOmega, \\ u|_{\varGamma} = \varphi(x,y), \end{cases}$$

其中 $\varOmega$ 是 $\mathbb{R}^2$ 中的一个有界区域, $\varGamma$ 为 $\varOmega$ 的边界.

设 h_1 和 h_2 分别为 x 方向和 y 方向的等距步长, 二维泊松方程的五点差分格式为

$$-\frac{1}{h_2^2}u_{i,j-1}-\frac{1}{h_1^2}u_{i-1,j}+2\left(\frac{1}{h_1^2}+\frac{1}{h_2^2}\right)u_{i,j}-\frac{1}{h_1^2}u_{i+1,j}-\frac{1}{h_2^2}u_{i,j+1}=f\left(x_i,y_j\right), \tag{12-41}$$

其中 $1\leqslant i\leqslant m-1, 1\leqslant j\leqslant n-1$.

记 $\boldsymbol{u}_j=(u_{1j},u_{2j},\cdots,u_{m-1,j})^{\mathrm{T}}, 0\leqslant j\leqslant n$, 则差分格式可写成矩阵形式

$$\boldsymbol{D}\boldsymbol{u}_{j-1}+\boldsymbol{C}\boldsymbol{u}_j+\boldsymbol{D}\boldsymbol{u}_{j+1}=\boldsymbol{f}_j,\quad 1\leqslant j\leqslant m-1, \tag{12-42}$$

即

$$\begin{pmatrix} \boldsymbol{C} & \boldsymbol{D} & & & \\ \boldsymbol{D} & \boldsymbol{C} & \boldsymbol{D} & & \\ & \ddots & \ddots & \ddots & \\ & & \boldsymbol{D} & \boldsymbol{C} & \boldsymbol{D} \\ & & & \boldsymbol{D} & \boldsymbol{C} \end{pmatrix}\begin{pmatrix} \boldsymbol{u}_1 \\ \boldsymbol{u}_2 \\ \vdots \\ \boldsymbol{u}_{n-2} \\ \boldsymbol{u}_{n-1} \end{pmatrix}=\begin{pmatrix} \boldsymbol{f}_1-\boldsymbol{D}\boldsymbol{u}_0 \\ \boldsymbol{f}_2 \\ \vdots \\ \boldsymbol{f}_{n-2} \\ \boldsymbol{f}_{n-1}-\boldsymbol{D}\boldsymbol{u}_n \end{pmatrix},$$

记 $\mu_1=\dfrac{1}{h_1^2}, \mu_2=\dfrac{1}{h_2^2}$, 则

$$\boldsymbol{C}=\begin{pmatrix} 2\left(\mu_1+\mu_2\right) & -\mu_1 & & & \\ -\mu_1 & 2\left(\mu_1+\mu_2\right) & -\mu_1 & & \\ & \ddots & \ddots & \ddots & \\ & & -\mu_1 & 2\left(\mu_1+\mu_2\right) & -\mu_1 \\ & & & -\mu_1 & 2\left(\mu_1+\mu_2\right) \end{pmatrix}$$

$$\boldsymbol{D}=\begin{pmatrix} -\mu_2 & & & & \\ & -\mu_2 & & & \\ & & \ddots & & \\ & & & -\mu_2 & \\ & & & & -\mu_2 \end{pmatrix}, \boldsymbol{f}_j=\begin{pmatrix} f\left(x_1,y_j\right)+\varphi\left(x_0,y_j\right)\mu_1 \\ f\left(x_2,y_j\right) \\ \vdots \\ f\left(x_{m-2},y_j\right) \\ f\left(x_{m-1},y_j\right)+\varphi\left(x_m,y_j\right)\mu_1 \end{pmatrix}.$$

上述线性方程组的系数矩阵是一个三对角块矩阵, 每一行至多有 5 个非零元素, 且系数矩阵对称正定.

如下算法, 首先构造三对角块矩阵, 然后采用预处理共轭梯度法求解大型稀疏矩阵.

```
# file_name: pde_poisson_trib_matrix.py
import scipy.sparse as sp  # 用于构造稀疏矩阵
```

```
from iterative_solution_linear_equation_07 . pre_conjugate_gradient \
    import PreConjugateGradient  # 第7章预处理共轭梯度算法

class PDEPoissonEquationTriBMatrix:
    """
    二维泊松方程模型, 五点差分格式求解, 采用共轭梯度法求解
    """
    def __init__(self, fxy_fun, f_ux0, f_uxb, f_u0y, f_uay,
                 x_span, y_span, n_x, n_y, is_show=False, pde_model=None):
        self.fxy_fun = fxy_fun  # 泊松方程的右端函数f(x, y), 关于自变量x和y的函数
        # 边界函数, 对应u(x, 0)和u(x, b), 关于x的函数
        self.f_ux0, self.f_uxb=f_ux0, f_uxb
        # 边界函数, 对应u(0, y)和u(a, y), 关于y的函数
        self.f_u0y, self.f_uay=f_u0y, f_uay
        self.x_span, self.y_span = np.asarray(x_span), np.asarray(y_span)
        self.n_x, self.n_y = n_x, n_y  # 划分区间数
        # 等分区间点和区间步长
        self.h_x, self.h_y, self.xi, self.yi = self._space_grid_()
        self.is_show = is_show  # 是否可视化泊松方程解的图像
        self.pde_model = pde_model #是否存在解析解,用于误差分析,可视化误差
        self.u_xy = None  # 存储pde数值解

    def _space_grid_(self):
        """
        划分二维平面网格
        """
        xi = np.linspace(self.x_span[0], self.x_span[1], self.n_x + 1)  # 等分x
        yi = np.linspace(self.y_span[0], self.y_span[1], self.n_y + 1)  # 等分y
        h_x = (self.x_span[1] - self.x_span[0]) / self.n_x  # x区间步长
        h_y = (self.y_span[1] - self.y_span[0]) / self.n_y  # y区间步长
        return h_x, h_y, xi, yi

    def solve_pde(self):
        """
        二维泊松方程求解, 五点差分格式
        """
        ym, xm = np.meshgrid(self.yi, self.xi)  # 生成二维网格点
        self.u_xy = np.zeros((self.n_x + 1, self.n_y + 1))  # 泊松方程的数值解
        # 解的边界情况处理
        self.u_xy[0, :] = self.f_u0y(self.yi)  # 左边界
```

```
self.u_xy[-1, :] = self.f_uay(self.yi)  # 右边界
self.u_xy[:, 0] = self.f_ux0(self.xi)  # 底部
self.u_xy[:, -1] = self.f_uxb(self.xi)  # 顶部
# 按照稀疏矩阵形式构造, 即构造块三角矩阵
c_identity = np.ones(self.n_x - 1)  # 单位向量, 构成一块C中的对角线元素
# 主对角线上下次对角线, 即C, 主对角线块
c_diag = sp.diags([2 * c_identity, -c_identity, -c_identity], [0, -1, 1],
                  format='csc', dtype=np.float64)
identity_mat = sp.eye(self.n_y - 1, format='csc')  # 稀疏单位阵, 按此构造快
# sp.kron(A, B)为A和B的克罗内克积, CSC(压缩的列)格式
# 单位阵中的1以d_diag为矩阵块张量成对角块矩阵, 即三对角块矩阵中的对角块C
C = sp.kron(identity_mat, c_diag, format='csc') / self.h_x ** 2
# d_diag中的非零元素按照单位阵的构造, 张量成对角块矩阵,
# 包括C的主对角线元素以及三对角块矩阵中的D
D = sp.kron(c_diag, identity_mat, format='csc') / self.h_y ** 2
difference_matrix = C + D  # 如此形成的三对角块矩阵, 主对角线系数为2倍.
# 构造右端向量, 构成右端fi
# (1) PDE右端方程, 内部节点(n-1)*(m-1)
fi = self.fxy_fun(xm[1:-1, 1:-1], ym[1:-1, 1:-1])
# (2) 第一行单独处理, φ(x0,yj)
fi[0, :] = fi[0, :] + self.u_xy[0, 1:-1] / self.h_x ** 2
# (3) # 最后一行单独处理, φ(xm,yj)
fi[-1, :] = fi[-1, :] + self.u_xy[-1, 1:-1] / self.h_x ** 2
fi = fi.T.flatten()  # (4) 展平成向量, 默认按行
d_diag = np.diag(-c_identity / self.h_y ** 2)  # 单个块D对角矩阵
# 计算f_1-D * u_0
fi[:self.n_x - 1] = fi[:self.n_x - 1] - np.dot(d_diag, self.u_xy[1:-1, 0])
# 计算f_(n-1)-D * u_n
fi[1 - self.n_x:] = fi[1 - self.n_x:] - np.dot(d_diag, self.u_xy[1:-1, -1])
# 采用预处理共轭梯度法求解大型稀疏矩阵
pcg = PreConjugateGradient(difference_matrix.toarray() / self.n_x ** 2,
                           fi / self.n_x ** 2, np.zeros(len(fi)),
                           eps=1e-15, omega=1.5, is_out_info=False)
sol = pcg.fit_solve()
self.u_xy[1:-1, 1:-1] = sol.reshape(self.n_y - 1, self.n_x - 1).T
return self.u_xy
```

针对**例 13** 示例: 用三对角块矩阵形式求解泊松方程, 设置 80×80 的网格, 如图 12-23 所示, 与超松弛迭代法步长 $h = 0.01$ 的精度相当, 但直接求解三对角块矩阵, 其计算量较大, 在 80×80 网格数下, 其构造的三对角块矩阵的尺寸为

6241 × 6241, 所以通常采用迭代法求解泊松方程, 且具有不错的精度.

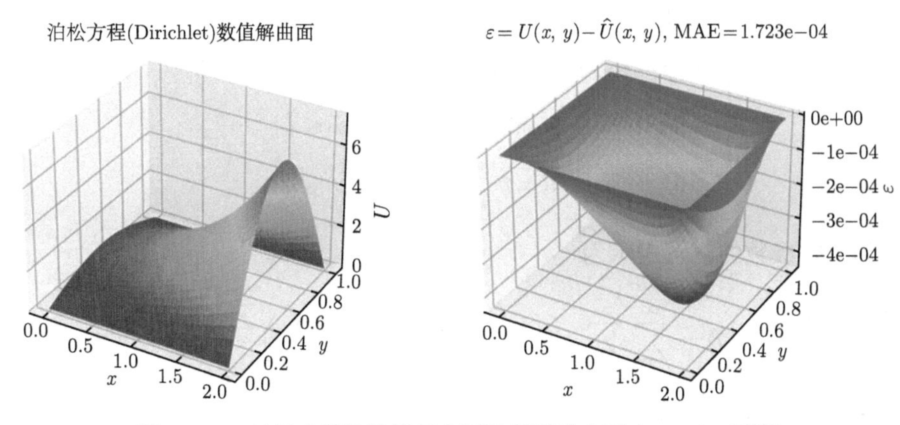

图 12-23 泊松方程的数值解曲面及其误差曲面 (80 × 80 网格)

该算法可求解拉普拉斯方程.

注 由于未处理右端函数的特殊情况, 故拉普拉斯方程定义右端函数的形式为: f_xy = lambda x, y: 0.0 * x + 0.0 * y.

例 14 用三对角块矩阵形式求解如下拉普拉斯方程, 其解析解为 $u(x,y) = \mathrm{e}^x(\sin y + \cos y)$.

$$\begin{cases} u_{xx} + u_{yy} = 0, \quad 0 < x < 1, 0 < y < 1, \\ u(x,0) = \mathrm{e}^x, u(x,1) = \mathrm{e}^x(\sin 1 + \cos 1), \quad 0 \leqslant x \leqslant 1, \\ u(0,y) = \sin y + \cos y, u(1,y) = \mathrm{e}(\sin y + \cos y), \quad 0 \leqslant y \leqslant 1. \end{cases}$$

设置 80 × 80 的网格, 如图 12-24 所示为拉普拉斯方程的数值解曲面和误差曲面, 精度非常高.

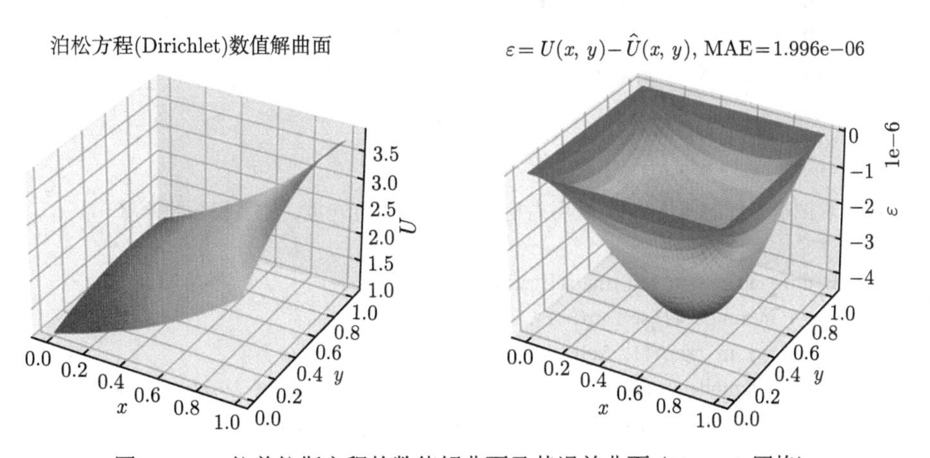

图 12-24 拉普拉斯方程的数值解曲面及其误差曲面 (80 × 80 网格)

12.3.4　* 泊松方程的傅里叶解初探

假设泊松方程具有如下形式[8]

$$
\begin{cases}
u_{xx}+u_{yy}=f(x,y), & 0<x<a,0<y<b,\\
u(x,0)=0,u(x,b)=0, & 0\leqslant x\leqslant a,\\
u(0,y)=0,u(a,y)=0, & 0\leqslant y\leqslant b.
\end{cases}
$$

则其傅里叶级数的解可表示为

$$
\begin{cases}
u(x,y)=\displaystyle\sum_{n=1}^{\infty}\sum_{m=1}^{\infty}E_{mn}\sin\left(\frac{m\pi}{a}x\right)\sin\left(\frac{n\pi}{b}y\right),\\
\lambda_{mn}=\left(\dfrac{m\pi}{a}\right)^2+\left(\dfrac{n\pi}{b}\right)^2,\\
E_{mn}=\dfrac{-4}{ab\lambda_{mn}}\displaystyle\int_0^b\int_0^a f(x,y)\sin\left(\frac{m\pi}{a}x\right)\sin\left(\frac{n\pi}{b}y\right)\mathrm{d}x\mathrm{d}y.
\end{cases}
$$

```
# file_name: pde_poisson_fourier_sol.py
class PDEPoissonFourierSolution:
    """
    泊松方程的傅里叶解, 采用高斯-勒让德法求解二重积分
    """
    def __init__(self, f_xy, a, b, m, n, pde_model=None):
        self.f_xy = f_xy  # 方程右端方程f(x,y)
        self.a, self.b = a, b  # 求解空间的区间, 起始区间端点为0
        self.m, self.n = m, n  # 傅里叶级数的项数
        self.pde_model = pde_model # 解析解, 不存在则不传
        self.u_xy = None # 近似解表达式

    def solve_pde(self):
        """
        求泊松方程的傅里叶解, 采用高斯-勒让德法进行一重、二重积分的计算
        """
        E_mn = np.zeros((self.m, self.n))
        for i in range(1, self.m + 1):
            for j in range(1, self.n + 1):
                lambda_ = (i * np.pi / self.a) ** 2 + (j * np.pi / self.b) ** 2
                ini_fun = lambda x, y: np.sin(i * np.pi / self.a * x) * \
                                       np.sin(j * np.pi / self.b * y)
```

```
            int_fun_expr = lambda x, y: self.f_xy(x, y) * ini_fun(x, y)
            g2dli = GaussLegendreDoubleIntegration(int_fun_expr, [0, self.a],
                                                   [0, self.b], zeros_num=15)
            E_mn[i - 1, j - 1] = -4 / (self.a * self.b * lambda_) * \
                                 g2dli.cal_2d_int()
    # 如下构造近似解表达式,采用符号形式
    x, y = sympy.symbols("x, y")
    u_xy = 0.0
    for i in range(1, self.m + 1):
        for j in range(1, self.n + 1):
            u_xy += E_mn[i - 1, j - 1] * sympy.sin(i * np.pi / self.a * x) * \
                    sympy.sin(j * np.pi / self.b * y)
    self.u_xy = sympy.lambdify((x, y), u_xy, "numpy")
    return self.u_xy
```

例 15 求解如下泊松方程, 该问题的解析解为 $u(x,y) = -0.5\sin x \sin y$, 设置 $m = n = 10$.

$$\begin{cases} u_{xx} + u_{yy} = \sin x \sin y, 0 < x < 2\pi, 0 < y < 2\pi, \\ u(x,0) = 0, u(x,2\pi) = 0, 0 \leqslant x \leqslant 2\pi, \\ u(0,y) = 0, u(2\pi,y) = 0, 0 \leqslant y \leqslant 2\pi. \end{cases}$$

泊松方程傅里叶解曲面与误差曲面如图 12-25 所示.

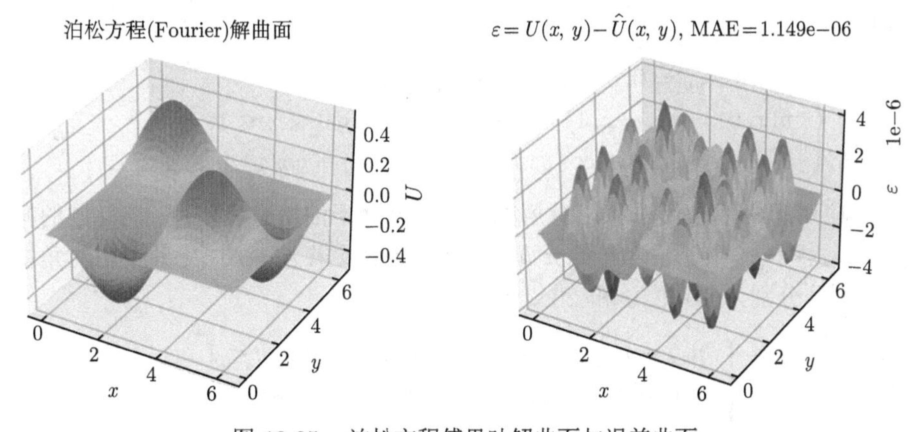

图 12-25 泊松方程傅里叶解曲面与误差曲面

■ 12.4 实验内容

1. 分别采用显式格式和隐式格式求解如下波动方程, 解析解为 $u(x,t) = \mathrm{e}^{x+t}$, 设置空间与时间步长为 $h = 0.0005$ 和 $\tau = 0.00005$,

$$
\begin{cases}
u_{tt} - u_{xx} = 0, 0 < x < 1, 0 < t \leqslant 1, \\
u(x,0) = \mathrm{e}^x, \ u_t(x,t)|_{t=0} = \mathrm{e}^x, 0 \leqslant x \leqslant 1, \\
u(0,t) = \mathrm{e}^t, u(1,t) = \mathrm{e}^{1+t}, 0 < t \leqslant 1.
\end{cases}
$$

2. 分别采用向前欧拉差分、向后欧拉差分、Crank-Nicolson 格式和紧差分格式求解如下一维热传导方程, 解析解为 $u(x,t) = \mathrm{e}^x \sin(0.5-t)$, 设置 $h = 0.01$ 和 $\tau = 0.00001$,

$$
\begin{cases}
u_t - 2u_{xx} = -\mathrm{e}^x[\cos(0.5-t) + 2\sin(0.5-t)], 0 < x < 1, 0 < t \leqslant 1, \\
u(x,0) = \mathrm{e}^x \sin 0.5, 0 \leqslant x \leqslant 1, \\
u(0,t) = \sin(0.5-t), u(1,t) = \mathrm{e} \cdot \sin(0.5-t), 0 < t \leqslant 1.
\end{cases}
$$

3. 采用 Du Fort-Frankel 显式差分格式和 PR 交替方向隐格式方法求解二维热传导问题[3], 解析解为 $u(x,y,t) = \sin(xyt)$. 对比不同时间和空间步长下的求解精度,

$$
\begin{cases}
u_t - (u_{xx} + u_{yy}) = \left(x^2 + y^2\right) t^2 \sin(xyt) + xy\cos(xyt), 0 < x, y < 1, 0 < t \leqslant 1, \\
u(x,y,0) = 0, 0 < x, y < 1, \\
u(0,y,t) = 0, u(1,y,t) = \sin(yt), 0 \leqslant y \leqslant 1, 0 < t \leqslant 1, \\
u(x,0,t) = 0, u(x,1,t) = \sin(xt), 0 \leqslant x \leqslant 1, 0 < t \leqslant 1.
\end{cases}
$$

4. 采用拉普拉斯方程超松弛迭代法, 求解计算矩形区域内的谐波函数 $u(x,y)$ 的近似值. 设置步长 $h = 0.01$、精度要求 $\varepsilon = 10^{-8}$, 解析解为 $u(x,y) = \mathrm{e}^x(\sin y + \cos y)$,

$$
\begin{cases}
u_{xx} + u_{yy} = 0, 0 < x < 1, 0 < y < 1, \\
u(x,0) = \mathrm{e}^x, u(x,1) = \mathrm{e}^x(\sin 1 + \cos 1), 0 \leqslant x \leqslant 1, \\
u(0,y) = \sin y + \cos y, u(1,y) = \mathrm{e}(\sin y + \cos y), 0 \leqslant y \leqslant 1.
\end{cases}
$$

5. 应用超松弛迭代法和三对角块矩阵求解如下泊松方程问题, 该问题的精确解为 $u(x,y) = x^3 + y^3$. 设置步长 $h = 0.05$, 精度要求 $\varepsilon = 10^{-8}$, 其中三对角块矩阵网格划分分别为 10×10 和 20×20,

$$
\begin{cases}
u_{xx} + u_{yy} = 6(x+y), 0 < x < 1, 0 < y < 1, \\
u(0,y) = y^3, u(1,y) = 1 + y^3, 0 \leqslant y \leqslant 1, \\
u(x,0) = x^3, u(x,1) = 1 + x^3, 0 \leqslant x \leqslant 1.
\end{cases}
$$

■ 12.5 本章小结

偏微分方程求解主要有有限差分法和有限元法, 本章探讨了双曲型、抛物型和椭圆型三种形式的偏微分方程有限差分算法, 且主要针对 Dirichlet 边界条件.

具体来说, 主要针对对流方程、波动方程、热传导方程、对流扩散方程、拉普拉斯方程和泊松方程等偏微分方程类型的求解.

有限差分法主要从显式差分格式和隐式差分格式两种情况下探讨, 每种格式的每个方程都有多种不同的显式或隐式方法, 显式方法需考虑其稳定性条件, 而多数隐式方法是无条件稳定的, 且收敛阶精度有所差异. 显式格式的求解通常按照初值条件和边界条件递推后续时刻的方程数值解, 隐式方法多采用求解三对角矩阵形式 (三对角块矩阵) 的线性方程组的方法获得其每一时刻的数值解, 也可采用迭代法求解, 如泊松方程求解的超松弛迭代法. 傅里叶级数解是一种较好的高精度求解方法.

求解偏微分方程所需时间、空间资源较多, 尤其是空间和时间离散化所需网格点数呈指数级增长.

在 Python 中, 采用有限元方法求解偏微分方程, 有三个常用的库: FiPy、SfePy 和 FEniCS 库, 读者可自行学习, 笔者推荐根据原理自编码算法, 而非调用库函数, 但可用库函数进行对比验证.

■ 12.6 参考文献

[1] Mathews J H, Fink K D. 数值方法 (MATLAB 版) [M]. 4 版. 周璐, 陈渝, 钱方, 等译. 北京: 电子工业出版社, 2012.

[2] 罗伯特 • 约翰逊 (Johansson R). Python 科学计算和数据科学应用 [M]. 2 版. 黄强, 译. 北京: 清华大学出版社, 2020.

[3] 孙志忠. 偏微分方程数值解法 [M]. 北京: 科学出版社, 2005.

[4] 张文生. 科学计算中的偏微分方程数值解法 [M]. 北京: 高等教育出版社, 2019.

[5] 龚纯, 王正林. MATLAB 语言常用算法程序集 [M]. 北京: 电子工业出版社, 2011.

[6] 苏煜城, 吴启光. 偏微分方程数值解法 [M]. 北京: 气象出版社, 1989.

[7] 陆金甫, 关治. 偏微分方程数值解法 [M]. 2 版. 北京: 清华大学出版社, 2004.

[8] Asmar N H. Partial Differential Equations with Fourier Series and Boundary Value Problems [M]. 2nd ed. Dover Publications, 2005.

第 13 章 数值优化

数值优化广泛应用于科学与工程计算、数学建模、数据科学、机器学习、人工智能等领域, 探讨数值优化算法, 有着极其重要的意义. 最优化问题[1−3] 一般可以描述为

$$\begin{aligned} &\min f(\boldsymbol{x}) \\ &\text{s.t. } \boldsymbol{x} \in \mathcal{X}, \end{aligned} \tag{13-1}$$

其中 $\boldsymbol{x} = (x_1, x_2, \cdots, x_n)^{\mathrm{T}} \in \mathbb{R}^n$ 为决策变量, $f: \mathbb{R}^n \to \mathbb{R}$ 是目标函数, $\mathcal{X} \subseteq \mathbb{R}^n$ 是约束集合或可行域. 最优化问题从不同角度可以分为连续和离散优化问题、无约束和约束优化问题、随机和确定性优化问题、线性和非线性规划问题、凸和非凸优化问题等. 本章主要讨论非线性函数的无约束优化问题, 即式 (13-1) 中 $\mathcal{X} \subseteq \mathbb{R}^n$, 对决策变量 $\boldsymbol{x}$ 不加限制, 无需考虑 $\boldsymbol{x}$ 的可行性. 常见的无约束优化算法有线搜索方法、梯度类算法、次梯度算法、牛顿类算法、拟牛顿类算法、信赖域算法、非线性最小二乘算法等.

数值优化通过建模, 确定目标函数, 目标所依赖的决策变量以及变量之间的约束关系, 进而寻求优化算法求解. 求解优化问题通常难以得到解析解, 一般采用迭代法, 设计迭代格式和算法, 通过编码逐步逼近目标函数的近似数值解. 多数算法只能寻求局部最优解, 现代智能优化算法, 如模拟退火算法、遗传算法等, 可以通过加入随机概率的方式产生新解, 进而寻求全局最优解.

13.1 单变量函数的极值

单变量函数的极值问题, 顾名思义, 即目标函数为一元函数 $f(x), x \in \mathbb{R}$. 多元函数的优化算法中, 可采用单变量函数的优化方法在某个指定方向进行一维搜索.

13.1.1 黄金分割搜索

考虑极小值问题, 如果存在唯一的 $p \in [a,b]$, 使得 $f(x)$ 在 $[a,p]$ 上递减、在 $[b,p]$ 上递增, 则函数 $f(x)$ 在 $[a,b]$ 上是**单峰**的. 如图 13-1 所示, $[a,b]$ 即为函数 $f(x)$ 的单峰区间, p 为极小值点. 如果已知 $f(x)$ 在 $[a,b]$ 上是单峰的, 则有可能

找到该区域的一个子区间, $f(x)$ 在该子区间上取得极小值. 具体方法为: 在区间 $[a,b]$ 选择两个内点 $c<d$, 使得 $a<c<d<b, f(x)$ 的单峰特性保证了函数值 $f(c)$ 和 $f(d)$ 小于 $\max\{f(a),f(b)\}$. 黄金分割搜索算法通过不断压缩区间, 逐步逼近极小值. 分两种情况讨论:

(1) 如果 $f(c)\leqslant f(d)$, 则从右侧压缩, 使用 $[a,d]$, 如图 13-1(左) 所示, 并在新区间继续搜索;

(2) 如果 $f(d)<f(c)$, 则从左侧压缩, 使用 $[c,b]$, 如图 13-1(右) 所示, 并在新区间继续搜索.

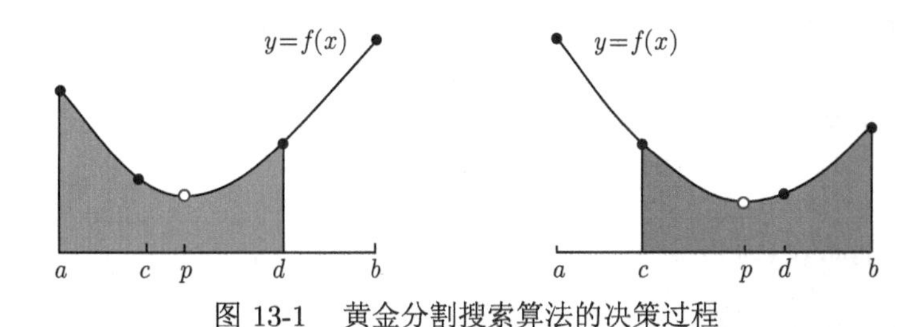

图 13-1 黄金分割搜索算法的决策过程

选择内点 c 和 d, 使得区间 $[a,c]$ 和 $[d,b]$ 对称, 即 $b-d=c-a$, 其中

$$\begin{cases} c=a+(1-r)(b-a)=ra+(1-r)b, \\ d=b-(1-r)(b-a)=(1-r)a+rb. \end{cases}$$

通常要求 $r\in(0.5,1)$ 在每个子区间上保持为常数, 取黄金分割比例, 即 $r=(-1+\sqrt{5})/2$.

单变量函数极小值的黄金分割搜索法步骤:

(1) 给定单峰区间 $[a,b]$ 和精度要求 $\varepsilon>0$;

(2) 计算 $c=a+(1-r)(b-a), d=b-(1-r)(b-a)$;

(3) 若 $f(c)>f(d)$, 转 (4), 否则转 (5);

(4) 若 $d-c<\varepsilon$, 则停止分割与搜索, 极值点为 $(x^*,f(x^*))=(d,f(d))$; 否则, 令 $a=c, c=d,\ d=b-(1-r)(b-a)$, 转 (3);

(5) 若 $d-c<\varepsilon$, 则停止分割与搜索, 极值点为 $(x^*,f(x^*))=(c,f(c))$; 否则, 令 $b=d, d=c,\ c=a+(1-r)(b-a)$, 转 (3).

若问题所求为单变量函数的极大值, 则第 (3) 步修改为 $f(c)<f(d)$ 即可. 此外, 若无指定的单峰区间, 则可通过进退法寻求目标函数的一个单峰区间.

算法说明 可实现极大值和极小值的搜索, 搜索终止条件 $d-c\leqslant\varepsilon$, 即压缩区间小于等于精度要求.

```
# file_name: golden_section_search.py
class GoldenSectionSearchOptimization:
    """
    黄金分割搜索法, 求解单变量函数的极值问题
    """
    def __init__(self, fun, x_span, eps, is_minimum=True):
        self.fun = fun  # 优化函数
        self.a, self.b = x_span[0], x_span[1]  # 单峰区间
        self.eps = eps  # 精度要求
        self.is_minimum = is_minimum # 是否为极小值, 极大值设置为False
        self.r = (-1 + math.sqrt(5)) / 2  # 黄金分割比例
        self.local_extremum = None # 搜索过程, 极值点
        self.reduce_zone = []  # 搜索过程, 缩小的区间

    def fit_optimize(self):
        """
        黄金分割搜索优化算法
        """
        a, b = self.a, self.b  # 区间端点
        local_extremum = []  # 搜索过程, 极值点
        c, d = a + (1 - self.r) * (b - a), b - (1 - self.r) * (b - a)  # 内点
        tol, k = np.abs(d - c), 1  # 精度与迭代次数
        while tol > self.eps:
            fc, fd = self.fun(c), self.fun(d)  # 函数值的更新
            if self.is_minimum: # 极小值
                if fc > fd:
                    local_extremum.append([d, fd])  # 存储当前极值
                    a, c = c, d  # 区间为[c, d]
                    d = b - (1 - self.r) * (b - a)  # 内点更新
                else:
                    local_extremum.append([c, fc])  # 存储当前极值
                    b, d = d, c  # 区间为[a, d]
                    c = a + (1 - self.r) * (b - a)  # 内点更新
            else:  # 极大值
                if fc < fd:
                    local_extremum.append([d, fd])
                    a, c = c, d
                    d = b - (1 - self.r) * (b - a)
                else:
```

```
                local_extremum.append([c, fc])
                b, d = d, c
                c = a + (1 - self.r) * (b - a)
            self.reduce_zone.append([c, d])  # 缩小的区间
            tol, k = np.abs(d - c), k + 1  # 更新精度和迭代次数
        self.local_extremum = np.asarray(local_extremum)
        return self.local_extremum[-1]
```

例 1 求目标函数 $f(x)=x^2\mathrm{e}^{-x}-\sin x$ 分别在区间 $[0,2]$ 和 $[2,6]$ 上的极小值和极大值.

内点 $d-c$ 的精度要求为 $\varepsilon=10^{-15}$, 表 13-1 为黄金分割搜索法所求函数的极小值和极大值, 最终内点的区间长度小于精度要求. 图 13-2 分别为所求函数在单峰区间内的极大值及其在内点区间 $[c,d]$ 上逐步压缩逼近极值的优化过程.

注 右图 y 轴为对数刻度绘制.

表 13-1 黄金分割搜索法求目标函数极值点及其最终收敛精度

极值类别	x^*	$f(x^*)$	最终内点 $d-c$ 精度
极小值	1.334985936869468	−0.503321534693878	8.881784197e−16
极大值	4.591466387693221	1.206422264276527	0.000000000e+00

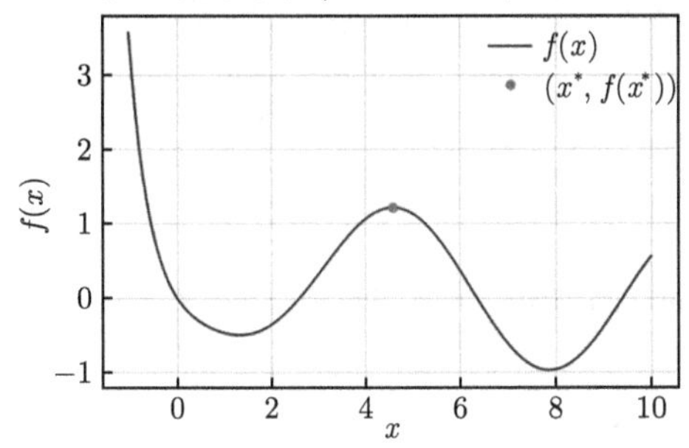

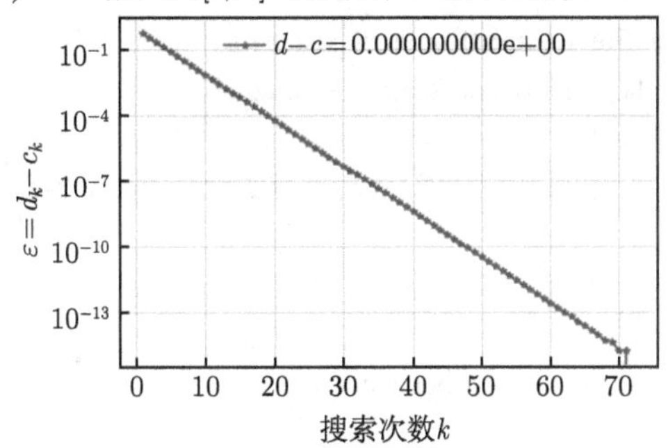

图 13-2 函数局部极大值以及黄金分割搜索收敛过程

13.1.2 斐波那契搜索

斐波那契 (Fibonacci) 搜索法与黄金分割搜索法的不同之处在于 r 值不再是常数, 并且子区间数 (迭代数) 是由指定的容差决定的. 斐波那契搜索是基于公式 $F_0=0, F_1=1, F_n=F_{n-1}+F_{n-2}, n=2,3,\cdots$ 定义的斐波那契序列 $\{F_k\}_{k=0}^{\infty}$, 即序列可为 $0,1,1,2,3,5,8,13,21,34,\cdots$.

斐波那契搜索可以从 $r_0=\dfrac{F_{n-1}}{F_n}$ 开始, 对 $k=1,2,\cdots,n-3$ 用 $r_k=\dfrac{F_{n-1-k}}{F_{n-k}}$,

注意 $r_{n-3}=\dfrac{F_2}{F_3}=\dfrac{1}{2}$, 因此这一步无需增加新的点, 故共需 $(n-3)+1=n-2$ 步.

将第 k 个子区间的长度按因子 $r_k=\dfrac{F_{n-1-k}}{F_{n-k}}$ 缩减, 得到第 $k+1$ 个子区间. 最后一个子区间的长度为

$$\frac{F_{n-1}F_{n-2}\cdots F_2}{F_nF_{n-1}\cdots F_1}(b_0-a_0)=\frac{F_2}{F_n}(b_0-a_0)=\frac{b_0-a_0}{F_n}.$$

如果极小值横坐标的容差为 ε, 则需要找到最小的 n, 使得

$$\frac{b_0-a_0}{F_n}<\varepsilon \quad 或 \quad F_n>\frac{b_0-a_0}{\varepsilon},$$

其中 $[a_0,b_0]$ 为原单峰区间. 按照要求, 由公式

$$c_k=a_k+\left(1-\frac{F_{n-k-1}}{F_{n-k}}\right)(b_k-a_k),\quad d_k=a_k+\frac{F_{n-k-1}}{F_{n-k}}(b_k-a_k) \tag{13-2}$$

可找到第 k 个子区间 $[a_k,b_k]$ 的内点 c_k 和 d_k.

算法的思路与黄金分割搜索算法相似, 不同之处就是 r 的值根据斐波那契序列而得, 故首先要根据精度要求确定最终需要递推的斐波那契序列.

```
# file_name: fibonacci_search.py
class FibonacciSearchOptimization:
    """
    斐波那契搜索, 求解单变量函数的极值问题
    """
    def __init__(self, fun, x_span, eps, is_minimum=True): # 参考黄金分割搜索算法

    def _cal_fibonacci(self):
        """
        根据精度要求, 确定n, 并生成斐波那契序列
        """
        Fn = [0, 1]  # 存储斐波那契序列
        while (self.b - self.a) / Fn[-1] > self.eps:
            Fn.append(Fn[-2] + Fn[-1])  # 斐波那契序列推导
        return len(Fn), Fn

    def fit_optimize(self):
        """
        斐波那契搜索优化算法
```

```
        """
        n, Fn = self._cal_fibonacci()  # 根据精度要求, 确定n和斐波那契序列
        a, b = self.a, self.b  # 区间端点, 不断更新
        local_extremum = []  # 搜索过程, 极值点
        c = a + (1 - Fn[-2] / Fn[-1]) * (b - a)  # 内点
        d = a + Fn[-2] / Fn[-1] * (b - a)  # 内点
        tol, k = np.abs(d - c), 2  # 精度与迭代次数
        while k < n - 1 and tol > self.eps:
            fc, fd = self.fun(c), self.fun(d)  # 函数值的更新
            if self.is_minimum:  # 极小值
                if fc > fd:
                    local_extremum.append([d, fd])  # 存储当前极值
                    a, c = c, d  # 区间为[c, d]
                    d = a + Fn[n - k - 1] / Fn[n - k] * (b - a)  # 内点更新
                else:
                    local_extremum.append([c, fc])  # 存储当前极值
                    b, d = d, c  # 区间为[a, d]
                    c = a + (1 - Fn[n - k - 1] / Fn[n - k]) * (b - a)  # 内点更新
            else:  # 极大值
                if fc < fd:
                    local_extremum.append([d, fd])
                    a, c = c, d
                    d = a + Fn[n - k - 1] / Fn[n - k] * (b - a)  # 内点更新
                else:
                    local_extremum.append([c, fc])
                    b, d = d, c
                    c = a + (1 - Fn[n - k - 1] / Fn[n - k]) * (b - a)  # 内点更新
            self.reduce_zone.append([c, d])  # 缩小的区间
            tol, k = np.abs(d - c), k + 1  # 更新精度和迭代次数
        self.local_extremum = np.asarray(local_extremum)
        return self.local_extremum[-1]
```

例 2 采用斐波那契搜索法求目标函数 $f(x) = 11\sin x + 7\cos 5x$ 分别在区间 $[-1,0]$ 和 $[1,1.5]$ 内的极小值和极大值, 精度要求 $\varepsilon = 10^{-15}$.

图 13-3 为极大值问题目标函数图像以及优化过程, 略去极小值问题图像. 所求极小值、极大值以及 Fibonacci 序列长度如表 13-2 所示.

13.1.3 求函数极值的逼近方法

利用导数可以求函数的极值问题, 假设 p 为单峰函数 $f(x)$ 在区间 $[a,b]$ 上的唯一极小值.

对极小值进行分类, 给定初始步长 $h>0$ 和点 $p_0\in[a,b]$, 需要求 3 个测试值 $p_i=p_0+ih, i=0,1,2$, 使得 $f(p_0)>f(p_1)$ 和 $f(p_1)<f(p_2)$ 成立. 设 $f'(p_0)<0$, 则 $p_0<p$, 应使步长 $h>0$; 否则 $f'(p_0)>0$, 应使步长 $h<0$, 如图 13-4 所示.

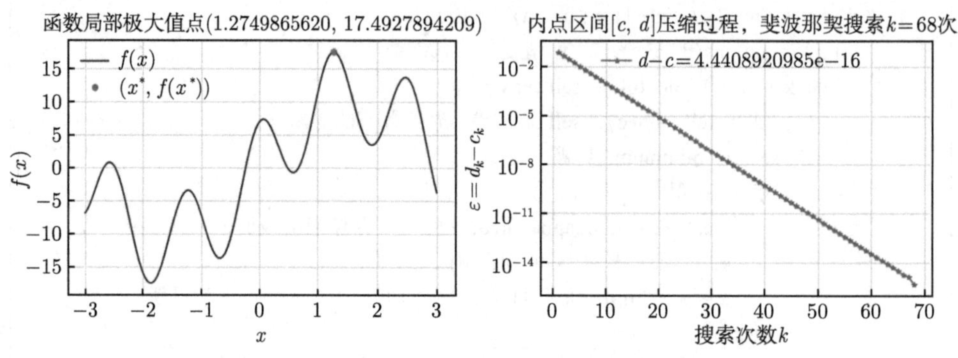

图 13-3 函数局部极大值以及斐波那契搜索收敛过程

表 13-2 斐波那契搜索法求目标函数极值问题的结果

极值类别	单峰区间	x^*	$f(x^*)$	斐波那契序列长度
极小值	[−1, 0]	−0.677784757828090	−13.684743482837348	75
极大值	[1, 1.5]	1.274986562032729	17.492789420899975	74

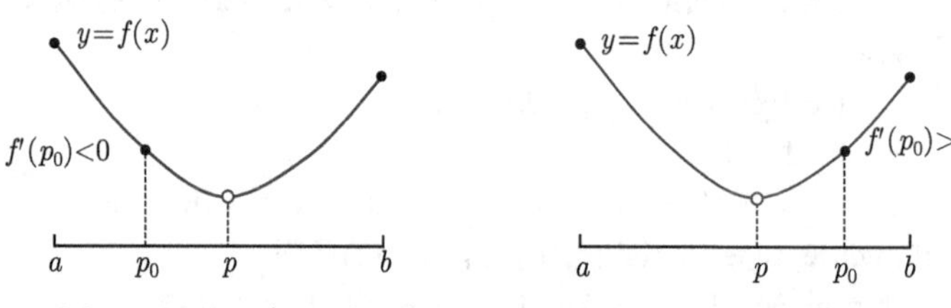

图 13-4 用 $f'(x)$ 求区间 $[a,b]$ 上单峰函数 $f(x)$ 的极小值

假设 $f'(p_0)<0$, 则测试点的选择, 按情况分类如下, 几何释义如图 13-5 所示.

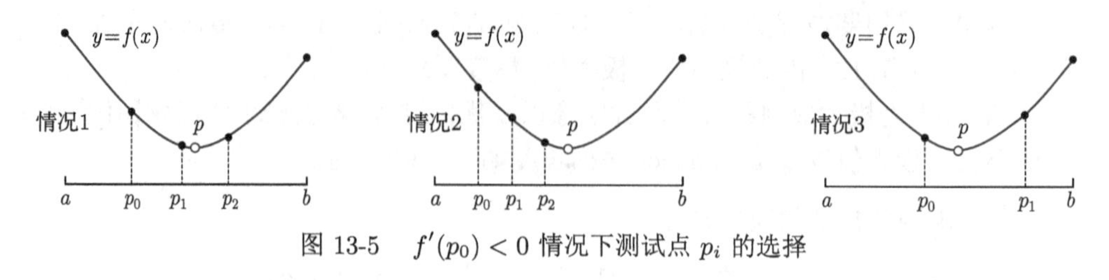

图 13-5 $f'(p_0)<0$ 情况下测试点 p_i 的选择

(1) 若 3 个测试值满足条件 $f(p_0)>f(p_1), f(p_1)<f(p_2)$, 则结束;

(2) 若 $f(p_0) > f(p_1) > f(p_2)$, 则说明 $p_2 > p$, 需检测更靠右的点, 将步长 h 加倍, 重复检测;

(3) 若 $f(p_0) \leqslant f(p_1)$, 表明 h 太大, 已跳过了 p, 需检测更靠近 p_0 的点, 将步长 h 减半, 重复检测.

1. 求极小值 p 的二次逼近方法

用二次插值求 p 的近似值 $p_{\min}$, 基于节点 $p_i = p_0 + ih, y_i = f(p_i), i = 0, 1, 2$ 的拉格朗日多项式 $L(x)$ 及其一阶导数 $L'(x)$ 为

$$
\begin{cases}
L(x) = \dfrac{y_0(x-p_1)(x-p_2)}{2h^2} - \dfrac{y_1(x-p_0)(x-p_2)}{h^2} + \dfrac{y_2(x-p_0)(x-p_1)}{2h^2}, \\
L'(x) = \dfrac{y_0(2x-p_1-p_2)}{2h^2} - \dfrac{y_1(2x-p_0-p_2)}{h^2} + \dfrac{y_2(2x-p_0-p_1)}{2h^2}.
\end{cases}
$$

以 $L'(p_0 + h_{\min})$ 的形式求解 $L'(x) = 0$, 得

$$
h_{\min} = \frac{h(4y_1 - 3y_0 - y_2)}{4y_1 - 2y_0 - 2y_2}. \tag{13-3}
$$

值 $p_{\min} = p_0 + h_{\min}$ 比 p_0 更好地逼近 p, 以 $p_{\min}$ 替代 p_0, 并重复计算, 求出新的 h 和 $h_{\min}$. 不断迭代, 直到满足所需精度.

注　算法 (设计思路参考文献 [1]) 默认情况下求解目标函数的极小值. 若求目标函数的极大值, 则需在方程前添加 “负号”, 并设置参数 is_minimum=False.

```
# file_name: interp2_approximation.py
class Interp2ApproximationOptimization:
    """
    逼近方法, 求解单变量函数的极值问题. 2次插值逼近
    """
    def __init__(self, fun, x_span, eps, max_iter=1000,is_minimum=True):
        # 略去实例属性初始化代码

    def fit_optimize(self):
        """
        2次插值逼近: 共五种情况, 用条件cond标记
        """
        p0, h, dh = self.a, 1, 1e-5  # 初始p0为区间起点, 步长为1, 微分步长dh
        if np.abs(p0) > 1e+4:
            h = np.abs(p0) / 1e+4  # 初始化步长
        iter_, err, delta, cond = 1, 1, 1e-6, 0
```

```
max_class = 50  # 最大分类情况迭代次数
local_extremum = [[p0, self.fun(p0)]]  # 极值迭代过程
while err > self.eps and iter_ < self.max_iter and cond != 5:
    iter_ += 1  # 迭代次数加1
    # 1. 根据p0的一阶导数确定初始的猜测值p1, p2, 实际上确定h
    dp0 = (self.fun(p0 + dh) - self.fun(p0 - dh)) / (2 * dh)  # 中心差商近似
    if dp0 > 0:  # 一阶导数大于0
        h = - np.abs(h)  # 应该选择负的步长
    p1, p2 = p0 + h, p0 + 2 * h  # 确定其他两个猜测点
    y0, y1, y2 = self.fun(p0), self.fun(p1), self.fun(p2)  # 对应函数值
    # 2. 按分类方法, 选择待插值的三个点, 不断修正步长和更新三个点
    m_c, cond = 0, 0  # 初始化迭代变量m_c和条件类别cond
    while m_c < max_class and np.abs(h) > delta and cond == 0:
        if y0 < y1:  # 分类情况3, 表明h过大, 跳过了极值点
            p2, y2 = p1, y1  # 检测靠近p0的点, p2更新
            h /= 2  # 步长减半
            p1, y1 = p0 + h, self.fun(p0 + h)  # 重新计算其中一个点p1
        else:  # 分类情况2, 已满足y1 < y0
            if y2 < y1:
                p1, y1 = p2, y2  # 需检测更靠右的点, p1更新
                h *= 2  # 步长加倍
                # 重新计算其中一个点p2
                p2, y2 = p0 + 2 * h, self.fun(p0 + 2 * h)
            else:  # 分类情况1
                cond = -1  # 满足条件, 退出循环
        m_c += 1  # 不满足条件的情况下, 继续分类
        if np.abs(h) > 1e+6 or np.abs(p0) > 1e+6:  # 步长和p0过大
            cond = 5
    # 3. 对选择的三点进行二次插值, 逼近目标函数, 并求逼近极值点步长h_min
    if cond == 5:
        p_min, y_min = p1, self.fun(p1)  # 步长过大, 极值点为(p1,f(p1))
    else:  # 3.1 根据三点进行二次插值, 求h_min
        d = 4 * y1 - 2 * y0 - 2 * y2  # h_min公式分母
        if d < 0:  # p1比较靠近p0
            h_min = h * (4 * y1 - 3 * y0 - y2) / d  # 按公式求解
        else:  # p1比较靠近p2
            h_min = h / 3  # h_min为原步长的1/3
            cond = 4
        # p_min比p0更靠近极值点
        p_min, y_min = p0 + h_min, self.fun(p0 + h_min)
```

```
            # 3.2 确定下一个h的大小
            h = np.abs(h)
            h0, h1, h2 = np.abs(h_min), np.abs(h_min - h), np.abs(h_min - 2 * h)
            h = np.min([h0, h1, h2])  # 取最小的
            if h == 0:
                h = h_min
            if h < delta:
                cond = 1
            if np.abs(h) > 1e+6 or np.abs(p_min) > 1e+6:
                cond = 5
            # 3.3 检查极值, 精度更新, 考虑三点与当前极值点的绝对值差
            e0,e1,e2=np.abs(y0 - y_min), np.abs(y1 - y_min), np.abs(y2 - y_min)
            e_min = np.min([e0, e1, e2])
            if e_min != 0 and e_min < err:
                err = e_min
            if e0 != 0 and e1 == 0 and e2 == 0:
                err = 0
            if err < self.eps:
                cond = 2
            p0 = p_min  # 以当前极值更新p0
        local_extremum.append([p_min, self.fun(p_min)])  # 存储当前迭代的极值点
        if cond == 2 and h < delta:
            cond = 3
        # 如果相邻两次的极值点的绝对值小于给定精度, 则终止搜索
        if np.abs(local_extremum[-1][1] - local_extremum[-2][1]) < self.eps:
            break
    self.local_extremum = np.asarray(local_extremum)
    if self.is_minimum is False:  # 极大值
        self.local_extremum[:, 1] = -1 * self.local_extremum[:, 1]
    return self.local_extremum[-1]
```

2. 求极小值 p 的三次逼近方法

令 $p_0 = a$, 利用中值定理估计一个初始步长 $h = \dfrac{2(f(b)-f(a))}{f'(a)}$, 则 $p_1 = p_0 + h$. 关于极小值处横坐标 p_2 的 3 次多项式 $P(x)$ 及其导数 $P'(x)$ 为

$$P(x) = \frac{\alpha}{h^3}(x-p_2)^3 + \frac{\beta}{h^2}(x-p_2)^2 + f(p_2), \quad P'(x) = \frac{3\alpha}{h^3}(x-p_2)^2 + \frac{2\beta}{h^2}(x-p_2),$$

并要求 $P(p_0) = f(p_0), P(p_1) = f(p_1), P'(p_0) = f'(p_0), P'(p_1) = f'(p_1), \alpha, \beta$ 为待定常数.

定义 $p_2 = p_0 + \gamma h$, 构建方程组求解 γ,

$$\begin{cases} F = f(p_1) - f(p_0) = \alpha\left(3\gamma^2 - 3\gamma + 1\right) + \beta(1 - 2\gamma), \\ G = h\left(f'(p_1) - f'(p_0)\right) = 3\alpha(1 - 2\gamma) + 2\beta, \\ hf'(p_0) = 3\alpha\gamma^2 - 2\beta\gamma, \end{cases}$$

求解可得 $\alpha = G - 2(F - f'(p_0)h)$, 代入并消去 β, 可得 $3\alpha\gamma^2 + (G - 3\alpha)\gamma + hf'(p_0) = 0$, 解二次方程, 并希望 γ 的值较小, 得

$$\gamma = \frac{-2hf'(p_0)}{(G - 3\alpha) + \sqrt{(G - 3\alpha)^2 - 12\alpha hf'(p_0)}}. \tag{13-4}$$

继续迭代过程, 令 $h = p_2 - p_1$, 且 $p_0 = p_1, p_1 = p_2$. 终止条件 $|f'(p_k)| < \varepsilon$, 因为 $f'(p) = 0$.

注 如下算法默认情况下求解目标函数的极小值. 若求目标函数的极大值, 则需在方程前添加“负号”, 并设置参数 is_minimum=False. 此外, 目标函数必须定义为符号函数, 因为算法内计算用到 $f'(p_0)$.

```
# file_name: cubic_approximation.py
class CubicApproximationOptimization:
    """
    三次逼近方法, 求解单变量函数的极值问题. 注: 优化目标函数必须是符号定义
    """
    def __init__(self, fun, x_span, eps, max_iter=1000, is_minimum=True):
        t = fun.free_symbols.pop()  # 获取优化目标函数的自由符号变量
        self.fun = sympy.lambdify(t, fun, "numpy") # 优化函数, 转化为lambda函数
        self.d_fun = sympy.lambdify(t, sympy.diff(fun), "numpy") # 一阶导函数
        # 其他实例属性初始化, 略去…

    def fit_optimize(self):
        """
        3次逼近方法, 求解算法
        """
        h = 2 * (self.b - self.a) / self.d_fun(self.a)  # 初始h
        p0, p1 = self.a, self.a + h  # 第一个和第二个点
        local_extremum = [[p0, self.fun(p0)]]
        d_p0 = self.d_fun(p0)  # 一阶导函数在p0点的值
        while np.abs(d_p0) > self.eps:
            F, G = self.fun(p1) - self.fun(p0), h * (self.d_fun(p1) - d_p0)
            alpha = G - 2 * (F - d_p0 * h)
```

```
            gamma_tmp = G - 3 * alpha + \
                        np.sqrt((G - 3 * alpha) ** 2 - 12 * alpha * h * d_p0)
            if np.abs(gamma_tmp) < 1e-51:  # 避免分母过小
                break
            gamma = -2 * h * d_p0 / gamma_tmp
            p2 = p0 + gamma * h  # 第三个点
            h = p2 - p1  # 新的步长
            p0, p1 = p1, p2  # p1替换p0, p2替换p1, 继续求解p2
            d_p0 = self.d_fun(p0)  # 一阶导函数在p0点的值
            local_extremum.append([p0, self.fun(p0)])
        self.local_extremum = np.asarray(local_extremum)
        if self.is_minimum is False:  # 极大值
            self.local_extremum[:, 1] = -1 * self.local_extremum[:, 1]
        return self.local_extremum[-1]
```

针对**例 2** 示例: 分别采用二次插值逼近方法和三次逼近方法求函数 $f(x) = 11\sin x + 7\cos 5x$ 分别在区间 $[-1, 0]$ 和 $[1, 1.5]$ 内的极小值和极大值. 精度要求为 $\varepsilon = 10^{-15}$, 所求极值如表 13-3 所示. 略去可视化图形, 可自行执行算法绘制.

注 单峰区间不宜过大, 否则可能会求解失败.

表 13-3 逼近法求解目标函数的极值以及迭代次数

逼近方法	极值类别	x^*	$f(x^*)$	迭代次数
二次插值逼近	极小值	−0.677784755845914	−13.684743482837346	5
	极大值	1.274986564652197	17.492789420899975	6
三次逼近	极小值	−0.677784755781026	−13.684743482837348	7
	极大值	1.274986564409205	17.492789420899975	24

■ 13.2 Nelder-Mead 方法和 Powell 方法

Nelder-Mead 方法和 Powell 方法无需计算目标函数的梯度和 Hessian 矩阵. Nelder-Mead 方法构建 $n+1$ 维的单纯形, 并通过反射、拓展、收缩等方法计算新顶点, 替换最差顶点, 进而不断构造 $n+1$ 维的单纯形, 逐步逼近极小值. Powell 方法在解空间的每个基向量上进行一维搜索, 进而不断更新搜索方向, 逐步逼近极小值. 本节内容主要参考 [2].

13.2.1 Nelder-Mead 方法

内德 (Nelder) 和米德 (Mead) 提出了单纯形 (simplex) 法, 可用于求解多变量函数的局部极小值. 以二元函数为例, 单纯形记为三角形, 该方法是一个模式搜索过程: 比较三角形三个顶点处的函数值, $f(x, y)$ 值最大的顶点为最差顶点, 用一个新的顶点代替最差顶点, 形成新的三角形, 继续这一过程. 这一过程生成一系列三角形, 函数在其顶点的值越来越小, 进而找到极小值. 算法流程如下:

(1) 初始三角形, 并假设所求为极小值问题. 给定三角形三个顶点 $V_k = (x_k, y_k), k = 1, 2, 3$, 并求函数值 $z_k = f(x_k, y_k), k = 1, 2, 3$. 下标编号满足 $z_1 \leqslant z_2 \leqslant z_3$, 标记 $B = (x_1, y_1), G = (x_2, y_2)$ 和 $W = (x_3, y_3)$, 且 B 是最佳顶点, G 是次最佳顶点, W 是最差顶点.

(2) 良边的中点. 构造过程使用了连接 B 和 G 的线段的中点, 如图 13-6 第 1 个图所示, 可由平均坐标得到

$$M = 0.5(B + G) = (0.5(x_1 + x_2), 0.5(y_1 + y_2)). \tag{13-5}$$

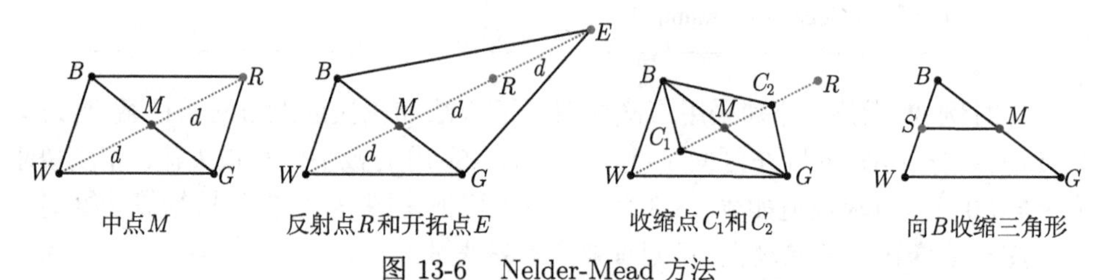

图 13-6 Nelder-Mead 方法

(3) 反射点 R. 如图 13-6 第 2 个图所示, 沿着三角形的边由 W 向 B 方向和由 W 向 G 方向, 函数的值递减, 因此, 以线段 $\overline{BG}$ 为分界线, 与 W 相对的点的函数值 $f(x, y)$ 会较小. 则反射点 R 的向量公式为

$$R = M + (M - W) = 2M - W. \tag{13-6}$$

(4) 开拓点 E. 如图 13-6 第 2 个图所示, 如果 R 处的函数值比 W 处的函数值小, 则求解的方向是正确的. 可能极小值点的位置只比点 R 略远一点. 因此延长线段 $\overline{MR}$, 长度为 d, 得到开拓点 E, 如果 E 处的函数值比 R 处的小, 则该顶点比 R 好. 点 E 的向量公式为

$$E = R + (R - M) = 2R - M. \tag{13-7}$$

(5) 收缩点 C. 如图 13-6 第 3 个图所示, 如果点 R 和 W 的函数值相等, 则需要测试另一个点. 考虑两个线段 $\overline{WM}$ 和 $\overline{MR}$ 上的点 C_1 和 C_2, 具有较小函数值的点为收缩点 C.

(6) 向 B 方向收缩. 如图 13-6 第 4 个图所示, 如果点 C 处的函数值不小于 W 处的值, 则点 G 和 W 必将向 B 的方向收缩. 点 G 置换为 M, 点 W 置换为 S (线段 $\overline{BW}$ 的中点).

(7) 每一步的逻辑判断. 如图 13-7 所示. 高效的算法应当只在必要的时候进行函数求值. 在每一步中找到新的点替代 W. 一旦找到这个点, 此步迭代完成.

```
        IF f(R)<f(G), THEN Perform Case(i) {either reflect or extend}
                  ELSE Perform Case(ii) { either contract or shrink }

BEGIN {Case (i)}                  BEGIN {Case(ii)}
 IF f(B)<f(R) THEN                 IF f(R)<f(W) THEN
    W←R                                W←R
 ELSE                              Compute C=(W+M)/2 or C=(M+R)/2 and f(C)
    Compute E and f(E)             IF f(C)<f(W) THEN
    IF f(E)<f(B) THEN                  W←C
       W←E                         ELSE
    ELSE                               Compute S and f(S)
       W←R                             W←S, G←M
    ENDIF                          ENDIF
 ENDIF                            END{Case (ii)}
 END {Case (i)}
```

图 13-7 Nelder-Mead 算法的逻辑判断

注 如下算法仅限二元函数最优化, 默认情况下求解目标函数的极小值. 若求目标函数的极大值, 则需在方程前添加"负号", 并设置参数 is_minimum=False. 收敛精度的计算方法为

$$\|[f(B)-f(G), f(B)-f(W)]\|_2 < \varepsilon.$$

```
# file_name: nelder_mead_2d.py
class NelderMeadOptimization:
    """
    Nelder-Mead优化算法, 仅针对2元函数
    """
    def __init__(self, fun, V_k, eps, is_minimum=True): # 略去部分实例属性初始化
        self.fun = fun  # 优化函数, 2元
        self.V_k = np.asarray(V_k)  # 初始的三个顶点, 格式3 * 3
        S = np.hstack([self.V_k, np.ones((self.V_k.shape[0], 1))])  # 构造矩阵
        if np.abs(np.linalg.det(S)) < 1e-2:
            raise ValueError("三点近似共线, 请重新选择顶点.")

    def fit_optimize(self):
        """
```

```
    Nelder-Mead优化二元函数算法的核心内容
    """
    m, n = self.V_k.shape
    local_extremum = []  # 存储迭代过程中的极值点
    epsilon = 1  # 初始精度
    f_val = np.zeros(m)  # 顶点的函数值
    while epsilon > self.eps:
        for i in range(m):  # 计算三个顶点的函数值
            f_val[i] = self.fun(self.V_k[i, :])
        idx = np.argsort(f_val)  # 函数值从小到大排序, 获得排序索引
        B, G, W = self.V_k[idx]  # 对坐标点排序, B为最优, G次之, W最差
        f_val = f_val[idx]  # 对函数值排序
        M = (B + G) / 2  # BG线段的中点
        R = 2 * M - W # 计算反射点
        f_R = self.fun(R)  # 反射点的函数值
        if f_R < f_val[1]:  # f(R) < f(G), 情况1
            if f_val[0] < f_R:  # f(B) < f(R), 反射点值最小
                W = R # 更新最差顶点
            else:  # 从优到差为B, R, G, W
                E = 2 * R - M # 开拓点
                # 开拓点E比B优, 则更新最差顶点, 否则, 以反射点更新
                W = E if self.fun(E) < f_val[0] else R
        else:  # 情况2, 需考虑收缩和向B方向收缩
            if f_R < f_val[-1]:  # 比最差的要好
                W = R # 更新
            C1, C2 = (W + M) / 2, (M + R) / 2  # 计算两个收缩点
            f_C1, f_C2 = self.fun(C1), self.fun(C2)  # 收缩点对应的函数值
            # 选择最优的收缩点
            [C, f_C] = [C1, f_C1] if f_C1 < f_C2 else [C2, f_C2]
            if f_C < f_val[-1]:  # 收缩点C比W要好
                W = C # 更新
            else:
                S = (B + W) / 2  # 向B方向收缩
                W, G = S, M # 以线段BW和BG中点更新顶点W和G
        self.V_k = np.array([W, B, G])  # 组合顶点, 形成三角形
        local_extremum.append([W[0], W[1], self.fun(W)])  # 存储最优的
        # 以顶点G和W与B顶点函数值的距离模为精度判断标准
        epsilon = np.linalg.norm([f_val[0] - f_val[1], f_val[0] - f_val[2]])
    self.local_extremum = np.asarray(local_extremum)
    if self.is_minimum is False:  # 极大值
```

```
        self.local_extremum[:, -1] = -1 * self.local_extremum[:, -1]
    return self.local_extremum[-1]
```

例 3 采用 Nelder-Mead 方法求二元函数 $f(x,y)=\left(x^2-2x\right)\mathrm{e}^{-x^2-y^2-xy}$, x, $y\in[-3,3]$ 的极大值和极小值.

设置精度 $\varepsilon=10^{-15}$, 三个顶点为 $(0,0)$, $(0.5,1)$ 和 $(1.5,1)$, 结果如表 13-4 所示. 如图 13-8 所示, 为 Nelder-Mead 算法求解二元函数极小值及其优化过程, 极大值图像略去.

注 二元函数的定义方法, 定义时仅定义 x, x[0] 表示自变量 x, x[1] 表示自变量 y.

表 13-4 Nelder-Mead 方法求二元目标函数极值结果

极值类别	x_1^*	x_2^*	$f(x_1^*,x_2^*)$	最终收敛精度 ε
极小值	0.611046597235230	−0.305523295760385	−0.641423726326004	8.95090418262362e−16
极大值	−0.937805900553646	0.468902950854937	1.424528382990035	4.440892098500626e−16

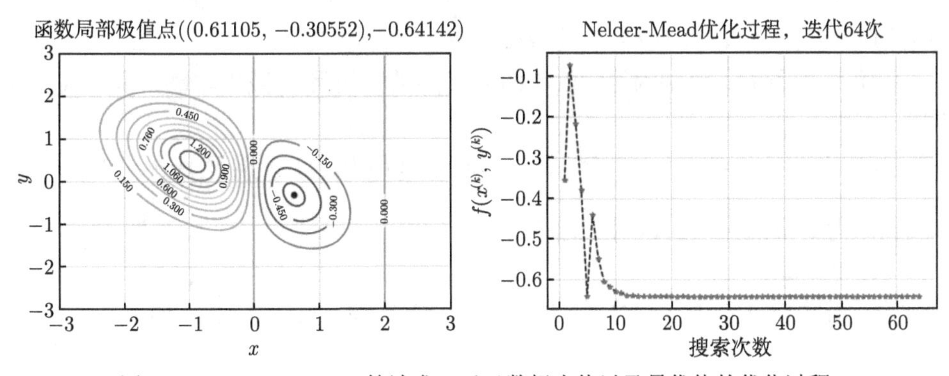

图 13-8 Nelder-Mead 算法求二元函数极小值以及最优值的优化过程

13.2.2 Powell 方法

设 $\boldsymbol{X_0}$ 是函数 $z=f\left(x_1,x_2,\cdots,x_n\right)$ 极小值点的初始估计. Powell 方法通过连续地沿着每个标准基向量方向找极小值, 生成一系列点 $\boldsymbol{X}_0=\boldsymbol{P}_0,\boldsymbol{P}_1,\boldsymbol{P}_2,\cdots$, $\boldsymbol{P}_n=\boldsymbol{X}_1$, 寻求下一个近似的 $\boldsymbol{X}_1$. 在某种程度上, 向量 $\boldsymbol{P}_n-\boldsymbol{P}_0$ 代表着每次迭代过程移动的平均方向, 因此确定点 $\boldsymbol{X_1}$ 为沿向量 $\boldsymbol{P}_n-\boldsymbol{P}_0$ 方向的函数 f 取得极小值的点. 沿着这一方向的 f 是单变量函数, 可用黄金分割搜索法或斐波那契搜索法. 用向量 $\boldsymbol{P}_n-\boldsymbol{P}_0$ 代替下一迭代过程中某个方向向量, 对新的方向向量集进行迭代, 并生成点序列 $\{\boldsymbol{X}_k\}_{k=0}^{\infty}$. 步骤如下:

设 $\left\{E_k = \left[\begin{array}{cccccccc} 0 & 0 & \cdots & 0 & 1_k & 0 & \cdots & 0 \end{array}\right] : k = 1, 2, \cdots, n\right\}$ 为标准向量基, 迭代变量 $i = 0$ 且

$$\boldsymbol{U} = \left[\begin{array}{cccc} \boldsymbol{U}_1' & \boldsymbol{U}_2' & \cdots & \boldsymbol{U}_n' \end{array}\right] = \left[\begin{array}{cccc} \boldsymbol{E}_1' & \boldsymbol{E}_2' & \cdots & \boldsymbol{E}_n' \end{array}\right].$$

(1) 令 $\boldsymbol{P}_0 = \boldsymbol{X}_i$.

(2) 对 $k = 1, 2, \cdots, n$, 求值 γ_k, 使得 $f(\boldsymbol{P}_{k-1} + \gamma_k \boldsymbol{U}_k)$ 极小, 并令 $\boldsymbol{P}_k = \boldsymbol{P}_{k-1} + \gamma_k \boldsymbol{U}_k$.

(3) 令 $i = i + 1$.

(4) 对 $j = 1, 2, \cdots, n-1$, 令 $\boldsymbol{U}_j = \boldsymbol{U}_{j+1}, \boldsymbol{U}_n = \boldsymbol{P}_n - \boldsymbol{P}_0$.

(5) 求值 γ, 使得 $f(\boldsymbol{P}_0 + \gamma \boldsymbol{U}_n)$ 极小, 令 $\boldsymbol{X}_i = \boldsymbol{P}_0 + \gamma \boldsymbol{U}_n$.

(6) 重复第 (1) 到 (5) 步.

随着迭代次数的增加, 上述过程第 (4) 步, 方向向量集 $\boldsymbol{U}$ 将趋向于变得线性相关, 在降维的空间搜索, 可能不收敛于局部极小值. 故改进的 Powell 方法如下, 给定初始点 $\boldsymbol{X}_0$ 和收敛精度 ε_1 和 ε_2, 初始 $i = 0$:

(1) 令 $\boldsymbol{P}_0 = \boldsymbol{X}_i$.

(2) 对 $k = 1, 2, \cdots, n$, 逐次沿 n 个线性无关的方向进行一维搜索, 即求值 γ_k, 使得 $f(\boldsymbol{P}_{k-1} + \gamma_k \boldsymbol{U}_k)$ 极小, 并令 $\boldsymbol{P}_k = \boldsymbol{P}_{k-1} + \gamma_k \boldsymbol{U}_k$.

(3) 令 r 和 $\boldsymbol{U}_r$ 分别为第 (2) 步的所有向量中使得 f 减少的最大量及其方向, 即

$$\Delta_m = \max_{i=1,2,\cdots,n} \{\Delta_i\} = \max_{i=1,2,\ldots,n} \{f(\boldsymbol{P}_{i-1}) - f(\boldsymbol{P}_i)\},$$

其中 m 为下降最大量的索引下标.

(4) 令 $i = i + 1$.

(5) 沿共轭方向 $\boldsymbol{U}_r = \boldsymbol{P}_n - \boldsymbol{P}_0$ 计算反射点 $\boldsymbol{R} = 2\boldsymbol{P}_n - \boldsymbol{P}_0$, 如果

$$f(\boldsymbol{R}) \geqslant f(\boldsymbol{P}_0)$$

或

$$2(f(\boldsymbol{P}_0) - 2f(\boldsymbol{P}_n) + f(\boldsymbol{R}))(f(\boldsymbol{P}_0) - f(\boldsymbol{P}_n) - r)^2 \geqslant r(f(\boldsymbol{P}_0) - f(\boldsymbol{R}))^2$$

有一个条件成立, 则选取 $\boldsymbol{P}_n$ 和 $\boldsymbol{R}$ 函数值最小的点, 即如果 $f(\boldsymbol{P}_n) > f(\boldsymbol{R})$, 则 $\boldsymbol{X}_i = \boldsymbol{R}$, 否则 $\boldsymbol{X}_i = \boldsymbol{P}_n$, 并返回第 (1) 步; 如果两个条件都满足, 则执行第 (6) 步.

(6) 令 $\boldsymbol{U}_r = \boldsymbol{P}_n - \boldsymbol{P}_0$.

(7) 求值 γ, 使得 $f(\boldsymbol{P}_0 + \gamma \boldsymbol{U}_r)$ 极小. 令 $\boldsymbol{X}_i = \boldsymbol{P}_0 + \gamma \boldsymbol{U}_r$. 搜索方向去掉 $\boldsymbol{U}_m$, 并令 $\boldsymbol{U}_n = \boldsymbol{U}_r$, 即

$$[\boldsymbol{U}_1, \boldsymbol{U}_2, \cdots, \boldsymbol{U}_n] = [\boldsymbol{U}_1, \boldsymbol{U}_2, \cdots, \boldsymbol{U}_{m-1}, \boldsymbol{U}_{m+1}, \cdots, \boldsymbol{U}_n, \boldsymbol{U}_r].$$

(8) 重复第 (1) 到 (7) 步.

其中第 (5) 步和第 (7) 步的终止条件通常基于

$$\|\boldsymbol{X}_i - \boldsymbol{X}_{i-1}\| \leqslant \varepsilon_1 \text{ 或 } \left|\frac{f(\boldsymbol{X}_i) - f(\boldsymbol{X}_{i-1})}{f(\boldsymbol{X}_{i-1})}\right| \leqslant \varepsilon_2$$

的大小.

上述方法不需要求解目标函数的导数, 但一维搜索需要确定一元目标函数的单峰区间. 如下算法为改进的 Powell 算法, 其中一维搜索和符号运算消耗了一定的计算量.

注 该算法可求 $n(\geqslant 2)$ 元函数最优化, 默认情况下求解目标函数的极小值. 若求目标函数的极大值, 则需在方程前添加"负号", 并设置参数 is_minimum=False. 此外, 目标函数的定义必须是符号函数, 因为算法涉及各个方向的一维搜索, 需构造一元函数 $f(\boldsymbol{P}_{k-1} + \gamma_k \boldsymbol{U}_k)$. 此外, 采用黄金分割搜索需确定单峰区间, 此处采用"进退法".

```
# file_name: powell_method.py
from decimal import Decimal # 精于计算
from numerical_optimization_13 . golden_section_search import \
    GoldenSectionSearchOptimization  # 导入黄金分割搜索法

class PowellOptimization:
    """
    Powell优化算法, 求解多元函数的极值问题
    """
    def __init__( self, fun, x0, eps, is_minimum=True): # 略去部分实例属性初始化
        self .x0 = np. asarray (x0)  # 初始点
        self .n = len( self .x0)  # n元变量

    def fit_optimize ( self ):
        """
        Powell优化多元函数算法的核心内容
        """
        p, p_val = self .x0, self . _cal_fun_val( self .x0)
        x = sympy.symbols("x_1:%d" % (self.n + 1))  # 表示函数变量
        t = sympy.symbols("t")  # 表示gamma变量
        U = np.eye( self .n)  # 初始向量基, 搜索方向
        err, f_err = 1, 1  # 分别表示两种精度判断
        f_val = np. zeros( self .n + 1)  # 记录函数值
```

```
        local_extremum = [np.append(p, p_val)]  # 最后一列为函数的极值
        while err > self.eps and f_err > self.eps:
            p0 = p  # 更新极值点
            f_val[0] = p_val  # 当前极值点的函数值
            # 1. 逐次沿n个线性无关的方向进行一维搜索
            for i in range(self.n):
                args_x = p + t * U[:, i]  # pk + gamma * Uk
                gamma = self._search_1d_golden(self.fun, t, x, args_x)  # 一维搜索
                p = p + gamma * U[:, i]  # 新解更新
                f_val[i + 1] = self._cal_fun_val(p)  # 新解函数值
            # 2. 计算相邻两点函数值的下降量:
            delta = -1 * np.diff(f_val)  # 相邻两个点函数值的下降量
            idx = np.argmax(delta)  # 或下降值最大的索引变量
            r, U_r = delta[idx], U[:, idx]  # 找到下降最大量以及最快的搜索方向
            # 3. 检验两个Powell判别条件
            p_r = 2 * p - p0  # 反射点, p为最新的极值点, p0为当前一维搜索前的极值点
            f_x_r = self._cal_fun_val(p_r)  # 反射点的函数值
            # 条件2部分
            cond = (f_val[0] - 2 * f_val[-1] + f_x_r) * (f_val[0] - f_val[-1] - r) ** 2
            if f_x_r < f_val[0] and cond < 0.5 * r * (f_val[0] - f_x_r) ** 2:  # 第(5)步
                U_r = p - p0  # 每次迭代过程移动的平均方向, 第 (6) 步
                args_x = p + t * U_r  # pk + gamma * Uk
                gamma = self._search_1d_golden(self.fun, t, x, args_x)  # 一维搜索
                p = p + gamma * U_r # 新的极值点, 即Xi, 第 (7) 步
                U_tmp = np.delete(U, idx, axis=1)  # 删除一列
                U = np.hstack([U_tmp, U_r.reshape(-1, 1)])  # 更新搜索方向
            else:  # 第(5)步不满足的情况
                if f_x_r < f_val[-1]:  # 反射点更优
                    p = p_r
            p_val = self._cal_fun_val(p)
            local_extremum.append(np.append(p, p_val))  # 存储当前迭代的最优值
            err = np.linalg.norm(p - p0)  # 精度判断1
            # 精度判断2, 以防相同的局部极值点有多个
            f_err = np.abs((p_val - f_val[0]) / f_val[0])
        self.local_extremum = np.asarray(local_extremum)
        if self.is_minimum is False:  # 极大值
            self.local_extremum[:, -1] = -1 * self.local_extremum[:, -1]
        return self.local_extremum[-1]

    def _search_1d_golden(self, f_gamma, t, x, args_x):
```

```
        """
        每个一维搜索方向的一元函数, 变量为t
        """
        for i in range(self.n):
            f_gamma = f_gamma.subs(x[i], args_x[i])
        f_gamma = sympy.lambdify(t, f_gamma, modules="sympy")
        x_span = self._forward_backward(f_gamma) # 确定单峰区间
        if np.abs(np.diff(x_span)) < 1e-16:
            return 0.0    # 单峰区间可能存在过小, 极小值可能在原点取得
        else:
            gss = GoldenSectionSearchOptimization(f_gamma, x_span, 1e-10)
            gamma = gss.fit_optimize()  # 黄金分割搜索, 求解极小值
            return gamma[0]

    def _cal_fun_val(self, x_p):
        """
        计算符号多元函数值, param x_p: 求值点x, n元
        """
        x = sympy.symbols("x_1:%d" % (self.n + 1))  # n个符号变量
        x_dict = dict()  # 符号函数求值, 对应替换变量和值的字典
        for i in range(self.n):
            x_dict[x[i]] = x_p[i]  # 格式为{x_i: x_p[i}
        return self.fun.subs(x_dict)  # 求函数值

    @staticmethod
    def _forward_backward(ft):
        """
        进退法确定一元函数的单峰区间, 此为静态方法
        """
        step, n, flag = 0.01, 0, -1  # 步长、幂次增量、标记
        x = np.zeros(3)  # 初始猜测点, 对于一元搜索, 即3个点
        while ft(x[0]) <= ft(x[1]) or ft(x[1]) >= ft(x[2]):
            x[:-1] = x[1:]  # 后两个值替换前两个值
            x[-1] = Decimal(x[-1] + step * 2 ** n)
            n += 1
            if np.abs(x[-1]) > 1e+05:  # 避免区间过大, 否则反方向进行
                x, n = np.zeros(3), 0
                step = -0.01  # 反方向搜索
                flag += 1
            if flag == 1:  # 进退各一次
```

```
            break
    return [x[0], x[-1]]
```

例 4 采用 Powell 算法求二元函数 $f(x,y)=\cos x+\sin y, x,y\in[5,20]$ 的极小值和极大值. 精度 $\varepsilon=10^{-16}$.

该函数存在无穷个极大值与极小值. 在每个搜索方向, 由于采用 "进退法" 确定一元函数单峰区间, 若在初值附近存在多个极值, 则所求极值点未必在初值附近的单峰区间. 易知此例函数极小值和极大值分别为 −2 和 2, 极小值点为 $(\pi, 3\pi/2)$, 且以 2π 为周期, 即 $(5\pi, 15\pi/2)$ 也是极小值点.

极小值优化过程如图 13-9 所示. Powell 算法求解结果如表 13-5 所示.

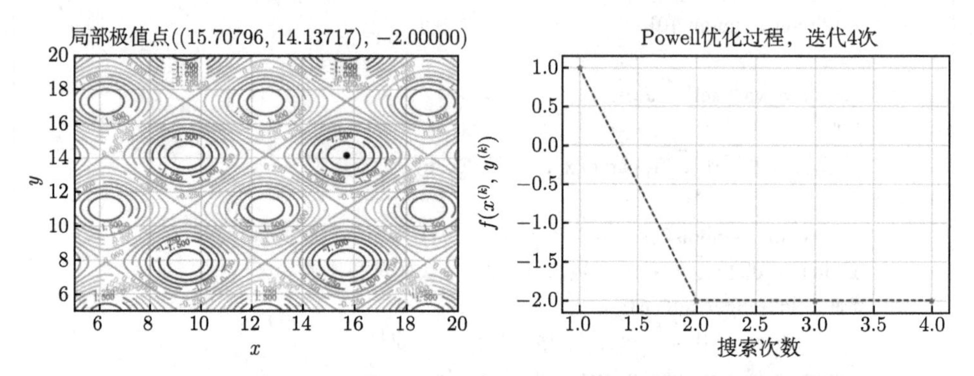

图 13-9 Powell 算法求函数极小值以及优化过程收敛曲线 (初值 (0, 0))

表 13-5 Powell 算法所求函数极值与迭代次数

极值类型	迭代初值	x^*	y^*	$f(x^*,y^*)$	迭代次数
极小值	(0, 0)	15.707963250018970	17.278759576773393	−2	4
极大值	(1, 1)	18.849555903514066	14.137166923253529	2	4

例 5 采用 Powell 算法求三元函数 $f(x,y,z)=10(x+y-5)^4+(x-y+z)^2+(y+z)^6$ 的极小值.

设置精度 $\varepsilon=10^{-16}$ 、迭代初值 $\boldsymbol{x}_0=(0,0,0)$, 需迭代 35 次. 结果为

$$f(3.333334849847323, 1.666665145745432, -1.666669704101891)$$

$$=1.27440\times10^{-32}.$$

易知该函数在点 $(x,y,z)=(10/3,5/3,-5/3)$ 时极小值为 0, 可见 Powell 算法求解精度极高.

■ 13.3 梯度法和牛顿法

梯度法即梯度下降法, 其优化思想是利用当前位置的负梯度方向作为新的搜索方向, 因为该方向为当前位置的最快下降方向, 故也被称为是“最速下降法”. 梯度法是一阶优化算法, 牛顿法是二阶优化算法, 故牛顿法的收敛速度通常比梯度法更快, 但计算开销也大, 每一步需要计算 Hessian 矩阵. 牛顿法对初始迭代值的选择有一定要求, 在非凸优化问题中, 很容易陷入鞍点. 本节内容主要参考 [2].

13.3.1 梯度法

在单变量的函数中, 梯度可表示为函数的微分, 代表着函数在某个给定点的切线的斜率; 在多变量函数中, 梯度是一个向量, 向量有方向, 梯度的方向就指出了函数在给定点的上升最快的方向.

设 $z=f(\boldsymbol{X})$ 是 $\boldsymbol{X}=(x_1,x_2,\cdots,x_n)$ 的 $n(\geqslant 1)$ 元函数, 若偏导数存在, 则 f 的梯度记为 $\nabla f(\boldsymbol{X})$, 则梯度向量为

$$\nabla f(\boldsymbol{X})=\left(\frac{\partial f(\boldsymbol{X})}{\partial x_1},\frac{\partial f(\boldsymbol{X})}{\partial x_2},\cdots,\frac{\partial f(\boldsymbol{X})}{\partial x_n}\right). \tag{13-8}$$

梯度向量在局部指向 $f(\boldsymbol{X})$ 增加最快的方向, 故 $-\nabla f(\boldsymbol{X})$ 在局部指向 $f(\boldsymbol{X})$ 下降最快的方向.

设 $\boldsymbol{P}_k(k=0)$ 为迭代初始点, 梯度法的优化步骤:

(1) 求梯度向量 $\nabla f\left(\boldsymbol{P}_k\right)$.

(2) 计算搜索方向

$$\boldsymbol{S}_k=-\frac{\nabla f\left(\boldsymbol{P}_k\right)}{\left\|\nabla f\left(\boldsymbol{P}_k\right)\right\|_2}. \tag{13-9}$$

(3) 在区间 $[0,b]$ 上对 $\varPhi(\gamma)=f\left(\boldsymbol{P}_k+\gamma\boldsymbol{S}_k\right)$ 进行单变量极小化, b 为一个较大值. 这一过程将产生值 $\gamma=h_{\min}$, 它是 $\varPhi(\gamma)$ 的一个局部极小值点. 关系式 $\varPhi\left(h_{\min}\right)=f\left(\boldsymbol{P}_k+h_{\min}\boldsymbol{S}_k\right)$ 表明, 它是 $f(\boldsymbol{X})$ 沿搜索线 $\boldsymbol{X}=\boldsymbol{P}_k+h_{\min}\boldsymbol{S}_k$ 的一个极小值.

(4) 构造下一个点 $\boldsymbol{P}_{k+1}=\boldsymbol{P}_k+h_{\min}\boldsymbol{S}_k$.

(5) 精度判断, $\left\|\boldsymbol{P}_{k+1}-\boldsymbol{P}_k\right\|\leqslant\varepsilon_1$ 且 $\left|f\left(\boldsymbol{P}_{k+1}\right)-f\left(\boldsymbol{P}_k\right)\right|\leqslant\varepsilon_2$.

本算法第 (3) 步仍采用一维黄金分割搜索法, 需确定单峰区间.

注 由于需要计算目标函数的梯度向量, 为避免用户计算梯度向量的复杂性, 故由算法计算实现, 但需要定义目标函数为符号函数. 若把目标函数的梯度向量 $\nabla f(\boldsymbol{X})$ 作为参数传递, 则算法设计更为简单, 避免了符号运算的复杂度, 读者可实现.

```
# file_name: gradient_descent.py
from numerical_optimization_13.golden_section_search import \
    GoldenSectionSearchOptimization  # 导入黄金分割搜索法

class GradientDescentOptimization:
    """
    最速梯度下降法,求解n元函数的极值问题
    """
    def __init__(self, fun, x0, eps, is_minimum=True): # 略去部分实例属性的初始化
        self.grad_f = self._cal_grad_vector()  # 计算多元函数梯度向量

    def _cal_grad_vector(self):
        """
        计算多元函数的梯度向量
        """
        x = sympy.symbols("x_1:%d" % (self.n + 1))
        grad = sympy.zeros(self.n, 1)
        for i in range(self.n):
            grad[i] = sympy.diff(self.fun, x[i])
        return grad

    def fit_optimize(self):
        """
        最速梯度下降优化多元函数算法的核心内容
        """
        p, p_val = self.x0, self._cal_fun_val(self.x0)
        x = sympy.symbols("x_1:%d" % (self.n + 1))  # n个符号变量
        t = sympy.symbols("t")  # 表示gamma变量
        err, f_err = 1, 1
        local_extremum = [np.append(p, p_val)]  # 最后一列为函数的极值
        while err > self.eps and f_err > self.eps:
            p0 = p  # 更新极值点
            grad_v = self._cal_grad_val(p)  # 梯度向量的值
            S = -1 / np.linalg.norm(grad_v) * grad_v  # 搜索方向
            p = p0 + t * S
            gamma = self._search_1d_golden(self.fun, t, x, p)  # 一维搜索
            p = p0 + gamma * S # 下一次迭代点
            p_val = self._cal_fun_val(p)  # 下一次迭代点的函数值
            err = np.linalg.norm(p - p0)  # 精度判断1
```

```
            f_err = np.abs((p_val - local_extremum[-1][-1])) # 精度判断2
            local_extremum.append(np.append(p, p_val)) # 存储当前迭代的最优值
        self.local_extremum = np.asarray(local_extremum)
        if self.is_minimum is False: # 极大值
            self.local_extremum[:, -1] = -1 * self.local_extremum[:, -1]
        return self.local_extremum[-1]

    def _cal_grad_val(self, x_k):
        """
        计算梯度向量的值, param x_k: 给定点 (x1,x2,···,xn)
        """
        x = sympy.symbols("x_1:%d" % (self.n + 1)) # n个符号变量
        x_dict = dict() # 符号函数求值, 对应替换变量和值的字典
        for i in range(self.n):
            x_dict[x[i]] = x_k[i] # 格式为{x_i: x_0[i]}
        grad_v = np.zeros(self.n) # 梯度值
        for i in range(self.n):
            grad_v[i] = self.grad_f[i].subs(x_dict)
        return grad_v

    def _cal_fun_val(self, x_p): #计算符号多元函数值, 请参考Powell算法

    def _search_1d_golden(self,f_gamma,t,x,args_x): #一维搜索, 请参考Powell算法

    @staticmethod
    def _forward_backward(ft): # 进退法确定一元函数的单峰区间, 请参考Powell算法
```

例 6 用梯度法求函数 $f(x,y)=\dfrac{x-y}{x^2+y^2+2}$ 的极值, 初始值 $(-3,-2)$ 和 $(0,0)$, 精度要求 $\varepsilon=10^{-16}$.

表 13-6 为在不同初值情况下梯度法优化结果和迭代次数. 图 13-10 和图 13-11 分别为初值 $(-3,-2)$ 时求目标函数极小值、极大值的优化过程图像, 迭代优化次数均为 7 次.

表 13-6 梯度法求解二元目标函数在不同迭代初值下的结果和迭代次数

类型	迭代初值	x^*	y^*	$f(x^*,y^*)$	迭代次数
极小值	(−3, −2)	−1.000002695696926	0.999998733466074	−0.499999999998891	7
	(0, 0)	−0.999999990215688	0.999999990215688	−0.500000000000000	3
极大值	(−3, −2)	1.000577852431012	−0.999726442172479	0.499999948914363	7
	(0, 0)	0.999999990215688	−0.999999990215688	0.500000000000000	3

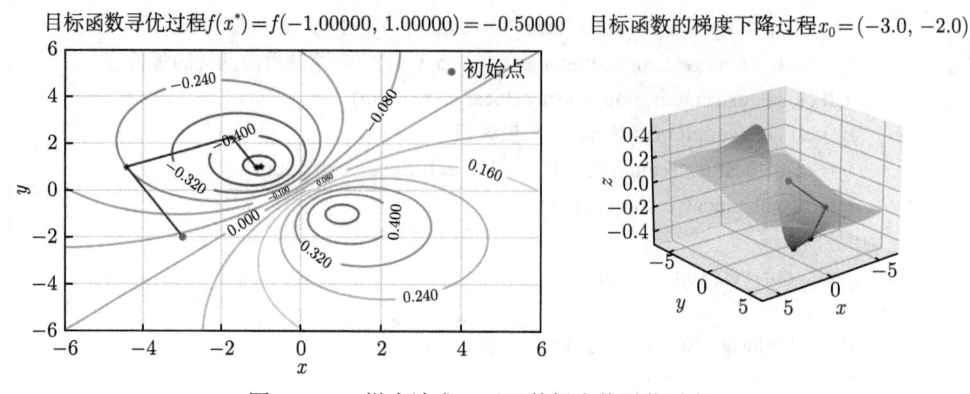

图 13-10　梯度法求二元函数极小值寻优过程

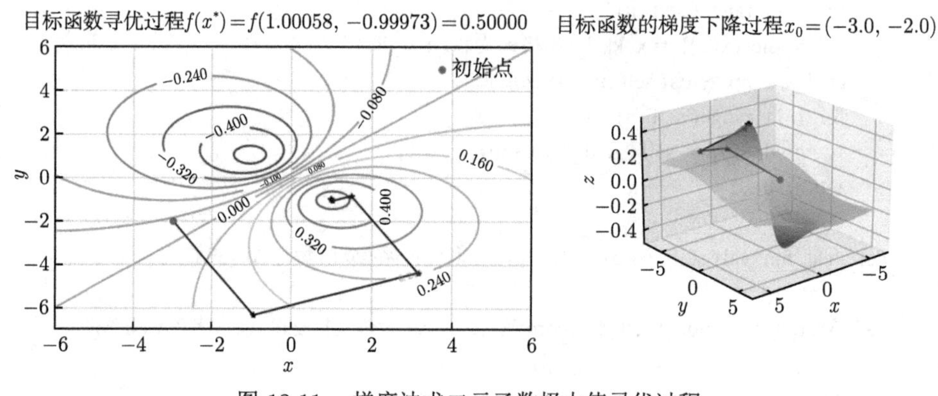

图 13-11　梯度法求二元函数极大值寻优过程

13.3.2　牛顿法

设 $z=f(\boldsymbol{X})$ 是 $\boldsymbol{X}=(x_1,x_2,\cdots,x_n)$ 的 $n(\geqslant 1)$ 元函数, 若一阶和二阶偏导数存在, 则 f 的 Hessian 矩阵记为 $\boldsymbol{H}f(\boldsymbol{X})$, 且是一个 $n\times n$ 的对称矩阵:

$$\boldsymbol{H}f(\boldsymbol{X})=\begin{bmatrix} \dfrac{\partial^2 f(\boldsymbol{X})}{\partial x_1^2} & \dfrac{\partial^2 f(\boldsymbol{X})}{\partial x_1\partial x_2} & \cdots & \dfrac{\partial^2 f(\boldsymbol{X})}{\partial x_1\partial x_n} \\ \dfrac{\partial^2 f(\boldsymbol{X})}{\partial x_2\partial x_1} & \dfrac{\partial^2 f(\boldsymbol{X})}{\partial x_2^2} & \cdots & \dfrac{\partial^2 f(\boldsymbol{X})}{\partial x_2\partial x_n} \\ \vdots & \vdots & & \vdots \\ \dfrac{\partial^2 f(\boldsymbol{X})}{\partial x_n\partial x_1} & \dfrac{\partial^2 f(\boldsymbol{X})}{\partial x_n\partial x_2} & \cdots & \dfrac{\partial^2 f(\boldsymbol{X})}{\partial x_n^2} \end{bmatrix}. \tag{13-10}$$

$f(\boldsymbol{X})$ 在中心 $\boldsymbol{A}$ 处的二阶 Taylor 多项式为

$$Q(\boldsymbol{X})=f(\boldsymbol{A})+\nabla f(\boldsymbol{A})\cdot(\boldsymbol{X}-\boldsymbol{A})+\frac{1}{2}(\boldsymbol{X}-\boldsymbol{A})\boldsymbol{H}f(\boldsymbol{A})(\boldsymbol{X}-\boldsymbol{A})^{\mathrm{T}}.$$

设 $z=f(\boldsymbol{X})$ 的一阶和二阶偏导数存在, 并在包含 $\boldsymbol{P}_0$ 的一个区域内连续, 在点 $\boldsymbol{P}$ 处有极小值. 用 $\boldsymbol{P}_0$ 代替 $Q(\boldsymbol{X})$ 中的 $\boldsymbol{A}$, 得

$$Q(\boldsymbol{X})=f\left(\boldsymbol{P}_0\right)+\nabla f\left(\boldsymbol{P}_0\right)\cdot\left(\boldsymbol{X}-\boldsymbol{P}_0\right)+\frac{1}{2}\left(\boldsymbol{X}-\boldsymbol{P}_0\right)\boldsymbol{H}f\left(\boldsymbol{P}_0\right)\left(\boldsymbol{X}-\boldsymbol{P}_0\right)^{\mathrm{T}}.$$

此式为 n 变量的二阶多项式, 其极小值在

$$\nabla Q(\boldsymbol{X})=\mathbf{0}\ \text{或}\nabla f\left(\boldsymbol{P}_0\right)+\frac{1}{2}\left(\boldsymbol{X}-\boldsymbol{P}_0\right)\left(\boldsymbol{H}f\left(\boldsymbol{P}_0\right)\right)^{\mathrm{T}}=\mathbf{0}$$

处取得. 若 $\boldsymbol{P}_0$ 在点 $\boldsymbol{P}$ 附近, 则 $\boldsymbol{H}f\left(\boldsymbol{P}_0\right)$ 可逆 (矩阵求逆只是理论工具, 计算则效率较低), 可解得

$$\boldsymbol{X}=\boldsymbol{P}_0-\nabla f\left(\boldsymbol{P}_0\right)\left(\left(\boldsymbol{H}f\left(\boldsymbol{P}_0\right)\right)^{-1}\right)^{\mathrm{T}}.$$

用 $\boldsymbol{P}_1$ 替换 $\boldsymbol{X}$, 得 $\boldsymbol{P}_1=\boldsymbol{P}_0-\nabla f\left(\boldsymbol{P}_0\right)\left(\left(\boldsymbol{H}f\left(\boldsymbol{P}_0\right)\right)^{-1}\right)^{\mathrm{T}}$, 进而可得一般规律:

$$\boldsymbol{P}_k=\boldsymbol{P}_{k-1}-\nabla f\left(\boldsymbol{P}_{k-1}\right)\left(\left(\boldsymbol{H}f\left(\boldsymbol{P}_{k-1}\right)\right)^{-1}\right)^{\mathrm{T}},\quad k=1,2,\cdots. \tag{13-11}$$

以 $-\nabla f\left(\boldsymbol{P}_{k-1}\right)\left(\left(\boldsymbol{H}f\left(\boldsymbol{P}_{k-1}\right)\right)^{-1}\right)^{\mathrm{T}}$ 为搜索方向, 对牛顿法进行改进, 通常改进的牛顿法更可靠. 设 $\boldsymbol{P}_k(k=0)$ 为迭代初始点, 改进的牛顿法步骤如下:

(1) 计算搜索方向 $\boldsymbol{S}_k=-\nabla f\left(\boldsymbol{P}_{k-1}\right)\left(\left(\boldsymbol{H}f\left(\boldsymbol{P}_{k-1}\right)\right)^{-1}\right)^{\mathrm{T}}$.

(2) 在区间 $[0,b]$ 上对 $\Phi(\gamma)=f\left(\boldsymbol{P}_k+\gamma\boldsymbol{S}_k\right)$ 进行单变量极小化, b 为一个较大值. 得到值 $\gamma=h_{\min}$, 它是 $\Phi(\gamma)$ 的一个局部极小值点. 关系式 $\Phi\left(h_{\min}\right)=f\left(\boldsymbol{P}_k+h_{\min}\boldsymbol{S}_k\right)$ 表明, 它是 $f(\boldsymbol{X})$ 沿搜索线 $\boldsymbol{X}=\boldsymbol{P}_k+h_{\min}\boldsymbol{S}_k$ 的一个极小值.

(3) 构造下一个点 $\boldsymbol{P}_{k+1}=\boldsymbol{P}_k+h_{\min}\boldsymbol{S}_k$.

(4) 精度判断, $\left\|\boldsymbol{P}_{k+1}-\boldsymbol{P}_k\right\|\leqslant\varepsilon_1$ 且 $\left|f\left(\boldsymbol{P}_{k+1}\right)-f\left(\boldsymbol{P}_k\right)\right|\leqslant\varepsilon_2$.

本算法分为改进的 (improve) 牛顿法和非改进的 (normal) 牛顿法, 其中改进的牛顿法第 (2) 步仍采用一维黄金分割搜索法, 需确定单峰区间.

注 由于需要计算目标函数的 Hessian 矩阵, 为避免用户计算 Hessian 矩阵 $\boldsymbol{H}f(\boldsymbol{X})$ 和梯度向量 $\nabla f(\boldsymbol{X})$ 的复杂性, 故由算法计算实现, 但需要定义目标函数为符号函数. 若把目标函数的 Hessian 矩阵 $\boldsymbol{H}f(\boldsymbol{X})$ 和梯度向量 $\nabla f(\boldsymbol{X})$ 作为参数传递, 则算法设计更为简单, 避免了符号运算的复杂度, 可自行设计.

```
# file_name: newton_method.py
class NewtonOptimization:
    """
    牛顿法和改进的牛顿法, 求解n元函数的极值问题
    """
    def __init__(self, fun, x0, eps, opt_type="improve", is_minimum=True):
        self.opt_type = opt_type  # improve为改进的牛顿法, normal为非改进的牛顿法
        # 计算多元函数Hessian矩阵和梯度向量
        self.H_fx, self.grad_f = self._cal_hessian_mat()
        # 其他实例属性的初始化, 略去···

    def _cal_hessian_mat(self):
        """
        计算多元函数的Hessian矩阵和梯度向量
        """
        x = sympy.symbols("x_1:%d" % (self.n + 1))
        grad, H_fx = sympy.zeros(self.n, 1), sympy.zeros(self.n, self.n)
        for i in range(self.n):
            grad[i] = sympy.diff(self.fun, x[i])  # 梯度向量
            for j in range(i, self.n):
                H_fx[i, j]=sympy.diff(sympy.diff(self.fun, x[i]), x[j])  # Hessian矩阵
        return H_fx, grad

    def fit_optimize(self):
        """
        牛顿法优化多元函数算法的核心内容, 改进的牛顿法和非改进的牛顿法
        """
        p, p_val = self.x0, self._cal_fun_val(self.x0)
        x = sympy.symbols("x_1:%d" % (self.n + 1))  # n个符号变量
        t = sympy.symbols("t")  # 表示gamma变量
        err, f_err = 1, 1
        local_extremum = [np.append(p, p_val)]  # 最后一列为函数的极值
        if self.opt_type.lower() == "normal":  # 非改进的牛顿法
            while err > self.eps and f_err > self.eps:
                p0 = p  # 更新极值点
                # 计算当前极值点的梯度值和Hessian矩阵值
                g_val, h_val = self._cal_grad_hessian_val(p)
                p = p - np.dot(g_val, np.linalg.inv(h_val))  # 新的极值点
                err = np.linalg.norm(p - p0)  # 精度判断1
```

```
            p_val = self._cal_fun_val(p)  # 下一次迭代点的函数值
            f_err = np.abs((p_val - local_extremum[-1][-1]))  # 精度判断2
            local_extremum.append(np.append(p, p_val))  # 存储当前迭代的最优值
    elif self.opt_type.lower() == "improve":  # 改进的牛顿法
        while err > self.eps and f_err > self.eps:
            p0 = p  # 更新极值点
            # 计算当前极值点的梯度值和Hessian矩阵值
            g_val, h_val = self._cal_grad_hessian_val(p)
            S = - np.dot(g_val, np.linalg.inv(h_val))  # 搜索方向
            p = p0 + t * S  # 计算新的极值点, 并进行一维搜索
            gamma = self._search_1d_golden(self.fun, t, x, p)  # 一维搜索
            p = p0 + gamma * S # 下一次迭代点
            p_val = self._cal_fun_val(p)  # 下一次迭代点的函数值
            err = np.linalg.norm(p - p0)  # 精度判断1
            f_err = np.abs((p_val - local_extremum[-1][-1]))  # 精度判断2
            local_extremum.append(np.append(p, p_val))  # 存储当前迭代的最优值
    else:
        raise ValueError("仅支持改进的牛顿法improve和非改进的牛顿法normal.")
    self.local_extremum = np.asarray(local_extremum)
    if self.is_minimum is False:  # 极大值
        self.local_extremum[:, -1] = -1 * self.local_extremum[:, -1]
    return self.local_extremum[-1]

def _cal_grad_hessian_val(self, x_k):
    """
    计算梯度向量和Hessian矩阵的值, param x_k: 给定点 (x1,x2, ···, xn)
    """
    x = sympy.symbols("x_1:%d" % (self.n + 1))  # n个符号变量
    x_dict = dict()  # 符号函数求值, 对应替换变量和值的字典
    for i in range(self.n):
        x_dict[x[i]] = x_k[i]  # 格式为{x_i: x_0[i}
    # 初始化梯度向量和Hessian矩阵
    grad_v, hessian_v = np.zeros(self.n), np.zeros((self.n, self.n))
    for i in range(self.n):
        grad_v[i] = self.grad_f[i].subs(x_dict)
        for j in range(i, self.n):
            hessian_v[i, j] = self.H_fx[i, j].subs(x_dict)
            hessian_v[j, i] = hessian_v[i, j]  # 对称
    return grad_v, hessian_v
```

```
def _cal_fun_val( self , x_p):  #计算符号多元函数值, 请参考鲍威尔算法

def _search_1d_golden( self , f_gamma, t, x, args_x): #一维搜索, 请参考鲍威尔算法

@staticmethod
def _forward_backward(ft):  # 进退法确定单峰区间, 请参考鲍威尔算法
```

针对**例 6** 示例: 用牛顿法和改进的牛顿法求目标函数 $f(x,y)$ 在初始值 $\boldsymbol{x}_0 = (-0.3, 0.2)$ 附近的极小值和 $\boldsymbol{x}_0 = (0.3, 0.2)$ 附近的极大值, 精度要求 $\varepsilon = 10^{-16}$.

表 13-7 牛顿法与改进的牛顿法求解目标函数极值的结果 (迭代次数中初值除外)

极值类型	优化方法	x^*	y^*	$f(x^*, y^*)$	迭代次数
极小值	改进	−0.999999990910712	1.000000007282156	−0.500000000000000	6
	非改进	−0.999999999999999	0.999999999999999	−0.500000000000000	6
极大值	改进	0.999999996667551	−0.999999991667009	0.500000000000000	10
	非改进	不收敛			

图 13-12 为改进的牛顿法优化过程 (三维图形可视化视角 elev=25, azim=60). 倘若设初值 (4, −4), 则仅需 2 次迭代即可.

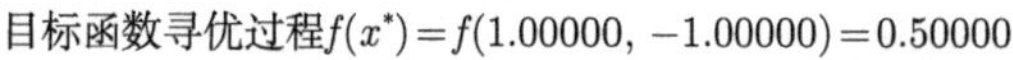

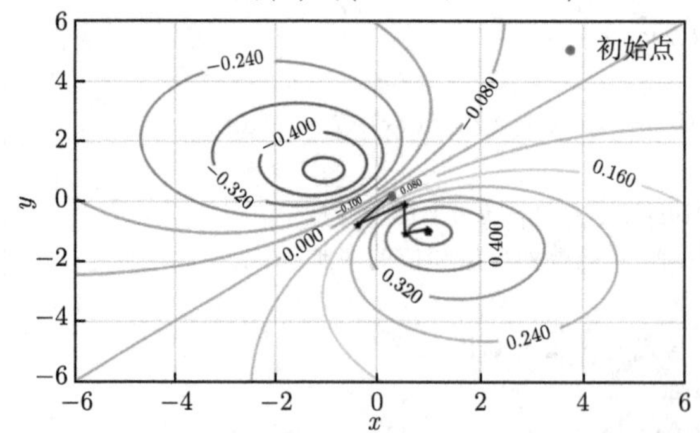

目标函数的梯度下降过程x_0=(0.3, 0.2)

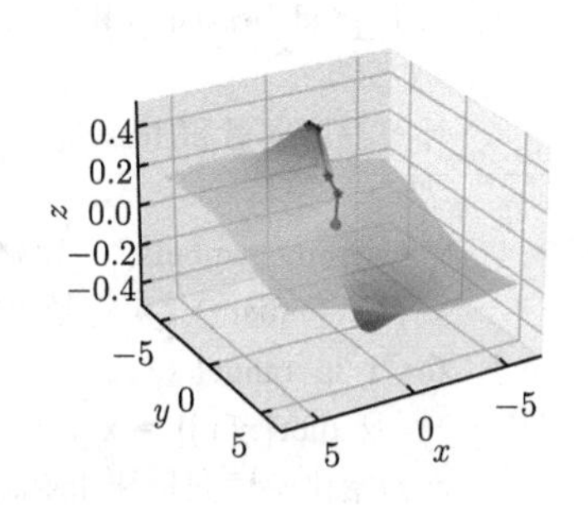

图 13-12 改进的牛顿法求解目标函数的极大值的寻优过程

例 7 用牛顿法求函数 $f(x,y,z,u) = 2\left(x^2+y^2+z^2+u^2\right) - x(y+z-u) + yz - 3x - 8y - 5z - 9u$ 的极小值, 初始值 $\boldsymbol{x}_0 = (1,1,1,1)$, 精度要求 $\varepsilon = 10^{-16}$.

若目标函数为多项式, 则牛顿法求解较为简单. 改进的牛顿法迭代 3 次, 而非改进的牛顿法迭代 2 次. 结果如表 13-8 所示, 其中略去的精度 (保留小数点后 15 位) 表示后续位数均是 0.

表 13-8 不同的牛顿法求解目标函数极小值结果

牛顿法	x^*	y^*	z^*	u^*	$f(x^*,y^*,z^*,u^*)$
改进	1.0	1.999999996863626	1.0	1.999999996863626	−21.0
非改进	1.0	2.0	1.0	2.0	−21.0

■ 13.4 * 拟牛顿法

本节内容主要参考 [4]. 牛顿法需计算 Hessian 矩阵 $\boldsymbol{H}$ 的逆矩阵 $\boldsymbol{H}^{-1}$, 计算比较复杂. 考虑用一个 n 阶矩阵 $\boldsymbol{G}_k=\boldsymbol{G}\left(\boldsymbol{X}^{(k)}\right)$ 来近似代替 $\boldsymbol{H}_k^{-1}=\boldsymbol{H}_k^{-1}\left(\boldsymbol{X}^{(k)}\right)$, 其中 $\boldsymbol{X}=(x_1,x_2,\cdots,x_n)^{\mathrm{T}}$, 这是拟牛顿法的基本想法.

考虑牛顿法中的二阶 Taylor 展开

$$f(\boldsymbol{X})=f\left(\boldsymbol{X}^{(k)}\right)+\boldsymbol{g}_k^{\mathrm{T}}\left(\boldsymbol{X}-\boldsymbol{X}^{(k)}\right)+\frac{1}{2}\left(\boldsymbol{X}-\boldsymbol{X}^{(k)}\right)^{\mathrm{T}}\boldsymbol{H}\left(\boldsymbol{X}^{(k)}\right)\left(\boldsymbol{X}-\boldsymbol{X}^{(k)}\right), \tag{13-12}$$

其中 $\boldsymbol{X}^{(k)}$ 是第 k 次迭代值 (向量), 记 $\boldsymbol{g}_k=\boldsymbol{g}\left(\boldsymbol{X}^{(k)}\right)=\nabla f\left(\boldsymbol{X}^{(k)}\right)$, 构成梯度列向量, $\boldsymbol{H}\left(\boldsymbol{X}^{(k)}\right)$ 为 Hessian 矩阵. 则迭代公式可为

$$\boldsymbol{X}^{(k+1)}=\boldsymbol{X}^{(k)}-\boldsymbol{H}_k^{-1}\boldsymbol{g}_k. \tag{13-13}$$

由式 (13-12) 易知 $\nabla f(\boldsymbol{X})=\boldsymbol{g}_k+\boldsymbol{H}_k\left(\boldsymbol{X}-\boldsymbol{X}^{(k)}\right)$, 取 $\boldsymbol{X}=\boldsymbol{X}^{(k+1)}$, 则可得 $\boldsymbol{g}_{k+1}-\boldsymbol{g}_k=\boldsymbol{H}_k\left(\boldsymbol{X}^{(k+1)}-\boldsymbol{X}^{(k)}\right)$, 记 $\boldsymbol{y}_k=\boldsymbol{g}_{k+1}-\boldsymbol{g}_k,\boldsymbol{\delta}_k=\boldsymbol{X}^{(k+1)}-\boldsymbol{X}^{(k)}$, 则

$$\boldsymbol{y}_k=\boldsymbol{H}_k\boldsymbol{\delta}_k\ 或\boldsymbol{H}_k^{-1}\boldsymbol{y}_k=\boldsymbol{\delta}_k, \tag{13-14}$$

式 (13-14) 称为**拟牛顿条件**.

如果 $\boldsymbol{H}_k$ 是正定的 ($\boldsymbol{H}_k^{-1}$ 也是正定的), 那么可以保证牛顿法搜索方向 $\boldsymbol{p}_k=-\boldsymbol{H}_k^{-1}\boldsymbol{g}_k$ 是下降方向. 拟牛顿法将 $\boldsymbol{G}_k$ 作为 $\boldsymbol{H}_k^{-1}$ 的近似, 要求矩阵 $\boldsymbol{G}_k$ 满足同样的条件, 即 $\boldsymbol{G}_k$ 正定, 且满足拟牛顿条件 $\boldsymbol{G}_{k+1}\boldsymbol{y}_k=\boldsymbol{\delta}_k$. 按照拟牛顿条件选择 $\boldsymbol{G}_k$ 作为 $\boldsymbol{H}_k^{-1}$ 的近似或选择 $\boldsymbol{B}_k$ 作为 $\boldsymbol{H}_k$ 的近似的算法称为**拟牛顿法**. 在每次迭代中可以选择更新 $\boldsymbol{G}_{k+1}=\boldsymbol{G}_k+\Delta\boldsymbol{G}_k$.

13.4.1 DFP 算法

DFP (Davidon-Fletcher-Powell, DFP) 算法, 假设每一步迭代中, $\boldsymbol{G}_{k+1}=\boldsymbol{G}_k+\Delta\boldsymbol{G}_k=\boldsymbol{G}_k+\boldsymbol{P}_k+\boldsymbol{Q}_k$, 其中 $\boldsymbol{P}_k,\boldsymbol{Q}_k$ 是待定矩阵. 这时 $\boldsymbol{G}_{k+1}\boldsymbol{y}_k=$

$\boldsymbol{G}_k\boldsymbol{y}_k+\boldsymbol{P}_k\boldsymbol{y}_k+\boldsymbol{Q}_k\boldsymbol{y}_k$, 为使 $\boldsymbol{G}_{k+1}$ 满足拟牛顿条件, 可使 $\boldsymbol{P}_k,\boldsymbol{Q}_k$ 满足 $\boldsymbol{P}_k\boldsymbol{y}_k=\boldsymbol{\delta}_k,\boldsymbol{Q}_k\boldsymbol{y}_k=-\boldsymbol{G}_k\boldsymbol{y}_k$, 例如取

$$\boldsymbol{P}_k=\frac{\boldsymbol{\delta}_k\boldsymbol{\delta}_k^{\mathrm{T}}}{\boldsymbol{\delta}_k^T\boldsymbol{y}_k},\quad \boldsymbol{Q}_k=-\frac{\boldsymbol{G}_k\boldsymbol{y}_k\boldsymbol{y}_k^{\mathrm{T}}\boldsymbol{G}_k}{\boldsymbol{y}_k^{\mathrm{T}}\boldsymbol{G}_k\boldsymbol{y}_k}. \tag{13-15}$$

如此 $\boldsymbol{G}_{k+1}$ 的迭代公式为

$$\boldsymbol{G}_{k+1}=\boldsymbol{G}_k+\boldsymbol{P}_k+\boldsymbol{Q}_k=\boldsymbol{G}_k+\frac{\boldsymbol{\delta}_k\boldsymbol{\delta}_k^{\mathrm{T}}}{\boldsymbol{\delta}_k^T\boldsymbol{y}_k}-\frac{\boldsymbol{G}_k\boldsymbol{y}_k\boldsymbol{y}_k^{\mathrm{T}}\boldsymbol{G}_k}{\boldsymbol{y}_k^T\boldsymbol{G}_k\boldsymbol{y}_k}, \tag{13-16}$$

称为 **DFP 算法**.

DFP 算法流程:

输入目标函数 $f(\boldsymbol{X})$, 梯度 $\boldsymbol{g}(\boldsymbol{X})=\nabla f(\boldsymbol{X})$, 精度要求 ε.

(1) 取初始点 $\boldsymbol{X}^{(0)}$, 取 $\boldsymbol{G}_0$ 为正定对称矩阵, 置 $k=0$.

(2) 计算 $\boldsymbol{g}_k=\boldsymbol{g}\left(\boldsymbol{X}^{(k)}\right)$. 若 $\|\boldsymbol{g}_k\|_2<\varepsilon$, 则停止计算, 得近似解 $\boldsymbol{X}^*=\boldsymbol{X}^{(k)}$; 否则转 (3).

(3) 置 $\boldsymbol{p}_k=-\boldsymbol{G}_k\boldsymbol{g}_k$.

(4) 一维搜索: 求 λ_k 使得

$$f\left(\boldsymbol{X}^{(k)}+\lambda_k\boldsymbol{p}_k\right)=\min_{\lambda\geqslant 0}f\left(\boldsymbol{X}^{(k)}+\lambda\boldsymbol{p}_k\right). \tag{13-17}$$

(5) 置 $\boldsymbol{X}^{(k+1)}=\boldsymbol{X}^{(k)}+\lambda_k\boldsymbol{p}_k$.

(6) 计算 $\boldsymbol{g}_{k+1}=\boldsymbol{g}\left(\boldsymbol{X}^{(k+1)}\right)$, 若 $\left\|\boldsymbol{g}_{k+1}\right\|_2<\varepsilon$, 则停止计算, 得近似解 $\boldsymbol{X}^*=\boldsymbol{X}^{(k+1)}$; 否则, 按式 (13-16) 算出 $\boldsymbol{G}_{k+1}$.

(7) 置 $k=k+1$, 转 (3).

由于 DFP 算法第 (4) 步需要一维搜索, 本算法设计时, 仍采用了黄金分割搜索法, 用进退法确定单峰区间. 由于需要求解目标函数的梯度向量, 故仍采用符号定义和运算. 注意向量与矩阵的运算法则.

```
# file_name: dfp_quasi_newton.py
class DFPQuasiNewtonOptimization:
    """
    拟牛顿法, DFP算法
    """
    def __init__(self, obj_f, x0, G0=None, eps=1e-10, is_minimum=True):
        self.obj_f = obj_f  # 目标优化函数, 符号形式, 由此计算梯度向量
```

```
        self.x0 = np.asarray(x0)  # 初始点
        self.n = len(self.x0)  # n元变量
        self.grad_g = self._cal_grad_fun()  # 计算梯度向量
        if G0 is None:  # 不指定, 则默认单位矩阵
            self.G0 = np.eye(self.n)  # 初始单位矩阵, 正定对称矩阵
        self.eps = eps  # 精度要求
        self.is_minimum = is_minimum # 是否为极小值, 极大值设置为False
        self.local_extremum = None  # 搜索过程, 极值点

    def _cal_grad_fun(self):  # 计算梯度向量, 参考牛顿法, 删除Hessian矩阵部分
    def _cal_grad_val(self, x_k):  # 计算梯度向量值, 参考牛顿法, 删除Hessian矩阵部分

    def fit_optimize(self):
        """
        拟牛顿DFP法优化多元函数算法的核心内容
        """
        x_new, new_Gk, new_gk = self.x0, self.G0, self._cal_grad_val(self.x0)
        local_extremum = []  # 最后一列为函数的极值, 初始不包含在内
        t = sympy.symbols("t")  # 表示lambda变量
        x = sympy.symbols("x_1:%d" % (self.n + 1))  # n个符号变量
        err, grad_err = 1, 1
        while err > self.eps and grad_err > 1e-09:
            # 可增加第三种终止条件: 函数极值的改变量的精度控制
            x_k, gk, Gk = x_new, new_gk, new_Gk # 最优解、梯度和近似矩阵的更新
            pk = -np.dot(Gk, gk)  # 计算搜索方向
            x_tmp = x_k + t * pk  # 计算新的极值点, 并进行一维搜索
            lambda_ = self._search_1d_golden(self.obj_f, t, x, x_tmp)  # 一维搜索
            if lambda_ < 0:  # lambda大于等于0
                lambda_ = 0
            x_new = x_k + lambda_ * pk  # 下一次迭代点x(k+1)
            new_gk = self._cal_grad_val(x_new)
            # 如下求解近似矩阵的更新, new_Gk的精度控制, 统一到while中
            delta_k, y_k = (x_new - x_k).reshape(-1, 1), (new_gk - gk).reshape(-1, 1)
            P_k_me = np.dot(delta_k.T, y_k)[0, 0]  # Pk的分母, 随着逼近, 逐渐趋近于0
            P_k = np.dot(delta_k, delta_k.T) / P_k_me if P_k_me > 1e-50 else 0
            # Qk的分母, 随着逼近, 逐渐趋近于0
            Q_k_me = np.dot(np.dot(y_k.T, Gk), y_k)[0, 0]
            Q_k = -1 * np.dot(np.dot(np.dot(Gk, y_k), y_k.T), Gk) / Q_k_me \
                if Q_k_me > 1e-50 else 0
            new_Gk = Gk + P_k + Q_k # DFP公式
```

```
            grad_err = np.linalg.norm(new_gk) # 梯度的值, 一个逐渐减少的值
            # 一维搜索逼近局部最小值, 其梯度值不一定非常小, 故增加精度控制方法
            err = np.linalg.norm(new_gk - gk) # 相邻两次梯度值的范数
            # 存储当前迭代的最优值
            local_extremum.append(np.append(x_new, self._cal_fun_val(x_new)))
        self.local_extremum = np.asarray(local_extremum)
        if self.is_minimum is False:  # 极大值
            self.local_extremum[:, -1] = -1 * self.local_extremum[:, -1]
        return self.local_extremum[-1]

    def _cal_fun_val(self, x_p):
    def _search_1d_golden(self, f_lambda, t, x, args_x):

    @staticmethod
    def _forward_backward(ft):
```

针对**例 3**: 采用 DFP 算法求 $f(x,y)$ 分别在 $(0,0)$ 和 $(-1,0)$ 附近的极小值和极大值, 精度要求 $\varepsilon=10^{-16}$, 结果如表 13-9 所示.

拟牛顿法与牛顿法一样, 也依赖于初值的选择, 若所求为极大值问题, 设置初值 $(-2,-2)$, 则 3 次迭代后, 所求极大值为 0.778178197085183, 求解失败.

针对**例 6**: 采用 DFP 算法求 $f(x,y)$ 分别在 $(-0.3,0.2)$ 和 $(0.3,0.2)$ 附近的极小值和极大值, 精度要求 $\varepsilon=10^{-16}$, 结果如表 13-10 所示.

表 13-9　DFP 算法求解目标函数的极值结果 (I)

极值类型	x^*	y^*	$f(x^*,y^*)$	迭代次数
极小值	0.611046586125908	−0.305523293147685	−0.641423726326004	7
极大值	−0.937805888608706	0.468902944495155	1.424528382990035	7

表 13-10　DFP 算法求解目标函数的极值结果 (II)

极值类型	x^*	y^*	$f(x^*,y^*)$	迭代次数
极小值	−0.999999993300658	1.000000006706838	−0.500000000000000	9
极大值	0.999999988432339	−1.000000014749540	0.500000000000000	7

由于拟牛顿法无需求解目标函数的 Hessian 矩阵, 而是采用正定对称矩阵 $\boldsymbol{G}_k$ 近似 $\boldsymbol{H}_k^{-1}$, 故优化的效率未必比牛顿法高, 但计算简单.

13.4.2　BFGS 算法

BFGS (Broyden-Fletcher-Golfarb-Shanno, BFGS) 算法是最流行的拟牛顿算法. 考虑用 $\boldsymbol{B}_k$ 逼近 Hessian 矩阵 $\boldsymbol{H}$, 相应的拟牛顿条件是 $\boldsymbol{B}_{k+1}\boldsymbol{\delta}_k=\boldsymbol{y}_k$, 令

$\boldsymbol{B}_{k+1} = \boldsymbol{B}_k + \boldsymbol{P}_k + \boldsymbol{Q}_k$, 则 $\boldsymbol{B}_{k+1}\boldsymbol{\delta}_k = \boldsymbol{B}_k\boldsymbol{\delta}_k + \boldsymbol{P}_k\boldsymbol{\delta}_k + \boldsymbol{Q}_k\boldsymbol{\delta}_k$, $\boldsymbol{P}_k, \boldsymbol{Q}_k$ 满足 $\boldsymbol{P}_k\boldsymbol{\delta}_k = \boldsymbol{y}_k, \boldsymbol{Q}_k\boldsymbol{\delta}_k = -\boldsymbol{B}_k\boldsymbol{\delta}_k$, 找出适合条件的 $\boldsymbol{P}_k$ 和 $\boldsymbol{Q}_k$, 得到 BFGS 算法矩阵 $\boldsymbol{B}_{k+1}$ 的迭代公式

$$\boldsymbol{B}_{k+1} = \boldsymbol{B}_k + \frac{\boldsymbol{y}_k\boldsymbol{y}_k^{\mathrm{T}}}{\boldsymbol{y}_k^{\mathrm{T}}\boldsymbol{\delta}_k} - \frac{\boldsymbol{B}_k\boldsymbol{\delta}_k\boldsymbol{\delta}_k^{\mathrm{T}}\boldsymbol{B}_k}{\boldsymbol{\delta}_k^{\mathrm{T}}\boldsymbol{B}_k\boldsymbol{\delta}_k}. \tag{13-18}$$

如果初始矩阵 $\boldsymbol{B}_0$ 是正定的, 则迭代过程中的每个矩阵 $\boldsymbol{B}_k$ 都是正定的.

BFGS 算法流程:

输入目标函数 $f(\boldsymbol{X})$, 梯度 $\boldsymbol{g}(\boldsymbol{X}) = \nabla f(\boldsymbol{X})$, 精度要求 ε.

(1) 取初始点 $\boldsymbol{X}^{(0)}$, 取 $\boldsymbol{B}_0$ 为正定对称矩阵, 置 $k=0$.

(2) 计算 $\boldsymbol{g}_k = \boldsymbol{g}\left(\boldsymbol{X}^{(k)}\right)$. 若 $\|\boldsymbol{g}_k\|_2 < \varepsilon$, 则停止计算, 得近似解 $\boldsymbol{X}^* = \boldsymbol{X}^{(k)}$; 否则转 (3).

(3) 置 $\boldsymbol{B}_k\boldsymbol{p}_k = -\boldsymbol{g}_k$, 求出 $\boldsymbol{p}_k$.

(4) 一维搜索: 求 λ_k 使得

$$f\left(\boldsymbol{X}^{(k)} + \lambda_k\boldsymbol{p}_k\right) = \min_{\lambda\geqslant 0} f\left(\boldsymbol{X}^{(k)} + \lambda\boldsymbol{p}_k\right). \tag{13-19}$$

(5) 置 $\boldsymbol{X}^{(k+1)} = \boldsymbol{X}^{(k)} + \lambda_k\boldsymbol{p}_k$.

(6) 计算 $\boldsymbol{g}_{k+1} = \boldsymbol{g}\left(\boldsymbol{X}^{(k+1)}\right)$, 若 $\left\|\boldsymbol{g}_{k+1}\right\|_2 < \varepsilon$, 则停止计算, 得近似解 $\boldsymbol{X}^* = \boldsymbol{X}^{(k+1)}$; 否则, 按式 (13-18) 算出 $\boldsymbol{B}_{k+1}$.

(7) 置 $k = k+1$, 转 (3).

BFGS 算法如下, 其思路与 DPF 算法一致, 略去其他函数的定义, 仅给出核心部分代码.

注 BFGS 算法流程中第 (3) 步需求解线性方程组 $\boldsymbol{B}_k\boldsymbol{p}_k = -\boldsymbol{g}_k$, 其 $\boldsymbol{B}_k$ 理论上为对称正定矩阵, 但由于求解误差的存在, 未必精确对称, 故采用第 6 章的 QR 正交分解法求解线性方程组的解, 得到 $\boldsymbol{p}_k$.

```
# file_name: bfgs_quasi_newton.py
from numerical_optimization_13 . golden_section_search  import \
    GoldenSectionSearchOptimization  # 黄金分割搜索法
from  direct_solution_linear_equations_06  .qr_orthogonal_decomposition  import \
    QROrthogonalDecomposition # QR正交分解法求方程组的解


class  BFGSQuasiNewtonOptimization:
    """
    拟牛顿法, BFGS算法
```

```
"""
def __init__(self, obj_f, x0, B0=None, eps=1e-10, is_minimum=True): # 参考DFP算法

def fit_optimize(self):
    """
    拟牛顿BFGS法优化多元函数算法的核心内容
    """
    x_new, new_Bk, new_gk = self.x0, self.B0, self._cal_grad_val(self.x0)
    local_extremum = []  # 最后一列为函数的极值, 初始值不包含在内
    t = sympy.symbols("t")  # 表示lambda变量
    x = sympy.symbols("x_1:%d" % (self.n + 1))  # n个符号变量
    err, grad_err = 1, 1
    while err > self.eps and grad_err > 1e-09:
        x_k, gk, Bk = x_new, new_gk, new_Bk # 最优解、梯度和近似矩阵的更新
        srd = QROrthogonalDecomposition(Bk, -gk) # QR正交分解法求方程组的解
        pk = srd.fit_solve()  # 求解方程组, 计算搜索方向
        x_tmp = x_k + t * pk  # 计算新的极值点, 并进行一维搜索
        lambda_ = self._search_1d_golden(self.obj_f, t, x, x_tmp)  # 一维搜索
        if lambda_ < 0:  # lambda大于等于0
            lambda_ = 0
        x_new = x_k + lambda_ * pk  # 下一次迭代点x(k+1)
        new_gk = self._cal_grad_val(x_new)
        # 如下对近似矩阵更新, new_gk的精度控制, 统一到while中
        delta_k, y_k = (x_new - x_k).reshape(-1, 1), (new_gk - gk).reshape(-1, 1)
        P_k_me = np.dot(y_k.T, delta_k)[0, 0]  # Pk的分母, 随着逼近, 逐渐趋近于0
        P_k = np.dot(y_k, y_k.T) / P_k_me if P_k_me > 1e-50 else 0
        # Qk的分母, 随着逼近, 逐渐趋近于0
        Q_k_me = np.dot(np.dot(delta_k.T, Bk), delta_k)[0, 0]
        Q_k = -1 * np.dot(np.dot(np.dot(Bk, delta_k), delta_k.T), Bk) / Q_k_me \
            if Q_k_me > 1e-50 else 0
        new_Bk = Bk + P_k + Q_k  # BFGS公式
        grad_err = np.linalg.norm(new_gk) # 梯度的值, 一个逐渐减少的值
        err = np.linalg.norm(new_gk - gk) # 相邻两次梯度值的范数
        local_extremum.append(np.append(x_new, self._cal_fun_val(x_new)))
    self.local_extremum = np.asarray(local_extremum)
    if self.is_minimum is False:  # 极大值
        self.local_extremum[:, -1] = -1 * self.local_extremum[:, -1]
    return self.local_extremum[-1]
```

针对**例 3**: 采用 BFGS 算法求 $f(x, y)$ 分别在 $(0, 0)$ 和 $(-1, 0)$ 附近的极小值

和极大值, 精度要求 $\varepsilon = 10^{-16}$, 结果如表 13-11 所示.

表 13-11 BFGS 算法求解目标函数的极值结果 (I)

极值类型	x^*	y^*	$f(x^*, y^*)$	迭代次数
极小值	0.611046576915069	−0.305523292814939	−0.641423726326004	6
极大值	−0.937805891201137	0.468902941503537	1.424528382990035	17

针对**例 6**: 采用 BFGS 算法求 $f(x, y)$ 分别在 $(-0.3, 0.2)$ 和 $(0.3, 0.2)$ 附近的极小值和极大值, 精度要求 $\varepsilon = 10^{-16}$, 结果如表 13-12 所示.

表 13-12 BFGS 算法求解目标函数的极值结果 (II)

极值类型	x^*	y^*	$f(x^*, y^*)$	迭代次数
极小值	−1.000000000952848	0.999999999069995	−0.500000000000000	7
极大值	1.000000002263439	−0.999999996822933	0.500000000000000	9

■ 13.5 * 现代优化算法

现代优化算法 [3] 是 20 世纪 80 年代初兴起的启发式算法, 包括禁忌搜索 (tabu search, TS)、模拟退火 (simulated annealing, SA) 算法、遗传算法 (genetic algorithms, GA) 等. 它们主要用于解决大量的实际应用问题, 以及求 NP-hard 组合优化问题的全局最优解. 应用现代优化算法, 也可求解函数的全局极值问题.

13.5.1 模拟退火算法

模拟退火算法包含两个部分: Metropolis 算法和退火过程, 分别对应内循环和外循环. 外循环将固体温度初始设置较高的温度 T_0, 然后以降温系数 α 使温度按照一定的比例下降, 当达到终止温度 T_m 后, 冷却结束, 即退火过程结束. Metropolis 算法是内循环, 在每个温度 $T_i (i = 0, 1, 2, \cdots, m)$ 下, 迭代 L 次, 寻找在该温度下能量 (函数) 的最小值 (最优解).

如图 13-13 所示, 在当前温度下, 固体能量不断优化, 直至到达全局最小值. 在寻优过程中, 如果能量处于局部最优 x_k, 则仍会以一定的概率跳出 x_k, 即当 $f(x_{k+1}) > f(x_k)$ 时, 此概率为

$$\exp\left(-\frac{E(k) - E(k+1)}{T_i}\right) = \exp\left(-\frac{f(x_k) - f(x_{k+1})}{T_i}\right).$$

否则以概率 1 接受新解, 如 $f(x_k) < f(x_{k+1})$, 则新解更新 $x_k \leftarrow x_{k+1}$.

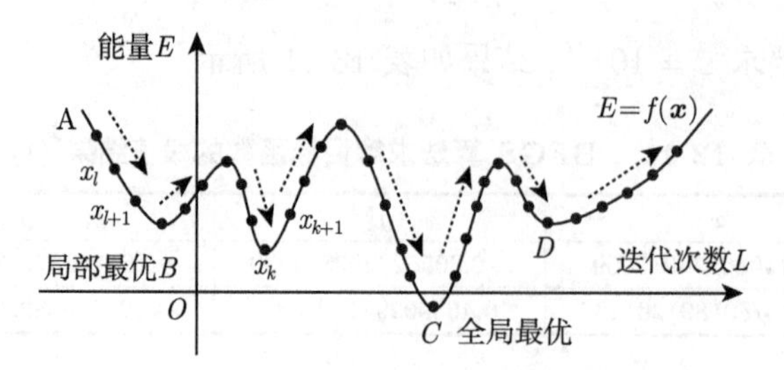

图 13-13　模拟退火算法一次降温过程中固体能量的变化

将物理学中模拟退火的思想应用于优化问题就可以得到模拟退火寻优方法[3]. 考虑优化函数 $z=f(\boldsymbol{x})$, 其中自变量 $\boldsymbol{x}=(x_1,x_2,\cdots,x_n)$. 首先给定一个初始温度 T_0 和该目标函数的一个初始解 $\boldsymbol{x}_0$, 并由 $\boldsymbol{x}_0$ 生成下一个解 $\boldsymbol{x}_1$, 是否接受 $\boldsymbol{x}_1$ 作为一个新解, 依赖于如下概率:

$$P\left(\boldsymbol{x}_0\rightarrow\boldsymbol{x}_1\right)=\begin{cases}1, & f\left(\boldsymbol{x}_1\right)<f\left(\boldsymbol{x}_0\right),\\ \exp\left(-\dfrac{f\left(\boldsymbol{x}_1\right)-f\left(\boldsymbol{x}_0\right)}{T_0}\right), & \text{其他}.\end{cases}$$

一般来说, 对于某一个温度 T_i 和该优化问题的一个解 $\boldsymbol{x}_k$, 可以生成 $\boldsymbol{x}_{k+1}$. 接受 $\boldsymbol{x}_{k+1}$ 作为下一个新解的概率为

$$P\left(\boldsymbol{x}_k\rightarrow\boldsymbol{x}_{k+1}\right)=\begin{cases}1, & f\left(\boldsymbol{x}_{k+1}\right)<f\left(\boldsymbol{x}_k\right),\\ \exp\left(-\dfrac{f\left(\boldsymbol{x}_{k+1}\right)-f\left(\boldsymbol{x}_k\right)}{T_i}\right), & \text{其他}.\end{cases}\tag{13-20}$$

在温度 T_i 下, 经过很多次的转移之后, 降低温度 T_i, 得到 $T_{i+1}<T_i$, 在 T_{i+1} 下重复上述过程. 因此整个优化过程就是不断寻找新解和缓慢降温的交替过程. 最终的解是对该问题寻优的结果.

新解的产生方法, 即对当前解增加一定的随机扰动, 以便跳出局部最小值. 假设当前解 $\boldsymbol{x}_k=(x_{k,1},x_{k,2},\cdots,x_{k,n})$ 和温度 T_i, 首先生成一组服从标准正态分布的随机数 $\boldsymbol{y}=(y_1,y_2,\cdots,y_n)$, 并计算 $\boldsymbol{z}=\boldsymbol{y}/\|\boldsymbol{y}\|_2$, 针对当前解的每一个元素 $(j=1,2,\cdots,n)$, 执行如下操作:

(1) 计算 $x_{k,j}^{\text{new}}=x_{k,j}+T_iz_j$, 其中 T_i 是当前温度, 也可使用 $x_{k,j}^{\text{new}}=x_{k,j}+\sqrt{T_i}z_j$.

(2) 检查 $x_{k,j}^{\text{new}}$ 是否位于上下界 $[l_j,u_j]$, 如果满足 $l_j\leqslant x_{k,j}^{\text{new}}\leqslant u_j$, 则令 $x_{k+1,j}=x_{k,j}^{\text{new}}$. 否则, 如果 $x_{k,j}^{\text{new}}<l_j$, 则 $x_{k+1,j}=r\times l_j+(1-r)\times x_{k,j}$; 如

果 $x_{k,j}^{\text{new}} > u_j$, 则 $x_{k+1,j} = r \times u_j + (1-r) \times x_{k,j}$, 其中 $r \sim U(0,1)$, $[l_j, u_j]$ 为第 j 个变量的求解区间.

如果解空间较大, 如 TSP 问题, 可引入移位、交换、倒置等算子, 产生新的解空间, 并以一定的概率选择运用哪种算子来产生新的解空间. 通常无约束多元函数优化问题, 其解空间较小, 故算法设计时不再考虑算子.

如下算法在默认参数的情况下, 设置了最少降温 100 次, 50 次后计算精度控制, 精度控制方法较为简单, 即相邻两次最优值的绝对差值 $\left|f\left(\boldsymbol{x}^{(k+1)}\right) - f\left(\boldsymbol{x}^{(k)}\right)\right| \leqslant \varepsilon$, 可增加解向量的精度判别 $\left\|\boldsymbol{x}^{(k+1)} - \boldsymbol{x}^{(k)}\right\| \leqslant \varepsilon$, 或采用的 $\max\{\left|f\left(\boldsymbol{x}^{k+1}\right) - f\left(\boldsymbol{x}^{k}\right)\right| k = 1, 2, \cdots, n, n > 50\} \leqslant \varepsilon$, 即最后 50 次迭代的函数值的最大误差小于给定精度. 由于模拟退火算法基于概率问题选择新解, 故最终目标函数的解会在最值附近徘徊. 每次执行的结果具有非常小的随机扰动.

```
# file_name: simulate_anneal.py
class SimulatedAnnealingOptimization:
    """
    模拟退火算法, 求解函数的最优值, 默认最小值, 最大值则需在目标函数前添加减号
    """
    def __init__(self, func, args_span, eps=1e-16, epochs=100, T0=100,
                 Tf=1e-8, alpha=0.98):
        self.func = func  # 待优化的函数
        # 求解区间, 格式为[[x0, xn], [y0, yn], [z0, zn], ...]
        self.args_span = np.asarray(args_span)
        self.eps = eps  # 精度控制
        self.epochs = epochs  # 内循环迭代次数
        self.alpha = alpha  # 降温系数, 越接近于1, 优化过程越慢
        self.T = T0  # 初始温度, 默认100, 该值根据alpha不断变化, 表示当前温度状态
        self.Tf = Tf  # 温度终值, 默认1e-8
        self.n_args = self.args_span.shape[0]  # 参数变量个数
        self.best_y_optlist = []  # 模拟退火中目标值的寻优过程

    def _generate_new_solution(self, x_cur):
        """
        产生新解, 并根据当前温度增加扰动, 以便调出局部最优解, param x_cur: 当前解
        """
        yi = np.random.randn(self.n_args)  # 新解的产生, 增加扰动
        zi = yi / np.sqrt(sum(yi ** 2))  # 变换
        x_new = x_cur + self.T * zi  # 根据当前温度产生新解
        for k in range(self.n_args):  # 针对每个新解判断范围, 使得在求解区间内
            if x_new[k] <= self.args_span[k, 0]:  # 小于左边界
```

```
                r = np.random.rand(1)  # [0, 1]上均匀分布的随机数
                x_new[k] = r * self.args_span[k, 0] + (1 - r) * x_cur[k]
            elif x_new[k] >= self.args_span[k, 1]:  # 大于有边界
                r = np.random.rand(1)
                x_new[k] = r * self.args_span[k, 1] + (1 - r) * x_cur[k]
        return x_new

    def _metropolis(self, y_cur, y_new):
        """
        Metropolis准则, param y_cur: 当前解函数值, y_new: 新解函数值
        """
        if y_new < y_cur:  # 新值更优, 直接接受
            return True
        else:  # 否则, 以概率1接受
            p = np.exp(-(y_cur - y_new) / self.T)  # 依概率接受
            # p大于[0, 1]之间的一个随机数
            return True if np.random.rand(1) < p else False

    def fit_optimize(self):
        """
        模拟退火算法核心部分
        """
        x_cur = np.random.rand(self.n_args)  # 初始解, (0, 1)上均匀分布
        for i in range(self.n_args):  # 求每个解的初始解区间范围
            x_cur[i] = self.args_span[i, 0] + x_cur[i] * np.diff(self.args_span[i, :])
        y_cur = self.func(x_cur)  # 初始解的函数值
        x_best, y_best = x_cur, y_cur  # 标记最优解和最小函数值
        f_err = 1  # 相邻两次解的绝对差
        # 模拟退火过程, 包含两部分: 外循环退火过程, 内循环, Metroplis算法
        while self.T > self.Tf and f_err > self.eps:
            # 外循环, 根据降温系数不断降温, 直到最终温度
            for i in range(self.epochs):  # 内循环, Metroplis算法, 每次降温选择最优值
                x_new = self._generate_new_solution(x_cur)  # 根据当前解, 产生新解
                y_new = self.func(x_new)  # 生成新解函数值
                # 搜索, 当满足优化目标更新; 不满足则以概率1接受
                if self._metropolis(y_cur, y_new):  # 是否接受新解
                    x_cur, y_cur = x_new, y_new  # 满足Metroplis条件, 则接受新解
                if y_cur < y_best:  # 与目标值对比, 选择最优
                    y_best, x_best = y_cur, x_cur
            self.best_y_optlist.append(y_best)  # 存储一轮降温过程中的最优解
```

```
        if len(self.best_y_optlist) > 50:  # 降温50轮后计算精度, 该判断可注释掉
            f_err = np.abs(self.best_y_optlist[-1] - self.best_y_optlist[-2])
        self.T *= self.alpha  # 更新当前温度
    return [y_best, x_best]
```

针对**例 2** 示例: 采用模拟退火算法求函数 $f(x) = 11\sin x + 7\cos 5x$ 在区间 $[-6, 4]$ 内的最小值和最大值. 其中精度设置为 10^{-16}, 其他参数默认, 最小值如图 13-14 所示, 收敛速度较快. 本例中, 算法设计了最少 50 次降温过程, 50 次后计算精度, 但由于收敛速度较快, 几次降温便已收敛到最优值 (最优值的提升精度非常小), 故只优化了 50 次. 所求最大值的结果为 $f(-5.00853199) = 17.49277916$.

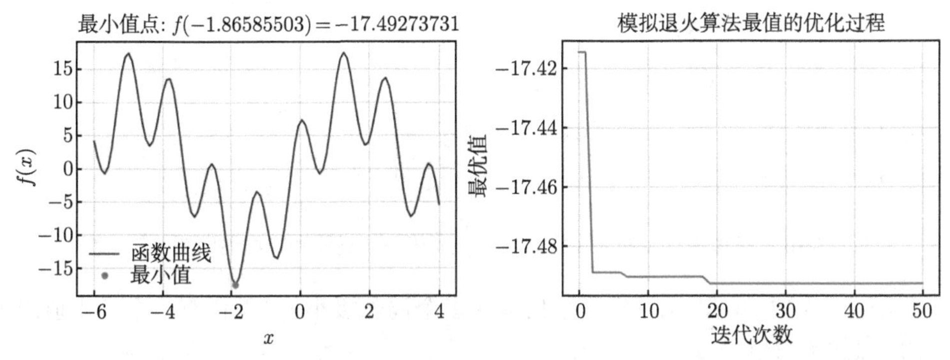

图 13-14 模拟退火算法求目标函数的最小值以及优化过程

针对**例 3** 示例: 采用模拟退火算法求二元函数 $f(x,y) = \left(x^2 - 2x\right)\mathrm{e}^{-x^2-y^2-xy}$, $x, y \in [-3, 3]$ 的最小值. 算法注释掉了精度控制, 其他参数值默认, 则在整个降温过程中, 其优化迭代的过程如图 13-15 所示, 极值附近会带有非常小的随机性, 近似全局最优.

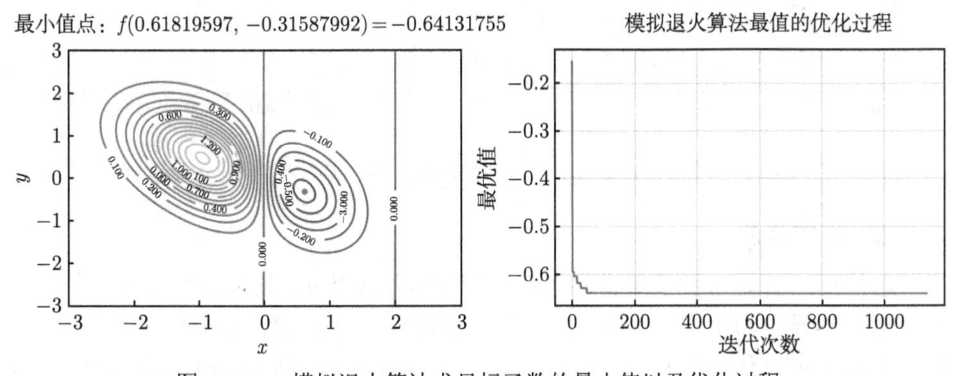

图 13-15 模拟退火算法求目标函数的最小值以及优化过程

例 8 求 $f(x,y)=x^2+y^2-10\cos 2\pi x-10\cos 2\pi y+20, x,y\in[-3,3]$ 的最小值和最大值.

如图 13-16 所示, 该目标函数在给定区间存在多个局部极大值, 但最大值分布在等值线图 (左图所示) 的四个角上 (目标函数为偶函数). 由于随机性, 可能每次运行的最大值点标记不同, 但最大值基本一致, 参考标题信息.

注 针对本例, 算法注释掉了精度控制, 其他参数值默认.

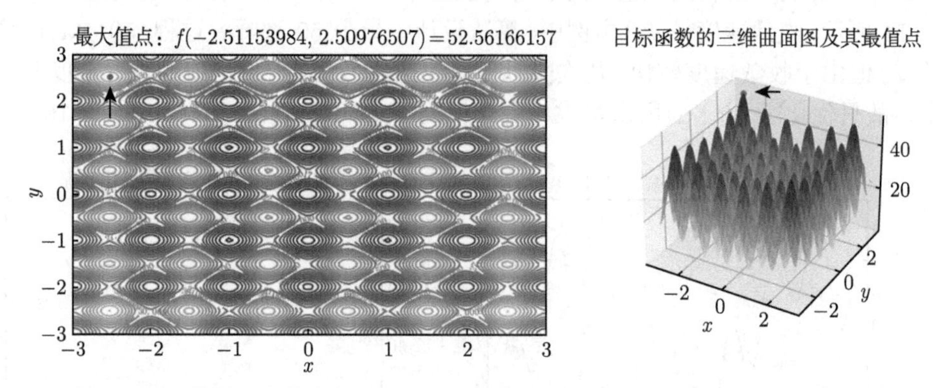

图 13-16 模拟退火算法求目标函数的最大值等值线图和三维曲面图 (实心点)

如图 13-17 所示, 该目标函数也存在多个局部极小值, 但仅有一个最小值, 即 $(0,0)$ 点的函数值为 0.

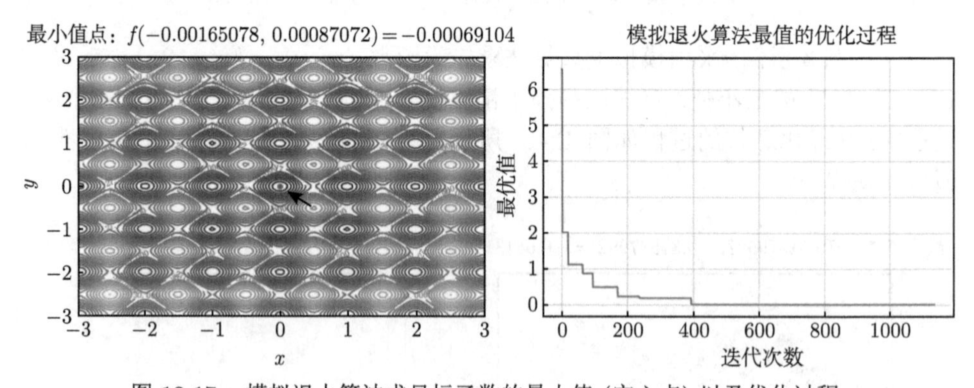

图 13-17 模拟退火算法求目标函数的最小值 (实心点) 以及优化过程

13.5.2 遗传算法

遗传算法[3] 是一种基于自然选择原理和自然遗传机制的搜索 (寻优) 算法, 它是模拟自然界中的生命进化机制, 在人工系统中实现特定目标的优化. 遗传算法的实质是通过群体搜索技术, 根据适者生存的原则逐代进化, 最终得到最优解或准最优解. SA 通常由以下操作组成:

(1) 初始群体的产生, 根据具体问题确定可行解域 (群体规模 M), 确定一种编码方法, 用数值串或字符串表示可行解域的每一解.

(2) 适应度函数, 度量每一个解好坏的依据.

(3) 遗传算子. 根据适者生存的原则选择优良个体 (解), 然后进行交叉 (概率 p_c)、变异 (概率 p_m) 生成下一代群体.

此外, 在遗传算法中, 存在一些概念名词, 从生物遗传到目标函数优化, 对应概念为: “个体” 称为解, “染色体” 对应于解的编码, “基因” 为解中每一分量的特征, “种群” 对应于根据适应度函数选取的一组解, “适者生存” 对应于算法停止时, 最优目标值的解有最大的可能被留住. “交叉” 由优良父代交配产生新解, “变异” 为编码的某一分量发生变化的过程.

1. 编码

基本遗传算法使用二进制串进行编码, 并采用随机方法生成若干个 (规模 M) 个体的集合. 二进制串编码方法为: 设自变量 $x \in [l, u] \subseteq \mathbb{R}, k$ 为编码长度, 且与所需精度 ε 有关, 计算公式为

$$2^{k-1} \leqslant (u-l) \times 10^{\varepsilon} \leqslant 2^k - 1. \tag{13-21}$$

二进制串解码到实数 x 的公式 (其中 b_i 为二进制串编码中的每一位数 0 或 1)

$$x = l + \left(\sum_{i=1}^{k} b_i 2^{i-1}\right) \frac{u-l}{2^k - 1}. \tag{13-22}$$

二进制编码简单, 但不足之处是存在连续变量离散化时的映射误差.

2. 适应度函数

适应度函数值越大, 解的质量越好. 适应度函数是自然选择的唯一标准, 其设计应结合求解问题本身的要求而定. 对于函数优化问题, 若其所求为极小值, 则可采用目标函数 $f(\boldsymbol{x})$, 在点 $\boldsymbol{x}$ 的 $f(\boldsymbol{x})$ 值越小, 适应度越高.

3. 遗传算子

(1) 选择算子. 优胜劣汰, 适应度高的个体被遗传到下一代群体中的概率大, 适应度低的个体被遗传到下一代群体中的概率小. 基本遗传算法中的选择算子采用轮盘赌选择方法, 又称比例选择算子, 其基本思想是, 每个个体被选中的概率与其适应度函数值大小成正比. 设群体规模为 M, 个体 x_i 的适应度函数为 $f(x_i)$, 则个体 x_i 的选择概率为

$$P(x_i) = f(x_i) \Big/ \sum_{j=1}^{M} f(x_j). \tag{13-23}$$

轮盘赌选择法可用如下过程模拟实现: 产生随机数 $r \sim U(0,1)$, 若 $r \leqslant q_1$, 则选择染色体 x_1, 若满足

$$q_{k-1} < r \leqslant q_k (2 \leqslant k \leqslant M), \quad q_k = \sum_{j=1}^{k} P_j (x_j), \tag{13-24}$$

则选择染色体 x_k.

(2) 交叉算子. 交叉运算是指被选择的染色体依据交叉概率 P_c 按照单点交叉或多点交叉互换部分基因, 从而形成两个新的个体, 即新解. 如图 13-18 所示.

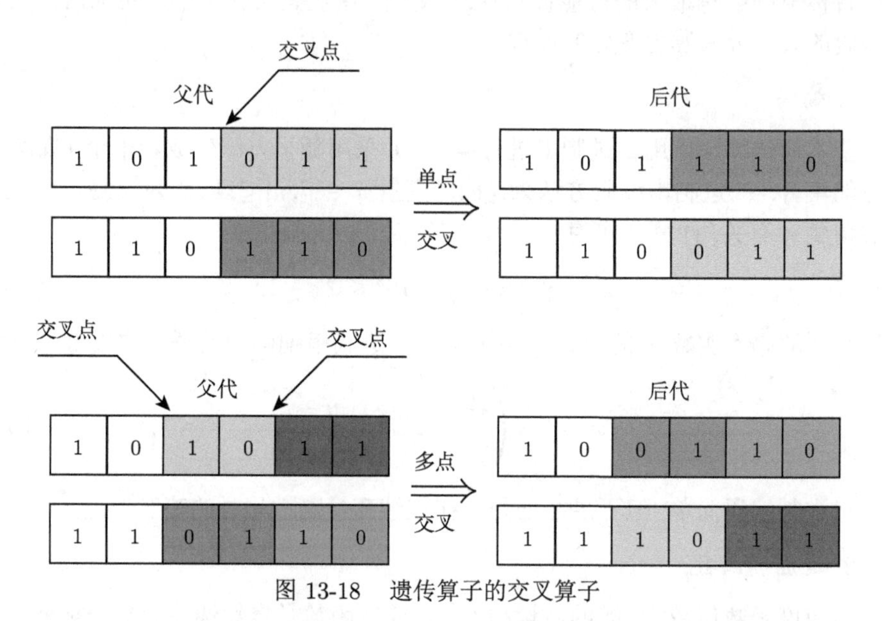

图 13-18 遗传算子的交叉算子

(3) 变异算子. 基本遗传算法中的变异算子采用基本位变异算子, 即改变个体编码中的某一位或某几位基因值 (二进制), 1 变为 0, 0 变为 1, 从而形成新的个体. 变异算子决定了算法的局部寻优能力, 保持种群的多样性. 与变异算子相互配合, 共同完成对解空间的全局寻优和局部寻优. 如图 13-19 所示.

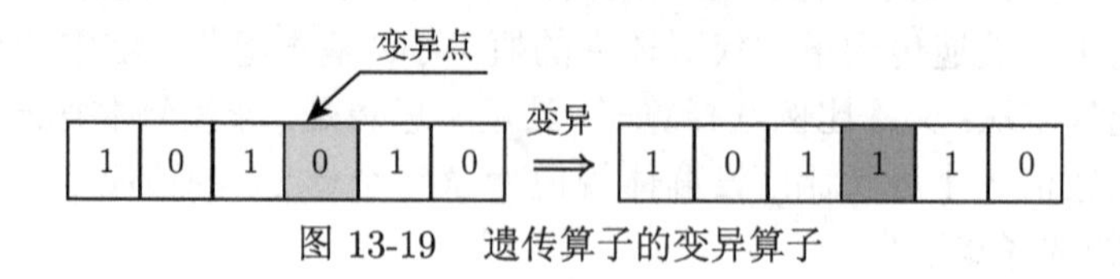

图 13-19 遗传算子的变异算子

注 如下算法默认计算目标函数的最大值, 最小值需在目标函数前添加"负号".

```
# file_name: genetic_algorithm.py
class GeneticAlgorithmOptimization:
    """
    遗传算法求解函数的最优值, 默认求最大值, 最小值则需在目标函数之前添加负号
    """
    def __init__(self, func, args_span, args_precision, pop_size=50, p_crossover=0.5,
                 p_mutation=0.01, min_epochs=50, max_epochs=1000, eps=1e-16,
                 is_Maximum=True):
        self.func = func  # 待优化的函数, 适应度
        # 求解区间, 格式为[[x0, xn], [y0, yn], [z0, zn], ···]
        self.args_span = np.asarray(args_span)
        # 自变量的精度, 确定编码长度
        self.args_precision = np.asarray(args_precision, np.int64)
        # 迭代最多、最少次数
        self.max_epochs, self.min_epochs = max_epochs, min_epochs
        self.pop_size = pop_size  # 种群大小
        self.p_crossover = p_crossover  # 交叉算子
        self.p_mutation = p_mutation  # 变异算子
        self.eps = eps  # 精度控制
        self.is_Maximum = is_Maximum # 优化目标为最大值, False为最小值
        self.n_args = self.args_span.shape[0]  # 参数变量个数
        self.gene_size = self._cal_gene_size()  # 各变量基因大小, 数组
        self.sum_gene_size = int(np.sum(self.gene_size))  # 变量的总基因长度, 整数
        self.optimizing_best_f_val = []  # 存储最优解

    def _cal_gene_size(self):
        """
        利用自变量的精度和取值范围计算基因数, 精度不宜过大, 过大可能出现优化失败
        """
        gene_k = np.ones(self.n_args, dtype=np.int64)  # 存储每个变量的基因数, 整数
        for i in range(self.n_args):
            # 公式: 2^(k - 1) <= (U-L) * 10^s <= 2^k - 1, U-L为区间长度,
            # 编码长度k和所需的精度s有关
            gene_k[i] = np.ceil(np.log2(np.diff(self.args_span[i, :]) *
                                        (10 ** int(self.args_precision[i]))))
        return gene_k

    def _init_gene_encoding(self):
        """
```

```
        初始化基因编码, 二进制编码
        """
        return np.random.randint(2, size=(self.pop_size, self.sum_gene_size))

    def _binary_to_decimal(self, pop):
        """
        二进制转十进制, 变换到决策变量取值区间
        :param pop: 种群基因编码
        """
        # X存储每个变量每个个体的数值
        X = np.zeros((self.pop_size, self.n_args))
        for i in range(self.n_args):
            if i == 0:
                pop_ = pop[:, :self.gene_size[0]]  # 第一个变量的编码
            elif i == self.n_args - 1:
                pop_ = pop[:, self.gene_size[self.n_args - 2]:]  # 最后一个变量的编码
            else:  # 2..n-1的每个变量编码
                pop_ = pop[:, self.gene_size[i - 1]: self.gene_size[i]]
            # 公式: x = L + c * delta, delta = (U - L) / (2^k - 1),
            # c = sum(b(i) * 2^(i - 1)), i = 1... k
            # pw2对应编码位的幂次值, 从高位到低位
            pw2 = 2 ** np.arange(self.gene_size[i])[::-1]
            delta = np.diff(self.args_span[i, :]) / \
                    Decimal((2 ** int(self.gene_size[i]) - 1))
            X[:, i] = self.args_span[i, 0] + np.dot(pop_, pw2) * delta
        return X

    def solve(self):
        """
        遗传算法核心代码, 在迭代次数内, 按照适应度计算、选择、交叉、变异等操作
        """
        best_f_val, best_x = float("-inf"), 0.0  # 初始目标函数的最优值和最优解
        pop = self._init_gene_encoding()  # 初始化基因编码
        # 迭代进化: 适应度计算、选择、交叉、变异等操作
        for i in range(self.max_epochs):
            crr_x = self._binary_to_decimal(pop)  # 二进制转十进制
            fitness = self.func(crr_x).flatten()  # 计算适应度, 评估函数值, 并展平
            idx = np.argmax(fitness)  # 当前种群的最大值索引下标
            cur_best_x = crr_x[idx]  # 当前最优解
            if fitness[idx] > best_f_val:
```

```
            best_f_val, best_x = fitness[idx], cur_best_x  # 当前最优结构
        pop_selected = self._select_operator(pop, fitness)  # 选择算子
        pop = np.vstack((pop_selected, pop[idx]))  # 添加最后一行当前优秀个体
        pop_c = pop.copy()  # parent会被child替换, 所以先copy一份pop
        for parent in pop:
            child = self._crossover_operator(parent, pop_c)  # 交叉算子
            child = self._mutate_operator(child)  # 变异算子
            parent[:] = child
        self.optimizing_best_f_val.append(best_f_val)  # 优化过程中的最优值
        # 精度控制, 提取终止迭代
        if i + 1 > self.min_epochs:
            # 函数改变量的绝对均值
            # err = np.mean(np.abs(np.diff(self.optimizing_best_f_val[-51:])))
            # 后50次函数最大改变量
            err = np.max(np.abs(np.diff(self.optimizing_best_f_val[-51:])))
            if err < self.eps:
                break
    if self.is_Maximum: # 最大值问题
        self.optimizing_best_f_val = np.asarray(self.optimizing_best_f_val)
    else:  # 最小值问题
        self.optimizing_best_f_val = -1 * np.asarray(self.optimizing_best_f_val)
    return best_f_val, best_x

def _select_operator(self, pop, fitness):
    """
    类似轮盘赌算法, 模拟自然选择, 适应度越大, 则概率越大, 越容易被保留,
    此处选择pop_size - 1个, 与已经存在最优的一个, 共pop_size个
    :param pop: 当前种群, fitness: 函数适应度数组
    """
    # 由于轮盘赌算法要求不能有负数, 故选择最小负数并转化为其绝对值,
    # 则最小负数变为0, 其他均为正数
    v1 = np.abs(np.min(fitness)) if np.min(fitness) < 0 else 0
    # 由于分子每个数加上了最小值的绝对值, 故共加了v1 * pop_size个个体的选择概率
    p = (fitness + v1) / (fitness.sum() + v1 * self.pop_size)
    # 概率大, 则被选中的几率就高, 重复的个体索引就多
    idx = np.random.choice(np.arange(self.pop_size),
                           size=self.pop_size - 1, replace=True, p=p)
    return pop[idx]

def _crossover_operator(self, parent, pop):
```

```
        """
        模拟交叉, 生成新的子代, 单点交叉, 大概有p_crossover的父代会产生子代
        :param parent: 当前一个较优的亲本父代, param pop: 当前较优的种群
        """
        if np.random.rand(1) < self.p_crossover:  # 变异算子概率
            # 随机产生另一个待交叉的亲本父代
            p_idx = np.random.randint(0, self.pop_size, size=1)
            cross_point = np.random.randint(0, self.sum_gene_size, size=1)[0]  # 交叉点
            return np.append(parent[: cross_point], pop[p_idx, cross_point :])
        return parent

    def _mutate_operator(self, child):
        """
        模拟变异, 在交叉的基础上按照概率p_mutation选择随机变异的位数和变异点
        :param child: 交叉后的一个子代
        """
        # 按概率获得变异的位数
        k = int(np.round(self.sum_gene_size * self.p_mutation))
        for i in range(k):
            # 变异点
            mutate_point = np.random.randint(0, self.sum_gene_size, size=1)[0]
            # 0变1, 1变0, 产生变异
            child[mutate_point] = 1 if child[mutate_point] == 0 else 0
        return child
```

针对**例 8** 示例: 采用遗传算法求 $f(x,y)=x^2+y^2-10\cos 2\pi x-10\cos 2\pi y+20, x,y\in[-3,3]$ 的最小值和最大值. 自变量的精度设置为 $[9,9]$, 其他参数默认.

如图 13-20 和图 13-21 所示, 为遗传算法优化过程. 表 13-13 为遗传算法求解二元函数最值结果, 相比模拟退火算法, 其所求的最优解更优.

注　最值结果具有一定的随机性, 可多次试验.

例 9　采用遗传算法求 $f(x,y)=0.5+\dfrac{\left(\sin\sqrt{x^2+y^2}\right)^2-0.5}{1+0.001\left(x^2+y^2\right)^2}, x,y\in[-10,10]$ 的最小值和最大值.

由于区间较大, 为避免计算溢出, 自变量的精度设置为 $[8,8]$, 其他参数默认, 如图 13-22 所示, 为目标函数的最小值优化过程. 分析目标函数, 易知在 $(0,0)$ 可获得全局最小值 0, 可知精度较高. 而采用模拟退火算法, 几次运行后, 选择较优的解, 在 $(0.001112114980949, -0.019934700805362)$ 处目标函数的最小值为 0.000398576209749. 从中可知, 遗传算法的优化精度更高.

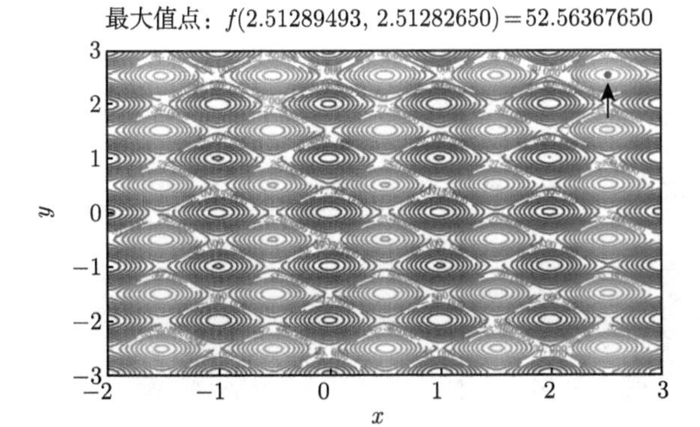

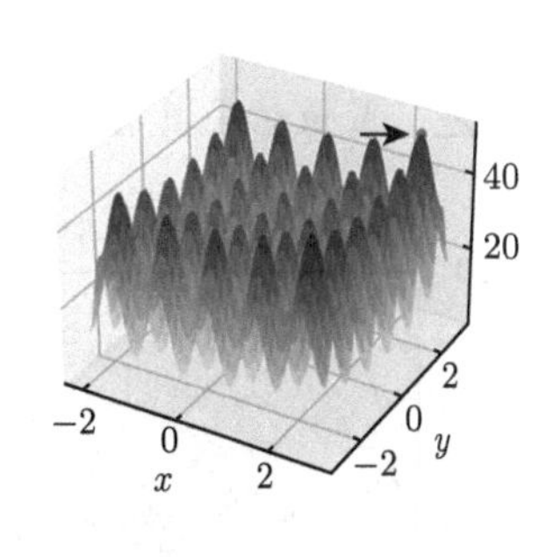

图 13-20 遗传算法求目标函数的最大值等值线图和三维曲面图 (实心点)

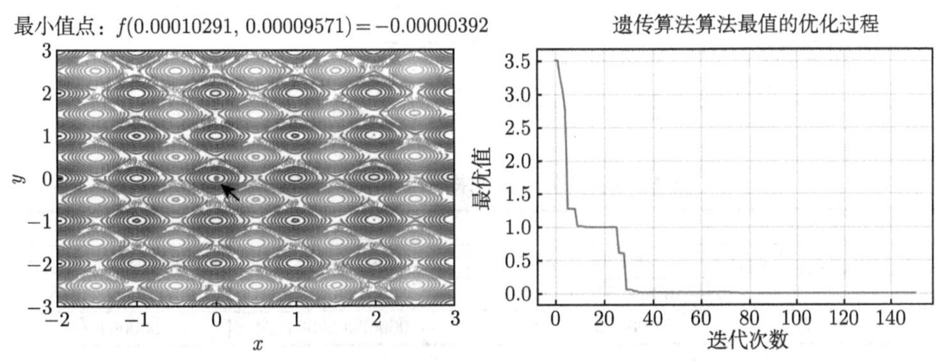

图 13-21 遗传算法求目标函数的最小值 (实心点) 等值线图和优化过程

表 13-13 遗传算法求解二元函数最值结果

最值类型	x^*	y^*	$f(x^*, y^*)$
最大值	2.512894933816462	2.512826501164970	52.563676500632724
最小值	0.000102908816236	0.000095708761409	−0.000003918321276

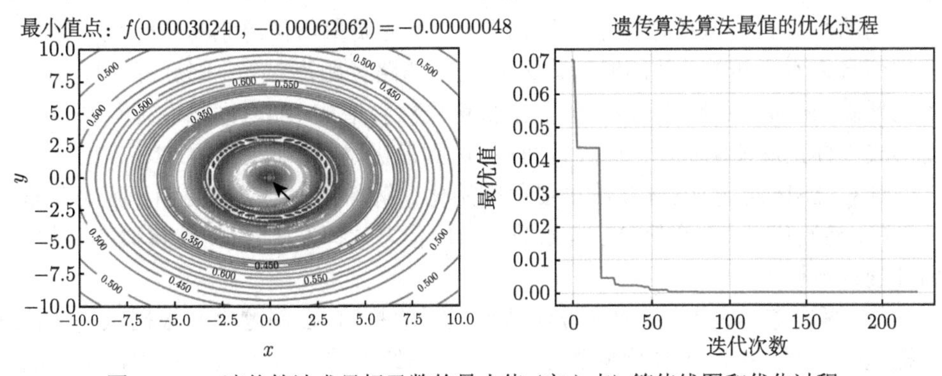

图 13-22 遗传算法求目标函数的最小值 (实心点) 等值线图和优化过程

最大值如图 13-23 所示所标记的实心点, 结果如表 13-14 所示, 最大值比较接近于 1.

注　最值结果具有一定的随机性, 可多次试验.

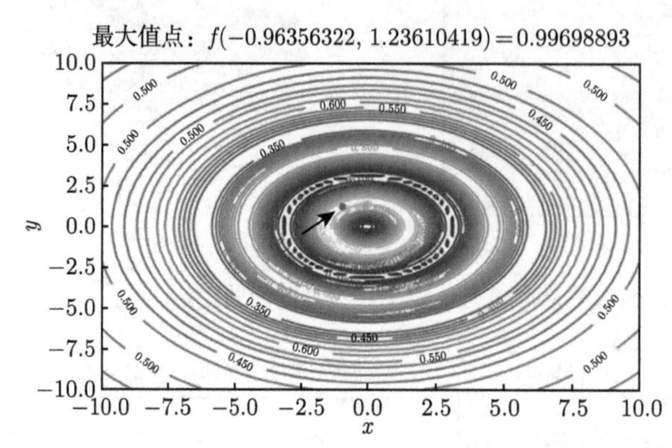

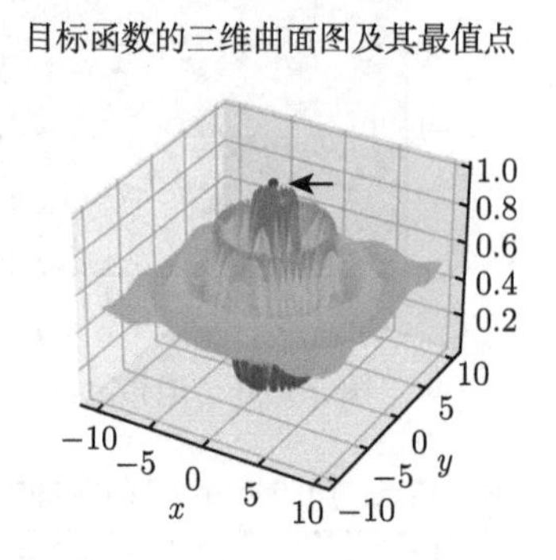

图 13-23　遗传算法求目标函数的最大值 (实心点) 等值线图和三维曲面图

表 13-14　遗传算法求解二元函数最值结果

最值类型	x^*	y^*	$f(x^*, y^*)$
最大值 (两次执行结果)	−0.963563216367533	1.236104188131217	0.996988926789088
	0.179586126552702	−1.556642461361663	0.996989030052994
最小值	0.000302395783506	−0.000620619394174	−0.000000476611567

13.5.3　蚁群算法

1991 年, 意大利学者 M. Dorigo 等首先提出了蚁群算法 (ant colony algorithm, ACA). 蚁群算法的特点是模拟自然界中蚂蚁的群体觅食行为, 以寻求蚁群与食物源的最短路径, 可用于解决各种复杂的优化问题.

蚂蚁在觅食过程中, 在群居地四处游荡, 并在移动过程中, 在地面沉积信息素 (pheromone), 蚂蚁通过信息素相互交流. 当蚂蚁找到食物, 携带食物并返回时, 根据食物的数量和质量在路径上沉积信息素, 解的质量与信息素量成正比. 某条路径的信息素水平越高, 并同时考虑两点之间的路径距离越短, 则选择该路径的概率就越高, 跟随的蚂蚁就越多, 信息素数量自然会增加 (随时间蒸发掉一部分), 进而形成一种正反馈的机制. 一段时间后, 达到最优路径, 即最优解.

针对 TSP 问题, 蚁群算法主要由初始化、解构建和信息素更新三部分组成.

(1) 初始化. 城市数量 N, 蚂蚁数量 M, 信息素挥发因子 ρ, 转移概率常数 P_c, 局部搜索步长 h.

(2) 解构建. 解构建是蚁群算法迭代运行的基础, 在问题空间根据状态转移规则构建候选解. 在路径寻优问题中, 考虑从蚂蚁当前位置可以得到的每条边的路径长度以及相应的信息素水平. 一般来说, 第 k 只蚂蚁从状态 i 移动到状态 j 概率, 取决于轨迹水平 (trail level) $\tau_{i,j}$ 和移动的吸引力 $\eta_{i,j}$, 其计算公式为

$$P_{i,j}^{k}=\frac{\left(\tau_{i,j}^{\alpha}\right)\left(\eta_{i,j}^{\beta}\right)}{\sum\limits_{v\in\text{allowed}_s}\left(\tau_{i,v}^{\alpha}\right)\left(\eta_{j,v}^{\beta}\right)}, \tag{13-25}$$

其中 $\tau_{i,j}^{\alpha}$ 为传递信息而存储的信息素数量, $\eta_{i,j}^{\beta}$ 为启发式因子, 表示状态转移的可取性, 通常为距离 $d_{i,j}$ 的倒数, $\alpha\geqslant 0$ 和 $\beta\geqslant 1$ 分别为控制 $\tau_{i,j}^{\alpha}$ 和 $\eta_{i,j}^{\beta}$ 影响的参数, $\tau_{i,v}^{\alpha}$ 和 $\eta_{j,v}^{\beta}$ 表示其他可能状态 S (可行点集, 即蚂蚁 k 下一次可以选择的城市集合) 转移的轨迹水平和移动吸引力.

(3) 信息素更新. 信息素更新包括信息素挥发和信息素释放. 更新公式为

$$\tau_{i,j}=(1-\rho)\tau_{i,j}+\sum_{k=1}^{M}\Delta\tau_{i,j}^{k}, \tag{13-26}$$

其中 $\Delta\tau_{i,j}^{k}$ 为第 k 只蚂蚁沉积的信息素的量, 为正反馈, 信息素挥发系数 ρ 为负反馈. 增大 ρ 的值可使算法随机性加强, 收敛速度降低, 减小 ρ 则加速算法收敛, 但求解质量下降.

蚁群算法可应用到无约束优化问题中. 假设 n 元目标函数 $f(\boldsymbol{x})$, 问题为求其给定区间的最大值, 则蚁群算法计算流程如下:

(1) 初始化蚂蚁数量 M (解空间的大小), 信息素挥发因子 ρ, 转移概率常数 P_c, 局部搜索步长 h, 精度控制 ε, 以及最大迭代次数 K, 初始 $k=1$.

(2) 解空间的构造. 随机产生蚂蚁的空间位置, 记为 $\boldsymbol{x}=(\boldsymbol{x}_1,\boldsymbol{x}_2,\cdots,\boldsymbol{x}_M)^{\mathrm{T}}$, $\boldsymbol{x}_i=(x_{i1},x_{i2},\cdots,x_{in})$, 即在自变量 $\boldsymbol{x}_i$ 的区间内产生均匀分布的随机数, 并计算解空间的适应度函数值 $f(\boldsymbol{x}_i)$ 作为初始信息素 $\tau_i, i=1,2,\cdots,M$.

(3) 计算状态转移概率, 公式为

$$P_i=\frac{\max\limits_{1\leqslant j\leqslant M}\{\tau_j\}-\tau_i}{\max\limits_{1\leqslant j\leqslant M}\{\tau_j\}},\quad i=1,2,\cdots,M, \tag{13-27}$$

其中 τ_i 为第 i 只蚂蚁的信息素.

(4) 位置更新, 针对每一个蚂蚁 (即 $\boldsymbol{x}_i, i=1,2,\cdots,M$), 当 $P_i<P_c$ 时, 进行局部搜索, 公式为

$$\boldsymbol{x}_i^{(k+1)}=\boldsymbol{x}_i^{(k)}+r_1h\lambda,\quad r_1\sim U(-1,1),\quad i=1,2,\cdots,M, \tag{13-28}$$

其中 $\boldsymbol{x}_i^{(k+1)}$ 为下一次迭代的新的位置 (新解), $\boldsymbol{x}_i^{(k)}$ 为当前位置, $\lambda=1/k$. 当 $P_i>P_c$ 时, 进行全局搜索, 公式为

$$x_i^{(k+1)} = x_i^{(k)} + r_2 \boldsymbol{l}, \quad r_2 \sim U(-0.5, 0.5), \quad i = 1, 2, \cdots, M, \tag{13-29}$$

其中 $\boldsymbol{l}$ 为对应自变量的区间长度, 构成 n 维向量. 利用边界吸收方式进行边界条件处理, 将蚂蚁位置界定在取值范围内. 如果 $f\left(\boldsymbol{x}^{(k+1)}\right) > f\left(\boldsymbol{x}^{(k)}\right)$, 则更新蚂蚁的当前位置, 即 $\boldsymbol{x}_i^{(k)} \leftarrow \boldsymbol{x}_i^{(k+1)}$.

(5) 更新信息素, 计算新的蚂蚁位置的适应度 $f\left(\boldsymbol{x}_i^{(k+1)}\right)$, 判断蚂蚁是否移动, 更新信息素, 公式为

$$\tau_i = (1-\rho)\tau_i + f\left(\boldsymbol{x}_i^{(k+1)}\right), \quad i = 1, 2, \cdots, M. \tag{13-30}$$

也可以在一轮迭代结束后, 一次性更新信息素.

(6) 判断终止条件, 并进行精度控制. 否则, 令 $k = k + 1$, 继续迭代优化.

蚁群算法存在收敛速度慢、易陷入局部最优、早熟收敛等问题.

注 如下算法默认计算目标函数的最大值, 最小值需在目标函数前添加"负号".

```
# file_name: ant_colony_algorithm.py
class AntColonyAlgorithmOptimization:
    """
    蚁群算法, 求解函数的最优值, 默认最大值, 最小值则需在目标函数前添加负号
    """
    def __init__(self, func, args_span, ant_m=100, rho=0.9, tp_c=0.2, step=0.05,
                 eps=1e-16, max_iter=1000, is_Maximum=True):
        self.func = func  # 待优化的n元函数
        # 求解区间, 格式为[[x0, xn], [y0, yn], [z0, zn], ...]
        self.args_span = np.asarray(args_span)
        self.n = self.args_span.shape[0]  # 自变量数
        self.ant_m = ant_m  # 蚂蚁数量
        self.rho = rho  # 信息素挥发因子
        self.tp_c = tp_c  # 转移概率常数
        self.step = step  # 局部搜索步长
        self.eps = eps  # 最优值的精度控制
        self.max_iter = max_iter  # 最大迭代次数
        self.is_Maximum = is_Maximum # 默认最大值, 最小值设置为False
        self.Tau = np.zeros(self.n)  # 信息素
        self.tp_state = np.zeros(self.ant_m) # 每轮迭代中蚂蚁的转移概率
        self.optimizing_best_f_val = None # 迭代优化过程中的最优值

    def fit_optimize(self):
        """
```

```
蚁群算法核心部分, 初始解空间, 计算转移概率, 更新解空间, 更新信息素, 精度控制
"""
# 随机化蚂蚁空间位置, 解空间. 方法: 随机生成[0, 1]均匀数, 并映射到区间
len_span = np.diff(self.args_span).flatten()  # 区间长度
ant_space = self.args_span[:, 0] + np.random.rand(self.ant_m, self.n) * len_span
self.Tau = self.func(ant_space)  # 初始化每个蚂蚁的信息素, 适应度函数计算
idx = np.argmax(self.Tau)  # 最大信息素索引下标
best_sol = ant_space[idx, :]  # 初始化目标函数的最优解, 信息素最大的
# 每代最优值, 当前最优解以及函数最优值
trace_optimizing_list = [self.func(ant_space[[idx], :])[0]]
for iter_ in range(1, self.max_iter + 1):
    # 1. 计算状态转移概率
    tau_best = np.max(self.Tau)  # 信息素的最大值, 用于计算状态转移概率
    self.tp_state = (tau_best - self.Tau) / tau_best  # 计算状态转移概率
    # 2. 更新蚂蚁的空间位置, 即更新解空间
    lambda_ = 1 / iter_  # 当前迭代次数的倒数
    for i in range(self.ant_m):
        # 2.1 根据转移概率常数, 进行局部或全局搜索更新, 产生新的解
        if self.tp_state[i] < self.tp_c:  # 局部搜索
            # 公式: x_新 = x_旧 + r * step * λ, r服从U(-1, 1)
            ant_new = ant_space[i, :] + (2 * np.random.rand(self.n) - 1) * \
                      self.step * lambda_
        else:  # 全局搜索
            # 公式: x_新 = x_旧 + r * x_span_length, r服从U(-0.5, 0.5)
            ant_new = ant_space[i, :] + np.diff(self.args_span).flatten() * \
                      (np.random.rand(1) - 0.5)
        # 2.2 边界吸收方式进行边界条件处理, 使得在对应变量区间内搜索
        # 某变量小于左边界索引
        idx_left = np.argwhere(ant_new < self.args_span[:, 0]).flatten()
        # 修改为对应变量的区间左端点
        ant_new[idx_left] = self.args_span[idx_left, 0]
        # 某变量大于左边界索引
        idx_right = np.argwhere(ant_new > self.args_span[:, 1]).flatten()
        # 修改为对应变量的区间右端点
        ant_new[idx_right] = self.args_span[idx_right, 1]
        # 2.3 判断蚂蚁是否移动, ant_loc[[i], :]保持二维数组形式
        if self.func(ant_new.reshape(1, -1)) > self.func(ant_space[[i], :]):
            ant_space[i, :] = ant_new  # 更新解空间
    # 3. 信息素更新, 一次性更新
    self.Tau = (1 - self.rho) * self.Tau + self.func(ant_space)
```

```
        # 4. 信息存储, 精度计算
        idx = np.argmax(self.Tau)  # 当前最优解的索引
        best_sol = ant_space[idx, :]  # 当前解空间的最优解
        # 存储最优解
        trace_optimizing_list .append(self.func(ant_space[[idx], :]) [0])
        if iter_ > 50:
            # 函数值最大改变量
            err = np.max(np.abs(np.diff( trace_optimizing_list [-51:])))
            if err < self.eps:
                break
    if self.is_Maximum: # 最大值
        self.optimizing_best_f_val = np.asarray( trace_optimizing_list )
    else:  # 最小值
        self.optimizing_best_f_val = -1 * np.asarray( trace_optimizing_list )
    return best_sol, self.optimizing_best_f_val[-1]
```

注 *蚁群算法初期收敛速度较慢, 需要较长时间才能发挥正反馈的作用. 蚁群算法参数较多且具有一定的关联性, 不恰当的初始参数会减弱算法的寻优能力. 如果算法开始得到的较优解为次优解, 正反馈会使算法陷入局部最优, 且难以跳出局部最优. 此外, 也存在种群多样性与收敛速度的矛盾.*

例 10 采用蚁群算法求解目标函数 $f(x,y)=\mathrm{e}^{-\frac{x^2+y^2}{10}}\cos 2\pi x\cos 2\pi y, x,y\in[-3,3]$ 的最大值和最小值.

如图 13-24 所示, 易知目标函数存在一个全局最大值 $f(0,0)=1$, 且目标函数为偶函数, 在指定区间存在多个最小值. 如图 13-25 和图 13-26 所示, 为蚁群算法优化过程. 表 13-15 为蚁群算法求解二元函数的最大值和最小值结果.

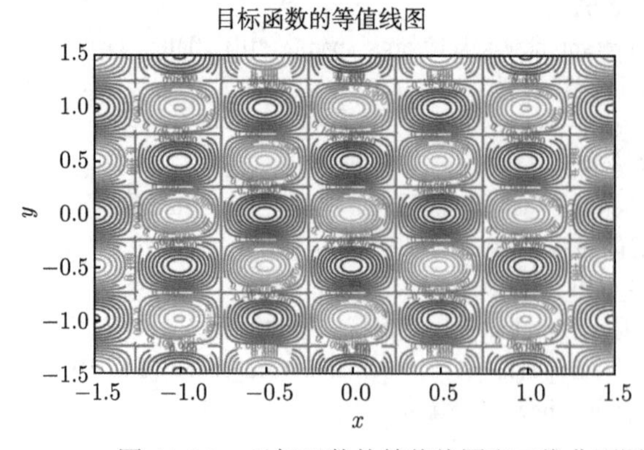

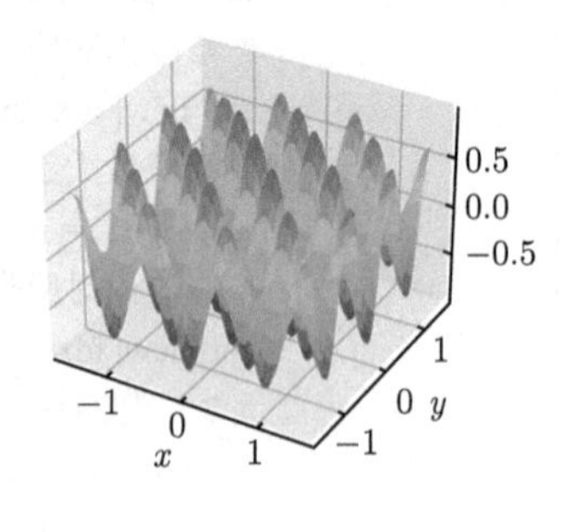

图 13-24 目标函数的等值线图和三维曲面图 (可视化区间 $[-1.5,1.5]$)

注 最值结果具有一定的随机性, 可多次试验.

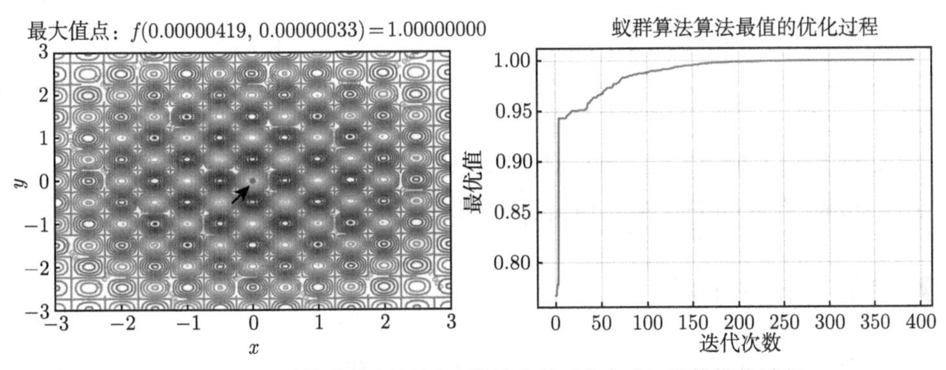

图 13-25 蚁群算法求解目标函数最大值 (实心点) 及其优化过程

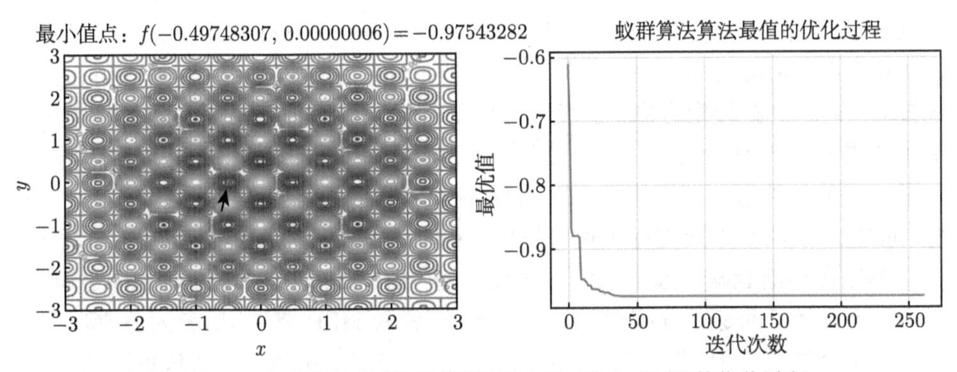

图 13-26 蚁群算法求解目标函数最小值 (实心点) 及其优化过程

表 13-15 蚁群算法求解二元函数最值结果

最值类型	x^*	y^*	$f(x^*, y^*)$
最大值	0.000004193250044	0.000000330780776	0.999999999648990
最小值	−0.497483074510293	0.000000056122690	−0.975432816287848

■ 13.6 实验内容

1. 采用黄金分割搜索、斐波那契搜索、二次插值逼近和三次逼近算法, 求解函数 $f(x) = \mathrm{e}^{-x^2+2x}\sin x^2$ 在区间 $[-1,3]$ 的极小值和极大值, 精度要求 10^{-16}. 试对函数进行可视化, 以便确定单峰区间.

2. 利用 Nelder-Mead 方法和 Powell 方法求解函数 $f(x,y) = x\mathrm{e}^{-x^2-y^2}$ 在区间 $[-2,2]\times[-2,2]$ 内的极小值和极大值, 并通过二元函数等值线的方法确定初始的单纯形的三个顶点或初值点.

3. 利用梯度法和牛顿法求解函数 $f(x,y) = x^3 + y^3 - 3x - 3y + 5$ 在区间 $[-2,2] \times [-2,2]$ 内的极小值和极大值, 并通过二元函数等值线的方法确定初值点.

4. 采用拟牛顿法求解函数 $f(x,y) = x^2 \sin\left(x + y^2\right) + y^2 \mathrm{e}^x + 6\cos\left(x^2 + y\right)$ 在初值 $x_0 = (-2.5, -2.5)$ 附近的极小值和 $x_0 = (-1.5, -2)$ 附近的极大值, 并可视化 $[-3,-1] \times [-3,-1]$ 区间的图像.

5. 采用模拟退火算法、遗传算法和蚁群算法求解二元函数 $f(x,y) = \cos(x^2 - xy) + \sin xy$ 在区间 $[-4,4] \times [-4,4]$ 内的最小值和最大值, 并进行可视化.

■ 13.7 本章小结

本章主要讨论无约束非线性目标函数的数值优化问题, 未具体讨论凸优化或非凸优化. 单变量目标函数的线搜索算法, 常被用于在多元目标函数优化中进行一维搜索, 如黄金分割搜索法. Nelder-Mead 方法和 Powell 方法无需求解目标函数的梯度和 Hessian 矩阵, 而分别采用单纯形法更新最差顶点和在解空间进行一维搜索, 不断更新搜索方向, 逐步逼近局部最优解. 而梯度法需要求解梯度向量, 牛顿法需要求解 Hessian 矩阵, 分别属于一阶优化和二阶优化算法, 求解偏导数带来了一定的计算量. 若梯度法和牛顿法不采用线搜索法, 可借用机器学习中的思想, 通过学习率 α 不断进行优化, 迭代开始时, 学习率较大, 但随着逐渐逼近极值, 学习率也在逐渐衰减. 拟牛顿法为避免求解 Hessian 矩阵, 采用对称正定矩阵近似 Hessian 矩阵的逆矩阵或 Hessian 矩阵, 前者为 DFP 算法, 后者为 BFGS 算法.

对于全局最优解, 限于篇幅, 本章仅讨论了模拟退火算法、遗传算法和蚁群算法. 此外, 读者可尝试设计粒子群优化算法. 模拟退火算法, 在每轮降温过程中, 根据当前温度和函数值计算接受新解的概率, 对于比当前解质量更差的新解, 仍有一定的概率接受新解, 即以一定的概率跳出局部最优解. 遗传算法在每轮迭代中, 通过适应度函数选择较优的个体, 对个体进而进行交叉和变异, 产生新的个体 (新解), 其相互配合模拟全局和局部最优解的搜索. 蚁群算法首先随机初始化蚂蚁的空间位置, 即解空间, 在每轮迭代中, 通过适应度函数值计算状态转移, 每个蚂蚁 (解) 根据状态转移概率选择进行局部搜索还是全局搜索, 并根据适应度值选择保留或放弃当前新的最优解 (蚂蚁是否移动), 进而进行信息素更新, 并通过精度控制, 是否提前终止算法.

在 SciPy 的 optimize 优化模块中[5], golden 函数用于实现黄金分割搜索. 在单变量优化的实际实现中经常需要对两种方法进行组合使用, 可以同时获得较好的稳定性和快速收敛性. 函数 brent 就是一种组合方法, 并且通常是 SciPy 中单变量优化问题的首选方法. 该方法是黄金分割搜索法的变体, 使用逆抛物线插值 (inverse parabolic interpolation) 来获得更快的收敛. 函数 optimize.fmin_ncg

实现了牛顿法, 其参数包括目标函数、初始值、计算梯度的函数、计算 Hessian 矩阵的函数 (可选). 在实际应用中, 可能并不总是能够计算目标函数的梯度和 Hessian 矩阵的函数, 如果只需要进行函数自身的计算, 将会方便很多, 函数 optimize.fmin_bfgs 和 optimize.fmin_cg 是实现拟牛顿法的两种方法, 可以接收用于计算梯度的函数, 如果没有提供计算梯度的函数, 则会通过函数计算估计梯度. 此外, 函数 optimize.leastsq 提供了使用 Levenberg-Marquardt 求解非线性最小二乘问题的求解器.

■ 13.8 参考文献

[1] 刘浩洋, 卢将, 李永锋, 等. 最优化: 建模、算法与理论 [M]. 北京: 高等教育出版社, 2020.

[2] Mathews J H, Fink K D. 数值方法 (MATLAB 版) [M]. 4 版. 周璐, 陈渝, 钱方, 等译. 北京: 电子工业出版社, 2012.

[3] 司守奎, 孙玺菁. 数学建模算法与应用 [M]. 北京: 国防工业出版社, 2011.

[4] 李航. 统计学习方法 [M]. 2 版. 北京: 清华大学出版社, 2019.

[5] 罗伯特 • 约翰逊 (Johansson R). Python 科学计算和数据科学应用 [M]. 2 版. 黄强, 译. 北京: 清华大学出版社, 2020.